ÉLÉMENTS

D'HISTOIRE NATURELLE

ÉLÉMENTS
D'HISTOIRE NATURELLE

A L'USAGE

des Candidats à l'Institut agronomique,
aux Écoles d'agriculture et aux Écoles vétérinaires,
des élèves des Lycées et Collèges de garçons et de filles,
des élèves des Écoles normales primaires,
des aspirants au Brevet supérieur, etc.

PAR

E. AUBERT

Docteur ès sciences, Agrégé de l'Université,
Professeur au lycée Charlemagne.

DEUXIÈME ÉDITION

revue et augmentée, par MM. E. AUBERT et C. HOUARD

PARIS

LIBRAIRIE CLASSIQUE DE F.-E. ANDRÉ-GUÉDON

E. ANDRÉ Fils, Successeur

6, rue Casimir-Delavigne (près l'Odéon)

(CI-DEVANT, 15, RUE SÉGUIER)

1900

PRÉFACE

Les *Éléments d'Histoire naturelle* se divisent en trois parties :

1° *Anatomie et Physiologie animales et végétales.*

2° *Classifications zoologiques et botaniques.*

3° *Éléments de Géologie.*

Nous avons composé cet ouvrage : pour les élèves de l'Enseignement secondaire, les Professeurs et élèves des Écoles normales primaires, les candidats à l'admission aux Écoles normales de Saint-Cloud, de Sèvres et de Fontenay-aux-Roses ; pour les candidats à l'Institut agronomique et aux Écoles d'agriculture ; enfin pour toutes les personnes désireuses d'acquérir des notions générales en Histoire naturelle.

Au premier abord, un volume de 1000 pages paraît considérable et le lecteur apporte quelque hésitation à en entreprendre l'examen ; nous voulons cependant le rassurer et lui montrer que la route est brève dans ce livre malgré l'étendue du champ à parcourir :

L'ouvrage est illustré de plus de 1100 figures, il compte 55 tableaux récapitulatifs qui tiennent une énorme place et abrègent d'autant le travail du lecteur ; ce dernier peut remarquer en outre que les classifications renferment, concernant chaque animal ou végétal important, une légende relative à ses caractères extérieurs, son habitat, son utilité et ses applications diverses.

Tout compte fait, la matière à étudier embrasse à peine 500 pages composées d'un double texte, les caractères les plus gros indiquant les parties fondamentales qu'un élève est tenu de ne pas ignorer.

Il nous semble qu'après de telles explications, notre livre présentera un aspect moins rébarbatif; nous souhaitons qu'il soit accueilli avec autant de faveur que nous avons apporté de conscience à le rédiger.

PRÉFACE DE LA 2ᵉ ÉDITION

Les notions relatives à la *cellule* en général et aux *tissus* se sont précisées dans ces dernières années; nous ne pouvions publier une 2ᵉ édition des **Éléments d'Histoire naturelle** sans tenir compte des recherches accomplies et des résultats obtenus.

Aussi, nous avons complètement remanié les chapitres concernant la *cellule*, les *notions d'histologie animale*, le *sang*, les *organes des sens* et le *système nerveux*.

Des notions sommaires sur les *aliments* ont été introduites au chapitre de la digestion; l'*appareil lymphatique* et le *squelette dans la série* ont été exposés, croyons-nous, d'une manière plus claire; d'importantes additions ont été faites également en Anatomie et Physiologie végétales.

De telles retouches exigeaient un travail considérable. Notre ancien élève et excellent ami, M. Houard, préparateur à la Sorbonne, y a contribué pour une part importante, ce dont nous tenons à lui exprimer ici nos vifs remerciements. Nous ne saurions oublier la bonne grâce avec laquelle M. André, notre éditeur, a souscrit aux changements qui nous ont paru indispensables pour maintenir notre ouvrage au courant des progrès des Sciences naturelles.

E. Aubert.

Octobre 1899.

TABLE DES MATIÈRES

PREMIER LIVRE

ANATOMIE ET PHYSIOLOGIE GÉNÉRALES

PREMIÈRE PARTIE

ANATOMIE ET PHYSIOLOGIE ANIMALES

FONCTIONS DE NUTRITION

FONCTIONS DE RELATION

DEUXIÈME PARTIE

ANATOMIE ET PHYSIOLOGIE VÉGÉTALES

FONCTIONS DE NUTRITION

FONCTIONS DE REPRODUCTION

REPRODUCTION CHEZ LES PHANÉROGAMES

DEUXIÈME LIVRE

CLASSIFICATIONS

PREMIÈRE PARTIE

CLASSIFICATIONS ZOOLOGIQUES

PROTOZOAIRES

MÉTAZOAIRES

SPONGIAIRES (ÉPONGES)

POLYPES (CŒLENTÉRÉS)

DEUXIÈME PARTIE

CLASSIFICATIONS BOTANIQUES

TROISIÈME LIVRE

ÉLÉMENTS DE GÉOLOGIE

ANATOMIE ET PHYSIOLOGIE
DES ÊTRES VIVANTS

CHAPITRE PREMIER

NOTIONS GÉNÉRALES SUR LES ÊTRES VIVANTS

La nature renferme deux sortes d'êtres : les *corps bruts* (minéraux) et les *êtres vivants* (végétaux et animaux).

Distinction entre les corps bruts et les êtres vivants. — Un minéral conservera indéfiniment sa forme, ses dimensions, sa structure et sa composition chimique, *si aucune cause extérieure n'agit sur lui.* Toutefois, sous l'influence du milieu dans lequel il est placé, le minéral peut s'enrichir d'éléments nouveaux qui se disposent autour de lui, irrégulièrement dans la plupart des cas (agglutination de grains de sable), quelquefois avec régularité (accroissement d'un cristal de sulfate de cuivre dans une dissolution saturée de ce sel).

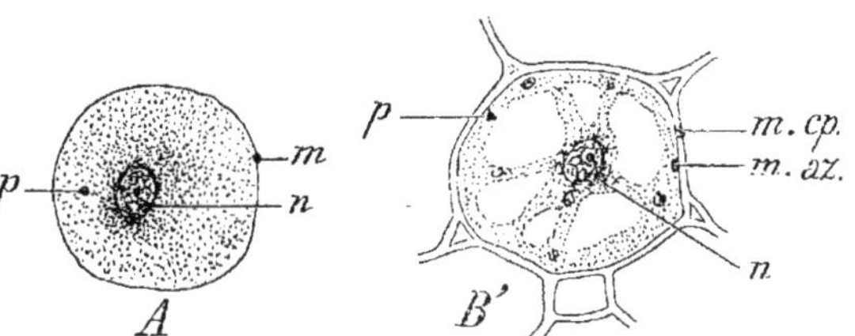
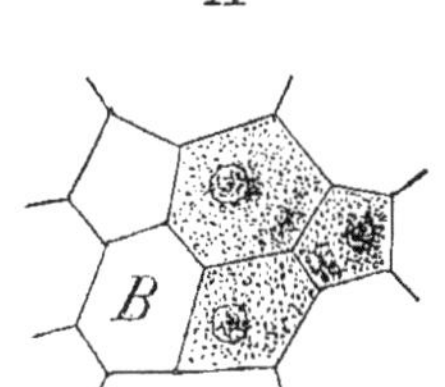

Fig. 1. — Cellules. A, cellule animale ; *p*, protoplasme ; *n*, noyau ; *m*, membrane azotée ; B, B', cellules végétales ; B, cellules jeunes remplies totalement par le protoplasme ; B', cellule plus âgée dont le protoplasme *p* est creusé de vacuoles (hydroleucites) ; la membrane azotée *m. az* est nettement distincte de la membrane celluloso-pectique *m.c.p* externe, à peine visible en B.

Les corps bruts s'accroissent à l'extérieur, par apposition.

Les êtres vivants ont une *structure cellulaire* que ne possèdent pas les corps bruts ; ils sont *organisés.*

Une cellule (fig. 1) se compose d'une matière azotée, visqueuse.

appelée *protoplasme p*, qui en est la partie fondamentale, entourant un *noyau n* d'apparence plus obscure; une *membrane m* enveloppe et protège le protoplasme.

La cellule emprunte *continuellement* au milieu extérieur les substances qui lui sont *nécessaires;* ces substances *pénètrent dans le protoplasme* à travers la membrane et en assurent l'accroissement. Comme la cellule est l'un des membres de la colonie plus ou moins vaste que nous appelons plante ou animal, et que toutes les cellules se comportent d'une manière identique, l'être vivant subit le même mode d'accroissement.

Les êtres vivants s'accroissent par pénétration, par osmose.

Tout être vivant ne saurait donc se passer du milieu extérieur dont il utilise les principes constituants et l'énergie sous toutes ses formes (mouvement, chaleur, électricité, lumière). Aussi *l'instabilité* dans la composition chimique, qui a pour conséquence la variation de la forme et des dimensions, caractérise les plantes et les animaux.

Toute petite d'abord, une plante *croît, atteint son développement maximum, se fane et meurt;* avant de disparaître, elle a laissé quelque chose de sa substance, une spore ou une graine capable de *reproduire* une autre plante identique. Une spore ou une graine a été aussi l'*origine* du végétal considéré.

L'existence de toute plante a donc une origine (*naissance*), une certaine durée et une fin (*mort*). Le temps écoulé entre la naissance et la mort mesure la durée de la *vie* de la plante.

Ces considérations étant applicables aux animaux, nous dirons que :

Tout être vivant descend d'un être auquel il **ressemble**; *il a une existence limitée pendant laquelle s'accomplit son* **évolution**. Dès que la vie cesse, l'être se désorganise, se décompose.

Phénomènes qui caractérisent la vie. — La matière vivante, comme toute machine qui fonctionne, a besoin d'être réparée. Le travail chimique qui s'y accomplit intérieurement étant continuel, *incessante* aussi doit en être la réparation qui se fait au moyen de matériaux empruntés au milieu extérieur. Ces emprunts sont régis par deux principes :

1° *Tout être vivant emprunte constamment au milieu extérieur* (substances nutritives) *et lui restitue constamment* (déchets).

2° *Les échanges entre l'être vivant et le milieu dépendent étroitement de l'énergie vitale de cet être.*

L'activité d'une tortue est plus faible que celle d'un oiseau; aussi n'a-t-elle besoin que de peu de chose pour vivre, tandis que l'oiseau consomme et dépense en abondance.

Tableau I.

Notions générales sur les êtres vivants.

ÊTRES.. { **bruts**, *non organisés*. Accroissement par *apposition*. **Minéraux.**
vivants, *organisés* (structure cellulaire). Accroissement par *pénétration*. **Végétaux. Animaux.**

I. Cellule (élément fondamental, fig. 1) composée de *protoplasme*, d'un *noyau* et d'une *membrane*. Elle est le siège d'échanges avec le milieu extérieur pendant toute sa *vie*.

II. Phénomènes qui caractérisent la vie. Échanges entre l'être et le milieu extérieur (fig. 2) régis par deux principes :

1° *Tout être vivant emprunte et restitue constamment au milieu qui l'entoure.*

2° *Les échanges entre l'être vivant et le milieu dépendent de l'énergie vitale de cet être.*

Matières échangées.

absorbées { continuellement : Oxygène (respiration).
par intervalles : Aliments (digestion).

rejetées.. { continuellement : Ac. carbonique et eau (respiration, transpiration).
par intervalles : Excréments solides et liquides { digestion. excrétions diverses.
. . . .
localisées : Tanins, résines, oxalate de calcium, silice, etc.

III. Conditions indispensables à l'entretien de la vie.

Conditions internes : Protoplasme actif.

Conditions externes.

1° *Eau....* [Privation momentanée : suspension de la vie : Anguillules, graines.
Privation prolongée : mort de l'être.

2° *Oxygène.* [Activité maximum de l'être pour une pression de $\frac{1}{5}$ d'atmosphère.

3° *Chaleur.* [Température θ à laquelle l'être manifeste le maximum d'activité (tempér. optimum).
θ = 37°,5 pour l'Homme, = 40 à 42° pour les Oiseaux.

(marge gauche : ÊTRES VIVANTS.)

Caractères distinctifs des végétaux et des animaux.

Aucun caractère distinctif absolu.

Les végétaux possèdent de la *chlorophylle* (sauf les Champignons) ; les animaux en sont dépourvus (sauf l'Hydre verte, l'Euglène et quelques autres). Les premiers seuls peuvent décomposer, sous l'influence de la lumière, l'acide carbonique qu'ils ont puisé dans l'air, dégager de l'oxygène et fixer le carbone dans leurs tissus, à l'état de composés ternaires (C,H,O) sous forme de glucose, d'amidon, etc. (*assimilation chlorophyllienne.*)

1er EXEMPLE. — Spallanzani remarqua que les anguillules du blé niellé, qui vivent d'ordinaire pendant quatre mois seulement, peuvent être conservées pendant dix-huit ans si on les dessèche ; en leur redonnant de l'eau au bout de plusieurs années, on les voit reprendre leur activité première. Les anguillules étaient en état de *mort apparente ;* elles ne faisaient que de faibles échanges avec l'air environnant.

2° EXEMPLE. — Trois lots renfermant le même nombre de graines de pois mûres et pesées sont abandonnés : le premier à l'air libre, le deuxième dans un volume d'air limité, le troisième dans l'acide carbonique. Au bout de deux ans, les graines dans l'air libre ont notablement augmenté de poids, et 90 p. 100 d'entre elles ont pu germer ; le second lot a peu varié, et 45 p. 100 seulement de ses graines ont germé ; toutes celles qui avaient été placées dans l'acide carbonique sont mortes.

Ainsi les graines sèches, en apparence intactes, vivent, mais d'une vie ralentie, et leurs échanges avec le milieu extérieur sont très restreints.

On peut représenter schématiquement le courant matériel qui traverse le corps d'un être vivant, courant que Cuvier appelait le *tourbillon vital.*

Les *matières absorbées* (fig. 2), aussitôt en *contact intime* avec l'être, s'y divisent en deux parts : les *matières immédiatement assimilées,* c'est-à-dire faisant partie intégrante de la substance vivante, et les *matières mises en réserve* que l'être utilisera suivant ses besoins. Or les réactions chimiques qui s'accomplissent incessamment dans la substance vivante nécessitent la consommation de combustible emprunté à cette substance même et produisent des *matières excrétées* que l'être rejette de suite et des *matières inutiles, localisées* en certains points.

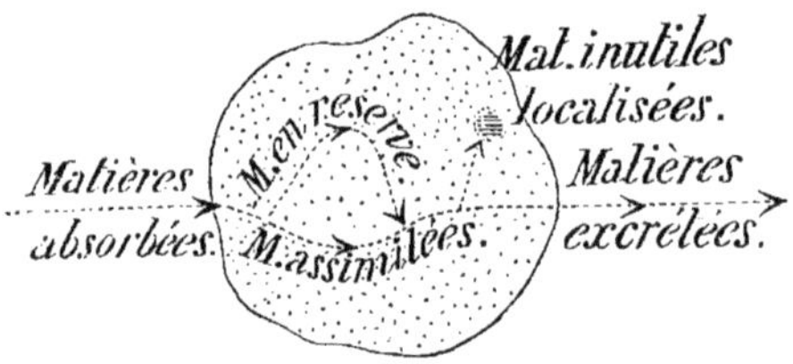

Fig. 2. — Schéma représentant le courant matériel à travers un être vivant.

Parmi les échanges matériels d'un être vivant avec le milieu ambiant, les uns sont *continus,* les autres *intermittents.* Ainsi un animal absorbe continuellement de l'oxygène (respiration) et, par intermittence, les aliments solides et liquides qu'il prépare en vue de l'absorption (digestion) ; de même, il rejette continuellement l'acide carbonique et la vapeur d'eau (respiration) et, par intermittence, les excréments solides et liquides (résidus de la digestion et de sécrétions diverses).

Des substances localisées, telles que tanins, résines, cristaux de silice et d'oxalate de calcium, etc., se rencontrent surtout chez les végétaux où elles semblent ne plus jouer de rôle dans la nutrition.

Conditions indispensables à l'entretien de la vie. — Parmi ces conditions, les unes dépendent de la constitution même de l'être ; les autres, de la composition du milieu dans lequel il se développe.

L'être vivant, formé d'une substance fondamentale complexe, le *protoplasme*, ne peut en modifier à son gré la composition et doit en subir les exigences ; *aussi est-il tenu de vivre dans un milieu approprié à ces exigences.*

Le milieu doit fournir au protoplasme l'*eau* et l'*oxygène*, indispensables aux manifestations de la vie, et des *radiations* (chaleur, etc.), qui sont la source du mouvement.

1° *Eau*. La vie est suspendue momentanément chez tout être vivant privé d'eau : anguillules du blé niellé, graines sèches (page 4). *L'absence prolongée d'eau entraîne avec elle la mort.* C'est ainsi que la plupart des plantes fourragères ont été tuées par la grande sécheresse de l'année 1893.

La perte d'eau éprouvée par le protoplasme (transpiration) doit être compensée par une absorption au moins égale à la perte.

2° *Oxygène*. Le protoplasme absorbe de l'oxygène dans le milieu ambiant ; *il meurt par privation d'oxygène ; il meurt aussi par excès de ce gaz.*

Certains êtres, en l'absence d'oxygène libre, puisent ce gaz dans des combinaisons chimiques dont ils provoquent la destruction. Ainsi la levure de bière, dans une dissolution sucrée, à l'abri de l'air, décompose le sucre pour y prendre l'oxygène nécessaire à son entretien ; elle produit une *fermentation* (fermentation alcoolique).

3° *Chaleur*. Quand on soumet un être vivant, dans son milieu d'élection, à des températures variées sur une large échelle, on remarque qu'il meurt au-dessous d'une température minimum t et au-dessus d'une température maximum T, mais qu'il ne donne signe de vie qu'entre des limites plus étroites : $t' > t$ et $T' < T$. Entre ces limites, il est doué de la plus grande énergie vitale à la température θ, dite *température optimum*.

	t'	θ	T'
Moutarde	0°,	27°,	37°.
Blé	5°,	29°,	42°.
Haricot	9°,	34°,	46°.

La température optimum θ est variable entre 10 et 35° pour la plupart des êtres vivants.

Des considérations précédentes nous pouvons conclure que :

L'énergie vitale d'un être est très grande, lorsque les conditions du milieu extérieur sont voisines des *optima* pour l'humidité, l'oxygène et la température (*vie active*);

L'énergie vitale d'un être est presque nulle, quand il est privé à peu près totalement d'humidité ou d'oxygène, et quand il vit dans un milieu à une température très basse ou très élevée, suffisante toutefois pour ne pas le tuer (*vie ralentie*). Alors l'être vit aux dépens de ses réserves (animaux hibernants : rongeurs, reptiles, etc...; arbres de nos contrées pendant l'hiver).

Un organisme peut passer par une foule d'états intermédiaires à la vie très active et à la vie très ralentie, en s'*accommodant* aux conditions climatériques qu'il est contraint de subir. Cette étude de la lutte contre les variations du milieu sera faite plus tard.

Distinction entre les animaux et les végétaux. — A ne considérer que les *animaux et les végétaux supérieurs*, il semble aisé d'établir une ligne de démarcation tranchée entre ces deux sortes d'êtres. Quel contraste entre l'animal impressionnable, libre de se déplacer dans l'espace et la plante impassible et fixée au sol au lieu même où elle mourra! Aussi traduisait-on ces différences de la manière suivante :

Les animaux sont sensibles et doués de mouvement, les végétaux sont immobiles et dépourvus de sensibilité.

On a remarqué aussi que les plantes possèdent une matière verte appelée *chlorophylle*, qu'on ne rencontre pas chez les animaux. Tandis que les animaux absorbent de l'oxygène dans l'air et y rejettent de l'acide carbonique, comme le font d'ailleurs les plantes, celles-ci présentent, en outre, un phénomène inverse à la lumière, grâce à la chlorophylle, c'est-à-dire qu'elles tirent l'acide carbonique de l'air, le décomposent dans leurs tissus où elles fixent le carbone, tandis qu'elles dégagent de l'oxygène : c'est l'*assimilation chlorophyllienne*.

On disait encore : *Les végétaux sont le siège de l'assimilation chlorophyllienne dont ne jouissent pas les animaux.*

Mais le microscope a révélé, dans la nature, l'existence d'une foule d'êtres inférieurs qui renversent la ligne de démarcation établie parmi les êtres vivants.

1° Ceux-ci ont, en effet, *un élément constitutif identique*, la *cellule*, que nous étudions plus loin;

2° *Alors que les végétaux supérieurs renferment de la chlorophylle, les Champignons forment un groupe important de plantes qui n'en possèdent pas ; l'Euglène, le Stentor, l'Hydre verte, les Planaires* (Vers inférieurs), au contraire, *et nombre d'autres animaux, sont pourvus de cette matière colorante.*

Si la plupart des plantes se nourrissent exclusivement de substances minérales empruntées au sol par leurs racines et à l'air par leurs feuilles, d'autres, telles que la *Dionée*, le *Drosera*, etc., sécrètent, comme les animaux, des sucs digestifs leur permettant de dissoudre les matières animales et d'en tirer profit.

3° *Il n'est pas davantage exact que la plante soit insensible et incapable d'effectuer des mouvements.* Les zoospores d'un grand nombre d'Algues, les anthérozoïdes des Mousses et des Fougères (fig. 3) sont doués d'un mouvement actif dans l'eau ; les folioles des feuilles de la *Sensitive*, du *Lupin*, du *Pois*, du *Robinier*, du *Trèfle oscillant*, etc., s'appliquent les unes contre les autres pendant la nuit et s'épanouissent à la lumière ; les parties jeunes des tiges, rameaux et feuilles des plantes supérieures se meuvent pour recevoir la lumière, l'humidité, etc., propices à leur développement.

Ces mouvements sont dus à ce que *la plante est irritable ;* la lenteur avec laquelle ils sont exécutés est la seule cause pour laquelle ils ont été si longtemps ignorés.

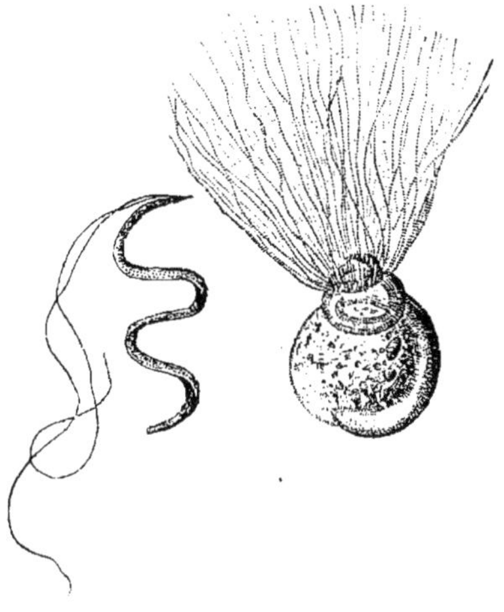

Fig. 3. — Anthérozoïdes d'une Muscinée (*Pellia*, à gauche) et d'une Cryptogame vasculaire (*Angiopteris*, à droite).

L'un des meilleurs caractères qu'on puisse invoquer pour distinguer les Végétaux des Animaux est la présence, chez les premiers, d'une substance appelée *cellulose* $(C^6H^{10}O^5)^n$, absente chez les animaux. Ce caractère lui-même n'est pas général.

En résumé, *aucune distinction absolue entre les Animaux et les Végétaux ne peut être formulée.* — Il existe un **règne organisé** dont les Amibes (p. 466) et les Myxomycètes sont les représentants les plus inférieurs, formant un tronc commun d'origine pour les Animaux et les Végétaux supérieurs (fig. 4).

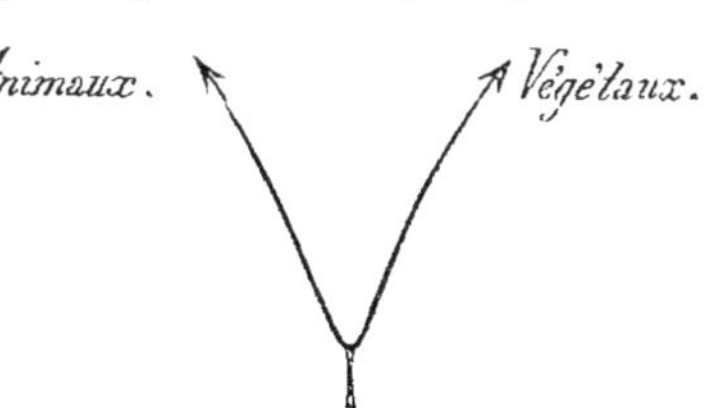

Fig. 4. — Règne organisé.

CHAPITRE II

DE LA CELLULE

La cellule est l'élément fondamental de tout être vivant. Elle comprend :

1° Le *protoplasme*, partie essentielle, vivante, de nature albuminoïde (albumine : $C^{250}H^{409}Az^{67}O^{84}$) avec de nombreuses granulations et des produits divers (gouttelettes graisseuses, glycogène, etc.) résultant de son activité ;

2° Le *noyau*, originaire du protoplasme, dans lequel il occupe une position quelconque ;

3° La *membrane azotée*, résultant de la condensation du protoplasme à la périphérie de la cellule.

Chez la plupart des végétaux, une seconde membrane de nature pectique ou celluloso-pectique (cellulose et principes pectiques) entoure la membrane azotée.

4° Des *leucites*, de forme et de couleur variables, se rencontrent chez les plantes où ils jouent un rôle précieux dans la nutrition.

Toute cellule dépourvue de protoplasme est morte
Parfois, le noyau n'est visible qu'après traitement de la cellule par des réactifs appropriés : tel est le cas pour les globules blancs du sang additionnés d'eau ou d'une trace d'acide acétique. Une même cellule peut aussi renfermer plusieurs noyaux. cellules cartilagineuses, laticifères d'Ortie (fig. 5) ; certaines algues filamenteuses, comme la Vauchérie, ont un protoplasme *continu* avec une multitude de noyaux.

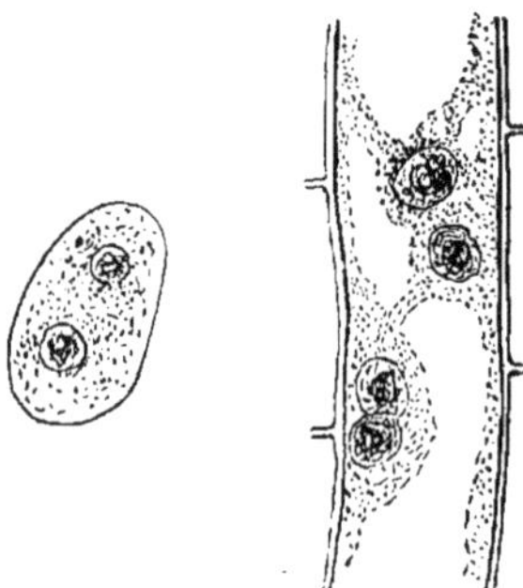

Fig. 5.— Cellules à plusieurs noyaux; à droite, portion d'une cellule laticifère d'Ortie.

Quant à la membrane azotée, elle est visible d'autant plus nettement que la condensation périphérique du protoplasme est plus accentuée. Les Amibes (fig. 20, A) n'ont pas de membrane; la cellule qui les compose peut se déformer facilement et pousser tout autour d'elle des prolongements destinés à capter les menus objets en suspension dans l'eau.

TABLEAU II.

De la cellule.

Sa composition
- *Protoplasme;* il existe dans toute cellule vivante.
- *Noyau.*
- *Membrane* : azotée (tous les Êtres vivants). / celluloso-pectique (Végétaux seulement).
- Leucites et suc cellulaire (Végétaux).

I. — Protoplasme.

Son état physique. — Structure réticulée : *Réseau cellulaire vivant,* contractile, non soluble dans l'eau, englobant un *liquide cellulaire.*

Ses propriétés chimiques : coagulable par la chaleur, l'alcool, etc., comme toute matière albuminoïde.

Ses propriétés physiologiques.

La motilité *du protoplasme favorise sa* nutrition.

(*a*) Cellule sans membrane : prolongements protoplasmiques (leucocytes du sang, Amibes).

(*b*) Cellule avec membrane : déplacement total du corps (Infusoires).

(*c*) Cellules associées : protoplasme et *milieu intérieur* nutritif en mouvement.

Effets de la nutrition.
- *Assimilation.* (a) : Production de matière organisée par voie de *réduction.*
- *Désassimilation.* (b) : *Oxydation* de la matière organisée.
  - $a > b$ Croissance de l'être.
  - $a = b$ État stationnaire.
  - $a < b$ Dépérissement et mort.

II. — Noyau
- *Filament nucléaire* enroulé.
- *Liquide nucléaire. Nucléoles.*

Sphère directrice dans le protoplasme, très voisine du noyau.

Multiplication cellulaire par division
- directe
  - *Scissiparité* (Bacilles du choléra).
  - *Bourgeonnement* (Levure de bière).
- indirecte : *Karyokinèse.*

Structure du protoplasme. — Le protoplasme est formé d'un *réseau cellulaire, h* (fig. 7), dans les mailles duquel se trouve le *liquide cellulaire, p,* substance fluide, transparente et homogène.

Le *réseau cellulaire* est formé par un ou plusieurs filaments de granulations (*microsomes*) disposées bout à bout comme les grains d'un chapelet; ces filaments s'enchevêtrent de toutes manières et rappellent en quelque sorte une substance spongieuse englobant le *liquide cellulaire.* Celui-ci, extrait du réseau par une légère pression, difflue dans l'eau, l'absorbe et y disparaît rapidement.

Propriétés physiques. — *Le réseau cellulaire est la partie vivante et contractile du protoplasme,* auquel il donne une consistance ferme ou molle, suivant que ses mailles sont plus ou moins étroites.

Il est perméable à l'eau, ne se mélange pas avec elle; les phénomènes intimes de la nutrition s'y accomplissent.

À la périphérie du corps d'un Infusoire, les mailles très serrées constituent l'*ectoplasme*, *ect*, couche contractile et plus résistante que l'*entoplasme* sous-jacent à larges mailles, *end*.

Propriétés chimiques. — Le protoplasme vivant est un groupement de substances albuminoïdes, ternaires et minérales, avec 75 p. 100 d'eau environ: sa réaction est *alcaline*. À chaque instant il est modifié par l'activité vitale de l'être qu'il constitue. Toutefois il est *coagulable* par la chaleur, l'alcool, etc., comme les matières albuminoïdes; la coagulation en entraîne la mort; il possède alors une grande affinité pour les *matières colorantes*.

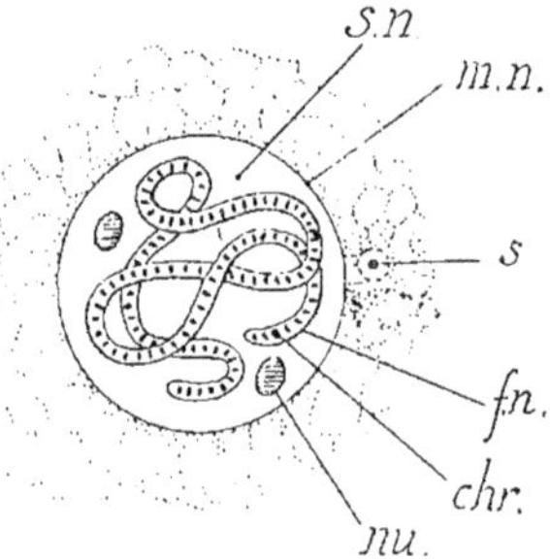

Fig. 6. — **Structure du Noyau.** — *m. n*, membrane nucléaire; *s. n*, suc nucléaire; *f. n*, filament nucléaire; *chr*, chromosomes; *nu*, nucléoles; *s*, sphère directrice. — On a représenté, autour du noyau, la structure réticulée du protoplasme.

Fig. 7. — Portion du protoplasme d'un Infusoire cilié. — *h*, réseau cellulaire dont les mailles sont remplies de liquide cellulaire, *p*; *ect*, ectoplasme; *end*, entoplasme.

Propriétés physiologiques. — Les variations du protoplasme sont dues au courant matériel dont nous avons parlé (page 4).

Le protoplasme se **nourrit**; *la propriété qu'il a de se mouvoir* (motilité) *favorise sa nutrition.*

1° *Modes de nutrition du protoplasme.* — (*a*) Si la membrane d'enveloppe est absente ou très ténue, le protoplasme se déforme lentement, pousse des prolongements amiboïdes dans lesquels s'engage peu à peu toute la masse protoplasmique. Ces changements de forme sont faciles à observer chez les cellules migratrices de la lymphe (fig. 8), chez des êtres libres comme les Amibes (fig. 20).

(*b*) Les Infusoires (unicellulaires) ont une membrane résistante qui assure la fixité de leur forme; ne pouvant pousser de prolongements amiboïdes pour chercher leur nourriture, ils doivent, en général, se déplacer dans l'eau. Leur membrane possède des cils vibratiles particulièrement bien développés au voisinage d'un orifice, *Cy* (fig. 8 *bis*), par lequel pénètrent toujours les corpuscules alimentaires. Si l'animal est au repos, le jeu des cils vibratiles assure la circulation de l'eau autour de lui et particulièrement près de son orifice buccal.

(c) Chez les êtres pluricellulaires, où la plupart des cellules sont à poste fixe, le protoplasme est également mobile dans la cellule (fig. 8 *ter*); mais comme celle-ci ne peut être *directement* en contact avec le milieu extérieur, elle se nourrit aux dépens d'un *milieu intérieur* liquide, constamment en mouvement (sang des animaux, sève des plantes).

2° *Phénomènes intimes de la nutrition.* — Soit une cellule libre dans l'eau, une Amibe

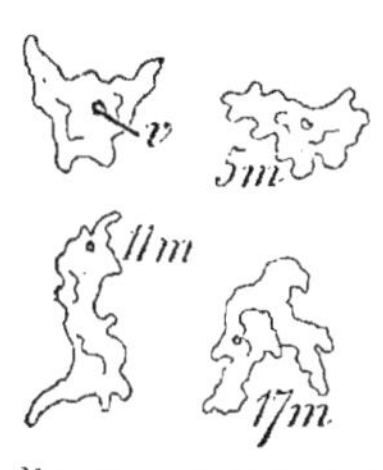

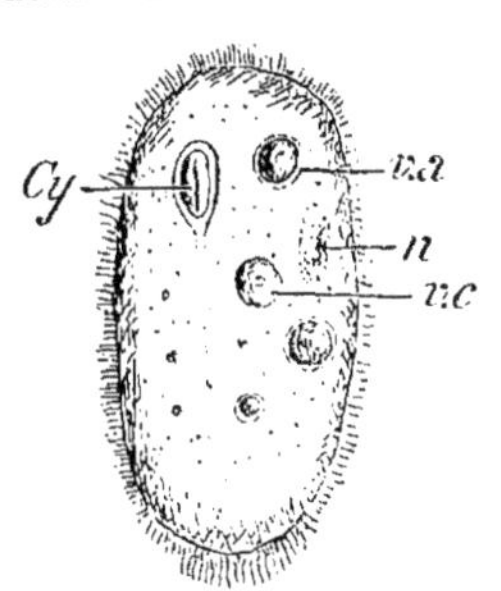

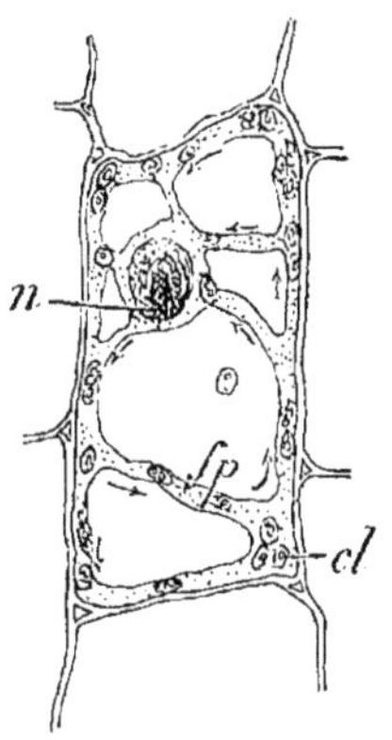

Fig. 8. — Cellule de la lymphe en migration; *v*, vacuole; 5 *m*, 11 *m*, 17 *m*, déformations successives de la même cellule observées au bout de 5, 11, 17 minutes.

Fig. 8 *bis*. — Infusoire cilié (*Cyrtostomum leucas*). *Cy*, cytostome; *n*, noyau; *v.c.* vésicule contractile; *v.a*, vacuole alimentaire.

Fig. 8 *ter*. — Cellule de la feuille d'*Elodea* montrant le noyau, *n*, le protoplasme vacuolaire avec des filaments, *fp*, et des chloroleucites, *cl*. Les flèches indiquent le sens du mouvement protoplasmique.

par exemple; elle y absorbe *constamment* de l'oxygène. Cette oxydation devrait avoir une fin, car la quantité de substance oxydable de la cellule est limitée; mais l'eau renferme, soit en dissolution soit en suspension, des corps qui s'incorporent à la cellule et renouvellent sa provision de substance oxydable.

Outre ce phénomène d'oxydation, il s'accomplit bien d'autres échanges entre la cellule et le milieu où elle vit : les uns sont des phénomènes de destruction de la substance protoplasmique [*désassimilation*]; les autres sont des phénomènes de réparation protoplasmique [*assimilation*].

Leur résultante concourt : à la croissance de la cellule, quand l'assimilation surpasse la désassimilation; — à l'état stationnaire, quand l'assimilation égale la désassimilation; — au dépérissement, quand l'assimilation est inférieure à la désassimilation.

REMARQUE. — Les mouvements de la cellule sont la conséquence des réactions chimiques qui se produisent entre son protoplasme et le milieu ambiant :
On a pu *arrêter les mouvements* de certains Rhizopodes pendant 24 heures,

en supprimant l'oxygène autour d'eux ; leurs mouvements se sont manifestés aussitôt que le milieu a reçu de l'oxygène.

Tout facteur capable d'influer sur les réactions chimiques du protoplasme provoquera, par cela même, des mouvements de la cellule ; parmi ces facteurs, citons la lumière, la chaleur, l'électricité et des substances chimiques diverses.

Structure du noyau. — Le noyau (fig. 6) comprend : une membrane d'enveloppe (*membrane nucléaire, m.n*) ; un contenu clair (*suc nucléaire, s.n*) ; un réseau formé par un filament contourné (*filament nucléaire, f.n*), pourvu de grains de *chromatine* ou *chromosomes* qui retiennent avec énergie le vert de

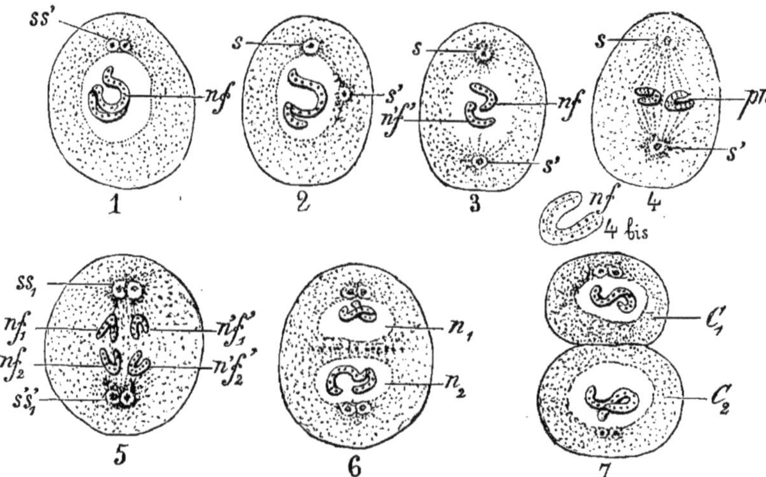

Fig. 9. — Division du noyau (fig. schématique). — 1, cellule dont le noyau contient le filament nucléaire, *nf* (fragment) ; la sphère directrice est dédoublée, *ss'*. — 2, les sphères directrices, *ss'*, se séparent et le filament se déroule. — 3, sphères directrices opposées ; apparition du fuseau et fragmentation du filament qu'on suppose divisé seulement en 2 anses, *nf, n'f'*. — 4, les anses nucléaires, orientées suivant une *plaque nucléaire* équatoriale, se dédoublent (4 *bis*) ainsi que les sphères directrices. — 5, les anses jumelles, *nf₁*, *nf₂*, se portent chacune vers l'un des pôles opposés, formés par les sphères dédoublées. — 6, soudure des anses en un filament unique à chaque pôle : *n₁, n₂*, noyaux jeunes. — 7, deux cellules, *C₁* et *C₂*, ont pris naissance.

méthyle. On y remarque en outre des *nucléoles, nu,* petits corps paraissant constitués par des matériaux de nutrition.

A l'extérieur du noyau et appliquée contre lui est une petite *sphère directrice, s,* très difficilement visible.

Rôle du noyau dans la nutrition de la cellule. — Un Protozoaire [Amibe, Foraminifère, Infusoire], placé dans un milieu nutritif convenable, est le siège de réactions chimiques dont l'ensemble concourt à la *synthèse de matière organisée,* propre à l'entretien et à l'accroissement de cette cellule vivante. *Cette assimilation n'a lieu que dans un protoplasme pourvu de noyau.*

Coupons en deux une Gromie (fig. 454), par exemple, de telle sorte que le fragment *a* comprenne tout le noyau ; le fragment *b* en sera donc dépourvu : en peu de temps, la *partie nucléée a* se régénérera entièrement et reprendra la forme normale de l'individu complet; la partie non nucléée *b* se détruira peu à peu, par suite de l'absence d'assimilation.

Découpe-t-on, dans le corps d'un Infusoire, des fragments tels que chacun d'eux contienne des *portions différentes de protoplasme et de noyau*? chacun des segments reconstituera un Infusoire complet, avec une rapidité à peu près indépendante de la quantité de substance protoplasmique et nucléaire qui lui avait été préalablement attribuée.

Multiplication cellulaire. — Quand la cellule vivante, par suite d'une nutrition abondante, a atteint son maximum de développement, elle se multiplie, elle se *segmente* et donne lieu à deux cellules nouvelles qui, bientôt égales à leur mère, se dédoublent à leur tour. D'une cellule primordiale procèdent ainsi 2, 4, 8, 16... cellules.

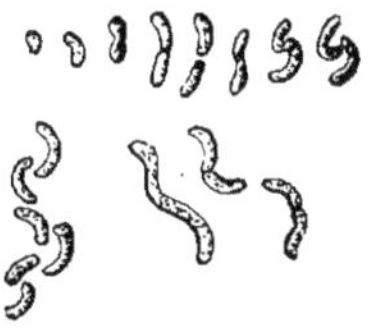

La division cellulaire est *directe* ou *indirecte*.

1° Dans la **division directe**, la structure intime du protoplasme et du noyau se modifie peu; un étranglement progressif partage la cellule en deux parties égales (*scissiparité*, fig. 10) ou inégales (*bourgeonnement*, fig. 11).

Fig. 10. — Diverses formes que présente le bacille du choléra dans son accroissement et sa division cellulaire.

2° La **division indirecte** ou **karyokinèse** présente une série de phénomènes intéressants.

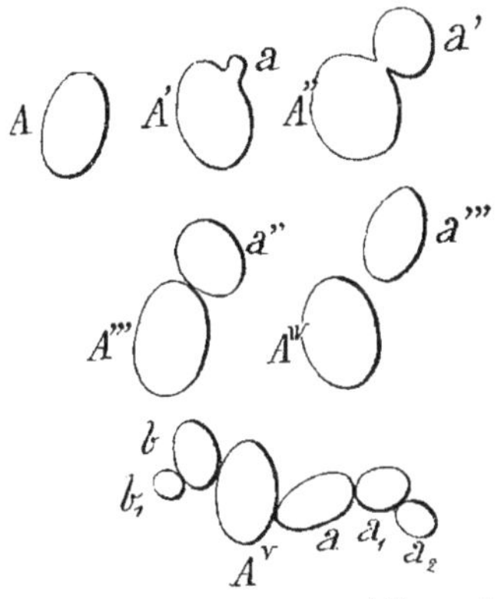

Le signal de la division cellulaire est donné par les sphères directrices, *ss'* (fig. 9, **1**) qui, presque accolées au noyau, se placent aux extrémités d'un même diamètre.

La membrane du noyau disparaît (**2**); par pénétration réciproque des substances du protoplasme et du noyau, se forme le *fuseau nucléaire* constitué par des filaments hyalins très délicats, s'étendant de l'une à l'autre des sphères directrices. Ces dernières sont les pôles du fuseau.

En même temps le filament nucléaire, primitivement en peloton serré, se déroule, se raccourcit en s'élargissant, puis se divise en un nombre donné de fragments (*anses*) orientés d'abord d'une manière quelconque (**3**). Les anses nucléaires se rassemblent dans le plan équatorial du noyau; forment la *plaque nucléaire* (**4**) et se divisent longitudinalement chacune en deux (**4** *bis*), pendant que se dédoublent les sphères

Fig. 11. — Bourgeonnement d'une cellule de Levure de bière. — *a, a', a''*, états successifs du bourgeon devenu indépendant en *a'''*.

directrices en *ss* et *s's'* (**5**). Chaque anse nucléaire a donné deux anses jumelles dont l'une se dirige vers l'un des pôles du fuseau et l'autre au pôle opposé.

Lorsque toutes les anses se rendant à un même pôle y sont parvenues, elles se soudent bout à bout et constituent un noyau jeune (n_1, n_2, **6**).

Ainsi deux noyaux coexistent dans la cellule primitive, chacun avec deux sphères directrices nouvelles qui se fusionnent. Les filaments du fuseau disparaissent, une membrane azotée se développe ordinairement entre les noyaux jeunes et donne deux cellules distinctes, C_1, C_2 (**7**), formées à la place et aux dépens de la cellule primitive.

Tout être vivant pluricellulaire provient d'un œuf ou d'une spore. — L'*œuf* résulte de la combinaison de deux protoplasmes originaires d'êtres semblables; la *spore* provient de tout ou partie du protoplasme d'une seule cellule. En un mot, *l'œuf émane de deux êtres, la spore tire son origine d'un être seulement.* Œuf et spore ont un protoplasme doué d'une grande activité vitale et très riche en matières nutritives, surtout azotées (vitellus nutritif).

L'œuf primitif engendre un être pluricellulaire composé de trois feuillets : ectoderme, mésoderme et entoderme, d'où dériveront toutes les parties de l'être, même le plus complexe comme organisation. Chacune de ces parties est composée alors de cellules caractérisées par des formes et des propriétés différentes (*différenciation cellulaire*).

FEUILLETS   LEURS DÉRIVÉS

Ectoderme : Épiderme, Système nerveux et organes des sens.
Mésoderme : Squelette, Systèmes musculaire et vasculaire, Conjonctif.
Entoderme : Tube digestif et ses dérivés.

La différenciation cellulaire a pour conséquence la division du travail physiologique. — Le protoplasme des êtres unicellulaires est chargé de remplir plusieurs fonctions qui, chez les êtres supérieurs pluricellulaires, sont attribuées à des groupes de cellules *appropriées.*

Or un ermite, chargé de subvenir à tous ses besoins, se fait tour à tour agriculteur, mécanicien, bûcheron, tisserand, etc., et ne joue qu'imparfaitement ces rôles; tandis que, dans une société organisée, chaque genre de travail, confié à des artisans spéciaux, est accompli avec toute la perfection désirable.

Ainsi, chez les êtres supérieurs, contrairement aux Bactéries, aux Amibes, etc., l'application du principe économique de la *division du travail physiologique* assure le fonctionnement parfait de chaque organe considéré seul, aussi bien que de l'association entière.

En revanche, à cause de la solidarité qui existe entre toutes les parties d'un organisme élevé, si l'un quelconque des groupements fonctionnels subit une sérieuse altération, l'harmonie du travail de l'association est troublée, la sécurité de l'être compromise et son existence menacée.

ANATOMIE ET PHYSIOLOGIE
ANIMALES

CHAPITRE PREMIER

NOTIONS D'HISTOLOGIE ANIMALE.- TISSUS

Les cellules différenciées en vue de fonctions diverses, dont se composent les animaux pluricellulaires, ne sont pas éparses dans leur corps, mais groupées en *tissus*.

M. Ranvier divise les tissus en quatre groupes :

1° Ceux dont les cellules libres flottent dans une substance unissante liquide très abondante : tels sont le *sang rouge* et le *sang lymphatique;*

2° Ceux dont les cellules sont soudées les unes aux autres par une substance unissante peu abondante : *tissu épithélial* ou *épithéliums;*

3° Ceux dont la substance intercellulaire est très abondante : *tissu conjonctif proprement dit, tissu cartilagineux, tissu osseux* (ces deux derniers sont des formes particulières du tissu conjonctif);

4° Ceux dont les cellules sont profondément modifiées et presque méconnaissables : *tissu musculaire, tissu nerveux.*

Sang. — Ce tissu, jouant un rôle fondamental dans la nutrition de l'être vivant, exige une étude approfondie dont la place est tout indiquée au chapitre de la circulation. Nous pouvons dire toutefois qu'il est formé de cellules vivantes, *globules rouges et blancs*, nageant dans un liquide appelé *plasma*.

Tissu épithélial. — Les *épithéliums* sont des membranes qui revêtent les surfaces libres et toutes les cavités du corps; ils recouvrent donc la peau (fig 12, C.), pénétrant dans ses moindres replis, conduits et culs-de-sac glandulaires (fig. 12, B, B' et fig. 13); ils forment la surface interne du tube digestif, la cavité du cœur et celle des vaisseaux.

Les cellules composant les épithéliums sont juxtaposées, soudées les unes aux autres par un ciment peu épais en général; elles ont des formes diverses et sont disposées suivant une ou plusieurs couches On a classé les épithéliums en se basant sur ces caractères.

1° *Nombre de couches cellulaires.* — Les épithéliums *simples* sont formés d'une seule couche de cellules (fig. 12, A) (épithélium pulmonaire, épithélium de l'estomac, A'); les épithéliums *stratifiés* comprennent plusieurs couches de cellules (épiderme, *ep*, C, épithélium de la bouche, du pharynx, etc.).

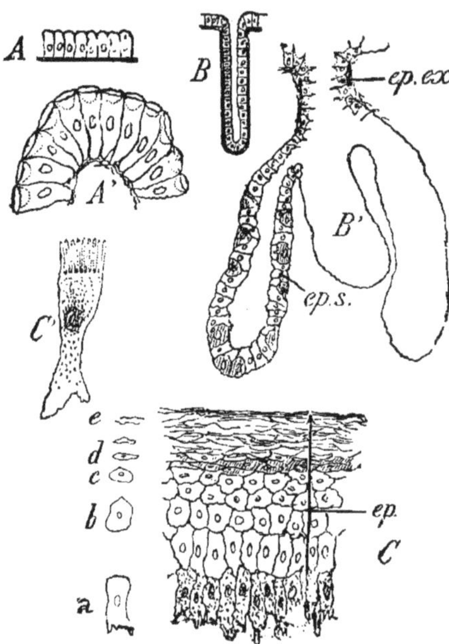

Fig. 12. — Tissu épithélial. A, A', B, B', épithélium simple. C, épithélium stratifié. A', épithélium de l'estomac, formé de cellules caliciformes. B, glande de Lieberkühn (intestin). B' coupe (un peu schématisée) d'une glande gastrique (estomac); *ep. ex.*, épithélium formé de cellules caliciformes tapissant le canal excréteur; *ep. s.*, épithélium sécréteur formé de cellules claires et de cellules granuleuses (à pepsine). C, *ep*, épiderme recouvrant toute l'étendue de la peau; *a*, cellules dentelées, actives, placées le plus profondément; *b, c, d, e*, modifications éprouvées par ces cellules à mesure qu'elles deviennent plus superficielles. C', cellule vibratile (les cils en ont été exagérés à dessein).

2° *Forme des cellules.* — L'épithélium est dit *cylindrique* (A, B, B') quand la couche superficielle est formée de cellules allongées, aplaties latéralement les unes contre les autres (épithélium de l'estomac A' et de l'intestin); il est *pavimenteux* quand les cellules superficielles sont très aplaties (bouche, pharynx); il est

Tableau III.

Des tissus.

TISSUS FORMÉS DE

Cellules libres dans une substance unissante liquide.

Sang.
- *Globules blancs et globules rouges.*
- Plasma.

Cellules soudées par une substance peu abondante.

Tissu épithélial (fig. 12 et 13)

- formé de 1 couche cellulaire....... *Épithélium simple.*
- formé de plusieurs couches........ — *stratifié.*

à cellules superficielles.
- cylindriques. *Épithélium cylindrique.*
- ciliées. .... — *vibratile.*
- aplaties..... — *pavimenteux.*

Fonctions.
- Épithéliums de revêtement (protecteurs).
- — glandulaires (sécréteurs).

Cellules soudées par une substance très abondante.

Tissu conjonctif

proprement dit.
- Formé de *cellules conjonctives plates*, de *faisceaux de fibrilles conjonctives* et de *fibres élastiques.*
- *Tissu muqueux* (substance fluide).
- — *tendineux* (fibres élastiques).
- — *adipeux* (cellules graisseuses).

cartilagineux.
- *Cellules cartilagineuses.*
- Capsules cartilagineuses.
- Substance interstitielle (chondrine).

osseux.
- Substance osseuse.
  - *Cellules osseuses* ou *ostéoblastes.*
  - Matière interstitielle : Osséine et sels calcaires.
- Périoste.
- Moelle des os.

Fonctions.
- Rôle mécanique : Soutien des organes.
- Rôle nutritif : Vaste réservoir lymphatique où baignent tous les organes.

Cellules modifiées profondément.

Tissu musculaire (fig. 17).
- *Fibre lisse.*
- *Fibre striée.*
- *Fibre cardiaque.*

Muscles
- de la vie animale (contraction volontaire).
- — organique (contraction involontaire).

Tissu nerveux (fig. 18).
- *Cellules nerveuses ou neurones.*

Fibres nerveuses
- à myéline.
- de Remak.

Nerfs
- de la vie animale.
- — végétative.

vibratile lorsque les cellules superficielles (C′) sont terminées par un plateau supportant des cils vibratiles, prolongements du protoplasme (épithélium de la trachée, des bronches, des fosses nasales, etc.).

Dans l'épithélium stratifié C (fig. 12) qui constitue la peau, les cellules profondes *a* sont cylindriques, granuleuses et très actives; puis à mesure qu'on s'approche de la surface, les cellules de plus en plus aplaties *b*, *c*, *d* perdent leur protoplasme, s'incrustent de *kératine* et se réduisent à un squelette *e* qui se détache de la peau sous forme de pellicules blanches souvent abondantes dans la tête.

Fonctions des épithéliums. — On appelle *épithéliums de revêtement* ceux qui recouvrent et protègent les surfaces libres du corps, réservant le nom d'*épithéliums glandulaires* à ceux qui pénètrent dans les *glandes* formées par ces surfaces (fig. 12, B, B′ et fig. 13); ces glandes sont chargées d'extraire certaines substances du sang qui les alimente Les cellules qui revêtent les cavités de ces glandes sont toutes de même forme (glande de Lieberkühn, B), ou les unes cylindriques (dans le canal excréteur, B′, *ep ex*), les autres irrégulières dans la région profonde (B′, *ep. s.* et fig. 13, C.*s*).

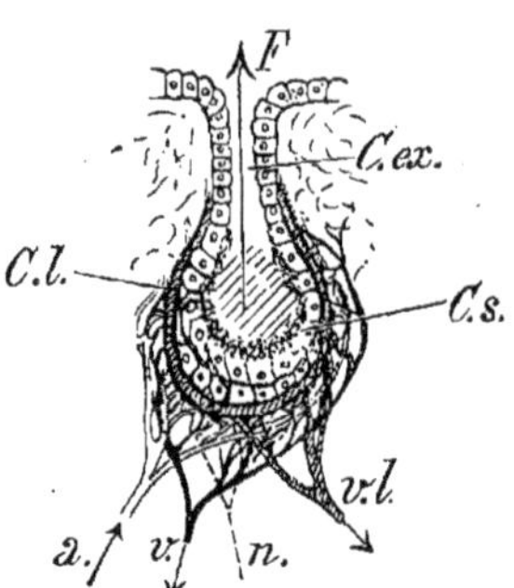

Fig. 13. — Coupe schématique d'une glande. C.*s*, région des cellules sécrétrices; C. *ex*, conduit excréteur : *a*, artère ; *v*, veine ; *v.l*, vaisseau lymphatique (vaisseaux dans lesquels circule le sang qui nourrit la glande); C.*l*. gaine lymphatique (représentation absolument théorique); *n*, nerf. La flèche *F* indique la direction suivie par la substance excrétée.

Tissu conjonctif proprement dit.

— Ce tissu enveloppe tous les organes qu'il relie entre eux et les réduit à une immobilité relative. Il constitue le derme de la peau, les aponévroses des muscles, les tendons, les ligaments, etc.; la membrane sur laquelle reposent les cellules épithéliales et glandulaires est formée de tissu conjonctif.

Les éléments du tissu conjonctif (fig. 14) sont au nombre de trois :

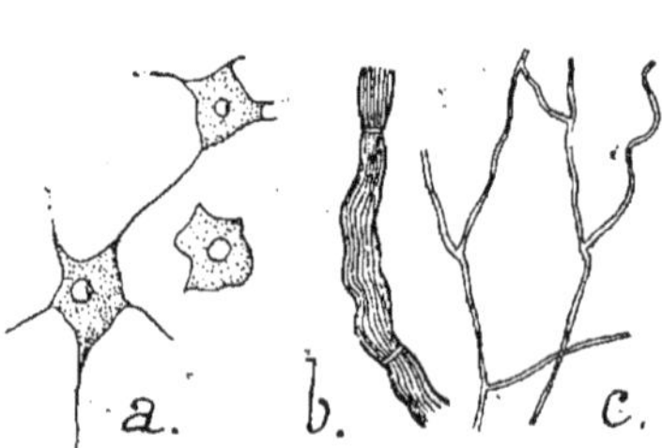

Fig. 14. — Éléments du **tissu conjonctif**. — *a*, cellules plates. — *b*, faisceaux de fibrilles. — *c*, fibres élastiques.

1° des *cellules conjonctives plates*, *a*, de diverses formes;

2° des faisceaux, *b*, de *fibrilles conjonctives* très ténues qui leur donnent une apparence striée [ces faisceaux munis d'étranglements sont entourés d'une gaine];

3° des *fibres élastiques* brillantes, *c*, contournées et formant des réseaux.

A son origine, le tissu conjonctif est entièrement constitué par des cellules ramifiées séparées par une substance intercellulaire liquide : c'est le *tissu muqueux*. Ce tissu présente plus tard des faisceaux connectifs, soit parallèles (*tissu tendineux*), soit entrecroisés dans toutes les directions (*tissu conjonctif lâche*) et englobant parfois des cellules adipeuses (*tissu adipeux*).

Tissu adipeux. — La figure 14 *bis* montre les *cellules adipeuses* avec quelques gouttelettes petites en *a*, plus nombreuses et plus grosses en *b*, se soudant en *c*, et remplissant totalement en *d* les cellules dont le protoplasme, *p*, et le noyau, *n*, ont été refoulés à la périphérie. La graisse est ainsi élaborée par la cellule.

Ce *tissu adipeux*, abondant dans la partie profonde de la peau, autour du cœur, du hile du rein, dans le péritoine, etc., joue un rôle mécanique et sert de tissu de réserve.

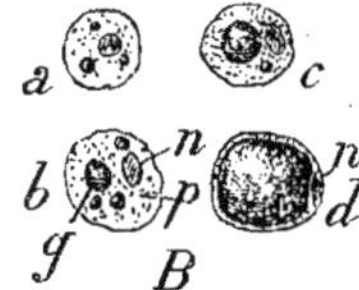

Fig. 14 *bis*. — *a, b, c, d*. — Stades successifs de l'accumulation de la graisse dans une cellule adipeuse.

Tissu cartilagineux. — Ce tissu forme le squelette permanent des Poissons cartilagineux, et passagèrement celui des Poissons osseux et des autres Vertébrés; l'extrémité déformable du nez, les paupières de l'Homme renferment des cartilages; les surfaces d'articulation des os en sont pourvues.

Le tissu cartilagineux est formé de *cellules cartilagineuses* (fig. 15), généralement ovales, noyées dans une substance fondamentale qui, par ébullition prolongée dans l'eau, s'y transforme en *chondrine* soluble et gélifiable par refroidissement.

Les cellules cartilagineuses, d'abord indépendantes (*a*), peuvent se multiplier (*b*, puis *c*) pour constituer des familles de 2, 4, 8 cellules enveloppées dans une capsule cartilagineuse sécrétée par ces cellules elles-mêmes, et de même nature que la matière intercellulaire, *m. int*.

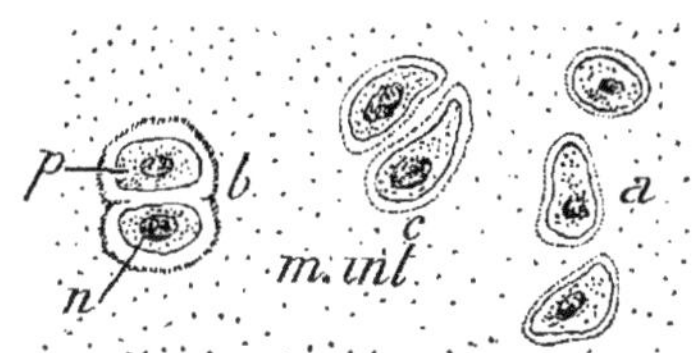

Fig. 15. — **Tissu cartilagineux**. *a*, cellules indépendantes; *b*, segmentation d'une cellule; les deux cellules jeunes sont encore comprises dans la même capsule cartilagineuse; en *c*, la matière interstitielle, *m.int*, les a séparées.

Tissu osseux. — Le squelette osseux des Vertébrés en est tout entier formé.

Un os présente à considérer trois parties, qui sont de dehors en dedans : le *périoste*, membrane fibreuse; la *substance osseuse* proprement dite; la *moelle de l'os*, masse adipeuse jaunâtre.

Le tissu osseux (fig. 16, A) est constitué par des *cellules osseuses* nues ou *ostéoblastes*, *ost*, présentant de nombreux prolongements protoplasmiques; elles sont logées dans des cavités de forme très irrégulière (*ostéoplastes*, anciens corpuscules osseux), creusées dans la substance interstitielle.

Cellules osseuses. — Les protoplasmes des ostéoblastes communiquent entre eux par leurs prolongements, et aussi avec des *canaux de Havers, H*, plus ou moins ramifiés, distribués irrégulièrement dans la substance osseuse.

Les cellules osseuses sont disposées : 1° en lamelles concentriques (B et C) autour des canaux de Havers qui renferment les

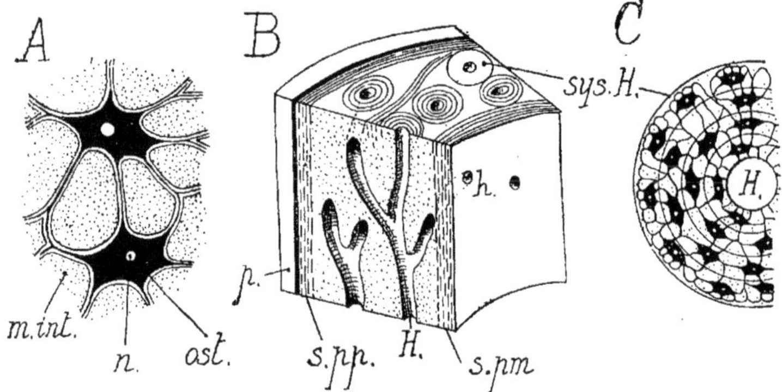

Fig. 16. — **Tissu osseux.** — A, section mince d'un os montrant les ostéoblastes, *ost*, et la matière interstitielle. *m.int*; *n*, noyau. — B, coupe montrant les canaux de Havers, *H*, et leurs anastomoses, *h*; *s.pp*, *s.pm*, systèmes de lamelles périphériques et périmédullaires : *p*, périoste. — C, un système de Havers, *sys. H.*

vaisseaux sanguins nourriciers et les fibres nerveuses provenant de la moelle et du périoste de l'os (systèmes de Havers);

2° en deux systèmes continus de lamelles disposés l'un sous le périoste, l'autre autour de la moelle osseuse (système périphérique, *s.pp*, et système périmédullaire, *s.pm*).

Grâce à leurs anastomoses nombreuses particulièrement visibles dans la figure C, les ostéoblastes d'un même système de Havers sont le siège d'échanges nutritifs plus ou moins actifs.

Matière interstitielle. — Cette substance est formée de matière organique (*osséine*) incrustée de sels calcaires (*phosphate, carbonate et fluorure de calcium*).

Pour préparer l'osséine, on traite un os par l'acide chlorhydrique froid et étendu d'eau ; la substance minérale se dissout peu à peu. La matière organique isolée, molle et élastique, conserve la forme générale de l'os ; sous l'action prolongée de l'eau bouillante, elle se transforme en *gélatine*.

L'os, calciné au contact de l'air, donne au contraire comme résidu la matière minérale, par suite de l'oxydation de l'osséine.

Périoste. — C'est une membrane fibreuse (B, *p*) qui constitue une gaine autour de l'os auquel elle est unie par une série de fibres connectives (fibres de Sharpey).

Dans la partie la plus interne du périoste sont logés des vaisseaux sanguins qui, après y avoir parcouru un certain trajet, s'incurvent dans l'os et pénètrent dans un canal de Havers.

La couche sous-périostique est la couche ostéogène ; c'est là que les *ostéoblastes*, en voie de multiplication active, s'entourent peu à peu de la matière interstitielle qu'ils sécrètent eux-mêmes; ils deviennent partie intégrante de la substance osseuse.

Moelle des os. — De même que la substance osseuse s'organise constamment sous le périoste, de même elle se résorbe intérieurement ; l'espace qui en résulte est occupé par des cellules diverses (cellules adipeuses surtout, cellules lymphatiques et ostéoblastes *se transformant en globules rouges* et en cellules à noyaux multiples). Des vaisseaux sanguins et des nerfs s'y ramifient abondamment.

Fonctions du tissu conjonctif. — Le tissu conjonctif joue dans l'organisme un rôle double : rôle mécanique et rôle nutritif.

Son *rôle mécanique* est de former la charpente qui soutient les organes du corps.

Son *rôle nutritif* est manifeste : toutes les mailles du réseau conjonctif, les cavités séreuses, les vaisseaux chylifères et lymphatiques communiquent entre eux et forment un vaste réservoir rempli d'un liquide blanc, toujours en mouvement, la *lymphe*, qui baigne et enveloppe tous les organes du corps.

La lymphe, ou *sang lymphatique*, est en effet *le véritable milieu intérieur avec lequel nos organes sont dans le rapport le plus intime.*

Tissu musculaire. — Il forme les muscles destinés, par leur *contractilité*, à faire mouvoir la charpente du corps.

Toutefois, c'est moins par la contractilité que par la structure intime de ses éléments que le tissu musculaire peut être reconnu.

M. Ranvier classe les muscles en :

Muscles à contraction involontaire et lente (intestins, artères);

Muscles à contraction involontaire et brusque (cœur);

Muscles à contraction volontaire (membres, paroi du thorax).

Existe-t-il entre les éléments qui composent ces diverses sortes de muscles des différences importantes ?

Les éléments du muscle sont les *fibres musculaires* faciles à obtenir en déchirant la capsule conjonctive ou *aponévrose* qui entoure le muscle.

On les divise en *fibres musculaires lisses* et *fibres musculaires striées*, correspondant aux *muscles lisses* (muscles de la vie organique) et aux *muscles striés* (muscles de la vie animale).

Le *muscle cardiaque* a une structure spéciale.

1° *Fibre musculaire lisse* (fig. 17, L). — Les fibres d'un muscle de l'intestin, par exemple, sont des cellules fusiformes nues, ayant 40 à 200 μ de longueur, avec un protoplasme granuleux et un noyau central allongé. Dans le réseau formé par le protoplasme se trouvent des *fibrilles* homogènes, *f*, entièrement contractiles et dessinant des stries longitudinales. Ces fibres musculaires lisses s'appellent aussi *fibres-cellules*.

2° *Fibre musculaire striée* (S). — Les fibres détachées d'un

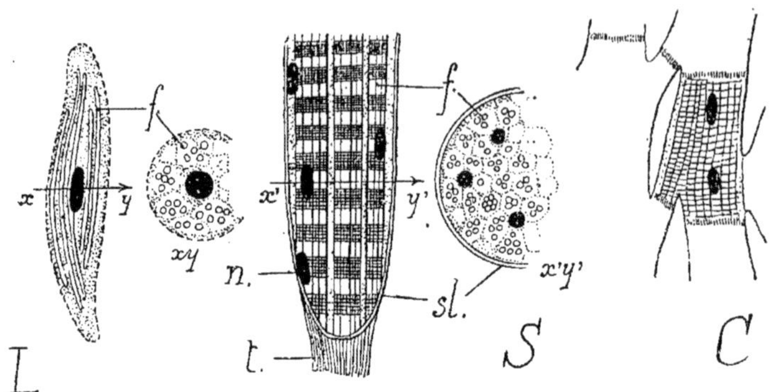

FIG. 17. — Tissu musculaire. — L, fibre lisse; *f*, fibrilles; *xy*, coupe transversale. — S, fibre striée; *t*, fibre tendineuse; *sl*, sarcolemme; *x'y'*, coupe transversale. — C, fibre cardiaque. — Les noyaux, *n*, sont représentés en noir.

muscle du bras chez l'Homme, fibres dont la structure est la plus complexe, présentent dans le *sarcolemme, sl*, un protoplasme disposé en réseau, avec un certain nombre de noyaux, *n*, irrégulièrement distribués et déjetés sur le côté.

Une fibre musculaire striée résulte de la fusion des protoplasmes de plusieurs cellules.

Les mailles du réseau protoplasmique contiennent un très grand nombre de *fibrilles, f*, très fines; ces fibrilles sont striées transversalement, car elles sont formées de la superposition de disques sombres épais (fig. 17 *bis*), et de disques minces clairs.

Le parallélisme longitudinal de toutes ces fibrilles produit la striation du protoplasme dans ce sens; la correspondance parfaite des disques épais et des disques clairs de toutes les fibrilles parallèles explique la striation transversale.

FIG. 17 *bis*.
Fibrille musculaire striée.

C'est à la déformation des éléments de ces fibrilles qu'est due la contractilité des fibres musculaires : les *disques clairs* sont purement *élastiques ;* les *disques sombres* sont *contractiles* seulement.

La striation est en rapport avec la rapidité de la contraction : la contraction des muscles lisses est lente, tandis que celle des muscles striés est très rapide.

3° *Muscle cardiaque* (C). — Enfin, sur une fibre musculaire du cœur de l'Homme, on voit des traits scalariformes délimitant les cellules constituantes. Chaque cellule est une cellule musculaire striée spéciale dont les noyaux sont axiaux, et dont le protoplasme contient des fibrilles striées.

Dans tous les muscles, l'association des fibres constitue des *faisceaux* musculaires.

Tissu nerveux. — Ce tissu, qui régit les multiples fonctions des organes, a le *neurone* pour *élément anatomique fondamental.*

Un **neurone** est une *cellule nerveuse* avec toutes ses ramifications (fig. 18); le corps de la cellule est nu, ovoïde et d'un diamètre moyen de 50 μ; le protoplasme, granuleux autour du gros noyau central, *n*, est fibrillaire à la périphérie. Cette cellule émet, en général, de nombreux prolongements protoplasmiques très ramifiés : d'une part, le *panache*, *pa*; d'autre part, le *cylindre-axe*, *cy. a* (prolongement de Deiters) le plus souvent très long, qui naît brusquement sur la cellule ; le cylindre-axe présente des ramifications latérales et une *arborisation terminale*, *a.t.*

Le neurone (unité nerveuse indépendante) *ne s'anastomose jamais*, ni par ses expansions protoplasmiques, ni par l'arborisation de son cylindre-axe. Ses ramifications sont toujours en connexion *par contiguïté*, c'est-à-dire par simple contact et *non par continuité* de substance, avec les prolongements d'autres neurones dans la matière nerveuse.

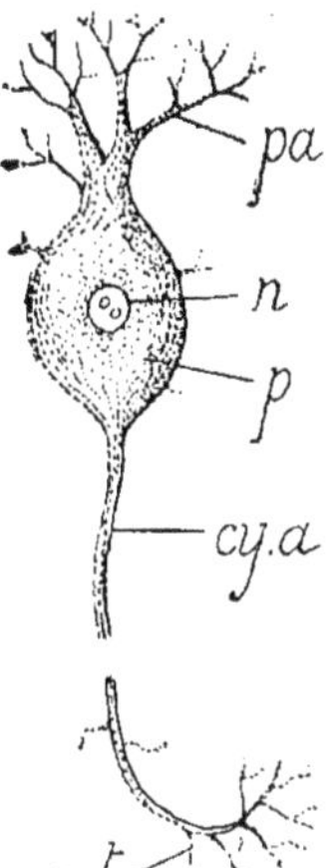

Fig. 18. — Tissu nerveux. — Schéma d'un *neurone* ou élément nerveux ; *p*, protoplasme ; *n*, noyau ; *pa*, panache ; *cy.a*, cylindre-axe avec son arborisation terminale, *a.t.*

On distingue dans le tissu nerveux deux sortes de neurones :

1° des *neurones à cylindre-axe court*, en rapport avec les cellules voisines dans les centres nerveux; 2° des *neurones à cylindre-axe long*, dont l'arborisation terminale se met en rapport avec les panaches des neurones éloignés.

Fibres nerveuses. — Le cylindre-axe d'un neurone est ainsi nommé parce qu'il occupe le centre d'une *fibre nerveuse.*

Les nerfs, formés par la réunion des fibres, en possèdent de 2 sortes : les *fibres à myéline* et les *fibres de Remak* sans myéline.

Pour comprendre la structure d'une *fibre à myéline*, il suffit d'imaginer, enfilées autour du cylindre-axe, sur toute sa longueur et comme autant de grains d'un chapelet, des cellules adipeuses très allongées dont la graisse est appelée *myéline*. Chaque cellule (fig. 18 *bis*, C. *my*) présente : une faible gaine protoplasmique, *p*, contiguë au cylindre-axe ; un manchon de myéline, *my* ; une gaine protoplasmique extérieure (*gaine de Schwann, g*) et un noyau, *n*.

Les *fibres de Remak* (D) présentent une striation longitudinale et sont entourées d'une masse protoplasmique avec des noyaux placés au voisinage des points où elles se séparent.

Sur une section transversale d'un nerf (B), on aperçoit les grosses fibres à myéline, *f.my;* tout autour sont les fibrilles, *f.* R, constitutives des fibres de Remak.

Les nerfs se divisent, au point de vue de leurs fonctions, en *nerfs de la vie animale* (sciatique, radial, cubital, etc.), et en *nerfs de la vie organique* (nerfs sympathiques, etc.).

Les premiers (B) possèdent en majeure partie des fibres à myéline; les autres contiennent surtout des fibres de Remak.

Quelle que soit la nature de ces fibres, elles sont enveloppées dans une gaine conjonctive (*gaine de Henle*).

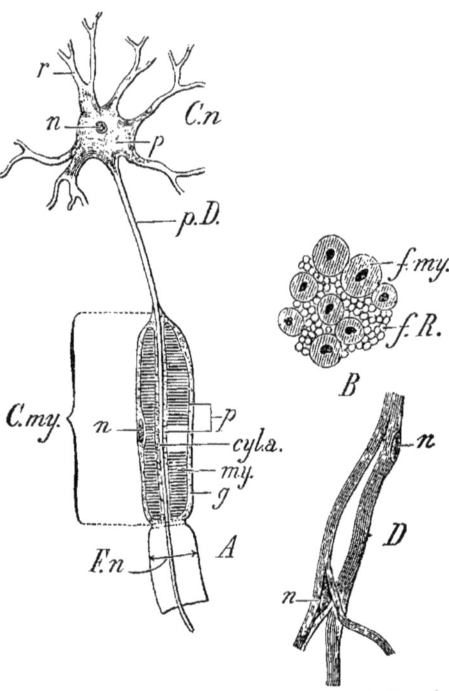

Fig. 18 *bis.* — Fibres à myéline et fibres de Remak.
A. — *C.my*, cellule à myéline avec son noyau, *n*, et son protoplasme, *p*, formant la gaine de Schwann, *g; my*, myéline. — *C.n*, cellule nerveuse; *p.D*, prolongement de Deiters ou le cylindre-axe, *cyl. a*, de la fibre nerveuse, *F.n*.
D. — Fibres de Remak isolées.
B. — Coupe transversale d'un nerf ; *f.my*, fibres à myéline; *f.R*, fibres de Remak.

Le *tissu nerveux* forme deux sortes de substances :

la *substance grise* due au groupement des cellules nerveuses;

la *substance blanche* composée de fibres nerveuses qui relient entre elles ces cellules.

ORGANES ET APPAREILS

Ces divers tissus s'associent de manières diverses et constituent des *organes* chargés de produire un travail déterminé : l'œil, l'oreille, le rein, l'estomac sont des organes.

Les organes qui concourent à l'accomplissement d'une même fonction générale forment ensemble **un appareil**.

Tout **appareil** *remplit une* **fonction.**

L'étude des appareils dont se compose un être est le but de l'*Anatomie;* la *Physiologie* en envisage les fonctions.

CHAPITRE II

ORGANISATION GÉNÉRALE DES ANIMAUX

Fonctions et appareils. — Les animaux sont *sensibles* et se *meuvent* pour chercher leur *nourriture :* ces caractères nous permettent de comprendre l'organisation de tous les animaux.

Sollicités par la *sensation* de la faim, ces êtres se mettent en **relation** avec le monde extérieur et explorent l'espace de manières diverses (*mouvements* de cils vibratiles, de tentacules, jeu d'organes spéciaux, dits *organes des sens*), en vue de capturer une proie. [**Fonctions de relation**].

Quand ils se sont emparés de l'*aliment*, les animaux s'en **nourrissent :** pour cela, ils lui font subir des transformations propres à le rendre liquide et absorbable : ils le *digèrent.* En même temps, ils puisent dans le milieu extérieur l'oxygène, sans lequel tout être ne saurait vivre : ils *respirent.* Aliments absorbés et oxygène pénètrent dans le milieu intérieur du corps (sang) qui *circule* entre les organes pour porter à chacun d'eux les matériaux nécessaires (*assimilation*) et drainer les résidus de leur activité vitale (*désassimilation*).

Des organes spéciaux (glandes) éliminent ces résidus du milieu intérieur par la *sécrétion* de produits qu'ils rejettent au dehors (*excrétion*). . . . . [**Fonctions de nutrition**].

En résumé, l'organisme animal accomplit deux sortes de fonctions : les *fonctions de nutrition* (digestion, respiration, circulation, assimilation et sécrétion) et les *fonctions de relation* (locomotion et sensibilité).

À chaque fonction correspond un appareil spécial, tout au moins chez les animaux supérieurs.

Répartition générale des organes dans le corps. — Le corps de l'Homme, considéré en particulier, présente trois parties essentielles : la tête, le tronc et les membres (fig. 19).

Le squelette et les muscles forment la charpente de ces trois régions :

1° Dans la *tête* sont logés les *centres nerveux* formant l'encéphale (cerveau, cervelet et bulbe), les *organes des sens* (vue, ouïe, odorat et goût) et la première partie du *tube digestif* (bouche et pharynx).

2° Le *tronc* comprend la *moelle épinière*, centre nerveux logé dans le canal rachidien de la colonne vertébrale, et une *cavité*

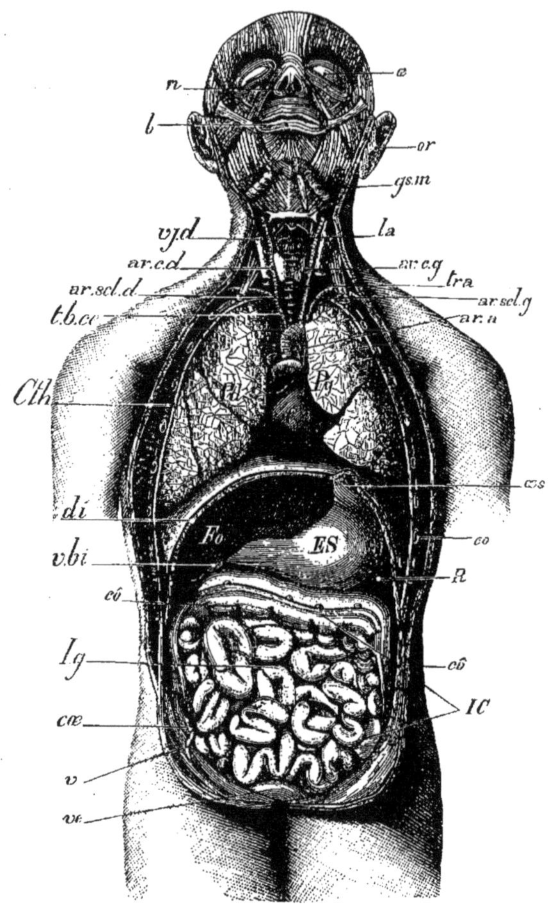

Fig. 19. — Répartition des principaux organes du corps. Tête : *œ*, œil; *n*, nez; *b*, bouche; *or*, oreille; *gsm*, glande sous-maxillaire. Tronc : *la*, larynx ; *tra*, trachée-artère, *Pd* et *Pg*, poumons droit et gauche; *Cth*, cavité thoracique; *co*, côte; *di*, muscle diaphragme; *C*, cœur; *ar.a*, artère aorte; *t.b.ce*, tronc brachio-céphalique; *ar.c.d* et *ar.c.g*, artères carotides droite et gauche; *ar.scl.d*, et *ar.scl.g*, artères sous-clavières droite et gauche; *vj.d*, veine jugulaire droite. *Œs*, œsophage. *ES*, estomac; *I.g*, intestin grêle; *cæ*, cæcum; *có*, côlon; *Fo*, foie; *v.bi*, vésicule biliaire; *R*, rate; *ve*, vessie.

générale qui abrite les viscères du corps. Cette cavité est divisée par le *muscle diaphragme* en deux parties : la *cavité thoracique* renfermant le *cœur*, la *trachée-artère* et les *poumons*, l'*œso-*

TABLEAU IV.

Des fonctions et des appareils.

			Fonctions.	*Appareils chez l'Homme.*
FONCTIONS.	de nutrition......		Digestion..............	Appareil digestif.
			Respiration............	Poumons. Peau.
			Circulation............	Cœur et vaisseaux.
			Assimilation..........	Cellules vivantes.
			Sécrétion et excrétion...	Glandes.
	de relation.	*de mouvement.*	Locomotion...........	Squelette et muscles.
			Phonation.............	Appareil vocal (larynx).
		de sensibilité.	Innervation...........	Système nerveux.
			Cinq sens.............	Organes des sens.

Répartition générale des organes du corps (Homme).

CORPS.	Tête...		Centres nerveux (encéphale).	
			Organes des sens spéciaux.	
			Première partie du tube digestif.	
	Tronc.	Moelle épinière.		
		Cavité générale.	*Cavité thoracique.*	Cœur.
				Poumons.
			—Muscle diaphragme.—	
			Cavité abdominale.	Estomac. Intestin. Foie. Pancréas.
				Rate.
				Reins et vessie.
	Membres.			

Le squelette et les muscles forment la charpente du corps.

---

phage ; la *cavité abdominale* avec la dernière partie du *tube digestif* (*estomac, intestin* et ses glandes annexes, le *foie* et le *pancréas*), la *rate*, l'*appareil urinaire* (*reins* et *vessie*).

3° Les *membres* sont formés en majeure partie par des *os* et des *muscles* très développés.

La forme extérieure du corps est symétrique par rapport à un plan médian vertical dirigé d'avant en arrière. Tout être possédant un pareil plan de symétrie est pourvu d'une *symétrie bilatérale*.

D'un rapide coup d'œil jeté sur l'organisation de l'Homme et des animaux supérieurs tout au moins, on peut tirer la déduction suivante : la tête est le siège des organes qui président à l'harmonie des fonctions de l'individu et à ses relations avec le monde extérieur ; le tronc contient les appareils de nutrition ; les membres comprennent les organes de locomotion.

FONCTIONS DE NUTRITION

CHAPITRE PREMIER

DIGESTION

La digestion est la fonction par laquelle tout animal puise, dans le milieu qui l'entoure, des substances nutritives (*aliments*) qu'il transforme en matières liquides et absorbables, par l'action de réactifs appropriés ou *sucs digestifs*. Les résidus de la digestion sont rejetés au dehors ; ce sont les excréments.

Le *tube digestif* dans lequel s'accomplissent ces réactions est donc un véritable laboratoire.

Nous étudierons successivement les aliments et les transformations qu'ils peuvent subir, puis l'appareil digestif dont nous définirons le mode d'action sur les matières qui lui sont confiées.

§ 1. — ALIMENTS

L'alimentation est nécessaire. — Tout être vivant grandit pendant le jeune âge, acquiert un certain développement qu'il conserve dans l'âge adulte, puis s'affaisse et meurt.

Pendant son existence, les cellules ouvrières de la première heure se sont épuisées ; elles ont disparu et ont été remplacées par d'autres n'ayant elles-mêmes qu'une courte durée, et ainsi de suite.

Nous devons donc entretenir ou remplacer constamment les cellules qui forment nos organes. Pour remplir ce but, nous prenons des *aliments* destinés à couvrir les pertes subies sous la forme d'eau, d'acide carbonique, d'urée, de cholestérine, etc.

L'alimentation doit être suffisante. — Elle doit suffire au double point de vue de la *quantité* et de la *composition* des substances absorbées.

1° *Quantité. Rations.* — *L'être adulte* doit simplement réparer ses pertes, puisqu'il ne grandit plus ; la quantité de nourriture qui lui est nécessaire par jour s'appelle *ration d'entretien*.

Cette ration n'a rien d'absolu ; elle dépend uniquement de la déperdition du corps, variable elle-même avec les saisons, les climats, la nature du travail effectué, etc. Un homme dont les muscles fatiguent beaucoup par le travail des champs a besoin d'une nourriture plus substantielle que celui qui fait des écritures de bureau. De même, la ration d'entretien du journalier doit être

TABLEAU V.

Digestion.

Alimentation.

Elle est nécessaire. Mort d'un animal par *inanition* quand il a consommé les $\frac{4}{10}$ de sa propre substance.

Elle doit être suffisante comme :

Quantité : *Rations* d'entretien, de travail, d'accroissement.

Composition chimique.

12 corps simples nécessaires : (C, H, O, Az, S, Ph, Cl, Na, Ca, K, Mg, Fe).

Matières alimentaires (leur proportion).

Matières azotées.	1
Hydrates de carbone	3.48
Corps gras	0.45
Sels minéraux.	

Elle doit être mixte : formée d'aliments ternaires (C, H, O) et d'aliments azotés (C, H, O, Az).

Classification des aliments organiques.

Aliments ternaires.

Hydrates de carbone.

Sucres......
- Glucose (sucre de raisin).
- Saccharose (— canne, de betterave)

Amyloses...
- Amidon ou Fécule.
- Dextrines, Glycogène.

Corps gras. ....
- Graisses (origine animale).
- Huiles (— végétale).
- Beurres (préparations artificielles).

Aliments azotés.

Matières albuminoïdes.

naturelles :
- Albumines (du lait, du sérum, etc.).
- Globulines (fibrine, myosine, etc.).

de transformation :
- Protéoses (peptones).

---

plus faible dans les jours de repos que pendant les jours de travail. Cette dernière s'appelle *ration de travail.*

L'animal jeune, dont les organes grandissent, doit recevoir une quantité de nourriture supérieure à celle qui est nécessaire à un être adulte du même poids. Il lui faut une *ration d'accroissement* proportionnée à la rapidité de son développement.

Une nourriture insuffisante comme quantité détermine l'*inanition* chez l'être qui la subit, avec perte graduelle de poids et refroidissement, la mort survient chez l'homme en état d'inanition, quand il a perdu les $\frac{4}{10}$ de son poids primitif. Les tissus atteints d'abord sont les graisses, puis la rate, le foie, le cœur, les muscles ; ceux qui sont attaqués en dernier lieu sont les centres nerveux.

2° *Composition des matières absorbées.* — La nature des principes destinés à réparer un organisme vivant doit être identique à celle des éléments qu'il a perdus. Or l'analyse chimique des tissus animaux y révèle la présence de 12 corps simples, dont quatre absolument essentiels, le *carbone*, l'*hydrogène*, l'*oxygène* et l'*azote*; le *phosphore* et le *soufre* sont très fréquents; le *chlore*, le *sodium*, le *calcium*, le *magnésium*, le *potassium* et le *fer* sont moins abondants dans nos tissus.

L'être vivant doit trouver ces corps simples dans son alimentation et proportionnellement à leur fréquence.

Ainsi l'homme adulte, dont le poids moyen est de 65 kilogrammes, perd en 24 heures environ 20 grammes d'azote, 300 grammes de carbone, 30 grammes de sels et 2 000 grammes d'eau.

Les matières alimentaires propres à réparer ces pertes sont : des **substances minérales** (eau, sel marin, carbonates et phosphates de sodium, de calcium, etc.); des **matières organiques** rangées habituellement en trois catégories :

1° Les *matières azotées* composées de : carbone, hydrogène, oxygène et azote (albumine de l'œuf, caséine du fromage, myosine des muscles, gluten ou fibrine végétale des céréales, légumine des pois, des haricots, etc.) ;

2° Les *hydrates de carbone* formés de : carbone, hydrogène et oxygène (glucose, sucre des fruits et du lait, fécule de pommes de terre, amidon du blé, glycogène du foie, etc.) ;

3° Les *matières grasses*, de même composition élémentaire que les hydrates de carbone (graisses, huiles, beurres).

Dans l'*alimentation complète* de l'homme adulte, ces matières figurent :

Substances azotées, pour la proportion de	1
Hydrates de carbone....	3,48
Matières grasses.......	0,45

L'alimentation ainsi entendue est dite *mixte;* elle renferme à la fois des substances ternaires (C, H, O) et des substances azotées (C, H, O, Az).

L'alimentation complète qui, *sous le plus petit volume*, convient à un homme adulte, conformément à ces données, est fournie par les types de la ration d'entretien et de la ration de travail (ration de campagne) usitées dans l'armée française :

Ration d'entretien.

Pain............... ...	1 000 gr.		121 gr.	de matières azotées.
Viande non désossée....	300 —	correspondant à	430 —	d'hydrates de carbone.
Légumes frais. .	100 —		55 —	de graisses.
— secs.	30 —			

Ration de travail (ration de campagne).

130 grammes de matières azotées.
500   —   d'hydrates de carbone.
60   —   de graisses.

Aucun aliment unique ne possède une composition répondant aux exigences de la ration d'entretien, de travail ou d'accroisse-

TABLEAU VI.

Appareil digestif.

Appareil digestif dans la série animale (fig. 20).................
- Simple vacuole digestive (Protozoaires).
- Cavité avec un seul orifice : bouche (Cœlentérés, quelques Échinodermes).
- Cavité avec deux orifices : bouche et anus (Animaux supérieurs).

Appareil digestif chez l'Homme (fig. 21).

SES DIVERSES RÉGIONS	SES GLANDES ANNEXES		SES FONCTIONS
Bouche. Pharynx. Œsophage.	Gl. salivaires.	↑ Gl. muqueuses	Préhension, Mastication, Insalivation. Déglutition.
Estomac.	Gl. gastriques.		Chymification.
Intestin grêle. Gros intestin.	Pancréas, Foie et Gl. de Lieberkühn. ↓		Chylification et Absorption intestinale.
Anus.			Défécation.

Sa description (fig. 22).

1° **Préhension** des aliments solides et liquides.

2° **Mastication** due
- à la *mobilité* du maxillaire inférieur (fig. 23) dans les cavités glénoïdes des os temporaux.
- au jeu des *dents* portées par les os maxillaires.

I. — BOUCHE.

Muscles moteurs du maxillaire infér. (fig. 24 et 25).
- M. élévateurs = M. *temporal* et M. *masséter*.
- M. abaisseur = *Muscle digastrique*.
- M. pour mouvements latéraux = M. *ptérygoïdiens*.

Dents (fig. 26 à 30)

leur constitution. . . .
- *Couronne* hors de la gencive.
- *Collet* . . . .
- *Racine* dans l'alvéole dentaire.

leurs formes.
- *Incisives* servent à *couper* les aliments.
- *Canines* — *déchirer* —
- *Molaires* — *broyer* —

leur structure.
- *Émail :* protège l'ivoire (couronne).
- *Ivoire :* partie fondamentale.
- *Cément :* protège l'ivoire (racine).
- *Pulpe dentaire :* nourrit la dent.

leur position sur les maxillaires. *Formule dentaire* . . . .
- *Dentition de lait :* $I = \dfrac{2}{2}$, $C = \dfrac{1}{1}$, $M = \dfrac{2\,pm}{2\,pm}$.
- — *remplacement :* $I = \dfrac{2}{2}$, $C = \dfrac{1}{1}$,
- $M = \dfrac{2\,pm + 3\,gm}{2\,pm + 3\,gm}$.

ment, sauf le lait et l'œuf, qui sont des **aliments complets** pour le jeune animal.

Propriétés sommaires des principaux aliments organiques.

I. **Aliments ternaires** [C, H, O). — Ils comprennent les *hydrates de carbone* de formule générale $C^m[H^2O]^n$ et les *corps gras* de formule générale $C^mH^nO^p$.

(*a*) **Hydrates de carbone.** — On divise les hydrates de carbone en sucres (glucoses et saccharoses) et en amyloses.

Le **glucose** ou sucre de raisin ($C^6H^{12}O^6$) est très soluble dans l'eau et l'alcool ; en présence des alcalis caustiques, il *réduit* certains sels métalliques. (sous-nitrate de bismuth, sels de cuivre, notamment la liqueur de Fehling, azotate d'argent) ; il *fermente sous l'influence de la levure de bière*, en donnant surtout de l'alcool éthylique et du gaz carbonique.

Le **saccharose**, ou sucre de betterave ($C^{12}H^{22}O^{11}$), est soluble dans l'eau, mais insoluble dans l'alcool absolu ; il ne réduit pas la liqueur de Fehling et n'est pas directement fermentescible ; mais, si on fait bouillir une dissolution aqueuse de saccharose avec quelques gouttes d'acide chlorhydrique ou sulfurique, il se *dédouble* en fixant une molécule d'eau : on dit que le *saccharose est transformé en sucre interverti* (mélange de glucoses).

$$C^{12}H^{22}O^{11} + H^2O = 2.\ C^6H^{12}O^6.$$

Pareille transformation a lieu sous l'influence de l'*invertine* du **suc intestinal**, à la température de 37° (p. 51).

Les **amyloses** $[C^6(H^2O)^5]^5$ comprennent 3 substances importantes :

L'*amidon* ou fécule, le *glycogène*, les *dextrines* dont la *propriété commune* est de *fixer de l'eau* par ébullition avec un peu d'acide chlorhydrique ou sulfurique très dilué, *et de se transformer en glucose.*

La *ptyaline* de la **salive**, l'*amylopsine* du **suc pancréatique** transforment de même les amyloses en glucose dans le travail de la digestion (p. 47 et 52).

L'amidon se présente en grains arrondis ou ovoïdes (p. 387), *colorables en bleu par l'iode* dissous dans l'iodure de potassium. — Le glycogène, soluble dans l'eau, insoluble dans l'alcool (p. 138), est *colorable en brun-acajou par l'iode.* — Les dextrines, solubles dans l'eau, insolubles dans l'alcool, réduisent la liqueur de Fehling ; elles se colorent en violet, en rouge ou non par l'iode, suivant leur état moléculaire.

(*b*) **Corps gras.** — Ce sont des mélanges plus ou moins complexes de *stéarine*, de *palmitine* et d'*oléine*, à consistance solide si la stéarine domine, à consistance huileuse si l'oléine est en plus grande quantité.

Les corps gras sont insolubles dans l'eau, solubles dans l'alcool et l'éther.

Quand on agite vigoureusement un corps gras liquide (huile) avec de l'eau, il y a *émulsion* de courte durée, c'est-à-dire partage de l'huile en nombreuses et fines gouttelettes en suspension dans l'eau ; si la même agitation a lieu avec une solution alcaline étendue, l'*émulsion est stable ;* l'action a-t-elle lieu à la température d'ébullition, on réalise une *saponification :*

Corps gras + Soude caustique = Savon de soude + Glycérine.

Sous l'influence de l'eau surchauffée, les corps gras s'hydratent et se dédoublent en acides gras et en glycérine.

Corps gras + Eau = Acides gras + Glycérine.

La *stéapsine* du **suc pancréatique** produit le même effet sur les aliments gras (p. 52).

II. **Aliments azotés** [C, H, O, Az). — Ces corps, qui composent en partie les organismes vivants, comprennent principalement des **matières albuminoïdes** : les unes naturelles (*albumines* et *globulines*), les autres (*protéoses*) produits de transformation des premières par divers agents (acides, alcalis, ferments digestifs, etc.). Jusqu'à ces dernières années, on considérait les matières albuminoïdes comme des substances non cristallisables. Or il résulte d'expériences récentes que *les matières albuminoïdes peuvent présenter l'état cristallin.*

Les **substances albuminoïdes naturelles** *sont coagulables par la chaleur :* une solution de blanc d'œuf dans l'eau, portée à 100° environ, donne un dépôt floconneux qui ne peut plus être dissous dans l'eau.

On les distingue en *albumines* et en *globulines :* les albumines sont solubles dans l'eau distillée (albumine du lait, du sérum, etc.); les globulines y sont insolubles, mais se dissolvent dans une dissolution à 1 p. 100 de sel marin (globuline du lait, du sérum, fibrinogène, fibrine, myosine, etc.).

Parmi les **substances albuminoïdes de transformation**, nous signalerons les *protéoses* obtenues par l'action de la *pepsine* du **suc gastrique** (p. 46), de la *trypsine* du **suc pancréatique** (p. 52) sur les substances albuminoïdes naturelles.

Les **protéoses** *ne sont pas coagulables par la chaleur ;* elles se dissolvent pour la plupart dans l'eau distillée, et sont toutes solubles dans une dissolution de sel marin à 1 p. 100.

Les sucs digestifs réagissent sur ces diverses catégories d'aliments, en vue de les rendre solubles et dialysables à travers la paroi de l'intestin (p. 56).

Remarque. — On range à tort parmi les aliments les *boissons alcooliques,* soit fermentées, soit distillées, qui ne sont que des stimulants. (Voir le *Cours élémentaire d'hygiène* [1]).

De l'emploi des principes alimentaires par l'organisme. — Les aliments azotés sont encore appelés *aliments plastiques réparateurs ;* ils servent à reconstituer nos cellules endommagées. — Les hydrates de carbone et les graisses sont dits aliments *calorifiques, thermogènes ;* leur combustion dans nos organes produit la chaleur nécessaire à l'accomplissement régulier de nos fonctions.

Nos aliments sont inégalement riches en ces principes plastiques et calorifiques ainsi que le montrent les courbes suivantes :

PROPORTION POUR 100 DES PRINCIPES PLASTIQUES ET CALORIFIQUES CONTENUS DANS LES ALIMENTS SUIVANTS :

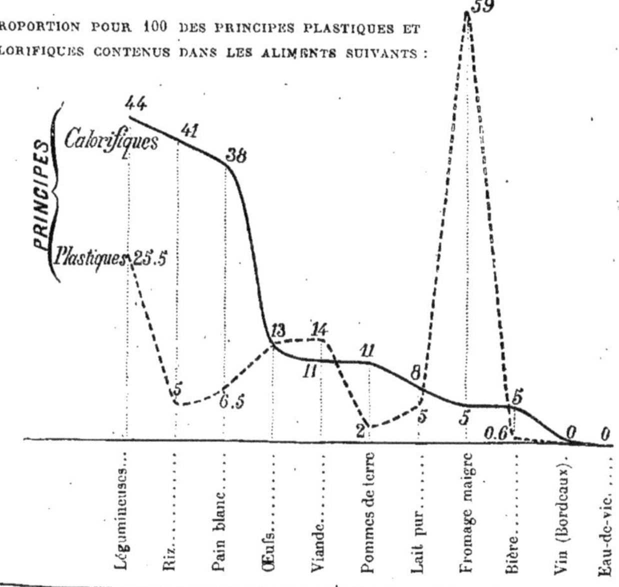

1. E. Aubert et Lapresté, *Cours élémentaire d'Hygiène* (4e édition), E. André fils.

§ 2. — APPAREIL DIGESTIF ET SES FONCTIONS

Considérations générales. — *Un être unicellulaire ne saurait avoir de tube digestif.* L'Amibe (fig. 20, A) se déforme en poussant, dans la direction du corpuscule alimentaire dont elle veut s'emparer, des prolongements protoplasmiques ou pseudopodes. Une fois atteint, le corpuscule, *c*, est englobé dans les prolongements qui se soudent entre eux ; une *vacuole digestive*, *vd*, un peu plus grande que le corpuscule, renferme un *liquide acide sécrété par le protoplasme* et destiné à attaquer le corps étranger, *c*, pour en retirer toutes les parties assimilables. Le phénomène est à peu près identique chez les Infusoires.

Un grand nombre d'êtres pluricellulaires (Hydre, fig. 20 B, Corail, Méduse, etc.) présentent une cavité digestive, *cd*, pourvue d'une seule ouverture, *o*, servant

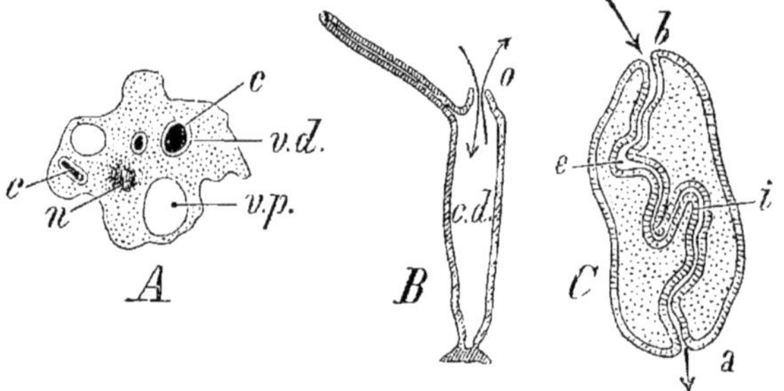

Fig. 20. — Schéma de l'appareil digestif des animaux. — A, Amibe ; *c*, corpuscule étranger inclus dans une vacuole digestive, *v.d* ; *v.p*, vacuole pulsatile ; *n*, noyau.
B, Hydre ; *c.d*, cavité digestive pourvue d'un seul orifice, *o*.
C, Animal supérieur ; *b*, bouche ; *e*, estomac ; *i*, intestin ; *a*, anus.

à la fois pour l'entrée des matières alimentaires (bouche) et pour la sortie des résidus (anus).

Chez les êtres plus élevés en organisation, le tube digestif traverse le corps de part en part (fig. 20, C) et possède deux orifices : une *bouche*, *b*, qui servira toujours à l'introduction des aliments ; un *anus*, *a*, par lequel seront rejetés les excréments. Ce tube se complique d'autant plus que le degré de perfectionnement physiologique de l'animal est plus accentué ; il présente alors des expansions, *e*, où les aliments séjournent plus longtemps (estomac), des contours, *i* (intestin), d'autant plus nombreux que les transformations chimiques des aliments sont plus laborieuses.

APPAREIL DIGESTIF DE L'HOMME

Les diverses régions du tube digestif de l'Homme (fig. 21) sont : la *bouche*, le *pharynx*, l'*œsophage*, l'*estomac*, l'*intestin grêle*, le *gros intestin* terminé par l'*anus*.

Cet appareil, primitivement réduit à un tube simple, présente un certain nombre de *glandes annexes* dont les unes sécrètent

TABLEAU VII.

Appareil digestif *(suite)*.

3° Insalivation. Les aliments mâchés sont imprégnés de *salive* sécrétée par les *glandes salivaires* (fig. 33).

I. — BOUCHE *(suite)*.

Glandes salivaires.....

Diverses sortes.
- *Glandes parotides* : canal de Sténon.
- *Glandes sous-maxillaires :* canal de Wharton.
- *Glandes sublinguales* : canaux de Rivinus.

Leur structure. Glandes en grappe (fig. 32).

Salive......

Sa composition. Eau, sels, *ptyaline*.

Son rôle

mécani - que...
- Salive parotidienne aide à la mastication.
- Salive sous-maxillaire aide à la gustation.
- Salive sublinguale aide à la déglutition.

chimique.
- *Transformation des matières amylacées en glucose par hydratation.*

II.—PHARYNX.

Sa constitution et ses rapports (fig. 22).

4° Déglutition. Les aliments, roulés en bols alimentaires, sont avalés en deux temps :

1° Oblitération des fosses nasales postérieures.

2° Ascension du pharynx, oblitération de la trachée-artère, chute du bol alimentaire dans l'œsophage.

III.—ŒSOPHAGE.

Constitution.
- Tunique *fibreuse* externe.
- Tunique *musculeuse* moyenne........ : à fibres longitudinales / — annulaires.
- Tunique *muqueuse* interne.

Les contractions des fibres musculaires font progresser les aliments vers l'estomac.

IV. — ESTOMAC.

Sa forme et ses rapports (fig. 22 et 35).

Paroi......
- Tunique *séreuse* externe (*Péritoine*, fig. 38).
- Tunique *musculeuse* (fig. 35 A).
- Tunique *muqueuse* (fig. 12 A') avec glandes : gastriques (fig. 12 B') / muqueuses.

5° Chymification. Les aliments forment une bouillie épaisse (chyme) dans l'estomac.

Glandes gastriques en tubes ramifiés, sécrètent le suc gastrique.

Suc gastrique........

Sa composition. Eau, sels, *acide chlorhydrique et pepsine.*

Son rôle.
- *Dissocie les matières albuminoïdes et les transforme, par hydratation, en peptones solubles.*

les réactifs (*sucs digestifs*) nécessaires à l'élaboration des aliments, et les autres une matière visqueuse facilitant la progression des substances alimentaires dans tout le trajet du tube digestif.

1. Bouche.

Description. — C'est une cavité (fig. 22) limitée en avant par les lèvres et les dents, sur les côtés par les joues, en haut par la voûte du palais, en bas par la langue ; en arrière, le voile du palais ou *luette* sépare incomplètement la bouche du pharynx.

Cette cavité est tapissée par une membrane *muqueuse* formée

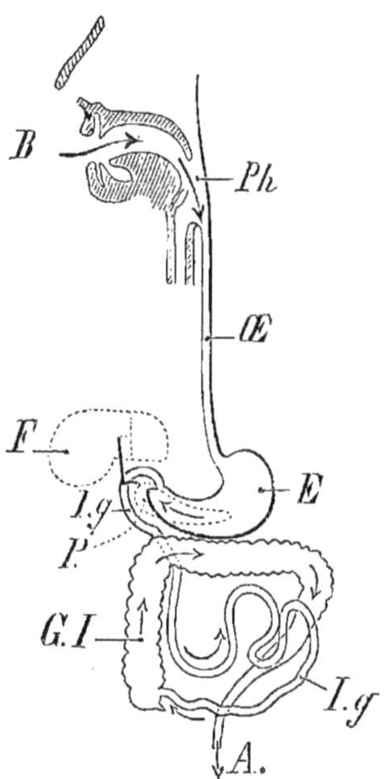

Fig. 21. — Tube digestif de l'homme. *B*, bouche ; *Ph*, pharynx ; *Œ*, œsophage ; *E*, estomac, *Ig*, intestin grêle ; *G.I*, gros intestin ; *A*, anus. *F*, foie ; *P*, pancréas. Les flèches indiquent la direction suivie par les aliments.

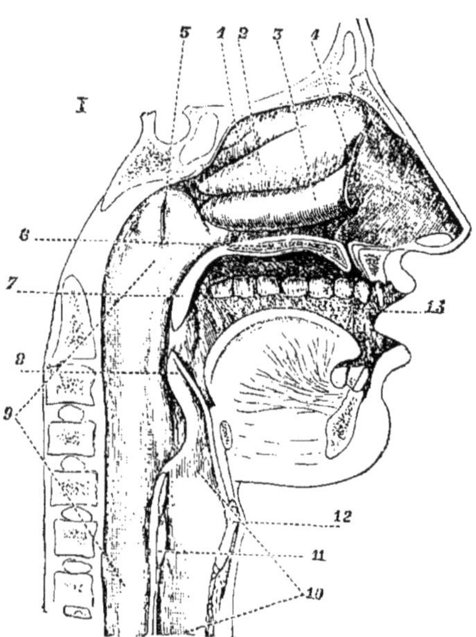

Fig. 22. — Coupe antéro-postérieure de la face : 1, 2, 3, cornets du nez ; 4, orifice du canal lacrymal ; 5, orifice de la trompe d'Eustache dans les fosses nasales postérieures ; 6, voûte palatine ; 7, voile du palais ; 8, épiglotte ; 9, pharynx ; 10, larynx et trachée-artère ; 13, bouche.

d'un derme conjonctif et d'un épithélium stratifié, continuation de l'épiderme qui recouvre la peau. Il n'existe, en effet, au niveau des lèvres, aucune interruption entre l'épiderme et l'épithélium buccal.

La muqueuse buccale recouvre intérieurement les joues, tapisse les gencives et laisse apparaître les *dents* de très bonne heure ; elle présente de nombreux petits orifices par lesquels s'écoulent les produits de sécrétion des glandes qui dépendent de la bouche.

Tableau VIII.

Appareil digestif *(suite)*.

V. — INTESTIN.

Parties constitutives (fig. 21, 36 à 40).

- **Intestin grêle.**
  - *Duodénum* (*ampoule de Vater*, fig. 39).
  - *Jejunum.*
  - *Iléon* (fig. 37). } *Valvule iléo-cæcale.*
- **Gros intestin.**
  - *Cæcum* (fig. 37). }
  - *Côlon* (fig. 21).
  - *Rectum. — Anus.*

Paroi.

- *Tunique séreuse* externe (*Péritoine*, fig. 38).
- — *musculeuse* à fibres longitudinales et annulaires.
- — *muqueuse*.
  - *Valvules conniventes* (fig. 37 et 39).
  - *Villosités intestinales* (fig. 40).
  - *Glandes de Lieberkühn, de Brünner ; follicules clos.*

6° **Chylification.** — Le chyme de l'estomac est transformé en chyle très liquide, dans l'intestin.

Glandes intestinales ..
- En tube (*Lieberkühn*), en grappe (*Brünner*).
- Elles sécrètent le *suc entérique*.

Suc entérique .....
- Sa composition : eau, sels, *invertine*.
- Son rôle...
  - *Transforme en peptone la fibrine du sang.*
  - *Transforme en glucose le sucre de cannes.*

Glandes annexes de l'intestin grêle.

Pancréas (fig. 36).
- Glande en grappe ; sécrète le suc pancréatique conduit dans le duodénum à l'ampoule de Vater.
- *Suc pancréatique*.
  - Composition : eau, sels, *pancréatine*.
  - Rôles..
    - *Aliments féculents transformés en glucose.*
    - *Aliments albuminoïdes transformés en peptones.*
    - *Aliments gras émulsionnés.*

Foie (fig. 36, 41 à 44).
- Ses rapports.
- Sa description : 4 lobes et lobules ; *H, hépatique ; hile* et *vésicule biliaire.*
- **Lobules** (fig. 43).
  - Cellules hépatiques.
  - Vaisseaux sanguins.
    - *Veine porte* ⇒ vaisseaux extra-lobulaires.
    - *Veine sushépatique* ⇐ vais. intralobulaires.
  - Canalicules biliaires ⇒ canal hépatique ⇒ *canal cholédoque.*
- *Bile* .....
  - Composition : eau, sels à acides organiques, pigments.
  - Rôles.
    - *Émulsionne les aliments gras.*
    - *Empêche la putréfaction du contenu intestinal.*
    - *Balaye les cellules épithéliales de l'intestin.*

7° **Absorption** par les villosités intestinales et **défécation**.

1° Préhension des aliments. — L'homme aspire les liquides après y avoir plongé les lèvres ; il se saisit des aliments solides avec les lèvres et les dents.

2° Mastication des aliments. — Les aliments solides une fois introduits dans la bouche y sont triturés, grâce à la *mobilité de la mâchoire inférieure* qui, en se relevant, les comprime entre les *dents* dont elle est pourvue et celles de la mâchoire supérieure.

La mobilité de la mâchoire inférieure est due au jeu des muscles qui actionnent l'os maxillaire inférieur

Maxillaire inférieur. — C'est un os en fer à cheval (fig. 23 et 24) dont les extrémités forment des branches montantes et quelque peu divergentes..Chacune d'elles est terminée en avant par une proéminence appelée *apophyse coronoïde Ap.cor*, en arrière par un *condyle Co*, surface oblongue mobile dans la *cavité glénoïde* du temporal où elle est engagée.

Les directions des deux condyles prolongées forment un angle obtus dont le sommet, porté en arrière, est compris dans le plan de symétrie du corps (Omnivores, fig. 49).

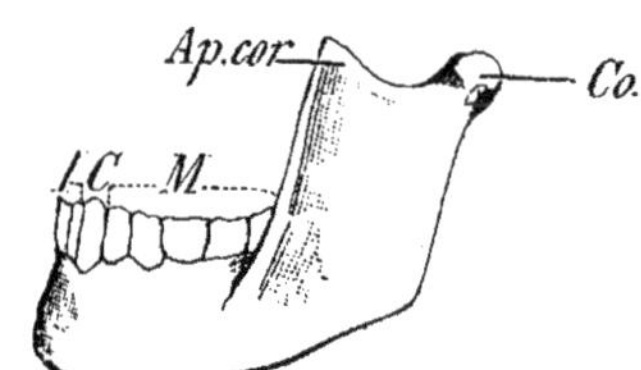

Fig. 23. — Os maxillaire inférieur. *Co*, condyle ; *Ap.cor*, apophyse coronoïde ; *I*, incisives ; *C*, canines ; *M*, molaires.

Le maxillaire inférieur effectue trois sortes de mouvements autour des deux points à peu près fixes constitués par ses condyles :

1° Des mouvements de haut en bas par le jeu d'un muscle abaisseur : le *muscle digastrique;*

2° Des mouvements de bas en haut par le jeu de muscles releveurs : le *muscle temporal* et le *muscle masséter;*

3° Des mouvements latéraux sous l'influence des *muscles ptérygoïdiens.*

Ces muscles sont évidemment pairs, c'est-à-dire qu'il en existe un à droite et un à gauche du plan de symétrie.

Muscle abaisseur. — Le *muscle digastrique* (fig. 24, D D′) possède deux ventres ; il présente l'une de ses insertions sur l'apophyse mastoïde *ap. m* du temporal (point fixe) ; il se dirige obliquement en avant (D), s'engage dans un anneau fibreux porté par l'os hyoïde *Hy*, puis va se fixer (D′) à la partie antérieure du maxillaire inférieur *M.i* (point mobile).

En se contractant, le digastrique fait pivoter le maxillaire inférieur autour des condyles et l'abaisse.

Muscles releveurs. — Le *muscle temporal* T, en forme d'éventail, a une insertion fixe sur l'os temporal et une insertion mobile sur l'apophyse coronoïde *ap. cor* du maxillaire inférieur.

Le *muscle masséter* M s'insère sur la face interne de l'arcade zygo-.matique *a. zyg* (insertion fixe) et sur la face externe de la branche montante du maxillaire *M.i* (insertion mobile). Tous deux, par leur contraction, relèvent la mâchoire inférieure que la contraction du digastrique avait abaissée.

Muscles pour mouvements latéraux. — Les *ptérygoïdiens internes Pt.i* et *externes Pt. ex* (fig. 25) ont leur insertion fixe sur les

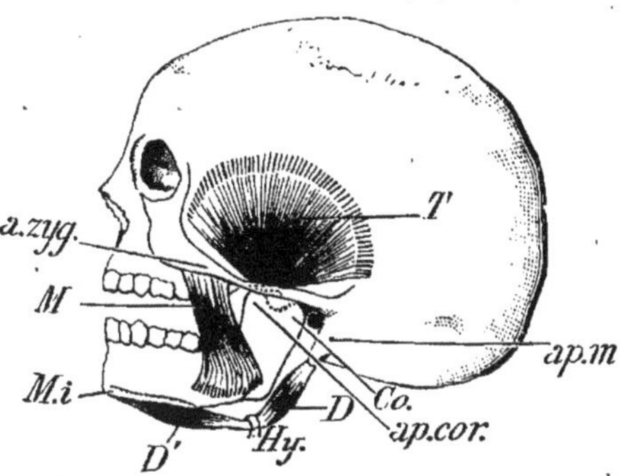

FIG. 24. — Muscles moteurs du maxillaire infé-rieur *M. i*. Muscles releveurs : *T*, muscle temporal inséré en bas sur l'apophyse coronoïde *ap. cor* de l'os maxillaire ; *M*, muscle masséter inséré en haut sur l'arcade zygomatique *a. zyg*. Muscle abaisseur : *D*,*D'*,muscle digastrique inséré en arrière sur l'apo-physe mastoïde *ap.m* de l'os temporal ; il s'engage, par sa partie médiane, dans un anneau fibreux porté par l'os hyoïde *Hy.* et se porte en avant vers le maxillaire inférieur.

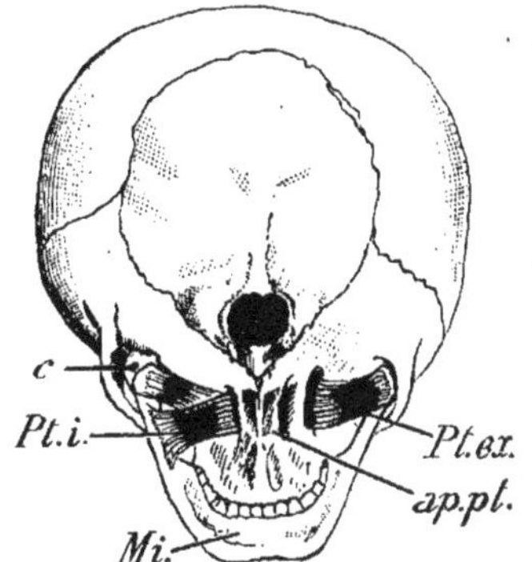

FIG. 25. — Tète vue d'arrière pour montrer les insertions des muscles ptérygoïdiens interne *Pt.i* et externe *Pt.ex* sur les apo-physes ptérygoïdes *ap. pt* de l'os sphénoïde et sur l'os maxil-laire.

apophyses ptérygoïdes *ap. pt* de l'os sphénoïde, à la base du crâne ; l'insertion mobile du muscle ptérygoïdien interne se trouve sur la branche montante (face interne) du maxillaire inférieur. Le muscle externe s'insère sur le condyle lui-même en *c*.

L'effet de ces muscles est un déplacement latéral des condyles dans les cavités glénoïdes ; par suite, les dents correspondantes des deux mâchoires peuvent glisser les unes sur les autres pour broyer les ali-ments, tout en les écrasant.

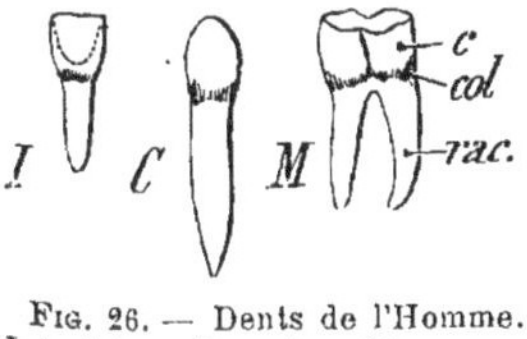

Dents. — Les dents (fig. 26) sont des corps durs résultant du bourgeonne-ment de l'épithélium buccal dans le derme conjonctif ; elles sont logées dans des cavités (*alvéoles dentaires*) présentées par les maxillaires supérieurs et inférieur.

FIG. 26. — Dents de l'Homme. *I*, incisive ; *C*, canine ; *M*, grosse molaire : *c*, couronne ; *col*, collet ; *rac*, racine.

Constitution externe. — Une dent M se compose de la *couronne c* extérieure à la gencive, de la *racine rac* implantée dans l'alvéole dentaire ; le *collet col* sépare ces deux régions.

Forme: — La mâchoire humaine porte trois sortes de dents :

Les *incisives* I à couronne tranchante et petite racine ;

Les *canines* C à couronne conique et longue racine ;

Les *molaires* M à couronne aplatie et racine simple ou ramifiée.

On appelle *prémolaires* les molaires pourvues d'une seule racine dont la couronne est assez restreinte ; les *grosses molaires* possèdent une racine ramifiée.

Position des dents sur les mâchoires. Formule dentaire. — Les

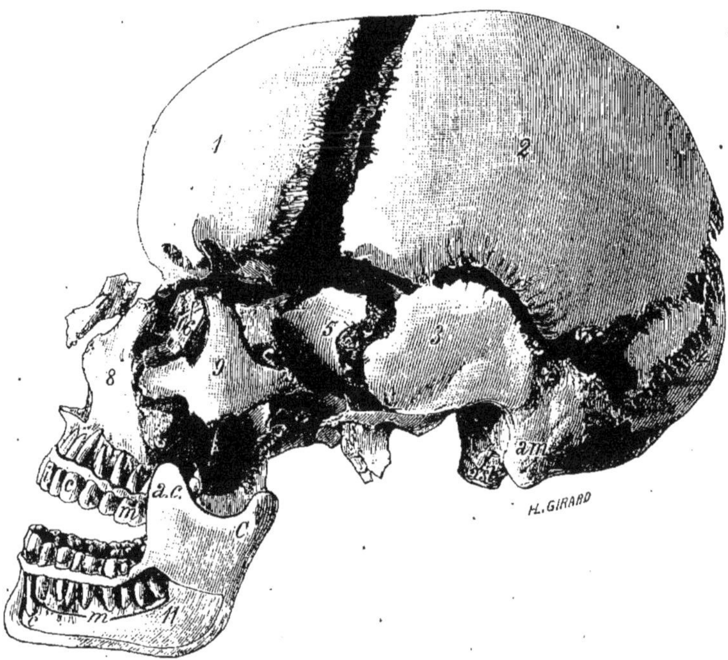

Fig. 27. — Tête désarticulée de l'Homme. 1, os frontal ; 2, pariétal ; 3, temporal (*am*, apophyse mastoïde ; *a.st*, apophyse styloïde) ; 4, occipital ; 5, sphénoïde ; 6, ethmoïde ; 7, os nasal ; 8, maxillaire supérieur (*i*, incisives ; *c*, canine ; *m*, molaires) ; 9, os jugal ; 11, maxillaire inférieur (*ac*, apophyse coronoïde ; *C*, condyle).

incisives sont placées au milieu des mâchoires (fig. 27) et servent à *couper* les aliments, comme l'indique leur nom ; les canines encadrent les incisives et servent à *déchirer*, comme les crocs du chien ; les molaires, placées sur les côtés, servent à *écraser* et *broyer* les aliments, comme le feraient des meules

Le nombre des dents est constant pour une espèce animale et peut être exprimé par une *formule dentaire* Sur une demi-mâchoire supérieure (fig. 28) *M.s* et sur la demi-mâchoire inférieure correspondante *M.i*, on trouve 2 incisives, 1 canine et 5 molaires (2 prémolaires et 3 grosses molaires).

Au numérateur d'une fraction spéciale aux incisives I, on écrit le nombre d'incisives ($I = 2$) de la mâchoire supérieure *M.s*, et au dénominateur le nombre ($I = 2$) de celles de la mâchoire inférieure *M.i*. On en fait de même pour les canines et les molaires.

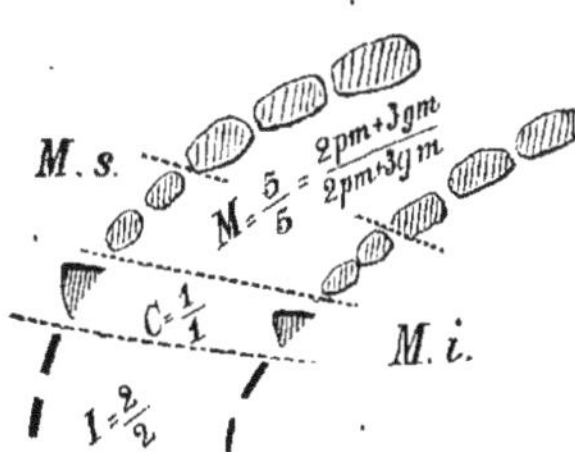

Fig. 28. — Figure schématique représentant la disposition des dents sur un demi-maxillaire supérieur *M.s* et sur le demi-maxillaire inférieur correspondant *M.i*. La formule dentaire est inscrite entre les deux séries de dents.

Formule dentaire de l'Homme adulte :

$$I = \frac{2}{2} ; \; C = \frac{1}{1} ; \; M = \frac{5}{5} = \frac{2\,pm + 3\,gm}{2\,pm + 3\,gm}.$$

Total : 32 dents.

Cette formule ne s'applique pas à l'enfant chez qui apparaît une première série de dents (dents de lait) (fig. 29). Les dents de lait tombent à partir de six à sept ans, poussées en dehors des gencives par le bourgeonnement des dents définitives (*dents de remplacement*), qui dérivent d'ailleurs des dents de lait.

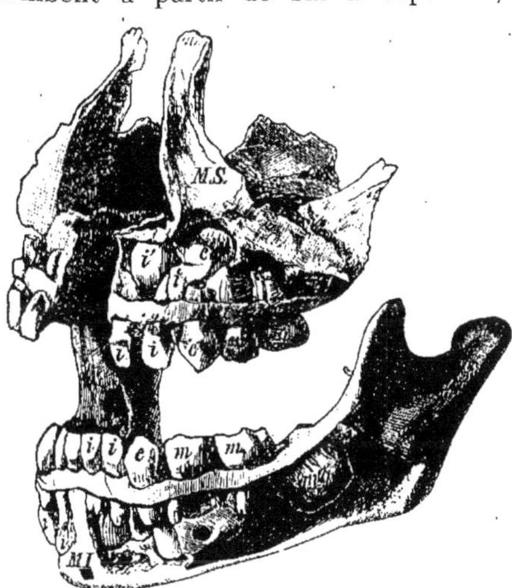

Fig. 29. — Dentition de lait. Les bourgeons des dents de remplacement sont très visibles en *i'*, *c'*, *m'* sur les os maxillaires ; *mg*, bourgeon d'une grosse molaire.

Formule dentaire (dentition de lait) :

$$I = \frac{2}{2} ; \; C = \frac{1}{1} ; \; M = \frac{2pm}{2pm}.$$

Total : 20 dents.

Quand une grosse molaire tombe, elle n'est jamais remplacée.

Structure d'une dent. — Une dent vue en coupe (fig. 30), présente quatre parties à considérer : 1° l'*ivoire Iv*, qui en forme la substance fondamentale ; 2° l'*émail*, *Em*, protégeant l'ivoire dans toute l'étendue de la couronne ; 3° le *cément*, *Cé*, qui enveloppe la racine ; 4° la *pulpe dentaire*, *Pu*, occupant une cavité creusée dans l'ivoire.

L'*ivoire* est une substance dure, non vasculaire, traversée de dedans en dehors par une série de canaux, *fi*, plus ou moins

ramifiés; ces canaux contiennent les extrémités des odontoblastes, *od*, cellules productrices de l'ivoire, *iv*.

L'*émail*, couche blanche et brillante, recouvre l'ivoire.

Une cuticule mince préserve l'émail lui-même de l'attaque des
acides contenus dans nos aliments ou dans leur assaisonnement.

Le *cément* jaunâtre, qui enveloppait à l'origine toute la dent (la
cuticule de l'émail en est le reste), présente une certaine analogie

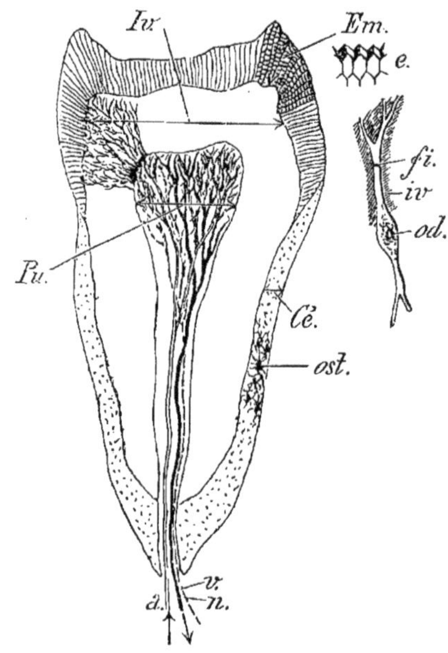

Fig. 30. — Coupe d'une dent : *Iv*, ivoire; *Pu*, pulpe
dentaire (*a*, artère; *v*, veine; *n*, nerf); *Em*, émail (à droite
e, cellules prismatiques primitives); *Cé*, cément; *ost*,
corpuscule osseux; *od*, odontoblastes se continuant dans
l'ivoire, *iv*, par des prolongements ramifiés.

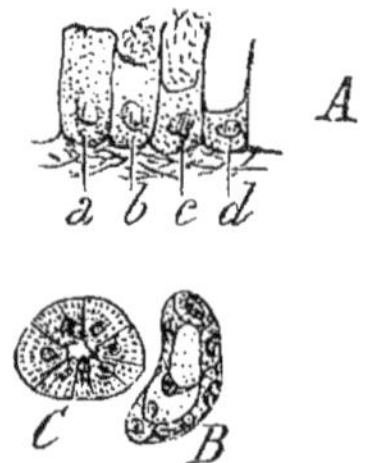

Fig. 31. — Cellules glan-
dulaires. A, cellules à mucus à divers états : *a*, cellule
remplie d'un protoplasme
granuleux; *b*, *c*, le mucus
s'y rassemble; *d*, cellule caliciforme (le mucus vient
d'en être entraîné). B, cellules en croissant situées
au fond de l'acinus d'une
glande salivaire. C, cellules
épithéliales striées d'un canal excréteur.

avec la substance osseuse : on y trouve des corpuscules osseux *ost*
et des canaux de Havers dans sa partie inférieure plus épaisse.

La *pulpe dentaire* est une partie molle formée de tissu conjonctif
au milieu duquel se ramifient des vaisseaux sanguins nourriciers
(artère *a* et veine *v*) et un filet nerveux *n* qui donne à la dent une
extrême sensibilité, lorsque l'émail et l'ivoire sont détruits en un
point.

3° **Insalivation des aliments**. — A mesure qu'ils sont mâchés
par les dents, les aliments sont imprégnés de *salive* sécrétée par
les *glandes salivaires* et d'un mucus produit, soit par des cellules
isolées, soit par de petites glandes muqueuses, logées dans l'épais-

scur de la muqueuse buccale. Des glandes à mucus se trouvent d'ailleurs dans toute l'étendue du tube digestif et facilitent le glissement des matières alimentaires contre sa paroi.

Glandes salivaires. — *Leur forme.* Ce sont des *glandes en grappe;* on les appelle ainsi à cause de leur ressemblance extérieure avec une grappe de raisin. Chaque grain représenterait un *lobule* ou *acinus ac.* (fig. 32); les pédoncules de tous les *acini,* transformés en canaux *c.s.,* se rassemblent en un canal commun, dit *canal excréteur* de la glande *c.ex*

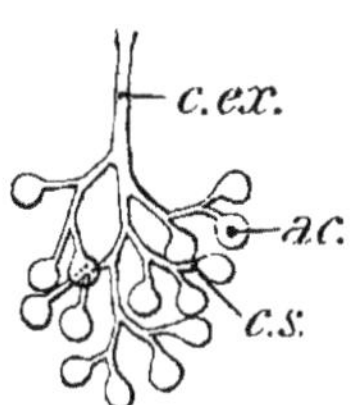

Fig. 32. — Glandes en grappe; *ac.,* acinus; *c. s.,* canal excréteur de l'acinus; *c. ex.,* canal excréteur de la glande.

Sortes de glandes salivaires. — Les glandes salivaires sont, chez l'Homme, au nombre de trois paires :

1° Les *glandes parotides* (fig. 33, *G. p*) développées en avant de l'oreille et en dehors du muscle masséter; la salive sécrétée par chacune d'elles s'écoule dans la bouche par le *canal de Sténon st,* au niveau de la deuxième molaire supérieure;

2° Les *glandes sous-maxillaires G. s m,* logées dans la région sus-hyoïdienne; les deux *canaux de Wharton w* versent leur sécrétion dans la bouche de chaque côté du frein de la langue, à l'extrémité de petites papilles;

3° Les *glandes sublinguales G. sub,* placées sous la langue ainsi que l'indique leur nom, sont formées chacune d'un certain nombre d'îlots glandulaires pourvus de canaux spéciaux (6 à 20), appelés *canaux de Rivinus r.* Ces canaux s'ouvrent dans la bouche également sous la langue.

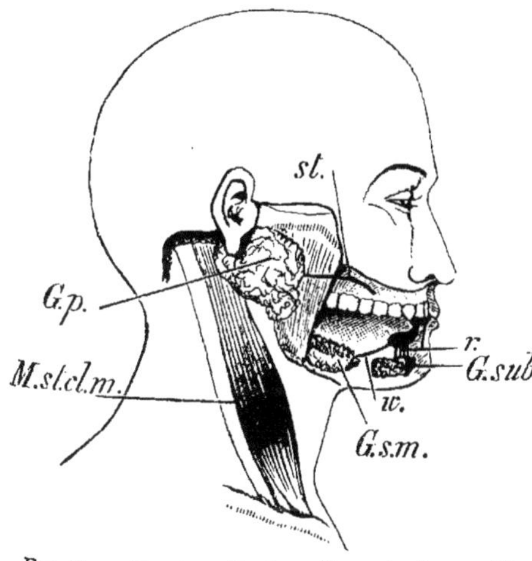

Fig. 33. — Glandes salivaires. *G. p,* glande parotide; *st,* canal de Sténon. *G. s. m,* glande sous-maxillaire; *w,* canal de Wharton. *G. sub,* glande sublinguale; *r,* canaux de Rivinus.

Structure d'une glande salivaire. — Une glande, envisagée d'une manière générale, se compose d'une *portion sécrétrice Cs* (fig. 13) et d'un *canal excréteur C.ex,* revêtus de cellules épithéliales plus ou moins variées. Les cellules séçrétrices reposent sur le derme conjonctif baigné par la lymphe ; les espaces libres entre les éléments conjonctifs forment une véritable gaine lymphatique *Cl* (représentée schématiquement sur la figure). A cette zone lymphatique aboutit une artère *a* qui distribue le sang nourricier autour de la glande par de nombreuses ramifications (vaisseaux capillaires) ; une veine *v* en emporte le sang rouge foncé ; la lymphe, résultant de la filtration du plasma sanguin à travers la paroi des capillaires, s'écoule par le vaisseau lymphatique *vl* ; un nerf *n* apporte à la glande les ordres de sécrétion.

Composition de la salive. — La salive est un liquide renfermant des substances dissoutes et des débris épithéliaux en suspension. Elle est dite *mixte*, car elle résulte du mélange des salives *parotidienne, sous-maxillaire* et *sublinguale*, qui n'ont ni la même composition ni le même rôle, étant donné qu'elles proviennent de glandes à épithélium différemment constitué.

La *salive mixte* renferme 990 pour 1 000 d'eau tenant en dissolution des chlorures de potassium et de sodium, des carbonates et phosphates alcalins (faciles à déceler par les réactifs chimiques sur de la salive fraîche filtrée), des matières albuminoïdes dont la *ptyaline* (ferment soluble) est précipitable par l'alcool.

Rôles de la salive. — Outre son rôle consistant à maintenir toujours humide la muqueuse buccale, à en lubrifier la surface, la salive permet de transformer les aliments solides, par trituration, en une pâte grossière partagée en *bols alimentaires* tour à tour avalés.

La salive n'a pas seulement un rôle mécanique ; elle agit chimiquement sur une catégorie de substances, les matières amylacées (amidon, fécule, dextrines...) *qu'elle hydrate et transforme assez rapidement en glucose. Cette saccharification de l'amidon est due à l'action énergique de la ptyaline à la température d'environ 37 degrés.*

II. **Pharynx.**

Le pharynx (fig. 34, *Ph*) est un carrefour où aboutissent : en haut, la bouche *B* et les fosses nasales postérieures *F. np* ; en bas, la trachée-artère *T. A* (par le larynx) et l'œsophage *Œ*. La base de la langue, avec l'épiglotte *Ep* au-dessus du larynx, forme la paroi antérieure du pharynx ; en haut et sur les côtés sont les amygdales, comprises entre les quatre piliers du voile du palais *Lu*. Ce dernier est suspendu entre la bouche et le pharynx, au niveau de l'isthme du gosier (fig. 34, 1 à droite).

C'est dans cette région que s'accomplit la fonction de déglutition, c'est-à-dire le passage des aliments de la bouche dans l'œsophage à travers le pharynx, suivant le trajet FF.

4° Déglutition des aliments. — Ce phénomène s'opère en deux temps :

1° Le bol alimentaire, pressé contre le fond de la bouche par la langue, dont la pointe s'appuie sur le palais, s'engage sous le voile du palais qu'il relève légèrement en arrière. — 2° A ce moment, les piliers postérieurs du voile se contractent latéralement en *ff* (1) et forment avec le voile une paroi pleine (2, 3) qui oblitère complètement les fosses nasales postérieures. En même temps, les fibres musculaires longitudinales de la paroi du pharynx se

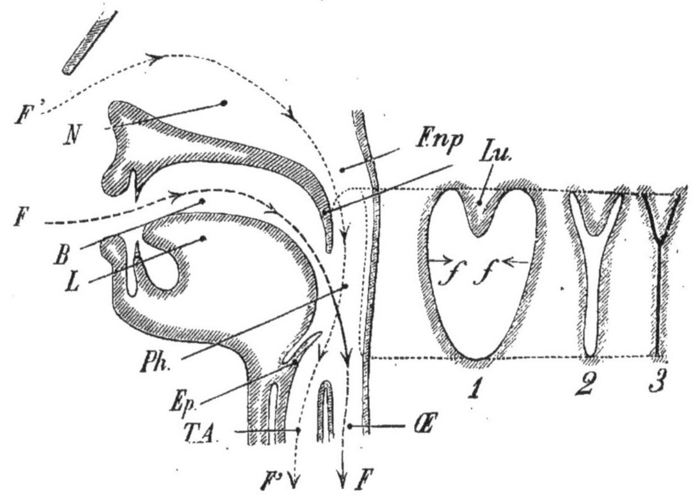

Fig. 34. — Section antéro-postérieure de la bouche et du pharynx. *B*, bouche ; *Ph*, pharynx ; *N*, cavité nasale ; *Œ*, œsophage ; *T.A*, larynx et trachée-artère ; *L*, langue ; *Ep*, épiglotte ; *Lu*, luette ou voile du palais ; *F. np*, fosses nasales postérieures. FF, trajet des aliments ; F'F', trajet suivi par l'air inspiré. — 1, 2, 3, déformations successives de l'isthme naso-pharyngien pendant la déglutition.

contractent, soulèvent la trachée-artère (dont l'orifice est fermé par l'épiglotte) et l'œsophage qui, large ouvert, recueille le bol alimentaire.

III. Œsophage.

Désormais l'appareil digestif est un véritable tube membraneux comprenant trois tuniques : 1° une *muqueuse* interne ; 2° une *enveloppe musculeuse* formée de fibres musculaires circulaires en dedans et de fibres longitudinales en dehors ; 3° une enveloppe *fibreuse* pour l'œsophage, mais *séreuse* pour l'estomac et l'intestin.

L'œsophage est un tube long de 20 à 25 centimètres qui descend à travers la cage thoracique, en arrière de la trachée-artère et du cœur, et en avant de la colonne vertébrale. Il franchit le muscle diaphragme et débouche presque aussitôt dans l'estomac par l'orifice appelé *cardia*.

La muqueuse qui le tapisse possède des glandes qui facilitent le glissement du bol alimentaire. Celui-ci progresse aussi par les contractions alternatives des fibres musculaires longitudinales et circulaires de la paroi.

Lors de la déglutition des liquides, le diaphragme s'abaisse légèrement et tend l'œsophage transformé, par la rigidité de sa paroi, en un tube dans lequel les liquides coulent par l'effet de leur poids.

IV. Estomac.

L'estomac est une poche oblongue (fig. 21 E et fig. 35, A et B) placée transversalement au-dessous du foie et du diaphragme, à la partie supérieure de la cavité abdominale, en avant du pancréas et au-dessus du gros intestin (côlon transverse); l'estomac présente une grande courbure *gc* et une petite courbure *pc* qui s'étendent du cardia *Ca* (orifice de l'œsophage) au pylore *Py* (orifice de l'intestin).

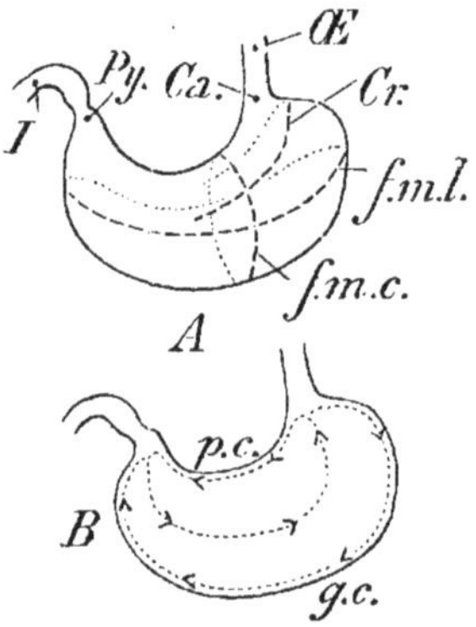

Structure de la paroi. — L'estomac possède une *muqueuse* interne, tapissée exclusivement de cellules caliciformes (fig. 12, A'); on y voit les orifices de glandes en tubes (*glandes gastriques*, fig. 12, B') plus particulièrement nombreuses dans la région cardiaque, tandis que les glandes muqueuses sont logées au voisinage du pylore. Un réseau sanguin alimente ces organes. — La *membrane musculeuse* possède trois couches de fibres musculaires. La membrane *séreuse* externe est formée des replis du *péritoine* (Voir page 50). La paroi du pylore contient un muscle sphincter (à fibres circulaires) qui étrangle la lumière de cet orifice.

Fig. 35. — Estomac. A, figure schématique montrant la disposition des fibres dans les trois couches musculaires qui composent la paroi de cet organe : *f.m.l*, fibres longitudinales; *f.m.c*, fibres circulaires; *Cr*, cravate de Suisse. *Œ*, œsophage; *Ca*, cardia; *Py*, pylore; *I*, intestin. B, figure montrant le trajet suivi par les aliments brassés dans l'estomac : *gc*, grande courbure; *pc*, petite courbure.

Glandes gastriques. — Ces glandes (fig. 12, B'), en tube simple ou ramifié, renferment : des cellules caliciformes disposées dans le canal excréteur; des cellules sécrétant un liquide clair qui tient en dissolution un ferment soluble (*pepsine*) et des cellules sécrétant un liquide acide par l'acide chlorhydrique. Le suc gastrique résulte de la réunion de ces produits de sécrétion.

Suc gastrique. — 1° *Moyens de l'obtenir.* — Au dix-huitième siècle, Spallanzani obtint du suc gastrique en faisant avaler à des oiseaux de petites sphères d'argent percées de trous et contenant des fragments d'éponge. Les sphères, pourvues d'un fil, étaient retirées au bout de quelque temps et les éponges exprimées. La quantité de suc obtenu était très faible.

Aujourd'hui, on en obtient abondamment par le *procédé de la fistule* dû à l'observation suivante : Un chasseur canadien reçut la décharge de son fusil au niveau de l'abdomen ; la blessure béante qui en résulta rendit accessible à l'observation l'intérieur de l'estomac du malade. Le médecin William Beaumont parvint à guérir la plaie et fit ensuite sur le chasseur, transformé en sujet d'expérience, des observations relatives au suc gastrique et à son rôle sur les aliments.

On pratique maintenant des fistules gastriques sur le Chien.

2° *Composition du suc gastrique.* — Le suc gastrique est un liquide clair, transparent, légèrement jaunâtre, dont la composition n'est pas absolument stable.

Il renferme environ 980 pour 1000 d'eau, $\dfrac{7}{1000}$ de substances salines (chlorure de sodium, phosphate de calcium), de l'*acide chlorhydrique* $\left(\dfrac{4}{1000}\right)$ quand le suc est frais et un ferment soluble, la *pepsine* $\left(\dfrac{1}{1000}\right)$, de nature albuminoïde.

Les deux éléments importants du suc gastrique sont l'acide et la pepsine.

Le suc gastrique est sécrété par contact d'un corps quelconque avec la muqueuse de l'estomac, mais *ce n'est qu'un mucus sans pepsine si la matière ingérée n'est pas albuminoïde.*

Le suc gastrique transforme les matières albuminoïdes en peptones absorbables, grâce à l'action simultanée de la pepsine et de l'acide chlorhydrique qu'il renferme.

5° **Chymification.** — Les phénomènes auxquels sont soumis les aliments, pendant leur séjour dans l'estomac, sont de deux natures : les uns mécaniques, les autres chimiques.

1° *Phénomènes mécaniques.* — Les muscles de la paroi de l'estomac (fig 35, A) se contractent en brassant les aliments qui suivent le trajet indiqué par les flèches (fig. 35, B). Le mucus, qui recouvre la surface interne, facilite le glissement des matières qui s'imprègnent constamment de suc gastrique. (Grâce au mucus qui s'oppose également à l'attaque de la paroi de l'estomac par son propre suc gastrique, cet organe ne peut se digérer lui-même.)

2° *Phénomènes chimiques.* — Les aliments sont parvenus dans l'estomac, imbibés de salive, qui poursuit son action hydratante sur les féculents ; ils s'imprègnent maintenant de suc gastrique, qui *dissocie* d'abord les albuminoïdes (gonflement, séparation des fibres musculaires), puis les *liquéfie* en les transformant en *peptones*. Cette dernière modification ne se produit qu'à la longue et lorsque la bouillie alimentaire (*chyme*) a passé dans l'intestin.

V. Intestin.

L'intestin est un tube composé de deux parties :

L'*intestin grêle* (fig. 21, *Ig*), dont la longueur est de 8 mètres environ et le diamètre moyen de 3 centimètres ; le *gros intestin GI* mesurant en moyenne 1ᵐ,50 de longueur et 0ᵐ,10 de diamètre.

L'*intestin grêle* comprend trois régions : le *duodénum*, long de 12 travers de doigt (12 à 15 centimètres), qui fait suite à l'estomac (fig. 36, *Ig*) ; le *jéjunum*, de couleur rosée, traversé assez rapidement par les matières alimentaires, et l'*iléon*, de teinte verdâtre, qui forme la base du paquet intestinal, au niveau des os iliaques. L'iléon (fig. 37, *I.g*) communique avec le

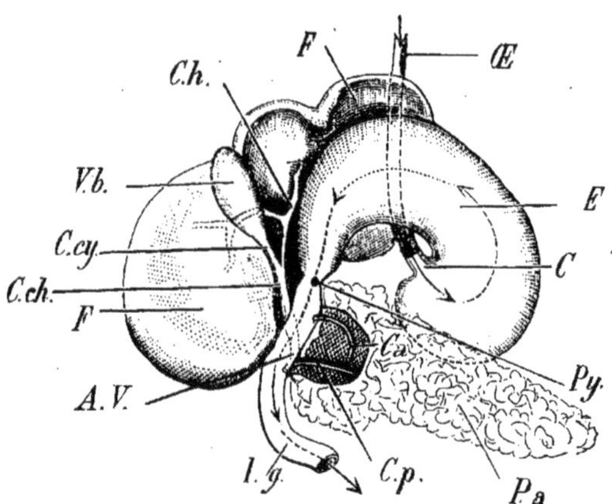

Fig. 36. — Estomac et intestin grêle. Glandes annexes du duodénum. *Œ*, œsophage ; *E*, estomac relevé pour laisser voir le pancréas *Pa* ; *Ig*, intestin grêle (duodénum). *C*, cardia ; *Py*, pylore ; *F*, foie ; *V.b*, vésicule biliaire et canal cystique *C.cy* se réunissant au canal hépatique *C.h* pour former le canal cholédoque *C.ch*. — *C.p*, canal pancréatique principal ; *C.a*, canal accessoire. Les flèches indiquent le trajet suivi par les aliments.

gros intestin *GI* par une sorte de boutonnière constituée par la *valvule iléo-cæcale V.i.cæ.*

Le jéjunum et l'iléon sont enroulés très irrégulièrement et forment les *circonvolutions* de l'intestin.

Le gros intestin comprend également trois régions : le *cæcum* (fig. 37, *Cæ*), peu important chez l'Homme, pourvu de l'*appendice vermiculaire Av* ; le *côlon Co*, qui encadre l'intestin grêle par ses branches : *ascendante* à droite, *transverse* de droite à gauche sous l'estomac et *descendante* en arrière ; le *rectum*, plus large que le côlon, est la dernière partie du gros intestin et se termine par l'*anus*.

Péritoine. — L'intestin est tout entier enveloppé par une vaste membrane séreuse, le *péritoine*, qui en soutient les nombreux replis dans la cavité abdominale (fig. 38), et permet aux diverses anses intestinales de subir librement les changements de forme nécessaires à la progression des aliments depuis le pylore jusqu'à l'anus.

Qu'est-ce qu'une séreuse? Imaginons un sac constitué par une membrane, sac complètement fermé et aplati sur lui-même; il présente deux parois appliquées l'une contre l'autre, deux

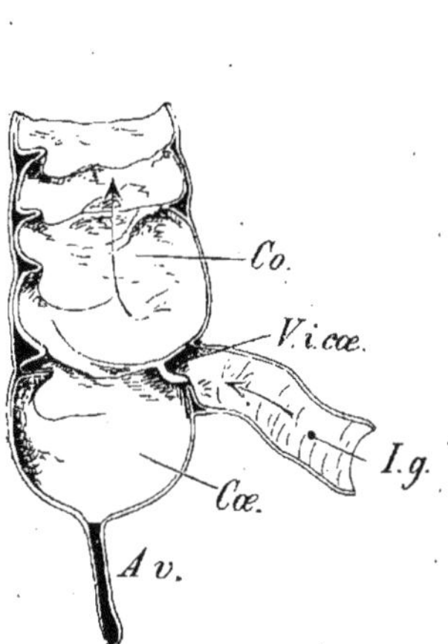

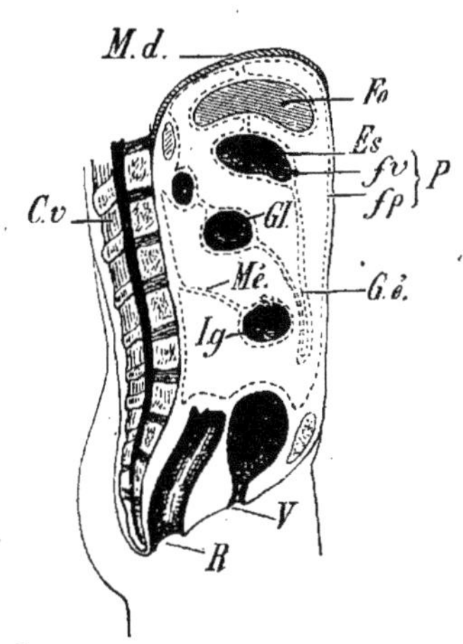

FIG. 37. — Section de l'intestin au niveau de la valvule iléo-cæcale V.i.cæ. I.g, intestin grêle ; Cæ, cæcum ; Co, côlon ; Av, appendice vermiculaire.

FIG. 38. — Péritoine. fp et fv, feuillets pariétal et viscéral du péritoine P qui enveloppe le foie Fo, l'estomac Es, le gros intestin GI ; Ig, intestin grêle maintenu par le mésentère Mé. M.d, muscle diaphragme; C.v, colonne vertébrale ; V, vessie ; R, rectum, G.é, grand épiploon.

feuillets. Si les cellules composant ces feuillets sécrètent un liquide, une *sérosité*, remplissant le sac, c'est-à-dire l'intervalle compris entre les deux feuillets, ceux-ci pourront facilement glisser l'un sur l'autre. Soit un organe appliqué contre l'un des feuillets *f* et le poussant peu à peu devant lui; à un moment donné, cet organe pourra être totalement enveloppé par le feuillet *f* en contact direct avec lui, et par le feuillet *f'* séparé de *f* par la sérosité. Il en est ainsi de toutes les séreuses (péritoine autour de l'intestin, plèvres autour des poumons et péricarde autour du cœur, etc.).

Le feuillet *f*, en contact avec l'organe, avec le viscère, est dit *feuillet viscéral* (fig. 38, *fv*); *f'* est dit *feuillet pariétal*, *fp*. L'examen de la figure 38 montre, en effet, les feuillets *fv* du péritoine P entourant immédiatement les organes divers de la cavité abdominale (foie *Fo*, estomac *Es*, intestin grêle *Ig*, gros intestin *GI*). Le feuillet pariétal *fp* tapisse la paroi de la cavité abdominale en avant, en bas où il est appliqué sur la vessie, en arrière où il recouvre la colonne vertébrale *C.v* et les reins (non visibles sur la figure), la rate, etc.

Ce feuillet pariétal émet en avant de la colonne vertébrale un prolongement désigné sous le nom de *mésentère Mé*, qui enveloppe l'intestin grêle en le tenant suspendu pour ainsi dire à la paroi postérieure de la cavité abdominale.

Surface interne de l'intestin. — La membrane qui revêt intérieurement l'intestin présente de nombreux replis (fig. 39, *r* et fig. 37)

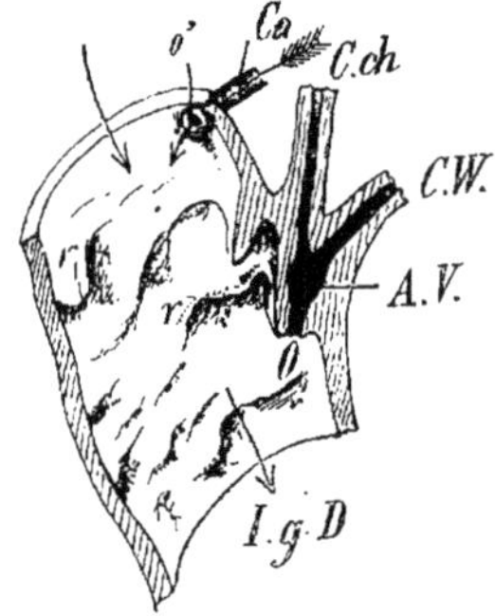

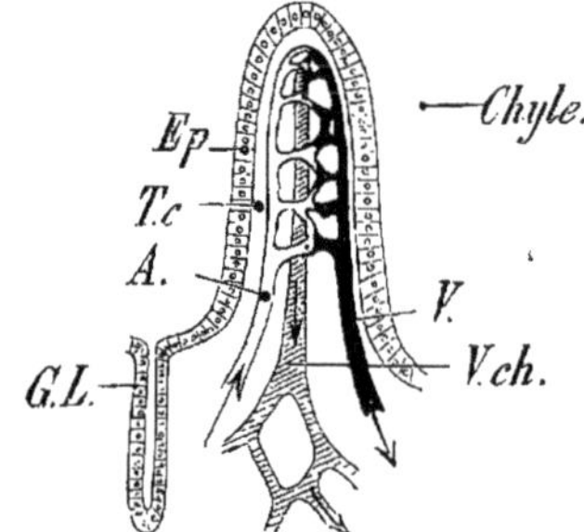

Fig. 39. — Section du duodénum *Ig. D.* *A. V.*, ampoule de Vater; *C.ch*, canal cholédoque; *C. W*, canal pancréatique (de Wirsung); *Ca*, canal accessoire; *r, r*, valvules conniventes.

Fig. 40. — Villosité intestinale (figure schématique). *Ep*, épithélium; *T.c*, tissu conjonctif; *G.L*, glande de Lieberkühn; *A*, artériole; *V*, veinule. *V.ch*, vaisseau chylifère.

appelés *valvules conniventes*. En outre, dans l'intestin grêle en particulier, les valvules et les sillons sont hérissés d'une multitude de petits cônes, appelés *villosités intestinales* (fig. 40), atteignant au plus 1 millimètre de haut. Sur toute la paroi on distingue, à la loupe, plusieurs millions d'orifices glandulaires; dans le duodénum on en voit deux importants : l'orifice *o* (fig. 39) de l'ampoule de Vater *A. V.* (réunion du canal pancréatique *C. W.* venant du pancréas *Pa* et du canal cholédoque *C.ch* issu du foie *F*), et l'orifice *o'* du canal pancréatique accessoire *Ca* (fig. 36 et fig. 39).

Structure de l'intestin. — La paroi de l'intestin comprend trois tuniques qui sont de l'intérieur à l'extérieur : 1° une *membrane muqueuse* avec de nombreuses *glandes en tube de Lieberkühn* (fig. 40, *G.L.*), des *glandes en grappe de Brünner* et des *follicules clos*; 2° une *membrane musculeuse* avec une couche interne de fibres annulaires lisses et une couche externe de fibres longitudinales lisses également; 3° une *membrane séreuse* intimement unie au feuillet viscéral du péritoine.

Dans l'épaisseur de la paroi intestinale sont logées les ramifications des *artères mésentériques* (fig. 46, *A.m* et fig. 40, *A*), issues de l'artère aorte, reliées par un réseau capillaire aux terminaisons de la *veine porte intestinale* (fig. 46, *V.p* et fig. 40, *V*), et les origines *V.ch* du réseau formé par les *vaisseaux chylifères R.ch* (fig. 46), dépendant du canal thoracique *C.th*.

L'intestin est innervé par le grand sympathique et le pneumo-gastrique.

Les terminaisons vasculaires et chylifères sont contenues dans les villosités intestinales.

Une *villosité intestinale*, vue en coupe (fig. 40), est tapissée d'un épithélium simple cylindrique *Ep*. Dans le derme conjonctif sous-jacent se trouve le réseau capillaire, qui relie l'artériole *A* afférente (rameau d'une artère mésentérique) à la veinule *V* efférente (rameau de la veine porte); dans l'axe de la villosité est le vaisseau chylifère *V. ch*, qui paraît terminé en cul-de-sac *l* (fig. 40 *bis*), mais qui communique en réalité avec la gaine lymphatique formée par les espaces libres du derme conjonctif.

Glandes de l'intestin.

Elles comprennent les glandes logées dans la paroi de l'intestin (*glandes intestinales*) et les *glandes annexes* du duodénum (*pancréas* et *foie*), qui résultent d'un bourgeonnement primitif de cette région.

1° *Glandes intestinales.* **Suc entérique.** — Les *glandes en tube de Lieberkühn* (fig. 40, *G.L.*) et les *glandes en grappe de Brünner* sont réparties, les premières dans tout l'intestin, les secondes surtout dans le duodénum. Elles sécrètent le *suc entérique* ou suc intestinal, alcalin, renfermant 980 pour 1 000 d'eau, des chlorure, phosphate et carbonate acide de sodium, des matières albuminoïdes dont un ferment soluble, l'*invertine, qui transforme en peptones la fibrine du sang et qui hydrate le sucre de canne en le transformant en glucose et fructose absorbables.*

2° *Glandes annexes de l'intestin :*

Pancréas. — Cette glande est située derrière l'estomac; elle est visible dans la figure 36, *Pa*, parce que l'estomac a été relevé; elle a la forme d'un triangle allongé. Sa constitution est celle des glandes en grappe ramifiées; en cela, elle a une grande analogie avec les glandes salivaires. Un canal principal la traverse suivant son axe ; c'est le *canal de Wirsung* (fig. 36, *C.p*) qui débouche dans le duodénum à l'ampoule de Vater (fig. 39, *C. W.*); un rameau s'en détache qui décrit une courbe et s'ouvre dans l'intestin (fig. 39, *o'*) au-dessus du canal principal.

Suc pancréatique. Sa composition et son rôle. — Le suc pancréatique est un liquide incolore, sirupeux, facilement altérable à l'air; sécrété abondamment pendant la digestion, il est produit en faible quantité à tout autre moment. Il contient 90 pour 100 d'eau seulement, des chlorures et des phosphates alcalins, des matières albuminoïdes. Parmi ces dernières, nous signalerons 3 diastases :

l'amylopsine qui complète la saccharification des amylacés commencée par la salive;

la trypsine qui achève, en milieu alcalin, *l'action du suc gastrique sur les albuminoïdes;*

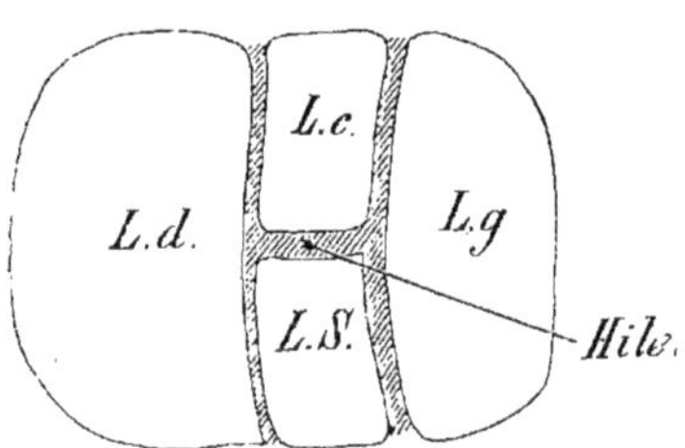

FIG. 41. — Foie (face inférieure). *L.d*, lobe droit; *L.g*, lobe gauche; *L.c*, lobule carré; *L.S*, lobule de Spiegel.

la stéapsine qui saponifie et émulsionne les corps gras neutres (c'est-à-dire les divise en gouttelettes d'une extrême finesse) favorisant ainsi leur absorption par l'intestin.

Foie. — Le foie (fig. 36, F; fig. 38, 41 à 44) est une grosse masse d'un rouge brun, développée à droite et en haut de la cavité abdominale, sous le muscle diaphragme. Ce viscère recouvre l'estomac, le duodénum et le côlon transverse; il est entouré du péritoine (fig. 42) qui le maintient étroitement appliqué contre le diaphragme.

Aspect extérieur du foie. — La face supérieure du foie est lisse et sa face inférieure échancrée suivant un H (fig. 41). Le viscère est enveloppé dans la *capsule de Glisson*, membrane fibreuse qui, en formant des compartiments à travers la substance du foie, divise cet organe en quatre lobes, eux-mêmes partagés en lobules.

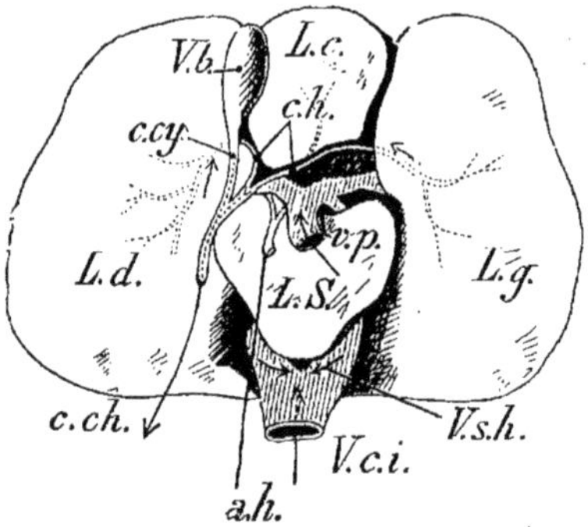

Les quatre lobes sont : le *lobe droit* (fig. 41 et 42, *L.d*), le *lobe gauche L.g* environ quatre fois moins volumineux que le précédent et qui forme une languette au-dessus de l'estomac, le *lobule carré L.c* en avant et le *lobule de Spiegel L.S.* en arrière.

La dépression médiane du foie est appelée *hile*. C'est en ce point que pénètrent dans l'organe : la *veine porte v.p* (fig. 42),

FIG. 42. — Foie (face inférieure). Mêmes indications que la fig. 45. — *v.p*, veine porte hépatique; *a.h*, artère hépatique; *V.c.i*, veine cave inférieure recevant les veines sus-hépatiques *V.s.h* (représentées schématiquement); *c.ch*, canal cholédoque; *c.cy*, canal cystique; *V.b*, vésicule biliaire; *c.h*, canaux hépatiques.

l'artère hépatique, a.h, et les filets nerveux; c'est aussi du hile que part le *canal cholédoque, c.ch* (conducteur de la bile), formé de la réunion du *canal cystique, c.cy* (qui se rend à la *vésicule biliaire, V.b*) et des *canaux hépatiques, c.h,* émanant des divers lobes du foie.

En arrière et contre le lobule de Spiegel est enserrée la *veine cave inférieure, V.c.i,* qui reçoit dans cette région les *veines sus-hépatiques, V.s.h,* dès leur émergence du foie.

Structure interne du foie. — Le foie est l'agglomération d'un grand nombre de parties élémentaires appelées *lobules* (environ 500 par centimètre cube). Les lobules sont incomplètement séparés par les cloisons émanant de la capsule de Glisson; il y a continuité de substance entre les lobules voisins.

L'examen de l'un d'eux suffit à faire connaître la structure intime du foie entier.

Lobule hépatique. — Dans un *lobule* (fig. 43) se trouvent des *cellules hépatiques, C,* sans membrane visible et pourvues d'un protoplasme avec des granu-

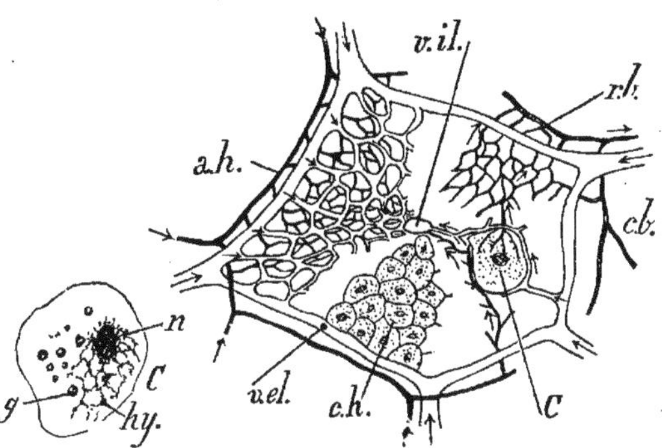

Fig. 43. — Figure schématique d'un lobule du foie. — *v.e.l,* vaisseaux interlobulaires; *v.i.l,* vaisseau intralobulaire (en blanc); *a.h,* artère hépatique et ses ramifications (en noir à gauche). Les flèches indiquent le trajet suivi par le sang se rendant des vaisseaux interlobulaires (rameaux ultimes de la veine porte) aux vaisseaux intralobulaires (origines des veines sus-hépatiques).

C.b, canaux biliaires (origines des canaux hépatiques) en noir, en haut et à droite. Les flèches indiquent le trajet suivi par la bile sécrétée par les cellules, *C,* logées dans les mailles du réseau sanguin.

lations jaunâtres, graisseuses et autres. *Ces cellules sont entourées de deux réseaux :* l'un *sanguin,* émanant de l'artère hépatique, *a.h,* et de la veine porte, *v.el, v.il,* représenté en noir et en blanc sur la figure à gauche, avec les flèches indiquant le trajet du sang de la périphérie au centre du lobule; l'autre *biliaire, r.b,* représenté en noir en haut et à droite, avec les flèches indiquant le trajet de la bile de l'intérieur du lobule vers l'extérieur.

Le réseau sanguin est donc formé d'un *système de vaisseaux extralobulaires, a.h* et *v.el* (afférents au foie), et d'*un vaisseau intralobulaire, v.il,* qui emporte le sang du centre du lobule vers les veines sus-hépatiques (efférentes).

Les cellules hépatiques, *C,* sont logées dans les mailles du réseau sanguin, entourées par lui presque de toutes parts; aussi sont-elles baignées par le sang pour ainsi dire.

Chacune des cellules hépatiques est une cellule glandulaire qui forme la bile avec les principes qu'elle reçoit du sang. Les canaux biliaires *C.b* débutent par une foule de petits tubes en cul-de-sac qui enserrent les cellules hépatiques et en retirent la bile ; aussi les voit-on surgir de toutes les mailles du réseau sanguin, s'anastomoser entre eux et former des conduits de plus en plus importants.

Les *canaux hépatiques c.h* (fig. 44), récepteurs de la bile, conduisent ce liquide dans la *vésicule biliaire V.b* par le *canal cystique c.c.* Ce n'est qu'au moment de la digestion que la bile s'écoule simultanément, du foie et de la vésicule biliaire, par le *canal cholédoque c.ch* dans l'intestin, à l'ampoule de Vater.

La figure 44 montre, d'une façon schématique, le réseau biliaire en A et le réseau sanguin en B ; ces deux réseaux étroitement

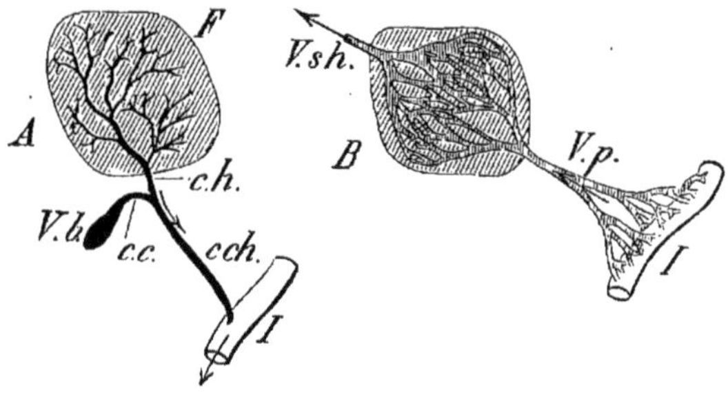

Fig. 44. — Figures schématiques représentant : en A, le réseau des canaux biliaires dans le foie ; en B, la circulation du sang dans cet organe. — A : *c.h*, canal hépatique ; *c.c*, canal cystique se rendant à la vésicule biliaire *V.b* ; *c.ch*, canal cholédoque ; *I*, intestin. — B : *I*, intestin ; *V.p*, veine porte ; *V.sh*, veine sus-hépatique.

enlacés renferment entre eux les cellules hépatiques. En B, on voit le sang, recueilli par les ramifications de la veine porte *V.p* sur l'intestin I, conduit au foie où il est réparti dans tout l'organe ; les branches de cette sorte d'arbre sont opposées aux branches d'un autre tronc, la veine sus-hépatique *V.sh* qui conduira le sang dans la veine cave inférieure *V.ci* (fig. 46).

Bile. *Sa composition et son rôle.* — La bile est un liquide jaune d'or à l'état frais, rapidement altérable à l'air, et qui prend alors la couleur verte. Elle est neutre ou légèrement alcaline quand elle est fraîche et possède une saveur un peu amère.

Elle renferme 850 pour 1000 d'eau, des sels et des pigments. Les sels principaux sont : les chlorures de sodium et de potassium, les phosphates de sodium, de calcium, etc. ; on y trouve des traces de fer, des substances organiques variées, parmi lesquelles des graisses, de la *cholestérine*.

Les pigments sont en petite quantité : la *bilirubine* (rougeâtre), prédominant dans la bile fraîche, et la *biliverdine*, qui, dérivée de la première, se trouve surtout dans la bile altérée. Ces matières colorantes proviennent sans aucun doute de l'hémoglobine du sang.

La bile paraît jouer divers rôles dans la digestion :

1° *Elle émulsionne les graisses* comme le suc pancréatique qui, de plus, les saponifie, c'est-à-dire les dédouble en acides gras et glycérine.

2° *La bile s'oppose à la putréfaction des matières alimentaires dans l'intestin;* les excréments d'un chien opéré de la fistule biliaire, ou d'un malade atteint d'ictère, dégagent une vive odeur repoussante.

3° *La bile dissout vite les éléments cellulaires* (globules sanguins, par exemple); aussi sert-elle à renouveler l'épithélium intestinal en balayant les vieilles cellules qui ont servi pendant l'absorption digestive.

6° Chylification. — Absorption intestinale et défécation. — Le chyme, contenu dans l'estomac, sort de cet organe par petites ondées, à travers le pylore, parvient dans le duodénum au niveau de l'ampoule de Vater et s'y imprègne de suc pancréatique (la bile n'interviendra qu'un peu plus tard); la matière alimentaire devient plus liquide encore par l'adjonction du suc entérique.

Les divers aliments progressent dans l'intestin par les contractions de sa paroi.

Les mouvements de l'intestin sont dits *mouvements péristaltiques;* ils sont dus aux contractions de haut en bas des fibres annulaires de la paroi, qui poussent toujours le contenu intestinal vers la partie suivante où les fibres musculaires sont relâchées; grâce à ces mouvements faibles et lents, l'oblitération de l'intestin n'est pas à craindre.

Pendant leur séjour dans l'intestin, les aliments subissent, chacun en ce qui le concerne, de la part de la salive, des sucs gastrique, pancréatique et entérique et de la bile, les transformations indiquées précédemment.

Le chyme s'est transformé en *chyle*, c'est-à-dire en une dissolution aqueuse de glucose, de peptones et de sels minéraux, avec une émulsion des matières grasses.

Toutes les parties liquides et dialysables sont presque totalement absorbées à travers la paroi de l'intestin par les vaisseaux sanguins et chylifères. Les résidus passent ensuite par la valvule iléo-cæcale dans le gros intestin dont les mouvements péristaltiques amènent les excréments jusqu'au rectum.

L'expulsion des matières fécales ou *défécation* dépend de la volonté; elle est due à toute une série d'actes réflexes dans lesquels intervient le système nerveux; le *muscle sphincter anal*, formé de deux séries de fibres striées parallèles, constitue une boutonnière fermée complètement lorsque les fibres sont à l'état de repos. La boutonnière s'ouvre sous le poids des résidus de la digestion qui sont ainsi rejetés au dehors.

NATURE DES ALIMENTS	transformés en	PAR LES SUCS DIGESTIFS :				
		Salive	Suc gastrique	Suc pancréatique	Bile	Suc intestinal
Féculents......		glucose.		glucose.		
Albuminoïdes..			peptones.	peptones.		
Fibrine du sang.						peptones.
Saccharoses...						glucose.
Graisses.......				émulsion.	émulsion.	

NATURE DU PHÉNOMÈNE DE L'ABSORPTION INTESTINALE.
ROLE DES VILLOSITÉS.

L'intestin grêle renferme une dissolution aqueuse de glucose, de peptones et de sels minéraux et des graisses émulsionnées ; ces principes sont absorbés par l'épithélium, *Ep* (fig. 40), par le tissu conjonctif, *T.c*, puis par les vaisseaux sanguins *A*, *V*, et les chylifères, *V.ch*, qui viennent les y puiser.

Comment s'opère cette absorption ?

Dans une éprouvette à pied on verse de l'eau saturée de sel marin, on achève de remplir l'éprouvette avec de l'eau pure versée lentement ; les deux liquides sont superposés et non mélangés dans l'éprouvette maintenue immobile. Au bout de quelques heures, les deux liquides seront cependant mélangés ; on dit qu'ils se sont pénétrés, qu'ils ont *diffusé*.

Le même phénomène aurait lieu si, sur la surface de l'eau salée, on avait formé une couche de collodion ou appliqué une membrane poreuse avant de verser l'eau pure.

Dutrochet a fait l'expérience suivante pour montrer les échanges qui se produisent à travers les membranes : un vase de verre sans fond (fig. 45, V) est pourvu d'une vessie de porc humide bien tendue, *m*, et totalement rempli d'eau saturée d'un sel quelconque ; on le ferme à l'aide d'un bouchon traversé par un tube de verre, de telle sorte que l'excès du liquide monte en *a* dans le tube, au lieu de s'écouler au dehors. Le vase est plongé dans un cristallisoir, *Cr*, contenant de l'eau pure. Au bout de quelque temps, le niveau *a* du

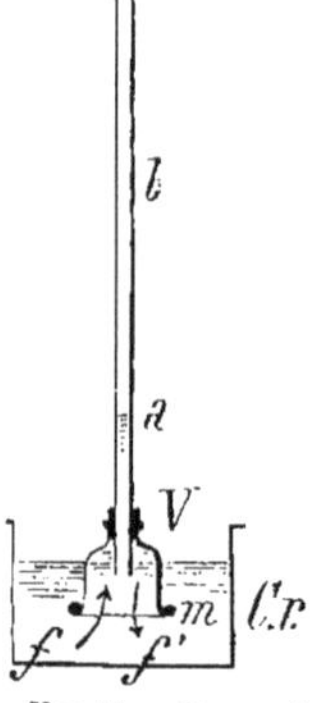

Fig. 45. — Osmomètre. — V, vase fermé par une membrane, *m*, et contenant de l'eau saturée d'un sel ; *Cr*, cristallisoir renfermant de l'eau pure ; *a*, niveau primitif du liquide se déplaçant vers *b*. — *f*, endosmose — *f'*, exosmose.

liquide s'élève peu à peu en *b* et au delà : donc il y a eu *osmose*, c'est-à-dire passage de l'eau pure vers l'eau salée à travers la membrane *m*, suivant la flèche *f* : c'est un phénomène d'*endosmose*. — L'analyse de l'eau du cristallisoir y révèle la présence d'une petite quantité du sel employé; il y a donc eu passage inverse, suivant *f'*, de la dissolution vers l'eau pure : c'est l'*exosmose*.

Le déplacement du niveau *a* vers *b* prouve que l'endosmose a été plus grande que l'exosmose; ce déplacement est d'autant plus rapide que la différence de concentration des liqueurs employées est plus considérable.

La même expérience peut être effectuée en mettant de l'albumine ou blanc d'œuf dans le vase V; mais alors l'endosmose seule se produit, puisque l'albumine est fort peu dialysable.

Des échanges de substance à substance se produisent à travers les membranes, à condition que celles-ci soient *humides* et *osmotiques* pour les substances envisagées.

La paroi libre des cellules épithéliales joue, vis-à-vis du *glucose*, des *peptones* et des *sels*, le rôle de la membrane *m*, dans le mécanisme de l'absorption. Ces substances passent ainsi par osmose dans les cellules dont elles saturent le protoplasme, puis pénètrent dans le derme conjonctif et sont recueillies par les vaisseaux sanguins et chylifères. Quant aux *gouttelettes graisseuses* (émulsion), elles envahissent plus lentement les cellules épithéliales dont elles gagnent la profondeur, puis le corps de la villosité où elles sont recueillies par la gaine lymphatique et pénètrent surtout dans les vaisseaux chylifères.

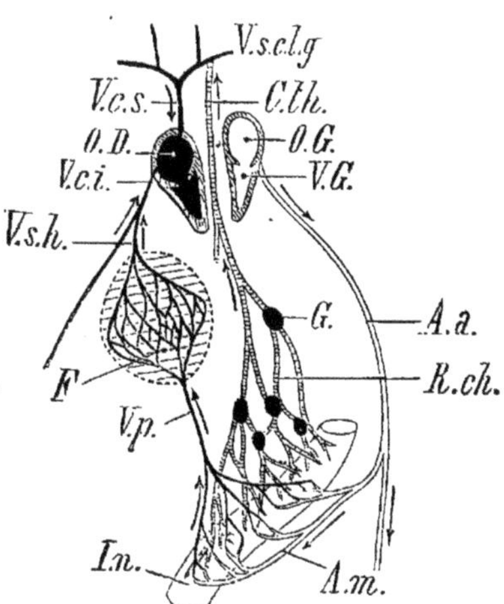

Fig. 46. — Schéma de l'absorption intestinale. *O.G.* et *V.G.* oreillette et ventricule gauches du cœur; *O.D.*, oreillette droite recevant les veines caves supérieure *V.cs.* et inférieure *V.ci.* *A.a*, artère aorte envoyant à l'intestin *I.n* l'artère mésentérique *A.m; V.p*, veine porte; *F*, foie; *V.sh*, veine sus-hépatique (les flèches indiquent le cours du sang depuis l'artère aorte jusqu'à l'oreillette droite). *R.ch*, réseau chylifère avec ganglions *G*; *C. th*, canal thoracique qui porte la lymphe à la veine sous-clavière gauche *V.s.cl.g*.

Destination des matières absorbées. — Le glucose, les peptones et les sels, surtout absorbés par les veinules *V* (fig. 40), sont emportés par le sang de la veine porte *V.p* (fig. 46) dans le foie *F*, où le glucose est en partie mis en réserve sous la forme de glycogène. Les veines sus-hépatiques *V.sh* assurent le trajet du sang nourricier vers la veine cave inférieure *V.ci*, et de là à l'oreillette droite *O. D.* Le contenu surtout graisseux des chylifères est conduit par le réseau chylifère *R.ch* dans le *canal thoracique C.th*, principal canal récepteur de la lymphe qu'il verse dans la veine sous-clavière gauche *V.s.cl.g.* Cette veine est une ramification de la veine cave supérieure *V.cs*, qui aboutit aussi à l'oreillette droite.

Ainsi l'oreillette droite contient du sang chargé d'abondantes matières nutritives, particulièrement pendant la digestion.

§ 5. — APPAREIL DIGESTIF DANS LA SÉRIE ANIMALE.

* Les aliments introduits dans l'appareil digestif subissent une *trituration* mécanique préalable, propre à multiplier leur surface de contact avec les sucs digestifs qui, les *modifiant chimiquement*, transforment ces aliments en substances liquides absorbables par le sang.

L'étude de l'appareil digestif comprend donc :

1° Les dispositifs variés à l'aide desquels les aliments sont divisés mécaniquement (*dents* des Vertébrés, *armature buccale* des Arthropodes, *radula* des Mollusques, *lanterne d'Aristote* des Oursins, etc.);

2° Les modifications de forme du tube digestif consistant en *circonvolutions* plus ou moins nombreuses, *dilatations* variées (estomac, jabot, gésier, cæcum), *replis* de la surface interne (valvules, villosités) adaptés au régime alimentaire. Ces formes diverses assurent une *stagnation* plus prolongée dans l'intestin des matériaux lentement attaquables.

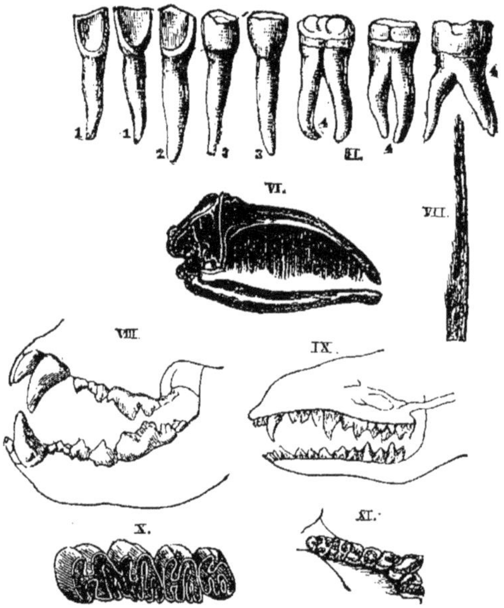

1° APPAREIL MASTICATEUR.

VERTÉBRÉS. — Mammifères. — Ces animaux sont tous pourvus de dents, sauf certains Édentés (Pangolin, Fourmilier), la Baleine (fig. 47, VI) qui possède des *fanons* VII disposés en rangées transversales sur la voûte palatine, et les Monotrèmes (Ornithorhynque, Échidné) armés d'un bec corné.

FIG. 47. — Dentition des Mammifères. II, Homme; 1, incisives; 2, canine; 3, prémolaires; 4, grosses molaires. VI, tête de Baleine; VII, un fanon isolé; VIII, Carnivore; IX, Insectivore; X, Herbivore; XI, Frugivore.

Les dents sont toutes semblables chez les *homodontes* qui ont une seule dentition (Tatou, Dauphin); les *hétérodontes* présentent diverses sortes de dents et deux dentitions successives.

La dentition définitive des hétérodontes, le développement des maxillaires et des muscles qui les animent, la forme des condyles du maxillaire inférieur sont

Tableau IX.

Appareil digestif dans la série.

2 Rôles : *Trituration* et *modification chimique* des aliments.

1° APPAREIL MASTICATEUR.

Vertébrés.

Mammifères — homodontes (Dauphin, Tatou, …)

hétérodontes :
- type carnivore (fig. 48).
- — omnivore (fig. 27).
- — rongeur (fig. 50).
- — ruminant (fig. 51).

Oiseaux……
- actuels : bec corné ; pas de dents.
- fossiles : quelques-uns pourvus de dents les rapprochant des Reptiles Dinosauriens.

Reptiles et *Amphibiens.*
- Tortues : bec corné.
- Les autres, homodontes (fig. 52).
  - Cas des Serpents. Plusieurs rangées de dents.

Poissons : En général, plusieurs rangées de dents.

Arthropodes.
- *Insectes* (fig. 55). Armature buccale adaptée au mode de vie : Insectes *broyeurs, lécheurs, suceurs, piqueurs.*
- *Myriapodes. Arachnides. Crustacés :* Adaptation des appendices des segments antérieurs du corps, en vue de la mastication (mandibules, mâchoires, pattes-mâchoires).

Le tube digestif d'un animal est d'autant plus long que son régime alimentaire est plus herbacé.

2° TUBE DIGESTIF.

Vertébrés (fig. 56).

Plus on descend dans la série des Vertébrés, plus le tube digestif se simplifie, en se rapprochant de la forme embryonnaire.

Mammifères.
- Estomac simple.
- Estomac complexe : cas des Ruminants. — Panse, bonnet, feuillet ; *caillette* (estomac chimique).

Oiseaux……
- Estomac complexe… — Jabot (magasin) ; *ventricule succenturié* (est. chimique) ; gésier (estomac mécanique).
- Intestin court ; 2 cæcums. *Cloaque.*

Reptiles (cloaque).

Amphibiens. Poissons.
- Appendices pyloriques.
- Valvule spirale dans l'intestin (Requin).

Arthropodes.
- *Insectes.* Estomac complexe : Jabot, gésier, *ventricule chylifique* (fig. 57).
- *Crustacés.* Armature stomacale de l'Écrevisse.

Vers………
- Sangsue : 11 estomacs successifs. — Typhlosolis du Lombric (fig. 59).

Mollusques..
- Tube digestif des *Lamellibranches* (fig. 61), des *Gastéropodes* (fig. 126).
- Cas des *Céphalopodes* (estomac et sac pylorique ; hépato-pancréas (fig. 62).

Échinodermes. Tube digestif avec ou sans anus (quelques Stellérides).

Cœlentérés…. Tube avec 1 orifice. Cavité-gastro-vasculaire (fig. 64).

adaptés au mode de nutrition, ainsi qu'il est facile de l'établir par l'étude de quelques types principaux.

1° *Type carnivore* (fig. 48 et fig. 47, VIII). Maxillaires d'autant plus courts que l'animal est plus nettement carnivore; grand développement des arcades zygomatiques *a.z*, des crêtes d'insertion des muscles masséter et temporal; *condyles cylindriques disposés sur un axe normal au plan de symétrie de la tête* (fig. 49, C), de telle sorte que le maxillaire inférieur se meut dans le sens vertical seulement.

Formule dentaire : $I = \dfrac{3}{3}$; $C = \dfrac{1}{1}$; M variable.

Les incisives *i* (fig. 48) sont petites, les canines *c* très développées (crocs). Les molaires *m*, en forme de feuilles de trèfle, sont disposées sur les mâchoires

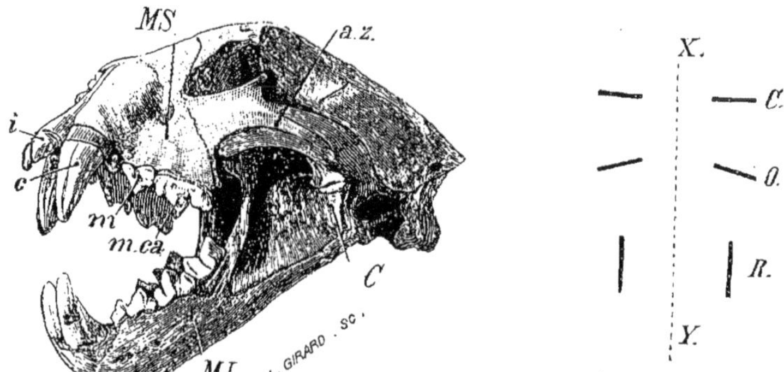

Fig. 48. — Tête de Carnivore (Jaguar); *i*, incisives; *c*, canine; *m*, molaires; *m.ca*, dent carnassière. *MS*, maxillaire supérieur; *a.z*, arcade zygomatique très saillante; *MI*, maxillaire inférieur; *C*, condyle transversal.

Fig. 49. — Disposition des condyles du maxillaire inférieur par rapport au plan de symétrie XY de la tête. *C*, carnivore; *O*, omnivore; *R*, rongeur.

suivant deux rangées qui se croisent comme les lames d'une paire de ciseaux, lorsque la bouche se ferme; la dernière prémolaire supérieure *m.ca* et la première molaire inférieure très fortes s'appellent *carnassières*. En arrière des carnassières se trouvent des molaires *tuberculeuses*, en nombre d'autant moindre que l'animal est plus féroce.

Valeur de M : *Machairodus* . . . . $pm = \dfrac{1}{2}$; carnass. $= \dfrac{1\,pm}{1\,m}$; $m = \dfrac{1}{0}$.

Panthère, Lion . . . . . . $= \dfrac{2}{2}$; $= \dfrac{1\,pm}{1\,m}$; $= \dfrac{1}{0}$.

Chien, Ours . . . . $= \dfrac{3}{4}$; $= \dfrac{1\,pm}{1\,m}$; $= \dfrac{2}{2}$.

A une telle dentition correspondent des griffes qui terminent les doigts. Les Chéiroptères et les Insectivores (fig. 47, IX), dont les molaires sont hérissées de pointes aiguës pour trouer la carapace des Insectes, se rapprochent de ce type.

2° *Type omnivore* (fig. 27 et fig. 47, II, XI). La dentition de l'Homme en offre les caractères. Muscles masticateurs de développement moyen; *condyles disposés obliquement* (fig. 49, O), de telle sorte que le maxillaire inférieur effectue des mouvements verticaux et des mouvements latéraux peu étendus.

Formule dentaire :

Singes inférieurs $\quad I = \dfrac{2}{2};\ C = \dfrac{1}{1};\ pm = \dfrac{3}{3};\ m = \dfrac{3}{3}.$

Homme Singes supér. $\quad = \dfrac{2}{2};\ = \dfrac{1}{1};\ = \dfrac{2}{2};\ = \dfrac{3}{3}.$

Sanglier $\quad = \dfrac{3}{3},\ = \dfrac{1}{1};\ = \dfrac{4}{4};\ = \dfrac{3}{3}.$

Les molaires sont tuberculeuses; les canines sont plus développées chez les êtres plus sauvages.

3° *Type rongeur*. Le maxillaire inférieur chez le Rat, le Castor, le Porc-épic (fig. 50) présente des *condyles parallèles au plan de symétrie de la tête* (fig. 49, R); aussi, grâce au jeu des muscles masticateurs, l'animal peut-il mouvoir sa mâchoire inférieure verticalement et d'avant en arrière.

Formule dentaire : Lapin

$$I = \dfrac{1}{1};\ C = \dfrac{0}{0};\ M = \dfrac{5}{5}.$$

Les incisives (1) sont très grandes, avec une racine large ouverte où pénètrent, dans la pulpe dentaire, des vaisseaux sanguins nombreux; elles ont une *croissance continue*. Pourvues d'émail seulement sur leur face antérieure, les

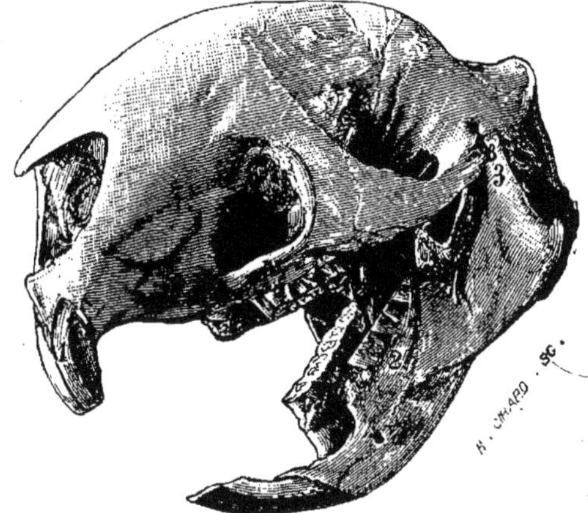

FIG. 50. — Tête de Rongeur (Porc-épic) : 1, incisives; 2, molaires; 3, condyle parallèle au plan de symétrie de la tête.

incisives s'usent en biseau et présentent un bord tranchant que l'animal utilise pour couper en fines lamelles les substances dont il se nourrit. Pas de canines. Les molaires (2) ont une couronne aplatie et *l'émail y forme des plis transversaux*. La pulpe alimentaire, due au jeu des incisives, s'engage sur la table des molaires où elle est *râpée* par le mouvement d'avant en arrière du maxillaire inférieur.

4° *Type ruminant*. Le maxillaire inférieur possède chez le Mouton, le Chevreuil (fig. 51) des *condyles plats* qui se meuvent sur une surface arrondie et non plus dans une cavité glénoïde; aussi les *déplacements latéraux et circulaires* du maxillaire sont-ils *très étendus*.

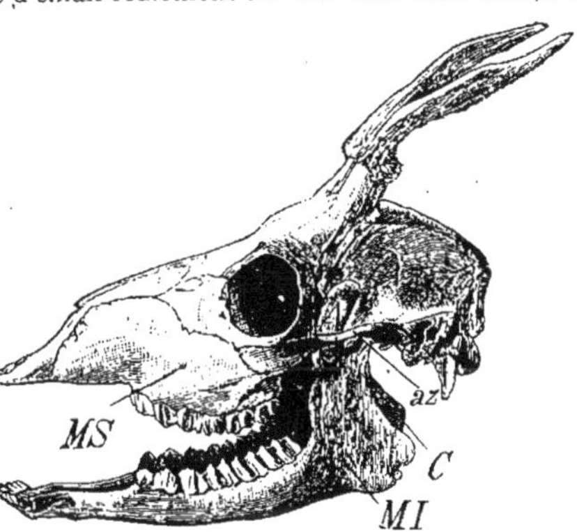

FIG. 51. — Tête de Chevreuil. *MS, MI*, maxillaires; *C*, condyle; *az*, faible arcade zygomatique.

Formule dentaire : Mouton $\quad I = \dfrac{0}{4}; \ C = \dfrac{0}{0}; \ M = \dfrac{6}{6}.$

A la place des incisives, à la mâchoire supérieure, se trouve un bourrelet de chair contre lequel le Mouton presse la touffe d'herbe dont il s'est emparé et qu'il détache d'un coup de tête ; la table des molaires (fig. 47. X) est garnie d'un certain nombre de replis d'émail qui servent à écraser l'herbe, lorsque l'animal fait mouvoir sa mâchoire inférieure à la manière d'une meule.

L'Éléphant (Proboscidiens) a pour formule dentaire :

$$I = \frac{1}{0}; \quad C = \frac{0}{0}; \quad M = \frac{1 + 1 + 1 + 1 + 1 + 1}{1 + 1 + 1 + 1 + 1 + 1}$$

Les deux incisives supérieures très développées forment les *défenses;* quant aux molaires, recouvertes de replis ellipsoïdes ou losangiques d'émail, elles apparaissent les unes

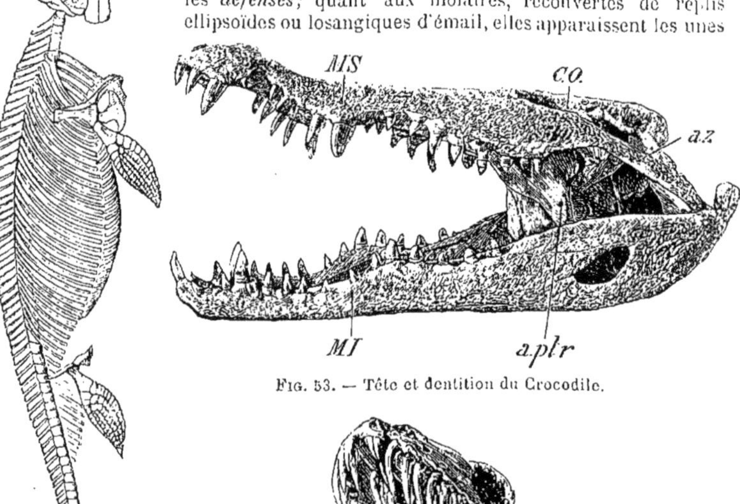

FIG. 53. — Tête et dentition du Crocodile.

FIG. 52. — Squelette d'Ichthyosaure.

FIG. 54. — Tête du Boa. *m.s u* maxillaire supérieur ; les maxillaires inférieurs *m.in* sont reliés par un ligament *l*.

après les autres : aussi ne voit-on jamais nettement que deux molaires à la fois.

Le Cheval (Équidés) a pour formule dentaire :

$$I = \frac{3}{3}; \ C = \frac{1}{1}; \ pm = \frac{3}{3}; \ m = \frac{3}{3}.$$

Ses dents présentent un fort développement du cément; les incisives sont tranchantes, les canines peu accusées et les molaires pourvues de crêtes sinueuses propres à broyer l'herbe.

Tous ces animaux offrent une corrélation absolue entre le développement des maxillaires et des muscles masticateurs et le rôle joué par l'armature dentaire.

Oiseaux. — Le maxillaire inférieur y est articulé avec le crâne par l'intermédiaire de *l'os carré*. Les os maxillaires des Oiseaux actuels sont dépourvus de dents et revêtus d'un bec corné; cependant l'*Archeopteryx*, l'*Ichthyornis*, l'*Hesperornis* fossiles avaient les dents toutes semblables.

Reptiles. — Sauf les Tortues pourvues d'un bec corné, tous les Reptiles portent des dents coniques (fig. 52 à 54).

Les Serpents (Boa, fig. 54) ont les maxillaires inférieurs réunis par un ligament *l* qui les rend plus mobiles; les os de la tête sont plus indépendants et des dents, inclinées d'avant en arrière, sont portées par les maxillaires, les os palatins et ptérygoïdiens; une fois la proie engagée dans la bouche, l'animal ne peut l'en retirer; il *glisse* en quelque sorte sur elle. Les Serpents venimeux possèdent, en outre, deux crochets portés par le maxillaire supérieur et capables de basculer par le jeu d'un os transverse; ces crochets, creux ou cannelés, sont en rapport avec la glande à venin et n'ont aucun rôle dans la mastication.

Amphibiens. — Les Amphibiens n'ont que de petites dents coniques; l'*Archegosaurus* fossile en avait de cette sorte et plissées longitudinalement; chez le *Labyrinthodon*, les replis d'émail formaient des circonvolutions nombreuses.

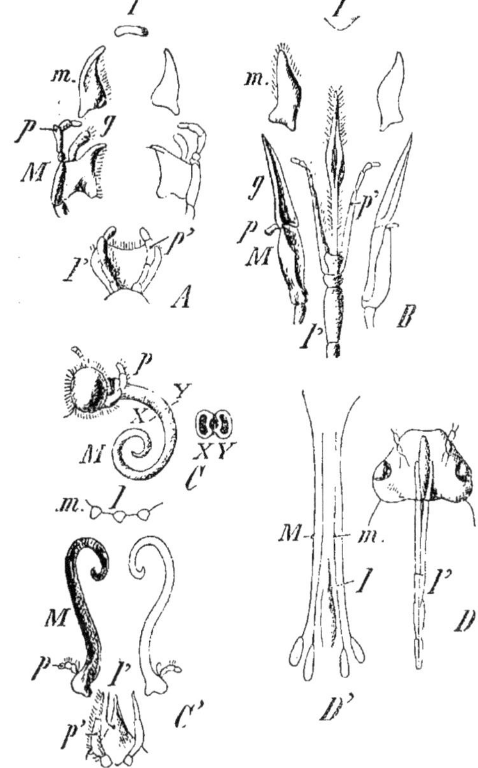

Fig. 55. — Armature buccale des Insectes : A, broyeur; B, lécheur; C, C', suceur; D, D' piqueur. *l*, labre; *m*, mandibule; *M*, mâchoire pourvue du palpe *p* et du galea *g*; *l'*, lèvre inférieure.

Poissons. — Les dents sont disposées jusque dans le pharynx chez les Poissons, où elles deviennent en général très nombreuses et alignées suivant plusieurs rangées. L'armature dentaire des Requins est formidable.

ARTHROPODES. — L'armature buccale varie profondément ici avec le régime alimentaire de l'animal. Savigny l'a étudiée avec soin chez les Insectes classés à cet égard en *broyeurs, lécheurs, suceurs* et *piqueurs;* il a reconnu dans un assemblage en apparence fort divers, les mêmes pièces modifiées en vue d'une adaptation au régime alimentaire.

Insectes. — 1° Insectes *broyeurs* (Coléoptères, Névroptères, Orthoptères). Au-dessous du *labre* impair *l* (fig. 55, A) se trouve une paire de très fortes *mandibules m,* avec une dent robuste (agent principal de la mastication); les *mâchoires* M, situées au-dessous des mandibules, se composent d'une pièce foliacée supportant un *galea g* et un *palpe maxillaire p* très réduits; une *lèvre inférieure l',* avec palpe, limite la bouche inférieurement : c'est là le type fondamental.

2° Insectes *lécheurs* (Hyménoptères). L'abeille B présente les mêmes pièces buccales, mais les mâchoires sont plus allongées avec le galea en forme de cuiller, la lèvre inférieure est aussi plus différenciée et ses palpes *p'* sont très allongés.

3° Insectes *suceurs* (Lépidoptères). On ne distingue, à première vue, dans ce type C qu'une longue trompe M enroulée sur elle-même; mais cette trompe est formée de deux tubes creux et concaves M (C') accolés par leurs bords internes (XY). Labre *l* et mandibules *m* sont représentés par trois petites écailles supérieures, et la lèvre inférieure *l'* porte deux palpes *p'* saillants à la base de la trompe.

4° Insectes *piqueurs* (Hémiptères, Diptères, Puces). Dans une Punaise, D, on reconnaît la lèvre inférieure *l',* composée de deux gouttières formant un étui où sont logés quatre stylets qui représentent les mâchoires et les mandibules. Le labre *l* est visible à la partie supérieure du rostre.

Crustacés. — Dans cette classe, l'appareil masticateur est très complexe et variable avec les animaux considérés. Chez le Homard, on distingue, outre un labre, une paire de mandibules, deux paires de mâchoires et trois paires de pattes-mâchoires.

Toutes ces pièces sont les appendices homologues de segments successifs, adaptés en vue de la mastication.

2° TUBE DIGESTIF.

VERTÉBRÉS. — Plus on descend dans la série des Vertébrés, plus le tube digestif se simplifie et se rapproche de l'intestin embryonnaire. Nous envisagerons seulement la forme de l'estomac et la longueur de l'intestin.

Mammifères. — L'estomac est plus petit et l'intestin plus court chez les Carnassiers que chez les Herbivores. La grande tubérosité de l'estomac est d'autant plus développée que la sécrétion du suc gastrique est plus abondante (Lion A, fig. 56); une poche accessoire (*proventricule*) pourvue de glandes gastriques se remarque chez le Castor, B. Le Rat C présente, ainsi que l'Hippopotame, une poche cardiaque sécrétrice et une poche pylorique distinctes. Chez les Ruminants D, l'estomac se compose de quatre poches (*panse p, bonnet b, feuillet f, caillette c*) dont la dernière seule fournit la sécrétion gastrique.

Rumination. — Les Ruminants présentent à cet égard un phénomène particulier. L'herbe grossièrement mâchée d'abord est transformée en boulettes d'un diamètre supérieur à celui de l'œsophage qu'elles distendent beaucoup en descendant vers l'estomac; parvenues au niveau *g* (fig. 56, D), ces boulettes écartent les deux lèvres de la gouttière longitudinale *g,* et tombent dans la *panse p.* Dans ce vaste réservoir séjournent les aliments soumis à l'action chimique des ferments qui y pullulent et à l'action mécanique de la paroi qui les brasse. Quand l'animal est au repos, il se couche et fait remonter par le même chemin, à travers l'œsophage et jusque dans la bouche, la bouillie contenue dans la panse. Par une nouvelle mastication et insalivation, la matière alimentaire, devenue très liquide, glisse le long de l'œsophage sans le distendre, passe directement dans le *feuillet* où elle est divisée par les lames parallèles de la paroi; dans la *caillette* seule, véri-

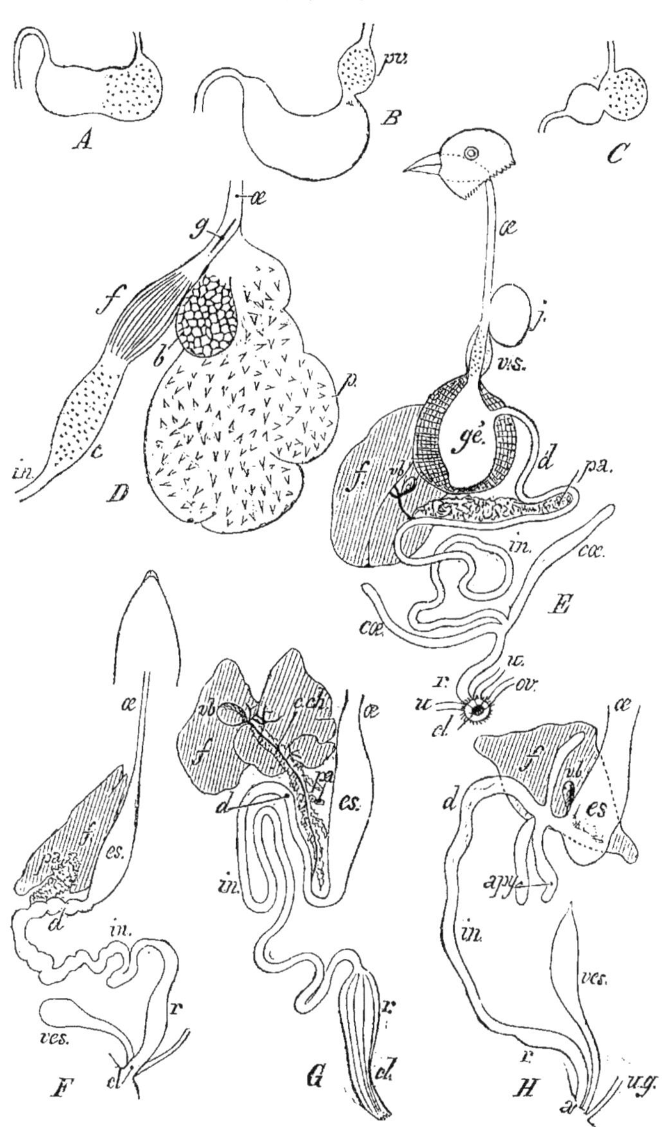

FIG. 56. — Appareil digestif des Vertébrés. — Estomac du Lion A, du Castor B (*pv*, proventricule), du Rat C. — D, Estomac de Ruminant; *œ*, œsophage; *g*, gouttière; *p*, panse; *b*, bonnet; *f*, feuillet; *c*, caillette; *in*, intestin. — E, Oiseau; *j*, jabot; *v.s*, ventricule succenturié; *gé*, gésier; *d*, duodénum; *pa*, pancréas; *f*, foie; *cœ*, cœcums; *r*, rectum; *cl*, cloaque. — F, Lézard. — G, Grenouille. — H, Perche; *a. py*. appendices pyloriques.

table estomac chimique, le suc gastrique exerce son action sur les matières albuminoïdes. (La caillette est ainsi appelée parce que, chez les jeunes veaux, c'est dans cette poche que le lait est coagulé.)

La longueur de l'intestin du Lion (carnassier) égale trois fois la longueur du corps ; celle du Mouton (herbivore) est de 28 fois cette longueur : les matières végétales sont d'une digestion plus difficile que les aliments d'origine animale.

Oiseaux. — Les Oiseaux n'ayant pas de dents sont pourvus d'une poche très musculeuse *gé* (fig. 56, E) et d'une paroi cornée servant à la trituration des aliments. Leur estomac comprend : un *jabot j* (magasin pour les graines en particulier), un *ventricule succenturié v.s* (*estomac chimique* dont la paroi renferme des glandes gastriques) et le *gésier gé* (*estomac mécanique*). L'oiseau avale souvent de petites pierres qui, mêlées à l'aliment, en facilitent la trituration par les fortes contractions du gésier. Cette dernière poche est peu développée chez les Oiseaux carnivores, tels que l'Aigle, le Vautour, etc. A l'intestin grêle court succède un gros intestin pourvu de deux cæcums *cæ*. Le rectum s'ouvre dans un *cloaque cl* où débouchent aussi les uretères et les conduits génitaux.

Reptiles (F), Amphibiens (G) et Poissons (H). — Chez tous ces animaux, l'estomac n'a pas l'importance signalée plus haut ; le tube digestif est d'ailleurs court. Chez les Poissons, au début du duodénum, se trouvent des *appendices pyloriques* dont on ignore le rôle. L'intestin présente, chez les Poissons cartilagineux comme le Requin, un repli intérieur appelé *valvule spirale* à cause de sa forme ; ce

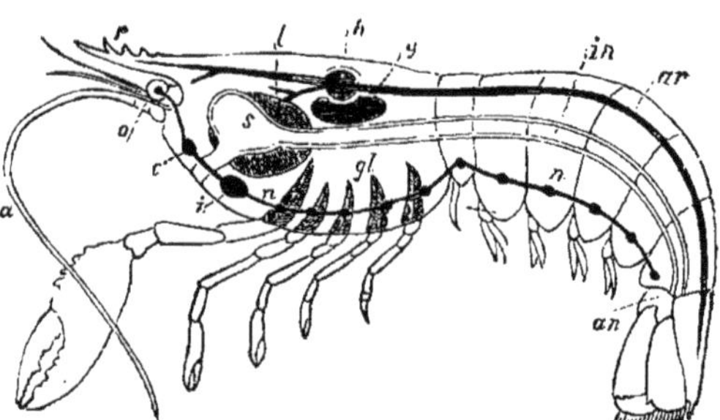

FIG. 57. — Appareil digestif d'un Insecte herbivore (Sauterelle verte); *œ*, œsophage; *j*, jabot; *g*, gésier; *e*, ventricule chylifique; *in*, intestin; *r*, rectum. *cM*, tubes de Malpighi.

8. — Coupe longitudinale théorique de l'Écrevisse.
S, estomac ; *in*, intestin ; *an*, anus.

repli augmente la surface de contact de l'intestin avec la matière alimentaire. Un cloaque distingue aussi les Poissons cartilagineux des Poissons osseux (Tanche, Perche) qui ont un anus non confondu avec les orifices urinaires et génitaux.

Le *foie* et le *pancréas*, bien distincts chez les Vertébrés supérieurs, perdent peu à peu de leur autonomie aux derniers échelons de la série.

ARTHROPODES. — **Insectes.** — Le tube digestif est très varié d'aspect ; il comprend d'ordinaire un œsophage court *œ* (fig. 57) suivi d'un jabot *j* et d'un gésier *g*, tapissés d'une membrane chitineuse interne; un *ventricule chylifique e*, plus vaste, est le véritable estomac; un intestin court *in* est terminé par le rectum *r*. Dans l'intestin s'ouvrent des *tubes de Malpighi cM* (canaux urinaires) auxquels on a longtemps attribué la fonction hépatique.

Le plan du tube digestif est le même à peu près chez les *Myriapodes* et les *Arachnides*.

Crustacés. — Chez les Crustacés supérieurs comme l'Écrevisse (fig. 58), les matières alimentaires, triturées d'abord par l'appareil masticateur, sont conduites

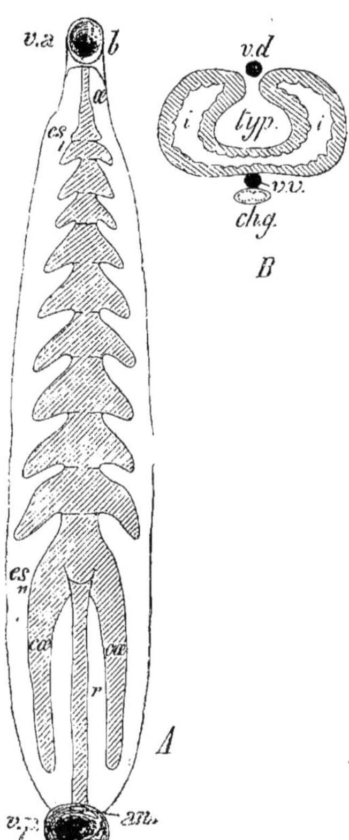

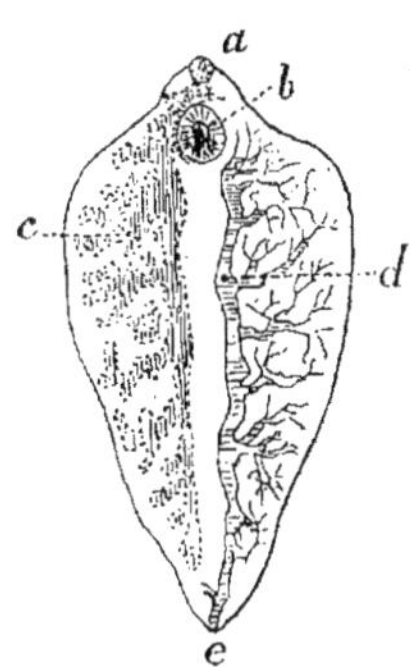

Fig. 60. — Douve du foie (*Distomum hepaticum*). *a*, bouche; *b*, ventouse ventrale; *c*, portion de l'intestin et ses ramifications (à gauche seulement dans la figure); *d*, portion du système excréteur (à droite seulement); *e*, pore excréteur.

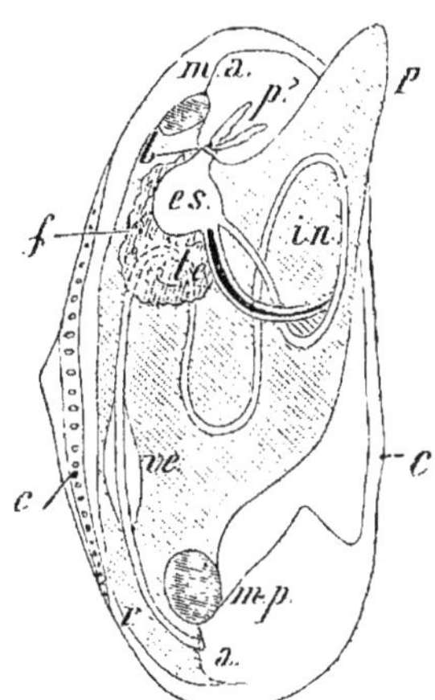

Fig. 59. — Appareil digestif de la Sangsue A; *v.a*, ventouse antérieure avec bouche *b*; *œ*, œsophage; *es₁..,..es₁₁*, estomacs successifs; *cœ*, cæcums; *r*, rectum; *an*, anus; *v.p*, ventouse postérieure. B, Coupe de l'intestin *i* du Lombric; *typ*, typhlosolis; *v.d*, *v.v*, vaisseaux dorsal et ventral; *ch. g*, chaîne ganglionnaire.

Fig. 61. — Appareil digestif de Lamellibranche (Anodonte); *m. a*, *m.p.*, muscles adducteurs antérieur et postérieur; *b*, bouche avec palpes *p'*; *es*, estomac (*t.c.* tige cristalline); *in*, intestin; *r*, rectum traversant le ventricule du cœur; *a*, anus; *f*, foie.

par un œsophage court dans un vaste estomac *s*, occupant presque toute la partie antérieure du corps. Cette poche comprend, en réalité, une chambre cardiaque en avant et une chambre pylorique en arrière, dans lesquelles se meuvent les pièces chitineuses d'une *armature stomacale* qui triture à nouveau les aliments. Un intestin rectiligne *in* traverse le corps pour s'ouvrir à la base du telson (article caudal). — Deux conduits, émanant de deux *glandes hépatiques* volumineuses, débouchent dans la chambre pylorique.

On trouve avant chaque mue, dans l'estomac de l'Écrevisse, deux amas de concrétions calcaires (*gastrolithes*) que l'animal résorbe ensuite pour former les premiers éléments de sa nouvelle carapace.

VERS. — Les Annélides et la plupart des autres Vers possèdent un tube digestif. Cet appareil en général assez simple présente, chez la Sangsue par exemple (fig. 59, A) : une bouche, *b*, s'ouvrant au milieu de la ventouse antérieure, *v.a*, avec trois mâchoires chitineuses ; un anus, *an*, débouchant au-dessus de la ventouse postérieure, *v.p ;* entre ces deux orifices, onze chambres stomacales, es_1 à es_{11}, séparées par des diaphragmes musculaires avec une petite ouverture médiane ; de la onzième chambre part un rectum court, *r*.

Chez le *Lombric*, B, le tube digestif rectiligne présente un sillon médian supérieur (*typhlosolis*) qui en augmente beaucoup la surface interne.

Les Vers parasites ont un tube digestif plus simple : celui de la *Douve du foie*, (fig. 60), est pourvu d'une seule ouverture antérieure et de 2 cæcums avec de nombreux prolongements latéraux ; il ne présente pas d'anus.

Le Ténia n'a pas de tube digestif.

Ces êtres, qui vivent en parasites, absorbent par osmose une partie des sucs nutritifs de leur hôte.

MOLLUSQUES. — Les *Lamellibranches* présentent, en avant du muscle adducteur antérieur *m.a* (fig. 61) et en arrière du pied P, la bouche *b*, qui communique, par un court œsophage, avec un vaste estomac *es* enveloppé par le foie *f*. Un intestin *in*, deux fois recourbé sur lui-même, parcourt la masse générale et se porte en arrière du corps ; il traverse obliquement le ventricule *ve* du cœur et se termine par un orifice anal, à la face postérieure du muscle adducteur postérieur *m.p*.

(Le foie est en réalité, chez tous les Mollusques, un *hépatopancréas*, c'est-à-dire une glande digestive double, tenant lieu de foie et de pancréas en même temps.)

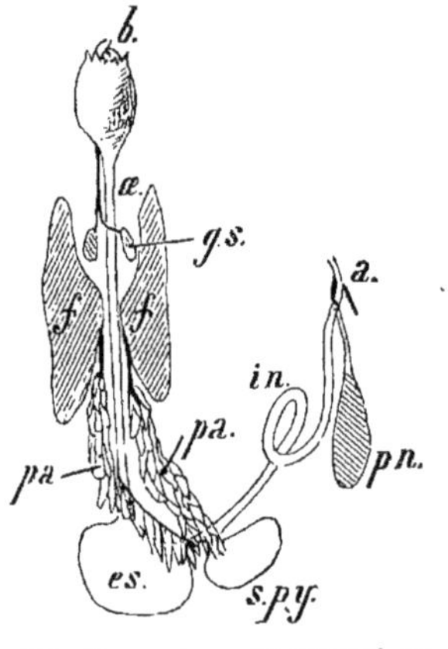

Chez l'Escargot, parmi les *Gastéropodes* (fig. 126), le bulbe pharyngien se continue par un estomac assez volumineux dans lequel s'écoule la sécrétion du foie (tortillon). L'intestin recourbé se termine par l'anus à l'angle interne de la coquille, au voisinage du pneumostome.

C'est chez les *Céphalopodes* que l'appareil digestif est le plus compliqué ; l'œsophage très allongé (*œ*, fig. 62) se continue par l'estomac *es*, puis le sac pylorique *s.py* et l'intestin *in*. L'anus débouche dans la cavité palléale, au-dessous de l'entonnoir après avoir reçu la sécrétion de la poche à encre

Fig. 62. — Appareil digestif de Céphalopode (Seiche). *b*, bouche ; *œ*, œsophage ; *es*, estomac ; *s.py*, sac pylorique ; *in*, intestin ; *a*, anus ; *gs*, glandes salivaires ; *f*, foie ; *pa*, pancréas ; *p. n*, poche à encre.

p.n. L'hépatopancréas prend chez les Céphalopodes un très grand développement ; il sécrète un liquide acide qui reflue dans l'estomac où s'opère la digestion.

ÉCHINODERMES. — Le tube digestif des *Oursins* est pourvu d'un œsophage *œ* (fig. 63) qui se porte d'abord dans l'axe de l'animal et dans le plan contenant la plaque madréporique située au pôle aboral. Puis le tube digestif se courbe brusquement pour gagner la paroi, fait un tour complet *in₁*, en décrivant des sinuosités ayant leurs points les plus élevés dans les cinq zones ambulacraires, et

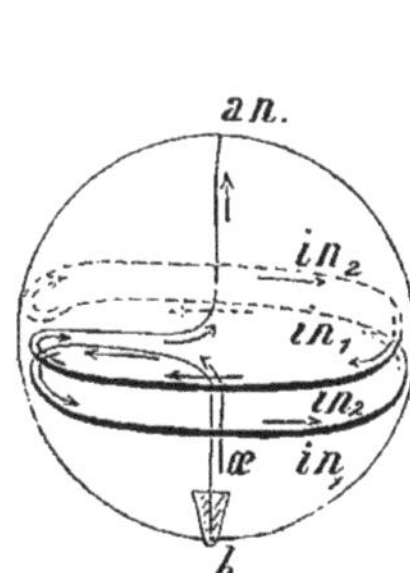

FIG. 63. — Figure schématique du tube digestif de l'Oursin. *b*, bouche ; *œ*, œsophage; *in₁*, *in₂*, deux tours successifs et complets de l'intestin (on n'en a pas représenté ici les sinuosités); *an*, anus.

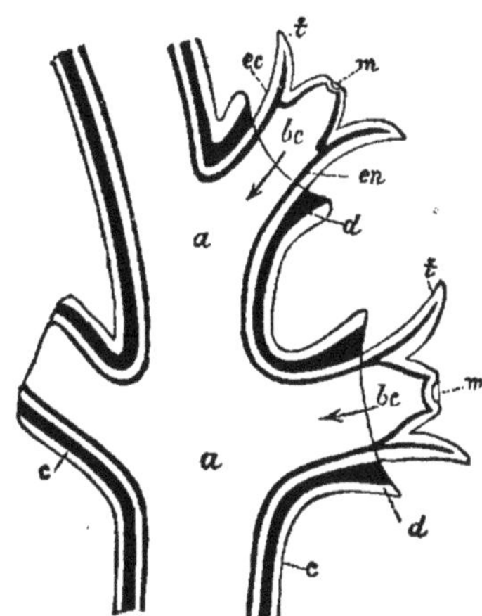

FIG. 64. — Section-diagramme des cavités digestives communes des polypes d'une même colonie (*Sertularia*).

leurs points les plus bas dans les cinq zones interambulacraires. Ce tube rebrousse chemin et, après un nouveau tour *in₂* en sens inverse, il se porte vers l'anus *an* aboutissant à la membrane aborale.

Chez les *Étoiles de mer*, le tube digestif est beaucoup plus simple. La bouche, située au centre de la face ventrale, donne accès dans une vaste poche stomacale envoyant, dans chacun des cinq bras, deux cæcums avec des diverticules nombreux; l'anus, quand il existe, est opposé à la bouche.

CŒLENTÉRÉS. — Le tube digestif, présentant un seul orifice (bouche et anus), consiste en une cavité terminée en cul-de-sac chez les animaux isolés (Hydre, fig. 20) ou bien en rapport avec un système de canaux communs à tous les membres d'une colonie, quand ces animaux sont associés (fig. 64). C'est un appareil *gastro-vasculaire* dont les canaux reçoivent le liquide nutritif préparé par la digestion.

CHAPITRE II

RESPIRATION

§ 1. — CONSIDÉRATIONS GÉNÉRALES

La respiration est la fonction par laquelle s'accomplissent des échanges gazeux entre un être vivant et le milieu extérieur.

Par la digestion, l'être vivant prend des *aliments solides et liquides* qui, après transformation, passent dans le sang; par la respiration, il acquiert l'*aliment gazeux* (oxygène), distribué également à toutes les parties de l'organisme par l'intermédiaire du sang. L'émission d'acide carbonique et de vapeur d'eau est corrélative de cette absorption d'oxygène.

DE LA RESPIRATION ENVISAGÉE AU POINT DE VUE GÉNÉRAL

1° **Mode général de respiration.** — *Tout être vivant monocellulaire ou pluricellulaire respire*, c'est-à-dire que, *par osmose* à travers la paroi de son corps (fig. 65), il absorbe de l'oxygène dans le milieu ambiant (eau ou air) et y rejette de l'acide carbonique Ces échanges gazeux s'effectuent à travers la membrane limitante de l'être, après dissolution des gaz O et CO_2 dans la substance même de cette membrane.

La grande solubilité des gaz oxygène et acide carbonique dans les substances colloïdes (albuminoïdes, etc.), la combinaison de l'oxygène avec l'hémoglobine du sang et la pauvreté du milieu extérieur en acide carbonique, expliquent le passage facile de ces gaz à travers les membranes respiratoires.

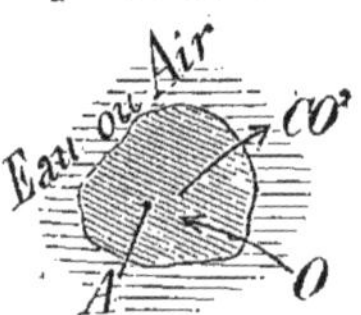

Fig. 65. — Schéma de la respiration d'un être vivant A.—O, oxygène absorbé; CO_2, acide carbonique dégagé.

Ce mode de respiration est dit *respiration cutanée;* c'est le seul que possèdent les Protozoaires (Amibes, Rhizopodes, Infusoires) et les Cœlentérés (Corail, Hydre, Méduse). Chez tous les autres animaux, la respiration cutanée joue un rôle plus ou moins important. La Grenouille, par exemple, respire très activement par la peau, ainsi que le montre l'expérience suivante:

On suspend une Grenouille dans une éprouvette à pied fermée à l'aide d'un bouchon, de telle sorte que sa tête seule dépasse le

Tableau X.

Respiration.

§1. — Considérations générales.

Définition : Échanges gazeux (O et CO^2) entre l'être vivant et le milieu extérieur (fig. 65).

Modes de respiration.

général s'applique à tous les animaux... *Respiration cutanée...* Peau.

spéciaux.
- Animaux aquatiques......... *Respiration branchiale.* Branchies (fig. 68).
- Animaux aériens. { Mamm., etc..... *Respiration pulmonaire.* Poumons (fig. 68).
- { Insectes, etc.... *Respiration trachéenne.* Trachées (fig. 68).

L'intensité respiratoire dépend de :
- La *minceur* et l'*humidité* de la membrane respiratoire ;
- L'*étendue* de cette membrane ;
- La rapidité du *renouvellement* du milieu ambiant sur sa face externe ;
- — — du sang sur sa face interne.

§ 2. — Appareil respiratoire de l'Homme et ses fonctions.

Sa description (fig. 70).

Arbre pulmonaire : trachée-artère, bronches, bronchioles, alvéoles.

2 *poumons.*
- Lobes, lobules (alvéoles et vésicules pulmonaires).
- Vaisseaux sanguins.
  - Artère pulmonaire
  - vaisseaux capillaires
  - Veines pulmonaires
- Nerfs.

Enveloppés par les *plèvres.*

Sa structure.

Arbre pulmonaire.
- Membrane *fibro-cartilagineuse* et *fibro-musculaire.*
- Membrane *muqueuse.*
  - Épithélium vibratile.
  - — pavimenteux (vésicules).

Poumons.
- Tissu conjonctif et réseau sanguin autour des vésicules.
- Surface...
  - des vésicules : 200 mètres carrés.
  - de la nappe sanguine : 150 mètres carrés.

Physiologie de la respiration [O absorbé — CO^2 rejeté].

Phénomènes mécaniques (fig. 75 à 78).
- *Cage thoracique ; muscle diaphragme* (fig. 75).
- Renouvellement de l'air dans les poumons par *inspiration* et *expiration.*
- Inspiration ordinaire *active* (jeu des muscles inspirateurs).
- Expiration ordinaire *passive.*
- Quantité d'air inspiré en 24 h. = 10 000 litres (2 100 litres d'oxygène).

Phénomènes chimiques.
- 1° Modifications dans la vésicule pulmonaire.... 530 litres d'oxygène y sont absorbés, dont
  - 400 l. contenus dans 400 l. de CO^2 rejetés.
  - 130 l. mis en réserve momentanée.
- 2° La combustion respiratoire se fait dans les *tissus* (fig. 80).
- 3° Asphyxie
  - Par manque d'oxygène.
  - Par excès d'acide carbonique.
  - Par intoxication (CO, H^2S, etc.).

§ 3. — Appareil respiratoire des animaux.

Poumons (fig. 81)
- des Mammifères.
- des Oiseaux ; sacs aériens.
- des Reptiles (Crocodile, Serpent, etc.) et des Amphibiens adultes.
- Vessie aérienne des Poissons (Dipnoï).

Trachées des Insectes (Abeille) (fig. 83).

Branchies
- des Poissons (fig. 87 à 90).
- des Crustacés (fig. 92), des Vers (fig. 69), des Mollusques (fig. 94), etc.

bouchon et plonge dans l'air extérieur; dans l'éprouvette, on a versé un peu de chloroforme dont les vapeurs se répandent autour de l'animal en expérience; la Grenouille est anesthésiée au bout de peu de temps.

Paul Bert a conservé plus de vingt jours des Axolotls auxquels il avait coupé les organes spéciaux de la respiration (branchies et poumons).

2° **Modes spéciaux de respiration.** — Chez la plupart des êtres pluricellulaires, la respiration par la peau étant insuffisante, on trouve des appareils spéciaux qui en complètent l'effet. Ces appareils sont :

pour les animaux *aquatiques*, des saillies plus ou moins ramifiées qui pourront se déployer facilement dans l'eau;

pour les animaux *aériens*, des cavités plus ou moins subdivisées

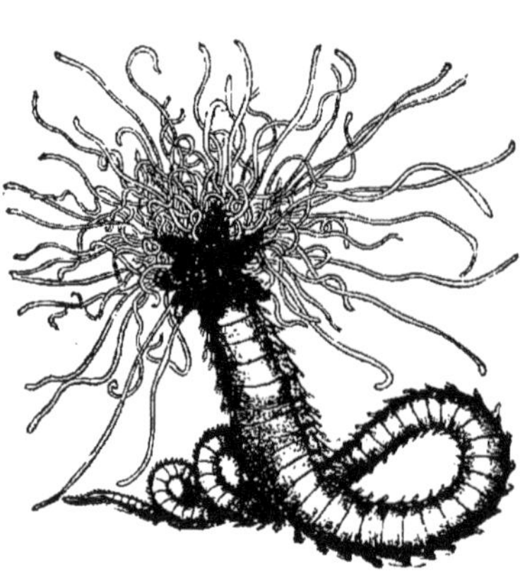

FIG. 66. — Térébelle (*Terebella Edwardsii*).

FIG. 67. — Serpule (*Serpula contortuplicata*).

en loges dans lesquelles s'enfonce l'enveloppe cutanée (épithélium), cavités où l'air peut pénétrer.

Les saillies des animaux aquatiques sont les *branchies* : Poissons, Térébelle (fig. 66), Serpule (fig. 67), Têtard de grenouille (fig. 86) : on dit que ces êtres ont une *respiration branchiale*.

Les cavités des animaux aériens sont : les *poumons* des Mammifères (Homme, fig. 19), des Oiseaux et des Reptiles, les *trachées* des Insectes (Abeille, fig. 83). Les premiers ont une *respiration pulmonaire;* les Insectes ont une *respiration trachéenne*.

Branchie. — Dans la branchie *Br* (fig. 68, A), saillie du corps A baignée par l'eau, se rend une *artère branchiale A.b* avec du sang rouge foncé qui abandonne son acide carbonique au milieu extérieur et y puise de l'oxygène; le sang, devenu rouge vermeil, s'éloigne (f') de l'organe respiratoire par une *veine branchiale* $V.b$ et va distribuer l'oxygène aux diverses parties du corps A

Poumon. — C'est une cavité Po (fig. 68, A') où pénètre l'air destiné à recueillir l'acide carbonique contenu dans le sang rouge foncé de l'*artère pulmonaire A.p;* l'oxygène de l'air est réparti dans le corps A' par l'intermédiaire du sang vermeil que contient la *veine pulmonaire V.p.*

Trachée. — Une trachée Tr (fig. 68, A'') diffère d'un poumon en ce que ses ramifications, au lieu d'être localisées dans une région limitée, se distribuent à tous les organes du corps A'' dont ils circonscrivent les moindres parties; une trachée porte donc l'oxygène vivifiant à destination.

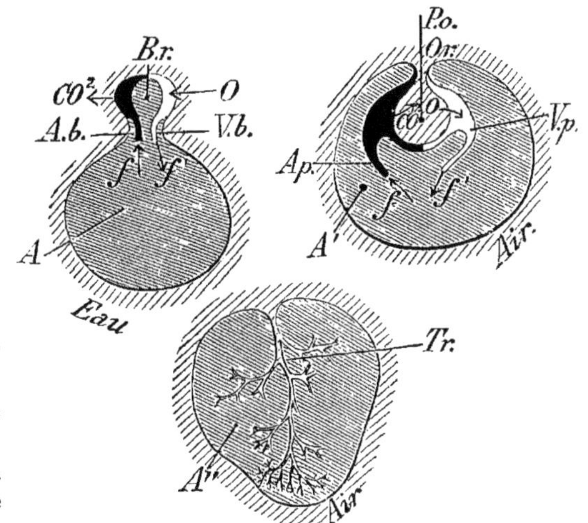

Fig. 68. — Figure schématique. A, corps d'un animal aquatique; *Br*, branchie; *A.b*, artère branchiale; *V.b*, veine branchiale. — A', corps d'un animal aérien; *Po*, poumon; *A.p*, artère pulmonaire; *V.p*, veine pulmonaire. — A'', animal aérien pourvu de trachées *Tr*. Les flèches *f* et *f'* représentent le cours du sang.

Des fermentations. — Nous avons vu (page 5) que certains êtres peuvent respirer en l'absence d'oxygène libre, en décomposant des matières qui leur fournissent ce gaz. On appelle ces organismes des *ferments*, et *fermentations* les décompositions qu'ils opèrent.

Les ferments se divisent en deux catégories :

1° Les *ferments aérobies* qui, comme la levure de bière, certaines moisissures (Champignons), etc., peuvent vivre en présence d'oxygène libre et décomposent des produits organiques seulement quand ce gaz leur manque;

2° Les *ferments anaérobies* qui, à l'exemple du *Bacillus Amylobacter*, sont tués par l'oxygène libre et vivent seulement au milieu de dissolutions qui leur fournissent des principes organiques oxygénés.

Ce mode de respiration ne s'applique-t-il pas en réalité à toutes les cellules vivantes placées dans la profondeur de nos tissus, cellules qui, en l'absence d'oxygène libre, décomposent l'oxyhémoglobine du sang ?

Conditions dans lesquelles doit s'effectuer la respiration. —

Paul Bert les a ainsi définies :

L'intensité de la respiration dépend :

1° *De la minceur et de l'humidité de la membrane respiratoire,* puisque les échanges gazeux sont des phénomènes osmotiques (voir page 57);

2° *De l'étendue de cette membrane ;*

3° *De la rapidité du renouvellement du milieu ambiant a sa surface externe ;*

4° *De la rapidité du renouvellement du sang à sa surface interne.*

L'étude des appareils respiratoires et de leur mode de fonctionnement précisera les limites dans lesquelles ces conditions sont remplies chez l'homme et les animaux.

Toutefois on peut dire, dès maintenant, qu'il existe des relations étroites entre l'appareil respiratoire spécial d'un animal et son cœur (organe de propulsion du sang), et une adaptation remarquable de la forme de cet appareil aux conditions de milieu dans lesquelles doit vivre l'animal. Pour ne citer qu'un exemple de cette adaptation, la Serpule (ver sédentaire), vivant dans un tube, porte toutes ses branchies au voisinage de la tête, tandis que chez les Vers

Fig. 69. — Arénicole des pêcheurs
(*Arenicola piscatorum*).

errants, comme l'Eunice, l'Arénicole (fig. 69), la Branchiobdelle, elles sont réparties sur toute l'étendue du corps ou à peu près.

§ 2. — APPAREIL RESPIRATOIRE DE L'HOMME

1. — Appareil respiratoire. — Sa description.

L'appareil respiratoire de l'Homme se compose des *voies respiratoires* et des *poumons*. Les *voies respiratoires* sont la cavité du nez et la bouche, le pharynx, le larynx, la *trachée-artère* et les *bronches*, dont les ramifications ou *bronchioles* sont logées dans toute l'étendue des poumons. Les deux *poumons* sont abrités dans la cavité thoracique avec le cœur qu'ils enveloppent étroitement (fig. 70 et 73).

La cavité du nez n'ayant qu'un rôle accessoire dans la respiration sera étudiée comme organe du sens de l'odorat ; la bouche et le pharynx (fig. 22) ont été décrits à propos de la digestion ; le larynx (fig. 70, *La*) est l'organe de la voix.

Trachée-artère et ses ramifications. — La *trachée-artère* TA (fig. 70) peut être comparée à un tronc d'arbre creux se divisant d'abord en deux ramifications appelées *bronches Br*, qui se subdivisent elles-mêmes dans chaque poumon en un nombre incalculable de rameaux de plus en plus fins, dits *bronchioles primaires, secondaires*, etc. Le tronc et ses branches sont creux ; ils forment ainsi des tubes dont les ramifications ultimes, d'une finesse extrême, se terminent dans des cavités closes appelées *alvéoles pulmonaires* (A, *ap* et B, *al. p*). Les alvéoles sont eux-mêmes divisés intérieurement, par des cloisons incomplètes, en *vésicules pulmo-naires* B, *vlp*. M. Mathias Duval évalue à 1 800 millions le nombre des vésicules qui terminent l'arbre aérien de l'Homme.

La trachée-artère, de longueur moyenne 12 centimètres et de

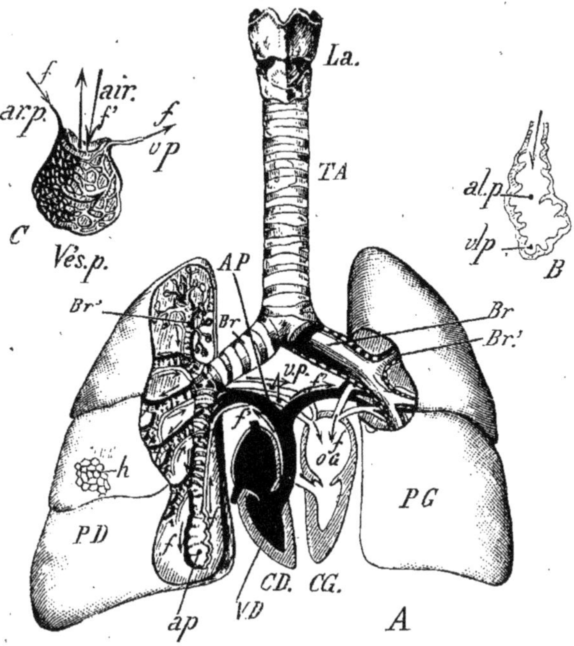

Fig. 70. — Figure schématique des poumons et du cœur de l'Homme. — *La*, larynx ; *TA*, trachée-artère ; *Br*, bronches ; *Br'*, bronchioles terminées dans les alvéoles pulmonaires *ap* (l'un de ces alvéoles *ap* a été très exagéré) ; *PD* et *PG*, poumons ; *CD* et *CG*, divisions du cœur en cœur droit et cœur gauche. Du ventricule droit *VD*, l'artère pulmonaire *AP* emporte le sang rouge foncé aux deux poumons, suivant les flèches *f'* ; les veines pulmonaires *vp* ramènent à l'oreillette gauche *OG* le sang hématosé, suivant les flèches *f*. — B, alvéole pulmonaire grossi montrant les vésicules pulmonaires *vlp*.— C, irrigation sanguine d'une vésicule *Vés.p* : *ar.p*, artériole ; *vp*, veinule.

diamètre moyen 21 millimètres, fait suite au larynx et communique par son intermédiaire avec le pharynx.

Elle descend le long du cou, en avant de l'œsophage *Œs* (fig. 71), pénètre dans la cage thoracique et s'y bifurque après un trajet de 4 centimètres environ. Les bronches forment entre elles un angle droit, se dirigent l'une à droite, l'autre à gauche, vers les poumons où elles se ramifient dès leur entrée (*hile* du poumon).

Trachée, bronches et bronchioles présentent des cerceaux cartilagineux assez régulièrement disposés, au nombre de 18 environ dans la trachée seulement.

Vues en section, la trachée-artère TA (fig. 71) et les bronches ont une forme demi-circulaire en avant et aplatie en arrière.

Structure de l'arbre pulmonaire.—La trachée-artère et les bronches présentent, de l'extérieur à l'intérieur, deux tuniques : 1° une *membrane fibro-cartilagineuse* en avant et sur les côtés *Mf* (fig. 72), *fibro-musculeuse* en arrière ; 2° une *membrane muqueuse* interne.

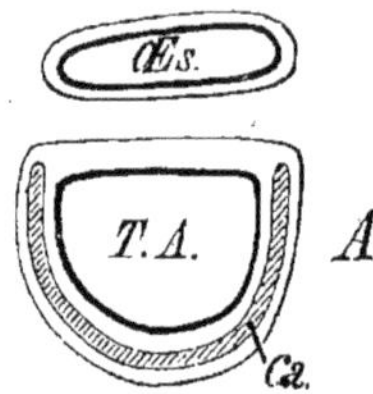

FIG. 71. — Section transversale de la trachée-artère *TA* et de l'œsophage *Œs.*

La *tunique fibro-cartilagineuse* présente des cerceaux cartilagineux incomplets *Ca* reliés entre eux par des fibres élastiques. En arrière, dans la portion aplatie de la trachée et des bronches, les bords des cartilages sont reliés entre eux par des fibres musculaires lisses, transversales et obliques.

La *membrane muqueuse* est formée d'un tissu conjonctif recouvert par un épithélium stratifié dont les cellules superficielles sont ciliées (fig. 13, C'); dans l'épaisseur de la muqueuse sont des glandes *GM* (fig. 72) qui déversent un mucus à la surface interne de l'arbre pulmonaire. Ce mucus retient les poussières qui ont pu être entraînées par l'air vers les poumons, et les mouvements des cils vibratiles de l'épithélium ont pour effet de protéger les cavités pulmonaires, en chassant progressivement vers le pharynx toutes ces particules nuisibles.

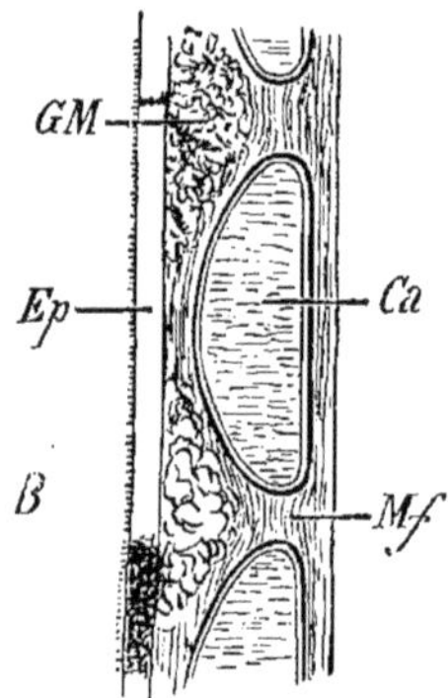

FIG. 72. — Coupe longitudinale de la trachée-artère (paroi antérieure). *Ep*, épithélium stratifié vibratile ; *Ca*, cartilage ; *Mf*, membrane fibro-cartilagineuse ; *GM*, glandes à mucus.

La structure des *bronchioles* est comparable à celle des bronches, avec cette différence que les cerceaux cartilagineux deviennent complets chez les bronchioles principales, puis se réduisent, dans les ramifications plus étroites, à des lames irrégulières qui disparaissent totalement au niveau des alvéoles pulmonaires.

Poumons. — L'Homme possède deux poumons : l'un *droit* PD (fig. 70), l'autre *gauche* PG, ayant chacun la forme d'un demi-cône dont la base est appuyée sur le muscle diaphragme *M.Di* (fig. 73). Leur face externe appliquée contre la paroi thoracique est convexe ; par leur face interne, concave, qui embrasse le cœur, pénètrent dans chaque poumon une bronche, des vaisseaux sanguins et des nerfs.

Le poumon droit présente trois *lobes;* le poumon gauche, plus petit à cause de l'inclinaison du cœur de ce côté, est divisé seulement en deux lobes. Chaque lobe est composé lui-même de *lobules* visibles à la surface du poumon qu'ils partagent en hexagones irréguliers *h* (fig. 70) d'environ un centimètre carré de surface ; chaque lobule est subdivisé également en un nombre de lobules plus petits contenant eux-mêmes une série d'*alvéoles pulmonaires ;* enfin l'alvéole est partagé en *vésicules pulmonaires.*

Ainsi lobe, lobule primaire, lobule secondaire, etc., alvéole pulmonaire, vésicule pulmonaire, tels sont les termes décroissants dont l'ensemble constitue la substance des poumons. Ces diverses parties sont reliées entre elles par du tissu conjonctif au milieu duquel se ramifient, pour chaque poumon, depuis le hile jusqu'à la périphérie, une *bronche Br* (fig. 70), une branche de l'*artère pulmonaire Ap* provenant du ventricule droit VD du cœur, deux *veines pulmonaires vp* aboutissant à l'oreillette gauche OG, une *artère bronchique* et une *veine bronchique* nourricières, des vaisseaux lymphatiques et des filets nerveux.

Les différents vaisseaux sanguins forment un réseau capillaire excessivement étendu à la surface de chaque alvéole, de chaque vésicule pulmonaire. La figure 70, C, montre le réseau à mailles très serrées qui couvre et embrasse une vésicule pulmonaire *Vés.p.*, à la manière d'un filet enveloppant un ballon. Le sang, amené du cœur au poumon par l'artériole pulmonaire *ar.p.*, se répand en une véritable nappe à la surface de la vésicule dont il couvre les trois quarts et retourne au cœur par la veinule pulmonaire *v.p.*

Étant donné que le nombre des vésicules pulmonaires est de 1800 millions environ, la surface totale de ces cavités en contact avec l'air atteint 200 mètres carrés ; la surface de la nappe sanguine qui recouvre les vésicules est de 150 mètres carrés, et le volume du sang que contient cette nappe est de 2 litres.

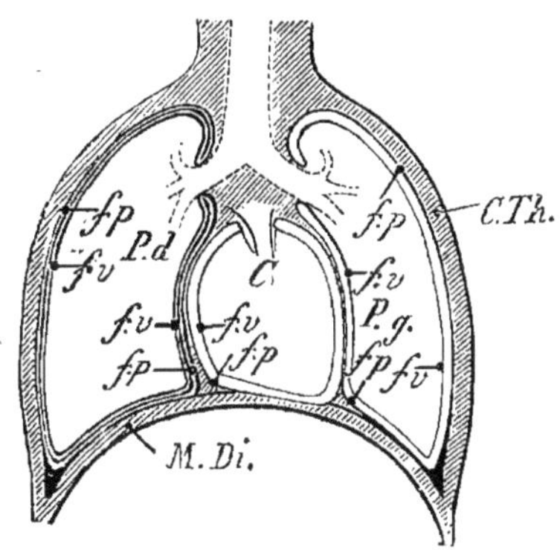

FIG. 73. — Figure schématique représentant les poumons *Pd* et *Pg* enveloppés par les plèvres et le cœur C contenu dans le péricarde.—*C. Th*, cage thoracique ; *M.Di*, muscle diaphragme ; *f.p*, feuillet pariétal et *f. v*, feuillet viscéral de chacune des 3 séreuses.

Des plèvres. — Les poumons sont enveloppés chacun dans une membrane séreuse appelée *plèvre* (fig. 73) dont le feuillet pariétal *f.p* est appliqué contre la paroi thoracique *C. T.h* et le diaphragme *M.Di*, tandis que le feuillet viscéral *f.v* est en contact avec le poumon.

Entre les feuillets *f.p* et *f.v* d'une même plèvre se trouve très peu de sérosité suffisant pour faciliter leur glissement l'un sur l'autre, lorsque la cage thoracique subit des variations de volume.

Entre les deux plèvres et en avant se trouve le cœur; en arrière sont logés l'œsophage, l'artère aorte, etc.

II — Physiologie de la respiration.

La nappe sanguine qui recouvre les vésicules pulmonaires est séparée par un épithélium très mince de l'air contenu dans ces vésicules. Aussi des échanges actifs se produisent à travers l'épithélium entre le sang et l'air; constamment appauvri en oxygène et enrichi en gaz carbonique, l'air des vésicules doit être renouvelé, car il devient rapidement impropre à l'*hématose* du sang (transformation du sang rouge foncé de l'artère pulmonaire en sang rouge vermeil des veines pulmonaires).

Le renouvellement de l'air dans l'arbre pulmonaire est déterminé par la dilatation et la contraction successives de la cage thoracique; ces déformations constituent les *mouvements d'inspiration* (entrée de l'air pur dans les poumons) et d'*expiration* (rejet de l'air vicié hors des poumons).

Description de la cage thoracique. — La cavité thoracique est limitée par une paroi composée d'une charpente osseuse et d'un revêtement musculaire complexe.

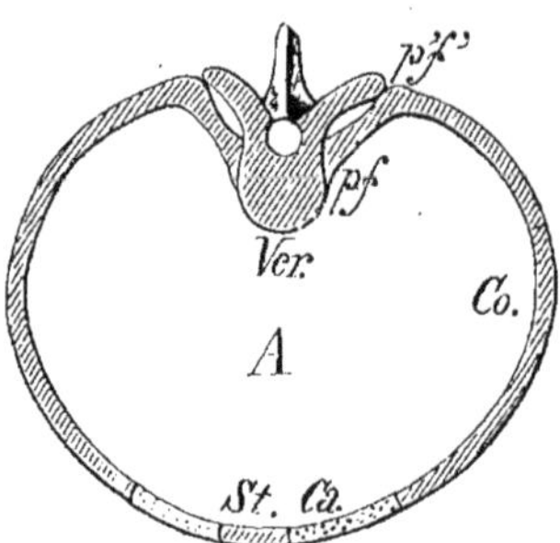
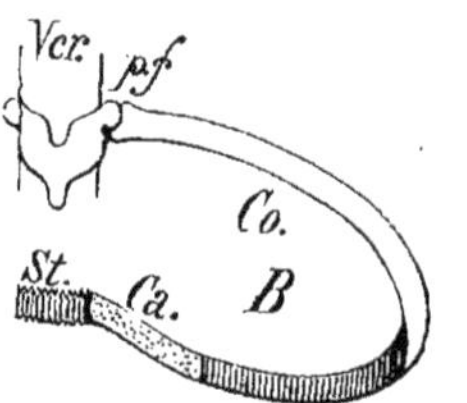

FIG. 74. — Segment vertébral vu en projection horizontale et totalement en A; le même, vu à moitié et du côté dorsal en B. *Ver*, vertèbre; *Co*, côte; *Ca*, cartilage; *St*, sternum; *p/*, tête de la côte; *p'f'*, sa tubérosité.

1° Le *squelette* de cette région comprend : en arrière, la région dorsale de la *colonne vertébrale* formée de 12 vertèbres *Ver* (fig. 74); sur les côtés, 12 paires de *côtes Co*; en avant, le *sternum St*, auquel se rattachent directement, par des cartilages, les 7 premières paires de côtes (vraies côtes) et indirectement les 2 ou 3 paires de côtes suivantes (fausses côtes).

Chaque côte est un arc osseux appuyé en arrière sur une vertèbre *Ver*, A, par deux de ses points (*tête* et *tubérosité*), et fixé au sternum *St* en avant par le cartilage *Ca* (A et B).

En réalité, les phénomènes mécaniques de la respiration ne sont pas aussi simples.

1° **Inspiration**. — Le *muscle diaphragme*, s'appuyant sur tout le bord inférieur i'',i,i'' (fig. 78) de la cage thoracique, contracte ses fibres musculaires convergentes qui tirent sur le centre phrénique obliquement de haut en bas ; la partie centrale du diaphragme s'abaisse donc de M en M' en pressant fortement sur les viscères abdominaux (foie, estomac) *légèrement* refoulés.

Le diaphragme ayant alors un excellent point d'appui sur ces viscères, la contraction de ses fibres musculaires a aussi pour effet de tirer de bas en haut les côtes inférieures et le

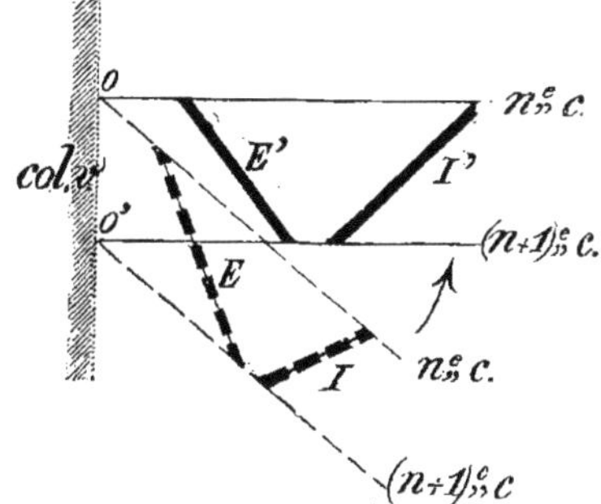

Fig. 77. — Schéma de Hamberger. E, I, muscles intercostaux externe et interne tendus entre la n^e et la $(n+1)^e$ côte dans la position d'expiration. Lors d'une inspiration, les côtes tournent autour de leurs points d'appui O et O' sur la colonne vertébrale ; le muscle intercostal externe primitivement relâché en E est contracté en E' ; l'inverse a lieu pour le muscle intercostal interne, contracté en I, relâché en I'.

sternum par sa base ; les côtes tournent autour de leurs points fixes (insertions pf et $p'f'$, fig. 74, sur la colonne vertébrale)

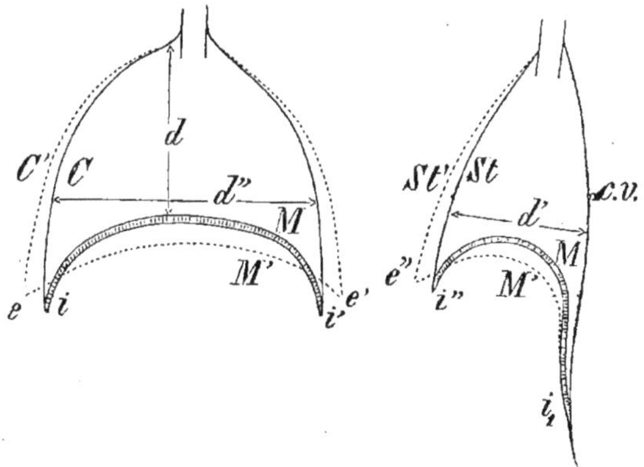

Fig. 78. — Figures théoriques représentant les déformations de la cage thoracique lors d'une inspiration. M, diaphragme abaissé en M' ; C, paroi latérale déplacée en C' ; St, sternum porté en avant en St'. (Agrandissement des 3 diamètres d, d', d'' de la cage.)

et sont projetées à la fois de bas en haut et de dedans en dehors, de C en C' (fig. 78) ; le sternum suit le même mouvement et passe de St en St'

Grâce à cet effet simultané des contractions du diaphragme, la cage thoracique s'agrandit :

de haut en bas suivant d, par aplatissement du diaphragme (M en M');

d'arrière en avant suivant d', par projection du sternum en avant (St en St');

transversalement suivant d'', par élévation des côtes (C en C').

Les *muscles intercostaux externes* E (fig. 77), relâchés dans l'abaissement des côtes successives $n^\circ c$ et $(n+1)^c c$ sur lesquelles ils sont insérés, se contractent lors de l'élévation de celles-ci qui tournent autour de leurs points fixes o et o' sur la colonne vertébrale *col.v.*

Les *muscles intercostaux internes* I subissent une déformation contraire et sont dans la position de relâchement pendant toute la durée de l'inspiration.

Ainsi l'accroissement de la cage thoracique est dû à l'*activité* de tous les *muscles* dits *inspirateurs*.

Les *poumons*, appliqués contre la paroi thoracique par l'intermédiaire des plèvres, *suivent passivement la dilatation de la cage en raison de l'élasticité de leur tissu.* Il ne saurait, en effet, se produire de vide entre la paroi thoracique et le feuillet pariétal de la plèvre, ni dans celle-ci, ni entre son feuillet viscéral et la paroi du poumon.

2° Expiration. — Les muscles contractés pendant l'inspiration reviennent au repos et produisent l'expiration ; les muscles intercostaux internes I (fig. 78) seuls se contractent (ils étaient relâchés pendant l'inspiration). Les poumons, pressés par la paroi thoracique, s'affaissent sur eux-mêmes, compriment et chassent au dehors l'excès d'air qu'ils renferment.

Ainsi l'*expiration ordinaire est un phénomène passif, contrairement à l'inspiration qui est un phénomène actif.* Elle ne devient active que lors de l'expiration forcée, où entrent en jeu les muscles abdominaux qui abaissent plus encore les côtes (toux, éternûment).

Circulation de l'air dans l'arbre pulmonaire. — *Vitesse du courant.* Grâce aux cerceaux cartilagineux et aux plaques de même nature que renferment la trachée-artère et ses ramifications, ces tubes sont toujours ouverts, quelles que soient les déformations des poumons. Mais comme l'inspiration résulte d'une *contraction progressive* des muscles inspirateurs, la trachée-artère de large calibre est traversée par un courant d'air *lent* venant du dehors ; les poussières en suspension, non arrêtées déjà par la muqueuse nasale et pharyngienne, sont fixées par le mucus qui imprègne la trachée et les bronches et seront expulsées grâce au jeu des cils vibratiles de l'épithélium pulmonaire. L'expiration est *brusque* par suite du relâchement instantané des muscles inspirateurs ; la vitesse très grande du courant d'air expiré facilite l'expulsion des mucosités qui ne peuvent obstruer ainsi l'arbre pulmonaire.

Quantité d'air inspiré. — Le volume total du réservoir d'air formé par les poumons est en moyenne de 4 à 5 litres, quand ces organes sont dilatés au maximum (inspiration forcée), et réduit à 1 litre $\frac{1}{2}$ quand ils ont le volume minimum (expiration forcée). La *capacité respiratoire* des poumons est la différence entre ces volumes extrêmes : soit 3 litres en moyenne.

Or, *dans une inspiration ordinaire, on introduit un demi-litre d'air* seulement dans l'appareil pulmonaire. Le nombre des inspirations effectuées par minute est de 15 environ ; la quantité d'air qui circule dans les poumons en 24 heures est donc :

$$\frac{1}{2} \text{ lit.} \times 15 \times 60 \times 24 = 10\,800 \text{ lit., soit } 10\,000 \text{ lit. ou } 10 \text{ m. cubes}$$

Ces 10 000 litres d'air servent à l'hématose de 20 000 litres de sang rouge foncé qui traversent les poumons pendant le même temps

Phénomènes chimiques de la respiration.

Modifications de l'air inspiré. — L'air expiré diffère de l'air inspiré par un appauvrissement en oxygène et une plus forte proportion d'acide carbonique et de vapeur d'eau.

	100 volumes		
	Air inspiré	Air expiré	
	contiennent :		
Azote............:	79 vol.,2	79 vol.,2	
Oxygène.'..................	20 . 8	15	5
Gaz carbonique.............	0 0003	4	
Total..............	100	98	7

Une certaine quantité de gaz a disparu (1,3 pour 100) ; c'est de l'oxygène utilisé dans l'organisme autrement que pour brûler du carbone.

On reconnaît la présence de la vapeur d'eau dans l'air expiré en exhalant cet air sur une vitre froide ; il y a formation immédiate d'une buée (brouillard formé en hiver par l'air exhalé du nez et de la bouche).

Le gaz carbonique est mis en évidence par le trouble que l'on suscite en soufflant au moyen d'un tube de verre dans un vase renfermant de l'eau de chaux (formation de carbonate de chaux).

La détermination de l'oxygène se fait à l'aide de recherches plus précises.

Sachant que l'air inspiré est composé de 21 pour 100 d'oxygène, de 79 pour 100 d'azote et de traces d'acide carbonique (3 à 4 dix millièmes), les 10 000 litres d'air inspiré renferment donc 2 080 litres d'oxygène, 7 900 litres d'azote et 3 à 4 litres de gaz carbonique.

Dans l'air expiré, la quantité d'azote est la même : *l'azote est donc un gaz inerte dans l'acte respiratoire proprement dit. Les poumons ont retenu 530 litres d'oxygène et exhalé, en revanche, 400 litres de gaz carbonique* avec de la vapeur d'eau.

Or, on sait que le gaz carbonique contient son volume d'oxygène :

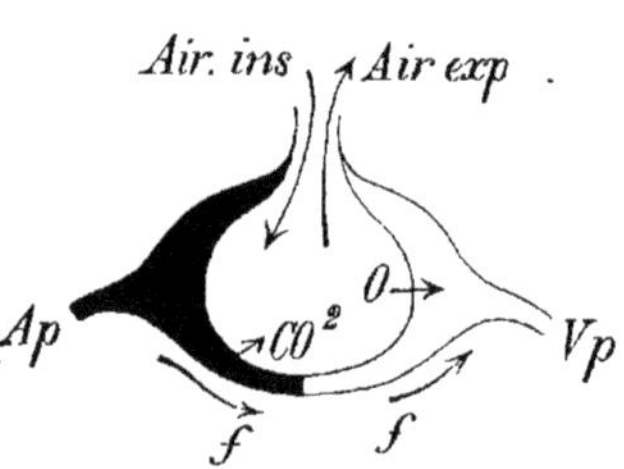

Fig. 79. — Schéma représentant les échanges gazeux qui s'accomplissent entre le sang et l'air au niveau de la vésicule pulmonaire. *Ap*, artériole pulmonaire apportant le sang rouge foncé (dégagement d'acide carbonique dans la vésicule); *Vp*, veine pulmonaire emportant le sang rouge vermeil (absorption d'oxygène puisé dans l'air de la vésicule).

des 530 litres d'oxygène absorbés dans les poumons, 530 — 400 ou 130 litres n'ont pas été utilisés pour la production de gaz carbonique. Nous les retrouverons *mis en réserve par les cellules vivantes* ou bien contenus dans des produits variés (eau liquide ou en vapeur, urée, acide urique, cholestérine, etc.) résultant de combustions et d'hydratations qui s'accomplissent dans les organes eux-mêmes.

Siège des modifications de l'air. — L'air inspiré subit peu à peu des variations de *température* et d'*humidité* dans les fosses nasales et des modifications dans sa *composition* au niveau de la vésicule pulmonaire (fig. 79).

L'artère pulmonaire, A*p*, apporte à la surface de la vésicule du sang rouge foncé; celui-ci se transforme, au contact de l'air de la vésicule, en sang rouge vermeil emporté vers la circulation générale par la veine pulmonaire, V*p*.

Ces échanges gazeux entre l'air et le sang s'accomplissent très activement à travers l'épithélium mince de la vésicule; ils se produisent de même entre le sang et les cellules de l'organisme, comme nous allons le prouver.

Respiration des tissus.

Lavoisier pensait que l'oxygène introduit dans les poumons y brûle les résidus de l'organisme apportés par le sang; les poumons seraient ainsi le siège de la combustion respiratoire.

Après *Lagrange, Spallanzani,* etc., *Paul Bert* a prouvé que le siège de la respiration est l'organisme tout entier, que *toute cellule libre ou associée respire,* que *les tissus respirent.*

Les tissus d'un animal récemment tué ne sont pas morts par le fait que l'animal ne donne plus signe de vie; chacun d'eux peut conserver ses propriétés caractéristiques pendant un temps plus ou moins long.

Se basant sur ce fait, Paul Bert plaça sur de petites grilles en cuivre, *a*, dans une éprouvette E (fig. 80) reposant sur le mercure, des fragments de tissus frais taillés en cubes de 1 centimètre environ ; il étudia les variations de composition de l'air confiné dans l'éprouvette en agissant : 1° sur les divers tissus d'un même animal ; 2° sur un même tissu plongé dans des atmosphères différentes ; 3° sur des tissus identiques pris chez des animaux différents.

Il reconnut que :

les tissus animaux respirent ;

les divers tissus d'un même animal respirent avec une inégale activité : le tissu musculaire est, de tous, celui qui consomme le plus d'oxygène et exhale le plus de gaz carbonique ;

les tissus des animaux à température constante (Mammifères, Oiseaux) *respirent plus activement que les tissus identiques des animaux à température variable* (Reptiles, Amphibiens, Poissons).

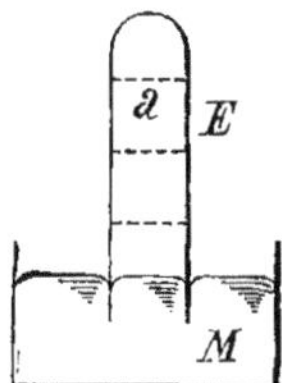

Fig. 80. — Respiration des tissus. Éprouvette, *E*, reposant sur le mercure, *M* ; de petites grilles, *a*, supportent les fragments de tissu en expérience.

Le sang est, chez les animaux pluricellulaires, *l'intermédiaire obligé entre le milieu extérieur et les cellules vivantes* auxquelles il apporte l'oxygène combiné à l'hémoglobine (matière colorante rouge des globules du sang) ; inversement, il en enlève le gaz carbonique qui se combine au carbonate et au phosphate de sodium dissous dans le plasma.

Chaque cellule vivante est un ferment aérobie (Voir p. 73) qui, ne trouvant pas d'oxygène libre dans le milieu ambiant, décompose l'oxyhémoglobine du sang pour se procurer ce gaz vivifiant.

En effet, Schützenberger dispose dans une cuve des cellules de Levure de bière en suspension dans de l'eau tiède où flotte un réseau de minces canaux en baudruche ; ces canaux simulent les capillaires qui relient un vaisseau afférent (sorte d'artère, *ar*) à un vaisseau efférent (sorte de veine, *ve*, fig. 80 *bis*). On fait arriver dans le réseau du sang rouge vermeil ou oxygéné, par le vaisseau *ar ;* il en sort, à l'état de sang rouge foncé, en *ve.* Les cellules vivantes de Levure se sont donc emparées, *à travers la baudruche,* de l'oxygène du sang auquel elles ont abandonné du gaz carbonique.

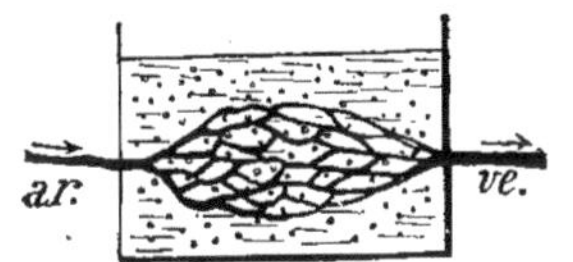

Fig. 80 *bis.* Expérience de Schützenberger.

Des surfaces respiratoires. — La surface pulmonaire, malgré son étendue de 200 mètres carrés, n'est qu'une partie restreinte de la totalité des surfaces qui sont, par l'intermédiaire du sang ou non, le siège d'échanges gazeux avec le milieu extérieur.

Toute surface humide (et par suite perméable aux gaz) peut servir à la respiration.

Si l'on incise la peau du ventre d'un Lapin anesthésié et qu'on étale à l'air les divers replis de son péritoine, on y verra devenir d'un rouge vermeil en quelques instants les vaisseaux primitivement remplis d'un sang noir.

Asphyxie. — Tout animal est dit *asphyxié* lorsqu'il meurt par suite de la composition défectueuse du milieu ambiant.

L'asphyxie se produit : 1° par *manque d'oxygène;* 2° par *excès de gaz carbonique;* 3° par *intoxication* (présence d'un gaz délétère : CO, H²S, Cl, dans le milieu extérieur).

Asphyxie par manque d'oxygène. — Des observations nombreuses faites sur les ouvriers, dans les puits de mine particulièrement, ont montré que la respiration est gênée dans une atmosphère ne renfermant plus que 15,5 pour 100 d'oxygène (proportion de ce gaz dans l'air expiré); le malaise augmente à mesure que cette quantité diminue ; l'asphyxie est complète lorsque la proportion d'oxygène est descendue au-dessous de 9 pour 100.

Les personnes qui font des ascensions en ballon ou sur les hautes montagnes se placent dans des conditions telles que la proportion d'oxygène de l'air respirable soit supérieure à 2 pour 100. L'acide carbonique qu'elles rejettent est réparti dans l'atmosphère; mais à mesure qu'elles atteignent les régions supérieures, la pression atmosphérique diminue, et la quantité de gaz qu'elles puisent à chaque inspiration est réduite dans la même proportion.

D'où malaises, nausées, vertige, bourdonnements d'oreilles, précurseurs de la syncope et du *mal de montagnes* qui n'est pas autre chose qu'une asphyxie par manque d'oxygène. Les inhalations d'oxygène pur doivent être pratiquées aussitôt que les premiers malaises se font sentir.

Asphyxie par excès d'acide carbonique. — Il faut que la force élastique du gaz carbonique dans le milieu ambiant soit, *au plus*, égale à celle qu'il a dans le sang; à partir de ce moment il ne saurait y avoir drainage de l'acide carbonique du sang vers le milieu extérieur qui est devenu asphyxiant.

Le plus souvent, quand l'asphyxie se produit, lorsqu'un être vivant est renfermé dans un local trop étroit et clos, c'est à la fois par manque d'oxygène et par excès d'acide carbonique ; la *ventilation* s'impose alors comme moyen préservatif.

Asphyxie par intoxication. — Certains gaz sont vénéneux, c'est-à-dire que, *même à faible dose dans le milieu ambiant*, ils produisent une asphyxie d'autant plus lente que leur proportion est plus faible.

De tous ces gaz, l'*oxyde de carbone* est le plus intéressant à considérer, puisque l'Homme y est souvent exposé. Quand l'oxyde de carbone existe dans l'air, il est absorbé dans les poumons par le sang, se fixe sur l'hémoglobine (des globules rouges) et forme avec elle un composé, l'*oxycarbo-hémoglobine*, absolument stable. Tout globule ainsi saturé par ce gaz méphitique est perdu pour l'organisme qui ne peut plus l'employer au transport de l'oxygène vers les tissus.

§ 5. — APPAREIL RESPIRATOIRE DANS LA SÉRIE ANIMALE

Poumons. — Les poumons se rencontrent chez les Mammifères, les Oiseaux et les Reptiles pendant toute la vie; les Amphibiens en possèdent seulement pendant l'âge adulte. Ces organes proviennent d'un bourgeonnement du tube digestif dans la région pharyngienne : le pharynx émet d'abord une petite proéminence qui s'accroît, se divise en deux, et chacune de ces parties, suspendue à l'extrémité d'une bronche, se complique plus ou moins.

La série des transformations de l'appareil pulmonaire, qui peut être observée aux âges successifs d'un embryon de Mammifère, se retrouve également dans la série des Vertébrés aériens adultes, comme nous allons le voir.

Mammifères. — Leur appareil respiratoire présente la plus grande analogie avec celui de l'Homme.

Oiseaux. — Les poumons, de structure assez grossière, sont ici appliqués contre la paroi thoracique en haut et en arrière et présentent sur leur face convexe postérieure des sillons profonds formés par le bord interne des côtes saillantes. Ils sont très incomplètement séparés des viscères abdominaux par un diaphragme rudimentaire.

La trachée-artère est pourvue de deux larynx : l'un supérieur pour les cris, l'autre à la naissance des bronches pour la modulation des sons. Chaque bronche

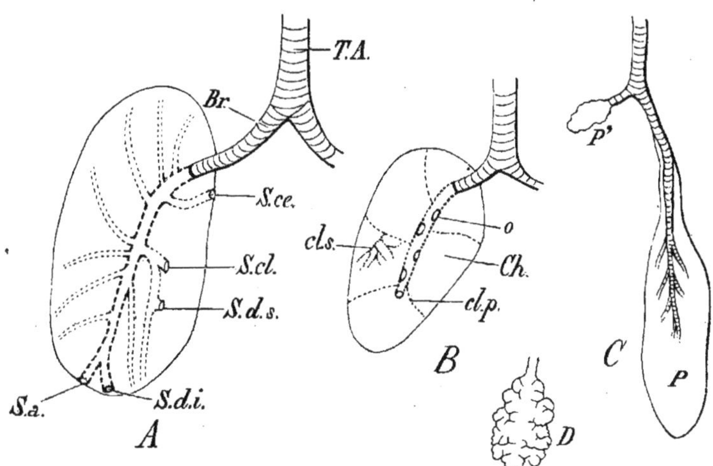

Fig. 81. — Poumons de divers Vertébrés. — A, Oiseau ; TA, trachée-artère ; Br, bronche traversant le poumon droit seul représenté ; certaines ramifications de la bronche aboutissent à des sacs aériens : S.ce, sac cervical ; S.cl, sac claviculaire ; S.d.s, Sd. i, sacs diaphragmatiques supérieur et inférieur ; Sa, sac abdominal. — B, Crocodile ; cl.p, cl.s, cloisons primaire et secondaires ; o, orifices de la bronche dans les chambres Ch. — C, Serpent ; P, poumon développé ; P', poumon atrophié. — D, Grenouille.

traverse de part en part un poumon (fig. 81, A) et se bifurque près de son extrémité ; les ramifications des bronches se terminent : les unes dans des alvéoles pulmonaires, les autres dans des *sacs aériens* au nombre de 9.

Les *sacs aériens* ne participent pas activement à la respiration, sauf les sacs diaphragmatiques qui favorisent l'aération des poumons. Certains d'entre eux communiquent avec les os dont la moelle a disparu. L'expérience suivante le prouve :

On coupe l'aile d'un Pigeon dont on présente le moignon à une faible distance de la flamme d'une bougie ; les oscillations qu'éprouve la flamme correspondent aux mouvements d'inspiration et d'expiration de l'animal.

Les sacs aériens facilitent le vol des Oiseaux migrateurs et chasseurs, la puissance de la voix des Oiseaux chanteurs ; ils jouent le rôle de flotteurs, de réservoirs d'air chez les plongeurs ; ils s'opposent à la déperdition de chaleur chez les Oiseaux arctiques et aquatiques.

Reptiles. — Chez les Crocodiles B (fig. 81) et les Tortues, les poumons sont partagés par des cloisons primaires *cl.p* en grandes chambres communiquant avec une bronche centrale ; des cloisons secondaires *cl.s* augmentent la surface de contact de ces parois vascularisées avec l'air extérieur.

Les Serpents C ont deux poumons inégaux dont l'un, très réduit, P', manque quelquefois ; dans le poumon le plus développé, la bronche se termine par une gouttière. La partie terminale du poumon P est une simple poche à air.

Tous les Reptiles absorbent de l'air par une véritable dilatation de la cage qui les enveloppe.

Amphibiens adultes. — Ils possèdent deux poumons rudimentaires D dans lesquels l'air pénètre par déglutition; ces animaux sont en effet dépourvus de cage thoracique.

Vessie aérienne des Poissons. — Chez certains Poissons (*Dipnoï : Lepidosiren*), on trouve un organe provenant d'un bourgeonnement de la face dorsale de l'œsophage; c'est la *vessie aérienne*, appelée improprement *natatoire*, dont la structure alvéolaire interne rappelle tout à fait un poumon d'Amphibien. Cet organe reçoit, par une artère, du sang rouge foncé qui y subit l'hématose.

Chez les Poissons Téléostéens, la Carpe par exemple, la vessie aérienne a perdu ce caractère de poumon, l'appareil branchial y étant parfaitement développé (*Principe du balancement des organes*, de Geoffroy Saint-Hilaire). Le rôle *exclusivement passif* de la vessie consiste à obliger l'animal à ne se déplacer dans l'eau qu'entre certaines limites (la vessie se gonfle par la diminution de pression qui se manifeste si le poisson veut se rapprocher trop de la surface de l'eau; l'inverse a lieu s'il tente de trop s'enfoncer).

Trachées. — Les Insectes, Myriapodes et Arachnides, sont les seuls animaux pourvus des *trachées* dont le type réel se trouve chez les Insectes.

Une trachée (fig. 82) est un tube ra-

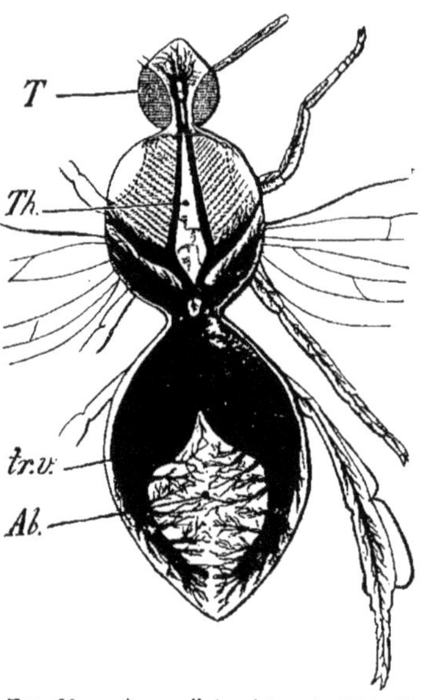

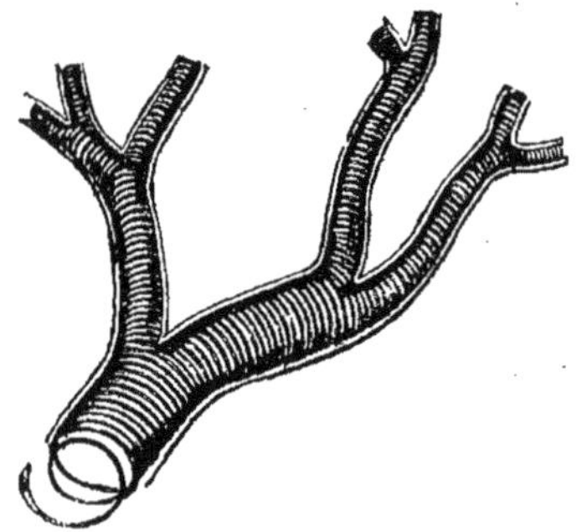

FIG. 82. — Fragment de trachée.

FIG. 83. — Appareil trachéen de l'Abeille (représenté en noir). *tr.v*, trachées vésiculaires. *T*, tête; *Th*, thorax; *Ab*, abdomen.

mifié indéfiniment autour des organes du corps, formant un réseau aussi complexe que le réseau vasculaire des Vertébrés; sur son trajet, elle peut conserver la forme *tubulaire* (larves) ou bien présenter des dilatations (*trachées vésiculaires*) comme chez les Insectes parfaits (Abeille, fig. 83). La disposition de ces dilatations semble être en rapport avec la locomotion aérienne. Les trachées s'ouvrent au dehors chacune par un *stigmate* (fig. 84); on trouve généralement ces orifices disposés par paires sur chaque anneau de l'abdomen (Hanneton); leur fermeture dépend de la volonté de l'animal.

Une trachée se compose de deux tuniques : l'une externe cellulaire, l'autre interne avec des épaississements chitineux formant un fil spiral pour chaque ramification; le tube trachéen est ainsi toujours ouvert.

Le renouvellement de l'air dans les trachées se fait par le rapprochement et l'éloignement alternatifs des arceaux dorsal et ventral composant chaque anneau du corps, ou par la rentrée et la sortie alternatives des anneaux de l'abdomen.

Sur la face ventrale des Scorpions (fig. 85), on aperçoit les orifices d'organes appelés improprement poumons, composés chacun d'une pile de vésicules aplaties et parallèles, s'ouvrant dans un vestibule commun pourvu d'un stigmate.

Branchies. — Ce sont les organes de la respiration des Poissons et de tous les animaux aquatiques à respiration cutanée insuffisante.

Amphibiens. — Le têtard de la Grenouille possède d'abord des branchies externes, puis des branchies internes portées

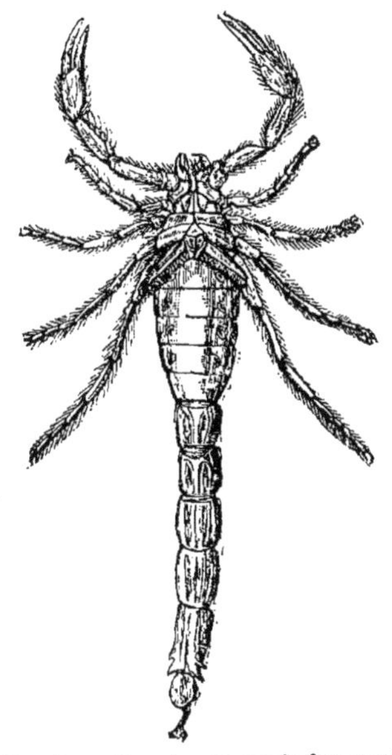

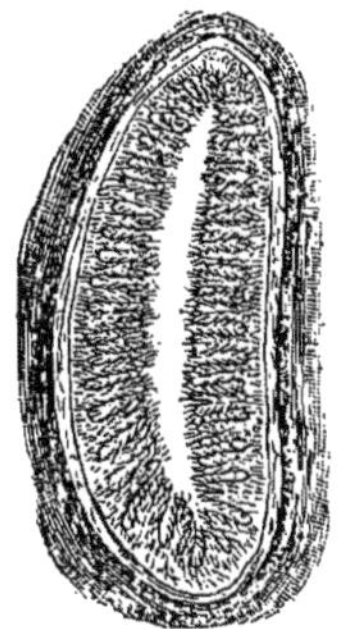

FIG. 84. — Stigmate très grossi.

FIG. 85. — Scorpion vu par la face ventrale.

par des arcs cartilagineux de chaque côté de la tête; ce sont des lamelles délicates (fig. 86) baignées constamment par l'eau d'où elles tirent l'oxygène nécessaire à l'hématose du sang qui les traverse.

Les branchies, éphémères chez le Têtard (fig. 86 et 667) sont persistantes chez les Pérennibranches (Axolotl, Protée).

Poissons. — Chez la Carpe, par exemple, les branchies sont des organes en forme de peignes, logés dans les *ouïes* de chaque côté de la tète et protégés par les *opercules* qui les recouvrent (fig. 88). Elles sont portées généralement par quatre paires d'arcs osseux 1, 2, 3, 4 (fig. 89) soudés, en haut, aux os pharyngiens supérieurs *Ph.s* et fixés, sur le plancher de la cavité buccale, au prolongement médian de l'os hyoïde *Hy*.

Cet ensemble d'os forme une sorte de cage cylindrique dont l'axe est longitudinal et les barreaux transversaux. Cette cage dépend de l'os hyoïde, qui constitue un arc antérieur (*arc branchiostège A. br*) dont l'opercule fait partie. Les arcs sont situés dans les parois latérales du pharynx et séparés par des *fentes branchiales* qui font communiquer latéralement la cavité buccale avec les ouïes.

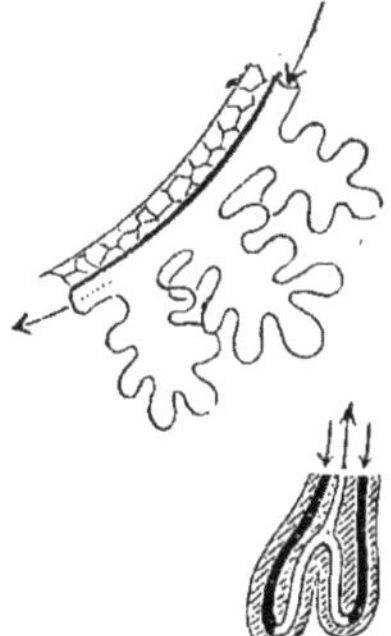

FIG. 86. — Fragment de la branchie du Têtard (d'après P. Bert).

Sur chaque arc *A.Br* (fig. 90) sont fixées deux rangées parallèles de lamelles à la base desquelles courent deux vaisseaux principaux : une *artère branchiale a. br* qui apporte le sang rouge foncé, et une *veine bran-*

chiale, *v.br*, qui emporte le sang rouge vermeil. En effet, l'artère et la veine branchiales émettent, dans chaque lamelle, *La*, deux ramifications anastomosées par un réseau capillaire très fin dans lequel se fait l'hématose du sang.

La transformation du sang rouge foncé en sang rouge vermeil a lieu aux dépens de l'oxygène dissous dans l'eau que contiennent les ouïes.

Le renouvellement nécessaire de l'eau s'effectue ainsi, d'après P. Bert :

Les cavités buccale et branchiale se dilatent toutes deux ensemble et l'eau,

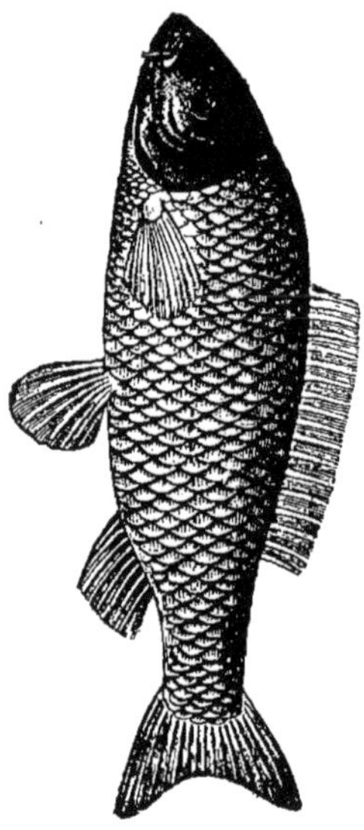

FIG. 87. — Carpe.

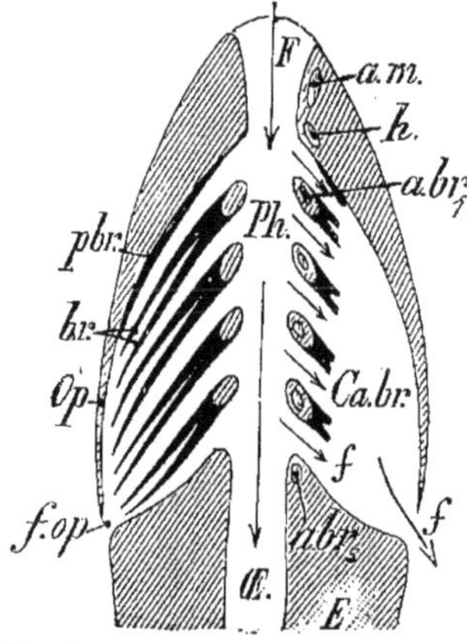

FIG. 88. — Coupe longitudinale théorique de l'appareil branchial chez les Poissons supérieurs. — *Ph*, pharynx communiquant avec les ouïes, *Ca. br*, où sont logées les branchies, *br* ; *Op*, opercule. *Œ*, œsophage. La flèche F montre le trajet suivi par les aliments ; les flèches *f* indiquent le trajet suivi par l'eau.

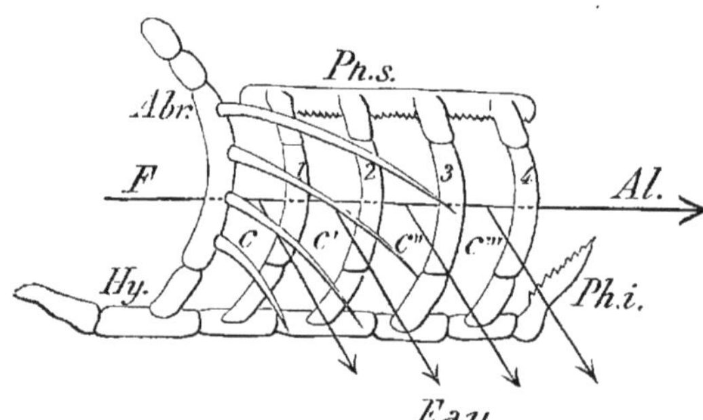

FIG. 89. — Squelette schématisé de la branchie (côté gauche). *Abr*, arc branchiostège portant les rayons branchiostèges ; 1, 2, 3, 4, arcs branchiaux réunis aux os pharyngiens supérieurs *Ph.s* en haut, et fixés en bas au prolongement de l'os hyoïde *Hy. C, C', C'', C'''*, fentes branchiales par lesquelles l'eau est expulsée du pharynx dans les ouïes.

appelée à la fois par la bouche ouverte et les ouïes dont les opercules sont soulevés, remplit ces deux cavités qui communiquent entre elles par les fentes branchiales : puis le Poisson, les contractant simultanément, ferme la bouche et chasse, par les ouïes seulement, l'eau privée d'oxygène et chargée de gaz carbonique dissous.

Invertébrés. — Tous les Invertébrés aquatiques, sauf les Cœlentérés et les Protozoaires, sont munis de branchies. La position de ces appareils est variable avec le mode d'existence des animaux considérés, et leur développement est toujours fonction de leur activité vitale.

Les *Crustacés* possèdent des branchies pectinées qui occupent la base des membres thoraciques ou abdominaux, suivant les espèces ; tandis qu'elles flottent librement dans l'eau chez la Squille, les branchies sont disposées de chaque côté de la carapace dorsale chez le Homard et l'Écrevisse. Dans les chambres latérales où elles sont abritées, *ch. br* (fig. 92) les branchies, *br*, ne peuvent servir que s'il existe un appareil capable d'assurer le mouvement de l'eau : c'est le but des scaphognathites (appendices de la deuxième mâchoire chez l'Écrevisse) qui effectuent des oscillations rapides (1 par seconde). Les deux chambres

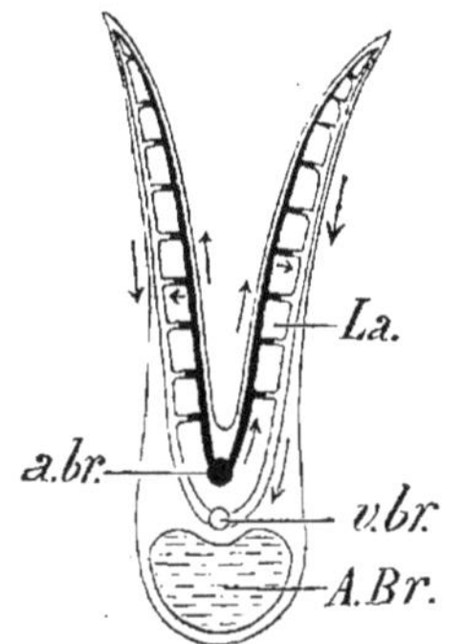

FIG. 90. — Coupe transversale d'un arc branchial, *A.Br*, supportant 2 rangées de lamelles, *La*; *a.br*, artériole branchiale afférente ; *v.br*, veinule branchiale efférente. Les flèches indiquent le trajet du sang dans les capillaires.

FIG. 91. — Homard.

branchiales de l'Écrevisse s'ouvrent sur le bord antérieur de la carapace ; l'eau pénètre par une large fente au niveau de l'insertion des pattes ambulatoires

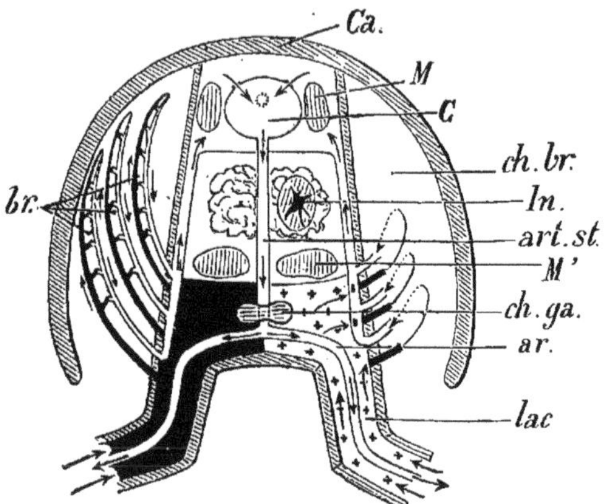

Fig. 92. — Section transversale du corps de l'Écrevisse au niveau du cœur et de l'artère sternale. *Ca*, carapace dorsale; *ch.br*, chambres branchiales où sont logées les branchies, *br* (seulement indiquées à droite); *C*, cœur; *art. st*, artère sternale; *ar*, une artère pédieuse; *lac*, lacune entre les organes non figurés; *In*, intestin; *ch.ga*, chaîne nerveuse ganglionnaire; *M*,*M'*, muscles. Les flèches indiquent le cours du sang (à gauche de la figure, le sang chargé de CO_2 a été représenté en noir, imprégnant les organes entre lesquels il circule; le sang hématosé est figuré en blanc).

et se dirige en avant pour sortir de chaque côté de la bouche aux points où se déplacent les scaphognathites.

Les *Vers* sont pourvus de branchies plus ou moins développées; quelques-

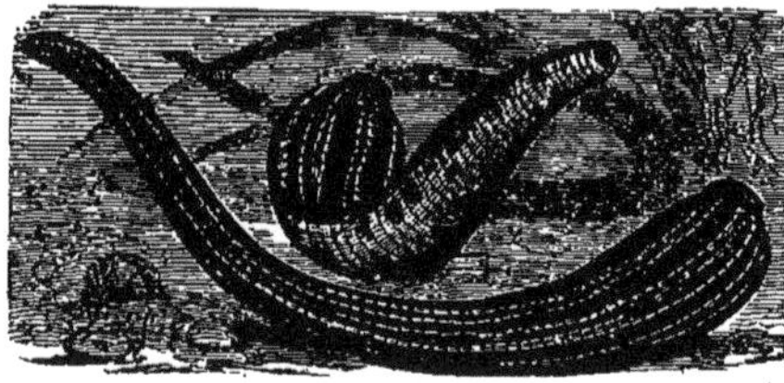

Fig. 93.
Sangsue.

uns toutefois n'en ont pas (Sangsue, fig. 93, Lombric, Vers parasites).

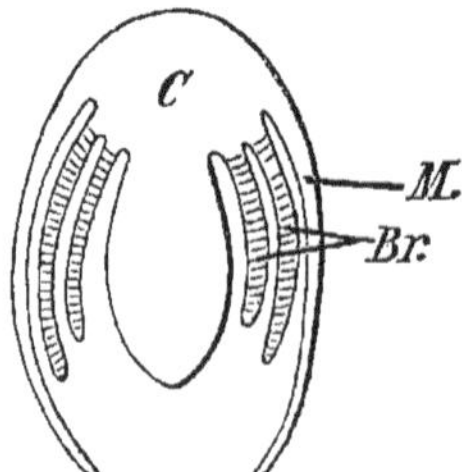

Fig. 94. — Coupe transversale d'un Mollusque Lamellibranche. *M*, manteau; *C*, corps; *Br*, branchies.

Nous avons vu (page 74) que les Annélides errantes portent des branchies sur tout ou partie des anneaux de leurs corps : Eunice, Branchiobdelle; mais chez les Annélides sédentaires et tubicoles, ces organes sont portés sur les premiers anneaux du corps, tout autour de la tête.

Les *Mollusques* possèdent pour la plupart des branchies, *Br* (fig. 94), abritées dans la *cavité palléale* par le manteau, *M*, qui permet toutefois le déplacement rapide de l'eau dans le voisinage. Les Pulmonés (Escargot) possèdent un sac rempli d'*air très humide* au lieu de branchies.

Chez les *Échinodermes*, les branchies, quand il s'en trouve, sont très rudimentaires.

La respiration cutanée s'effectue seule chez les *Cœlentérés* et les *Protozoaires*.

CHAPITRE III

CIRCULATION

La circulation est la fonction par laquelle toutes les cellules d'un organisme vivant sont mises en rapport avec un *milieu* propre à les réparer constamment et à en enlever les déchets.

Ce milieu, appelé *sang*, appauvri sans cesse par les cellules vivantes, reçoit :

par intervalles, des matières nutritives provenant de l'appareil digestif ;

constamment, l'oxygène de l'air provenant de l'appareil respiratoire.

Le sang est le milieu intérieur du corps (Claude Bernard) ; c'est l'intermédiaire obligé entre les cellules et le milieu ambiant chez les animaux supérieurs.

§ 1. — CONSIDÉRATIONS GÉNÉRALES

Un *être unicellulaire* (fig. 5) puise directement dans l'eau ou dans l'air les aliments de toute nature qui lui sont nécessaires ; une circulation intra-protoplasmique favorise ses échanges avec le milieu ambiant.

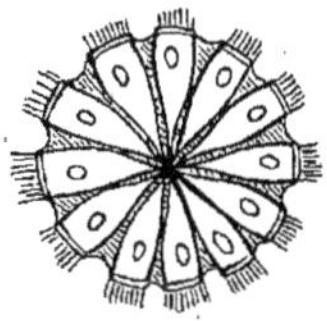

Une *colonie* cellulaire (fig. 95), formée de cellules disposées toutes à la périphérie de l'être (*Volvox, Magosphæra*), pourrait vivre sans plus de complication, puisque chaque cellule est en contact direct avec le milieu extérieur ; toutefois, ce contact étant restreint à la surface libre de la cellule, le renouvellement rapide du milieu extérieur s'impose ; les cellules sont hérissées de cils vibratiles.

Fig. 95. — *Magosphæra* (colonie cellulaire).

Une *colonie plus complexe*, dans laquelle se trouvent des *cellules profondes* et des *cellules superficielles* différenciées en vue de l'accomplissement de fonctions spéciales, présente un milieu intérieur et nutritif, le *sang*, mis en mouvement par un *appareil circulatoire* également intérieur (c'est-à-dire compris entre l'ectoderme et l'entoderme).

Composition d'un appareil circulatoire. — En principe, tout appareil circulatoire comprend :

1° Un *appareil de dissémination* du sang, servant à la nutrition des organes : [*artères*, 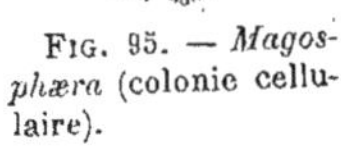 *lacunes* entre les organes ou *vaisseaux capillaires*, ➡ *veines*] ;

2° Un *appareil de revivification* du sang [appareil respiratoire];

3° Un *appareil de propulsion* du sang [cœur].

L'appareil de dissémination peut être réduit aux espaces libres (*lacunes*) situés entre les organes du corps (Insectes) ou à quelques vaisseaux conduisant le sang au voisinage du cœur pour l'en emporter et l'y ramener (Crustacés, Mollusques).

L'appareil circulatoire est dit *lacunaire* dans ce cas où le sang, incomplètement endigué, circule dans la cavité générale.

Si le sang circule, au contraire, dans un ensemble de vaisseaux

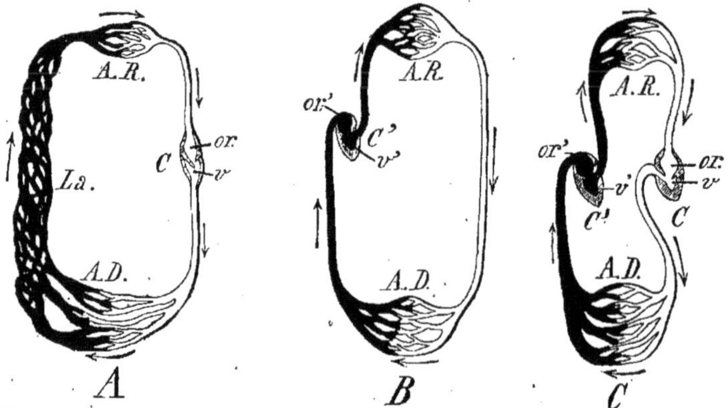

Fig. 96. — Schéma représentant la circulation : A, chez un Mollusque (appareil circulatoire lacunaire); B, chez un Poisson; C, chez un Mammifère (appareil vasculaire clos). — C : C, cœur gauche; C', cœur droit; or, or', oreillettes; v, v', ventricules. A.R, appareil de revivification du sang (poumon); A.D., appareil de dissémination du sang dans le corps. (Le sang rouge foncé est représenté en noir et le sang rouge vermeil en blanc).

qui le renferment pendant tout son trajet, l'appareil circulatoire est *clos* (Vertébrés, Annélides).

L'appareil de revivification a été étudié précédemment.

Quant à l'appareil de propulsion, il présente de multiples formes et sa place est :

sur le trajet du sang rouge vermeil (Mollusques, *A*, fig. 96);

sur le trajet du sang rouge foncé (Poissons, *B*);

sur l'un et l'autre trajet (Mammifères et Oiseaux, *C*).

La présence des deux cœurs indique une complexité plus grande de l'organisme.

L'étude de la circulation comprend 2 parties : l'étude du *sang* et celle de l'*appareil circulatoire*.

Tableau XI.

Circulation.

Définition. — Sang : *milieu intérieur du corps.*

§ 1er. Considérations générales.

Appareil circulatoire.
- Absent chez un être monocellulaire ou formé d'une couche unique de cellules.
- Présent chez tout être complexe.

Il comprend :
- Un *appareil de dissémination* du sang (capillaires, lacunes).
- — *revivification* du sang (appar. respiratoire).
- — *propulsion* du sang (cœur, vaisseaux contractiles).

L'appareil circulatoire est *clos* (Vertébrés, Annélides) ou *lacunaire.*

§ 2. Sang
- *rouge.*
- *blanc* ou *lymphe.*

Sang rouge.

Propriétés physiques.
Composition : tissu formé de cellules (*globules*) mobiles dans un liquide (*plasma*).

1° Globules.

rouges.
- Forme
  - circulaire et aplatie; pas de noyau (Mammifères).
  - elliptique et renflée; noyau (autres Vertébrés).
- Dimensions : 8 μ et 2 μ. Nombre : 25 trillions (Homme).
- Colorés par l'*hémogolobine.*

blancs ou *leucocytes.*
- Forme à peu près sphérique; noyau.
- Émettent des prolongements amiboïdes.
- Dimensions : 5 à 20 μ. — Nombre : 40 billions environ..

Analyse des globules.
- *Globuline* (matière albuminoïde).
- *Hémoglobine*
  - cristallisable.
  - unie
    - à O : *Oxyhémoglobine* réductible par H, H_2S, CO_2.
    - à CO : *Oxycarbohémoglobine* stable.
- *Sels de potassium* surtout.

2° Plasma.

Composition.
- Eau.
- Matières albuminoïdes.
  - *Fibrinogène* coagulable spontanément.
  - *Albuminoïdes* non coagulables spontanément.
- Corps gras et sucres.
- Matières extractives : urée, acide urique, etc. Principes colorants.
- Sels minéraux (de sodium surtout).
- Gaz : O et CO_2.

Coagulation du sang.

	SANG FRAIS.	SANG COAGULÉ.
Globules	Globules..................	Globules.
Plasma.	Fibrinogène dissous...........	Fibrine coagulée. } Caillot.
	Sérum.........	.... Sérum.

Sang blanc ou lymphe.
- *Globules blancs* (voir plus haut).
- *Plasma.* Composition à peu près identique à celle du plasma du sang rouge.
- Origines de la lymphe:
  - Transsudation du plasma sanguin à travers les capillaires.
  - Chyle absorbé par les vaisseaux dans l'intestin.

§ 2. — SANG OU MILIEU NUTRITIF

Le *sang*, milieu intérieur du corps, *est un tissu* dont les cellules libres sont mobiles dans une substance unissante liquide et abondante; il comprend le *sang rouge* et le *sang blanc (lymphe)*.

A. — SANG ROUGE OU HÉMATIFÈRE

Ses propriétés. — Ce liquide est de couleur variable du rouge clair (rouge vermeil) au rouge très foncé (presque noir). Peu odorant, de saveur salée, légèrement alcalin, il a pour densité moyenne 1,055.

La quantité en est d'environ 5 litres chez l'Homme adulte; mais elle augmente pendant la digestion.

Sa composition. — Une goutte de sang, extraite du doigt par une légère piqûre et examinée au microscope, comprend un liquide incolore (*plasma*) tenant en suspension des *globules*.

I. — **Globules du sang**.

Il existe deux principales sortes de globules : les *globules rouges* ou *hématies* et les *globules blancs* ou *leucocytes*, mélangés dans la proportion de 1 globule blanc pour 500 à 800 globules rouges.

1 millimètre cube de sang chez l'Homme renferme 5 millions de globules rouges et 6 000 globules blancs dont les dimensions sont très faibles.

1° Globules rouges. — Les globules rouges de l'Homme sont de petits disques circulaires, amincis en leur milieu (fig. 97, *a*, *b*) de diamètre 7 à 8 µ et d'épaisseur moyenne 2 µ. Souvent indépendants, ils se présentent quelquefois empilés sur la préparation, *c*. Ils s'altèrent rapidement à l'air et prennent un contour crénelé, *d*.

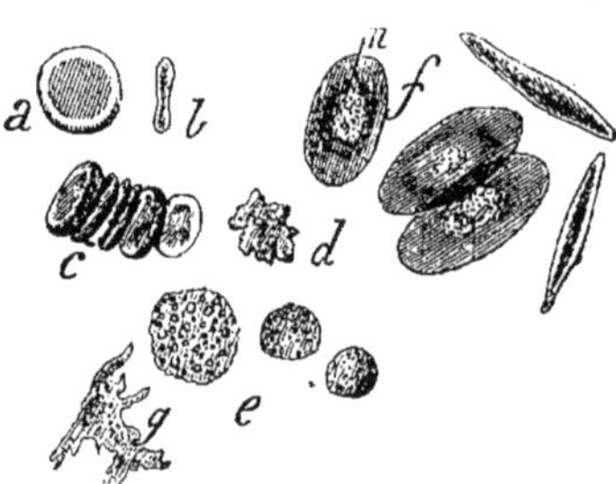

FIG. 97. — Globules du sang. Globules rouges de l'Homme : *a*, globule isolé vu de face; *b*, le même vu de profil; *c*, globules empilés; *d*, globule altéré; *f*, globules elliptiques des Oiseaux.

Structure des globules rouges. — Les globules rouges sont des cellules à protoplasme granuleux, sans noyau ni membrane;

Tableaux XII et XIII.

Appareil circulatoire de l'Homme.

I. — Appareil circulatoire proprement dit.

a. Cœur.

Composition { *Cœur.* / *Vaisseaux sanguins : artères, capillaires, veines.*

Situation | dans la cage thoracique entre les poumons.

Description :

Deux cœurs { *1 oreillette et 1 ventricule* droits... / *1 — 1 —* gauches. } Valvules auriculo-ventriculaires.

Vaisseaux y aboutissant { O. D. = *2 veines caves.* / V. D. = *Artère pulmonaire* .... / V. G. = *— aorte* .... / O. G. = *4 veines pulmonaires.* } Valvules sigmoïdes.

Structure { *Péricarde* = tunique *séreuse* externe (2 feuillets). / *Myocarde* = tunique moyenne musculaire { *Fibres propres* (à chaque cœur). / *Fibres unitives* (des deux cœurs). } / *Endocarde* = tunique interne *endothéliale.*

b. Artères.

Vaisseaux emportant le sang du cœur vers les organes.

Distribution (fig. 103) { *Artère pulmonaire.* / *Tronc aortique et ses rameaux.*

Structure { Tunique externe fibreuse. / — moyenne élastique et musculaire. / — interne : Endothélium prolongement de l'endocarde.

c. Vaisseaux capillaires { Relient les artérioles aux veinules. / Structure : Endothélium.

d. Veines.

Vaisseaux rapportant le sang des organes vers le cœur.

Distribution (fig. 107) { *Veine cave supérieure* (tête et membres supérieurs). / *Veine cave inférieure* (tronc, viscères et membres inférieurs). / *Veine azygos* (paroi du corps : tronc).

Structure { Tunique externe fibreuse. / — moyenne *surtout musculaire.* *Valvules* des veines. / — interne. Endothélium.

II. — Appareil lymphatique.

Sa description (fig. 112). :

Canal thoracique. { *Citerne de Pecquet.* / *Vaisseaux lymphatiques* { de tout le corps, sauf le côté droit de la tête et de la cage thoracique. / *Vaisseaux chylifères* (intestin). / *Ganglions lymphatiques.*

Grande veine lymphatique droite : reçoit les vaisseaux lymphatiques du côté droit de la tête et du thorax.

Structure et rôle { des vaisseaux. { 2 tuniques comme les veines. Valvules. / *Circulation de la lymphe.* } / des ganglions. | *Multiplication des leucocytes.*

L'appareil lymphatique est une annexe de l'appareil veineux ; la lymphe est le véritable milieu intérieur du corps.

---

facilement déformables, ils s'allongent en s'engageant dans des vaisseaux capillaires étroits.

Les globules rouges sont *caractéristiques* du sang des Vertébrés ; sans noyau chez les Mammifères et de forme circulaire, ils présentent un noyau et une forme elliptique chez tous les autres Vertébrés.

Origine des globules rouges (Hématies). — Pendant la période embryonnaire, le sang ne renferme que des hématies *nucléées;* pas de globules blancs.

Chez l'adulte, ces hématies cessent de se reproduire, disparaissent et sont remplacées par des *globules non nucléés* provenant du bourgeonnement d'hématoblastes. — Les **hématoblastes** résultent de l'élaboration de cellules spéciales du *foie,* de la *moelle des os* et de la *rate.*

2° Globules blancs. — Les globules blancs ou leucocytes ont les dimensions variables de 5 à 20 μ et une couleur blanc d'argent; ce sont des cellules sphériques, sans membrane, pourvues d'un ou plusieurs noyaux volumineux (fig. 97 *bis*, A, B, C).

Ces globules blancs, identiques à ceux que renferme la *lymphe* (sang blanc), se déforment facilement et présentent des prolongements amiboïdes (g, fig. 97);

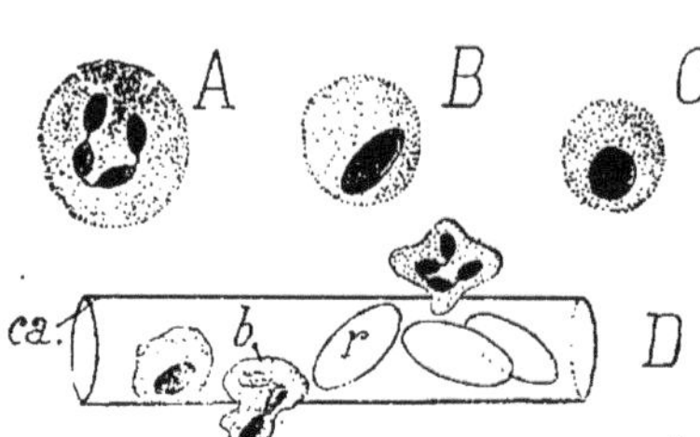

FIG. 97 *bis*. — **Globules blancs.**
A, leucocyte polynucléé; B, lymphocyte; C, leucocyte mononucléé; D, passage des globules blancs, *b*, par diapédèse, à travers l'endothélium d'un capillaire, *ca.* — *r*, globules rouges.

de plus, ils peuvent sortir des vaisseaux par *diapédèse* et émigrer dans les tissus (fig. 97 *bis*, D) : ce qui leur a valu le nom de *cellules migratrices.*

Leur *rôle* est à la fois *nutritif* (digestion des peptones et des graisses) et *défensif* (*phagocytose*, c'est-à-dire destruction des vieux globules rouges et lutte contre les microbes).

Origine des globules blancs. — Chez l'adulte, les globules blancs se forment dans la *rate* et dans les *ganglions lymphatiques.* (Voir p. 120 et 140.)

Analyse chimique des globules rouges. Hémoglobine. — Les globules rouges sont formés d'une trame incolore, lâche, albuminoïde, la *globuline;* cette matière est saturée d'*hémoglobine* également albuminoïde, ferrugineuse et de couleur rouge.

L'*hémoglobine* forme en poids les 9/10 environ des globules secs; elle est plus ou moins soluble dans l'eau et de forme cristalline variable avec les animaux

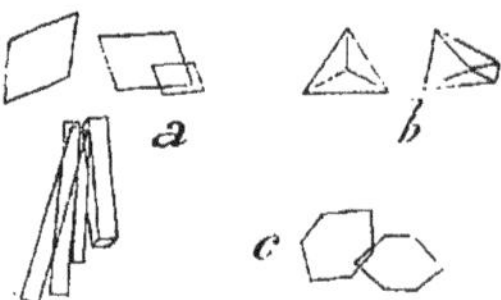

FIG. 98. — Cristaux d'hémoglobine : *a*, Homme; *b*, Cochon d'Inde; *c*, Écureuil.

desquels on l'extrait (fig. 98).

Propriétés chimiques de l'hémoglobine. — Elle a pour formule chimique approchée $C^{344} H^{823} Az^{147} O^{147} S^2 Fe$; la proportion de fer qu'elle contient est d'environ 4, 2 pour 1 000.

Au contact de l'air, la solution d'hémoglobine en absorbe l'oxygène et forme un composé rouge vermeil, l'*oxyhémoglobine* (acide faible), qui se dissocie facilement dans le vide. 100 grammes d'oxyhémoglobine abandonnent environ 160 centimètres cubes d'oxygène mesurés à 0° et sous la pression de 760 millimètres.

Un courant de gaz inerte (H ou Az), traversant l'oxyhémoglobine, en détermine la dissociation. L'*acide carbonique en opère également la réduction* et ramène l'oxyhémoglobine d'un rouge vermeil à l'état d'hémoglobine d'un rouge foncé.

L'oxyde de carbone se fixe sur l'hémoglobine et en chasse instanta- nément un égal volume d'oxygène (100 grammes d'hémoglobine fixent 159 centimètres cubes de gaz CO à 0° et 760 millimètres) ; il se forme une combinaison, l'*oxycarbo-hémoglobine*, assez stable pour s'opposer à l'acquisition nouvelle d'oxygène par l'hémoglobine.

Étude spectroscopique du sang. — Les propriétés de l'hémoglobine vis-à-vis des gaz O, CO_2 et CO, sont mises en évidence par l'examen du sang au spectroscope.

1° On place, dans une petite cuve en verre à faces planes, V (fig. 241), sous une épaisseur de 1 centimètre, une solution d'*oxyhémoglobine* à 1 p. 1000 ; le faisceau de lumière blanche, *f*, qui traverse la cuve et le collimateur A, est décom- posé et dispersé par le prisme P ; l'œil de l'observateur, placé en O derrière la lunette B, aperçoit dans le spectre 2 *bandes noires* dont la position est rapportée aux raies D et E du spectre solaire dans la figure 98 *bis*, A.

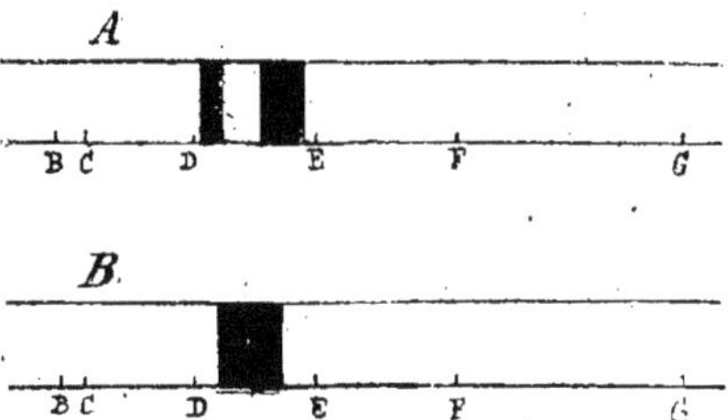

Fig. 98 *bis*. — A ; spectre de l'oxyhémoglobine. — B ; spectre de l'hémoglobine réduite.

2° On ajoute à la solution d'oxyhémoglobine une substance réductrice [sulfate de protoxyde de fer], ou bien on la soumet au vide ; le spectre de l'*hémoglobine réduite* apparaît en 1 *bande unique* (B), de position intermédiaire aux deux précédentes [*bande de réduction de Stokes*].

3° Le spectre de l'oxycarbohémoglobine, presque identique à celui de l'oxy- hémoglobine, n'est pas modifié par les agents réducteurs.

II. — **Plasma.**

Le plasma sanguin est un liquide légèrement ambré, alcalin, contenant en dissolution un grand nombre de principes divers. On ne peut l'obtenir en extrayant simplement du sang d'un animal, car le sang aussitôt sorti se *coagule*, c'est-à-dire se prend en une masse rouge (*caillot*) surmontée d'un liquide à peu près incolore (*sérum*).

Coagulation du sang. — Elle est due à la solidification du *fibrinogène*, matière albuminoïde dissoute dans le plasma sanguin tant que ce liquide est contenu dans les vaisseaux. Aussitôt que le sang est exposé à l'air, le fibrinogène est soumis à l'action du *fibrinferment* produit par des hématoblastes altérés ; il donne de la *fibrine* sous forme d'un réseau à mailles très serrées emprisonnant les globules : c'est là l'origine du *caillot*. *Le sérum est du plasma sans fibrinogène.*

	Sang frais.	*Sang coagulé.*	
Globules.......................		Globules	} Caillot.
Plasma {	Fibrinogène dissous....	Fibrine coagulée	
	Sérum...........................	....	Sérum.

Pour avoir du plasma, il faut ligaturer une veine importante (veine jugulaire de Cheval) en deux endroits éloignés de 15 centimètres environ, suspendre le boudin ainsi obtenu sans aucune agitation ; les globules du sang, plus denses que le plasma, tombent au fond et, au bout de deux ou trois jours, on peut recueillir le liquide qui surnage et se coagule aussitôt.

Composition du plasma. — La composition moyenne en est donnée, chez l'Homme, par le tableau suivant :

Pour 1 000 grammes de plasma.

Eau		904
Fibrinogène (albuminoïde coagulable spontanément)		3,5
Albuminoïdes non spontanément coagulables		78,2
Corps gras, lécithine, savons.		1,7
Cholestérine (alcool : $C^{16}H^{44}O$)		
Matières extractives.	Sucre	3,9
	Acides gras volatils	
	Urée, acide urique, créatine, leucine, etc.	
	Matières colorantes	
Sels minéraux	Bicarbonate et chlorure de sodium	8,6
	Phosphates de sodium et de calcium	

Le plasma est une solution complexe, modifiée à chaque instant par les cellules vivantes. Sa composition est variable aussi avec les points de l'organisme où le sang est puisé ; ainsi le sang de la veine porte renferme, pendant la digestion, plus de peptones et de matières grasses ; sa richesse en sucre est supérieure, à ce moment, à la proportion contenue dans les veines sus-hépatiques.

Sang défibriné. Transfusion du sang. — Quand, au sortir d'un vaisseau coupé, on reçoit du sang frais dans un vase et qu'on le bat activement avec un petit balai, la fibrine se coagule sous forme de filaments fixés aux brindilles du balai, et le sang demeure liquide dans le vase. *Ce sang défibriné, désormais incoagulable, est vivant pour quelque temps, et peut être transfusé dans les vaisseaux d'un animal de même espèce.*

Gaz du sang. — Le sang renferme des gaz qu'on en peut extraire de diverses manières, et en particulier par le vide. La composition moyenne fournie par diverses analyses du sang de Chien a donné :

Pour 100 centimètres cubes de sang :

	O	CO^2	Az
Sang rouge vermeil.	$11^{cc},2$	$19^{cc},7$	$1^{cc},2$
— foncé	4^{cc}	$25^{cc},5$	$1^{cc},1$

mesurés à 0° et 760 mill.

L'oxygène est presque tout entier fixé sur les globules ; il y est combiné avec l'hémoglobine (oxyhémoglobine).

L'acide carbonique, presque tout entier contenu dans le plasma, se combine avec les carbonate et phosphate de sodium qu'il transforme en bicarbonate et phospho-carbonate de sodium. Ces sels se dissocient facilement dans le vide, ou par l'action d'un courant gazeux tel que l'accès d'oxygène qui les décompose en formant l'oxyhémoglobine acide (poumons).

Ainsi se trouvent expliqués les échanges gazeux qui s'accomplissent dans l'organisme.

Tableau XIV.

Physiologie de l'appareil circulatoire.

Physiologie de l'appareil sanguin :

du cœur.

Le cœur est un muscle creux { qui se contracte : *Systole.*
qui se relâche : *Diastole.*

Étude des contractions du cœur à l'aide du *cardiographe.*

Résultats.

1° Les oreillettes se contractent simultanément et brusquement.

2° Les ventricules se contractent simultanément et longuement.

3° La contraction des oreillettes précède immédiatement celle des ventricules.

Les valvules auriculo-ventriculaires empêchent le reflux du sang des ventricules vers les oreillettes.

Les valvules sigmoïdes empêchent le reflux du sang des artères aorte et pulmonaire vers les ventricules.

des artères.

Leur *élasticité* transforme en jet continu l'afflux périodique du sang qui vient des ventricules.

Leur *contractilité* assure la répartition du sang dans les organes suivant leurs besoins.

Pression du sang. { *Ondée sanguine :* 180 grammes de sang.
Ondulation sanguine : Pouls (72 pulsations par minute).

des capillaires. { Filtration du plasma sanguin à travers l'endothélium mince.
Diapédèse des leucocytes.

des veines. { Rôle à peu près passif des veines dans la progression du sang.
Importance des valvules des veines (veines saphènes).

Circulation du sang.

Circulation générale. { Le sang part du V. G par l'artère aorte, se répand dans les capillaires généraux, et revient à l'O. D par les veines caves.

Circulation pulmonaire. { Le sang part du V. D par l'artère pulmonaire, se rend dans les poumons et revient à l'O. G par les veines pulmonaires.

Dans les poumons, le sang rouge foncé, dont le plasma contient de l'acide carbonique, dégage ce gaz à travers la paroi des vésicules pulmonaires, grâce à la formation d'oxyhémoglobine (légèrement acide). Le sang, devenu rouge vermeil, est porté aux organes dont les cellules vivantes (sortes de ferments) décomposent l'oxyhémoglobine et utilisent l'oxygène ; l'acide carbonique dégagé par les cellules s'unit au plasma du sang, qui l'amène aux poumons.

Si dans l'air respiré se trouve de l'oxyde de carbone, en si petite quantité qu'il soit, ce gaz se fixe sur les globules en formant de l'oxycarbo-hémoglobine stable qui annihile désormais le rôle des globules envahis.

Les globules rouges sont le véhicule de l'oxygène ; grâce à leur grand nombre (25 trillions), ils constituent une surface d'environ 3 000 mètres carrés chez l'Homme, surface dont une partie importante fixe l'oxygène dans les poumons, tandis que l'autre partie permet la diffusion de ce gaz dans les tissus.

B. — SANG BLANC OU LYMPHE

C'est un liquide jaune pâle, comparable au sang rouge, abstraction faite des globules rouges. Il est formé de *leucocytes* (étudiés précédemment) et de *plasma*.

La lymphe se coagule moins vite que le sang (5 à 20 minutes) ; elle est bien moins riche que lui en matières albuminoïdes, mais elle contient plus d'eau, d'urée, etc. La lymphe résulte en effet : 1° de la transsudation d'une partie du plasma sanguin à travers la paroi des vaisseaux capillaires très fins ; 2° de la réunion des produits excrémentitiels qu'y déversent *les cellules vivantes baignées véritablement dans la lymphe ;* 3° du chyle puisé dans l'intestin, pendant la digestion, par les vaisseaux chylifères (voir p. 58).

§ 3. — APPAREIL CIRCULATOIRE DE L'HOMME ET SES FONCTIONS

L'appareil circulatoire se compose de deux parties : l'appareil servant à la circulation du sang rouge, que nous appellerons *appareil circulatoire proprement dit*, et celui dans lequel est recueillie la lymphe ou *appareil lymphatique*.

I. — APPAREIL CIRCULATOIRE PROPREMENT DIT

Le *cœur*, organe de propulsion du sang, envoie ce liquide nourricier à tous les organes du corps par des *artères ;* celles-ci le leur distribuent par de nombreuses ramifications, appelées *vaisseaux capillaires*, qui se réunissent en d'autres troncs principaux ou *veines* chargées de ramener le sang au cœur.

Artères, vaisseaux capillaires et veines sont les *vaisseaux sanguins*.

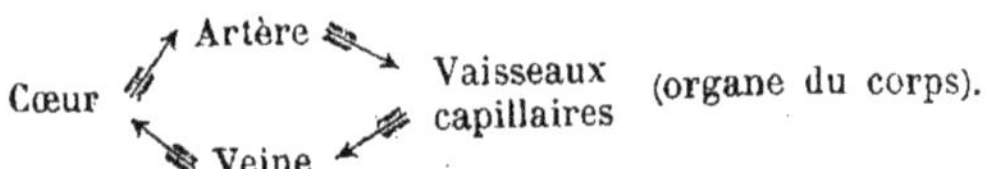

Toute artère emporte le sang du cœur vers les organes; toute veine rapporte le sang des organes vers le cœur

a. — CŒUR.

1° Situation du cœur. — Le cœur, de la grosseur du poing chez l'Homme, est placé dans la cage thoracique, entre les deux poumons (fig. 99); il a la forme d'un cône dont l'axe est incliné de dedans en dehors et de droite à gauche. Sa base est au niveau des hiles des poumons et sa pointe repose en avant et à gauche sur le muscle diaphragme; en arrière, l'œsophage et l'artère aorte le séparent de la colonne vertébrale. Il est d'ailleurs séparé de ces organes par la séreuse ou péricarde qui l'enveloppe entièrement sauf à sa base (fig. 73).

2° Description. — Le poids moyen du cœur est de 255 grammes environ chez l'adulte. Sa surface extérieure est divisée par deux sillons circulaires à peu près perpendiculaires l'un à l'autre (fig. 100, A). Le sillon transversal *s,s* le plus accusé, situé dans un plan perpendiculaire à l'axe du cœur, partage cet organe en deux régions: la région *ventriculaire* inférieure plus grande, et la région *auriculaire* supérieure.

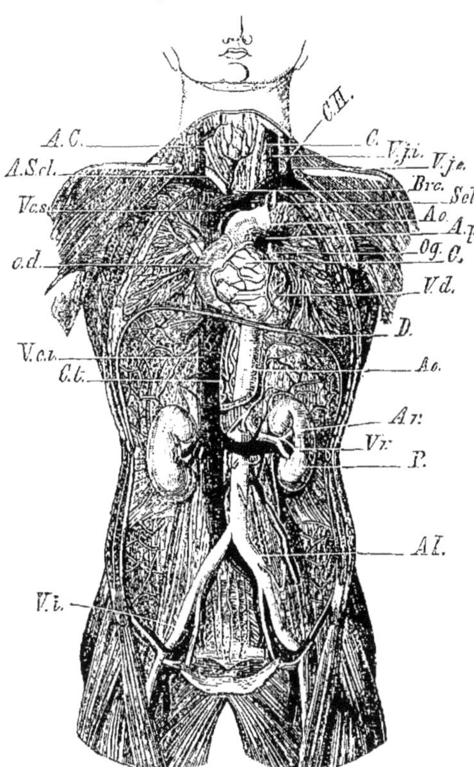

FIG. 99. — Appareil circulatoire de l'Homme. *C*, cœur entre les deux poumons et au-dessus du diaphragme *D.*—*od*, oreillette droite; *og*, oreillette gauche; *V.d*, ventricule droit. *Ao*, artère aorte; *Brc*, tronc brachio-céphalique; *A.C*, artères carotides; *A.S.cl*, artère sous-clavière droite; *Ar*, artère rénale se rendant au rein *P; A I*, artères iliaques primitives. — *Ap*, artère pulmonaire. *Vcs*, veine cave supérieure; *V.j.i* et *V.j.e*, veines jugulaires interne et externe gauches se réunissant à la veine sous-clavière *S.cl.* — *Vci*, veine cave inférieure; *Vr*, veine rénale; *V.i*, veines iliaques.—*C.t*, canal thoracique débouchant en C.H dans la veine sous-clavière gauche.

Le sillon *s′,s′* longitudinal divise ces deux régions en deux ventricules et deux oreillettes. Le plan dans lequel est contenu le sillon *s′,s′* est ininterrompu en traversant le cœur, c'est-à-dire qu'il ne rencontre aucun canal faisant communiquer les parties droite et gauche du cœur ; tandis que le plan contenant le sillon *s,s* présente deux ouvertures : l'une *o* faisant communiquer l'*oreillette droite* OD avec le *ventricule droit* VD ; l'autre *o′* par laquelle l'*oreillette gauche* OG communique avec le *ventricule gauche* VG

Le cœur est donc *en réalité formé de deux cœurs distincts :* le *cœur droit* et le *cœur gauche,* et chacun d'eux comprend une oreillette et un ventricule en rapport par un *orifice auriculo-ventriculaire* (fig. 100, B).

La paroi des oreillettes est molle, flasque et mince ; celle des ventricules est rigide et épaisse ; la paroi du ventricule gauche est plus épaisse que celle du ventricule droit.

Vaisseaux aboutissant au cœur. — Les cavités du cœur sont en communication par des orifices avec les vaisseaux qui en emportent ou qui y rapportent le sang.

A l'oreillette gauche OG se rendent quatre *veines pulmonaires Vp* provenant : deux du poumon droit, deux du poumon gauche. Du ventricule gauche VG se détache, dans l'angle supérieur droit, l'*artère aorte Ao* qui forme, dès sa sortie du

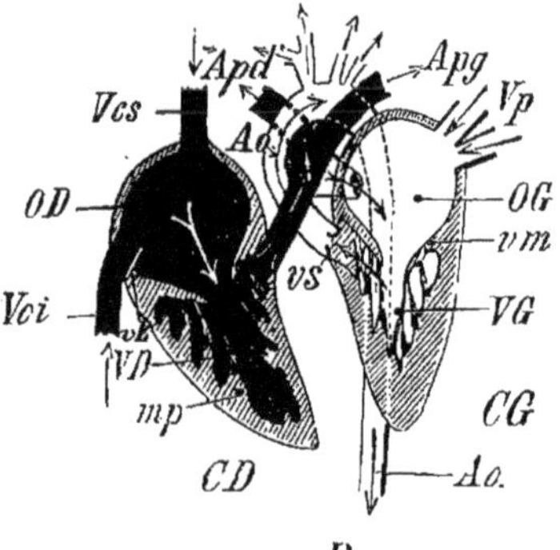

Fig. 100. — Cœur. — A. *s′,s′*, sillon longitudinal divisant le cœur en cœur droit *C.D* et cœur gauche *C.G* ; *s,s*, sillon transversal partageant chaque cœur en une oreillette (*O.D, O.G*) et un ventricule (*VD, VG*) ; *o,o′*, orifices faisant communiquer les oreillettes avec les ventricules correspondants.

B. — *OD, OG*, oreillettes droite et gauche ; *VD, VG*, ventricules droit et gauche ; *vm*, valvule mitrale (valvule tricuspide du cœur droit figurée sans mention) ; *vs*, valvules sigmoïdes au début de l'artère aorte, *Ao*, et de l'artère pulmonaire divisée en 2 branches : *Apd* (pour le poumon droit) et *Apg* (pour le poumon gauche) ; *vE*, valvule d'Eustachi à l'entrée de la veine cave inférieure, *Vci* ; *Vcs*, veine cave supérieure, *Vp*, veines pulmonaires ; *mp*, muscles papillaires. — Les flèches indiquent le cours du sang rouge foncé (noir) et du sang rouge vermeil (blanc).

cœur, une crosse au-dessus de cet organe et d'avant en arrière.

Du ventricule droit VD se détache, dans l'angle supérieur gauche et à côté de l'aorte, l'*artère pulmonaire*, formant une fourche dont les deux branches *Apd* et *Apg* se dirigent chacune vers le hile du poumon correspondant; entre les deux branches de la fourche repose la crosse de l'aorte. A l'oreillette droite, OD, aboutissent

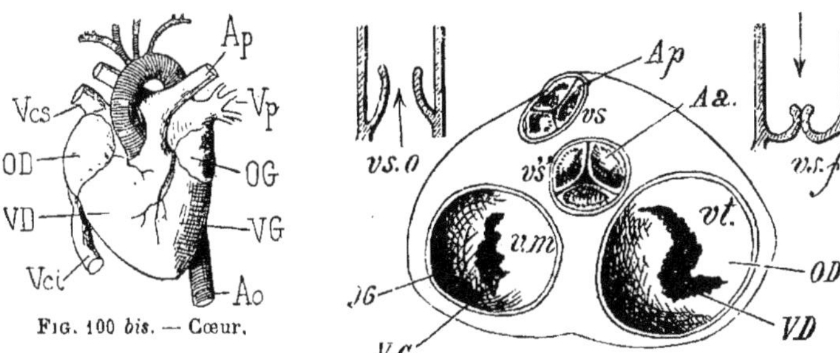

FIG. 100 *bis*. — Cœur.

FIG. 101. — Coupe transversale du cœur au-dessus du sillon, *ss* (fig. 117); *v.m*, valvule mitrale entre l'oreillette et le ventricule gauches; *v.t*, valvule tricuspide entre l'oreillette et le ventricule droits; *vs*, *v's'*, valvules sigmoïdes à l'entrée des artères pulmonaire, *Ap* et aorte, *Aa*. — *vs.o*. valvules sigmoïdes ouvertes; *vs. f*, les mêmes fermées.

les 2 *veines caves :* en arrière et en bas, la *veine cave inférieure, Vci;* en haut, la *veine cave supérieure, Vcs,* et la *grande veine coronaire.*

Valvules du cœur. — Les orifices auriculo-ventriculaires (fig. 101)

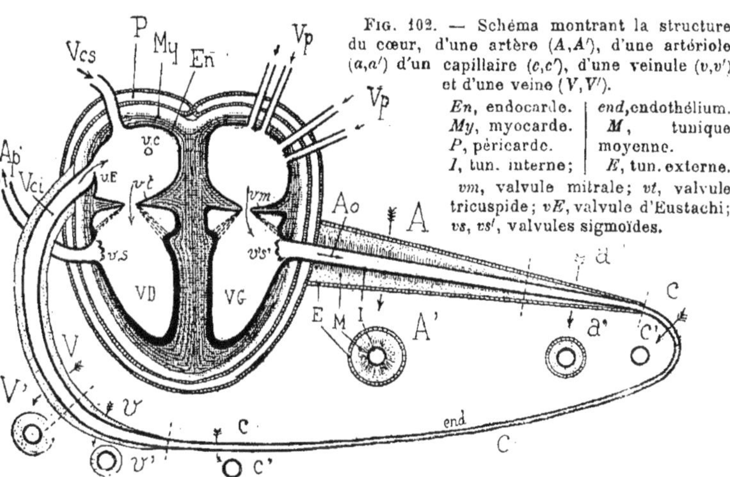

FIG. 102. — Schéma montrant la structure du cœur, d'une artère (*A,A'*), d'une artériole (*a,a'*) d'un capillaire (*c,c'*), d'une veinule (*v,v'*) et d'une veine (*V,V'*).

En, endocarde. | *end*, endothélium.
My, myocarde. | *M*, tunique
P, péricarde. | moyenne.
I, tun. interne; | *E*, tun. externe.
vm, valvule mitrale; *vt*, valvule tricuspide; *vE*, valvule d'Eustachi; *vs*, *vs'*, valvules sigmoïdes.

sont entourés d'un anneau fibreux donnant, du côté des ventricules, des prolongements où s'insèrent les tendons des *muscles papillaires, mp ;* ces muscles sont des colonnes charnues hérissant la paroi interne des ventricules (fig. 100, B). On appelle *valvules* des sortes d'entonnoirs fibreux à bord déchiqueté, dont la pointe est dirigée du côté des ventricules et qui s'ouvrent largement du côté des oreillettes. La *valvule tricuspide, vt* (fig. 101), voile en partie l'orifice auriculo-ventriculaire droit; la *valvule mitrale*, *vm*, obstrue de même l'orifice du cœur gauche.

En outre, les artères aorte et pulmonaire sont pourvues, à leur débouché dans les ventricules gauche et droit, de trois valvules en forme de nid dites *valvules sigmoïdes*, dont la concavité est dirigée du côté de l'artère et la convexité du côté du ventricule correspondant (*vs*, pour l'artère pulmonaire *Ap; v's'*, pour l'artère aorte *Aa*).

La veine cave inférieure est pourvue d'une valvule rudimentaire appelée *valvule d'Eustachi*, *vE* (fig. 100, B).

Structure du cœur. — Le cœur de l'Homme se compose de 3 tuniques : le *péricarde*, le *myocarde*, l'*endocarde*.

1° Le *péricarde* est la membrane séreuse à 2 feuillets, *fv* et *fp* (fig. 73), qui entoure le cœur; le feuillet viscéral y est étroitement soudé, le feuillet pariétal est en rapport avec les plèvres des poumons et avec le diaphragme.

2° Le *myocarde* est la tunique musculaire formée de fibres striées ramifiées et anastomosées (fig. 17), à contraction involontaire, dont nous avons parlé (p. 22). Cette tunique est composée de *fibres propres* spéciales à chaque oreillette et à chaque ventricule, et de *fibres unitives* qui sont communes aux 2 cœurs et les relient entre eux.

Les fibres font plus ou moins saillie du côté interne, dans les ventricules où elles donnent les *colonnes charnues;* les plus grandes de ces colonnes sont les *muscles papillaires* d'où partent les tendons qui s'insèrent sur les valvules auriculo-ventriculaires.

3° L'*endocarde* est une lame de tissu conjonctif qui revêt toute la face interne du cœur et des vaisseaux sanguins; sa face libre présente une couche unique de cellules pavimenteuses (endothélium) qui est continue dans toute l'étendue de l'appareil vasculaire (artères, vaisseaux capillaires et veines).

b. — ARTÈRES.

Leur description. — *Les artères sont les vaisseaux qui emportent aux organes le sang venant du cœur;* elles proviennent toutes de deux artères principales :

1° L'**artère pulmonaire**, émanant du ventricule droit, se divise en deux branches (fig. 70 et 100), portant à chaque poumon du sang rouge foncé (son mode de ramification a été étudié à propos de la respiration).

2° L'**artère aorte**, beaucoup plus importante, part du ventricule gauche; elle contient le sang rouge vermeil réparti, par ses nombreuses branches, à tous les organes du corps.

L'aorte peut être comparée à un tronc d'arbre présentant une infinité de branches; parmi ces rameaux, il en est d'importants que renferment la figure 103 et le tableau de la page 109.

A la sortie du ventricule gauche, l'artère aorte, *A.Ao* (fig. 103,

contourne en arrière l'artère pulmonaire entre les deux branches
de laquelle elle se recourbe en *crosse*, pour gagner la colonne

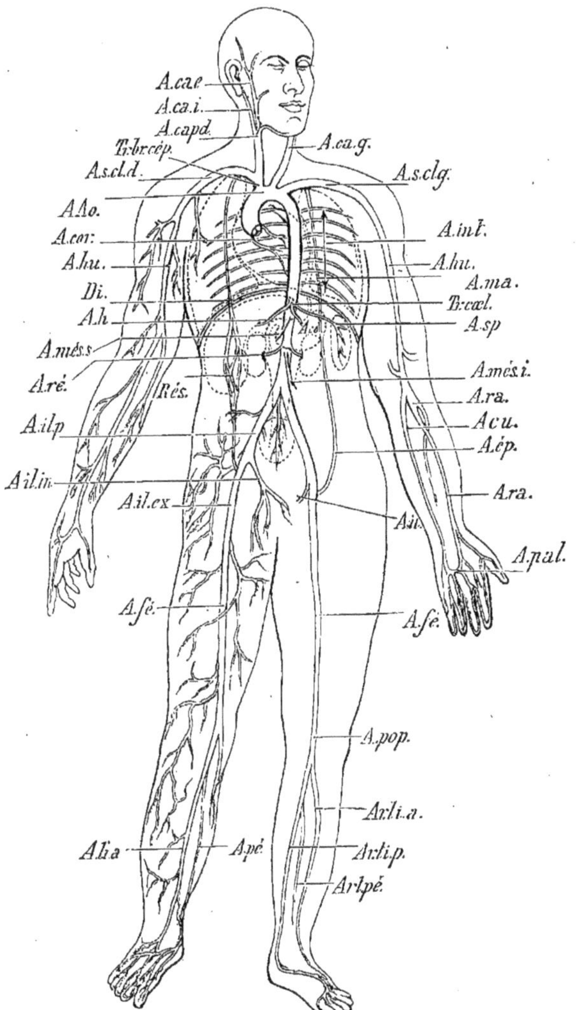

FIG. 103. — Aorte et ses ramifications principales. (La légende de cette figure
est inscrite dans le tableau ci-joint.)

vertébrale et descendre verticalement en arrière (*aorte descendante*) dans les cavités thoracique et abdominale.

Il est facile, en connaissant la position relative des organes dans

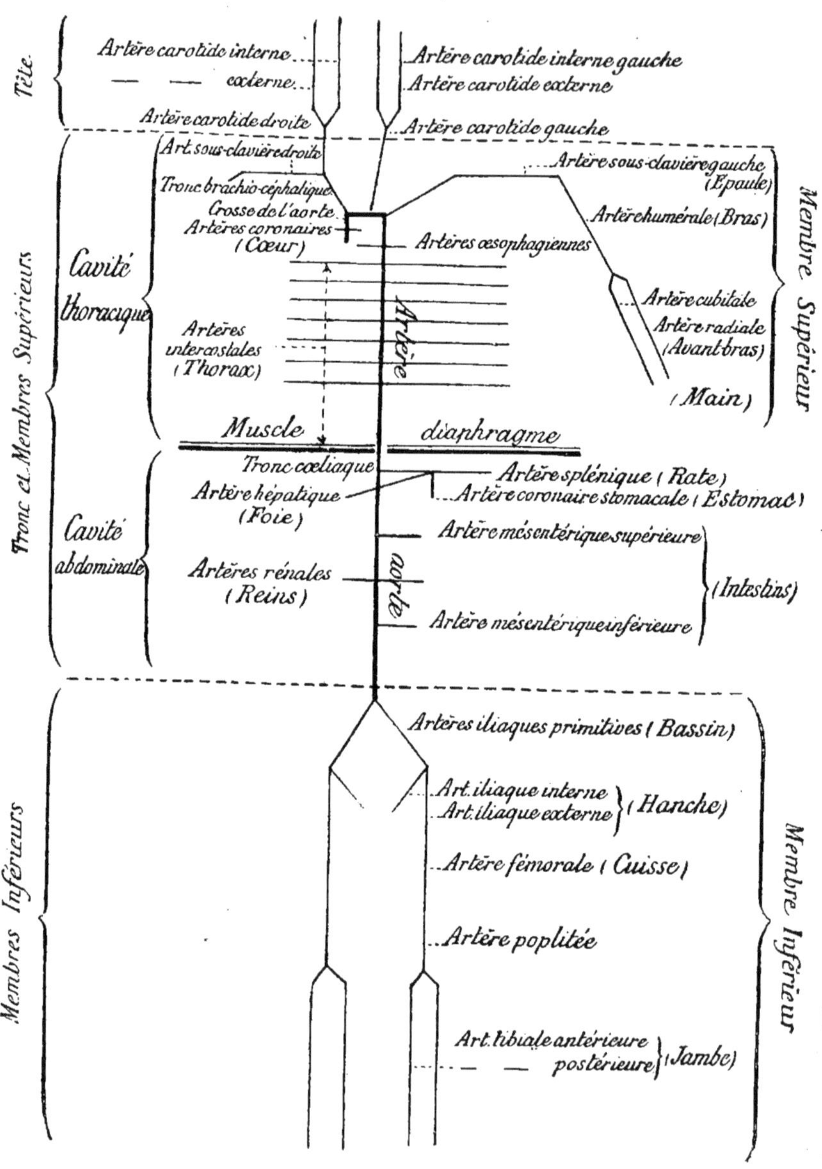

Représentation schématique de l'arbre aortique.

le corps, de retenir quelles sont les principales branches émises par l'aorte, puisque tous ces organes en reçoivent du sang.

A quelques millimètres au-dessus de la naissance de l'artère aorte s'en détachent les deux artères coronaires, A.cor, se ramifiant dans l'épaisseur même de la paroi du cœur.

La **crosse de l'aorte** émet les artères nourricières de la tête et des membres supérieurs (*artères sous-clavières droite*, A.s.cl. d et *gauche*, A.s.cl. g ; *artères carotides droite*, A.ca.d et *gauche*, A.ca.g).

L'artère carotide droite et l'artère sous-clavière droite sont issues d'un même tronc dit *tronc brachio-céphalique droit Tr. br. cép.* ; les artères carotide et sous-clavière gauches sont indépendantes. Chaque artère carotide se divise en deux rameaux : l'un *externe* A.ca.e qui distribue le sang aux parties superficielles de la tête, l'autre *interne* A.ca.i qui alimente les organes profonds (encéphale, organes des sens...).

Chaque artère sous-clavière donne une *artère vertébrale* le long du cou et, dans le membre supérieur, au voisinage des os, des rameaux appelés *artère humérale* pour le bras, *artères radiale* et *cubitale* pour l'avant-bras, *artère palmaire* pour la main.

L'artère aorte envoie ensuite de petites artères nourricières aux bronches (*artères bronchiques*), à l'œsophage (*artères œsophagiennes*) aux muscles et aux côtes de la paroi thoracique (*artères intercostales A. int.*) ; puis elle traverse le diaphragme et pénètre dans la cavité abdominale. Elle émet alors des *artères diaphragmatiques* (supérieure et inférieure) pour le diaphragme, un *tronc cœliaque Tr. cœl.* (branche d'origine de l'*artère hépatique A.h* nourricière du foie, de l'*artère coronaire stomacale A.co* nourricière de l'estomac et de l'*artère splénique A.sp* qui aboutit à la rate) ; puis se détachent de l'aorte : l'*artère mésentérique supérieure A.més.s*, l'*artère mésentérique inférieure A.més.i* se rendant à l'intestin, et les *artères rénales A.ré* qui irriguent les reins.

Au niveau de la région lombaire, l'aorte se divise en deux branches et donne les *iliaques primitives A.il p* dont chacune fournit une *artère iliaque externe A. il ex* très importante et une *iliaque interne A.il in* qui nourrit les organes du bassin. L'iliaque externe continue son chemin dans les parties profondes des membres inférieurs et porte les noms d'*artère fémorale*, puis d'*artère poplitée* au voisinage du genou. Cette dernière donne naissance aux *artères tibiales antérieure et postérieure*, à l'*artère péronière* et aux *artères pédieuses*.

Des artères iliaques externes se détachent des *artères épigastriques A. ép* qui rejoignent, par l'intermédiaire d'un réseau *Rés* intrathoracique, les *artères mammaires A.ma* provenant des artères sous-clavières.

Les membres inférieurs peuvent ainsi recevoir directement du sang des artères sous-clavières. Quand la lumière de l'aorte se rétrécit dans certaines affections, une plus grande quantité de sang passe par ce réseau anastomotique.

Structure des artères. — Le tronc aortique et les artères principales qui en dérivent sont formés de trois tuniques : 1° la *tunique externe*, formée de tissu conjonctif avec d'abondantes fibres élastiques ; 2° la *tunique moyenne* composée de fibres élastiques et de fibres musculaires lisses disposées surtout annulairement et peu dans le sens longitudinal ; 3° la *tunique interne* que constitue un endothélium à cellules plates reposant sur une lame élastique mince.

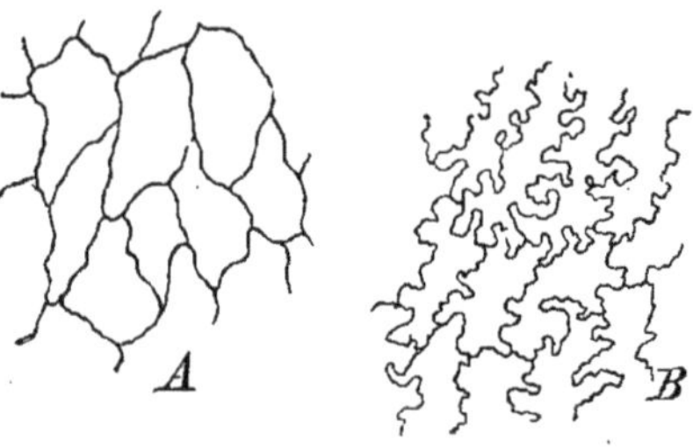

Fig. 104. — Endothélium des vaisseaux sanguins du Lapin. A, cellules endothéliales de la veine jugulaire. B, cellules des capillaires lymphatiques de l'intestin.

Plus on pénètre dans les artérioles fines, plus l'élément élastique s'élimine ; le tissu musculaire seul y forme la tunique moyenne.

Enfin, dans les vaisseaux capillaires, l'endothélium seul subsiste (fig. 104).

En raison même de cette distribution des éléments élastique et musculaire, les artères adoptent une section réglée par leur antagonisme ; avec une paroi exclusivement élastique, l'artère serait cylindrique et à large section 1 (fig. 105), tandis qu'elle aurait une faible lumière (2) si sa paroi était seulement musculaire. La section naturelle d'une artère est celle d'un ellipsoïde très allongé (3) ; mais l'afflux du sang la modifie constamment en imposant une forme cylindrique à l'artère qui

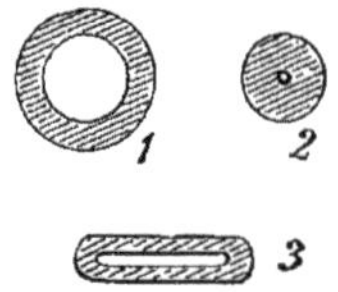

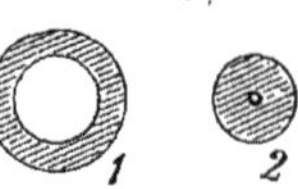

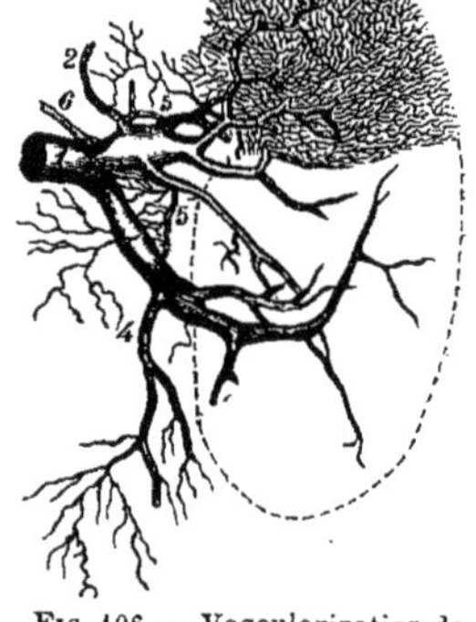

Fig. 105. — Sections d'une artère formée exclusivement : de tissu élastique en 1, de tissu musculaire en 2. 3, sa forme naturelle.

Fig. 106. — Vascularisation de la rate représentée partiellement en haut. 1, veine splénique ; 2, branche gastrique de la veine splénique ; 3, veinules ; 4, petite veine mésaraïque coupée ; 6, vaisseau lymphatique de la rate.

réagit à son tour sur le liquide, ainsi que nous le verrons au sujet du rôle des artères.

Position des artères. — La pression exercée par une artère sur son contenu résulte de la propriété élastique et contractile de sa paroi. Il y a donc danger à couper une artère, car les deux bords

de la fente qui y aura été pratiquée sont écartés par les éléments
élastiques ; de la boutonnière largement ouverte s'échappe alors un
jet de sang (une telle blessure est d'autant plus dangereuse qu'elle

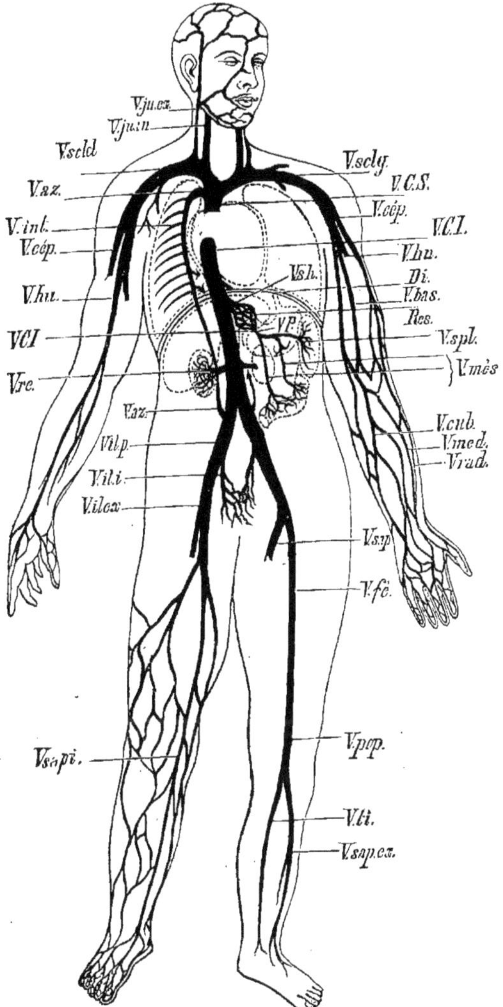

FIG. 107. — Troncs veineux et leurs rameaux chez l'Homme. (La légende
de cette figure est inscrite dans le tableau ci-joint.)

est faite sur une grosse artère où l'élément élastique prédomine).
  Les artères sont préservées de ces blessures accidentelles par
leur situation profonde dans l'organisme ; elles sont en effet

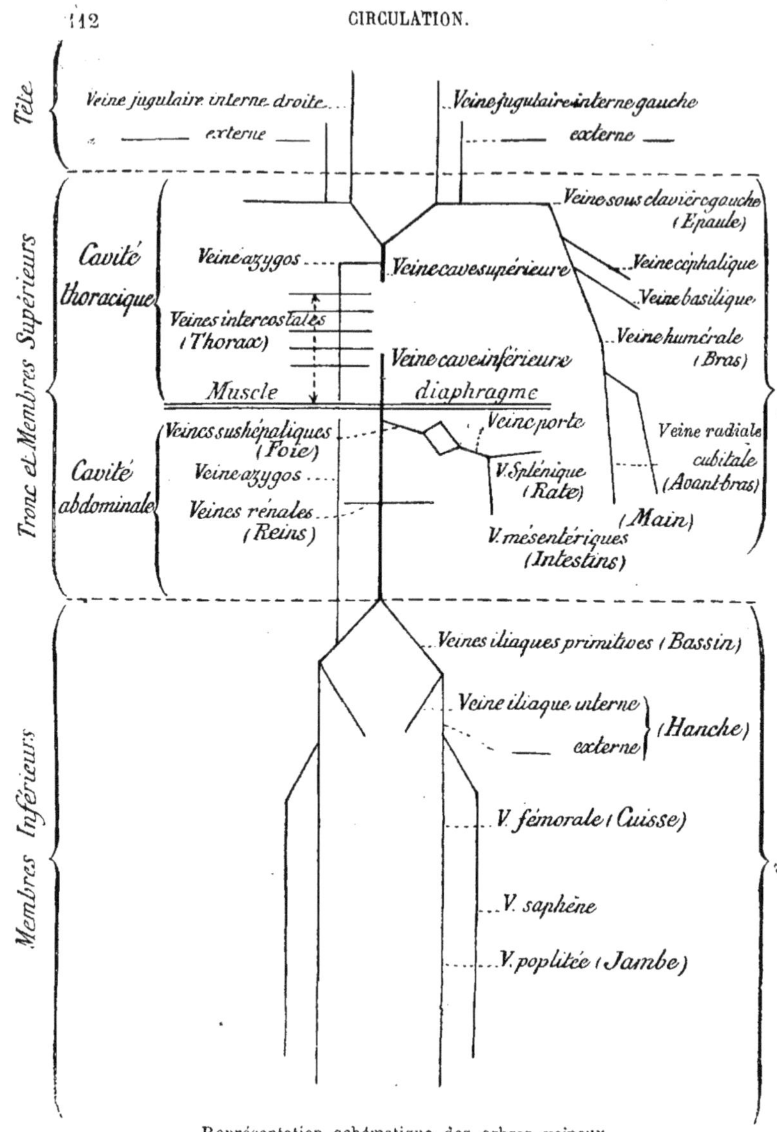

Représentation schématique des arbres veineux.

placées d'ordinaire près des os, abritées sous d'épaisses couches musculaires, sauf les artères temporales et les artères radiales, dont on peut sentir les battements en dehors des arcades sourcilières pour les premières, et au poignet pour les secondes.

c. — Vaisseaux capillaires.

Les vaisseaux capillaires sont des tubes très étroits formant un réseau serré dans tous les organes (fig. 106). Quel que soit le point du corps où l'on fasse une piqûre, le sang s'échappe; il s'y trouve des capillaires qui relient les artères afférentes aux veines efférentes. Leur paroi est formée par des cellules endothéliales très aplaties (fig. 104) reposant sur une lame conjonctive d'une extrême minceur. *Les capillaires ne sont donc pas contractiles en tant que membranes;* mais les cellules vivantes qui les composent, ayant une contractilité propre, peuvent influer sur leur section.

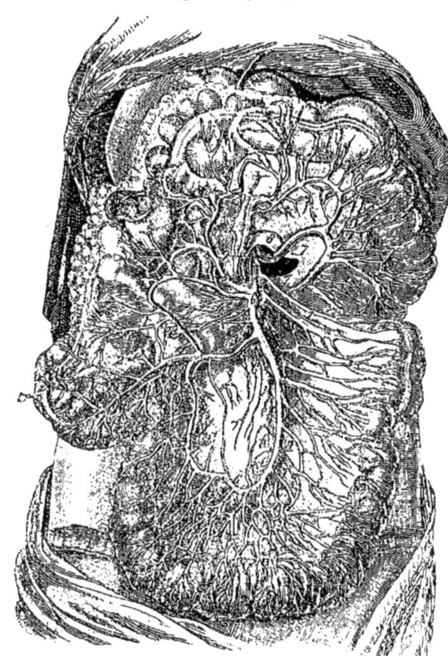

Fig. 108. — Grande veine mésentérique. 1, 1, veines intestinales; 6, 7, veines mésentériques supérieure et inférieure; 8, veine splénique; 9, veine porte hépatique.

d. — Veines.

Leur description.— Les veines ramènent le sang des organes vers le cœur. *Les veines principales aboutissent aux oreillettes, tandis que les grosses artères se détachent des ventricules.*

Nous avons vu aboutir à l'oreillette gauche quatre *veines pulmonaires* (deux pour chaque poumon) qui ramènent au cœur gauche le sang hématosé dans ces organes.

A l'oreillette droite se rendent les deux veines caves :

la *veine cave supérieure, V.C.S* (fig 107), en haut;

la *veine cave inférieure, V.C.I*, sur la face postérieure et en bas. Ces 2 troncs émettent chacun un ensemble important de rameaux.

A l'arbre aortique unique sont opposés deux arbres veineux.

La *veine cave supérieure, V.C.S*, se dirige de bas en haut, reçoit la *veine azygos, V.az* (dont nous parlerons plus loin), puis se bifurque; ses branches émettent chacune trois rameaux principaux qui sont, pour la branche droite par exemple : les *veines jugulaires interne* et *externe, V.ju in, V.ju.ex*, qui reçoivent le sang des parties internes

                                CIRCULATION.

et superficielles de la tête, et la *veine sous-clavière droite V.scld.* qui donne naissance, dans le membre supérieur droit, aux *veines humérale, basilique, cubitale, médiane, radiale*, etc. Il en est de même pour la distribution des veines dans la partie gauche de la tête et le membre supérieur gauche.

La *veine cave inférieure VCI* se dirige de haut en bas et traverse presque de suite le diaphragme ; elle reçoit, dans l'abdomen, les *veines sus-hépatiques Vsh* qui ont recueilli dans le foie tout le sang apporté par la *veine porte Vp* (réunion de la *veine splénique V. spl*, originaire de la rate, et des *veines mésaraïques V. més*, originaires de l'intestin, fig. 108). La veine cave reçoit plus bas les *veines rénales V.ré* qui lui apportent le sang des reins. Elle se partage, au même niveau que l'aorte, en deux *veines iliaques Vilp* qui donnent chacune une *veine iliaque interne V.il. in.* et une *iliaque externe V.il. ex.* Cette dernière collectionne tout le sang

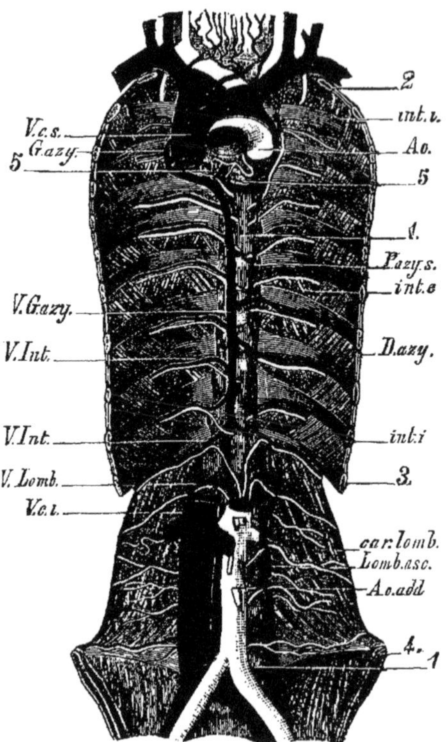

Fig. 109. — Veine azygos. *V.cs*, veine cave supérieure coupée à son origine dans l'oreillette droite *V.G.azy*, veine azygos ; *P.azy.s*, petite azygos supérieure ; *V.Int*, veines intercostales (à gauche, elles débouchent dans la demi-azygos *D.azy*) ; *Ao.abd*, aorte abdominale ; *V.ci*, veine cave inférieure.

ramené du membre inférieur par les *veines fémorales, poplitée, saphènes*, etc.

La **veine azygos** (fig. 107, *V.az* et fig. 109) réunit la veine cave supérieure à la veine cave inférieure par l'intermédiaire des veines iliaques. En même temps, elle reçoit le sang apporté de la région lombaire et des parois thoraciques par les *veines lombaires*, les *petites azygos supérieure* et *inférieure*. Lorsque la veine cave inférieure est p rtiellement obstruée, la veine azygos joue, dans le réseau veineux, le même rôle compensateur que les artères épigastriques et mammaires dans le réseau artériel.

Veine porte. — On appelle veine porte tout vaisseau collecteur intercalé entre deux séries de capillaires consécutifs que le sang doit traverser avant de revenir d'un organe à une veine principale. Il en existe plusieurs exemples chez l'Homme.

La *veine porte Vp* est dite *veine porte hépatique ;* elle relie en effet les capillaires de l'intestin et de la rate à ceux du foie.

Structure des veines. — Valvules. — La structure des veines est comparable à celle des artères, sauf que l'élément élastique y est faiblement représenté, et le tissu musculaire assez irrégulièrement réparti. Ce tissu, très épais dans les veines principales, comme les *grandes veines saphènes,* y forme des replis appelés *valvules,* à concavité tournée du côté du cœur (fig. 110). Ces valvules jouent un rôle important dans la circulation. Un endothélium identique à celui des artères et des capillaires tapisse également ment les veines et leurs valvules.

Position des veines. — Grâce à la diminution du tissu élastique dans les veines, les blessures faites à ces vaisseaux, tout au moins aux veines superficielles, ne sont pas dangereuses. Les deux lèvres de la section, au lieu de s'écarter, se rabattent l'une contre l'autre ; le *sang s'y écoule en nappe* et non en jet ; la formation d'un caillot sanguin sur la blessure en favorise la fermeture et la cicatrisation.

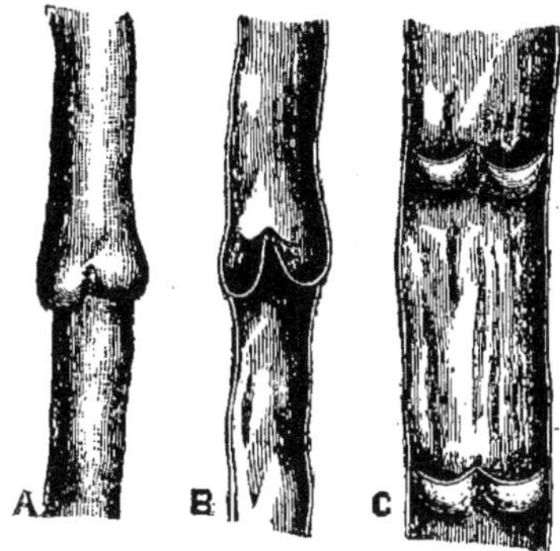

FIG. 110. — Valvules des veines C, des vaisseaux lymphatiques A et B

Le réseau veineux est en réalité double : il se compose d'un *réseau profond* et d'un *réseau superficiel,* dont nous avons esquissé les grands traits dans les membres supérieurs et inférieurs (fig. 107).

FONCTIONS DE L'APPAREIL CIRCULATOIRE PROPREMENT DIT

a') **Rôle physiologique du cœur.** — *Le cœur est un muscle creux ;* par cela même il est *contractile* et sa contraction diminue le volume des oreillettes et des ventricules ; il est aussi *élastique,* c'est-à-dire qu'après la contraction il reprend sa forme première.

Le cœur est dit en *systole* quand ses fibres sont contractées ; en *diastole,* quand elles sont relâchées. Le cœur se contracte, chez l'homme adulte, de 65 à 70 fois par minute, et d'autant plus chez l'enfant que celui-ci est plus jeune.

Les diverses parties du cœur sont-elles simultanément en systole ? Se dilatent-elles simultanément aussi ?

1° *Les oreillettes se contractent simultanément ; la contraction des deux ventricules est également simultanée.*

2° *La contraction des oreillettes précède immédiatement celle des ventricules.* Si l'on désigne par 10 la durée d'une *révolution cardiaque* R (c'est-à-dire le temps qui s'écoule entre deux situations identiques et consécutives du cœur), on peut représenter par $\frac{2}{10}$ de ce temps la durée de la contraction des oreillettes, puis par $\frac{5}{10}$ celle de la contraction des ventricules ; i reste donc une période de *repos total* de $\frac{10}{10} - \frac{2+5}{10} = \frac{3}{10}$ pour le cœur entier.

Les oreillettes sont en relâchement pendant les $\frac{8}{10}$ et les ventricules pendant les $\frac{5}{10}$ de la révolution cardiaque.

Rôle des oreillettes. — Pendant le temps où elles ne se contractent pas, les oreillettes se remplissent, par une *dilatation progressive*, du sang que leur apportent les veines caves (oreillette droite) et les veines pulmonaires (oreillette gauche) ; elles se contractent *brusquement* (pendant $\frac{2}{10}$ R), et leur contenu passe dans les *ventricules vides* (les veines étant pleines, le sang n'y peut refluer).

Rôle des ventricules. — Les ventricules à peine remplis de sang se contractent *plus longuement* $\left(\frac{5}{10} \text{ R}\right)$ pour envoyer le liquide dans les artères (artère aorte pour le ventricule gauche, artère pulmonaire pour le ventricule droit). Le sang ne peut refluer dans les oreillettes, à cause de la contraction simultanée des parois des ventricules, des muscles papillaires et grâce au jeu des valvules.

Soit le ventricule gauche : en même temps que la cavité se rétrécit par le rapprochement des parois, les muscles papillaires tirent sur l'entonnoir formé par la valvule mitrale et l'allongent ; le bec de l'entonnoir, engagé plus profondément dans le ventricule, est obstrué bientôt par la paroi ventriculaire qui le rejoint et le presse latéralement. Le sang, ne trouvant d'issue que dans l'artère aorte, écarte les *valvules sigmoïdes v. so* (fig. 101) et s'engage dans ce vaisseau et ses ramifications. Il en est de même pour le ventricule droit vis-à-vis de la valvule tricuspide ; le sang qu'il renferme s'engage dans l'artère pulmonaire.

Par sa contraction, le *ventricule se vide complètement ;* et quand il se relâche, toutes les fibres musculaires du cœur sont au repos (*Repos total* $\frac{3}{10}$ R).

Au moment où le ventricule se relâche, le sang des artères n'y peut revenir par suite de la pression qu'il exerce sur les *valvules sigmoïdes v. s f* désormais fermées.

* La systole des ventricules est accompagnée d'un *bruit sourd* attribué aux vibrations des fibres musculaires de leur paroi et des muscles papillaires en contraction ; un *deuxième bruit* plus sec succède au premier et semble dû à la tension des valvules sigmoïdes, au moment où le sang des artères tend à refluer vers le cœur.

On appelle improprement *choc* du cœur une impression particulière ressentie pendant la systole ventriculaire, lorsqu'on applique la main sur la poitrine, au niveau du cinquième espace intercostal gauche. Cette impression est due à ce que la paroi du ventricule devient plus ferme lors de sa contraction, avec un faible renversement de l'axe du cœur ; dans ce mouvement à peine sensible, la pointe du cœur est légèrement projetée en avant.

b') **Rôle physiologique des artères.** — *Effets de l'élasticité et de la contractilité des artères.* — Le cœur projette une certaine quantité de sang *par intermittence* dans l'appareil circulatoire que nous venons d'envisager ; ce liquide devrait donc s'y écouler de la même manière : *la paroi élastique des grosses artères a pour effet de transformer l'intermittence en continuité ;* elle se distend, emmagasine l'effort déployé par le cœur et le dépense peu à peu, en transformant en un jet continu dans les artérioles et les capillaires le jet intermittent qui traverse les grosses artères ; elle fait, par cela même, une économie du travail du cœur, travail réparti sur toute l'étendue de l'arbre artériel.

Grâce à leur contractilité, les artères distribuent le sang aux organes proportionnellement à leurs besoins. Supposons, en effet, deux organes X et Y irrigués par la même artère ; si les artérioles de l'organe X sont comprimées à un moment donné, le sang s'écoulera plus en Y qui sera plus abondamment nourri ; un effet inverse pourra se produire un peu plus tard : d'où compensation pour les deux organes.

Cette compensation est sous la dépendance du système nerveux.

Pression du sang. — Quand on annihile par une injection de curare l'action du système nerveux sur les vaisseaux, on remarque que la pression dans l'appareil circulatoire est d'environ 1 centimètre de mercure. Ainsi cet appareil est rempli outre mesure, puisque le contenant est plus petit que le contenu. L'excès de sang y est renfermé grâce à l'élasticité des vaisseaux.

Dans les circonstances normales, le ventricule gauche envoie dans l'aorte, à chacune de ses contractions, 180 grammes de sang en moyenne ; c'est l'*ondée sanguine* qui ne peut de suite s'écouler dans les artérioles et les capillaires insuffisamment dilatés ; une deuxième ondée succède à la première, et ainsi de suite, augmentant encore la pression dans les artères. Il arrivera un moment où la pression du sang sera telle que la somme des lumières de l'arbre artériel, suffisamment augmentée, permettra, entre deux systoles consécutives du cœur, l'écoulement des 180 grammes de sang par les capillaires dans les veines.

**Ondulation sanguine. Pouls.* — Tandis que l'*ondée sanguine* est une quantité déterminée de sang lancée dans l'arbre aortique (*la matière qui progresse*), l'*ondulation sanguine* est un mouvement ondulatoire qui résulte de ce jet de sang (*la forme de la matière qui progresse*).

Un mouvement ondulatoire est figuré par les cercles concentriques qui se forment sur l'eau tranquille où l'on a jeté une pierre.

La vitesse de propagation de l'ondulation sanguine est de 9 mètres 24 par seconde ; comme la durée de la systole cardiaque est de $\frac{1}{3}$ de seconde, l'ondulation a pu se propager pendant ce temps à 3 mètres 08 : ainsi, quand une systole se produit, l'ondulation résultant de la systole précédente n'existe déjà plus dans le système artériel.

Au moment du passage de l'ondulation en un point a d'une artère, celle-ci se dilate légèrement par suite de l'augmentation de la pression ; si on applique le doigt sur l'artère voisine d'un os (artère temporale, artère radiale...), le doigt recevra une impulsion qu'on appelle *pouls*.

Chez l'Homme, le pouls est régulier ; le nombre des pulsations est de 72 par minute chez l'adulte.

c') **Rôle des capillaires.** — La vitesse du sang dans l'appareil circulatoire est d'autant plus faible que sa section est plus large. Cet appareil a été comparé, par M. Mathias Duval, à *un lac (région des capillaires) dans lequel parvient le liquide du torrent sanguin*. Vu cette faible vitesse, le plasma et les globules blancs du sang peuvent traverser la paroi des capillaires (*diapédèse*), porter aux cellules les matériaux nutritifs et en enlever les déchets.

d') **Rôle des veines.** — Les veines sont très dilatables et reçoivent le sang provenant des vaisseaux capillaires ; ce liquide y circule en se rapprochant du cœur, poussé toujours en avant par les ondées sanguines successives. Le retour du sang en arrière est impossible dans les veines supérieures où ce liquide progresse sous l'influence de son poids ; dans les veines inférieures, les valvules, relevées par le flux sanguin, sont ensuite abaissées et celles du même niveau s'appliquent l'une contre l'autre pour s'opposer au reflux. Ainsi les grandes veines saphènes, fémorales, etc., sont de grandes colonnes de sang partagées en tronçons en quelque sorte indépendants et superposés, mobiles de bas en haut sous le plus léger effort.

Circulation du sang. — Supposons le sang rouge vermeil partant du ventricule gauche b par l'artère aorte e (fig. 111). Il est réparti par l'arbre aortique dans toute

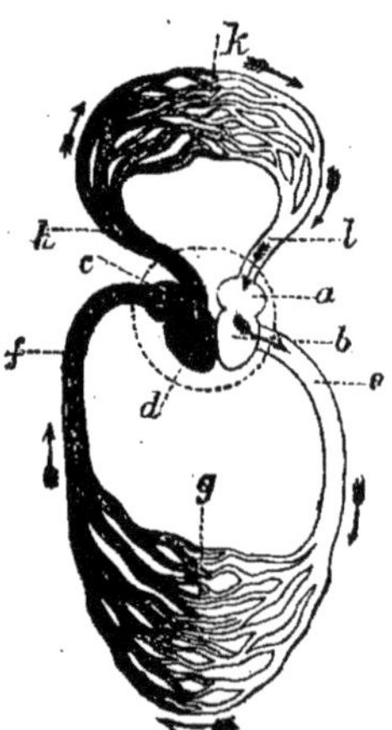

FIG. 111. — Circulation du sang chez l'Homme (fig. théorique). b,e,g,f,c, grande circulation ; d,h,k,l,a, petite circulation.

l'étendue de l'organisme, distribue les matières nutritives aux cellules vivantes par l'intermédiaire des vaisseaux capillaires g. De rouge vermeil et oxygéné qu'il était, le sang s'appauvrit en oxygène, s'enrichit en acide carbonique et prend la couleur rouge foncé de l'hémoglobine réduite ; il est ramené à l'oreillette droite c

par les arbres veineux *f* (veines caves supéricure et inférieure,
veine azygos). Telle est la *circulation générale* ou *grande circulation*,
dans laquelle le sang parti du cœur gauche (ventricule) revient au
cœur droit (oreillette).

Le sang passe de l'oreillette droite *c* dans le ventricule droit *d* qui
l'envoie, par ses contractions, dans les poumons *k;* le sang se revi-
vifie dans ces organes et revient à l'état rouge vermeil dans l'oreillette gauche *a*. C'est la *petite circulation* ou *circulation pulmonaire*.

II. — **APPAREIL LYMPHATIQUE**

Description. — La lymphe résulte, avons-nous dit (p. 102), de la

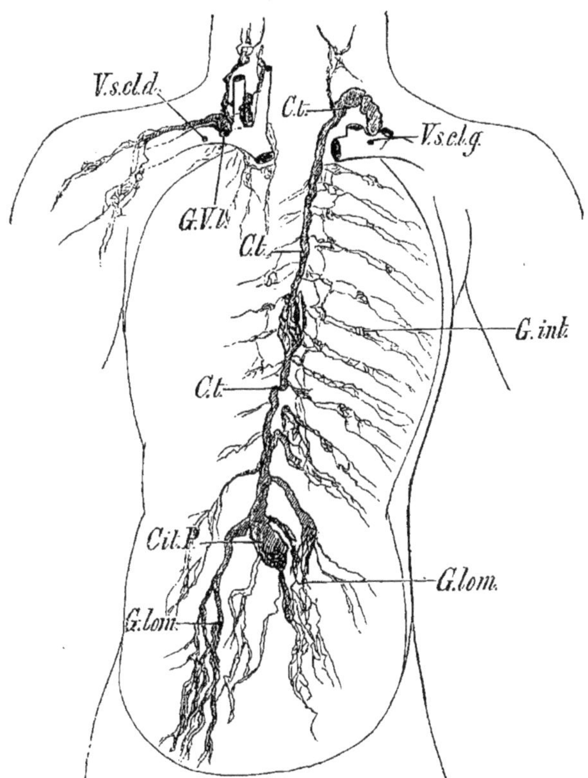

Fig. 112. — Appareil lymphatique central de l'Homme. *Ct*, canal thoracique;
Cit.P, citerne de Pecquet; *G.lom, G.inf*, ganglions lymphatiques. *V.s.cl.g*, veine sous-
clavière gauche. *G.V.l*, grande veine lymphatique; *V.s.cl.d*, veine sous-clavière droite.

transsudation du plasma sanguin à travers la paroi des vaisseaux;

elle s'enrichit, pendant la digestion, des matières dialysables contenues dans le chyle de l'intestin. Ces indications générales nous permettent de concevoir *l'appareil lymphatique* comme *un vaste réservoir occupant toutes les régions du corps*.

Cet appareil, qui prend son origine dans les lacunes du tissu conjonctif, comprend des *capillaires lymphatiques* (pourvus de renflements ganglionnaires) réunis en *vaisseaux lymphatiques*. Ces vaisseaux versent leur contenu dans 2 canaux principaux : le *canal thoracique*, *Ct* (fig. 112) et la *grande veine lymphatique droite*, *G.V.l.*

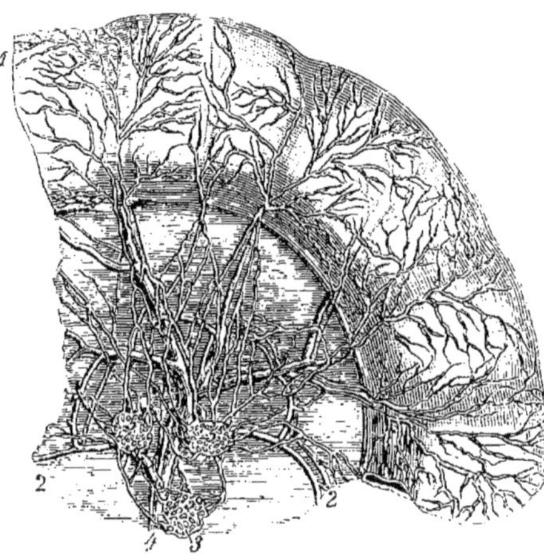

Fig. 113. — Portion du jéjunum, 1,1 (intestin) et du mésentère, 2,2, montrant la distribution des vaisseaux sanguins; 3,3, ganglions lymphatiques dans lesquels se jettent les vaisseaux chylifères; 4, rameaux de l'artère et de la veine mésentériques, voisins des chylifères.

Les capillaires lymphatiques accompagnent les vaisseaux sanguins dans toute l'étendue du corps; des *vaisseaux chylifères* naissent de même dans l'épaisseur de l'intestin (fig. 113), se propagent dans le mésentère et se réunissent avec les *vaisseaux lymphatiques* pour former la *citerne de Pecquet*, *Cit. P*, et le **canal thoracique**.

Ce canal reçoit le chyle intestinal et la lymphe provenant de la région sous-diaphragmatique du corps et de la région gauche sus-diaphragmatique (côté gauche de la tête et du thorax, membre supérieur gauche); il monte le long de la colonne vertébrale derrière l'aorte, la dépasse et décrit une courbe à gauche pour aller verser son contenu dans la veine sous-clavière gauche, *V.s.cl.g*, à sa réunion avec la veine jugulaire.

La **grande veine lymphatique droite**, *G. V. l*, de longueur 1 centimètre, reçoit la lymphe émanant du côté droit de la tête et du thorax et celle du membre supérieur droit; elle verse ce liquide dans la veine sous-clavière droite, à sa rencontre avec la veine jugulaire.

Structure des vaisseaux et des ganglions lymphatiques. — Les vaisseaux lymphatiques sont des canaux très grêles, difficiles à disséquer, pourvus de deux tuniques comparables à celles des veines, mais concourant toutes à la formation des *valvules* saillantes deux à deux (fig. 110) et nombreuses à l'intérieur de tous ces canaux. Les valvules règlent le cours de la lymphe.

Les vaisseaux lymphatiques s'anastomosent entre eux et présentent çà et là des *ganglions lymphatiques*, nombreux surtout au voisinage des viscères et volumineux dans le tissu cellulaire sous-cutané, aux plis des membres.

Un *ganglion* est un sac formé d'une *capsule* fibreuse, *c* (fig. 114), d'où se dégagent des travées fibreuses vers l'intérieur; ces travées forment une sorte de charpente et délimitent un grand nombre d'*ampoules* corticales, *a. c.* Chaque

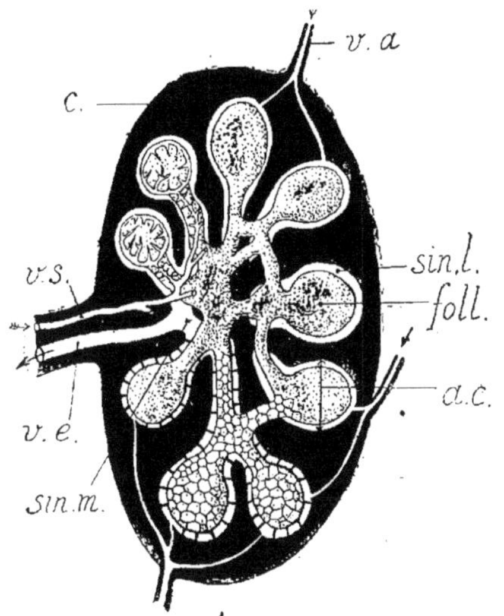

Fig. 114. — Ganglion lymphatique. — Trajet de la lymphe : *v.a*, vaisseaux afférents ⇒→ *sin.l*, sinus lymphatique ⇒→ *foll*, follicule ⇒→ *sin.m*, sinus médullaire ⇒→ *v.e*, vaisseau efférent. — *c*, capsule; *v.s*, vaisseau sanguin; *a.c*, ampoule corticale.

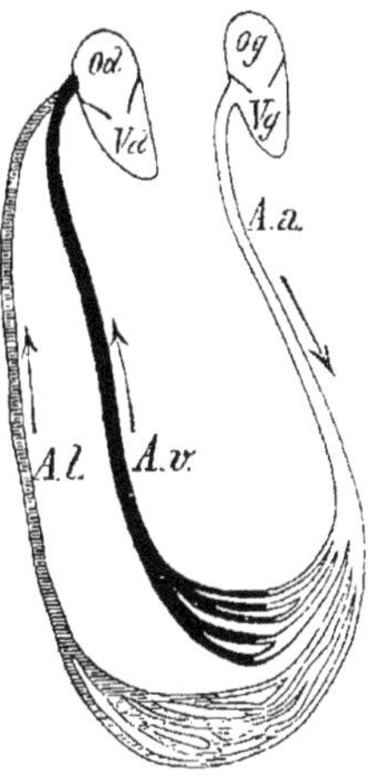

Fig. 115. — Figure schématique montrant le réseau lymphatique, *Al*, comme une annexe du réseau veineux *Av*; *Aa*, tronc aortique.
Les flèches indiquent le cours du sang.

ampoule contient un *follicule lymphatique*, *foll*, entouré par les ramifications des vaisseaux sanguins, *v. s*, et séparé de la capsule par un *sinus lymphatique*, *sin. l*; ce sinus est en relation avec les vaisseaux lymphatiques afférents, *v. a*, et efférents, *v. e*. Dans toutes ces cavités, la lymphe circule avec une extrême lenteur.

Fonction des ganglions lymphatiques. — Les ganglions lymphatiques sont le siège de la multiplication des globules blancs : dans les maladies où la production des globules blancs est active, ces ganglions grossissent beaucoup.

L'appareil lymphatique est une annexe de l'appareil veineux. — Les connexions du canal thoracique et de la grande veine lymphatique droite avec les veines sous-clavières gauche et droite nous prouvent que l'appareil lymphatique n'est pas un système clos, mais une annexe importante du système veineux. L'expérience montre, en outre, que si l'on étrangle en partie la veine afférente d'un organe, le lymphatique *satellite de cette veine* se gonfle pendant toute la durée de l'étranglement.

Ainsi le tronc aortique, *Aa* (fig. 115), envoie dans les capillaires sanguins du sang rouge vermeil qui revient au cœur par deux voies : l'une directe, *Av*, formée par les veines (pour le sang qui a continué son chemin dans l'appareil sanguin), l'autre indirecte, *Al*, formée par l'appareil lymphatique (pour le plasma et les leucocytes du sang). Plasma et leucocytes, ayant traversé la paroi des capillaires, se sont mis en rapport plus intime avec les cellules vivantes.

L'appareil lymphatique est donc l'intermédiaire obligé, indispensable à la nutrition de nos organes.

§ 4. — APPAREIL CIRCULATOIRE DANS LA SÉRIE ANIMALE

APPAREIL VASCULAIRE CLOS

L'appareil circulatoire est *clos* chez les Vertébrés, les Annélides ; il est *lacunaire* chez les autres animaux.

I. Vertébrés. — Mammifères. — L'appareil circulatoire des Mammifères a beaucoup d'analogie avec celui de l'Homme. Le Dugong possède les deux cœurs distincts dans toute la région ventriculaire. Le squelette fibreux du cœur (anneaux auriculo-ventriculaires, aortique et pulmonaire) s'ossifie chez le Cerf, le Bœuf, etc.

La température moyenne du sang est de 37° environ.

Oiseaux. — Le cœur n'est pas recouvert par les poumons ; sa pointe plonge entre deux lobes du foie. Il présente 4 cavités (fig. 116), mais la cloison interventriculaire est saillante dans le ventricule droit ; la valvule tricuspide est une simple lame musculaire qui se relève comme un clapet et vient buter contre la paroi du ventricule. Le ventricule droit, *VD*, de paroi mince, a la forme d'un croissant appliqué sur le ventricule gauche, *VG*, dont la section est circulaire et la paroi musculaire très épaisse.

La *crosse de l'aorte*, *A.a*, est *recourbée à droite ;* deux troncs brachio-céphaliques s'en détachent. Des artères sous-clavières partent les artères mammaires très développées, *a.m*, qui nourrissent les muscles pectoraux et s'anastomosent ensuite en un *réseau admirable* avec les artères épigastriques, *a. ép ;* ce réseau, *r,* tapisse la région abdominale ; la circulation y est active et la chaleur de l'abdomen, entretenue par le sang, permet l'incubation des œufs.

Peu de ganglions lymphatiques.

La température moyenne des Oiseaux, à peu près constante comme celle des Mammifères, est de 40 à 42°

Tableau XV.

Appareil circulatoire dans la série.

APPAREIL CIRCULATOIRE DANS LA SÉRIE ANIMALE.

APPAREIL CLOS.

Vertébrés.

Mammifères. Grande analogie avec l'appareil de l'Homme....................................

Oiseaux...... { Aorte recourbée à droite........... / Réseau admirable des artères mammaire et épigastrique...... } **Cœur à 4 cavités. Circulation double et complète.**

Reptiles...... { *Crocodiliens.* 2 crosses aortiques. Foramen de Panizza............ / Autres.... { Ventricule mal cloisonné............. / 2 crosses aortiques (1 paire d'arcs)..... }

Amphibiens adultes. 1 ventricule non cloisonné, 2 oreillettes.................... { 3 paires d'arcs. } *Poissons Dipnoï.* 1 oreillette et 1 ventricule non cloisonnés........................ } **Cœur à 3 ou 2 cavités. Circulation double et incomplète.**

Amphibiens branchiaux... *Poissons*... { 1 oreillette, 1 ventricule, 1 bulbe... / 4 paires d'arcs branchiaux........ } **Cœur à 2 cavités. Circulation simple et complète.**

Amphioxus et **Annélides**..... { *Vaisseau dorsal contractile*, vaisseaux ventral et latéraux. / Anses de communication.

APPAREIL LACUNAIRE.

Artbropodes.
1° *Trachéens*....... { *Insectes.* Vaisseau dorsal (ventriculites) et aorte. Lacunes interorganiques. / *Myriapodes*... *Arachnides*... { Vaisseau dorsal. Artères ± nombreuses suivant la complexité des types. Péricarde.

Mollusques.

2° *Branchiaux.* — *Crustacés*...... { Cœur dans un péricarde. Artères d'irrigation.................... / Lacunes, sinus. Artères et veines branchiales.................

Céphalopodes. { 1 ventricule. 2 oreillettes. 2 artères d'irrigation principales.......... / Lacunes, sinus. Artères, *Cœurs veineux* et veines branchiales.... } **Cœur gauche.**

Lamellibranche 1 ventricule, traversé par le rectum. 2 oreillettes, 2 artères d'irrigation principales..... *Gastéropodes.* 1 ventricule, 1 oreillette, 2 artères d'irrigation principales....................

Échinodermes..... { Système périviscéral. / Système aquifère.

Cœlentérés. Système gastro-vasculaire.

Les Mammifères et les Oiseaux sont donc pourvus d'une circulation double, d'un cœur à 4 cavités; leur température est à peu près constante.

Reptiles. — 1° *Crocodiliens.* Le Crocodile est pourvu d'un cœur à 4 cavités (fig. 117); mais dans le ventricule droit se trouvent deux orifices: l'un o', très large, est celui de l'artère pulmonaire (non marquée sur la figure); l'autre o, très étroit, est celui d'une *crosse aortique gauche A.a.g.* Dans le ventricule gauche V se trouve l'orifice o'' de la *crosse aortique droite A.a.d.* Ces deux crosses, à peine sorties du cœur, présentent un canal de communication (foramen de Panizza, f) dont les ouvertures sont tellement voisines des orifices o et o'' des aortes, que les valvules v relevées lors de la systole du cœur les ferment.

Dans le ventricule droit se trouve le sang rouge foncé apporté par les veines caves $v.c$ à l'oreillette droite; le ventricule gauche contient le sang hématosé apporté par les veines pulmonaires $v.p$ à l'oreillette gauche $o\dot{r}$.

Quand les ventricules se contractent, le sang rouge vermeil du ventricule gauche s'engage dans la crosse aortique droite $A.a.d$; *le sang rouge foncé du ventricule droit remplit d'abord l'artère pulmonaire de large orifice o'; la crosse aortique gauche A.a.g, d'orifice étroit o, n'en reçoit qu'un faible résidu.* Ainsi l'aorte commune $A.a.c$ reçoit du sang rouge vermeil presque pur.

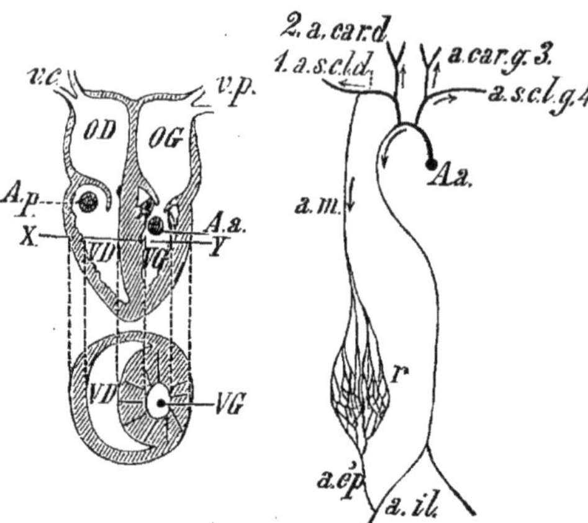

FIG. 116. — Circulation des Oiseaux. A gauche, cœur en coupe longitudinale; *v.c*, veines caves; *v.p*, veines pulmonaires; *A.p* et *A.a*, orifices des artères pulmonaire et aorte; coupe transversale suivant XY, montrant le ventricule gauche *VG*, à paroi très épaisse, entouré par le ventricule droit *VD* en forme de croissant. — A droite, appareil aortique. *A.a*, artère aorte; 1, 2, 3, 4 mêmes désignations que dans la fig. 139; *a.m*, artère mammaire; *a.ép*, artère épigastrique; *r*, réseau admirable; *a.il*, artères iliaques.

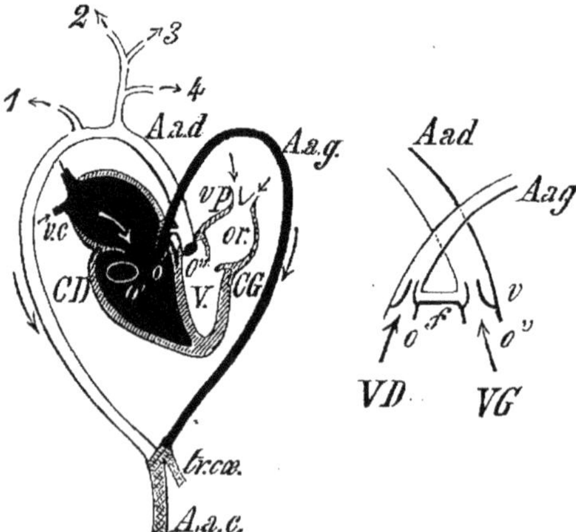

FIG. 117. — Cœur du Crocodile. *CD*, cœur droit; *CG*, cœur gauche. Du ventricule droit partent l'artère pulmonaire d'orifice *o'*, et la crosse aortique gauche *A.a.g*, d'orifice *o*. Du ventricule gauche se détache en *o''* la crosse aortique droite *A.a.d*. Les 2 crosses aortiques se réunissent en une aorte commune *A.a.c*. 1, 2, 3, 4, mêmes désignations que plus haut. — A droite, les deux crosses aortiques entrecroisées *A ad* et *A ag* communiquent par le foramen de Panizza *f*; *v*, valvules qui, relevées, forment le canal *f*.

2° *Tortues, Lézards, Serpents*. — Chez les autres Reptiles, la cloison interventriculaire *c* (fig. 118, II) est incomplète et les deux ventricules communiquent : ce qui a fait dire, assez inexactement d'ailleurs, que ces animaux ont un cœur à

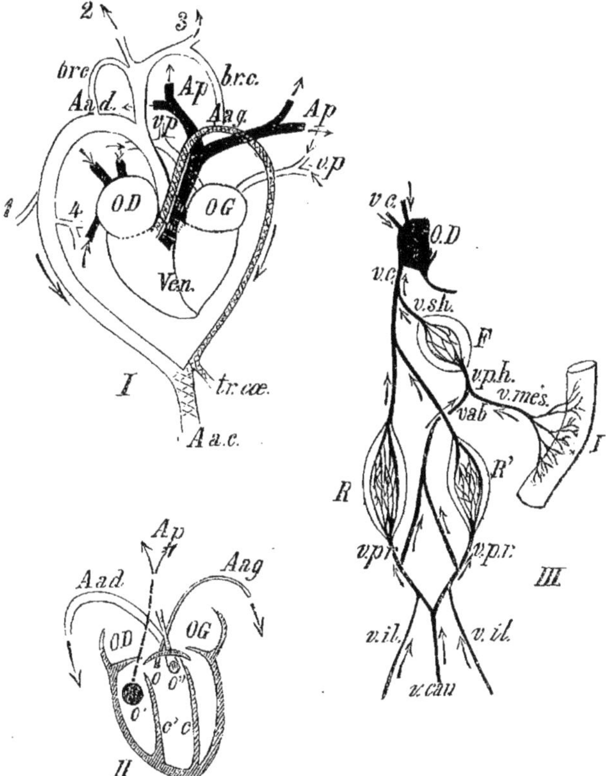

Fig. 118. — Circulation des Reptiles (Tortue, Lézard, Serpent). — I, cœur et principaux vaisseaux. *OD*, oreillette droite recevant le sang rouge foncé apporté par les veines caves. *OG*, oreillette gauche où aboutissent les veines pulmonaires *vp* remplies de sang rouge vermeil. *Ven*, ventricule unique d'où partent l'artère pulmonaire *Ap* et les crosses aortiques droite *A.a.d* et gauche *A.a.g*. — II, coupe du ventricule et orifice des artères afférentes. *c*, cloison médiane du ventricule ; *c'*, cloison de Sabatier. *o'*, orifice large de l'artère pulmonaire ; *o*, orifice étroit de la crosse aortique gauche ; *o''*, orifice large de la crosse droite. — III, figure schématique des ramifications de la veine cave inférieure *vc*, aboutissant à l'oreillette droite *OD* ; *vsh*, veine sus-hépatique ; *F*, foie ; *v.p.h*, veine porte hépatique ; *v.més.*, veine mésentérique se ramifiant sur l'intestin *I*. *v.ab*, veine abdominale, *v.p r*, veines portes rénales aboutissant aux reins *R* ; *v.il.*, veines iliaques.

3 cavités. Les orifices *o* et *o''* des deux crosses aortiques se trouvent dans le ventricule droit.

Une cloison incomplète *c'* (*cloison de Sabatier*) sépare, dans ce ventricule, l'orifice large *o'* de l'artère pulmonaire des orifices *o* (étroit) et *o''* (large) des crosses. De la cloison séparatrice des oreillettes pend une membrane quadrangulaire qui peut s'appliquer contre certains replis des parois, pour constituer des valvules auriculo-ventriculaires.

Les deux crosses aortiques forment, au début, un véritable *bulbe aortique* où elles sont nettement séparées toutefois. La crosse aortique droite *A.a.d* (fig. 118, I) seule donne naissance aux artères carotides 2, 3, et sous-clavières 1, 4; chaque artère carotide 2, 3, communique par une branche (*br. c*) avec l'aorte du même côté.

Lors de la contraction des ventricules, le ventricule droit, plein de sang rouge foncé, semble devoir remplir l'artère pulmonaire et les deux aortes; mais *la presque totalité de ce sang foncé pénètre dans l'artère pulmonaire A p*, II, parce que la section en est très large et les valvules plus flexibles; en outre, la pression est moindre dans le système pulmonaire. Une fois le ventricule droit à peu près vide, le sang rouge vermeil du ventricule gauche pousse devant lui la cloison *c*, pénètre dans l'espace *cc'* et masque, par l'inclinaison de la cloison *c'*, l'orifice *o'*. Le sang hématosé s'engage de préférence dans le large orifice de l'aorte droite *o''*, tandis que la crosse aortique gauche en reçoit fort peu.

Ainsi *les divers organes du corps reçoivent du sang hématosé presque pur, et le système pulmonaire se remplit de sang rouge foncé uniquement.*

Les voies de retour au cœur du sang vicié sont indiquées par la figure 118, III, à laquelle nous renvoyons le lecteur.

Les Reptiles possèdent donc une circulation double (générale et pulmonaire) *et incomplète*, puisqu'il existe une communication entre les ventricules ou entre les artères qui s'en détachent.

Amphibiens adultes. — Prenons comme type la Grenouille, elle possède un cœur assez haut placé dans le voisinage du pharynx. Ce cœur (fig. 119) est formé de *deux oreillettes od, og* non distinctes extérieurement

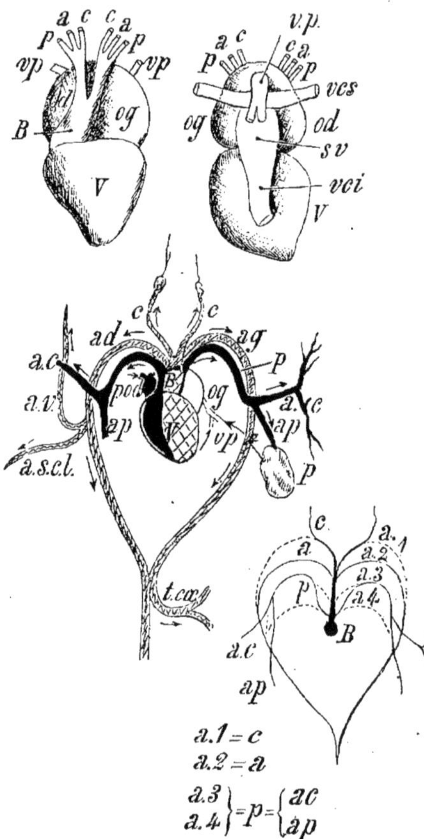

FIG. 119. — Circulation de la Grenouille. — En haut, cœur vu par sa face ventrale à gauche, et par sa face dorsale à droite. *V*, ventricule; *od*, *og*, oreillettes. *B*, bulbe artériel; *c, a, p*, artères carotides, aortes et pulmonaires; *v.p*, veine pulmonaire; *v.c.s* et *v.c.i*, veines caves. — Au milieu de la figure, vaisseaux partant du cœur; *c*, artères carotides; *ad, ag*, crosses aortiques remplies de sang un peu mélangé; *p*, tronc pulmo-cutané se divisant en une artère cutanée *ac* et une artère pulmonaire *ap* se rendant au poumon *P; a.s.cl* artère sous-clavière.— En bas, figure schématique montrant les origines des artères *a, c, p*, provenant des arcs aortiques primitifs.

et d'*un ventricule V*. Un *bulbe aortique B*, plus net que chez les Reptiles et incliné à droite, est le tronc commun des artères *c, a, p* qui partent du ventricule; ces artères, au nombre de trois paires symétriques, sont les restes de *quatre paires d'arcs primitifs a.*1, *a.*2, *a.*3, *a.*4. La première paire d'arcs a donné les deux *artères carotides c*, la seconde paire les *deux crosses aortiques a*, la troisième et la quatrième ont engendré *l'artère pulmo-cutanée p*, comprenant un rameau cutané *ac* et un rameau pulmonaire *ap*.

Quand le cœur est en diastole, on distingue, sur le ventricule, deux plages, l'une rouge, l'autre noire (représentées schématiquement sur la figure 119), correspondant aux oreillettes gauche et droite.

Dans la première partie de la systole, le sang rouge foncé passe dans le bulbe qui est incliné à droite vers le ventricule. Le système pulmo-cutané *p* se remplit presque uniquement de cette sorte de sang, car la pression y est plus faible que dans le système aortique *a* et *c. Dans la deuxième phase de la systole, le sang rouge clair de la portion gauche du ventricule passe à son tour dans le bulbe et remplit le système aortique et carotidien*, puisque le système pulmo-cutané est plein de sang noir.

Les *Amphibiens jeunes* et les *Pérennibranches* ont un appareil circulatoire identique à celui des Poissons en général, puis à celui des Poissons Dipnoï.

Poissons. — Chez les Dipnoï (*Lepidosiren, Ceratodus*), la troisième paire d'arcs aortiques correspond bien au système pulmo-cutané des Amphibiens elle envoie des vaisseaux à la vessie aérienne qui joue le rôle de poumon chez ces animaux. *Oreillette et ventricule sont incomplètement cloisonnés. Un pas de plus et les Poissons proprement dits nous offrent un cœur simple à deux cavités* rempli de sang rouge foncé, avec les caractères du *cœur droit* des Vertébrés supérieurs.

Chez la plupart des Poissons, le cœur, situé dans la région du cou, tout au voisinage des branchies, est composé d'*une oreillette O* (fig. 120) à parois minces et molles, d'un *ventricule V* à parois épaisses fortement musculaires, qui se continue par un *bulbe artériel B*. La surface interne du bulbe est plissée longitudinalement et possède deux valvules près de l'orifice ventriculo-bulbaire (Téléostéens). A la base de cet organe, chez les Sélaciens et les Ganoïdes, se trouvent plusieurs séries de valvules à concavité tournée du côté de l'artère branchiale.

Le bulbe se continue par une *artère branchiale A.br* qui distribue aux branchies, par quatre paires de troncs principaux *a.*1,... *a.*4, le sang rouge foncé lancé par le cœur. Une fois hématosé, le sang est recueilli par quatre paires de *veines branchiales V.br*, qui le conduisent dans *l'aorte dorsale A.a*, d'où il est réparti dans tout l'organisme.

Le sang rouge foncé revient au cœur : 1° de la tête, par les *veines jugulaires v.j*, se rendant aux *canaux de Cuvier d.C*, qui aboutissent au *sinus veineux commun sv* : 2° de la partie postérieure du corps, par les *veines caves v.c*, qui aboutissent aussi aux canaux de Cuvier. Du sinus *sv*, le sang passe dans l'oreillette.

En résumé, l'appareil circulatoire des Vertébrés présente, en ce qui concerne le cœur, une complexité croissante des Poissons aux Vertébrés supérieurs; mais on y trouve tous les passages du cœur simple des Poissons au cœur double des Mammifères.

Poissons : cœur simple (1 oreillette, 1 ventricule), circulation simple et complète.

Dipnoï : cœur avec 1 oreillette et 1 ventricule cloisonnés incomplètement; circulation double et incomplète.

Amphibiens adultes : cœur avec 2 oreillettes et 1 ventricule; circulation double et incomplète.

Reptiles (moins Crocodiliens) : cœur avec 2 oreillettes et 1 ventricule 1/2 cloisonné; circulation double et incomplète.

Crocodiliens : cœur droit et cœur gauche, mais foramen; circulation double et incomplète.

Oiseaux et Mammifères : cœur droit et cœur gauche, circulation double et complète.

Au contraire, le nombre des arcs aortiques est simplifié : 4 paires chez les Poissons, 3 paires chez les Dipnoï et les Amphibiens, 2 paires chez les Reptiles ordinaires, 1 paire chez les Crocodiliens, 1 arc droit chez les Oiseaux, 1 arc gauche chez les Mammifères.

Cette modification progressive est en rapport avec le changement de milieu

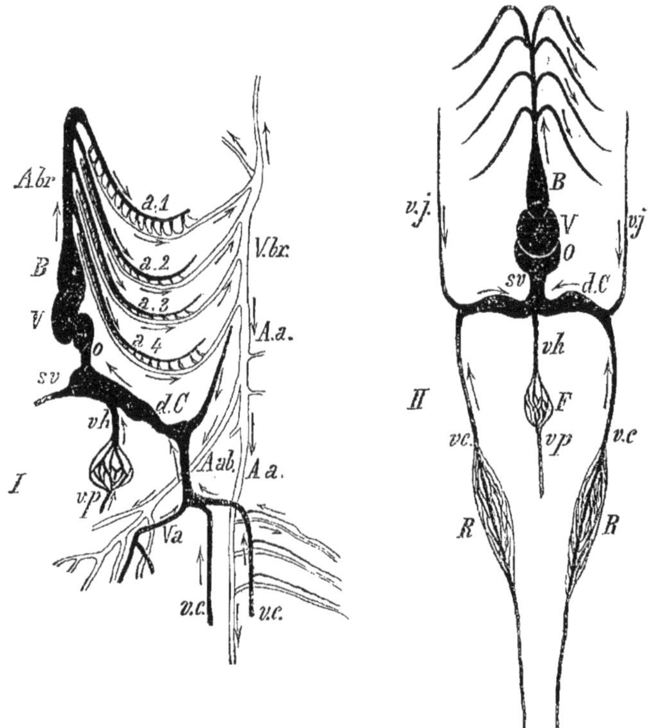

FIG. 120. — Appareil circulatoire des Poissons, vu de profil en I et vu de face en II. — O, oreillette; V, ventricule; B, bulbe; A.br, artère branchiale qui distribue le sang dans les arcs branchiaux a.1,... a. 4. — V.br, veine branchiale renfermant le sang hématosé reçu par l'artère aorte A.a et distribué dans toutes les parties du corps. Le sang rouge foncé revient du corps, par les veines caves v.c et les veines jugulaires v.j, dans les canaux de Cuvier d.C qui forment le sinus veineux s.v. — v.h, veine sus-hépatique venant du foie F.

extérieur dans lequel doit vivre le Vertébré : les métamorphoses de la Grenouille l'indiquent nettement.

L'**Amphioxus**, animal le plus voisin des Vertébrés inférieurs, ne présente que 2 vaisseaux principaux (fig. 638) : une *veine sous-intestinale* et un *vaisseau dorsal ou aorte*, communiquant par des arcs branchiaux antérieurs où se fait l'hématose du sang *incolore*. L'aorte, pleine de sang hématosé, le distribue à tous les organes. *Pas de cœur chez cet animal dont les deux vaisseaux principaux sont contractiles; le sang y effectue des mouvements ondulatoires comme chez les Annélides.*

II. *Annélides*. — L'appareil circulatoire le plus simple est celui de la *Dero obtusa* (Oligochète); il se compose de deux troncs longitudinaux, l'un dorsal *v.d* (fig. 121), l'autre ventral *v.v* situé entre l'intestin *I* et la chaîne nerveuse ganglionnaire *ch.g*; ces deux vaisseaux sont réunis par un réseau sanguin aux deux extrémités du corps, et présentent dans chaque segment des anses de communication; les unes (*anses intestinales a.i*) enserrant étroitement le tube digestif qu'elles couvrent d'un riche réseau sanguin, les autres (*anses périviscérales a.p*) flottant dans la cavité générale où elles émettent elles-mêmes de nombreux rameaux.

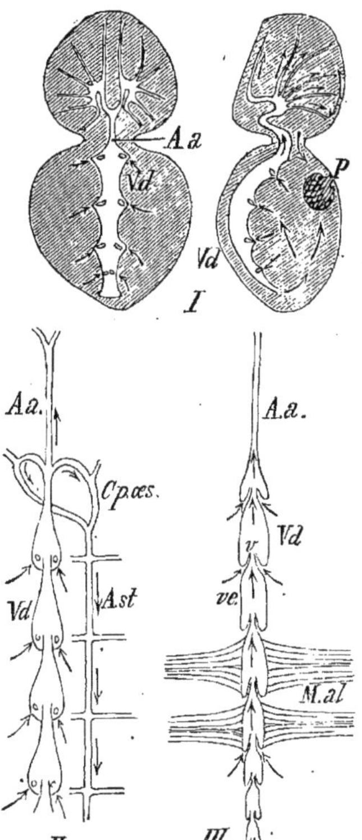

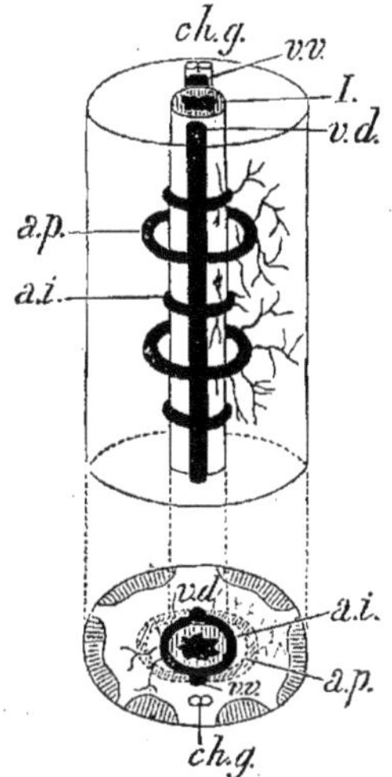

FIG. 121. — Portion de l'appareil circulatoire d'une Annélide (*Dero obtusa*). — *v.v*, vaisseau ventral; *v.d*, vaisseau dorsal; *a.p, a.i*, anses de communication. *I*, intestin; *ch.g*, chaîne nerveuse ganglionnaire.

FIG. 122. — Vaisseau dorsal : I, chez une Araignée (Lycose); II, chez un Myriapode; III, chez un Insecte (II et III sont des figures schématiques). *Vd*, vaisseau dorsal; *A.a*, aorte. *C.p.œs*, collier périœsophagien; *ve*, ventricu-lites; *v*, valvules. *M.al*, muscles aliformes.

Le système vasculaire est clos, sans lacunes, et le sang, dépourvu d'éléments figurés, presque toujours rouge foncé, y ondule avec progression de la queue vers la tête dans le vaisseau dorsal; en sens inverse dans le vaisseau ventral.

Chez les autres Annélides, l'appareil ne diffère que par une plus grande quantité de vaisseaux et des anastomoses plus complexes (Lombric, Sangsue).

APPAREIL CIRCULATOIRE LACUNAIRE

I. *Arthropodes*. 1° Arthropodes aériens : Insectes, Myriapodes, Arachnides. —Ces animaux sont pourvus de trachées répandues, chez les premiers surtout, dans toutes les parties du corps. L'oxygène de l'air étant ainsi porté à destination par les trachées, le sang ne s'impose plus que comme dissolvant de ce gaz pour le mettre en rapport intime avec les cellules vivantes; aussi l'appareil circulatoire est-il d'une extrême simplicité et le sang incolore (véritable lymphe) circule dans de vastes lacunes périviscérales.

Chez les *Insectes*, c'est un simple *vaisseau dorsal Vd* (fig. 122, III), placé longitudinalement tout au haut de l'abdomen. Il est formé de 8 chambres ou *ventriculites ve* (Hanneton) et enfermé dans un péricarde incomplet que constituent les muscles *aliformes M.al* dorsaux et ventraux. Chaque ventriculite s'ouvre dans le précédent par un orifice étroit et communique avec la cavité générale par des orifices garnis de valvules *v*, placés à sa base. Le ventriculite antérieur se prolonge par une *aorte A.a,* située en haut du thorax et se terminant dans la tête. Le sang chemine d'arrière en avant dans cet appareil, par la contraction successive des ventriculites, s'écoule entre les organes de la tête, du thorax et revient dans la cavité générale de l'abdomen; il rentre dans le péricarde par le jeu des muscles aliformes qui redressent leur courbure et agrandissent la cavité péricardiaque.

Chez les *Myriapodes*, le sang est déjà mieux endigué. Le nombre des ventriculites du vaisseau dorsal *Vd* (fig. 122, II) est variable avec le nombre des segments du corps (21 chez la Scolopendre). L'aorte *A.a* se rend à la tête après avoir émis à sa base deux branches qui entourent l'œsophage (*collier vasculaire périœsophagien C.p.œs.*) et se confondent en une *artère sternale A.st;* cette dernière envoie des *artères pédieuses*, par paires, aux membres. Le sang tombe dans la cavité générale et revient au cœur.

Les *Arachnides supérieurs* (Araignées et Scorpions) ont un appareil vasculaire moins ou plus complexe suivant les espèces;

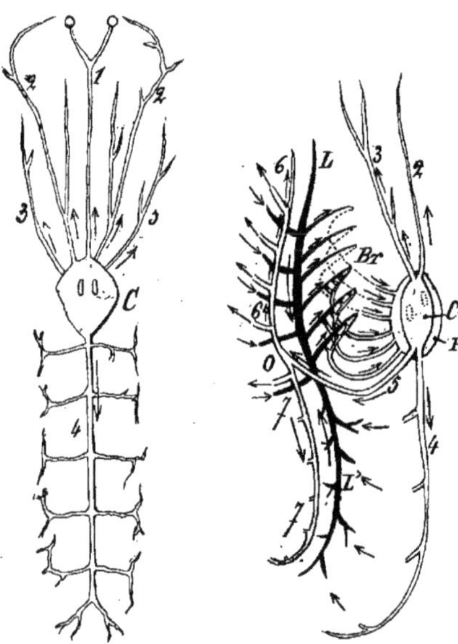

FIG. 123. — Appareil respiratoire de l'Écrevisse. -- A gauche, vaisseaux emportant du cœur *C* le sang oxygéné (vue de face). A droite, figure schématisée de la circulation. Le sang oxygéné, lancé par le cœur *C* dans les organes [par les artères : ophtalmique 1, antennaires 2, hépatiques 3, abdominale dorsale 4, sternale 5, abdominale ventrale 6 et 7], tombe dans des lacunes et se rassemble dans le sinus ventral *LL'*; le sang parvient aux branchies *Br*; y subit l'hématose et revient au péricarde *P*, d'où il rentre dans le cœur par 6 orifices.

réduit à un cœur et quelques vaisseaux chez la Lycose (fig. 122, I), il présente en outre, chez l'Épeire, un péricarde et des vaisseaux pneumo-péricardiaques.

2° Arthropodes aquatiques : Crustacés. — L'appareil circulatoire des *Crustacés supérieurs* (Écrevisse, Homard, Crabe, etc.) est l'un des plus complexes parmi les appareils lacunaires. Chez l'*Écrevisse* (fig. 123), le cœur *C*, placé sous la base de la carapace dorsale, s'ouvre dans le péricarde qui l'entoure par 6 orifices munis de valvules. En se contractant, il envoie le sang dans 7 artères dont 5 antérieures (1, 2, 2, 3, 3), une postérieure (4) et une *artère sternale* dorso-ventrale (5); cette dernière se ramifie, après avoir traversé la chaîne nerveuse ventrale, en une branche antérieure (6) et une postérieure (7) qui émettent les artères pédieuses. Le sang incolore tombe alors dans des lacunes interorganiques, se rassemble dans un grand sinus longitudinal, LL', et va subir l'hématose dans les branchies, *Br*. De là il revient au péricarde, *P*, par 6 vaisseaux branchio-péricardiques.

II. *Mollusques*. — Les Mollusques ont un *appareil circulatoire lacunaire*; cet appareil présente un cœur d'où partent des artères ramifiées parfois en capillaires fins (*Céphalopodes*); mais toujours le sang tombe dans des lacunes plus ou moins étroites.

Tandis que le corps des Arthropodes est enveloppé de téguments rigides qui en limitent le volume, le corps des Mollusques, essentiellement mou et déformable, peut subir une extension et une diminution sensibles.

On a observé notamment le gonflement du pied, *Pi* (fig. 149), chez le *Pecten*,

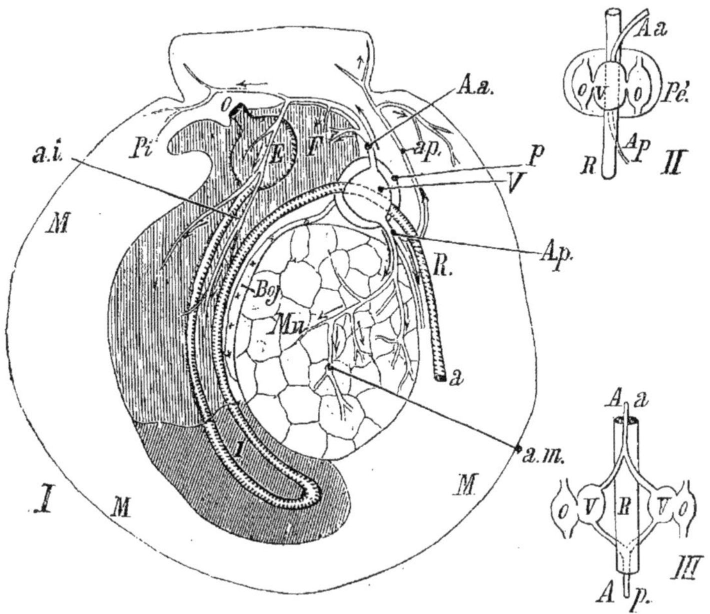

Fig. 124. — I, appareil circulatoire du Pecten (Lamellibranche). *V*, ventricule traversé par le rectum, *R*. *P*, péricarde; *A,a*, aorte antérieure; *A.p*, aorte postérieure. *Mu*, muscle; *M*, manteau; *Pi*, pied. *O*, bouche; *E*, estomac au voisinage du foie, *F; I*, intestin; *Boj*, corps de Bojanus. — II, cœur vu du côté dorsal; *V*, ventricule; *O, O*, oreillettes; *Pé*, péricarde. — III, cœur de l'Arche.

la *Mye*, etc. Le changement de volume de cet organe paraît dû à un afflux ou un retrait du sang provoqués par la contraction ou le relâchement des muscles dans les autres régions du corps.

Le sang, incolore chez la plupart des Lamellibranches et des Gastéropodes, présente une teinte bleuâtre due à l'*hémocyanine* chez les Céphalopodes. [L'hémocyanine, comparable à l'hémoglobine du sang des Vertébrés par ses fonctions, en diffère en ce qu'elle renferme du cuivre au lieu de fer].

La Planorbe a le sang rouge. — Les substances colorantes du sang des Mollusques sont dissoutes dans le plasma et non fixées sur des globules.

Chez les Lamellibranches, le ventricule est traversé de part en part par le rectum, *R* (fig. 124).

Les Céphalopodes offrent ce caractère intéressant que sur les artères branchiales, *A.br* (fig. 125), se trouvent des cœurs veineux, *C.v*, c'est-à-dire des expansions très contractiles qui activent le passage du sang dans les branchies.

Les Gastéropodes ont un cœur composé d'une oreillette, *O*, et d'un ventricule, *V* (fig. 126), placé sur le trajet du sang oxygéné. Celui-ci tombe dans des lacunes et se rassemble dans un sinus circonscrivant l'appareil respiratoire formé, lui-même, d'une cavité où l'air humide se renouvelle sans cesse; une veine pulmonaire ramène au cœur le sang hématosé.

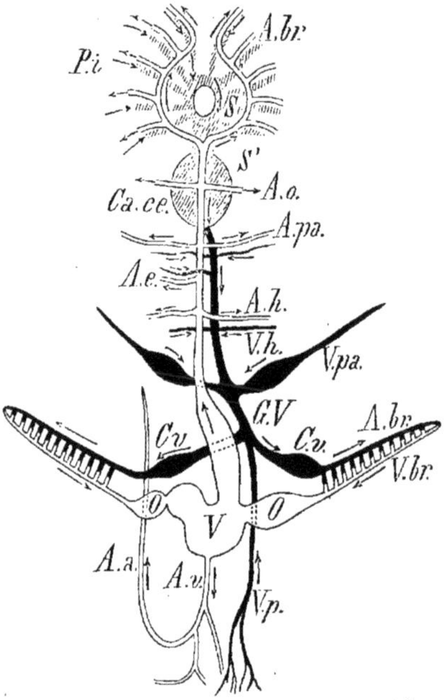

FIG. 125. — Appareil circulatoire de la Seiche (Céphalopode). *V*, ventricule. *O*, oreillettes. Du ventricule, le sang hématosé s'échappe par une aorte ventrale, *A.v*, et par une aorte dorsale qui donne les artères hépatiques, *A.h*, l'artère de l'entonnoir, *A.e*, les artères palléales, *A.pa*, les artères ophtalmiques, *A.o*, les artères branchiales *A.br*. Le sang se rassemble dans les sinus *S*, *S'*, et les veines qui forment la *grande veine*, *G V*. Celle-ci envoie, par l'intermédiaire des *cœurs veineux*, *C.v*, le sang chargé de CO_2 aux branchies où il subit l'hématose; *V.br*, veines branchiales qui ramènent au cœur le sang oxygéné.

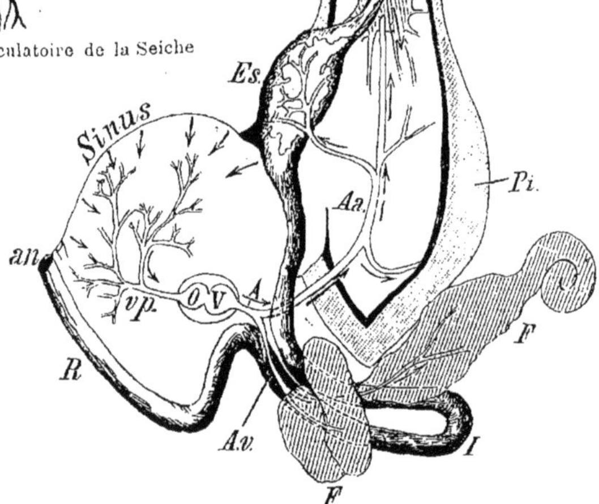

FIG. 126. — Appareil circulatoire de l'Escargot (Gastéropode). *O*, *V*, oreillette et ventricule du cœur. *A*, aorte et ses branches, *Aa* et *Av*; *vp*, veine pulmonaire.

Le développement et la distribution des organes respiratoires ont une influence profonde sur la répartition et la différenciation de l'appareil circulatoire.

CHAPITRE IV

NUTRITION DE LA CELLULE

Le milieu intérieur du corps (sang rouge et lymphe chez les animaux supérieurs) reçoit, par la voie digestive, des matériaux nutritifs liquides et, par la voie respiratoire, l'oxygène gazeux qu'il porte à toutes les cellules vivantes, étant donné qu'il accède en tous les points de l'organisme. La cellule vivante puise dans ce milieu complexe les principes qui lui sont utiles, les transforme en sa propre substance (*assimilation*); or le protoplasme travaille, s'use et les déchets qui en résultent, éliminés de la cellule (*excrétion*), sont balayés par le sang.

Ainsi *le sang est un liquide réparateur et un collecteur de déchets*, il remplit sans interruption ces deux rôles, et cependant il ne reçoit que par intervalles, sauf l'oxygène, de nouveaux matériaux nutritifs.

Les éléments anatomiques sont adaptés à un milieu de composition définie qui ne saurait subir de variations trop profondes sans danger pour leur vie. Comment l'organisme peut-il concilier cette fixité approximative de la composition du sang avec l'intermittence de l'absorption digestive?

Certains membres de la colonie cellulaire qui nous compose ont pour rôle de *mettre en réserve* les matières nutritives dont le sang est trop riche par instants, et de les lui restituer à petites doses quand il en est besoin pour l'association (tel le glucose mis en réserve dans le foie). A d'autres éléments incombe la fonction de retirer du sang soit les déchets organiques (urée, cholestérine, acide carbonique, etc.) qu'ils éliminent du corps, soit les principes utilisables en d'autres régions de l'organisme (principes actifs des sucs digestifs).

Ces deux catégories de cellules accomplissent un double travail : un travail de *sécrétion*, c'est-à-dire d'élaboration de substances chimiques définies, et un travail d'*excrétion*, c'est-à-dire d'élimination de ces substances.

On appelle *cellule glandulaire toute cellule qui*, conformément aux considérations précédentes, *ne travaille pas seulement pour son propre entretien, mais aussi dans l'intérêt de l'association entière.*

Les cellules glandulaires peuvent être isolées ou groupées : on appelle *glande* une réunion de cellules glandulaires ayant la même fonction.

Comme toute cellule travaille en vue de sa conservation propre, nous étudierons d'abord le cas général de *l'assimilation et de la désassimilation;* puis, considérant spécialement les cellules glandulaires, nous envisagerons successivement leur double rôle de *sécrétion* et d'*excrétion*, qui nous fournira les éléments d'une classification.

§ 1. — ASSIMILATION
ET DÉSASSIMILATION CELLULAIRES

1° Assimilation.

La cellule vivante est en contact intime avec le plasma sanguin qui renferme en dissolution dans l'eau des peptones, des sucres, des corps gras et des sels variés. Elle ne reçoit de ces principes, dans chaque unité de temps, que la proportion nécessaire à son activité ; *la cellule vivante seule peut ainsi faire un choix, une sélection* dans ces matériaux que le milieu nutritif lui apporte. Aussi conçoit-on que, *vu la fonction spéciale attribuée à chaque élément organique, les cellules diverses consomment des principes différents ou les mêmes principes en quantité variable :* la cellule musculaire consomme plus d'hydrates de carbone ; la cellule nerveuse exige plus de matières azotées; toutes deux ont besoin d'oxygène qu'elles emprunteront à l'oxyhémoglobine.

Une même cellule très active consomme beaucoup plus d'un principe donné que losrqu'elle est dans un repos relatif; ainsi le sang qui sort d'un muscle en contraction est plus appauvri en oxygène et en glucose que celui qu'abandonne le même muscle relâché.

La consommation règle l'absorption : c'est en vertu de cette loi que s'accomplissent les échanges de la cellule avec le milieu.

L'assimilation des substances organiques est plus ou moins directe, suivant leur nature : les matières albuminoïdes en particulier subissent de longues transformations que ne nécessitent pas les sucres. La *réduction* et la *déshydratation* de toute substance organique précèdent son incorporation à la cellule vivante. *Le résultat d'une assimilation active est l'accroissement de la cellule.*

Tableau XVI.

Nutrition.

Termes successifs de la nutrition.
- Absorption réalisée par toute *cellule vivante*.
  - Mise en réserve (sécrétion) : rôle de la *cellule glandulaire*.
  - Digestion des réserves.
- Assimilation.
- Désassimilation.
- Excrétion.

Principe qui régit la nutrition. — *La consommation règle l'absorption.*

Sécrétion et excrétion.

La cellule glandulaire, isolée ou associée (glande), *sécrète* aux dépens du sang et *excrète* de suite des substances nuisibles (urée, CO_2, etc.); elle sécrète des *réserves* (glycogène, graisses, etc.), qu'elle restituera à l'organisme, suivant ses besoins, sous forme de matières dissoutes immédiatement utilisables.

(1) Glandes digestives (voir tableaux IX et X).

I. — Glandes a rôle nutritif.

(2) Glandes nutritives proprement dites.

Foie...... — Laboratoire de réserves diverses.
- 1° Il sécrète du *glycogène* par déshydratation du glucose.
- 2° Il *hydrate le glycogène* en restituant du sucre au sang.
- Ses fonctions. — Fonction continue indépendante :
  - de la nature de l'alimentation.
  - de l'alimentation (au début du jeûne).
- 3° Il met en *réserve* des *graisses* et des *matières azotées.*

Tissu adipeux. — *Graisses en réserve dans le tissu conjonctif* par une alimentation variée surtout riche en hydrates de carbone.

(3) Glandes réparatrices du milieu intérieur.
- *Rote* et *foie :* formation de globules rouges.
- *Ganglions lymphatiques :* formation de globules blancs.

(4) Glandes excrétrices.

Poumons. — Rejet de gaz carbonique.

Appareil urinaire.
- *Sa composition :* reins, uretères, vessie, urèthre (fig. 127).

Reins..... (fig. 128 à 132)
- Description.
- Structure. — Glande en tubes contournés et anastomosés. Bassinet, pyramides de Malpighi, *tubes urinaires.*
- Irrigation sanguine. — Artère rénale, artériole, glomérule. *Veine porte rénale.* Capillaires, veinule, veine rénale.
- Sécrétion urinaire. — Filtration d'eau dans la capsule de Bowmann. Fixation et excrétion d'urée, etc... par le tube urinaire.
- L'urine est une dissolution d'urée dans l'eau salée.
- Excrétion quotidienne 1 300 gr. contenant : 34 gr. d'urée. 0 gr. 5 à 0,8 d'acide urique.

II. — Glandes a rôle défensif.

Glandes sudoripares (fig. 135).
- Glandes en tube enroulé sécrétant la sueur.
- Excrétion quotidienne (1 200 gr. contenant 2 grammes d'urée.
- *L'évaporation cutanée* contribue à régulariser la température des *animaux à température constante.*

Glandes sébacées. — Le sébum épais enduit les poils et la couche cornée (peau).

Foie. — Rôle dépurateur.
- Élimination d'urée et de cholestérine.
- Combustion et élimination des *poisons.*

2° **Désassimilation**.

La désassimilation se produit en même temps que l'assimilation, puisque l'activité de la cellule est continue. Le protoplasme rejette, en effet, dans le milieu nutritif des substances qui lui deviendraient nuisibles par leur accumulation incessante, substances qui résultent d'*hydratations* et d'*oxydations* des principes complexes protoplasmiques. Les phénomènes dans lesquels la cellule puise l'énergie qui lui est nécessaire sont aussi peu connus, en général, que les phénomènes de réduction signalés plus haut ; on n'en connaît guère que les termes définitifs, c'est-à-dire la vapeur d'eau (H^2O) et le gaz carbonique (CO^2), la *cholestérine* ($C^{26}H^{44}O$) et les matières extractives dont la présence a été signalée dans le plasma sanguin : *urée* (CH^4Az^2O), *acide urique* ($C^5H^4Az^4O^3$), *xanthine* ($C^5H^4Az^4O^2$), *sarcine* ($C^5H^4Az^4O$), *créatine* ($C^4H^9Az^3O^2$), *leucine* ($C^6H^{13}AzO^2$), *taurine* ($C^2H^7AzSO^3$), *acide hippurique* (C^9H^9AzO).

§ 2 — SÉCRÉTION ET EXCRÉTION GLANDULAIRES

Outre l'assimilation et la désassimilation propres à entretenir son protoplasme, la cellule glandulaire, baignée par le plasma sanguin, *sécrète et accumule* dans son sein certains produits formés aux dépens de matériaux que son protoplasme a puisés dans le milieu ambiant ; puis, quand elle est gorgée de *ces produits qu'elle a élaborés*, elle les rejette, les *excrète* tels ou transformés, suivant que ce sont des matériaux nuisibles ou utiles à l'organisme. Cette excrétion est dite *excrétion cellulaire*. Quand les cellules glandulaires sont associées, la *glande* qui en résulte présente généralement un canal dans lequel se rassemblent les produits d'excrétion de toutes les cellules, qui sont conduits ainsi en dehors de la glande (canal de Sténon pour la glande salivaire parotide, fig. 33) : ce phénomène est l'*excrétion glandulaire*.

Le produit recueilli dans le canal excréteur ne renferme pas seulement les matières formées par les cellules glandulaires, mais aussi les débris des cellules mortes appartenant à l'épithélium de la glande. Le plus souvent le produit excrété est liquide ; quelquefois il est épais et résulte de l'agglomération des cellules elles-mêmes qui, vieillies et remplies de leur sécrétion, s'engagent dans le canal de la glande (glandes sébacées) ; elles sont remplacées par des cellules jeunes qui joueront le même rôle et auront le même sort.

Le mécanisme de la sécrétion est sous la dépendance étroite du système nerveux.

CLASSIFICATION DES GLANDES

Les principales glandes peuvent être ainsi classées au point de vue du rôle qu'elles jouent dans l'organisme ·

GLANDES

à rôle nutritif.

A. *Glandes digestives.* Glandes salivaires, gastriques, intestinales muqueuses. Pancréas. Foie (bile).

B. *Glandes nutritives proprement dites.* Foie (glycocène et glucose). Cellules adipeuses (graisses)

C. *Glandes servant a maintenir la composition du milieu intérieur.* Rate. Ganglions lymphatiques

D *Glandes excrétrices.* Poumons. Reins.

à rôle défensif.

Glandes annexées à la peau. [Glandes sudoripares et sébacées].

Glandes antitoxiques. [Foie ; Corps thyroïde ; Capsules surrénales ; etc.]

I. — GLANDES A ROLE NUTRITIF

A. — Glandes digestives.

Elles ont été étudiées au chapitre de la digestion.

B. — Glandes nutritives proprement dites. — Des réserves nutritives.

Les matières nutritives recueillies par le sang dans l'intestin ne sont pas toutes immédiatement utilisées ; une partie en est recueillie par certaines cellules qui la conservent en *réserve*, jusqu'au moment de son emploi ultérieur par l'organisme qui en aura besoin. Déjà nous avons fait allusion (page 84) à la mise en réserve d'oxygène dans les tissus. Le *glycogène et les graisses sont également des matières de réserve* accumulées dans le foie, les muscles (glycogène) et dans les cellules adipeuses (graisses).

Du Foie comme laboratoire de réserves. — Outre son rôle comme organe sécréteur de la bile, le foie remplit d'autres fonctions importantes : *il fabrique des réserves nutritives (glycogène, graisses, matières azotées); il transforme ces réserves en matières immédiatement utilisables.*

1° *Le foie est un organe producteur de glycogène.* — Magendie ayant découvert la présence du sucre dans le sang, Claude Bernard fait voir que ce sucre ne vient pas de l'alimentation, car on l'y trouve encore lorsqu'on supprime du régime alimentaire le sucre ou les substances capables d'en produire directement (matières amylacées).

Il remarque en outre que, pendant les digestions, le sang de la veine porte est plus riche en sucre que celui des veines sus-hépatiques ; l'inverse a lieu dans l'intervalle de deux digestions consécutives.

Ainsi *le foie arrête au passage le sucre amené en abondance par la veine porte* pendant les digestions ; *il restitue ensuite le sucre au sang*, à mesure que ce liquide en est appauvri par les organes.

En 1857, Claude Bernard trouve que le sucre est transformé par les cellules hépatiques en *glycogène* isomère de l'amidon $(C^6H^{10}O^5)^n$.

On peut obtenir beaucoup de glycogène en faisant macérer pendant cinq minutes, dans l'eau bouillante légèrement acidulée, des fragments de foie frais ou des moules fraîches ; le liquide obtenu par filtration est recueilli dans une éprouvette à demi pleine d'alcool ; à mesure que les gouttelettes liquides tombent, elles abandonnent à l'alcool le glycogène sous forme d'une substance blanche qui se rassemble au fond du vase.

Le glycogène est soluble dans l'eau qui devient opalescente ; il donne avec l'iode une teinte rosée qui disparaît quand on chauffe et reparaît assez difficilement par refroidissement.

La formation de glycogène dans le foie (*fonction glycogénique*) est due à une déshydratation du glucose apporté par la veine porte ; la *fonction saccharifiante* du foie consiste dans le phénomène inverse, c'est-à-dire en une hydratation du glycogène.

1° *La fonction saccharifiante du foie est continue ; elle est donc indépendante de la nature de l'alimentation.* — Un animal est-il nourri *exclusivement* d'aliments hydrocarbonés, ou de graisses, ou de matières albuminoïdes ? Son foie fabrique toujours du sucre.

2° *Cette fonction est presque indépendante de l'alimentation.* — La quantité de glycogène contenue dans le foie d'une Tanche atteint jusqu'à 15 pour 100 du poids de cet organe ; dans une telle réserve, l'organisme peut puiser pendant un jeûne de plusieurs jours, sans trop souffrir de la privation de nourriture ; *il fabrique encore du sucre.* Dans ce cas, en effet, le sang des veines sus-hépatiques est toujours plus sucré que le sang de la veine porte.

M. Dastre considère la transformation du glycogène en sucre dans les cellules hépatiques comme un pur phénomène d'activité cellulaire.

La fonction glycogénique du foie ne s'accomplit que si cet organe reçoit normalement du sang oxygéné par l'artère hépatique.

Le glycogène se trouve aussi en petite quantité dans les muscles, quand ils ne brûlent pas tout le glucose qui leur parvient (surtout pendant leur repos). Cette réserve de glycogène est rapidement consommée par les contractions musculaires. Un exercice musculaire violent amène rapidement la disparition totale du glycogène musculaire, puis seulement celle du glycogène hépatique.

Inversement, par un repas copieux succédant à un jeûne prolongé, le foie se charge de glycogène avant les muscles.

2° *Le foie est un organe producteur de graisse.* — *La fonction adipogénique* du foie est évidente : après un repas abondant, les cellules hépatiques sont envahies par une foule de globules de graisse qui disparaissent d'ailleurs par une abstinence prolongée.

3° *Le foie est un organe producteur de réserves azotées.* — Ce fait est prouvé par l'augmentation considérable de poids que subit le foie par une nutrition surabondante de l'organisme, augmentation supérieure à celle qui peut être rapportée au glycogène et aux graisses.

En résumé, *le foie est un grenier d'abondance pour l'organisme, un régulateur de la proportion de sucre dans le sang (3 pour 1 000) aux dépens du glycogène qu'il garde en réserve, un dispensateur de matières grasses et albuminoïdes pendant la période de jeûne.*

Du tissu conjonctif comme lieu de réserve des graisses. — C'est surtout dans le tissu conjonctif adipeux que s'accumulent les graisses (page 19, fig. 14).

Formation des graisses. — Les corpuscules gras réfringents envahissent peu à peu les cellules adipeuses dont ils refoulent le protoplasme sur les bords; cette modification survient dans les parties de l'organisme où l'oxygène a le plus difficilement accès (les matières albuminoïdes subissent dans ces conditions la transformation en substances grasses : *dégénérescence adipeuse*).

L'accumulation des graisses en tel ou tel point, par suite d'une nutrition abondante, ne résulte pas d'un simple transport des matières grasses ingérées ; alors que des animaux d'espèces diverses reçoivent comme aliment dominant une même sorte de graisse, chacun d'eux met en réserve une graisse de composition différente, résultant d'un travail complet d'assimilation effectué par les cellules qui l'ont sécrétée.

Les matières grasses de réserve résultent de l'assimilation, non seulement des graisses fournies par l'alimentation, mais aussi des hydrates de carbone et des albuminoïdes.

Une partie notable des féculents de l'alimentation peut, au moins chez les herbivores, servir à fabriquer la graisse :

Des Oies ayant été nourries avec beaucoup de féculents, peu de graisse et d'albumine, 19 pour 100 de la graisse formée provint des féculents. Un Porc, ayant ingéré en 80 jours une quantité de riz déterminée et de composition connue, sécréta 22 kilogr. 180 de graisse dont 81,6 pour 100 eurent pour origine l'amidon de riz.

La transformation des albuminoïdes en graisses a été prouvée également par de nombreuses expériences.

Les graisses sont une réserve alimentaire pour l'organisme. — A la suite d'une longue abstinence provoquée par une maladie, le corps a épuisé presque totalement sa réserve de graisse ; les animaux hibernants, replets à l'automne par une abondante nutrition, se réveillent amaigris au printemps. Leur réserve a disparu par une lente combustion avec production de CO^2, de vapeur d'eau et dégagement de chaleur.

C. — Glandes ayant une action sur la composition du milieu intérieur.

Rate. — C'est une glande d'un rouge violacé, située sous le diaphragme, à gauche et à côté de l'estomac. Elle présente une structure comparable à celle des ganglions lymphatiques, avec cette différence que les vaisseaux sanguins remplacent les lymphatiques (fig. 106). Son rôle paraît être de contribuer : 1° à la *formation de globules blancs* (tandis que le sang de l'artère splénique afférente contient environ 1 globule blanc pour 200 rouges, le sang de la veine splénique efférente en renferme 1 pour 5 à 60 rouges); 2° à la *formation des jeunes globules rouges* qu'on trouve en abondance dans la veine splénique.

Foie. — Alors que la rate est un organe formateur des globules (et des globules rouges en particulier), *le foie est destructeur des vieux globules rouges.*

Le sang de la veine porte contient en effet 1 globule blanc pour 740 rouges, et celui des veines sus-hépatiques 1 blanc pour 180 rouges. Ou bien le foie fabrique aussi des globules blancs, ou bien il détruit les rouges; c'est cette dernière fonction qu'il accomplit puisque la bile renferme, comme matière colorante, *la bilirubine identique à l'hématoïdine, dérivée de l'hémoglobine des globules rouges.*

D — Glandes excrétrices.

Poumons. — Les *poumons* sont de véritables glandes dont l'épithélium enlève au plasma sanguin le gaz carbonique qui y est combiné.

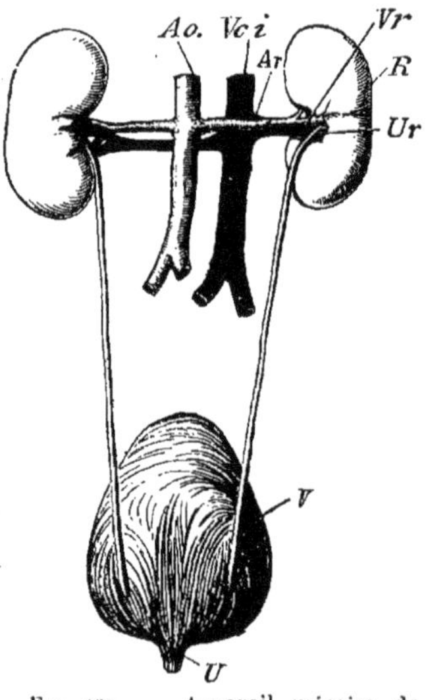

Appareil urinaire chez l'Homme. — L'appareil urinaire se compose de deux *reins* (fig. 127), glandes produisant l'urine que les *uretères* conduisent dans la *vessie;* accumulée dans ce réservoir, l'urine s'écoule au dehors par un canal appelé *urèthre.*

1° **Reins.** — *Leur description.* Les reins occupent dans la cavité abdominale une position symétrique ; placés de chaque côté de la colonne vertébrale, ces organes, situés en dehors du péritoine, sont appliqués contre les vertèbres lombaires. Ils ont la forme d'un haricot allongé verticalement, dont l'échancrure ou *hile du rein* regarde le plan de symétrie. Le poids moyen de chaque organe est d'environ 160 grammes ; leur surface est rouge ou rouge-jaunâtre.

Fig. 127. — Appareil urinaire de l'Homme. *R*, rein ; *Ur*, uretère ; *V*, vessie ; *U*, urèthre. *Ao*, artère aorte ; *Ar*, artère rénale ; *Vr*, veine rénale ; *Vci*, veine cave inférieure.

Les reins sont surmontés par les *capsules surrénales* dont le rôle physiologique est encore incertain.

L'artère aorte *Ao* donne une *artère rénale Ar* pour chaque rein :

cette artère pénètre par le hile dans la substance du rein *R :* le sang qu'elle y conduit est ramené par une *veine rénale Vr* à la veine cave inférieure *Vci.* Des nerfs y aboutissent également.

Leur structure. — Une coupe longitudinale du rein (fig. 128 et 129), menée par son plan de symétrie propre, montre l'uretère *Ur* s'ouvrant largement dans un réservoir intérieur appelé *bassinet Ba.* La paroi du bassinet présente 9 à 13 saillies coniques, appelées *pyramides de Malpighi PM,* dont le sommet est pourvu d'un grand nombre de petits orifices. La substance même du rein comprend la *substance médullaire* interne *S.m* d'un rouge foncé, d'aspect strié, et la *substance corticale* externe *S.co* plus jaunâtre et d'aspect granuleux.

Tout autour du rein est une capsule fibreuse (*capsule rénale*) séparée de la substance corticale par une gaine lymphatique ; elle se recourbe au niveau du hile du rein, se continue sur l'uretère et accompagne les principales ramifications de l'artère et de la veine rénales.

L'examen d'un tube urinaire nous permettra de comprendre la différence de structure des substances médullaire et corticale.

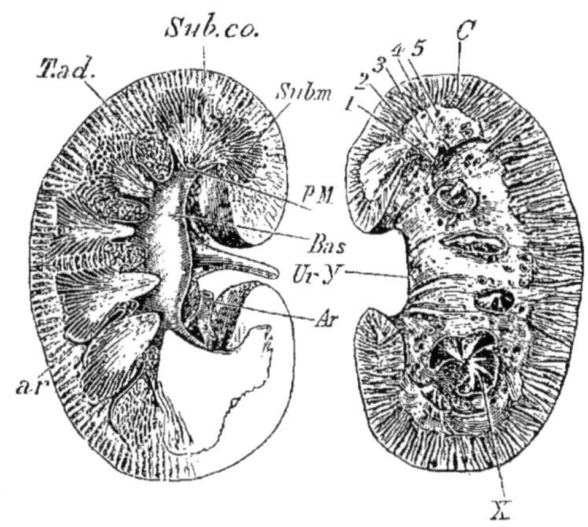

FIG. 128. — Coupes du rein. *Ur*, uretère ; *Bas*, bassinet ; *P.M*, pyramide de Malpighi limitant la substance médullaire *Sub.m* ; *Sub.co*, substance corticale ; *T.ad*, tissu adipeux du hile. Les colonnes de Bertin, prolongements de la substance corticale, séparent les pyramides *P.M*. *Ar*, rameau principal de l'artère rénale ; *ar*, divisions de cette artère dans la substance du rein.

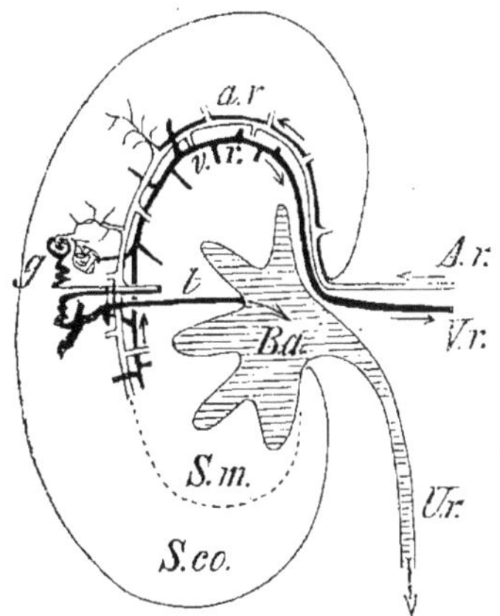

FIG. 129. — Figure schématique du rein vu en coupe. *Ur*, uretère ; *Ba*, bassinet ; *S.m*, substance médullaire ; *S.co*, substance corticale ; *t*, tube urinaire débouchant au sommet d'une pyramide de Malpighi ; il s'enfonce dans la substance du rein, s'y ramifie et se termine par des capsules de Bowmann *g*. — *A.r*, artère rénale et ses ramifications *a.r* ; *V.r*, *v.r*, veine rénale et ses branches.

Le rein est une glande formée de tubes contournés et anastomosés. — Au sommet d'une pyramide de Malpighi *PM* (fig. 130) on distingue un grand nombre de petits trous *o* qui sont les orifices d'autant de tubes droits et ramifiés à angle très aigu. Ces tubes ou *canaux de Bellini C.B* se dirigent vers la substance corticale *Sub.c.* (à leur grand nombre et à leur disposition rayonnante est dû l'aspect strié de la substance médullaire *Sub. m*). Un canal de Bellini émet dans la substance corticale plusieurs rameaux contournés sur eux-mêmes ; l'un quelconque d'entre eux, suivi dans toute sa longueur, présente une *pièce intermédiaire pi* à large section, continuée par une *anse de Henle A.H*, dont la branche *t.l* est un tube large et l'autre *t.e* un tube étroit ; ce dernier se prolonge par un *tube contourné de Ferrein t.c.F* également large, terminé par une sorte de coupe dite *capsule de Bowmann GM* ; la capsule renferme un peloton de capillaires et forme le *glomérule de Malpighi*.

Toute la substance corticale du rein est ainsi formée de tubes contournés, orientés dans tous les sens ; et comme les glomérules de Malpighi renferment un paquet vasculaire rempli de sang rouge, l'ensemble de tous les glomérules donne à cette région du rein l'aspect granuleux signalé plus haut.

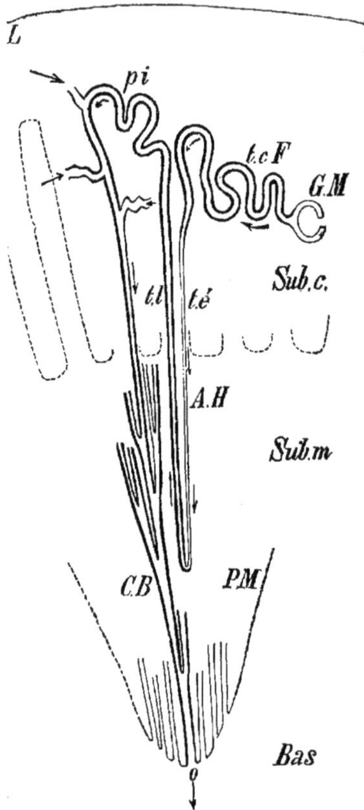

Fig. 130. — Tube urinaire (fig. théorique). *o*, orifice du tube au sommet d'une pyramide de Malpighi *PM*, saillante dans le bassinet *Bas* ; *C.B*, tube droit de Bellini et ses branches principales se détachant sous un angle très aigu ; *pi*, pièce intermédiaire prolongeant l'une de ces branches elles-mêmes ramifiées ; *A.H*, anse de Henle ; *t.c.F*, tube contourné de Ferrein ; *GM*, glomérule de Malpighi (capsule de Bowmann) ; *Sub.m*, substance médullaire ; *Sub.c*, substance corticale. LL', limite du rein. Les flèches indiquent le trajet suivi par l'urine.

Dans les parties étroites du tube urinaire se trouve un épithélium transparent et clair, tandis que dans les parties larges (tube de Ferrein, branche ascendante de l'anse de Henle, pièce intermédiaire), l'épithélium est sombre, cylindrique et granuleux.

Irrigation de la substance du rein — L'artère rénale *A.r* (fig. 129 et 131), dès son entrée dans le rein, s'y ramifie en artérioles qui, contournant le bassinet, pénètrent dans les intervalles des pyramides de Malpighi et parviennent à la région séparatrice des substances médullaire et corticale.

Les artérioles *a.r* (fig. 131) et *Ar.r* (fig. 132) envoient des ramifications dans la substance médullaire, et d'autres dans la substance corticale ; ces dernières *a* forment de véritables arborescences dont les branches *a.f* sont des vaisseaux afférant chacun à une capsule de Bowmann.

Le vaisseau *a.f* (fig. 132) pénètre en *b* dans la capsule à laquelle

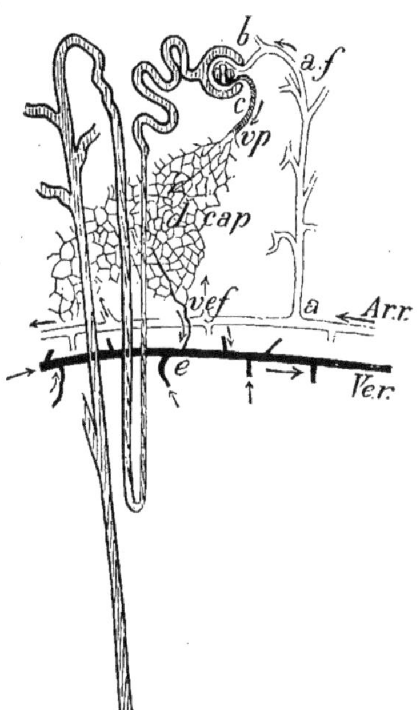

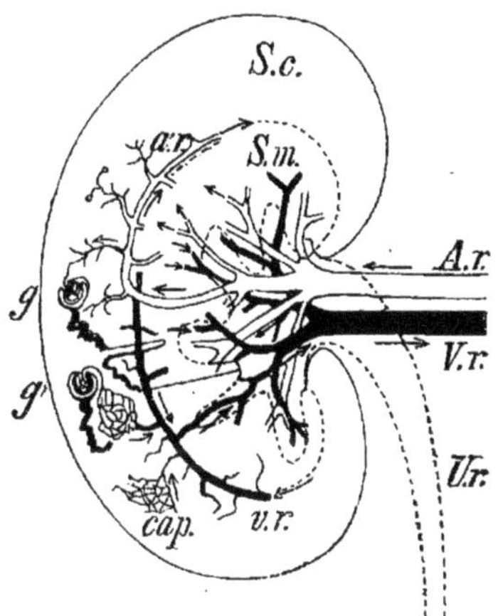

Fig. 131. — Irrigation sanguine du rein (fig. théorique). *A.r*, artère rénale et ses ramifications *a.r* ; *V.r*, veine rénale et ses branches *v.r*.

Fig. 132. — Détail de l'irrigation sanguine du rein. *Ar.r*, artériole rénale émettant des branches *a* dont l'une *a.f* pénètre dans une capsule de Bowmann et y forme un 1er réseau de capillaires *b* ; en *c*, le sang s'est rassemblé dans la veine porte rénale *vp* qui donne un 2e réseau de capillaires *cap* entourant les tubes urinaires et les anses de Henle en *d* ; *v.ef*, veinule efférente qui amène le sang des capillaires en *c* dans la veinule rénale *Ve.r*.

il apporte du sang rouge vermeil par un 1er système de capillaires ; le sang, encore rouge clair, s'échappe en *c* de la coupe par un vaisseau *vp*, petite *veine porte rénale*, qui donne naissance à un second système de capillaires *d*, *cap* ; ces derniers entourent étroitement les tubes de Ferrein, les anses de Henle et les pièces intermédiaires. Une veinule ou vaisseau efférent *v.ef* emporte une partie du sang rouge foncé de ce 2° réseau dans la veine *Ve.r* qui est l'un des rameaux de la veine rénale *V.r* (fig. 131).

Trajet suivi par l'urine. – Uretères. – Vessie. – Urèthre. – Excrétion urinaire. — L'urine prend naissance dans la capsule de Bowmann et le tube contourné, elle s'engage dans l'anse de Henle, dans le canal de Bellini et parvient au sommet d'une pyramide de Malpighi d'où elle tombe dans le bassinet *Ba* (fig. 129).

Du bassinet, l'urine passe dans l'*uretère* qui la porte jusqu'à la *vessie*, située à la partie inférieure de l'abdomen, en dehors du péritoine (fig. 38).

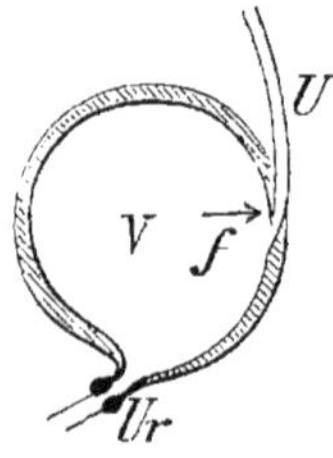

FIG. 133. — Vessie, *V*; *U*, uretère; *Ur*, urèthre.

Les uretères s'ouvrent dans la vessie sous un angle très aigu (fig. 133), de telle sorte que, une fois la vessie pleine, l'urine, par sa pression *f* contre la paroi, ferme les uretères et s'oppose à son propre reflux vers les reins.

La vessie est un réservoir très extensible, à paroi musculaire (fibres lisses) revêtue d'un épithélium à cellules aplaties; l'épithélium vésical, chez l'être vivant, est absolument imperméable à l'urine; quelques heures après la mort, il a perdu cette imperméabilité.

L'excrétion de l'urine se fait par le canal de l'*urèthre* dont la lumière est fermée d'ordinaire par un sphincter à fibres peu nombreuses et par le muscle de Wilson.

Mécanisme de la sécrétion urinaire. — D'après Bowmann et von Wittich, la production de l'urine paraît se faire en deux fois :

1° L'eau du plasma sanguin apporté par le vaisseau *a.f* (fig. 132), dans un glomérule, filtre à travers la paroi de la capsule qui l'entoure et s'engage dans le tube contourné de Ferrein.

2° Les cellules épithéliales granuleuses avec bâtonnets, le tube de Ferrein, la partie large de l'anse de Henle et la pièce intermédiaire retirent du sang des capillaires *cap*, par le fonctionnement de l'épithélium granuleux dont ces parties larges sont revêtues, l'urée et les autres principes nuisibles qui sont expulsés par l'urine.

L'urée existe dans le sang; le rein est l'organe principal affecté à son élimination.

De l'urine. — C'est surtout *une dissolution d'urée dans de l'eau salée* (Dastre). Liquide jaune citron, limpide chez l'Homme, l'urine a une réaction légèrement acide ; elle se compose en grande partie d'eau tenant en dissolution de l'*urée*, de l'*acide urique* et du chlorure de sodium, quelques matières colorantes et extractives (créatine, leucine).

Elle présente une certaine analogie avec le plasma sanguin et le sérum de la lymphe.

La comparaison de ces liquides effectuée sur 1 000 centimètres cubes, chez l'homme adulte, a donné les résultats suivants :

	Urine.	Plasma sanguin.	Sérum lymphatique.
Eau	960	901.51	957.60
Matières albuminoïdes	»	81.92	32.02
Fibrine	»	8.06	»
Urée	23.30	0.15	3 à 4
Acide urique	0.50	»	»
Chlorure de sodium	11	5.55	5.65
Acide phosphorique	2.30	0.19	0.02
— sulfurique	1.30	0.13	0.08
Phosphates terreux	0.80	0.52	0.20

La quantité d'urine excrétée par un homme adulte en 24 heures est de 1 250 à 1 350 centimètres cubes. Sa composition est variable avec l'âge, l'alimentation, etc.; dans une même journée, elle n'est pas constante.

L'*urée* représente de 87 à 90 pour 100 de l'azote total contenu dans les urines; l'homme en rejette de 30 à 34 grammes par 24 heures. C'est un déchet azoté dont la présence atteste l'activité vitale et la destruction matérielle de l'organisme qui la produit. L'urée se forme dans les organes, mais elle n'y séjourne pas; les centres nerveux en produisent beaucoup, lors d'un travail cérébral exagéré.

L'accumulation d'urée dans le sang produit des empoisonnements dont les symptômes sont : l'accélération de la respiration, des convulsions, etc.

L'urée contenue dans l'urine se transforme en carbonate d'ammonium par l'action d'un ferment (*Micrococcus ureæ*).

L'*acide urique* existe dans la proportion de 5 à 8 décigrammes dans l'urine humaine produite en 24 heures.

Tout excès de travail quelconque de l'organisme élève les proportions d'urée et d'acide urique contenues dans les urines; le travail musculaire exagéré produit toutefois un effet moindre que le travail cérébral.

L'*acide hippurique* n'existe que pour 3 à 4 décigrammes dans l'urine humaine de 24 heures.

Origine de l'urée. — Sa composition étant connue, l'urée provient de substances azotées; de plus, la quantité d'urée excrétée augmente après une alimentation riche en azote; enfin, l'urée persiste pendant l'inanition. Cette substance a donc pour origine la désagrégation des matières azotées de l'organisme.

II. — GLANDES A ROLE DÉFENSIF

Les glandes défensives répandues le plus largement dans l'organisme sont les *glandes sudoripares* et les *glandes sébacées*, dont les produits sont déversés à la surface de la peau.

L'épiderme de la peau est formé de deux couches principales : l'une superficielle ou *couche cornée*, *co.c* (fig. 134) ; l'autre profonde, très active, appelée *couche de Malpighi*, *co.M*. La couche de Malpighi pousse dans la profondeur du derme des bourgeons (**1**) qui, pleins de cellules actives d'abord (**2**), se creusent d'un canal (**3**, *c.ex*), formant un tube simple dont l'extrémité inférieure est enroulée sur elle-même (*glande sudoripare*), ou ramifiée en général (*glande sébacée*).

Glandes sudoripares.

Au nombre de deux millions environ chez l'Homme, les glandes sudoripares ont une longueur moyenne de 2 millimètres ; elles forment un appareil excréteur dont la masse est à peu près le quart de celle des reins.

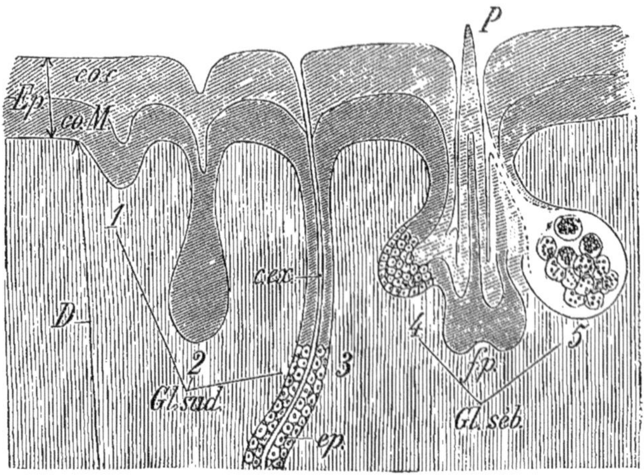

Fig. 134. — Coupe théorique de la peau. *Ep*, épiderme. *D*, derme ; *co.c*, couche cornée ; *co.M*, couche de Malpighi. — 1, 2, 3, bourgeonnement de la couche *co.M*, engendrant une glande sudoripare, *Gl.sud*, dont on voit seulement la portion terminale du canal excréteur, *c.ex*. — 4, 5, bourgeonnement de la même couche avec formation d'un poil, *P*, et d'une glande sébacée, *Gl.séb*, jeune à gauche, à l'état adulte à droite.

Chacune d'elles consiste en un peloton formé par un tube étroit, *Gl.sud* (fig. 135), qui se continue par une partie ondulée dans l'épaisseur du derme, *De*, spiralée en *c.ex* dans l'épiderme, *Ep* ; ce canal débouche à la surface de la peau.

Le tube présente un revêtement épithélial, *ep*, **3** (fig. 134), dont la fonction est d'émettre la *sueur*.

Composition de la sueur. — La sueur est un liquide transparent, incolore, de saveur saline ; sa réaction est normalement alcaline.

C'est une solution aqueuse très étendue de sels minéraux, où le chlorure de sodium domine ; on y trouve un peu d'*urée*, de matières grasses et des produits volatils divers.

La *quantité de sueur* rejetée par l'Homme en 24 heures est de $1^k,200$; cette quantité est variable avec la nature de l'alimentation, l'exercice musculaire, etc. Les boissons chaudes, l'alcool ingéré l'augmentent beaucoup.

Effets de l'excrétion sudorale. — L'émission de sueur débarrasse l'organisme de 2 grammes d'urée par jour ($\frac{1}{17}$ de la perte par les reins) ; *elle compense la fonction rénale* quand celle-ci n'est pas régulière. Par la peau s'échappe aussi du gaz carbonique en petite quantité : la *fonction sudorale est donc une véritable respiration cutanée.*

La sueur imprègne la couche cornée, s'évapore à la surface de la peau et abaisse la température du corps : *cette fonction contribue à régulariser la température de nos organes.*

Les fonctions rénale, sudorale et pulmonaire règlent la quantité d'eau nécessaire à l'organisme ; leurs valeurs respectives se mesurent par les quantités d'eau qu'elles émettent : soit 1500 grammes pour la première, 1200 grammes pour la seconde, 400 grammes environ pour la troisième.

Ces fonctions peuvent se compenser, grâce à l'action directrice du système nerveux.

Fig. 135. — Coupe de la peau. Mêmes lettres que pour la figure 166. *Gr*, cellules adipeuses ; *pd*, papilles dermiques ; *n*, nerf et ses terminaisons dermiques, *n.d*, et épidermiques, *n.ép ; fn*, fibre nerveuse aboutissant à un corpuscule du tact, *c.t.* — *ar* et *ve*, artérioles et veinules formant un réseau de capillaire dans une papille vasculaire, *p.v.*

Glandes sébacées.

Ces glandes, *Gl.séb* (fig. 134, 4 et 5), accompagnent généralement les poils, *P*. Elles produisent le *sébum*, matière très consistante formant un vernis sur les poils qui ne peuvent ainsi se dessécher; en imprégnant la couche cornée de la peau, le sébum empêche une chute aussi active des cellules mortes qui la composent et s'oppose à l'absorption de la sueur par la peau.

Foie. — Le foie joue un rôle important comme *dépurateur*; par l'évacuation de la bile, il enlève à l'organisme l'*urée* et la *cholestérine*; il élimine aussi des *poisons*.

Corps thyroïde. — Cet organe, *g. th* (fig. 136), situé au-dessous du larynx, est divisé par son enveloppe conjonctive en follicules creux et ramifiés. Il sécrète une matière colloïde qui en remplit les vésicules; quand la sécrétion est exagérée, elle donne lieu au *goitre*.

L'*atrophie* ou la suppression *totale* du corps thyroïde est suivie, chez l'Homme, de troubles nerveux avec altération de la nutrition, bouffissure de la peau, accès convulsifs et mort.

On pense que le corps thyroïde élimine de l'organisme une *leucomaïne*, poison analogue à ceux que nous rejetons aussi par les **reins**, les **poumons** et le **foie**.

Capsules surrénales. — Ces organes coiffent les reins à la manière d'un casque chez l'Homme. L'ablation d'une capsule entraîne l'hypertrophie de l'autre.

L'ablation simultanée des deux capsules détermine, dans le sang du patient, l'apparition et l'accumulation d'une *leucomaïne* dont l'effet sur l'économie est la paralysie générale.

Les capsules surrénales semblent donc, comme les glandes précédentes, des organes à rôle défensif chargés de l'élimination de substances toxiques.

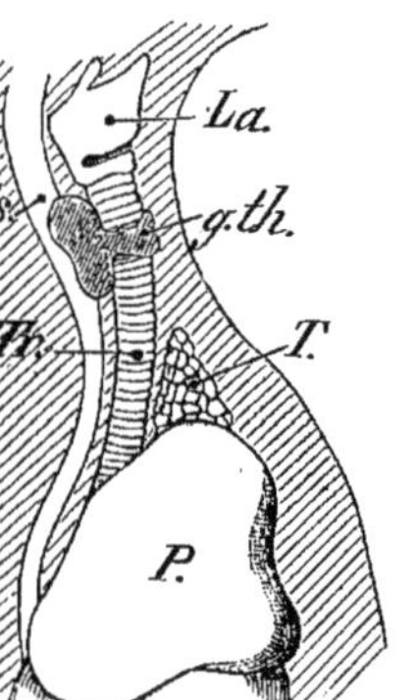

Fig. 136. — A, Corps thyroïde, *g.th*, chez le Chat. *Tr*, trachée-artère; *P*, poumons; *Œs*, œsophage; *La*, larynx.

En résumé, les principales substances éliminées *normalement* par l'organisme, substances dont l'accumulation y serait nuisible ou provoquerait des accidents toxiques, sont :

le gaz carbonique rejeté par les poumons (18^{gr}) et la peau ;

l'urée éliminée par les reins (34^{gr}), la peau (2^{gr}) et le foie ,

l'acide urique rejeté par les reins (0^{gr},5 à 0^{gr},8);

la cholestérine éliminée par le foie ,

les leucomaïnes éliminées par les poumons, les reins, le foie, etc.

CHAPITRE V

CHALEUR ANIMALE

§ 1. — TEMPÉRATURE DU CORPS

La chaleur est une condition nécessaire à la vie de tout organisme ; nous l'avons vu au début de ce cours (page 5). Mais si la température du milieu extérieur doit être comprise entre des limites déterminées, la température de l'être vivant en est plus ou moins indépendante ; car l'état thermique d'un organisme est une conséquence de ses fonctions, le résultat de son énergie vitale.

Température moyenne des animaux. — Une cellule libre ou un être pluricellulaire simple ne saurait avoir une température notablement différente de celle du milieu extérieur; en est-il de même pour les animaux supérieurs? Comme le contact du milieu ambiant (air ou eau) influe beaucoup sur la température des parties extérieures du corps, pour avoir la température moyenne d'un être, il est préférable de prendre celle du sang qui en est le milieu intérieur.

Or, l'expérience a montré que :

1° *Chez aucun être, la température n'est absolument constante;*

2° *Les variations de température éprouvées par certains êtres sont très sensibles et suivent celles du milieu extérieur ;*

3° *Pour les animaux supérieurs adultes, la température est à peu près constante.*

Les animaux à température moyenne très variable sont : les Invertébrés, les Poissons, les Amphibiens, les Reptiles, les Mammifères hibernants en hiver, les Mammifères et les Oiseaux nouveau-nés.

Les animaux à température moyenne à peu près constante sont les Oiseaux et les Mammifères adultes.

Animaux à température moyenne	*variable*	pouvant vivre quand leur température est inférieure à 20°	Invertébrés, Poissons, Amphibiens, Reptiles.
		s'engourdissant au-dessous de 20° sans mourir . Animaux hibernants.	
		mourant quand leur température est inférieure à 20°	Mammifères, Oiseaux } nouveau-nés.
	à peu près constante : Mammifères et Oiseaux adultes.		

Détermination de la température moyenne du corps. — Cette détermination se fait d'une manière approximative, quand on place le réservoir d'un thermomètre très sensible dans la bouche, sous l'aisselle du bras appliqué contre le corps, dans le pli de l'aine ou dans le rectum. On opéra d'abord sur des animaux immédiatement tués en plongeant le réservoir d'un thermomètre, ou une aiguille thermo-électrique, en divers points de leur corps. Magendie et Claude Bernard portèrent leurs investigations sur le sang de l'artère carotide et de la veine jugulaire du Cheval vivant.

Détermination de la température précise d'une région donnée. Carte calorimétrique. — Il résulte de recherches précises que :

1° *La température des organes du corps est comprise entre 37° et 38°5.*

2° *La température des organes superficiels est moindre que celle des organes profonds.*

3° *La température du cœur droit est supérieure à celle du cœur gauche.*

4° *La température du foie est la plus élevée (38°2).*

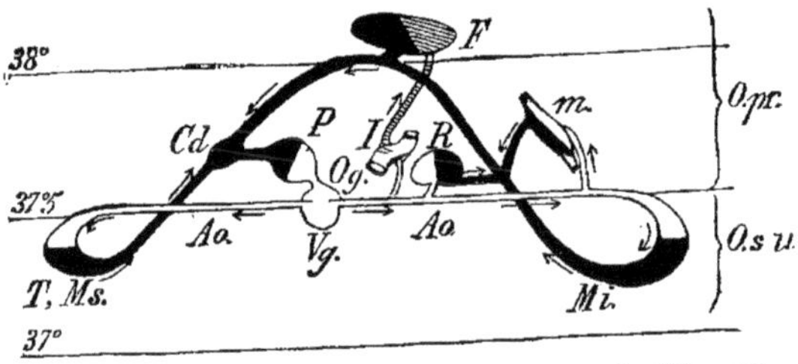

Fig. 137. — Carte calorimétrique du corps de l'Homme. *Oy*, *Vg*, cœur gauche; *Ao*, aorte; *Mi* et *T.Ms*, capillaires des membres inférieurs et supérieurs et de la tête; *Cd*, cœur droit; *P*, poumons; *I*, intestin; *R*, reins; *m*, muscles; *F*, foie. *O.su*, organes superficiels; *O.pr*, organes profonds. (Le foie a la température la plus élevée.)

5° *La température de l'aorte et de ses branches principales est constante (37°5).*

Lavoisier voyait dans le poumon le siège de la combustion respiratoire et pensait que sa température était la plus forte; l'expérience montre au contraire que le sang se refroidit dans le poumon, au contact de l'air froid provenant du dehors.

§ 2. — ÉQUILIBRE THERMIQUE DANS L'ORGANISME

L'état thermique d'un organe dépend : 1° de la *production de chaleur résultant des réactions chimiques qui s'accomplissent dans l'organe;* 2° de ses *échanges calorifiques avec le milieu extérieur.*

1° Chaleur produite.

La chaleur développée dans l'organisme est la résultante de deux sortes de phénomènes chimiques :

Les *phénomènes de synthèse organique* (assimilation ou nutrition des organes) qui s'accomplissent avec absorption de chaleur;

Tableau XVII.

Chaleur animale.

Principe. *La chaleur est nécessaire à l'entretien de la vie.*

Définition de la *température moyenne* du corps.

La température des animaux inférieurs subit, sans danger pour ces êtres, des variations assez considérables :

Animaux à température variable.

Les êtres supérieurs ne sauraient subir de grandes variations de température sans mourir :

Animaux à température presque constante.

Classification des animaux (page 149).

I. — TEMPÉRATURE DU CORPS.

Mesure de......
- la température moyenne du corps.
- — précise d'une région. *Carte calorimétrique* (fig. 169).

Conclusions. pour l'Homme..
1° *La température des organes est de 37°5 environ.*
2° *La température des organes superficiels est moindre que celle des organes profonds.*
3° *La température de l'aorte est constante (37°5).*
4° *La température du cœur droit est supérieure à celle du cœur gauche.*
5° *La température du foie est la plus élevée (38°2).*

II. — ÉQUILIBRE THERMIQUE DANS L'ORGANISME.

Production de chaleur par *hydratation, oxydation,* etc., de principes divers provoquées par......
- la *contraction des muscles ;*
- la *sécrétion des glandes ;*
- le *travail des centres nerveux ;*
- l'*oxydation de l'hémoglobine du sang* dans les poumons.

Perte de chaleur
- par *réduction, déshydratation,* etc., de principes divers ;
- par *rayonnement ;*
- par *transpiration* cutanée et pulmonaire ;
- par les *échanges avec le milieu extérieur.*

Lutte contre les variations extérieures :

1° Contre le froid. Lutte
- consciente..
  - Abri naturel. Vêtements pelucheux.
  - Affaissement, diminution de la surface rayonnante.
  - Exercices musculaires violents.
- inconsciente.
  - Suractivité de la respiration.
  - Retrait de la nappe de sang superficielle.
  - Poils, plumes. Couche adipeuse sous-cutanée.

2° Contre la chaleur. Lutte
- consciente..
  - Abri. Étoffes pelucheuses.
  - Repos absolu.
- inconsciente.   Transpiration.

Le système nerveux joue un rôle précieux dans la régulation de la température.

Les *phénomènes de destruction organique* (fonctionnement des organes et désassimilation) qui dégagent de la chaleur.

Comme la synthèse et la destruction organiques sont simultanées, suivant que l'une ou l'autre prédomine, la quantité de chaleur dont dispose l'organisme est variable ; elle subit des oscillations qu'atténue la circulation du sang en chacun de ses points, en *répartissant la chaleur produite.*

Les sources de chaleur sont des oxydations, des hydratations, des combinaisons d'acides et de bases, des transformations de sels neutres en sels acides. Tous ces phénomènes s'accomplissent surtout dans les *muscles,* les *glandes,* les *centres nerveux* et le *sang.*

Muscles. — L'observation vulgaire a montré que la quantité de chaleur produite augmente avec l'activité musculaire ; comme le poids des muscles représente à peu près la moitié du poids du corps, la contraction musculaire est donc une source de chaleur importante.

Une aiguille thermo-électrique, piquée dans le biceps d'un homme, ayant indiqué une température de 36°5, on fit scier du bois pendant un quart d'heure au patient : la température du même muscle s'éleva à 37°4. D'ailleurs, la température d'un muscle est toujours supérieure à celle du tissu conjonctif et des organes voisins, sauf quand ce muscle est paralysé.

L'élévation de température due à la contraction du muscle correspond à une active combustion des matières ternaires (sucres, féculents, corps gras) que lui apporte le sang.

Remarque : On sait que le travail T, produit par une machine, correspond à une dépense de chaleur Q telle qu'on a $\frac{T}{Q}$ = constante E (*équivalent mécanique de la chaleur*) ; c'est-à-dire qu'à la disparition de 1 *calorie* correspond la production d'un travail de 436 *kilogrammètres.*

Or, quand un muscle se contracte, il travaille et dépense une quantité de chaleur équivalente ; il devrait donc se refroidir, et pourtant il s'échauffe.

La cause de cet échauffement est la suivante : la contraction du muscle détermine une suractivité de la circulation du sang dans cet organe, une augmentation des combustions internes et la production d'une quantité de chaleur Q ; une partie q seulement de cette chaleur est transformée en travail musculaire ; la quantité $Q-q$ de chaleur disponible élève la température du muscle.

Glandes. — Quand on excite la sécrétion de la glande sous-maxillaire, par exemple, en agissant sur la *corde du tympan* qui l'innerve, la température de la glande s'élève de plusieurs degrés et correspond à une consommation plus grande d'oxygène. — La température des viscères d'un animal à jeun est moindre que s'il est en pleine digestion.

Centres nerveux. — La suractivité cérébrale se traduit par l'augmentation d'urée et de cholestérine rejetées par les urines et par la bile. *L'urée étant le déchet résultant de la combustion des matières azotées*, le travail cérébral s'effectue donc aux dépens de cette sorte d'aliments.

Sang. — M. Berthelot a évalué à $\frac{1}{7}$ de la quantité totale de chaleur produite dans l'organisme, celle qui résulte de l'oxydation de l'hémoglobine dans les poumons.

2° Chaleur perdue.

L'air froid qui nous entoure nous enlève de la chaleur.

Les principales causes de cette déperdition sont :

1° Le rayonnement de la peau ;

2° La perte de chaleur que nous subissons en introduisant dans notre corps de l'air à une température moyenne de 12° et des aliments dont quelques-uns sont froids, alors que nos produits d'excrétion sont rejetés à une température moyenne de 35° ;

3° La perte de chaleur causée par la transpiration à la surface de la peau et du poumon.

Le système nerveux règle les rapports de ces pertes de chaleur, comme il règle les oxydations, hydratations, etc.; il assure ainsi l'équilibre thermique des animaux supérieurs, appelés *animaux à température constante*.

LUTTE CONTRE LES VARIATIONS THERMIQUES DU MILIEU EXTÉRIEUR

L'équilibre thermique chez un animal est troublé par les variations de température du milieu extérieur ; aussi l'animal lutte soit contre le froid, soit contre la chaleur, et d'autant mieux que son organisation est plus élevée.

Il importe de remarquer d'abord que *les animaux vivent dans des milieux* (air, eau) *mauvais conducteurs de la chaleur* et propres, par suite, à les garantir des variations de la température extérieure ; mais comme ces milieux doivent être incessamment renouvelés pour fournir l'oxygène nécessaire à la vie, l'avantage qui résulte de leur faible conductibilité est singulièrement atténué. Les animaux inférieurs, organisés d'une manière insuffisante pour lutter contre ces variations, sont obligés de les subir; néanmoins leur protoplasme conserve une certaine vitalité à des températures même inférieures à 0°.

Les animaux supérieurs luttent, consciemment ou non, par des moyens divers que nous allons exposer, en ce qui concerne les Mammifères et les Oiseaux plus particulièrement.

Lutte contre le froid. — L'animal lutte *consciemment* contre le froid en cherchant un abri naturel (tanière, grotte, feuillage, etc.)

ou artificiel (vêtements pelucheux, fourrures) qui maintient à la surface de son corps de l'air qu'il a plus ou moins échauffé par son rayonnement ; il se roule en boule de manière à diminuer sa surface de rayonnement ; parfois il se livre à des exercices musculaires violents qui dégagent, par une active combustion de ses réserves, une grande quantité de chaleur.

L'animal *lutte inconsciemment* contre le froid :

1° *En produisant plus de chaleur par une suractivité de ses combustions internes.*

2° *En perdant moins de chaleur par rayonnement.* Cette perte dépend de la masse de sang qui irrigue la surface de la peau ; par le froid, la nappe sanguine superficielle diminue (pâleur du visage) et la peau anémiée, recouverte d'une couche de cellules mortes (couche cornée), de poils ou de plumes[1], constitue pour le corps un écran mauvais conducteur. (Voir *Formations tégumentaires*.)

Lutte contre la chaleur. — Les animaux supérieurs souffrent plus de l'excès de chaleur que de l'excès de froid, parce que leur organisme est mal conçu pour lutter dans ce cas. En effet, l'élévation de température provoque une augmentation de la circulation cutanée ; une quantité de sang plus grande est exposée à cet excès de chaleur, et la mauvaise situation de l'être est accentuée.

La lutte *consciente* consiste, pour l'animal, à se mettre à l'abri dans un milieu à température moins élevée, à ne faire aucun exercice musculaire (repos complet, sieste au milieu du jour) ; l'Arabe se couvre de vêtements pelucheux emprisonnant une épaisse couche d'air mauvais conducteur, qui s'oppose à l'arrivée de la chaleur extérieure jusqu'au corps.

La *lutte inconsciente* consiste dans une transpiration abondante ; l'évaporation de la sueur enlève à la nappe de sang superficielle l'excès de chaleur qu'elle reçoit et abaisse la température du corps.

L'excès de température doit être évité à tout prix ; Claude Bernard a reconnu que si la température d'un Mammifère s'élève à 45°, l'animal meurt paralysé (le cœur cesse de battre, les muscles ne peuvent effectuer de mouvements).

Le système nerveux joue un rôle très important dans cette lutte de l'organisme contre le milieu extérieur.

FORMATIONS TÉGUMENTAIRES DES VERTÉBRÉS.

Les formations tégumentaires de l'Homme sont les *poils*, les *ongles*, les *muscles horripilateurs* et les *glandes sudoripares* et *sébacées* déjà étudiées.

Poils. — Ce sont des productions épidermiques dues au bourgeonnement en profondeur de la couche de Malpighi *c.M* (fig. 138).

1. Les animaux qui habitent les pays froids sont protégés par une fourrure touffue, un duvet extrêmement abondant ou par une couche épaisse de tissu adipeux sous-cutané si le revêtement pileux manque (Baleine).

Le poil est implanté dans son *follicule fol*, c'est-à-dire dans la gaine dermique qui en entoure la *racine*.

Il est toujours accompagné, sinon de glandes sébacées *g. séb*, au moins de

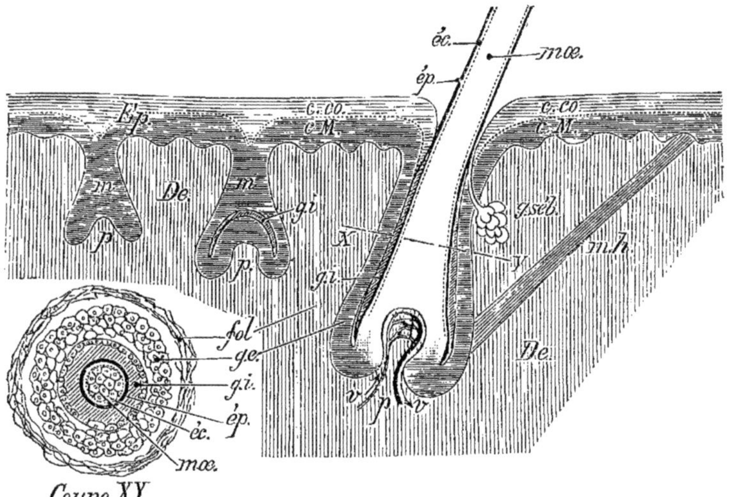

FIG. 138. — Figure théorique de la peau montrant le bourgeonnement de la couche de Malpighi *c.M*, l'origine et la structure d'un poil. *De*, derme; *Ep*, épiderme; *c. co*, couche cornée; *m*, bourgeon épidermique du poil; *p*, papille dermique contenant un réseau de vaisseaux capillaires *v*; *g. e*, *g. i*, gaines externe et interne du poil; *ép*, épidermicule; *éc*, écorce; *mœ*, couche médullaire du poil; *fol*, follicule pileux; *g.séb*, glande sébacée; *m.h*, muscle horripilateur.

quelques cellules sébacées dont la sécrétion facilite son glissement.

Ongles. — Ce sont des plaques de substance cornée à peu près d'égale épaisseur, sauf en arrière où elles s'amincissent dans le sillon de la peau qui en protège la racine ou *lunule l* (fig. 139). Le derme sous-unguéal *d* est séparé de l'ongle par une couche épithéliale molle *ép*, de couleur rose, qui se continue en avant avec la couche de Malpighi du doigt et en arrière avec la base de l'ongle.

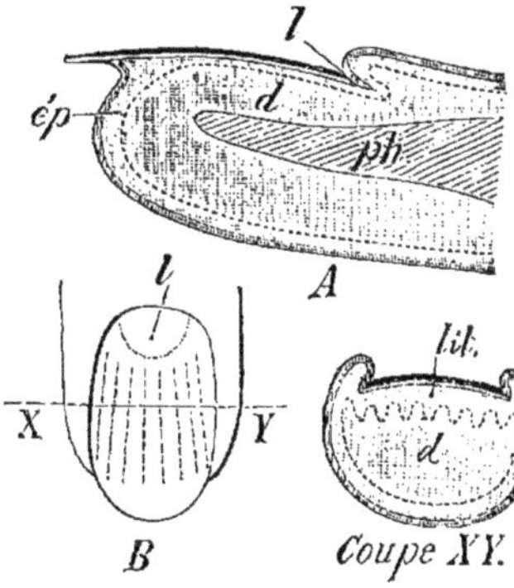

Muscles horripilateurs. — Ce sont des faisceaux de fibres musculaires lisses *m.h* insérés à la base des follicules pileux et se dirigeant obliquement vers la surface du derme. Quand ils se contractent par le froid, ils redressent les poils dont les follicules font légèrement saillie au dehors et produisent la *chair de poule*.

FIG. 139. — Coupe de l'extrémité du doigt montrant la disposition d'un ongle. — A; *ph*, phalange; *d*, derme; *ep*, épiderme; *l*, lunule vue de face en B. La coupe XY montre la forme du lit de l'ongle.

Mammifères. — Ils possèdent en général deux sortes de poils : les uns, courts, fins, forment le *duvet* qui constitue la fourrure des animaux habitant les pays froids (Martre, Hermine); les autres longs et raides, appelés *jarres*, se rencontrent chez les animaux des pays chauds. Toutes les formes de transition existent entre ces deux sortes de poils, et les habitants des régions tempérées modifient souvent leur robe avec la saison. De là ces variétés appelées : *laine* (Mouton), *soies* (Porc), *crins* (Cheval), *piquants* (Porc-épic), etc.

Les *griffes* des Onguiculés (Chat, Chien, Loutre, etc.), les *sabots* des Ongulés (Cheval, Bœuf, etc.), sont des formations de même nature que les ongles de l'Homme ; tandis que la griffe couvre incomplètement l'extrémité du doigt, le sabot l'enveloppe complètement.

Oiseaux. — Aucun Oiseau n'est dépourvu de *plumes* ; tel est le caractère extérieur fondamental de ces êtres. Les plumes *tectrices* revêtent le dos et les parois latérales du corps ; sur les ailes et la queue sont les *pennes* : *rémiges* appartenant aux ailes

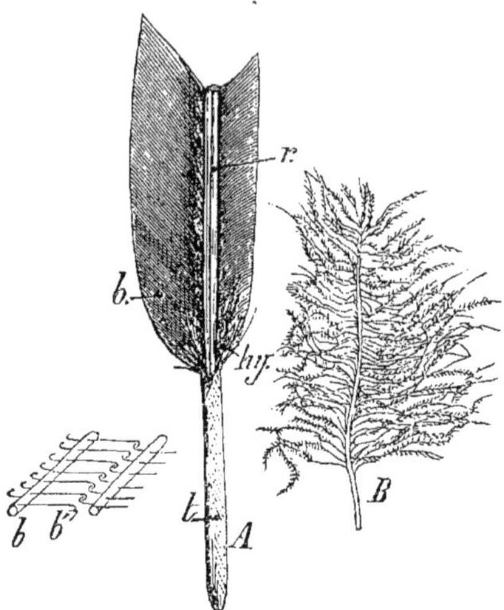

FIG. 140. — Plumes. A, grande plume ; *t*, tuyau ; *r*, rachis ; *b*, barbes ; *hy*, hyporachis. — A gauche, *b*, barbe portant les barbules crochues *b'*. — B, plume à barbules disjointes.

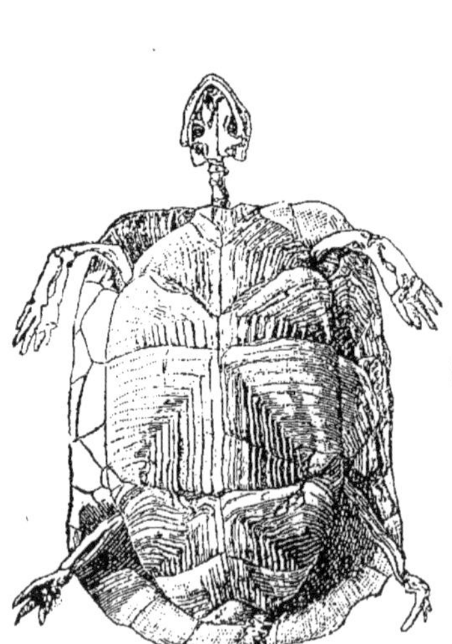

FIG. 141. — Squelette de Tortue enveloppé de la carapace.

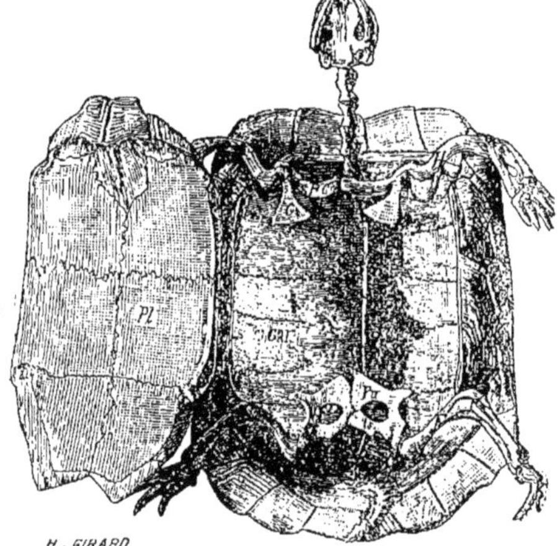

FIG. 142. — La carapace de la Tortue sciée latéralement et ouverte permet de voir la colonne vertébrale, libre dans les régions cervicale et coccygienne, soudée dans ses autres parties avec la carapace dorsale. *PC*, procoracoïde ; *C*, coracoïde ; *H*, humérus ; *Pu*, pubis ; *Is*, ischion.

qui rament dans l'air. *rectrices* insérées sur la queue qui dirige le vol.

Une plume a une origine épidermique comme le poil et son développement est identique, au début tout au moins. Parvenue à sa forme définitive, la plume A (fig. 140) présente une hampe composée d'un *tuyau t*, tube corné surmonté d'une tige ou *rachis r* qui porte les *barbes b* et les barbules *b'*. Le tuyau est percé à la base d'un petit orifice par lequel pénètre l'air qui, desséchant le *bulbe* dermique, donne lieu à de petites calottes cornées emboîtées. Les barbes sont munies de barbules en crochet *b, b'*, qui les retiennent fortement ; grâce à ce dispositif, la plume est une véritable rame aérienne. Les barbes sont indépendantes chez les Autruches ; le *duvet* est formé par des plumes sans rachis et pourvues de filaments longs et fins (Cygne, Oie, Eider).

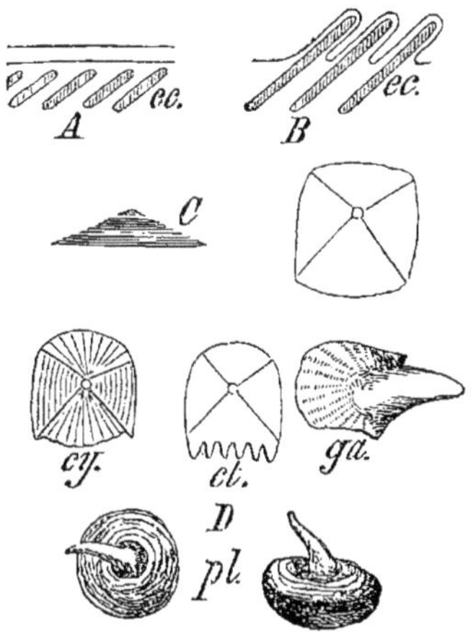

Reptiles. — Ces animaux sont couverts d'écailles épidermiques de développement considérable chez les Tortues ; le *Caret* en particulier fournit l'écaille travaillée dans l'industrie. En outre, les Crocodiles, les Tortues, etc., présentent des plaques dermiques dures (*scutelles*), soudées très fortement à la tête chez les Crocodiles. Les plaques épidermiques et les plaques dermiques de la Tortue ne se correspondent pas (fig. 141 et 142). Les Serpents ont seulement des écailles épidermiques, soudées par leurs bords, dont ils se débarrassent comme d'un doigt de gant lorsqu'ils muent.

Fig. 143. — Écailles des Poissons. — A ; *ec*, écailles jeunes, plus développées en B. C, lamelles superposées formant l'écaille vue à droite. D, différentes formes d'écailles : *cy*, cycloïde ; *ct*, cténoïde ; *ga*, ganoïde ; *pl*, placoïde.

Amphibiens. — Leur tégument est nu en général.

Poissons. — Les écailles qui recouvrent les Poissons sont *dermiques* et logées dans de petits alvéoles du derme *ec* (fig. 143, A). A mesure qu'elles grandissent, les écailles deviennent saillantes, mais sont toujours recouvertes par l'épiderme *ec*, B, renouvelé sans cesse. Les écailles des Poissons sont formées de lamelles superposées C ; d'après leur aspect, on les divise en écailles *cycloïdes cy* (Carpe), *cténoïdes ct* (Perche), *ganoïdes ga* (Lépidostée), *placoïdes pl* (Raie).

FONCTIONS DE RELATION

Considérations générales. — Tout animal doit chercher sa nourriture ; pour cela il se déplace, soit totalement, soit partiellement (émission des pseudopodes des Sarcodaires, mouvements des cils chez les Infusoires et certains Vers) Cette déformation du corps de l'Amibe et de l'Infusoire est due à la présence de substance musculaire amorphe, diffuse dans le protoplasme. Chez les Cœlentérés (Hydre), qui peuvent effectuer des mouvements mieux déterminés, on voit apparaître des cellules *névro-musculaires*, dont la partie externe est *sensible* et la partie interne *contractile*.

Les animaux supérieurs présentent une différenciation plus complète : cellules musculaires, éléments nerveux y deviennent distincts, tout en conservant des relations intimes. Les mouvements sont plus variés ; mais la complexité du corps exige pour chaque organe une position déterminée dont il ne devra s'écarter que dans des limites restreintes : alors apparaît une charpente plus ou moins résistante, un *squelette* auquel la plupart des organes sont rattachés (squelette externe chez les Arthropodes, interne chez les Vertébrés).

Le *squelette* devra être mû par des *muscles*, pour que tout ou partie des organes se déplace ; des *organes des sens* permettront l'orientation de ces mouvements dans la direction convenable dont sera juge le *système nerveux*.

L'appareil locomoteur comprend le *squelette* et le *système musculaire ;* l'appareil sensible et directeur des mouvements comprend les *organes des sens* et le *système nerveux.*

CHAPITRE PREMIER

SQUELETTE DE L'HOMME

Le squelette est la charpente du corps (fig. 144). Il est composé d'*os* formés eux-mêmes de tissu osseux (page 19).

Forme et constitution des os. — Les os sont *longs* (fémur 23, tibia 25, humérus 16, cubitus 17), *plats* (frontal 1, pariétaux 2, omoplate 14, iliaques 22) ou *courts* (os du carpe 12 et du tarse 27).

Les *os longs* présentent une région moyenne appelée *diaphyse* (fig. 145, 1) formée d'un tissu très compact, entourant la moelle *m ;* aux deux extrémités sont les *épiphyses* constituées par du tissu spongieux ; toutes les mailles du réseau épiphysaire sont occupées par des cellules de la moelle.

Les *os plats* (2) sont constitués par deux lamelles externes de tissu compact réunies par une lamelle de tissu spongieux (*diploé di*).

Tableau XVIII.

Squelette.

Définition. — Ensemble des parties dures qui forment la charpente du corps.

Os.

Leur forme (fig. 145).
- *Os longs :* Fémur, tibia, humérus, etc.
- *Os plats :* Omoplate, frontal, pariétaux, etc.
- *Os courts :* Vertèbre, os du carpe et du tarse.

Leur mode
- de formation et d'accroissement par substitution au cartilage (en général) (fig. 146).
- de rénovation
  - par la multiplication des cellules de la *couche ostéogène.*
  - par résorption du côté de la moelle osseuse.

DESCRIPTION DU SQUELETTE (fig. 144).

I. — TRONC.

Colonne vertébrale. 33 *vertèbres* (fig. 147).

Vertèbre (fig. 148).
- Corps et trou de la vertèbre.
- Apophyses (1 épineuse, 2 transverses, 4 articulaires).

Régions
- *cervicale :* 7 vertèbres.
- *dorsale :* 12 vertèbres portant les *côtes.*
- *lombaire :* 5 vertèbres.
- *sacrée :* 5 vertèbres soudées (*sacrum*).
- *coccygienne :* 3 ou 4 vertèbres déformées.

Sternum. (Poignée, *appendice xiphoïde.*)

Côtes. 12 paires
- 7 paires de *vraies côtes.*
- 5 paires de *fausses côtes* (côtes *flottantes :* 2 ou 3 paires).

II.—TÊTE (fig. 150).

Crâne.
- 2 *pariétaux,*
- 1 *frontal,* 1 *occipital,* 1 *sphénoïde,* 1 *ethmoïde.*
- 2 *temporaux,*

Face..
- 2 *nasaux,* 2 *jugaux,* 2 *lacrymaux,* 2 *maxillaires supérieurs.*
- 1 *vomer,* 2 *palatins,* 1 *maxillaire inférieur.* [Os *hyoïde*].

III. — MEMBRES (fig. 151 à 153).

Les membres supérieurs et les membres inférieurs sont *homologues.*

MEMBRES SUPÉRIEURS.	MEMBRES INFÉRIEURS.
Épaule...... *Omoplate.* / *Apophyse coracoïde* / [*Clavicule*].	**Hanche.** *Ilium.* / *Pubis. Ischion.* } Os iliaque.
Bras........ *Humérus.*	**Cuisse.,** *Fémur.* / [Rotule].
Avant-bras. *Radius.* / *Cubitus.*	**Jambe..** *Tibia.* / *Péroné.*
Main....... *Carpe :* 8 os. / *Métacarpe :* 5 os. / *Doigts :* 3 phalanges sauf le pouce.	**Pied....** *Tarse :* 7 os (Astragale. Calcanéum). / *Métatarse :* 5 os. / *Orteils :* 3 phalanges, sauf le pouce.

Les *os courts* (3) ont une enveloppe mince de tissu compact enveloppant le tissu spongieux qui les forme en entier.

Accroissement des os. — Chez l'embryon, le squelette est *muqueux*, puis *cartilagineux*, enfin *osseux*. Un os se développe le plus souvent aux dépens d'un cartilage; la résorption du cartilage est active grâce à la présence de vaisseaux san-

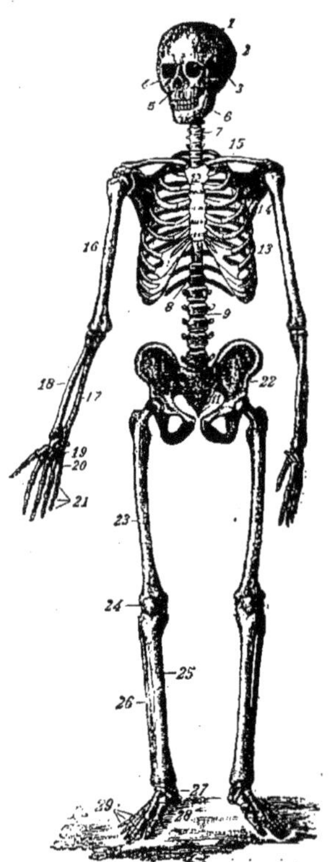

FIG. 144. — Squelette de l'Homme. — Tête : 1, frontal (en avant); 2, pariétal; 3, temporal; 4, jugal; 5, maxillaire supérieur; 6, maxillaire inférieur — Colonne vertébrale : 7, région cervicale; 8, région dorsale; 9, région lombaire; 10, région sacrée (sacrum); 11, région coccygienne; 12, sternum; 13, côtes. — Membre supérieur : 14, omoplate; 15, clavicule; 16, humérus; 17, cubitus; 18, radius; 19, carpe; 20, métacarpe; 21, phalanges. — Membre inférieur : 22, os iliaque; 23, fémur; 24, rotule; 25, tibia; 26, péroné; 27, tarse; 28, métatarse; 29, phalanges.

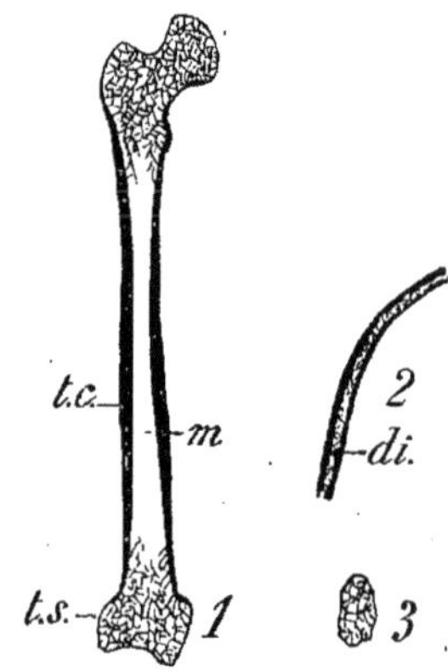

FIG. 145. — Structure d'un os : 1, os long; *t.c*, tissu compact; *t.s*, tissu spongieux; *m*, moelle. — 2, os plat; *di*, diploé. — 3, os court

guins autour desquels apparaissent les *points d'ossification*

Dans un os long, on distingue généralement 3 points d'ossification primitifs : 1 diaphysaire et 2 épiphysaires

Diaphyse et épiphyses se soudent à un moment donné.

Tant que la soudure n'est pas opérée, le cartilage séparant deux points d'ossification (*cartilage de conjugaison*) s'accroît et permet à l'os de grandir; *une fois la soudure réalisée, l'os ne croît plus en longueur.* On comprend ainsi pourquoi l'Homme cesse de grandir à partir de 20 à 25 ans : à cette époque, son squelette est entièrement formé.

(*a*). *Accroissement en longueur des os [ossification enchondrale].* — L'accroissement en longueur s'opère ainsi : le cartilage normal augmente sans cesse ; ses cellules, *c.ca* (fig. 146), se multiplient et donnent de nombreuses cellules-filles d'abord alignées, *ca.s*, puis placées irrégulièrement dans de grandes cavités ; ces cavités sont éventrées par les capillaires gonflés qui amènent les ostéoblastes, *ost*, de la moelle. Ceux-ci s'appliquent contre les travées, *tr*, du cartilage qui peu à peu se calcifie et y produisent les lamelles osseuses, *la.os*.

La substance osseuse ne dérive pas du cartilage qui sert seulement de charpente.

(*b*) *Accroissement en épaisseur des os [ossification périostique].* — Les os, abondamment nourris par les vaisseaux contenus dans les canaux de Havers, sont le siège d'une active multiplication d'ostéoblastes sous le périoste (*couche ostéogène*) ; ces ostéoblastes sécrètent eux-mêmes la substance interstitielle qui les séparera et les éloignera les uns des autres ; ils conservent cependant des relations directes par leurs prolongements protoplasmiques. En même temps, il y a résorption du côté interne occupé par la moelle des os.

L'expérience suivante en est une preuve : on soulève une petite partie du périoste d'un os chez un jeune animal, on y glisse un fil de platine et l'on referme la plaie ; si plus tard l'animal est sacrifié, on retrouve le fil métallique dans la cavité médullaire.

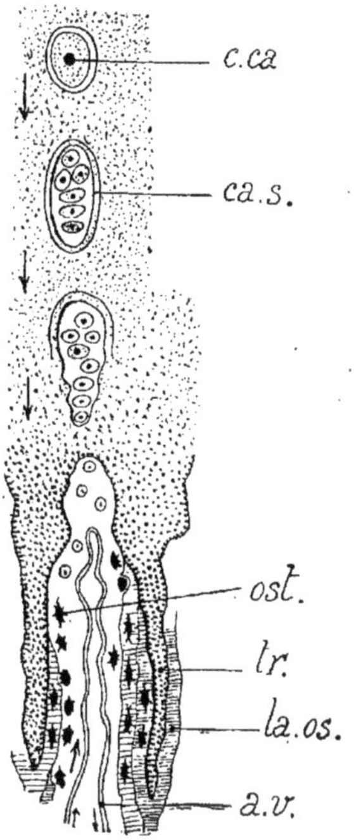

C'est en raison de l'activité de la couche ostéogène que les deux parties d'un os brisé se soudent à nouveau.

La *greffe animale osseuse* est une application chirurgicale importante de ce phénomène : on régénère une partie osseuse détruite en disposant des lambeaux de *périoste vivant* à l'endroit de la plaie ; peu à peu les couches osseuses nouvelles se mettent en rapport avec le tissu non altéré de l'os.

Une *alimentation riche en sels calcaires* est indispensable pendant la période de régénération osseuse, comme d'ailleurs pendant la période de croissance des êtres pourvus d'un squelette. Un jeune animal privé totalement de sels calcaires devient rachitique.

FIG. 146. — Ossification. — *c.ca*, cellule cartilagineuse normale ; *ca.s*, cartilage sérié ; *tr*, travée de cartilage calcifié ; *ost*, ostéoblastes ; *a.v*, anse vasculaire ; *la.os*, lamelle osseuse.

DESCRIPTION DU SQUELETTE

Le squelette de l'Homme comprend trois parties : le *tronc*, la *tête* et les *membres*.

I. Tronc.

On y distingue la *colonne vertébrale*, les *côtes* et le *sternum*.

Colonne vertébrale. — La *colonne vertébrale* (fig. 147) forme la partie centrale du squelette ; elle supporte la tête ; les côtes s'y

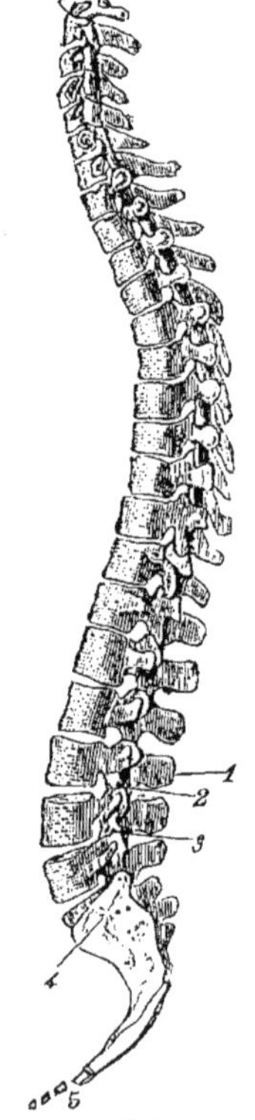

Fig. 147. — Colonne vertébrale de l'Homme. 1, apophyse épineuse ; 2, facette articulaire ; 4, sacrum.

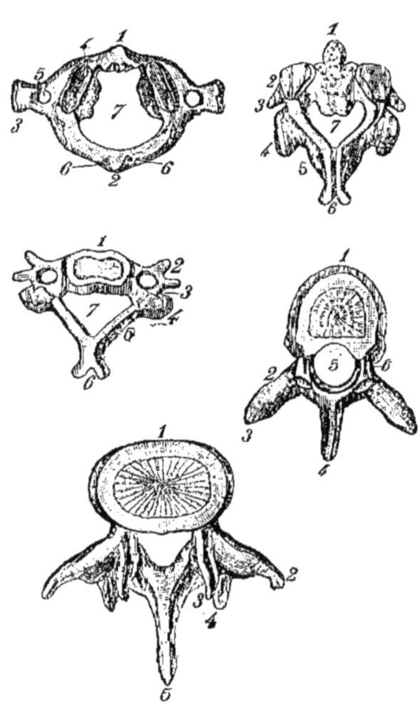

Fig. 148. — Vertèbres diverses. En haut : à gauche, *atlas* (1re vertèbre) ; à droite, *axis* (2e vertèbre). Au milieu : à gauche, vertèbre cervicale ; à droite, vertèbre dorsale. En bas, vertèbre lombaire. — Atlas : 1, apophyse odontoïde. Vertèbre dorsale : 1, corps ; 2, 3, apophyse transverse ; 4, apophyse épineuse ; 5, anneau vertébral (trou) ; 6, facette articulaire.

rattachent et les membres y prennent leur point d'appui. Elle est formée de 32 ou 33 segments superposés appelés *vertèbres*.

Une *vertèbre* (fig. 148) se compose d'une partie pleine antérieure (*corps*) et d'un arc osseux postérieur (*arc neural*) circonscrivant le *trou* de la vertèbre, 5 (à droite et en bas). L'arc neural se prolonge en arrière par *une apophyse épineuse*, 4 ; sur les côtés se trouvent *deux apophyses transverses*, 3, et *quatre facettes articulaires* symétriquement placées deux à deux, 6. .

Les vertèbres étant superposées, leurs corps sont reliés par des *disques intervertébraux* cartilagineux *l. in*, A (fig. 174) et leurs arcs neuraux en contact par les facettes articulaires ; les facettes supérieures d'une vertèbre sont *recouvertes* par les facettes inférieures de la vertèbre précédente et les facettes inférieures sont *recouvrantes* pour les facettes supérieures de la vertèbre suivante.

Les trous des vertèbres forment, par leur ensemble, le *canal rachidien* qui abrite la moelle épinière. Les pédicules des arcs neuraux sont étranglés et présentent des *trous de conjugaison* par lesquels sortent les nerfs émanant de la moelle épinière.

La colonne vertébrale se divise en 5 régions : cervicale (7 vertèbres), *dorsale* (12 v.), *lombaire* (5 v.), *sacrée* (5 v.), *coccygienne* (4 v.).

Les vertèbres des diverses régions présentent des variations de forme importantes (fig. 148).

Les *vertèbres cervicales* ont un petit corps, un arc neural et deux anneaux osseux latéraux dans lesquels sont logées les artères vertébrales. La première vertèbre, appelée *atlas*, porte deux surfaces d'articulation avec la base du crâne qu'elle soutient ; elle est dépourvue de corps ; le corps de la deuxième vertèbre dite *axis* se prolonge par une saillie conique supérieure, l'*apophyse odontoïde*, qui tient la place du corps de l'atlas ; cette dernière et la tête qu'elle supporte peuvent donc tourner autour du pivot formé par l'apophyse odontoïde.

Les *vertèbres dorsales* sont pourvues d'apophyses épineuses obliques de haut en bas ; elles portent chacune une paire de côtes.

Les *vertèbres lombaires* sont les plus fortes de toutes ; leurs apophyses épineuses sont horizontales et leurs apophyses transverses très développées.

Les *vertèbres sacrées* sont soudées en un os, le *sacrum*, qui constitue une solide base d'insertion pour les membres inférieurs.

Les *vertèbres coccygiennes* sont presque atrophiées et soudées (*coccyx*).

Côtes et sternum. — Au nombre de 12 paires, les côtes sont articulées avec les vertèbres dorsales par leur *tête* et leur *tubérosité*. Le tête de la côte porte latéralement contre le corps vertébral en *p f* (fig. 74), et la tubérosité contre la face antérieure de l'apophyse transverse en *p'f*.

En avant, les côtes sont rattachées au *sternum* 12 (fig. 144). Cet os est plat, en forme de glaive, large à sa partie supérieure (poignée), et terminé en pointe du côté inférieur (appendice xiphoïde).

La lame du sternum donne insertion latéralement aux cartilages des 7 premières paires de côtes appelées *vraies côtes* (13) ; les cartilages des 2 ou 3 paires de côtes suivantes (*fausses côtes*) sont reliés au cartilage de la côte précédente. Les côtes inférieures sont dites *flottantes* (8) ; elles n'ont d'insertion fixe qu'en arrière sur les dernières vertèbres dorsales.

II. Tête.

La tête comprend le *crâne*, boîte osseuse qui renferme l'encéphale, et la *face* où sont abrités les organes des sens délicats (fig. 149).

Crâne. — Les os plats qui limitent le crâne sont soudés entre eux par engrènement. Ils comprennent : le *frontal* (2) en avant, les

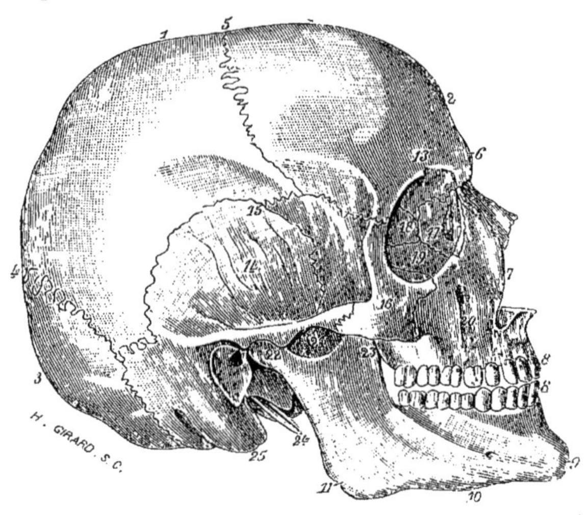

Fig. 149. — Tête de l'Homme vue de profil. 1 pariétal ; 2, frontal ; 3, occipital ; 14, temporal avec le trou auditif externe, les apophyses styloïde 24 et mastoïde 25 ; 16, jugal formant avec le temporal l'arcade zygomatique ; 17, lacrymal ; 18, ethmoïde ; 20, maxillaire supérieur soudé en haut et à droite avec l'os nasal ; 9, 10, 11, maxillaire inférieur avec l'apophyse coronoïde 23 et le condyle 22.

pariétaux (1) en haut et sur les côtés, les *temporaux* (14) sur les côtés, l'*occipital* (3) en arrière et à la base postérieure, le *sphénoïde* (5, fig. 27) au milieu de la base, l'*ethmoïde* (6, fig. 27) formant la base antérieure du crâne.

La partie basilaire de l'occipital est percée d'un large orifice (*trou occipital*) par lequel l'encéphale communique avec la moelle épinière ; de part et d'autre de cet orifice sont deux proéminences, les *condyles occipitaux*, qui reposent sur les facettes supérieures de l'atlas.

Le *sphénoïde* est la clef de voûte du crâne ; il est articulé avec la plupart des os qui composent la tête et se prolonge en bas par les apophyses ptérygoïdes (p. 40, fig. 25).

L'*ethmoïde* est très irrégulier, présente sur sa face supérieure l'*apophyse crista galli*, crête médiane de chaque côté de laquelle se trouve une lame osseuse perforée de nombreux trous (*lame criblée*) pour le passage des filets nerveux des lobes olfactifs ; de chaque côté, cet os forme les cornets supérieurs et moyens du nez (fig. 183) ; il porte en dessous une 2ᵉ crête (cloison du nez).

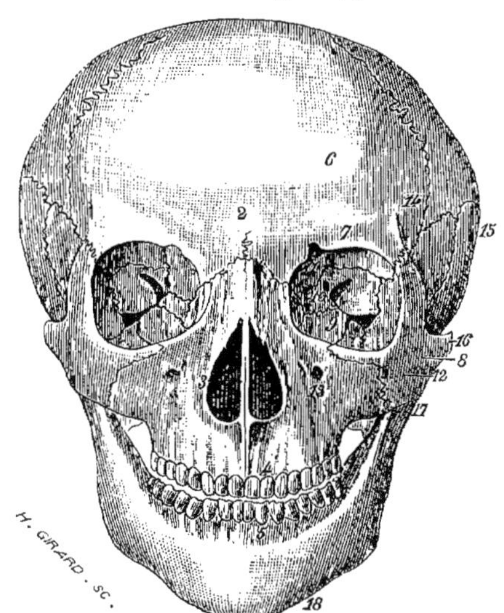

Fɪɢ. 150. — Tête de l'Homme vue de face. 2, frontal ; 3, vomer ; 4, dents portées par les maxillaires supérieurs 13 ; 5, dents insérées sur le maxillaire inférieur 18 ; 8, os jugal avec l'arcade zygomatique 16 ; 10, sphénoïde ; 15, temporal.

L'*os temporal*, qui abrite les oreilles moyenne et interne dans une partie très dure appelée *rocher*, présente en avant du trou auditif la *cavité glénoïde* qui reçoit le condyle *co* de la mâchoire inférieure (fig. 24) et la partie postérieure de l'*arcade zygomatique a.zyg* que complète en avant l'*os jugal* (fig.27).

Face. — Les os de la face sont : 2 *nasaux*, 2 *lacrymaux* 17 (fig. 149), 2 *maxillaires supérieurs* 13 (fig. 150) soudés aux *os incisifs* 4, 1 *vomer* (3) dans la cloison du nez, 2 *jugaux* (12), 2 *palatins* et le *maxillaire inférieur* (18). Les maxillaires supérieurs et inférieur portent les dents.

L'*os hyoïde* est un os indépendant qui soutient le larynx.

III. Membres.

L'Homme est pourvu de quatre membres : 2 *membres supérieurs* dont les bases appuyées sur la partie supérieure de la cage thoracique forment la *ceinture scapulaire*, et 2 *membres inférieurs*, dont les bases soudées avec le sacrum 10 (fig. 144) forment la *ceinture pelvienne*.

Les membres supérieurs et les membres inférieurs comprennent chacun 4 régions qui sont :

Pour le membre supérieur : *épaule, bras, avant-bras, main* ;
Pour le membre inférieur : *hanche, cuisse, jambe, pied*.

Membre supérieur. — *Épaule*. Cette demi-ceinture thoracique, indépendante de celle du côté opposé, est composée de deux os soudés entre eux, l'*omoplate* et le *coracoïde* 14 (fig. 144), et d'un os libre, la *clavicule* (15).

L'omoplate, os plat et triangulaire (fig. 151), s'appuie par sa face légèrement concave sur la face postérieure de la cage thoracique ; le coracoïde en est une courte apophyse chez l'Homme ; au-dessous est la *cavité glénoïde* (5) dans laquelle s'engage la tête de

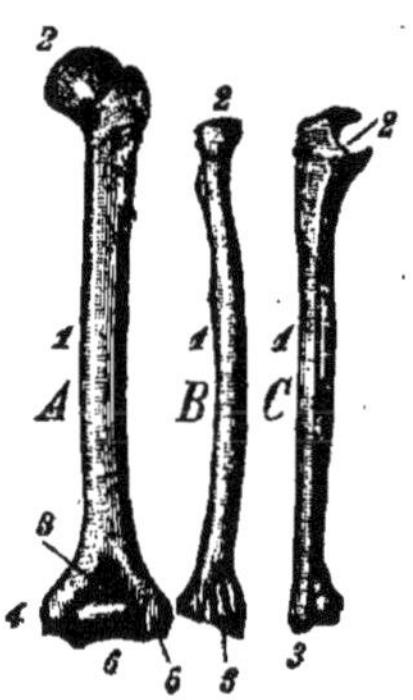

Fig. 151. — Omoplate. 1, fosse sous-épineuse ; 2, épine de l'omoplate ; 3, apophyse acromion ; 4, apophyse coracoïde ; 5, cavité glénoïde.

Fig. 152. — Membre supérieur gauche. — A, humérus (face postérieure). 2, tête ; 3, cavité olécranienne ; 4, 5, condyles. 6, surface d'articulation avec le cubitus. — B, radius (face antérieure). 2, facette d'articulation avec l'humérus ; 3, extrémité inférieure articulée aux os du carpe. — C, cubitus (face latérale) ; 2, cavité surmontée par l'apophyse olécrâne.

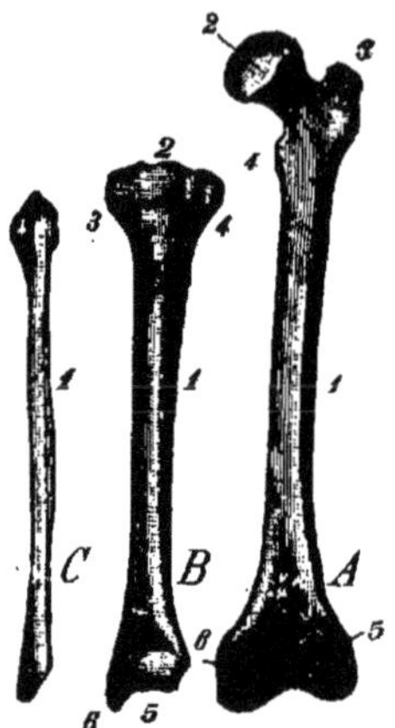

IG. 153. — Membre inférieur. A, fémur droit (face postérieure) ; 2, tête et col ; 3, 4, grand et petit trochanter ; 5, 6, condyles. — B, tibia gauche (face antérieure) ; 2, surface d'articulation avec le fémur et la rotule ; 5, surface d'articulation avec l'astragale (tarse). — C, péroné gauche.

l'humérus ; en haut et en arrière, l'*apophyse acromion* (3) de l'omoplate sert de base à la clavicule 15 (fig. 144), qui s'insère d'autre part sur le sternum en avant.

L'os du *bras* est l'*humérus* (A, fig. 152) dont l'extrémité inférieure présente deux surfaces articulaires et la *cavité olécranienne*, où s'engage la tête du cubitus.

L'*avant-bras* comprend le *cubitus* C, large en haut, étroit en bas, et le *radius* B dont l'extrémité inférieure, très large, sert à l'insertion des os du carpe.

La *main* est constituée par le *carpe* (8 os courts), le *métacarpe* (5 os presque parallèles) et les *phalanges* (3 pour chaque doigt, sauf le pouce).

Membre inférieur. — *Hanche.* La ceinture pelvienne est formée de deux *iliaques* (22, fig. 144) soudés au sacrum en arrière et reliés entre eux en avant par la symphyse pubienne. Cet ensemble constitue le *bassin*, très résistant, sur lequel porte tout le poids du tronc, de la tête et des membres supérieurs.

Chaque *os iliaque* résulte de la soudure de 3 os : l'*ilium* en arrière, le *pubis* en haut et en avant, l'*ischion* en bas. Tous trois participent à la formation de la cavité cotyloïde qui reçoit la tête du *fémur*.

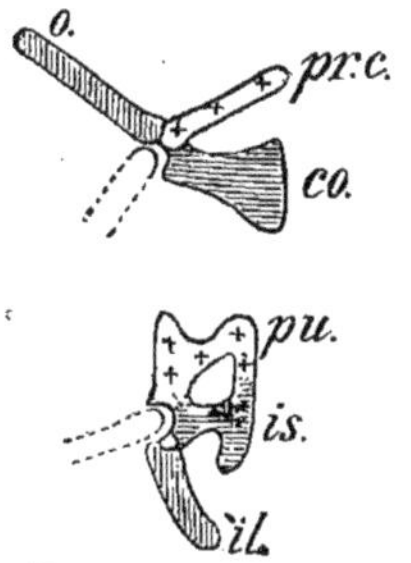

La *cuisse* possède le *fémur* (A, fig. 153), os le plus long du corps avec une tête (2) et deux grandes apophyses supérieures : le *grand trochanter* presque sphérique (3), et le petit trochanter (4).

La *jambe* comprend le *tibia* B et le *péroné* C. Le tibia, de section triangulaire, est de beaucoup le plus important et s'articule en haut avec le fémur, en bas avec l'astragale (os du tarse). Le péroné est un os de renforcement.

Entre la cuisse et la jambe, en avant, est la *rotule* (24, fig. 144) (*os sésamoïde* ou supplémentaire).

Le *pied* est formé, comme la main, de 3 régions : le *tarse* (7 os, dont 2 importants, l'*astragale* articulé avec le tibia et le *calca-néum* qui forme le talon); le *métatarse* (5 os) et les *phalanges* (3 pour chaque orteil, sauf le pouce).

FIG. 154. — Homologie des ceintures scapulaire (en haut) et pelvienne (en bas; les os homologues sont représentés par les mêmes signes. *o*, omoplate; *pr.c*, procoracoïde; *co*, coracoïde; *il*, ilium; *pu*, pubis; *is*, ischion.

Les membres supérieurs et les membres inférieurs sont homologues, construits sur le même plan. Ils diffèrent quelque peu par leurs bases (ceintures scapulaire et pelvienne).

CEINTURE SCAPULAIRE.	CEINTURE PELVIENNE.
Omoplates non soudées à la colonne vertébrale.	*Iliums* soudés au sacrum.
Os coracoïdes à peine développés.	*Ischions*.
Os procoracoïdes: Clavicules.	*Pubis* réunis en avant (symphyse pubienne).

A l'*humérus* du bras correspond le *fémur* de la cuisse.

Au *radius* de l'avant-bras correspond le *tibia* de la jambe.

Au *cubitus* de l'avant-bras correspond le *péroné* de la jambe.

Les os de la main et du pied tirent leur origine de centres d'ossification semblablement placés.

Les mouvements du radius et du cubitus diffèrent de ceux qu'exécutent le tibia et le péroné ; nous en précisons plus loin les causes.

§ 2. — ANATOMIE COMPARÉE DU SQUELETTE DANS LA SÉRIE

1° PLAN GÉNÉRAL DU SQUELETTE. — SEGMENT VERTÉBRAL.

L'étude du développement du squelette chez l'embryon humain montre que cet

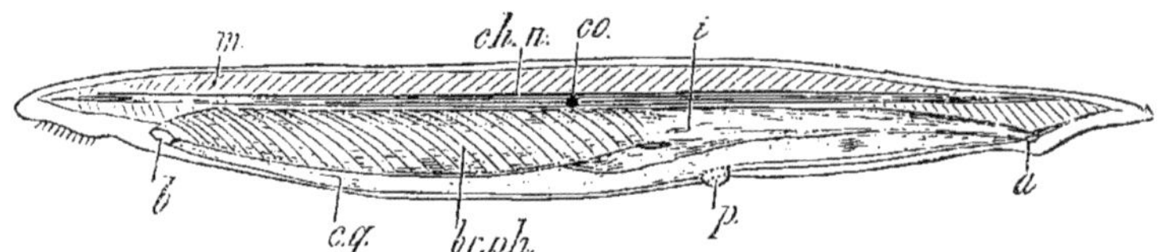

FIG. 155. — Amphioxus. *co*, corde dorsale; *ch.n*, chaîne nerveuse (au-dessus); *i*, intestin (en dessous); *b*, bouche; *br.ph*, cavité pharyngienne et branchiale; *a*, anus; *c.g*, cavité générale; *p*, pore abdominal; *m*, muscles.

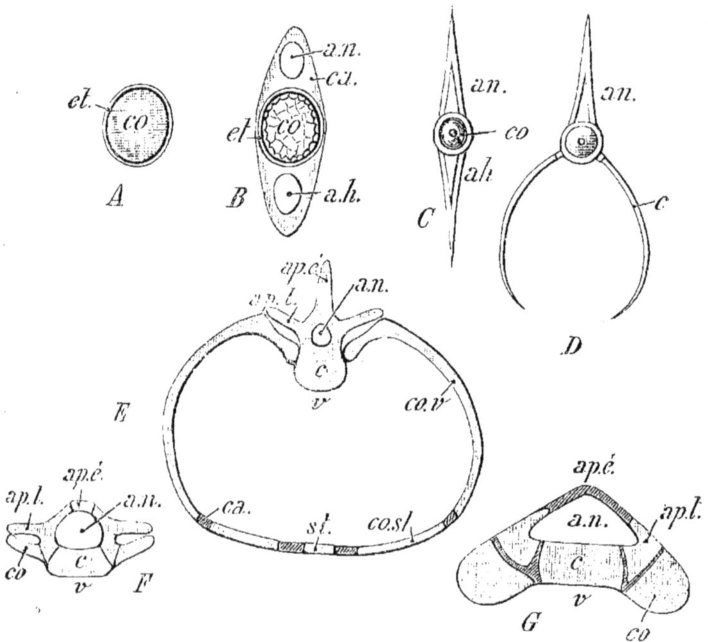

FIG. 156. — Segment vertébral sous ses diverses formes. — A, segment primitif; *co*, corde; *et*, étui. — B, la corde s'entoure de cartillage *ca*; *a.n*, arc neural; *a.h*, arc hémal. — C, D; Poissons Téléostéens: C, région post-anale; D, région viscérale; *c*, côtes. — E; Vertébrés supérieurs (région dorsale du squelette): *v*, vertèbre; *c*, corps; *a.n*, arc neural avec les apophyses épineuses, *ap.é*, et transverses *ap.t*; *co.v*, vraie côte; *co.st*, côte sternale; *ca*, cartilages d'union; *st*, sternum. — F, G, segments vertébraux modifiés : de la région cervicale (F), de la région sacrée (G).

appareil franchit, par étapes, quelques-unes des phases caractéristiques du squelette définitif des Vertébrés inférieurs.

Corde dorsale; ses transformations.

1° *État muqueux.* — Chez l'*Amphioxus* (fig. 155), le long du corps et d'avant en arrière, est une tige cylindrique, *co*, formée de cellules mal définies (*corde dorsale*

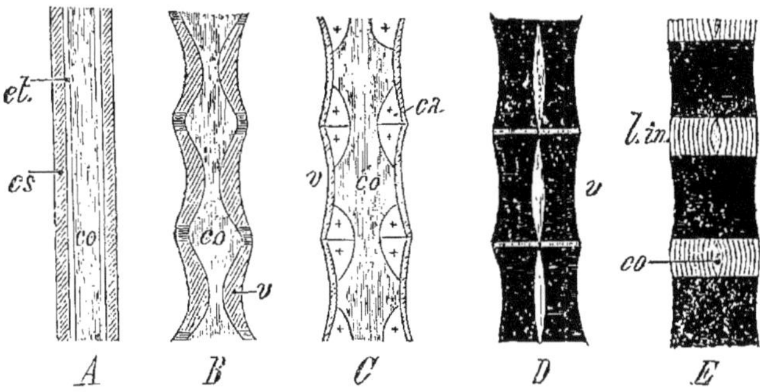

FIG. 157. — États divers de la colonne vertébrale. A ; *co*, corde dorsale continue ; *et*, étui. — B ; la corde se partage en segments *v* (vertèbres biconcaves des Poissons). — C, vertèbre des Amphibiens avec cartilage intervertébral *ca*; la corde diminue de volume. — D, E : vertèbres ossifiées des Reptiles et des Oiseaux (D), des Mammifères (E).

ou *notochorde*), enveloppée dans un étui sécrété par ces cellules mêmes (fig. 156 et 157, A) : c'est aussi le premier état de notre squelette.

2° *État cartilagineux.* — Chez les Vertébrés, des modifications surviennent bientôt.

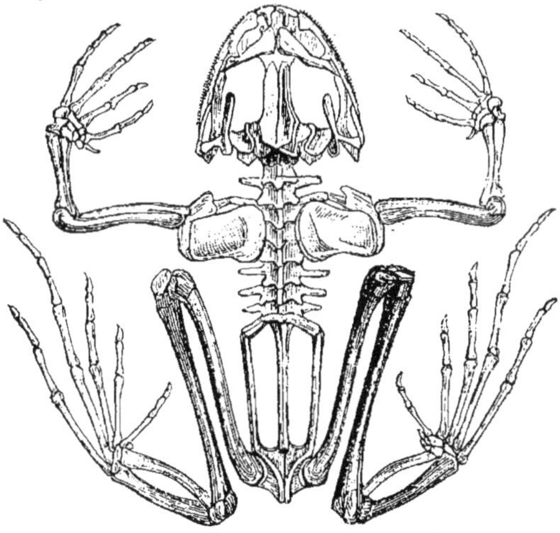

Une *segmentation* se produit dans la corde B (fig. 157), puis dans le cartilage qui l'entoure ; les segments successifs sont les *vertèbres primordiales v* et la corde est devenue une *colonne vertébrale*. Chaque vertèbre y présente un *corps*, et des parties annexes ou *arcs :* l'un supérieur, abritant le système nerveux central, est dit *arc neural a,n* (fig. 156, B); l'autre inférieur, entourant les principaux troncs sanguins et les viscères, est l'*arc hémal a.h* (Poissons cartilagineux).

FIG. 158. — Squelette de la Grenouille.

3° *État osseux.* — Le cartilage du corps de la vertèbre et des arcs (neural et hémal) se transforme ensuite en substance osseuse. Les vertèbres et leurs annexes adoptent peu à peu leur forme définitive (fig. 157, D, E).

On appelle *segment vertébral* l'ensemble constitué par une vertèbre et les arcs qui en dépendent.

La région postérieure du squelette des Poissons Téléostéens (Tanche, par exemple), est formée d'une suite de segments vertébraux parfaits, C (fig. 156). Dans la région antérieure, sauf la tête, l'arc hémal est incomplet et ouvert; il porte des parties latérales mobiles appelées *côtes*.

Cette dernière disposition se retrouve chez les Serpents sur toute la longueur du corps (sauf la tête).

Avec les Crocodiles et les Lézards apparaît un caractère nouveau qu'on retrouve chez tous les Vertébrés supérieurs : les côtes se confondent, par leurs extrémités ventrales, en 2 bandelettes cartilagineuses unies sur la ligne médiane et forment un *sternum*, *st* (fig. 156, E), ossifié chez les Oiseaux et les Mammifères [1].

La partie du corps où existent le sternum et les côtes porte le nom de *région thoracique;* dans la *région cervicale* qui la précède et dans la *région lombaire* qui la suit immédiatement, ne se trouvent plus que des rudiments de côtes non mobiles (fig. 156, *co*, F, G).

Dans la région lombaire, quelques vertèbres se soudent entre elles et forment un *sacrum* (région sacrée) dont l'étendue est variable avec les espèces considérées.

[Le *sacrum* est la région de la colonne vertébrale où les membres inférieurs prennent leur point d'appui.]

L'indépendance ou la soudure des segments vertébraux est déterminée par

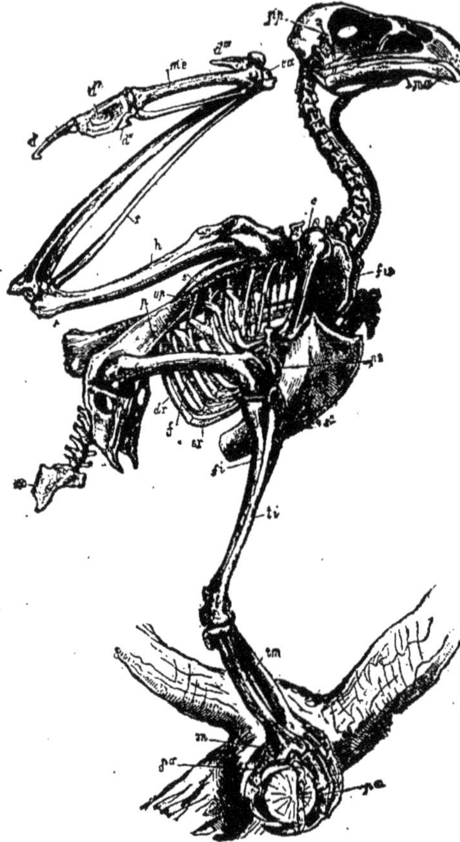

FIG. 159. — Squelette d'Oiseau (Aigle). *ma*, maxillaire inférieur; *dr*, vraie côte avec apophyse uncinée, *up*; *sr*, côte sternale; *st*, sternum; *fu*, fourchette (soudure des clavicules); *e*, coracoïde; *s*, omoplate; *h*, humérus; *r*, cubitus et radius; *ca*, carpe; *mé*, métacarpe; *d'* à *d'''* doigts; *f*, fémur; *ti*, tibia; *tm*, métatarse; *pa*, phalanges des orteils.

le mode de vie de l'animal. Si des ondulations du corps tout entier sont exigées pour la locomotion, les segments vertébraux sont indépendants (Serpents); dans le cas contraire, une partie plus ou moins étendue de ces segments est soudée (Oiseaux).

---

1. La Grenouille (fig. 158) possède un sternum auquel n'aboutissent pas de côtes. La Tortue présente une carapace formée par le développement extraordinaire de plaques osseuses tirant leur origine de la couche squelettogène du derme et de l'épiderme; les plaques dermiques y sont soudées au squelette du tronc (fig. 141 et 142).

TABLEAU XIX.

Squelette dans la série.

Le squelette des vertébrés est une succession de *segments vertébraux* (fig. 156), précédée d'une végétation anormale (tête) et pourvue d'appendices locomoteurs (membres).

Segment vertébral (fig. 156, E). { *Corps* de la vertèbre (*centrum*). { *Arc neural.* / *Arc hémal.*

Modifications du squelette (surtout des membres) dues à *l'adaptation* :

au mode de vie chez les animaux divers (fig. 160 à 167).

dans l'eau : Animaux *aquatiques :* nageoires (Poissons, Ichthyosaure).

dans l'air : Animaux *aériens* .... { Membrane alaire (Chauve-souris, Ptérodactyle). / Aile (Oiseaux).

sous le sol : Animaux *fouisseurs :* palette (Taupe).

sur la terre. { Mammifères onguiculés pentadactyles.

Mammifères ongulés { périssodactyles. { Réduction du nombre des doigts. / artiodactyles...

Nageoire, aile, palette, membre, sont des organes homologues.

à la fonction chez un même animal. { *Différences entre les membres antérieur et postérieur dues au déplacement des surfaces articulaires de l'humérus et du fémur sur les ceintures thoracique et pelvienne.*

INVERTÉBRÉS.

Tuniciers. Enveloppe de *tunicine* avec 2 orifices.

Arthropodes. { Squelette externe formé de *chitine.*

Anneaux successifs { *Arceau* dorsal ou *tergal* (fig. 168). / — ventral ou *sternal.*

répartis en 3 régions : *Tête, Thorax* et *Abdomen* (fig. 169).

Vers. Pas de squelette en général. *Tube* de la Serpule (fig. 67).

Mollusques. *Coquille* { externe { bivalve. Lamellibranches (fig. 171). / univalve. Gastéropodes (fig. 172). Nautile. / interne. Quelques Céphalopodes.

Échinodermes. *Test calcaire.*

Cœlentérés et Spongiaires. *Spicules* (Polypiers) (fig. 173).

Protozoaires. { Sécrétion calcaire des Foraminifères. / Squelette siliceux des Radiolaires.

ARTICULATIONS.

Articulations { fixes ou *sutures* entre les os du crâne (fig. 149). / presque fixes ou *symphyses* entre les vertèbres (fig. 174), les os pubis, etc. / mobiles ou *diarthroses* entre la plupart des os.

Cette *adaptation* se révélera plus remarquable encore à propos de l'étude des membres.

2° MEMBRES.

Fondamentalement les Vertébrés possèdent deux paires de membres.

Ces membres ont subi des modifications profondes parce qu'ils se sont **adaptés** *aux modes d'existence variés des animaux, dans l'eau, sur la terre, sous le sol et dans l'air.*

Quelquefois même ils ont plus ou moins complètement disparu :

Chez les Poissons Cyclostomes et chez les Serpents, ils n'existent pas ; leur avortement est progressif chez certains Reptiles sauriens (Seps, Pseudope, Orvet) ; il y a réduction importante des membres antérieurs chez les Oiseaux coureurs (Autruche) et disparition presque totale des membres postérieurs chez les Mammifères Cétacés (Baleine).

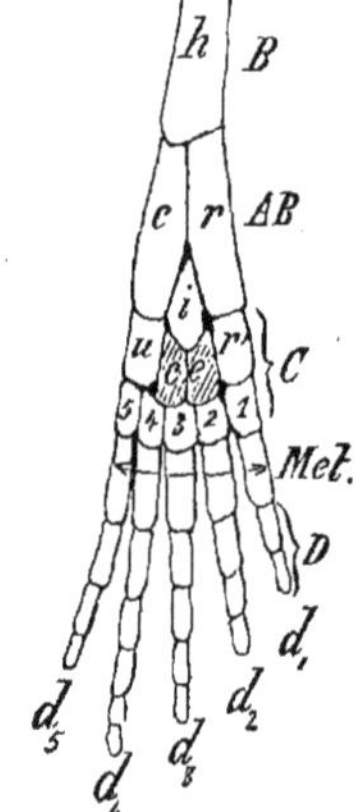

Fig. 160. — Partie libre d'un membre de Grenouille. — *B*, bras : *h*, humérus ; *AB*, avant-bras : *c*, cubitus *r*, radius. *C*, carpe. *Mét*, métacarpe. *D*, doigts.

Composition des membres. — Les membres se composent d'une *partie libre* très mobile et d'une *partie basilaire* engagée dans l'épaisseur des tissus. Cette dernière s'appelle *ceinture scapulaire* pour les membres antérieurs, *ceinture pelvienne* pour les membres postérieurs.

Partie basilaire des membres. — Elle forme, de chaque côté du plan de symétrie du corps, un arc composé de trois pièces plus ou moins développées suivant les espèces.

La *ceinture scapulaire* comprend : l'*omoplate* dorsale et l'*os coracoïde* ventral (comme partie fondamentale), la *clavicule* (comme pièce accessoire). Elle repose en général sur la région antérieure du tronc.

La *ceinture pelvienne* comprend : l'*ilium* dorsal (soudé au sacrum) et, du côté ventral, l'*ischion* postérieur et le *pubis* antérieur.

Partie libre des membres. Animaux aquatiques. — Les parties libres des membres antérieurs et postérieurs chez tous les animaux aquatiques ont entre elles la plus grande analogie ; la seule différence qu'on puisse signaler dans la série des Vertébrés consiste en ce que le squelette très complexe des nageoires des Poissons est réduit notablement dans les membres des Vertébrés supérieurs qui habitent l'eau.

Les Poissons possèdent des membres transformés en nageoires paires : les *nageoires pectorales* sont les homologues des membres antérieurs des autres Vertébrés, et les *nageoires abdominales* représentent les membres postérieurs. D'autres lames, appelées aussi nageoires, sont impaires et servent à diriger les mouvements des Poissons dans l'eau ; ce sont : la nageoire *dorsale*, la nageoire *caudale* qui forme la queue et la nageoire *anale* située en arrière de l'anus

Les membres de la majeure partie des Vertébrés sont *pentadactyles*, c'est-à-dire terminés par 5 doigts (fig. 160), ou bien ils dérivent d'une forme primitive pentadactyle.

Dans le membre antérieur, par exemple, les os du carpe forment 2 rangées : la 1ʳᵉ comprenant 3 os [*r''*, *i*, *u*] appliqués contre le radius, *r*, et le cubitus, *c* ; la 2ᵉ comprenant 5 os [1 à 5] qui portent les 5 doigts [*d₁* à *d₅*].

Normalement un os central, *ce*, existe entre ces deux rangées.

Animaux aériens. — La constitution fondamentale du membre se retrouve chez la Chauve-souris (fig. 161, A), où toutefois les doigts du membre antérieur ont subi un allongement considérable (sauf le pouce) pour supporter une membrane alaire ; chez le **Ptérodactyle**, B (Reptile fossile), le 5° doigt seulement a subi ce

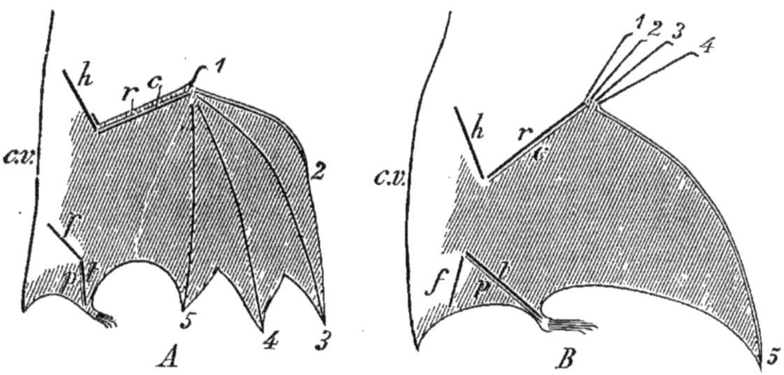

FIG. 161. — Figure théorique montrant la disposition de la membrane alaire : chez la Chauve-souris, A ; chez le Ptérodactyle, B. — *h*, humérus ; *r*, radius ; *c*, cubitus ; 1, 2, 3, 4, 5, doigts ; *f*, *tp*, membre inférieur ; *c.v*, colonne vertébrale.

développement. Le membre antérieur des Oiseaux (fig. 159) diffère beaucoup des types précédents en ce que la surface de soutien est constituée par des plumes (fig. 140) insérées sur l'humérus, le radius et le cubitus très allongés et sur les doigts dont le nombre est réduit à trois ; encore ces doigts sont-ils plus ou moins atrophiés.

Animaux fouisseurs. — La Taupe, essentiellement souterraine, a ses membres antérieurs constitués par une omoplate allongée, un humérus excessivement large et contourné de telle sorte que la paume de la patte antérieure est dirigée en dehors (fig. 162).

Les pattes antérieures de cet animal sont beaucoup plus fortes que les pattes postérieures, parce qu'elles accomplissent un travail considérable dans le creusement des galeries souterraines.

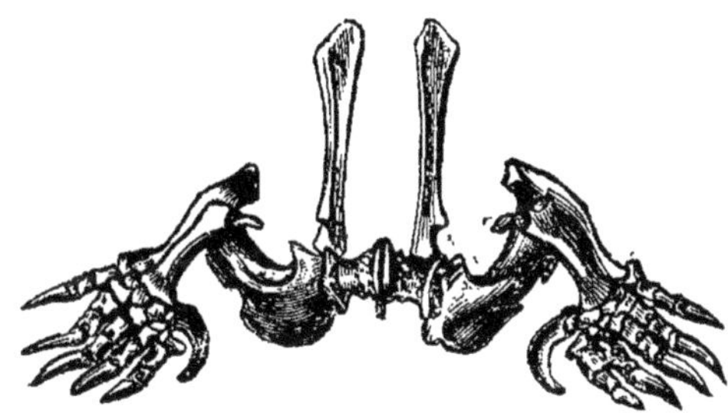

FIG. 162. — Ceinture scapulaire et membres antérieurs de la Taupe.

Tout organe subit donc un développement en rapport avec la fonction qu'il remplit.

De ce principe découle le corollaire suivant : *Tout organe dont la fonction est nulle dépérit, puis disparaît.* L'étude des extrémités des membres chez les Vertébrés terrestres va nous en fournir de remarquables exemples.

Vertébrés vivant sur la terre. — Les modifications les plus intéressantes à signaler chez ces êtres concernent les Mammifères ; ces modifications sont principalement relatives à la simplification des extrémités des membres par soudure ou par atrophie.

Simplification des extrémités des membres. — *La forme pentadactyle, forme primitive de l'extrémité du membre chez les Mammifères*, est à peu près intacte dans la série des *Onguiculés* (avec griffes ou ongles); cependant le pouce est rudimentaire au membre antérieur chez les Carnassiers et absent au membre postérieur qui n'a que 4 doigts (Chien).

Cette forme pentadactyle se simplifie par la suppression des doigts dans le même ordre : 1 (pouce), 5, 2, 4; le doigt médian 3 peut subsister seul.

Cette simplification est particulièrement intéressante à suivre chez les *Mammifères Ongulés* (à sabots) qui se divisent en 2 groupes : les *Périssodactyles* à nombre impair de doigts ; les *Artiodactyles* dont le nombre de doigts est pair.

Périssodactyles. — La suppression progressive des doigts chez les Périssodactyles a été observée par Marsh dans la série des Équidés tertiaires (fig. 163 à 168) dont les uns ont vécu en Europe, les autres en Amérique.

Europe.	Amérique.	Age.
Equus.	*Equus.*	Pliocène.
	Pliohippus.	
	Protohippus.	
Hipparion.		Miocène supérieur.
Anchitherium.	*Miohippus.*	— inférieur.
Paloplotherium.	*Mesohippus.*	Oligocène.
Palæotherium.		Éocène supérieur.
	Epihippus.	
	Orohippus.	
Pachynolophus.	*Eohippus.*	
Hyracotherium.	*Hyracotherium.*	Éocène.
Phenacodus.		

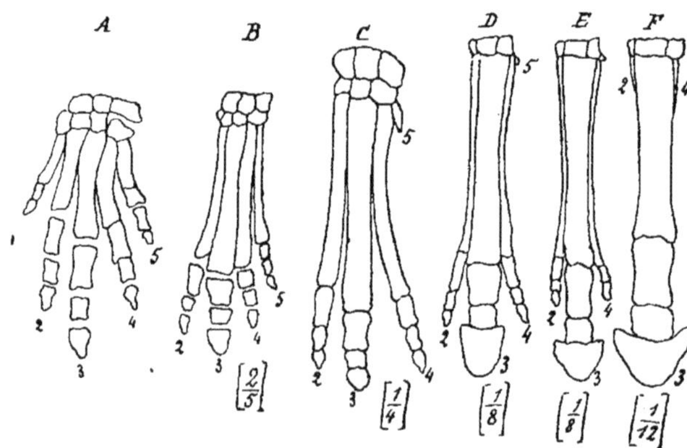

FIG. 163 à 168. — Évolution des Équidés. — A, *Phenacodus;* B, *Hyracotherium;* C, *Palæotherium;* D, *Anchitherium;* E, *Hipparion;* F, *Equus.* — 1, 2, 3, 4, 5, numéros d'ordre des doigts (1, pouce).

Au *Phenacodus* pentadactyle (fig. 163, *A*) ont succédé en Europe :
l'*Hyracotherium* (*B*) dont le pouce a disparu et dont le doigt 3 est déjà prédominant ;
le *Palæotherium* (*C*) n'ayant plus que les doigts 2, 3, 4 ;

l'*Anchitherium* (D) avec une prédominance plus accusée du doigt 3 ;
l'*Hipparion* (E) dont les doigts 2 et 4 ne touchent plus le sol ;
le *Pliohippus*, qui n'a plus que le doigt 3 et les métacarpiens (ou métatarsiens) 2 et 4 très réduits ;
l'*Equus* (Cheval, F) dont les rudiments des métacarpiens 2 et 4 sont de petites baguettes osseuses appliquées ou soudées au 3ᵉ métacarpien.

Artiodactyles. — Ces animaux possèdent 4 ou 2 doigts, mais toujours les doigts 3 et 4 d'égale dimension.

Ils comprennent : 1° les **Porcins** ayant 4 doigts soutenus par des os métacarpiens (ou métatarsiens) non soudés entre eux (fig. 169, A) ;

2° les **Ruminants** pourvus de 4 ou 2 doigts, mais les os métacarpiens (ou métatarsiens) des doigts 3 et 4 sont soudés en un *os canon* (fig. 169, E).

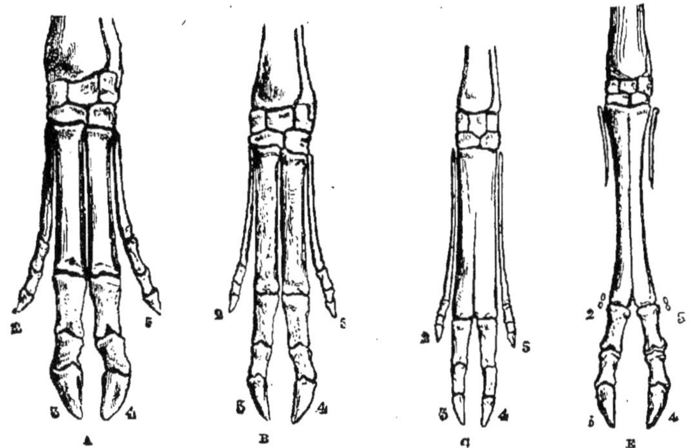

FIG. 169. — Extrémité du membre (*Artiodactyles*). A, Porc ; B, *Hyæmoschus* ;
C, Chevrotain ; E, Mouton.

Les phases de cette soudure ont été observées parmi les animaux tertiaires et actuels, ainsi que l'atrophie progressive des doigts 2 et 5 :

Les métacarpiens, encore libres chez l'*Hyæmoschus* (fig. 169, B), sont en partie soudés chez le Chevrotain (C), totalement unis chez le Mouton (D) et le Bœuf.

Les doigts 2 et 5, encore entiers chez le Chevrotain, sont atrophiés à leur partie inférieure chez le Mouton, à leur partie supérieure chez le Chevreuil ; le Bœuf ne les possède plus.

En même temps que s'accomplissent ces simplifications du nombre des doigts, la main (pied) se dresse peu à peu ; ainsi, chez le Cheval et le Bœuf, le carpe (tarse), puis le métacarpe (métatarse), puis la 1ʳᵉ et la 2ᵉ phalanges ne touchent plus le sol : la 3ᵉ phalange seule s'y applique.

L'animal, haut perché sur pattes, non gêné par un grand nombre de doigts, peut chercher l'herbe dont il se nourrit, courir et fuir devant le danger.

Cette disposition avantageuse se trouve aussi dans les membres postérieurs des Oiseaux coureurs (Autruche). Chez les Oiseaux qui ne volent pas (Manchot), on remarque au contraire une atrophie presque complète des ailes qui portent des plumes très réduites ; ces animaux reposent sur le pied entier.

FORMATIONS SQUELETTIQUES DES INVERTÉBRÉS

Arthropodes. — Ces animaux sont pourvus d'un tégument chitineux qui forme

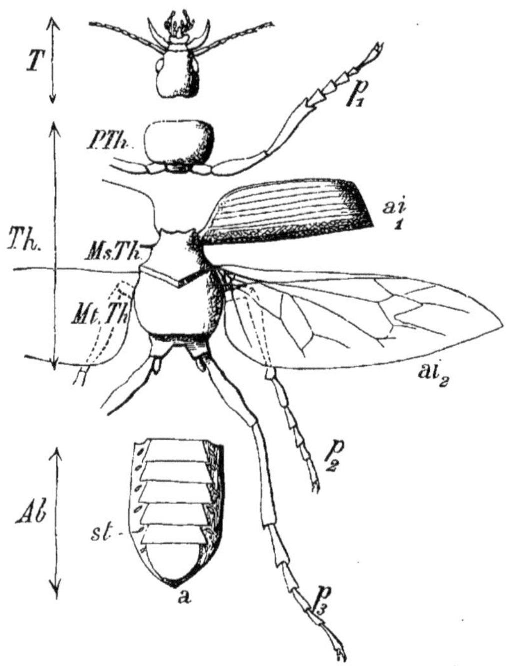

FIG. 170. — Squelette externe d'un Insecte. — *T*, tête. — *Th*, thorax : *P.Th*, prothorax avec la 1ʳᵉ paire de pattes, *p₁*; *Ms.Th.* mésothorax avec la 2ᵉ paire de pattes, *p₂*, et la 1ʳᵉ paire d'ailes, *ai₁*; *Mt.Th*, métathorax avec la 3ᵉ paire de pattes, *p₃*, et la 2ᵉ paire d'ailes, *ai₂*. — *Ab*, abdomen composé d'anneaux, chacun avec une paire de stigmates, *st*; *a*, anus.

un *squelette externe* partagé en anneaux sur lesquels s'insèrent les muscles et les ligaments.

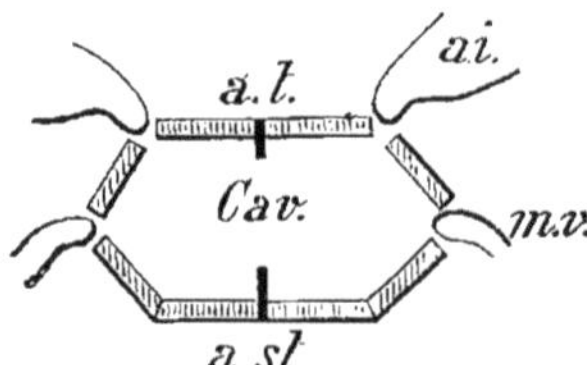

FIG. 171. — Section d'un anneau d'Arthropode. *a.t* arceau dorsal; *a.st*, arceau ventral; *m.v*, patte; *ai*, aile; *Cav*, cavité générale.

Chaque anneau est formé en principe de deux arceaux : l'un ventral (*sternal, st*, fig. 171), l'autre dorsal (*tergal, a.t*), composés eux-mêmes de 4 pièces ; aux points de jonction des pièces latérales avec les pièces médianes s'insèrent les membres dorsaux (*ailes, ai*, chez les Insectes seulement, fig. 208 et 208 *bis*), et les membres ventraux (*pattes articulées, m.v*). Certains anneaux sont parfois dépourvus de membres.

Le corps des Insectes est divisé en 3 régions : *tête, thorax* et *abdomen*.

Les membres ont eux-mêmes une forme variable avec la fonction qu'ils ont à remplir : chez les *Crustacés*, ils deviennent mâchoires, pattes-mâchoires, pattes ambulatoires, etc. (fig. 503); parfois même, au lieu de membres, ces anneaux portent des organes spéciaux (yeux, antennes).

Les **Vers** n'ont pas de squelette, quelques-uns sécrètent un tube dans lequel ils habitent (*Serpule*, fig. 67; *Spirographis*, fig. 597).

Les **Mollusques** sont protégés par une production du manteau; c'est une coquille externe, bivalve chez les Lamellibranches (fig. 607), comme la Moule, l'Huître, le *Pecten*, univalve chez les Gastéropodes (fig. 615), comme l'Escargot, la Paludine, le *Murex*. Certains Céphalopodes présentent une coquille externe, comme le Nautile; d'autres ont une coquille interne appelée *os* chez la Seiche (fig. 632), *plume* chez le Calmar.

Fig. 172.
Fragment de Polypier
(*Dendrophyllia*).

Les **Échinodermes** ont un test calcaire formé de plaques polygonales régulières (fig. 488 et 489); ces plaques portent les piquants, les ambulacres et les pédicellaires qui sont des organes de défense et d'attaque.

Chez les **Coralliaires** et les **Spongiaires**, le squelette consiste en spicules plus ou moins nombreux, diversement orientés (fig. 467). Les polypiers (fig. 172), construits par les premiers, en sont presque entièrement formés.

Parmi les **Protozoaires**, les *Foraminifères* sécrètent une coquille calcaire (fig 454 à 456); les *Radiolaires* ont un squelette siliceux (fig. 447).

§ 3. — ARTICULATIONS

Les *articulations* sont les divers modes d'union que présentent entre eux les os.

On peut les diviser en : *articulations fixes* (sutures ou synarthroses), *articulations presque fixes* (symphyses ou amphiarthroses), *articulations mobiles* (diarthroses).

Le tissu conjonctif avec toutes ses variétés (élastique, séreuse, fibreuse, cartilagineuse) participe à l'union des os.

1° *Articulations fixes* ou *sutures*. — Les os sont dentelés sur leurs bords (frontal, pariétaux, occipital, etc., fig. 27), et s'engrènent en se maintenant très solidement; est interposée une petite quantité de tissu fibreux qui s'ossifie chez les vieillards.

2° *Articulations presque fixes* ou *symphyses*. — Les corps des vertèbres successives sont limités par des surfaces planes et parallèles ; les surfaces en regard de deux vertèbres consécutives sont reliées par une épaisse couche de tissu fibro-cartilagineux

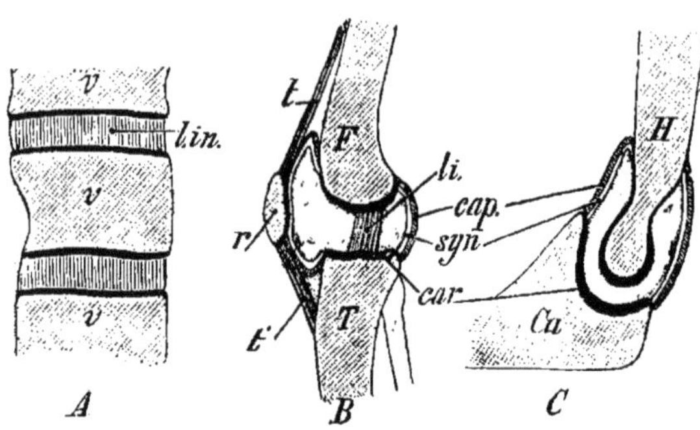

FIG. 173 et 174. — Articulations. — A, symphyse ; *v*, vertèbres ; *l.in*, ligament intervertébral. — B, diarthrose fémoro-tibiale ; *F*, fémur ; *T*, tibia ; *r*, rotule ; *car*, cartilage ; *li*, ligament ; *t*, tendon ; *cap*, capsule fibreuse ; *syn*, membrane synoviale. — C, diarthrose huméro-cubitale.

(fig. 173, A). Les deux pubis sont également unis par la symphyse pubienne

3° *Articulations mobiles* ou *diarthroses*. — Ce sont les plus variées ; elles permettent aux os des mouvements parfois très étendus les uns sur les autres. Presque toutes les parties du squelette sont ainsi réunies par des articulations en genou (fémur dans la cavité cotyloïde de l'os iliaque), par des surfaces planes (phalanges), etc.

Les surfaces d'articulation sont pourvues de cartilages hyalins, *car* (fig. 174, B, C), quelquefois de ligaments, *li*, qui s'étendent d'une face à l'autre ; un manchon fibreux ou *capsule*, *cap*, entoure totalement et protège l'articulation ; il est tapissé intérieurement par une séreuse dite *synoviale*, *syn*, qui sécrète un liquide filant, la *synovie* chargée de lubrifier les surfaces articulaires.

Le vide existe dans tout l'espace limité par la synovie ; aussi les os sont-ils appliqués les uns contre les autres par la pression atmosphérique.

CHAPITRE II

SYSTÈME MUSCULAIRE

Définition et description d'un muscle.

Les muscles sont les organes qui, en état d'activité, déterminent les mouvements du corps.

Il existe 3 catégories de muscles (voir p. 21); nous ne nous occuperons ici que des *muscles à contraction volontaire*.

Un muscle se compose ordinairement d'une partie médiane renflée, rouge, appelée *ventre*, *v* (fig. 175, C), aux deux extrémités de laquelle sont fixés les *tendons* blancs, élastiques, *t*.

Le **ventre** est formé de *fibres musculaires* dont nous avons étudié

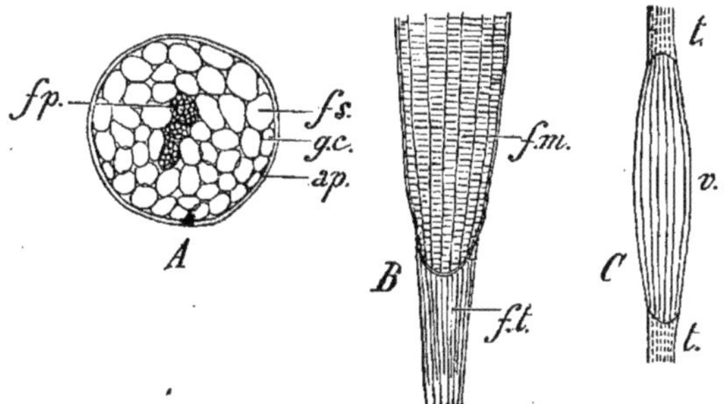

Fig. 175. — Muscles. — A, section transversale d'un muscle; *fp*, faisceau primaire de fibres; *fs*, faisceau secondaire; *g.c*, gaine conjonctive; *ap*, aponévrose. — B, section longitudinale montrant des fibres musculaires, *f.m*, et des fibres tendineuses, *f.t*. — C, muscle; *v*, ventre; *t*, tendons.

les divers aspects. Plusieurs fibres musculaires sont groupées en un *faisceau primaire*, *fp* (fig. 175, A), entouré d'une gaine conjonctive; une réunion de faisceaux primaires constitue un *faisceau secondaire*, *fs*, qu'entoure une gaine plus vaste, et ainsi de suite. Le muscle, association de ces faisceaux, est englobé dans une *aponévrose*, *ap*, gaine conjonctive dont les précédentes sont des ramifications internes.

Les **tendons** sont constitués par des fibres élastiques, *f.t* (B) qui s'insèrent aux deux extrémités de la substance musculaire, en s'unissant fortement à l'aponévrose qui l'entoure. Une aponévrose générale peut protéger plusieurs muscles à la fois.

Des vaisseaux sanguins et lymphatiques se ramifient dans le tissu conjonctif interne et nourrissent le muscle.

Un muscle reçoit aussi des *nerfs* dont les fibres se terminent ainsi dans les fibres musculaires : le cylindre-axe d'une fibre nerveuse, *cy. a* (fig. 176, *A* et *B*), pénètre seul dans la substance musculaire; il se ramifie en arborescences (*A'* et *B*) dans une *plaque motrice, pm*, résultant de la différenciation du protoplasme de la fibre musculaire. La gaine de Schwann, *g*, de la fibre nerveuse se continue avec le sarcolemme de la fibre musculaire et la myéline cesse à partir de ce point.

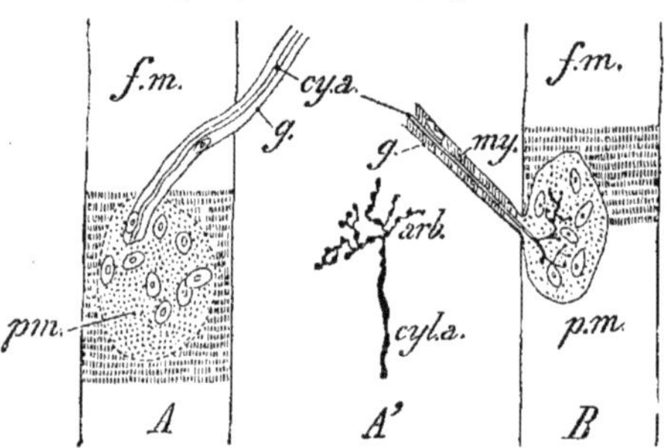

Fig. 176. — Terminaisons nerveuses dans les *plaques motrices* musculaires. — A, B : *f.m*, fibre musculaire avec plaque motrice, *pm*; *g*, gaine de Schwann de la fibre nerveuse à myéline, *my*; *cy.a*, cylindre-axe de la fibre. — A', arborisation terminale du cylindre-axe dans la plaque motrice.

tire; sa cohésion est due au tissu conjonctif (aponévrose, gaines) et aux vaisseaux sanguins qu'il renferme.

PROPRIÉTÉS PHYSIQUES DES MUSCLES

1° Cohésion. — On rompt facilement un muscle sur lequel on

2° Élasticité. — Un muscle est très extensible. L'*élasticité du muscle est parfaite*, c'est-à-dire qu'il reprend exactement (mais lentement) sa longueur primitive quand il a été tendu.

3° Contractilité. — Un muscle peut diminuer de longueur sous l'influence d'une excitation naturelle ou artificielle ; *il se contracte;* ce phénomène est la conséquence de l'*irritabilité* du muscle.

L'*excitant naturel* ou *physiologique* provient des centres nerveux ; les *excitants artificiels* sont : les uns *physiques* (choc, pincement, tiraillement du muscle, passage de courants électrique

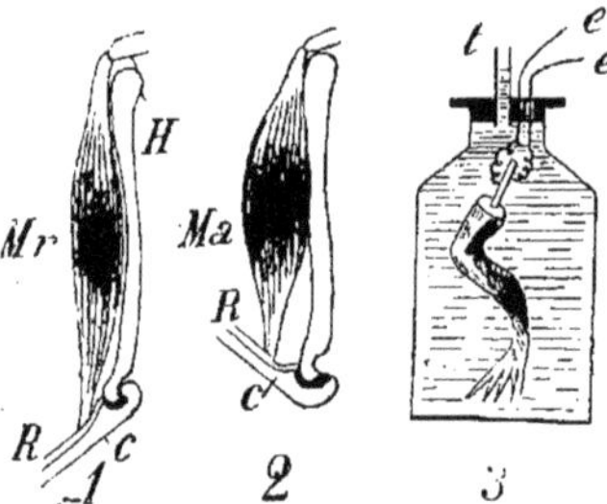

Fig. 177. — 1, Muscle biceps relâché; 2, le même contracté; 3, disposition propre à montrer que le volume des muscles se modifie à peine par leur contraction; *e, e*, rhéophores.

induits dans le muscle, etc.); les autres *chimiques* (eau, acides, alcalis, etc.).

Un muscle qui se contracte diminue de longueur et s'accroît en

TABLEAU XX.

Système musculaire.

Définition. — *Organes actifs du mouvement.*

Description (fig. 175). — *Ventre* et *tendons*, vaisseaux sanguins, nerfs terminés dans les muscles par les *plaques motrices* (fig. 176).

MUSCLES.

Propriétés physiques...

Contractilité

Cohésion faible.

Élasticité parfaite, mais lente.

provoquée par des excitants naturels ou artificiels.
Elle a lieu sans changement de volume du muscle (fig. 177).
Elle appartient en propre au muscle.

Secousse musculaire.

Tracés myographiques variables avec :
la nature des animaux,
la fatigue.
le refroidissement, l'anémie, etc., etc.

Tétanos physiologique (crampes).

Tonicité.

Phénomènes chimiques.

Nutrition des muscles plus active quand ils sont en contraction.

Combustions internes de matières ternaires (C, O, H).

Coefficient respiratoire $\dfrac{CO^2}{O}$ ... $\begin{cases} = 1 \text{ environ (muscle au repos).} \\ > 1 \text{ (muscle actif).} \end{cases}$

Acidité des muscles actifs (acides carbonique, sarcolactique, etc.).

L'exagération du mouvement provoque un excès d'acides coagulant la myosine : *Rigidité, rigidité cadavérique.*

Classement (page 185 et fig. 178).

Fonctions..

La locomotion est due au jeu des leviers de l'organisme.

Leviers (fig. 179)

du 1er genre. Tête reposant sur la colonne vertébrale.
du 3e genre. Avant-bras fléchi sur le bras.

Cas de la *marche*, de la *course* et du *saut.*

épaisseur, sans changer de volume. Le biceps se déforme et augmente d'épaisseur lorsqu'on fléchit l'avant-bras sur le bras (fig. 177, 1 et 2).

Un membre de Grenouille est renfermé dans un flacon plein d'eau (fig. 177, 3) au milieu du bouchon du flacon est un tube étroit, *t*, dans lequel le liquide s'élève un peu ; on porte une excitation, à l'aide d'une bobine d'induction et des fils, *e,e* , sur le nerf du membre ; celui-ci se contracte, mais le niveau de l'eau n'a pas varié sensiblement.

L'irritabilité appartient en propre au muscle et n'est pas due au nerf qui s'y rend : si on coupe le nerf desservant un muscle et qu'on excite ce muscle, il se contracte.

4° **Tonicité.** — Les muscles de l'organisme ne sont pas véritablement au repos : si on coupe à l'une de ses extrémités un muscle en repos, il subit un raccourcissement dû à un état particulier appelé *tonicité musculaire.*

Un muscle est toujours tendu au delà de sa longueur naturelle de repos complet ; donc il effectue un léger travail, même dans le cas du repos apparent.

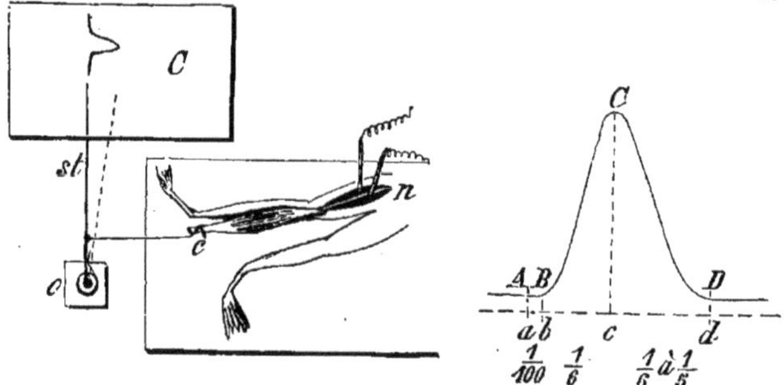

Fɪɢ. 177 *bis.* — Tracé de la contraction musculaire (myographe). *c,* crochet fixé au tendon du muscle en expérience ; *st,* style mobile autour d'un axe vertical projeté en *o : C,* cylindre noirci en rotation ; *n,* nerf excité par les rhéophores. — La figure *ABCD,* à droite, représente un tracé myographique.

La tonicité musculaire est sous la dépendance du système nerveux ; car, si on détruit les centres nerveux d'un animal, la tonicité est détruite dans tous ses muscles.

Analyse de la contraction musculaire. Myographe. — On annule l'action volontaire d'une Grenouille sur ses propres muscles par la destruction préalable de ses centres nerveux. Le nerf sciatique isolé, *n* (fig. 177 *bis*), on détache le muscle gastro-cnémien *de son insertion inférieure seulement* à laquelle est fixé un petit crochet. Ce crochet, *c,* est mis en rapport à l'aide d'un fil avec un style, *st,* mobile autour d'un axe fixe, *o.* A chaque excitation électrique du nerf sciatique, le muscle se contracte et la secousse musculaire est inscrite sur un cylindre noirci, *C,* mobile autour de son axe.

La secousse musculaire produit la courbe ABCD ; si le moment de l'excitation a été enregistré en *a,* la secousse comprend 3 périodes :

1° *Le temps perdu de l'excitation* ou *période latente, $ab = \left(\dfrac{1}{100}\right.$ de seconde$\left.\right)$;*

2° *la période d'énergie croissante du muscle,* $\qquad bc = \left(\dfrac{1}{6}\qquad\quad-\quad\right)$;

3° *la période d'énergie décroissante,* $\qquad cd = \left(\dfrac{1}{5} \text{ à } \dfrac{1}{6}\quad--\quad\right)$.

Phénomènes chimiques qui s'accomplissent dans les muscles.

La contractilité d'un muscle dépend de sa nutrition. **Nutrition des muscles.** — Un muscle est très excitable quand le sang y circule en abondance, ou quand on y injecte du sang oxygéné.

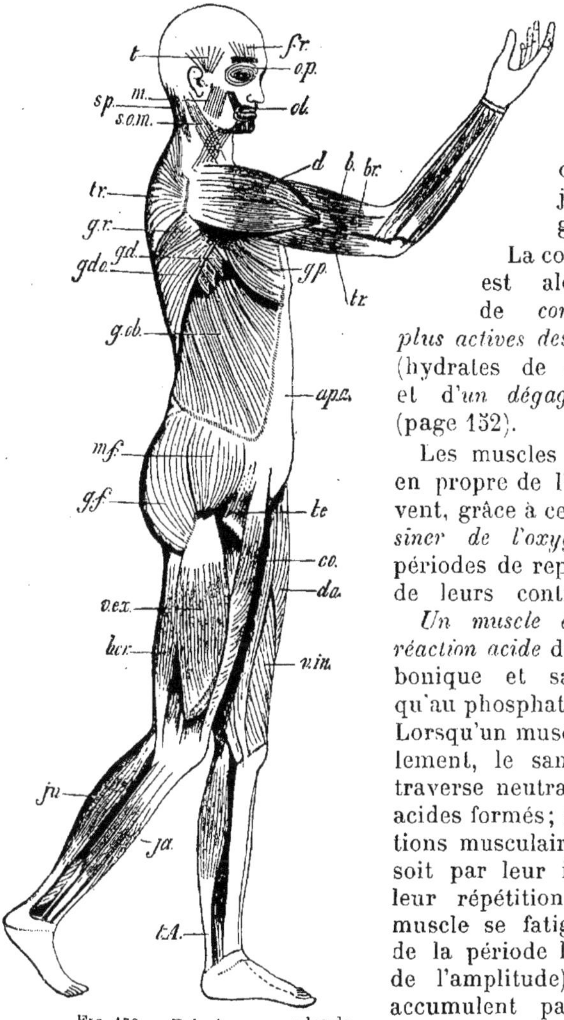

La contraction du muscle est alors accompagnée de *combustions internes plus actives des matières ternaires* (hydrates de carbone, graisses) et d'*un dégagement de chaleur* (page 152).

Les muscles rouges, possédant en propre de l'hémoglobine, peuvent, grâce à ce principe, *emmagasiner de l'oxygène* pendant les périodes de repos et l'*utiliser* lors de leurs contractions brusques.

Un muscle en activité a une réaction acide due aux acides carbonique et sarcolactique ainsi qu'au phosphate acide de sodium. Lorsqu'un muscle travaille normalement, le sang alcalin qui le traverse neutralise ou enlève les acides formés ; mais si les contractions musculaires sont exagérées, soit par leur intensité, soit par leur répétition trop rapide, le muscle se fatigue (augmentation de la période latente, diminution de l'amplitude) ; les acides s'y accumulent parce que le sang ne peut les supprimer assez vite, la myosine est coagulée, le muscle perd ses propriétés ; il devient *rigide*.

Fig. 178. — Principaux muscles de l'Homme. (Voir le tableau de la page 184.)

Rigidité cadavérique. — Elle est due à la coagulation de la myosine après la mort ; les muscles du cadavre conservent cette rigidité jusqu'au moment où leur substance se décomposera. La rigidité apparaît d'autant plus rapide que les muscles travaillaient plus activement avant la mort ; elle peut se produire au moment même de la mort.

Les muscles des mâchoires sont les derniers qui travaillent chez le moribond ; ils sont rigides les premiers sur le cadavre.

DÉNOMINATION ET CLASSEMENT DES MUSCLES

Les muscles ont reçu des noms tirés : soit de leur forme (deltoïde Δ, grand et petit dentelés), soit de leur position (intercostaux, grand pectoral, diaphragme, grand droit abdominal, jambier antérieur), soit de leur direction (grand et petit obliques), soit de leur insertion (sterno-cléido-mastoïdien, thyro-hyoïdien, etc.).

Le tableau ci-joint et la figure 178 donnent les indications relatives aux principaux muscles du corps.

	Noms :	Rôles :
Tête.	*Frontal, fr :* froncement de la peau du front.	
	Sourcilier : — des sourcils.	
	Orbiculaire des paupières, o.p : fermeture des yeux.	
	Orbiculaire des lèvres, o.l : — de la bouche.	
	Temporal, t ; Masséter, m : masticateurs.	
Tronc.	*Grand pectoral, g.p ; grand oblique, g.ob,* etc. : respirateurs.	
	Trapèze, tr : traction de l'omoplate en arrière.	
	Grand dorsal, g.do : traction du bras en arrière.	
Membres supérieurs.	*Deltoïde, d :* élévation du bras.	
	Biceps, b ; Brachial antérieur, br : flexion de l'avant-bras sur le bras.	
	Triceps brachial, tr : antagoniste des précédents.	
	Pronateurs, supinateurs : rotation du radius et de la main.	
Membres inférieurs.	*Grand et moyen fessiers, g.f, m.f :* verticalité du corps.	
	Biceps crural, b.cr : flexion de la jambe sur la cuisse.	
	Triceps ; Droit antérieur, d.a ; antagonistes du précédent.	
	Jumeaux, ju : traction du pied en arrière.	

On appelle *muscles antagonistes* deux muscles dont les fonctions sont opposées : ainsi, le *grand pectoral* tire par sa contraction le bras en dedans, le *trapèze* le porte au contraire en dehors ; le *digastrique* est l'antagoniste du *masséter* et du *temporal ;* le *biceps* a pour antagoniste le *triceps,* etc.

C'est grâce à cet antagonisme et sous l'influence du système nerveux que nous pouvons effectuer les mouvements les plus variés.

FONCTION DES MUSCLES

De la contraction des muscles dépendent les déplacements des os autour de leurs articulations. Les muscles sont donc les *organes actifs* du mouvement ; les os en sont les *organes passifs*. Comme ces organes forment à eux seuls près des $\frac{2}{3}$ du poids total du corps, l'étude de la locomotion se borne à l'examen de leurs déplacements respectifs que les autres organes devront subir.

Les os sont des leviers que les muscles actionnent. — Il existe deux sortes de leviers dont l'organisme nous offre des représentants :

1° *Levier du premier genre*[1]. — Le point d'appui, O (fig. 179, 1), est situé entre la puissance P et la résistance R.

Ex. : La tête est appuyée par ses condyles occipitaux sur l'atlas (1ʳᵉ vertèbre) : son centre de gravité, porté en avant par le poids des os de la face, est le point

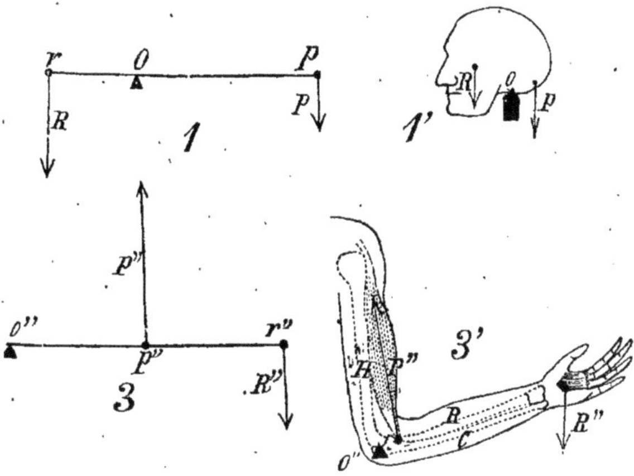

Fig. 179. — 1, 3, leviers du 1ᵉʳ et du 3ᵉ genre. O, point d'appui ; p, p'' r, r', points d'application de la puissance P et de la résistance R. — 1', 3', exemples de ces 2 sortes de leviers dans l'organisme.

d'application de la force de pesanteur qui expose la tête à tomber en avant (résistance) ; la puissance est représentée par les muscles de la nuque qui tirent la tête en arrière (fig. 179, 1').

2° *Levier du troisième genre* (3). — La puissance P'' y est appliquée entre le point d'appui O'' et la résistance R''.

C'est le levier le plus commun dans l'organisme. L'exemple le plus saisissable en est fourni par l'avant-bras dans sa flexion sur le bras fixe. Le radius et le cubitus s'appuient sur la surface articulaire inférieure de l'humérus ; la puissance est représentée par le biceps et le brachial antérieur ; la résistance, par le poids de l'avant-bras (3').

Divers modes de locomotion. — Ce sont la *marche*, la *course* et le *saut*. Dans la *marche*, les deux pieds touchent le sol ensemble pendant un temps de *double appui;* puis l'un des pieds soulevé se porte en avant et pose sur le sol avant que l'autre pied ne soit soulevé à son tour.

La *course* en diffère en ce que l'un des pieds n'est pas encore appuyé quand l'autre quitte le sol ; pendant un temps assez court, appelé *temps de suspension,* le corps est donc tout entier en l'air ; chose curieuse, c'est pendant ce temps de suspension que le corps est le moins élevé au-dessus du sol. M. Marey exprime ce fait en disant : *Le corps n'est pas projeté en l'air ; ce sont les jambes qui se sont retirées du sol par l'effet de leur flexion.*

Dans le *saut*, le temps de suspension est plus long que dans la course ; c'est à ce moment que le corps est le plus élevé en l'air.

CHAPITRE III

DES SENSATIONS

Toute cellule vivante est sensible.

Soit une Amibe : elle effectue des mouvements pour chercher et capturer une proie, parce que son protoplasme, modifié incessamment par les réactions qui assurent son activité vitale, éprouve le *besoin* de se réparer : ce besoin est une *impression vague, générale.*

Que l'un des prolongements amiboïdes *touche accidentellement* une particule étrangère, aussitôt il s'étale sur elle et l'englobe, de concert avec d'autres prolongements suscités par un mouvement plus actif du protoplasme. Le contact de la particule étrangère avec la paroi de l'Amibe a provoqué chez cet être une impression plus nettement localisée, puisque la substance protoplasmique s'est portée dans la direction du corps étranger; c'est là une *impression spéciale.*

Dans des colonies de cellules plus ou moins complexes, chaque cellule est toujours douée de la *sensibilité générale* qui est sous l'empire de la nutrition, et la colonie tout entière éprouve les sensations vagues de la *faim*, de la *soif*, du *besoin de respirer*, etc.

La *sensibilité spéciale* est, au contraire, dévolue à des cellules particulières, généralement superficielles ou groupées au voisinage de la périphérie du corps. En vertu du principe de la division du travail, cette spécialisation se manifeste à des degrés divers dans la série animale; elle est poussée d'autant plus loin que l'organisme considéré est plus complexe.

On appelle *organes des sens* ces groupes de cellules différenciées destinées à recevoir directement ou non, du milieu extérieur, les *impressions* que des conducteurs particuliers, les nerfs, porteront aux centres nerveux chargés de les élaborer et de les transformer en *sensations*.

On considère d'ordinaire cinq sortes de sensations spéciales : le *toucher*, le *goût*, l'*odorat*, l'*ouïe* et la *vue* qu'on appelle **sens**; autant de sortes d'organes différenciés reçoivent ces impressions :

La *peau* est l'organe du toucher; la *langue* perçoit le goût des objets; le *nez* perçoit les odeurs; l'*oreille* est l'organe de l'ouïe; l'*œil* est affecté à la *vue*.

Tableau XXI.

Des sensations.

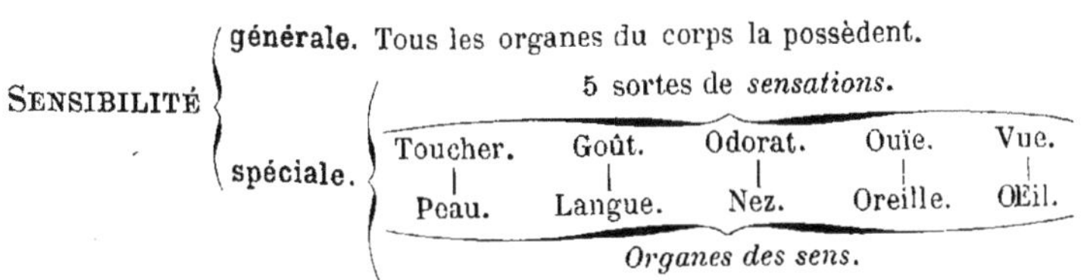

SENSIBILITÉ
- générale. Tous les organes du corps la possèdent.
- spéciale.

5 sortes de *sensations*.

Toucher.	Goût.	Odorat.	Ouïe.	Vue.
Peau.	Langue.	Nez.	Oreille.	OEil.

Organes des sens.

Les sensations spéciales sont des formes particulières du sens du toucher.
Nature des *excitants.*

DISPOSITION GÉNÉRALE DES ORGANES DES SENS.

1° **Partie fondamentale.**
- *Cellules sensorielles réceptrices* de l'excitation.
- *Neurone sensitif périphérique.*
- *Neurone sensitif central.* ⇒ *Centre nerveux.*

2° **Organes accessoires :** *protecteurs ou modificateurs* de l'excitation.

§ 1. — TOUCHER.

Organe :
Peau.
(Fig. 136 et 180.)

- *Épiderme.*
  - Couche cornée.
  - Couche de Malpighi. *Terminaisons nerveuses intra-épidermiques.*
- *Derme....*
  - *Papilles* dermiques
    - nerveuses.
      - *Corpuscules tactiles de Meissner.*
      - *Corpuscules tactiles de Krause.*
      - *Corpuscules de Pacini.*
    - sanguines.
  - Tissu conjonctif et tissu adipeux sous-cutané.

Impressions reçues par la peau et les muqueuses.

1° *Température.* — Rôle des terminaisons intra-épidermiques.
2° *Contact.* — Rôle des corpuscules tactiles (Meissner et Krause).
3° *Pression.* — Rôle des corpuscules de Pacini.
   Nerfs conducteurs : tous ceux aboutissant aux surfaces sensibles.

Disposition générale des organes des sens. — Tout organe sensoriel se compose :

1° d'une *partie fondamentale* chargée de recevoir les impressions;

2° d'*organes accessoires*, destinés surtout à la protéger.

La partie fondamentale se compose de 3 parties :

(*a*) des *cellules sensorielles réceptrices, c. s* (fig. 179 *bis*);

(*b*) un *neurone sensitif périphérique, n.p*, conducteur des impressions;

(c) un *neurone sensitif central*, *n.c*, faisant partie d'un *centre*

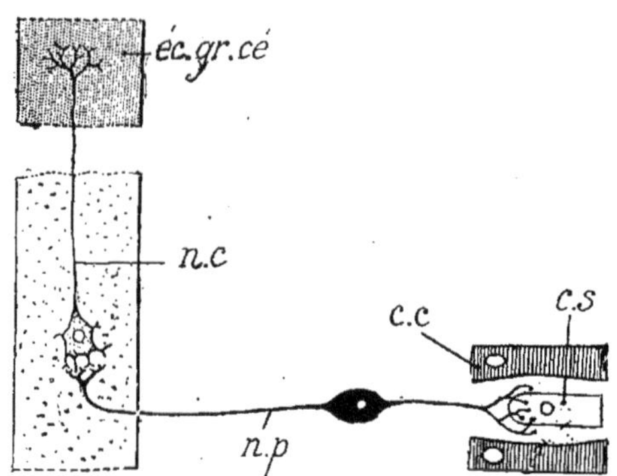

Fig. 179 *bis*. — **Schéma général des organes des sens.** — *c.s*, cellule sensorielle ; *n.p*, neurone périphérique ; *n.c*, neurone central ; *éc.gr.cé*, écorce grise cérébrale ; *c.c*, cellule de soutien.

nerveux, organe centralisateur qui transforme les impressions en sensations.

§ 1. — SENS ET ORGANE DU TOUCHER

Étude de la peau. — La peau, qui renferme le plus grand nombre des éléments tactiles, est composée de deux parties essentielles : l'*épiderme* (d'origine ectodermique) et le *derme* (d'origine mésodermique).

1° **Épiderme.** — Il est formé, nous l'avons vu déjà (page 18), d'un épithélium stratifié dont la couche profonde (*couche de Malpighi*) comprend des cellules à multiplication très active, *a* (fig. 12, *C*), recouvertes de cellules plus anciennes, *b*, *c*, etc. ; les cellules superficielles, *d*,*e*, sont très aplaties, puis réduites seulement à leur squelette et forment la *couche cornée ;* du côté externe s'exfolient ainsi les vieilles cellules toutes originaires de la couche profonde, tandis que cette même couche émet, dans la profondeur du derme, des bourgeons qui donneront lieu aux glandes sudoripares et sébacées (fig. 136), aux poils et aux ongles.

2° **Derme.** — Le derme est composé de fibres conjonctives et élastiques diversement orientées, entre lesquelles courent les vaisseaux sanguins superficiels et les filets nerveux aboutissant aux organites tactiles. Cette couche conjonctive repose sur un tissu cellulo-adipeux sous-jacent, particulièrement bien développé chez

TABLEAU XXII.

§ 2. — GOUT.

Organe: Langue
- Surface. *Papilles* (fig. 182)
  - *caliciformes :* V lingual.
  - *fongiformes* et *filiformes.*
- Structure
  - *Muqueuse linguale*
    - Papilles caliciformes. *Bourgeons gustatifs.*
    - Papilles fongiformes. *Bourgeons gustatifs.*
    - Papilles filiformes. *Corpuscules de Krause.*
  - *Muscles* (nerf grand hypoglosse)

Impressions reçues par la muqueuse linguale.

1° *Goût*
- *Excitant liquide.*
- Saveur *amère.* Rôle des bourgeons gustatifs (pap. caliciformes). (Nerf *glosso-pharyngien.*)
- Saveur *sucrée.* Rôle des bourgeons gustatifs (pap. fongiformes). (Nerf *lingual.*)

2° *Contact.* Rôle des corpuscules de Krause (nerf lingual).

Série animale.
- Papilles molles. Herbivores pour les plantes fraîches, frugivores, omnivores.
- Papilles cornées. Carnivores, Oiseaux, sauf le Perroquet.

§ 3. — ODORAT.

Organe: Nez.
- Description (fig. 183). — 2 *Cavités nasales. Cornets* et *méats.*
- *Muqueuse pituitaire.*
  - *Région jaune* supérieure. *Cellules olfactives.*
  - *Région rouge* inférieure. Glandes, vaisseaux et corpuscules tactiles.

Impressions reçues par la muqueuse olfactive.

1° *Olfaction.*
- *Excitant liquide ou gazeux.*
- Rôle des cellules olfactives pour percevoir les odeurs. (Nerf *olfactif.*)

2° *Contact.* Rôle des corpuscules tactiles (région rouge *respiratoire*). (Rameaux du nerf *trijumeau.*)

Série animale.
- Cornets très développés chez les *Mammifères* qui ont le *flair.*
- Progression des fosses nasales postérieures en avant vers l'orifice buccal. (*Oiseaux, Reptiles, Amphibiens*).
- Chez la plupart des *Poissons,* organe olfactif indépendant de la bouche.
- *Arthropodes.* Fossettes olfactives
  - sur les antennes (Insectes).
  - sur les antennules (Crustacés supérieurs).

---

les personnes grasses. Une surface ondulée, papillaire (fig. 137) forme la limite commune au derme et à l'épiderme; les *papilles* coniques, *p. d,* saillantes du côté de l'épiderme comprennent :

des *papilles vasculaires sanguines*, *pv*, quand elles renferment un réseau capillaire destiné à nourrir la couche de Malpighi par filtration du plasma sanguin ;

des *papilles nerveuses* quand elles renferment des *corpuscules du tact*, *ct*.

Terminaisons nerveuses dans la peau. — Parmi ces terminai-

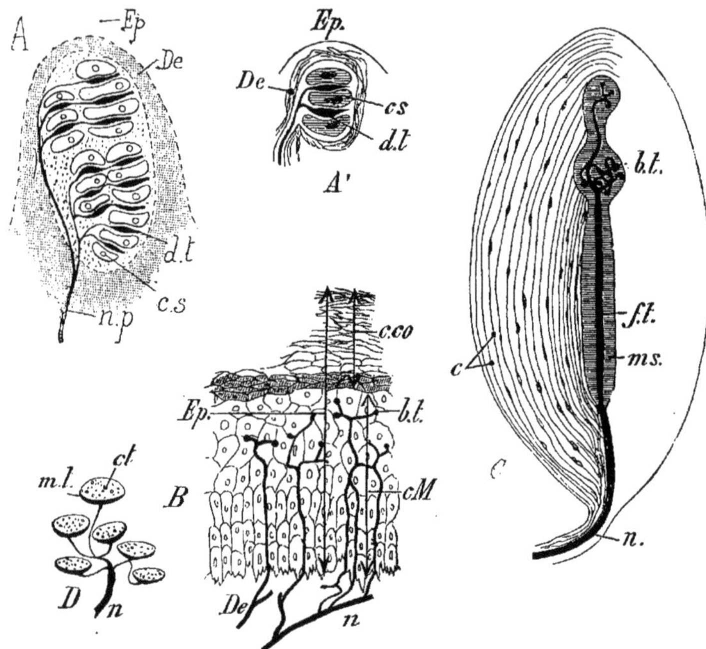

Fig. 180. — Terminaisons nerveuses tactiles.

A. — *Corpuscule de Meissner* situé sous l'épiderme, *Ep*, dans le derme, *De*; *n.p*, neurone périphérique; *d.t*, disque tactile; *cs*, cellule sensorielle. — A'; corpuscule de Grandry (bec du Canard).

B. — *Terminaisons tactiles*, *b.t*, dans l'épiderme, *Ep*; *c.co*, couche cornée; *cM*, couche de Malpighi.

C. — *Corpuscule de Pacini*; *n*, nerf dont les gaines se prolongent par les capsules concentriques, *c*; *f.t*, fibre nerveuse et ses boutons terminaux, *b.t*.

D. — Terminaisons nerveuses dans le groin du Porc; *m.t*, ménisque tactile; *ct*, cellule tactile.

sons, les unes sont *superficielles* (*intra-épidermiques*); les autres, plus profondément placées, sont en général abritées dans le derme proprement dit (*corpuscules tactiles de Meissner et de Krause*). On trouve en outre des *corpuscules de Pacini* dans le tissu adipeux sous-cutané, dans les muscles et jusque dans le péritoine.

1° *Terminaisons intra-épidermiques.* — Une coupe verticale de

la peau du doigt, B (fig. 180), montre des nerfs, *n*, qui longent
la surface papillaire dans le derme *De ;* ces nerfs envoient des
branches sans myéline dans l'épiderme ; celles-ci, ramifiées plus
ou moins irrégulièrement, se terminent par des *boutons, b.t*, dans
la couche de Malpighi, *cM*, et ne pénètrent jamais dans la
couche cornée, *c.co*.

2° *Corpuscules du tact.* — On en connaît de deux sortes : les
corpuscules de Meissner et les *corpuscules de Krause.*

Les *corpuscules de Meissner*, A (fig. 180), très abondants dans les
papilles dermiques de la pulpe des doigts et des orteils, atteignent environ 1/10 de millimètre et sont constitués comme le
corpuscule tactile trouvé sur le bord du bec du Canard, A'. Ils
comprennent : une fibre nerveuse ramifiée, *n. p*, terminée par des
renflements (*disques tactiles, d.t*) compris entre des *cellules sensorielles, c.s.*

Les *corpuscules de Krause* sont plus petits et logés dans la muqueuse nasale
et buccale, dans les papilles filiformes de la langue, etc.

3° *Corpuscules de Pacini.* — Visibles à l'œil nu, atteignant de
1 à 4 millimètres, ces corpuscules, C, se composent d'une *fibre nerveuse terminale f.t* dont les branches aboutissent à des *boutons b.t;*
le tout est noyé dans une matière granuleuse (*massue centrale, ms*),
entourée d'une série de *capsules c* avec lesquelles se confondent
les enveloppes du nerf afférent *n*. Ces capsules forment une *gaine
conjonctive épaisse.*

Des impressions perçues par la peau et par les muqueuses.—
Dès que la peau est appliquée sur un objet, elle éprouve en même
temps deux impressions différentes : celle du *contact* et celle de
la *température* du corps; si, à l'inverse, l'objet est appliqué sur la
peau, une troisième impression ressentie est celle du *poids* du
corps. Ces impressions sont plus ou moins vagues ; elles deviennent
assez précises par l'exercice de telle ou telle région de la peau.
Ainsi, l'extrémité des doigts nous renseigne bien mieux sur la
forme, la rugosité, l'étendue d'un objet que ne le ferait la peau du
dos Le prestidigitateur, l'aveugle tirent du contact des corps des
indications précises sur leur nature, en appréciant mieux leurs
aspérités, etc.

Température —Les *terminaisons nerveuses intra-épidermiques* sont
recouvertes par une couche cornée très mince sur la joue, le dos
de la main ; or, ces surfaces sont plus sensibles aux variations de
température que toutes les autres régions de la peau.

Contact. — Les doigts de la main, les lèvres du Cheval, du
Mouton, le bec du Canard, sont les régions qui apprécient le
mieux la qualité du contact; or les *corpuscules de Meissner*, peu

distants de la surface de la peau, sont bien plus nombreux là qu'ailleurs, ils sont donc vraiment les *corpuscules du tact*.

Pression. — *Les corpuscules de Pacini* profondément placés, semblent appelés à percevoir la pression des corps sur la peau.

§ 2. — SENS ET ORGANE DU GOUT

La bouche est la partie du corps dans laquelle est perçue la *saveur* des objets; l'expérience montre que la région capable de recevoir les impressions gustatives comprend la pointe, les bords et le dos de la langue avec les piliers antérieurs du voile du palais. *La langue est donc l'organe principal du goût.*

Description de la langue. — C'est une masse charnue terminée en pointe en avant (fig. 181, 5 et fig. 182), amincie sur les côtés, très épaisse au milieu ; en arrière, elle se continue jusqu'à l'épiglotte.

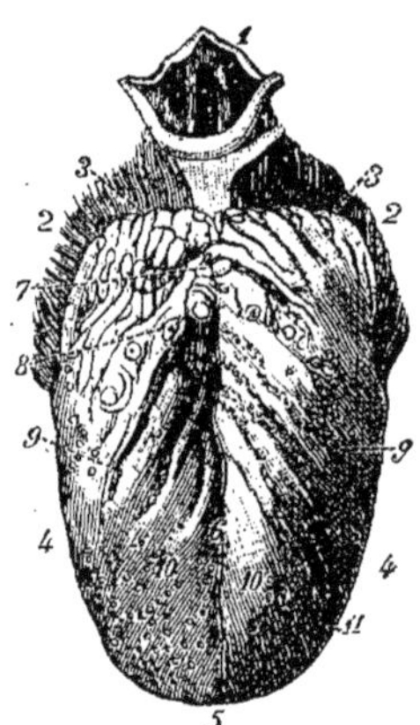

FIG. 181. — Langue (face supérieure). 1, ouverture du larynx. 3, base de la langue; 5, sa pointe; 6, sillon médian; 7, trou borgne; 8, papilles du V lingual.

Sa face supérieure, plane en avant, décrit une courbure au niveau de l'isthme du gosier. Assise sur un plancher musculaire qui s'étend du maxillaire inférieur à l'os hyoïde, la langue est elle-même une *masse musculaire* recouverte d'une *muqueuse* présentant de nombreuses saillies appelées *papilles linguales*.

Papilles linguales. — On en trouve de trois sortes sur la langue :

1° De grosses *papilles caliciformes p.c.* A (fig. 182) sont disposées en V sur le dos de la langue, le sommet de l'angle du *V lingual* étant dirigé en arrière; chacune de ces papilles *a*, *B*, présente une saillie conique médiane, séparée par un sillon annulaire profond *s*, *D*, du rebord qui la limite. Le nombre des papilles caliciformes est de 10 à 15; au sommet du V est la plus grosse *t.b*, A.

2° Les *papilles fongiformes p.f*, A, irrégulièrement distribuées sur toute la surface et principalement sur les côtés de la langue, ont la forme d'un champignon *b*, B.

3° Les *papilles filiformes p.fi*, A, très nombreuses sur toute l'étendue de la langue, sont terminées en un ou plusieurs filaments au sommet *c*, B.

Muqueuse linguale. Bourgeons gustatifs. — La muqueuse linguale présente la même structure générale que la peau dont

TABLEAU XXIII.

§ 4. — OUÏE.

Appareil auditif élémentaire :

Otocyste comprenant
- des cellules avec *soies auditives ;*
- des *otolithes ;*
- des *fibres nerveuses* conductrices de l'impression due à l'ébranlement du milieu extérieur (eau-air).

Appareil auditif d'un Vertébré aérien (fig. 186).
- Partie fondamentale..... *Labyrinthe membraneux* dans l'oreille interne.
- Partie adaptée pour l'audition dans l'air.......
  - *Oreille externe* (collectionne les vibrations).
  - *Oreille moyenne* (renforce les vibrations).

Étude de l'oreille humaine.

Oreille [logée dans le *rocher* (os temporal)]

externe (fig. 187).
- Description.
  - *Pavillon.*
  - *Conduit auditif externe.* Membrane du tympan.
- Fonctions. Collectionne les vibrations conduites à la membrane du tympan.

moyenne (fig. 188).

Caisse du tympan..
- *Cellules mastoïdiennes. Trompe d'Eustache.*
- Membranes
  - du tympan..........
  - de la *fenêtre ovale...*
  - de la *fenêtre ronde.*
  } Chaîne des osselets.
- *Chaîne des osselets* (marteau, enclume, étrier .... { Muscles du marteau et de l'étrier.

Fonctions...
- Vibrations transmises de la membrane du tympan à celle de la fenêtre ovale par la chaîne des osselets.
- Cellules mastoïdiennes : caisse de résonance.
- Trompe d'Eustache : pression atmosphérique dans l'O. moy.
- Muscle du marteau : *rôle accommodateur.*

interne (fig. 191).

Labyrinthe osseux.
- *Vestibule.* 3 canaux 1/2 *circulaires*
- *Limaçon*........................ { Rampe vestibulaire. — tympanique.
- *Périlymphe* entoure le *labyrinthe membraneux.*

Labyrinthe membraneux.
- *Canaux semi-circulaires.* **Crêtes ampullaires.** ....
- *Utricule.*
- **Taches acoustiques .**
- *Saccule..*
- *Canal cochléaire.* **Cellules acoustiques et arcs de Corti.**
} Nerf *auditif.*

- Canal cochléaire contenu dans la rampe vestibulaire du limaçon.
- Tout *le labyrinthe membraneux est rempli d'endolymphe.*

Fonctions...
- Transmission des vibrations par la périlymphe du labyrinthe osseux à l'endolymphe du labyrinthe membraneux. *Excitation des crêtes, taches et cellules acoustiques ;* les terminaisons nerveuses conduisent les impressions au nerf acoustique.
- *Taches acoustiques* (saccule-utricule) perçoivent les *bruits* et leur *intensité.*
- *Crêtes acoustiques* (ampoules) perçoivent la *direction* des sons.
- *Cellules acoustiques* (canal cochléaire) perçoivent les *sons musicaux.*

Série animale.
- *Mammifères.* Pavillon mobile chez les animaux chassés.
- *Oiseaux.* Pas de pavillon.
- *Reptiles* et *Amphibiens.* Pas d'oreille externe, simplification générale. Colu melle.
- *Poissons..*
  - Oreille interne seule.
  - *Ligne latérale* pour la perception des *vibrations lentes.*
- *Invertébrés..*
  - *Insectes :* caisse tympanique.
  - *Mollusques :* otocyste.

elle est le prolongement ; on y trouve un épithélium pavimenteux stratifié *Ep. D* (fig. 182) recouvrant un derme conjonctif *De* avec vaisseaux sanguins et nerfs. Dans l'épithélium sont logés les *bourgeons gustatifs b.g*, placés sur les côtés des papilles caliciformes

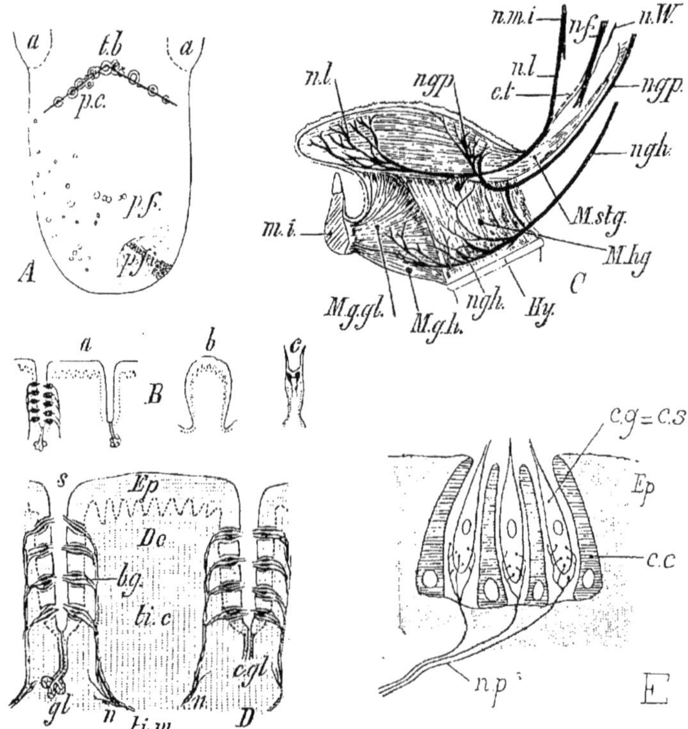

Fig. 182.   Langue. — A, face supérieure avec les papilles caliciformes, *p.c*, formant le V, les papilles fongiformes, *p.f* et les papilles filiformes, *p.fi*. — B, les trois sortes de papilles (caliciforme *a*, fongiforme *b*, filiforme *c*). — C, muscles et nerfs de la langue : *m.i*, maxillaire inférieur ; *Hy*, os hyoïde ; *M.g.gl*, muscle génio-glosse ; *M.g.h*, muscle génio-hyoïdien ; *M.hg*, muscle hyoglosse ; *M.stg*, muscle stylo-glosse ; *n.mi*, nerf maxillaire inférieur émettant le nerf lingual, *n.l : n.g.p*, nerf glosso-pharyngien ; *n.gh*, nerf grand hypo-glosse. — D, papille caliciforme ; *Ep*, épiderme : *De*, derme ; *n*, nerf se rendant aux bourgeons gustatifs, *b.g* ; *gl*, glande à mucus. — E, bourgeon gustatif très grossi avec les cellules gustatives, *c.g*, et les cellules de soutien, *c.c*.

et fongiformes, qui en possèdent chacune plusieurs centaines.

Un *bourgeon gustatif*, E, forme une sorte de tonnelet contenant deux espèces de cellules : les *cellules sensorielles gustatives*, c. g, et les *cellules de soutien*, c.c.

Les cellules gustatives, les plus importantes, sont fusiformes, *c.g* ; leur prolongement interne est embrassé par le panache du *neu-*

Tableau XXIV.

§ 5. — Vue

Appareil primitif. { *Tache pigmentaire* sensible à la lumière.
OEil primitif. { Cellule rétinienne avec fibre nerveuse.
Cristallin (épaississement ectodermique).

Développement de l'œil chez un Vertébré.

Appareil de la vision chez l'Homme. { Partie fondamentale : *OEil.*
Organes accessoires (fig. 204 à 207). { Paupières. Conjonctive. Appareil lacrymal. Cils. Sourcils. Muscles moteurs.

Œil.

Membranes. (fig. 194 à 196).
Sclérotique. Cornée transparente.
Choroïde : Choroïde proprement dite. Région ciliaire. Iris.
Rétine....... { Épanouissement du nerf optique avec récurrence des fibres vers la choroïde où des *cônes* et *bâtonnets* les terminent.
Tache jaune. Point aveugle.
Membrane hyaloïde.

Milieux transparents (fig. 194).
Cornée transparente.
Humeur aqueuse entre la cornée et l'iris.
Cristallin, lentille biconvexe logée dans la cristalloïde.
Corps vitré entre le cristallin et la rétine.

L'œil est un instrument d'optique.

1° *Iris,* Diaphragme { arrêtant les rayons éloignés de l'axe optique.
réglant la quantité de lumière admise dans l'œil.

2° *Cristallin* et *région ciliaire.* { *Accommodation* de l'œil aux distances. *Presbytie.*
OEil *emmétrope, hypermétrope, myope.*

L'œil est un appareil sensible.

Fonctions.........

1° *Choroïde..* { absorbe les rayons lumineux après leur action sur la rétine.
maintient constante la température de la rétine.

2° *Rétine....* { Écran où se forment les images réelles et renversées des objets.
Décomposition de l'*érythropsine* des bâtonnets.

Irradiation. Durée des impressions lumineuses

Perception des couleurs. { Lumière blanche. Spectre solaire.
Couleurs complémentaires. Daltonisme.

Vision unioculaire, binoculaire (relief).
Éducation des yeux.

Série animale....

Oiseaux. — Reptiles. — Poissons.
Sclérotique avec pièces cartilagineuses ou osseuses.
Choroïde avec *peigne* (tapis).
Cristallin devient sphérique (Poissons).
Paupières (3° paupière ou nictitante des Oiseaux).
Paupières soudées chez les Serpents.
OEil pinéal des Lézards.

Invertébrés. Les fibres rétiniennes y sont droites et leurs extrémités font face à la lumière incidente.
Insectes. Yeux *simples* (ocelles), yeux *composés.*
Mollusques. Yeux bien développés.

rone sensitif périphérique correspondant ; leur prolongement externe consiste en un bâtonnet réfringent saillant, visible soit dans le sillon *s* de la papille caliciforme, soit à la surface de la papille fongiforme. Tous les filets nerveux, *n*, aboutissant aux bourgeons gustatifs, proviennent du *nerf glosso-pharyngien*, *n.gp*, C, et du *nerf lingual*, *n.l ;* la langue reçoit encore le *nerf grand hypoglosse*, *n.gh.*

Des impressions perçues par la muqueuse linguale. — Un objet est appliqué sur la langue ; cet organe en tire deux impressions : celle du *contact* et celle du *goût* (*saveur*) de l'objet.

L'*impression tactile* est surtout perçue à la pointe de la langue où se trouvent les papilles filiformes les plus développées ; ces papilles renferment les *corpuscules de Krause* (page 192) et communiquent avec le nerf lingual *n.l.*

Tout objet ne peut être *sapide*, c'est-à-dire ne peut donner d'*impression gustative* que s'il est dissous au préalable dans la salive (*l'excitant est liquide*) ; on admet alors que la solution obtenue agit chimiquement sur les cellules gustatives excitables, mises en rapport avec le nerf glosso-pharyngien *ngp* et avec des annexes du nerf lingual : corde du tympan, *c. t*, et nerf de Wrisberg, *n. W.* Les seules impressions vraiment gustatives sont données par les corps ayant une saveur *sucrée* ou une saveur *amère ;* et encore ne peuvent-elles être nettement définies.

La partie antérieure de la langue est surtout tactile, la région des papilles caliciformes paraît surtout gustative.

§ 5. — SENS ET ORGANE DE L'ODORAT

Le nez est l'organe préposé à la perception des *odeurs*.

Description du nez. — Le nez est une proéminence située au milieu du visage, percée à sa base de deux orifices symétriques *Or* (fig. 183), qui donnent accès dans les cavités nasales. La paroi du nez se compose d'os et de cartilages ; ces derniers sont situés surtout à l'extrémité molle et déformable de l'organe.

Les os qui limitent la paroi interne du nez sont : les os nasaux *na* en avant, l'os frontal *fr*, les lacrymaux et l'ethmoïde *et* en haut, le *sphénoïde sp* en arrière, les maxillaires supérieurs *ma* sur les côtés et en bas ; la voûte palatine, qui sépare la bouche des cavités nasales est formée des maxillaires supérieurs et des *palatins pa*.

Une cloison verticale 1,5 (fig. 184), partageant cette cavité en deux parties symétriques, est formée par la lame perpendiculaire de l'ethmoïde en avant et par l'os vomer en arrière. Toutefois les cavités du nez s'ouvrent en arrière dans les fosses nasales postérieures, $f.n.p$, qui leur sont communes et se continuent par le pharynx La paroi latérale de chaque cavité du nez présente trois proéminences osseuses formant les *cornets supérieur, moyen* et *inférieur* (CS, CM; et CI, fig. 183), sortes de voûtes osseuses au-dessus des *méats* correspondants.

L'étendue des cavités nasales est agrandie du volume des sinus frontaux. *sf*, sphénoïdaux, *s.sp*, et maxillaires et des cellules ethmoïdales (fig. 184) ; ces sinus et cellules sont de vastes cavités en communication avec les fosses nasales.

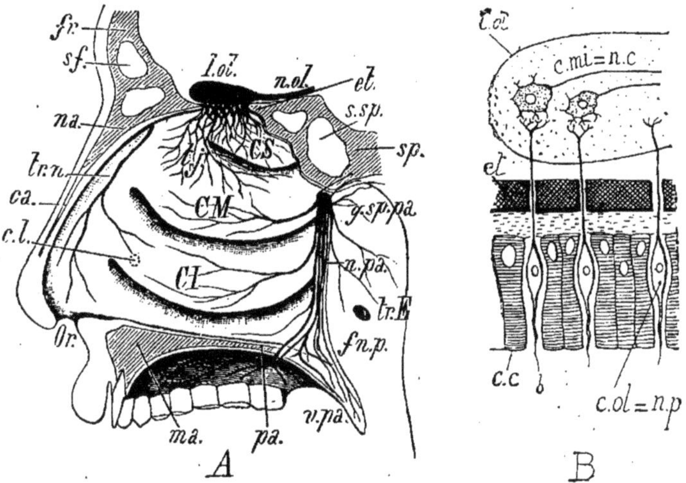

Fig. 183. — A, cavité du nez ; *f.r*, os frontal et sinus, *s.f; na*, os nasaux.; *et*, ethmoïde ; *sp*, sphénoïde et sinus *s.sp ; ma*, maxillaires supérieurs ; *pa*, palatins ; *ca*, cartilage nasal antérieur ; *v.pa*, voile du palais. *Or*, orifice antérieur de la cavité nasale ; *f.n.p*, orifice dans le pharynx. *CS, CM* et *CI*, cornets supérieur, moyen et inférieur du nez ; *t.j*, tache jaune avec ramifications de la bandelette olfactive, *l.ol; g.sp.pa*, ganglion sphéno-palatin et nerfs palatins, *n.pa*. — *tr. E*, orifice de la trompe d'Eustache ; *c.l*, orifice du canal lacrymal dans le méat inférieur.

B. — *c. ol*, cellule olfactive (neurone sensitif périphérique) ; *c.c*, cellules épithéliales de soutien ; *c.mi*, cellule mitrale (neurone sensitif central) dans la bandelette olfactive, *l.ol*.

Une muqueuse, dite *membrane pituitaire*, en continuation avec la peau en avant, tapisse l'ensemble de toutes ces cavités et se prolonge à travers les fosses nasales postérieures, par la muqueuse pharyngienne et buccale. Elle pénètre aussi par l'orifice, *c.l*, du méat inférieur, dans le canal lacrymal qui va s'ouvrir au bord interne des paupières.

Muqueuse pituitaire. — Cellules olfactives. — La surface de la muqueuse pituitaire, vue de l'extérieur, est fortement colorée en rouge ; *cette coloration rouge est celle du cornet inférieur et de la moitié inférieure du cornet moyen ; la région supérieure des cavités nasales est jaune.*

A cette différence d'aspect correspondent des différences anatomiques et physiologiques.

1° *Région rouge.* — Toute la partie inférieure de la muqueuse pituitaire est formée d'un derme conjonctif recouvert d'un épithélium cylindrique vibratile, comme celui de la trachée-artère.

Des glandes muqueuses en grappe, petites et nombreuses, y

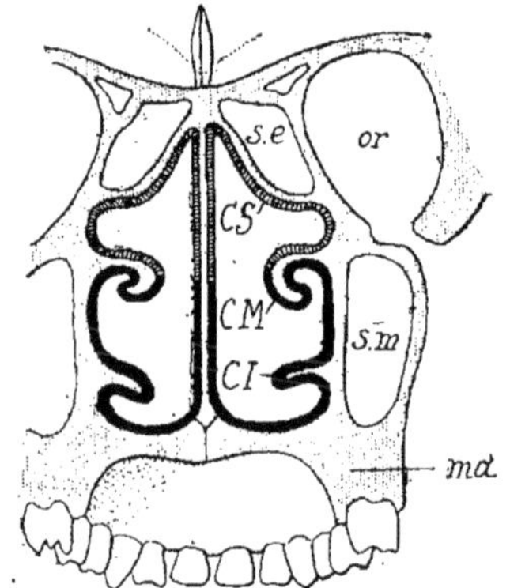

FIG. 184. — Section transversale des 2 fosses nasales. — *CI, CM, CS*, cornets inférieur, moyen et supérieur; *ma*, maxillaires supérieurs; *s.m*, sinus maxillaire; *s.e*, sinus ethmoïdal; *or*, orbite. — La région rouge de la muqueuse pituitaire est figurée en noir et la région jaune par des hachures.

déversent leur sécrétion; les vaisseaux sanguins qui y aboutissent forment un *réseau admirable* où le plasma sanguin filtre abondamment et maintient cette région chaude et humide.

Des corpuscules tactiles y reçoivent les terminaisons des nerfs palatins, *n.pa*, et de la branche nasale, *tr.n*, émanant du trijumeau.

2° *Région jaune.* — Les cellules épithéliales de la région jaune sont de deux sortes (fig. 183, B) :

les unes sont des cellules de soutien et des cellules à mucus ;

les autres, $c.ol = n.p$, sont à la fois *cellules sensorielles olfactives et neurones sensitifs périphériques.*

Une cellule olfactive possède un noyau volumineux et se prolonge vers l'extérieur par une extrémité effilée, *b ;* du côté interne, son cylindre-axe traverse la *lame criblée de l'ethmoïde, et ;* il se met en rapport de contiguïté, par son arborisation terminale, avec le panache d'une cellule mitrale ou neurone sensitif central, $c.mi = n.c$ [1].

Des impressions reçues par la muqueuse olfactive. — *La région rouge de la muqueuse pituitaire reçoit uniquement des impressions tactiles ; la région jaune est affectée à la perception des impressions olfactives.* La première région est protectrice de l'arbre pulmonaire qu'elle préserve en partie de l'accès des poussières, tout en échauffant et humidifiant au passage l'air

---

1 Les cellules mitrales font partie de la *bandelette olfactive* (= lobe olfactif), véritable lobe du cerveau.

L'ethmoïde présente, de part et d'autre d'une apophyse médiane supérieure ou *apophyse crista-galli*, deux surfaces criblées de trous pour le passage des ramifications de la bandelette olfactive.

inspiré ; elle joue donc un rôle important dans la fonction respiratoire.

La région olfactive ne peut percevoir l'odeur des objets que s'ils sont gazeux ou si les particules qui s'en détachent, maintenues en suspension dans l'air, *sont solubles dans le liquide qui imprègne la muqueuse pituitaire.* On admet alors que cette dissolution, une fois opérée, réagit chimiquement sur les cellules olfactives qui en sont impressionnées.

§ 4. — SENS ET ORGANE DE L'OUÏE

L'*appareil auditif* ou *oreille* est chargé de percevoir les *sons* dus aux vibrations des corps. Ces vibrations sont transmises par le milieu ambiant (air ou eau) à l'oreille qui est l'organe récepteur.

Les animaux aquatiques possèdent un appareil auditif plus simple que les animaux aériens dont l'oreille est composée d'une partie principale et d'organes accessoires.

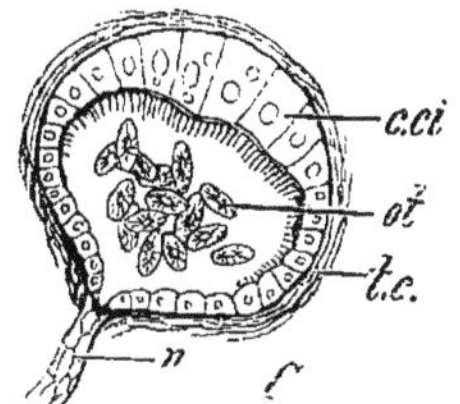

Fig. 185. — Appareil auditif de l'Escargot ; *c.ci*, cellules ciliées ; *ot*, otolithes libres dans une cavité remplie de liquide ; *t.c*, tissu conjonctif ; *n*, nerf.

Aussi, pour bien saisir la signification de toutes ces parties chez l'Homme et les animaux supérieurs, convient-il de jeter un coup d'œil rapide sur le type simple qui nous est offert par les Mollusques.

L'appareil *auditif* ou *otocyste* de l'Escargot consiste en une vésicule close (fig. 185), tapissée de cellules ciliées dont quelques-unes avec soies auditives rigides ; cette vésicule est remplie d'un liquide (*endolymphe*) dans lequel sont en suspension des concrétions libres appelées *otolithes*. (Les otolithes sont rendus libres par la résorption des cellules qui les ont sécrétés).

Un nerf, *n*, aboutit à cet organe.

On peut préciser aujourd'hui, grâce à des recherches récentes, les rapports existant entre la *cellule ciliée impressionnable* et le *centre nerveux récepteur* de l'impression :

La cellule ciliée (*cellule sensorielle auditive, c.s*, fig. 179 *bis*) est enlacée par le panache d'un neurone sensitif périphérique, *n.p*, dont l'arborisation terminale du cylindre-axe est contiguë au panache du neurone sensitif central, *n.c* (*centre nerveux*).

La vésicule auditive des Mollusques est identique à celle de la plupart des animaux aquatiques. On la retrouve aussi chez les Vertébrés avec une forme plus complexe, il est vrai, assurant une plus grande subtilité au sens auditif.

Description succincte de l'appareil auditif et de sa fonction chez l'Homme. — L'appareil auditif de l'Homme comprend trois parties :

1° L'*oreille externe*, organe de collectionnement des vibrations sonores ;

2° L'*oreille moyenne*, organe de renforcement de ces vibrations ;

3° L'*oreille interne*, organe de réception des impressions sonores qui affectent les terminaisons du nerf acoustique

L'oreille externe comprend le *pavillon P* (fig. 186) et le *conduit auditif externe* 1, fermé en dedans par la *membrane du tympan*, 2.

L'oreille moyenne ou *caisse du tympan*, 3, est une cavité osseuse en rapport avec les *cellules mastoïdiennes*, 5 (cavités de l'apophyse mastoïde du temporal), et avec les fosses nasales postérieures par la *trompe d'Eustache*, 4. Sa paroi est percée en avant d'un orifice fermé par la membrane du tympan, 2 ; elle présente en arrière deux autres orifices : la *fenêtre ovale* 7 et la *fenêtre ronde* 8, fermées par les membranes du même nom. Une suite de petits os formant la *chaîne des osselets*, 6, met en rapport la membrane du tympan avec la membrane de la fenêtre ovale. La caisse du tympan est remplie d'air.

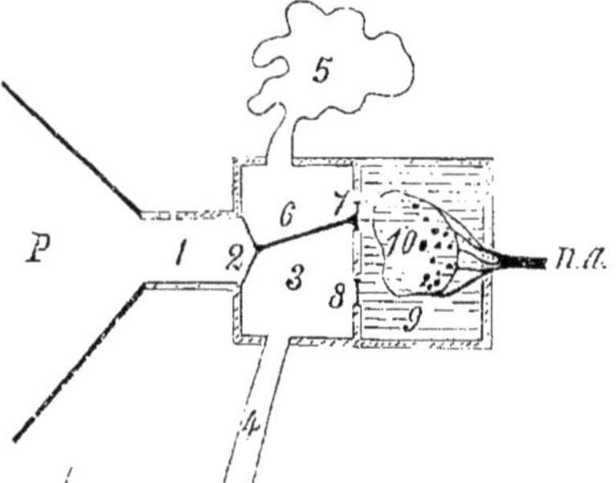

Fig. 186. — Schéma de l'oreille de l'Homme. — Oreille externe : *P*, pavillon ; 1, conduit auditif externe. — Oreille moyenne : 2, membrane du tympan ; 3, caisse du tympan ; 4, trompe d'Eustache ; 5, cellules mastoïdiennes ; 6, chaîne des osselets ; 7, membrane de la fenêtre ovale ; 8, membrane de la fenêtre ronde. — Oreille interne : 9, périlymphe contenue dans le labyrinthe osseux ; la périlymphe baigne le labyrinthe membraneux (otocyste) 10, rempli d'endolymphe et contenant des otolithes en suspension ; *n.a*, nerf auditif. (La forme des labyrinthes osseux et membraneux a été portée au maximum de simplicité.)

L'oreille interne ou labyrinthe osseux contient un liquide, la *périlymphe*, 9, dans lequel est en suspension le *labyrinthe membraneux*, 10 (représenté sous sa forme réelle, fig. 188), rempli lui-même *d'endolymphe*. En suspension dans l'endolymphe sont des granulations solides (*otoconies*) mobiles en présence de cellules ciliées auxquelles aboutissent les terminaisons du *nerf acoustique n.a.*

Rôle fondamental de l'oreille. — Les vibrations de l'air, recueillies par le pavillon P, sont transmises par le conduit auditif externe à la membrane du tympan. Celle-ci agit sur la chaîne des osselets qui ébranle la membrane de la fenêtre ovale. La périlymphe en mouvement communique ses vibrations à l'endolymphe par la paroi du labyrinthe membraneux, et les otoconies impressionnent les cellules ciliées voisines ; le nerf acoustique recueille les impressions auditives et les conduit à l'encéphale.

CONSTITUTION DE L'OREILLE ET SES FONCTIONS

1° **Oreille externe.** — *Pavillon de l'oreille.* Le pavillon de l'oreille consiste en une lame fibro-cartilagineuse, mince, ondulée, recouverte de peau, qui forme une sorte d'entonnoir ou *conque* dont le bec se continue par le conduit auditif externe ; cette lame présente divers replis, peu ou pas mobiles chez l'Homme

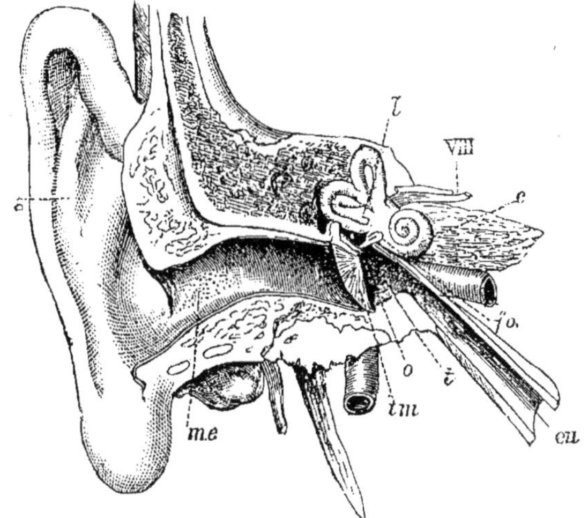

Fig. 187. — Oreille de l'Homme.

(fig. 187), dont le but est de réfléchir les ondes sonores vers l'oreille moyenne et de nous renseigner vaguement sur la direction d'où vient le son.

Le pavillon se prolonge en bas par un *lobule* graisseux.

Conduit auditif externe. — Ce tube *c.a.ex.* (fig. 188), cartilagineux en avant, osseux dans la profondeur du *rocher*[1] où il est abrité, a environ 3 centimètres de longueur ; il est limité en arrière par la membrane du tympan ; la peau qui le tapisse renferme des poils fins et sensibles, très développés chez le vieillard, et de grosses glandes sébacées, sécrétant le *cérumen*, matière épaisse, jaunâtre et amère : d'où leur nom de *glandes cérumineuses.*

---

1. Le rocher est la partie dure, compacte, de l'os temporal qui contient l'oreille moyenne et l'oreille interne.

Grâce à leur sensibilité, les poils nous préviennent qu'un insecte, un corps quelconque, se sont introduits dans le conduit auditif; le cérumen arrête au passage les poussières de l'air. La membrane du tympan est donc bien protégée extérieurement.

2° **Oreille moyenne.** — *La caisse du tympan C.T*, qui forme l'oreille moyenne, est une cavité irrégulière haute de 2 centimères, large de 2 millimètres, communiquant avec les fosses nasales posté-

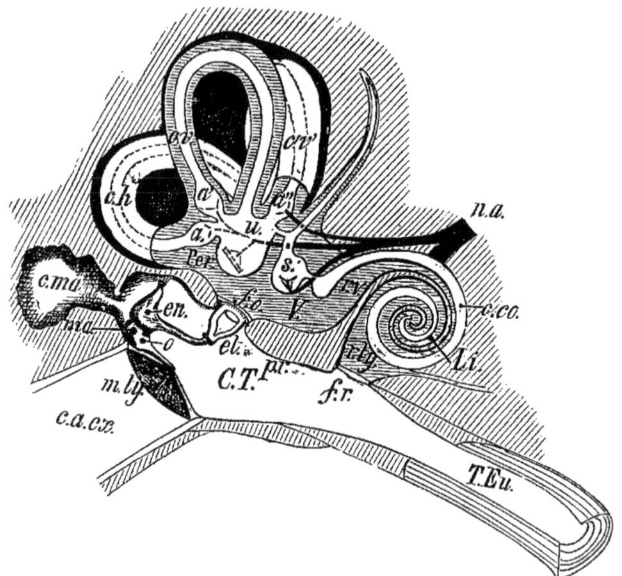

FIG. 188. — Figure schématique de l'oreille humaine. — Oreille externe : *c.a.ex*, conduit auditif externe. — Oreille moyenne : *C.T*, caisse du tympan ; *m.ty*, membrane du tympan ; *c.ma*, cellules mastoïdiennes ; *T.Eu*, trompe d'Eustache ; *f.o*, fenêtre ovale ; *f.r*, fenêtre ronde ; *pr*, promontoire ; *ma*, marteau ; *en*, enclume ; *et*, étrier. — Oreille interne : *V*, vestibule ; *c.h,c.v,c'.v'*, canaux semi-circulaires horizontal (*c.h*) et verticaux (*c.v,c'.v'*) ; *Li*, limaçon (*r.v*, rampe vestibulaire ; *r.ty*, rampe tympanique) ; *Per*, périlymphe remplissant le labyrinthe osseux. — Labyrinthe membraneux représenté en blanc sur la figure : *c.co*, canal cochléaire ; *s*, saccule ; *u*, utricule ; *a,a',a''*, ampoules des canaux semi-circulaires ; *n.a*, nerf auditif et ses ramifications se rendant aux taches acoustiques du saccule et de l'utricule, aux crêtes acoustiques des ampoules et au canal cochléaire.

rieures en *tr. E* (fig. 183) par la *trompe d'Eustache T. Eu.* (fig. 188), et avec les cellules *mastoïdiennes c.ma*, cavités de l'apophyse mastoïde du temporal, qui en augmentent beaucoup le volume. Du côté externe, la paroi de la caisse présente un orifice circulaire, fermé par la *membrane du tympan m.ty*. Du côté interne, la paroi, très accidentée, présente : en haut la *fenêtre ovale f.o*, fermée par la membrane du même nom, au-dessous la *fenêtre ronde f.r*, plus petite que la précédente et également pourvue d'une membrane.

De la membrane du tympan à la fenêtre ovale s'étend la *chaîne des osselets*, composée du *marteau ma*, de l'*enclume en* et de l'*étrier et*.

Trompe d'Eustache. — C'est un canal, osseux d'abord, puis cartilagineux dans la région afférente aux fosses nasales postérieures.

A chaque mouvement de déglutition, la trompe d'Eustache s'ouvre et assure l'équilibre de pression entre l'air de la caisse du tympan et l'air extérieur; un peu de ce gaz pénètre en même temps dans la caisse et se mélange avec la réserve d'air humide et chaud que renferment les cellules mastoïdiennes.

FIG. 189. — A gauche, les pièces de la chaîne des osselets : 1, marteau; 2, enclume et son apophyse lenticulaire 3; 4, étrier et sa base 5. A droite, labyrinthe osseux.

Membrane du tympan. — C'est une lame mince *m.ty*, inclinée à 45° de dehors en dedans et d'arrière en avant; elle a la forme d'un cône très évasé, dont le sommet est saillant dans la caisse du tympan. Elle présente trois feuillets : l'un, externe, est la continuation de la peau et renferme des vaisseaux sanguins; l'autre, *interne*, fait partie de la muqueuse qui tapisse la caisse tympanique; le feuillet *moyen* se compose de fibres, les unes rayonnantes, les autres circulaires.

Le manche du marteau *ma* est engagé dans ce feuillet moyen et occupe l'une des génératrices du cône formé par la membrane tympanique; l'extrémité du manche correspond au sommet du cône.

Chaîne des osselets. — Le marteau, l'enclume *en* et l'étrier *et* forment une chaîne ininterrompue entre les membranes du tympan et de la fenêtre ovale.

Le *marteau* a 6 millimètres de longueur environ; son manche est surmonté d'une tête renflée, contre laquelle s'appuie l'*enclume*. Cette dernière a la forme d'une molaire à deux racines, dont la couronne reçoit la tête du marteau; la racine supérieure de l'enclume se termine par un ligament fixé à la paroi opposée; la racine inférieure plus longue se dirige de haut en bas, puis se recourbe à angle droit et rejoint la tête de l'*étrier*. L'*étrier* s'appuie par sa base sur la membrane de la fenêtre ovale et bouche exactement cet orifice.

Muscles des osselets. — Deux petits muscles font mouvoir la chaîne des osselets : le *muscle du marteau* et le *muscle de l'étrier*.

Le *muscle du marteau* s'insère sur le sphénoïde et la partie cartilagineuse de la trompe d'Eustache d'une part (insertion fixe), et se rend, d'autre part, au côté interne de l'extrémité supérieure du manche du marteau (insertion mobile).

Par sa contraction, il tire en dedans le manche du marteau et fait pivoter cet organe de AB en A′B′ autour d'un axe fixe O (fig. 190) ; *la membrane du tympan est ainsi tendue;* l'enclume est solidaire des mouvements du marteau et l'étrier s'enfonce dans la fenêtre ovale de D en D′.

Le *muscle de l'étrier*, en se contractant, *relâche la membrane du tympan;* c'est l'antagoniste du muscle précédent.

Rôles de l'oreille moyenne. — Nous avons vu plus haut que l'oreille moyenne est *l'appareil de renforcement des sons.* La membrane du tympan, soumise sur ses deux faces à la pression atmosphérique, vibre sous l'influence des ondes sonores qui lui sont transmises par l'oreille externe. Si elle était uniformément tendue, elle ne pourrait vibrer que pour un son de hauteur déterminée; mais la membrane tympanique est une *membrane à tension variable,* grâce à la contraction plus ou moins prononcée du muscle du marteau qui joue le rôle de *muscle accommodateur;* elle peut dès lors vibrer pour tous les sons dus à un nombre de vibrations compris entre 32 (son grave) et 23 000 par seconde (son aigu).

Le muscle du marteau est encore un *muscle protecteur* de la membrane du tympan; car, en la tendant fortement, il rend cette membrane apte à vibrer seulement pour les sons aigus et non pour les sons graves et très intenses à la fois, tels que le bruit du canon, les chocs des marteaux sur les grosses pièces métalliques. Les vibrations de forte amplitude ainsi déterminées pourraient déchirer la membrane du tympan.

Les vibrations de la membrane tympanique sont presque totalement concentrées sur la chaîne des osselets qui fait l'office de levier coudé ABCD (fig. 190) et d'*appareil transmetteur* des mouvements à la membrane de la fenêtre ovale.

La membrane de la fenêtre ovale et l'étrier qui s'y applique jouent un rôle fondamental *pour l'audition dans l'air,* aussi leur altération détermine-t-elle la surdité par l'écoulement de la périlymphe contenue dans l'oreille interne.

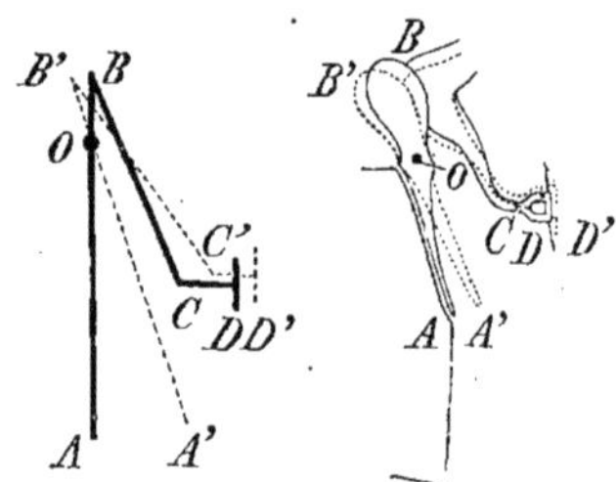

Fig. 190. — Figure schématique traduisant le rôle de la chaîne des osselets.

3° **Oreille interne.** — C'est la partie fondamentale de l'appareil auditif; elle comprend le labyrinthe osseux et le labyrinthe membraneux :

1° *Labyrinthe osseux.* — Il se compose du *vestibule V* (fig. 188) des *canaux semi-circulaires ch, cv, c′v′* et du *limaçon* osseux *Li,* c'est-à-dire des enveloppes dures du labyrinthe membraneux.

Le limaçon osseux, enroulé sur lui-même, fait 2 tours 1/2 de spire ; il est creusé d'un canal séparé en 2 rampes : la *rampe*

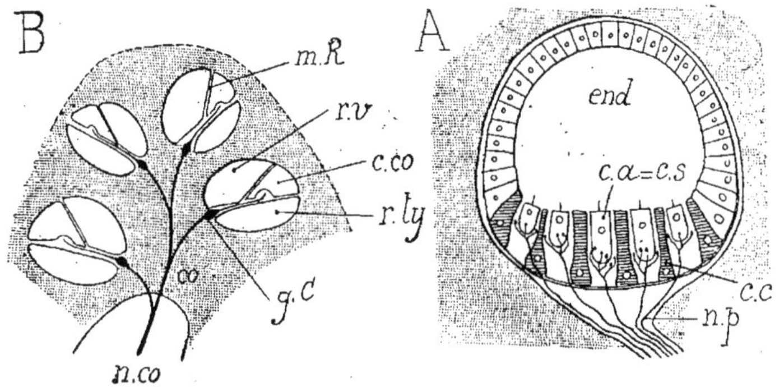

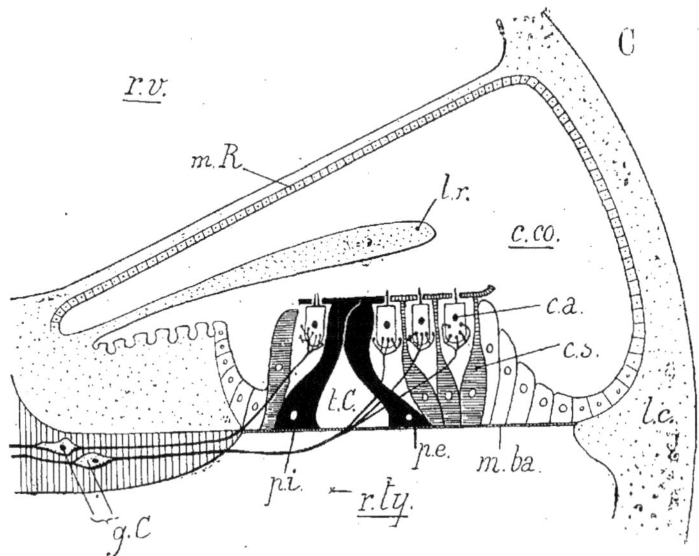

Fɪɢ. 191. — Oreille interne.

A. — *Structure d'une crête auditive.* — *c.a*, cellules auditives ; *n.p*, neurones périphériques ; *end*, endolymphe ; *c.c*, cellules de soutien.

B. — *Coupe du limaçon* passant par l'axe de la columelle, *co ; c.co*, canal cochléaire ; *r.ty*, rampe tympanique ; *r.v*, rampe vestibulaire ; *m.R*, membrane de Reissner ; *n.co*, nerf cochléaire.

C. — *Structure de l'organe de Corti.* — *c.a*, cellules auditives ; *g.C*, ganglion de Corti ; *t.C*, tunnel de Corti ; *p.e, p.i*, piliers de Corti externe et interne ; *m.ba*, membrane basilaire ; *l.r*, lamelle recouvrante ; *l.c*, lame des contours.

vestibulaire, *r.v* (fig. 188 et 191, B, C), en rapport avec le vestibule ; la *rame tympanique*, *r.ty*, qui aboutit à la fenêtre ronde ; les deux rampes communiquent entre elles au sommet du limaçon. C'est dans la rampe vestibulaire qu'est logé le *canal cochléaire*, *c.co*.

Le labyrinthe osseux est séparé du labyrinthe membraneux qu'il renferme **par la** *périlymphe*, *per*.

2° *Labyrinthe membraneux*. — Dans le vestibule V, on remarque l'*utricule u* (fig. 188) en rapport avec les *canaux semi-circulaires membraneux*, et le *saccule*, *s*, communiquant avec le *canal cochléaire*, *c. co*. Le tout est rempli d'*endolymphe*.

L'utricule, le saccule et les canaux semi-circulaires sont formés d'une lame de tissu conjonctif recouverte d'une couche unique de cellules aplaties, sauf à l'endroit des *taches auditives* du saccule et de l'utricule et des *crêtes auditives* présentées par les ampoules, *a*, *a'* et *a''*, des canaux semi-circulaires membraneux.

Les saillies de la paroi qui forment les *taches* et *crêtes auditives* sont tapissées de *cellules auditives*, *c. a* (fig. 191, A), ciliées sur leur face libre et prolongées chacune par une fibrille, *n.p*, du nerf acoustique. Au voisinage des cils se trouvent, en suspension dans l'endolymphe, des otolithes dont les mouvements, dus aux vibrations du liquide, impressionnent les cellules auditives ; les branches nerveuses (ampullaires, utriculaire et sacculaire) du nerf acoustique recueillent ces impressions.

Le *canal cochléaire*, *c. co* (fig. 191, B), occupe la partie externe de la rampe vestibulaire du limaçon, le long de laquelle il s'élève, et se termine en cul-de-sac au sommet. Sa section triangulaire est limitée : du côté externe, par la *membrane de Reissner*, *m. R, C*, à cellules aplaties ; du côté interne, par de hautes cellules revêtant la *lame des coutours*, *l.c*, et en bas par la *membrane basilaire*, *m. ba*, dont les fibres transversales, au nombre de 6000 environ, s'étendent de la lame des contours à la *lame spirale osseuse*. La membrane basilaire sépare le canal cochléaire de la rampe tympanique, *r. ty ;* elle est plus large au voisinage du sommet du limaçon qu'à sa partie inférieure.

De la lame spirale se détache une *lame recouvrante*, *l. r*, disposée au-dessus des cellules ciliées et sensorielles, *c. a*, que porte la membrane basilaire.

Ces cellules ciliées et les organes voisins méritent toute l'attention.

A l'origine, la membrane basilaire porte sur toute son étendue une série de cellules de soutien et de cellules ciliées, *c.a* (fig. 191, *C*), dont les cils sont voisins de la lame recouvrante, tandis que leur extrémité inférieure est embrassée par les fibrilles de la *branche cochléaire* du nerf acoustique. [Le nerf cochléaire, *n.co*, B, occupe l'axe du limaçon et distribue, dans toute la hauteur de cet organe, des rameaux nerveux qui s'en détachent à la manière des marches d'un étroit escalier tournant, disposées autour de la colonne centrale constituant le pivot de l'escalier.]

Plus tard apparaissent, au voisinage des cellules ciliées, *c.a* et des cellules de soutien, *c.s*, les *arcs de Corti* formés chacun de deux piliers osseux, l'un *interne*, *p.i*, l'autre *externe*, *p.e*, divergeant par leur base. Les piliers se prolongent sous la lame recouvrante, *l.r*, par une membrane réticulée dans les mailles de laquelle s'engagent les cils des cellules auditives, *c.a*.

Les bases de deux piliers de Corti correspondants reposent à cheval sur deux fibres transversales de la membrane basilaire. Il existe donc environ 3000 arcs de Corti qui, pressant de leur poids sur les fibres basilaires, en déterminent la tension.

Rôles de l'oreille interne. — Le mouvement vibratoire des corps communiqué par l'air à l'oreille y produit une impression vague (*bruit*) ou nette (*son*).

Un son possède trois qualités : l'*intensité*, la *hauteur* et le *timbre*. L'intensité dépend de l'amplitude des vibrations du corps en mouvement; la hauteur dépend du nombre de ses vibrations par seconde; le timbre résulte de la superposition, au son fondamental, d'un certain nombre d'*harmoniques* qui contraignent l'oreille à apprécier un son composé.

L'oreille interne a pour rôle d'analyser les sons par la diversité des impressions qu'elle perçoit.

Lorsque la membrane de la fenêtre ovale vibre, elle ébranle la périlymphe dans toute l'étendue du labyrinthe osseux (vestibule, canaux semi-circulaires osseux, rampes vestibulaire et tympanique du limaçon). L'endolymphe participe à cet ébranlement; les otolithes sont agités vis-à-vis des taches et des crêtes acoustiques, dont ils impressionnent les cellules ciliées ; la branche vestibulaire du nerf auditif collectionne ces excitations. Dans le canal cochléaire, les cellules auditives paraissent impressionnées par les vibrations de telle ou telle des fibres qui composent la membrane basilaire ; la branche cochléaire du nerf auditif conduit à l'encéphale les excitations qui lui sont transmises par les filets nerveux.

A quelles parties de l'oreille interne est attribuée la perception des bruits, des sons musicaux et de leurs qualités ? *Il semble que les taches sacculaire et utriculaire aient pour rôle d'apprécier les bruits et leur intensité. L'orientation des canaux semi-circulaires dans trois plans rectangulaires nous permet de rapporter à un point donné de l'espace le mouvement vibratoire perçu. C'est au canal cochléaire qu'est dévolu le rôle d'analyser les sons musicaux, c'est-à-dire de percevoir les vibrations périodiques, régulières, des corps en mouvement.*

Les fibres transversales de la membrane basilaire sont autant de cordes d'un piano, chargées de vibrer chacune pour un son donné puisqu'elles sont de longueur différente, plus grandes au sommet du limaçon, plus courtes en bas. Si le son est unique, l'une seule de ces fibres entre en vibration (par l'ébranlement du liquide de l'oreille interne),affecte un arc de Corti et le groupe des cellules auditives voisines ; les filets nerveux aboutissant à ces cellules conduisent l'impression au nerf cochléaire et, de là, au nerf auditif.

La hauteur et l'intensité du son seront appréciées.

Si le son est complexe, une fibre est affectée par le son fondamental, d'autres le sont par les harmoniques qui l'accompagnent, et le nerf auditif reçoit simultanément plusieurs excitations desquelles résultera la notion du *timbre*.

§ 3. — SENS ET ORGANE DE LA VUE

Le sens de la vue a pour organe l'*œil* qui nous permet d'apprécier la forme, l'étendue et la couleur des objets, leur position relative dans l'espace et leur distance.

La partie fondamentale de l'œil comprend 3 sortes d'éléments :

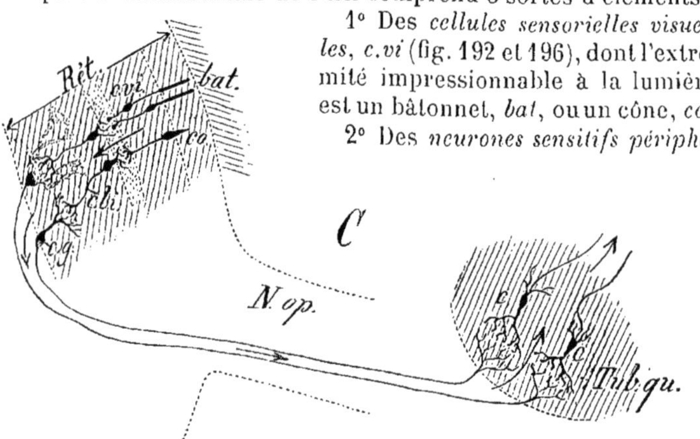

1° Des *cellules sensorielles visuelles*, *c.vi* (fig. 192 et 196), dont l'extrémité impressionnable à la lumière est un bâtonnet, *bat*, ou un cône, *co* ;

2° Des *neurones sensitifs périphé-*

Fig. 192. — Rétine et ses rapports avec les tubercules quadrijumeaux.
De la surface externe à la surface interne : 1° *c.vi*, cellules sensorielles visuelles : les unes avec bâtonnet, *bat* ; les autres avec cônes, *co*. — 2° *c.bi*, cellule bipolaire (neurone sensitif périphérique). — 3° *c.g*, cellule ganglionnaire (neurone sensitif central).
N.op, bandelette optique. — Les flèches indiquent la direction suivie par l'impression lumineuse transmise à l'encéphale.

riques (cellules bipolaires, *c.bi* = *n.p*) spéciaux, les uns aux bâtonnets, les autres aux cônes ;

3° Des *neurones sensitifs centraux* (cellules ganglionnaires, *c.g* = *n.c*), dont les cylindres-axes forment les fibres de la *bandelette optique*, *N.op* (nerf optique).

DESCRIPTION DE L'APPAREIL VISUEL CHEZ L'HOMME

L'*appareil de la vision* se compose d'un organe essentiel (*œil*, fig. 193) et d'organes accessoires, les uns protecteurs (*paupières. cils, sourcils, glandes*), les autres moteurs (*muscles de l'œil*).

A. — DE L'ŒIL.

L'œil est une sphère de 23 millimètres de diamètre environ, logée dans l'une des cavités orbitaires de la face ; il est composé de *membranes* et de *milieux transparents*. Les membranes sont, de dehors en dedans : la *sclérotique scl* (fig. 194), la *choroïde ch* et la *rétine r* contre laquelle est appliquée intérieurement la *membrane hyaloïde m. hy*.

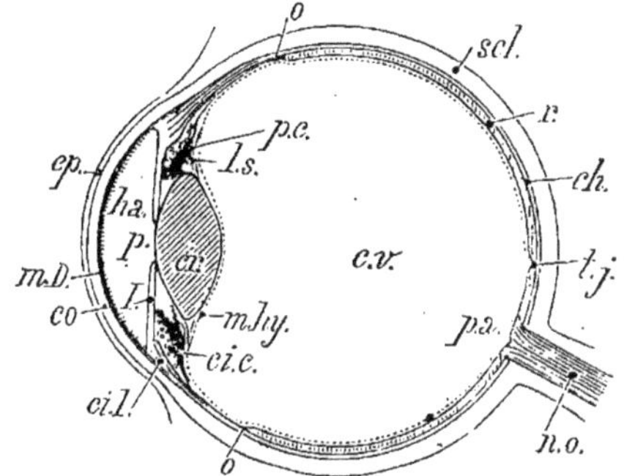

FIG. 194. — Coupe de l'œil : *scl*, sclérotique ; *ch*, choroïde ; *r*, rétine ; *ci.l*, *ci.c*, région ciliaire de la choroïde ; *co*, cornée transparente recouverte par la membrane conjonctive *ep* ; *h.a*, humeur aqueuse ; I, iris et la pupille *p* ; *cr*, cristallin ; *l.s*, ligament suspenseur ; *m.hy*, membrane hyaloïde ; *n.o*. nerf optique ; *r*, rétine ; *p.a*, point aveugle (punctum cæcum) ; *t.j*, tache jaune (macula lutea).

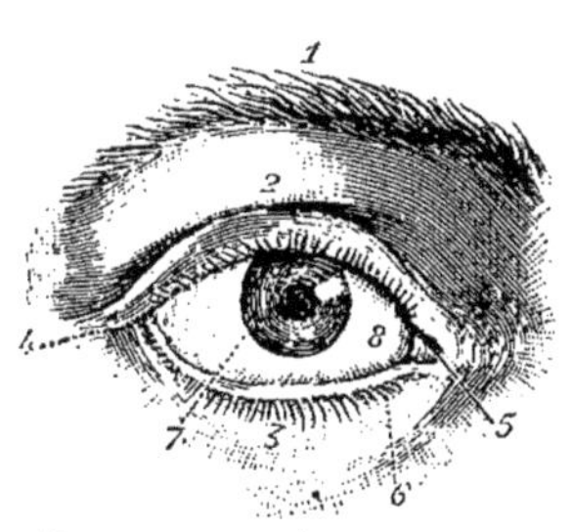

FIG. 193. — Œil. 1, sourcil ; 2, 3, paupières ; 5, caroncule ; 6, cils ; 7, iris ; 8, sclérotique.

Les milieux transparents sont, suivant l'axe antéro-postérieur de l'œil : la *cornée transparente co* (prolongement antérieur de la sclérotique), l'*humeur aqueuse ha*, le *cristallin cr* et le *corps vitré c.v*.

1° **Membranes de l'œil. Sclérotique.** — C'est une membrane blanche visible en avant ; elle est fibreuse, très résistante, et constitue le squelette de l'œil. Cette membrane est percée en arrière d'un orifice pour le passage du nerf optique *n.o*, autour duquel elle forme une gaine ; en avant, elle se prolonge par la *cornée transparente co*, dont le rayon de courbure est plus petit que celui de la sclérotique.

Choroïde. — Cette membrane comprend trois parties : la *choroïde proprement dite* postérieure *ch*, la *région ciliaire ci* et l'*iris I*.

La *choroïde proprement dite* est percée comme la sclérotique en arrière. Elle est formée de trois couches : une couche conjonctive externe peu adhérente à la sclérotique, avec quelques cellules chargées de pigment *c.p.* A (fig. 195); une couche moyenne musculeuse et *très riche en vaisseaux sanguins;* une couche interne formée d'une seule assise de cellules polyédriques *c.p.* B, remplies de pigment noir. Cette couche est étroitement unie à la rétine dont elle est originaire en réalité.

La *région ciliaire* présente en dehors le *muscle ciliaire c.il* et *ci. c* (fig. 194) et en dedans les *procès ciliaires p.c.* Le muscle ciliaire est formé : 1° d'une couche de fibres lisses longitudinales *c.il,* insérées sur toute la périphérie de la choroïde proprement dite d'une part, et à la base de l'iris I d'autre part; 2° d'un anneau de fibres lisses circulaires *ci. c.* (vues en coupe sur la figure 194.)

Les procès ciliaires consistent en 70 à 80 plis saillants vers l'intérieur et disposés en rayons tout autour du cristallin sur le *ligament suspenseur l.s* duquel ils

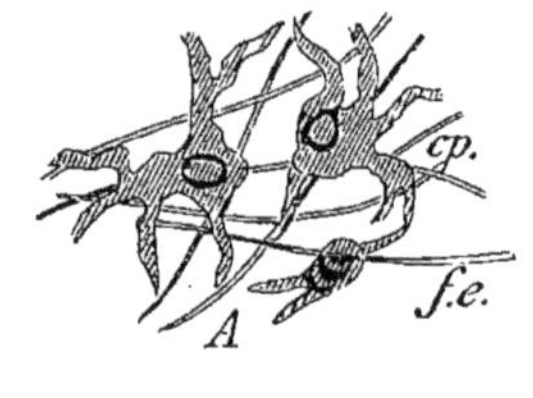
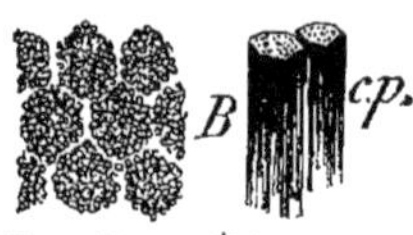

FIG. 195. — Éléments de la choroïde : *c.p*, cellules pigmentaires de la région externe A, de la région profonde B.

appuient; ces pyramides sont richement vascularisées, capables de se gonfler beaucoup par l'afflux du sang et de presser plus ou moins sur le ligament suspenseur dont ils font varier la tension.

L'*iris I* est un diaphragme percé d'une ouverture médiane, la *pupille p ;* il est appliqué sur la face antérieure du cristallin et séparé de la cornée transparente par l'*humeur aqueuse h.a.* Il comprend : une couche épithéliale antérieure aplatie, une couche postérieure chargée de pigment noir, brun ou bleu, et une lame moyenne richement vascularisée, formée de *fibres musculaires lisses,* les unes *radiées* (allant de la pupille au pourtour de l'iris), les autres *circulaires* (circonscrivant la pupille). Par leurs contractions alternatives, les premières dilatent la pupille, les secondes la rétrécissent.

Rétine. — *C'est la membrane fondamentale, sensible, de l'œil.* La rétine *r* résulte de l'épanouissement du nerf optique ; elle s'étend, en forme de coupe, d'arrière en avant de l'œil jusqu'au point où commence la région ciliaire de la choroïde ; réduite à une minceur extrême à partir de cette région elle se continue jusqu'à l'iris. En rapport étroit avec la choroïde en arrière, elle est recouverte en avant par la *membrane hyaloïde m.hy* qui enveloppe le *corps vitré cv.*

La rétine présente, au point où la rencontre l'axe antéro-postérieur de l'œil, une petite fossette ayant 1 millimètre carré de surface formant une tache jaune sur la rétine de l'œil mort; on appelle cette région de la *tache jaune* (*macula lutea*, *t.j*, fig. 194). La région d'épanouissement du nerf optique s'appelle *point aveugle*, *p.a* (*punctum cæcum*); elle est située entre la tache jaune et le plan de symétrie de la face. Le nerf optique parvient obliquement à l'œil.

Il résulte des recherches récentes sur la structure de la rétine et sur ses rapports avec l'encéphale, par l'intermédiaire du nerf optique, que *la rétine est un ganglion nerveux de large surface, véritable lobe de l'encéphale;* dès lors, la dénomination du nerf optique est inexacte; on doit lui préférer le nom de *bandelette optique.*

Ce ganglion nerveux que constitue la rétine comprend de dehors en dedans : (*a*) la couche de *cellules sensorielles visuelles*, $c.vi = c.s$ (fig. 196); (*b*) la couche des *neurones sensitifs périphériques* ou cellules bipolaires, $c.bi = n.p$; (*c*) la couche des *neurones sensitifs centraux* ou cellules ganglionnaires, $c.g = n.c$.

Des *cellules de soutien*, dites fibres de Müller, *f.M*, constituent la charpente de la rétine.

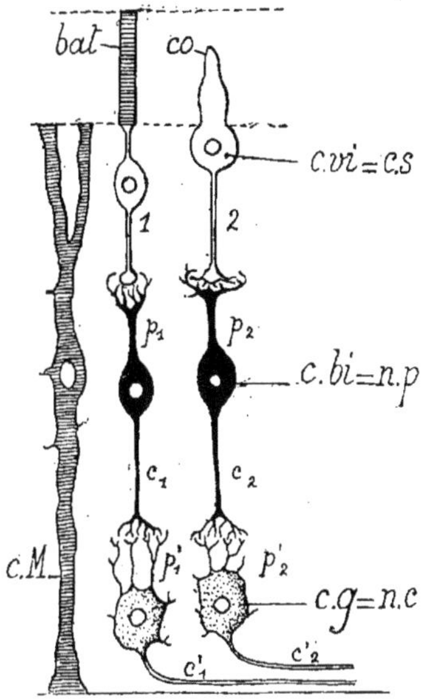

a) Les *cellules sensorielles* comprennent des *cellules* dites *à cône* et des *cellules* dites *à bâtonnet*, ainsi appelées par suite des formations cuticulaires qui les terminent du côté de la choroïde. Ces formations paraissent composées d'une substance homogène, brillante et transparente, décomposable en fines lamelles régulièrement superposées. Les cônes sont incolores; les bâtonnets doivent leur couleur rose à l'*érythropsine* ou *pourpre rétinien*, pigment très sensible à l'action de la lumière. Sur toute la surface externe de la rétine, les cellules à cône et à bâtonnet sont indistinctement réparties; mais, *dans la tache jaune, on ne trouve que des cellules à cône.*

Du côté interne, les cellules à bâtonnet sont terminées par une petite sphère et les cellules à cône par une dilatation avec fibrilles horizontales.

b) Le *neurone périphérique*, p_1c_1, correspondant à une cellule à bâtonnet, 1, possède un panache, p_1, qui englobe la sphère terminale de cette cellule, 1; son cylindre-axe, c_1, se termine par une arborisation appliquée sur le très court panache, p'_1, du neurone central, $p'_1c'_1$.

Le *neurone périphérique*, p_2c_2, correspondant à une cellule à cône, 2, possède un panache aplati, p_2 et un cylindre-axe, c_2, en connexion avec le panache allongé, p'_2, du neurone central, $p'_2c'_2$.

c) Le cylindre-axe de chacun des *neurones sensitifs centraux* se dirige en

FIG. 196. — **Schéma de la rétine.** — Les cellules sensorielles visuelles, $c.vi = c.s$, sont pourvues de cônes, *co*, et de bâtonnets, *bat*; *c.bi*, cellules bipolaires ou neurones périphériques, *n.p*; *c.g*, cellules ganglionnaires ou neurones centraux, *n.c*; *c.*M, cellule de soutien dite cellule de Müller.

dedans de l'œil, se recourbe pour courir parallèlement au plan de la rétine (fig. 192), constitue une fibre de la bandelette optique, *N.op*, et se termine par une arborisation tout entière contenue dans l'un des tubercules quadrijumeaux.

2° **Milieux de l'œil.** — La *cornée transparente* a été décrite.

Humeur aqueuse. — Ce liquide limpide, transparent, est compris entre la cornée et l'iris.

Cristallin. — Le cristallin *cr* (fig. 194) est une lentille biconvexe, épaisse de 4 millimètres, transparente, dont l'axe principal se confond avec l'axe antéro-postérieur de l'œil et correspond au centre de la pupille; il est entouré d'une membrane mince appelée *cristalloïde.*

Cet organe est maintenu, entre l'iris *I* (fig. 194) en avant et le corps vitré *c.v* en arrière, par le *ligament suspenseur l.s*, membrane fibreuse ayant pour origine la partie antérieure de la rétine, le ligament s'insère tout autour du bord du cristallin et s'appuie en avant contre les procès ciliaires *p.c*, en arrière contre la membrane hyaloïde *m.hy.*

Corps vitré. — C'est une substance gélatineuse qui, comprise dans la membrane hyaloïde, remplit tout le fond du globe oculaire.

ROLE PHYSIOLOGIQUE DE L'ŒIL

L'œil est un *instrument d'optique* destiné à concentrer les rayons lumineux provenant du milieu extérieur sur la rétine, où se formeront les images des objets situés dans l'espace; c'est un *appareil sensible* dans lequel la lumière provoque des réactions chimiques propres à faire naître des impressions sensorielles dites impressions lumineuses. Ainsi l'œil est comparable à une chambre photographique.

1° L'œil est un instrument d'optique. — Un instrument d'optique se compose essentiellement de lentilles transparentes. L'œil comprend des milieux transparents, en forme de lentilles, car ils sont limités par des surfaces courbes dont les centres de courbure occupent l'axe antéro-postérieur de cet organe. La lentille principale en est le cristallin dont l'indice de réfraction est le plus élevé (1,44 en moyenne); l'indice est à peu près le même (1,35) pour la cornée, l'humeur aqueuse et le corps vitré.

Le cristallin joue donc un rôle prépondérant dans la marche des rayons lumineux dans l'œil; les calculs ont montré qu'on peut rapporter l'œil à une lentille biconvexe dont le centre optique serait voisin de la face postérieure du cristallin.

(a) Un faisceau cylindrique de rayons lumineux, traversant une lentille biconvexe se réfracte en donnant un faisceau conique convergent ayant son sommet dans le plan focal principal de l'autre côté de la lentille. — Si le faisceau lumineux incident conique et divergent, est émis par un point lumineux *O* (fig. 197) situé à une distance de la lentille plus grande que la distance focale principale, il donne après réfraction un autre faisceau conique, convergeant en un point O' dit *l'image du point O*.

Si la lentille est épaisse, les rayons marginaux rm du faisceau lumineux incident émis par le point O convergent en un point O'_m, tandis que les rayons centraux $r.c$ du même faisceau convergent en O'_c, point plus éloigné de la lentille que ne l'est O'_m : l'image du point O n'est plus nette (aberration de sphéricité). Pour éviter cet inconvénient, on supprime d'ordinaire, à l'aide d'un *diaphragme* DD, les rayons marginaux. Un *tel diaphragme est nécessaire dans l'appareil optique que forme l'œil.*

(b) Les rayons lumineux émis par un objet AB (fig. 198), situé en avant de la lentille biconvexe L, à une distance p supérieure au double de la distance focale principale f, se réfractent à travers la

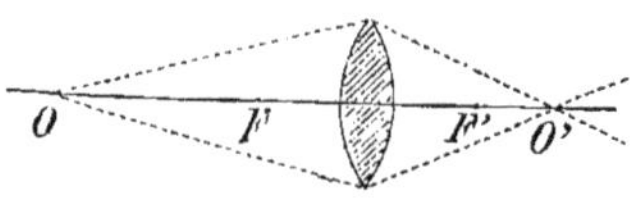

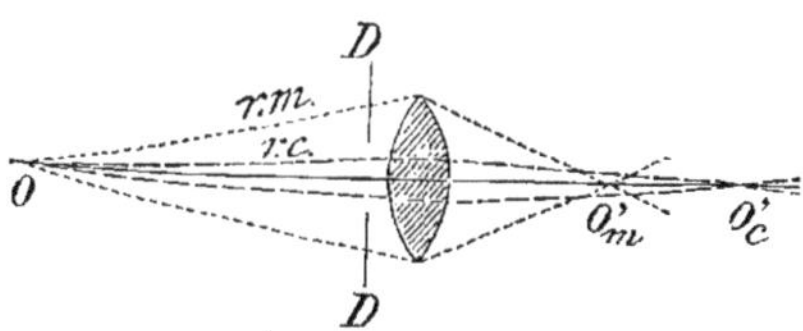

Fig. 197. — Réfraction d'un faisceau lumineux conique divergent de sommet O, dans une lentille qui le transforme en un faisceau conique convergent de sommet O'. Rôle du diaphragme D pour supprimer l'inconvénient dû à l'aberration de sphéricité dans les lentilles épaisses.

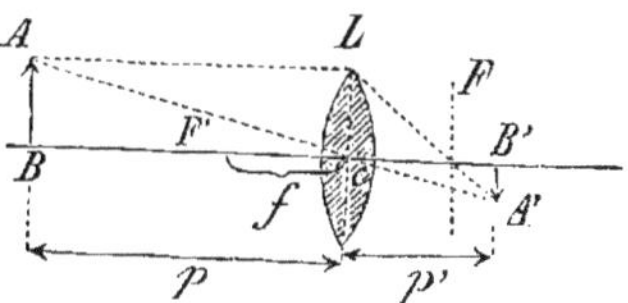

Fig. 198. — Construction de l'image $A'B'$ d'un objet AB donnée par la lentille L.

lentille et forment au delà une image $A'B'$ réelle et renversée, située à une distance p' de la lentille, comprise entre f et $2f$.

Les distances p et p' sont liées par la relation numérique :

$$\frac{1}{p} + \frac{1}{p'} = (n-1)\left(\frac{1}{R} + \frac{1}{R'}\right) \quad (1)$$

n est l'indice de réfraction de la substance composant la lentille ; R et R' représentent les rayons de courbure de ses faces.

Quand la distance p de l'objet à la lentille varie, la distance p' de la lentille à

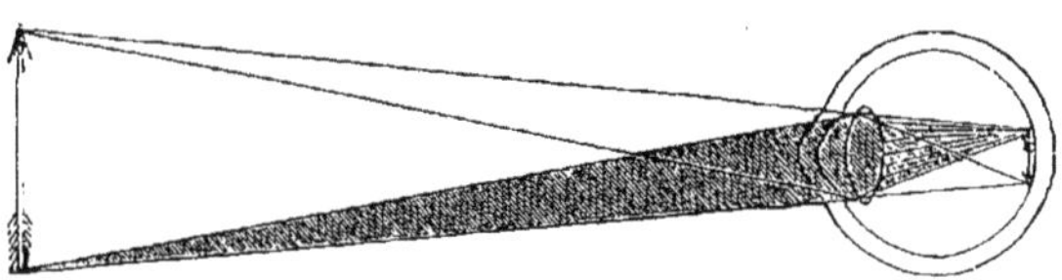

Fig. 199. — Formation des images au fond de l'œil.

l'image varie aussi. Il n'en saurait être ainsi dans l'œil où l'image doit se former invariablement sur la rétine (fig. 199) ; *l'œil doit s'accommoder aux distances variables des objets.*

(a') *Rôle de l'iris.* — Le faisceau lumineux qui pénètre dans l'œil traverse la cornée et l'humeur aqueuse ; il rencontre l'*iris qui joue le rôle de diaphragme* pour les rayons marginaux du faisceau. Seuls pénètrent dans le cristallin (lentille épaisse) les rayons centraux qui formaient sur la rétine une image nette. — L'iris a aussi pour rôle de régler la quantité de lumière admise au fond de l'œil ; dans un milieu vivement éclairé, ses fibres annulaires se contractent et rétrécissent la pupille ; dans un lieu obscur, la contraction des fibres radiées en accroît le diamètre.

(*b'*) *Rôle du cristallin. Accommodation de l'œil aux distances.* — Les rayons lumineux émis par un objet AB (fig. 200), et reçus par le cristallin, traversent cette lentille en se réfractant ; ils forment en arrière une image A'B' *au niveau de la rétine, si les distances* p *et* p' *de l'objet et de son image* au centre optique répondent à la relation précédente (1). Si l'objet AB se rapproche de l'œil, l'image A'B' se formera en arrière de la rétine et manquera de netteté ;

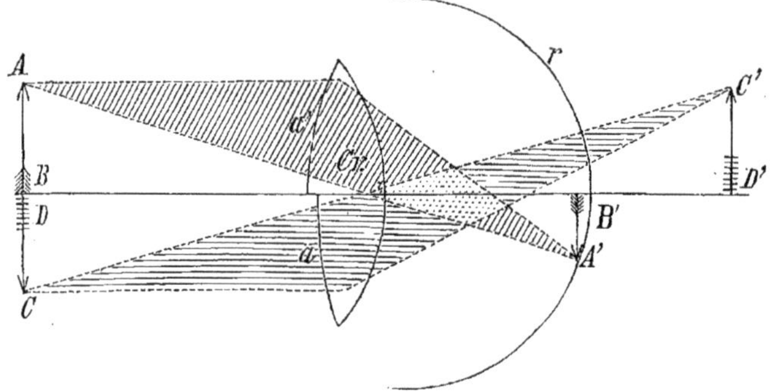

FIG. 200. — Accommodation du cristallin *Cr* aux distances variables des objets. — *a*, forme de la face antérieure de cette lentille quand un objet est très éloigné de l'œil ; *a'*, forme de cette même face quand l'objet est rapproché (dans ce dernier cas, l'objet AB forme son image A'B' sur la rétine *r* ; si le cristallin présentait la courbure *a*, l'image d'un objet CD, placé dans le même plan que AB, se formerait en arrière de la rétine, en C'D'.

si AB s'éloigne de l'œil, A'B' se formera en avant de la rétine, et la netteté fera encore défaut. L'image ne peut se former toujours sur la rétine que par la *déformation* de la lentille réfringente.

Le cristallin est accommodé pour la vision distincte des objets placés à l'infini. Un objet CD (fig. 200), partant de l'infini et se rapprochant progressivement de l'œil, donnerait une image C'D' située en arrière de la rétine et s'en éloignant de plus en plus ; pour éviter le déplacement de cette image, *le cristallin courbe à mesure sa face antérieure* a jusqu'à ce que la déformation *a'* ait atteint son maximum. A partir de ce moment, quand on continue à rapprocher l'objet de l'œil, son image se formant en arrière de la rétine n'est plus nette. *La distance minimum de la vision distincte* est d'ailleurs réduite à 15 centimètres environ, c'est-à-dire que l'œil peut percevoir nettement les images des objets contenus dans tous les plans au delà d'une distance de 15 centimètres.

Les changements de courbure du cristallin sont réglés par la région ciliaire de la choroïde. — Quand l'objet AB est à l'infini, le cristallin a sa forme normale ; sa face antérieure est tendue par le ligament suspenseur inséré sur sa face antérieure. L'objet se rapproche-t-il ? Les fibres longitudinales *ci.l* (fig. 194) du *muscle ciliaire* se contractent, tirent le sac choroïdien en avant et le ligament suspenseur est relâché ; en même temps, les fibres annulaires *ci. c* du même muscle déterminent par leur action l'accumulation de sang dans les procès ciliaires *p. c.* Ceux-ci pressent sur le bord du cristallin dont ils accentuent la courbure.

2° L'œil est un appareil sensible. — *Rôle de la choroïde.* Cette membrane est richement vascularisée ; le sang y parvient abondant, à une température élevée, et maintient constante la température de la rétine sensible. De plus, la couche de cellules chargées de pigment noir B, *cp* (fig. 195) absorbe les rayons lumineux qui, du fond de l'œil, après avoir traversé le cristallin et le corps vitré, se sont propagés le long des fibres nerveuses rétiniennes et ont impressionné les cônes et bâtonnets rétiniens. Ces rayons ne peuvent donc traverser la choroïde et subir des réflexions irrégulières sur la face interne de la sclérotique.

Rôle de la rétine. — *La rétine est l'écran sur lequel se forment les images réelles et renversées des objets.* En cela consiste le phénomène *physique* de la vision qu'on vérifie ainsi : la sclérotique et la choroïde sont enlevées à la partie postérieure de l'œil d'un Bœuf récemment abattu ; dans une chambre noire, on dispose devant l'œil la flamme d'une bougie dont l'image apparaît renversée sur la rétine

Point aveugle. — Si les fibres rétiniennes étaient les éléments impressionnables par la lumière, celle-ci serait perçue par toute la surface de la rétine. L'expérience de Mariotte montre qu'il n'en est pas ainsi : là où manquent les cônes et les bâtonnets, toute perception de ce genre est impossible ; tel est le *point aveugle* où s'épanouissent dans la rétine les fibres du nerf optique.

Fig. 201. — Expérience de Mariotte.

Sur une feuille de papier noir on trace deux cercles blancs A et B (fig. 201) en direction horizontale ; on fixe, avec l'œil gauche, le cercle droit B de la bande amenée à 15 centimètres de l'œil environ ; la bande étant lentement éloignée, il arrive un moment où le cercle gauche A, vu d'abord indistinctement, disparaît tout à fait, pour reparaître ensuite, par l'éloignement progressif de la feuille de papier.

Irradiation. — L'action exercée sur une région limitée de la rétine par un faisceau lumineux incident semble se propager au delà des points directement affectés par la lumière : ainsi de deux carrés égaux, l'un blanc sur fond noir, l'autre noir sur fond blanc disposés au voisinage l'un de l'autre, c'est le carré blanc qui paraîtra le plus grand (fig. 202).

Durée des impressions lumineuses. — Lorsqu'on déplace rapidement un objet brillant dans l'espace (charbon incandescent), la trajectoire décrite par l'objet paraît lumineuse ; c'est qu'en effet toute impression lumineuse persiste pendant $\frac{1}{10}$ de seconde environ après la disparition du corps qui l'a produite ; c'est probablement le temps nécessaire à la régénération de la substance photoscopique (érythropsine), en partie détruite par l'action de la lumière.

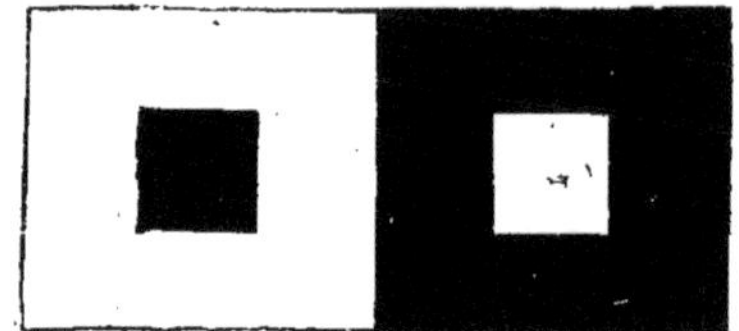

FIG. 202. — Phénomène d'irradiation.

Quand une lumière vive a frappé l'œil avec persistance, celui-ci est incapable de voir les objets pendant quelque temps ; la substance impressionnable des bâtonnets et des cônes a été totalement épuisée et ne réapparaîtra que peu à peu : tel est l'*éblouissement* d'une personne qui, s'étant promenée par un beau soleil en été, pénètre dans un appartement sombre où elle ne distingue rien.

Perception des couleurs. — La lumière blanche est formée de la superposition d'une infinité de couleurs ; un faisceau cylindrique de lumière solaire traversant un prisme de verre donne, après réfraction, un pinceau allongé qui, sur un écran, présente successivement comme couleurs principales, à partir du *rouge* le moins dévié, l'*orangé*, le *jaune*, le *vert*, le *bleu*, l'*indigo* et le *violet*. C'est le *spectre solaire.*

Comment l'œil perçoit-il ces diverses couleurs ? On ne le sait encore. Helmholtz admit que *les bâtonnets servent à la perception de l'intensité lumineuse* et *les cônes à la perception des couleurs.*

En effet, les *cônes* sont très nombreux dans la rétine des *Oiseaux diurnes* qui se nourrissent d'insectes parés de couleurs brillantes ; ils sont rares chez les animaux nocturnes. — Les bâtonnets, fins chez les Mammifères et les Oiseaux nocturnes, sont très gros chez les Oiseaux diurnes.

Existe-t-il des cônes spécialement affectés à la perception du rouge, d'autres à celle de l'orangé, etc... ? Peut-être en est-il ainsi, puisque certaines personnes sont inaptes à percevoir une couleur (ordinairement le rouge), tandis qu'elles sont sensibles à toutes les autres.

Le *daltonisme* est l'infirmité des personnes qui ne peuvent apprécier une couleur. (Depuis que les candidats au service des signaux dans les chemins de fer subissent des examens à ce sujet, on a reconnu que le daltonisme est très fréquent.)

La superposition des sept principales couleurs du spectre donne de la lumière blanche ; on obtient cet effet simultané sur la rétine par l'expérience du disque de Newton réalisée dans les cours de Physique, expérience basée sur la persistance des impressions lumineuses. Si l'on supprime l'une des couleurs, le rouge par exemple, la superposition des six autres donne une *couleur* dite *complémentaire* de la couleur supprimée ; le vert clair et légèrement bleuâtre est la couleur complémentaire du rouge. L'impression simultanée de deux couleurs complémentaires (jaune et bleu, par exemple) sur la rétine produit le même effet que la lumière blanche.

Une personne atteinte de daltonisme pour le rouge n'a pas la notion du blanc ; elle voit cette lumière avec un ton vert bleuâtre, couleur complémentaire du rouge.

Vision unioculaire et binoculaire. — Quand on ferme un œil, on ne peut apprécier avec l'autre que la forme des objets et non leur position relative dans l'espace. Cette dernière appréciation est due : 1° à l'effort que font simultanément les deux yeux pour converger vers le même point de l'espace ; 2° à l'impression différente que retire chacun d'eux de son observation. Chaque œil voit en effet des parties non complètement identiques d'un même objet ; la *superposition de deux images, résultant de l'éducation patiente et simultanée des deux yeux, donne la notion du relief* des corps.

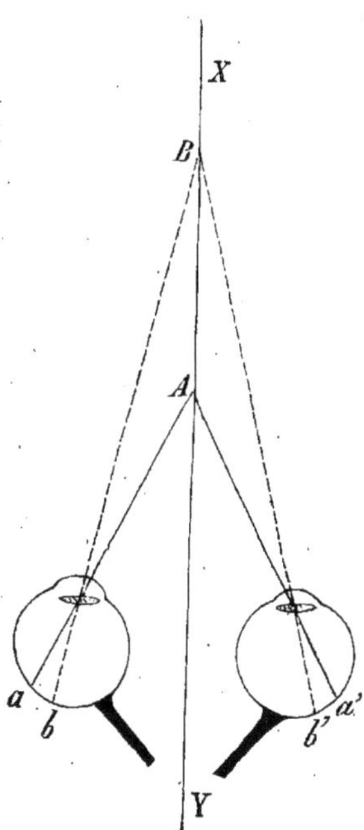

FIG. 203. — Vision binoculaire. — *a a'*, points correspondants des deux yeux sur lesquels se forment simultanément les images du point A de l'espace.

On appelle *points correspondants* dans les deux yeux les points de ces organes *a* et *a'*, *b* et *b'* (fig. 203), non symétriques, qui sont *habitués* à percevoir simultanément les images d'un même point, *A* ou *B*, pris quelconque dans l'espace.

L'*éducation des yeux* nous permet enfin de ramener à leur position normale les objets dont les images sont renversées sur la rétine.

B. — APPAREIL PROTECTEUR DE L'ŒIL.

B. Appareil protecteur de l'œil. — L'homme possède deux yeux logés, en avant de la face, dans les *cavités orbilaires*.

Ces cavités ont la forme de pyramides quadrangulaires à axe horizontal, dont les sommets convergent vers le plan de symétrie de la face ; elles sont limitées en haut par le frontal, en bas par le maxillaire supérieur et le jugal, du côté interne par l'os lacrymal, l'ethmoïde et le sphénoïde, en arrière et du côté externe par le sphénoïde. Un large orifice occupe le sommet de l'orbite et livre passage au nerf optique qui se rend à l'œil.

Le globe de l'œil n'occupe qu'une faible partie de cette cavité, remplie en outre par un coussinet graisseux sur lequel il repose, par des muscles moteurs, les vaisseaux sanguins, les nerfs, etc.

Paupières.— L'œil est protégé en avant par deux replis de la peau, les paupières. Ces deux voiles inégalement développés (la paupière supérieure est la plus grande) peuvent recouvrir l'œil entièrement ; chacun d'eux est formé par la *peau, p* (fig. 204) mince, diaphane, renfermant le *cartilage tarse ct*, bande transversale qui donne à la paupière une certaine résistance ; des glandes sudoripares abondantes, des glandes sébacées très développées, dites *glandes de Meibomius, g.M*, au nombre de 20 à 30, déversent le produit de leur sécrétion au bord des paupières où sont fixés les *cils* ; sur sa face postérieure, la paupière est tapissée par la *conjonctive co.*

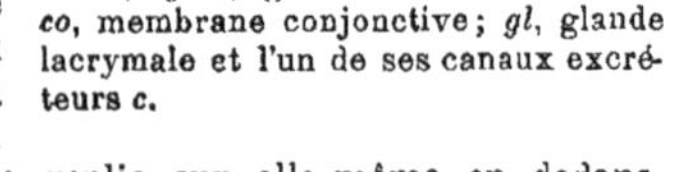

FIG. 204.— Paupières vues en coupe. *p*, paupière inférieure ; *c.t*, cartilage tarse ; *g.M*, glandes de Meibomius ; *co*, membrane conjonctive ; *gl*, glande lacrymale et l'un de ses canaux excréteurs *c*.

Cette membrane excessivement délicate se replie sur elle-même en dedans, passe devant l'œil où elle est transparente, forme la couche externe de la cornée et rejoint la conjonctive de l'autre paupière.

Cils. Sourcils. — Les cils 6 (fig. 193) sont de longs poils insérés sur le bord libre des paupières ; ils protègent l'œil contre les poussières ou les corpuscules fins en suspension dans l'air ; la sécrétion des glandes de Meibomius s'oppose à leur dessiccation et à leur chute. Les sourcils forment deux arcades au bord saillant de l'os frontal ; leur rôle est surtout de protéger l'œil contre les sueurs s'écoulant du front.

Appareil lacrymal. — Dans l'angle supérieur et externe de chaque cavité orbitaire se trouve une *glande lacrymale g.l* (fig. 205) sécrétant les larmes, liquide clair déversé par une dizaine de canaux excréteurs *c* (fig. 204) dans le repli supérieur formé par la conjonctive. Les larmes humectent la conjonctive dans toute son étendue, grâce au mouvement périodique des paupières devant l'œil ; une partie de ce liquide s'évapore ; l'excès s'en écoule par deux petits orifices *o* (*points lacrymaux*), situés au bord interne des deux paupières, dans le *canal lacrymal cl* qui débouche dans le méat inférieur de la cavité nasale correspondante (*c.l*, fig. 183). Les larmes sont retenues d'ordinaire, par le rebord des paupières enduit de sébum ; c'est seulement

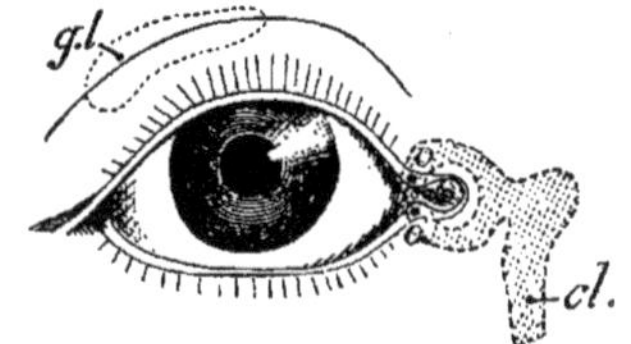

FIG. 205. — Appareil lacrymal *g.l*, glande lacrymale ; *o,o*, points lacrymaux ; *c.l*, canal lacrymal débouchant dans le méat inférieur droit du nez.

lorsqu'elles sont produites en grande abondance, lors d'une vive émotion, qu'elles débordent et coulent sur les joues.

Muscles de l'œil. — L'œil est capable de mouvements variés dans la cavité orbitaire. La tête demeurant immobile, l'axe de l'œil peut être dirigé dans tous les points de l'espace vers lequel la face est tournée. L'exploration de cet espace est possible par le jeu combiné de *six muscles* (fig. 206) insérés sur la sclérotique (insertion mobile) et sur la paroi de l'orbite (insertion fixe). Ces muscles sont, pour chaque œil : le *muscle droit supérieur*, *d.s* (fig. 207), dont la contraction dirige l'axe de l'œil en haut, *h* ; le *muscle droit inférieur*, *d.in*, qui porte cet axe en bas, *h'* ; le *muscle droit externe*, *d.e*, qui dirige cet axe en dehors, *h''* ; le *muscle droit interne*, *di*, qui fait converger l'axe de l'œil vers le plan de symétrie de la face, *h'''* (ces 4 muscles sont insérés en croix sur la scléro-

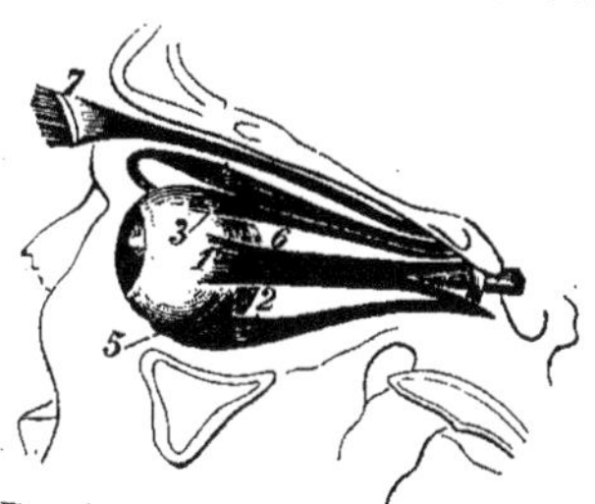

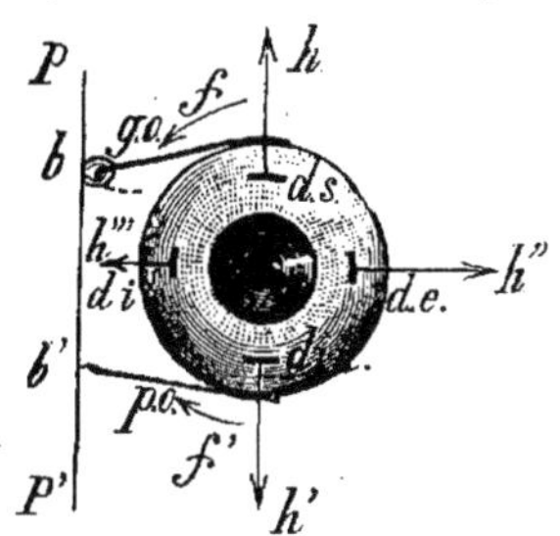

FIG. 206. — Muscles moteurs de l'œil. 1, muscle droit externe ; 2, m. droit inférieur ; 3 m. droit supérieur ; 4, m. grand oblique ; 5, m. petit oblique.

FIG. 207. — Muscles moteurs du globe de l'œil. Les muscles droits, *d.s*, *d.i*, *d.in*, *d.e*, ont été représentés seulement par leur insertion sur la sclérotique. *g.o*, grand oblique ; *p.o*, petit oblique.

tique en avant, et au fond de la cavité orbitaire en arrière) ; le *muscle grand oblique*, *g.o*, dont les fibres insérées obliquement sur la face supérieure de la sclérotique s'engagent dans un anneau fibreux, *b*, situé en haut et en avant de l'orbite, et se fixent au fond de cette cavité (la contraction de ce muscle fait tourner l'œil gauche autour de son axe, en sens inverse des aiguilles d'une montre, *f*) ; le *muscle petit oblique*, *p.o*, dont les fibres insérées obliquement sur la face inférieure de la sclérotique se fixent dans l'angle interne et inférieur de l'orbite, en *b'* ; ce muscle fait tourner l'œil suivant *f'*, en sens inverse du précédent.

Les *nerfs* se rendant à ces muscles seront étudiés plus loin.

Organes des sens dans la série animale. — Nous renvoyons le lecteur, en ce

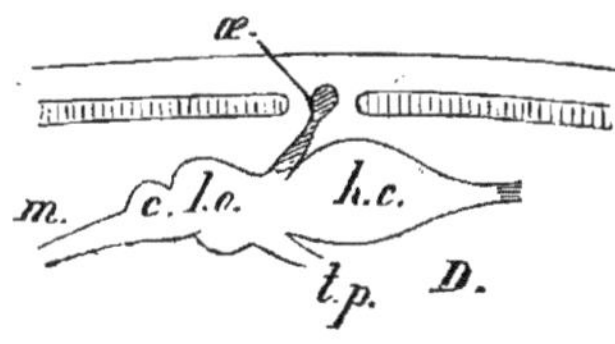

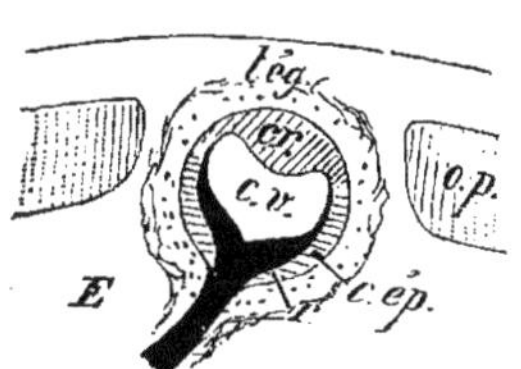

FIG. 207 *bis*. — D, Œil pinéal des Lézards, *œ*, grossi en E. — *h.c*, hémisphères cérébraux ; *l.o*, lobes optiques ; *tég*, tégument ; *cr*, cristallin ; *c.v*, corps vitré ; *r*, rétine.

qui concerne ces organes, aux notions insérées dans les divers chapitres de la classification.

L'*œil pinéal des Lézards* mérite une mention spéciale. On appelle ainsi un organe, *œ* (fig. 207 *bis*, D et E), logé dans le trou pariétal, *tp* (fig. 673), sur la tête du Lézard. Le tégument transparent, *tég*, joue le rôle de cornée devant l'organe qui comprend : un cristallin embryonnaire, *cr* ; une sorte de corps vitré, *c.v* ; plusieurs couches de cellules épithéliales supportant une rétine, *r*, impressionnable à la lumière.

La tige qui supporte l'œil pinéal se confond avec l'encéphale, entre les hémisphères cérébraux, *h.c*, et les lobes optiques, *l.o*.

Rudimentaire chez les autres Vertébrés, cet organe est représenté chez l'Homme par l'épiphyse, *g.p* (fig. 217).

CHAPITRE IV

LARYNX

Bien que pourvus d'organes des sens délicats adaptés au milieu qu'ils habitent, les animaux aériens ne sauraient entrer aussi facilement en relation, s'ils n'étaient capables d'*émettre des sons*.

La *voix* semble l'apanage à peu près exclusif des animaux vivant dans l'air ; *l'organe d'émission de la voix chez les Vertébrés s'appelle larynx.*

L'Homme possède la faculté d'émettre des *sons simples* (*voix*) et des *sons articulés* (*parole*). Il est pourvu d'un appareil vocal comprenant : 1° le larynx, appareil d'émission de la voix) ; 2° des cavités accessoires (pharynx, bouche, nez) destinées à articuler les sons.

TABLEAU XXV.

Description du larynx.	Modification de la trachée-artère au sommet.
	Vestibule. *Cordes vocales* { supérieures. / inférieures. } Ventricule.
	Cartilages : thyroïde, cricoïde, 2 aryténoïdes (fig. 209). *Muscles* moteurs.
	Nerfs } *laryngés* (de la *phonation*) ➡→ N. spinal. / Branches du pneumogastrique (*tactiles*).

Description du larynx. — Le larynx forme la partie supérieure de la trachée-artère ; il résulte d'une modification des anneaux cartilagineux devenus les cartilages du larynx (*cartilage thyroïde th, cartilage cricoïde cr, 2 cartilages aryténoïdes ar*, fig. 208). La cavité de ce tube s'ouvre en haut dans le pharynx par un orifice triangulaire situé à la base de la langue ; à ce niveau se trouvent l'*épiglotte ép* (fig. 210) en avant et des replis épiglotti-aryténoïdiens sur les côtés (*r.ép, ar*, fig. 208 B).

Du pharynx, l'air accède dans le *vestibule v'* (fig. 210) limité sur les côtés par les *cordes vocales supérieures cs* (replis s'étendant du cartilage thyroïde en avant à la partie moyenne des cartilages aryténoïdes en arrière), puis dans le *ventricule v*, cavité au-dessous de laquelle sont disposées les *cordes vocales inférieures ci* (replis parallèles aux précédents, mais s'insérant à la base des mêmes cartilages). Les cordes vocales inférieures, plus rapprochées l'une de l'autre que les cordes vocales supérieures, limitent la *glotte gl*, ouverture triangulaire dont le sommet est situé en avant (fig. 208 C); au niveau des cartilages aryténoïdes *ar*, en arrière, est la partie de la glotte dite *glotte cartilagineuse;* en avant est la

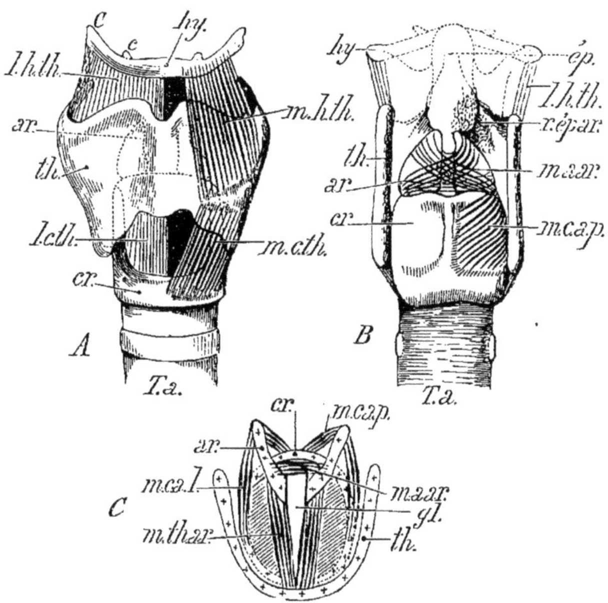

Fig. 208. — Larynx de l'Homme en partie schématisé. — A. larynx vu de face, (à gauche sont représentés les principaux ligaments; et à droite les principaux muscles antérieurs). *hy*, os hyoïde avec ses grandes et petites cornes *C* et *c; th*, cartilage thyroïde: *cr*, cartilage cricoïde (pointillé en arrière); *ar*, cartilages aryténoïdes (pointillés en arrière). *l.h.th*, ligament hyo-thyroïdien: *l.c.th*, ligament crico-thyroïdien; *m.h.th*, muscle hyo-thyroïdien; *m.c.th*, muscle crico-thyroïdien. *T.a*, trachée-artère (mêmes désignations pour B et C). — B, larynx vu d'arrière; *ép*, épiglotte vue en arrière; *m.a.ar*, muscle ary-aryténoïdien; *m.c.a.p*, muscle crico-aryténoïdien postérieur. — C, coupe transversale du larynx pratiquée au-dessus de la fente glottique *gl*.; *m.th.ar*, muscle thyro-aryténoïdien; *m.c.a.l*, muscle cricoaryténoïdien latéral.

glotte membraneuse limitée par les replis signalés plus haut. *La voix est due aux vibrations des cordes vocales inférieures.*

Du ventricule du larynx, l'air pénètre dans la trachée-artère *T.a.*

Structure du larynx. — Cet organe comprend un *squelette cartilagineux* dont les pièces sont maintenues par des ligaments, des *muscles* moteurs, des vaisseaux et des nerfs.

1° *Cartilages.* — Les cartilages essentiels du larynx sont : le *cartilage thyroïde th*, le *cartilage cricoïde cr*, et les *deux aryténoïdes ar* (fig. 208 et 209).

Le *cartilage thyroïde* est une pièce quadrilatère, symétrique, recourbée en arrière, *th*, *C*, formant une saillie antérieure appelée *pomme d'Adam*. Trois *ligaments hyo-thyroïdiens l.h.th*, *A*, *B*, le relient à l'*os hyoïde hy*, en haut ; une *membrane crico-thyroïdienne l.c.th* et des ligaments rattachent sa base au cartilage cricoïde *cr*, avec lequel il est d'ailleurs articulé sur les côtés.

Le *cartilage cricoïde*, appuyé sur le premier anneau de la trachée-

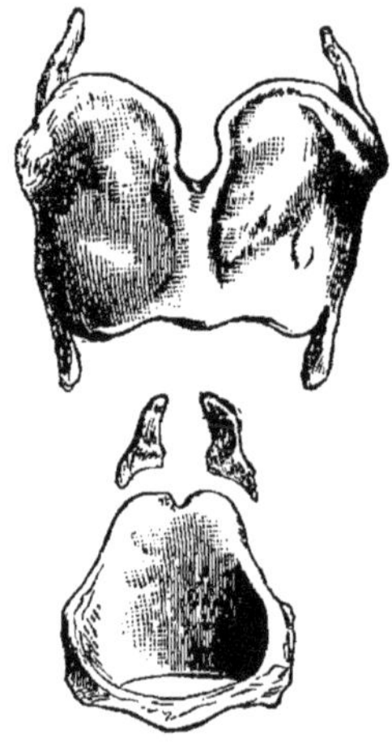

FIG. 209. — Cartilages du larynx indépendants. En haut, cartilage thyroïde ; en bas, le cartilage cricoïde ; au milieu, les 2 aryténoïdes.

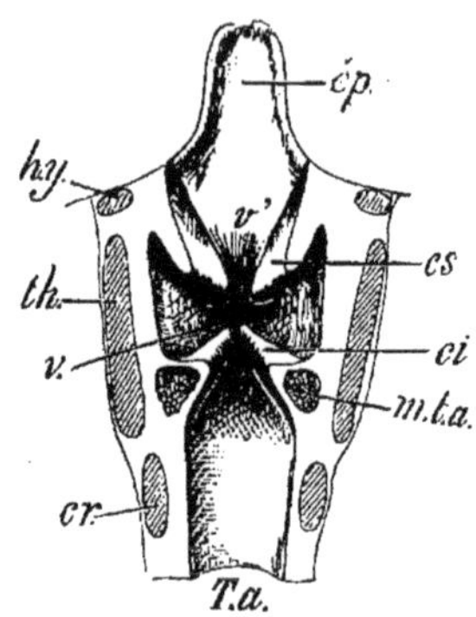

FIG. 210. — Coupe longitudinale du larynx. — *hy*, *th*, *cr*, coupes de l'os hyoïde et des cartilages thyroïde et cricoïde ; *ép.*, épiglotte ; *T.a*, trachée-artère ; *cs*, cordes vocales supérieures et vestibule *v'* ; *c.i*, cordes vocales inférieures (formant la *glotte*) ; *v*, ventricule du larynx ; *m. t.-a*, section du muscle thyro-aryténoïdien.

artère, est lui-même le support des trois autres pièces du larynx ; c'est un anneau complet, comparable à une bague dont le chaton *cr*, *B*, placé en arrière, supporte les deux aryténoïdes *ar*.

Les *cartilages aryténoïdes* sont deux pièces triangulaires placées symétriquement sur le cricoïde, et faisant face au cartilage thyroïde. C'est de leur mobilité autour de leur facette d'articulation basilaire que dépend la forme de la fente glottique *gl*, *C* ; ce sont donc les parties essentielles du larynx.

2° *Muscles moteurs ; leur effet sur la forme de la fente glottique.*

MUSCLES (fig. 208 A, B, C.)	Constricteur de la glotte entière, *tenseur* des cordes vocales....................	m. *crico-thyroïdien m.c.th.*
	Constricteurs de la glotte membraneuse.	m. *crico-aryténoïdien latéral m.c.a.l.* m. *thyro-aryténoïdien m.th.ar.*
	— — cartilagineuse....	m. *ary-aryténoïdien m.a.ar,*
	Dilatateur de la glotte entière.........	m. *crico-aryténoïdien postérieur m.c.a.p.*

Les cordes vocales inférieures se composent du muscle thyro-aryténoïdien et de la membrane crico-thyroïdienne tapissés par la muqueuse du larynx.

3° *Muqueuse.* — Le larynx est revêtu d'un épithélium stratifié sur toute sa surface, sauf les cordes vocales inférieures, dont l'épithélium de revêtement est pavimenteux.

Cet organe est innervé : 1° par les *nerfs laryngés supérieur et inférieur*, rameaux du *nerf spinal* spécialement affectés à la phonation; 2° par des branches du *nerf pneumogastrique* qui conduit les impressions tactiles résultant de la présence de corps étrangers dans le larynx. Ces corps étrangers sont alors expulsés par la toux.

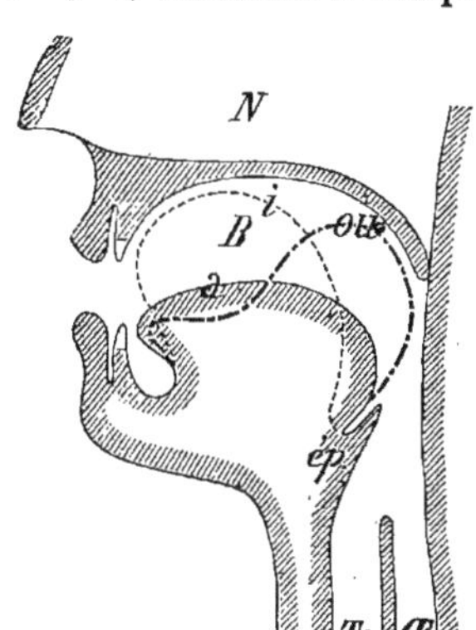

FIG. 211. — Diverses formes adoptées par la glotte lors de la contraction des muscles du larynx.

Phonation. — L'émission des sons est due à la vibration des cordes vocales inférieures, ébranlées par l'air expulsé des poumons. On ne peut comparer qu'imparfaitement les cordes vocales inférieures aux anches des instruments de musique (hautbois, clarinette, etc.), puisqu'*elles ont une tension propre*, modifiée à chaque instant par le jeu des muscles thyro-aryténoïdiens qui les composent. Les autres muscles n'ont d'action que sur la forme de la fente glottique.

Caractères et modifications du son émis par la glotte. — L'*intensité* du son glottique dépend de l'amplitude des vibrations des cordes vocales et, par suite, de la force du courant d'air expiré. Les muscles expirateurs ont donc une action directe sur l'intensité de la voix.

La *hauteur* du son dépend de la longueur, de la tension et de la finesse des cordes vocales; plus elles sont tendues, courtes et délicates, plus le son est aigu. La gravité et l'acuité de la voix dépendent ainsi de trois facteurs dont l'un (tension des cordes)

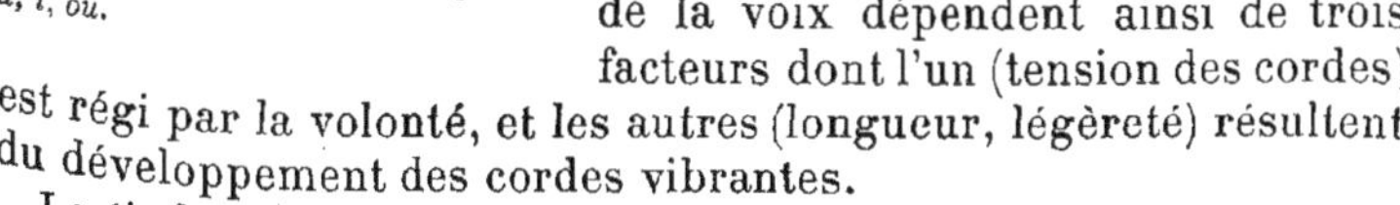

FIG. 212. — Déformations de la langue et de la cavité buccale correspondant à l'émission des voyelles *a, i, ou.*

est régi par la volonté, et les autres (longueur, légèreté) résultent du développement des cordes vibrantes.

Le *timbre* du son glottique dépend de la forme du larynx et des cavités accessoires, modifiées à chaque instant par le jeu des muscles de ces régions. Ce sont là, en effet, des caisses de résonance dont l'air peut vibrer sous l'influence d'un ou plusieurs sons (son fondamental et harmoniques) à la superposition desquels est dû le timbre.

Langage articulé ou Parole. — Tous les animaux dotés d'un larynx émettent des sons; l'Homme atteint à un degré supérieur : *il parle.* Il associe à cet effet des éléments de deux sortes : les *voyelles* et les *consonnes*, qui lui permettent de composer des *syllabes* et les *mots;* le groupement des mots suivant des règles est la traduction d'*idées* dont l'exposé verbal s'appelle le *langage.*

La voix, considérée comme son dans la glotte, devient une voyelle dans la bouche.

Les *voyelles a, e, i, o, u, ou,* sont des sons simples dont chacun exige une forme déterminée de la caisse de résonance vocale. La figure 212 montre trois de ces *transformations* correspondant à l'émission des voyelles *a, i, ou;* les autres sont intermédiaires suivant l'ordre précipité ; le diamètre transversal de la bouche augmente progressivement de *a* à *ou,* pendant que son diamètre longitudinal diminue.

Les *consonnes* sont des bruits accompagnant l'émission d'une voyelle; ces bruits résultent de mouvements ou de dispositions particulières des lèvres, de la langue et du gosier qui font plus ou moins obstacle à la sortie de l'air.

———

CHAPITRE V

SYSTÈME NERVEUX

Le système nerveux est l'ensemble des organes ayant pour but d'assurer l'harmonie des fonctions accomplies par toutes les parties du corps.

De cette harmonie dépend l'exécution normale de tous les actes que nous avons analysés précédemment. Le système nerveux a donc une importance capitale dans l'organisme; son rôle physiologique embrasse tous les phénomènes de nutrition et de relation.

CONSIDÉRATIONS GÉNÉRALES SUR LE SYSTÈME NERVEUX

Le système nerveux est composé de *neurones* comme éléments fondamentaux. Ces neurones (fig. 18) comprennent : un *corps cellulaire ;* 1 ou *n* prolongements protoplasmiques, *pa,* formant *panache* d'une part ; un *cylindre-axe, cy.a,* pourvu d'une arborisation terminale, *a.t,* avec des ramilles collatérales d'autre part.

Rôle physiologique des neurones défini par leurs rapports.

Un neurone transporte toujours l'influx nerveux de son panache à ses arborisations cylindraxiles.

Quand le neurone est en activité (NSC par exemple, fig. 214), il pousse des prolongements amiboïdes qui le mettent en rapport par contiguïté avec les terminaisons du panache correspondant d'un autre neurone, NOC; alors l'influx nerveux passe du 1er au 2e neurone, puis à un 3e; il peut, de cette manière, suivre un trajet plus ou moins étendu dans le domaine du système nerveux.

Le système nerveux comprend donc des *chaînes de neurones* ; deux éléments consécutifs d'une chaîne sont articulés de telle

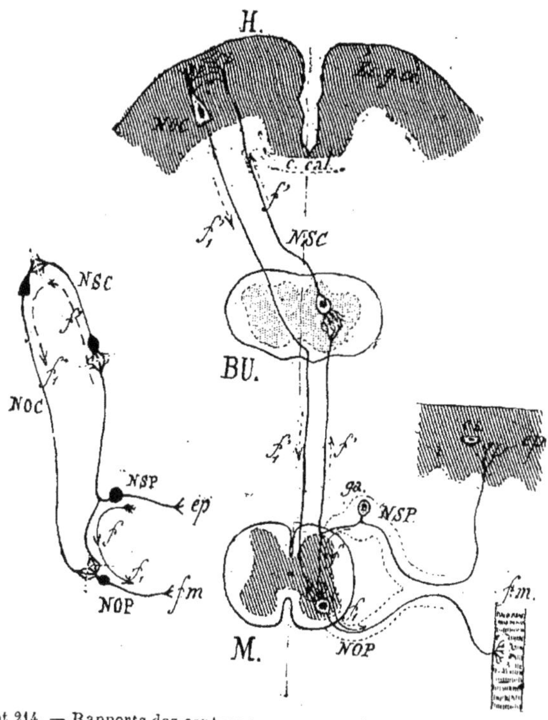

FIG. 213 et 214. — Rapports des centres nerveux avec les organes. H, hémisphères cérébraux ; BU, bulbe rachidien ; M, moelle épinière ; *ép*, épiderme ; *f.m*, fibre musculaire. — 1° **Acte réflexe médullaire** : l'influx nerveux dû à l'excitation de la cellule sensorielle tactile, *c.s*, parvient au neurone sensitif périphérique, NSP, puis au neurone ordonnateur périphérique, NOP, suivant les flèches *f,f₁*. — **Acte réflexe cérébral** : l'influx nerveux peut parcourir l'arc constitué par le neurone sensitif central NSC (en connexion avec NSP) et par le neurone ordonnateur central, NOC (en connexion avec NOP) suivant les flèches *f',f'₁*. [Représentation schématique à gauche de la figure].

sorte que le cylindre-axe du précédent corresponde au panache du suivant.

Neurones sensitifs : Neurones ordonnateurs. — Physiologiquement, il existe 2 sortes de neurones dont l'association constitue les *centres nerveux*.

Les *neurones sensitifs* (n. périphériques, NSP, fig. 214) sont en rapport, par leur panache, avec un élément impressionnable, *c.s* (cellule sensorielle tactile, gustative, auditive ou rétinienne); leur cylindre-axe est contigu au panache d'un autre neurone sensitif (n. central, NSC) ou d'un neurone ordonnateur, NOP.

Tableau XXVI.

Système nerveux.

Définition. — Ensemble des organes chargés d'assurer l'harmonie des fonctions dans toute l'étendue du corps.

Acte réflexe.

Cellule sensorielle ⟶	Fibre centripète ⟶	*Neurone sensitif* ⟩
Impression ———————	⟶	Sensation ⟩ Centre
Mouvement ou Sécrétion	↓	Ordre ⟩ nerveux.
Élément muscul. ou glandulaire ⟵ Fibre centrifuge ⟵	*Neurone ordonnateur* ⟩

Système nerveux chez l'Homme.

Système nerveux céphalo-rachidien.
- Centres nerveux.
  - *Encéphale.*
  - *Moelle épinière.*
  - Ganglions
- Nerfs
  - centripètes.
  - centrifuges.
  - mixtes. — *Grand sympathique.*

Centres nerveux.

Leur origine : *Gouttière médulaire* donnant la *moelle* et 5 *vésicules cérébrales.*

Leur protection
- par une enveloppe osseuse.
  - Crâne : Encéphale.
  - Canal rachidien : Moelle épinière.
- par les méninges
  - *Dure-mère* (fibreuse).
  - *Arachnoïde* (séreuse). Liquide arachnoïdien.
    - — *Liquide sous-arachnoïdien.* —
  - *Pie-mère* (vasculaire).

A. Moelle épinière.
- Description.
  - Cordon avec 2 sillons principaux. Queue de cheval.
  - 31 paires de nerfs rachidiens y naissent par 2 racines.
- Structure...
  - *Substance grise* en X.
    - *Cornes antérieures.*
    - *Cornes postérieures.*
  - *Cordons blancs.*
  - Canal de *l'épendyme.*

Les *neurones ordonnateurs* (n. périphériques, NOP) sont en rapport, par leur panache, avec l'arborisation cylindraxile d'un autre neurone ordonnateur (n. central, NOC) ou d'un neurone sensitif périphérique, NSP ; leur cylindre-axe se termine dans une fibre musculaire, $f.m$, ou dans un élément glandulaire.

Rapports des centres nerveux avec les organes : Actes réflexes. — *Tout centre nerveux communique avec les organes par 2 séries de neurones :* l'une (NSP, NSC) lui fait parvenir *dans le sens centripète*, f, f', les impressions reçues du milieu extérieur ; l'autre série (NOC, NOP) en emporte *dans le sens centrifuge*, f'_1, f_1, les ordres qui résultent de l'élaboration des impressions transformées par le centre nerveux en sensations, puis en ordres.

Un exemple fera mieux saisir la nature de ces phénomènes dits **actes réflexes.**

1° **Acte réflexe médullaire.** — On pique légèrement le doigt d'une personne qui dort d'un profond sommeil ; l'excitation reçue par la cellule sensorielle tactile, *c.s*, est transmise par le neurone sensitif périphérique, NSP, à la moelle épinière, M ; ce centre nerveux transforme en une *sensation* l'impression qui lui est parvenue ; de cette élaboration résulte un *ordre de mouvement* porté par le neurone ordonnateur périphérique, NOP, aux fibres musculaires, *f. m*, qui se contracteront pour faire retirer le doigt.

Cet acte réflexe *simple, auquel a participé seule la moelle épinière, est dit* acte inconscient.

2° **Acte réflexe cérébral.** — Si la piqûre du doigt est violente (ou faible chez une personne éveillée), l'excitation reçue par la cellule, *c.s*, sera transmise par le neurone sensitif périphérique, NSP, à un neurone sensitif central, NSC, qui la conduira jusqu'à l'encéphale suivant *f, f'*. L'écorce grise cérébrale, H, travaillera l'impression, éprouvera une sensation et donnera l'ordre de mouvement qui sera porté, suivant *f'₁, f₁*, par les neurones ordonnateurs central, NOC et périphérique, NOH, aux fibres musculaires agissantes.

Cet acte réflexe, *auquel a pris part l'encéphale, est dit* acte conscient.

Le nom d'*acte réflexe* vient de ce que l'impression reçue semble s'être réfléchie sur le centre nerveux (moelle épinière ou encéphale).

Le système nerveux nous apparaît ainsi comme un ministère de l'intérieur (centres nerveux) relié aux différents départements de l'organisme par des fils télégraphiques (nerfs). Le directeur du bureau central puise, par certains fils (*nerfs centripètes*), ses impressions auprès des agents (éléments excitables) répartis sur tout le territoire ; il donne ensuite des ordres qui, transmis par des voies différentes (*nerfs centrifuges*), sont exécutés par d'autres agents (muscles, glandes, organes électriques).

L'étude du système nerveux présente donc à considérer :

1° les *centres nerveux* ou associations de cellules nerveuses (encéphale, moelle épinière, ganglions) ;

2° les conducteurs nerveux ou *nerfs*.

SYSTÈME NERVEUX DES VERTÉBRÉS

On considère chez les Vertébrés deux parties dans le système nerveux :

1° Le *système céphalo-rachidien* ou *cérébro-spinal* dont les centres nerveux sont l'*encéphale* et la *moelle épinière ;* il préside à toutes les manifestations volontaires ou inconscientes de la vie animale.

2° Le *grand sympathique* dont les centres nerveux sont des *ganglions* reliés aux précédents par des filets nerveux ; il intervient dans les fonctions de nutrition.

Origine du système nerveux. — **Développement des centres nerveux chez l'Homme**. — L'embryon présente, au début sur la ligne médiane dorsale, une *gouttière médullaire*, cm, 1 (fig. 215) formée par l'ectoderme (coupe XY). Cette gouttière se transforme en un canal clos (2 et X'Y'), puis indépendant de l'ectoderme (X''Y''), alors qu'il s'enfonce dans le mésoderme sous-jacent. Le canal se renfle à la partie antérieure en un cerveau, c (2), pourvu d'une cavité ou ventricule, v ; son extrémité postérieure devient la *moelle épinière*, m, creusée du *canal de l'épendyme*. Le cerveau se subdivise en trois parties : les cerveaux antérieur c_1, moyen c_2 et postérieur c_3 (3), avec les ventricules correspondants ; enfin le cerveau antérieur et le cerveau postérieur se dédoublent en c'_1, c''_1 et c'_3, c''_3.

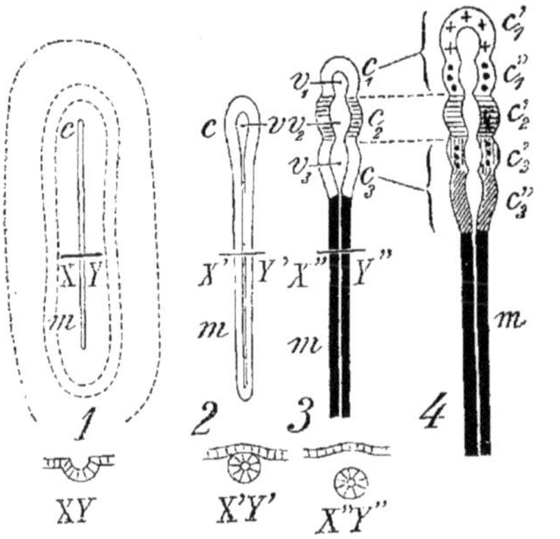

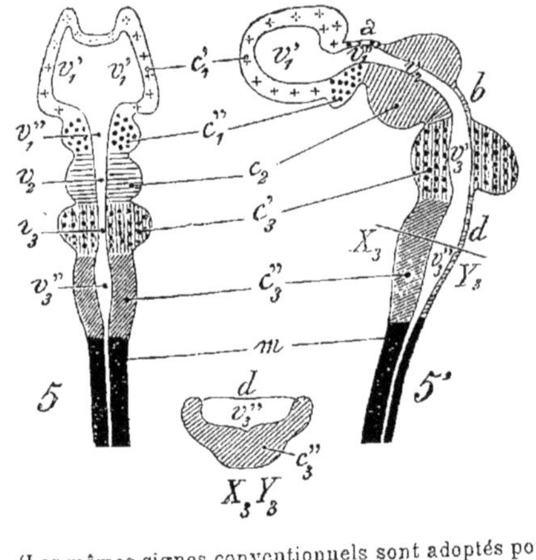

FIG. 215. — **Développement des centres nerveux chez l'Homme** : axe céphalo-rachidien (1res phases). — 1, gouttière médullaire primitive (vue en coupe XY). — 2, la gouttière est transformée en un canal : c, vésicule cérébrale et son ventricule, v ; m, moelle épinière. — La vésicule c se partage en 3, puis en 5 cerveaux successifs (fig. 3 et 4) : le cerveau antérieur, c'_1 ; le cerveau intermédiaire, c''_1 ; le cerveau moyen, c_2 ; le cerveau postérieur, c'_3 ; l'arrière-cerveau, c''_3. A chaque cerveau correspond un ventricule, $v'_1, v''_1, v_2, v'_3, v''_3$. — En 5, le cerveau antérieur se partage longitudinalement en deux hémisphères cérébraux ; la figure 5' montre la courbure des cerveaux successifs vus de profil, et l'épaississement de leurs parois.

(Les mêmes signes conventionnels sont adoptés pour les diverses régions de l'encéphale, dans les figures 215, 216 et 217.)

Ainsi la vésicule cérébrale primitive a donné 5 cerveaux et leurs ventricules :

le *cerveau antérieur*	c'_1 (4)	avec son ventricule,	v'_1 ;
le *cerveau intermédiaire*	c''_1	—	v''_1 ;
le *cerveau moyen*	c_2	—	v_2 ;
le *cerveau postérieur*	c'_3	—	v'_3 ;
l'*arrière-cerveau*	c''_3	—	v''_3.

TABLEAUX XXVII ET XXVIII.

Système nerveux (*suite*).

Description générale

Cerveau : [2 Hémisphères séparés par la *faux du cerveau.* | Scissure de Sylvius. Circonvolutions. ———————————— *Tente du cervelet.*] — Dure-mère.

Cervelet : 3 lobes et *protubérance annulaire.*
Bulbe rachidien.
12 paires de nerfs craniens partent de l'encéphale.

Description spéciale. — Chaque partie de l'encéphale est une portion de la gouttière médullaire primitive présentant à considérer : un plafond, un plancher et un canal.

B. ENCÉPHALE.

1° Arrière-Cerveau [Bulbe].

Description.
- Plafond mince (trou de Magendie).
- Plancher : *pyramides* postérieures, olives et pyram. antér.
- Canal : 4e *ventricule* communiquant avec le canal de la moelle épinière au bec du *calamus scriptorius.*

Structure...
- *Cordons blancs : Décussation des pyramides* prolongées par les pédoncules cérébraux et cérébelleux.
- *Noyaux gris* : Origines des nerfs craniens : (5e à 12e paires).

2° Cerveau postérieur [Cervelet et Protubérance].

Description.
- Plafond : 3 lobes : 1 médian (*vermis*) et 2 latéraux réunis en avant (*protubérance*).
- Plancher. Pédoncules cérébelleux inférieurs, moyens (protubérance annulaire) et supérieurs.
- Canal : *Ventricule cérébelleux.*

Structure...
- Cervelet. Écorce grise. Substance blanche (*arbre de vie*).
- Protubérance. Cordons blancs (prolong. des pyramides du bulbe). ——— Noyaux gris (*nerfs pathétiques* : 4e paire).

3° Cerveau moyen...
- Plafond : Tubercules quadrijumeaux.
- Plancher : *Pédoncules cérébraux.* ←———
- Canal : *Aqueduc de Sylvius* ➔ Ventricule cérébelleux. ➔ 3e ventricule.

4° Cerveau intermédiaire.
- Paroi : Couches optiques avec 4 noyaux gris.
- Canal : 3e *ventricule* ➔ *fente de Monro.*

5° Cerveau antérieur [Hémisphères cérébraux].

Description.
- Canal : 2 *ventricules latéraux.* ←
- Paroi. Hémisphères réunis par le *corps calleux* et le *trigone.* Corps striés avec 2 noyaux gris.

Structure...
- *Écorce grise cérébrale.*
- Substance blanche. Fibres commissurantes reliant les 2 hémisphères. Fibres convergentes entre l'écorce grise et les noyaux gris du même hémisphère.

Nerfs.......
- rachidiens (31 paires).
- craniens (12 paires). (Voir tableau XXIX).

Grand sympathique.
- 2 *chaînes nerveuses ganglionnaires* symétriques comprenant les *ganglions cervicaux, dorsaux, lombaires et sacrés.*
- Aux ganglions aboutissent : des *racines afférentes* venant de la moelle épinière, des *racines efférentes* se rendant aux organes.

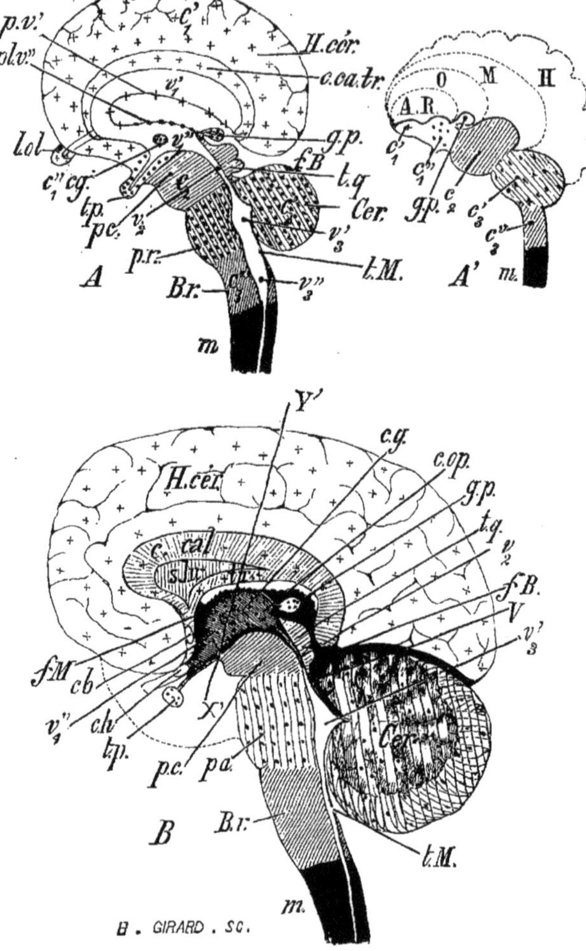

FIG. 216. — Phases ultérieures du développement de l'encéphale. — A : le cerveau antérieur, c'_1, développé d'avant en arrière, recouvre les cerveaux intermédiaire c''_1, moyen c_2 et postérieur c'_3.

Cerveau antérieur (c'_1. — H.cér, hémisphères cérébraux ; v'_1, ventricules latéraux ; $p.v'_1$, plancher des hémisphères).

Cerveau intermédiaire (c''_1. — cg, commissure grise des couches optiques ; g.p, épiphyse ; t.p, hypophyse ; v''_1, 2e ventricule).

Cerveau moyen (c_2. — p.c, pédoncules cérébraux ; t.q, tubercules quadrijumeaux ; v_2, aqueduc de Sylvius.

Cerveau postérieur (c'_3. — Cer, cervelet ; pa, protubérance annulaire ; v'_3, ventricule cérébelleux.

Arrière-cerveau (c''_3. — B.r, bulbe rachidien ; t.M, plafond du 4e ventricule et trou de Magendie ; v''_3, 4e ventricule).

A', développement comparé des hémisphères cérébraux chez les Vertébrés : A,R, Amphibiens et Reptiles ; O, Oiseaux ; M, Mammifères ; H, Homme.

B, Encéphale définitif : c.cal, corps calleux ; s.lu, septum lucidum ; tr, trigone ; f.M, trou de Monro ; c.op, couches optiques ; f.B, fente de Bichat.

La moelle, *m*, forme là continuation de cet axe nerveux.
Un sillon longitudinal partage le cerveau antérieur en deux

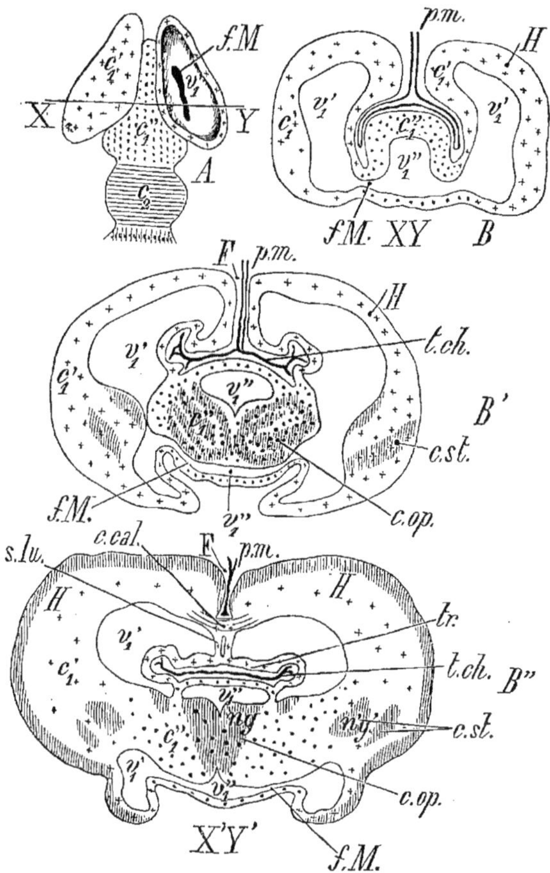

Fig. 217. — Développement des hémisphères cérébraux et des couches optiques (phases successives vues en coupe). — A : rapport des hémisphères, *c'₁*, et du cerveau intermédiaire, *c''₁* ; *v'₁*, ventricule latéral communiquant par le trou de Monro, *f.M*, avec le 3ᵉ ventricule, *v''₁*, vu dans la coupe XY, en B ; *p.m*, pie-mère. — B' : la paroi latérale des hémisphères, *H*, s'épaissit et donne les corps striés, *c.st* ; les parois latérales du cerveau intermédiaire également épaissies forment les couches optiques, *c.op*, soudées au milieu du ventricule, *v''*, par la commissure grise ; la pie-mère, *p.m*, forme la toile choroïdienne, *t.ch* ; *F*, faux du cerveau. — B'' : les corps striés et les couches optiques sont soudés entre eux ; les parois internes des hémisphères, *H*, sont reliées par le corps calleux, *c.cal* et le trigone, *tr*. Entre le corps calleux et le trigone, le septum lucidum, *s.lu*.

vésicules latérales, *c'₁* (5) avec les ventricules, *v'₁* ; l'axe cérébro-spinal se courbe en avant (5'), au-dessus du tube digestif.
Chaque vésicule cérébrale présente : un plafond, des parois

latérales et un plancher dont l'épaississement varie avec la destination ultérieure.

L'*arrière-cerveau*, c''_3, devient le *bulbe rachidien*, *B.r* (fig. 216, A), avec un plancher épais (X_3Y_3) et un plafond formé d'une mince lamelle nerveuse, *d;* cette lamelle est percée du *trou de Magendie*, *t.M* (fig. 216). Le ventricule, v''_3, devient le *quatrième ventricule*.

Le *cervelet*, *Cer*, et la *protubérance annulaire*, *p.r*, proviennent des parois épaissies du *cerveau postérieur*, c'_3, qui entoure le *ventricule cérébelleux*, v'_3.

Le *cerveau moyen*, c_2, donne : en bas, les *pédoncules cérébraux*, *p.c;* en haut, les *tubercules quadrijumeaux*, *t.q*, qui circonscrivent le ventricule allongé appelé *aqueduc de Sylvius*, v_2; ce canal met en communication le ventricule cérébelleux, v'_3, avec le *troisième ventricule*, v''_1.

Le *cerveau antérieur*, c'_1, et le *cerveau intermédiaire*, c''_1, subissent des transformations profondes :

Le cerveau antérieur se développe d'avant en arrière, en s'appliquant sur les autres parties de l'encéphale; il recouvre les cerveaux, c''_1, c_2, et la plus grande partie du *cervelet*, *Cer* ou c'_3.

Les deux vésicules symétriques qui proviennent du cerveau antérieur forment les *hémisphères cérébraux*, *H*, qui s'étendent d'abord de chaque côté et au-dessus du cerveau intermédiaire, c''_1; chacun des *ventricules latéraux*, v'_1, communique par le *trou de Monro*, *f.M* (fig. 217, A et B), avec le *troisième ventricule*, v''_1. Le sillon médian, *F*, qui sépare les hémisphères devient étroit et profond; c'est la *faux du cerveau* dans laquelle s'engage un repli d'une fine membrane vasculaire appelée *pie-mère*, *p.m;* étalée sur le plafond du cerveau intermédiaire, la pie-mère forme la *toile choroïdienne*, *t. ch* (B').

Les parois latérales des hémisphères cérébraux et du cerveau intermédiaire s'épaississent au détriment des ventricules, v'_1 et v''_1; elles donnent lieu aux *corps striés*, *c.st* (B'), originaires des hémisphères, et aux *couches optiques*, *c.op*, originaires du cerveau intermédiaire.

Les couches optiques se soudent entre elles sur la ligne médiane et forment la *commissure grise*, *c.g* (fig. 216, A et B), sorte de pont transversal jeté à travers le troisième ventricule, d'une paroi à l'autre du cerveau, c''_1 (fig. 217, B).

L'union du corps strié et de la couche optique du même côté se produit également en B″ (fig. 217), à travers le ventricule latéral correspondant, v'_1.

D'autres soudures s'opèrent entre les parois des hémisphères, à travers la faux du cerveau. Deux ponts de substance blanche apparaissent : l'un supérieur ou *corps calleux*, *c.cal;* l'autre inférieur ou *trigone*, *tr* (fig. 216, B et 217, B″). Le corps calleux et le trigone sont unis par de légères membranes transparentes qui constituent le *septum lucidum*, *s.lu.*

Les *centres nerveux* du **système céphalo-rachidien** sont classés d'après leur origine dans le tableau ci-joint, avec les indications mentionnées dans la figure 216 [A, B].

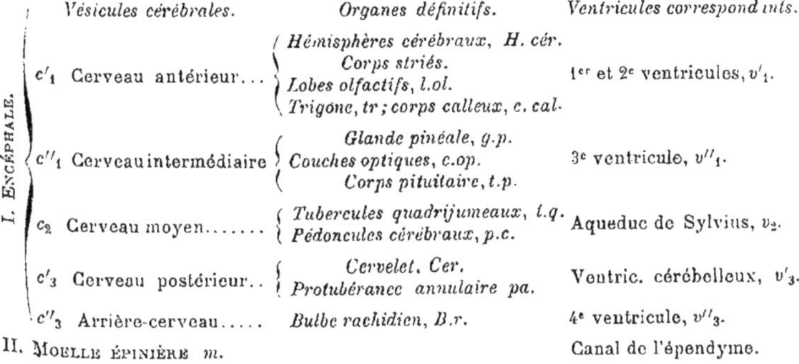

	Vésicules cérébrales.	*Organes définitifs.*	*Ventricules correspondants.*
	c'_1 Cerveau antérieur...	*Hémisphères cérébraux,* **H. cér.** / *Corps striés.* / *Lobes olfactifs, l.ol.* / *Trigone, tr ; corps calleux, c. cal.*	1er et 2e ventricules, v'_1.
	c''_1 Cerveau intermédiaire	*Glande pinéale, g.p.* / *Couches optiques, c.op.* / *Corps pituitaire, t.p.*	3e ventricule, v''_1.
	c_2 Cerveau moyen.......	*Tubercules quadrijumeaux, t.q.* / *Pédoncules cérébraux, p.c.*	Aqueduc de Sylvius, v_2.
	c'_3 Cerveau postérieur..	*Cervelet, Cer.* / *Protubérance annulaire pa.*	Ventric. cérébelleux, v'_3.
	c''_3 Arrière-cerveau.....	*Bulbe rachidien, B.r.*	4e ventricule, v''_3.

I. ENCÉPHALE.

II. MOELLE ÉPINIÈRE *m.* — Canal de l'épendyme.

Les *nerfs* et les *ganglions* ont pour origine la gouttière médullaire primitive.

1. — DESCRIPTION DU SYSTÈME NERVEUX
CÉPHALO-RACHIDIEN

L'axe du système céphalo-rachidien est formé par la moelle épinière et l'encéphale (fig. 218). En raison de leur délicatesse et de leur importance physiologique, ces centres nerveux sont protégés par une *enveloppe osseuse* et par des membranes appelées *méninges*.

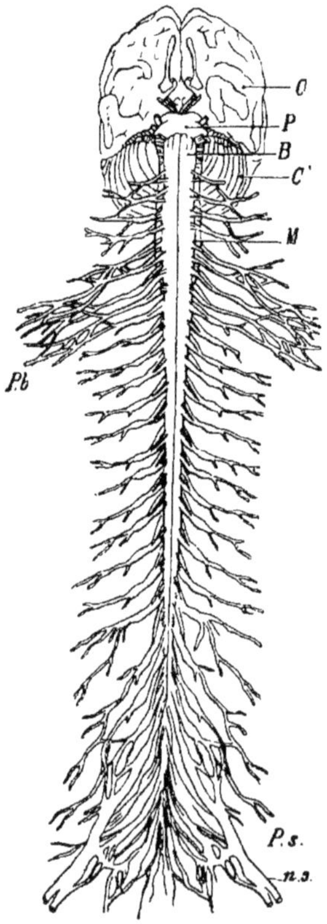

Enveloppes osseuses. — La moelle épinière est abritée dans le *canal rachidien* [réunion des trous des vertèbres]; l'encéphale est contenu dans la *boîte cranienne* qui communique avec le canal rachidien par le trou occipital.

Méninges. — Les membranes protectrices des centres nerveux sont, de dehors en dedans : la *dure-mère*, l'*arachnoïde* et la *pie-mère*.

1° *La dure-mère est une membrane fibreuse* très résistante formant, dans le canal rachidien, un véritable sac cylindrique, *d.m* (fig. 219); elle est séparée de la paroi du canal par un tissu adipeux rougeâtre, *t.c*, renfermant des vaisseaux sanguins; elle est, au contraire, étroitement unie à la face interne des os du crâne, dont elle constitue le périoste.

La dure-mère émet dans la boîte cranienne des cloisons incomplètes qui la subdivisent en compartiments : la *faux du cerveau*, *F* (fig. 220, A) et la *tente du cervelet*, *T* (B), en sont les principales. La faux du cerveau s'étend d'avant en arrière sur toute l'étendue du cerveau qu'elle partage incomplètement en deux

Fig. 218. — Vue d'ensemble du système nerveux céphalo-rachidien. — Encéphale : *C*, cerveau; *C'*, cervelet; *P*, protubérance annulaire; *B*, bulbe rachidien. — *M*, Moelle épinière et les 31 paires de nerfs rachidiens qui s'en détachent; *P.b*, plexus brachial; *P.s*, plexus sacré et nerf sciatique, *n.s*.

parties symétriques appelées *hémisphères cérébraux*, *H*; la tente
du cervelet, per-
pendiculaire à
la faux, est une

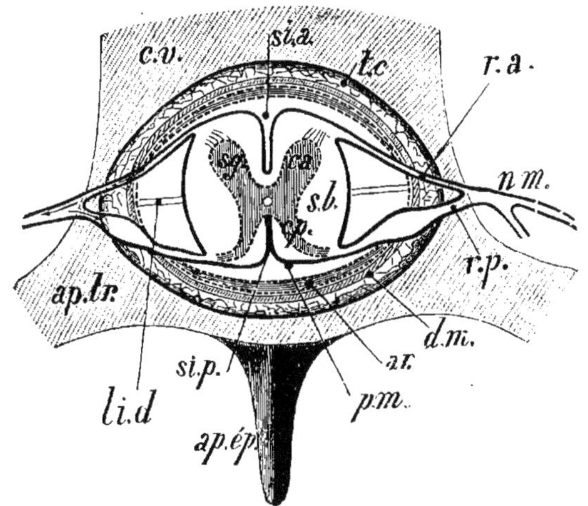

FIG. 219. — Coupe transversale de la moelle épinière et de ses enveloppes. — Enveloppes : *c.v*, corps de la vertèbre ; *ap.ép*, *ap.tr*, apophyses épineuse et transverses ; *d.m*, dure-mère ; *ar*, arachnoïde avec ses deux feuillets séparés par le liquide arachnoïdien; *p.m*, pie-mère; *tc*, tissu cellulo-adipeux. — Moelle épinière : *s.g*, substance grise en X formant les cornes antérieures, *c.a*, et les cornes postérieures, *c.p* ; *s.b*, substance blanche ; *r.a*, *r.p*, racines antérieure et postérieure d'un nerf rachidien mixte, *n.m* ; *g*, ganglion.

cloison qui sépare du cerveau, *H*, la face supérieure du cervelet, *C*.

2° *L'arachnoïde est une membrane séreuse*, *ar* (fig. 219) ; elle présente par suite deux feuillets : l'un pariétal, très mince, adhérant complètement à la dure-mère ; l'autre *viscéral*, plus net, rattaché par des tractus à la pie-mère ; ce feuillet viscéral a été comparé à une toile d'araignée à cause de sa ténuité.

Entre les feuillets pariétal et viscéral est une *faible quantité de sérosité* ; mais entre le feuillet interne arachnoïdien et la pie-mère sous-jacente, *p.m*, le *liquide sous-arachnoïdien* est assez abondant, en rapport par le *trou de Magendie*, *t.M* (fig. 216, A,B), avec le *liquide céphalo-rachidien* qui remplit les *ventricules cérébraux*, v''_3, v'_3, v_2, v''_1, v'_1 et le *canal de l'épendyme* de la moelle épinière.

3° *La pie-mère est une membrane conjonctive et vasculaire* très délicate, *p.m* (fig. 219) ; ses vaisseaux se subdivisent en capillaires nombreux dans les centres nerveux (beaucoup plus

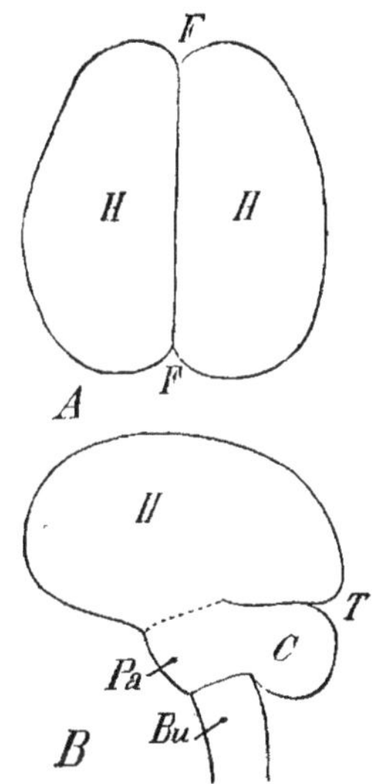

FIG. 220. — Encéphale vu : par sa face supérieure en A, latéralement en B.—*H*, hémisphères cérébraux; *FF*, faux du cerveau; *C*, cervelet; *T*, tente du cervelet; *Pa*, protubérance annulaire ; *Bu*, bulbe.

serrés dans la substance grise que dans la substance blanche).

Fonction du liquide céphalo-rachidien. — Il régularise la pression qu'exerce le sang sur la masse cérébrale lors des systoles et des diastoles successives : le volume de la boîte cranienne étant fixe, chaque ondée sanguine qui y pénètre chasse dans le canal vertébral, une partie du liquide céphalo-rachidien comprimé et réciproquement; la substance nerveuse est donc préservée des variations de pression qui l'altéreraient.

A. — Moelle épinière.

Description extérieure. — *La moelle épinière, M* (fig. 218), est un cordon nerveux qui s'étend, dans le canal rachidien, depuis le trou occipital (où elle se continue avec l'encéphale par le *bulbe rachidien, B*) jusqu'à la 2ᵉ vertèbre lombaire; à ce niveau, elle est effilée en pointe et se prolonge par un fin cylindre nerveux contenu dans le ligament coccygien fixé tout au bout du canal vertébral.

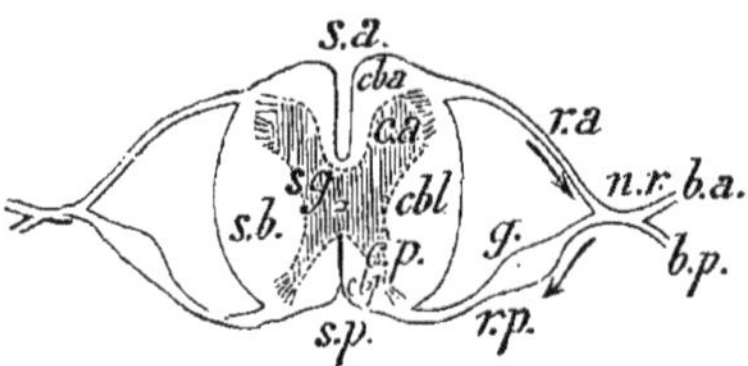

Fig. 221. — Moelle épinière. Coupe transversale : *s.a*, sillon antérieur; *s.p*, sillon postérieur; *c.b.a, c.b.l, c.b.q*, cordons blancs antérieur, latéral et postérieur de la substance blanche.

La moelle présente 2 *sillons longitudinaux* principaux : l'un antérieur plus large, *s.a* (fig. 221, A), l'autre postérieur, étroit et plus profond, *s.p.* Sur ses côtés, elle émet 31 paires de *nerfs rachidiens, n.r,* qui y prennent naissance par un *racine antérieure, r.a,* et une *racine postérieure, r.p, pourvue d'un ganglion, g.* — Aux points où se détachent les nerfs qui se rendent aux membres supérieurs et inférieurs, la moelle porte deux renflements : le *renflement cervical* (origine du *plexus brachial*) et le *renflement lombaire* (origine du *plexus crural*); à sa partie inférieure, elle se résout en un paquet de nerfs lombaires et sacrés, appelé *queue de cheval* (fig. 218).

Structure interne. — La moelle épinière, vue en coupe, se montre formée de deux substances nerveuses : 1° la *substance blanche* extérieure, *s.b,* comprenant les cordons antérieurs, *cba,* latéraux, *cbl* et postérieurs, *cbp;* 2° la *substance grise, s.g,* qui forme un X dont les terminaisons antérieures larges sont les *cornes antérieures, c.a;* les autres terminaisons effilées s'appellent *cornes postérieures, c.p.*

Substance grise. — Les cornes grises antérieures de la moelle épinière renferment de grandes cellules multipolaires, corps cellulaires des neurones ordonnateurs périphériques, NOP (fig. 214), signalés déjà. Dans les cornes postérieures et les autres régions grises de la moelle se trouvent les corps cellulaires de beaucoup d'autres neurones dont les principaux sont dits *neurones d'association médullaires*, $n.a_1$, $n.a_2$ (fig. 222). Ces neurones établissent, en effet, des connexions entre les neurones sensitifs et les neurones ordonnateurs situés, soit au même niveau, soit à des niveaux différents [NSP_1 à NOP, NSP_2 à NOP et NOP_3]. Les cylindres-axes de ces neurones constituent les cordons blancs longitudinaux et transversaux de la moelle.

On appelle plus particulièrement *cellules de Golgi* les neurones d'association à cylindre-axe court, tels que $n.a_1$.

Le neurone, $n.a_1$, permet en effet le passage de l'influx nerveux du neurone sensitif périphérique, NSP_1, au neurone ordonnateur, NOP, suivant f, f'', f''_1; il est entièrement compris dans la substance grise.

Le neurone, $n.a_2$ (neurone d'association proprement dit), présente au contraire un long cylindre-axe contenu dans le cordon blanc latéral gauche, avec une arborisation terminale en rapport avec le neurone ordonnateur, NOP_1, et une ramille collatérale contiguë au panache du neurone ordonnateur, NOP_3, situé à un niveau inférieur au précédent.

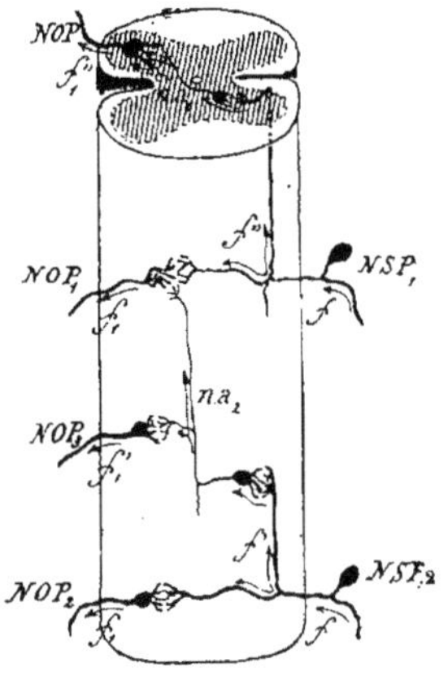

La substance grise et les cordons blancs de la moelle renferment, en outre, les corps cellulaires et les cylindres-axes des neurones formant les chaînes qui établissent les rapports entre la moelle et les diverses régions grises de l'encéphale [*arc cérébral*, NSC, NOC (fig. 214 et 224 *bis*); *arc cérébelleux*, NSC_1, C.Pu (fig. 224 *bis*)].

Fig. 222. — Moelle épinière; na_1, na_2, *neurones d'association* médullaires mettant en rapport les neurones sensitifs périphériques, NSP, NSP_1, avec les neurones ordonnateurs périphériques, NOP à NOP_3. — Les flèches, f, f'', f''_1, indiquent le passage de l'influx nerveux, du neurone NSP_1 (côté gauche du corps) au neurone NOP (côté droit) par l'intermédiaire du neurone d'association, $n.a_1$; les flèches, f, f', f_1, f'_1, indiquent le passage de l'influx nerveux, du neurone NSP (côté gauche) aux neurones NOP_1, NOP_2, NOP_3, situés du même côté [Mathias Duval].

B. — ENCÉPHALE.

L'*encéphale* comprend tous les centres nerveux contenus dans la boîte cranienne; sa forme est celle d'un œuf dont la face inférieure serait déprimée en avant; son poids moyen est de 1 300 grammes.

Description générale. — L'encéphale est formé : du *cerveau* qui en occupe la majeure partie ; du *cervelet*, séparé du cerveau en arrière par la tente du cervelet ; du *bulbe rachidien* surmonté de la *protubérance annulaire*. Le bulbe est l'intermédiaire entre la moelle épinière et l'encéphale.

Le *cerveau* est partagé en deux *hémisphères cérébraux*, *H.c* (fig. 223), par la faux du cerveau, *F*.

La surface des hémisphères porte des saillies appelées *circonvolutions du cerveau*.

Chacun des hémisphères se compose d'un lobe frontal, *l.fr*, d'un lobe temporal, *l.te*, séparé du précédent par un sillon large et profond (*scissure de Sylvius, S*) et d'un lobe occipital postérieur, *l.oc*.

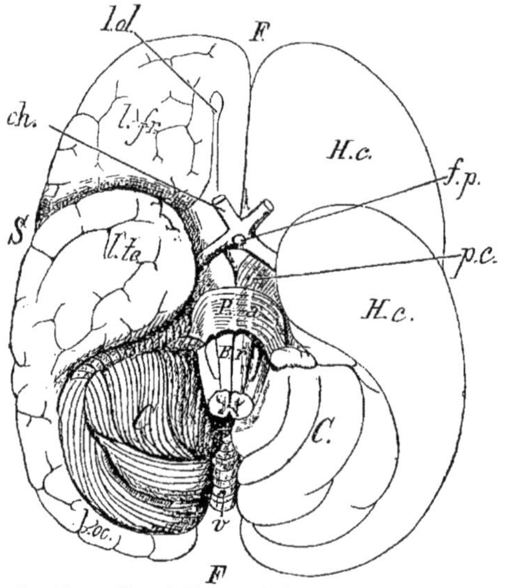

Le *cervelet* a un volume égal au huitième de celui du cerveau ; vu d'arrière, il présente 3 lobes : l'un médian très petit (*vermis, v*) et deux lobes latéraux *C,C*, réunis par la *protubérance annulaire*, *P.a*, sorte d'anneau qui passe en avant des *pédoncules cérébraux, p.c*.

La surface du cervelet présente elle-même des saillies minces ; les *circonvolutions du cervelet*, plus régulières que les circonvolutions cérébrales.

Fig. 223. — Face inférieure de l'encéphale (figure simplifiée). — *H.c*, hémisphères cérébraux ; *l.fr*, lobe frontal ; *l.te*, lobe temporal ; *S*, scissure de Sylvius ; *l.oc*, lobe occipital. — *C*, cervelet ; *v*, vermis ; *C,C*, lobes latéraux ; *P.a*, protubérance annulaire. — *B.r*, bulbe rachidien. — *l.ol*, bandelette olfactive ; *ch*, chiasma des bandelettes optiques ; *p.c*, pédoncules cérébraux. *F,F*, faux du cerveau.

Le *bulbe rachidien*, *B.r*, est situé au-dessous de la protubérance, en avant du cervelet.

Structure des diverses régions de l'encéphale. — Bulbe rachidien (arrière-cerveau). — Il prolonge la moelle épinière en avant, sous forme d'un tronc de cône long de 3 centimètres ; il a une importance capitale malgré son petit volume, car la plupart des *nerfs craniens* (nerfs partant de l'encéphale) y prennent leur origine.

Comme la moelle épinière, c'est un tube dont la lumière s'élargit brusquement en formant le *quatrième ventricule*. Sur sa face antérieure ou ventrale, le bulbe présente un sillon médian limité par les *pyramides antérieures ;* en dehors des pyramides sont les éminences appelées *olives*, limitées en bas par les *fibres arci-formes* ; ces fibres contournent les *cordons latéraux*

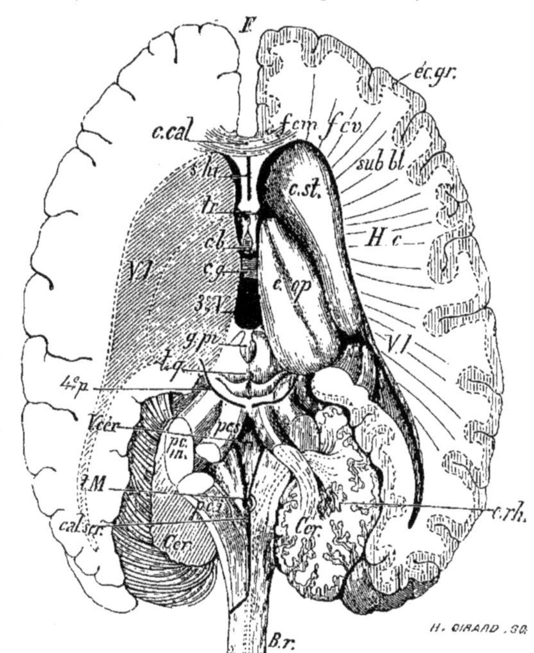

Fig. 224. — Coupe horizontale du cerveau. *H.c*, hémisphères cérébraux : *éc.gr*, écorce grise ; *sub.bl*, substance blanche ; *f.cv*, fibres convergentes ; *f.cm*, fibres commissurantes du corps calleux, *c.cal* ; *V.l*, ventricules latéraux. *F*, faux du cerveau ; *c.st*, corps striés ; *s.lu*, septum lucidum ; *tr*, trigone ; *c.op*, couches optiques et commissure grise, *c.g* ; 3e *V*, 3e ventricule ; *g.pi*, glande pinéale ; *t.q*, tubercules quadrijumeaux. — *Cer*, cervelet ; *p.c.s*, *p.c.m*, *p.c.i*, pédoncules cérébelleux supérieurs, moyens et inférieurs. — *V.cér*, ventricule cérébelleux. — *cal.scr*, calamus scriptorius. *B.r*, bulbe rachidien.

et rejoignent en arrière les *corps restiformes* ou *cordons postérieurs* du cervelet, *p.c.i* (fig. 224).

La face postérieure du bulbe est très mince, avec l'orifice

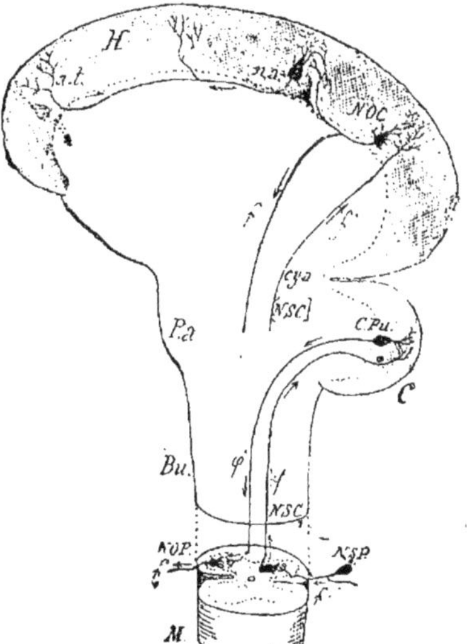

Fig. 224 *bis*. — Relations entre la substance grise de la moelle épinière, *M*, du cervelet, *C* et des hémisphères cérébraux *H*.

Arc réflexe cérébelleux : l'influx nerveux se propage du neurone sensitif périphérique, *NSP*, au neurone sensitif central, NSC_1 (suivant f, φ), parvient dans l'écorce grise cérébelleuse à la cellule de Pürkinje, *C.Pu*, et s'écoule par le neurone ordonnateur, *NOP* (suivant φ', f_1).

Arc réflexe cérébral (partie) : l'influx nerveux parvient à l'écorce grise cérébrale par le cylindre-axe, *cy. a*, du neurone sensitif central, *NSC*, et fait retour à la moelle par le neurone ordonnateur, *NOC* (suivant f', f'_1). — *n.a*, neurone d'association cérébral [Mathias Duval].

appelé *trou de Magendie, t.M ;* cet orifice donne accès dans le *ventricule* dont le plancher est limité par les *pyramides postérieures.* Les pyramides s'écartent pour former un espace triangulaire ayant l'aspect d'un bec de plume à écrire *(calamus scriptorius, cal.scr).*

Le 4ᵉ ventricule se continue en bas, au niveau de la pointe du calamus, par le canal de l'épendyme (moelle) et en haut par le ventricule cérébelleux (cervelet).

Rapports du bulbe rachidien avec la moelle épinière et l'encéphale. — Soit la moelle épinière, 1 (fig. 225), avec les cornes grises antérieures et postérieures, *a, p,* entourées des cordons blancs antérieurs, latéraux et postérieurs.

Avant leur entrée dans le bulbe, une partie des *cordons blancs*

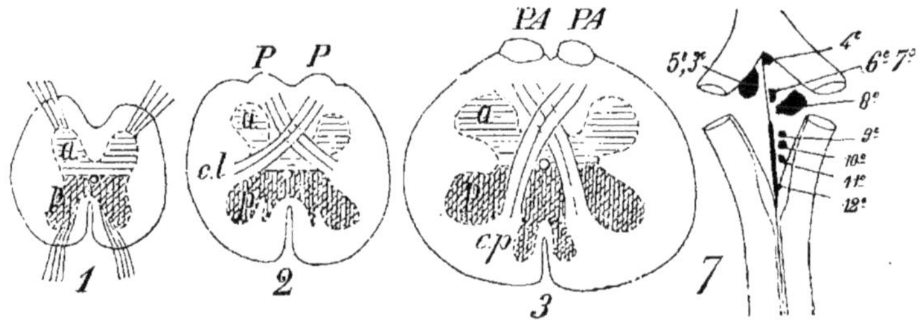

Fig. 225. — Sections transversales de la moelle épinière et du bulbe rachidien. — 1, moelle épinière ; 2, bulbe coupé au niveau de la décussation des cordons blancs latéraux, *c.l* [pyramides antérieures motrices, *P, P*] ; 3, bulbe coupé au niveau de la décussation des cordons blancs postérieurs, *c.p* [pyramides sensitives] ; *a, p,* cornes grises antérieures et postérieures ; 7, plancher du 4ᵉ ventricule avec la position des noyaux d'origine des nerfs craniens (5ᵉ à 12ᵉ paires).

antérieurs, c.b.a (fig. 225 *bis*), passe du côté opposé en délimitant le *collet du bulbe.*

Ces cordons blancs sont peu à peu refoulés en arrière, vers le plancher du 4ᵉ ventricule (coupes 4 et 5).

Une partie du *cordon latéral* gauche, *c.l* (2), continue son trajet à gauche dans le bulbe ; l'autre partie se porte à droite et en avant, 1 et 2 (fig. 225 *bis*) pour former la pyramide antérieure droite et réciproquement [cet entrecroisement s'appelle *décussation des pyramides motrices*].

Les pyramides antérieures, P, traversent en haut la protubérance annulaire, la partie ventrale des pédoncules cérébraux et se terminent dans les corps striés (Cerveau antérieur).

Au-dessus et en arrière des cordons antérieurs, les *cordons blancs postérieurs* de la moelle, *c.p,* 3 (fig. 225), s'entrecroisent de même, 2 et 3 (fig. 225 *bis*) ; ils forment, en arrière des pyramides motrices [ou centrifuges], la partie postérieure [ou centripète] de

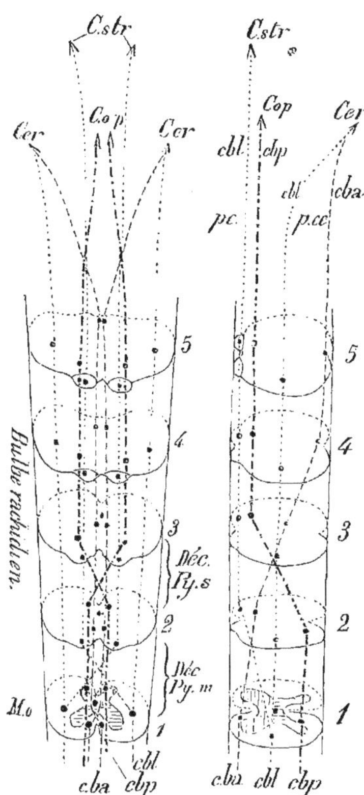

FIG. 225 *bis*. — Figure théorique montrant la direction des principaux cordons blancs de la moelle à travers le bulbe rachidien et les parties antérieures de l'encéphale. Le bulbe rachidien est représenté : de face à gauche, de profil à droite, coupé à 5 niveaux [les sections 1, 2, 3, correspondent aux coupes de la fig. 225]. — *c.b.a*, cordons blancs antérieurs ; *c.b.l*, cordons latéraux ; *c.b.p*, cordons postérieurs. Des traits spéciaux à chacun de ces cordons représentent leur direction aux divers niveaux du bulbe ; les endroits où ces cordons rencontrent une section ont été indiqués par de gros points noirs. — Les cordons blancs antérieurs, *c.b.a*, s'entre-croisent à la limite de la moelle, *Mo*, et du bulbe ; entre 1 et 2, *Déc. Py. m*, décussation partielle des cordons latéraux, *c.b.l* (pyramides motrices) ; au-dessus entre 2 et 3, *Déc. Py. s*. décussation des cordons postérieurs, *c.b.p* (pyramides sensitives) ; *Cer*, cervelet ; *C op*, couches optiques ; *C.str*, corps striés ; *p.c*, pédoncules cérébraux.

ÉLÉM. D'HISTOIRE NATURELLE.

ces mêmes pyramides [cet entrecroisement s'appelle *décussation des pyramides sensitives*].

Les pyramides sensitives traversent la protubérance, la partie dorsale des pédoncules

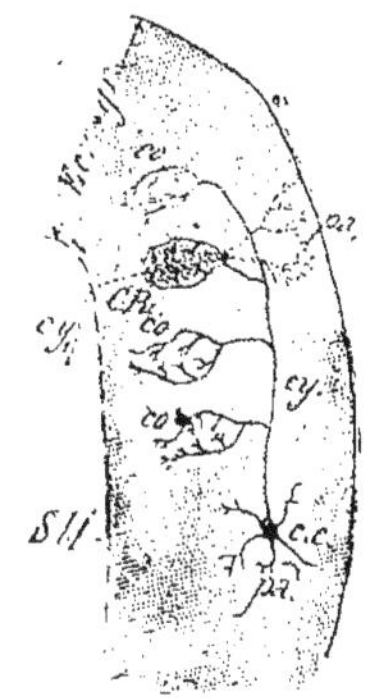

FIG. 225 *ter*. — Portion de l'écorce grise cérébelleuse. *c.c*, cellule à corbeilles, *co*, avec son panache, *pa*, et son cylindre-axe, *cy* ; chaque corbeille enveloppe le corps d'une cellule de Pürkinje, *C.Pu* ; pa_1, cy_1, panache et cylindre-axe de cette dernière.

cérébraux, et se terminent dans les couches optiques (cerveau intermédiaire).

La décussation des cordons blancs du bulbe a pour effet d'y rejeter sur les côtés et en arrière les cornes grises de la moelle ; celles-ci forment, dans le bulbe, les noyaux d'origine des nerfs craniens (5e à 12e paires).

2° Cervelet et protubérance annulaire (cerveau postérieur). — Le *cervelet* forme le plafond et les parois latérales du *ventricule cérébelleux*, *V.cér* (fig. 224), dont la *protubérance*

17

annulaire est le plancher. Le ventricule cérébelleux communique avec le 4ᵉ ventricule en bas, avec l'aqueduc de Sylvius en haut.

Le cervelet comprend une *écorce grise* à multiples replis (circonvolutions) recouvrant une *substance blanche* profonde dont l'aspect arborescent lui a fait donner le nom d'*arbre de vie*.

Les éléments histologiques principaux de l'écorce grise cérébelleuse sont :

1° Des cellules de Pürkinje, *C.Pu* (fig. 224 *bis* et 225 *ter*), distribuées régulièrement en éventail dans la substance grise ; leur corps cellulaire volumineux est continué vers la surface du cervelet par un panache abondant, pa_1, et vers la substance blanche interne par un cylindre axe long, cy_1. [Le panache de la cellule de Pürkinje est contigu par certaines de ses ramifications à l'arborisation terminale d'un neurone sensitif, NSC_1];

2° Des neurones d'association appelés *cellules à corbeilles;* le corps cellulaire de ces cellules, *c.c* (fig. 225 *ter*), est peu volumineux ; il émet dans tous les sens des prolongements protoplasmiques, *pa*, contigus à divers autres neurones ; son cylindre-axe, *cy*, entièrement contenu dans l'écorce grise cérébelleuse, *Ec.gr*, présente une arborisation terminale et des collatérales en forme de corbeilles, *co*, dont chacune embrasse étroitement le corps d'une cellule de Pürkinje.

Rapports du cervelet et de la protubérance avec les régions voisines. — A la substance blanche du cervelet aboutissent 3 paires de pédoncules : les *pédoncules cérébelleux inférieurs, p.c.i*, prolongements des cordons blancs latéraux et postérieurs du bulbe ainsi que des pyramides postérieures ; les *pédoncules cérébelleux moyens, p.c.m*, qui forment en avant la protubérance annulaire [*pont de Varole*]; les *pédoncules cérébelleux supérieurs, p.c.s*, qui convergent en haut sous les tubercules quadrijumeaux et vont se perdre, après entrecroisement, dans les couches optiques, *c.op*.

3° **Tubercules quadrijumeaux et pédoncules cérébraux (cerveau moyen).** — Les *tubercules quadrijumeaux, t.q*, forment 4 masses de substance blanche avec noyau gris, prolongées par les bandelettes ou nerfs optiques et symétriquement placées au-dessus de *l'aqueduc de Sylvius*.

Les *pédoncules cérébraux* (prolongement des pyramides du bulbe à travers la protubérance annulaire) sont de gros cordons blancs qui se continuent, en divergeant, dans les couches optiques et les corps striés en avant.

4° **Couches optiques (Cerveau intermédiaire).** — Ce sont deux masses nerveuses importantes, *c.op* (fig. 224), formant la paroi du 3ᵉ *ventricule* à travers lequel elles sont reliées par une *commissure grise* médiane, *c.g*. La cavité du 3ᵉ ventricule se continue en arrière par l'aqueduc de Sylvius ; elle communique en avant et de chaque côté, par le *trou de Monro*, avec le ventricule, *V.l*, de l'hémisphère cérébral correspondant.

Chaque couche optique renferme, dans la substance blanche périphérique et d'avant en arrière, 4 amas de cellules nerveuses appelés : le *noyau olfactif*, le *noyau optique*, le *noyau tactile*, le *noyau auditif*. — Les fibres blanches qui partent des centres optiques aboutissent : les unes à l'écorce grise des hémisphères cérébraux ; d'autres au cervelet par les pédoncules cérébelleux supérieurs ; d'autres enfin au bulbe et à la moelle épinière par la partie dorsale des pédoncules cérébraux.

5° Hémisphères cérébraux. Corps striés (Cerveau antérieur).
— Le cerveau proprement dit est formé par les deux hémisphères
cérébraux très développés en arrière (lobes occipitaux) et sur les
côtés (lobes temporaux).

Les deux hémisphères, séparés par la faux du cerveau, ne sont
pas indépendants : au fond du sillon qui les sépare on voit un
pont transversal de substance blanche unissante : c'est le *corps*
calleux, c. cal (fig. 217 et 224). Au-dessous est un 2e pont de
substance blanche, le
trigone, tr, réuni au corps
calleux en avant par une
double lamelle trans-
parente, appelée *septum*
lucidum, s.lu.

Le trigone et le corps
calleux se soudent en
arrière.

Au-dessous du trigone est
la *toile choroïdienne, t.ch*
(fig. 218), repli de la pie-mère
communiquant avec cette mé-
ninge par la fente de Bichat,
f.B. La toile choroïdienne
s'étend, en effet, au-dessus des
couches optiques, de la glande
pinéale et des tubercules
quadrijumeaux.

De part et d'autre du
septum lucidum sont les
ventricules latéraux, V.l
(fig. 224) et v'_1 (fig. 217),
qui communiquent avec
le 3e ventricule, v''_1, en

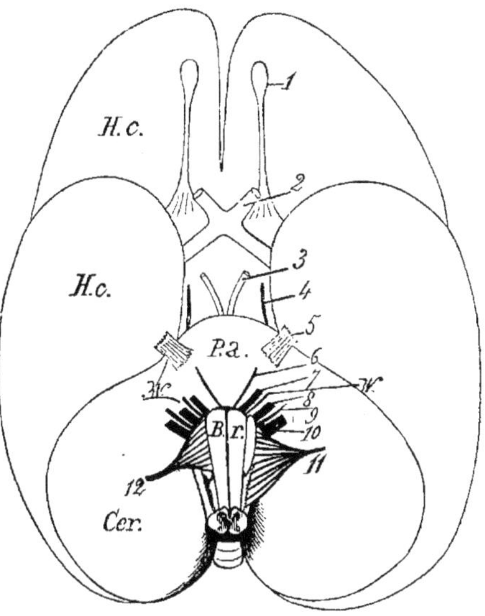

FIG. 226. — Lieux d'émergence des nerfs craniens
(Ces nerfs sont indiqués par leurs numéros d'ordre.
Consulter le tableau XXIX).

avant et sous les piliers antérieurs du trigone par le trou de
Monro, *f.M.*

Corps striés. — Les hémisphères cérébraux présentent du côté interne les
corps striés, c.st (fig. 224), soudés aux couches optiques correspondantes, *c.op.*

Chaque corps strié renferme de la substance blanche enveloppant 2 noyaux
gris. La substance blanche des corps striés est, comme celle des couches
optiques, en rapport avec les pédoncules cérébraux, le cervelet et l'*écorce grise*
cérébrale.

Écorce grise cérébrale. Ses connexions avec les autres centres ner-
veux. — La surface des hémisphères cérébraux est formée par une
couche de substance grise épousant la forme des circonvolutions
du cerveau et recouvrant la substance blanche interne. Cette écorce
grise est formée principalement de cellules pyramidales, NOC
(fig. 224 *bis*), en rapport par leur panache avec les arborisations

terminales des neurones sensitifs centraux, NSC, tandis que leur cylindre-axe s'engage dans la substance blanche sous-jacente. Des *neurones d'association*, *n.a*, mettent en relation entre elles les diverses régions de l'écorce grise cérébrale, *H*.

Les fibres à myéline qui forment la substance blanche cérébrale peuvent se diviser en *fibres commissurantes* (corps calleux et trigone) unissant les deux hémisphères, et en *fibres convergentes* qui rayonnent de la périphérie du cerveau vers les corps striés et les couches optiques.

Ainsi les *cellules nerveuses de l'écorce grise cérébrale sont en relation avec toutes les régions du système nerveux céphalo-rachidien par l'intermédiaire de deux relais (couches optiques et corps striés).*

REMARQUE. — Dans les descriptions qui précèdent des diverses régions de l'axe cérébro-spinal, nous avons volontairement négligé de parler des *cellules de névroglie;* ce sont des éléments de soutien de forme étoilée, qui concourent à former le réticulum conjonctif dans les mailles duquel sont maintenus les éléments nerveux soit de la moelle, soit de l'encéphale.

C. — Système céphalo-rachidien périphérique. Nerfs.

La moelle épinière donne naissance à 31 paires de nerfs rachidiens et l'encéphale à 12 paires de nerfs craniens.

1° **Nerfs rachidiens.** — Étagés par paires le long de la moelle épinière, ces nerfs comprennent : 8 paires cervicales, 12 dorsales, 5 lombaires et 6 sacrées sortant par les trous de conjugaison des vertèbres.

Ils naissent chacun par deux racines : l'une antérieure *centrifuge*, l'autre postérieure *centripète*, unies en un *nerf mixte* à leur sortie du canal rachidien (fig. 221)[1]. Ce nerf mixte se ramifie aussitôt en deux branches se rendant, l'une dans la région postérieure correspondante du tronc, l'autre dans la région antérieure où *elle entre en connexion avec le grand sympathique.*

Les branches antérieures de certains de ces nerfs s'anastomosent en *plexus* qui sont, pour chaque côté de la moelle épinière : le *plexus cervical* formé par les 4 premiers nerfs cervicaux (fig. 218) ; le *plexus brachial* formé par les 4 derniers cervicaux et le premier dorsal ; le *plexus lombaire* et le *plexus sacré* (ce dernier formé par les 4 premiers nerfs sacrés).

De ces plexus se dégagent des nerfs importants :

Le *nerf phrénique* ou *diaphragmatique*, formé par les filets du plexus cervical, qui se rend au muscle diaphragme ; le *grand nerf sciatique*, constitué par le plexus sacré, qui innerve le membre inférieur correspondant.

---

1. Pour la compréhension des termes : nerf centrifuge, centripète ou mixte, se reporter à la page 251.

TABLEAU XXIX.

NERFS CRANIENS : 12 paires (fig. 226).

Nos d'ordre	NOMS	ORIGINE	FONCTIONS ET DESTINATION
1.	*Bandelette olfactive.*	*Lobe olfactif.* Prolongement du cerveau en rapport avec l'écorce grise et la substance blanche cérébrales voisines.	*Nerf de sensibilité spéciale* pour l'*odorat.* Région jaune des fosses nasales.
2.	*Bandelette optique.*	2 *racines* partent des couches optiques et des tubercules quadrijumeaux, s'entrecroisent en avant (chiasma); chaque nerf renferme la moitié de ses fibres provenant du même côté, l'autre moitié du côté opposé.	*Nerf de sensibilité spéciale* pour la *vue.* Rétine de l'œil.
3.	*N. moteur oculaire commun.*	Noyaux gris au-dessous de l'aqueduc de Sylvius.	*N. moteur* de tous les muscles moteurs de l'œil, sauf le grand oblique et le droit externe.
4.	*N. pathétique.*	Pédoncules cérébelleux supérieurs.	*N. moteur* du muscle grand oblique de l'œil.
5.	*N. trijumeau.*	2 racines originaires des noyaux gris du bulbe se confondent dans le *ganglion de Gasser* d'où partent 3 rameaux : *Branche ophtalmique de Willis.* *N. maxillaire supérieur.* *N. maxillaire inférieur.* *Rameau lingual.* ⟶	*N. mixte :* *N. de sensibilité générale* (globe de l'œil, muqueuse nasale). *N. sécrétoire* pour la glande lacrymale. *N. de sensibilité générale* (muqueuse nasale; dents de la mâchoire supérieure). *N. sécrétoire* pour les glandes pituitaires. *N. de sensibilité générale* (dents de la mâchoire inférieure). *N. de sensibilité tactile* pour la lèvre inférieure. *N. moteur* (muscles masticateurs et de la lèvre inférieure, etc.). *N. de sensibilité générale* (partie antérieure de la langue).
6.	*N. moteur oculaire externe.*	Noyaux gris antérieurs, partie supérieure du bulbe.	*N. moteur* du muscle droit externe.
7.	*N. facial.*	Noyaux gris antérieurs, partie supérieure du bulbe. *Corde du tympan.* Contient les fibres du *nerf de Wrisberg.*	*N. moteur* des muscles de la face. *N. sécrétoire* pour la glande sous-maxillaire. *N. de sensibilité spéciale* (goût perçu à la partie antérieure de la langue).
8.	*N. auditif.*	Noyaux gris postérieurs, plancher du 4e ventricule.	*N. de sensibilité spéciale* pour l'ouïe (oreille interne).
9.	*N. glosso-pharyngien.*	Noyaux gris, partie moyenne du bulbe.	*N. de sensibilité spéciale* (goût : dos de la langue). *N. de sensibilité tactile* pour le dos de la langue. *N. moteur* du pharynx.
10.	*N. pneumogastrique.*	Noyaux gris, partie moyenne du bulbe.	*N. mixte.* Sensations vagues et mouvements involontaires (poumons, cœur, estomac, etc.).
11.	*N. spinal.*	Noyaux gris, partie moyenne du bulbe.	*N. moteur* des muscles du larynx. Phonation.
12.	*N. grand hypoglosse.*	Noyaux gris antérieurs.	*N. moteur* des muscles de la langue.

2º Nerfs craniens. — Les 12 paires de nerfs craniens naissent dans l'encéphale ; le tableau XXIX en donne les noms, les origines et les fonctions ; la figure 225 indique leur place exacte sur la face inférieure de l'encéphale.

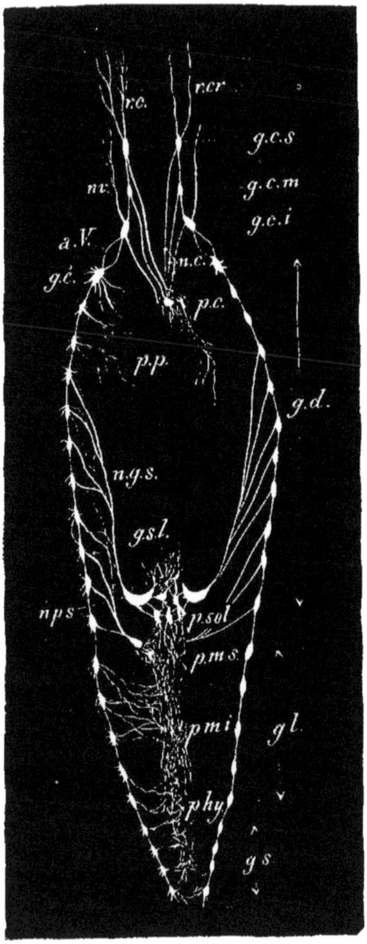

GRAND SYMPATHIQUE.

De chaque côté de la colonne vertébrale sont disposées symétriquement *deux chaines nerveuses* (fig. 227) s'étendant de la région cervicale à la partie inférieure de l'abdomen. Sur leur trajet sont des *ganglions ;* elles se prolongent dans la tête par des filets aboutissant à des ganglions intracraniens. Des branches anastomotiques les réunissent à leurs deux extrémités, de telle sorte que les deux chaînes ganglionnaires forment un ovale très allongé.

Deux sortes de filets nerveux se détachent des ganglions :

1º Les *branches afférentes du sympathique*, qui établissent des connexions entre le sympathique et le système cérébro-spinal (dont il est d'ailleurs originaire) ;

2º Les *branches efférentes du sympathique*, qui constituent les nerfs et plexus distribués aux viscères.

Fig. 227. — Vue théorique d'ensemble du grand sympathique. — *g.c.s, g.c.m, g.c.i*, ganglions cervicaux supérieur, moyen et inférieur, donnant origine au nerf cardiaque, *n.c ;* plexus cardiaque, *p.c.* — *g.d*, ganglions dorsaux ; *p.p.*, plexus pulmonaire ; *n.g.s*, nerf grand splanchnique ; *g.s.l*, ganglion semi-lunaire ; *p.sol*, plexus solaire ; *n.p.s*, nerf petit splanchnique. — *g.l*, ganglions lombaires ; *p.m.s, p.m.i*, plexus mésentériques supérieur et inférieur. — *g.s*, ganglions sacrés ; *p.hy*, plexus hypogastrique.

Ganglions. — Chaque chaîne comprend : 3 ganglions intracraniens principaux ; 3 ganglions cervicaux, *g.c ;* 11 ou 12 dorsaux, *g.d ;* 5 ou 4 lombaires, *g.l ;* 4 sacrés, *g.s*. Chaque ganglion est formé d'un amas de cellules nerveuses multipolaires d'où partent les nerfs sympathiques ; ces nerfs renferment des fibres de Remak issues des cellules nerveuses des ganglions, et quelques fibres à myéline provenant des racines antérieures des nerfs rachidiens.

Branches afférentes. — De la branche antérieure de chaque nerf mixte rachidien *n.m* (fig. 229) se détachent 2 filets nerveux : l'un, *a*, pour le ganglion correspondant, *g*; l'autre, *a'*, pour le ganglion immédiatement supérieur *g'*.

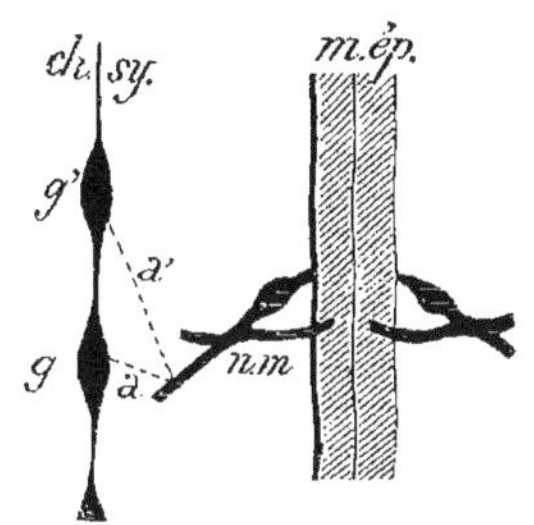

FIG. 229. — Rapports entre les nerfs rachidiens, *n.m*, de la moelle épinière, *m.ép*, et les ganglions sympathiques, *g,g'*, de la chaîne *ch.sy*; *a*, *a'*, branches nerveuses afférentes.

Branches efférentes. — Des ganglions cervicaux, *g.c* (fig. 227), partent les *nerfs cardiaques, n.c*, qui se dirigent vers le cœur, s'anastomosent avec des rameaux du pneumogastrique pour former le *plexus cardiaque, p.c* (11 et 12, fig. 228).

Les 1ers ganglions thora-

FIG. 228. — Rapports du grand sympathique avec le pneumogastrique. — 10, nerf pneumogastrique; 11 et 12, nerf et plexus cardiaques; *A.a*, artère aorte, *C*, cœur; *D*, diaphragme; *E*, estomac; 16, plexus gastrique. *In*, intestin. — 1', 2', 3', ganglions cervicaux supérieur, moyen et inférieur; 4', 5', 6', 7', 8', chaîne sympathique avec les ganglions : thoraciques 6', lombaires 7', sacrés 8'. — 9', nerf grand splanchnique; 10', ganglion semi-lunaire; 11', plexus solaire; 12', plexus mésentériques; 13', plexus hypogastrique.

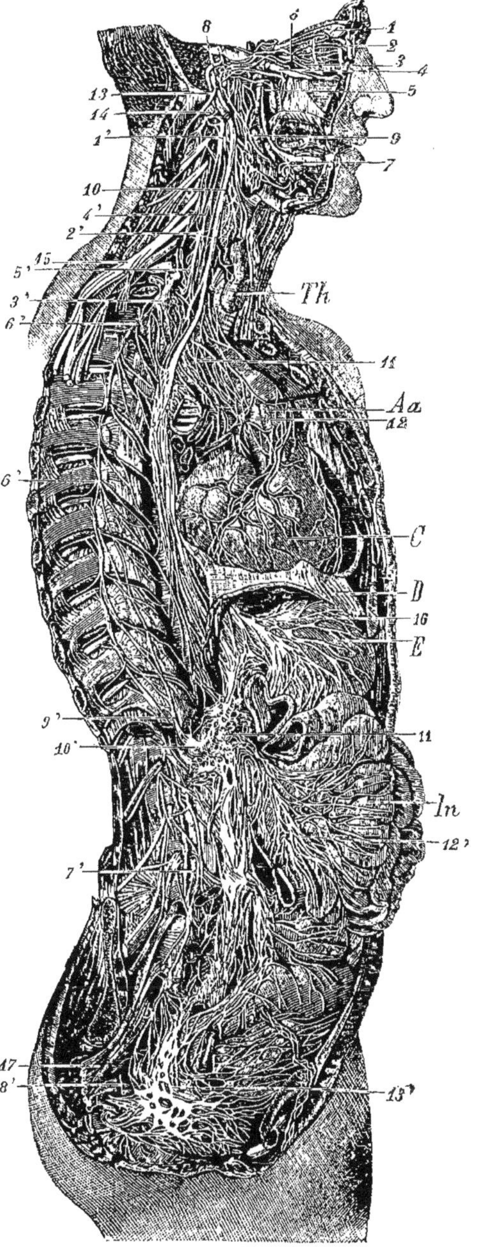

ciques émettent les branches sympathiques formant, avec le pneumogastrique, le *plexus pulmonaire*, *p.p* (aorte, bronches, etc.)

Du 6ᵉ au 11ᵉ ganglion thoracique partent les filets d'origine du *grand nerf splanchnique*, *n.g.s* (9′, fig. 228), et du *petit nerf splanchnique*, *n.p.s*, qui traversent le diaphragme et aboutissent au *ganglion semi-lunaire*, *g.s.l* (10′). Les ganglions semi-lunaires, placés de chaque côté du tronc cœliaque, émettent des rameaux nombreux anastomosés avec le pneumogastrique pour former le *plexus solaire*, *p.sol*, et d'autres plexus répandus sur tous les viscères de la région abdominale supérieure.

Les *plexus mésentériques*, *p.m.s* et *p.m.i*, le *plexus hypogastrique*, *p.hy*, de la région abdominale inférieure, ont pour origine les branches afférentes des ganglions lombaires et sacrés.

Outre ces plexus importants, le grand sympathique envoie, dans toute l'étendue de l'organisme, des rameaux en rapport plus ou moins étroit avec les terminaisons du système cérébro-spinal.

§ 2. — PHYSIOLOGIE DU SYSTÈME NERVEUX

Le neurone est une unité physiologique tout autant qu'une unité anatomique : les phénomèmes de dégénérescence et de reconstitution du neurone nous en fournissent la preuve.

Dégénérescence et reconstitution des nerfs sectionnés.

1° Dégénérescence. — Toute fibre nerveuse, séparée du corps cellulaire du neurone auquel elle appartient (cellule originelle), perd d'abord ses propriétés, dégénère et disparaît :

Le corps cellulaire d'un neurone est donc son centre trophique (nourricier).

Soit un neurone (fig. 230) avec son corps cellulaire, *c*, son panache, *pa*, et son cylindre-axe, *cy*. Si l'on sectionne le panache en *s*, la partie détachée (*a*) dégénère peu à peu, tandis que la partie (*b*), en rapport avec le corps cellulaire, demeure intacte. La même section effectuée sur le cylindre-axe, en *s′*, aura les mêmes conséquences : destruction lente de la partie détachée (*a′*), conservation de la partie (*b′*) en rapport avec le corps cellulaire.

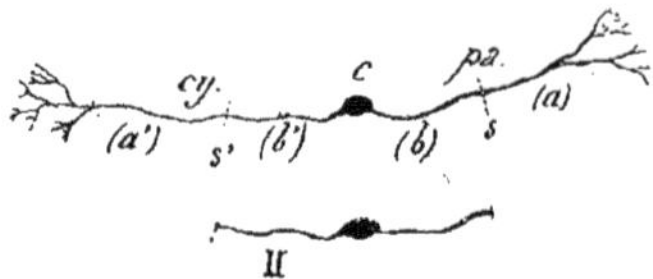

Fɪɢ. 230. — Dégénérescence des neurones. — 1. Ayant séparé du corps cellulaire *c* d'un neurone les parties (*a*) et (*a′*) par les sections *s* et *s′*, le panache (*a*) et le cylindre-axe (*a′*) dégénèrent ; le neurone se réduirait à II s'il n'était capable de se reconstituer.

Le neurone est un tout ; les parties n'en sauraient subsister sans le corps cellulaire qui en assure la nutrition[1].

Suivons plus attentivement la marche de la dégénérescence sur

---

1. Ce résultat est conforme à celui qu'ont donné les expériences de mérotomie faites sur les Amibes (fig. 20) : toute portion de protoplasme détachée d'une Amibe dégénère et meurt *si cette portion ne contient pas au moins un fragment du noyau.*

Tableau XXX.

Physiologie du système nerveux.

Nerfs.

conducteurs
- des impressions vers les centres nerveux : *Nerfs centripètes* (1re, 2e, 8e paires craniennes).
- des ordres, donnés par les centres, vers les organes : *Nerfs centrifuges* (3e, 4e, 6e paires craniennes).
- *Nerfs mixtes*
  - tous les autres nerfs craniens.
  - les nerfs rachidiens.
    - 1 racine antér. centrifuge.
    - — postér. centripète.

Fonctions particulières de quelques nerfs mixtes.
Nerfs modérateurs du cœur : Une branche du spinal confondue avec le pneumogastrique.

Nerfs accélérateurs du cœur : N. cardiaques.

Nerfs vaso-moteurs
- vaso-constricteurs
- vaso-dilatateurs

du grand sympathique.

Nerfs sécréteurs.

Centres nerveux.

Leurs propriétés.
- *Pouvoir excito-réflexe. Pouvoir automoteur.*
- *Volonté. Mémoire* (Écorce grise cérébrale).

Leurs fonctions :

I. — Moelle épinière
- conductrice
  - des impressions (*Cordons postér. centripètes* et *Axe gris*).
  - des ordres (*Cordons antéro-latéraux centrifuges*).
- *Centre des actes réflexes inconscients.*
- Centre accélérateur des mouvements du cœur (région dorsale).

II. Encéphale.

A Bulbe rachidien.
- Pyramides conductrices.
- Centre réflexe.
  - *Centre respiratoire* (arrêt des muscles thoraciques en inspiration).
  - *Centre d'arrêt du cœur* (en diastole).
  - *Centres sécréteurs :* glycosurie, polyurie, albuminurie.

B Protubérance, pédoncules cérébraux et cérébelleux : conducteurs.

C Tubercules quadrijumeaux.
- Perceptions visuelles.
- Coordination du mouvement des yeux.

D Couches optiques.
- Noyaux gris (olfactif, optique, tactile, auditif) : relais sur le trajet des impressions portées à l'écorce grise cérébrale (?)

E Corps striés.
- Noyaux gris : relais sur le trajet des ordres portés des centres aux organes (?)

F Hémisphères cérébraux.
- Substance blanche conductrice.
- Écorce grise.
  - *Centre des actes réflexes conscients.*
  - *Siège de la volonté* et de la *mémoire.*

G Cervelet. Appareil de *coordination des mouvements.*

Grand sympathique.
- Ganglions : sortes de relais.
- Nerfs mixtes.

Le grand sympathique ne *transmet* que des *mouvements involontaires ;* les ordres qu'il reçoit des centres nerveux ont pour effet de régler la circulation du sang (*circulations locales*) et d'assurer la compensation des sécrétions.

---

le bout périphérique d'un *nerf centrifuge* (voir page 251) composé de fibres à myéline.

[On appelle *bout périphérique* du nerf sectionné la partie qui n'est plus en rapport avec le centre nerveux d'où émane ce nerf ; le nom de *bout central* est réservé à l'autre partie].

Au bout d'un jour après la section, dans chacune des fibres composant la partie du nerf isolée, se produit une hypertrophie du protoplasme des cellules à myéline protectrices du cylindre-axe. La myéline, d'abord sous forme d'un manchon continu dans chaque cellule, se fragmente ; les poussées du protoplasme coupent aussi le cylindre-axe ; chaque cellule à myéline renferme alors plusieurs noyaux et la myéline en est peu à peu résorbée par les cellules voisines (conjonctives).

Au bout d'un mois, il ne subsiste que les gaines de Schwann des fibres sectionnées, semées de noyaux qu'entoure peu de protoplasme.

2° Reconstitution d'un nerf sectionné. — A mesure que se désorganise ainsi le bout périphérique d'un nerf sectionné, le bout central est, à son extrémité, le siège d'une grande activité : Les cylindres-axes du bout central s'hypertrophient et forment en quelque sorte un *cône d'accroissement*, point de départ d'une *végétation cylindraxile* [**M.** Mathias-Duval].

Entre le bout central dont les cylindres-axes s'allongent et le bout périphérique dégénéré se trouve un *segment cicatriciel* dans lequel les cylindres-axes nus sont peu à peu enveloppés par des cellules conjonctives en forme de gouttière d'abord, puis totalement repliées sur elles-mêmes ; ces cellules acquièrent de la myéline.

Une fois le segment cicatriciel franchi, les cylindres-axes s'engagent entre les vieilles gaines de Schwann dont elles provoquent à nouveau l'activité.

[Il n'y a pas eu *régénération*, mais *reconstitution* du nerf sectionné.]

On comprend, d'après cela, pourquoi un nerf sectionné peut recouvrer, après plusieurs mois, son excitabilité et toutes ses propriétés physiologiques.

FONCTIONS DU SYSTÈME NERVEUX

Il n'y a pas deux systèmes nerveux distincts : *le grand sympathique est lié anatomiquement au système cérébro-spinal.*

La physiologie nous apprend de même que, si le système nerveux cérébro-spinal est plus particulièrement appelé à présider aux relations de l'animal avec le milieu extérieur, il participe néanmoins dans une large mesure, avec le concours du grand sympathique, à la réglementation des fonctions nutritives, à la régulation de la température.

Le système nerveux présente à considérer, au point de vue

fonctionnel, deux sortes d'organes : les *nerfs* (réunion de fibres nerveuses) et les *centres nerveux* (amas de cellules nerveuses).

Tout nerf est excitable et conducteur d'impressions, d'incitations motrices ou sécrétoires. — Tout amas de cellules nerveuses est un centre réflexe et un centre automoteur.

PROPRIÉTÉS SPÉCIALES ET FONCTIONS DES NERFS

La conductibilité des excitations est la fonction essentielle des nerfs. Elle n'est toutefois pas comparable à la conductibilité d'un fil électrique, car l'influx nerveux ne se propage qu'avec une vitesse de 30 à 180 mètres par seconde, bien inférieure à la vitesse de propagation de l'électricité.

Un nerf est dit *centripète* ou *centrifuge* suivant que l'influx nerveux le parcourt de la périphérie de l'organisme vers le centre nerveux, ou du centre vers la périphérie.

Pour vérifier cette propriété, on se base sur l'*excitabilité des nerfs*. Les excitants sont mécaniques, physiques, chimiques ou physiologiques.

Les *excitants mécaniques et physiques* sont : le choc, le pincement, l'électricité employée sous forme de courants induits, les vibrations sonores et lumineuses.

Les *excitants chimiques* sont les acides, les alcalis, le sel marin, en dissolutions étendues ; les dissolutions des substances sapides et odorantes agissent à ce titre sur les cellules gustatives et olfactives.

Les centres nerveux sont des *excitants physiologiques*. Si dans l'acte réflexe, ils transmettent des ordres moteurs et glandulaires, résultat de l'élaboration des excitations qui leur parviennent de la périphérie, les centres nerveux peuvent aussi provoquer directement de pareils ordres sous l'influence de la *volonté*.

Nerf centripète. — Nerf centrifuge. — Nerf mixte. — Au point de vue du sens suivant lequel se propage l'excitation dans les nerfs, on les divise en nerfs *centripètes, centrifuges* et *mixtes*.

1° Dans un *nerf centripète*, l'excitation se propage de la périphérie de l'organisme vers le centre nerveux. Tel est le *nerf optique* qui conduit de l'œil à l'encéphale les impressions lumineuses : si on sectionne le nerf optique et qu'on en excite électriquement ou mécaniquement le *bout central* (c'est-à-dire l'extrémité en rapport avec l'encéphale), l'impression portée au centre nerveux est une impression lumineuse, indépendante de la nature de l'excitant. L'excitation du *bout périphérique* du nerf optique (extrémité en rapport avec l'œil) reste sans effet.

Les principaux nerfs centripètes sont : le *nerf olfactif*, le *nerf optique* et le *nerf acoustique*, tous nerfs de sensibilité spéciale.

2° Un *nerf centrifuge* conduit les incitations motrices ou sécrétoires du centre nerveux à l'organe intéressé. Tels sont : les *nerfs moteur oculaire commun, pathétique, moteur oculaire externe*, qui aboutissent aux muscles de l'œil : si, après avoir sectionné l'un quelconque de ces nerfs, on en pince le bout périphérique (en rapport avec le muscle), immédiatement le muscle se contracte ; pareille excitation du bout central ne donne aucun résultat.

Outre les précédents, le *nerf grand hypoglosse*, moteur de la langue, est également un nerf centrifuge.

3° On appelle *nerf mixte* tout nerf qui contient des fibres nerveuses centripètes et des fibres nerveuses centrifuges.

Quand on porte une excitation sur le bout centripète d'un pareil nerf sectionné chez un animal, l'animal pousse des cris : donc il ressent une impression qui se traduit par de la douleur.

Si l'on excite fortement ensuite le bout centrifuge, l'animal effectue des mouvements sans manifester de douleur. Ainsi le nerf mixte conduit des impressions dans le sens centripète et des ordres moteurs ou sécrétoires dans le sens centrifuge.

Dans la catégorie des nerfs mixtes peuvent être rangés la plupart des nerfs de l'organisme, les *nerfs craniens des 5ᵉ, 7ᵉ, 9ᵉ, 10ᵉ et 11ᵉ paires* (page 245), les *nerfs rachidiens* et les *nerfs du grand sympathique*.

Les *nerfs rachidiens* présentent une particularité importante à mentionner. Chacun d'eux naît par deux racines sur la moelle épinière (fig. 221) ; or la racine antérieure ne renferme que des fibres centrifuges et la racine postérieure que des fibres centripètes. Le nerf unique qui en résulte est donc mixte, puisqu'il contient ces deux sortes de fibres. On peut vérifier la propriété de chacune de ces racines en les sectionnant successivement et en opérant sur les bouts central et périphérique de chacune d'elles, comme il a été indiqué plus haut.

Remarque. — Suivant le rôle qu'ils jouent dans l'économie, les nerfs mixtes ont reçu des noms variés :

Ainsi les rameaux issus du *pneumogastrique* et du *spinal*, se rendant au cœur et aux poumons, sont dits *nerfs modérateurs* ou *nerfs d'arrêt*, parce qu'ils modèrent les mouvements du cœur et des muscles respiratoires. — Inversement les *nerfs cardiaques*, originaires des ganglions sympathiques cervicaux, sont dits *accélérateurs* parce qu'ils activent les mouvements du cœur.

Du grand sympathique partent des filets nerveux distribués dans la paroi des vaisseaux sanguins ; par suite de leur action sur les artérioles dont ils modifient la section, on les désigne sous le nom de *nerfs vaso-moteurs* (*vaso-constricteurs, vaso-dilatateurs*).

PROPRIÉTÉS SPÉCIALES DES CENTRES NERVEUX

On entend ordinairement par *centre nerveux* tout amas de cellules nerveuses [encéphale, moelle épinière, ganglions du grand sympathique]. Il est préférable de définir les centres nerveux par leur rôle physiologique :

Un centre nerveux est un centre fonctionnel ; *le centre fonctionnel est représenté moins par les cellules nerveuses elles-mêmes que par leurs articulations.* Ces articulations sont, en effet, les lieux de transmission de l'influx nerveux de neurone à neurone, avec transformation de l'excitation sensitive en ordre de mouvement ou de sécrétion : phénomènes qui constituent les *actes fonctionnels centraux* du système nerveux.

Tout centre nerveux possède deux propriétés fondamentales : un *pouvoir excito-réflexe* et un *pouvoir automoteur.*

1° *Le pouvoir excito-réflexe est la propriété que possède la cellule nerveuse de modifier toute excitation qui lui est apportée par une fibre centripète.*

C'est toujours par son panache qu'une cellule nerveuse *reçoit* l'excitation qui lui parvient ; c'est toujours aussi par son cylindre-axe et son arborisation qu'elle *transmet* l'influx nerveux aux neurones voisins.

L'énergie de l'excitation recueillie par un *neurone sensitif* est transmise, directement ou par une série d'intermédiaires (fig. 214 et 222), au *neurone ordonnateur*, point de départ d'une incitation motrice ou glandulaire. Cette énergie est immédiatement utilisée pour provoquer un ordre de mouvement ou de sécrétion.

Tel est l'*acte réflexe simple.*

Remarque. — Il peut arriver que l'*énergie actuelle de l'excitation soit transformée en énergie potentielle accumulée pour un temps plus ou moins long dans les cellules sensitives :* il y a ainsi suspension de l'action du centre nerveux qui, tôt ou tard, donnera l'ordre correspondant à l'excitation reçue. On dit que le centre nerveux a conservé la *mémoire* de l'excitation ; il transforme, à sa *volonté*, en énergie actuelle l'énergie potentielle qu'il a pour ainsi dire emmagasinée.

2° *Le pouvoir automoteur consiste en ce que la cellule nerveuse est directement excitable par des variations de nutrition.*

Dans ce cas, aucun nerf centripète n'a apporté d'excitation à la cellule.

En résumé, les *fibres nerveuses sont excitables ;* les unes *conduisent* dans le sens centripète les impressions qu'elles reçoivent à la périphérie ; les autres transmettent dans le sens centrifuge les ordres donnés par les centres nerveux.

Les *centres nerveux* possèdent un *pouvoir excito-réflexe* et un *pouvoir automoteur* (la *mémoire* et la *volonté* sont des facultés propres à l'écorce grise cérébrale).

Envisageons successivement les *fonctions* attribuées dans l'économie à la moelle, aux diverses régions de l'encéphale et aux ganglions sympathiques.

I. — Fonctions de la moelle épinière.

La moelle épinière est la partie de l'axe cérébro-spinal qui, par ses cordons blancs formés de fibres nerveuses, assure la *conduction* des excitations et des ordres entre l'encéphale et toutes les parties de l'organisme ; par son axe gris, formé surtout de cellules nerveuses, elle joue aussi le rôle de *centre nerveux*.

1° La moelle épinière envisagée comme organe conducteur. — On sectionne soit les cordons blancs postérieurs, soit les cordons antéro-latéraux, soit l'axe gris de la moelle, et on porte successivement une excitation sur le bout central, puis sur le bout périphérique de chacun d'eux. De l'effet produit sur les animaux soumis à l'expérience, on déduit le rôle conducteur de ces diverses régions.

Cordons postérieurs. — La section de ces cordons produit chez

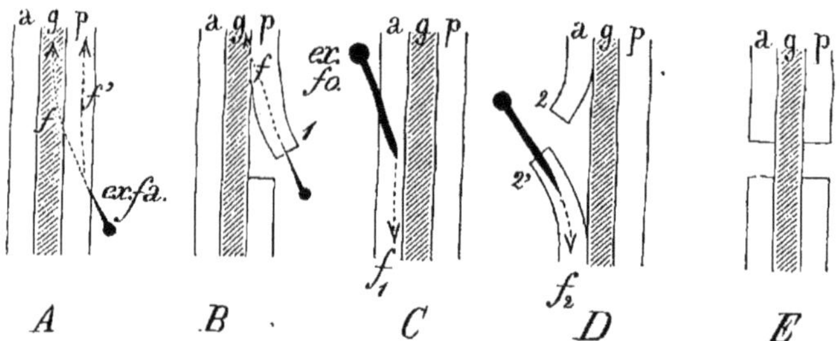

Fig 231. — Figures schématiques se rapportant à l'étude des fonctions de la moelle épinière. *a*, cordons blancs antérieurs ; *p*, cordons blancs postérieurs ; *g*, substance grise ; *ex.fa*, excitation faible ; *ex.fo*, excitation forte.

l'animal une sensation douloureuse. Si, après avoir isolé l'un d'eux, *p* (fig. 231, B), sur une longueur de quelques centimètres, on en excite *légèrement* le bout central, 1, il y a encore douleur.

Les cordons blancs postérieurs sont conducteurs des impressions sensitives de la périphérie à l'axe gris de la moelle et à l'encéphale (sens centripète).

Cordons antéro-latéraux. — Leur excitation *énergique* provoque la contraction des muscles innervés par tous les nerfs postérieurs à la partie excitée (suivant f_1, C). La section d'un cordon antéro-latéral (D) provoque des mouvements violents de toute la partie postérieure à la section ; à partir de ce moment, toute cette région postérieure est paralysée. Si l'on pince fortement le bout central **2** (D), puis le bout périphérique **2'**, l'animal effectue des mouvements sous l'excitation de ce dernier *seul*.

Les cordons blancs antéro-latéraux conduisent, dans le sens centrifuge, les ordres des centres nerveux (moelle épinière et encéphale).

Axe gris. — Toute excitation portée sur l'axe gris de la moelle, g, demeure sans effet ; si l'on sectionne tous les cordons blancs, a, p (E), pour ne laisser subsister que l'axe gris, la sensibilité est diminuée, *mais non abolie*, dans la région postérieure à la section. Si l'on pouvait détruire sur une certaine longueur l'axe gris seul en conservant les cordons, on constaterait l'abolition totale de la sensibilité dans la région postérieure au point opéré.

La substance grise est la voie principale de conduction des impressions sensitives dans la moelle.

2° La moelle épinière envisagée comme centre nerveux. — *La moelle est le centre nerveux des actes réflexes inconscients.* Les fibres centripètes qui aboutissent à la moelle et les fibres centrifuges qui en partent sont en connexion plus ou moins directe par l'intermédiaire des cellules nerveuses de l'axe gris médullaire. Cet axe peut donc recevoir des impressions et transmettre des ordres ; nous l'avons vu précédemment (page 226).

On sectionne la moelle épinière immédiatement en arrière du bulbe, chez la Grenouille ; on jette ensuite l'animal dans l'eau d'un aquarium ; il nage, mais inconsciemment, car il ne sait pas éviter les obstacles. Les actes réflexes, dont ses mouvements de natation sont la conséquence, peuvent être ainsi définis : la peau reçoit l'impression du contact de l'eau ; cette impression est conduite, par des nerfs centripètes nombreux, à la moelle épinière qui la transforme en incitation motrice transmise par des nerfs centrifuges aux muscles moteurs des membres.

La moelle est le centre d'une foule d'actes réflexes auxquels le cerveau ne participe pas. Si l'on chatouille la plante du pied d'une personne endormie, elle retire la jambe sans s'éveiller : la contraction des muscles moteurs de la jambe a été involontaire, inconsciente.

Deux amis en promenade dissertent sur un sujet captivant sans s'apercevoir ni de l'allure de leur marche, ni du chemin parcouru, ni de la direction adoptée : toute une série de réflexes inconscients a présidé à leur déplacement.

II. — Fonctions de l'encéphale.

Bulbe rachidien. — Il renferme des faisceaux blancs conducteurs et des noyaux gris (centres réflexes).

Les cordons blancs bulbaires étant les prolongements des cordons de la moelle entrecroisés en partie (fig. 225 *bis*), l'excitation de la pyramide antérieure droite motrice (au-dessus de la région de croisement) produira des mouvements dans la partie gauche du corps, et inversement. La section de la pyramide droite entraîne la paralysie du côté gauche du corps.

La partie profonde et latérale d'une pyramide, excitée au-dessus de la décussation, conduit les impressions sensitives dans la substance grise et dans la région cérébrale correspondante.

Fonctions du bulbe comme centre réflexe. — La substance grise du bulbe est divisée en noyaux d'origine des sept dernières paires de nerfs craniens. La lésion de l'un quelconque de ces noyaux détermine la paralysie directe dans le domaine du nerf qui en tire son origine. Ces noyaux sont donc autant de centres réflexes.

Les principaux sont : le *centre respiratoire* (qui est en même temps le *centre cardiaque d'arrêt*) et les *centres sécrétoires*.

Centre respiratoire. — Le centre respiratoire, appelé *nœud vital* par Flourens, est situé sur le plancher du 4ᵉ ventricule vers la pointe du *calamus scriptorius* (fig. 225, 7), *à l'origine du nerf pneumogastrique.* La piqûre, la destruction de cette région, déterminent la mort subite de l'animal soumis à l'expérience, par l'arrêt de la respiration et des mouvements du cœur (arrêt en diastole) [1].

Centres sécrétoires. — Quand on pique le plancher du 4ᵉ ventricule : 1° au-dessus de l'origine des pneumogastriques, il y a augmentation de la sécrétion urinaire ;

2° entre les origines des nerfs acoustiques, il y a *glycosurie* momentanée [augmentation de sucre dans le sang] ;

3° un peu au-dessus, il y a *albuminurie* [les reins laissent passer dans l'urine un partie de l'albumine du sang] ;

4° au niveau de la partie la plus large du 4ᵉ ventricule, il y a *hypersécrétion salivaire.*

Tubercules quadrijumeaux. — Les fonctions de ces organes sont liées aux perceptions visuelles ; si les hémisphères cérébraux sont enlevés à un animal, celui-ci suit les mouvements d'un objet lumineux déplacé devant ses yeux, sans éprouver de sensation. *L'animal voit, mais il ne regarde pas ;* il reçoit une impression, mais il ne l'élabore pas.

Couches optiques. — On admet que les 4 amas gris de cellules présentés d'avant en arrière par les couches optiques sont :

Le 1ᵉʳ, un *centre olfactif* (en rapport anatomiquement avec le ganglion olfactif correspondant), chargé de recevoir et d'élaborer les impressions olfactives avant leur transmission à l'écorce grise cérébrale ;

---

1. Il existe, dans la partie supérieure de la moelle épinière, aux points d'origine des racines afférentes du ganglion cervical inférieur (sympathique), une région qui, fortement excitée, produit l'*arrêt du cœur en systole.* Le cœur obéit à l'action *simultanée* et *modérée* du *centre cardiaque bulbaire* (modérateur des battements) et du *centre cardiaque médullaire* (accélérateur des battements).

Le 2ᵉ, un *centre optique*, chargé du même rôle pour les impressions visuelles;

Le 3ᵉ, un *centre tactile général* qui, recevant la plupart des fibres amenées par les pédoncules cérébraux, orienterait vers les hémisphères les impressions de la sensibilité générale;

Le 4ᵉ, un *centre auditif* élaborant les impressions auditives.

Corps striés. — La destruction des noyaux gris du corps strié droit entraîne l'abolition des mouvements volontaires dans tout le côté gauche.

Les corps striés semblent donc être des relais placés sur le trajet des fibres centrifuges, qui emportent aux organes les ordres émanant de l'écorce cérébrale, comme les couches optiques paraissent des relais placés sur le trajet des fibres centripètes apportant à l'encéphale les impressions reçues de la périphérie.

Hémisphères cérébraux. — Ils comprennent de la substance blanche et une écorce grise.

La *substance blanche* est formée de fibres conductrices : les unes centripètes apportant pour la plupart à l'écorce grise (région postérieure) les impressions qui ont déjà traversé les couches optiques ; les autres centrifuges qui emporteront vers les corps striés les incitations motrices ou glandulaires émanant de cette même substance grise (région antérieure).

L'écorce grise cérébrale constitue le centre nerveux le plus important. — Elle possède au plus haut degré les propriétés des centres nerveux que nous avons définies précédemment. Toute impression qui lui parvient est élaborée dans un groupe de cellules sensitives d'autant plus étendu que l'excitation est plus intense (*irradiation*); de ce travail résulte un ordre donné par un groupe de cellules ordonnatrices en rapport avec les cellules sensitives primitivement considérées; cette incitation est conduite par les fibres centrifuges aux organes intéressés.

Exemple (acte réflexe conscient) : Une fleur répand autour de nous une odeur agréable; l'impression perçue par nos cellules olfactives est conduite par le nerf de la première paire cranienne au centre olfactif (couches optiques), puis à l'écorce grise cérébrale (cellules sensitives); l'impression reçue y est transformée en sensation. Des cellules ordonnatrices en relation avec les cellules sensitives affectées transmettent un ordre, par l'intermédiaire des corps striés, aux muscles du tronc et des membres : ces derniers se contractent et nous permettent d'approcher de la fleur, de nous baisser pour la cueillir.

C'est là un *acte réflexe conscient*, comme tous ceux d'ailleurs auxquels participe l'écorce grise cérébrale; il diffère des *actes réflexes inconscients* auxquels préside la moelle épinière, par une élaboration plus parfaite des impressions et par l'émission *d'ordres volontaires*.

L'écorce cérébrale est en effet le siège de la *volonté*; elle est en outre capable de *mémoire*. En cela, elle constitue un appareil supérieur à la moelle ; les phénomènes nerveux auxquels elle donne lieu résultent le plus souvent d'une *association de réflexes* et non d'un réflexe unique.

Un exemple nous en fournira la preuve : l'odeur d'une fleur nous a frappé ; une première série de réflexes suscite les contractions des muscles moteurs de la tête et des yeux, en particulier, pour nous permettre d'apercevoir la plante odoriférante (fig. 232, A). Nous *jugeons* ensuite de la distance à laquelle elle se trouve ; comme nous sommes en étude, nous ne pouvons nous déplacer dès maintenant : nouvelle *série de réflexes dont l'organe terminal est l'écorce grise cérébrale*, *é.g* (fig. 232, B); cet organe conserve la *mémoire*, le *souvenir* de l'impression olfactive reçue et de la place qu'occupe l'objet odorant. L'étude est enfin terminée; *notre souvenir devient l'origine d'une nouvelle série de réflexes;* sous l'influence de notre *volonté*, nous courons vers l'endroit où se trouve la plante (C). Au moment où nous cueillons la fleur, le pas d'un surveillant se fait entendre ; l'impression auditive perçue suscite de notre part une quatrième série de réflexes : retour précipité vers nos condisciples (D).

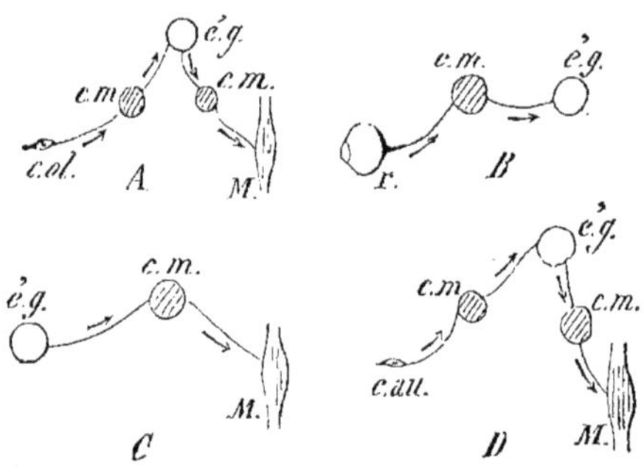

Fig. 232. — Analyse des fonctions de l'écorce grise cérébrale, *é.g* ; *c.m*, centre médullaire; *M*, muscle; *c.ol*, cellule olfactive; *r*, rétine; *c.au*, cellule auditive.

Dans le réflexe B, l'écorce cérébrale est l'organe terminal ; dans le réflexe C, il est l'organe initial; ainsi le cerveau n'est pas un centre nerveux au même titre que la moelle, puisqu'il joue le rôle d'un *appareil sensoriel* et *fonctionnel.*

Cervelet. — *Le cervelet est l'appareil essentiel de coordination des mouvements.* Il ne participe aucunement aux fonctions intellectuelles; sa suppression ne modifie ni la sensibilité, ni la mémoire, ni la volonté.

L'ablation d'une moitié du cervelet détermine l'incertitude et le manque d'harmonie des mouvements chez l'animal opéré; celui-ci ne peut d'abord se tenir debout et présente, dans la suite, un pas mal assuré ; les muscles du côté atteint sont plus faibles.

La suppression totale du cervelet détermine le désordre des mouvements et l'affaiblissement de l'appareil musculaire.

La substance grise du cervelet associe ses ordres à ceux transmis par l'écorce cérébrale, assurant ainsi l'harmonie et précisant l'étendue des contractions des groupes musculaires innervés en même temps (fig. 224 *bis*).

Hypothèses sur la nature intime de quelques actes nerveux. — *Amiboïsme des extrémités des neurones; ses conséquences.* — Les extrémités des prolongements d'un neurone (panache et arborisation du cylindre-axe) ont la faculté de s'allonger et de se raccourcir légèrement, modifiant ainsi la proximité, le nombre et l'étendue de ses contacts avec les neurones voisins; l'influx nerveux trouve, par suite, un écoulement plus ou moins facile par les articulations ainsi déterminées.

Les *agents excitant l'activité amiboïde*, tels que le café, le thé, etc, *pris à dose modérée*, auront donc un retentissement favorable sur les actes dont l'écorce grise cérébrale est le siège (parce que dans cette région sont plus particulièrement nombreux les contacts de neurone à neurone). Sous l'empire de ces agents, *l'imagination* devient plus vive, la *mémoire* plus subtile, *l'association des idées* plus complète, le *travail cérébral* plus intense et de plus haute portée.

Le *sommeil* semble dû à une rétraction des prolongements des neurones ; dès lors ces éléments histologiques entrent en repos et peuvent reconstituer les réserves consommées par un effort cérébral trop prolongé (fatigue cérébrale).

Le *réveil* serait dû au rétablissement des articulations des neurones, soit par une excitation chimique provoquée par l'accumulation des réserves en eux-mêmes à la suite d'un sommeil suffisant (*auto-excitation*), soit par une excitation extérieure plus ou moins forte.

Influence de l'exercice. — Tout acte fonctionnel *répété fréquemment* hypertrophie l'organe qui l'accomplit.

Or, l'écoulement fréquent de l'influx nerveux *par une même voie* a pour conséquence l'allongement des extrémités des neurones en fonction dans cette voie, leur rapprochement et l'augmentation du nombre de leurs articulations ; le passage de l'influx y devient en quelque sorte inconscient, automatique et semble caractériser les actes dits *actes habituels*.

III. — Fonctions du grand sympathique.

Le grand sympathique se compose de nerfs mixtes et de *ganglions* jouant un rôle analogue aux éléments de même ordre du système céphalo-rachidien dont il dépend ; il est plus spécialement affecté aux phénomènes intimes de la nutrition.

Fonctions des ganglions. — Les ganglions du grand sympathique paraissent n'être que des relais, comparables en quelque sorte aux noyaux gris des corps striés destinés à *conduire* les ordres *émanant des centres cérébro-spinaux*.

Fonctions des nerfs. — Les nerfs du sympathique sont *mixtes ;* ils comprennent des fibres centripètes et des fibres centrifuges excitables par les mêmes agents que ceux qui agissent sur les nerfs rachidiens, *sauf la volonté qui n'a aucun effet sur eux ;* tous les ordres de mouvement transmis par les fibres centrifuges sympathiques sont *involontaires*. De plus les fibres musculaires lisses qu'innervent les nerfs sympathiques n'obéissent que lentement aux excitations.

Le grand sympathique joue le rôle le plus important dans la régulation de la circulation du sang et l'harmonie des sécrétions.

Le grand sympathique est sous la dépendance étroite du système cérébro-spinal dont il fait partie en réalité ; il ne constitue pas un système particulier.

Les centres nerveux (axe cérébro-spinal) *élaborent les impressions vagues que leur transmet le grand sympathique ; et ce sont ces mêmes centres nerveux qui lui donnent les ordres de mouvement et de sécrétion qu'il porte plus particulièrement aux appareils circulatoire et sécréteur.*

Le grand sympathique est donc l'appareil régulateur de la nutrition des organes, de la sécrétion glandulaire, et par suite *de la répartition de la chaleur dans notre corps. Les centres nerveux sont les directeurs de cet appareil.*

A l'axe cérébro-spinal seul (moelle et encéphale) incombe l'administration de tous les départements que comprend notre organisme si complexe.

§ 5. — SYSTÈME NERVEUX DANS LA SÉRIE ANIMALE

I. — Système nerveux céphalo-rachidien.

Vertébrés. — Le système nerveux présente le même plan d'organisation chez tous les Vertébrés ; tous possèdent un encéphale, une moelle épinière et des nerfs qui se rendent aux diverses régions de leur corps.

L'encéphale est la partie la plus intéressante à considérer au point de vue comparatif. Son poids, rapporté au poids total du corps, va sans cesse diminuant depuis les Mammifères les plus élevés jusqu'aux Poissons les plus inférieurs.

1° *Mammifères* [A et B]. — Les hémisphères cérébraux, *H* (fig. 233, A), ont

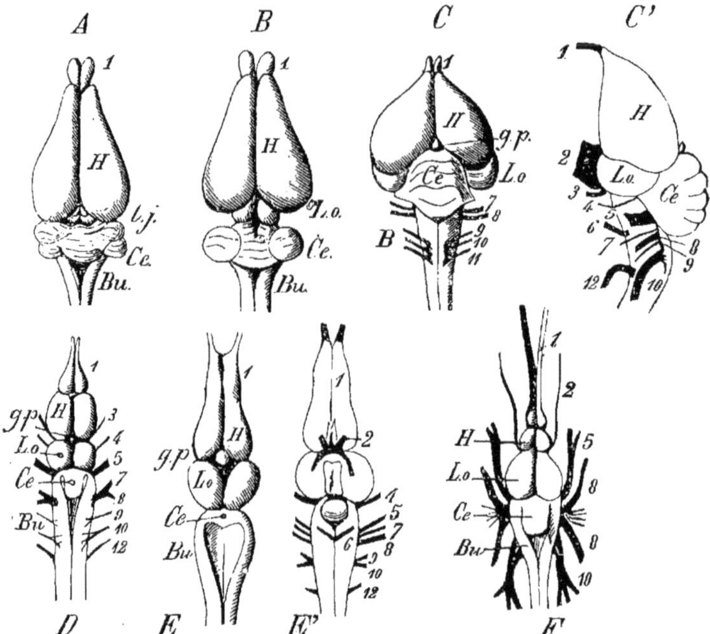

FIG. 233. — Encéphale des Vertébrés. A, Mammifères Monodelphes ; B, Marsupiaux ; C,C', Oiseaux (Dindon) ; D, Reptiles (Lézard) ; E,E', Amphibiens (Grenouille) ; F, Poissons (Perche). — *H*, hémisphères cérébraux ; *L.o*, lobes optiques ; *g.p*, glande pinéale ; *Ce*, cervelet ; *Bu*, bulbe. Les numéros des nerfs correspondent à ceux qui ont été attribués aux nerfs crâniens de l'Homme.

dans cette classe le développement le plus considérable ; ils présentent ou non des circonvolutions qui n'ont aucun rapport avec la supériorité intellectuelle de l'animal : ainsi le cerveau du Chien possède moins de circonvolutions que celui du Mouton ; la Sarigue a un cerveau plissé, l'Ouistiti un cerveau lisse.

Plus on se rapproche des Mammifères inférieurs, plus les lobes olfactifs sont volumineux, moins les hémisphères recouvrent les tubercules quadrijumeaux, *t.j ;*

Tableau XXXI-XXXIII.

Système nerveux dans la série animale.

Système cérébro-spinal : centres nerveux au-dessus du tube digestif.

VERTÉBRÉS.

Mammifères.. — Hémisphères avec ou sans circonvolutions, développés en raison de l'intelligence de l'animal. Tubercules quadrijumeaux réduits à 2 lobes optiques (Marsupiaux).

Oiseaux...... — Encéphale peu volumineux et lobes optiques saillants. Plus de protubérance annulaire désormais.

Reptiles...... — Hémisphères petits. (Œil pinéal des Lézards.) Cervelet consistant en une mince lamelle (Serpents).

Amphibiens... — Confusion des lobes olfactifs et des hémisphères. Cervelet rudimentaire.

Poissons. .... — Lobes optiques prédominants. Hémisphères à peine visibles.

INVERTÉBRÉS.

1° à symétrie bilatérale.

Type primitif. — *Ganglions cérébroïdes.* *Collier œsophagien.* *Ganglions sous-œsophagiens.* *Chaîne ganglionnaire* ventrale (sous le tube digestif).

Arthropodes.. — Ganglions cérébroïdes toujours nets. Ganglions thoraciques et abdominaux ± fusionnés.

Vers. .... — *Système nerveux ganglionnaire type* (Annélides). Chaîne ganglionnaire profondément modifiée. (Vers inférieurs.)

Mollusques... — *Lamellibranches.* 3 paires de ganglions (*cérébroïdes, pédieux, viscéraux*) reliés par 2 colliers œsophagiens.

Gastéropodes. — Ganglions cérébroïdes, ganglions pédieux et *centre asymétrique.* type orthoneure. type chiasthoneure.

Céphalopodes. Type très condensé.

2° à symétrie rayonnée.

Échinodermes. *Anneau nerveux* pentagonal d'où partent 5 *nerfs ambulacraires.*

Cœlentérés. Système nerveux peu connu.

ces derniers, un peu visibles déjà chez le Lapin, sont presque totalement découverts chez les Marsupiaux [B], où ils forment seulement 2 *lobes optiques, L.o.*

2° *Oiseaux* [C et C']. — L'encéphale un peu dégradé remplit cependant encore la cavité cranienne.

Les hémisphères cérébraux, *H*, quoique volumineux, ne recouvrent pas la glande pinéale, *g.p.;* le corps calleux qui les unit est rudimentaire ; les lobes optiques très développés, *L.o*, sont rejetés sur les côtés par le lobe médian du cervelet, *Ce;* ce dernier est très saillant.

La protubérance annulaire a disparu désormais dans la série.

Reptiles [D]. — Insuffisant à remplir la cavité cranienne, l'encéphale des Reptiles présente des hémisphères lisses réduits, *H*, laissant voir les couches optiques, la glande pinéale, *g.p;* les lobes optiques, *L.o*, sont presque aussi volumineux que les hémisphères; le cervelet, *Ce*, se réduit à une mince lamelle chez les Serpents.

Amphibiens [E et E']. — Les hémisphères cérébraux y sont à peu près confondus avec les lobes olfactifs; la glande pinéale y est très développée, les lobes optiques sont volumineux et le cervelet constitue une bandelette transversale.

Poissons [F]. — Le caractère saillant de l'encéphale des Poissons est la réduction extrême des hémisphères et la prédominance des lobes optiques chargés de la fonction visuelle excessivement importante pour ces animaux.

II. — Système nerveux ganglionnaire.

Invertébrés à symétrie bilatérale (Arthropodes, Vers, Mollusques). — Ces animaux possèdent, dans la partie antérieure du corps (tête), deux *ganglions cérébroïdes* généralement soudés en une masse nerveuse unique faisant fonction de cerveau ; des ganglions céré-broïdes, *g.c* [fig. 234 (*a*)], se détachent 2 commissures qui forment, autour

Fig. 234 (*a*). — Système nerveux de la Forficule ; *g.c*, ganglions cérébroïdes ; *c.œ*, collier péri-œsophagien ; *g.s.œ*, ganglions sous-œsophagiens ; *g* (*t₁, t₂, t₃*), ganglions thoraciques ; *g.a*, ganglions abdominaux.

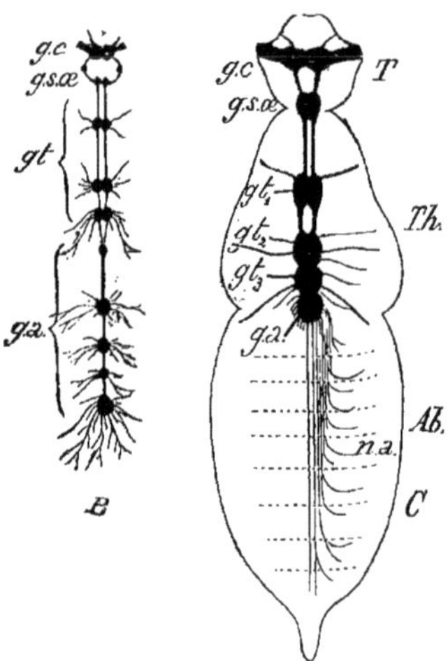

Fig. 234 (*b*). — Système nerveux des Insectes ; B, Hydrophyle ; C, Hanneton (même légende que pour la figure 234, *a*).

de l'œsophage, un *collier péri-œsophagien*, *c.œ;* ce collier est fermé par des *ganglions sous-œsophagiens*, *g.s.œ*, intimement unis du côté ventral.

Ces ganglions sont le point de départ d'une double chaîne nerveuse constituée par 2 cordons parallèles, tellement voisins parfois qu'ils paraissent confondus; dans chaque segment du corps, une paire de ganglions réunit les 2 cordons.

Une *chaîne ganglionnaire ventrale constitue donc l'axe du système nerveux;* mais, *sauf les ganglions cérébroïdes, elle est tout entière placée sous le tube digestif.* [*Chez les Vertébrés*, au contraire, *l'axe cérébro-spinal est toujours au-dessus de ce même appareil.*]

Cet appareil subit toutefois des modifications variées dues à la coalescence des ganglions et, par suite, au raccourcissement de la chaîne ganglionnaire.

Arthropodes. — La chaîne ganglionnaire des Arthropodes comprend : des ganglions cérébroïdes très développés en général ; un double cordon ventral dont les ganglions sont soudés en plus ou moins grand nombre, suivant la fusion des segments qui forment les différentes régions du corps.

Parmi les *Insectes*, la chaîne ganglionnaire de la Forficule [fig. 234 (*a*)] comprend : une paire de *ganglions cérébroïdes*, *g.c* ; un *collier œsophagien*, *c.œ* ; une paire de *ganglions sous-œsophagiens*, *g.s.œ* ; trois paires de *ganglions thoraciques*, gt_1, gt_2, gt_3 ; sept paires de *ganglions abdominaux*, *g.a.*

L'Hydrophyle [fig. 234 (*b*)] B ne possède plus que 5 paires de ganglions abdominaux ; le Hanneton (C) présente la soudure des 2 derniers ganglions thoraciques et la soudure complète de tous les ganglions abdominaux. Malgré cette soudure, chacun des ganglions conserve son indépendance physiologique puisque du ganglion abdominal, par exemple, se détachent autant de paires de nerfs, *n.a*, que l'abdomen compte de segments. Chez le Scolyte, ganglions thoraciques et abdominaux sont réunis en une seule masse.

Les *Crustacés* nous offrent des variations du système nerveux au moins aussi nombreuses que les Insectes ; mais le type fondamental se reconnaît toujours.

Chacun des ganglions cérébroïdes de l'Écrevisse [fig. 234 (*c*)] présente 3 protubérances distinctes : l'une antérieure d'où part le nerf optique, *n.op* ; une protubérance moyenne donnant le nerf tégumentaire, *n.t*, et le nerf acoustique, *n.an* ; de la protubérance postérieure se détache le connectif du collier œsophagien, *c.œ*. La masse sous-œsophagienne, *m.g.v*, comprend 5 paires de ganglions très rapprochées, sans fusion totale ; une sixième paire bien distincte, *g.t₁*, suivie de quatre autres, donne origine aux nerfs des pattes ambulatoires.

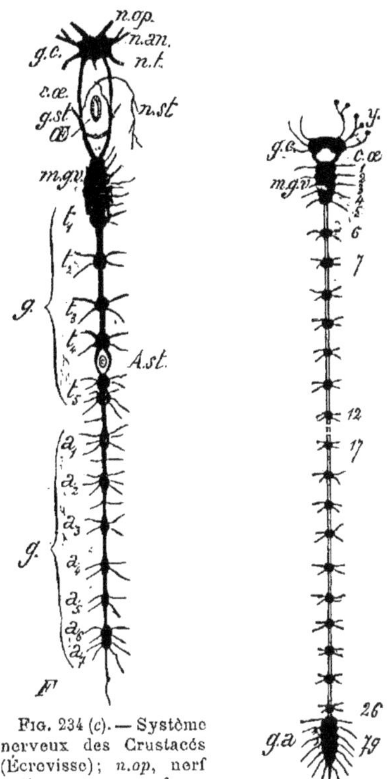

FIG. 234 (*c*). — Système nerveux des Crustacés (Écrevisse) ; *n.op*, nerf optique ; *n.an*, nerf antennaire ; *Œ*, œsophage ; *m.g.v*, masse ganglionnaire sous-œsophagienne ; *A.st*, artère sternale. (Voir aussi la légende des figures 234 (*a* et *b*).)

FIG. 234 (*d*). — Système nerveux de la Sangsue.

(Entre la quatrième paire, *g.t₄*, et la cinquième, *g.t₅*, la chaîne nerveuse est traversée par l'artère sternale, *A.st*).

Viennent ensuite 7 paires de ganglions abdominaux, *g.a₁* à *g.a₇*.

Vers. — Le système nerveux des *Annélides* est formé d'une chaîne ganglionnaire très nette.

Chez la Sangsue [fig. 234 (*d*)], cette chaîne logée dans le vaisseau ventral (fig. 121) comprend, outre le collier œsophagien, 33 paires de ganglions soudés, dont les 5 premières et les 7 dernières paires forment un gros ganglion ventral, *m.g.v*, et un ganglion anal, *g.a*.

Mollusques. — Leur système nerveux comprend 3 paires de ganglions : les *ganglions cérébroïdes* réunis entre eux par une commissure plus ou moins longue, qui innervent les organes des sens ; 2° les *ganglions pédieux* qui envoient des ramifications au pied ou aux bras ; 3° les *ganglions viscéraux* qui innervent les viscères (intestin, branchies, cœur, manteau).

Les *Lamellibranches* [fig. 235 (*a*)] possèdent ces trois paires de ganglions.

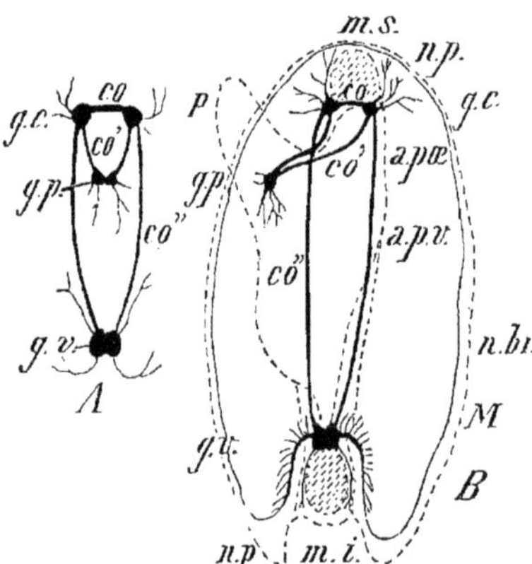

Fig. 235 (*a*). — Système nerveux des Mollusques Lamellibranches. — A ; *g.c*, ganglions cérébroïdes unis entre eux par la commissure, *co*, et reliés par les connectifs, *co'* et *co''*, aux ganglions pédieux, *g.p*, et aux ganglions viscéraux, *g.v*.

B ; Anodonte. *a.p.œ*, anneau périœsophagien formé par la commissure, *co*, et les 2 connectifs, *co'* ; *a.p.v*, anneau périviscéral formé par *co*, et par les connectifs, *co''*. — M, manteau ; *m.s* et *m.i'*, muscles adducteurs supérieur et inférieur.

Les ganglions cérébroïdes, *g.c*, sont réunis par une commissure, *co*, assez courte chez la Mye [A], un peu plus longue chez l'Anodonte [B]. Se détachent des ganglions cérébroïdes les connectifs, *co'*, *co''*, qui aboutissent aux ganglions pédieux, *g.p*, et aux ganglions viscéraux, *g.v*.

Les *Gastéropodes Prosobranches* [fig. 235 (*b*)] présentent deux types importants

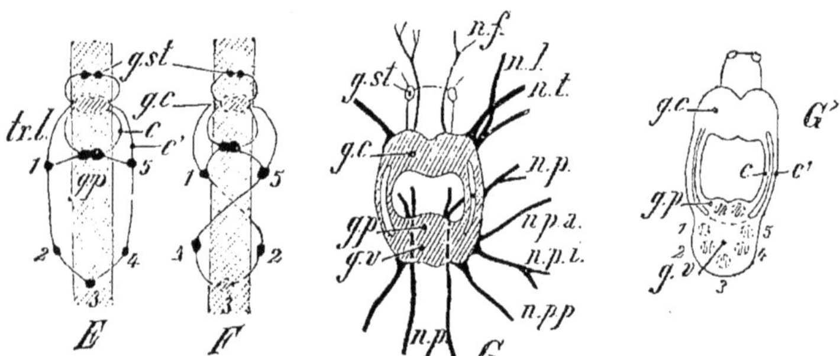

Fig. 235 (*b*). — Système nerveux des Mollusques Gastéropodes. — E, F ; figures schématiques représentant les types *orthoneure* (E) et *chiastoneure* (F) du centre asymétrique, 1. 2, 3, 4, 5 ; *tr.l.* triangle latéral. — G, système nerveux central de l'Escargot. Les ganglions pédieux, *g.p*, et le centre asymétrique, *g.v* (1, 2, 3, 4, 5, fig. G') sont confondus en une masse sous-œsophagienne unique. *n.t*, nerf tentaculaire ; *n.p*, nerf pédieux ; *n.p.a*, *n.p.i*, *n.p.p*, nerfs palléaux antérieur, intermédiaire et postérieur.

de système nerveux : le type *orthoneure* de la Porcelaine [E], le type *chiastoneure* de la Littorine [F]. [Voir les explications complémentaires de la page 580.]

Ces deux types présentent toujours des ganglions cérébroïdes, *g.c*, desquels partent les connectifs, *c*, aboutissant aux ganglions pédieux, *g.p*, toujours situés

près de l'œsophage ; mais les ganglions viscéraux, 1, 2. 3, 4, 5 (*centre asymétrique*
de M. de Lacaze-Duthiers), sont réunis aux ganglions cérébroïdes par un connectif,
c', formant un collier simple (E) ou contourné (F) par suite de l'enroulement
de l'animal.

Les *Gastéropodes Pulmonés* (Escargot) diffèrent du type idéal par le grand
rassemblement des ganglions pédieux et du centre asymétrique (G et G').

La soudure des centres nerveux est plus accusée encore chez les *Céphalopodes;* néanmoins il est possible de reconnaître dans la masse nerveuse, vue

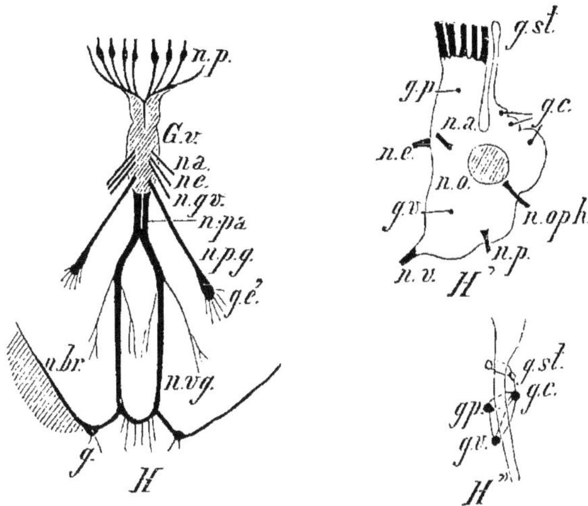

Fig. 235 (*c*). — Système nerveux des Mollusques Céphalopodes. — H, système nerveux
de la Seiche (face ventrale). — *G.v*, ganglions viscéraux ; *n.a*, nerf acoustique ; *n.e*, nerf
de l'entonnoir ; *n.g.v*, nerf de la grande veine ; *n.p.g*, nerf palléal se rendant au ganglion
étoilé, *g.é* ; *n.v.g*, nerf viscéral ; *n.br*, nerf branchial ; *n.p*, nerfs des bras. — H', centres
nerveux vus de profil ; *g.c*, ganglions cérébroïdes ; *g.p*, ganglion en patte d'oie : *g.v*, ganglion viscéral ; *n.o*, nerf optique ; *n.p*, nerf palléal. — H'', position relative des ganglions
formant le collier nerveux vu de profil.

de profil en H', les parties correspondant aux divers ganglions signalés dans le
type idéal.

Les nerfs qui s'en détachent permettent de rapporter : aux ganglions cérébroïdes, la partie supérieure de cette masse nerveuse, *g.c;* aux ganglions
pédieux, le *ganglion en patte d'oie* antérieur, *g.p;* aux ganglions viscéraux,
la partie postérieure, *g.v.*

III. — Système nerveux rayonné.

Invertébrés à symétrie rayonnée (Échinodermes, Cœlentérés) — Les
Échinodermes (fig. 236) sont pourvus d'un système nerveux formé d'un
anneau continu, *c.n*, entourant la bouche. De cet anneau partent 5 nerfs
importants, *n.a*, qui se dirigent vers les zones ambulacraires [II] dont ils
occupent la partie médiane interne, après avoir franchi les *auricules, au.*

Les *nerfs ambulacraires* envoient à droite et à gauche des rameaux, *b.n,* qui, sortant par les pores internes des ambulacres, *po.i* [B], se ramifient sur toute la surface du test (ambulacres, piquants, pédicellaires, etc.).

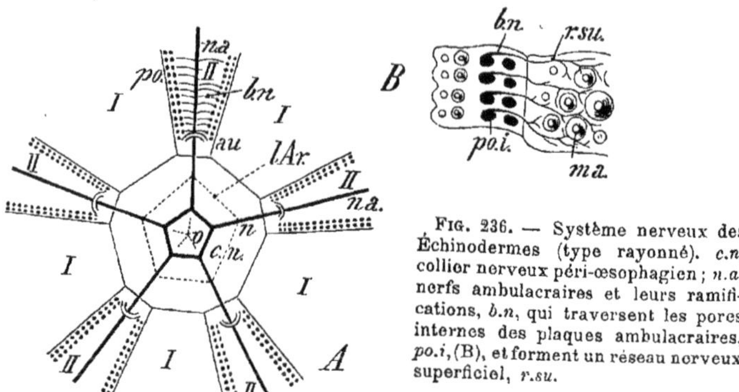

FIG. 236. — Système nerveux des Échinodermes (type rayonné). *c.n*, collier nerveux péri-œsophagien ; *n.a*, nerfs ambulacraires et leurs ramifications, *b.n*, qui traversent les pores internes des plaques ambulacraires, *po.i*,(B), et forment un réseau nerveux superficiel, *r.su*.

Les Échinodermes présentent ainsi un système nerveux interne, symétrique par rapport à un axe et appelé *type rayonné* pour cette raison.

Le système nerveux des **Cœlentérés** est encore mal connu

DEUXIÈME PARTIE

ANATOMIE ET PHYSIOLOGIE

VÉGÉTALES

CHAPITRE PREMIER

CONSTITUTION SOMMAIRE D'UNE PLANTE

Un grand nombre de plantes, parmi celles qui frappent le plus nos yeux, sont issues d'une *graine*.

Soit une graine de Lupin (fig. 237, A). Plongée dans l'eau pendant quelques heures, elle se gonfle et peut être plus facilement étudiée ; elle se montre alors formée d'une enveloppe extérieure, le *tégument*, qui recouvre et protège l'*amande*. Sur le tégument amolli, on remarque un *hile h* proéminent (point d'attache de la graine à la gousse dont elle est issue) ; l'eau a pénétré par le hile jusqu'à l'amande. L'amande B est une *plantule* ou plante en miniature, composée de deux feuilles spéciales, les *cotylédons co*, étroitement appliqués l'un contre l'autre et entourant l'axe de la plantule ; cet axe comprend : la *radicule ra*, visible en dehors de l'amande, la *tigelle ti* et la *gemmule ge* (bourgeon terminal) cachées entre

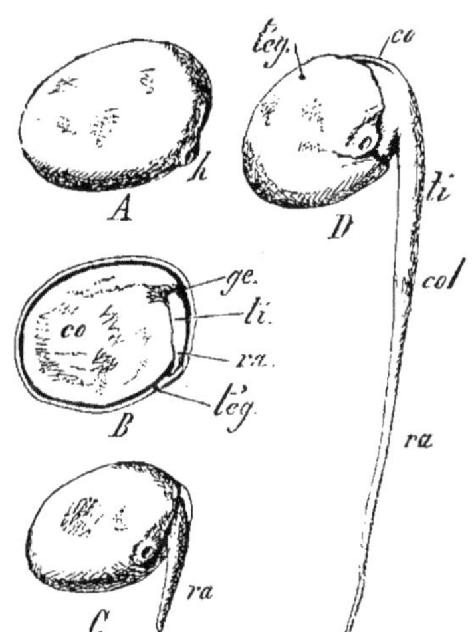

FiG. 237. — Graine de Lupin en germination. A, graine gonflée par l'eau ; *h*, hile. B, le tégument *tég* est coupé en deux et l'un des cotylédons enlevé pour laisser voir la *plantule ; ra*, radicule'; *ti*, tigelle ; *ge*, gemmule ; *co*, cotylédon. C, graine en germination ; le tégument est déchiré au voisinage du hile, la radicule apparaît. D, la jeune plante est plus développée ; le tégument va tomber ; *ra, ti*, racine et tige jeunes réunies par le collet *col* ; *co*, cotylédons.

les deux cotylédons ; ces derniers sont soudés à la tigelle.

Une telle graine est à l'état de vie ralentie (page 6) ; placée dans des conditions d'air, de chaleur et d'humidité favorables à son

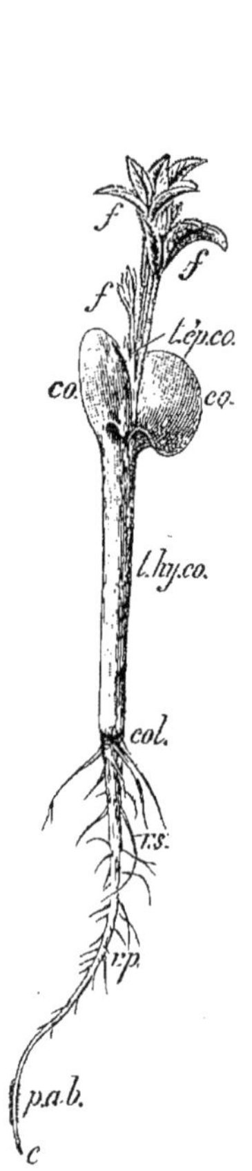

Fig. 238. — Jeune plante de Lupin, *r.p*, racine principale ; *c*, coiffe ; *p.ab*, poils absorbants ; *r.s*, racines secondaires ou radicelles ; *col*, collet ; *t.hy.co*, tige hypocotylée (tigelle); *co*, cotylédons ; *t.ép.co*, tige épicotylée portant les jeunes feuilles *f* (gemmule).

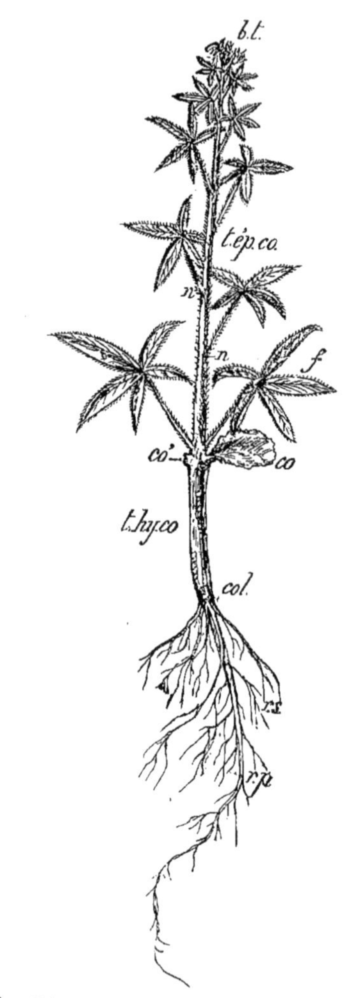

Fig. 239. — Plante de Lupin développée. — *co'*, insertion d'un cotylédon fané et tombé ; *n*, nœud ; *b.t*, bourgeon terminal (pour les autres désignations, voir la légende de la figure 238).

développement (sol humide au printemps, sable mouillé), la graine passe à la vie active, elle *germe* et donne une plante nouvelle. L'amande se gonfle d'abord et distend le tégument qu'elle déchire,

Tableau XXXIV.

Constitution sommaire d'une plante à fleurs.

Une plante à fleurs a pour origine une **graine**.

Graine de Lupin. { Tégument. / Plantule. { Tigelle portant { Gemmule. / Cotylédons. { Feuilles renfermant une réserve nutritive. / Radicule.

La plantule de la graine soumise à la *germination* se transforme en une plante.

Développement de la plantule. { Gemmule ——⇒→ { *Tige épicotylée* et *Feuilles* [plus tard, fleurs, fruits et graines.] / Cotylédons ——⇒→ Cotylédons fanés. / Tigelle propr¹ dite —⇒→ *Tige* hypocotylée. / Radicule : ——⇒→ *Racine*.

La plante développée possède trois membres essentiels : *Racine, Tige, Feuille*.

Classification sommaire des Végétaux.

Plantes					
	à fleurs.......	racine, tige, feuilles.........	**Phanérogames**	[Haricot, Blé, Pin,...]
	sans fleurs : Cryptogames.	racine, tige, feuilles.........	**Cryptogames vasculaires**	[Fougère.]
		0 , tige, feuilles.........	**Muscinées**	[Mousse,...]
		0 , 0 , 0 Thalle non différencié.	**Thallophytes**	[Champignon, Algue...]

au bout de quelques jours, au voisinage du hile; la *radicule ra* (fig. 237, C) *s'allonge en se dirigeant toujours vers la terre* suivant la verticale; le développement de la tigelle, qui soulève les cotylédons hors de terre, et celui de la gemmule provoquent la chute du tégument; les cotylédons agrandis s'épanouissent en deux lames vertes de chaque côté de la tige dont ils constituent les premières feuilles *co* (fig. 238). Tandis que la *racine principale rp, dirigée vers la terre*, acquiert des *radicelles* nombreuses *rs, la tige pousse verticalement en sens contraire et se couvre de* nouvelles *feuilles* (fig. 239).

Ainsi *le Lupin comprend* **une racine, une tige et des feuilles** *qui en sont les trois membres essentiels.* Plus tard apparaîtront, près du sommet de la tige, des grappes de *fleurs* d'où sortiront les *fruits*, gousses renfermant des *graines*.

On appelle *Phanérogame* toute plante qui, à un moment donné de son existence, porte des fleurs dont les graines serviront à sa reproduction. (Lupin, Haricot, Rosier, Renoncule, Blé, Pin.)

Une *Cryptogame* est une plante qui ne présente jamais de fleurs; elle se reproduit par œufs ou par spores.

Certaines Cryptogames, comme les Fougères, comprennent les trois parties essentielles (racine, tige et feuilles); par leurs racines, ces plantes puisent dans le sol une matière nutritive liquide qui s'élève jusque dans la tige et les feuilles par des canaux appelés *vaisseaux;* on désigne ces végétaux sous le nom de *Cryptogames vasculaires* (Fougères, Prêles, Lycopodes).

Parmi les autres Cryptogames, *dépourvues de vaisseaux parce qu'elles n'ont pas de racines,* les unes, comme les Mousses, ont encore une tige portant des feuilles : ce sont les *Muscinées* (Mousses, Hépatiques); les autres, comme les moisissures et les lames vertes développées sur les rochers du bord de la mer ou dans les eaux stagnantes, ne présentent plus qu'un *thalle,* un corps végétatif, où il est impossible de reconnaître la structure d'une racine, d'une tige ou d'une feuille; ce sont les *Thallophytes* (Algues, Champignons).

Phanérogames, Cryptogames vasculaires, Muscinées, Thallophytes: tels sont les grands groupes que l'on distingue parmi les Végétaux.

CHAPITRE II

STRUCTURE GÉNÉRALE DE LA PLANTE.
DE LA CELLULE VÉGÉTALE

La plante est un être vivant, composé de cellules. Toutes les notions exposées au sujet des *êtres vivants* et de *la cellule,* dans les deux premiers chapitres de cet ouvrage, s'appliquent donc aux Végétaux; il est inutile de décrire à nouveau la cellule, les propriétés de son protoplasme, la structure et le rôle du noyau (pages 1 à 14).

Toutefois, *la cellule végétale se distingue de la cellule animale par des formations protoplasmiques importantes :* 1° les *leucites;* 2° la *membrane de nature celluloso-pectique,* en général, qui se rencontre chez un très grand nombre de plantes et enveloppe la membrane azotée dont tout protoplasme est pourvu. Cette membrane externe, commune aux cellules adjacentes, a été remarquée la première chez les Végétaux dont elle a permis de reconnaître la structure cellulaire.

TABLEAU XXXV.

De la Cellule végétale.

(Complément au Tableau II).

La *cellule végétale* renferme des *leucites* ou *plastides*. Elle est enveloppée d'une double membrane; la *membrane externe est celluloso-pectique*, en général.

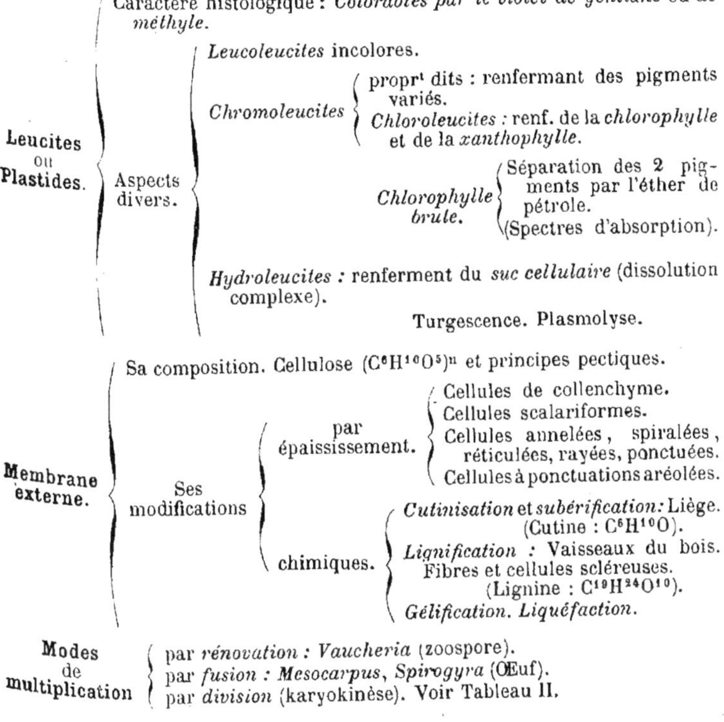

Caractère histologique : *Colorables par le violet de gentiane ou de méthyle.*

Leucites ou Plastides. — Aspects divers.

Leucoleucites incolores.

Chromoleucites — propr^t dits : renfermant des pigments variés.
Chloroleucites : renf. de la *chlorophylle* et de la *xanthophylle*.

Chlorophylle brute. — Séparation des 2 pigments par l'éther de pétrole. (Spectres d'absorption).

Hydroleucites : renferment du *suc cellulaire* (dissolution complexe).

Turgescence. Plasmolyse.

Membrane externe. — Sa composition. Cellulose $(C^6H^{10}O^5)^n$ et principes pectiques.

Ses modifications par épaississement.
Cellules de collenchyme.
Cellules scalariformes.
Cellules annelées, spiralées, réticulées, rayées, ponctuées.
Cellules à ponctuations aréolées.

chimiques.
Cutinisation et *subérification :* Liège. (Cutine : $C^6H^{10}O$).
Lignification : Vaisseaux du bois. Fibres et cellules scléreuses. (Lignine : $C^{19}H^{24}O^{10}$).
Gélification. Liquéfaction.

Modes de multiplication — par *rénovation : Vaucheria* (zoospore).
par *fusion : Mesocarpus, Spirogyra* (Œuf).
par *division* (karyokinèse). Voir Tableau II.

---

§ 1. — LEUCITES OU PLASTIDES

Les leucites sont de petits corps blancs, assez réfringents d'ordinaire, rendus plus nets par l'addition d'alcool. Sphériques (*Beta*, fig. 240, A), ovoïdes, en forme de fuseau (*Phajus, B*), etc., ils sont inclus dans le protoplasme dont ils dérivent et dont ils possèdent les caractères (coloration en jaune par l'iode et l'acide azotique, en rose par l'acide sulfurique en présence du sucre, etc.); ils sont, en outre, *colorables en violet, par le violet de gentiane ou le violet de méthyle.*

Les leucites se *multiplient* par l'étranglement en leur milieu des leucites préexistants qui en donnent chacun deux nouveaux (*C, G*).

Classification des leucites. — Ces corpuscules ont pour *rôle* de fabriquer de l'amidon aux dépens des substances diverses contenues dans le protoplasme ;

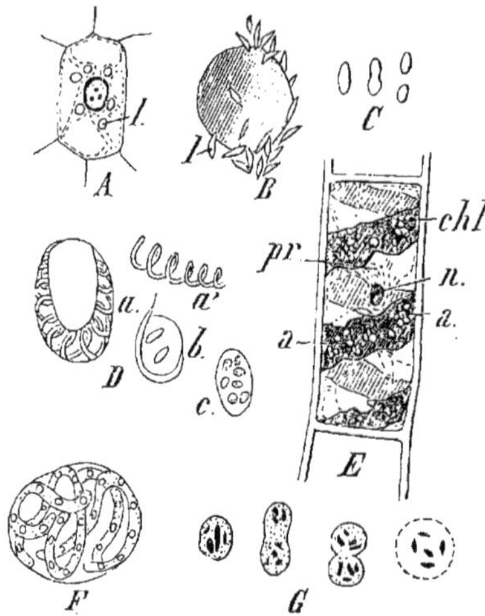

souvent ils sécrètent au préalable un pigment vert, la *chlorophylle*, qui favorise la production d'amidon et de maintes autres substances, au sein de la cellule (voir Nutrition, fonction chlorophyllienne) ; certains de ces corpuscules présentent un ou plusieurs pigments colorés, le plus ordinairement jaunes, orangés ou rouges.

On a appelé, d'après cela : *leucoleucites*, les corpuscules qui demeurent incolores (A, B) ; *chloroleucites*, ceux qui renferment de la chlorophylle (E) ; *chromoleucites*, tous les autres leucites colorés (D).

Quelle que soit leur nature, les leucites sont des dérivés *actifs* du protoplasme dans lequel ils sont englobés. Les chloroleucites ont une importance fondamentale dans la nutrition de la cellule.

Fig. 240. — Leucites ou plastides. *A*, cellule avec leucoleucites *l* sphériques. *B*, leucoleucites fusiformes de *Phajus*, autour du noyau. *C*, leur multiplication par scissiparité. *D*, chromoleucites *a*, avec un ruban spiralé rouge, déroulé en *a'* (Courge) ; *b, c*, autres formes. *E*, *chloroleucite* spiralé dans une cellule de Spirogyre ; des grains d'amidon *g* y sont inclus ; le protoplasme *pr* et le noyau *n* de la cellule sont peu nettement représentés. *F*, chloroleucite montrant les fibrilles avec granulations vertes. *G*, chloroleucites du *Funaria hygrometrica* isolés et en voie de multiplication ; à droite, l'action prolongée de l'eau a détruit un chloroleucite dont il reste les grains d'amidon

Chloroleucites. — Les Champignons, les Bactériacées et quelques Végétaux supérieurs ne possèdent pas de chlorophylle. Ce pigment vert est d'ordinaire fixé sur des leucites qu'on appelle à tort grains de chlorophylle : ce sont les *chloroleucites*.

La *forme* la plus générale des chloroleucites est sphérique F, G (fig. 240) ; chez la Spirogyre, c'est un ruban spiralé E.

Chlorophylle. — La chlorophylle se fixe sur les leucites, chez les plantes exposées à la lumière ; mais si l'on fait germer une graine dans l'obscurité, la jeune plante obtenue est incolore ou jaune pâle, parce que les leucites ont fixé un pigment jaune appelé *xanthophylle* auquel se superposera la *chlorophylle*, dès que le végétal recevra la lumière.

On *prépare* la chlorophylle de la manière suivante : des feuilles d'épinards, par exemple, sont broyées avec du sable gréseux dans un mortier, avec un peu de carbonate de soude pour neutraliser les jus acides. On presse la pulpe ainsi obtenue dont le jus est rejeté ; le résidu solide lavé à l'eau est comprimé à nouveau, puis traité à l'obscurité par l'alcool froid marquant 85° à l'alcoomètre. L'alcool dissout tous les pigments et les graisses et forme une liqueur verte qu'on filtre et qu'on fait digérer, pendant 6 jours environ, avec du noir animal en grains. Le noir animal fixe les pigments ; on le lave à l'alcool fort auquel il abandonne la *xanthophylle* jaune, puis à l'éther de pétrole ou au sulfure de carbone qui dissout la *chlorophylle*.

Les deux solutions colorées, évaporées spontanément à l'air dans l'obscurité, abandonnent des cristaux.

Propriétés de la chlorophylle. — Les cristaux de chlorophylle sont d'un vert foncé, lentement altérables à la lumière en présence de l'oxygène ; ils sont dichroïques (vert foncé par réflexion, rouge cuivré par transparence), insolubles dans l'eau, solubles dans l'alcool, l'éther, le chloroforme, la benzine, l'éther de pétrole et le sulfure de carbone, ils répondent à la formule $C^{40}H^{64}Az^2O^4$.

La propriété la plus importante de la chlorophylle consiste dans l'*absorption* par cette substance de *certaines des radiations calorifiques et lumineuses qui lui parviennent*.

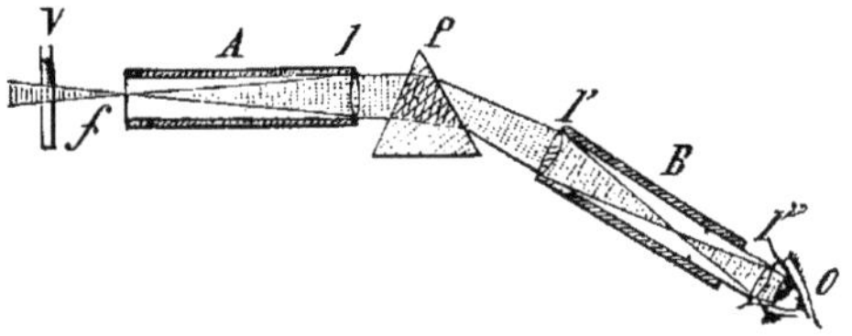

On obtient ainsi le *spectre d'absorption* de la chlorophylle : un faisceau de lumière blanche tra-

Fig. 241. — Étude du spectre d'absorption d'une dissolution placée en V. — Spectroscope : *A*, collimateur à fente *f*; *P*, prisme ; *B*, lunette avec objectif *l'* et oculaire *l''*. La figure montre la marche des rayons lumineux dans l'appareil, depuis la fente *f* jusqu'à l'œil *O*.

verse une faible couche V (fig. 241) d'une dissolution de chlorophylle pure dans l'éther de pétrole ; reçu sur la fente *f* du collimateur A du spectroscope, ce faisceau lumineux traverse le prisme P où la lumière est décomposée ; il est recueilli dans une lunette astronomique B et analysé par l'œil placé en O.

Le spectre obtenu présente 7 bandes (fig. 242) plus ou moins foncées suivant la concentration de la liqueur interposée en V. *La bande I, la plus noire et la plus nette est située dans le rouge*, entre les raies B et C de Frauenhoffer ; les bandes II, III, IV, occupent l'orangé, le jaune et le jaune vert ; elles sont pâles, étroites et atténuées sur les bords ; les bandes V, VI et VII, très larges, couvrent presque toute la partie bleue et violette du spectre.

Les radiations absorbées par la chlorophylle sont transformées par le protoplasme de la cellule en énergie chimique qu'il utilise pour opérer des réactions diverses et notamment la décomposition de l'acide carbonique. Nous étudierons ces phénomènes à propos de la nutrition de la plante.

Hydroleucites. Suc cellulaire. — Dans la cellule végétale jeune, le protoplasme est continu, en général, ou tout au moins on n'y distingue que difficilement, au milieu des leucites précédents, quelques corps de nature albuminoïde ayant d'abord l'aspect d'un leucite ; mais ces corpuscules se creusent d'une cavité, *vacuole*, où s'accumule de l'eau. Chaque hydroleucite pourvu d'une membrane propre, grandit et se multiplie comme les leucites ordinaires ; le protoplasme âgé présente ainsi un grand nombre de petites

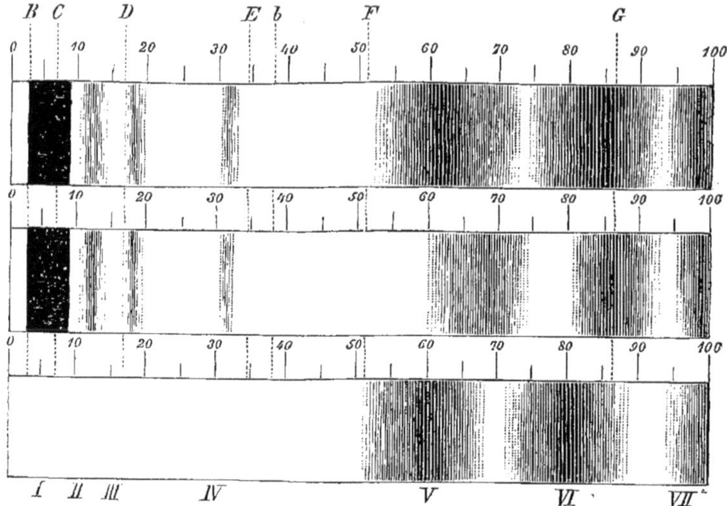

Fig. 242. — Spectres d'absorption de la chlorophylle : celui d'en haut obtenu avec l'extrait alcoolique des feuilles (chlorophylle et xanthophylle réunies) ; celui du milieu avec la chlorophylle pure dans la benzine ; celui d'en bas avec la xanthophylle. Les bandes d'absorption sont figurées dans la partie la moins réfrangible (B,E) telles que les donne une dissolution concentrée et, dans la partie la plus réfrangible (F,G,H), telles que les donne une dissolution faible, B,C...G, position des raies de Frauenhofer ; I à VII, bandes d'absorption de la chlorophylle du rouge au violet.

vacuoles qui, se fusionnant d'une manière progressive, engendrent quelques grands hydroleucites (B', fig. 1) et enfin, un hydroleucite unique ; celui-ci refoule contre la paroi, le protoplasme et le noyau de la cellule considérée (fig. 243).

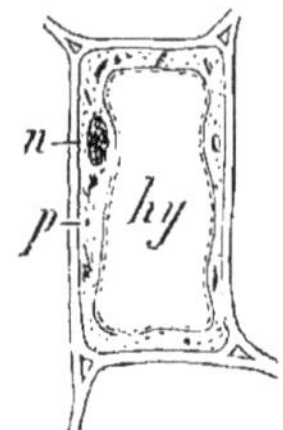

Fig. 243. — Cellule avec un hydroleucite central hy ; p, protoplasme ; n, noyau.

On appelle *suc cellulaire* le liquide qui remplit les hydroleucites ; il subsiste seul dans la cellule morte après résorption du protoplasme, et disparaît à son tour pour faire place à des gaz (moelle de sureau).

Le suc cellulaire est une dissolution complexe de substances élaborées par l'hydroleucite actif. Il renferme : 1° des *acides végétaux* qui lui impriment une réaction acide (les acides oxalique et malique surtout) ; 2° des *hydrates de carbone* (glucose, dextrines) ; 3° des *tanins* ; 4° des *peptones* et des *diastases* ; 5° des *matières colorantes* (suc cellulaire bleu de la Pervenche, de la Dauphinelle, etc.) ; 6° des *alcaloïdes* et des *sels divers*.

Les hydroleucites provoquent la croissance des cellules jeunes.

§ 2. — MEMBRANE EXTERNE DE LA CELLULE VÉGÉTALE

La cellule végétale jeune, pourvue exclusivement d'une membrane azotée, se revêt peu à peu d'une membrane externe que nous appellerons *celluloso-pectique*, parce qu'elle renferme presque toujours des composés pectiques et de la cellulose.

La *cellulose* $(C^6H^{10}O^5)^n$ est un hydrate de carbone, colorable en bleu par le chloroiodure de zinc et soluble dans le réactif de Schweitzer (obtenu en versant de l'ammoniaque concentrée sur de la tournure de cuivre).

Les *composés pectiques* les plus importants sont : la *pectose*, insoluble dans l'eau, associée à la cellulose dans les membranes des cellules jeunes ; l'*acide pectique* également insoluble, parfois abondant sous forme de pectate de chaux dans les tissus adultes.

Modifications éprouvées par la membrane externe. — La membrane externe de la cellule jeune subit des variations : chez certaines cellules, elle s'*épaissit* et se *modifie chimiquement* soit par la transformation de la substance qui la compose, soit par le dépôt de matières incrustantes dans son épaisseur.

1° *Épaississement de la membrane*. — Quand une cellule jeune a terminé sa croissance superficielle, de nouvelles couches peuvent se déposer sur la *face interne* de sa membrane celluloso-pectique.

L'épaississement peut être :
a) uniforme : *spores* et quelques grains de pollen ;
b) localisé en un point : *cellules à cystolithes* du Figuier (fig. 244, A) ;
c) localisé aux angles : *cellules collenchymateuses* de *Begonia*, B ;
d) en lignes parallèles : *cellules scalariformes* des Fougères, C ;
e) en anneaux ou en spirales : *cellules annelées, spiralées*, D ;
f) en réseaux : *cellules réticulées.*

Ponctuations. — Quand le dépôt s'effectue sur toute l'étendue de la membrane, quelques points sont préservés de l'épaississement ; il se produit alors des *ponctuations* en creux qui permettent les échanges osmotiques de la cellule avec les voisines. *Il existe toujours une correspondance absolue entre les ponctuations en regard de la paroi commune à deux cellules.*

Il est très facile de voir ces ponctuations dans les parois des cellules de la moelle de Sureau et

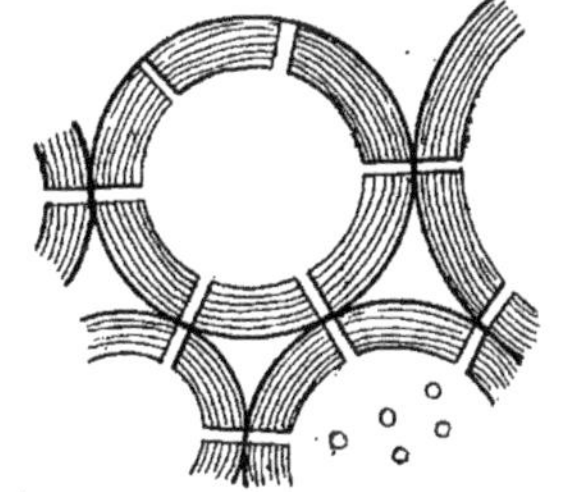

FIG. 243 *bis*. — **Ponctuations** dans les parois de la moelle de Clématite.

de la moelle de Clématite (fig. 243 *bis*) où les portions de surface non épaissies sont de petits cercles. Les cellules pierreuses de la poire et les cellules scléreuses du rhizome de *Pteris* (fig. 244, E) ont des ponctuations très profondes anastomosées.

Les Conifères (Pin, Sapin) présentent une forme de ponctuation dite *ponctuation aréolée*, F. La membrane, vue en coupe, F', forme, par son épaississement, deux sortes de clochettes, *cc'*, à bords opposés et non en contact. Une membrane mince, *d*, légèrement renflée en son milieu, sépare les deux cellules entre lesquelles est placée la ponctuation. Un tel ornement de la paroi, vu de face, F'', au microscope, présente un petit cercle médian clair, *o*, entouré d'une auréole sombre. La membrane, *d*, facilite les échanges de cellule à cellule.

2° *Modifications chimiques de la membrane. — Cutinisation et subérification.* —Tandis que la plupart des cellules à chlorophylle

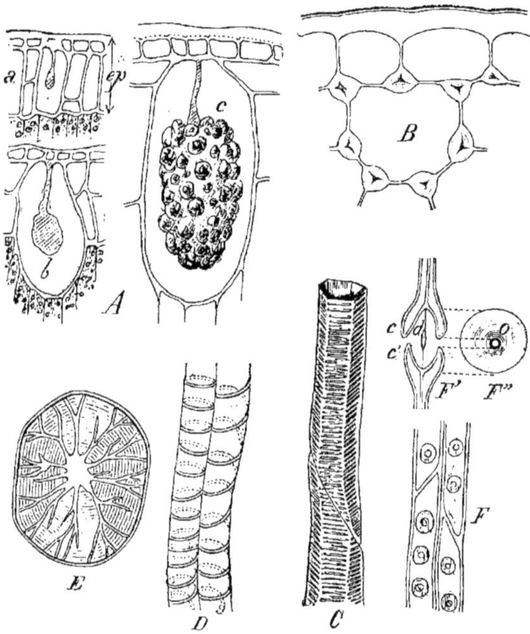

FIG. 244. — Épaississement de la membrane. — A, épaississement localisé en *a, b. c*, et incrusté de carbonate de chaux (*cystolithe* du Figuier). — B, cellule du *collenchyme de Begonia.* — C, vaisseau scalariforme de Fougère. — D, vaisseaux annelé et spiralé du bois. — E, cellule scléreuse (rhizome de *Pteris aquilina*). — F, portion de vaisseau à ponctuations aréolées ; F', coupe d'une ponctuation ; F'', vue de face.

et des cellules de la moelle conservent une paroi mince, la membrane se modifie progressivement, de l'extérieur à l'intérieur, chez les cellules qui forment la surface des organes végétaux ou qui en sont voisines, et chez les cellules qui deviennent libres (spores et grains de pollen).

La cellulose $(C^6H^{10}O^5)^n$ se transforme en *cutine* $C^6H^{10}O$, colorable en jaune brun par le chloroiodure de zinc, en rose par la fuchsine. *Insoluble dans le réactif de Schweitzer*, dans l'eau, l'alcool et l'éther, elle se dissout dans la potasse concentrée et bouillante.

L'ensemble des couches cutinisées de la membrane constitue la *cuticule cu* qui recouvre la surface libre des cellules superficielles, *épidermiques* (fig. 245, B); elle envahit quelquefois les parties latérales (feuille de Houx, A).

Les couches de cellules, situées ordinairement au-dessous de l'assise épidermique, subissent la *subérification*, c'est-à-dire que la cellulose y est transformée en

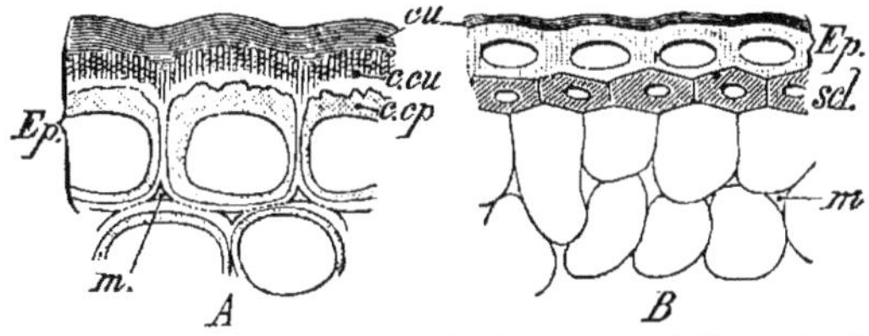

FIG. 245. — Cutinisation de l'épiderme. A, épiderme de la nervure médiane de la feuille de Houx, traité par le chloroiodure de zinc; *cu*, cuticule incolore; *c.cu*, couche cuticulaire jaune; *c.cp*, couche celluloso-pectique bleue. — B, épiderme *Ep* de la feuille de *Picea excelsa* avec cuticule *cu*; *scl*, hypoderme sclérifié.

subérine ou seulement imprégnée de cette substance, identique à la cutine quant à ses propriétés. Le *liège* est formé par la superposition d'un nombre plus ou moins grand d'assises cellulaires subérifiées.

Toute membrane cutinisée ou subérifiée joue un rôle protecteur; elle est peu perméable aux liquides et aux gaz et inattaquable par le *Bacillus Amylobacter*, fig. 246, D (ferment de la putréfaction des organes végétaux). La cuticule préserve l'épiderme, le liège abrite les cellules actives sous-jacentes. Aussi, la moindre blessure est-elle faite à un organe végétal, les membranes des cellules nouvellement exposées au contact de l'air se subérifient et brunissent.

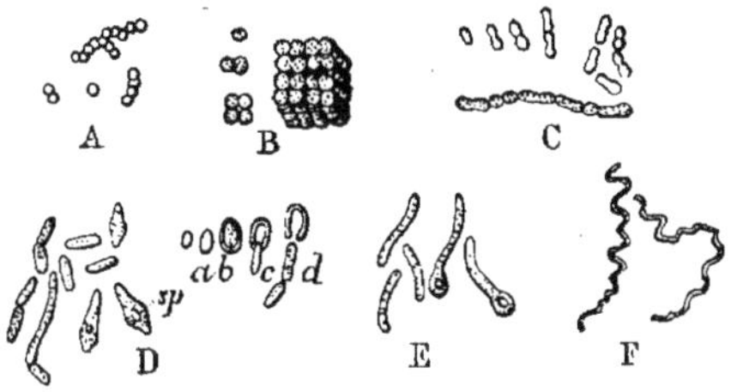

Lignification. — La plupart des éléments

FIG. 246.— Bactéries diverses. A, *Micrococcus ureæ*, dans la fermentation ammoniacale de l'urine. B, *Sarcina ventriculi*, dans l'estomac, le sang et les poumons de l'homme. C, *Bacterium termo*, microbe aérobie des eaux corrompues. D, *Bacillus Amylobacter*, ferment butyrique, agent anaérobie de la fabrication du fromage et du rouissage du chanvre; *sp*, spore; *a, b, c, d*, phases du développement d'une spore. E, *Vibrio rugula*, microbe anaérobie des eaux corrompues. F, *Spirillum plicatile*, dans l'eau croupissante. Les figures A, B..., E, représentent les bactéries à divers états de développement.

dont nous avons exposé plus haut les ornements (cellules scléreuses, ponctuées, annelées, spiralées, scalariformes), ont la membrane incrustée de *lignine* ($C^{19}H^{24}O^{10}$).

Colorable en jaune par le chloroiodure de zinc, en rose par la fuchsine, *en rouge par la phloroglucine additionnée d'acide chlorhydrique*, la lignine est insoluble dans le réactif de Schweitzer.

L'Amylobacter ne peut attaquer les *membranes lignifiées dont sont pourvus les éléments qui constituent le bois et l'appareil de soutien de la plante.*

Quand on fait séjourner dans l'eau les tiges de Lin, de Chanvre, de Jute, etc. (*rouissage*), le *Bacillus Amylobacter* désorganise les membranes minces des cellules dont il dissout les composés pectiques, détruit la lame mitoyenne qui unit les éléments lignifiés ; les fibres, déjà isolées en partie, seront séparées les unes des autres par le peignage.

Gélification.—La membrane de diverses cellules peut, au contact de l'eau, se gonfler beaucoup et constituer une gelée claire et abondante [graines de Lin, de Coignassier, grains de pollen de *Thuia* (fig. 247, A)] :

Liquéfaction. — La *liquéfaction*, suivie de *résorption*, est une transformation de la membrane qui devient soluble dans l'eau et disparaît. Cette modification s'étend à toute la membrane commune à deux cellules voisines qui communiquent ensuite (vaisseaux du

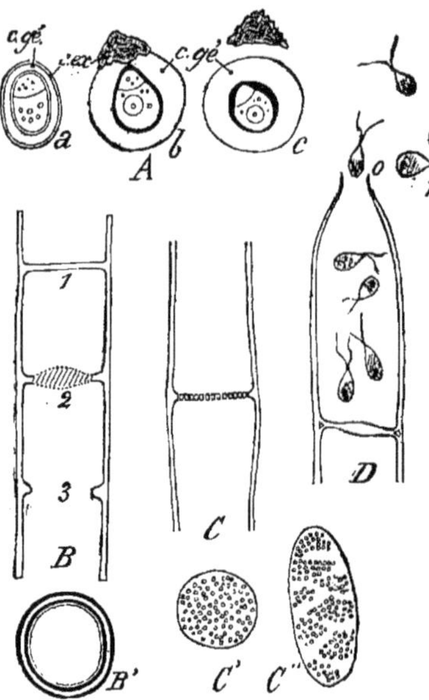

FIG. 247. — Gélification et liquéfaction de la membrane. — A, pollen de *Thuia orientalis* : *a* ; *c.ex*, zone externe de la membrane ; *c.ge*, zone gélifiable gonflée en *b* et *c* où la zone externe est déchirée, puis rejetée. — B ; 1, membrane séparatrice de 2 cellules, gélifiée en 2, résorbée en 3 (vaisseau) ; B', lumière du vaisseau ainsi engendré. — C, gélification et résorption partielle (tubes criblés C', C''). — D, liquéfaction au sommet d'une cellule de *Cladophora*.

bois, fig. 247, B), ou seulement à quelques points de cette membrane qui est ainsi transformée en une sorte de crible (tubes criblés du liber C, C', C'').

§ 5. — MODES DE MULTIPLICATION CELLULAIRE

Les cellules végétales peuvent se former :

1° Par *rénovation* ou *rajeunissement;*
2° Par *fusion* ou *conjugaison;*
3° Par *division.*

Ces modes de formation sont, d'ordinaire, suivis d'une active multiplication cellulaire.

1° Rénovation. — Les *Vaucheria* sont des Algues composées d'un filament plus ou moins ramifié, mais contenant un protoplasme continu, c'est-à-dire non divisé par des cloisons en compartiments cellulaires.

Or, vers l'extrémité d'un filament adulte *a* (fig. 248, *A*) apparaît une cloison (*b*) qui isole une certaine quantité de protoplasme condensé; celui-ci s'échappe de la membrane par un pore terminal (*c*) et se transforme en une grosse spore revêtue de cils vibratiles qui lui permettent de se mouvoir dans l'eau (*zoospore d*). La zoospore, après avoir nagé plus ou moins longtemps se fixe en un point (*e*), perd ses cils, acquiert des crampons et s'allonge en un nouveau filament (*f*).

2° Fusion ou Conjugaison. — Les *Spirogyres* (Algues), nous en offrent un exemple remarquable : Les cellules (1) (fig. 248, B) composant deux filaments voisins *MM'*, *NN'*, s'envoient mutuellement des prolongements (2) qui, parvenus au contact, se soudent entre eux (3); la cloison commune se résorbe (4) et un canal de conjugaison est établi entre deux cellules primitivement indépendantes. Pendant ce temps, les protoplasmes des cellules considérées se con-

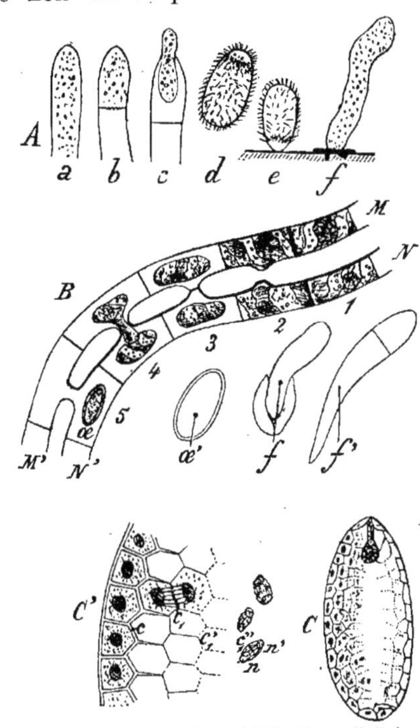

Fig. 248. — Modes de multiplication cellullaire : A ; *rénovation* chez un filament *a* de *Vaucheria* ; *b*, cloison isolant une partie du protoplasme qui s'échappe en *c* et donne une *zoospore d* ; la zoospore fixée en *e* devient le point de départ d'un nouveau filament *f*. — B ; *conjugaison* chez la Spirogyre ; MM', NN', deux filaments parallèles dont les cellules s'envoient des prolongements 2, qui se soudent 3 ; résorption de la cloison commune en 4 et fusion des protoplasmes pour la formation de l'œuf œ, 5. — œ', œuf germant en un filament *f* qui se cloisonne en *f'*. — C ; sac embryonnaire d'Angiosperme contenant l'albumen en formation, avec cloisonnement en retard sur la division du noyau ; C', portion de paroi avec cloisons de moins en moins parfaites c, c_1, c_1', c_1''.

tractent; le protoplasme de l'une des cellules en présence s'engage dans le canal de communication (4), se *fusionne*, se *combine* avec son congénère, en formant un protoplasme nouveau (5) de volume à peu près égal à celui de l'une des parties constituantes (*gamètes*).

L'*œuf œ* ainsi formé s'entoure d'une membrane épaisse, passe à l'état de vie latente $œ'$ et germe au printemps suivant. Il se débarrasse alors de ses enveloppes externes, la membrane interne s'allonge et la cellule ovoïde f se cloisonne f', en donnant un filament nouveau.

Dans ce deuxième cas, *la fusion a été précédée d'une rénovation et suivie d'une multiplication cellulaire par scissiparité.*

3° **Division.** — La division est le phénomène par lequel le protoplasme d'une cellule est partagé en un certain nombre de parties que des cloisons rendent ordinairement indépendantes les unes des autres. Cette division a pour prélude le phénomène de karyokinèse exposé précédemment (page 13).

La membrane qui se développe entre les deux noyaux jeunes n_1 et n_2 (fig. 9) a pour point de départ les filaments du tonnelet de sommets s et s'; sur ces filaments apparaissent des nodosités (6) constituées par de fins granules reliés ensuite par une membrane continue, probablement formée de pectose d'abord, puis incrustée de cellulose.

Tel est le cas le plus général de la multiplication cellulaire dans les parties jeunes des organes (bourgeons, extrémités des racines et des tiges).

Parfois le cloisonnement est en retard sur la division du noyau, et déjà le nombre des noyaux est considérable alors que les membranes sont à peine ébauchées; ce phénomène se produit dans le *sac embryonnaire* des Angiospermes (fig. 248, C).

Remarque. — Quand la division d'une cellule se fait en deux parties inégales, on dit qu'il y a *bourgeonnement* (Ex. Levure de bière, fig. 11, page 13).

CHAPITRE III

DES TISSUS VÉGÉTAUX

On appelle *tissu* un ensemble de cellules ayant des propriétés à peu près identiques et des formes comparables.

1° Cellules libres. — Nombre de Végétaux inférieurs, les Bactériacées entre autres (fig. 246), sont constitués par une seule cellule qui, à un moment donné, se divise en 2 cellules-filles elles-mêmes indépendantes ; rarement elles s'alignent en chapelets (*Micrococcus ureæ*, fig. 246, A ; *Bacterium termo*, C), ou se groupent en paquets (*Sarcina*, B). On ne peut appeler tissu une semblable agglomération qui n'est que temporaire le plus souvent

2° Colonies de cellules. — Chez les *Pediastrum* (Algues), une cellule-mère divise son contenu en 2, 4, 8, 16 parties ; chacun des 16 segments protoplasmiques se meut librement pendant quelque temps et grandit ; ils s'accolent et s'orientent tous dans un même plan, forment un disque identique au premier.

Chaque cellule de ce tissu est indépendante des autres par ses fonctions : tel est le caractère d'une *colonie de cellules*.

3° Faux tissu ou Pseudoparenchyme. — Toutes les cellules qui composent un filament de Spirogyre (fig. 248, B) se comportent de la même manière soit pour la production des œufs, soit pour la division cellulaire : le filament de Spirogyre est donc une colonie de cellules. Il n'en est plus de même pour l'*Œdogonium* (fig. 249, A) ; le filament d'*Œdogonium* est une sorte de série linéaire partagée en *systèmes de cellules* dont *une seule dans chaque système* est préposée à la multiplication cellulaire.

Le thalle ou corps végétatif des Champignons est ordinairement constitué par de pareilles séries linéaires ou *hyphes*, h (fig. 249, B), parallèles ou enchevêtrées, dont l'ensemble constitue un feutrage, un *faux tissu* ou *pseudo-parenchyme* différant profondément du parenchyme vrai dont nous allons étudier l'origine et l'aspect.

4° Tissu proprement dit. — Dans une Fougère ou un Haricot, végétal d'ordre plus élevé que les Algues et les Champignons, une coupe longitudinale pratiquée au sommet d'une tige ou à l'extrémité d'une racine y montre un groupe de cellules très serrées formant le *point végétatif*.

Au sommet de la tige d'une Fougère (fig. 250, A) on trouve une cellule, c, en forme de pyramide qui subit un accroissement rapide et se cloisonne à mesure qu'elle grandit. Vue d'en haut, par

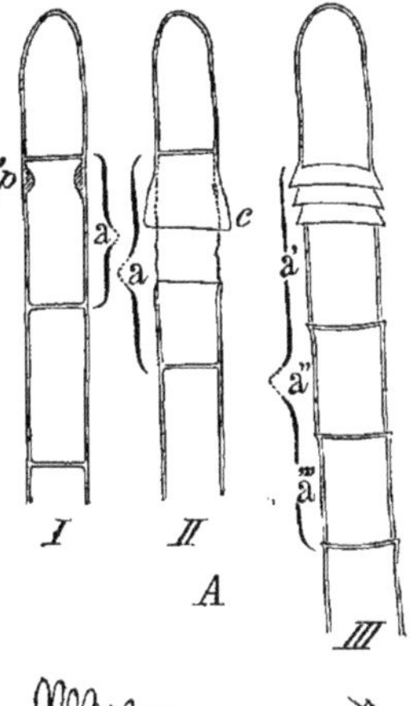
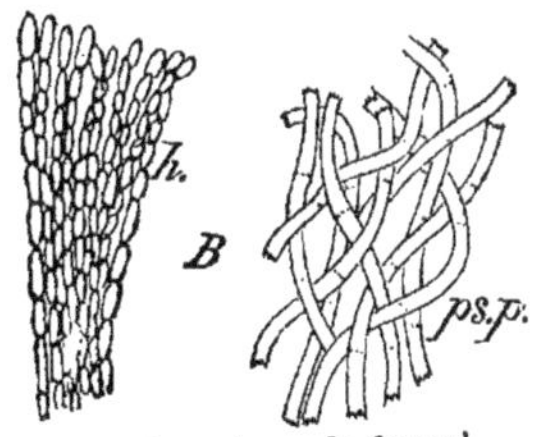

Fig. 249. — A, mode de multiplication cellulaire dans un filament d'*Œdogonium*. — B, *hyphes*, h, ou séries linéaires de cellules formant le thalle des Champignons (pseudoparenchyme, *ps.p*).

exemple, I, elle subit un premier cloisonnement (1, II) parallèlement à une de ses faces latérales; apparaît ensuite une seconde cloison (2, III) parallèlement à une deuxième face latérale, puis une troisième (3, IV) parallèlement à la dernière face. La cellule centrale continue de croître pendant tout ce temps, subit les cloisonnements (4, 5, 6, 7, 8,... V) et chacun des segments qui en ont été détachés présente le même phénomène. Le sommet

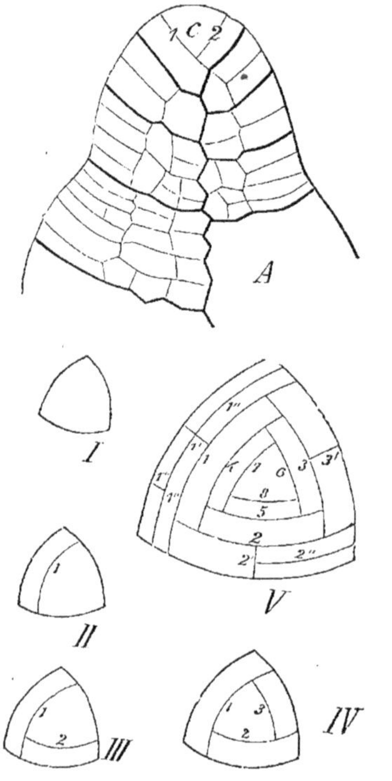

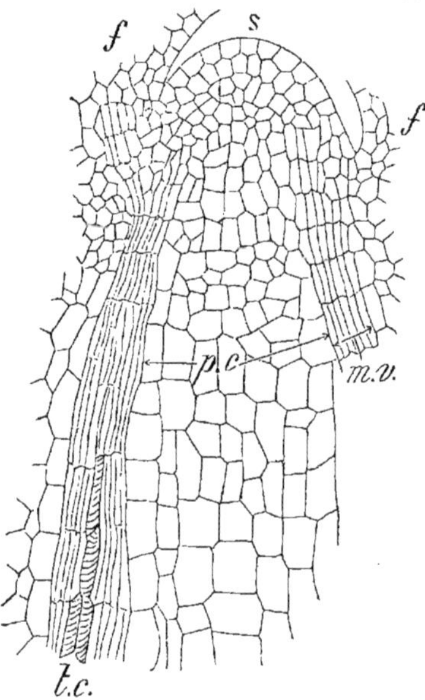

Fig. 250. — Origine d'un vrai tissu. — A, cloisonnement progressif du méristème dans la tige d'une Fougère; c, cellule initiale en forme de pyramide triangulaire renversée. Les figures I à V montrent l'ordre d'apparition des cloisons dans cette cellule vue par sa base.

Fig. 251. — Méristème au sommet de la tige du *Solanum nigrum*. — s, sommet; f,f, premières feuilles; p.c, parenchyme central; t.c, apparition des premiers vaisseaux surmontés du méristème vasculaire, m.v.

de la tige de Fougère est ainsi le siège d'une multiplication cellulaire rapide qui détermine son allongement. La cellule, c, est dite *cellule initiale*; l'ensemble des cellules qui en émanent et qui, jeunes encore, se cloisonnent activement, constitue un *méristème*.

La tige de Fougère subit : 1° une croissance terminale par la multiplication cellulaire à son sommet; 2° une croissance intercalaire de la région subterminale par l'augmentation de volume des nouvelles cellules formées.

Il en est ainsi au sommet de la tige du *Solanum nigrum* (fig. 251)

Tableau XXXVI.

Des Tissus.

Cellule libre.

Colonies de cellules : cellules toutes identiques évoluant de la même manière.

Pseudoparenchyme : filaments d'origine et de croissance indépendantes.

Tissu proprement dit : dérive d'une même *cellule initiale* ou d'un même groupe d'initiales [*méristème*].

chimique : **Parenchyme**
- *chlorophyllien* (palissadique et lacuneux dans les feuilles).
- *de réserve* (tubercules, bulbes, cotylédons, albumen des graines).
- *sécréteur :* cellules sécrétrices et *méats récepteurs*.

mécanique : **Tissu** — *Tissus à fonction prédominante*

1° de protection.

Épiderme......
- Assise cellulaire externe avec *cuticule* ± épaisse.
- Accidents.
  - *Poils.*
  - *Stomates aérifères* et *aquifères.*

Liège.

Endoderme. ...
- *Assise amylifère* (amidon); cellules parfois plissées latéralement et subérifiées.
- Couche interne de l'écorce, protégeant le cylindre central.

2° de soutien.

Collenchyme...
- développé dans les *tissus en voie de croissance.*
- Cellules *vivantes* à paroi épaissie aux angles (*Begonia*).

Sclérenchyme..
- développé dans les *tissus à croissance achevée.*
- Cellules et fibres *mortes* (Squelette des végétaux).

3° conducteurs.

Tissu vasculaire.
- Vaisseaux à *paroi lignifiée :* éléments *morts* contenus dans les faisceaux ligneux.
- Vaisseaux
  - *imparfaits* ou *fermés* (annelés, spiralés).
  - *parfaits* ou *ouverts* (rayés, ponctués).
- *Circulation de la sève brute* ascendante.

Tissu criblé....
- Tubes criblés à *paroi cellulosique :* éléments *vivants. Crible.*
- *Circulation de la sève élaborée.*

et d'ailleurs en tous les points végétatifs que présentent les plantes. L'ensemble des cellules engendrées par un tel cloisonnement forme un *vrai tissu*.

Différenciation cellulaire. Classification des tissus. — Dans la plupart des végétaux, les cellules prismatiques qui proviennent du méristème ne conservent pas toutes leur aspect initial ; elles se modifient plus ou moins dans leur forme, dans la constitution de leur membrane, etc. ; deleur *différenciation* résulte l'apparition des divers tissus qui composent les Végétaux supérieurs (fig. 252).

Un tissu composé de cellules à parois minces, dont le protoplasme est le siège de transformations chimiques actives en

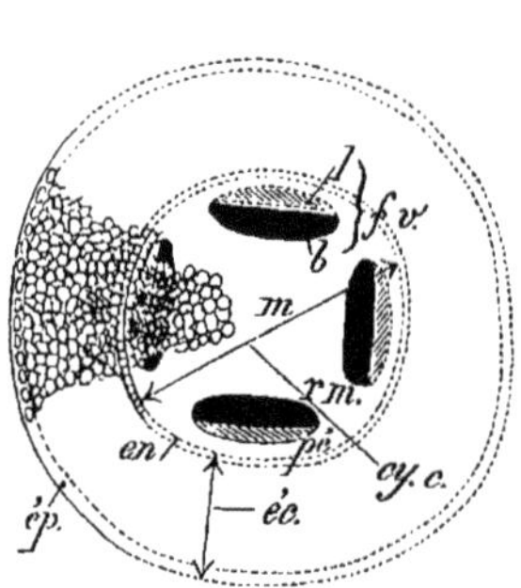

Fig. 252.— Tige primaire de Lupin. *ép*, épiderme ; *éc*, écorce s'étendant de l'épiderme non compris à l'endoderme *en* compris ; *cy.c*, cylindre central comprenant le parenchyme central (moelle *m*, rayons médullaires *r.m*, péricycle *pé*), et les faisceaux libéroligneux *f.v* (*b*, bois ; *l*, liber).

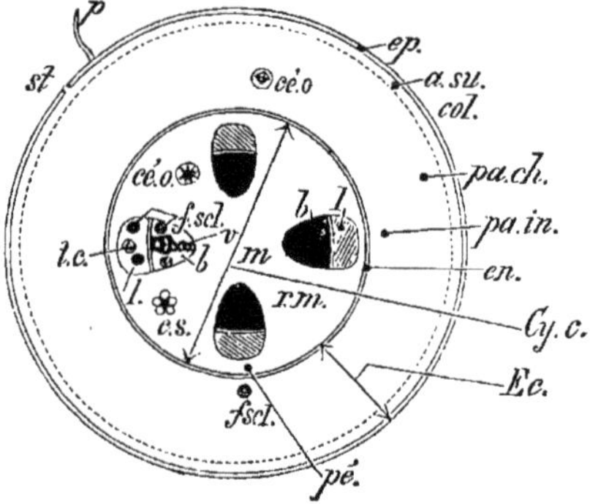

Fig. 253. — Coupe schématique d'une tige (mêmes désignations que pour la figure 252). *ép*, épiderme ; *p*, poil ; *st*, stomate. — *Ec*, écorce : *a.su*, assise subéreuse ; *pa.ch*, parenchyme chlorophyllien : *pa.in*, parenchyme de réserve ; *f.scl*, fibres scléreuses ; *cé.o*, cellules à oxalate de calcium. — *Cy.c*, cylindre central : *bl*. faisceau libéroligneux ; *v*, vaisseaux ; *t.c*, tubes criblés.

général, est appelé *parenchyme*. Dans le cas où la membrane cellulaire s'épaissit, elle est appelée à jouer surtout un rôle mécanique et le protoplasme disparaît partiellement ou totalement de la cellule où sa fonction est devenue secondaire ou nulle ; la réunion de pareils éléments constitue un *tissu mécanique*.

Ainsi les tissus peuvent être divisés en deux catégories :

1° Les *tissus à fonction chimique prédominante* ou *parenchymes* (parenchyme chlorophyllien, parenchyme de réserve, parenchyme sécréteur) ;

2° Les *tissus à fonction mécanique prédominante* (épiderme, assise subéreuse, collenchyme, sclérenchyme, tissu vasculaire).

Le tissu criblé peut être rangé indifféremment dans les deux catégories. La figure 253 montre la distribution schématique de ces divers tissus dans une tige.

§ 1. — PARENCHYMES

Le mot *parenchyme* signifie *coulé entre*, c'est-à-dire qu'*un parenchyme est un tissu conjonctif* reliant entre eux les divers autres tissus.

Forme des cellules. Méats ; lacunes. — Dans un méristème, les cellules sont prismatiques par pression réciproque ; à mesure

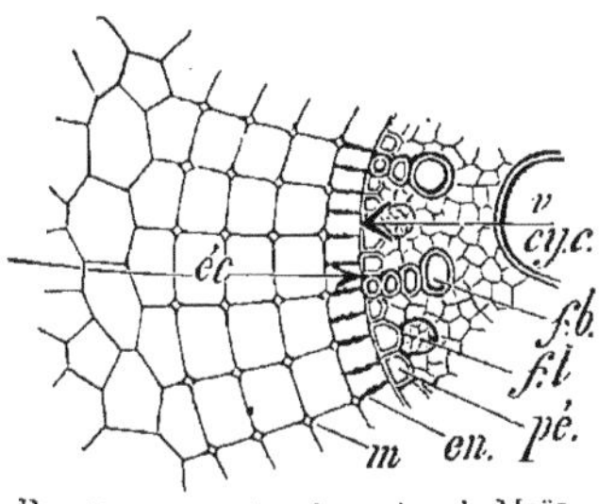

FIG. 254. — Portion de racine de Maïs. — *éc*, écorce ; *cy.c*, cylindre central. *f.b*, faisceaux du bois alternant avec les faisceaux du liber *f.l* ; *pé*, péricycle ; *en*, endoderme ; *m*, méats quadrangulaires entre les cellules du parenchyme cortical interne.

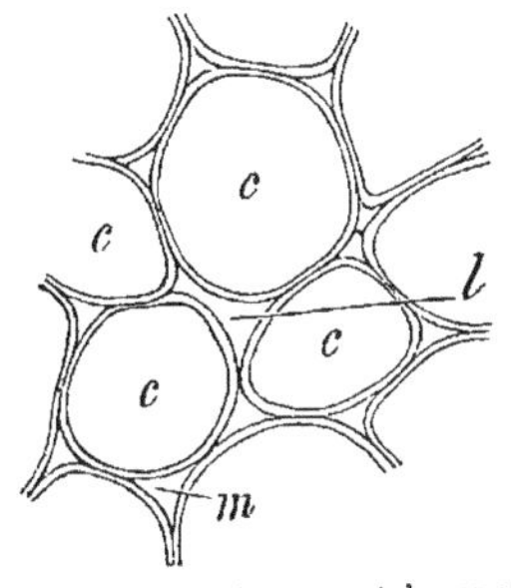

FIG. 255. — Méats *m* et lacunes *l* entre les cellules *c*.

qu'elles grandissent ensuite, elles demeurent en contact par toute leur surface, ou bien elles se séparent en certains points par un dédoublement de la lamelle qui les unissait ; alors apparaissent entre les cellules des espaces remplis d'air appelés *méats*, *m* (fig. 254) ou *lacunes*, *l* (fig. 255) suivant leurs dimensions petites ou grandes.

Les cellules adoptent une forme définitive, le plus ordinairement polyédrique *a*, sphérique *b*, quelquefois sinueuse *c*, ou tabulaire *d* ; fréquemment les plantes aquatiques renferment des cellules étoilées *e* (fig. 256).

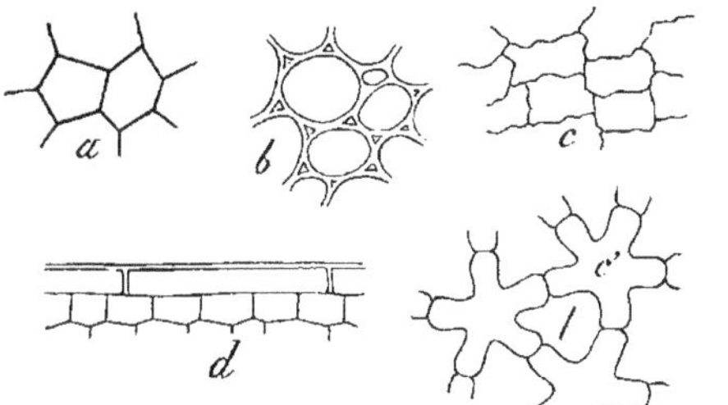

FIG. 256. — Diverses formes de cellules : polyédriques *a*, ovoïdes *b*, sinueuses *c*, tabulaires *d*, étoilées *e* (*l*, lacune).

Diverses sortes de parenchymes. — Le tissu parenchymateux est abondamment répandu dans les plantes grasses. Une coupe mince transversale détachée d'une feuille de *Crassula arborescens* (fig. 257) y révèle : 1° un parenchyme sous-épidermique dont les cellules renferment un grand nombre de chloroleucites (*paren-*

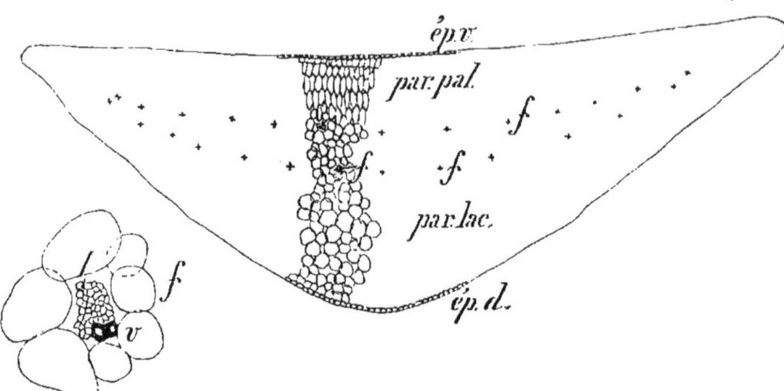

Fig. 257. — Section transversale d'une feuille de plante grasse (*Crassula arborescens*) montrant le parenchyme abondant ; *f*, faisceaux libéroligneux très réduits ; à gauche, l'un de ces faisceaux grossi, composé de 2 vaisseaux *v* et de quelques éléments libériens *l*.

chyme chlorophyllien); 2° une partie interne formée de cellules incolores, mais renfermant ordinairement beaucoup de grains

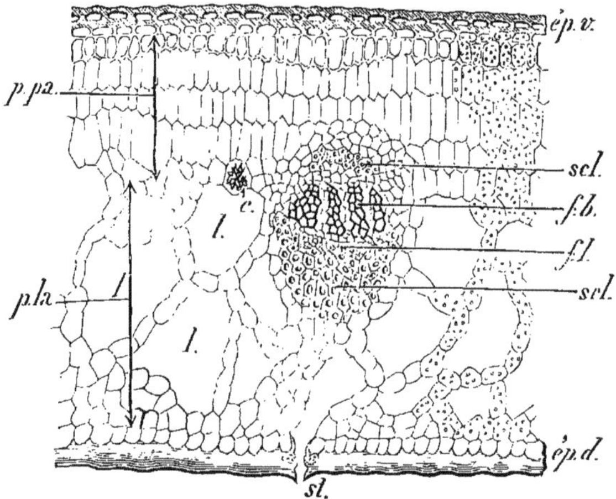

Fig. 258. — Section transversale d'une feuille de Houx. *ép.v*, épiderme ventral ; *ép.d*, épiderme dorsal fortement cutinisé avec stomate, *st* ; *p.pa*, parenchyme palissadique ; *p.la*, parenchyme lacuneux avec lacunes *l* ; *f.b. f.l*, faisceau libéroligneux dont les vaisseaux du bois *f.b* sont du côté de la face ventrale et les tubes criblés du liber *f.l* du côté dorsal ; *scl*, fibres scléreuses entourant le faisceau ; *c*, cellule avec oxalate de calcium.

d'amidon ou d'autres substances de réserve (*parenchyme de réserve*); 3° certaines cellules contenant des cristaux d'oxalate de calcium, du tanin ou bien circonscrivant des espaces remplis de substances localisées (*parenchyme sécréteur*).

Parenchyme chlorophyllien. — Le parenchyme chlorophyllien se présente dans les feuilles vertes sous deux aspects différents : sous l'épiderme de la face supérieure (feuille du Houx, par exemple, fig. 258), sont superposées plusieurs assises de cellules allongées qui simulent le plancher d'une palissade ; le *parenchyme* y est dit *palissadique p. pa ;* au delà, et près de l'épiderme de la face dorsale, les cellules vertes sont séparées par de grandes lacunes *l* pleines d'air, et leur ensemble forme le *parenchyme lacuneux p. la.*

Au parenchyme chlorophyllien se rattachent les deux cellules vertes qui bordent les *stomates.* (Voir page 288.)

Parenchyme de réserve. — Une cellule vivante renferme toujours quelque substance en réserve sous la forme de glucose, d'amidon, d'huile, etc. ; mais on appelle plus particulièrement *parenchyme de réserve* un tissu dont les cellules sont gorgées de ces matières, utilisables par la plante à un moment donné (cotylédons et albumen des graines, tubercules, bulbes, etc.).

Parenchyme sécréteur. — Parmi les produits élaborés par les végétaux, se trouvent diverses substances (huiles essentielles, résines, acide oxalique, tanins, etc.) dont les unes sont éliminées à mesure qu'elles prennent naissance, tandis que les autres sont localisées en certains points du végétal où elles paraissent demeurer indéfiniment.

Ces dernières peuvent se trouver dans des cellules plus ou moins différenciées ou se rassembler dans des méats intercellulaires.

§ 2. — TISSUS A FONCTION MÉCANIQUE PRÉDOMINANTE

TISSUS DE PROTECTION. — 1° ÉPIDERME.

Au sommet de la tige jeune de la Morelle noire (fig. 251), on distingue déjà une couche externe de cellules différenciée de très bonne heure, enveloppant le méristème : c'est l'*épiderme* qui, d'ordinaire, recouvre et protège les tiges et les feuilles des plantes vasculaires, ainsi que le sommet de la racine.

Forme et structure des cellules épidermiques. — Ces cellules sont aplaties (fig. 256, *d*) ; leur contour extérieur est polyédrique (*Iris,* fig. 260, *a*) ou sinueux (Trèfle, Lierre, *Sedum,* fig. 260, *d,* etc...).

Le protoplasme des cellules épidermiques est peu abondant, creusé de grandes vacuoles contenant un suc incolore, ou chargé de pigment rouge le plus souvent. Des chloroleucites et l'amidon abondent dans les cellules épidermiques des plantes submergées (Renoncule d'eau, *Elodea,* etc....) et de la plupart des plantes aériennes ; souvent l'épiderme qui recouvre la face supérieure des feuilles n'en possède pas. La membrane externe de ces cellules s'épaissit plus ou moins et forme la *cuticule,* très nette dans la feuille du Houx (fig. 215), du *Mahonia,* etc.

Chez tous les organes aériens, la cuticule épidermique est incrustée de *cire.*

Parfois, la membrane est incrustée de silice, qui donne une grande solidité à la tige des Graminées et des Prêles.

Accidents de l'épiderme. — La surface de l'épiderme est hérissée en certains points de *poils,* ou interrompue par les ouvertures des *stomates.*

1° *Poils.* — Un poil est une saillie résultant du développement extérieur d'une ou de plusieurs cellules épidermiques (fig. 259). Le nombre des poils est considérable sur les organes jeunes (feuilles contenues dans les bourgeons), sur le stigmate des carpelles au centre de la fleur, sur la surface des plantes exposées soit aux grands froids, soit à une température et à une lumière excessives. Ils protègent les organes qu'ils recouvrent, par leur simple présence et quelquefois par leur produit de sécrétion (poils urticants de l'Ortie, poils sécréteurs des bourgeons du Marronnier) ; les *papilles stigmatiques,* imprégnées d'un liquide sucré et acidulé, rendent de précieux services à la plante, car ils attirent les Insectes qui assurent la pollinisation en butinant sur les fleurs et les feuilles.

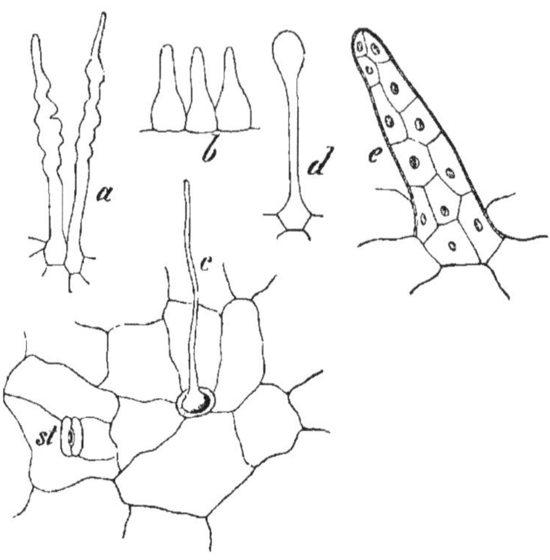

FIG. 259. — Poils unicellulaires : *a*, Violette ; *b*, Primevère ; *c*, Trèfle ; *d*, *Anthirrinum majus* ; *e*, poil pluricellulaire de Joubarbe.

2° Stomates. — L'épiderme de la face inférieure des feuilles présente de nombreux couples de cellules, *st, st'* (fig. 260, *a*) ayant la forme de croissants opposés par leur concavité (*e*) ; ces cellules circonscrivent un orifice *os* par lequel l'air extérieur communique avec l'atmosphère interne de la feuille (fig. 258). On appelle *stomate*, la réunion de ces deux cellules dites *cellules stomatiques.*

Le *nombre des stomates* est plus grand sur la face inférieure des feuilles que sur leur face supérieure. On en compte de 40 à 300 par millimètre carré, en moyenne, sur la face inférieure des feuilles ; chez le Chou-rave, le nombre en dépasse 700.

Chez les feuilles nageantes (Nénuphar), les stomates se trouvent sur la face supérieure exposée à l'air : les feuilles submergées en sont totalement dépourvues.

Les stomates jouent un rôle important dans les échanges gazeux des plantes avec l'air.

Structure d'un stomate. — Les cellules stomatiques *cs*, vues de face (fig. 260, *e*) et en coupe, *e'*, sont riches en protoplasme et en chlorophylle ; des grains d'amidon, des gouttelettes d'huile s'y montrent souvent. La membrane des cellules est plus épaisse du côté de l'ostiole *os* que sur la face opposée. La coupe *e'* montre le canal de communication entre l'air extérieur et la chambre sous-stomatique, *ch. s. st,* elle-même en rapport avec les lacunes du parenchyme sous-jacent.

Ce canal, plus étroit au niveau de l'ostiole, *peut s'élargir ou se*

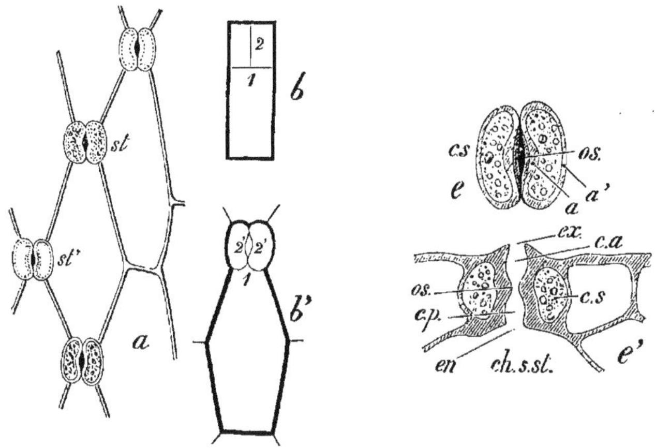

FIG. 260. — Stomates.

a, épiderme d'Iris avec stomates, *st, st'.*
b,b', origine d'un stomate ; les chiffres 1 et 2 indiquent l'ordre d'apparition des cloisons dans la cellule-mère.
e, stomate vu de face ; *é,* vu en coupe ; *c.s,* cellules stomatiques ; *os,* ostiole ; *ex,* exostome ; *en,* endostome ; *ch.s.st,* chambre sous-stomatique.

rétrécir suivant les variations hygrométriques de l'air. L'air est-il humide ? La turgescence des cellules stomatiques s'accroît ; leur paroi externe mince, *a',* se déformant plus facilement que la paroi *a,* s'incurve davantage ; les deux croissants, *cs,* plus accusés, présentent donc un ostiole dilaté : le stomate est large ouvert. L'air est-il sec ? le phénomène inverse se produit, l'ostiole se rétrécit : le stomate est fermé.

Fonctions de l'épiderme. — *L'épiderme est une membrane essentiellement protectrice* grâce à la cuticule qui l'enveloppe, surtout quand cette cuticule est très épaisse ou pénétrée d'incrustations abondantes (silice, oxalate de calcium). Les poils dont il est tapissé le plus souvent préservent la plante contre les variations excessives de la température et de la lumière ; les stomates qui le perforent favorisent les échanges gazeux des tissus profonds avec l'air extérieur.

2° LIÈGE ET ENDODERME.

Liège ou tissu subéreux. — Le liège consiste en une ou plusieurs assises de cellules dont la paroi s'est imprégnée de *subérine* (page 277). Il recouvre toute la racine, sauf à son extrémité, et lui donne une coloration brun clair facile à observer chez les plantes cultivées dans une solution nutritive convenable; dans la tige jeune, il forme l'*assise subéreuse* sous-épidermique; c'est le liège qui constitue l'enveloppe brune crevassée dont sont revêtues la plupart des tiges de nos arbres adultes. Si l'épiderme se déchire accidentellement ou par suite de l'accroissement de la tige en diamètre,

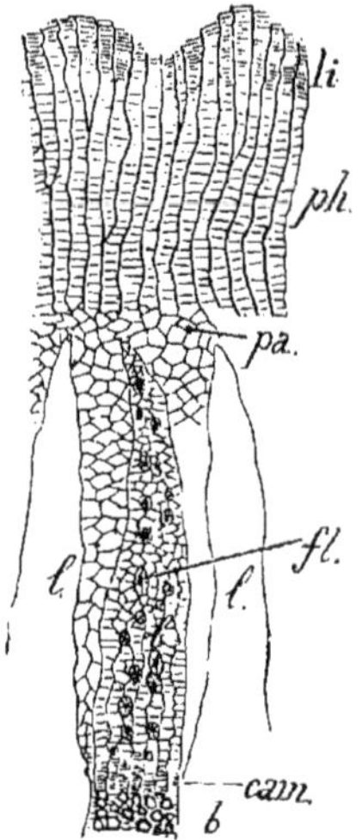

Fig. 261. — Fragment de tige de *Cinchona succirubra*. *b*, bois ; *cam*, cambium ; *l*, formations libériennes séparées par du parenchyme *pa* ; *ph*, phelloderme ; *li*, liège (*li* + *ph* = périderme).

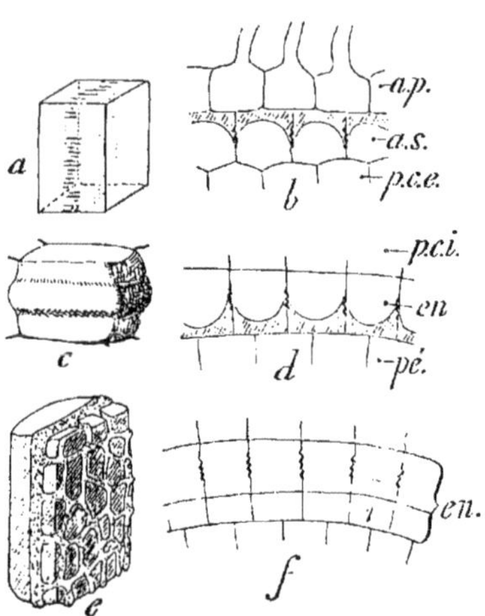

Fig. 262. — Subérification des membranes. — *a*, cellule prismatique de l'assise subéreuse ou de l'endoderme présentant des plissements sur ses faces latérales. — *b*, racine du Saule : *a.p*, assise pilifère ; *a.s* assise subéreuse avec cellules épaissies sur la face externe et plissées latéralement ; *p.c.e*, parenchyme cortical externe. — *c*, cellule de l'assise subéreuse du géranium avec un cadre d'épaississement. — *d*, endoderme avec cellules épaissies sur la face interne et plissées latéralement ; *p.c.i*, parenchyme cortical interne ; *pé*. péricycle. — *f*, endoderme dédoublé (1.2) des Crucifères ; *e*, une cellule de l'assise 2 avec épaisissement en réseau.

les cellules qui tapissent la plaie subérifient leur membrane et forment le *liège de cicatrisation*.

Caractères des cellules subérifiées. — Disposées en couches concentriques, les cellules subéreuses forment en même temps des séries radiales intimement unies (fig. 261, *Cinchona*). *Les parois latérales sont parfois ornées de plissements* (fig. 262, *a*) qui, se pénétrant chez deux cellules voisines à la manière des dents d'un engrenage, assurent à l'ensemble une grande résistance.

La membrane, tout en se subérifiant, demeure mince chez le Chêne-liège (*liège mou*) ; elle s'épaissit d'ordinaire (*liège dur*).

Le liège est un tissu élastique, peu perméable aux liquides et aux gaz : il protège la racine et assume pareil rôle dans la tige dès que l'épiderme est altéré.

Endoderme. — De l'assise subéreuse, qui engendre le liège de cicatrisation, on peut rapprocher l'*endoderme en* (fig. 253), assise de cellules qui limite intérieurement l'écorce et enveloppe le cylindre central.

Les cellules endodermiques, de forme prismatique, sont faciles à reconnaître sur une coupe transversale de racine ou de tige :

1° parce qu'elles sont alternes avec les cellules du *péricycle* sous-jacent (assise la plus externe du cylindre central) ; 2° parce qu'elles renferment d'ordinaire beaucoup d'amidon (*assise amyli-fère* de Sachs); 3° parce qu'elles présentent souvent aussi sur leurs faces latérales des *plissements* qui font de l'endoderme un manchon protecteur du cylindre central.

L'endoderme devient ainsi une assise mécanique et protectrice du cylindre central.

3° TISSUS DE SOUTIEN : [COLLENCHYME, SCLÉRENCHYME]

Ces tissus forment la charpente des tiges aériennes principalement ; ils s'y trouvent à l'état de zones plus ou moins étendues et diversement réparties.

1° **Collenchyme**. — La tige et les feuilles d'un certain nombre de végétaux (Labiées, Clématite, Lierre) possèdent un tissu d'aspect blanchâtre, le *collenchyme*, dû au cloisonnement de cellules *qui s'épaississent dans le jeune âge, alors qu'elles croissent encore.* Les cellules du collenchyme sont alors longues, étroites, épaissies dans les angles seulement (fig. 244, B), ou sur toute leur surface. A la jonction des angles de deux ou plusieurs cellules accolées, se produisent de véritables piliers de soutènement pour la plante.

La cellule collenchymateuse est vivante ; sa membrane épaissie, mais flexible, demeure à l'état de cellulose.

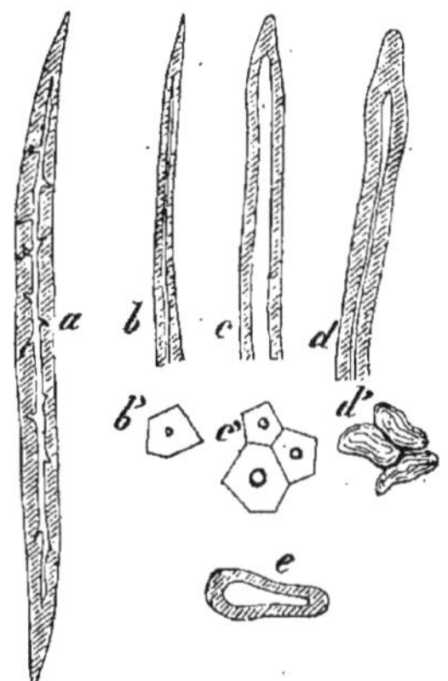

FIG. 263. — Fibres scléreuses : *a*, forme générale ; *b*, Lin ; *c*, Jute ; *d*, Chanvre ; *b'.c',d'*, sections des mêmes fibres ; *e*, section d'une fibre de Ramie.

2° **Sclérenchyme**. — *Tandis que le* collenchyme *se développe* **chez les organes en voie de croissance**, *par l'accumulation de cellulose dans la membrane de cellules* **vivantes**, *le sclérenchyme se forme dans* **les organes dont la croissance est terminée ;** *certaines cellules épaississent, puis* **lignifient** *leur membrane, alors que le noyau et le protoplasme disparaissent.*

Les cellules du sclérenchyme sont **mortes ;** elles forment le véritable squelette des végétaux et sont mieux développées chez les arbres, ou chez la plupart des tiges grêles très élancées (Lin, Chanvre, Jute, Ramie, etc.).

Caractères du schlérenchyme. — Les principaux éléments de ce tissu sont des cellules très allongées, pointues à leurs deux extrémités (fig. 263, *a*); on les appelle *fibres*. Les fibres sont polyédriques ou cylindriques suivant qu'elles forment des amas (Halfa, Jute, fig. 263, *c*, Ricin, fig. 264, *f. scl*) ou qu'elles sont libres dans la tige (*Cinchona*, fig. 261, *fl.*).

Leur longueur maximum peut atteindre 4 millimètres (Jute), 55ᵐᵐ (Chanvre),

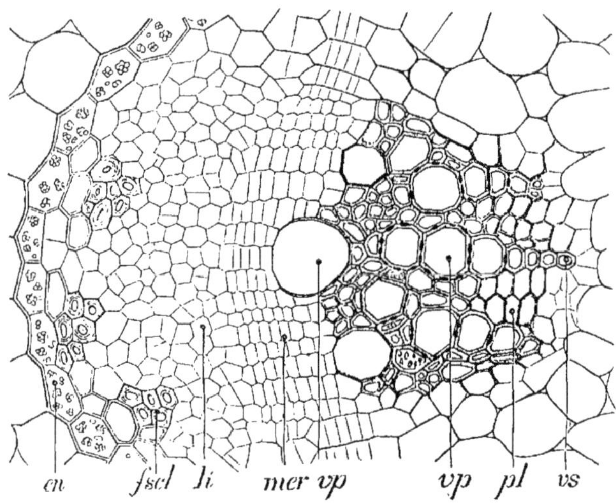

FIG. 264. — Faisceau libéroligneux de la tige du Ricin au début des formations secondaires. — Bois : *es.* vaisseaux spiralés ; *vp*, vaisseaux ponctués ; *pl*, parenchyme conjonctif ; *mer*, méristème secondaire. — Liber, *li*, en dehors duquel sont les faisceaux de fibres scléreuses, *f.scl.* — *en*, endoderme avec des grains d'amidon (assise amylifère).

66ᵐᵐ (Lin), 77ᵐᵐ (Ortie), 200ᵐᵐ (Ramie). En raison de leur longueur et de leur solidité, les fibres de ces plantes en sont précisément extraites par l'industrie textile.

Le sclérenchyme est beaucoup plus répandu que le collenchyme dans les Végétaux, surtout chez les Phanérogames.

4° TISSU VASCULAIRE

Le tissu vasculaire est largement représenté dans le bois du cylindre central, chez toutes les plantes pourvues de racines (Phanérogames et Cryptogames dites *vasculaires*). Il consiste en cellules très allongées, à membrane lignifiée, qui perdent de bonne heure leur protoplasme. Tantôt ces cellules *mortes* sont accolées les unes au bout des autres, mais leurs cavités respectives demeurent indépendantes (*vaisseaux fermés* ou *imparfaits*, appelés encore *trachéides*); tantôt ce sont des files de cellules dont les membranes transversales communes (fig. 247, B) se sont gélifiées (2), puis résorbées (3), en sorte qu'une même file cellulaire constitue un tube continu (*vaisseaux ouverts* ou *parfaits*).

Répartition des vaisseaux. — Les vaisseaux fermés sont bien plus fréquents que les vaisseaux ouverts ; ils existent, en effet, chez toutes les plantes vasculaires ; la plus grande partie du bois

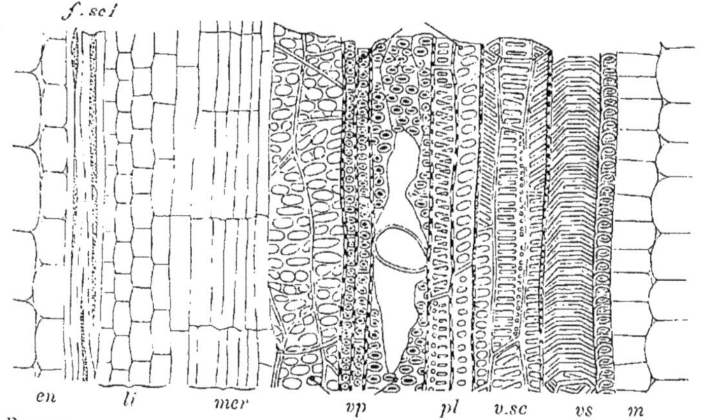

Fig. 265. — Section longitudinale du faisceau libéroligneux du Ricin (figure 264). — *m*, moelle ; *vs*, vaisseau spiralé ; *v.sc*, vaisseau scalariforme ; *vp*, vaisseau ponctué ; *pl*, parenchyme ligneux ; *mér*, méristème ; *f.scl*, fibres scléreuses en dehors du liber, *li* ; *en*, endoderme.

des Angiospermes (celui des arbres de nos forêts, par exemple), est composé de vaisseaux fermés.

Les vaisseaux ouverts, *vp* (fig. 264), ont la section la plus large et sont le plus souvent ponctués ou rayés, dans le bois de nos arbres ; les vaisseaux fermés y sont étroits, avec des épaississements spiralés ou annelés.

Les vaisseaux scalariformes, C(fig. 244), sont abondants chez les Cryptogames vasculaires ; les vaisseaux ponctués aréolés, F, F', F'', forment le bois des Conifères.

Les vaisseaux, de quelque aspect qu'ils soient, sont groupés en *faisceaux* dans une plante ; suivant que ces faisceaux appartiennent à la racine ou à la tige d'un même végétal, ils sont orientés de manières différentes qu'une étude ultérieure nous fera connaître.

Fonctions du tissu vasculaire. — Les racines des plantes vasculaires puisent dans le sol des matières nutritives généralement en dissolution étendue dans l'eau ; le liquide absorbé (*sève*) pénètre dans les vaisseaux de la plante, s'y élève et parvient jusqu'aux feuilles où il se concentre par évaporation. *La circulation de la sève est plus rapide dans les vaisseaux parfaits :* ces derniers sont donc indispensables aux plantes qui atteignent des dimensions considérables.

TISSU CRIBLÉ

De même que le **vaisseau** *est l'élément fondamental du tissu vasculaire qui forme le* **bois,** *de même le* **tube criblé** *est l'élément fondamental du tissu criblé qui entre dans la constitution du* **liber ;** mais le *vaisseau est un élément mort à membrane lignifiée,* tandis que *le tube criblé est un élément vivant* avec son protoplasme et sa membrane mince sans incrustation.

Caractères des tubes criblés. — Les tubes criblés sont des cellules cylindriques ou prismatiques, plus ou moins allongées, terminées par des *faces perméables* et le plus souvent *perforées* sur une partie de leur étendue.

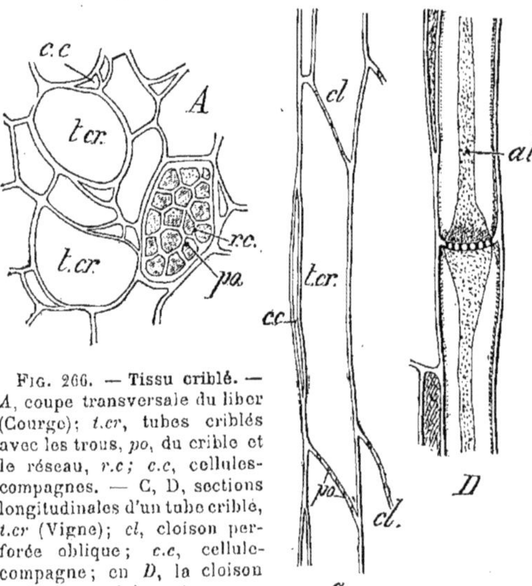

FIG. 266. — Tissu criblé. — A, coupe transversale du liber (Courge); *t.cr*, tubes criblés avec les trous, *po*, du crible et le réseau, *r.c*; *c.c*, cellules-compagnes. — C, D, sections longitudinales d'un tube criblé, *t.cr* (Vigne); *cl*, cloison perforée oblique; *c.c*, cellule-compagne; en *D*, la cloison perforée se laisse traverser par le liquide épais, riche en matières albuminoïdes, qui constitue la sève élaborée.

Ces éléments sont superposés en files longitudinales; la paroi commune à 2 cellules successives est transversale (Courge) ou oblique (Vigne, fig. 266).

Cal. — Quand des modifications surviennent dans la nutrition de la plante, à l'automne surtout, le contenu des tubes criblés, riche en matières albuminoïdes, sert à former sur les cribles des dépôts qui bientôt se rejoignent (fig. 266 *bis*), obstruent les perforations et constituent, sur les deux faces du réseau cellulosique, des plaques plus ou moins épaisses appelées *plaques calleuses*. A mesure que le cal s'épaissit, le contenu des tubes criblés devient aqueux et le protoplasme pariétal seul rappelle que les éléments considérés sont vivants.

Le cal peut donc être défini : une réserve albuminoïde formée par la plante au moment du ralentissement de ses fonctions. Au printemps suivant, le cal se dissout et les transports internes recommencent.

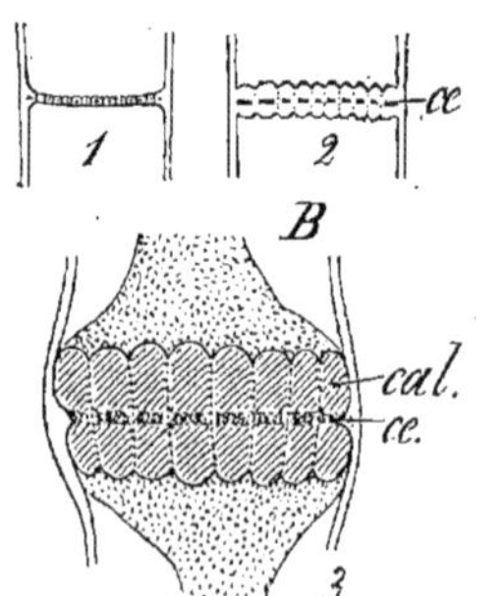

FIG. 266 *bis*. — Section transversale d'un crible de Ronce, 1 ; le réseau cellulosique, *cc*, 2, se recouvre du cal, *cal*, 3.

La cloison commune est seulement perméable, mais n'est jamais perforée chez les Gymnospermes et quelques espèces Angiospermes. *Il y a donc des tubes criblés parfaits et des tubes imparfaits, comme il existe des vaisseaux ouverts et des vaisseaux fermés.*

Les tubes criblés ont un contenu très riche en substances albuminoïdes.

Fonctions du tissu criblé. — Le tissu criblé est un tissu vivant, très analogue au parenchyme de réserve en ce qu'il contient des substances nutritives abondantes ; il est comparable au tissu vasculaire en ce qu'il sert, comme lui, au transport de matières nutritives dans les diverses régions de la plante. Là, d'ailleurs, se borne l'analogie des deux tissus conducteurs, car leurs contenus sont différents.

DES APPAREILS

Les tissus dont nous avons étudié la structure et défini les fonctions forment les appareils qui constituent l'organisme végétal. Chacun d'eux occupe, dans l'édifice cellulaire, une position conforme au rôle qui lui est dévolu, la place réservée à chaque tissu est proportionnée à l'importance de sa fonction, et ses rapports avec les tissus voisins sont réglés d'une manière si heureuse qu'au minimum de dépense de matière correspond le maximum d'effet utile.

Les végétaux inférieurs (Algues, Champignons) sont réduits, pour la plupart, au minimum de simplicité : une cellule, un filament, un parenchyme, chlorophyllien ou non, protégé par un revêtement de cellules plus petites et plus serrées.

Dans la tige des Mousses, la différenciation, poussée plus loin, montre le parenchyme enveloppé d'une zone externe cellulaire relativement dense et, au centre, quelques cellules allongées attestant une tendance à la formation des vaisseaux fermés.

Les végétaux supérieurs nous offrent la différenciation cellulaire poussée au plus haut degré.

Malgré des variations nombreuses, le plan suivant lequel sont organisés les végétaux supérieurs peut être facilement décelé.

1° Une charpente ou *stéréome* ayant pour éléments les *tissus de soutien* (sclérenchyme surtout, collenchyme), est formée de manchons cylindriques ou cannelés, de piliers parallèles, ou de manchons et de colonnades tout ensemble, doués d'une résistance considérable (fig. 267). [Appareil de soutien].

Les tiges aériennes renferment l'appareil de soutien le mieux développé ; il consiste, dans le parenchyme cortical, en un manchon continu (Courge, 1) ou en faisceaux de sclérenchyme placés aux angles de la tige (Genêt, 3 ; Labiées, 4). Dans le parenchyme central, c'est le plus souvent au voisinage des faisceaux ligneux et libériens que le stéréome apparaît, sous forme de piliers creux enveloppant totalement ces faisceaux (Canne à sucre, 2) ou de gouttières qui les soutiennent du côté externe (Palmiers, 5 et 7). Dans les tiges ligneuses (Arbres), le stéréome forme un manchon épais et très résistant qu'on trouve remarquablement développé aussi chez le petit Houx (6).

2° Les colonnades sont le plus souvent au voisinage des *tissus conducteurs :* vaisseaux du bois, tubes criblés du liber, où circulent les liquides nutritifs.   **[Appareil conducteur]**.

Ces canaux ne peuvent donc subir d'affaissement. Dans la tige,

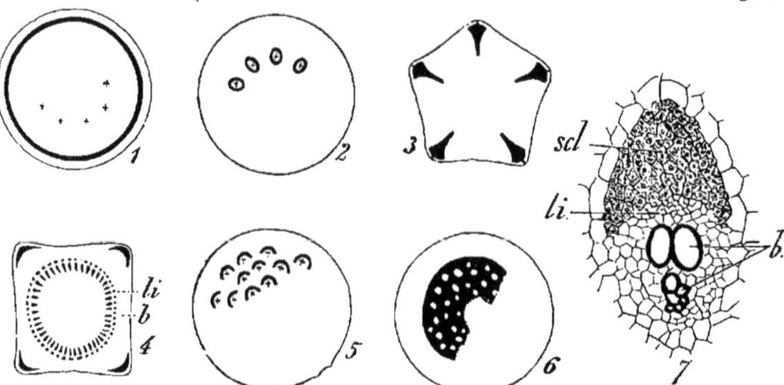

Fig. 267. — Appareil de soutien (stéréome). 1, Courge ; 2, Canne à sucre ; 3, Genêt ; 4, Labiées ; 5, 7, Palmier ; 6, petit Houx (*Ilex aquifolium*). (Cette figure a été extrêmement simplifiée pour être rendue compréhensible.)

les faisceaux ligneux (bois), adossés aux faisceaux libériens, forment des faisceaux libéroligneux, dont le bois est orienté vers l'intérieur de la tige et le liber à l'extérieur (fig. 253) ; dans la racine ces faisceaux sont alternes.

3° Des enveloppes concentriques, au nombre de 3 ou de 2, *protègent* l'édifice. Ce sont .

     à l'extérieur, l'*épiderme* (pour la tige et les feuilles), percé de fenêtres (stomates) qui assurent la communication de l'air avec l'atmosphère de la plante (méats, lacunes, chambres du parenchyme) ;

     le *liège* (*assise subéreuse*), qui supplée l'épiderme absent ou altéré en protégeant le parenchyme cortical ;

     l'*endoderme*, qui enveloppe le cylindre central

           [Appareil protecteur].

4° Le *parenchyme* comble tout l'espace circonscrit par l'épiderme ou par le liège dans la tige, les feuilles et la racine, en *réunissant* les appareils précédents   **[Appareil conjonctif]**.

Cet appareil joue un rôle essentiel dans la nutrition du végétal : *chlorophyllien* dans les régions hypodermiques, le parenchyme y est l'*appareil assimilateur ;* incolore au centre de la plante, il y accumule des réserves et constitue l'*appareil de réserve*. Des cellules et des canaux sécréteurs y sont diversement répartis et forment l'*appareil sécréteur*.

CHAPITRE IV

DES ORGANES

GRANDES DIVISIONS DU RÈGNE VÉGÉTAL

Les Végétaux sont unicellulaires ou pluricellulaires.

Quelle que soit la complexité d'un Végétal, les fonctions qu'il accomplit sont de même nature :

Les unes, assurant son existence propre, sont les *fonctions de nutrition;* les autres, ayant pour objet la conservation de son espèce, sont les *fonctions de reproduction.*

Ces deux sortes d'attributions peuvent échoir successivement à la *même partie* du végétal; ou bien elles sont remplies par des *groupes distincts de cellules* qu'on appelle *organes, spécialisés en vue d'un travail déterminé*; ce travail est évidemment accompli d'une manière plus parfaite.

Le principe de la *division du travail* est, chez les Végétaux comme chez les Animaux, un critérium absolu de leur degré de perfection ; quelques exemples vont nous permettre d'en faire la preuve.

I. — VÉGÉTAUX UNICELLULAIRES ET COLONIES DE CELLULES IDENTIQUES

La division du travail est à peine accusée chez ces Végétaux.

La Levure de bière (fig. 268, A), la Levure ordinaire des vins B, les Bactéries (fig. 246) sont composées de cellules libres ou associées, mais *toutes identiques.*

Soit une cellule de Levure, *a ;* placée dans un liquide convenable, *elle s'y nourrit* et s'y développe ; une fois sa grandeur maximum atteinte, *elle se multiplie* par bourgeonnement en produisant des chapelets de cellules nouvelles *a', a''*, etc. qui, devenues indépendantes, se comporteront de même. Mais si le milieu est impropre au développement de la cellule *a*, celle-ci ne croît plus; son protoplasme se partage en 2 ou 4 *spores s,s'*, enveloppées chacune d'une membrane protectrice. Au moment où le milieu redeviendra propice à la vie de la plante, chacune de ces spores germera (*s. g*), en donnant de jeunes cellules identiques à la cellule primitive *a.*

Ainsi *la cellule unique qui compose un Végétal accomplit ici tour à tour les fonctions de nutrition qui déterminent sa croissance et les fonctions de reproduction qui perpétuent son espèce.*

Le même fait se remarque chez la Spirogyre (fig. 248), Algue filamenteuse pluricellulaire dont les cellules jouent, dans la reproduction, les unes le rôle d'*organes mâles*, les autres le rôle d'organes *femelles.*

Quand la cellule, qui forme une plante unicellulaire atteint des dimensions notables, elle adopte parfois une forme telle qu'*une partie du corps cellulaire sert d'organe de fixation et de nutrition, l'autre partie étant* ordinairement *affectée à la multiplication du*

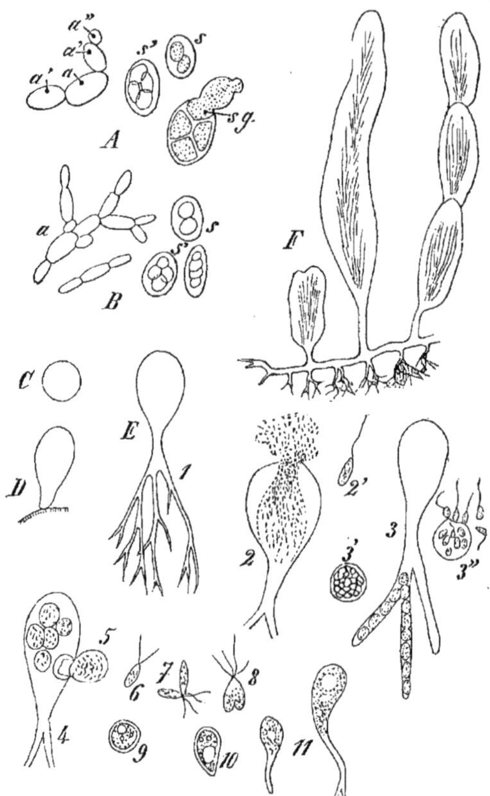

Fig. 268. — Végétaux unicellulaires. — A, Levure de bière (*Saccharomyces cerevisiæ*); a, cellule primordiale avec bourgeons a', a''. En s, s', cellules avec spores; s.g, spore en germination. — B, Levure ordinaire des vins (*Saccharomyces ellipsoideus*); mêmes désignations que pour A. — C, *Protococcus*. — D, *Valonia*. — F, *Caulerpa*. — E, *Botrydium granulatum*, 1; 2, gélification de l'ampoule au sommet pour l'émission de zoospores à un cil, 2'; 3, évacuation de l'ampoule par le protoplasme qui, dans les rameaux souterrains, forme des masses 3' capables d'émettre des zoospores à un cil, 3''; 4, partage du protoplasme en masses sphériques 5, qui se résolvent en zoospores à 2 cils, 6; 7, 8, fusion de deux zoospores et production d'un œuf 9, qui germe en 10 et 11.

végétal. Les *Protococcus* C (fig. 268) sont des cellules sphériques; les *Valonia* D ont la forme d'une outre maintenue au sol par sa pointe; les *Caulerpa* F présentent des crampons fixateurs soutenant un filament cylindrique pourvu d'expansions foliacées; à ces expansions est surtout dévolu le rôle d'organe de nutrition.

Tableau XXXVII.

Des Organes.

Le perfectionnement d'un organisme est en corrélation avec la division du travail physiologique qui s'y accomplit ; les Végétaux inférieurs surtout en fournissent des exemples frappants.

Fonctions
— *de nutrition....* Conservation de l'individu.
— *de reproduction.* Conservation de l'espèce.

Division du travail

nulle ou faible : **Confusion** *des fonctions*
- totale....
  - Êtres unicellulaires : Levure de bière, Bactéries.
  - Colonies cellulaires : *Pediastrum.*
  - Certains Thallophytes : *Mesocarpus.*
- partielle.
  - Gamète mâle et Gamète femelle : Spirogyre.
  - Spécialisation atténuée d'une partie nutritive et d'une partie reproductrice. *Botrydium granulatum.*

de plus en plus nette : **Séparation** *des fonctions.*
- Appareils nutritif et reproducteur peu différenciés................ **Thallophytes** (Agaric, Laminaire, etc...).
- **Appareil nutritif perfectionné.**
  - Formes de transition : *Hépatiques* thalliformes (*Anthoceros*, etc...).
  - Tige, Feuilles et poils rhizoïdes : **Muscinées** (*Mousses* et *Hépatiques* feuillées).
  - Tige, Feuilles et Racines : **Cryptogames vasculaires et Phanérogames.**
- **Appareil reproducteur perfectionné. Multiplication :**
  - par *œufs* et *spores sans alternance régulière :* **Thallophytes** (Algues, Floridées, etc...).
  - par *œufs* et *spores en alternance régulière :* **Muscinées et Cryptogames vasculaires.**
  - par graines
    - issues de *fleurs :* **Phanérogames.**
    - Graines nues : *Gymnospermes.*
    - Graines dans un ovaire : *Angiospermes.*

Avec le *Botrydium granulatum* (fig. 268, E, 1, 2, ... 11) parmi les Algues, nous faisons un pas de plus vers la division du travail.

Le *Botrydium granulatum* 1 est une ampoule verte de 1 à 2 millimètres de diamètre, qui se développe dans les endroits humides ; cette ampoule se continue dans le sol par un *organe fixateur et absorbant*, divisé dichotomiquement en rameaux nombreux et incolores.

Tant que la plante n'a pas atteint son maximum de grandeur, *la vésicule s'accroît en diamètre en se nourrissant de substances puisées dans l'air, tandis que les crampons absorbent l'eau du sol.* Le moment de la *reproduction* arrivé, la paroi de la vésicule se gélifie (2), tandis que le protoplasme se partage en un grand nombre de spores pourvues d'un cil vibratile (2'); ces *zoospores* se fixent au sol, s'accroissent et donnent autant de *Botrydium* nouveaux.

Le Botrydium produit aussi des œufs. A cet effet, le protoplasme de l'ampoule (4) se divise en sphères, entourées d'une membrane (5), qui donnent naissance à des zoospores pourvues de 2 cils (6) ; celles-ci se fusionnent deux à deux (7, 8) et constituent un œuf (9). L'œuf peut germer de suite ou attendre que les conditions du milieu extérieur lui soient favorables ; il engendre alors un jeune *Botrydium* (10, 11).

En résumé, *dans le Botrydium unicellulaire, on distingue un organe fixateur et absorbant souterrain, un organe de nutrition aérien, dont le protoplasme concourt à la reproduction du végétal d'une manière variable avec les conditions du milieu ambiant.*

II. — VÉGÉTAUX PLURICELLULAIRES

Les appareils nutritif et reproducteur y sont plus distincts.
La division du travail est un fait nettement accompli chez le

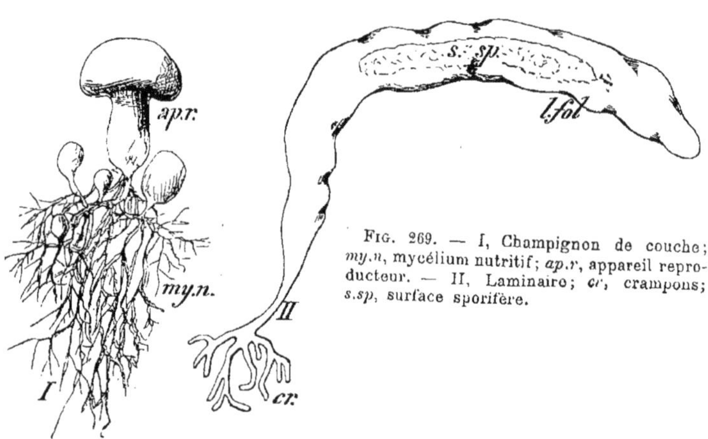

FIG. 269. — I, Champignon de couche; *my.n*, mycélium nutritif; *ap.r*, appareil reproducteur. — II, Laminaire; *cr*, crampons; *s.sp*, surface sporifère.

Champignon de couche (*Agaricus campestris*, fig. 269, I) parmi les Champignons, et chez la Laminaire (*Laminaria saccharina*, II) parmi les Algues. L'Agaric consiste en un *mycélium nutritif my.n*, composé de filaments pluricellulaires qui se développent dans le fumier; aux points où concourent de nombreux rameaux, l'abondance de matière nutritive provoque la formation d'hyphes (fig. 269, B) qui se groupent en un faux tissu d'où résulte le chapeau, *ap.r*.

Le chapeau n'est que

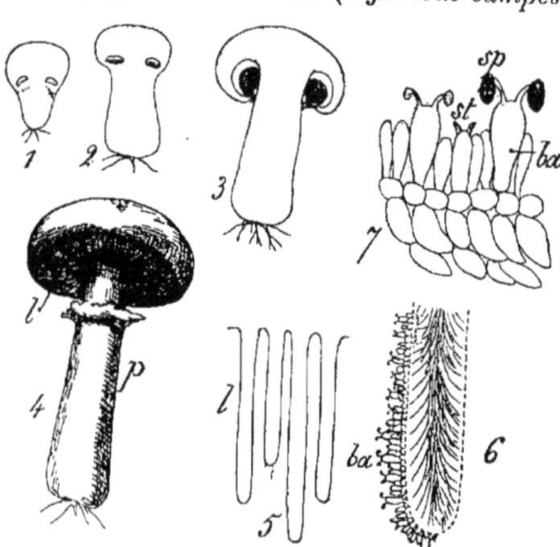

FIG. 270. — Développement et multiplication de l'Agaric. 1,2,3,4; *p*, pédicelle; *l*, lames sporifères, vues en coupe (5); 6, coupe d'une lame fortement grossie portant les basides *ba*, mieux visibles en 7; *ba*, baside avec stérigmates *st* portant les spores *sp*.

l'appareil reproducteur du Champignon; il porte des lames (4, 5) (fig. 270) rayonnantes autour du pédicelle *p ;* sur la surface de ces lames (6) se développent des cellules particulières (*basides ba*, 7) qui produisent les spores *sp* destinées à la multiplication du végétal.

Les Laminaires II (fig. 269), grandes Algues marines atteignant plusieurs mètres de longueur, possèdent un *appareil fixateur* (les crampons *cr* qui embrassent étroitement les aspérités des rochers) et un *appareil nutritif*, la lame foliacée brune *l. fol ;* une partie de cette lame se différencie plus tard en un *appareil reproducteur* qui occupe la surface sporangifère *s.sp.*

Toutes les plantes dont il vient d'être question sont unicellulaires ou formées de cellules presque identiques.

On nomme **thalle** *le corps de tout végétal composé de cellules non ou peu différenciées; les* **Thallophytes** *embrassent l'ensemble des Végétaux chez lesquels la division du travail, encore assez peu marquée, s'accorde avec une grande simplicité de structure.*

Les Thallophytes comprennent les *Algues* pourvues de chlorophylle et les *Champignons* qui n'en possèdent pas.

A. — Répartition du travail nutritif entre des organes perfectionnés.

1° *Plantes pourvues d'une tige et de feuilles.* — Si le thalle des Ulves, des Laminaires (Algues) est peu différencié dans sa forme et sa structure, on n'en saurait dire autant des lames vertes qui constituent l'appareil végétatif de certaines Hépatiques (*Anthoceros*, fig. 271, A; *Marchantia*, B) ni des tiges feuillées du *Calypogeia* C, C (Hépatique) et des Mousses (*Polytrichum*, D; *Leucodon*, E).

Les Mousses, en particulier, présentent un axe ordinairement vertical appelé *tige ti*, E, pourvu de *feuilles f* nombreuses, petites et serrées; la tige est maintenue au sol par des poils *cr* ou *rhizoïdes*. La plante ainsi constituée possède un appareil fixateur et faiblement absorbant (les poils), un appareil de soutien (la tige) servant à conduire la sève, un appareil nutritif proprement dit (les feuilles) puisant dans l'air les gaz utiles à la plante.

Par l'examen au microscope d'une section transversale de la tige G, on reconnaît au centre de celle-ci un massif de petites cellules *c* qui, vues en coupe longitudinale, sont très allongées suivant l'axe; ces éléments rappellent les jeunes cellules allongées qui, dans le méristème terminal des Végétaux supérieurs, donnent naissance aux vaisseaux (page 282, fig. 251).

On appelle **Muscinées** *l'ensemble des Végétaux qui possèdent ordinairement une tige et des feuilles.* Dans ce groupe sont rangées les *Mousses* et les *Hépatiques* dont certains genres (*Callipogeia*,

Jungermannia) se rapprochent des Mousses, tandis que d'autres (*Marchantia, Anthoceros*, etc.) ont plus d'analogie avec les Algues par leur forme extérieure.

2° *Plantes avec racine, tige et feuilles.* — Les Végétaux supérieurs présentent un perfectionnement plus grand encore : leur tige est

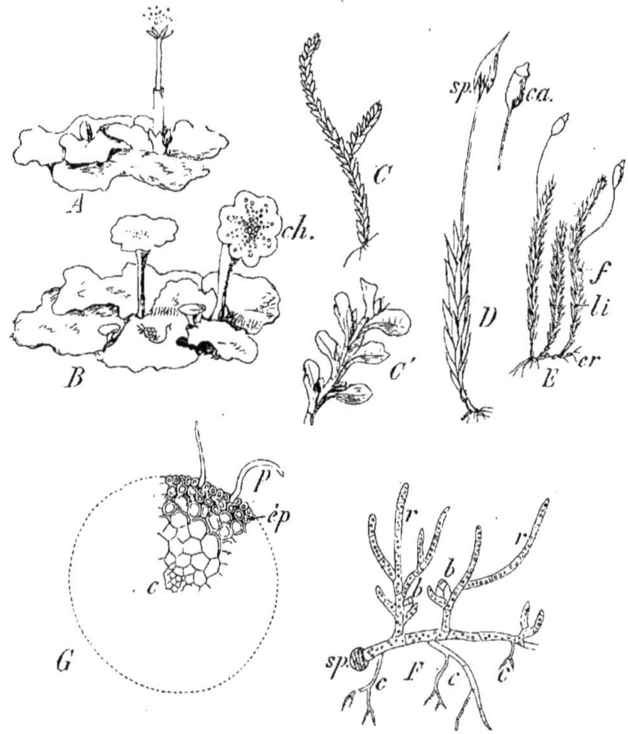

Fig. 271. — *Muscinées :* 1° Hépatiques : A, thalle d'*Anthoceros* portant un sporogone au moment de sa déhiscence ; B, thalle de *Marchantia* avec chapeaux mâles *ch.* C, *Calypogeia* dont une portion *C'* est grossie. — 2° Mousses : D, *Polytrichum* dont la tige feuillée porte un sporogone *sp* avec sa coiffe. E, *Leucodon* ; *cr*, rhizoïdes ; *ti*, tige avec feuilles *f* ; *ca*, sporange grossi pourvu de son opercule. F, protonéma produit par la germination d'une spore *sp ; c*, rhizoïdes bruns ; *r*, filaments verts ramifiés ; *b*, bourgeons (futures tiges feuillées).

en continuité avec un système radiculaire qui constitue un appareil de fixation et d'absorption important ; tandis que les rhizoïdes des Mousses ne puisent que peu de matières nutritives dans le sol, les racines d'une Fougère (fig. 272) ou d'un Lupin (fig. 239) absorbent à l'état de dissolution tous les sels nécessaires à l'entretien de la plante. Le liquide nutritif absorbé parvient à des éléments profondément différenciés, appelés *vaisseaux* (fig. 253, *v*), qui le conduisent à travers la racine et la tige jusqu'aux feuilles.

On appelle **Plantes vasculaires** *tous les Végétaux composés de trois membres (racine, tige et feuilles) où la sève circule dans des vaisseaux.*

B. — Perfectionnement de l'appareil reproducteur.

1° *Plantes se multipliant par œufs et par spores.* — Les Thallophytes se multiplient par œufs ou par spores, souvent par les deux à la fois. Aussi longtemps que les conditions du milieu extérieur sont favorables, la plante adulte produit des spores; si ces conditions changent, la plante en danger de mort produit des œufs par la fusion des protoplasmes de deux cellules distinctes (*Spirogyra*, fig. 248). L'apparition des œufs et des spores est donc fort irrégulière chez ces végétaux.

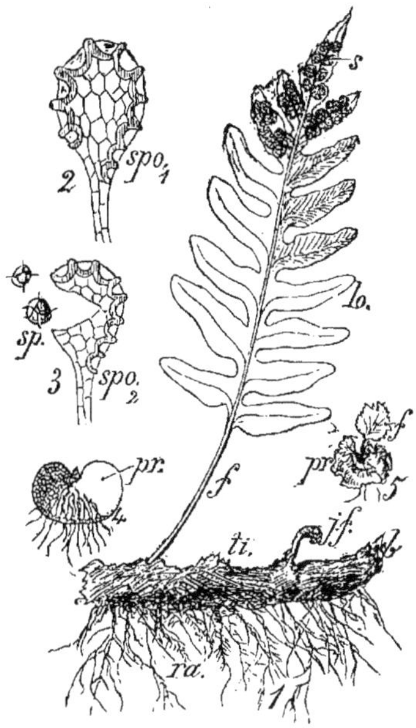

Les Muscinées et nombre de plantes vasculaires se reproduisent *par spores et par œufs alternativement*; chez les autres plantes vasculaires, la reproduction se fait par *graines issues de fleurs.*

FIG. 272. — *Cryptogames vasculaires.* — *Polypodium vulgare* (Fougère). — 1, plante avec racines *ra*, tige souterraine (rhizome) *ti*, feuille épanouie *f* et jeune feuille enroulée en crosse *j.f*; *b*, bourgeon terminal; la partie dorsale des frondes *lo* porte des accumulations de sporanges *s*. — 2, spo₁, sporange fermé. — 3, spo₂, sporange ouvert projetant les spores *sp*. — 4, prothalle *pr*. — 5, jeune plante se développant sur le prothalle *pr*.

Les plantes à fleurs sont appelées **Phanérogames**, par opposition à toutes les autres nommées **Cryptogames**. Les plantes vasculaires se reproduisant sans l'aide de fleurs sont les **Cryptogames vasculaires**, qui comprennent les Fougères (*Polypodium*, fig. 272), les Prêles, les Lycopodes, etc.

2° *Plantes se reproduisant par graines (Phanérogames : Angiospermes et Gymnospermes).* — Une graine provient d'une fleur, c'est-à-dire d'un ensemble de feuilles modifiées : les unes en vue de la reproduction, les autres à l'effet de protéger les premières.

Soit une fleur de Moutarde sauvage (*Sinapis arvensis*, fig. 273). Elle se compose :

1° de verticilles externes protecteurs : le *calice ca*, comprenant 4 *sépales*, et la *corolle co*, formée de 4 pétales ;

2° de verticilles reproducteurs : l'*androcée*, formé de 6 *éta-*

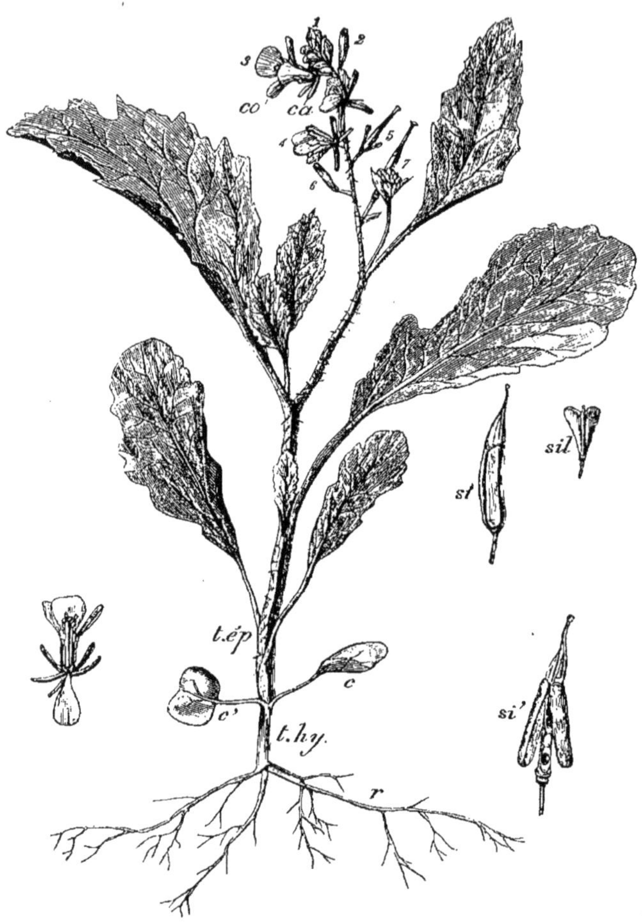

Fig. 273. — Moutarde des champs (*Sinapis arvensis*). — *r*, racine ; *t.hy*, tige hypocotylée ; *c,c'*, cotylédons ; *t.ép*, tige épicotylée portant les feuilles et les fleurs à divers degrés d'épanouissement, 1 à 7. — 3, *ca*, calice ; *co*, corolle. — 6,7, jeune fruit (*silique*) parvenu à maturité en *si* ; *si'*, silique ouverte pour la dispersion des graines. — *sil*, silicule de la Bourse-à-pasteur (*Capsella bursa pastoris*).

mines, et le *pistil* avec 2 *carpelles* soudés (fig. 273, 5, 6, 7).

Chaque étamine comprend un *filet* surmonté d'un sac appelé *anthère* où se développe une poussière jaune, le *pollen*.

Dans un carpelle, on trouve à la base une cavité close, l'*ovaire*, renfermant de petits grains nommés *ovules*, attachés à la paroi ; l'ovaire se prolonge par un *style* muni d'un *stigmate*, surface papilleuse enduite d'un liquide visqueux.

Quand la fleur est épanouie, le pollen mis en liberté est recueilli par le stigmate, et son contenu protoplasmique se fusionne avec celui d'une cellule renfermée dans un ovule.

De cette fusion résulte un œuf qui s'organise en une plantule, s'entoure d'une matière nutritive de réserve et forme la graine.

Tous les ovules ainsi fécondés donnent des *graines renfermées dans une enveloppe close, le fruit* (fig. 273, *si, si'*).

Toute plante phanérogame, dont les graines sont ainsi contenues dans une enveloppe fermée, s'appelle *Angiosperme* (Moutarde, Giroflée, Lin, Géranium, Haricot, Pois, Lis, etc.).

Parfois, comme dans le Pin, le Sapin (fig. 274), les fleurs sont dépourvues du calice et de la corolle ; certaines feuilles modifiées $ét_1$, groupées en *cônes mâles* $C \sigma$ à l'extrémité des branches, produisent du pollen p ; d'autres c_1, c_2, réunies en *cônes femelles* $C \male$, portent chacune deux ovules *libres ov*, à *nu* sur les feuilles carpellaires. Après la fécondation, ces ovules donneront aussi des graines.

On appelle *Gymnosperme* toute plante phanérogame dont les graines ne sont pas renfermées dans une cavité close (Conifères : Pin, Sapin, Mélèze, Genévrier, etc.).

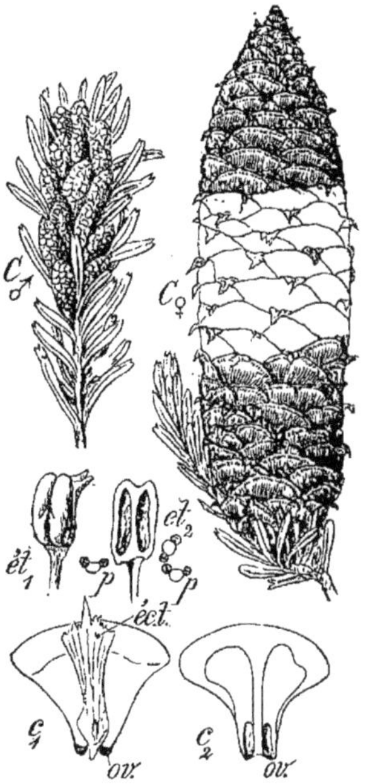

Angiospermes : Dicotylédones et Monocotylédones. — Nous avons vu qu'une graine de Lupin (fig. 237) renferme une *plantule* (radicule, tigelle et gemmule) protégée par *deux cotylédons* fixés à la tigelle ; la graine de Lupin est appelée *dicotylédone*, ainsi que la plante qui en naît.

La graine du Maïs (fig. 434) renferme *un seul cotylédon* qui enveloppe la plantule de toutes parts ; ce cotylédon est appliqué contre une réserve nutritive supplémentaire, *l'albumen*. La graine de Maïs est dite *monocotylédone*, comme le végétal auquel elle donnera naissance.

Fig. 274. — Gymnospermes. — *Abies pectinata* (Conifère). $C \sigma$, cône de fleurs mâles ; $C \male$, Cône femelle. $ét_1$, étamine fermée ; $ét_2$, étamine ouverte mettant en liberté les grains de pollen p. — c_1, c_2, carpelles montrant les deux ovules *ov* (futures graines) et l'écaille tectrice *éc.t*.

Conclusion. — Les considérations contenues dans ce chapitre nous permettent d'établir ainsi les *grandes divisions du règne végétal* :

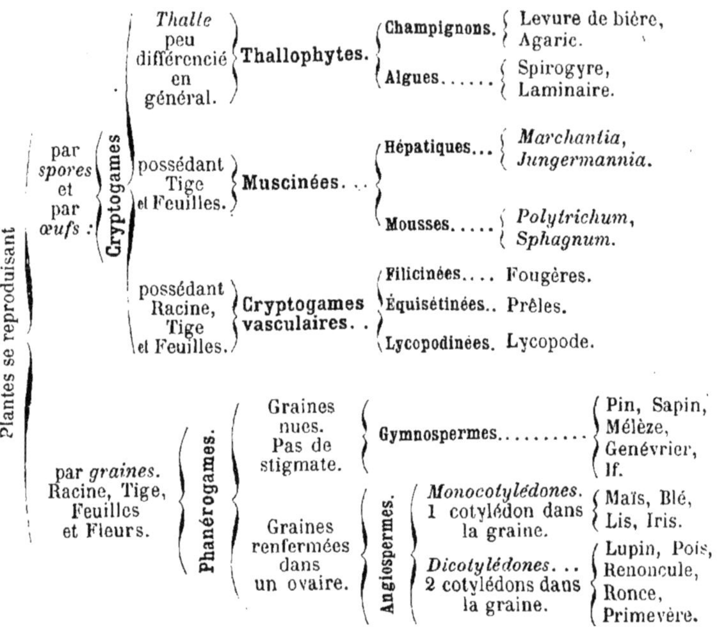

FONCTIONS DE NUTRITION

RAPPORTS GÉNÉRAUX ENTRE LES MEMBRES ESSENTIELS DE LA PLANTE.

Les membres essentiels de la plante (racine, tige et feuilles) sont groupés, en général, de telle sorte que la racine et la tige en forment l'*axe*, les feuilles pouvant être considérées comme des expansions latérales de la tige (fig. 275).

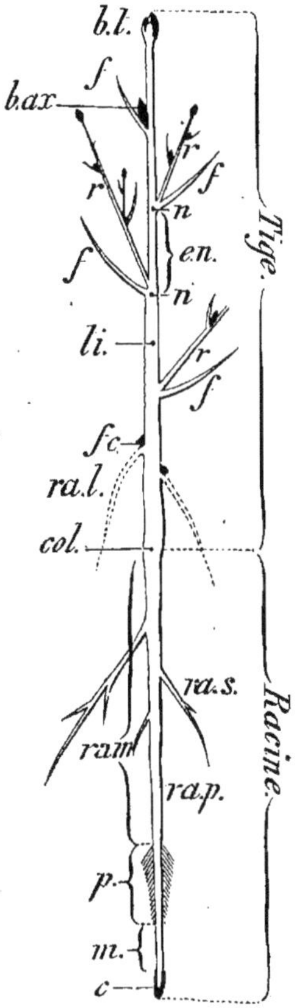

L'axe d'un Végétal comprend :

1° La *racine principale*, *ra.p*, partie souterraine d'ordinaire, qui s'allonge suivant la direction de la pesanteur ;

2° La *tige principale*, *ti*, partie aérienne s'accroissant en sens inverse. La racine principale et la tige, accolées par leur base appelée *collet*, *col*, ont la forme de cônes très allongés dont les sommets sont occupés par un *bourgeon terminal*, *b.t* (tige), et par la *coiffe*, *c* (raciné).

Cet axe se ramifie latéralement en général : la racine principale émet des racines secondaires ou *radicelles*, *ra.s*, elles-mêmes subdivisées en racines d'ordres plus élevés et de moindre importance. La tige porte latéralement des *bourgeons axillaires*, *b.ax*, dont le nom rappelle leur insertion à l'aisselle des feuilles *f*. De même que le bourgeon terminal, ces bourgeons axillaires (tiges feuillées en miniature) se développent et produisent un *rameau* ou *branche r*, pouvant se diviser en rameaux de 3e, 4e, 5e... ordres.

Ainsi la plante, primitivement réduite à son axe portant quelques feuilles, se com-

FIG. 275. — Parties essentielles de la plante. — *Racine : ra.p*, racine principale avec coiffe *c*; région d'accroissement *m*; zone des poils absorbants *p* et région de ramifiction *ram*; *col*, collet ; *ra.s*, racines secondaires ou radicelles. — *Tige : ti*, tige principale avec bourgeon terminal *b.t*, bourgeons axillaires *b.ax*, insérés à l'aisselle des *feuilles f*; *n*, nœuds (insertion des feuilles); *en*, entre-nœud ; *r*, rameaux ou branches avec feuilles et bourgeons, provenant du développement des bourgeons axillaires de la tige ; *f.c*, feuille caduque (tombée) ; *ra.l*, racines latérales.

plique à mesure que les ramifications en deviennent plus nombreuses.

L'ensemble de la racine principale et de ses divisions forme un *système radiculaire*; la tige et ses branches constituent le *système tigellaire* (grappe ou cyme, suivant les cas). Les feuilles sont uniquement portées par ce dernier système.

Dans l'exposé qui suit, les expressions : système radiculaire et système tigellaire seront employées seulement lorsqu'il s'agira de désigner la racine et ses ramifications, la tige et ses branches.

CHAPITRE PREMIER

LA RACINE

La racine n'existe que chez les Phanérogames et les Cryptogames vasculaires ; les Muscinées sont attachées au sol par des poils, des *rhizoïdes*, qu'on ne trouve même pas chez les Thallophytes, à l'exception des Lichens (associations d'une Algue et d'un Champignon).

§ 1. — MORPHOLOGIE DE LA RACINE

Direction de la Racine. — La racine est la partie de la plante qui s'enfonce dans le sol ou dans tout milieu incapable de nuire à son développement.

La jeune racine, encore nourrie par la réserve contenue dans l'albumen de la graine, peut se développer librement dans l'air humide; *elle adopte toujours la direction verticale de haut en bas*, alors même qu'elle aura été préalablement au contact d'un sol riche en matières nutritives. L'expérience suivante en fournit la preuve : sur une toile métallique T, portée par un cristallisoir renfermant de l'eau (fig. 276), on sème des grains de Blé g dans une couche de terre maintenue humide et ayant plusieurs centimètres d'épaisseur; les graines germent; au bout de plusieurs jours on voit sortir du sol, à travers les mailles de la toile, des racines ra qui s'allongent de haut en bas, et des tiges feuillées ti se développant en sens inverse.

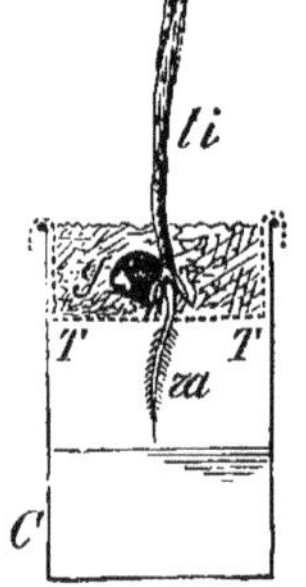

Fig. 276. — La racine se dirige vers le centre de la terre; la tige *ti* adopte la direction opposée. —*g*, grain de Blé en germination dans une couche de terre humide portée par un tamis *T*, reposant sur un cristallisoir *C* : les racines émises, *ra*, traversent le tamis de haut en bas.

TABLEAU XXXVIII.

De la Racine.

La racine existe seulement chez les Phanérogames et les Cryptogames vasculaires.

Direction de croissance vers le centre de la terre.

Morphologie

Insertion.
- *Racine principale :* elle occupe toute la base de la tige.
- *Racines latérales ;* insérées sur les côtés de la tige. — Racines adventives.

Constitution externe.
- *Région de ramification :* Radicelles.
- *Poils absorbants.*
- *Région d'accroissement subterminale* (1 centimètre environ).
- *Coiffe* terminale.

Croissance en longueur due au développement de la région d'accroissement.

Circumnutation de la racine : elle favorise sa pénétration dans le sol.

Ramification. — Système radiculaire
- pivotant
  - ordinaire : Fève, Haricot, etc.
  - exagéré : Radis, Carotte, etc. — *Racines tuberculeuses.*
- fasciculé
  - ordinaire : Blé, Graminées diverses.
  - exagéré : Dahlia. — *Racines tuberculeuses.*

Structure

Structure primaire (région des poils absorbants).

Écorce
- *Assise pilifère :* poils absorbants.
- *Assise subéreuse :* épaississement et subérification de la membrane des cellules constitutives.
- *Assises corticales*
  - externe — irrégulière..... { parenchyme de réserve.
  - interne — disposition radiée
- *Endoderme plissé* latéralement.

Cylindre central.
- *Parenchyme* conjonctif.
  - *Péricycle.*
  - *Rayons médullaires.*
  - *Moelle.*
- *Faisceaux libériens et faisceaux ligneux alternes.*

Région d'accroissement subterminale.
- 3 initiales ou 3 groupes d'initiales : Phanérogames.
- 1 initiale : Cryptogames vasculaires.

Origine endogène des radicelles.

Structure secondaire
due à la *croissance en épaisseur* (Dicotylédones et Gymnospermes).

Assises génératrices
- interne ou *Cambium.*
  - *Liber secondaire* en dehors } du
  - *Bois secondaire* en dedans } cambium
- externe. — *l'Périderme.*
  - *Liège :* cellules mortes subérifiées.
  - *Phelloderme :* cellules vivantes.

Caractères de la Racine. — *Coiffe* épidermique. — *Jamais de feuilles.* — *Symétrie axiale franche.* — Épiderme seulement au sommet, écorce et cylindre central avec *faisceaux ligneux et libériens alternes.* — *Accroissement subterminal.* — Radicelles *endogènes* (comme la racine principale dans l'embryon).

Lieu d'insertion de la Racine. — Une même plante produit plusieurs catégories de racines :

1° La *racine terminale*, *ra.p* (fig. 362), qui occupe toute la base de la tige où elle est insérée au collet, *col;*

2° Les *racines latérales*, *ra. l*, insérées sur les côtés de la tige. Ces dernières sont dites *régulières* lorsque leur position est nettement déterminée par rapport à une feuille (*racines latérales foliaires*) ou à un bourgeon (*racines latérales gemmaires*); on les appelle *irrégulières* ou *adventives* quand elles naissent en un point quelconque de la tige.

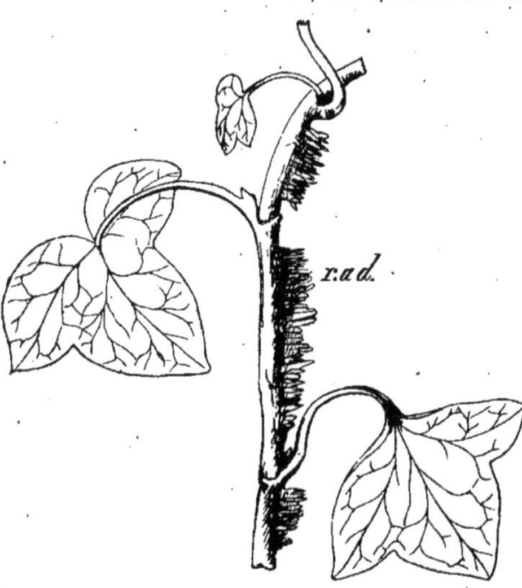

FIG. 277. — Fragment de tige de Lierre (*Hedera Helix*) avec racines adventives, *r.ad*, transformées en crampons.

Racines adventives. — La tige de Lierre, grimpant le long d'un tronc d'arbre ou d'un mur, se couvre d'un grand nombre de racines adventives transformées en crampons qui soutiennent la plante (fig. 277). Les rhizomes ou tiges souterraines du Carex, du Sceau de Salomon (fig. 278) et de l'Iris, donnent origine à de nombreuses racines adventives.

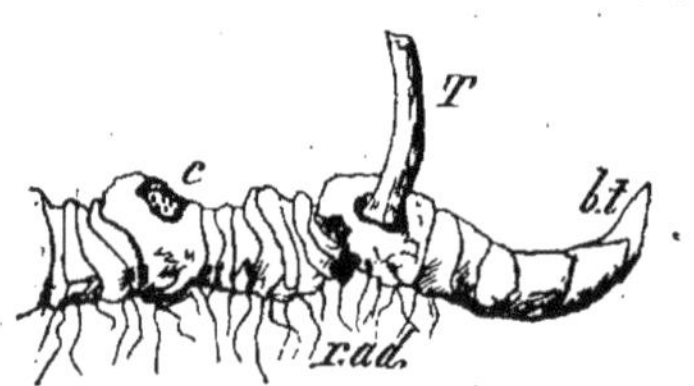

FIG. 278. — Rhizome de Sceau de Salomon (*Polygonatum multiflorum*) portant des racines adventives, *r.ad; b.t*, bourgeon terminal. *T*, tige aérienne feuillée et florifère de l'année ; *c*, cicatrice laissée par la chute de la tige aérienne de l'année précédente.

On peut provoquer la formation des racines adventives; nombre d'opérations de culture sont basées sur ce fait :

Le *buttage* des jeunes tiges issues des tubercules de Pomme de terre au printemps et le *roulage* des Céréales ont pour but de mettre les jeunes tiges en rapport avec le sol en un plus grand nombre de points; les racines adventives ainsi multipliées assurent une abondante nutrition des plantes nouvelles.

Le *marcottage* et le *bouturage* reposent sur l'émission de racines adventives par une branche, non détachée préalablement (*marcotte*), ou indépendante de la plante-mère (*bouture*).

TABLEAU XXXIX.

Physiologie de la Racine.

Causes extérieures influant sur la croissance de la Racine.

I. *Courbures* provoquées dans la région de croissance par *l'inégale répartition* de :

    1° la température : *Thermotropisme* négatif ;
    2° l'humidité : *Hydrotropisme* positif ;
    3° la pression : enlacement du corps résistant.

II. Influence de la *pesanteur* :

    Géotropisme positif
      absolu pour la racine principale.
      atténué pour les radicelles de 1er ordre.
      nul pour les radicelles d'ordres supérieurs.

Ces divers effets favorisent l'extension du système radiculaire dans le sol et, par suite, la nutrition de la plante.

Fonctions de la Racine.

I. Organe de *fixation* de la plante au sol.

II. Organe d'*absorption*
    des gaz : La racine *respire* (O absorbé, CO_2 dégagé) $\left[\dfrac{CO_2}{O} \text{ voisin de } 1\right]$.
    des *liquides :* Rôle des poils absorbants (Osmose). *La consommation règle l'absorption.*
    des *solides :* Sécrétion acide à l'extrémité des racines capable d'attaquer les carbonates, les phosphates, les matières organiques.

III. Organe
    de *transport* de la sève *brute* (ascendante) vers la tige, par les vaisseaux du bois.
    de *distribution* de la sève *élaborée* par les tubes criblés du liber.

IV. Organe de *réserve nutritive* parfois (Radis, Carotte, Betterave, etc.)

Constitution externe de la Racine. — Une racine présente à considérer, du sommet à la base, quatre régions distinctes : la *coiffe*, la *région d'accroissement*, la *zone des poils absorbants* et la *région de ramification* (fig. 279).

Pour observer facilement ces régions, il faut recourir à une jeune plante provenant d'une graine ayant germé dans l'air humide, sans adhérence de sa racine avec des corps solides.

1° *Coiffe.* — Le sommet de la racine est protégé par un capuchon, sorte de doigt de gant, ayant sa plus grande épaisseur à l'extrémité de la racine

Chez les plantes à racines souterraines, la coiffe (fig. 280, 3, 4) forme un revêtement qui s'exfolie constamment du côté externe et se renouvelle au dedans, de manière à conserver la même épaisseur.

La coiffe joue un rôle protecteur pour la région d'accroissement subterminale ac (fig. 279, A). Elle préserve, en effet, l'extrémité de cette région particulièrement délicate des frottements contre les particules du sol, frottements qui résultent de l'allongement de la racine souterraine dans un milieu résistant : aussi la coiffe se désagrège-t-elle vite dans de telles conditions.

Elle protège efficacement aussi la pointe des racines aquatiques contre les petits êtres vivant dans l'eau ; elle s'oppose à l'exosmose des substances dialysables contenues dans les jeunes

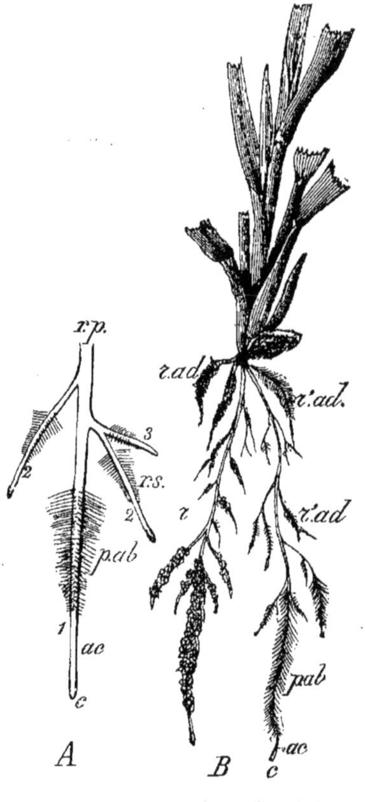

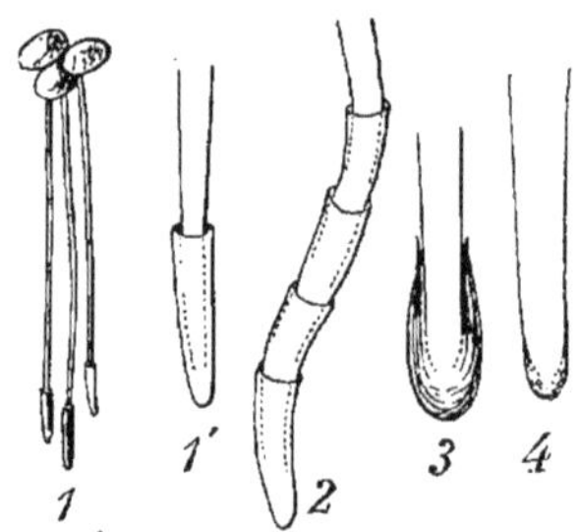

Fig. 279. — Base d'une jeune Graminée, B. *r*, racine et radicelles *r.ad*, dont les poils absorbants emprisonnent un grand nombre de particules terreuses. *r'.ad*, racines adventives avec les poils absorbants tels qu'ils se seraient développés dans l'air humide. A, système radiculaire schématisé, *r.p*, racine principale ; *r.s*, racines secondaires. — *c*, coiffe ; *ac*, région d'accroissement ; *p.ab*, poils absorbants.

Fig. 280. — Diverses formes de coiffes. Racines aquatiques : 1, 1', Lentille d'eau (*Lemna*). 2, Morrène (*Hydrocharis*), coiffes emboîtées. — Racines souterraines : 3, 4, formes ordinaires.

cellules vivantes qui constituent la région d'accroissement.

2° *Région d'accroissement*. — La racine s'accroît seulement dans la région subterminale *ac* qui atteint 1 centimètre de longueur environ, chez la Fève, le Pois, le Haricot et la plupart des plantes ordinaires. Chez la Vigne, elle est de 10 centimètres.

3° *Poils absorbants.* — Au-dessus de la région d'accroissement *ac*, la racine est, sur une étendue variable, couverte de petits poils *p.ab* : *réguliers* chez les racines ayant poussé dans l'air humide (Blé, fig. 276), *irréguliers* quand ces racines se sont développées dans le sol. Dans ce dernier cas, en effet, les poils ont contourné les particules pierreuses sur lesquelles ils se sont modelés ; aussi ne peut-on les en débarrasser complètement, même avec le pinceau, et la racine présente-t-elle l'aspect de la figure 279, B, *r*, à gauche. (A droite de cette même figure, sont représentées des racines *r'.ad*, telles qu'elles eussent été si elles se fussent développées dans l'air humide.)

Les poils absorbants, petits au voisinage du sommet, sont de plus en plus grands à mesure qu'on se rapproche de la région de ramification, puis cessent brusquement ; ils meurent, la surface de la racine se cicatrise aux points qu'ils occupaient et devient brunâtre par formation de liège (page 277).

A mesure que la racine s'allonge, la gaine de poils qui l'entoure se forme constamment près de la région de croissance et se détruit de même du côté opposé ; mais elle se maintient à la même distance du sommet. Les poils ne se développent que dans la région de la racine où l'accroissement en longueur est terminé. Le rôle important des poils absorbants sera longuement envisagé dans l'étude des fonctions de la racine.

4° *Région de ramification.* — Elle comprend toute la partie de la racine qui s'étend des poils absorbants jusqu'à la base ou *collet.* Sa couleur, jaune ou brunâtre, est due à la couche de liège cicatriciel qui la revêt après la chute des poils ; des ramifications appelées racines secondaires (fig. 279, 2), tertiaires (3), etc., ou *radicelles r.s,* sont émises par la racine principale *r.p,* et forment avec elle le *système radiculaire* de la plante considérée.

Croissance de la racine en longueur. — La racine d'une graine de Lupin soumise à la germination, ayant atteint environ 1 centimètre de longueur, fut divisée, par des traits au vernis noir, en 8 parties égales à 1 millimètre (fig. 281, A) ; au bout de trois jours (B), les divisions s'étaient allongées bien différemment : la 1ʳᵉ division atteignait 23 millimètres, tandis que la 8ᵉ avait à peine changé ; dix jours plus tard (C), la partie graduée de la plante était longue de 84 millimètres dont la 1ʳᵉ division représentait à elle seule 63 millimètres, tandis que la 8ᵉ division n'avait que $1^{mm},3$.

Il résulte de cette expérience que la racine subit deux sortes de croissances : 1° la *croissance terminale* qui se produit surtout près du sommet, croissance à laquelle est dû l'allongement principal de la racine ; 2° la *croissance intercalaire* par laquelle les segments voisins du sommet, une fois formés, atteignent en quelques jours leur longueur maximum, puis cessent de grandir.

Si l'on coupait le premier segment d'une racine de Lupin, chacun des segments restants subirait la croissance intercalaire comme l'indique la figure 281, B et C, mais la racine ne s'allongerait plus ; par une telle opération, on aurait supprimé la source de croissance illimitée.

L'allongement des racines peut atteindre ainsi des proportions considérables, surtout si les conditions sont favorables : en quelques mois, les racines de Betterave et de Froment acquièrent 3 ou 4 mètres de longueur ; celles de la Vigne parviennent à 10 mètres et plus ; les arbres des forêts tropicales (le Figuier des Banyans) envoient, depuis les branches qui forment la voûte sombre jusqu'au sol, des racines adventives longues de 20, 30, 50 mètres, etc..., destinées à puiser à leur tour la matière nutritive nécessaire aux géants qui les ont produites.

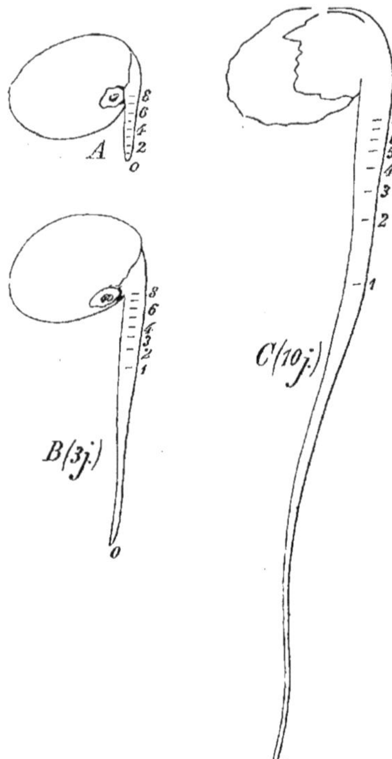

FIG. 281. — Croissance en longueur de la racine de Lupin. A, début de l'expérience ; B, racine après 3 jours ; C, après 10 jours.

Circumnutation de la racine. — L'allongement de la racine n'est pas égal pour toutes les génératrices du cône qu'elle représente ; la racine s'incurve suivant la génératrice de plus faible croissance, jusqu'au moment où le minimum de croissance se manifeste suivant une autre génératrice, et ainsi de suite. La pointe de la racine, seule en voie de croissance, décrit alors une hélice irrégulière en général. La racine pénètre ainsi dans la terre comme le ferait une vrille ou un tire-bouchon, s'engageant par sa pointe dans les interstices du sol.

Ce sont là des *mouvements de circumnutation.*

Ramification de la racine. — La racine principale émet, dans la région de ramification, des *radicelles* insérées sur des génératrices déterminées du cône radiculaire Les radicelles forment donc des rangées longitudinales en *nombre variable* avec les espèces végétales considérées, mais *invariable* pour une espèce donnée : 2 rangées (Lupin, Radis, Betterave, If), 3 rangées (Pois, Vesce), 4 rangées (Haricot, Carotte), 5 rangées (Fève), 6 rangées (Aulne), 8 rangées (Marronnier), etc.

Les radicelles de 1er ordre, ayant la même constitution que la racine principale, émettent aussi des radicelles de 2e ordre, celles-ci des radicelles de 3e ordre, et ainsi de suite.

1° Quand le système radiculaire comprend une *racine principale axiale* ou *pivot* portant un ensemble de ramifications de moins en

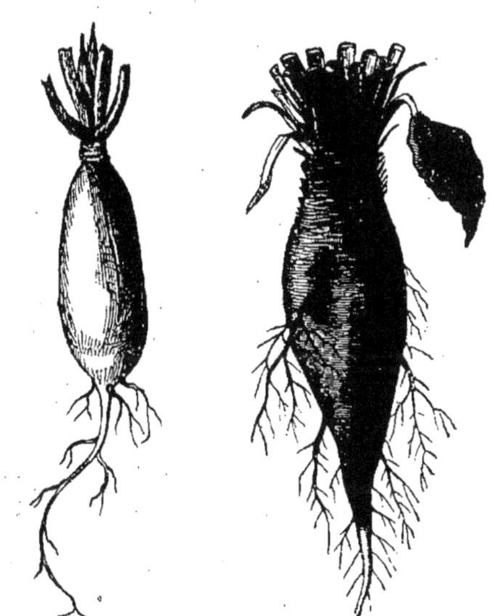

FIG. 282. — Jeune plant de Fève avec système radiculaire pivotant. — *ra.p,* racine principale ; *ra.s,* racines secondaires ou radicelles.

FIG. 283. — Système pivotant exagéré du Radis et de la Betterave.

moins importantes à mesure que leur ordre d'apparition est plus élevé, on dit que la plante possède un *système radiculaire pivotant.*

Le système pivotant est *ordinaire* dans la Fève (fig. 282), le Haricot, le Lupin (fig. 239) ; mais si le pivot se développe énormément par l'accumulation de matières nutritives de réserve comme dans le Radis, la Betterave (fig. 283), la Carotte, le système pivotant est à pivot *exagéré*.

2° Il arrive parfois que le pivot se développe peu et que les racines latérales et les radicelles deviennent, au contraire, très importantes; alors le *système radiculaire est fasciculé*, formé d'un faisceau de racines latérales avec leurs ramifications constituant le *chevelu*.

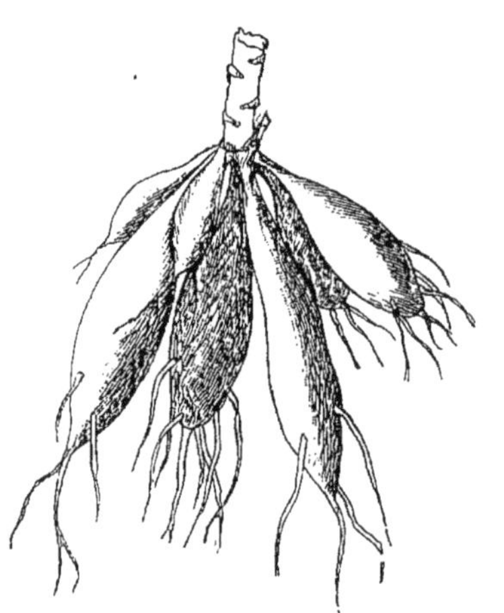

Fig. 285. — **Système fasciculé exagéré du Dahlia.**

Fig. 284. — **Système fasciculé ordinaire du Blé.**

Le système fasciculé est *ordinaire* dans le Blé (fig. 284), l'Orge et la plupart des Graminées; il est *exagéré* dans le Dahlia (fig. 285) où les racines adventives deviennent un lieu d'accumulation de réserves nutritives.

Toute racine à développement exagéré est encore appelée *racine tuberculeuse*.

§ 2. — STRUCTURE DE LA RACINE

Pour connaître la structure d'une région quelconque d'un Végétal, on en détache, à l'aide d'un rasoir, des tranches minces, les unes transversales, les autres longitudinales, que l'on examine au microscope. Nous envisagerons : 1° la *structure primaire* de la racine, c'est-à-dire la disposition des éléments qui la composent lorsque, à une faible distance du sommet, la différenciation en est réalisée : c'est la structure de la racine jeune; 2° sa *structure secondaire*, c'est-à-dire celle qui résulte des modifications ultérieures surgissant dans la racine, lorsque la plante avance en âge.

A. — STRUCTURE PRIMAIRE DE LA RACINE.

Soit une jeune racine de Dicotylédone (Haricot, Lupin, Courge, etc...) dont on examine une coupe transversale pratiquée au niveau de la région des poils absorbants. On y remarque, de l'extérieur à l'intérieur :

1° Une *assise pilifère, a.pi* (fig. 286);

2° Un nombre plus ou moins considérable de couches de cellules formant l'*écorce*, *Ec*, limitée à l'intérieur par l'*endoderme en* à cellules plissées latéralement (page 291);

3° Le *cylindre central*, *Cy.c*, qui comprend l'ensemble des formations enveloppées par l'endoderme.

Étudions spécialement ces trois parties de la racine.

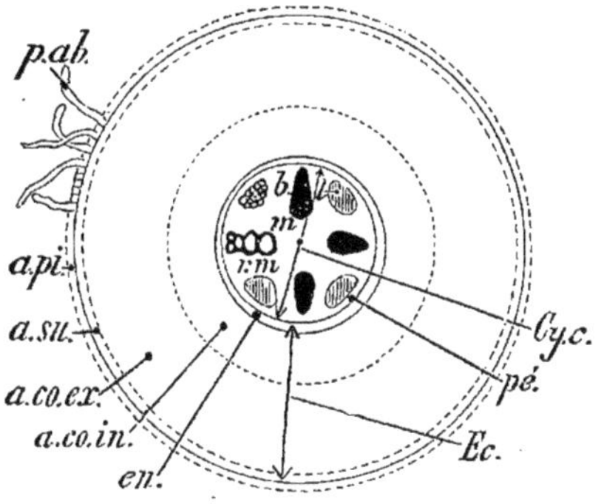

1° **Assise pilifère.** — C'est une couche unique de cellules dont quelques-unes s'allongent perpendiculairement à la surface de la racine (fig. 287) et forment autant de poils absorbants *p.ab.*

Fig. 286. — Coupe transversale d'une racine au niveau des poils absorbants (structure primaire). *a.pi*, assise pilifère; *p.ab*, poils absorbants. — Écorce, *Ec : a.su*, assise subéreuse; *a.co.ex*, *a.co.in*, assises corticales externe et interne; *en*, endoderme. — Cylindre central, *Cy.c : m*, moelle; *r.m*, rayons médullaires; *pé*, péricycle; *b*, bois; *v, v'*, vaisseaux. *l*, liber. (Figure théorique.)

2° **Écorce.** — L'écorce se compose : 1° d'une *assise subéreuse* externe *a.su*; 2° d'une *assise corticale externe a.co.ex* comprenant une série de couches de cellules irrégulières; 3° d'une *assise corticale interne a.co.in*, dont les cellules sont disposées en séries radiales, limitées en dedans par l'*endoderme en;* celui-ci forme la couche interne de l'écorce.

Dans l'écorce, l'assise subéreuse et l'endoderme sont les couches protectrices; les assises corticales en forment le tissu de réserve.

3° **Cylindre central.** — Le cylindre central de la racine est formé d'un *parenchyme conjonctif* enveloppant des *faisceaux* de deux sortes : les *faisceaux ligneux b* ou faisceaux du bois, alternant avec les *faisceaux libériens l* ou faisceaux du liber.

Parenchyme conjonctif ou médullaire. — Dans le parenchyme conjonctif, on distingue plusieurs régions conventionnelles désignées ainsi :

L'assise la plus externe, située en dehors des faisceaux ligneux et libériens, s'appelle *péricycle pé*. Le cylindre de tissu conjonctif contenu en dedans des mêmes faisceaux est la *moelle m*.

Le péricycle et la moelle sont unis par des files radiales de parenchyme séparant les faisceaux ; ce sont les *rayons médullaires r.m.*

Tout cet ensemble est composé de cellules incolores à paroi

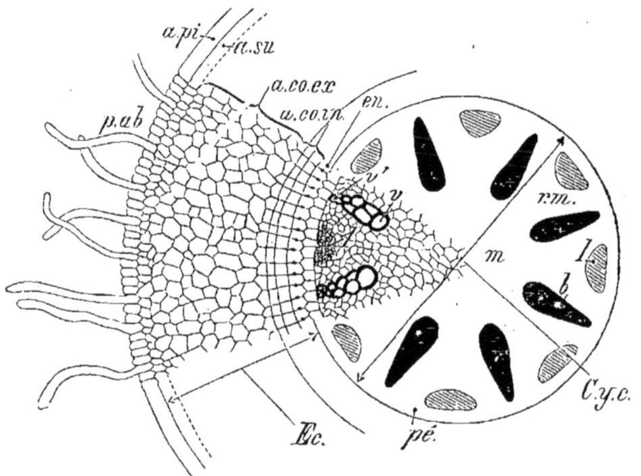

Fig. 287. — Section transversale de la racine de Courge (structure primaire schématisée à droite de la figure). Mêmes désignations que pour la figure 286.

rarement modifiée; c'est à la fois un tissu conjonctif et un parenchyme de réserve.

Faisceaux ligneux. — Un faisceau ligneux est un cordon longitudinal à section triangulaire formé de vaisseaux à paroi lignifiée (page 292), entremêlés de cellules conjonctives Le faisceau présente de dehors en dedans des vaisseaux étroits annelés *v'* (fig. 287), puis d'autres spiralés, enfin des vaisseaux plus larges *v*, rayés et ponctués. Les vaisseaux annelés et spiralés sont *imparfaits*, tandis que les vaisseaux ponctués sont *parfaits*, c'est-à-dire à lumière ininterrompue.

Faisceaux libériens. — Ces derniers sont composés de *tubes criblés* (page 294), unis par des cellules conjonctives.

Le nombre des faisceaux est variable avec les espèces végétales considérées.

Les faisceaux ligneux et libériens constituent le tissu plus spécialement affecté à la circulation de la sève au sein du végétal.

Telle est la structure primaire de toute racine jeune.

Nous l'avons étudiée chez les Dicotylédones; mais chez toutes les Phanérogames et les Cryptogames vasculaires indistinctement, cette structure est la même dans ses grandes lignes, et ne diffère que par les détails (nombre de faisceaux, d'assises diverses, place des canaux sécréteurs, lignification ou subérification partielle, etc.).

La structure de la racine demeure telle chez les Monocotylédones et les Cryptogames vasculaires ; elle se modifie chez les Dicotylédones et les Gymnospermes où apparaissent des formations secondaires que nous préciserons bientôt.

B. — STRUCTURE DE LA RÉGION DE CROISSANCE ET DÉVELOPPEMENT DE LA RACINE.

I. **Phanérogames.** — Une coupe longitudinale, passant rigoureusement par l'axe de la racine à son sommet, permet de recon-

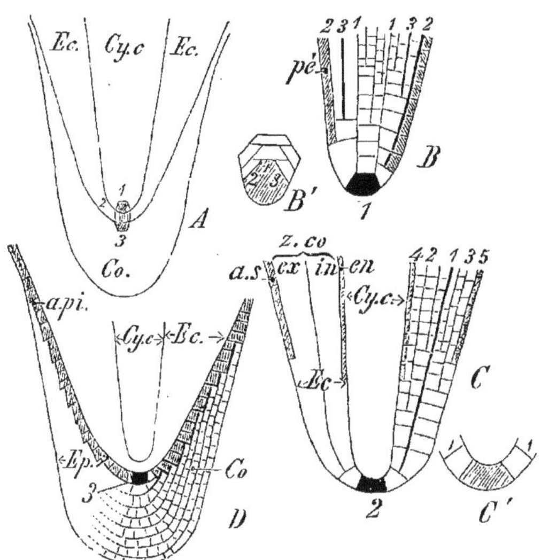

Fig. 288. — Développement très schématisé de la racine au sommet (Dicotylédones). — A; 1,2,3, cellules initiales du cylindre central *Cy.c*, de l'écorce *Ec* et de la coiffe *Co*. — Cylindre central : B, cloisonnements de l'initiale 1 ou B'. — Écorce : C, Cloisonnements de l'initiale 2 ou C'. — Épiderme : Cloisonnements de l'initiale 3 engendrant la coiffe *Co*; *a pi*, assise pilifère épidermique.

naître que cette région est formée de trois parties plus ou moins distinctes . le *cylindre central Cy. c* (fig. 288, A) enveloppé par l'*écorce Ec* et la *coiffe Co* ou *épiderme*.

Ces trois parties se confondent dans un méristème central ayant pour origine trois *cellules initiales* 1, 2, 3, ou trois groupes de pareilles cellules. Grâce au cloisonnement répété des cellules initiales, la racine s'allonge activement près du sommet (*croissance subterminale*); les cellules jeunes, une fois formées, acquièrent leur maximum de grandeur avec leur forme définitive; la racine subit, de ce fait, un nouvel accroissement dans la région immédiatement inférieure à la zone des poils absorbants (*croissance intercalaire*).

11. **Cryptogames vasculaires.** — Les *Sélaginelles*, les *Filicinées* et les *Équisétinées possèdent une seule cellule initiale subterminale*. située à une faible distance du sommet.

Prenons pour type une Fougère : *Pteris hastata* (fig. 289, A). La

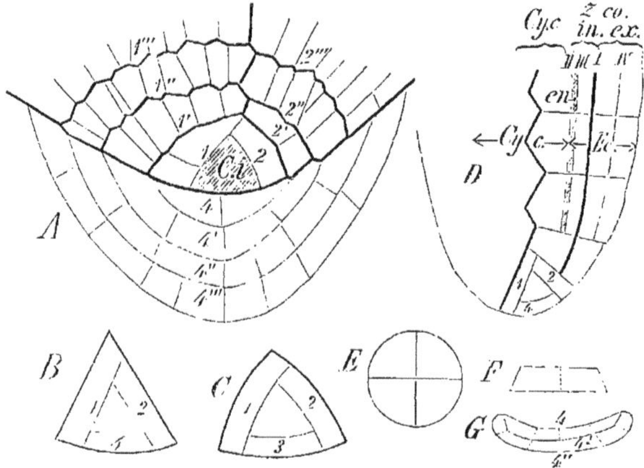

Fig. 289. — Développement de la racine au sommet (Fougère). — Cloisonnements successifs de l'initiale unique *C.i* parallèlement à sa base 4 (A et B)et à ses faces latérales 1,2,3 (A et C). — A; les cloisons 1,1'1'',etc., 2,2',2'', etc..., détachent des segments qui, par des cloisonnements ultérieurs, produisent le cylindre central et l'écorce, D; les calottes détachées par les cloisons 4,4',4'', etc..., forment la coiffe. — E,F,G, mode de cloisonnement des segments formant la coiffe.

cellule initiale *C.i* est une sorte de pyramide triangulaire à base convexe tournée du côté du sommet de la racine ; vue en coupe longitudinale en B, en coupe transversale en C, cette cellule subit des cloisonnements parallèlement à ses quatre faces, 1,2,3,4.

Les cloisonnements suivant 1, 2, 3, C, détachent 3 piles de segments triangulaires formés de cellules jeunes qui concourent à la génération de l'écorce *Ec* et du cylindre central *Cy.c* de la racine D); les cloisonnements suivant 4 détachent une pile de segments courbes 4, 4', 4'' 4''', superposés en A.

Chaque segment s'accroît plus en dehors que vers le centre de la racine.

C. — ORIGINE ET DÉVELOPPEMENT DES RADICELLES.

Les radicelles sont toutes d'origine endogène, c'est-à-dire qu'elles naissent aux dépens de cellules profondes de la racine.

Chez les Phanérogames, la radicelle provient tout entière du péricycle ; chez les Cryptogames vasculaires (Filicinées et Equisétinées), elle procède de l'endoderme.

I. **Phanérogames.** — Le péricycle, appelé encore *assise rhizogène*, renferme certaines cellules *p. rh* (fig. 290, A et B) qui, à un moment donné, se multi-

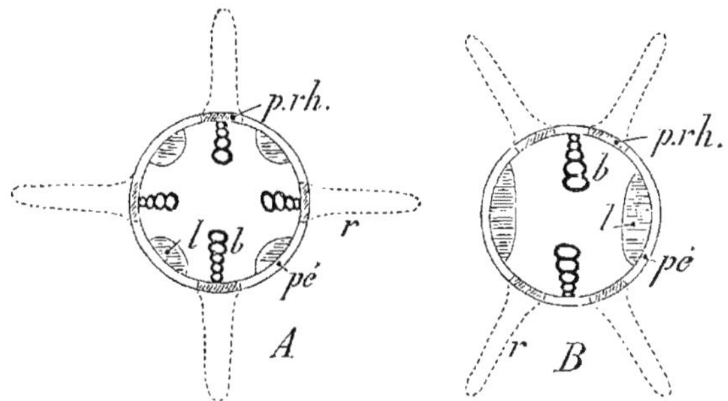

FIG. 290. — Origine des radicelles *r* chez les Phanérogames. — *pé*, péricycle. *p.rh.* plaque rhizogène péricyclique située en face d'un faisceau ligneux *b*. — *l*, faisceau libérien. A, disposition isostique. B, disposition diplostique. (Figure théorique.)

plieront et deviendront les initiales des radicelles *r* ; les cellules qui participent au développement d'une même radicelle forment une *plaque rhizogène, p.rh.*

Disposition des radicelles. — Quand la racine renferme un nombre de faisceaux ligneux plus grand que 2, les plaques rhizogènes sont disposées en face de ces faisceaux et *le nombre de séries longitudinales de radicelles, insérées sur la racine, est égal au nombre des faisceaux ligneux* (fig. 290, A). Quand le nombre des faisceaux ligneux est égal à 2, les plaques rhizogènes, en nombre double, sont disposées entre les faisceaux ligneux et libériens (fig. 290, B).

La segmentation des initiales de la radicelle donne lieu à un cône de méristème qui, saillant dans l'écorce et peu à peu différencié, apparaîtra tôt ou tard à l'extérieur (fig. 291, A) en formant la radicelle.

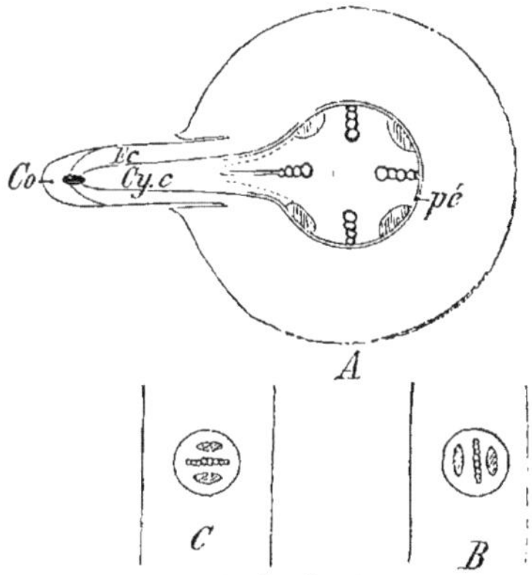

Celle-ci comprend, comme la racine principale : 1° un cylindre central *Cy.c*, limité par un péricycle extérieur ;

FIG. 291. — A, Radicelle développée. — Orientation des faisceaux ligneux de la radicelle par rapport à la racine : chez les Phanérogames (B), chez les Cryptogames vasculaires (C).

2° une écorce *Ec* ; 3° une coiffe *Co* terminale. Les vaisseaux ligneux, différenciés déjà dans la radicelle, s'unissent à ceux du faisceau en regard dans la racine ;

les formations libériennes se raccordent avec les faisceaux libériens collatéraux de la racine.

II. *Cryptogames vasculaires*. — Une seule cellule endodermique, située en face d'un vaisseau est l'initiale d'une radicelle.

Disposition des faisceaux ligneux dans la radicelle. — Si la radicelle possède seulement 2 faisceaux ligneux, ils se placent l'un en haut, l'autre en bas, chez les Phanérogames (fig. 291, B); *l'orientation des faisceaux ligneux y est longitudinale. Chez les Cryptogames vasculaires, C, cette orientation est transversale.*

D. — STRUCTURE SECONDAIRE DE LA RACINE.

La racine se modifie avec l'âge chez beaucoup de Dicotylédones et chez toutes les Gymnospermes ; de nouveaux éléments se for-

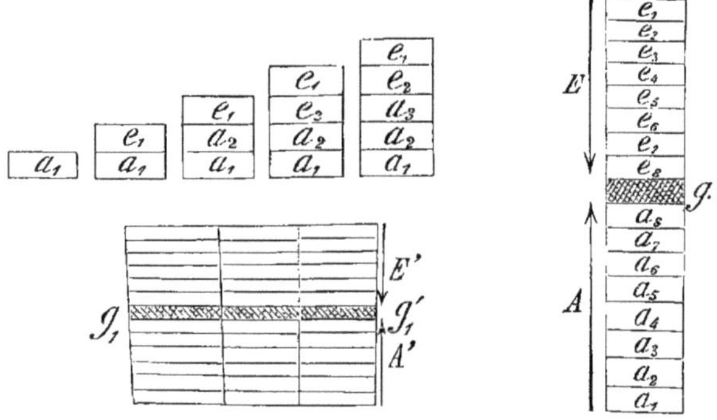

Fig. 292. — Mode de cloisonnement d'une cellule a, faisant partie d'une assise génératrice a_1, a_2, a_3,... g,... e_3, e_2. e_1 pile de cellules ayant eu a_1 pour point de départ. A, feuillet interne à développement *centrifuge*; E, feuillet externe à développement *centripète*

ment aux dépens de cellules qui deviennent autant d'initiales, généralement groupées en assises continues appelées *assises génératrices.*

Les formations nouvelles sont dites *formations secondaires;* nous les étudierons seulement chez les racines symétriques où elles se disposent symétriquement aussi par rapport à l'axe.

Mode de multiplication cellulaire dans une assise génératrice. — Soit une cellule a_1 (fig. 292), jusqu'alors comparable aux cellules environnantes du parenchyme conjonctif; à un moment donné, elle s'en distingue par les phénomènes qui s'y accomplissent et qui en font une véritable cellule initiale : elle grandit, se cloisonne et donne deux cellules identiques a_1, e_1 ; une nouvelle cellule a_2 résulte d'un deuxième cloisonnement, puis une autre e_2, et ainsi de suite ; la production des cellules nouvelles ayant lieu toujours aux dépens d'une cellule g qui donne alternativement une cellule du côté interne A et une autre du côté externe E.

Un tel cloisonnement de la cellule génératrice *g* produit deux *séries* de cellules nouvelles : une *série* interne *A*, à développement centrifuge et une *série* externe *E* à développement centripète. Les éléments composant les deux séries subiront une différenciation variable avec la position de la cellule génératrice dans l'organe végétatif considéré.

Si l'on imagine un certain nombre de cellules semblables disposées en une assise continue g_1, g'_1, et y fonctionnant toutes de

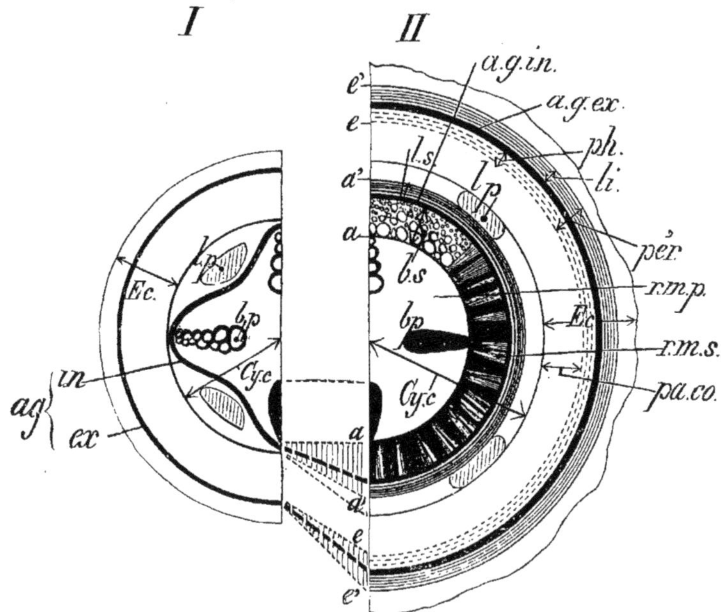

Fig. 293. — Coupe transversale schématique d'une racine. I, Structure primaire de la racine. — II, Structure secondaire acquise par le fonctionnement des assises génératrices *a.g.in* (cambium) et *a.g.ex* (assise extralibérienne). *b.p*, *l.p*, bois et liber primaires ; *b.s*, *l.s*, bois et liber secondaires ; *r.m.p*, *r.m.s*, rayons médullaires primaire et secondaires. — *a,a'*, formations secondaires issues du cambium. — *pér*, périderme formé de liège *li* et de phelloderme *ph*. — *e,e'*, formations secondaires issues de l'assise extralibérienne.

pareille manière, il en résultera la formation de 2 *feuillets :* l'un *interne A'*, l'autre *externe E'*, se comportant comme les deux séries *A* et *E* dont nous venons de parler.

La *croissance en épaisseur* des Dicotylédones et des Gymnospermes est due au fonctionnement de *deux assises génératrices*, l'une située dans le cylindre central et l'autre placée plus ou moins profondément dans l'écorce.

Croissance en épaisseur. — 1° Assise génératrice interne ou cambium. — L'assise génératrice interne *a.g.in* (fig. 293, I), située dans le cylindre central, y forme une sorte d'étoile à plusieurs branches (4 chez le Haricot, 3 chez le Pois, 8 à 12 chez la Courge). Cette assise contourne en dehors les faisceaux du *bois primaire b.p*, et en dedans les faisceaux du *liber primaire l.p.*

Les cellules du cambium prolifèrent en produisant une couche d'éléments nouveaux *aa'*, II : *Le feuillet interne donne le bois secondaire b.s*, qui comprend des vaisseaux ponctués larges, des cellules non différenciées et des fibres ; le *feuillet externe donne le liber secondaire l.s*, composé de tubes criblés, de cellules très actives et de fibres de soutien.

Ainsi l'assise génératrice interne est devenue l'origine de bois nouveau et de liber nouveau ; aussi l'appelle-t-on encore *assise génératrice libéroligneuse*.

De section étoilée tout d'abord, cette assise a pris peu à peu la forme d'un manchon à section circulaire, contenant à l'intérieur la moelle et le bois primaire *b.p*, II, et refoulant à l'extérieur le liber primaire *l.p.*

Remarque. — L'anneau libéroligneux secondaire présente çà et là des files de cellules radiées appelées *rayons médullaires secondaires r.m.s.* qui assurent la continuité de la moelle avec le parenchyme cortical, comme le font les rayons médullaires primaires *r.m.p* envisagés dans la structure primaire de la racine.

2° Assise génératrice externe. — Située en dehors de la précédente, *cette assise se développe à un niveau variable* suivant les espèces. Elle est formée par une couche plus ou moins profonde du parenchyme cortical ou par le péricycle ; aussi est-elle appelée avec raison *assise extralibérienne, ag. ex* (fig. 293, II).

Le feuillet interne *e*, qui prend naissance par le cloisonnement, devient le *phelloderme ph* composé de cellules vivantes ; le feuillet externe *e'* donne le *liège li* formé de cellules tabulaires, sans méats, qui meurent rapidement après la subérification de leur membrane.

Le phelloderme joue un rôle important dans la nutrition, tandis que le liège est un revêtement protecteur entrainant la mort et l'exfoliation de toute la région corticale qui lui est extérieure.

La réunion du liège et du phelloderme forme le *périderme pér.*

A mesure que *la racine s'accroît en diamètre par le jeu de l'assise génératrice interne*, *l'assise extralibérienne concourt*, par un actif cloisonnement des cellules initiales dans les sens tangentiel et radial, *à former des couches concentriques et des séries radiales de cellules propres à revêtir entièrement la racine et à la protéger d'une manière efficace.*

§ 3. — PHYSIOLOGIE DE LA RACINE

A. — CAUSES EXTÉRIEURES INFLUANT SUR LA CROISSANCE DE LA RACINE.

La région de croissance terminale d'une racine comprend la portion subterminale où se trouvent les initiales du cylindre central, de l'écorce et de la coiffe; c'est donc sur les modifications du premier centimètre, pris à partir du sommet, que doivent porter les observations relatives à l'influence de la *température*, de l'*humidité*, de la *pression* et à l'action de la *pesanteur* sur la croissance de la racine.

Quand une cause extérieure agit d'une manière identique tout autour de la racine, celle-ci s'accroît verticalement; si la cause se manifeste latéralement, la racine s'accroît en ligne courbe.

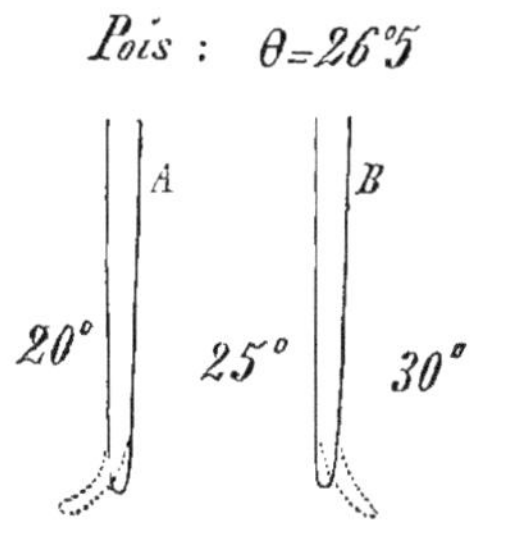

Influence de la température. — 1° *Répartition égale dans tous les sens.* — Il existe, pour chaque espèce végétale, une température minimum à laquelle la racine ne s'allonge pas; elle ne meurt pas cependant. Si on élève progressivement la température, et qu'on mesure l'accroissement longitudinal de la racine pendant des temps égaux, on remarque que cet accroissement devient maximum pour une certaine température appelée *optimum*, tandis qu'il décroît et devient nul pour une température supérieure.

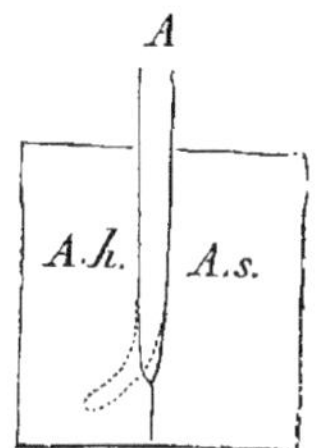

FIG. 294. — Thermotropisme négatif de la racine. Elle croît plus à la température de 25° qu'aux températures de 20° et 30°; elle se courbe, dans la région de croissance, en s'éloignant du milieu où la température est voisine de l'optimum θ = 26°,5.

FIG. 295. — Hydrotropisme positif de la racine. Elle se courbe vers le milieu où l'air est humide (A.h) et s'éloigne du compartiment où l'air est sec (A.s)

Cet optimum = 26°,5 pour le Pois et le Lupin; 33°,5 pour le Maïs; 37° pour le Concombre.

2° *Échauffement inégal : Thermotropisme.* — Si une racine de Pois, par exemple, est soumise à des températures différentes sur deux de ses faces : 20° sur l'une, 25° sur l'autre, la face soumise à la température la plus voisine de l'optimum (25°) s'allongera davantage dans la région de croissance : l'effet se traduit par une courbure de la racine dont le sommet se dirige vers le milieu à 20° (fig. 294, A).

La racine se courbe du côté où la température est la plus éloignée de l'optimum (Thermotropisme négatif).

Influence de l'humidité. — 1° *Humidité égale.* — De deux racines de Fève plongées l'une dans l'eau, l'autre dans l'air ou la terre un peu humide, c'est la dernière qui croît le plus vite. *L'humidité retarde donc la croissance.*

2° *Humidité inégale : Hydrotropisme.* — Les plantes qui vivent au voisinage du bord de l'eau développent leurs racines surtout du côté d'où vient la plus grande humidité (fig. 295); ce phénomène est appelé *hydrotropisme. (Hydrotropisme positif.)*

Influence de la pression. — Le simple contact unilatéral de la région de croissance d'une racine avec un corps solide retarde la croissance de ce côté et provoque la courbure de la racine qui enlace étroitement l'objet (fig. 296, 1). Si toutefois le contact a lieu au sommet même de l'organe, la courbure qui se produit a pour effet d'éloigner du corps résistant la pointe de la racine (fig. 296, 2, 3) : ainsi l'on comprend comment la racine peut s'engager dans les moindres interstices du sol.

Influence de la pesanteur. — Sous les influences diverses que nous venon d'envisager, toutes les racines, de quelque ordre qu'elles soient, se comportent de la même manière; il n'en est pas ainsi sous l'action de la pesanteur.

Étudions d'abord cette action sur la racine principale :

1° *Racine principale.* — Quelle que soit la position qu'occupe une graine, nous avons vu précédemment que sa racine se dirige verticalement de haut en bas, et cela sans que la présence du sol y joue un rôle quelconque. Dès que la racine occupe

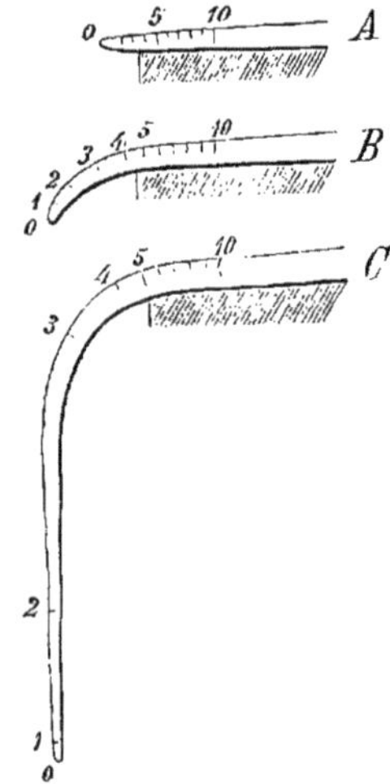

Fig. 297. — Géotropisme positif de la racine. La racine horizontale de Fève A, dont le premier centimètre a été divisé en millimètres, s'accroît inégalement en B, C, et se courbe pour adopter la direction verticale de haut en bas.

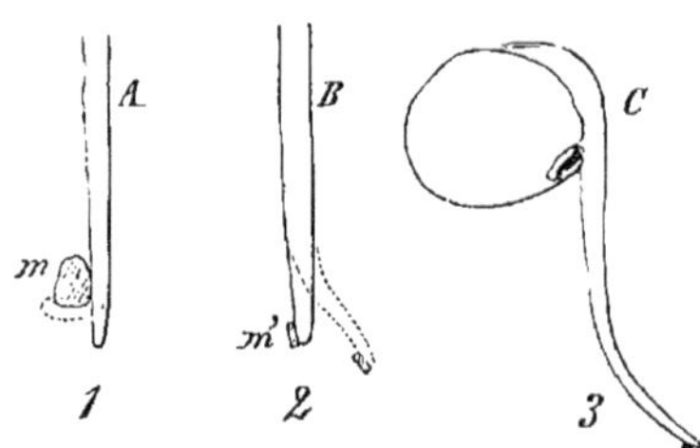

Fig. 296. — Action de la pression : en 1, action sur la zone d'accroissement (courbure autour du corps *m*); en 2 et 3, action sur le sommet (courbure de la racine qui cherche à éviter le corps *m'*).

une position différente de la verticale, *elle se courbe dans la région de croissance* de manière à croître désormais verticalement de haut en bas (fig. 297).

Un jeune plant de Fève, dont la racine développée librement dans l'air humide est rectiligne et atteint déjà 8 à 10 centimètres de longueur, est fixé dans le bouchon d'un flacon (fig. 298) contenant de l'eau. On retourne le flacon qu'on laisse ainsi pendant plusieurs semaines; *la racine*, libre dans l'eau, adopte au début une position plus ou moins oblique; elle *se courbe dans la région de croissance et son sommet se dirige verticalement vers la terre.* [La tige se courbe en sens inverse. L'éclairement était unilatéral pendant l'expérience, le flacon étant disposé devant une fenêtre; la courbure de la racine s'est alors produite du côté de la lumière la plus faible (phototropisme négatif), tandis que la tige s'est courbée en dirigeant son sommet vers la lumière (phototropisme positif).]

La racine principale obéit donc à l'action de la pesanteur; elle s'accroît suivant la verticale : elle est douée de *géotropisme*; et comme elle se dirige dans le sens de la pesanteur, son *géotropisme* est *positif*.

2° *Racines secondaires.* — Les radicelles se dirigent obliquement par rapport à la racine primaire verticale. Sont-elles géotropiques ? Pour le savoir, observons la direction prise par les radicelles de premier ordre que présente la racine de

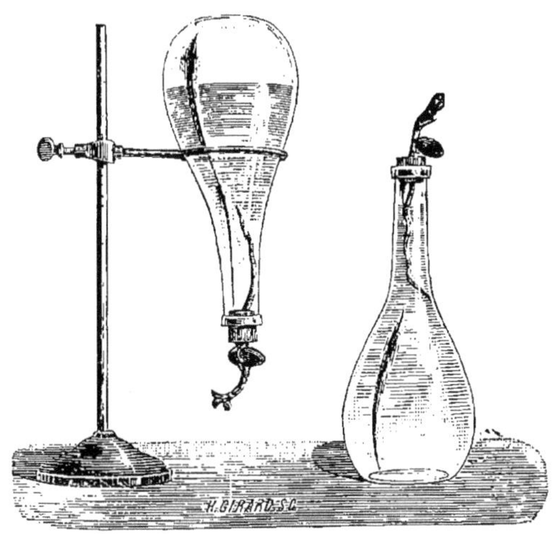

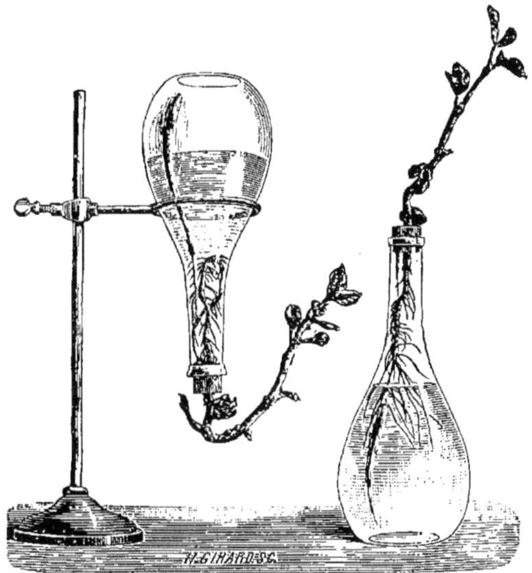

Fig. 298. — Résultats d'une expérience ayant pour but de vérifier l'action de la pesanteur sur deux jeunes plants de Fève, l'un placé normalement à droite, l'autre renversé (la racine plonge dans un flacon contenant de l'eau). Le plant renversé montre, au bout de trois semaines, *la racine* complètement *retournée vers le bas* et *la tige redressée*. — *Les tiges se portent vers la lumière* d'une fenêtre par laquelle elles étaient éclairées latéralement.

Fève dans l'expérience (fig. 298); dirigées d'abord obliquement vers le haut, elles se courbent dans la région de croissance et leur pointe $s_1s'_1$ (fig. 299), orientée à nouveau vers la terre, forme, avec la verticale, un angle à peu près égal à l'angle du début.

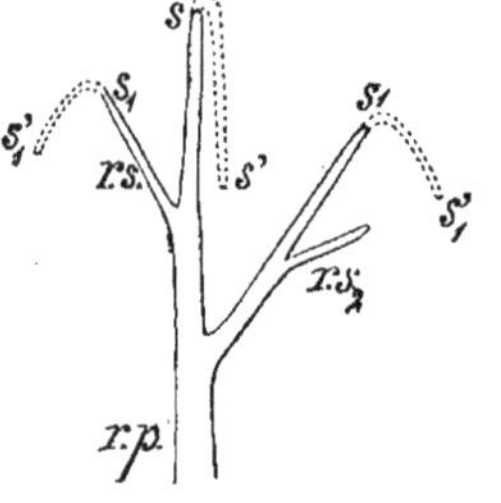

FIG. 299.   Géotropisme absolu de la racine principale *r.p* (*s* se courbe suivant *s'*). Géotropisme atténué des radicelles de 1ᵉʳ ordre *r.s* (s_1 en s'_1), nul pour les radicelles de 2ᵉ ordre *r.s₂*.

Ainsi *les radicelles de premier ordre sont géotropiques* en général, *mais moins que la racine principale;* les radicelles d'ordre supérieur obéissent de moins en moins à l'action de la pesanteur.

L'inégal effet de la pesanteur sur les racines de divers ordres, émises par la racine primaire, permet au système radiculaire d'une plante d'occuper, dans toute son étendue, une portion plus ou moins grande du sol, sans que les radicelles se gênent mutuellement dans leur développement.

Cette disposition facilite la fixation et la nutrition de la plante dans le sol, ainsi que vont nous l'apprendre les considérations qui suivent.

B. — FONCTIONS DE LA RACINE.

La racine remplit trois sortes de fonctions principales :

1° Elle *fixe* la plante au sol ;

2° Elle *absorbe* dans le sol une partie des matières nutritives nécessaires à l'entretien du végétal ;

3° Elle *conduit* vers la tige les matières absorbées, sous la forme de dissolutions complexes et plus ou moins étendues.

En outre, la racine peut jouer le rôle *d'organe de réserve* en accumulant dans son parenchyme, parfois très développé (systèmes radiculaires exagérés), des substances nutritives tôt ou tard utilisées par la plante.

1° La Racine est l'organe fixateur et le support de la plante.

— Une plante est d'autant mieux fixée au sol que son système radiculaire y pénètre plus profondément ; les plantes à système pivotant (Chêne) résistent mieux au vent que les plantes à système fasciculé (Peuplier): un plant de Luzerne de l'année, un pied de Haricot sont plus difficilement arrachés qu'un pied de Blé.

Parmi les plantes à système pivotant, celles qui présentent un plus grand nombre de rangs de radicelles insérées sur le pivot se maintiennent le mieux au sol ; un Chêne résiste plus énergiquement à la tempête qu'un If qui possède seulement 2 rangs de racines secondaires ; le Haricot avec 4 rangs de radicelles est plus solide que le Lupin avec 2 rangs.

Les particules terreuses, enveloppées par le *chevelu de la racine*, forment un tout compact.

Brémontier, justement ému de la marche sans cesse envahissante des dunes sur le littoral de Gascogne, effectua sur les sables mouvants des semis de plantes appropriées (*Arundo, Carex. Psamma arenaria*, etc.). La couche superficielle du sable une fois fixée par le chevelu radiculaire de ces plantes qui poussent très vite, des plantations de Pins furent effectuées en vue d'obtenir un réseau de racines plus profond et un rideau de tiges et de feuilles propre à atténuer la vitesse du vent.

2° La Racine est un organe d'absorption. — Elle échange des *gaz* avec le sol : elle *respire.*

Elle puise les *liquides nutritifs* dont la terre est imbibée.

Elle attaque et dissout, pour s'en nourrir, certaines *matières solides.*

(a). — **Respiration de la Racine.** — *La racine absorbe l'oxygène de l'air contenu dans le sol et y dégage de l'acide carbonique.*

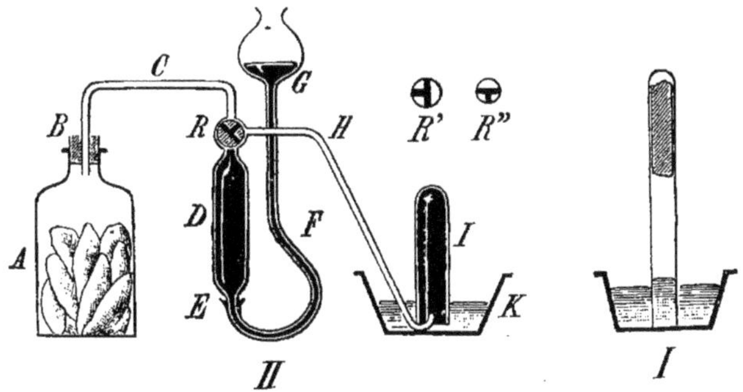

FIG. 300. — Respiration de la racine. I, expérience élémentaire (l'éprouvette contient de l'air et un fragment de racine ; elle repose sur le mercure). — II, appareil disposé pour faire des prises de gaz à divers moments dans le flacon *A* qui contient des racines.

Pour le prouver, on procède comme il suit : dans une éprouvette contenant de l'air et reposant sur le mercure (fig. 300, I), on met une racine ou seulement un fragment ; on abandonne pendant quelques heures au bout desquelles on fait l'analyse du gaz de l'éprouvette ; on reconnaît alors qu'il a disparu de l'oxygène, tandis que l'air s'est enrichi en acide carbonique.

Applications. — Il faut préalablement ameublir, par des labours suffisants, le sol dans lequel on se propose de faire des plantations d'arbres ou des semis de graines, pour que l'air y puisse pénétrer facilement. Les grilles placées au pied des arbres, sur les boulevards de Paris, s'opposent au piétinement du sol dont elles favorisent l'aération. Le drainage des terres compactes, tout en facilitant l'écoulement de l'eau en excès, favorise la circulation de l'air et la respiration des racines.

(b). — Absorption des liquides par la Racine. — La racine est l'organe principal d'absorption des liquides chez les Végétaux supérieurs : aussi a-t-on soin d'arroser le sol au pied des plantes pendant la sécheresse.

Les poils absorbants jouent le rôle le plus actif dans ce phénomène; l'expérience suivante le montre : Dans 4 éprouvettes 1, 2, 3, 4 (fig. 301), on dispose de jeunes plantes identiques, de telle sorte que leurs racines plongent dans l'eau: par la coiffe c seule pour la 1re, par la coiffe c et la région d'accroissement m pour la 2e, jusqu'aux poils absorbants p inclusivement pour la 3e, en totalité pour la 4e. (Sur l'eau est une couche d'huile qui s'oppose à l'absorption de la vapeur d'eau atmosphérique par les poils.) Les plantes 1 et 2 meurent; la 3e est presque aussi vigoureuse que la 4e,

Cependant certaines racines n'ont- jamais de poils absorbants, notamment la plupart

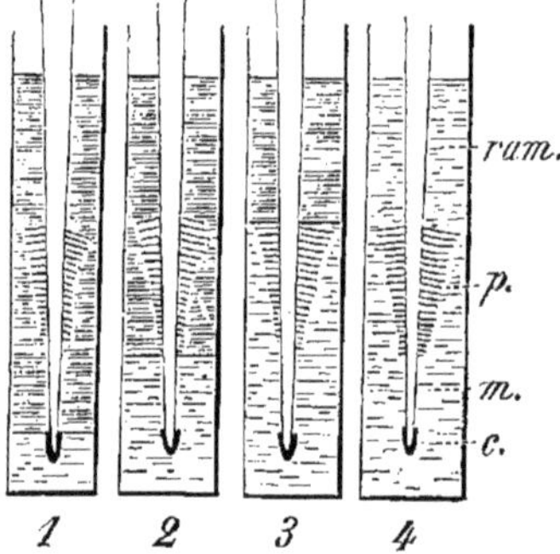

FIG. 301.—Absorption par la racine. Rôle des poils absorbants. La racine 1 plonge dans l'eau par sa coiffe seulement; la racine 2, par sa coiffe et sa région d'accroissement; la racine 3 plonge dans l'eau jusqu'aux poils absorbants compris; la racine 4 y plonge totalement. Les plantes 1 et 2 meurent; 3 et 4 prospèrent.

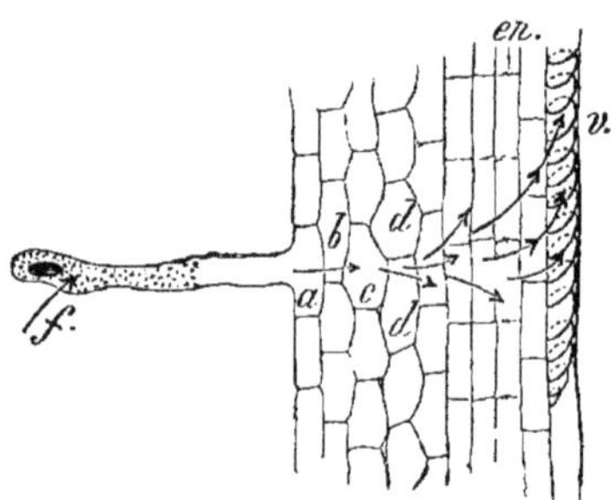

FIG. 302. — Rôle du poil absorbant. Les flèches indiquent le cours de la sève brute depuis le poil jusqu'aux vaisseaux v.

de celles qui se développent dans l'eau; l'absorption a lieu néanmoins par la même région située au-dessus de la zone d'accroissement m.

Mode d'absorption des liquides. — L'absorption des liquides du sol, par les cellules pilifères ou non, est un phénomène d'osmose. (Voir Anatomie et Physiologie animales : page 57.) Le protoplasme du poil a (fig. 302) se porte au voisinage de l'extrémité de la cellule qui constitue un appareil endosmotique puissant; la solution aqueuse imbibant le sol est activement absorbée suivant f par le protoplasme de la cellule a qui acquiert une forte turgescence. Le suc cellulaire de a étant plus aqueux que celui de la cellule b, les échanges osmotiques de a vers b seront supérieurs à ceux de b vers a, et ainsi de suite, de cellule à cellule, jusqu'aux vaisseaux *v* que renferme déjà la région centrale de la racine à ce niveau. Comme l'équilibre osmotique est à chaque instant détruit entre les diverses cellules de *a* à *v*, la racine est parcourue par un véritable courant de matières nutritives de l'extérieur vers l'intérieur.

La consommation règle l'absorption. — Si la plante était comparable à une série de cellules inertes, le contenu de ses divers compartiments serait, dès le début, le siège d'échanges osmotiques actifs avec la solution complexe qui l'imprègne ; puis ces échanges se ralentiraient pour devenir nuls au moment où le contenu des cellules et la solution extérieure auraient acquis la même composition.

Il n'en est pas ainsi dans la plante vivante dont chacune des cellules élabore les principes qui lui parviennent, s'assimile les uns, délaisse les autres ou les emploie en moindre proportion.

L'absorption inégale des divers sels contenus dans le sol est variable avec les végétaux considérés. Les phosphates, les azotates, les sels de potassium sont très activement absorbés; les sels de sodium le sont peu. La racine emprunte surtout au sol les acides azotique, phosphorique, sulfurique, carbonique, unis à la potasse, la chaux, la magnésie, la soude et l'oxyde de fer.

(c). — **Dissolution de matières solides par la Racine.** — Boussingault, ayant fait germer des Haricots sur une table de marbre recouverte de sable, vit que les racines avaient formé leur empreinte dans le marbre; elles l'avaient donc attaqué par leur contact.

L'extrémité des racines est acide. Il suffit, pour le vérifier, de provoquer le développement de racines dans l'air humide, au contact d'un papier de tournesol bleu qui rougit à tous les points de contact. La membrane des cellules externes, imbibée de liquide acide, est capable de dissoudre les carbonates et phosphates de calcium et de magnésium, la silice, etc..., substances insolubles que renferme le sol.

La racine peut non seulement attaquer des matières minérales, mais encore dissoudre divers principes organiques, les composés pectiques, la cellulose, l'amidon, etc... La jeune radicelle (fig. 291) sort de la racine en se nourrissant aux dépens de l'écorce dont elle *digère* les parties situées en face du point où elle va apparaître.

Les *racines suçoirs* du Gui (parasite sur le Pommier), de la Cuscute (parasite sur la Luzerne), du Mélampyre (parasite sur les Graminées), etc..., digèrent la région de la plante nourricière qui s'oppose à leur contact intime avec cette plante.

3° **La Racine est un organe conducteur de la sève.** — A mesure que le liquide du sol est absorbé par la racine, *il se rend dans les* *vaisseaux v* (fig. 302) *par lesquels il s'élève peu à peu jusque dans la tige et les feuilles.*

On coupe une racine à une faible distance du sommet ; on en plonge la section supérieure dans l'eau colorée par un peu de fuchsine ; si, au bout de cinq ou six heures, on pratique de bas en haut des sections transversales de la racine, on verra que les vaisseaux seuls sont colorés en rouge par la fuchsine.

Outre ce courant d'autant plus fort que la nutrition est plus active, il existe un courant inverse et plus lent, mais moins nettement délimité, d'un liquide nutritif épais, visqueux, se propageant de la tige jusqu'au sommet de la racine ; ce courant se manifeste dans les tubes criblés du liber surtout, mais aussi de cellule à cellule dans tout le parenchyme conjonctif et *dans toutes les directions.*

4° **La Racine est un organe de réserve nutritive.** — Dans toutes les racines, certains principes sont localisés temporairement et seront utilisés à bref délai ; mais les racines dont le parenchyme a subi un développement exagéré (Carotte, Betterave, Radis, Ficaire, Dahlia, etc...) servent de magasin de réserve pour une plus longue durée. Le sucre, l'amidon, l'inuline, etc., sont les principales substances mises en réserve le plus souvent dans le parenchyme secondaire. (Les racines tuberculeuses de la Ficaire, des Renoncules, de l'Asperge, etc., sont dépourvues de toute formation secondaire, et alors c'est dans l'écorce très épaisse que les réserves se rassemblent.)

Caractères de la Racine.

La racine naît sur la tige, soit à sa base, soit latéralement ; elle est protégée par une coiffe épidermique, possède une assise pilifère en général et ne porte jamais de feuilles. Composée dans sa région basilaire d'une écorce et d'un cylindre central, la racine renferme des faisceaux ligneux et des faisceaux libériens **alternes** *et disposés symétriquement par rapport à un axe.*

L'accroissement de la racine est **subterminal**; *il est dû à la multiplication de trois cellules initiales ou de trois groupes d'initiales chez les Phanérogames, d'une seule initiale chez la plupart des Cryptogames vasculaires.*

Les radicelles sont de formation **endogène**, *comme la racine principale à la base de la tigelle dans l'embryon ; elles naissent, dans la racine principale, aux dépens du péricycle (Phanérogames) ou de l'endoderme (Cryptogames vasculaires).*

CHAPITRE II

LA TIGE

La tige se rencontre chez tous les végétaux, sauf les Thallophytes et un certain nombre d'Hépatiques.

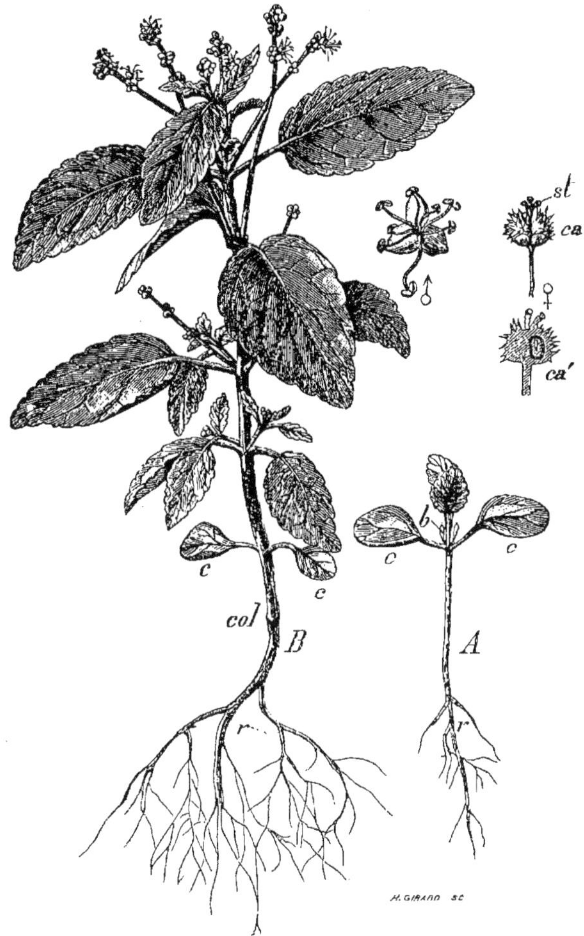

Fig. 303. — Mercuriale (*Mercurialis annua*). — A, jeune plante pourvue d'une racine *r*, d'une tige hypocotylée, de cotylédons *c* et de la gemmule. — B, plante développée ; la tige épicotylée porte des feuilles et des fleurs mâles ♂ (plante dioïque) *ca*, *ca'*, fruits provenant d'un pied portant seulement des fleurs femelles ♀.

§ 1. — MORPHOLOGIE DE LA TIGE

Direction de la tige. — Les tiges sont aériennes en général.

1° *Tiges aériennes.* — La tige est la partie de la plante qui s'élève ordinairement dans l'air, en direction verticale, dans le prolongement de la racine; elle porte les feuilles : telle est la définition des *tiges dressées* (fig. 303).

Cependant certaines tiges grêles rampent sur le sol (Fraisier, Lierre terrestre) en y émettant de nombreuses racines adventives; on les appelle *tiges rampantes.*

D'autres tiges grêles, aussitôt qu'elles rencontrent un support vertical, s'y enroulent (Houblon, Liseron, Haricot), s'y maintiennent à l'aide de vrilles (Vigne, Pois) ou de crampons (Lierre, fig. 277), etc. : ce sont les *tiges grimpantes.*

2° *Tiges souterraines.* — Un certain nombre de plantes sont pourvues de tiges qui se développent sous le sol; si elles rampent,

FIG. 304. — Rhizome de Carex portant des tiges aériennes pourvues de feuilles et d'épis.

FIG. 305 et 306. — Bulbe de Safran.

ce sont des *rhizomes :* Carex (fig. 304), Sceau de Salomon (fig. 278), Iris, Chiendent, si elles grossissent sur place en diamètre, ce sont des *bulbes :* Safran (fig. 306), ou des *tubercules :* Pomme de terre.

Constitution externe de la tige. — La tige jeune, de forme cylindrique, est soudée à la racine principale par sa *base* appelée *collet.* De distance en distance, des feuilles y sont insérées aux points appelés *nœuds, n* (fig. 307); l'intervalle compris entre deux nœuds consécutifs s'appelle *entre-nœud, en.* Les entre-

TABLEAU XL.

De la Tige.

La tige existe chez tous les végétaux, sauf les Thallophytes et quelques Muscinées.

Morphologie

Direction.
- Tiges aériennes
  - dressées : *Tronc* (arbres de nos pays), *Stipe* (Palmiers), *Chaume* (Graminées).
  - rampantes : *Stolons* (Fraisier).
  - grimpantes : Tiges *volubiles*, vrilles.
- Tiges souterraines.
  - *Rhizomes :* Iris, Carex, Sceau de Salomon.
  - *Bulbes :* Safran.
  - *Tubercules :* Pomme de terre.

Constitution externe.
- *Bourgeon terminal* (au sommet).
- *Nœuds :* insertion des *feuilles* et des *bourgeons axillaires* (qui donnent les rameaux). *Entre-nœuds.*
- *Collet* ou base.

Croissance en longueur
- terminale.
- intercalaire, due à l'allongement des entre-nœuds successifs.

Circumnutation de la tige : elle favorise l'enroulement des tiges volubiles.

Ramification
- Système tigellaire.
  - *Grappe.*
  - *Cyme.*

Structure

Structure primaire.
- *Épiderme.* Poils ; stomates.
- *Écorce.*
  - Parenchyme chlorophyllien.
  - *Endoderme.*
- *Cylindre central.*
  - *Parenchyme conjonctif.*
    - *Péricycle.*
    - *Rayons médullaires.*
    - *Moelle.*
  - *Faisceaux libéroligneux*
    - bois en dedans, liber en dehors (Dicotylédones et Gymnospermes).
    - bois en V (Monocotylédones).
    - bois entouré par le liber (Cryptogames vasculaires).

Rapports de la tige et de la racine
- Faisceaux libériens non déviés.
- — ligneux de la racine dédoublés (rotation de 180°) au niveau du *collet*.

Région d'accroissement terminale (mêmes nombres d'initiales que pour la racine).
(Voir TABLEAU XXXVIII.)

Origine exogène des rameaux latéraux.

Structure secondaire
- due à la *croissance en épaisseur* (Dicotylédones et Gymnospermes).
- *Assises génératrices*
  - interne . *Cambium*
    - *Liber secondaire* en dehors
    - *Bois secondaire* en dedans } du cambium.
    - Bois { de printemps. / d'automne. } Age d'un arbre.
  - externe : *Périderme.*
    - *Liège.*
    - *Phelloderme.* — Lenticelles.

Caractères de la Tige. — Pas de coiffe. — *Feuilles* et *bourgeons.* — *Symétrie axiale.* — Épiderme, écorce et cylindre central avec *faisceaux libéroligneux.* — *Accroissement terminal.* — *Origine exogène* des rameaux latéraux.

nœuds (9-8), (8-7),.. (2-1) sont de plus en plus courts à mesure qu'on s'approche du sommet de la tige ; les feuilles, *f*, y sont aussi

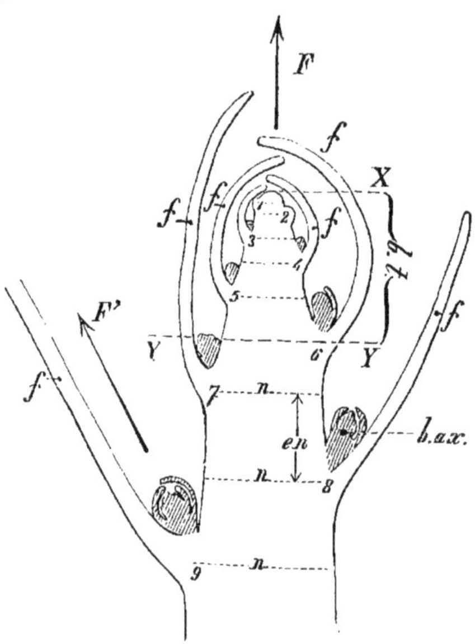

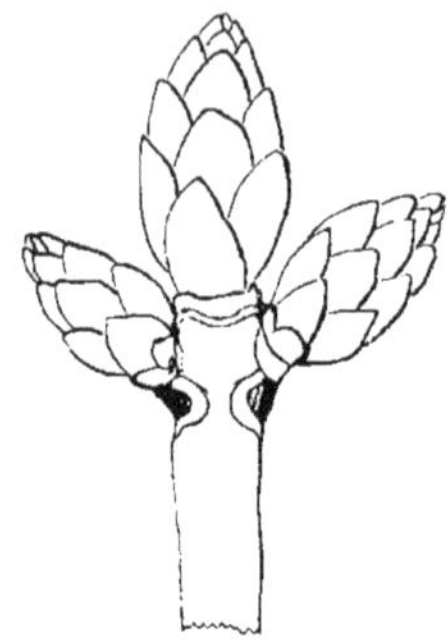

Fig. 308. — Bourgeons terminal et axillaires du Marronnier d'Inde.

Fig. 307. — Figure schématique montrant la structure de la tige au sommet. — 1, 2... 9, nœuds successifs, *n*, où sont insérées les feuilles, *f*. — *b.ax*, bourgeons axillaires. — *b.t*, bourgeon terminal comprenant 6 entre-nœuds. — *F*, sens de l'accroissement de la tige principale. — *F'*, sens de l'accroissement des rameaux.

de moins en moins développées ; les plus rapprochées du sommet sont incurvées de manière à recouvrir le sommet de la tige et protéger les jeunes feuilles encore à l'état de mamelons (1, 2).

L'ensemble formé par le sommet de la tige et les feuilles incurvées protectrices constitue le *bourgeon terminal, b.t.*

A l'aisselle d'une feuille, c'est-à-dire dans l'angle formé par chaque feuille avec la tige, se trouve le plus souvent un *bourgeon axillaire, b.ax*

Le bourgeon terminal en croissant

Fig. 309. — Bourgeon terminal épanoui.

contribue à l'allongement de la tige, suivant le sens *F* (fig. 307) ; il produit de jeunes feuilles nouvelles, à mesure que les feuilles protectrices, d'abord incurvées grandissent, adoptent une forme plane et s'épanouissent (fig. 308 et 309).

Les bourgeons axillaires, de même constitution que le bourgeon terminal, peuvent aussi donner par leur allongement, suivant *F'*, des *rameaux* ou *branches* que nous étudierons lors de la ramification de la tige.

La tige, protégée au sommet par les feuilles du bourgeon terminal, *est dépourvue de coiffe;* elle est parfois recouverte de *poils protecteurs;* des *stomates* se remarquent sur les tiges dont la surface n'est pas altérée.

La tige jeune aérienne a une couleur verte, sauf de rares exceptions

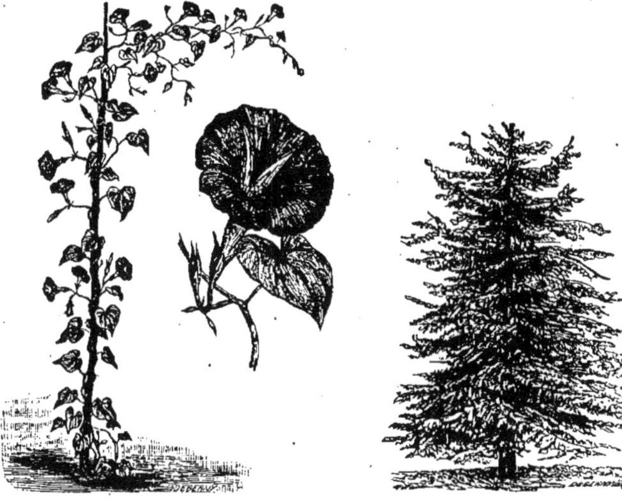

FIG. 310. — Liseron : tige volubile.　　　FIG. 311. — Cèdre.

(Orobanche); plus tard, cette couleur se modifie à cause de formations nouvelles liées à la destruction de l'épiderme.

Croissance de la tige en longueur. — La *croissance terminale* de la tige s'accomplit suivant *F* (fig. 307) dans le bourgeon terminal, avec production de feuilles et d'entre-nœuds nouveaux.

La *croissance intercalaire* est due à l'allongement des entre-nœuds successifs.

Bien des tiges sont dépourvues de la croissance intercalaire ; les entre-nœuds demeurent alors très courts et les feuilles sont serrées les unes contre les autres sur la tige (Joubarbe, Aloès, Conifères, Fougères arborescentes, Mousses).

Circumnutation de la tige. — Si la croissance intercalaire de la tige était la même suivant toutes les génératrices, la tige s'allongerait en conservant une forme conique parfaite ; il n'en est pas ainsi.

Le sommet de la tige dévie alors plus ou moins dans l'espace où il décrit, *autour de l'axe du végétal*, une courbe qui, projetée sur un plan horizontal, est en général une ellipse ou un cercle.

C'est en cela que consiste le mouvement de *circumnutation*, d'autant plus ample que la région de croissance de la tige est plus étendue. Le sens de ce mouvement est constant pour un même genre : le Chèvrefeuille, la Renouée, le Houblon tournent dans le sens des aiguilles d'une montre ; le Liseron tourne en sens inverse.

Chez les *plantes volubiles* (Liseron fig. 310, Houblon, etc.), si le sommet de la tige, en tournant, rencontre un support, il s'y

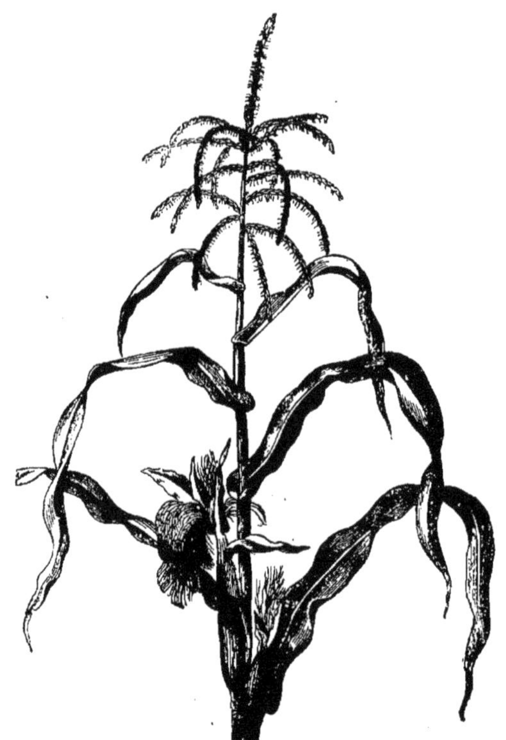

FIG. 312. — Tige de Maïs.

applique et décrit autour de lui une spire d'abord lâche, puis à tours de plus en plus serrés, *pourvu que le support ait un diamètre inférieur à l'amplitude de la nutation.*

Ramification de la tige. — *Ramification latérale.* — La tige demeure rarement *simple* (Fougères arborescentes, Lis, Orchis, certains Palmiers, etc.); le plus souvent, les bourgeons axillaires se développent comme le bourgeon terminal, en émettant des rameaux pourvus de feuilles et de bourgeons axillaires. *La tige se ramifie* ainsi *latéralement* et forme un *système tigellaire.*

Dans une tige dressée adulte et ramifiée (Cèdre, fig. 311, Prunier, etc.), on appelle *tronc* la partie inférieure de la tige non divisée, et *cime* l'ensemble des rameaux.

La tige adulte des Palmiers sans ramifications s'appelle *stipe*. On réserve le nom de *chaume* à la tige des Graminées (fig. 312), généralement creuse en son milieu, sauf aux entre-nœuds.

Modes de ramification latérale. — Il en existe deux sortes : la ramification en *grappe* et la ramification en *cyme*.

Une *grappe* consiste en un système tigellaire dont la croissance de la tige principale prédomine toujours sur l'allongement des rameaux d'ordres supérieurs; l'ensemble forme un cône plus ou moins aigu, suivant que la prédominance est plus ou moins accentuée.

Quand les rameaux décroissent progressivement de bas en haut, le long de la

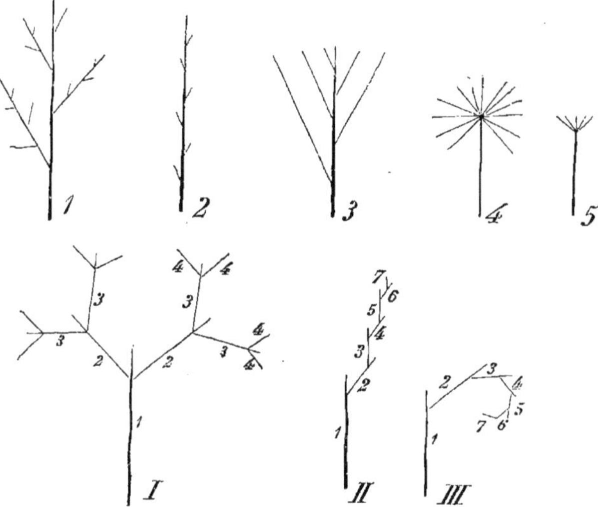

Fig. 313. — Ramification latérale de la tige : en *grappe*, 1 à 5 ; en *cyme*, I à III. — 1, grappe ; 2, épi ; 3, corymbe ; 4, ombelle ; 5, capitule. — I, cyme bipare ; II, cyme unipare hélicoïde ; III, cyme unipare scorpioïde.

tige principale, on a une *grappe proprement dite* (1) (fig. 313). Si les rameaux sont tous très courts, la grappe devient un *épi* (2); c'est un *corymbe* (3) quand les sommets des rameaux se terminent à peu près dans un même plan ; si les rameaux partent tous d'un même nœud et sont aussi grands que la tige principale à partir de ce nœud, le tout forme une *ombelle* (4); on appelle *capitule* (5) une grappe de rameaux très courts insérés sur un plateau couronnant la tige principale.

Une *cyme* consiste en un système tigellaire dont la tige principale s'accroît moins que les rameaux de premier ordre, ceux-ci moins que les branches de deuxième ordre, et ainsi de suite.

La cyme est *multipare, bipare* (Gui, fig. 313, I) ou *unipare*, II et III (Sceau de Salomon, Orme, Tilleul, etc., Myosotis) suivant que le nombre des rameaux d'un ordre quelconque est égal à n, 2 ou 1 fois le nombre des rameaux de l'ordre immédiatement inférieur. Dans la cyme bipare (fig. 313, I), on trouve 1 rameau de 1er ordre, $1 \times 2 = 2$ rameaux de second ordre, $2 \times 2 = 4$ rameaux de 3e ordre, $4 \times 2 = 8$ rameaux de 4e ordre, etc.

Ces divers types de ramification latérale s'observent surtout dans le cas des tiges florifères. (Voir l'étude des inflorescences.)

§ 2. — STRUCTURE DE LA TIGE

Nous envisagerons successivement : 1° la *structure primaire* de la tige, c'est-à-dire sa constitution au niveau, inférieur à la région de croissance, où la différenciation du méristème terminal est achevée ; 2° la *structure de la région de croissance* ; 3° la *structure secondaire* de la tige.

A. — STRUCTURE PRIMAIRE DE LA TIGE

Dicotylédones et Gymnospermes. — Une tige jeune présente à considérer trois régions principales : l'*épiderme ép* (fig. 314), l'*écorce Éc* et le *cylindre central Cy.c.*

1° **Épiderme.** — L'*épiderme* est formé d'une assise de cellules vivantes fortement unies entre elles latéralement, et plus qu'avec l'écorce sous-jacente. Du côté externe, la membrane de ces cellules est d'ordinaire épaissie et *cutinisée* plus ou moins ; elle est interrompue au niveau des *stomates st* (fig. 260). Certaines cellules épidermiques se prolongent en *poils p*.

2° **Écorce.** — L'*écorce* est formée de nombreuses assises de cellules arrondies dès les premières rangées avec de nombreux méats ; c'est un parenchyme riche en chlorophylle, très actif, renfermant beaucoup de sucre et d'amidon. L'assise la plus externe n'a pas de caractères saillants en général. Les assises voisines de l'endoderme ne présentent pas, comme dans la racine, une disposition radiale des cellules qui les composent.

L'*endoderme en* (fig. 314), qui limite intérieurement l'écorce, est caractérisé : soit par des plissements latéraux (Composées), soit par l'amidon qui s'y accumule plus que dans le reste de l'écorce, soit par des cellules aplaties.

3° **Cylindre central.** — Il est formé d'un *parenchyme conjonctif* au milieu duquel sont contenus des *faisceaux*, plus ou moins parallèles entre eux et parfois parallèles à l'axe de la tige.

Le parenchyme conjonctif forme, comme dans la racine, la *moelle m* au centre de la tige, les *rayons médullaires r.m* entre les faisceaux, et le *péricycle pé* en dehors des faisceaux.

Faisceaux libéroligneux. — Chaque faisceau de la tige comprend du *bois b* du côté interne et du *liber l* du côté externe; bois et liber sont séparés par quelques couches de cellules non différenciées.

Le *bois* (*vs, vp*, fig. 315) est composé de *vaisseaux* et de cellules *p.l.* Les vaisseaux les plus internes, étroits et toujours fermés, *v.s*, sont des vaisseaux annelés, spiralés ou réticulés; plus en dehors sont des vaisseaux larges, presque toujours ouverts, rayés et ponctués, *v.p.*

Le bois est à développement centrifuge et unilatéral dans chaque faisceau, car les vaisseaux annelés et spiralés sont les plus anciens; les vaisseaux ponctués ont apparu en dernier lieu

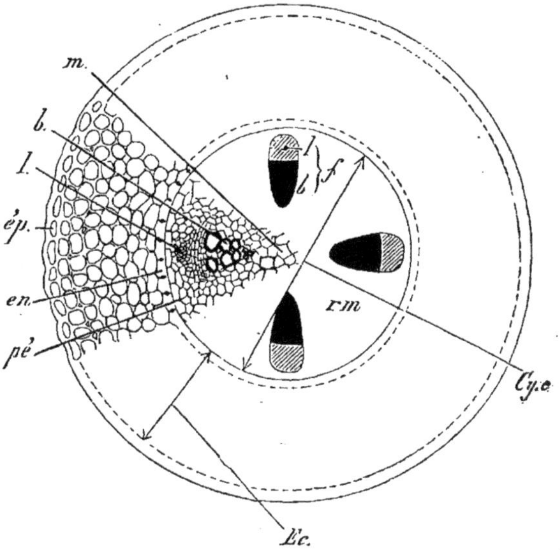

Le *liber li* comprend des *tubes criblés*, des *cellules* dont les plus internes sont les plus grandes, et

FIG. 314. — Section transversale schématisée d'une tige de Dicotylédone (structure primaire). — *ép*, épiderme. — *Ec*, écorce; *en*, endoderme. — *Cy.c*, cylindre central : *f*, faisceau libéroligneux à bois *b* interne et à liber *l* externe. *m*, moelle; *rm*, rayon médullaire; *pé*, péricycle. (Se reporter aussi à la figure 331.)

quelquefois des *fibres scléreuses f.scl.* Il est à développement centripète.

La position relative des faisceaux ligneux et libériens est donc très différente dans la tige et la racine jeune; *alternes dans la racine, les deux sortes de faisceaux sont accolées dans la tige.* En outre, un faisceau ligneux est à développement centripète dans la racine (vaisseaux ponctués les plus récents situés en dedans), et à développement centrifuge dans la tige (vaisseaux spiralés *v.s* en dedans et vaisseaux ponctués récents *v.p* en dehors, fig. 315, *A, A'*).

Chez les Gymnospermes, les vaisseaux du bois sont ponctués aréolés.

Monocotylédones (fig. 315 *bis*). — Les trois régions de la tige (épiderme, écorce et cylindre central) y sont encore distinctes; mais les faisceaux libéroligneux des Monocotylédones, disposés dès l'origine symétriquement autour de l'axe de la tige, présentent

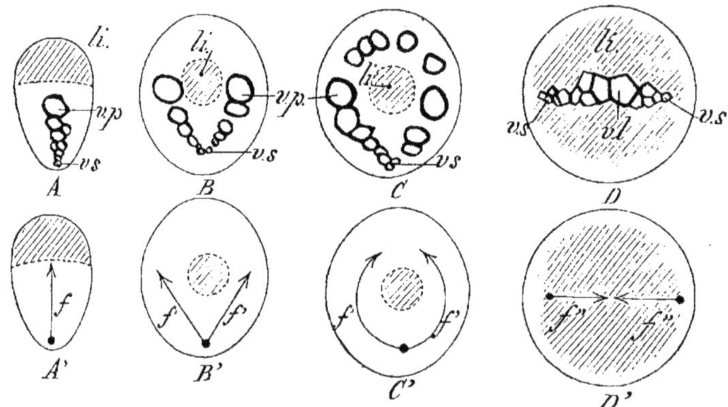

Fig. 315. — Figure schématique représentant les sections des faisceaux libéroligneux et le sens de l'accroissement du bois : A,A', chez une Dicotylédone ; B,B' et C,C', chez une Monocotylédone ; D,D', stèle chez une Cryptogame vasculaire. — *v.s*, vaisseaux spiralés ; *v.p*, vaisseaux ponctués ; *li*, liber.

le bois formant un V qui embrasse le liber (fig. 315, B, B'); chez l'Acorus et l'Iris, le bois forme un cercle complet autour du liber, C, C'. Le sens du développement du bois est centrifuge et bilatéral dans chaque faisceau. Une gaine scléreuse enveloppe complètement ou non le faisceau libéroligneux (7, fig. 267).

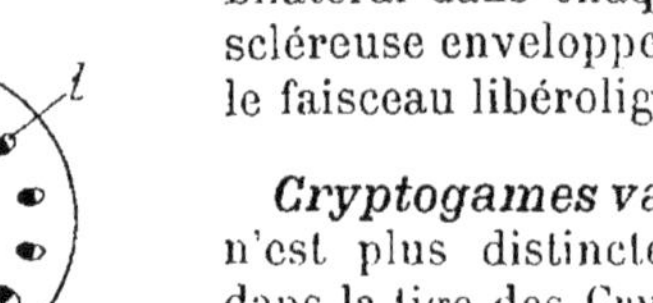

Fig. 315 *bis*. — Coupe transversale d'une tige de Monocotylédone (chaque petit cercle est la section d'un faisceau libéroligneux, représentée en 7, fig. 267).

Cryptogames vasculaires. — L'écorce n'est plus distincte du cylindre central dans la tige des Cryptogames vasculaires, car l'endoderme enveloppe en général chacun des faisceaux libéroligneux.

Chez les Fougères, chaque faisceau est composé de bois central et de liber périphérique; le bois y est à développement centripète suivant deux directions concourantes (fig. 315, D, D'). Les vaisseaux scalariformes sont caractéristiques des Cryptogames vasculaires.

Des rapports de la tige avec la racine. — La limite de la tige et de la racine est le *collet*. La tige est revêtue d'un épiderme continu et simple, tandis que, dans la racine, la coiffe représente l'épiderme constitué par plusieurs assises de cellules.

Considérons la plante assez jeune pour que l'épiderme y soit continu d'un bout à l'autre, la coiffe revêtant toute la radicule : *le collet, col* (fig. 316), *est l'endroit où commence à se dédoubler l'épiderme.* La cellule, *a*, la première dédoublée,

donne une cellule externe, *e*, qui tombe (début de l'exfoliation de la coiffe) et une cellule interne, *i*, qui pourra s'allonger en un poil absorbant. Un premier anneau de poils absorbants apparaît ainsi tout autour de la base de la racine, immédiatement au-dessous du collet. Les cellules de cet anneau qui ne se sont pas allongées en poils ont une paroi externe grisâtre, mais non cutinisée ; les cellules, *t*, de la tige ont une paroi dure, épaisse et cutinisée dans la suite.

Le cylindre central nous offre aussi un caractère de démarcation entre la tige et la racine, mais la limite n'en est pas indiquée d'une manière aussi précise : un peu au-dessous du collet, les faisceaux ligneux de la racine, tels que b_1, b_2 (fig. 316 *bis*, Z), se dédoublent en formant deux portions, $g_1 d_1$, $g_2 d_2$ (Y), qui se retournent de 180° pour se porter en face des faisceaux libériens, *l* ; ainsi, dans

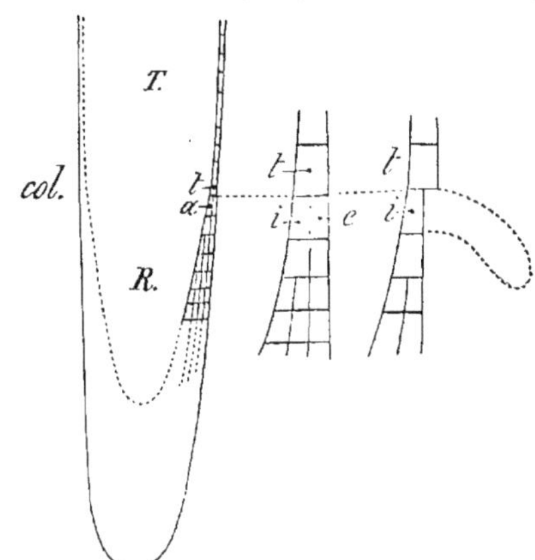

FIG. 316. — Exfoliation de la coiffe et origine des poils absorbants dans une plantule de Dicotylédone, *R*, racine ; *T*, tige ; *col*, collet. — La cellule épidermique de la racine *a* se divise en *i* et *e* ; la cellule externe, *e*, tombe ; la cellule interne, *i*, devient souvent un poil absorbant.

la tige en X, on voit au-dessous du faisceau libérien non dévié, *l*, les moitiés droite d_1 et gauche g_2 des deux faisceaux ligneux, b_1 et b_2, de la racine.

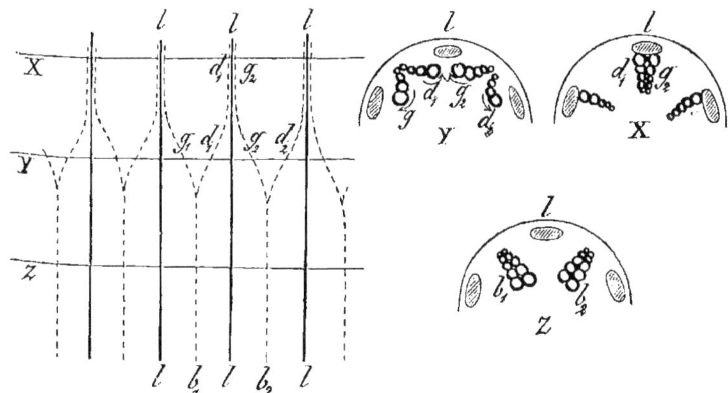

FIG. 316 *bis*. — Mode de passage des faisceaux ligneux et libériens de la racine Z dans la tige X à travers le collet X. — *l,l*, faisceaux libériens non déviés ; b_1, b_2, faisceaux ligneux dédoublés en $g_1 d_1$, $g_2 d_2$; les moitiés telles que d_1 et g_2 viennent s'accoler l'une à l'autre et sur la face interne des faisceaux libériens, après une rotation de 180° dans le collet.

En résumé, le passage des faisceaux ligneux de la racine à ceux de la tige se fait par dédoublement et retournement.

Des tiges adventives. — On appelle *tiges adventives* celles qui naissent de *bour-*

geons adventifs, c'est-à-dire de bourgeons nés en un point *quelconque* d'un végétal.

Les tiges adventives peuvent être produites par des racines, des tiges ou des feuilles :

1° *Tiges adventives naissant sur une racine.* — On trouve des bourgeons adventifs disposés en lignes régulières sur les côtés des *racines jeunes* chez un certain nombre de plantes (Cresson sylvestre, Chou potager, Liseron des champs, Euphorbes, etc.); ces bourgeons sont *endogènes*.

Des bourgeons adventifs se développent aussi sur les *racines âgées* des arbres (Peuplier, Tremble, Aulne, Coudrier, Orme, Prunier, Pommier, Abricotier, etc.), lorsque ces racines sont en partie déterrées. Ainsi est expliquée l'existence des nombreux rejetons qui poussent tout autour d'un Peuplier, d'un Prunier, etc.

Quand on retourne un jeune Saule, de telle sorte que ses racines soient dans l'air et ses branches enterrées, on remarque au bout de quelque temps que les racines déterrées se couvrent de bourgeons adventifs, puis de tiges feuillées, tandis que les tiges enfouies émettent des racines adventives. Cette expérience du *retournement d'un arbre* est l'un des plus curieux exemples des phénomènes d'adaptation que nous offrent en si grand nombre les Végétaux.

2° *Tiges adventives naissant sur une tige.* — Les tiges des plantes citées précédemment émettent des tiges adventives également *endogènes*, d'abord au voisinage du collet, puis de plus en plus haut.

3° *Tiges adventives naissant sur une feuille.* — Les feuilles de *Bégonia*, de *Gloxinia*, etc., sont intéressantes à ce sujet : si l'on dispose sur le sable humide d'une serre un fragment de feuille, la section se cicatrise peu à peu et l'on en voit sortir de jeunes racines adventives à la face inférieure; des bourgeons adventifs s'organisent à la face supérieure et émettent autant de tiges feuillées. Le fragment de feuille a donc produit une plante complète.

Les horticulteurs connaissent la facilité avec laquelle les plantes produisent des racines et des tiges adventives; nombre d'opérations de culture, connues sous les noms de *marcottage* et de *bouturage*, ont pour but de provoquer l'émission de ces membres complémentaires chez les végétaux soumis à l'expérience.

B. — STRUCTURE DE LA RÉGION DE CROISSANCE ET DÉVELOPPEMENT DE LA TIGE

I. Phanérogames. — Au sommet de la tige se trouve un méristème qui résulte de la segmentation rapide de *trois initiales superposées*, fig. 317, I (*Ceratophyllum*), *ou de trois groupes d'initiales occupant l'extrémité même de la tige.*

L'accroissement de la tige est donc terminal et non subterminal comme celui de la racine.

Les initiales du cylindre central et de l'écorce se cloisonnent de la manière indiquée pour la racine; mais l'initiale de l'épiderme se cloisonne dans le sens radial seulement et jamais tangentiellement, de sorte que l'épiderme forme dans la tige, tout au moins au sommet *s* (fig. 251), une assise unique de cellules, la première différenciée.

Dans le méristème formé par l'initiale du cylindre central, se différencie de bonne heure, à sa périphérie, le *procambium*, *m.v*, manchon de cellules très allongées aux dépens desquelles se formeront les premiers éléments du bois et du liber *t.c* (vaisseaux annelés et spiralés, tubes criblés, etc.)

II. ***Cryptogames vasculaires.*** — Toutes les Cryptogames vasculaires (sauf *peut-être* les Isoètes) possèdent au sommet de la tige une *cellule initiale unique* $c.i$ (fig. 317, II), en forme de pyramide triangulaire. Cette cellule subit des cloisonnements parallèles

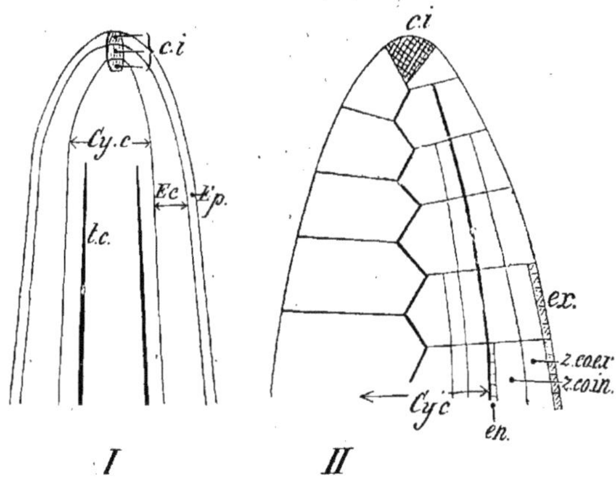

Fig. 317. — Accroissement *terminal* de la tige : I, chez une Phanérogame ; II, chez une Cryptogame vasculaire. $c.i$, cellules initiales ; $t.c$, tissu conducteur.

à ses faces latérales ; mais jamais il n'apparaît de cloison parallèle à sa base courbe (fig. 250), comme cela a lieu dans la racine pour la constitution de la coiffe.

Le méristème, qui résulte de ces cloisonnements successifs, s'organise en une écorce et un cylindre central plus ou moins complexes.

C. — STRUCTURE SECONDAIRE DE LA TIGE

La plupart des Dicotylédones, les Gymnospermes, les Isoètes et quelques Monocotylédones croissent en épaisseur et forment des tissus secondaires : la tige dite *ligneuse* peut alors acquérir des dimensions considérables ; on appelle, par opposition, *tige herbacée* celle dont la consistance faible est le plus souvent due au peu de développement des tissus secondaires.

Les formations secondaires de la tige sont dues, comme celles de la racine, à la prolifération cellulaire de deux assises génératrices : l'une interne ou *cambium*, l'autre externe ou *assise extralibérienne*.

1° **Assise génératrice interne.** — Entre le bois b et le liber l de chaque faisceau libéroligneux primaire (fig. 318, I) se trouve un arc composé de cellules tabulaires qui, abondamment nourries, se multiplient rapidement à un moment donné : si la tige renferme quatre faisceaux, quatre arcs générateurs s'organisent et sont reliés, à travers les rayons médullaires *r.m*, par des cellules du parenchyme qui se comportent de même. Ainsi se forme un anneau complet, une *assise génératrice interne u.g.in. continue*, passant entre le bois et le liber de tous les faisceaux. Parmi les cellules qui en proviennent, les unes se différencient, du côté interne, en *vaisseaux* et *fibres ligneuses épaisses* et cassantes; les autres

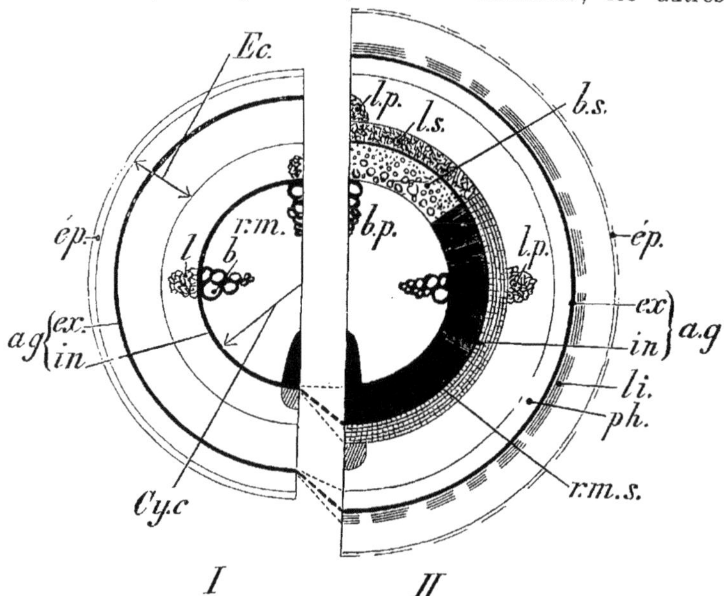

Fig. 318. — Figure schématisée montrant le passage de la structure primaire I à la structure secondaire II d'une tige de Dicotylédone. — *ép*, Épiderme (exfolié en 11). *Ec*, écorce. — *Cy.c*, cylindre central. — *ag. in*, cambium; *ag. ex*, assise génératrice externe. *b.p*, *l.p*, bois et liber primaires. — *b.s*, *l.s*, bois et liber secondaires. — *r.m*, *r.m.s*, rayons médullaires primaires et secondaires. — *li*, liège; *ph*, phelloderme.

forment, du côté externe, des *tubes criblés* et des *fibres libériennes* résistantes, mais souples.

Pendant une période de .végétation, il s'est accumulé une couche de *bois secondaire b.s* (fig. 318, II) en dedans de l'assise génératrice *a.g.in* et une couche de *liber secondaire l.s* en dehors. Le bois primaire *b.p*, en dedans, et le liber primaire *l.p*, rejeté en dehors ont conservé leurs dispositions respectives, sauf qu'ils ont été éloignés.

Toutefois, dans la couche secondaire *b.s*, *l.s*, il existe des *rayons médullaires secondaires r.m.s*, dus à ce que nombre de séries radiales, parmi les cellules nouvelles, sont demeurées sans différenciation.

Formations libéroligneuses chez les tiges âgées. — Bois de printemps. — Bois d'automne. — La section de la tige d'un Chêne âgé de 6 ans, par exemple, montre le bois formé de 6 assises plus ou moins épaisses (fig. 319), d'autant plus foncées qu'elles occupent une partie plus centrale.

Fig. 319. — Coupe transversale d'un tronc de Chêne de 6 ans.

La distinction du bois en un *nombre de couches égal au nombre de périodes végétatives qu'a traversées l'arbre* est due à la cause suivante : au printemps, les racines absorbent activement les liquides nutritifs du sol, et la circulation de la sève exige de larges vaisseaux qui s'organisent à cet effet dans le méristème secondaire nouvellement formé ; *le bois de printemps b.pr* (fig. 320) *renferme donc de larges vaisseaux.* A mesure que s'avance l'arrière-saison, la circulation est ralentie ; *des vaisseaux étroits peu nombreux, accompagnés de beaucoup de fibres, caractérisent le bois d'automne, b.au.*

Le passage sans transition du bois d'automne d'une année au

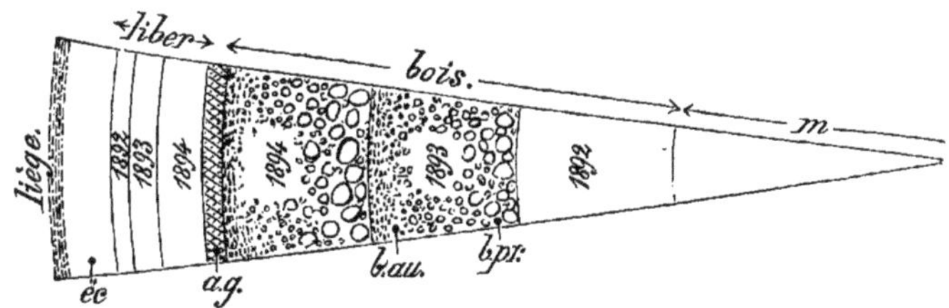

Fig. 320. — Segment d'une tige âgée de 3 ans, montrant la disposition des zones de bois et de liber par rapport au cambium *a.g.* — *m*, moelle. — *b.pr*, *b.au*, bois de printemps et bois d'automne formés en 1893. — *éc*, écorce.

bois de printemps de l'année suivante détermine donc, sur la section d'un arbre, autant de lignes nettes de démarcation que cet arbre a vécu d'années.

Le bois central, le plus ancien, est d'aspect foncé ; les incrustations qui s'y produisent à la longue lui font acquérir une consistance très dure ; on appelle *cœur* ce bois dur, tandis qu'on réserve le nom d'*aubier* au bois blanchâtre, tendre et peu coloré, plus récemment formé.

Le jeu du cambium dans la formation du bois et du liber secondaires a pour effet d'accroître considérablement le diamètre de la tige.

2° Assise génératrice externe. — Cette assise *a.g.ex.* (fig. 318, I) est située dans l'épiderme (Poirier et Saule), dans l'assise sous-épidermique (Tilleul), plus profondément dans l'écorce (Légumineuses), dans le péricycle (Groseillier, fig. 320 *bis*). Elle forme du *liège* protecteur à l'extérieur et du *phelloderme* assimilateur du côté interne. L'ensemble du liège et du phelloderme forme le *périderme*.

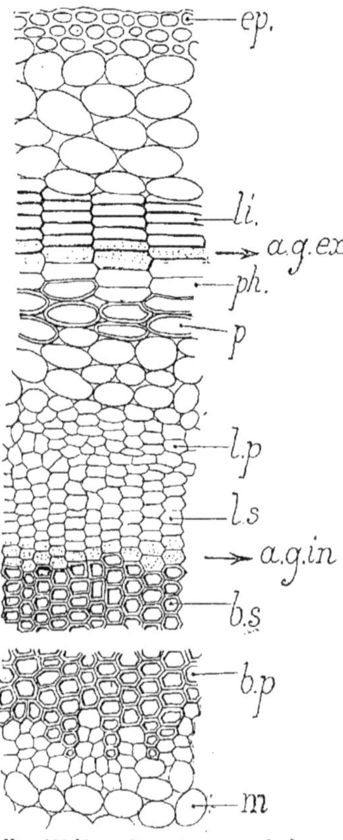

Fig. 320 *bis*. — **Coupe transversale dans une tige de Groseillier**. — *a.g.ex*, *assise génératrice externe* produisant le liège, *li*, et le phelloderme, *ph*; *p*, péricycle; *ép*, épiderme. — *a.g.in*, *assise génératrice interne* produisant le liber secondaire, *l.s*, et le bois secondaire, *b.s*; *l.p*, liber primaire; *b.p*, bois primaire; *m*, moelle.

Ces formations secondaires externes sont destinées à restaurer, à compléter l'écorce à chaque instant crevassée par l'augmentation de diamètre du cylindre central.

Le liège formé isole du parenchyme nutritif et des faisceaux conducteurs toutes les assises qui lui sont extérieures; celles-ci se dessèchent, meurent et s'exfolient (Platane, Vigne). Dans le Platane, l'exfoliation a lieu par grandes plaques de tissu mort (*rhytidome*); dans le Bouleau et le Ceri-

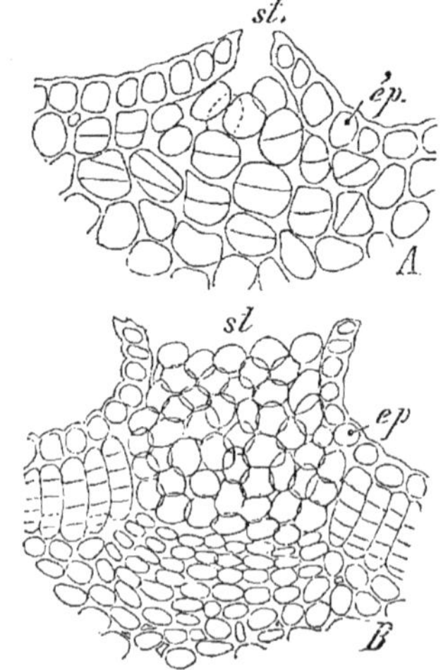

Fig. 321. — Lenticelle à deux phases de son développement vis-à-vis d'un stomate, *st*. — A, jeune; B, adulte.

sier, ce sont de minces lamelles annulaires qui se détachent.

Lenticelles. — Le liège, imperméable aux gaz, déterminerait également la mort par asphyxie des tissus profonds de la tige, s'il n'était interrompu en certains points par des *lenticelles*, A et B (fig. 321), sortes de lentilles biconvexes formées de cellules nou-

TABLEAU LXI.

Physiologie de la Tige.

Causes extérieures influant sur la croissance de la tige.

I. *Courbures* provoquées par l'*inégale répartition* de :

1° la température : *Thermotropisme* négatif ;

2° l'humidité : *Hydrotropisme* négatif ;

3° la lumière : { *Phototropisme* positif (tiges dressées) ;
— négatif (tiges rampantes et grimpantes)

4° la pression : Tiges volubiles indifférentes ; *Vrilles sensibles.*

II. Influence de la *pesanteur* :

Géotropisme négatif { absolu pour la tige principale.
atténué pour les branches de 1er et de 2e ordres.
nul — d'ordres supérieurs.

Fonctions de la tige.

1. Organe de *soutien* des parties aériennes de la plante.

II. Organe de nutrition. { Échanges *gazeux* avec le milieu extérieur.

Transpiration continuelle ⥴→ dégagement de vapeur d'eau.

Chloro { vaporisation ⥴→ à la lumière seulement.
assimilation ⥴→ : CO^2 absorbé ; O dégagé $\left[\dfrac{O}{CO^2} > 1\right]$.

Respiration continuelle : O absorbé ; CO^2 dégagé $\left[\dfrac{CO^2}{O} \text{ voisin de } 1\right]$.

III. Organe de { *transport* de la sève *brute*, ascendante, vers les feuilles par les vaisseaux du bois.
répartition de la sève *élaborée*, en tous sens, par les tubes criblés du liber surtout.

IV. Organe de *réserve nutritive* (Canne à sucre ; rhizomes et tubercules).

Physiologie de la Tige.

---

velles, arrondies, ménageant entre elles de nombreux méats. Les lenticelles correspondent généralement à des stomates, *st.*

Elles assurent la continuité de l'air extérieur avec l'atmosphère interne de la plante et jouent le rôle de véritables stomates secondaires.

§ 3. — PHYSIOLOGIE DE LA TIGE

A. — CAUSES EXTÉRIEURES INFLUANT SUR LA CROISSANCE DE LA TIGE

Influence de la température. — 1° *Température uniforme.* — On place la plante en expérience dans une chambre, sur un plateau tournant autour d'un axe vertical passant par son centre et effectuant 1 tour en 5 minutes, par exemple : toutes les parties du végétal sont donc soumises à une température identique.

On mesure les accroissements successifs éprouvés par la tige soumise à chacune des températures, t, t', t'', etc., pendant 24 heures consécutives.

Les températures, t, t', t'', etc., étant régulièrement croissantes, la comparaison des allongements a, a', a''..., etc., montre qu'il existe une température *optimum* 0, pour laquelle l'allongement a été le plus grand :

0 = 27° pour le Lin, la Moutarde, le Haricot ; 0 = 32° pour le Chanvre.

2° Échauffement inégal. — Thermotropisme. — Une tige, dont les faces opposées sont échauffées inégalement, croît davantage et se courbe du côté où la température se rapproche le plus de l'optimum 0 ; elle est douée d'un *thermotropisme négatif*, comme la racine.

Influence de l'humidité. — La saturation de l'air favorise la croissance des tiges dressées ; au cas où l'humidité est inégale sur les différentes faces d'une tige (éponge imbibée d'eau appliquée d'un côté seulement), celle-ci s'allonge davantage sur la face mouillée et se courbe pour fuir l'humidité ; elle a un *hydrotropisme négatif.*

Influence de la lumière. — 1° *Lumière égale.* — *La lumière retarde la croissance.* — Il suffit, pour le prouver, de semer du Blé dans deux vases soumis l'un à l'obscurité persistante, l'autre alternativement à la lumière et à l'obscurité : le Blé atteint dans le premier vase une hauteur bien plus grande, mais les tiges sont très grêles. Il en est de même pour le Lupin, le Pois (fig. 322) dont les tiges présentent de très longs entre-nœuds et des feuilles atrophiées (plantes étiolées).

Fig. 322. — Lupins (à gauche), Pois (à droite) étiolés par la germination à l'obscurité. Les tiges longues et grêles sont pourvues de feuilles peu apparentes.

2° *Lumière inéquilatérale.* — *La tige se courbe du côté d'où vient la lumière (Phototropisme positif).* La figure 323 montre ce fait intéressant : des Pois dont les racines plongent dans une solution nutritive convenable se sont développés devant une fenêtre ; les tiges sont inclinées vers la fenêtre.

Même observation a déjà été signalée pour la Fève (fig. 298).

Influence d'une pression légère. — La

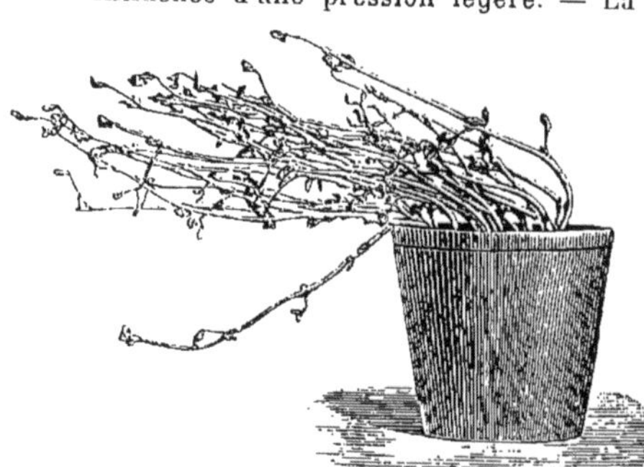

Fig. 323. — Phototropisme positif des tiges de Pois : les tiges se sont toutes dirigées vers une fenêtre par laquelle elles étaient éclairées unilatéralement.

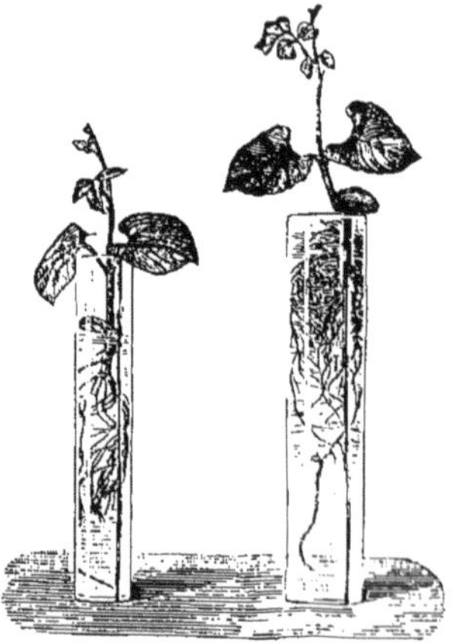

Fig. 324. — Les feuilles de Haricot ont étalé leur limbe perpendiculairement à la direction des rayons lumineux incidents.

tige devient concave du côté pressé. La sensibilité au contact est très grande dans les *vrilles*, organes résultant de la différenciation de certaines branches (Vigne, fig. 325), de feuilles entières (Fumeterre) ou de parties de feuille (Courge, Vesce, etc.).

La vrille diffère de la tige volubile en ce qu'elle est sensible au contact, tandis que la tige volubile ne l'est pas.

Influence de la pesanteur. — 1° *Tige principale.* La tige principale s'accroît ordinairement suivant la verticale, en sens inverse de la racine primaire ; couchée horizontalement, une semblable tige se courbe dans la région de croissance, de telle sorte que sa pointe s'élève à nouveau suivant la verticale. Ainsi *la tige principale est douée d'un fort géotropisme négatif.*

Contrairement à son action sur la racine, *la pesanteur accélère la croissance de la tige.*

2° *Tiges secondaires.* — Une tige principale disposée horizontalement se relève

FIG. 325. — Rameau de Vigne avec feuilles, vrilles et grappe.

totalement et adopte la direction verticale ; une branche placée de même se relève, mais elle demeure oblique, en formant avec la verticale un angle égal à son angle d'inclinaison normal.

Les tiges secondaires ont un géotropisme négatif d'autant moindre qu'elles sont d'ordre plus élevé : les branches de 4° et de 5° ordres ne sont plus géotropiques du tout ; elles adoptent une direction quelconque dans l'espace.

Cette inégalité de géotropisme pour les diverses parties d'un système tigellaire favorise leur répartition dans une étendue déterminée de l'espace.

Si l'extrémité de la tige primaire est supprimée, le premier rameau, situé au-dessous de la section, la remplace et acquiert comme elle un géotropisme négatif absolu.

Les rhizomes émettent trois sortes de branches en général : les unes, dépourvues de géotropisme croissent horizontalement ; les autres croissent plus ou moins obliquement vers le ciel (géotropisme négatif) ou vers la terre (géotropisme positif).

La tige, soumise simultanément à toutes les actions que nous venons d'examiner, subit un accroissement qui en est la résultante.

B — FONCTIONS DE LA TIGE

Les principales fonctions accomplies par la tige sont les suivantes :

1° La tige est l'appareil de soutien de toutes les parties aériennes de la plante ;

2° La tige est un appareil de transpiration, de respiration et d'assimilation, surtout chez les plantes herbacées et certaines plantes vivaces ;

3° La tige sert à conduire les liquides nutritifs des racines aux feuilles et inversement ;

4° Elle emmagasine des réserves dans son parenchyme.

1° La tige soutient les parties aériennes de la plante. — Plus les ramifications en sont nombreuses et plus les tissus de soutien, dont il a été question à la page 291 (fibres scléreuses, sclérenchyme, collenchyme, etc.), acquièrent d'importance dans la tige dressée. Les tiges grimpantes, trop faibles pour remplir ce rôle, s'enroulent autour de supports (Liseron, fig. 310, Haricot, etc.) ou bien sont munies de vrilles (Vigne, Bryone, Pois), de racines-crampons (Lierre), de piquants ou d'aiguillons crochus (Ronce, Rosier, etc.).

Fig. 326. — Rameau d'Ajonc avec feuilles épineuses.

2° La tige transpire, respire et s'assimile (quand elle est verte) le carbone du gaz carbonique contenu dans l'air.

La tige transpire, c'est-à-dire qu'elle émet de la vapeur d'eau dans l'air. Cette fonction est surtout active dans les feuilles, où nous l'étudierons plus complètement. Mais chez les Cactées, les Euphorbiacées grasses, etc., dont les feuilles ont une durée éphémère, chez l'Asperge et les Prêles pourvues de feuilles très petites, chez l'Ajonc (fig. 326) où les feuilles sont transformées en piquants, la transpiration de la tige est importante à considérer et dépend en grande partie des propriétés de sa surface

(étendue, structure, etc.). A la lumière, chez les tiges vertes, la transpiration est doublée de la *chlorovaporisation* (voir feuilles).

La tige respire ; elle absorbe *nuit et jour* de l'oxygène dans
l'air et y rejette du gaz carbonique.

On peut répéter, avec des tiges débarrassées de leurs feuilles et
exposées à l'obscurité, l'expérience signalée précédemment pour
démontrer la respiration des racines (page 329, fig. 300).

Les tiges aériennes et les rhizomes souterrains ont donc besoin
d'oxygène pour vivre.

La tige chlorophyllienne s'assimile du carbone, c'est-à-dire qu'*à
la lumière, elle absorbe et décompose l'acide carbonique de l'air, en fixe
le carbone dans ses tissus et dégage de l'oxygène.* L'assimilation
chlorophyllienne et la respiration (phénomène inverse) s'accomplissent simultanément à la lumière chez les tiges vertes ; c'est
pour cette raison que nous avons dû faire à l'obscurité l'expérience
démontrant la respiration des tiges.

L'assimilation est peu importante chez la plupart des tiges
ordinaires, car elle s'effectue surtout dans les feuilles ; elle devient
essentielle chez les plantes grasses dépourvues de feuilles (Cactées,
Euphorbiacées grasses, etc...), et chez les végétaux dont la tige
verte a une surface notable (Asperge, Ajonc, Prêle, etc...)

**3° La tige sert au transport des liquides nutritifs des
racines aux feuilles et inversement.** — *Transport de la sève des
racines aux feuilles.* — Les liquides
absorbés par les racines dans le
sol s'élèvent par les *vaisseaux du·
bois* vers la tige où ils continuent leur ascension par les
mêmes voies. On peut montrer
cette ascension de la sève brute
de diverses manières :

Une tige feuillée de Lupin ou
de Fève, coupée près de sa base,
est plongée dans de l'eau légèrement colorée par la fuchsine, par
exemple. Au bout de quelques
heures, on remarque, sur une
série de sections pratiquées à des
niveaux de plus en plus élevés,
que les vaisseaux du bois sont
seuls colorés.

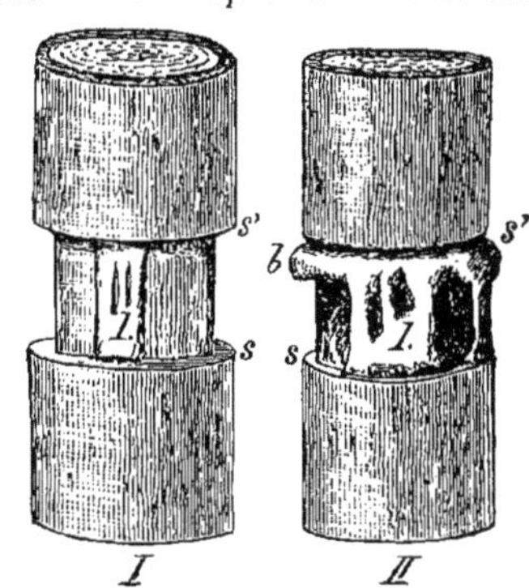

FIG. 327. — Rôle de la sève élaborée
pour la reconstitution de tissus nouveaux,
dans un tronc d'arbre dont on a enlevé
un anneau d'écorce et de liber. Développement d'un bourrelet *b* sur la section
supérieure *s'* seulement.

On coupe transversalement la tige d'un jeune arbre ; après en
avoir épongé la section inférieure avec du papier buvard, on voit
la sève brute sortir exclusivement par les vaisseaux ; la portion

supérieure de la tige étant aussitôt plongée dans de l'eau colorée, ses vaisseaux se colorent comme il a été dit plus haut.

L'ascension de la sève brute au printemps produit le phénomène des *pleurs* sur les sections des plantes ligneuses que l'on vient de tailler (Arbres fruitiers, Vigne).

Transport de la sève des feuilles aux racines. — La sève brute subit, dans les feuilles, une concentration et de profondes modifications, comme nous le verrons plus loin, elle devient

Fig. 328. — Jeune plant de Pomme de terre. Formation de tubercules sur les rameaux de la tige les plus voisins de la racine.

la *sève élaborée* qui, *par les tubes criblés du liber surtout*, se répartit dans toutes les directions, en suivant toutefois deux courants principaux : *l'un descendant vers les racines, l'autre ascendant vers le sommet de la tige* dont il favorise l'accroissement.

Le transport de la sève élaborée des feuilles aux racines par la portion libérienne de la tige est démontré par l'expérience suivante : sur une tige de Hêtre de 6 ans (fig. 327, I). il fut détaché, au mois de juin, un anneau transversal de 2 centimètres de hauteur comprenant l'écorce et tout le liber, sauf quelques tubes criblés *l*, I, et les éléments libériens les plus voisins qui furent respectés. Au bout de plusieurs jours, la section inférieure *s* de l'écorce et du liber s'était simplement cicatrisée par subérification des cellules superficielles; la section supérieure *s′* présenta, au contraire, un bourrelet de plus en plus saillant : aux éléments libériens non détruits s'en adjoignirent d'autres ; trois mois après, s'était formé un revêtement libérien nouveau (représenté par la figure 327, II), grâce à la grande quantité de sève élaborée accumulée au-dessus de la section supérieure *s′*.

4° La tige est un magasin de réserves nutritives. — Un grand nombre de tiges, les unes aériennes, les autres souterraines, accumulent des réserves nutritives variées dans leur parenchyme extraordinairement développé.

Les tiges renflées des plantes ordinaires sont appelées *tubercules*. Elles sont dues au développement de *parenchyme primaire* exclusivement, dans les tubercules de la Pomme de terre, fig. 328 et des *Stachys*, fig. 329, dans le bulbe du Safran, fig. 306.

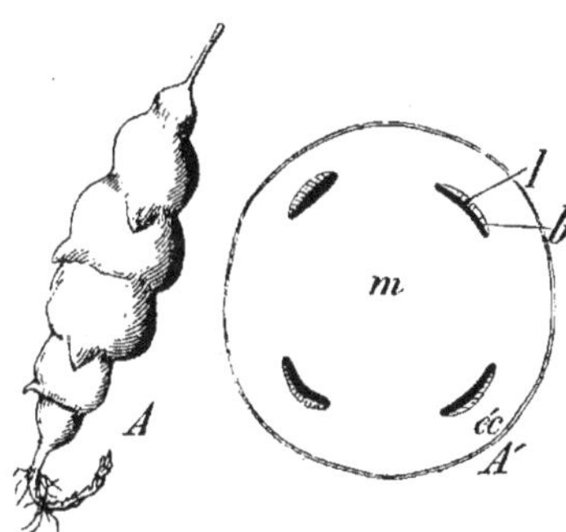

FIG. 329. — Tubercule de *Stachys tuberifera* (Crosnes du Japon). A droite, section transversale du tubercule montrant le grand développement de la moelle *m*.

FIG. 330. — Tubercules de Topinambour (*Helianthus tuberosus*).

C'est le *parenchyme secondaire* qui a pris une grande extension dans le tubercule de Topinambour (fig. 330), à la base de la tige du Navet, de la Carotte, de la Betterave, etc...

Les réserves nutritives contenues dans ces formations sont : des glucoses, des saccharoses, des dextrines, de l'amidon, des gommes, etc...

Les tubercules de la Pomme de terre sont dus au développement considérable du parenchyme primaire chez les rameaux de la base de la tige; ces branches, enfouies sous le sol par le *buttage* effectué au mois d'avril, emmagasinent une très grande quantité d'amidon.

Le bulbe plein du Safran est constitué par le renflement de plusieurs entre-nœuds de la tige souterraine; des bourgeons axillaires s'y développent et se renflent en tubercules arrondis. L'un d'eux croît aux dépens du bulbe basilaire et donne une tige feuillée et florifère dont la base produira un tubercule nouveau; les tubercules latéraux, devenus indépendants par la destruction de celui qui les a formés, serviront à la multiplication du végétal.

Caractères de la Tige.

La tige est dépourvue de coiffe au sommet où elle est protégée par de jeunes feuilles et de nombreux poils. Elle porte des feuilles et des bourgeons.

Revêtue entièrement d'un épiderme, la tige jeune comprend, en outre, une écorce et un cylindre central avec des faisceaux libéro-ligneux disposés symétriquement par rapport à l'axe de la tige.

L'accroissement de la tige est terminal ; son origine est exogène. *3 cellules initiales ou 3 groupes d'initiales forment, en se multipliant, les trois régions de la tige (épiderme, écorce et cylindre central) chez les Phanérogames. La plupart des Cryptogames vasculaires et les Muscinées ont une seule initiale.*

CARACTÈRES ESSENTIELS COMPARÉS DE LA RACINE ET DE LA TIGE

RACINE.	TIGE.
1° Caractères externes.	
Une *coiffe* en protège le sommet.	*Bourgeon terminal.*
Région d'accroissement *subterminale*.	Région d'accroissement *terminale*.
Géotropisme positif de la racine principale.	*Géotropisme négatif* de la tige principale.
Poils absorbants.	*Poils protecteurs*, quelquefois absorbants (rhizomes).
Pas de feuilles. *Bourgeons adventifs* seulement.	*Feuilles. Bourgeons axillaires* régulièrement disposés et *bourgeons adventifs*.
Pas de stomates.	*Stomates.*
Pas d'assimilation chlorophyllienne.	*Assimilation chlorophyllienne* chez les tiges vertes.
Pas de transpiration.	*Transpiration* active des tiges jeunes.
2° Caractères internes.	
Origine *endogène*.	Origine *exogène*.
Épiderme représenté seulem. par la coiffe.	*Épiderme continu*.
Écorce épaisse ; cylindre central étroit.	Écorce réduite ; cylindre central large.
Faisc. ligneux et faisc. libériens alternes.	*Faisceaux libéroligneux.*
Gros vaisseaux du bois primaire situés en dedans	Gros vaisseaux du bois primaire situés en dehors.
Symétrie axiale franche.	*Symétrie axiale* plus ou moins nette.

CHAPITRE III

LA FEUILLE

La feuille est une lame verte portée par la tige des Phanérogames, des Cryptogames vasculaires, des Muscinées en général.

Quand le corps végétatif se différencie, les deux membres qui résultent de cette différenciation s'appellent tige et feuille : le nom de tige est réservé au membre qui possède une *symétrie axiale* le plus souvent, et le nom de feuille à la portion du corps végétatif dont la *symétrie est bilatérale*.

§ 1. — MORPHOLOGIE DE LA FEUILLE

Description de la feuille. — La feuille présente trois parties essentielles : 1° le *limbe, l* (fig. 331), en forme de lame étalée ; 2° le *pétiole, pé*, prolongement à section plus étroite qui porte le limbe ; 3° la *gaine, g*, partie plus ou moins aplatie qui rattache le pétiole à la tige.

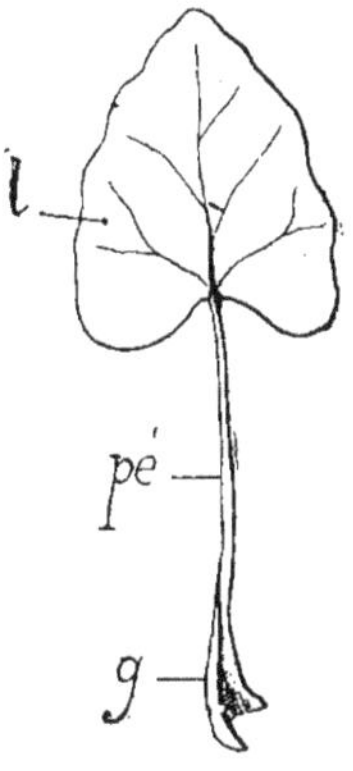

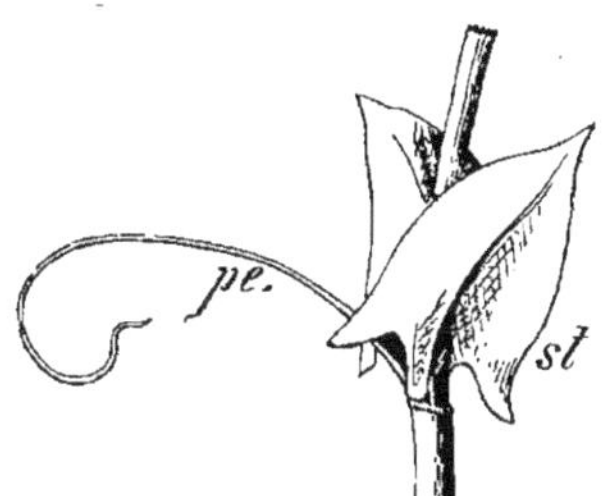

Fig. 331. — Feuille de Ficaire. — *l*, limbe ; *pé*, pétiole ; *g*, gaine.

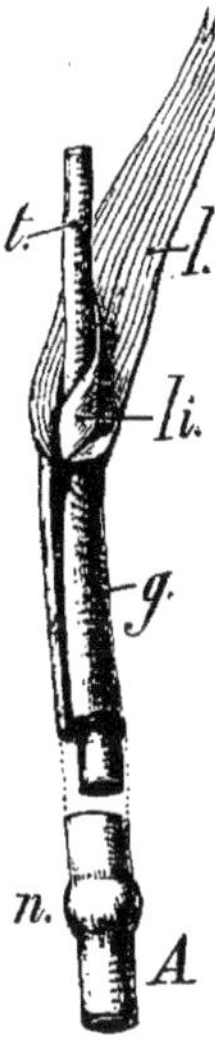

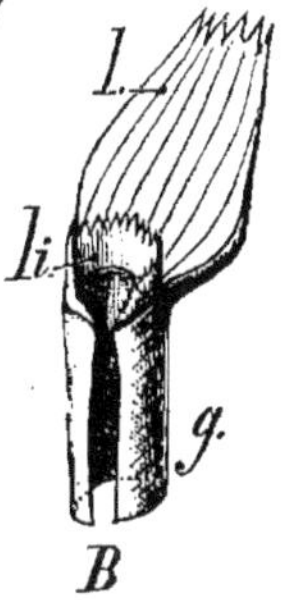

Fig. 331 *bis*. — A, B, figures montrant la forme et la disposition d'une feuille de Graminée insérée au nœud, *n*, sur la tige, *t*. — *l*, limbe ; *g*, gaine ; *li*, ligule.

Fig. 332. — Feuille de Gesse (*Lathyrus Aphaca*) réduite à son pétiole, *pé*, avec deux grandes stipules, *st*.

Les surfaces d'insertion des gaines foliaires sur la tige indiquent la position des nœuds (fig. 307).

Ces 3 parties ne sont pas toujours représentées dans la feuille :

Le limbe est le moins rarement absent ; quand il manque, le pétiole s'élargit parfois pour le suppléer et en remplir les fonctions ; le pétiole élargi s'appelle alors *phyllode* : ainsi, dans l'*Acacia heterophylla*, la figure 333 montre le passage d'une feuille parfaite, A, au phyllode simple, C. Chez l'Iris, c'est la gaine qui a formé le phyllode.

Le pétiole est absent dans les feuilles des Graminées (Blé, fig. 331 *bis*, A et B; Maïs, fig. 312, etc.), d'un grand nombre d'Ombellifères (Angélique, Fenouil); le limbe est alors soutenu directement par la gaine : la feuille est dite *engainante*.

Gaine et pétiole manquent parfois (Lis, Giroflée, Chèvrefeuille): la feuille est dite alors *sessile*.

A la base du pétiole, on trouve fréquemment 2 expansions

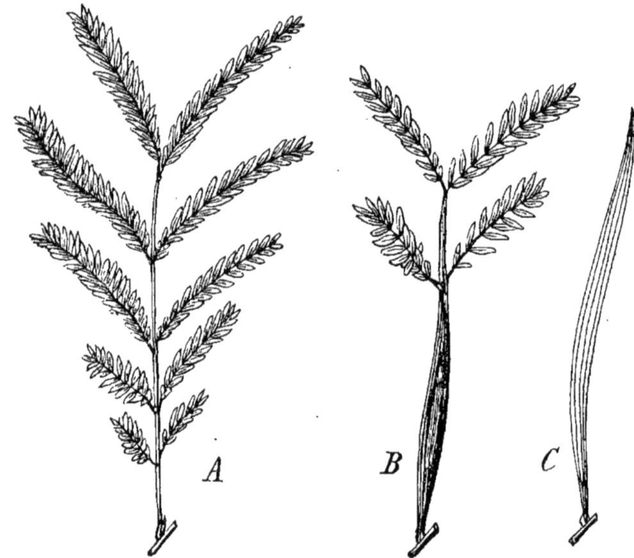

FIG. 333. — *Acacia heterophylla.* Transformation progressive des feuilles normales, A, en phyllodes, C.

foliacées appelées *stipules*, *st* (fig. 336, 9 et 11). Les stipules sont caduques chez les feuilles de beaucoup d'arbres (Poirier, Figuier, Chêne), persistantes chez le Rosier, la Violette, le Pommier.

Les stipules prennent un développement considérable chez la Gesse (fig. 332), le Pois, la Pensée, l'Aspérule, où elles remplissent les mêmes fonctions que les feuilles; elles les suppléent parfois (Gesse).

Constitution externe de la feuille. — 1° *Limbe.* C'est une lame mince d'ordinaire, épaisse chez certaines plantes grasses (*Crassula*, fig. 257); sa symétrie est bilatérale.

Le limbe possède une face supérieure ou ventrale (appliquée contre la tige quand la feuille est relevée), et une face inférieure ou dorsale. La face ventrale est plus verte; quand la feuille est

Tableau XLII.

De la Feuille

La feuille existe chez tous les végétaux, sauf les Thallophytes et quelques Muscinées; sa *symétrie bilatérale* la distingue de la racine et de la tige qui ont une *symétrie axiale*.

Morphologie.

Description.
- *Limbe :* partie élargie.
- *Pétiole.*
- *Gaine* insérée sur la tige.

Feuilles
- *engainantes.*
- *sessiles.*
- *stipulées.*

Classification basée sur

1° la *nervation*.
- F. *uninerves :* 1 nervure (Pin, Sapin).
- F. *rectinerves :* n nervures parallèles (Lis, Muguet, Blé).
- F. *penninerves :* 1 nerv. principale (Tilleul, Charme, Châtaignier).
- F. *palminerves :* n nervures principales (Mauve, Vigne).

2° la *ramification*

du limbe.
- F. *entière :* Buis, Lilas.
- F. *dentée :* Charme, Noisetier, Peuplier.
- F. *lobée :* Chêne, Vigne, Mauve, Lierre.
- F. *séquée :* Chanvre.

du pétiole.
- F. *simple* (pétiole non ramifié).
- F. *composée* (pétiole ramifié).
  - F. penninerve : Acacia, Frêne.
  - F. palminerve : Vigne vierge.

Modifications dans la forme des feuilles.
- *Adaptation* à des milieux divers : Sagittaire, *Trapa natans.*
- *Différenciation dans le même milieu due*
  - à leur position : Haricot.
  - à leur fonction :
    - Écailles, bourgeons, bulbes.
    - Cotylédons.
    - Vrilles, Piquants, Urnes.
    - Pièces florales.

Structure.

Structure primaire.

Limbe.
- Épiderme
  - face supérieure : peu ou pas de stomates.
  - face inférieure : nombreux stomates.

  } Poils.
- Parenchyme palissadique et lacuneux (variations avec le milieu).
- Faisceaux libéroligneux
  - bois du côté ventral.
  - liber — dorsal.

Pétiole. Épiderme, parenchyme et faisceaux.

Origine exogène.

Phyllotaxie.
- F. *verticillées :* plusieurs feuilles insérées au même nœud sur la tige.
- F. *alternes* : 1 seule feuille à chaque nœud.

Formations secondaires (mort et chute des feuilles).

Physiologie.

I. **Causes extérieures influant sur la croissance des feuilles.**
- Lumière inégale : *Phototropisme* positif.
- Pesanteur : *Géotropisme* négatif absolu du pétiole seulement.

II. **Mouvements des feuilles développées.**
- 1° *Mouvements périodiques* (veille et sommeil) : Acacia....
- 2° — *spontanés :* Trèfle oscillant..............
- 3° — *provoqués :* Sensitive, Dionée...........

} dus à *l'irritabilité.*

III. **Fonctions de la feuille.**

Organe de nutrition.
- *Transpiration*.........
- *Choro*
  - *vaporisation*...
  - *assimilation*...
- *Respiration*...........

(Voir la Tige, Tableau XLI.) page 349.

pourvue de poils, c'est la face dorsale qui en présente le plus.

FIG. 334.— Feuille de Peuplier réduite à ses nervures par le *Bacillus Amylobacter.*

Une feuille, vue par transparence, se montre pourvue d'un réseau très délicat formé par des *nervures.* Dans une feuille, on trouve une ou plusieurs nervures saillantes du côté dorsal (chez les feuilles de Chou, de *Begonia,* etc., le développement en est excessif); ces nervures émettent un nombre plus ou moins considérable de nervures secondaires, elles-mêmes ramifiées en nervures de 3e, 4e, 5e ordres, etc...; les ramifications les plus ténues s'anastomosent pour former un réseau très net dans la feuille du Peuplier (fig. 334). Les mailles du réseau sont occupées par du parenchyme vert.

Les feuilles qui tombent sur le sol humide et y demeurent pendant l'hiver sont attaquées par le *Bacillus Amylobacter* qui détruit le parenchyme et laisse intact le réseau formé par les nervures.

2° *Pétiole.* — Le pétiole est un support plus ou moins long à section circulaire du côté dorsal, plane ou concave du côté ventral (Violette, Haricot, Poirier, etc...); le pétiole du Lierre est cylindrique, celui du Peuplier est très aplati latéralement.

Nervation des feuilles. — Quelques feuilles dites en aiguille (Pin, Sapin) possèdent une seule nervure médiane : on les dit feuilles *uninerves* (fig. 335, 1).

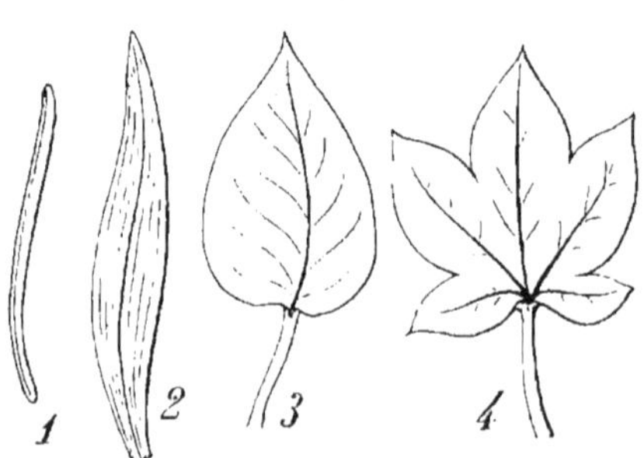

FIG. 335. — Nervation des feuilles. — Feuilles : uninerve (1), rectinerve (2), penninerve (3), palminerve (4).

Les feuilles de la plupart des Monocotylédones sont parcourues
par un certain nombre de nervures principales parallèles [Muguet
(fig. 335, 2), Maïs, Blé, Iris, etc.] : on les dit feuilles *rectinerves*.

Chez les Dicotylédones, on trouve deux modes de nervation :
quand du pétiole part *une seule nervure principale* médiane qui se

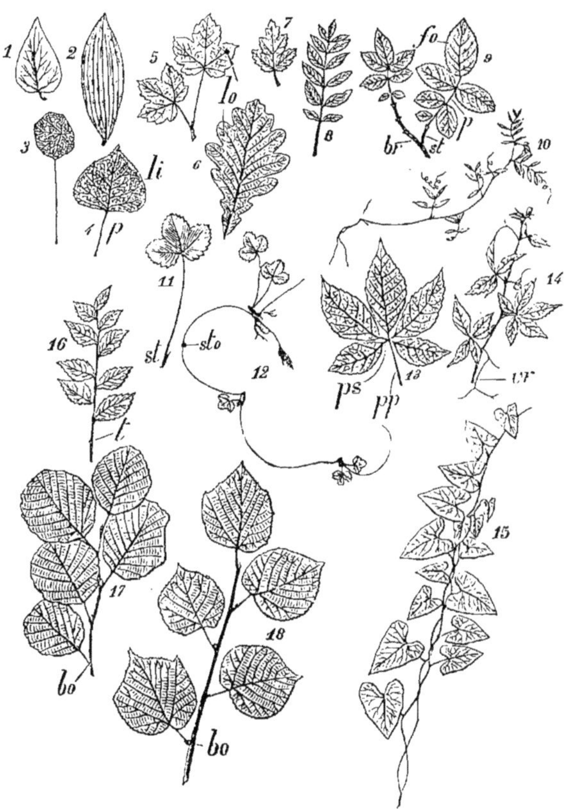

FIG. 336. — Diverses sortes de feuilles. — Feuilles simples : Lilas (1), Muguet (2), Capucine (3), Peuplier (4), Érable (5), Chêne (6), Armoise (7), Liseron (15), Orme (16 et 18),
Aulne (17). — Feuilles composées : Frêne (8), Rosier (9), Vesce (10), Fraisier (11 et 12),
Vigne vierge (13 et 14), *p*, pétiole ; *li*, limbe ; *st*, stipules ; *pp*, pétiole principal ; *ps*, pétiole
secondaire ; *bo*, bourgeon axillaire ; *vr*, vrille.

ramifie en nervures d'ordres supérieurs (fig. 335, 3), la nervation
est dite *pennée* et les feuilles sont *penninerves* (Peuplier, fig. 336,
4 ; Chêne, 6 ; Aulne, 17 ; Orme, 18).

Quand se détachent du pétiole *un certain nombre de nervures
principales* divergentes (fig. 335, 4), la nervation est dite *palmée*

et les feuilles sont *palminerves* (Érable, fig. 336, 5 ; Liseron, 15 ;
Vigne, Mauve).

Fig. 337. — Lentille commune. Feuilles composées pennées avec vrilles et stipules.

Croissance de la feuille en surface. — Nous avons vu (page 338)
que le sommet de la tige, en s'accroissant, produit sur les côtés

des mamelons qui grandissent et prennent la forme de lames de plus en plus grandes ; ces lames sont de jeunes feuilles, d'abord concaves sur la face ventrale et protectrices du sommet de la tige, puis planes et étagées le long de la tige (fig. 307).

Ramification de la feuille. — Une feuille est dite *simple* quand le limbe subit une croissance uniforme dans toute son étendue ou quand il se ramifie seul (1 à 7, fig. 336) ; si le pétiole est ramifié, le limbe n'est plus unique ; chaque ramification du pétiole se termine par une *foliole* indépendante et la feuille est dite *composée* (8 à 14, fig. 336).

Ramification du limbe. Feuille simple. — La feuille simple est dite :

entière,   quand son bord n'est pas découpé [Lilas (1), Muguet (2), Buis] ;

dentée,   quand les découpures sont peu profondes [Peuplier (4), Orme (16 et 18), Aulne (17), Noisetier, Charme] ;

lobée,   si les découpures sont très prononcées et partagent le limbe en lobes [Erable (5), Chêne (6), Vigne, Mauve] ;

séquée,   quand les découpures atteignent presque les nervures principales (Chanvre).

Ramification du pétiole. Feuille composée. — Le pétiole peut être ramifié suivant le mode *penné* ou suivant le mode *palmé.*

Mode penné : Le pétiole principal émet latéralement, à divers niveaux, des pétioles secondaires portant chacun une foliole, et la feuille est dite *composée pennée* [Frêne (8), Rosier (9), Vesce (10), Lentille, fig. 337]. Le nombre des folioles y est variable (Rosier : 5 folioles ; Frêne, Sainfoin, Robinier : *n* folioles).

La feuille composée pennée est dite *bipennée,* quand les pétioles secondaires sont eux-mêmes ramifiés suivant le mode penné (*Acacia heterophylla,* Sensitive).

FIG. 338. — Sagittaire. Feuilles : aériennes *f,* nageantes *f',* submergées *f''.*

Mode palmé : Le pétiole principal se divise à un seul niveau en plusieurs pétioles secondaires portant chacun une foliole et la

feuille est dite *composée palmée* [Marronnier d'Inde, Vigne vierge
(13 et 14), Trèfle, Oxalis].

On peut facilement reconnaître une feuille composée : la base
du pétiole principal est seule pourvue d'une gaine ou de stipules.

Modifications éprouvées par les feuilles. — Ces modifications
résultent d'une adaptation de la feuille : soit à des milieux divers,
soit à des fonctions particulières. Elles sont nombreuses et inté-
ressent quelques feuilles seulement sur un même pied ou toutes
les feuilles de la plante.

1° *Adaptation à des milieux divers.* — Les feuilles de la Sagit-

FIG. 339. — Modifications des feuilles : A, *Campanula rotundifolia* ; B, Châtaigne d'eau
(*Trapa natans*).

taire (fig. 338) se développent : les unes dans l'air, les autres à la
surface de l'eau, les autres dans l'eau ; les feuilles aériennes ont la
forme d'un fer de flèche, les feuilles nageantes sont ovales et les
feuilles submergées ressemblent à de longues lanières.

Les feuilles aériennes de la Châtaigne d'eau (fig. 339, B) sont
simples et leur limbe est continu ; les feuilles submergées sont
réduites à leurs nervures.

2° *Différenciation dans le même milieu.* — Certaines modifications ne semblent pas régies par l'accomplissement de fonctions
différentes.

Chez le Haricot, les premières feuilles épanouies sur la tige
épicotylée sont simples ; les autres sont composées.

Les feuilles de la base d'un pied de Pivoine sont profondément
découpées ; celles qu'on rencontre à divers niveaux sur la tige,

en se rapprochant du sommet, se simplifient de plus en plus, et la différenciation se poursuit jusque dans la fleur, comme nous le verrons plus loin (fig. 384).

3° *Différenciation des feuilles en vue de fonctions variées :*

(*a*) *Cotylédons.* — Toutes les plantes phanérogames possèdent dans la graine des *cotylédons*, sortes de feuilles différenciées pour recevoir les matières propres à nourrir la plantule (fig. 237).

(*b*) *Bulbes.* — Les feuilles ordinaires du Lis sont élancées, minces et vertes; celles de la base, réduites à une gaine très épaisse, s'appellent *écailles* et renferment, comme les cotylédons, des matières nutritives de réserve, des sucres en particulier.

On appelle *bulbe* la réunion de ces feuilles nourricières.

Il existe deux sortes de bulbes d'après la disposition des écailles : les *bulbes écailleux* dont les écailles se recouvrent incomplètement (Lis); les *bulbes tuniqués* dont les écailles externes enveloppent totalement les internes (Oignon, Tulipe, Jacinthe).

(*c*) *Bourgeons.* — Les *écailles brunes qui enveloppent les bourgeons* (fig. 309), et qui tombent au printemps, sont autant de feuilles différenciées.

(*d*) *Vrilles.* — Les *vrilles* que présentent les feuilles composées pennées des Viciées [Pois, Vesce (10, fig. 336), Gesse (fig. 332)] résultent de l'atrophie des folioles ; chez la Gesse, la vrille est formée par la feuille entière, sauf les deux grandes stipules.

(*e*) *Piquants.* — Un *piquant* résulte de la transformation du limbe d'une feuille (Avoine, Blé barbu), des stipules (Robinier) ou de la feuille entière (Épine-vinette parfois).

(*f*) *Pièces florales.* — Ainsi que nous le verrons, les diverses parties constitutives des fleurs sont des feuilles modifiées.

§ 2. — STRUCTURE DE LA FEUILLE

A. — STRUCTURE PRIMAIRE DE LA FEUILLE

La feuille a une durée moindre que la racine et la tige; aussi, sa *structure primaire* une fois acquise, subit-elle des modifications peu profondes en général.

Nous n'étudierons que la structure primaire de la feuille, en envisageant d'abord la structure du pétiole, puis celle du limbe.

1° Structure du pétiole. — Une coupe mince transversale, détachée du pétiole de la feuille de Violette et examinée au microscope (I, fig. 340), présente une forme demi-circulaire avec un côté dorsal arrondi, un côté ventral presque plan ou légèrement excavé en gouttière. Un épiderme *ép*, interrompu çà et là par des stomates et portant quelques poils, revêt le pétiole et enveloppe le parenchyme *pa*, formé de cellules riches en chloroleucites ; au milieu du parenchyme, entourés complètement par l'endoderme *en* et le péricycle, sont des faisceaux libéroligneux *f* et *f'*, l'un médian *f* plus développé que les faisceaux latéraux *f'*. Ces faisceaux renferment du bois *b* (orienté du côté de la face ventrale) et du liber *l* (orienté du côté dorsal) ; ils sont disposés symétriquement par rapport au plan XY qui renferme l'axe de la tige *T*.

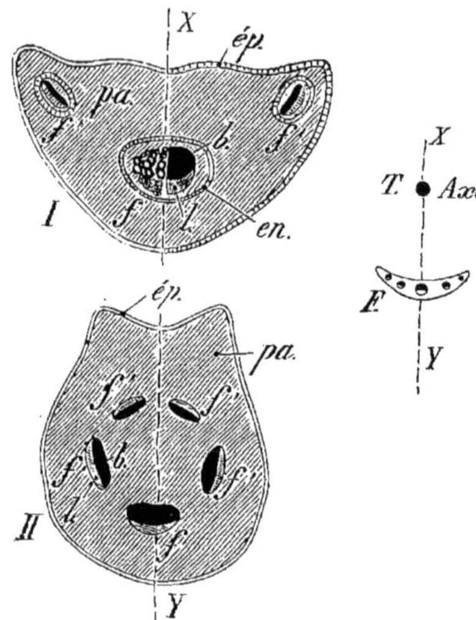

Fig. 340. — Sections transversales de pétioles : I, Violette ; II, Lierre. *ép*, épiderme ; *pa*, parenchyme ; *f*, *f'*, faisceaux libéroligneux : *b*. bois ; *l*. liber. A droite, la figure montre l'orientation de la coupe transversale d'une feuille *F* par rapport à l'axe de la tige *T*, et la symétrie bilatérale de la feuille. *XY*, trace du plan de symétrie.

2° Structure du limbe. — Le limbe, partie élargie de la

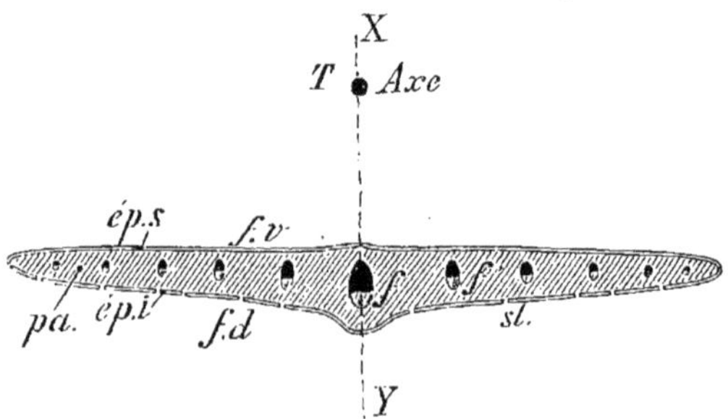

Fig. 341. — Section transversale du limbe d'une feuille. *ép.s*, *ép.i*, épiderme des faces ventrale *f.v* et dorsale *f.d* de la feuille ; *st*, stomate ; *pa*, parenchyme. *f*, faisceau libéroligneux médian ; *f'*, faisceaux latéraux de plus en plus réduits du centre au bord du limbe.

feuille, peut être considéré comme l'épanouissement du pétiole ; on y trouve effectivement les mêmes parties : épiderme *ép* (fig. 341), parenchyme *pa* et faisceaux libéroligneux *f,f',*... avec une symétrie bilatérale nette par rapport au plan XY défini comme plus haut. Le bois des faisceaux est du côté de la face ventrale *f.v* de la feuille, le liber du côté dorsal *f.d.*

La figure 342 permet de comprendre la raison de cette orientation ; elle montre, en effet, l'épiderme *ép* de la tige *T* se continuant par l'épiderme supérieur *ép.s.* et l'épiderme inférieur *ép.i* de la feuille *F* ; le parenchyme de l'écorce *Éc* et le parenchyme foliaire *pa* sont ininterrompus ; le bois *b* et le liber *l* des faisceaux foliaires s'incurvent pour rejoindre les faisceaux libéroligneux de la tige.

Examinons de plus près la structure du limbe de la feuille.

Épiderme. — L'épiderme de la face supérieure *ép.v* (fig. 258) est ordinairement dépourvu de *stomates,* ou tout au moins il n'en renferme que peu, tandis qu'on en compte jusqu'à 700 par millimètre carré sur l'épiderme dorsal *ép. d.*

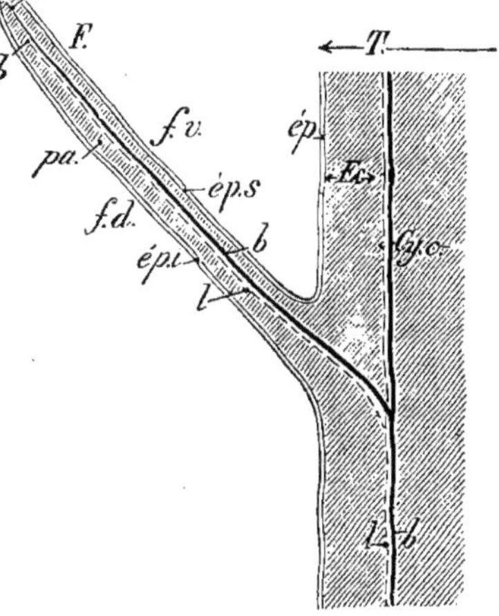

Fig. 342. — Section longitudinale d'une feuille F et de la tige *T* (Mêmes désignations que pour les figures 454 et 455). *Éc,* écorce ; *Cy.c,* cylindre central.

L'épiderme dorsal est composé de cellules incolores plus fortement cutinisées que celles de l'épiderme ventral (Houx). Des *poils* plus ou moins nombreux protègent la surface des feuilles d'un grand nombre de plantes, ainsi préservées du froid ou des rayons solaires trop actifs.

Parenchyme. — Entre les deux épidermes est réparti un parenchyme d'aspect variable avec les feuilles considérées.

Dans la plupart des feuilles ordinaires (Houx, fig. 258), le parenchyme du côté ventral est formé de cellules nettement prismatiques, sans méats entre elles ; leur disposition d'ensemble, comparable à celle des planches d'une palissade, a fait donner le nom de *parenchyme palissadique* au parenchyme ventral *p.pa.* Le parenchyme dorsal, composé de cellules arrondies, séparées par de grandes lacunes, s'appelle *parenchyme lacuneux p.la.* L'air qui remplit les lacunes est en rapport avec l'air extérieur par les stomates *st.*

Si la face inférieure des feuilles est plus pâle ordinairement que la face supérieure, c'est à cause des nombreuses lacunes du parenchyme dorsal.

Faisceaux libéroligneux. — Ces faisceaux sont noyés dans le parenchyme au milieu duquel ils se ramifient ; ils constituent les *nervures* de la feuille. Les divers modes de nervation étudiés précédemment (page 360) sont dus aux variations présentées par la répartition des faisceaux dans le limbe.

Stéréome. — Les faisceaux libéroligneux sont placés à la limite du parenchyme palissadique et du parenchyme lacuneux, le bois *f.b* du côté ventral et le liber *f.l* du côté dorsal (fig. 258). Le plus souvent, ils sont soutenus par un *stéréome* formé de fibres scléreuses rassemblées soit en arc, soit en un manchon cylindrique qui les enveloppe immédiatement (fig. 267). Parfois les manchons de sclérenchyme sont autant de colonnes creuses s'étendant transversalement d'un épiderme à l'autre.

<h3 align="center">B. — ORIGINE DE LA FEUILLE. — PHYLLOTAXIE</h3>

1° Origine de la feuille. — La feuille a une *origine exogène ; elle se développe chez les Phanérogames aux dépens de deux initiales ou de deux groupes de cellules initiales* dont l'une au moins est épidermique et les autres sous-jacentes; *chez les Cryptogames, on trouve une seule cellule initiale.*

2° Phyllotaxie. — La *phyllotaxie,* c'est-à-dire l'arrangement des feuilles sur la tige, est déterminée chez les Phanérogames par la disposition des mamelons foliaires dans le bourgeon.

Un mamelon foliaire nouveau naît au-dessus du plus large intervalle laissé par les mamelons les plus récemment formés.

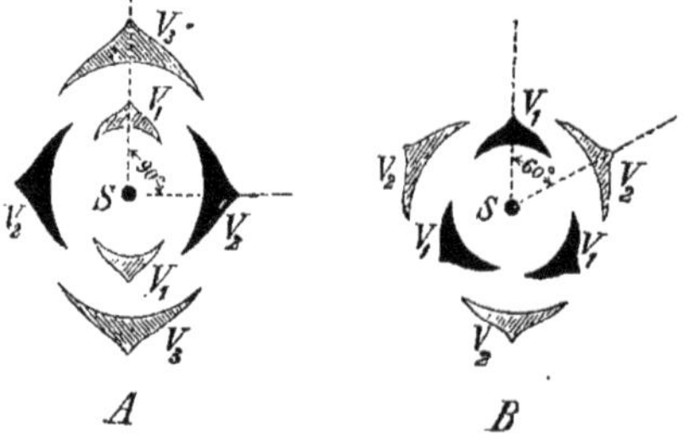

Deux cas principaux se présentent :

1° Plusieurs feuilles sont insérées au même nœud sur la tige et constituent un *verticille ; les feuilles sont dites verticillées.*

2° Les feuilles sont insérées isolément sur la tige ; elles sont dites *alternes.*

Feuilles verticillées. — Les feuilles verticillées par 2 sont *opposées* (Fusain ; Houblon ; Mercuriale, fig. 303 ; Haricot, Clématite, etc.) les feuilles verticillées par 3 sont *ternées* (Laurier-rose).

Fig. 343. — Feuilles verticillées : A, feuilles opposées ; B, feuilles ternées. V_1, V_2, V_3, verticilles successifs. S, axe du bourgeon.

Les verticilles de n feuilles ($n > 3$) sont plus rares (Prêle).

Quand les feuilles sont opposées, un verticille V_2 (fig. 343, A), pris quelconque sur la tige, est en croix avec celui qui le précède V_1 et

avec celui qui le suit immédiatement V_3 ; les plans de symétrie
de deux feuilles voisines, choisies dans deux verticilles successifs,
forment un angle de 90°. Cet angle est seulement de 60°, quand
les feuilles sont ternées (fig 343, *B*).

Feuilles alternes. — Quand les feuilles sont insérées isolément,

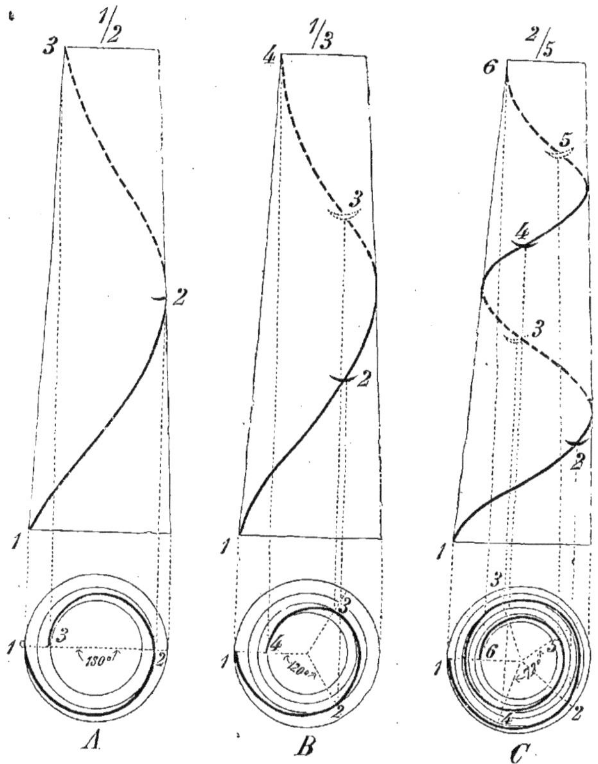

Fig. 344. — Feuilles alternes : A, cycle $\frac{1}{2}$ (divergence de 2 feuilles successives = 180°).
B, Cycle $\frac{1}{3}$ (divergence = 120°). — C, cycle $\frac{2}{5}$ (divergence = 72°).

si l'on trace, sur la tige conique, la génératrice passant par le
centre d'insertion d'une feuille quelconque, on trouvera toujours
sur cette génératrice les centres d'insertion de plusieurs autres
feuilles placées au-dessus ou au-dessous de la feuille considérée.

Entre deux feuilles consécutives situées sur une même génératrice en sont disposées d'autres plus ou moins nombreuses.

Pour définir la position des feuilles alternes, on procède ainsi :
partant de la feuille 1 (fig. 344, B), on décrit une spire autour de

la tige en passant par toutes les feuilles, 2, 3, etc., intercalées entre la feuille 1 et celle qui lui est immédiatement superposée.

On compose une fraction dont le numérateur indique le nombre de tours effectués en passant de 1 à 4, et dont le dénominateur égale le nombre de feuilles rencontrées, sans compter la feuille point de départ. La fraction fournie par l'exemple choisi est $\frac{1}{3}$.

Un procédé moins pratique consiste à mesurer la *divergence formée par les plans de symétrie de deux feuilles consécutives;* dans l'exemple B, l'angle dièdre formé par ces 2 plans est de 120° ou $\frac{1}{3}$ de circonférence.

Dans l'Orme A (fig. 344) et l'Iris, la divergence $= 180°$ ou $\frac{1}{2}$ circonférence : disposition *distique*. Dans l'Aulne, B, elle est de $\frac{1}{3}$: disposition *tristique*. Dans le Pêcher C, la divergence est de $\frac{2}{5}$: disposition *quinconciale*.

Les principales divergences constatées dans la nature sont :

$$\frac{1}{2}, \frac{1}{3}, \frac{2}{5}, \frac{3}{8}, \frac{5}{13}, \frac{8}{21}, \text{etc...}$$

$$\frac{1}{3}, \frac{1}{2}, \frac{2}{5}, \frac{3}{7}, \frac{5}{12}, \frac{8}{19}, \text{etc...}$$

C. — FORMATIONS SECONDAIRES AMENANT LA MORT ET LA CHUTE DES FEUILLES

La plupart des feuilles ont une durée très limitée ; elles naissent au printemps et meurent en été ou à l'automne : elles sont dites *caduques* et nos arbres en sont dépouillés en hiver. Sur certains arbres toutefois (Conifères dans nos contrées, Lierre, Houx, *Mahonia*, etc...), les feuilles peuvent traverser plusieurs périodes de végétation ; elles sont dites *persistantes* et leur présence sur les Pins, Sapins, Cèdres, etc..., *à toute époque de l'année*, a fait nommer ces végétaux des *arbres toujours verts.* Toutefois les feuilles persistantes meurent et sont aussitôt remplacées par d'autres plus jeunes.

Les feuilles qui vont mourir subissent un changement de couleur ; la chlorophylle disparaît par résorption ; les matières de réserve et autres substances utilisables sont entraînées vers la tige où elles s'accumulent pour l'hiver.

Les feuilles jaunes ou brunes se dessèchent et tombent : tantôt elles se détachent entièrement et de suite (Marronnier, Peuplier,

Érable, Lilas, Robinier, etc.), en laissant une cicatrice nette à leur point d'insertion ; tantôt elles passent l'hiver desséchées sur l'arbre (Chêne) pour ne tomber qu'au printemps suivant ; parfois elles tombent en laissant adhérente à la tige la base de leur pétiole qui se désorganise et disparaît à la longue (Palmiers, Fougères arborescentes).

Chute des feuilles. — Elle est due à la production, vers la base du pétiole, d'un assise transversale de cellules qui coupe l'épiderme et tout le parenchyme. Cette assise devient génératrice, forme un méristème dont la zone moyenne se résorbe en séparant le méristème en deux feuillets indépendants, l'un adhérent à la tige, l'autre porté par la feuille. La faible adhérence de la feuille avec la tige sera facilement rompue par le poids de la feuille, l'action du vent ou le contact le plus léger ; du liège de cicatrisation se développant après la chute recouvrira la plaie.

§ 5. — PHYSIOLOGIE DE LA FEUILLE

A. — CAUSES EXTÉRIEURES INFLUANT SUR LA CROISSANCE DE LA FEUILLE

Influence de la lumière. — *La lumière retarde la croissance des feuilles.* Il importe de considérer ce phénomène indépendamment des réactions chimiques que suscite la lumière dans la feuille (réactions qui ont au contraire pour effet d'activer la croissance).

Deux expériences nous permettront de rendre évidents ces résultats opposés :

1° *La lumière retarde la croissance des feuilles.* — On dispose devant une fenêtre, avec un éclairement latéral, des pots ou des éprouvettes contenant de jeunes plantes (Lupins, Haricots, Pois, fig. 322 et 323) ; toutes se couvrent de feuilles dont le pétiole, *pé* (fig. 345), se dirige vers la lumière ; la face ventrale du limbe, *li*, s'étale perpendiculairement aux rayons incidents : puisque le pétiole s'est courbé vers la lumière, de *pé* en *pé'*, sa face éclairée s'est donc moins accrue que la face opposée.

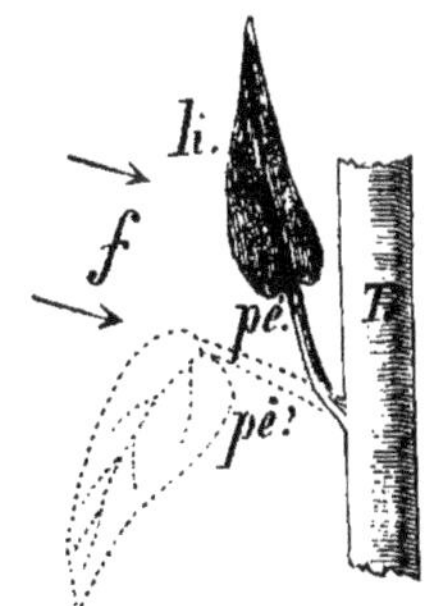

FIG. 345. — Phototropisme positif du pétiole, *pé ;* nul pour le limbe, *li*, de la feuille. — *f*, direction de la lumière incidente.

2° *La lumière favorise la croissance du végétal en général, et des feuilles en particulier.* — Grâce à l'orientation adoptée par les feuilles, les radiations qu'elles emmagasinent provoquent dans les cellules la production de matières éminemment nutritives, nous le verrons plus loin (p. 382). Ces substances, consommées par les tissus jeunes en voie de cloisonnement actif, contribuent à l'accroissement du végétal. La figure 323 montre l'effet de l'obscurité, prolongée pendant trois semaines, sur des Pois et des Lupins : les feuilles jaunâtres sont à peine visibles sur les tiges grêles et incolores des Pois ; on ne les voit pas sur les Lupins. — Pendant le même temps, des plantes identiques, soumises aux conditions normales de la végétation, ont acquis des feuilles vertes dépassant 5 centimètres de longueur.

Influence de la pesanteur. — Cette influence se manifeste sur les feuilles épanouies dont le pétiole est dressé et le limbe horizontal (la face ventrale tournée vers le ciel). Toute modification dans la direction du rameau qui porte des feuilles détermine une torsion du pétiole propre à ramener chaque feuille à son orientation première, et cela *la nuit comme le jour*.

Dans les branches pendantes de la Vigne-vierge, de la Ronce, de la Clématite et de toutes les plantes d'ornement à tige grêle dirigées par les jardiniers le long des grillages, on peut facilement observer :

Le redressement et la torsion du pétiole des feuilles simples;

Le redressement du pétiole primaire et la torsion du pétiole secondaire des feuilles composées.

Ainsi *le pétiole est doué de géotropisme négatif.*

Les influences combinées de la lumière et du géotropisme impriment à la feuille l'orientation la plus favorable à la réception des radiations.

C. — FONCTIONS ESSENTIELLES DE LA FEUILLE

La sève ascendante, conduite par les vaisseaux du bois à travers le pétiole et le limbe jusqu'aux extrémités des nervures de la feuille, y subit des modifications profondes :

1° Elle abandonne à l'air extérieur de l'eau, surtout à l'état de vapeur (*Transpiration* et *Chlorovaporisation*), rarement à l'état liquide.

2° Elle reçoit des principes nutritifs élaborés par la feuille, en vertu des échanges gazeux qui s'y accomplissent (*Respiration* et *Assimilation chlorophyllienne*).

La *sève élaborée* qui résulte de ces transformations est répartie dans tout le végétal à l'entretien duquel elle concourt.

I. Transpiration et **Chlorovaporisation.** — Ces phénomènes sont relatifs au dégagement de vapeur d'eau par les feuilles aériennes : le premier a lieu nuit et jour chez toutes les feuilles, de quelque couleur qu'elles soient ; le second s'accomplit *à la lumière seulement et chez les plantes possédant de la chlorophylle.*

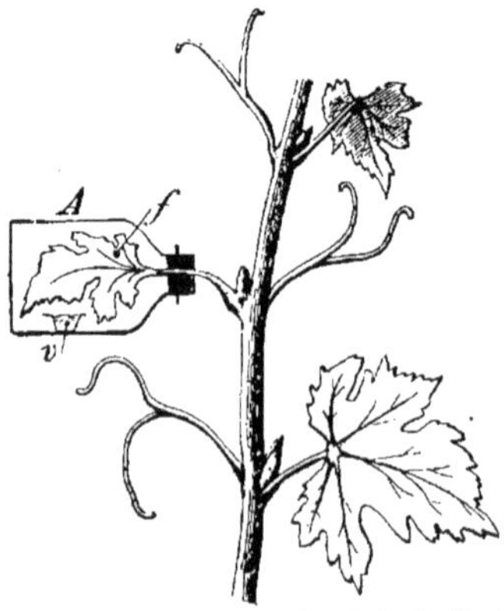

Avant d'établir une distinction entre ces deux phénomènes, mettons en évidence le dégagement de vapeur d'eau.

Une feuille de Vigne, par exemple, adhérente à sa tige, est engagée dans un flacon *A* (fig. 346) dont le col est pourvu d'un bouchon préalablement coupé en deux et un peu excavé pour le passage

Fig. 346. — Transpiration de la feuille *f* renfermée dans le flacon *A*, avec une petite capsule *v* contenant du chlorure de calcium ou de la baryte anhydre.

du pétiole : on a disposé préalablement dans le flacon un petit vase *v* renfermant de la baryte anhydre pour l'absorption de la vapeur d'eau, vase préalablement taré. Le tout est exposé à la lumière solaire pendant une heure ; la baryte a subi une augmentation de poids *p* au bout de ce temps. On abandonne l'appareil pendant une heure encore, mais à l'obscurité ; la baryte subit une nouvelle augmentation de poids *p'*. L'augmentation *p* est de beaucoup supérieure à *p'* ($p = 150\ p'$, par exemple); *p* aurait été seulement égal à 2 ou 3 fois *p'*, si l'expérience avait été faite avec une feuille incolore comme en présentent les *Aspidistra* et certaines plantes à feuilles pana-chées[1].

L'expérience montre donc que :

1° *Les feuilles dégagent de la vapeur d'eau dans l'air ;*

2° *Les feuilles vertes dégagent, à la lumière, beaucoup plus de vapeur d'eau qu'à l'obscurité.*

Transpiration. — La *transpiration proprement dite* est l'émission de vapeur d'eau par la feuille (comme aussi par toute partie aérienne de la plante). *Elle est d'autant plus grande que l'épiderme est plus perméable, les stomates plus nombreux ; elle croît avec la température, la sécheresse et l'agitation de l'air extérieur ; elle est deux à trois fois plus grande à la lumière qu'à l'obscurité.*

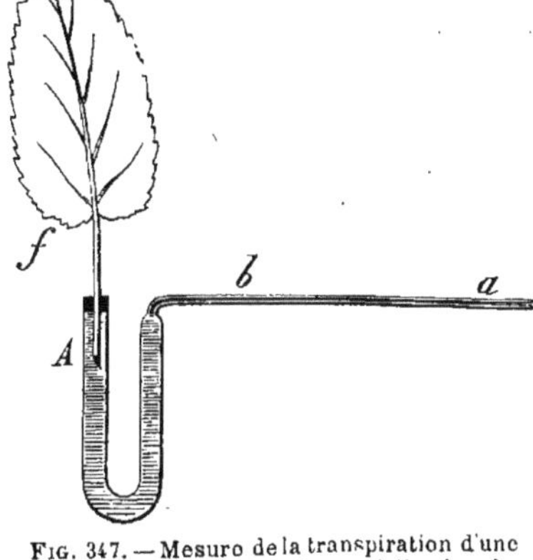

Fig. 347. — Mesure de la transpiration d'une feuille par la quantité d'eau qu'elle absorbe dans le tube en U ; *a*, niveau du liquide qui se déplace vers *b*.

Chlorovaporisation. — Une feuille de Blé, qui émet 1 milligramme de vapeur à l'obscurité, en rejette 168 milligrammes au soleil. Or la lumière solaire ne faisant que doubler ou tripler la transpiration, la feuille de Blé eût dû rejeter au plus, dans le deuxième cas, 3 milligrammes de vapeur d'eau ; les 165 milligrammes en excès ont été dégagés pour une autre raison. Or l'expérience a montré que *des feuilles de Blé*, installées d'une manière identique et

---

1. Dans les cours, on montre ainsi la perte d'eau éprouvée par les feuilles : le pétiole d'une feuille *f* (fig. 347) est engagé dans un bouchon qui ferme hermétiquement la branche *A* d'un tube en U plein d'eau ; l'autre branche se prolonge par un tube horizontal fin et gradué également rempli de liquide en continuité avec celui du tube en U. Que l'appareil soit exposé à l'obscurité ou à la lumière, le niveau du liquide se retire de *a* vers *b* ; car la feuille absorbe par le pétiole une certaine quantité d'eau *destinée à compenser* celle qu'elle a perdue ; mais le niveau *a* se déplace beaucoup plus rapidement vers *b*, *pendant l'unité de temps*, quand la feuille est exposée à la lumière solaire que lorsqu'elle est soumise à l'obscurité.

exposées dans les diverses régions du spectre solaire, *ont dégagé le plus de vapeur d'eau aux points correspondant aux bandes d'absorption de la chlorophylle* (voir page 274 et fig. 242). Donc l'excès de vapeur d'eau dégagée est dû à ce que la chlorophylle emmagasine dans la feuille verte des radiations dont l'énergie est en partie utilisée à l'évaporation de l'eau apportée par la sève ascendante. Ce phénomène, distinct de la transpiration, se nomme *chlorovaporisation*.

Modes de dégagement de la vapeur d'eau. Rôle des stomates.

— Une feuille de papier, sensibilisée au chlorure double de palladium et de fer au minimum, puis exposée à la vapeur d'eau, noircit quand on la plonge ensuite dans une dissolution de perchlorure de fer. Or, si une feuille lisse d'un végétal est appliquée contre un tel papier sensible traité ensuite par Fe^2Cl^6, on voit que le papier réactif se couvre d'une foule de petits points noirs correspondant aux stomates. La vapeur d'eau se dégage donc par les stomates des feuilles.

Toutefois, la perte de vapeur d'eau n'est pas en rapport uniquement avec le nombre des stomates, mais avec l'étendue des surfaces que présentent les lacunes dans le parenchyme de la feuille et avec la perméabilité de l'épiderme. Comme le parenchyme lacuneux est voisin de la face dorsale, elle-même pourvue d'un plus grand nombre de stomates que la face ventrale, *la transpiration et la chlorovaporisation de la feuille sont plus actives du côté dorsal que du côté ventral.*

Importance de la perte de vapeur d'eau par les feuilles. — On a pu évaluer approximativement les quantités de vapeur d'eau dégagées par certaines plantes ; elles atteignent pendant la durée d'une période végétative (depuis l'éclosion des bourgeons jusqu'à la chute des feuilles) les nombres suivants *exprimés en fonction du poids de la plante :* Houx 30, Sapin 52, Mélèze 177, Chêne 226, Sycomore 455.

Les arbres à feuilles caduques (Sycomore) perdent donc en six mois beaucoup plus de vapeur d'eau que les arbres à feuilles persistantes (Houx, Sapin) en un an.

Parmi les plantes herbacées, la perte de vapeur d'eau est plus considérable chez les espèces à feuilles minces (Haricot) que chez les espèces charnues (*Sedum, Crassula*).

Les exemples suivants montrent l'importance du dégagement de vapeur d'eau chez certaines plantes ; ils rendent compréhensible l'effet désastreux d'une longue période de sécheresse comme celle de 1893 :

Un plant d'Avoine a perdu, en 90 jours :	2ᵏ278 d'eau
Un hectare, semé en Avoine, perd ainsi par jour :	25 000 k. —
Un hectare, planté en Maïs, perd par jour :	36 000 k. —
Un Chêne, portant 700 000 feuilles, perd en 5 mois :	111 225 k. —

Ces dégagements énormes sont compensés par une absorption de même ordre effectuée par les racines dans le sol : de là la nécessité des pluies, des arrosages, quand l'eau de pluie vient à manquer.

II. Respiration et Assimilation chlorophyllienne. — Ces deux phénomènes ont trait aux échanges d'oxygène et de gaz carbonique entre la feuille et le milieu extérieur, *quel qu'il soit*. Tandis que la transpiration et la chlorovaporisation ne se produisent pas chez les feuilles submergées, ces dernières échangent les gaz O et CO_2 avec l'eau dans laquelle elles sont plongées. L'étude qui va suivre s'applique de préférence aux feuilles aériennes dont la respiration et l'assimilation sont très actives.

La respiration des feuilles s'accomplit nuit et jour, quels que soient leur état et leur couleur ; l'assimilation chlorophyllienne a lieu chez *les feuilles vertes seulement et sous l'influence de la lumière*, ainsi qu'il a été dit à propos de la tige (page 352).

Quelques expériences nous permettront de mettre en évidence ces deux phénomènes.

Respiration. — Introduisons des feuilles dans l'éprouvette (fig. 300, I) qui nous a déjà servi à montrer la respiration des racines et des tiges, et abandonnons le tout à l'obscurité ; au bout de quelques heures, le gaz confiné dans l'éprouvette renfermera une forte proportion d'acide carbonique décelé par l'eau de baryte ou de chaux et la proportion d'oxygène a diminué.

Les feuilles vertes, à l'obscurité, absorbent de l'oxygène et dégagent du gaz carbonique.

On peut répéter la même expérience *à la lumière*, soit avec des feuilles incolores (variété panachée d'une plante normalement verte), soit avec des feuilles vertes en prenant soin, dans ce dernier cas, d'introduire dans le flacon une petite éponge imbibée d'éther ou de chloroforme : *les feuilles vertes n'assimilent pas* alors, tandis que *leur respiration n'est pas troublée.* (Claude Bernard.)

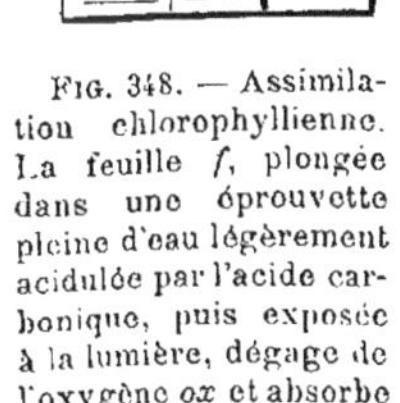

Fig. 348. — Assimilation chlorophyllienne. La feuille *f*, plongée dans une éprouvette pleine d'eau légèrement acidulée par l'acide carbonique, puis exposée à la lumière, dégage de l'oxygène *ox* et absorbe CO_2 dissous dans l'eau.

Assimilation chlorophyllienne. — On introduit une grande feuille verte *f* sous une éprouvette *E* (fig. 348) pleine d'eau légèrement acidulée par l'acide carbonique (en l'additionnant d'un peu d'eau de Seltz) ; cette éprouvette repose dans un cristallisoir qui contient également de l'eau ; le tout est exposé aux rayons solaires. Au bout de peu de temps, on voit apparaître sur la feuille une foule de petites bulles gazeuses qui grossissent et se dégagent au sommet de l'éprouvette. Si, après plusieurs heures, on recueille le gaz dégagé, on lui reconnaît les propriétés de l'oxygène ; quant à l'acidité de l'eau, elle a disparu.

Des feuilles incolores ou des feuilles vertes anesthésiées n'eussent permis aucune constatation de ce genre.

Ainsi *les feuilles* **vertes, à la lumière seulement,** *absorbent du gaz carbonique dans l'air, le décomposent et dégagent de l'oxygène.*

Quel rôle joue la chlorophylle dans ce phénomène? Exposons à cet effet, dans les diverses régions d'un spectre solaire bien étalé, une série d'éprouvettes étroites et longues, remplies toutes de la même eau légèrement acidulée par CO_2 et contenant chacune une feuille de Bambou. *Nous verrons*, au bout de quelque temps, *l'oxygène se dégager* **uniquement** *dans les régions correspondant aux bandes d'absorption de la chlorophylle* (fig. 242); c'est en B,C (rouge) que le dégagement d'oxygène est le plus considérable; dans le vert, en E,F, ce dégagement est nul; dans la région bleue et violette, il est faible.

La décomposition de l'acide carbonique déterminée par la chlorophylle et le dégagement d'oxygène sont ainsi démontrés; la puissance de cette décomposition est proportionnelle à la quantité d'énergie calorifique (rouge) et chimique (violet) absorbée par le protoplasme vert.

Résultante de l'assimilation chlorophyllienne et de la respiration — Toute feuille verte exposée à la lumière est donc le siège de deux phénomènes inverses et simultanés :

La respiration (**O** absorbé, **CO_2** dégagé);

L'assimilation (**CO_2** absorbé, **O** dégagé).

Les variations de composition que font éprouver à un gaz confiné les feuilles vertes exposées à la lumière ne sont que la résultante des deux actions superposées.

Au début du jour, l'intensité de la lumière est faible, la respiration l'emporte sur l'assimilation : la résultante est (comme pendant la nuit mais avec atténuation), une absorption d'oxygène et un dégagement de CO_2. — L'intensité lumineuse augmente, l'assimilation contrebalance la respiration : les échanges gazeux sont à peine sensibles ; ils deviennent plus prononcés, mais de sens inverse quand la lumière est vive : absorption de CO_2, dégagement d'oxygène. — Au déclin du jour, la résultante sera la même qu'au début; puis la respiration se produira seule quand la nuit sera complète.

Toutefois, si la lumière du jour devient assez intense pour provoquer l'altération de la chlorophylle, l'assimilation diminue. Les feuilles très riches en chlorophylle (*Elodea canadensis, Ceratophyllum*, Fougères, Mousses) assimilent très énergiquement à une faible lumière diffuse.

Accroissement des végétaux chlorophylliens. — Si les

échanges dus à l'assimilation compensaient les échanges respiratoires pendant le même temps, la plante ne subirait pas de variation de poids; mais la première heure d'exposition de la plante à la lumière du jour suffit à réparer la perte de carbone éprouvée pendant la nuit. Tout le reste du jour, la plante s'enrichit en carbone.

En évaluant le poids de la récolte faite dans les prairies pendant une période de végétation, on a pu calculer approximativement la quantité de carbone fixée par les Graminées : elle varie de 1 500 à 4 500 kilogrammes par hectare.

Mécanisme des échanges gazeux. — L'expérience montre que *les échanges gazeux entre l'air extérieur et la feuille s'accomplissent non seulement par les stomates, mais par toute la surface de la feuille.* La perméabilité de l'épiderme intervient dans ce phénomène, puisque les échanges sont beaucoup plus petits pour les feuilles recouvertes d'une cuticule épidermique épaisse que pour celles dont la cuticule est mince. Les feuilles submergées, dépourvues de stomates, cèdent de l'oxygène et prennent du gaz carbonique à l'eau qui les baigne, et inversement.

Toutefois *les stomates facilitent beaucoup ces migrations gazeuses.*

Les échanges gazeux entre la cellule végétale et l'atmosphère des lacunes foliaires d'une part, entre cette atmosphère interne et l'air extérieur d'autre part, sont conformes aux lois physiques de la diffusion entre deux milieux différents, séparés ou non par une membrane.

Quand la proportion du gaz carbonique dissous dans la cellule est supérieure à celle qui correspond à la force élastique de ce gaz dans les lacunes, l'excès de CO^2 dissous se dégage dans l'atmosphère interne (diffusion à travers la membrane de la cellule); une partie du gaz CO^2 de l'atmosphère interne diffuse à son tour par les stomates dans l'air extérieur où sa force élastique est moindre (diffusion sans interposition de membrane). Des échanges inverses se produisent pour l'oxygène en même temps.

Tel est le mode suivant lequel se produisent les échanges gazeux.

Caractères de la Feuille.

La feuille, portée par la tige, a une symétrie bilatérale, c'est-à-dire qu'elle est symétrique par rapport à un plan (qui contient l'axe de la tige). Les faisceaux libéroligneux que renferment ses nervures sont orientés : le bois du côté de la face ventrale, le liber du côté dorsal.

La feuille a une origine exogène.

CHAPITRE IV

DE LA NUTRITION CHEZ LES VÉGÉTAUX

Tout être vivant détruit peu à peu ses organes et doit les réparer à l'aide d'éléments empruntés au milieu extérieur (page 2 et suivantes). Les végétaux puisent effectivement dans le sol, dans l'air ou l'eau, les matériaux qui leur sont utiles, quelle que soit la différenciation de leur corps végétatif. Chez les Végétaux supérieurs, la racine, la tige et les feuilles sont les organes de la nutrition ; chacun de ces organes a, dans l'alimentation, ses attributions bien définies que nous avons précédemment indiquées.

Quelles sont la *composition* et *l'origine des matières absorbées ?* Quelles *transformations* subiront ces substances, une fois introduites dans la plante, *pour en devenir partie intégrante, vivante ?* Comment seront-elles tôt ou tard *désagrégées* et de quelle manière la plante rejettera-t-elle les *déchets* qui en proviendront ? Telles sont les questions qu'il nous faut successivement envisager.

FIG. 349. — Plant de Maïs développé dans une solution nutritive convenable renfermant, pour 1 litre d'eau : azotate de calcium, 1 gr. ; chlorure de potassium, 0 gr. 25 ; sulfate de magnésium, 0 gr. 25 ; phosphate acide de potassium, 0 gr. 25.

§ 1. — COMPOSITION ET ORIGINE DES MATIÈRES ABSORBÉES

Le végétal emprunte au milieu extérieur des aliments dont la composition élémentaire est identique à la sienne.

La recherche des corps simples nécessaires à une plante pour assurer son entier développement se fait par deux méthodes :

1° La *méthode analytique* qui consiste à déterminer par l'analyse chimique les éléments composant le végétal ;

Tableau XLIII.

De la nutrition chez les Végétaux.

La nutrition est en rapport avec les besoins de l'être vivant.

I. Composition des matières absorbées. — Elle est déterminée par :

L'*analyse chimique* du végétal ;
La *synthèse* (recherche de la solution nutritive la plus favorable au développement du végétal).

Résultats de l'*analyse* :

immédiate..
- Matières ternaires (C, H, O) [Hydrates de carbone, Alcools, Graisses, Acides végétaux,...]
- Matières albuminoïdes (C, H, O, Az).
- Hydrocarbures (C, H) [Résines, huiles essentielles,....]

élémentaire.
- 12 corps simples utiles : C, H, O, Az, S, P, *essentiels*. Si, Cl, K, Ca, Fe, Mn, utiles.
- Corps accessoires : Na, Br, I, Zn, Mg, Cu, etc...

Les 12 éléments utiles doivent être fournis aux végétaux sous une forme *absorbable* différente, suivant qu'ils possèdent ou non de la chlorophylle.

II. Origine et destination des matières absorbées. Fonction chlorophyllienne. Assimilation.

1° *Végétaux chlorophylliens.* — *Origine* de C (gaz carbonique de l'air et du sol, carbonates) ; H (eau) ; O (eau et air) ; Az (azotates et sels ammoniacaux) ; les autres corps puisés à l'état d'azotates, phosphates, sulfates, chlorures, etc.

Destination. La sève brute, puisée par les racines, *circule* à travers la tige jusqu'aux feuilles qui *absorbent aussi l'oxygène et* CO^2 dans l'air. Grâce à la *fonction chlorophyllienne*, à la *respiration* et à la *transpiration*, la sève brute devient *sève élaborée* distribuant au végétal ses principes *assimilables*.

Utilisation immédiate / *Mise en réserve*...... des substances assimilables.

2° *Végétaux sans chlorophylle et végétaux chlorophylliens à nutrition propre incomplète.* Se nourrissent de matière organique qu'ils élaborent ensuite.

Plantes
- *saprophytes :* vivent sur des êtres morts ou dans des solutions avec matière organique. *Mucor Mucedo, Aspergillus niger,* etc.
- *parasites :* vivent aux dépens d'êtres vivants..
  - Orobanche, Cuscute,.... sans chlorophylle.
  - Gui, Rhinanthe..., avec chlorophylle.

Symbiose. Association de 2 êtres vivants (*l'un au moins chlorophyllien*) qui se prêtent un mutuel secours dans la lutte pour l'existence : Lichens.

III. Réserves nutritives. Leur nature et leur emploi par l'action de *diastases.*

IV. Désassimilation..... Matières
- localisées.
  - Oxalate de calcium, Silice, Carbonate de calcium, etc...
  - Xanthine, Leucine, Tyrosine, etc.Résines.
- rejetées : CO^2, H^2O, huiles essentielles, etc.

V. Sources de l'énergie. — Vie aérobie et anaérobie. — Fermentations.

Sources de l'énergie : Oxydations, hydratations, dédoublements *exothermiques* des matières organiques.

La plante, comme tout être vivant, *a donc besoin d'oxygène.*

Vie
- *aérobie :* celle des êtres qui ne peuvent vivre sans oxygène libre (Air).
- *anaérobie :* celle des êtres qui vivent sans le secours d'oxygène libre ; ils s'assimilent des substances étrangères qu'ils hydratent et dédoublent (source d'énergie).

La plupart des êtres vivants sont aérobies et anaérobies tout ensemble.

Ferments figurés
- aérobies / anaérobies : font subir aux milieux dans lesquels ils vivent des modifications spéciales à chacun d'eux (Fermentations).

2° La *méthode synthétique* par laquelle on prépare des solutions nutritives, variées par les substances qu'elles renferment et par la proportion de ces substances; dans chacune de ces solutions, on cultive des plantes de même espèce et on compare leurs développements respectifs (fig. 349 et 350). La solution qui a permis à la

Fig. 350. — Cultures comparées de Haricots semés dans un sol à peu près stérile, imbibé d'eau pure en 1, additionné en 2 d'une solution nutritive convenable

plante d'accomplir son *évolution totale* (partant d'une graine pour donner une plante, avec une récolte abondante de graines) donne en même temps la série cherchée des corps simples nécessaires à cette plante.

L'analyse immédiate a révélé, chez les Végétaux, la présence des produits organiques suivants :

1° Matières ternaires : { Alcools, sucres, hydrates de carbone divers. Graisses, certains acides végétaux.

2° Matières hydrocarburées : Résines, Essences, etc.

3° Matières albuminoïdes.

A ces produits, il convient d'ajouter de l'eau et des sels minéraux.

L'analyse élémentaire indique que 12 corps simples suffisent au développement d'une plante :

Le **carbone** (indispensable à la formation de *tous* les principes organiques), l'**hydrogène**, l'**oxygène**, l'**azote**, le **soufre** et le **phosphore** composent la substance protoplasmique et sont **essentiels** à toutes les plantes ; le *silicium*, le *chlore*, le *potassium*, le *calcium*, le *fer* et le *manganèse* sont **utiles**.

D'autres éléments se rencontrent chez certains Végétaux, notamment le sodium, le brome et l'iode chez les Algues marines et les plantes du littoral ; toutefois ils ne leur sont pas indispensables.

Alors même que la plante trouvera tous ces corps simples dans le milieu extérieur, elle ne pourra se les incorporer, se les assimiler, s'ils ne lui sont offerts sous une **forme convenable.** *A ce point de vue, les Végétaux diffèrent profondément, suivant qu'*ils **renferment ou non de la chlorophylle.**

Grâce à l'énergie des radiations solaires qu'elle emmagasine une plante *verte* peut décomposer le gaz carbonique puisé par elle dans l'air, une plante dépourvue de chlorophylle en sera incapable. Le gaz carbonique est un aliment pour les plantes à chlorophylle ; il ne peut être utilisé par les autres (Champignons, Orobanche, etc.).

Nous devons donc étudier à part le mode d'alimentation concernant ces deux catégories de végétaux.

1. — ORIGINE DES MATIÈRES ABSORBÉES PAR LES VÉGÉTAUX CHLOROPHYLLIENS

Le *carbone* a pour origine le gaz carbonique puisé par les plantes dans l'air, dans les liquides du sol et même dans leurs tissus. Les végétaux acquièrent de l'*hydrogène* et de l'*oxygène* en absorbant de l'eau ; l'oxygène provient aussi directement de l'air. L'*azote* est absorbé sous la forme d'azotates et de sels ammoniacaux.

Les huit autres corps simples indispensables sont fournis par le sol aux racines des plantes sous la forme de phosphates, silicates, sulfates, chlorures, carbonates, etc... Toutefois la méthode de culture, indiquée plus haut, consistant dans la nutrition d'une plante à l'aide d'une solution convenable, a montré que les solutions minérales doivent être suffisamment étendues d'eau.

Carbone. — Les plantes puisent cet élément par leur tige et leurs feuilles dans l'air, par leurs racines dans les liquides du sol ; elles l'empruntent à leurs propres tissus qui respirent.

Hydrogène et oxygène. — Les plantes acquièrent l'hydrogène en même temps que l'oxygène, en absorbant de l'eau. Ce dernier gaz est, en outre, absorbé directement dans l'air et emprunté aux azotates du sol. La plupart des composés organiques contiennent ces deux éléments.

Azote. — L'azote est emprunté par les végétaux : au sol, sous la forme d'*azotates* principalement ; au sol et à l'air, à l'état de *sels ammoniacaux* ; à l'air, sous la forme d'*azote libre*, sous l'effet continu de l'électricité atmosphérique à faible tension.

Matières minérales. — Leur absorption est régie par le principe énoncé déjà *la consommation règle l'absorption.* Cette consommation est variable avec les cellules qui composent les divers tissus ; ainsi la potasse est retenue surtout par la racine, le protoplasme vert et les fruits, tandis que le bois en contient peu ; les phosphates augmentent partout où la vie est très active ; la silice est abondante dans l'épiderme des Carex, des Cypéracées, des Graminées, etc.

II. — DESTINATION DES MATIÈRES ABSORBÉES.
CIRCULATION ET ÉLABORATION DE LA SÈVE. — FONCTION CHLOROPHYLLIENNE.
ASSIMILATION.

Les racines puisent des liquides nutritifs dans le sol, conformément aux lois de l'osmose; la tige et les feuilles échangent des gaz avec l'air extérieur et exhalent de la vapeur d'eau, en vertu des lois de la diffusion. Des racines aux feuilles, par l'intermédiaire de la tige, sont établis des canaux, les *vaisseaux du bois*, dans lesquels se rendent et peuvent *circuler* les liquides absorbés par les racines et formant la *sève brute*. Deux causes déterminent alors l'*ascension* de la sève brute de la racine vers les feuilles :

1° La *poussée des racines*, c'est-à-dire l'impulsion que transmet le liquide absorbé par les poils radiculaires à celui qui est déjà engagé dans les vaisseaux;

2° L'*aspiration* exercée par la transpiration et la chlorovaporisation qui s'accomplissent dans les feuilles.

La poussée des racines peut atteindre et dépasser une pression d'une atmosphère, c'est-à-dire provoquer l'ascension de l'eau au delà de 10 mètres, comme le montre l'expérience :

Après le coucher du soleil, vers le mois de juin de préférence, on coupe près du niveau du sol la tige d'une Vigne, et l'on adapte un tube de verre (fig. 351) au tronçon adhérent à la racine intacte. Ce tube est droit, I′, si l'on veut simplement y constater l'accès du liquide, ou fermé en haut et pourvu d'un manomètre, I, si l'on désire mesurer une pression. On voit alors s'accumuler dans le tube le liquide qui, dans le dernier cas, presse sur le mercure avec une intensité que l'on peut évaluer.

L'aspiration de la sève est démontrée par l'expérience suivante : la tige feuillée de Vigne, détachée plus haut, est fixée au sommet d'un tube droit *A B* plein d'eau (fig. 351, II) et reposant sur le mercure en *C ;* au bout de peu de temps, l'eau est absorbée et le mercure s'élève dans le tube en *D*.

Les gaz directement absorbés par les feuilles s'y trouvent donc en présence de la *sève brute* ou ascendante. La transpiration et l'activité du protoplasme augmentée (de l'énergie des radiations recueillies par la chlorophylle) interviennent pour modifier la composition de la sève brute qui devient la *sève élaborée* essentiellement nutritive, distribuée ultérieurement dans toutes les parties du végétal.

La sève brute comprend une forte proportion d'eau et des sels (azotates, phosphates, sulfates, chlorures, carbonates, etc...). Par la transpiration, une certaine quantité d'eau s'échappe au dehors (nuit et jour) ; mais la *fonction chlorophyllienne* a pour résultats une *concentration plus active* et une *transformation* profonde de la sève.

Parmi les radiations diverses qu'émet tout corps incandescent (soleil, lumière électrique, flammes du gaz d'éclairage et de la bougie, etc...), la chlorophylle arrête des radiations calorifiques

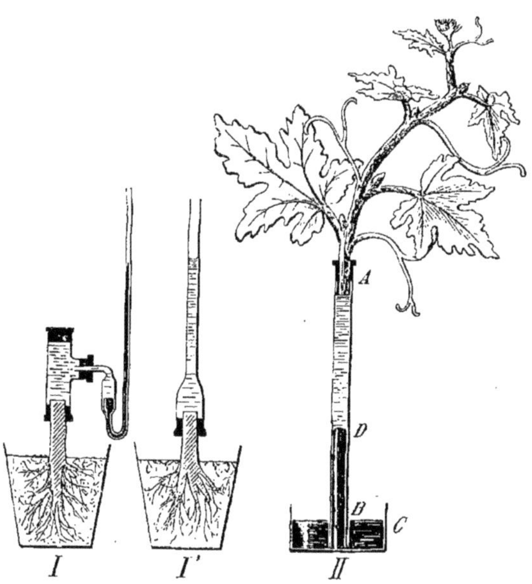

FIG. 351. — La sève brute s'élève de la racine aux feuilles : 1° par la poussée des racines I,I' ; 2° par l'aspiration des feuilles, II. — I, pied de Vigne coupé, le soir, près du sol et pourvu d'un manchon de verre plein d'eau avec un manomètre à air libre contenant du mercure ; la sève brute, écoulée par la section, s'ajoute à l'eau du manchon et repousse le mercure. — I', un pied identique est pourvu d'un tube de verre dans lequel la sève monte. — II, la partie supérieure du pied de Vigne coupé est fixée au sommet du tube AB plein d'eau et reposant sur le mercure en C. Les feuilles transpirent, provoquent l'aspiration de l'eau et, par suite, l'ascension du mercure en *BD*.

(principalement) et des radiations chimiques qui déterminent la *chlorovaporisation* et *l'assimilation du carbone.*

Ces fonctions ont été étudiées au sujet de la physiologie de la feuille.

La fonction chlorophyllienne est de la plus haute importance pour le végétal vert qui, issu d'une faible masse de protoplasme primordial (spore, œuf ou graine) et puisant *exclusivement* des substances minérales dans l'air et le sol, fabrique à leurs dépens des composés organiques variés, de la *substance vivante*. L'accroissement des végétaux verts est ainsi assuré.

Mais *cette fonction ne s'accomplit qu'à la lumière ; à l'obscurité, la plante verte vit aux dépens des réserves qu'elle a accumulées pendant le jour ; elle se comporte, vis-à-vis de sa propre substance, comme*

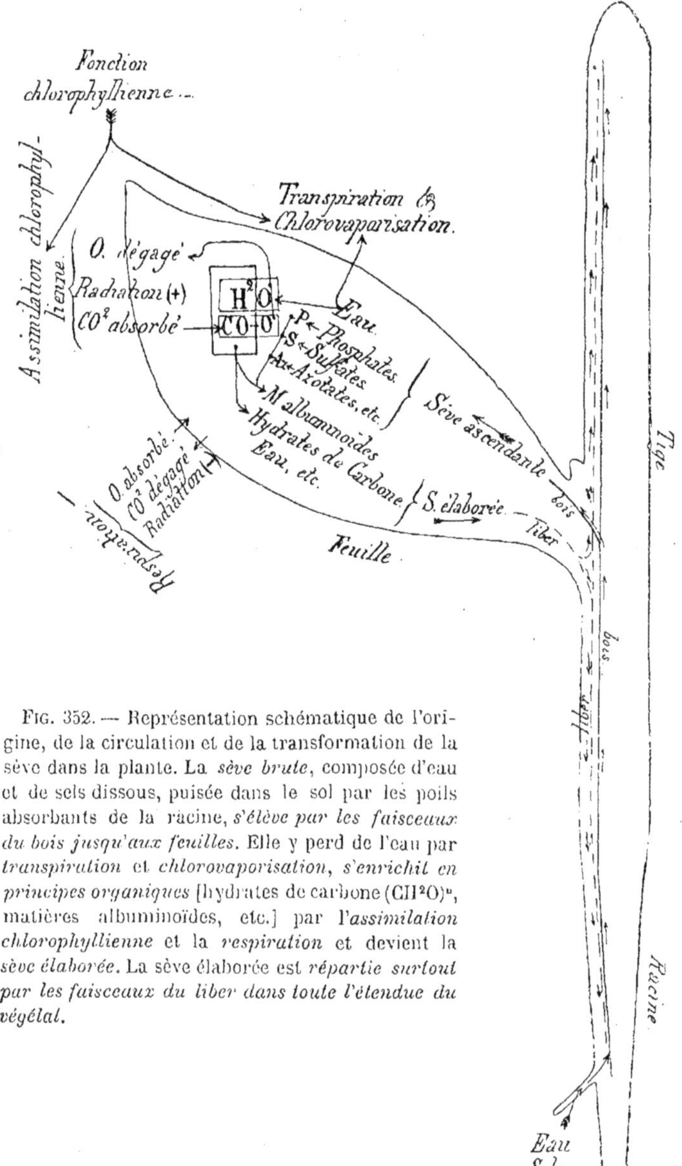

Fɪɢ. 352. — Représentation schématique de l'origine, de la circulation et de la transformation de la sève dans la plante. La *sève brute*, composée d'eau et de sels dissous, puisée dans le sol par les poils absorbants de la racine, *s'élève par les faisceaux du bois jusqu'aux feuilles.* Elle y perd de l'eau par *transpiration* et *chlorovaporisation, s'enrichit en principes organiques* [hydrates de carbone $(CH^2O)^n$, matières albuminoïdes, etc.] par *l'assimilation chlorophyllienne* et la *respiration* et devient la sève élaborée. La sève élaborée est *répartie surtout par les faisceaux du liber dans toute l'étendue du végétal.*

le font les plantes sans chlorophylle à l'égard des matières organiques qu'elles puisent dans le milieu extérieur, ou comme les végétaux chlorophylliens dépourvus d'organes d'absorption suffisamment développés.

Plantes saprophytes et parasites dépourvues ou non de chlorophylle.—Les plantes dépourvues de chlorophylle ne peuvent fabriquer de toutes pièces, *tout au moins en notable quantité*, de la matière organique à l'aide de substances minérales seules; elles empruntent au milieu extérieur de la matière organique qu'elles s'assimilent et transforment en leurs principes constitutifs.

On appelle *saprophytes* les plantes qui vivent de la matière organique fournie par la décomposition des animaux et des végétaux morts; tels sont les nombreux Champignons qui poussent dans le terreau, sur le fumier (*Agaric*, fig. 269) les moisissures développées sur le bois pourri (*Mucor Mucedo*), sur le cuir (*Penicillium glaucum*), dans les infusions (Levure de bière[1], fig. 268; *Aspergillus niger*).

On appelle *parasites* les végétaux qui se développent sur des êtres vivants et à leurs dépens. Les principales plantes parasites sans chlorophylle sont : la *Cuscute* (fig. 353), développée sur la Luzerne, le Trèfle, le Chanvre, l'Ajonc; l'*Orobanche*, parasite sur la racine de Luzerne, de Thym, etc.; le *Cystopus candidus* (fig. 410), parasite dans le Chou; le *Phytophtora infestans*, parasite de la Pomme de terre; le *Peronospora viticola*, parasite sur la Vigne; etc.

Les principaux végétaux chlorophylliens parasites sont : le *Gui* (fig. 354), qui enfonce dans le Pommier ses racines transformées en suçoirs; le *Mélampyre* et le *Rhinanthe* (fig. 355), parasites sur les racines de Graminées. (Ces 2 dernières plantes parasites possèdent des racines-suçoirs et des racines normales; elles sont donc moins épuisantes pour leurs hôtes que ne l'est le Gui pour le Pommier.)

Les plantes parasites à chlorophylle n'empruntent qu'une partie de leur aliment au végétal qui les supporte, puisqu'elles sont capables d'assimiler comme les Végétaux ordinaires. De ces végétaux peuvent être rapprochées les plantes *épiphytes* qui, dans les forêts sombres tropicales, s'y développent à des niveaux plus ou moins élevés pour recevoir la lumière nécessaire, lumière qui leur ferait défaut au niveau du sol; il y a plutôt, dans ce cas, *secours mécanique* que nutrition de la part de l'hôte; le parasitisme de la plante n'est pas réel.

Certaines plantes parasites ne peuvent accomplir leur développement total qu'avec le secours de deux hôtes successifs : ainsi la Rouille du Blé (*Puccinia graminis*) se développe au printemps sur l'Épine-Vinette et en été sur le Blé.

Symbiose. — Au *parasitisme* que nous venons d'envisager, véritable lutte corps à corps de deux Végétaux pour la satisfaction d'intérêts différents, il convient d'opposer la *symbiose*, association de deux Végétaux pour la satisfaction d'intérêts communs. Dans le premier cas, l'une des plantes tire de l'autre tous les bénéfices, sans réciprocité; dans la symbiose, chacun des associés apporte à *l'association* son contingent d'efforts et assure sa prospérité.

Les *Lichens* nous en fournissent l'exemple le plus remarquable (fig. 356). Ils résultent de l'association d'une Algue et d'un Champignon. Le Champignon incolore, *protecteur*, puise dans l'Algue *abritée* et *pourvue de chlorophylle* des principes hydrocarbonés transformés par le Champignon en matières azotées et albuminoïdes, avec le secours de quelques principes minéraux empruntés au support (rocher, écorce, etc.). L'Algue profite d'une partie de ces principes azotés.

---

1. La Levure de bière se développe à merveille dans de l'eau contenant pour 100 grammes d'eau : 10 grammes de sucre, des traces d'azotate et de carbonate de potassium, de phosphate d'ammonium, de carbonate de magnésium, etc.

L'Algue pourrait vivre seule. Comme le Champignon ne saurait se passer de

Fig. 354. — Gui (parasite avec chlorophylle,
pourvue de racines-suçoirs).

Fig. 353. — Cuscute (parasite
sans chlorophylle, pourvue de
racines-suçoirs).

Fig. 355. — Rhinanthe (parasite avec chlorophylle, pourvue de racines-suçoirs et de racines
normales).

matières hydrocarbonées, il tire de l'association le plus grand bénéfice; mais,
grâce à l'abri qu'il procure à son associée, l'Algue peut croître plus rapide-

ment et vivre avec lui dans un milieu relativement défavorable : telle est la

Fig. 356. — Lichen (*Parmelia parietina*) : symbiose d'une Algue et d'un Champignon.

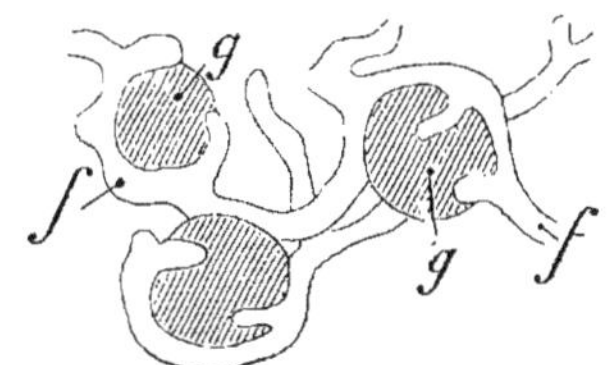

Fig. 357. — Portion d'un Lichen (*Lecidea cinereo-virens*) fortement grossie ; *f*, mycélium du Champignon entourant les gonidies *g* de l'Algue (*Cystococcus*).

raison du développement des Lichens sur les rochers les plus dénudés, dans les endroits les plus arides.

III. — ACCUMULATION DE RÉSERVES NUTRITIVES. — LEUR EMPLOI

Les plantes n'utilisent pas toujours immédiatement les composés dont nous avons étudié précédemment la formation.

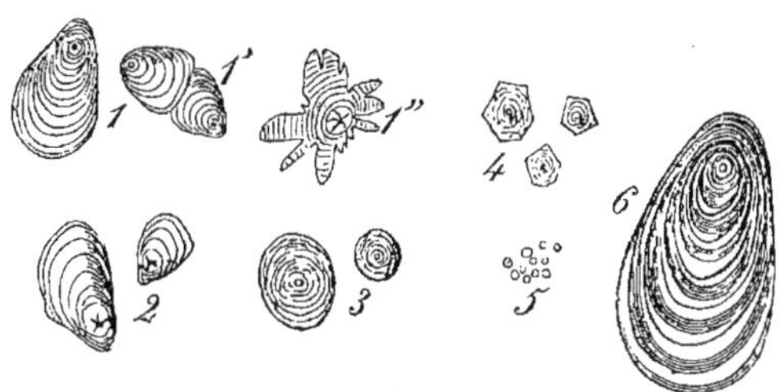

Fig. 358. — Grains d'amidon : 1, 1′, Pomme de terre (1″, grain corrodé ; 6, grain fortement grossi montrant les zones claires et les zones ternes) ; 2, Sagou ; 3, Blé ; 4, Maïs ; 5, Betterave.

Certains d'entre eux sont mis en réserve, c'est-à-dire amenés à l'état de principes stables pouvant être utilisés à brève échéance ou après un temps assez considérable : ainsi telle matière, accumulée dans les feuilles pendant le jour, sera consommée pendant la nuit ; telle autre, mise en réserve dans les cotylédons ou l'albumen de la graine, dans la tige des arbres à l'automne, sera utilisée au réveil de la végétation au printemps.

1° **Hydrates de carbone mis en réserve.** — Les principaux sont l'*amidon*, l'*inuline*, les *sucres*, la *cellulose*.

Amidon $(C^6 H^{10} O^5)^5$. — *Forme.* — Très fréquent dans les cellules végétales, l'amidon s'y présente en *grains* de forme et de dimensions très variables, mais assez fixes pour chaque espèce végétale (fig. 358 et 359) :

Pomme de terre.....	0^{mm} 185 à 0^{mm} 140 —	Forme allongée.
Blé.................	0 050 à 0 040 —	— sphérique.
Maïs...............	0 036 à 0 025 —	— polyédrique.

Constitution. — Les grains sont composés de couches superposées, alternativement brillantes et ternes, disposées autour d'un centre ou *hile* ; les couches brillantes sont les plus denses et renferment le moins d'eau ; un grain d'amidon, traité par l'alcool absolu, perd son eau et ne présente plus la striation concentrique.

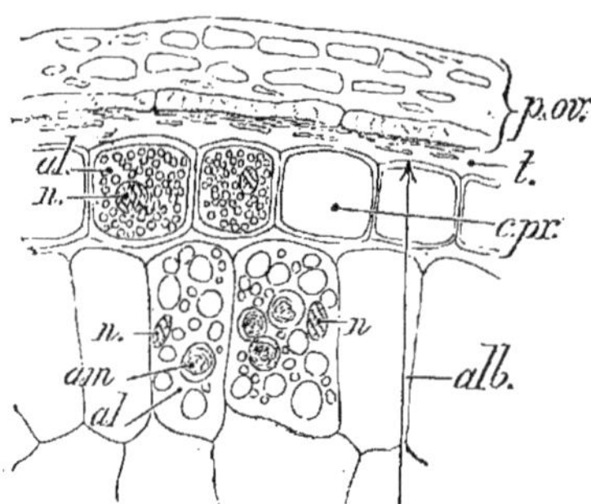

Fig. 359. — Section transversale d'un grain de Blé (fruit) dans la région superficielle. *p.ov.*, paroi du fruit ; *t*, tégument de la graine. *alb*, albumen composé : 1° de la couche protéique superficielle *c.pr*, riche en aleurone *al* ; 2° du parenchyme amylacé profond avec grains d'amidon *am* et grains d'aleurone *al*.

Propriétés. — Insoluble dans l'eau froide, l'amidon se gonfle dans l'eau à 60° par l'hydratation des couches brillantes et la dislocation des grains (*empois*). Longtemps soumis à l'ébullition dans l'eau à 100°, il se transforme en amidon soluble ; dans l'eau acidulée, il se dissout rapidement et passe successivement, en s'hydratant, par les phases *dextrines*, *maltose* et *glucose* (*Saccharification*).

L'*amylase*, ferment soluble qui se développe chez les cellules pourvues d'une réserve amylacée (graines et tubercules amylacés pendant la germination), effectue rapidement la saccharification de l'amidon.

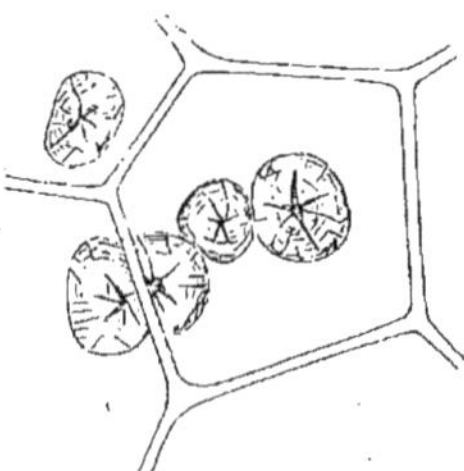

Fig. 360. — Sphérocristaux d'inuline.

Formation. — Les grains d'amidon prennent naissance dans les cellules incolores comme dans les cellules avec chloroleucites.

Des grains *simples* peuvent se souder entre eux et former des *grains composés* (Riz, Avoine, Pomme de terre, 1', fig. 358).

Inuline. ($C^6 H^{10} O^5$)^n. — C'est un hydrate de carbone dissous dans le suc cellulaire et abondant chez les Composées (*Inula*), certains Champignons et Lichens, où l'amidon ne se trouve pas. Insoluble dans l'alcool, l'inuline peut être obtenue en beaux sphérocristaux (fig. 360), par une cristallisation lente dans l'alcool un peu étendu (cellules des tubercules de Topinambour, de Dahlia).

Sucres. — Le *saccharose* $C^{12} H^{22} O^{11}$ se rencontre abondamment dans la Betterave, la Carotte, l'Érable à sucre, la Canne à sucre, les écailles du bulbe d'Oignon ; il y est en réserve à l'état dissous mais non dialysable. L'hydratation ou *interversion* du saccharose est nécessaire pour le rendre assimilable.

2° Corps gras mis en réserve. — Ces substances se rencontrent dans les graines, les fruits d'un grand nombre de végétaux d'où on peut les extraire par l'éther ou le sulfure de carbone. On appelle *huiles* celles qu'on extrait des graines de Lin, de Pavot, de Noix, de Chanvre, de Ricin (*huiles siccatives* qui s'épaississent à l'air), et aussi celles que renferment les Olives, les graines de Hêtre, de Colza, de Moutarde (*huiles non siccatives*).

Les *beurres*, plus épais, se retirent du Laurier, de la Muscade, de la noix de Coco, des graines de Cacao.

Les *cires* forment un revêtement sur l'épiderme de nombreux végétaux (Canne à sucre).

3° Matières albuminoïdes mises en réserve. — Ces substances très variées sont ordinairement dissoutes dans le suc cellulaire des hydroleucites ; abondantes à cet état dans les graines en voie de formation (surtout dans les graines oléagineuses), ces matières se prennent en masses solides pendant la maturation de la graine, moment où celle-ci se dessèche.

Les cellules de la graine renferment alors beaucoup de *grains d'aleurone* qui ne sont pas autre chose que la matière albuminoïde privée d'eau (albumen du Ricin, fig. 361, cotylédons du Pois, du Noyer, du Lupin, etc...). Les grains d'aleurone disparaissent aussitôt qu'on rend de l'eau aux cellules qui les renferment.

Examinés dans la glycérine ou dans l'huile, les grains d'aleurone renferment souvent des enclaves : 1° des *cristalloïdes protéiques* c, B

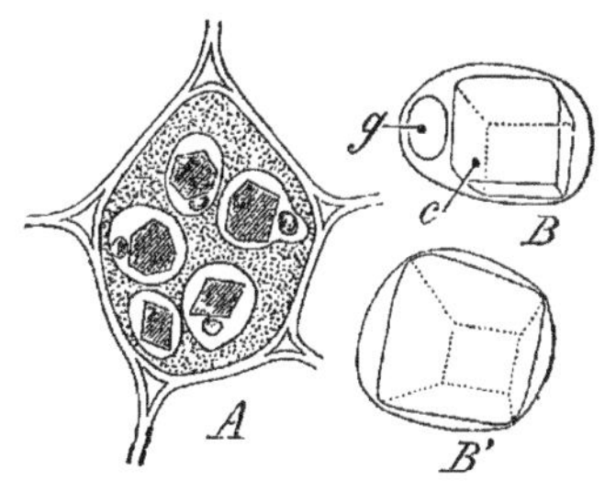

Fig. 361. — A, Grains d'aleurone dans une cellule de l'albumen du Ricin. B,B', grains d'aleurone très fortement grossis pour montrer les enclaves : cristalloïde c, globoïde g.

et B', gonflables et déformables dans l'eau ; 2° des *globoïdes* g (glycérophosphate de magnésium et de calcium) qui forment une réserve de phosphore.

Digestion des réserves. — La digestion des réserves consiste dans leur transformation en principes solubles et *dialysables*, *capables de cheminer, de cellule en cellule, dans tout l'organisme* ou d'y *émigrer rapidement, par les tubes criblés*, jusqu'au lieu où ces principes seront utilisés.

La stabilité relative dont jouissent les réserves peut s'effacer sous l'influence de causes diverses ; le plus souvent, une *diastase* opère ce changement : c'est ainsi, *et seulement ainsi*, que le saccharose, l'amidon, etc..., acquièrent la qualité nutritive et entrent dans la consommation protoplasmique.

Les *diastases* ou *ferments solubles* sont des substances de nature albuminoïde, totalement ou partiellement solubles, sécrétées : soit par les cellules mêmes qui renferment des matières de réserve, soit par des cellules voisines.

Parmi les diastases, les unes ont été nettement étudiées : l'*amylase*, la *sucrase*, la *myrosine*, l'*émulsine*, la *pepsine*, la *cellulose* ; d'autres, comme la *saponase*, sont seulement soupçonnées.

Diastases principales. Leur action. — C'est surtout au printemps, lors de la germination des graines et de l'éclosion des bourgeons chez les arbres, que l'activité cellulaire se réveille. Le protoplasme sécrète les diastases nécessaires à la transformation des matières de réserve ; une fois produites, les diastases, favorisées en général par une légère acidité du suc cellulaire, *provoquent l'hydratation et le dédoublement des substances insolubles ou non dialysables qui sont rendues assimilables.* L'eau absorbée par la plante, ne pouvant encore s'exhaler dans les feuilles peu ou pas développées, dissout les principes nouveaux et les disperse dans toute l'étendue du végétal qui s'éveille ou de la plantule qui croît.

MATIÈRES mises en réserve	DIASTASES correspondantes	PRINCIPES ISSUS de la transformation des réserves
Amidon $(C^6H^{10}O^5)^n$	*Ptyaline*.	Dextrines $(C^6H^{10}O^5)^4$ à $C^6H^{10}O^5$, Maltose $C^{12}H^{22}O^{11}$, Glucose $C^6H^{12}O^6$.
Saccharoses $C^{12}H^{22}O^{11}$ ..	*Sucrase* ou *Invertine*	$\longrightarrow$ Glucose.
Cellulose $(C^6H^{10}O^5)^p$	*Cellulase*.	$\longrightarrow$ Glucose.
Salicine $C^{13}H^{18}O^7$		$\longrightarrow$ Glucose et Saligénine $C^7H^8O^2$.
Amygdaline $C^{20}H^{27}AzO^{11}$.	*Émulsine*.	Glucose, aldéhyde benzoïque (C^7H^6O) et acide cyanhydrique CAzH.
Myronate de potassium $C^{10}H^{17}K^2AzSO^{10}$	*Myrosine*.	Glucose, sulfocyanure d'allyle C^4H^5AzS et sulfate de potassium SO^4K^2.
Tanins $C^{27}H^{22}O^{17}$	?	$\longrightarrow$ Glucose, acide gallique $C^7H^6O^5$.
Corps gras.	*Saponase* (?)......	$\longrightarrow$ Glycérine $C^3H^8O^3$ et Acides gras.
Albuminoïdes.	*Pepsine* et *Trypsine*	$\longrightarrow$ Peptones.

La *saccharification* de l'amidon s'opère par étapes successives ; diverses dextrines apparaissent transitoirement qui se résolvent chacune, par *hydratation*, en une dextrine plus simple et en maltose ; le maltose donne enfin du glucose :

$$2(C^6H^{10}O^5)^5 + H^2O = 2(C^6H^{10}O^5)^4 + C^{12}H^{22}O^{11}$$

Amidon   Amylodextrine   Maltose

$$2(C^6H^{10}O^5)^4 + H^2O = 2(C^6H^{10}O^5)^3 + C^{12}H^{22}O^{11}$$

Amylodextrine   Erythrodextrine

. . . .

$$C^{12}H^{22}O^{11} + H^2O = 2(C^6H^{12}O^6)$$

Maltose   Glucose

Ces transformations sont très actives pour la nutrition de la plantule, dans l'Orge soumis à la germination, dans les tubercules de Pomme de terre et les bulbes amylifères qui développent une jeune plante.

L'*interversion* du saccharose se produit dans les graines de Châtaignier en germination, dans la racine de Betterave ou de Carotte au commencement de sa deuxième période de végétation. Le glucose qui en résulte émigre dans la jeune tige où il sert à former les feuilles, fleurs, fruits et graines.

La *saponification* des corps gras s'opère après leur émulsion ; les acides gras qui prennent naissance s'oxydent et semblent contribuer à la formation des matières albuminoïdes et se transformer aussi en amidon et en glucose.

La *peptonisation* des matières albuminoïdes est encore obscure.

IV. — PRODUITS DE DÉSASSIMILATION

Les produits de désassimilation des composés ternaires (C,H,O) sont la plupart des acides organiques (lactique, butyrique, ma-

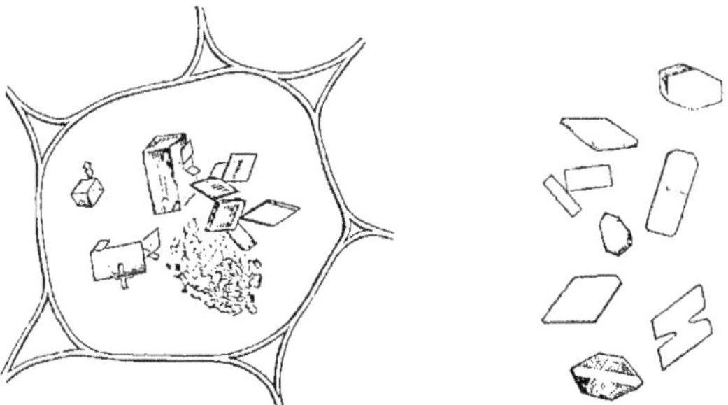

Fig. 362. — Cristaux d'asparagine inclus dans une cellule d'une jeune plantule de Lupin après traitement par la glycérine à 30° Baumé (indépendants à droite).

lique, tartrique, etc.) transformés eux-mêmes par une oxydation complète en gaz carbonique et eau que dégagent constamment les végétaux. Certains des acides végétaux forment avec des bases, et principalement la chaux, des composés insolubles [*oxalate de calcium*, soit sous forme d'octaèdres chez les Oxalidées, les Cactées, etc., soit à l'état d'aiguilles prismatiques ou *raphides* chez la Vigne; *carbonate de calcium* en mamelons dans les cystolithes des *Ficus*, fig. 244, A].

Les hydrocarbures (C,H) (*huiles essentielles*, *résines*) semblent être aussi des produits de désassimilation des hydrates de carbone; ils apparaissent là où le mouvement vital est le plus actif (jeunes bourgeons, jeunes feuilles, pétales des fleurs, surface des fruits).

La désassimilation des matières azotées est beaucoup moins connue; on remarque l'apparition dans les organes végétaux de divers principes azotés cristallisables : l'*asparagine* (fig. 362), la *tyrosine*, la *leucine*, la *xanthine*.

Les *produits de désassimilation définitive* sont rejetés par les plantes ou localisés dans le tissu sécréteur.

SOURCES DE L'ÉNERGIE CHEZ LES VÉGÉTAUX
LA VIE AÉROBIE ET ANAÉROBIE. — FERMENTATIONS

La plante verte possède de la chlorophylle capable d'absorber, en présence de tout corps incandescent, une partie des radiations qui lui parviennent : c'est là, pour la plante verte, une source précieuse d'énergie consacrée à la transformation des matériaux saturés et généralement inoxydables dont elle se nourrit (CO^2, H^2O, sels minéraux) en substances organiques oxydables (sucre, amidon, graisses, albuminoïdes). Ces substances, mises en réserve, employées à l'édification de nouveaux tissus ou à la réfection des anciens, constituent elles-mêmes une source d'*énergie potentielle* dont profite la plante à tout instant.

Cette remarque nous amène à considérer *la manière dont se comportent* non plus seulement les végétaux verts à la lumière, mais *tous les végétaux*, incolores ou non, *à la lumière comme à l'obscurité*.

C'est là le point de vue général qu'il convient d'envisager, puisqu'il s'applique à tous les êtres vivants.

La plante, comme l'animal, absorbe de l'oxygène et dégage de l'acide carbonique ayant pour origine la combustion de ses réserves. L'énergie chimique disponible qui résulte de ces oxydations est consommée sous forme de chaleur rayonnée ou de travail intérieur (réduction, changements d'état des substances nutritives); l'activité des combustions dans chaque organe du végétal est proportionnelle au travail d'organisation qui s'y accomplit : les fleurs au moment de leur épanouissement s'échauffent parfois de plusieurs degrés au-dessus de la température ambiante (dans la spathe de l'*Arum maculatum*, fig. 363, au moment de la fécondation, cet échauffement atteint 10 à 12° pendant plusieurs jours).

L'être vivant a donc besoin d'énergie propre à entretenir son activité; sa conservation dépend, en effet, du remplacement immédiat de toute molécule détruite par les éléments d'une molécule semblable apportés par le courant alimentaire.

La source de cette énergie se trouve dans les oxydations des matières organiques, et aussi dans leur hydratation, dans les dédoublements exothermiques qu'elles subissent, etc.

L'*état de vie aérobie* est celui de tout être qui puise une partie de son énergie dans les oxydations faites *avec le secours de l'oxygène extérieur*. L'*état de vie anaérobie* est celui de l'être qui, *sans le secours de l'oxygène extérieur*, puise son énergie dans l'hydratation et les dédoublements de ses matériaux constitutifs. La plupart des êtres vivants (plantes et animaux) sont à la fois aérobies et anaérobies.

Il existe toutefois une catégorie d'êtres unicellulaires, formant la transition entre les animaux et les végétaux, qui sont les uns aérobies, les autres anaérobies exclusivement ; certains d'entre eux sont aérobies ou anaérobies suivant les conditions de milieu qui leur sont imposées. On les désigne sous le nom de *ferments figurés*. De ce nombre font partie les Mucors, les Levures et les Bactériacées. On appelle *fermentations* les modifications chimiques qu'ils font éprouver aux milieux dans lesquels ils pénètrent.

Ferments aérobies. — Les ferments aérobies absorbent l'oxygène de l'air et le fixent activement sur les principes dont ils se nourrissent. Ainsi le *ferment acétique* (*Mycoderma aceti*), ensemencé dans du vin étendu d'eau, absorbe jusqu'à 50 fois son poids d'oxygène en une heure, oxyde l'alcool du vin et le transforme en vinaigre. De même, le *ferment lactique* change en acide lactique le glucose du lait ; le *Mycoderma vini* brûle complètement l'alcool du vin en dégageant CO^2 et H^2O. Nombre de ces organismes s'attaquent aux êtres vivants dans lesquels ils vivent en parasites et provoquent des maladies (*Bactéries pathogènes*).

Parmi les Bactéries pathogènes aérobies, on peut citer le *Bacillus anthracis* (maladie du charbon), le *Vibrio choleræ* ou Bacille-virgule de Koch (choléra asiatique) [1].

Ferments anaérobies. — Ces ferments vivent à l'abri de l'air et sont même tués par l'oxygène libre : ils puisent dans la décomposition des matières *endothermiques* (sucre, amidon, glycérine, etc.) l'énergie qui leur est nécessaire pour constituer leur protoplasme.

Le *ferment butyrique* (*Bacillus Amylobacter*), qui transforme le sucre et l'amidon en acides butyrique et carbonique, en hydrogène et autres produits, est l'agent actif dans le rouissage du Lin et du Chanvre ; il désorganise, en effet, les tissus végétaux en isolant les fibres textiles.

L'une des principales Bactéries pathogènes anaérobies est le *Vibrio septicus* (Septicémie gangreneuse).

Ferments aérobies ou anaérobies par circonstance. — La *Levure de bière* (*Saccharomyces cerevisiæ*, fig. 268), semée dans un liquide contenant du glucose dissous et exposé *à l'air libre*, absorbe l'oxygène de l'air et le fixe sur le sucre qu'elle transforme en eau et CO^2 ; c'est alors un *ferment aérobie*.

Vient-on à plonger la même Levure dans le même liquide sucré, *à l'abri de l'air* ? Elle détruit alors le glucose qu'elle dédouble en alcool et CO^2, et emprunte à cette réaction exothermique l'énergie nécessaire pour constituer de nouvelles cellules. On dit que la Levure a déterminé la *fermentation alcoolique* ; elle est anaérobie dans ce cas.

Si le liquide sucré ne contient que du sucre de canne, le *Saccharomyces cerevisiæ* sécrète préalablement une sucrase destinée à l'intervertir ; et c'est seulement alors qu'il dédouble le glucose obtenu.

Dans la catégorie des Bactéries pathogènes indifféremment aérobies ou anaérobies, on range le *Vibrio typhosus* ou Bacille d'Eberth (fièvre typhoïde).

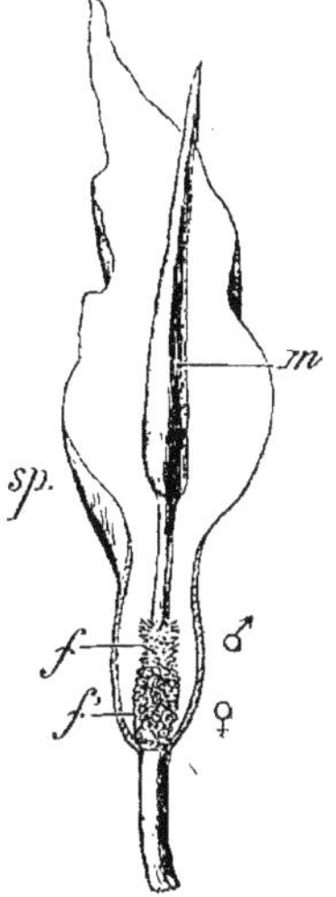

Fig. 363. — Inflorescence d'*Arum maculatum*. *sp*, spathe ouverte pour montrer la massue *m*, les fleurs mâles *f* et les fleurs femelles *f'*.

1. Consulter le *Cours élémentaire d'hygiène* par E. Aubert et A. Laprosté.

FONCTIONS DE REPRODUCTION

Tout Végétal qui accomplit le cycle normal de son évolution assure, à un moment donné, la conservation de son espèce en *se multipliant*.

Les expériences de **M. Pasteur** (voir *Hygiène*) ont montré que la *génération spontanée est une chimère* et que *tout être vivant a pour origine des êtres qui lui ressemblent.*

Les modes de multiplication des Végétaux sont les suivants :

1° La *multiplication par scissiparité*, produite à l'aide d'un fragment quelconque de la plante à conserver ;

2° La *reproduction proprement dite*, à l'aide d'éléments spéciaux produits par le Végétal (*spore*, *œuf* ou *graine*).

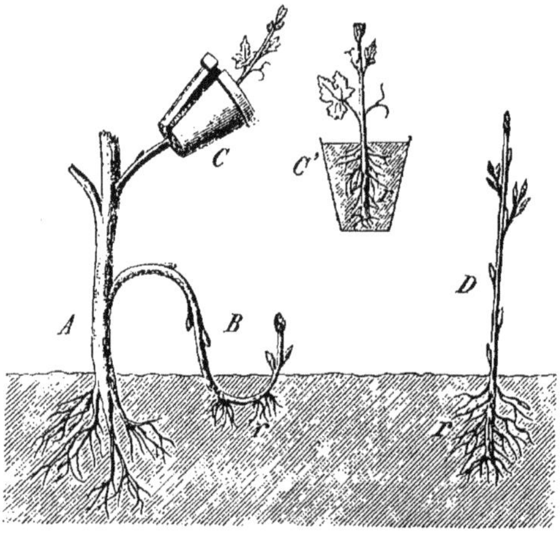

Multiplication végétative ou par scissiparité. — Le *marcottage* et le *bouturage* sont les procédés employés par la nature ou l'agriculteur pour obtenir plusieurs individus à l'aide de fragments d'un individu robuste.

Un pied de Fraisier émet des tiges rampantes (*stolons*) qui s'enracinent aux nœuds et y développent autant de jeunes Fraisiers ; les stolons, en se desséchant, rendent indépendants tous ces

Fig. 364. — Marcottage suivant deux modes en C et en B. Les rameaux émis par la tige A sont enfouis en partie dans le sol ; ils se recouvrent de racines adventives *r* (B,C') de plus en plus nombreuses et suffisantes pour les nourrir. — D, Bouturage d'un fragment de tige de Saule : planté dans le sol humide, ce rameau s'est également couvert de racines adventives.

êtres issus d'un même pied. C'est là un *marcottage naturel*.

Les vignerons multiplient les plants de Vigne de pareille manière (fig. 364) et les arboriculteurs procèdent comme il est indiqué en C et C' ; en cela consiste le *marcottage artificiel*.

Tableau XLIV.

De la multiplication chez les Végétaux.

I. Multiplication par *scissiparité*.

Marcottage
- naturel : Fraisier (stolons), *Glechoma hederacea*, etc...
- artificiel : Vigne (provignage), procédés de culture.

Bouturage
- naturel : Tubercules (Pomme de terre), Bulbes et bulbilles (Ficaire), etc.
- artificiel : Saule. — *Greffe.*

Transmission des caractères de la plante mère par *hérédité complète.*

II. Reproduction proprement dite

par *spores* : cellules jouissant de propriétés spéciales (protoplasme plus condensé ; réserves).

....

par *œufs.*
- Fusion de 2 protoplasmes issus de *gamètes* distincts (Cryptogames).
- Un développement ultérieur de l'œuf et l'accumulation de réserves autour de l'*embryon* *formé* donnent une **graine** (Phanérogames).

Transmission des caractères de la plante mère par *hérédité incomplète.*

Une pomme de terre (fig. 328) est un fragment de tige possédant des bourgeons (*yeux*) capables de donner une tige nouvelle, en se nourrissant de la réserve d'amidon du tubercule, lorsque celui-ci est placé dans un sol humide au printemps. Des racines adventives apparaissent sur chaque tige feuillée émise par le tubercule. Une plante complète s'est ainsi formée aux dépens de la pomme de terre qui est une *bouture.*

Un fragment de tige de Saule D, enfoncé dans le sol, s'y couvre de racines adventives et forme un végétal nouveau ; c'est aussi une bouture.

La *greffe* est une sorte de bouturage consistant dans le transport d'un fragment de végétal (*greffon*, fig. 365, à droite) sur un autre végétal appelé *sujet*, aux dépens duquel il se nourrira. Le greffon peut être un rameau ou un simple bourgeon.

On peut définir la *marcotte* et la *bouture* de la manière suivante :

Une *marcotte* est une partie de plante qui, enfoncée partiellement dans le sol, s'y couvre de racines adventives sans cesser d'appartenir à la plante mère.

Une *bouture* est une portion de végétal détachée avant d'avoir acquis les racines adventives nécessaires à son développement.

Les propriétés de la plante primitive se transmettent, en vertu d'une *hérédité complète*, aux jeunes végétaux qui en sont issus par la multiplication végétative.

Reproduction proprement dite.— Une *spore* est un fragment unicellulaire, produit d'ordinaire par les plantes Cryptogames, et capable de reproduire, après une certaine période de vie ralentie, une *nouvelle plante semblable à la plante mère.*

La spore n'est pas absolument identique à une cellule ordinaire; son protoplasme est plus condensé et riche en matériaux de réserve.

Un *œuf* résulte de la fusion des protoplasmes issus de deux cellules distinctes appelées *gamètes.* Si les gamètes ne se rencon-

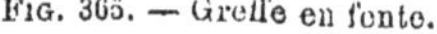

Fig. 365. — Greffe en fente.   Fig. 366. — Greffe en écusson.

trent pas, chacun d'eux se flétrit et meurt; dans le cas contraire, ils confondent leurs protoplasmes et l'on dit que la cellule femelle, ordinairement immobile, a été *fécondée* par la cellule mâle mobile.

La *graine,* qu'on trouve chez les Phanérogames, résulte du développement ultérieur de l'œuf et de l'accumulation de réserves autour de l'organisme qu'il a formé (*plantule*).

L'œuf et la graine procèdent de deux parents; les êtres qu'ils produisent en germant possèdent la plupart des caractères des parents ; *ils présentent aussi d'autres caractères qui en font vraiment des individus nouveaux : l'hérédité est incomplète.*

REPRODUCTION CHEZ LES PHANÉROGAMES
ANGIOSPERMES

CHAPITRE PREMIER

LA FLEUR

La **fleur** *est un ensemble de feuilles modifiées* [*pièces florales*].
Ces pièces sont portées, à l'aisselle d'une *bractée*, par un rameau
ou *pédicelle* inséré sur la tige, *t* (fig. 367 *bis*) [La bractée est aussi
une feuille modifiée].

§ 1. — INFLORESCENCE

On appelle *inflorescence la disposition des fleurs sur la tige.*
L'inflorescence est *solitaire*, ou bien elle est *groupée.*

a) **Inflorescence solitaire**. — L'inflorescence
est solitaire quand le
pédicelle floral n'est pas
ramifié et porte *une* fleur
(Pavot, fig. 367 ; Pensée,
fig. 367 *bis*).

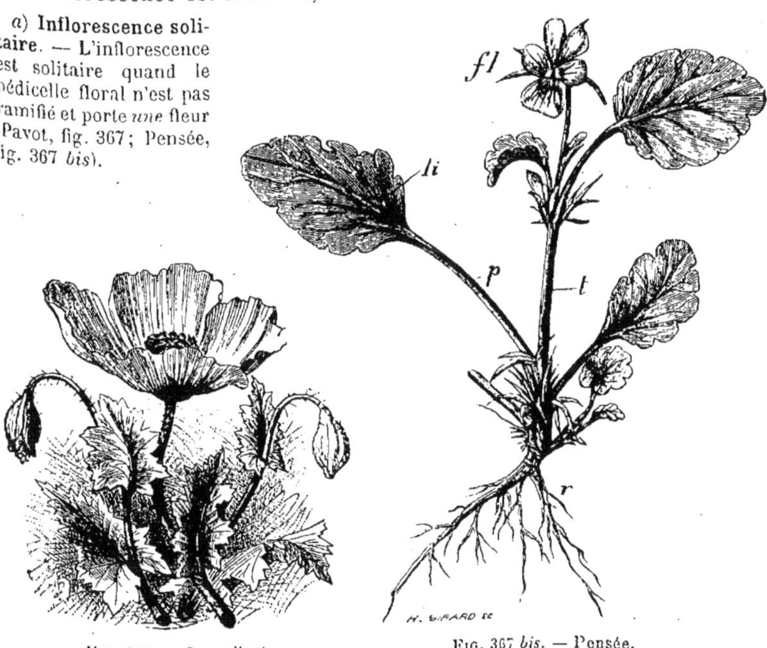

Fɪɢ. 367. — Coquelicot.

Fɪɢ. 367 *bis*. — Pensée.

b) **Inflorescence groupée**. — L'inflorescence groupée est *simple* si les pédicelles demeurent simples ; elle est *composée* quand les pédicelles se ramifient comme l'axe principal. Elle se distingue en *grappe* et en *cyme*.

Dans la **grappe**, le support commun de l'inflorescence s'allonge au sommet qui n'est pas terminé par une fleur. *Les fleurs, disposées* latéralement *à divers niveaux sur l'axe principal de la grappe*, sont d'autant plus âgées et mieux épanouies qu'elles sont plus près de la base.

Quand les rameaux décroissent progressivement de bas en haut le long de l'axe de l'inflorescence, on a une *grappe proprement dite* (fig. 368, A).

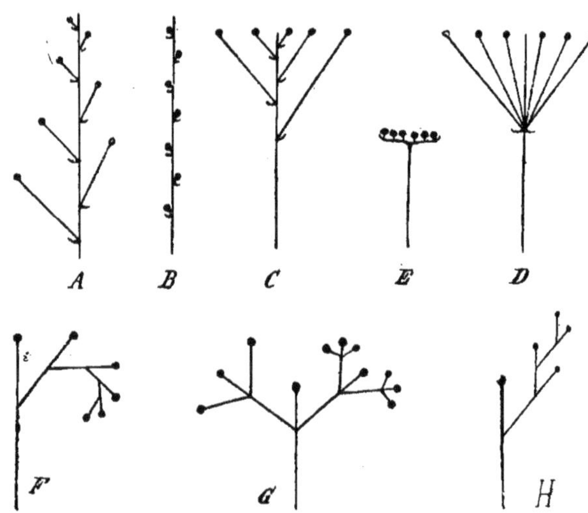

Fig. 368. — Diverses sortes d'inflorescences schématisées .
Grappe. — A, grappe ; B, épi ; C, corymbe ; D, ombelle, E, capitule.
Cyme. — G, cyme bipare ; F, cyme unipare scorpioïde ; H, cyme unipare hélicoïde.

Si les rameaux sont tous courts, la grappe devient un *épi*, B (fig. 258, Blé)
C'est un *corymbe* quand les pédoncules sont tels que toutes les fleurs s'étalent dans un même plan (Cerisier, C). C'est une *ombelle* quand tous les rameaux se détachent d'un même nœud de la tige et sont tous de même longueur (Carotte, D).

On appelle *capitule* un plateau sur lequel sont portées côte à côte les fleurs sans pédoncule (Pâquerette, Artichaut, E).

Dans la nature, on rencontre non seulement des grappes simples, des épis

Inflorescences groupées (fig. 368).	GRAPPE	*proprement dite* (A) *Grappe*	simple : Lis (fig. 369), Lin (fig. 370). composée : Tabac (fig. 371), Ronce (fig. 372).
		Épi (B)	simple : Noisetier (fleurs mâles) (fig. 373). Verveine, Carex (fig. 304). composé : Blé (fig. 374).
		Corymbe (C)	simple : Pommier (fig. 375). composé : Alisier.
		Ombelle (D)	simple : Lotier (fig. 376). composée : Carotte (fig 377).
		Capitule (E)	Pissenlit (fig. 378), Seneçon (fig 379).
	CYME	*bipare* (G)	Petite Centaurée (fig. 380).
		unipare	scorpioïde (F) : Bourrache, Myosotis. hélicoïde (H) : Ornithogale.

TABLEAU XLV.

Reproduction des Phanérogames.

DE LA FLEUR.

La fleur est un ensemble de pièces d'*origine foliaire* groupées, au sommet d'un *pédicelle* en *verticilles* le plus souvent (Fleurs verticillées), rarement en spirales (Fleurs spiralées).

I. Inflorescence. — Disposition des fleurs sur la plante, avec des *bractées, spathes, involucres*, etc.

Inflorescence { solitaire : Tulipe, Pavot, Violette.
{ groupée (voir p. 398).

II. Description et III. Rôles des verticilles.

Verticilles composés de Feuilles modifiées.

Périanthe. { Calice — Sépales [Limbe sessile].
{ Corolle ... Pétales [Onglet, limbe

Appareil reproducteur. { Androcée — Étamines [Filet, Anthère (Pollen)]
{ Pistil ... Carpelles [Ovaire (ovules), Style, Stigmate] .

Les pièces des verticilles successifs sont *alternes* en général (*Diagramme*).

Origine *foliaire* des pièces florales. { Preuves { Métamorphose progressive.
{ — régressive (horticulture).
{ Fleurs monstrueuses.

IV. Classification. (Fleurs verticillées.)

1° *Verticilles tous présents.* { Nombre de pièces florales par verticille :
{ 2 ou 5 et — multiples : Dicotylédones.
{ 3 et — — : Monocotylédones.

2° *Nombre des verticilles.*

Périanthe. { 2 vert.: *Fleur dipérianthée* (Lin, Giroflée, Pois).
{ 1 — : *Fleur monopérianthée* (Ortie, Anémone).
{ 0 — : *Fleur apérianthée* ou *nue* (Saule, Peuplier)

Appareil reproducteur. { 2 — : *Fleur bisexuée* ou *hermaphrodite* (Lin, Pois, Anémone).
{ 1 — : *Fleur unisexuée* { mâle (androcée).
{ femelle (pistil).

Avortement *partiel* des verticilles floraux (Blé, Orchis, etc.).

Plante { monoïque : Fleurs mâles et femelles sur le même pied (Maïs, Noisetier).
{ dioïque : Fleurs mâles et femelles sur pieds différents (Chanvre).

3° *Préfloraison et développement.*

(a) *des pièces d'un même verticille.*

Périanthe. { Calice { dialysépale : sépales libres (Lin, Géranium).
{ gamosépale : — soudés (Pois, Sauge).
{ Corolle { dialypétale : pétales libres (Rose, Giroflée).
{ gamopétale : — soudés (Campanule).

Appareil reproducteur.

Androcée { dialystémone : étamines libres { didynames (Labiées).
{ tétradynames (Crucifères).
{ gamostémone : { étamines soudées par leurs { filets { Et. monadelphes (Mauve).
{ Et. polyadelphes (Haricot, Oranger).
{ anthères (Composées).

Pistil. { Carpelles indépendants (Renoncule).
{ Carpelles soudés (on admet : 1 ovaire, 1 style et 1 stigmate quand ils sont soudés complètement).

(b) *de plusieurs verticilles entre eux.*

Ovaire { supère ou *libre* : indépendant des vertic. concrescents (Lin, Lis).
{ infère ou *adhérent* : soudé aux — (Pommier).

5° *Régularité.* *Fleurs régulières* : n plans de symétrie (Lin, Lis, Géranium).
Fleurs irrégulières : 1 plan de symétrie ou pas du tout (Haricot, Muflier, Sauge).

(4° *Concrescence*)

simples, etc., mais aussi des *grappes de grappes* ou grappes composées (Ronce, fig. 372), des épis composés ou épis d'*épillets* (Blé, fig. 374), des ombelles composées ou ombelles d'*ombellules* (Carotte, fig. 377).

Dans la **cyme**, l'axe principal est terminé par une fleur et se ramifie à un seul niveau au-dessous de cette fleur ; les rameaux qui en partent présentent les mêmes caractères que l'axe principal (Petite Centaurée, G, fig. 380).

FIG. 369. — Lis. Tige portant une *grappe simple de fleurs*.

FIG. 370. — Lin. *Grappe simple*.

FIG. 371. — Tabac. *Grappe composée*.

La *cyme bipare* ou *dichotome* est la plus fréquente ; elle se simplifie quelquefois par l'avortement de l'un des rameaux et devient une cyme *unipare* ou *sympodique*. Quand l'avortement porte toujours sur le rameau du même côté, la cyme est *scorpioïde* (F) ; elle est *hélicoïde* (H), quand l'avortement a lieu à droite et à gauche alternativement.

Inflorescence mixte. — L'inflorescence est dite **mixte** quand ces diverses formes sont combinées entre elles de manières diverses : l'Avoine et le *Dactyle* (fig. 381) portent une *grappe d'épillets;* le Marronnier porte une *grappe de cymes scorpioïdes;* l'Achillée millefeuille présente un *corymbe de capitules.*

Bractée — Spathe — Involucre. — Une *bractée* est une feuille plus ou moins

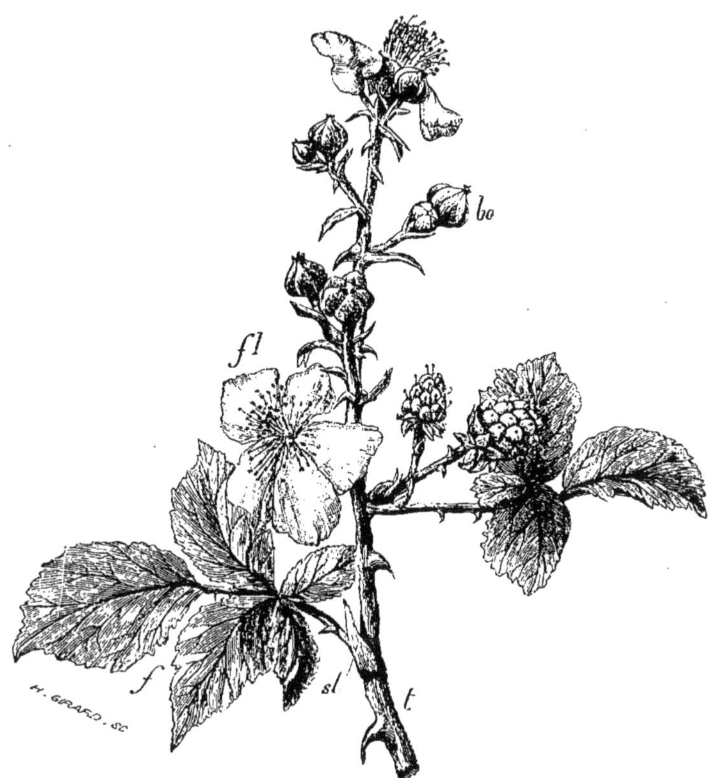

Fig. 372. — Ronce frutescente. *Grappe composée.*

modifiée, située parfois à la base d'un pédicelle floral. Elle est peu apparente le plus souvent; mais elle prend un tel développement chez le Narcisse, l'*Arum* (fig. 363), qu'elle remplit un rôle protecteur évident pour leurs fleurs; on l'appelle alors *spathe.*

Chez la Carotte et beaucoup d'Ombellifères, les bractées forment un verticille appelé *involucre* à la base de l'ombelle, et des *involucelles* à la base des ombellules (fig. 377; 1 et 2).

Fig. 373. — Noisetier. 2 *chatons* de
fleurs mâles ou *épis simples*.

Fig. 376. — Lotier corniculé
Ombelle simple.

Fig. 375. — Pommier. *Corymbe simple.*

Fig. 374. — Blé. *Épi composé*

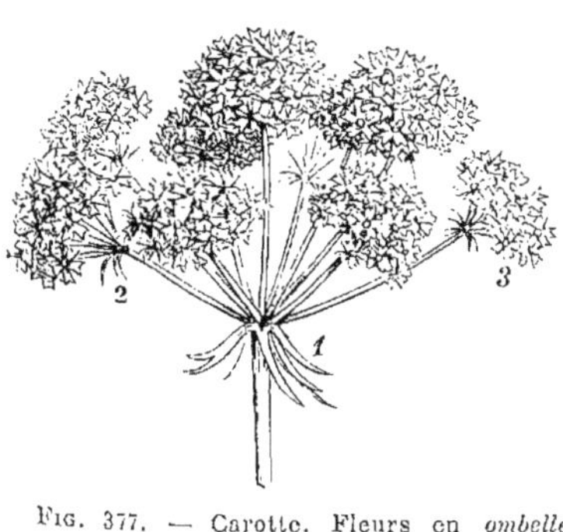

Fig. 377. — Carotte. Fleurs en *ombelle composée*. — 1, involucre; 2, involucelles; 3, ombellule.

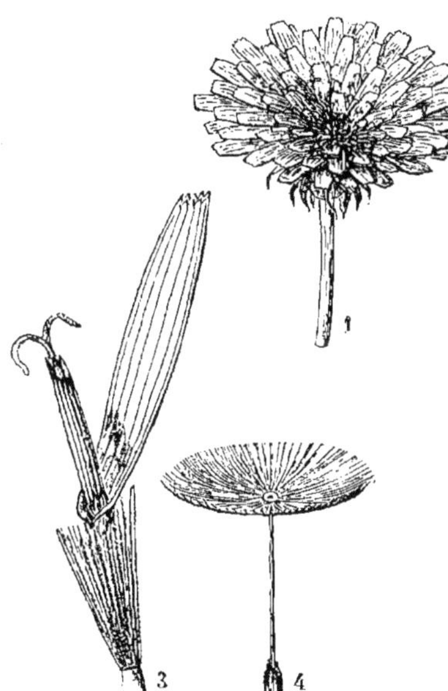

Fig. 378. — Pissenlit. — 1, *capitule* de fleurs épanouies. — 3, l'une d'elles détachée montre le calice formé par une aigrette, la corolle gamopétale irrégulière, les étamines soudées par leurs anthères en un tube autour du style que surmonte le stigmate. — 4, fruit indépendant.

Fig. 379. — Seneçon vulgaire. Grappe de capitules.

Fig. 380. — Petite Centaurée. Fleurs solitaires au sommet des rameaux de la *tige ramifiée en cyme biparc.*

Fig. 381 — Dactyle pelotonné. *Grappe d'épillets.*

§ 2. — DESCRIPTION D'UNE FLEUR. — DIAGRAMME

Prenons comme type la fleur de Lin (fig. 370). Au sommet du pédicelle sont étagés, de bas en haut, 4 verticilles formés chacun de 5 pièces florales (fig. 382) :

1° Le *calice*, composé de lames vertes, **1** (*sépales*);

2° La *corolle*, formée de lames bleues, **2** (*pétales*);

3° L'*androcée*, formé d'*étamines*, **3**;

4° Le *pistil*, constitué par les *carpelles*, **4**, qui coiffent l'extrémité du pédicelle, *pé*.

Les sépales du calice *alternent* avec les pétales de la corolle; ceux-ci, avec les étamines de l'androcée; chaque carpelle est de même disposé entre deux étamines.

Pour embrasser d'un coup d'œil une pareille disposition, on trace le *diagramme* de la fleur : on suppose, à cet effet, la fleur coupée par un plan transversal qui en rencontre toutes les pièces; la section de chacune d'elles est inscrite dans une figure théorique avec sa place, ses dimensions et ses rapports : le diagramme de la fleur du Lin a été ainsi obtenu (fig. 383).

L'orientation de la fleur est telle que le milieu de l'un des sépales du calice est opposé à l'axe de l'inflorescence, et la section du pétale opposé est parallèle à celle de la bractée axillante.

Pièces florales. Leur origine foliaire. — *Sépale.* — Un sépale (fig. 382) est une lame *verte*, *I*, analogue à une feuille pourvue d'un limbe net, *li*, sans pétiole; cette lame est insérée sur le pédicelle, *pé* (6); l'*épiderme* avec *stomates*, le parenchyme, les nervures et faisceaux libéroligneux du sépale rappellent absolument les caractères anatomiques de la feuille.

Pétale. — Le pétale, *II*, est une lame d'un bleu plus ou moins accentué, composée d'un *limbe li* étalé et d'un *onglet on* court ; il

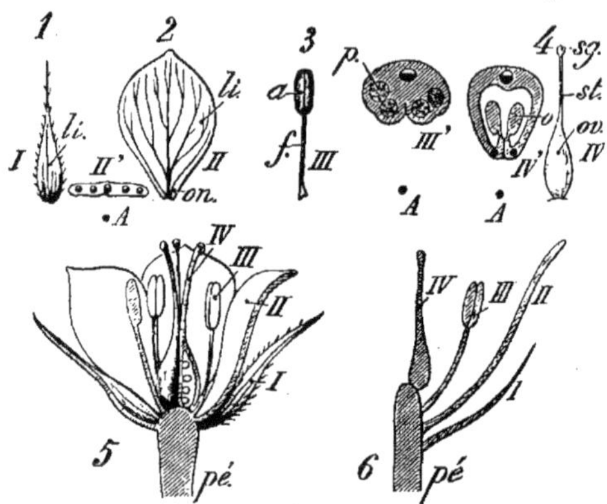

FIG. 382. — Fleur de Lin. 1,2,3,4, pièces florales indépendantes. — *I*, sépale ; *li*, limbe. — *II*, pétale ; *li*, limbe : *on*, onglet. *II'*, coupe d'un pétale montrant les faisceaux libéroligneux dont le bois est orienté du côté de l'axe *A* du pédicelle. — *III*, étamine ; *f*, filet ; *a*, anthère. *III'*, coupe de l'anthère montrant les 4 sacs polliniques *p*. — *IV*, carpelle ; *ov*, ovaire ; *st*, style ; *sg*, stigmate. *IV'*, section de l'ovaire montrant les ovules *o*. Les coupes *III'* et *IV'* montrent aussi l'orientation des faisceaux libéroligneux de l'étamine et du carpelle par rapport à l'axe *A* du pédicelle (bois en dedans, liber en dehors). — 5, coupe de la fleur avec les verticilles floraux en place. — 6, figure schématique montrant la superposition des verticilles : *I* (calice), *II* (corolle), *III* (androcée), *IV* (pistil).

rappelle aussi, mais de plus loin, les caractères de la feuille par sa structure.

Étamine. — Cette pièce florale, *III*, comprend un *filet f*, surmonté d'une *anthère a* ; l'anthère est creusée de 4 cavités (*sacs polliniques*) disposées à droite et à gauche du *connectif* qui prolonge le filet. Ces cavités contiennent les grains de pollen *p*, *III'* ; le pollen est une poussière jaune qui se répand dans l'air à la maturité de l'anthère, lors de l'ouverture des sacs polliniques.

Carpelle. — Un carpelle, *IV*, présente à la base, et fixé au pédicelle, un sac appelé *ovaire ov* surmonté d'un *style st* et d'un *stigmate sg* dont la surface, couverte de papilles et enduite d'un liquide sucré, est destinée à recueillir les grains de pollen.

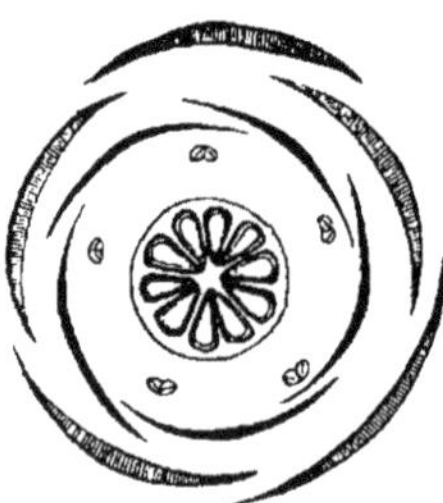

FIG. 383. — Diagramme de la fleur du Lin.

L'ovaire contient des *ovules o*, *IV'*, qui, fécondés par le pollen, donneront plus tard des graines.

La figure 382 présente en *II'*, *III'* et *IV'* les sections transversales des différentes pièces florales. On y distingue les sections de faisceaux libéroligneux dont le bois est orienté du côté de l'axe *A* du pédicelle et le liber en dehors.

L'anatomie nous fournit donc la preuve que *les pièces florales*

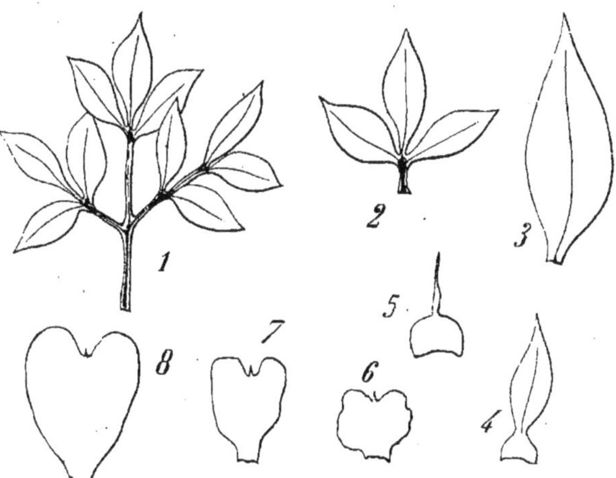

Fig. 384. — Modifications successives des feuilles de Pivoine, de la base au sommet de la tige ; 4,5, bractées faisant passage aux sépales 6,7, puis au pétale 8

sont des feuilles modifiées. La morphologie nous conduit à la même conclusion par l'examen, soit de fleurs normales, soit de monstruosités.

Examen des fleurs normales. — La Pivoine à fleurs blanches présente, depuis la base de la tige jusqu'au voisinage de la fleur : des feuilles à nombreux segments, puis des feuilles simplifiées, 1 (fig. 384), plus haut des feuilles réduites à 3 segments (2), plus haut encore des feuilles à limbe non découpé (3), puis des bractées (4, 5) à gaine de plus en plus large ; celles-ci forment le passage aux sépales (6, 7) verts, mais réduits à la gaine. La différence entre un sépale (7) et un pétale (8) consiste dans la couleur blanche de ce dernier et sa plus grande délicatesse de structure.

Fig. 385. — Nénuphar. Feuilles et fleur.

Cette transition, un peu discontinue, du sépale au pétale chez la Pivoine n'existe pas chez le *Camellia* où l'on ne peut trouver une limite entre ces deux sortes d'enveloppes florales.

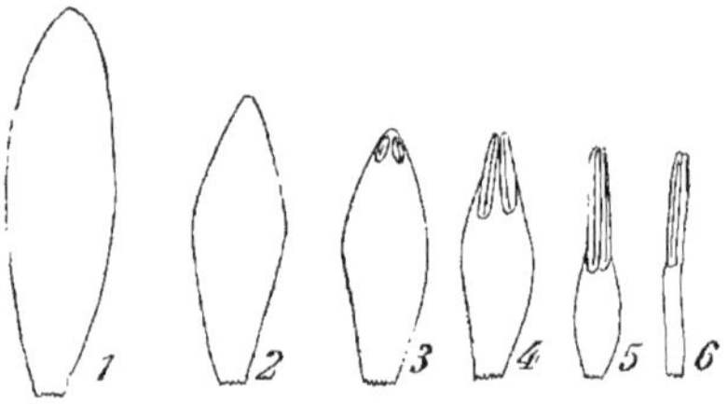

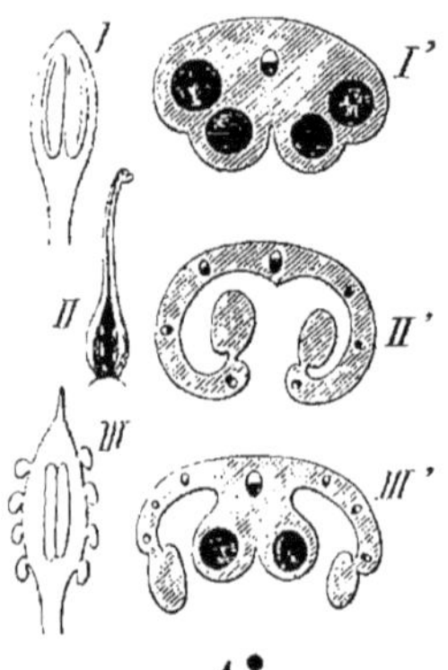

Fig. 386. — Nénuphar. Passage du pétale à l'étamine.

Tous les stades du passage du sépale à l'étamine nous sont offerts par la fleur du Nénuphar blanc (fig. 385 et 386) où l'on voit apparaître peu à peu, au sommet de certains pétales, une anthère (3) mieux développée dans les pièces florales plus internes (4, 5, 6).

Dans la fleur de Joubarbe, on rencontre parfois des pièces florales internes, portant une demi-anthère et un demi-ovaire avec des ovules (fig. 387, *III* et *III'*).

Ce sont là des exemples d'une *métamorphose progressive* des feuilles.

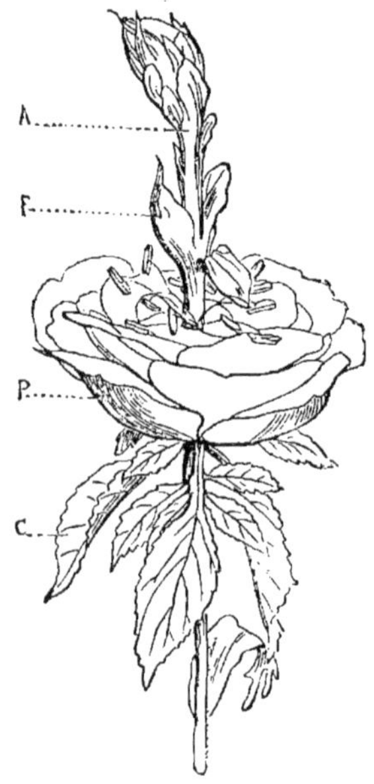

Fig. 387. — Joubarbe. *I*, étamine dont l'anthère est vue en coupe en *I'* — *II*, carpelle dont l'ovaire est vu en coupe en *II'*. — *III*, étamine à demi transformée en carpelle, et portant des ovules, vue en coupe en *III'*.

Fig. 388. — Rose prolifère. Fleur monstrueuse dont plusieurs étamines se sont transformées en pétales ; les sépales du calice sont demeurés à l'état de feuilles C ; le pédicelle A a continué de croître au lieu de produire des carpelles (métamorphose régressive).

Examen des fleurs monstrueuses. — Ces dernières présentent le plus souvent des cas de *métamorphose régressive*, c'est-à-dire l'arrêt de développement du carpelle au stade étamine, de l'étamine au stade pétale (*fleurs doubles des horticulteurs*), du pétale au stade sépale, enfin du sépale à la feuille.

L'examen de la Rose prolifère (fig. 388) suffit à nous convaincre de ce fait, sans qu'il soit nécessaire d'insister davantage.

En résumé, une fleur est composée de pièces florales ayant toutes pour origine des feuilles modifiées. Les modifications, moins accusées chez les sépales et les pétales, sont plus profondes dans les étamines et les carpelles. Une partie du limbe de la feuille staminale se *transforme en sacs remplis de cellules modifiées qui produisent les grains de pollen* (fig. 387, I et I'). *Les bords de la* feuille carpellaire *se replient du côté ventral, et forment une cavité close ou une simple gouttière destinée à protéger les ovules* (II et II'); *ces derniers semblent autant de lobes de la feuille carpellaire, développés en vue d'une fonction spéciale.*

§ 5. — EXAMEN DU ROLE ATTRIBUÉ AUX DIVERSES PIÈCES FLORALES

Un certain nombre de fleurs identiques étant prêtes à s'épanouir, on supprime : dans l'une d'elles, le calice ; dans une deuxième, la corolle ; dans une troisième, l'androcée ; dans une quatrième, le pistil. Les fleurs dépourvues de calice ou de corolle, abritées par une feuille de papier, suivent leur évolution normale et donneront des graines (il en serait de même d'une fleur à laquelle on aurait enlevé calice et corolle à la fois). La troisième fleur *pourra* donner des graines si elle n'a pas été protégée par une coiffe de papier contre les mouvements de l'air ou l'accès des insectes qui auront apporté du pollen sur le stigmate du pistil ; mais si une coiffe de papier la recouvre, elle se flétrira et mourra sans produire de graines : *quelles que soient les précautions prises*, la quatrième fleur, dépourvue de pistil, *mourra sans donner de graines.*

Ainsi *le calice et la corolle sont des verticilles seulement* **protecteurs** *des parties internes*; ils forment le *périanthe. L'androcée et le pistil sont les verticilles essentiels,* **reproducteurs,** *sans lesquels toute fécondation, et par suite toute production de graines, est impossible.*

			Verticilles.		Feuilles modifiées.
Fleur	Périanthe protecteur..	{	Calice	composé de	sépales.
			Corolle	—	pétales.
	Appareil reproducteur.	{	Androcée	—	étamines.
			Pistil	—	carpelles.

§ 4. — CLASSIFICATION DES FLEURS

La plupart des fleurs sont *verticillées* comme la fleur du Lin ; certaines fleurs sont *spiralées*, c'est-à-dire que leurs pièces florales sont disposées, à la suite les unes des autres, le long d'une spirale très surbaissée qui contourne le sommet du pédicelle floral. La fleur des Nymphéacées (Nénuphar, fig. 385) des Renonculacées, etc., présente cette constitution ; mais alors le nombre des pièces

FIG. 389. — Fleur régulière de la Giroflée.

FIG. 390. — Diagramme de la fleur d'Iris. — *s*, 3 sépales. — *p*, 3 pétales. — *et*, 3 étamines développées ; *ét'*, 3 étamines atrophiées ; — 3 carpelles au centre.

FIG. 391. — Diagramme de la fleur du Blé. *g.s*, glumelle supérieure ; *g.i*, glumelle inférieure ; *s*, 2 glumellules seulement ; *ét*, 3 étamines ; *c*, carpelle.

florales n'est pas fixe et la transition ménagée d'une forme à l'autre s'y remarque plus que dans les fleurs verticillées.

Ces dernières étant les plus nombreuses, nous les envisagerons spécialement dans la classification suivante.

1° Les verticilles sont tous représentés. — *Nombre de feuilles florales par verticille.* — Les fleurs des Dicotylédones sont constituées d'après le type 2 ou le type 5, c'est-à-dire que chacun de leurs verticilles renferme 2 ou 5 pièces florales, ou un multiple de ces nombres.

FIG. 392. — Fleur irrégulière du Pois.

Type 5 : Lin (fig. 383), Géranium, OEillet, Ronce (fig. 372).
— 4 : Giroflée (fig. 389), Moutarde.
— 2 : Circée.

Les fleurs des Monocotylédones sont constituées d'après le type 3 ou un multiple de 3 : *Lis* (fig. 369), *Iris* (fig. 390), *Amaryllis*, Blé (fig. 391).

2° Nombre des verticilles floraux. — *Périanthe.* Quand le périanthe comprend : 2 verticilles (calice et corolle), la fleur est *dipérianthée* : Lin, Giroflée, Pois (fig. 392), Pomme de terre

(fig. 393). S'il renferme seulement 1 verticille, la fleur est *monopérianthée* : Anémone, Ortie (fig. 394).

Dans ce cas, on admet que le verticille absent est la corolle. Le verticille qui
subsiste est souvent coloré; il s'appelle alors *périanthe pétaloïde;* on donne le
même nom à deux verticilles presque identiques comme ceux du Lis.

Quand le périanthe fait défaut, la fleur est *apérianthée* ou *nue :*
Saule, Carex (fig. 395).
Une ou plusieurs brac-
tées *b* remplacent le
périanthe qui man-
que.

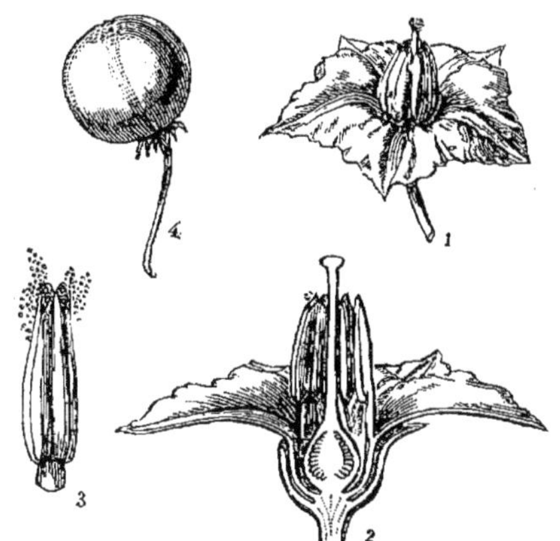

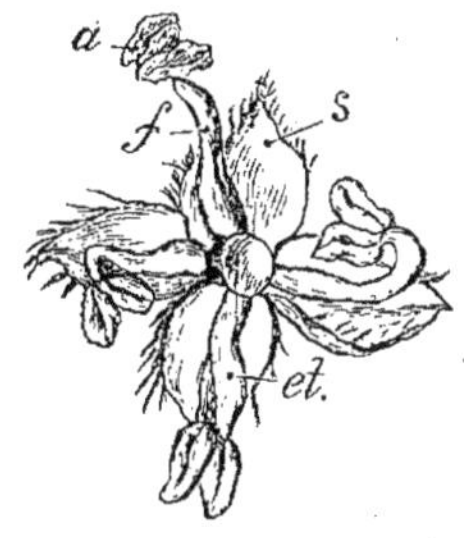

FIG. 393. — Fleur de la Pomme de terre 1, montrant la corolle gamopétale ; 2, vue en coupe ; 3, étamine dont les sacs polliniques s'ouvrent par des
pores au sommet ; 4, fruit (baie).

FIG. 394. — Fleur mâle d'Or-
tie (*Urtica dioica*).— *s*, 4 sépales
du calice ; *ét*, 4 étamines avec
filet *f* et anthère *an*.

(b). *Verticilles reproducteurs.* — Quand l'appareil reproducteur
est représenté : par 2 verticilles (androcée et pistil), la fleur est
bisexuée ou *hermaphrodite* (Giroflée, Lin, Pomme de terre, Pois,

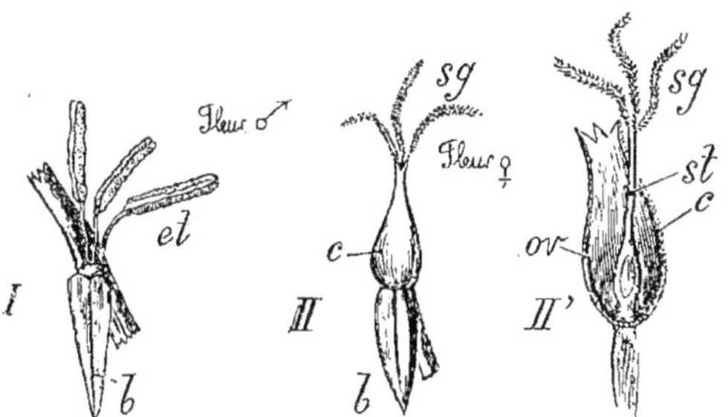

FIG. 395. — *Carex glauca. I*, fleur mâle avec 3 étamines. *II*, fleur femelle entourée
d'une cupule *c*, vue en coupe en *II'; st*, style ; *sg.* stigmate ; *b*, bractée.

Lis, etc...); par 1 verticille, la fleur est *unisexuée :* Ortie (fig. 394),
Saule, Chanvre, Lychnis dioïque, Maïs.

Une fleur unisexuée est *mâle* quand elle renferme l'androcée, et
femelle quand le pistil s'y trouve seul.

Si les fleurs unisexuées mâles et femelles sont portées sur la
même plante, la plante est *monoïque* : Maïs (fig. 312), Noisetier
(fig. 373); si une espèce végétale à fleurs unisexuées présente des
plantes uniquement pourvues de fleurs mâles, et d'autres avec

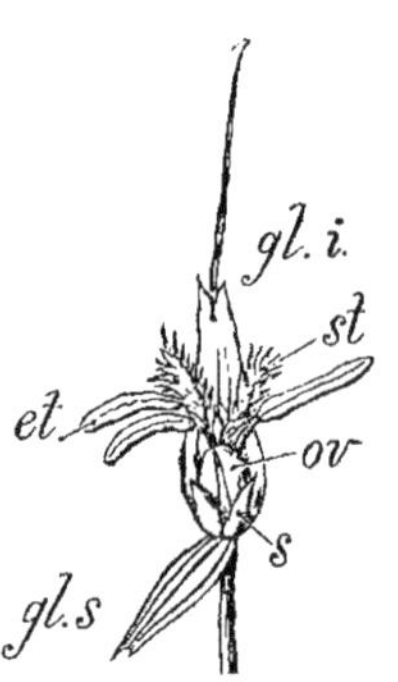

Fig. 396. — Fleur d'Avoine (*Avena pratensis*). *ov*, ovaire; *st*, stigmates plumeux.
Même légende que la fig. 391.

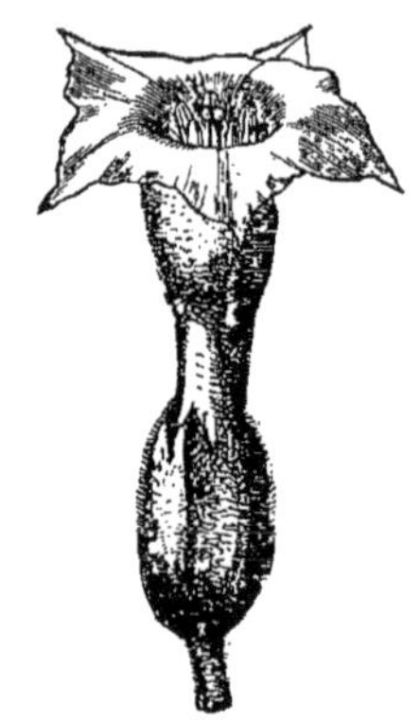

Fig. 397. — Tabac. Calice gamosépale
et corolle gamopétale hypocratériforme.

des fleurs femelles seulement, elle est dite *dioïque* : Chanvre,
Mercuriale (fig. 303).

Avortement partiel des verticilles floraux. — Dans la fleur
d'Iris (fig. 390), etc., il y a suppression totale de l'un des 2 verticilles qui composent l'androcée. Dans certaines fleurs l'avorte-

Fig 398. — Sauge.
Calice gamosépale et co-
rolle gamopétale labiée.

Fig. 399. — Œillet. 1, bractées à la base du calice 2.— 3, corolle
dialypétale caryophyllée. — 4, androcée. — 6, pistil (ovaire
libre ou supère); 5, stigmates.

ment est partiel; ainsi la fleur d'Orchis ne possède qu'une
étamine au lieu de 6. Les fleurs du Blé (fig. 391) et de
l'Avoine (fig. 396) sont remarquables par l'absence de 2 carpelles
sur 3.

3° Liberté ou soudure et grandeur relative des pièces florales qui composent un même verticille. — Les pièces florales ont une origine identique à celle des feuilles.

Si le développement de chacune des pièces florales est indépendant de celui de ses voisines, elles demeurent toutes *libres;* dans le cas contraire elles s'unissent sur tout ou partie de leurs bords en contact :

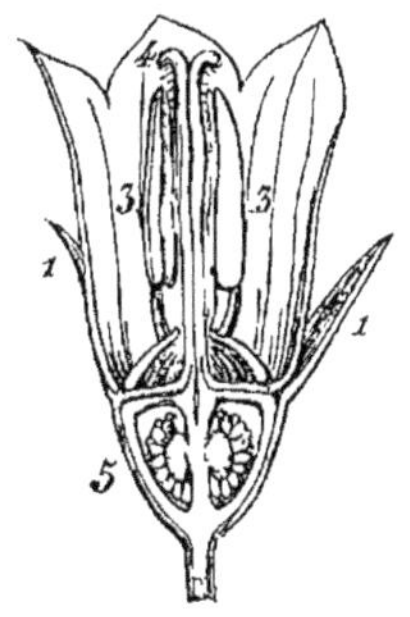
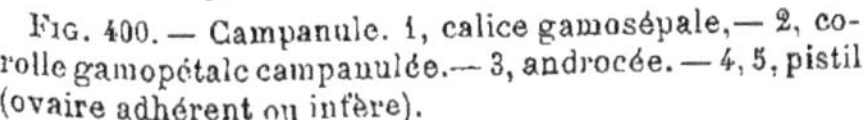

Fig. 400. — Campanule. 1, calice gamosépale, — 2, corolle gamopétale campanulée. — 3, androcée. — 4, 5, pistil (ovaire adhérent ou infère).

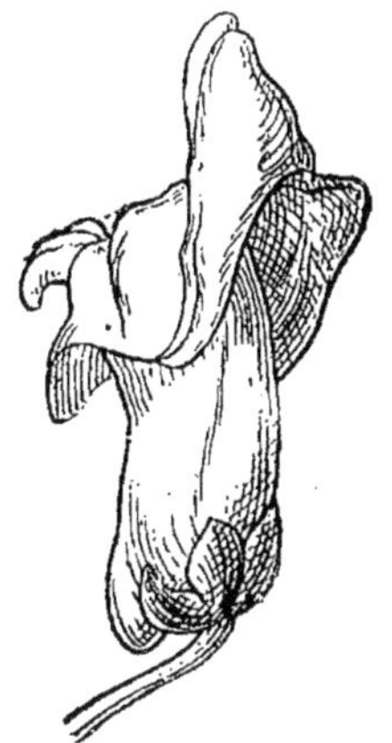

Fig. 401. — Muflier. Corolle personnée.

elles sont alors *concrescentes.* La concrescence atteint parfois non seulement les pièces d'un même verticille, mais encore deux ou plusieurs verticilles.

Concrescence des pièces d'un même verticille.

(a). *Périanthe.* — Le calice est dit *dialysépale* quand les sépales sont libres : Giroflée (fig. 389), Lin (fig. 370). Il est *gamosépale* quand les sépales sont plus ou moins soudés entre eux : Pois (fig. 392), Tabac (fig. 397), Sauge (fig. 398).

La corolle est *dialypétale* quand les pétales sont libres : Giroflée, OEillet (fig. 399), Rose; elle est *gamopétale* chez la Pomme de terre (fig. 393), la Campanule (fig. 400), le Muflier (fig. 401 et 402), le Pissenlit (fig. 378).

(b). *Verticilles reproducteurs.* — *Androcée.* — Quand les étamines sont libres, l'androcée est dit *dialystémone :* Giroflée, Ronce, OEillet, Renoncule, Lamier.

Fig. 402. — Diagramme de la fleur du Muflier.

La Giroflée, comme toutes les Crucifères, possède 6 étamines dites *tétrady-names*, parce que 4 d'entre elles sont plus grandes que les 2 autres (fig. 401).

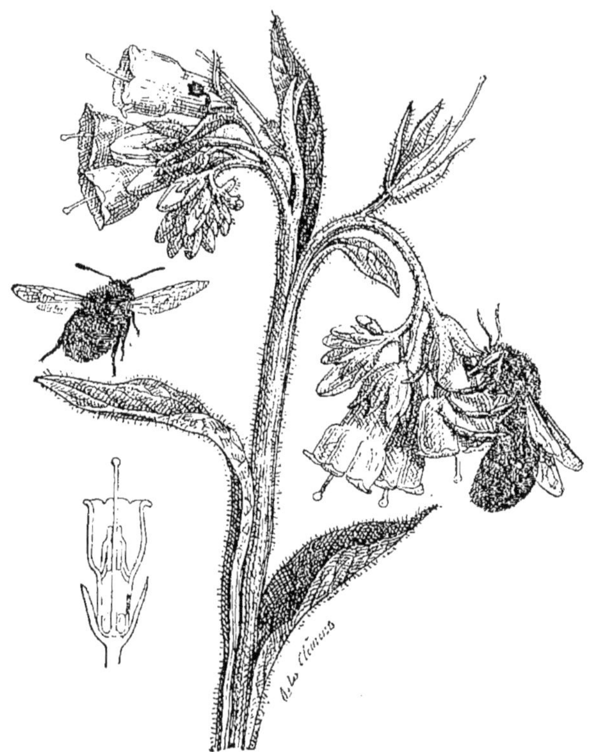

Fig. 403. — Inflorescence de Consoude visitée par des Bourdons. A gauche, fleur vue en coupe.

Les Labiées, comme le Lamier, la Sauge, etc..., possèdent 4 étamines dites *didynames*, parce que 2 d'entre elles sont plus grandes que les 2 autres (fig. 405, 1).

L'androcée est *gamostémone* quand les étamines sont soudées, en tout ou en partie.

Les étamines sont soudées par leurs filets :

1° En un seul faisceau entourant le style chez la Mauve, le Cotonnier; on les dit *monadelphes ;*

2° En deux faisceaux chez le Haricot (sur 10 étamines, 9 sont soudées, 1 est libre, fig. 405,5) ; elles sont dites *diadelphes ;*

3° En *n* groupes chez l'Oranger, le Millepertuis ; elles sont *polyadelphes.*

Les étamines sont soudées par leurs anthères chez les Composées ou Synanthérées (Bleuet, Pissenlit (fig. 378), Marguerite).

Pistil. — Les *carpelles sont indépendants* chez la Renoncule, le Fraisier, la Ronce (fig. 372); ils sont généralement *soudés entre eux à divers degrés* que nous examinerons spécialement plus loin : Lis, Campanule, Pavot, Violette.

On appelle communément *ovaire, style et stigmate de la fleur* l'ensemble des ovaires, des styles et des stigmates plus ou moins concrescents.

Concrescence de plusieurs verticilles entre eux. — Les

quatre verticilles de la fleur sont parfois adhérents entre eux sur toute la hauteur de l'ovaire. Le calice, la corolle et l'androcée

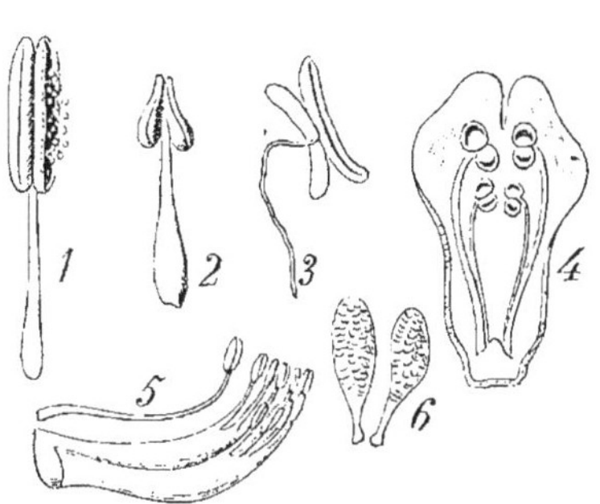

Fig. 403. — Étamines : 1, Iris. — 2, Liseron.
— 3, Blé. — 4, Muflier (étamines didynames).—
5, Androcée du Haricot (9 étamines soudées par
leurs filets et 1 libre).—6, Pollinies d'Orchidée.

Fig. 404. — Giroflée. Étamines tétradynames.

semblent insérés au niveau où le style prend naissance; et cependant l'examen d'une coupe pratiquée un peu au-dessous de ce niveau y montre des faisceaux libéroligneux disposés suivant plusieurs cercles concentriques correspondant : le plus extérieur au calice, le deuxième à la corolle, etc...

Ainsi, malgré la concrescence, *l'individualité anatomique de chaque verticille, de chaque pièce florale, est conservée.*

On appelle *ovaire supère* ou *libre* celui qui est indépendant des verticilles extérieurs concrescents ou non : Giroflée, Lin, Pomme de terre (fig. 393); l'ovaire est dit *infère* ou *adhérent* lorsque sa paroi est soudée à la coupe formée par la concrescence des organes extérieurs: Campanule (fig. 400).

4° Régularité ou irrégularité des fleurs. — Toute fleur est dite *régulière* quand elle possède plusieurs plans de symétrie (autant que de pièces florales dans chaque verticille) : Lin, Ronce, Tabac, Campanule, Lis, Iris.

Une fleur *irrégulière* possède un seul plan de symétrie : Haricot, Sauge, Muflier (*fleurs zygomorphes*), ou n'en a pas : Valériane.

§ 5. — DES VERTICILLES REPRODUCTEURS

Le troisième verticille de la fleur ou **Androcée** comprend l'ensemble des *étamines ;* le quatrième, appelé **Pistil**, est formé par la réunion des *carpelles.*

Examinons d'abord la structure des verticilles reproducteurs et le phénomène de la fécondation chez les Angiospermes.

A. — ANDROCÉE

L'androcée d'une fleur est l'ensemble de ses étamines.

Étamine. — L'étamine est une feuille modifiée composée d'un *filet* surmonté d'une *anthère*, généralement jaune. Dans la plupart des fleurs, l'anthère est divisée par un sillon longitudinal en 2 moitiés appelées *loges ;* ces loges, plus ou moins distinctes, contiennent chacune 2 *sacs polliniques* renfermant le *pollen.* On appelle *connectif* le prolongement du filet qui unit les deux moitiés de l'anthère.

Le connectif s'étend sur toute la longueur de l'anthère chez l'Iris (fig. 405, 1); il est très court chez le Liseron (2), chez le Blé (3) où les deux moitiés (*loges*) de l'anthère s'écartent en forme d'X, chez le Sarrasin où l'anthère forme deux parties à loges parallèles, chez le Laurier où ces loges distinctes sont opposées.

Origine, développement et structure de l'étamine. — L'étamine apparaît, dans le bouton, comme un mamelon (future *anthère*) porté par un *filet* très court, quand s'est produit déjà l'étranglement basilaire qui limite ces deux régions. Un sillon ventral médian plus accusé et deux légers sillons latéraux font entrevoir la différenciation de l'anthère. Une coupe transversale, **1** (fig. 406), examinée à ce moment, laisse voir l'épiderme, *ép*, déjà différencié et 4 cellules ou groupes de cellules, *c.m*, plus volumineuses que leurs voisines. Le dédoublement de la couche sous-épidermique de l'anthère (**1′**) a donné deux rangées de cellules : l'une externe, *A*, l'autre interne, *M ;* cette dernière fournit les cellules, *c.m* (**1**), et *M* (**2** et **2′**), futures *cellules-mères du pollen.*

Pendant que les cellules, *M*, se multiplient, l'assise externe, *A*, subit 2 cloisonnements tangentiels d'où résultent les couches concentriques, *a, a′, a″.* La couche, *a*, formera un peu plus tard *l'assise fibreuse* ou *mécanique ; a′* est dite *assise moyenne* et joue un rôle identique à celui de *l'assise nourricière, a″.* A mesure que l'anthère se développe, les cellules de *l'assise mécanique, a*, se *lignifient* sur la face interne, *c.i* (**5**), tandis que du côté externe appliqué contre l'épiderme, *c.e*, elles demeurent minces. Cette lignification s'opère tout autour du massif des cellules, *M*, sauf

Tableau XLVI.

Reproduction des Phanérogames.

DE L'ANDROCÉE.

Angiospermes. — L'androcée est composé d'*étamines :*   { *Filet.*
{ *Anthère :* 4 *sacs polliniques.*

Étamines.

Origine foliaire.

Anthère. { Dans l'anthère, *cellules mères* donnent des *tétrades* de grains de pollen.
{ *Déhiscence* par sa face antéro-latérale (rôle de l'assise mécanique).

Pollen. { Structure : 2 *cellules* à protoplasmes confondus et noyaux distincts,
avec double membrane { *exine* cutinisée.
{ *intine* mince.

Germination sur le stigmate du pistil :
Tube pollinique avec *noyau végétatif,* N, et *noyau générateur,* n.

Gymnospermes. — *Cône mâle :* 1 fleur avec de nombreuses étamines.
Une étamine est un groupe d'*écailles foliaires* avec 2 *sacs polliniques* d'ordinaire.
Pollen. — Plusieurs cellules *distinctes* dans un même grain [les unes *actives*, les autres *stériles* lors de la germination].

DU PISTIL.

Angiospermes. — Le pistil est composé de *carpelles :*   { *Ovaire :* ovules.
{ *Style* et *stigmate.*

Carpelles.

Origine foliaire.

Développement { *libre.* — Carpelles libres : Cerisier, Haricot, Renoncule.
{ avec { *Placentation axile.*
{ *concrescence.* { *Placentation pariétale.*
{ *Placentation centrale libre.*

Ovule.

Description...... { 2 enveloppes (*primine* et *secondine*) entourant le
{ *nucelle* (au sommet : *micropyle*).

Origine : Lobe de feuille carpellaire [*funicule, hile, chalaze*].

Formes diverses. { Ovule dressé   (*orthotrope*).
{ —   renversé (*anatrope*) le plus fréquent.

. . . .

Sac embryonnaire { Cellule supérieure (*Calotte*).
1re segmentation : { —   inférieure { *Oosphère,* 2 synergides.
{ (3 bipartitions) { *Noyau secondaire,* 3 antipodes.

Gymnospermes. — *Cône femelle :* n fleurs femelles ou écailles carpellaires portant ordinairement 2 *ovules nus.*

Ovule nu. { *Primine* seulement (chambre pollinique).
{ *Nucelle* { *Sac embryonnaire* forme l'endosperme.
{ n corpuscules (rosette : *cellule de canal* et *oosphère*).

Fécondation.

Angiospermes. — 1° *Pollinisation* [*directe, croisée* (rôle du vent et des insectes)].
2° *Germination* du pollen sur le stigmate.
3° *Développement* du tube pollinique ; digestion du tissu conducteur (style et ovaire) : rôle du *noyau végétatif.* — Division du *noyau générateur* en deux anthérozoïdes, $n\,\sigma$ et n'.
4° *Fécondation,* $n\,\sigma + oo = x \longrightarrow embryon.$
$n' + 4 + 5 = N \longrightarrow albumen.$

Gymnospermes. — La cellule de canal désorganise la rosette et facilite l'accès du noyau mâle à l'oosphère.

dans les cellules, *c* (fig. 406, **3**), placées vis-à-vis des sillons latéraux de l'anthère ; en même temps, le contenu des assises, a' et a'', est résorbé par les grains de pollen auxquels ont donné naissance les cellules-mères, *M*.

Chacune des cellules, *M*, se segmente simultanément en quatre cellules-filles (**7**) qui s'isolent peu à peu, dans la cellule-mère, par des cloisons (**6**). La membrane de la cellule-mère et la partie moyenne des membranes communes aux cellules-filles se gélifient et sont résorbées par ces dernières.

Les jeunes grains de pollen, associés d'abord en tétrades, grossissent aux dépens du liquide formé par le protoplasme, par la membrane gélifiée des cellules, *M*, et des deux assises cellulaires, a'' et a'. Ils acquièrent leur forme définitive ; leur noyau se divise en deux (**8**) et donne un *noyau végétatif*, *N*, et un *noyau générateur*, *n* (**9**) ; une ébauche de cloison apparaît et disparaît ensuite.

Les grains de pollen deviennent indépendants dans les cavités ou *sacs polliniques*, *s. p* (fig. 406, **3**), dont l'assise mécanique, *a*, forme le revêtement.

L'*anthère est mûre ;* à ce moment, le filet qui la soutient s'allonge rapidement ; l'étamine est constituée.

Déhiscence de l'anthère. — Quand la fleur est épanouie, les étamines exposées à l'air libre transpirent abondamment ; le tissu de l'anthère se déchire (*déhiscence*) et provoque la mise en liberté du pollen.

Mécanisme de la déhiscence. — L'ouverture de l'anthère est déterminée par le jeu de l'assise mécanique, *a*. Les cellules de cette assise sont fortement lignifiées sur leur face interne, *c.i* (fig. 406, **5**) ; leur face externe, *c. e*, appliquée contre l'épiderme, *ép* (**3**), est cellulosique. Toutes choses égales d'ailleurs, la cellulose pure se contractant plus dans l'*air sec* que la cellulose lignifiée, la face, *c.e*, se rétrécit lors de l'épanouissement de l'étamine et chaque cellule (**5**) de l'assise mécanique prend la forme **5'**. La surface externe de l'assise, *a*, devenue plus petite que sa surface interne, provoque la déchirure de la paroi de l'anthère au point, *c* (**3**), où se trouvent des cellules non lignifiées ; les 2 sacs polliniques voisins s'ouvrent suivant une fente commune et mettent en liberté le pollen, *p* (fig. 406).

Divers modes de déhiscence. — La déhiscence de l'anthère est le plus souvent *longitudinale*, c'est-à-dire que sur ses deux faces latérales apparaît une fente en long, fente commune à deux sacs polliniques voisins : Iris (fig. 405, 1), Liseron (2). parfois la déhiscence est *terminale :* ainsi chez la Pomme de terre (fig. 393), l'anthère s'ouvre par deux orifices situés à son extrémité supérieure (déhiscence terminale *poricide*).

Pollen. — Le pollen est une poussière jaune en général, parfois

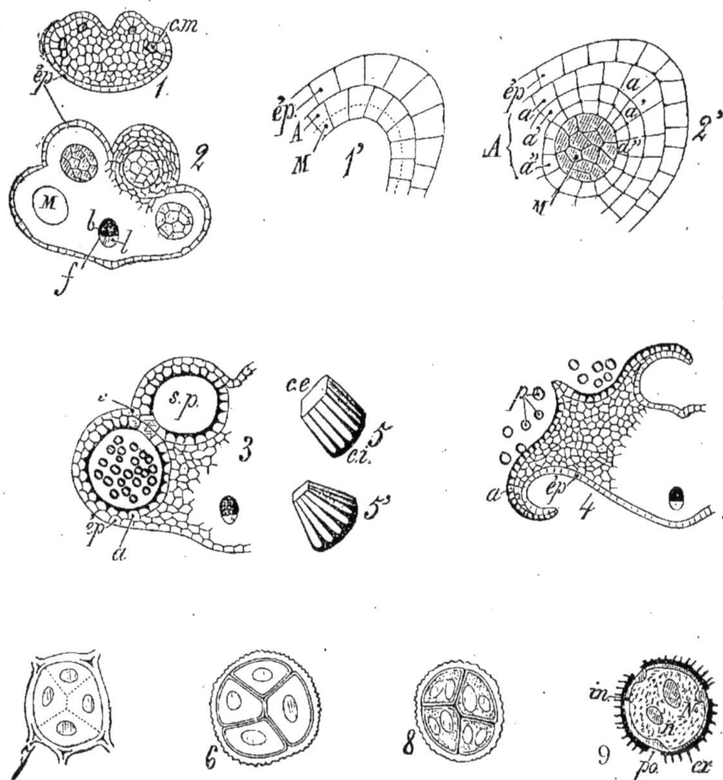

FIG. 406 et 407. — **Origine et développement de l'anthère et du pollen.**

1. Coupe transversale d'une jeune anthère, *ép*, épiderme ; *c.m*, initiales des cellules-mères du pollen.

1'. Un quart de cette section grossie montre le dédoublement de l'assise sous-épidermique en 2 assises. A + M.

2'. La couche A a donné l'assise mécanique, *a*, et les assises nourricières, *a'* et *a''* ; la couche, *M*, a formé les cellules mères du pollen.

3. Anthère mûre ; l'assise, *a*, est formée de cellules (5) épaissies sur leur face interne. *c.i*. Les assises, *a'* et *a''*, sont résorbées et dans les sacs polliniques, *s.p*, les grains de pollen sont devenus libres.

4. Déhiscence de l'anthère par la dessiccation et la déformation des cellules (5) qui ont pris la forme (5') ; la paroi des sacs polliniques s'est déchirée en *c* (3) et renversée pour mettre en liberté le pollen, *p*.

6. 7. Division d'une cellule-mère en 4 cellules-filles.

8. Bipartition du noyau et gélification de la membrane (lame mitoyenne).

9. Grain de pollen : *ex*. exine avec pores, *po*, et ornements en relief ; *in*, intine avec réserves de cellulose en face des pores ; *N*, *n*, noyaux des deux cellules à protoplasmes confondus : *N*, noyau végétatif ; *n*, noyau générateur.

rouge ou brune (Pavot). Libres le plus souvent, les grains de pollen demeurent associés en *pollinies* (6, fig. 405) chez les Orchidées.

Chaque grain de pollen est au moins une *double cellule* dont les noyaux, N et n (fig. 406, 9), ne sont pas séparés par une cloison persistante.

Le plus souvent le grain de pollen est enveloppé de deux membranes : l'une externe appelée *exine*, *ex*, est cutinisée, pourvue de pores et d'épaississements en relief (pointes, bandes); l'autre interne nommée *intine*, *in*, demeure mince, sauf aux endroits des pores de l'exine où elle présente une réserve cellulosique constituant une sorte de bouchon saillant vers l'intérieur.

Le protoplasme du grain de pollen est condensé et très riche en réserves (sucre, amidon, huile).

B — PISTIL

Le pistil d'une fleur est l'ensemble de ses carpelles.

Carpelle. — Un carpelle est une feuille modifiée ; il est formé d'un *ovaire*, *o*, surmonté d'un *style*, *st*, et d'un *stigmate*, *sg*. Sur les bords de la feuille carpellaire, dans l'ovaire, sont insérés les *ovules*, *ov* (Voir aussi la fig. 387, II et II').

Peu de fleurs ne renferme qu'un carpelle (Haricot, Pois, Lentille, Fève, etc.).

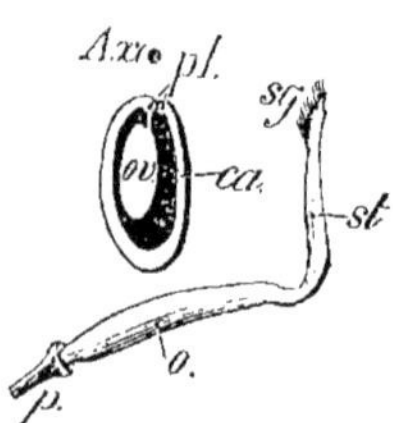

Dans les autres fleurs, les carpelles qui composent le pistil sont disposés symétriquement autour de l'axe de la tige (quelquefois la tige se prolonge entre les carpelles qui sont déjetés sur ses côtés en un verticille comparable à un verticille de feuilles normales).

Les carpelles demeurent *indépendants* ou sont *concrescents*.

Liberté ou concrescence des carpelles. Placentation. — 1° *Pistil réduit à un seul carpelle.* — Chez le Haricot (fig. 408), le Pois, le carpelle unique qui compose le pistil se place dans le prolongement du pédicelle floral, *p*; les deux moitiés de la feuille carpellaire, *ca*, s'y sont rejointes par leurs bords et les ovules, *ov*, sont insérés sur la soudure appelée *placenta*, *pl*.

Fig. 408. — Carpelle du Haricot porté par le pédicelle, *p*. — *o*, ovaire; *st*, style; *sg*, stigmate. Au-dessus, section transversale de l'ovaire coupant un ovule, *ov*, fixé sur le placenta, *pl*.

Le Pêcher, l'Abricotier, l'Amandier, le Cerisier renferment un carpelle unique avec un seul ovule.

2° *Pistil pluricarpellaire.* — **(a)** *Carpelles libres.* La Renoncule, le Fraisier, la Ronce (fig. 372) renferment un grand nombre de carpelles libres *uniovulés*, disposés au sommet du pédicelle; chez tous, le placenta *est tourné du côté de l'axe de la fleur.*

(b) *Carpelles concrescents.* — Quand les carpelles sont soudés, il y a deux modes de placentation : la *placentation axile* et la *placentation pariétale.*

Placentation axile. — Chez l'Aconit, les carpelles sont accolés par leur base, les placentas (fig. 409, **I**) tournés du côté de

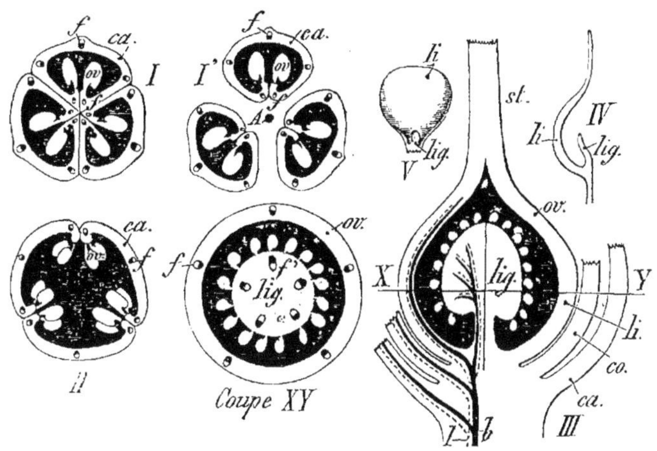

Fig. 409. — **Différents modes de placentation** (sections transversales d'ovaires).

I. *Placentation axile* (Aconit) : 3 carpelles, *ca*, clos et soudés à la base, portent les ovules, *ov*, sur 3 placentas confondus en un seul qui continue l'axe du pédicelle. — *I'*, les mêmes carpelles sont libres au sommet et les placentas séparés sont symétriquement disposés par rapport à l'axe, **A**.
II. *Placentation pariétale* (Violette) : 3 carpelles, *ca*, non clos, sont soudés 2 à 2 par leurs bords, et forment 3 placentas latéraux portant les ovules, *ov*.
III. *Placentation centrale libre* (Primevère) : coupe longitudinale [coupe transversale en XY]; *lig*, placenta situé dans la cavité de l'ovaire, *o*, montrant la disposition des faisceaux libéroligneux, *f'*, contraire à celle des faisceaux, *f*, de la paroi de l'ovaire, *ov*. — V, pétale de Renoncule montrant l'écaille (ligule, *lig*) opposée au limbe, *li*. — IV, section longitudinale de ce pétale.

l'axe, **A**, de la fleur. Au sommet, les carpelles sont libres (**I'**). Les placentas, soudés entre eux, forment une colonne centrale unique ayant pour axe celui de la fleur; les ovules sont disposés tout autour de cet axe : *la placentation de l'Aconit est dite axile.*

Malgré la concrescence des carpelles, leurs cavités ovariennes restent closes et indépendantes; l'ovaire de l'Aconit est *pluriloculaire* ou à plusieurs loges.

Placentation pariétale. — Chez la Violette (fig. 409, **II**), les trois carpelles sont concrescents; mais, chaque feuille carpellaire ayant replié ses bords incomplètement, la concrescence s'est faite entre les bords adjacents de deux carpelles voisins. Les ovules sont alors insérés le long des trois lignes de soudure, des trois placentas disposés sur la *paroi* latérale : la *placentation de la Violette est pariétale.*

Comme les cavités des trois ovaires se confondent en une seule, on dit que l'ovaire de la Violette est *uniloculaire* ou à une loge.

Placentation centrale libre. — L'orientation du bois et du liber des faisceaux contenus dans la paroi des feuilles carpellaires (le bois du côté ventral et le liber du côté dorsal) permet de reconnaître le nombre, la nature et la soudure de ces feuilles ; elle a permis de comprendre la placentation de la Primevère.

Au milieu d'une cavité unique présentée par le pistil s'élève une colonne centrale, *lig* (*placenta*), libre par sa partie supérieure, portant de nombreux ovules (fig. 409, III).

Sur une section transversale pratiquée en *XY*, on voit deux séries concentriques de faisceaux libéroligneux : les uns, *f*, dans la paroi externe du pistil, ont le bois orienté en dedans et le liber en dehors ; les autres, *f'*, tout autour du placenta, ont une orientation inverse. Sur une coupe longitudinale médiane du pistil, on suit les faisceaux libéroligneux normaux du limbe de la feuille carpellaire, *li*, qui émettent des prolongements dans le placenta, *lig*, avec le bois du côté externe et le liber près du centre de ce placenta. Or une pareille disposition des faisceaux se rencontre dans le pétale de la Renoncule (fig. 409, IV et V) et dans la feuille des Graminées qui présentent une *ligule*, *lig*, opposée au limbe.

Le placenta central de la Primevère a donc pour origine la soudure des ligules, *lig*, des feuilles carpellaires elles-mêmes soudées, par leurs bords, en une capsule unique qui forme un ovaire uniloculaire, *ov*.

Origine, développement et structure du carpelle. — Le

carpelle a pour origine un mamelon se développant comme ceux qui produisent les feuilles ; toutefois il produit un limbe sans pétiole (la feuille carpellaire est *sessile*), prend une forme concave du côté ventral, constitue l'*ovaire* totalement ou partiellement clos ; il porte sur ses bords des mamelons qui donnent naissance aux *ovules*. La feuille carpellaire présente une série de faisceaux libéroligneux d'importance décroissante depuis le faisceau médian jusqu'aux faisceaux marginaux.

Le limbe du carpelle se continue par le *style* quelquefois creusé d'un tube en rapport avec la cavité de l'ovaire, mais ordinairement plein ; dans ce cas, les cellules qui en forment le centre se dissocient, gélifient leur membrane, s'enrichissent en sucre et en amidon. Le tissu médian du style, peu cohérent, s'appelle *tissu conducteur;* il se continue jusqu'au *stigmate* recouvert de *papilles* imprégnées d'un liquide visqueux. Le liquide stigmatique est capable de retenir les grains de pollen flottant dans l'air ; il en favorisera la germination, de même que le tissu conducteur du style nourrira le tube pollinique et contribuera à sa pénétration jusque dans l'ovaire (voir page 426).

Développement et structure de l'ovule. — Le mamelon 1 (fig. 410), porté par le placenta de l'ovaire en formation, représente le *nucelle, n*, partie centrale de l'ovule; bientôt deux bourrelets, *s* et *p* (**2** et **3**), de plus en plus saillants, entourent le nucelle et constituent les membranes appelées *secondine, s* et *primine, p*.

Ces dernières enveloppent totalement le nucelle, sauf à son sommet où on peut accéder au nucelle par le *micropyle, m*, sans altérer les membranes, *s* et *p*.

L'ovule ainsi développé est maintenu au placenta par un support

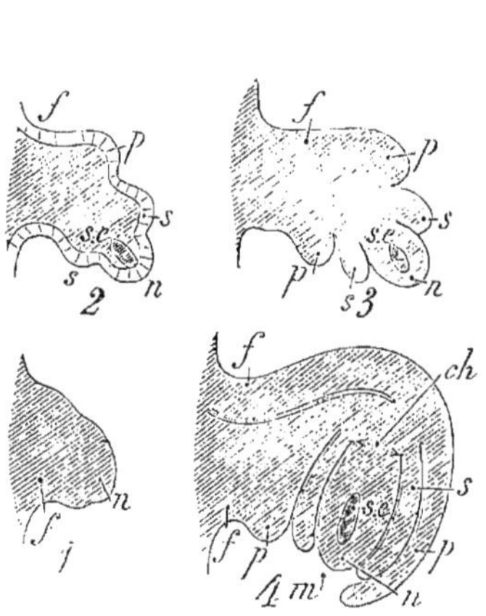

FIG. 410. — Développement de l'ovule.

1, nucelle, *n*, porté par le funicule, *f*. sur la paroi interne de l'ovaire.

2, apparition de la secondine, *s*, de la primine. *p*, et du sac embryonnaire, *s.e.*

3 et **4**, phases plus avancées.

m, micropyle.

ch, chalaze.

n, nucelle.

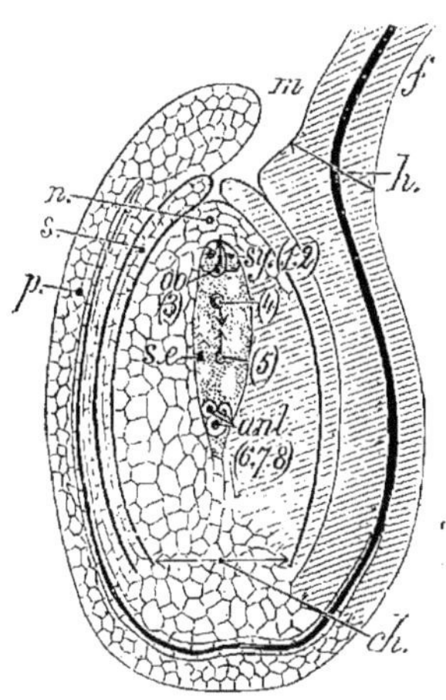

FIG. 411. — Ovule anatrope.

f, funicule ; *h*, hile ; *p*. primine ; *s*, secondine : *ch*, chalaze ; *n*, nucelle renfermant le sac embryonnaire,*s.e.*

Dans le sac embryonnaire on remarque : les synergides, *sy* (1, 2), l'oosphère, *oo* (3), les cellules (4 et 5), les antipodes, *ant* (6, 7, 8).

ou *funicule, f* (411); le *hile, h*, est la surface d'attache de l'ovule au funicule ; la *chalaze, ch*, est la surface d'insertion du nucelle sur ses enveloppes protectrices. Un faisceau libéroligneux émanant du placenta traverse le funicule et vient se ramifier *dans la primine seulement*.

Les ovules subissent une croissance *uniforme* ou *inégale* qui influe sur leur forme définitive. On distingue à ce point de vue 3 sortes d'ovules :

L'*ovule dressé* ou *orthotrope* (fig. 412, I) dans lequel hile, *h*, chalaze, *ch* et micropyle, *m*, sont sur une même ligne droite : Sarrasin, Oseille.

L'*ovule courbé* ou *campylotrope* (II) dans lequel hile, chalaze et micropyle sont à peu près au même niveau : Haricot, Fève.

L'*ovule renversé* ou *anatrope* (III) dans lequel hile et micropyle sont voisins et opposés à la chalaze. Cette dernière forme est la plus fréquente et la plus favorable à la fécondation.

Développement du sac embryonnaire. — Presque au début de la formation du nucelle, on distingue, près de son sommet, une cellule sous-épidermique, *s.e* (fig. 410, **2**), plus grande que les autres, pourvue d'un protoplasme abondant et d'un gros noyau. Cette cellule, allongée suivant l'axe du nucelle, se cloisonne perpendiculairement à cet axe et forme 2 cellules, *S*, *I* (fig. 413, **I**); ordinairement la cellule, *S*, donne la *calotte* dont les cellules,

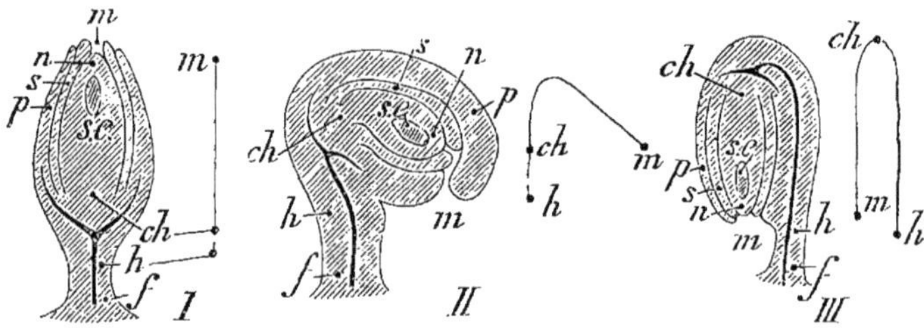

Fig. 412. — I, ovule droit (orthotrope). — II, ovule courbé (campylotrope). III, ovule renversé (anatrope). Voir les légendes des figures 410 et 411.

riches en réserves nutritives, seront résorbées plus tard.

La cellule inférieure, *I*, devient le véritable *sac embryonnaire;* son noyau se divise par 3 bipartitions successives en 2, 4, 8 noyaux secondaires (fig. 413, **II** à **V**) autour desquels s'accumule le

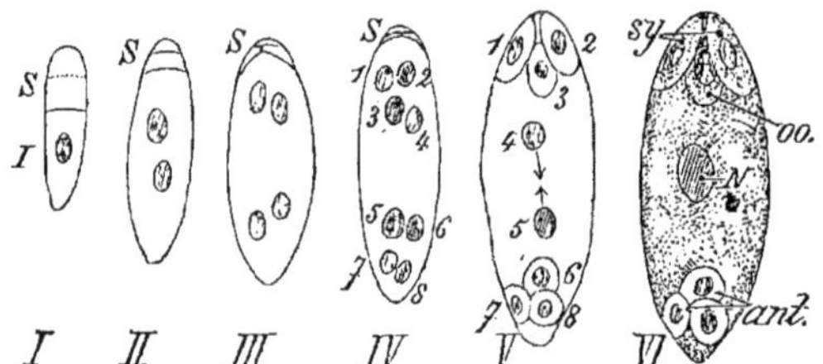

Fig. 413. — Modifications successives de la cellule primordiale du sac embryonnaire. I, 1re segmentation donnant une cellule supérieure *S* (calotte) et une inférieure *I* (sac embryonnaire). — II à VI, 3 bipartitions successives du noyau de la cellule *I* donnant les synergides, *sy*, l'oosphère, *oo*, les noyaux, 4 et 5 (se fusionnant pour constituer le noyau *N* de l'albumen) et les 3 antipodes, *ant.*

protoplasme de la cellule primitive; 3 cellules nues se rendent au sommet du sac : 1 et 2 sont les *synergides*, *sy;* 3 est l'oosphère, *oo;* 3 autres cellules se rendent à la base du sac et constituent les *antipodes*, 6, 7, 8, bientôt entourées d'une fine membrane cellulosique; les noyaux, 4 et 5, se fusionnent et forment le noyau, *N* (**VI**) entouré de protoplasme, *noyau secondaire du* *sac embryonnaire*, qui sera plus tard l'origine de l'albumen de la graine.

L'*oosphère*, *oo* (**VI** et fig. 411), occupe le sommet du sac entre les 2 synergides.

Là s'arrête le développement du nucelle et du sac embryonnaire chez les Angiospermes, jusqu'au moment de la fécondation.

C. — FÉCONDATION

La fécondation *est la fusion des protoplasmes du grain de pollen et de l'oosphère de la même fleur ou d'une fleur de même espèce*, pour la production d'un **œuf** qui sera le point de départ d'un organisme nouveau.

La fécondation comprend : 1° la *pollinisation*, c'est-à-dire le transport du grain de pollen, émis par l'anthère ouverte, jusqu'au stigmate du carpelle renfermant l'oosphère ; 2° la *germination* du grain de pollen sur le stigmate ; 3° le *développement* du tube pollinique à travers le style jusqu'au sac embryonnaire ; 4° la *fusion* des protoplasmes du pollen et de l'oosphère.

Toute circonstance capable d'empêcher cette fusion rend inutile la production des fleurs par la plante : ainsi les pluies trop abondantes au printemps déterminent la *coulure* de la vigne, en entraînant le pollen avant la fécondation.

1° **Pollinisation.** — Elle est *directe* ou *croisée*. Dans le premier cas, le pollen d'une fleur tombe sur le stigmate de la même fleur.

La pollinisation est favorisée : soit par la disposition naturelle des anthères qui, voisines du stigmate ou placées au-dessus de lui, y laissent tomber le pollen ; soit par des courbures appropriées des étamines qui viennent appliquer leur anthère contre le stigmate (Épine-vinette, Rue) ; soit par l'intervention de l'air ou des insectes attirés par l'odeur et le *nectar* des fleurs (fig. 420).

Ce mode de pollinisation n'est possible que pour les fleurs hermaphrodites dont la maturité du pollen correspond à celle de l'ovule.

La pollinisation est *croisée* chez les fleurs unisexuées ; ici le vent et les insectes jouent un rôle essentiel.

2° **Germination du pollen sur le stigmate.** — Le grain de pollen se nourrit de la matière sucrée dont sont imprégnées les papilles stigmatiques et *germe comme une spore* ; il absorbe de l'eau à l'extérieur, se gonfle et pousse un *tube pollinique*, *t.p* (fig. 415), en dehors de l'exine, par les points de plus faible résistance de cette membrane (spores, sillons). L'intine, utilisant les bouchons de cellulose et les réserves du grain, fournit la paroi du tube pollinique dont la longueur atteint 100, 1 000 fois le diamètre du grain primitif.

La majeure partie du protoplasme et les deux noyaux, N, n, s'engagent dans le tube et se maintiennent toujours à une faible distance de son extrémité.

3° **Développement du tube pollinique.** — Ce tube, $t.p$ (fig. 414), s'engage dans le tissu mou du stigmate, sg, puis dans le tissu con-

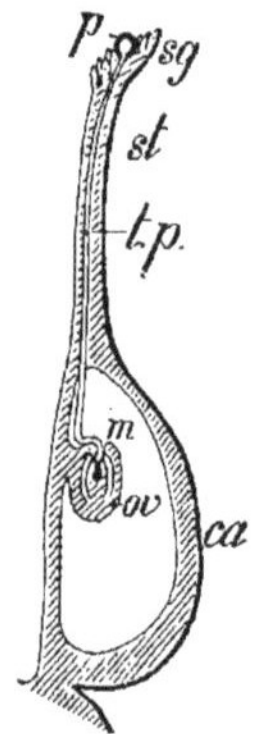

FIG. 414. — Figure montrant le grain de pollen, p, germant sur le stigmate, sg; le tube pollinique, $t.p$, se nourrit aux dépens du tissu conducteur du style et de l'ovaire, ca; il parvient au micropyle, m, d'un ovule anatrope.

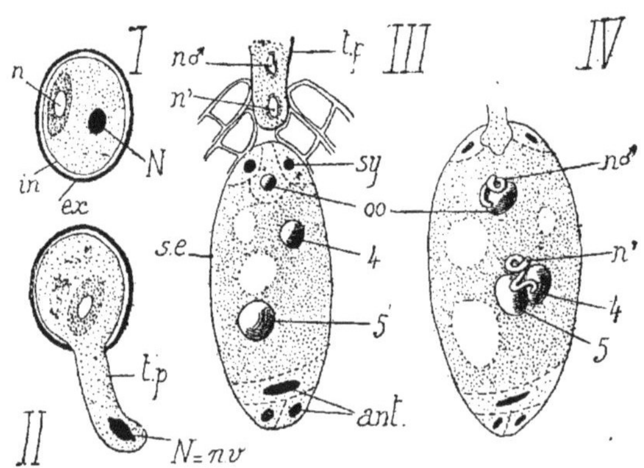

FIG. 415. — Fécondation des Angiospermes.

I, grain de pollen adulte; *ex*, exine; *in*, intine; *n*, noyau générateur; $N = nv$. noyau végétatif.

II, germination du grain de pollen; *t.p*, tube pollinique.

III, le tube pollinique s'approche du sac embryonnaire, *s.e*; le noyau générateur, *n*, s'est dédoublé en $n\,\male$ et n'; *oo*, noyau de l'oosphère; *sy*, synergides; *ant*, antipodes; 4 et 5, noyaux polaires supérieur et inférieur.

IV, la fusion de l'anthérozoïde, $n\,\male$, avec *oo*, donne l'œuf; la fusion de l'anthérozoïde, *n'*, avec 4 + 5, donne le *noyau de l'albumen*.

ducteur du style, *st*, dont il se nourrit; parvenu dans la cavité ovarienne, il y trouve, en continuité avec le tissu conducteur du style, un tissu occupant toute la base du placenta commun aux ovules.

Le tube pollinique parvient ainsi normalement à la base d'un ovule, *ov*, et s'engage facilement dans un micropyle, *m*, si cet ovule est anatrope. [Avec les ovules orthotropes, la fécondation est plus difficile.]

Le tube pénètre ensuite entre les cellules du nucelle et s'accole au sac embryonnaire, au voisinage de l'oosphère.

4° **Fécondation.** — Voyons comment s'opère la fécondation. Nous avons vu que le *grain de pollen adulte* renferme deux cellules fusionnées, dont les noyaux sont N et n (fig. 415, I) ; la cellule génératrice possède un protoplasme très condensé.

Pendant la germination du grain de pollen, c'est le *noyau végétatif*, N, qui s'engage le premier dans le tube pollinique ; il paraît présider à l'accroissement et à la nutrition de ce tube (d'où son nom de noyau végétatif), puis il est résorbé.

La *cellule génératrice* (protoplasme et noyau, n) s'engage ensuite dans le tube et s'y dédouble en deux parties, $n\,\male$ et n' (II et III). Ces deux nouvelles cellules traversent la paroi du tube, confondent leurs protoplasmes avec celui du sac embryonnaire, s'étirent, se contournent et prennent l'aspect de deux anthérozoïdes, $n\,\male$ et n' (IV).

$n\,\male$ va s'unir au *noyau de l'oosphère, oo* : la fécondation est alors opérée ; une membrane de cellulose entoure l'œuf ainsi formé et capable désormais de se segmenter. Les synergides et les antipodes sont résorbées.

n' se fusionne avec les *noyaux polaires supérieur* et *inférieur* du sac embryonnaire, 4 et 5 ; la réunion de ces trois noyaux forme le *noyau secondaire du sac embryonnaire* (fig. 413, VI) qui se segmente immédiatement et produit l'*albumen*.

En résumé, la fécondation de l'ovule comprend deux phénomènes :

l'un qui produit l'œuf, origine de l'embryon $(n\,\male + oo = \alpha)$;
l'autre qui assure le développement de l'albumen $(n' + 4 + 5 = N)$.

Une fois la fécondation opérée, *les ovules grossissent et se transforment en graines ; l'ovaire devient un fruit.*

Généralement le style, le stigmate et les autres verticilles floraux, désormais inutiles, se flétrissent et disparaissent.

CHAPITRE II

DÉVELOPPEMENT DE L'OVULE EN GRAINE
CHEZ LES ANGIOSPERMES

Le sac embryonnaire (fig. 417, **1**), après la fécondation, contient l'*œuf*, O, qui va donner la *plantule* ou *embryon* et la cellule, N, génératrice de l'*albumen;* suivons-en le développement par l'examen d'une série d'ovules à des phases de plus en plus avancées.

Développement de l'œuf. Plantule. — L'œuf, O, donne 2 cellules :

l'une supérieure, S (fig. 417, **2**), est l'origine du *suspenseur ;*
l'autre inférieure, *I*, donnera la *plantule* ou *embryon*.

Le suspenseur, S (**3, 4, 5, 6**), est un organe transitoire qui maintient l'embryon attaché au sac embryonnaire sous le micropyle, *m*, et lui permet, par son allon-

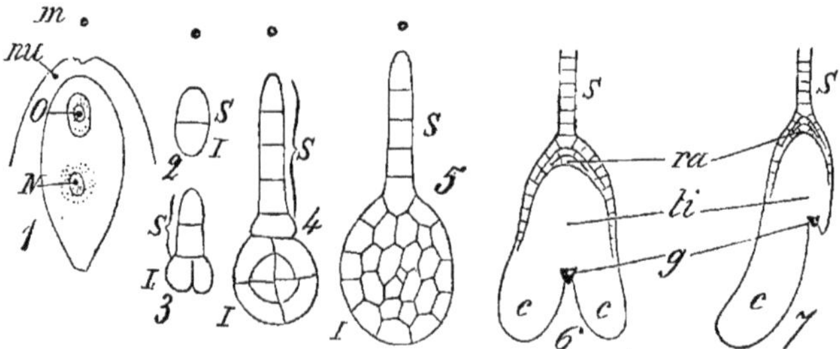

Fig. 417. — **1**, développement de l'œuf, O. — **2**, division de l'œuf en 2 cellules : S donnera le suspenseur, *I* donnera la plantule. — **3, 4, 5**, la plante s'organise par bipartitions successives de la cellule *I*. — Plantules de Dicotylédone (**6**) et de Monocotylédone (**7**), avec leur suspenseur, S. — *ra*, radicule ; *ti*, tigelle ; *g*, gemmule ; *c*, cotylédons.

gement, de se nourrir aux dépens de l'albumen développé simultanément dans le sac embryonnaire.

La cellule inférieure, *I*, se partage en huit cellules par trois bipartitions successives (fig. 417, **4**); par suite de cloisonnements répétés, s'organise un massif cellulaire (**5**) dans lequel on distingue : une *radicule, ra ;* une tigelle, *ti*, qui soutient une *gemmule, g ;* deux *cotylédons* (**6**) ou un seul (**7**), suivant que la plante-mère est une *Dicotylédone* ou une *Monocotylédone*.

Tableau XLVII.

Reproduction des Phanérogames *(fin)*.

TRANSFORMATION DE L'OVULE EN GRAINE.

Angiospermes.

Dans le sac embryonnaire { *l'œuf* se développe en *plantule* ou *embryon;*
le *noyau secondaire* donne l'*albumen* utilisé par l'embryon.

Destination du nucelle. { Résorption partielle par le sac embryonnaire.
Le reste forme le *tégument* de la graine.
Résorption nulle, accroissement : *périsperme* (Poivre).

Graine..... {

Tégument (*n* couches très variables).

Embryon. { *Radicule.*
Tigelle avec *cotylédons* latéraux et *gemmule* terminale.

Réserves nutritives. { Cotylédons.
Albumen parfois (*amylacé, oléagineux, corné*).
Périsperme parfois.

Gymnospermes. — Plusieurs embryons développés aux dépens de l'endosperme ; 1 *seul* forme une *graine.*

TRANSFORMATION DE L'OVAIRE EN FRUIT.

Le *Fruit* est composé du *péricarpe* (paroi de l'ovaire développée) contenant les *graines.*
Maturation du fruit et *dissémination* des graines : Modes de *déhiscence* (p. 436).

Classification générale. { Fruits à péricarpe {
sec.... { indéhiscent (1 graine) : *Akènes.*
déhiscent (*n* graines) : *Capsules.*
charnu { à noyau (1 graine) : *Drupes.*
à *n* graines (pépins) : *Baies.*

GERMINATION DE LA GRAINE.

Développement de la graine en une plante.

Conditions {

internes {
Graine *bien conformée, mûre,* de provenance *récente.*
Faculté germinative {
acquise avec la *maturité des réserves de la graine,* indépendante de la maturité du fruit ;
perdue par l'altération des réserves.

externes : Air, chaleur, humidité.

Phénomènes {

morphologiques. {
4 phases dans la germination complète (Ricin, Haricot). {
I. Développement du système radiculaire (radicule).
II. Développement de la tige hypocotylée (tigelle).
III. Épanouissement des cotylédons dits *épigés.*
IV. Développement de la tige épicotylée (gemmule).

Suppression de II et III (Maïs, Pois). Cotylédons *hypogés.*

physiologiques. {
Dégagement de chaleur.
Digestion des réserves (graines albuminées). {
L'*albumen oléagineux* (Ricin) *a une germination propre et digère ses réserves propres* (utilisées par l'embryon).
Les albumens amylacé et corné sont digérés par l'embryon.

La reproduction chez les Cryptogames est résumée et comparée à celle des Phanérogames dans la légende de la figure 442, p. 450.

L'extrémité de la radicule fait face au micropyle ; les cotylédons sont les premières feuilles portées par la tige.

Tels sont le mode de formation et l'orientation de la plantule.

Développement de l'albumen. — L'albumen provient du cloisonnement de la cellule, *N*. Le protoplasme et les nombreux noyaux qui résultent de cette division se disposent tout autour du sac embryonnaire qui s'agrandit à mesure (fig. 248, *C*).

Chez les plantes où l'albumen subit son développement complet,

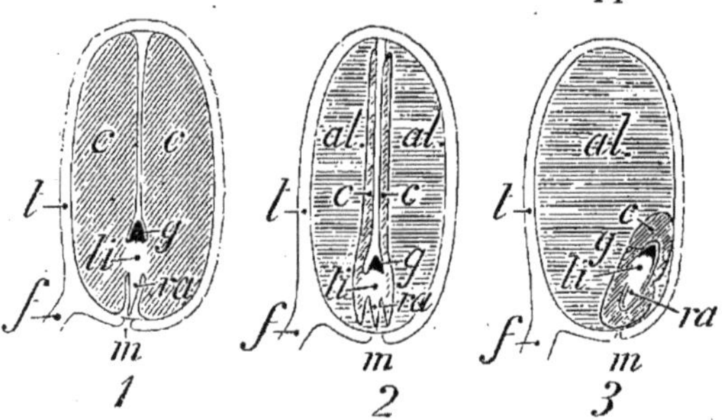

Fig. 418. — Coupes schématiques de graines : **1**, Haricot ; **2**, Ricin ; **3**, Blé. — *t*, tégument ; *f*, funicule ; *m*, micropyle ; *al*, albumen (les autres désignations comme fig. 417).

le sac embryonnaire en est rempli et un tissu compact entoure l'embryon.

Or l'embryon se nourrit aux dépens de l'albumen :

1° S'il le résorbe totalement, la réserve nutritive s'accumule dans les cotylédons, *c,c*, qui deviennent volumineux (Haricot, fig. 418, 1) ; on a alors une *graine exalbuminée*.

2° Si la résorption de l'albumen est faible, les cotylédons, *c,c*, de la plantule demeurent minces [Ricin (2), Blé (3)] ; de l'albumen reste libre en *al ;* la *graine* est dite *albuminée*.

Modifications de l'ovule. Nucelle et téguments. — Le sac embryonnaire s'est agrandi, *même avant la fécondation*, aux dépens du nucelle qu'il a résorbé plus ou moins complètement ; ce qui reste du nucelle contribue à former le *tégument de la graine*.

Quelquefois le nucelle subsiste, s'accroît et se remplit de matière nutritive pour former une réserve supplémentaire ; c'est le *périsperme*, permanent chez le Nénuphar, le Poivre, *p* (fig. 419).

Des deux téguments de l'ovule, la primine seule subsiste et la secondine disparaît par résorption. Le double tégument de la graine peut être alors formé d'un nombre variable de couches persistantes du nucelle.

La *graine* résulte de toutes les transformations qui précèdent ;

elle est dite *mûre* lorsque les réserves nutritives que renferment les cotylédons, l'albumen et le périsperme, ont subi certaines modifications sans lesquelles la graine ne saurait germer.

GRAINE.

La graine comprend un *tégument* et une *amande*, comme nous l'avons vu (page 267 et tableau XXXIV).

L'amande se compose de la *plantule* (*embryon*) et d'une réserve nutritive externe plus ou moins abondante figurant l'*albumen*

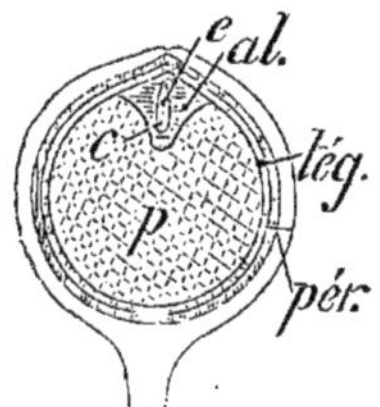

FIG. 419. — Fruit du Poivre, — *pér*, péricarpe ; *tég*, tégument de la graine ; *e*, embryon ; *p*, périsperme.

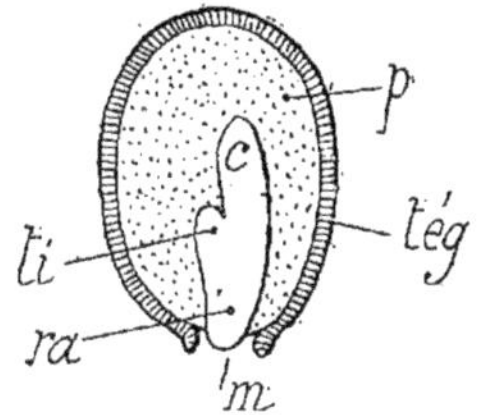

FIG. 419 *bis*. — Graine de Balisier.

(le *périsperme* existe rarement). Dans la plantule, on distingue la *radicule* et la *tigelle* qui porte un ou deux *cotylédons* (feuilles primordiales avec réserve nutritive) ; la tigelle se termine par un bourgeon appelé *gemmule*.

Graines
{
sans albumen...
{ Légumineuses [Haricot (fig. 418, I), Fève, Pois].
  Rosacées [Amandier (fig. 422)], Chêne.

avec albumen...
{ Graminées [Blé (fig. 418, 3)], Ricin (fig. 418, 2),
  Pavot, Lin, Lychnis.

avec périsperme
{ et albumen : Nénuphar, Poivre (fig. 419).
  sans albumen : Balisier (fig. 419 bis).

Le sommet de la radicule occupe le voisinage du micropyle ; l'axe de l'embryon (radicule et tigelle) est droit le plus souvent.

Chez les Monocotylédones, le cotylédon enveloppe parfois à peu près complètement la plantule (Graminées, fig. 434).

Nature de la réserve nutritive. — Suivant la composition chimique de la principale réserve nutritive, interne ou externe à l'embryon et toujours unie à des grains d'*aleurone* abondants, on dit d'une manière générale que l'*albumen* est :

farineux ou *amylacé*, quand il contient beaucoup d'amidon (Haricot, Pois, Fève, Blé) ;

oléagineux ou *charnu*, quand il renferme des matières grasses surtout (Ricin, Pavot, Lin, Colza, etc.);

corné ou *cellulosique*, lorsque les membranes des cloisons de l'albumen se sont très épaissies (Dattier, Caféier, *Phytelephas* fournissant l'*ivoire végétal*).

Tégument. — Sa surface épidermique, lisse chez le Haricot, le Pois, le Ricin (fig. 420), etc., s'épaissit dans certains cas; les cellules épidermiques se prolongent en longs poils, uniformément répartis sur la graine (Cotonnier), localisés en certains points où ils se dressent en aigrettes (*Strophanthus*, fig. 420, Saule, etc.) et facilitent la dissémination par le vent.

Chez la Grenade, le Figuier de Barbarie, le tégument de la graine est comestible et charnu; il est ligneux dans le Raisin, papyracé dans l'Amande.

Fig. 420. — Fruits : *Strophanthus* à gauche avec aigrette ; Ricin au milieu ; Muscadier à droite, avec arilles.

On appelle *arille* toute hypertrophie du tégument ou du funicule de la graine. Chez le Ricin et l'Euphorbe, cette production avoisine le micropyle ; elle entoure la graine du Muscadier (fig. 420).

CHAPITRE III

DÉVELOPPEMENT DE L'OVAIRE EN FRUIT

Le fruit provient du développement de l'ovaire après la fécondation : Les Angiospermes seules possèdent donc un véritable fruit.

La paroi de l'ovaire devient la paroi du fruit ou *péricarpe*.

Le péricarpe est toute l'enveloppe de la graine chez la Cerise, la Pêche, l'Abricot ; il comprend toute la paroi de la gousse du Haricot, du Pois, de la Fève, etc.

Structure du péricarpe. — Cette enveloppe consiste en une couche de *parenchyme* plus ou moins épaisse avec nervures, limitée par un *épiderme externe* et *interne* (ce dernier tapisse la cavité ovarienne devenue la cavité du fruit).

Les variations de structure du péricarpe sont nombreuses et dues : soit à des productions épidermiques, soit à des modifications du parenchyme.

Modifications de l'épiderme. — A l'extérieur, l'épiderme est uni chez la Cerise, revêtu d'un enduit cireux dans le Raisin et la Prune, hérissé de poils formant un duvet serré dans l'Amande, la Pêche, l'Abricot, etc.; il forme des lames saillantes dans l'Orme (fig. 421, A), le Frêne, l'Érable (B), etc. L'épiderme interne, lisse le plus souvent, est parfois recouvert de poils qui, dans l'Orange et le Citron, se gorgent de suc nutritif et forment la partie comestible de ces fruits; l'épiderme interne est sclérifié dans la Cerise et l'Amande dont il forme la couche interne du noyau.

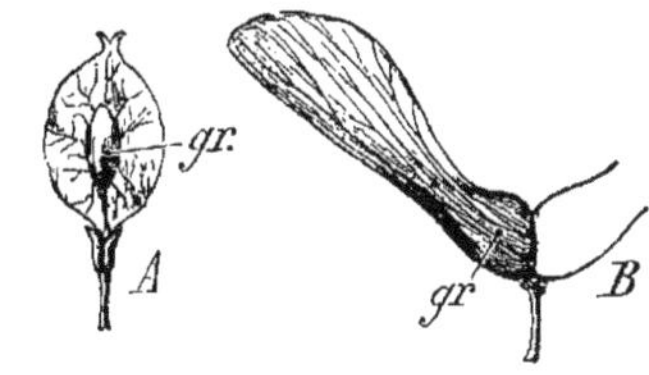

FIG. 421. — Fruits : Orme, *A ;* Érable, *B*, avec péricarpe ailé; *gr*, graine.

Modifications du parenchyme. — Fruit sec. — Fruit charnu. — Un **fruit** est dit **sec**, lorsque la lame parenchymateuse de son péricarpe est très mince, composée de *cellules mortes, vides et sèches, à membrane quelquefois épaissie à la maturité du fruit.*

On l'appelle *akène* quand

FIG. 422. — Akène de Renoncule.

il renferme une seule graine, *capsule* quand il en contient plusieurs.

FIG. 423. — Capsule de Pavot.

Fruits secs { à 1 graine : *Akène* [Renoncule (fig. 422); Blé; Maïs (fig. 434)]. { à *n* graines : *Capsule* [Pavot (fig. 423); Pivoine (fig. 425)].

Un **fruit** est **charnu** quand son parenchyme, en général bien développé, est mou en totalité ou partiellement lorsqu'il est **mûr** : c'est une *baie* si le parenchyme est entièrement mou; c'est une *drupe* quand la partie externe du parenchyme est molle (chair) et la partie interne sclérifiée (noyau).

Fruits charnus { sans noyau : *Baie* [Morelle noire, Belladone (fig. 424), Pomme { de terre (fig. 393), Troène, Raisin]. { avec noyau : *Drupe* [Cerise, Prune, Pêche, Amande, Cornouiller].

Maturation du fruit. — Les réserves nutritives qui émigrent de la plante vers le fruit sont très variées, comme nous l'avons vu au chapitre de la Nutrition. Tant que le fruit est *vert*, le parenchyme du péricarpe se remplit d'amidon (Banane), de corps gras (Olive), de tanin (Noix), d'acides végétaux (Pomme, Poire, Citron, Orange, etc.).

Amidon, tanins, acides végétaux, corps gras subissent les transformations déjà étudiées, qui aboutissent aux glucoses, fructoses et sucres divers que les chimistes ont trouvés dans les *fruits mûrs*.

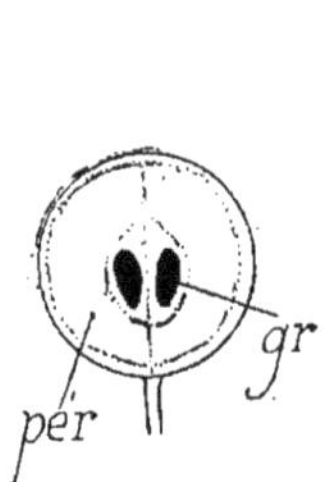

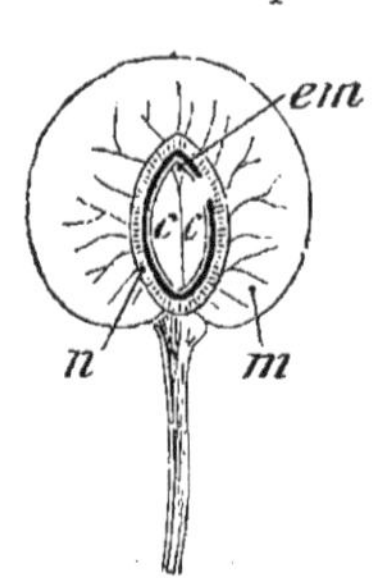

Fig. 424. — Baie (Belladone). *pér*, péricarpe charnu ; *gr*, graine.

Fig. 425. — Drupe (Cerise). *m*, parenchyme mou; *n*, noyau renfermant la graine.

Parties accessoires du fruit. — Le fruit, originaire de l'ovaire du pistil, présente parfois d'autres parties provenant des divers organes de la fleur non atrophiés :

1° Le style est persistant chez la Clématite (fig. 426, 2), forme une aigrette plumeuse chez le Pissenlit (fig. 378) et un bec crochu

Fig. 426. — Fruits : 2, Clématite avec style, *st*, plumeux ; 3, Benoîte avec style, *st*, pourvu d'un crochet.

chez le Géranium, la Benoîte (fig. 426, 3.)

2° Chez les plantes à ovaire infère, la paroi commune au périanthe et au pistil se développe pour former la paroi du fruit : Pommier (fig. 427), Poirier, Groseillier ; on voit au sommet de ces

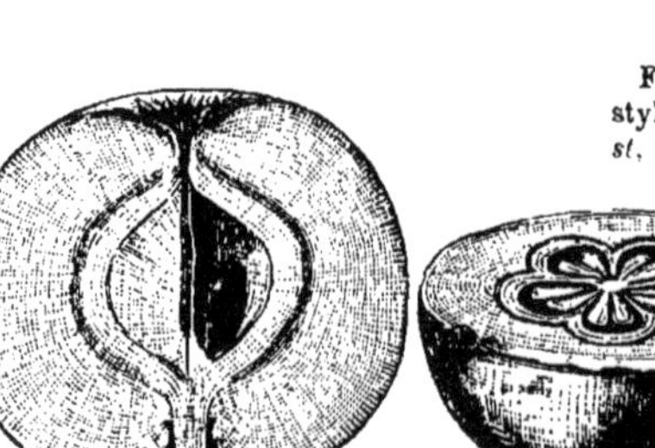

Fig. 427. — Pommier. Fleur et fruit.

fruits une couronne à dents flétries, entourant les étamines desséchées et la partie supérieure des carpelles.

3° Le calice, indépendant du fruit, l'enveloppe plus ou moins complètement chez l'Alkékenge (fig. 428) ; il concourt, ainsi que le pédicelle floral, à former la cupule du Noisetier, du Châtaignier, etc.

4° Dans le Fraisier, le pédicelle floral se renfle à son sommet et forme le *gynophore, gyn* (fig. 428), qui supporte un grand nombre d'akènes.

5° Si le réceptacle floral portait à son sommet un capitule de fleurs ayant donné un nombre égal de petits fruits, serrés les uns contre les autres, il peut arriver que ce réceptacle forme une coupe enveloppant tous ces fruits ; telle est l'origine de la Figue qui est l'un des meilleurs types de *fruits composés*. La Mûre et l'Ananas sont aussi des fruits composés. On y range également les cônes femelles de Pin, de Sapin (fig. 274), etc.

Dissémination des graines. — Déhiscence des fruits. — Un fruit est *déhiscent* lorsqu'il s'ouvre à maturité pour mettre en liberté les graines qu'il contient.

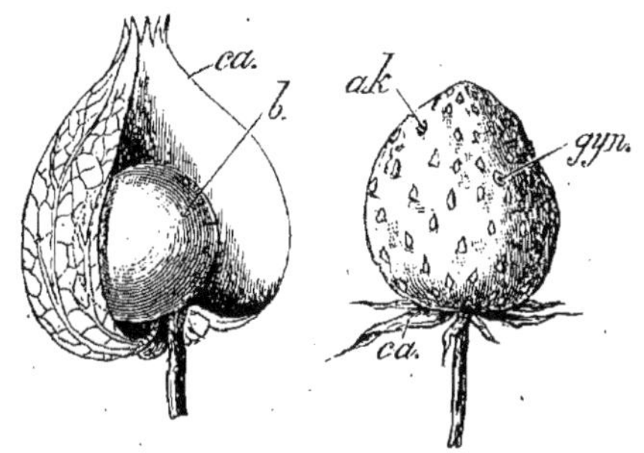

Fig. 428. — Fruits : à gauche, Alkékenge, avec le calice persistant, *ca.* à droite, Fraise, portant de nombreux akènes, *ak*, sur le gynophore, *gyn*.

La déhiscence ne s'observe guère chez les fruits charnus ; elle n'est pas nécessaire chez les fruits secs à une seule graine ; elle est générale chez les fruits secs à plusieurs graines.

La dissémination des graines chez les fruits charnus est assurée le plus souvent

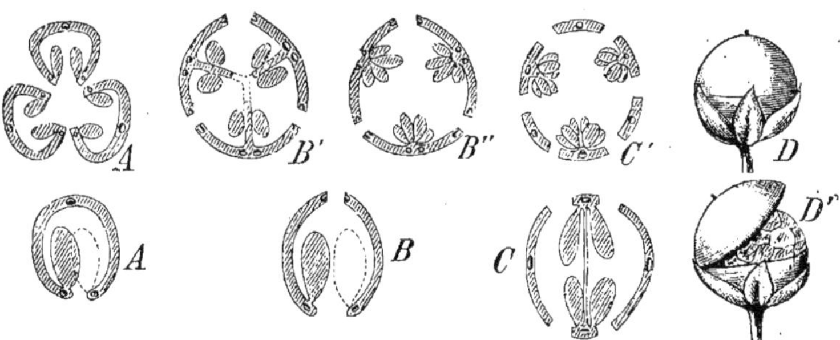

Fig. 429. — Déhiscence des fruits (Capsules).

1° *Déhiscence longitudinale* :
Déh. *septicide* de la Pivoine, A, et de l'Aconit, A' (en haut).
Déh. *loculicide* de la Tulipe B' ; de la Violette, B''.
Déh. *septicide et loculicide* de la gousse du Pois, B.
Déh. *septifrage* de l'Orchis, C' ; de la silique de Giroflée, C.

2° *Déhiscence transversale* : Pyxide du Mouron rouge, D, D'.

par les animaux, friands de leur péricarpe sucré et comestible. Les oiseaux et les insectes surtout attaquent les cerises, prunes, raisins, poires, etc., laissent tomber les noyaux et les graines que le vent emporte parfois très loin.

Chez les fruits secs contenant une seule graine, la dispersion de la graine se fait en même temps que celle du fruit. Le plus souvent l'*akène* est alors pourvu d'aigrettes plumeuses (Clématite, fig. 426, 2), (Pissenlit, fig. 378), ou s'étend en une lame mince (*samare* de l'Orme, *disamare* de l'Érable, fig. 421), dispositions qui donnent beaucoup de prise au vent ; les akènes de la Benoîte (fig. 426, 3) et de la Bardane, pourvus d'un style avec crochet, s'attachent à la toison des animaux qui concourent à leur répartition sur de grandes étendues.

Les fruits secs à plusieurs graines (capsules) s'ouvrent à maturité et leurs graines libres sont emportées par le vent.

La **déhiscence** de ces fruits s'effectue : soit par des *fentes longi-*

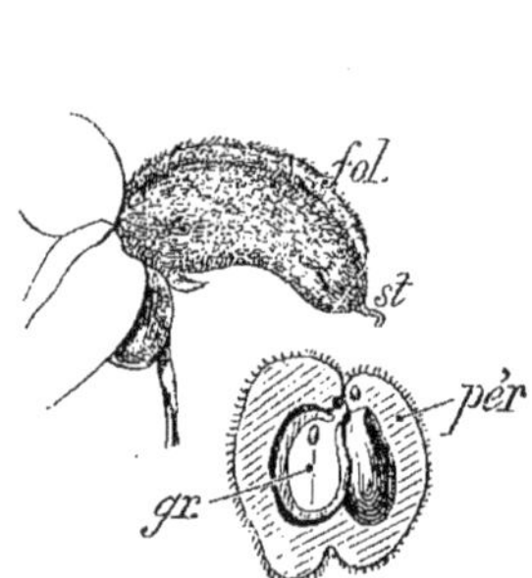

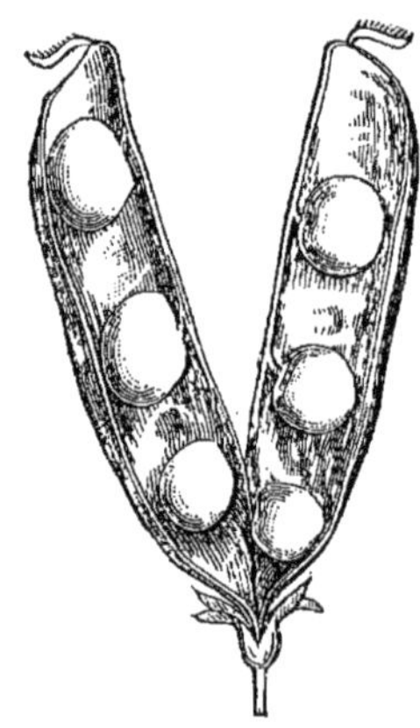

FIG. 430. — Follicule de Pivoine ; coupe de ce fruit en bas et à droite, pour montrer le mode d'insertion des graines, *gr*, sur le placenta ; *pér*, péricarpe.

FIG. 430 *bis.* — Fruit de l'Aconit composé de 3 follicules (déhiscence septicide).

FIG. 431. — Gousse du Pois (déhiscence septicide et loculicide).

tudinales (Haricot, Giroflée), soit par des *fentes transversales* (Mouron rouge), soit par des *pores* (Pavot).

A. **Déhiscence longitudinale.** — Elle s'opère de 4 manières :

1° Déhiscence suivant la ligne de soudure des bords de la feuille carpellaire (fig. 429, A, A') : *Déhiscence septicide des Follicules.*

Ovaires libres et clos : ils s'ouvrent simplement (Pivoine, fig. 429, A et 430).

Ovaires soudés et clos : ils se séparent et se comportent chacun comme un follicule (Aconit, fig. 429, A' et 430 *bis*).

2° Déhiscence suivant la nervure médiane de la feuille carpellaire (B', B'') : *Déhiscence loculicide.*

Ovaires soudés et clos : ils se séparent au dos de chaque loge (Tulipe, B').

— soudés et ouverts : ils s'étalent en valves chargées de graines (Violette, B'').

3° Déhiscence suivant les 2 modes précédents (B, C, C') : *Déhiscence septicide et loculicide des Gousses.*

Ovaires libres et clos : chacun forme 2 valves portant des graines sur un seul bord (Pois, fig. 429, B et 431).

4° Déhiscence suivant des lignes latérales voisines des bords de la feuille carpellaire (C) : *Déhiscence septifrage.*

Ovaires soudés et clos : deux fois autant de valves que de carpelles (Orchis, C' ; *Silique* des Crucifères, fig. 273, *si, si'* et 429, C).

B. **Déhiscence transversale.** — Il se produit une fente circulaire qui permet à l'ovaire de s'ouvrir comme une boîte avec un couvercle : *Pyxide* du Mouron rouge (fig. 429, D, D').

C. **Déhiscence par pores.** — L'ovaire uni- ou pluriloculaire s'ouvre soit au sommet (Pavot, fig. 423 ; Muflier), soit à la base (Campanule), en autant de trous en général qu'il y a de loges.

CLASSIFICATION DES FRUITS

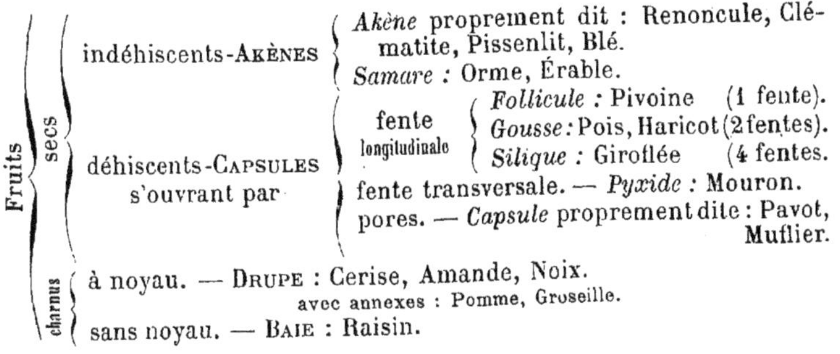

CHAPITRE IV

GERMINATION DE LA GRAINE

Toute graine est une plante en miniature, douée de *vie ralentie*, capable d'entrer en état de *vie active*, au bout d'un temps considérable parfois : ainsi des graines conservées depuis 100 ans (Haricot) et 140 ans (Seigle), placées dans des conditions convenables, ont *germé* et donné des plantes nouvelles. (Voir, à la page 4, l'expérience par laquelle a été mis en évidence l'état de vie ralentie des graines.)

Les conditions nécessaires à la germination de la graine dépendent :

Les unes, de la graine même (*conditions internes*);

Les autres, du milieu extérieur (*conditions externes*).

Conditions internes. — La graine doit être *bien conformée*, entièrement *mûre* et de *provenance assez récente*.

La maturité des réserves de la graine ne coïncide pas toujours avec celle du fruit : elle la précède chez les Légumineuses (Haricot, Pois, Fève, etc.); les Graminées (Blé, Seigle, etc.); elle la suit chez les Rosacées (Rosier, Aubépine, Pêcher).

La *faculté germinative* que possède la graine ne se conserve pas indéfiniment, parce que ses réserves nutritives s'*altèrent* à la longue; cette altération est plus rapide pour les graines oléagineuses que pour les graines amylacées ; ces dernières peuvent germer après de nombreuses années parfois.

Conditions externes. — Une graine pour germer a besoin d'*eau*, d'*oxygène* et de *chaleur* (voir page 5).

PHÉNOMÈNES MORPHOLOGIQUES DE LA GERMINATION

Les graines se divisent en *graines sans albumen* (Haricot, Pois, Fève, Lupin, Marronnier, etc.) et *graines avec albumen* (Ricin, Blé, Maïs, etc....)

I. Cas des graines avec albumen. — **1° *Germination du Ricin*.** — Une graine de Ricin comprend : le *tégument t* (fig. 418, 2), la *plantule* pourvue de deux cotylédons minces *c* et l'*albumen al* qui occupe presque tout le volume intérieur de la graine.

Soumise dans de la terre humide, à une température modérée, la graine absorbe de l'eau, surtout par le hile, se gonfle et déchire le tégument qui l'entoure ; la radicule de l'embryon s'allonge en une *racine* qui plonge verticalement dans le sol (fig. 432), et se couvre de poils absorbants (1re phase).

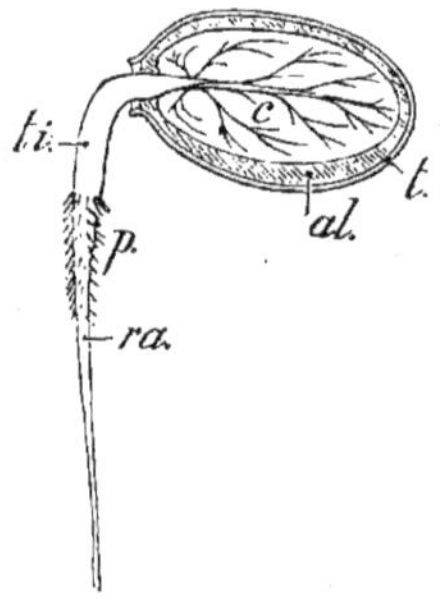

La tigelle se développe à son tour en une *tige hypocotylée* qui soulève hors de terre la graine et son contenu (cotylédons et albumen) ; des radicelles apparaissent sur la racine (2e phase).

Le tégument de la graine tombe sous la pression des cotylédons et de l'albumen gonflés ; les cotylédons, digérant peu à peu l'albumen, s'étalent en *deux grandes feuilles vertes* entières qui portent pendant quelque temps encore le reste de l'albumen non résorbé (3e phase).

Fig. 432. — Germination de la graine de Ricin. *t*, tégument de la graine. *ra*, radicule avec poils absorbants *p* ; *ti*, tigelle ; *c*, cotylédons ; *al*, albumen.

La jeune plante, abondamment nourrie par son système radiculaire, développe sa gemmule en une *tige épicotylée* couverte de feuilles lobées (4e phase).

Système radiculaire, tige hypocotylée, cotylédons, tige épicotylée : tels sont les membres successivement apparus lors de la germination de la graine (fig. 433, A).

2 *Germination du Maïs, du Blé, etc*. — Ces graines sont monocotylédones et albuminées ; leur germination s'opère comme plus haut. Toutefois le cotylédon *co*, (fig. 434, 1) enveloppant complètement la plantule, est perforé par la radicule *r* et la tigelle *ti*, lors de leur développement (fig. 434, 2,3).

De plus, la tige hypocotylée demeure courte (fig. 433, B); la graine reste enfouie dans le sol où elle germe et le cotylédon ne s'épanouit pas.

Les phases I et IV sont les seules remarquables.

II. Cas des graines sans albumen. — 3° *Germination du Lupin*. — Elle a été exposée page 268; elle comprend quatre phases comme la germination du Ricin, mais l'épanouissement des cotylédons, soulevés hors de terre, est d'assez courte durée, car ils se flétrissent et tombent de bonne heure. Chez le Haricot, fig. 433, C, la chute en est très rapide.

4° *Germination du Pois, de la Fève, etc.* — Elle est analogue

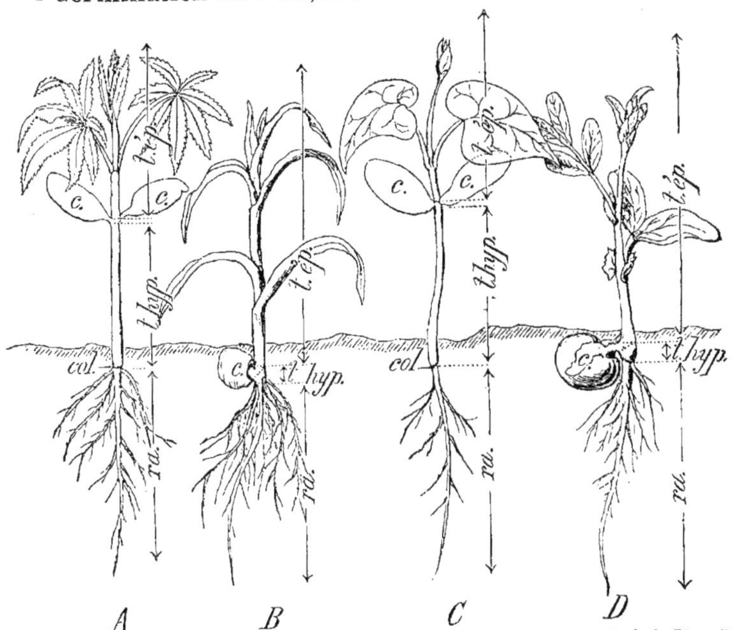

FIG. 433. — Germination comparée du Ricin, A; du Maïs, B; du Haricot, C; de la Fève, D. — 4 phases successives dans la germination du Ricin (graine avec albumen) et du Haricot (graine sans albumen) : I. développement de la racine, *ra*; II. allongement de la tige hypocotylée, *t.hyp*; III. épanouissement des cotylédons, *c*; IV. développement de la tige épicotylée, *t.ép*; 2 phases seulement (I et IV) dans la germination du Maïs (graine avec albumen et de la Fève (graine sans albumen).

à celle du Maïs et ne comprend que 3 phases (I, II, IV); et encore la phase II est très courte (fig. 433, D).

Les cotylédons sont dits *épigés* quand ils sont soulevés hors de terre par le développement de la tige hypocotylée (Ricin, Haricot, Lupin); ils sont dits *hypogés* quand ils demeurent sous le sol pendant toute la germination (Maïs, Blé, Fève).

PHÉNOMÈNES PHYSIOLOGIQUES DE LA GERMINATION

1° **Phénomènes externes.** — *La plantule issue d'une graine en germination absorbe de l'oxygène, dégage de l'acide carbonique et de la vapeur d'eau; elle perd en outre une partie de sa substance sèche.* Le Blé, après 50 jours de germination à l'obscurité a donné les résultats suivants :

	Poids total	C	H	O	Az	Subst. minérales.
Graines. ...	1^{gr}665	0^{gr}758	0^{gr}095	0^{gr}718	0^{gr}057	0^{gr}038
Plantules...	0^{gr}712	0^{gr}293	0^{gr}043	0^{gr}282	*id.*	*id.*
Pertes...	0^{gr}953	0^{gr}465	0^{gr}052	0^{gr}436	0	0

Les graines en germination dégagent de la chaleur; il suffit de comparer les températures t et t' données par deux thermomètres, dont les réservoirs plongent : l'un dans un flacon renfermant des graines germant à l'obscurité (t), l'autre dans l'air à proximité du flacon (t'). La différence t-t' peut atteindre 10 à 12° (Blé), 6 à 7° (Maïs), 17° (Trèfle), etc.

2° **Phénomènes internes.** — **Digestion des réserves.** — La digestion des réserves contenues dans l'embryon et l'albumen s'effectue à l'aide de diastases (voir page 390).

La graine possède seulement des cotylédons. — La dissolution des réserves s'effectue dans les cellules mêmes des cotylédons, elle débute au voisinage de l'axe et se continue peu à peu de *l'intérieur vers l'extérieur* du grain. Ce fait est très visible dans les cotylédons du Haricot où la marche du phénomène est indiquée par la corrosion des grains d'amidon. L'amidon est totalement résorbé dans les diverses parties de la plantule à mesure qu'elles atteignent un développement plus complet; le glucose, originaire de l'amidon dissous, est peu à peu utilisé par la jeune plante, en même temps que les substances albuminoïdes des cotylédons.

La graine possède un albumen. — L'albumen, isolé du reste de la graine, est capable de germer, surtout s'il est *oléagineux* (Ricin); il digère ses propres matériaux de réserve aux dépens desquels il s'accroît. Or, dans la germination de la graine complète du Ricin, l'albumen se comporte d'abord comme s'il était seul; il dissout et rend assimilables les matières albuminoïdes et les corps gras qu'il renferme, puis l'embryon, étroitement appliqué contre lui, absorbe ces produits tout préparés. Si l'albumen est *amylacé* ou *corné*, il ne peut digérer lui-même ses réserves; les cotylédons sécrètent les diastases propres à le dissoudre.

Durée du développement d'un végétal. — Une plante est dite improprement *annuelle*, quand elle vit pendant une seule période de végétation (Pois, Fève, Haricot, Blé, Maïs, etc...). Elle est dite *bisannuelle*, quand elle forme des réserves pendant une première année et qu'elle fleurit l'année suivante (Carotte, Betterave).

Plantes annuelles et bisannuelles sont *monocarpiques* parce qu'elles ne fleurissent et ne fructifient qu'une fois.

Une plante est dite *vivace* quand sa durée est de plus de deux

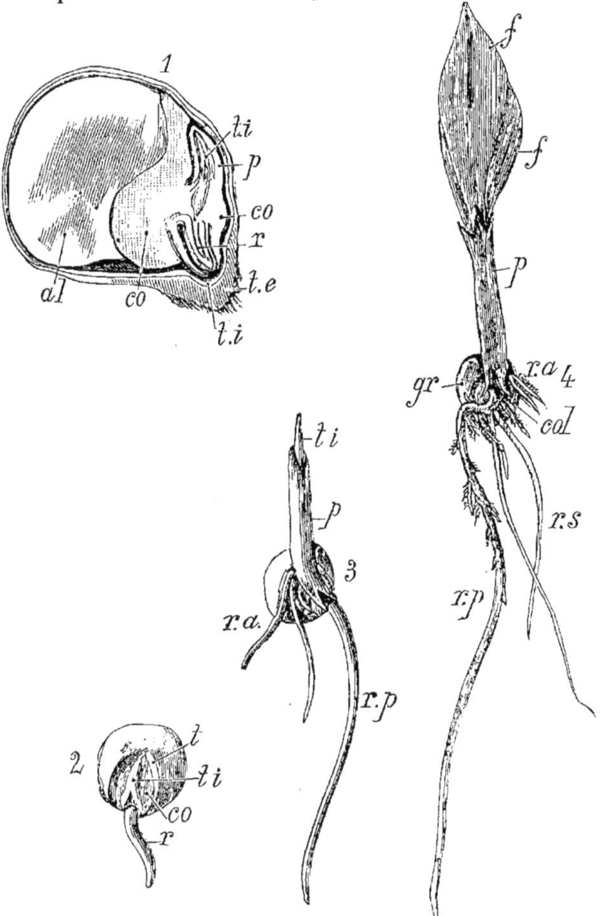

FIG. 434. — Germination du Maïs. — Fruit du Maïs vu en coupe : *t.e*, tégument du fruit; *t.i*, tégument de la graine; *r*, radicule; *ti*, tigelle surmontée de la gemmule; *co*, cotylédon; *al*, albumen. — 2, 3, 4, phases successives du développement de la jeune plante. *r.p*, racine principale; *r.s*, radicelles; *r.a*, racines adventives; *f*, feuilles.

années; elle est *polycarpique* parce qu'elle fructifie à plusieurs reprises : tels sont les arbres de nos pays. La vie de certaines plantes est limitée (Pomme de terre, Orchis, plantes à tubercules et à bulbes).

REPRODUCTION CHEZ LES PHANÉROGAMES
GYMNOSPERMES

Les **PHANÉROGAMES** *se reproduisent par* **graines** *issues de* **fleurs.**

Elles comprennent 2 classes :

1° Les *Angiospermes* dont nous avons étudié précédemment le mode de reproduction : *les feuilles carpellaires y forment des* **ovaires clos** *abritant les ovules*, puis les graines ;

2° Les **Gymnospermes** dont *les feuilles carpellaires non fermées portent* à nu *les ovules*, puis les graines (Pin, Sapin, fig. 434 *a*).

Cette particularité, présentée par les carpelles des Gymnospermes, entraîne *l'absence de stigmate* destiné à recueillir le pollen et quelques autres caractères distinctifs : *fleurs unisexuées, pollen abondant, chambre pollinique* de l'ovule, etc.

Les Gymnospermes n'ont que des fleurs unisexuées. Le Sapin, par exemple, présente certains rameaux portant au sommet des épis de *fleurs mâles, C ♂*, et d'autres soutenant des *cônes* dressés de *fleurs femelles, C ♀.*

Fleur mâle. — Une *fleur mâle* est une réunion d'écailles, *ét*$_1$, représentant les étamines dont chacune renferme 2 sacs polliniques avec de nombreux grains de pollen. A la maturité de ces derniers, les sacs polliniques s'ouvrent sur le dos de l'écaille par une fente, *ét*$_2$; le pollen se répand dans l'air à profusion (pluies de soufre des légendes).

Chaque grain, *p*, porte 2 ampoules latérales pleines d'air, creusées entre l'intine et l'exine, qui en augmentent la surface et favorisent sa dissémination par le vent. *Le grain de pollen du Sapin (fig. 434 b) est formé de 2 cellules dont les noyaux sont séparés par une cloison persistante.*

Fleur femelle. — Une *fleur femelle* est une écaille, *r*$_1$, sur le dos de laquelle sont insérés 2 ovules, *ov*. Les écailles sont disposées entre les bractées qui forment le *cône femelle* par leur ensemble, *C ♀* et fig. 434 *c*.

L'*ovule* renferme un nucelle, *nu* (fig. 434 *d*), protégé par la primine, *pr*, largement ouverte au sommet (*chambre pollinique, ch.p*).

L'ovule des Gymnospermes se développe *au début* comme celui des Angiospermes ; mais le noyau du sac embryonnaire subit de nombreuses segmentations et ce sac, *s.e*, est bientôt rempli de cellules formant l'*endosperme, end.*

Certaines de ces cellules appelées *corpuscules, c*, se distinguent des autres par leurs dimensions et leur rôle. Une première segmentation en isole une petite

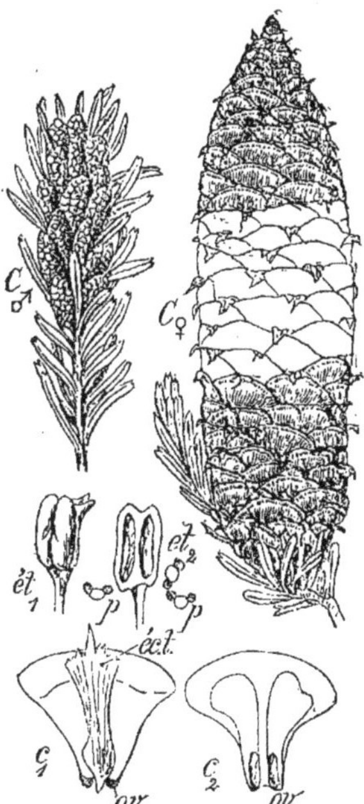

FIG. 434 *a*. — Sapin. — *C ♂*, cône de fleurs mâles ; *C ♀*, cône femelle ; *ét*, étamine fermée ; *ét₂*, étamine ouverte mettant en liberté les grains de pollen, *p*. — *c₁, c₂*, carpelles montrant les deux ovules, *ov*, et l'écaille tectrice, *éc.t.*

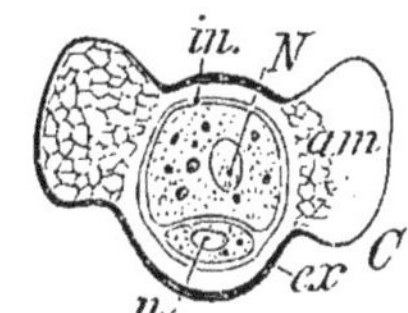

FIG. 434 *b*. — Grain de pollen du Sapin.

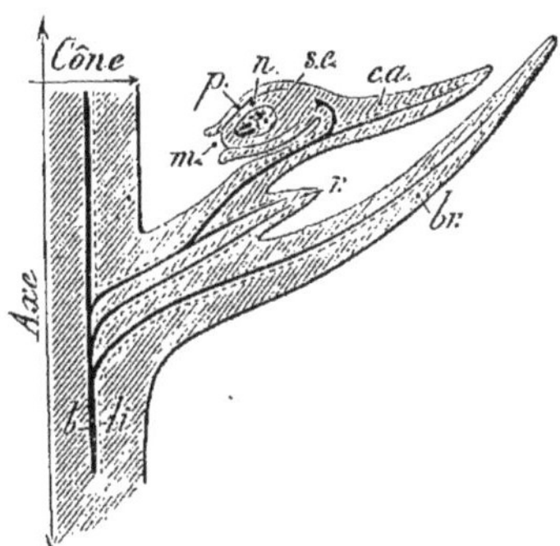

FIG. 434 *c*. — Position de l'ovule nu sur le carpelle, *ca*. — *br*, bractée portée par le *Cône* femelle : *r*, rameau atrophié portant le carpelle sur le dos duquel est placé l'ovule (*n*, nucelle ; *p*, primine ; *m*. micropyle).

cellule supérieure qui se divise en 4 et forme la *rosette, ro* ; la grande cellule inférieure se partage elle-même en une petite *cellule de canal, c.c* (qui s'engage entre les cellules de la rosette) et l'*oosphère, oo*.

Fécondation.— Le pollen abondant des cônes mâles, transporté par le vent sur les cônes femelles, s'engage entre leurs écailles ; quelques grains parviennent jusqu'à la chambre pollinique d'un ovule et germent sur le nucelle (fig. 434 *d*); le tube pollinique, *t.p*, désorganise le nucelle, le sac embryonnaire, et s'accole à la rosette que la cellule de canal dissocie; il parvient ainsi jusqu'à l'oosphère qu'il féconde.

Des recherches récentes ont montré que le phénomène intime de la fécondation chez les Gymnospermes est identique à celui des Angiospermes (fig. 415). Il existe dans le tube pollinique (fig. 434 *e*) un *noyau végétatif*, N, qui disparaît, et un *noyau générateur*, n, qui se divise en deux autres, n_1 et n_2. Ces deux noyaux, n_1 et n_2, constituent, avec le protoplasme de la cellule génératrice, deux anthérozoïdes, an_1 et an_2, particulièrement nets dans le *Zamia* (fig. 434 *e*), le *Cycas* et le *Ginkgo*.

Développement. — La *polyembryonie* est presque générale

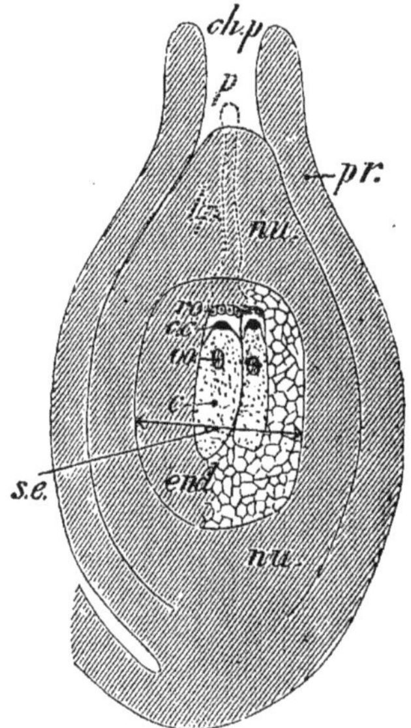

FIG. 434 *d*. — **Ovule de Gymnosperme.** — *pr*, primine; *ch.p*, chambre pollinique; *nu*, nucelle renfermant le sac embryonnaire, *s.e*, rempli de l'endosperme, *end*. — *c*, corpuscule [*ro*, rosette; *c.c*, cellule de canal; *oo*, oosphère]. On a figuré en pointillé un grain de pollen, *p*, qui, germant au détriment du nucelle, allonge son tube pollinique, *t.p*, jusqu'à la rosette, *ro*.

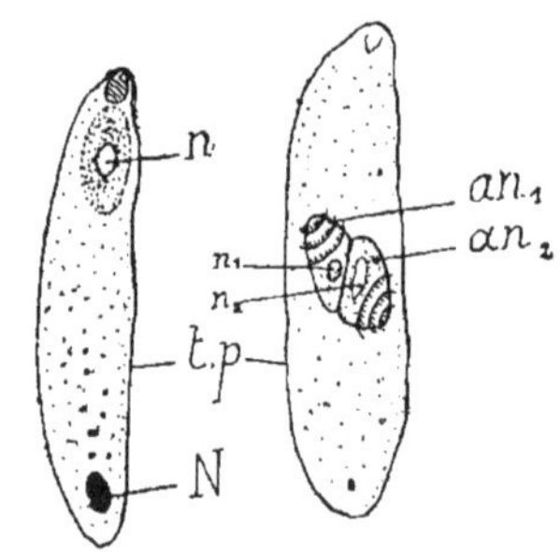

FIG. 434 *e*. — Tube pollinique de *Zamia*. — *N*, noyau végétatif; *n*, *noyau générateur*; *an_1* et *an_2*, les deux anthérozoïdes.

chez les Gymnospermes : dans chaque ovule fécondé se développent plusieurs embryons. Le fait est dû à ce que :

1° dans un même nucelle se trouvent plusieurs corpuscules fécondés ;

2° d'un même œuf peuvent naître plusieurs embryons par divisions ultérieures.

Toutefois nombre d'embryons s'arrêtent au cours de leur développement, l'un d'eux prédominant digère successivement tous les autres, puis une partie de l'endosperme. La partie non résorbée de l'endosperme, contenue dans la graine mûre, est comparable à l'albumen des Angiospermes.

Graine. — La graine renferme un embryon avec plusieurs cotylédons (6 à 10 çhez le Pin, fig. 434*f*, 3, 3′ et 4).

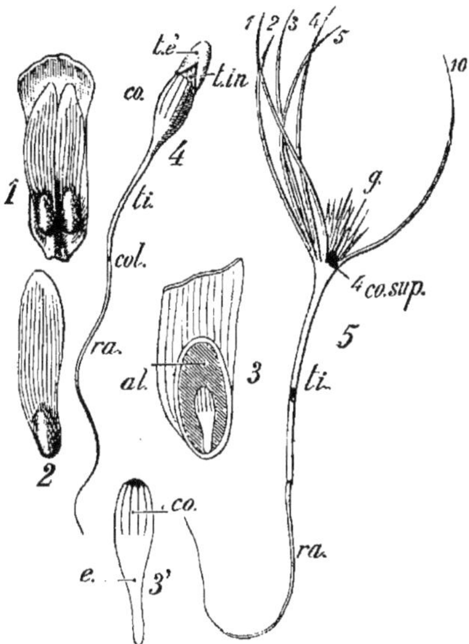

Fig. 434 *f*. — Fruit, graine et germination du Pin. 1, Écaille du cône femelle portant 2 graines. — 2, graine isolée. — 3, coupe de la graine montrant la plantule entourée de l'albumen, *al.* — 3′, plantule isolée. — 4, 5, germination de la graine : *ra*, radicule ; *ti*, tigelle ; *co*, cotylédons au nombre de 10 ; *g*, gemmule.

La reproduction des Gymnospermes diffère de celle des Angiospermes en ce que le **noyau de l'albumen** *se segmente chez les Gymnospermes et engendre l'endosperme* **avant** *la fécondation de l'oosphère et la formation de l'œuf ; chez les Angiospermes, la segmentation de ce même noyau est* **postérieure** *à la formation de l'œuf*

REPRODUCTION CHEZ LES CRYPTOGAMES

Les Phanérogames se reproduisent par *graines* issues de fleurs ; les Cryptogames ne portent jamais de fleurs et se reproduisent par des *œufs* et des *spores*.

§ 1 — CRYPTOGAMES VASCULAIRES

1° FOUGÈRES.

La surface dorsale des feuilles ordinaires, *f* (fig. 272, 1) porte chez les Fougères les amas, *s*, de *sporanges*, *spo*, groupés sous des expansions de formes diverses appelées *indusies*, *in* (fig. 436). L'ensemble des sporanges abrités sous le même toit est un *sore*.

Sporange. Spore. — Un *sporange* est un poil (1) qui se segmente peu à peu (2) en formant un revêtement pariétal et une grosse cellule tétraédrique centrale. Cette dernière se cloisonne suivant ses quatre faces (3) et engendre les cellules-mères des spores. Parmi les cellules qui composent la paroi du sporange, spo_1 (fig. 359, 2), il en est une série annulaire qui s'épaissit en fer à cheval du côté interne ; toutes les autres conservent une membrane mince.

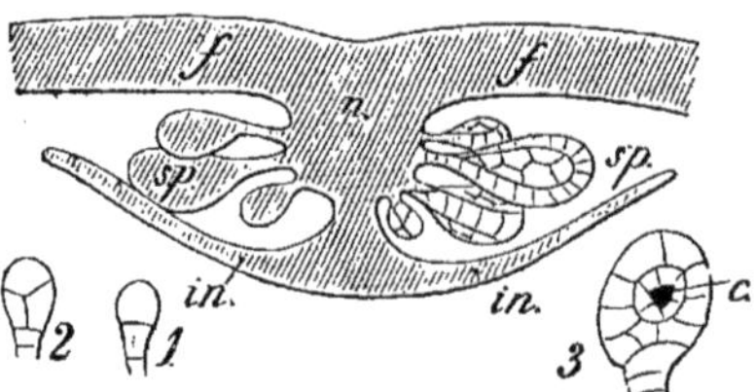

Fig. 435. — Section transversale d'une fronde (lobe de feuille) de Fougère, passant par un amas de sporanges (*sore*). *in*, indusie ; *sp*, sporanges. 1, 2, 3, premières phases du développement d'un sporange ; *c*, cellule-mère des spores.

Quand le sporage est mûr, spo_2, il se dessèche et se fend comme le fait l'anthère (page 418), et pour une raison identique.

Les spores, *sp*, tombent sur le sol où le vent les a dispersées.

Une spore est une cellule riche en protoplasme et en réserves nutritives, pourvue de deux membranes : l'une externe épaisse, l'autre interne et mince. La spore peut traverser, en état de vie ralentie, une période assez longue Quand le sol sur lequel elle tombe est humide, elle y *germe* en déchirant sa membrane externe cutinisée et donne naissance au *prothalle*, *pr* (fig. 272, 4).

Prothalle : **Production sexuée.** — *Anthéridie.* — *Archégone.* — Le prothalle est une lame verte, en forme de cœur, atteignant au plus 1 centimètre carré ; la plupart de ses cellules sont riches en chlorophylle ; nombre de cellules de la face inférieure se prolongent en poils qui absorbent les sels nutritifs du sol. Bientôt apparaissent, *sur cette même face inférieure*, deux sortes d'organes reproducteurs : les *anthéridies*, A (fig. 436), organes mâles ; les *archégones*, *Ar*, organes femelles.

Une *anthéridie* est un poil dont l'extrémité renflée a subi des cloisonnements tels qu'on y trouve une paroi latérale formée d'un seul plan de cellules, une cellule terminale formant couvercle et une cellule centrale. Cette dernière se segmente en un grand nombre de petites cellules, *an*, dont chacune est l'origine d'un *anthérozoïde*.

L'anthéridie mûre absorbe de l'eau, se gonfle et perd son couvercle ; la paroi des cellules-mères, *an*, devenues libres se dissout dans l'eau, et les anthérozoïdes, *an'*, nagent à l'aide de leurs cils vibratiles dans l'eau qui baigne le prothalle.

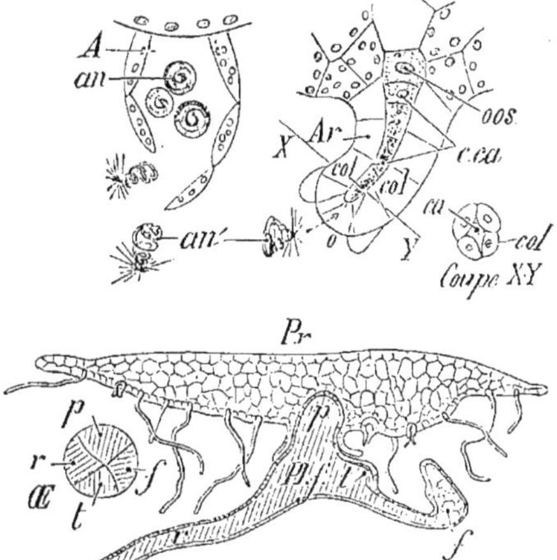

Fig. 436. — Organes reproducteurs sexués d'une Fougère. — A, anthéridie dont la cellule-couvercle, soulevée, a laissé échapper des anthérozoïdes, *an'*. — *Ar*, archégone formé par les cellules du col, *col*, entre lesquelles est engagée la cellule de canal, *c.ca*. (La coupe XY, à droite, montre cette disposition.) *oos*, oosphère. Un anthérozoïde *an'*, voisin du col de l'archégone au moment de sa déhiscence, pénètre suivant la flèche par l'ouverture *o*, au milieu de la gelée qui surmonte l'oosphère. — Œ, œuf résultant de la fusion de *an'* et de *oos*. Il se divise en 4 parties d'où proviennent : la 1re racine *r*, la 1re tige *t*, la 1re feuille *f* et le pied *p* (qui absorbe une partie de la substance du prothalle *Pr* pour l'édification de la plante feuillée *Pl.f*).

L'origine d'un *archégone*, *Ar*, est identique à celle de l'anthéridie : des 2 cellules terminales engendrées par des cloisons transversales dans le poil proéminent à l'extérieur, la cellule profonde donne le centre de l'archégone (*oosphère*, *oos*, et *cellule de canal*, *c.ca*, fig. 436). La cellule de canal s'engage entre les cellules du col, *col*, qu'elle dissocie ; elle gélifie sa membrane, absorbe de l'eau et fait éclater l'archégone mûr à son sommet, *o*; un bouchon mucilagineux apparaît en *o*.

Formation de l'œuf.—L'un des anthérozoïdes, *an'*, qui nagent sous le prothalle, retenu par le mucilage coiffant l'archégone, s'engage dans le col jusqu'à l'oosphère, *oos*, qu'il féconde et transforme en *Œuf*. Une membrane de cellulose entoure aussitôt l'œuf

Développement de l'œuf. **Plante feuillée asexuée.** — L'œuf $Œ$, porté par le prothalle, se partage par deux cloisons perpendiculaires en 4 cellules : *p*, origine du pied ; *r*, origine de la racine ; *t*, formant la tige ; *f*, produisant la première feuille, par des cloisonnements ultérieurs. Le pied, *p*, se développe sur le prothalle, *Pr*, auquel il emprunte la matière nutritive propre au développement de la jeune plante, *Pl.f.* Au bout de peu de temps, le prothalle peu à peu flétri laisse voir les premiers éléments de la plante feuillée pourvue de racines, *ra*, d'une tige, *ti* et de feuilles, *f* (fig. 272).

Spore ⟹ Prothalle sexué { Anthéridie-anthérozoïde / Archégone-oosphère. . } Œuf ⟹ Plante feuillée asexuée. ⟹ Sporange ⟹ Spore :

telle est la succession des formes qui caractérisent le développement des Fougères.

2° AUTRES CRYPTOGAMES VASCULAIRES.

Chez les *Fougères*, toutes les spores issues d'une même plante

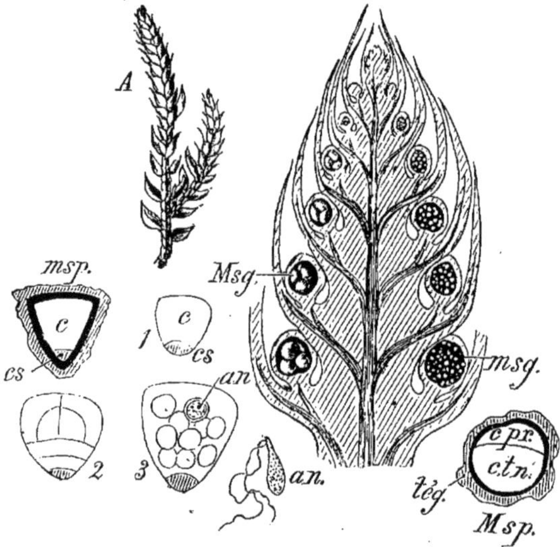

Fig. 437. — Organes reproducteurs de la Sélaginelle. — A, extrémité d'un rameau sporangifère vu en coupe longitudinale à droite. *msg*, microsporange ; *Msg*, macrosporange. — *msp*; 1, 2, 3, microspore contenant une cellule stérile, *cs*, et une cellule fertile, *c* (cellule mère d'anthérozoïdes, *an*). *Msp*, macrospore renfermant, dans le tégument *tég*, deux cellules : *c.tn*, qui donnera le tissu nutritif ; *c.pr*, qui engendrera le prothalle.

feuillée sont semblables et donnent des prothalles identiques, portant des anthéridies et des archégones.

Les *Équisétacées* (Prêles) et les *Lycopodinées isosporées* (*Lycopo-*

diacées) produisent, au sommet de certains rameaux, des sporanges avec spores toutes semblables ; mais certaines de ces spores donnent en germant de petits *prothalles mâles* (avec anthéridies exclusivement) et des *prothalles femelles* plus grands (avec archégones).

Les *Lycopodinées hétérosporées* (*Isoètes, Sélaginelles* et *Lépidodendrées*) possèdent des spores de deux sortes.

Soit la Sélaginelle : au sommet des rameaux sporangifères, les épis A (fig. 437) contiennent, dans l'aisselle des feuilles, des *microsporanges, msg,* avec de nombreuses microspores et des *macrosporanges, Msg,* pourvus de 4 *macrospores*.

Une *microspore, msp,* a la forme tétraédrique et se cloisonne de bonne heure en isolant une cellule, *c.s,* dite *cellule stérile,* qui joue le rôle de *prothalle mâle,* tandis que l'autre cellule, *c,* est l'*anthéridie* qui donne, par segmentation, un certain nombre d'anthérozoïdes, *an* (1, 2, 3).

Une *macrospore, Msp,* subit également un premier cloisonnement qui divise la cellule primordiale en deux cellules : l'une, *c.t.n,* produira un tissu nutritif pour les embryons issus de l'autre cellule, *c.pr;* cette dernière donne en effet, par segmentation, le *prothalle*

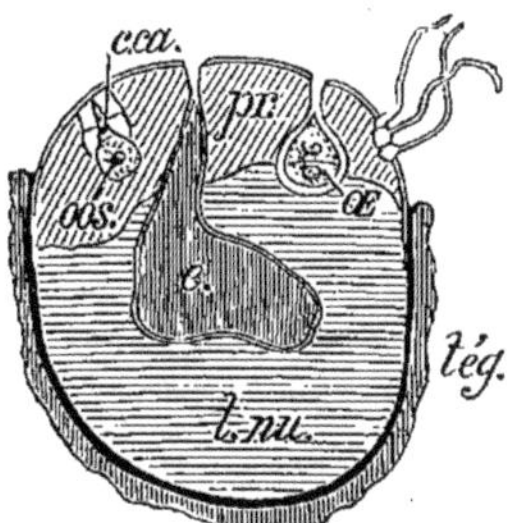

FIG. 438. — Macrospore de Sélaginelle très avancée, portant le tissu nutritif, *t.nu,* et le prothalle, *pr.* Ce dernier renferme : à gauche, un archégone non fécondé ; à droite, un œuf, *Œ,* déjà segmenté en 2 ; au milieu, un embryon, *e,* provenant du développement de l'œuf.

femelle, pr (fig. 438), dans lequel on remarque ici trois archégones à divers états de développement : 1°, *oos* est l'oosphère surmonté de la cellule de canal, *c.ca,* dans un archégone non ouvert ; 2°, en *Œ* est l'œuf déjà divisé en deux, formé par la fécondation de l'oosphère ; 3°, *e* est l'embryon qui, provenant de la segmentation de l'œuf, se développe aux dépens du tissu nutritif, *t.nu,* et du prothalle, *pr,* de la macrospore.

Un fait important découle de ces observations : *l'extrême réduction des prothalles mâle et femelle à mesure qu'on passe, des Fougères, par les Équisétacées et les Lycopodinées isosporées, aux Lycopodinées hétérosporées.*

La succession des formes qui caractérisent les Cryptogames vasculaires hétérosporées est :

Microspore.	{ Prothalle mâle. { Anthéridie ⇒ anthérozoïde.	} Œuf. ⇒ Plante feuillée. {	Microsporange. ⇒ Microspore.	
Macrospore.	{ Archégone ⇒ oosphère. . . { Prothalle femelle.		Macrosporange. ⇒ Macrospore.	

Passage des Cryptogames vasculaires aux Gymnospermes et aux Angiospermes. — Il nous suffit de remarquer que :

1° *La microspore est le grain de pollen avec une ou deux cellules stériles* (isolées chez les Gymnospermes) *jouant le rôle de prothalle mâle excessivement réduit, tandis que la grande cellule émet le tube pollinique*, guide du noyau mâle, $n\,\sigma$, qui est dépourvu de cils et destiné à féconder l'oosphère.

2° *La macrospore est le sac embryonnaire des Gymnospermes avec un prothalle femelle* (endosperme) *et des archégones représentés par les corpuscules :* oosphère et cellule du canal s'y trouvent, en effet, surmontées de la rosette, qui correspond aux cellules du col de l'archégone chez les Cryptogames vasculaires.

Chez les Angiospermes, la différence est un peu plus accentuée à ce point de vue : le prothalle femelle est représenté seulement par les synergides, le noyau secondaire de l'albumen et les antipodes (voir la figure 411).

Chez les **Phanérogames**, l'émission des tubes polliniques et la complication de l'appareil reproducteur appelé *fleur* sont le résultat d'une adaptation : la fixité de la macrospore (sac embryonnaire) et l'impossibilité pour le pollen de se mouvoir dans l'air à l'aide de cils vibratiles (comme les anthérozoïdes se déplacent dans l'eau) ont provoqué : 1° l'apparition d'une chambre pollinique (Gymnospermes), d'un ovaire avec un style et un *stigmate* (Angiospermes); 2° l'émission d'un tube pollinique par le grain de pollen.

La conséquence de ce fait est la formation de graines, renfermées ou non dans un *fruit*.

§ 2. — MUSCINÉES

1° MOUSSES.

Spore. — Protonéma. — Ces végétaux présentent, au sommet de leur tige (fig. 271, *D*), ou inséré sur le côté *E*, un pédicelle terminé par une urne, *ca*, contenant des spores. Une spore, *sp*, F, tombant sur le sol humide, y germe en un filament ramifié appelé *protonéma :* sorte d'Algue filamenteuse pourvue de rhizoïdes bruns qui plongent dans le sol, *r*, et de rameaux aériens riches en chlorophylle, *c*.

Plante feuillée sexuée. — *Anthéridie.* — *Archégone.* — Sur le protonéma se développent des *bourgeons*, *b*, qui deviennent autant de tiges feuillées, rendues indépendantes par la destruction rapide du protonéma.

Soit la Funaire hygrométrique : on y trouve, au début du printemps, des tiges terminées par des cupules entourées de feuilles et contenant : les unes des *anthéridies*, *An* (fig. 439, I); les autres des *archégones*, *Ar* (II).

Une *anthéridie* est un poil qui a subi des cloisonnements successifs (1, 2, 3, 4, 5, 6); c'est une sorte de massue, *An*, avec une paroi externe mince formée de cellules très vertes, et un parenchyme central dont les nombreuses petites cellules engendrent

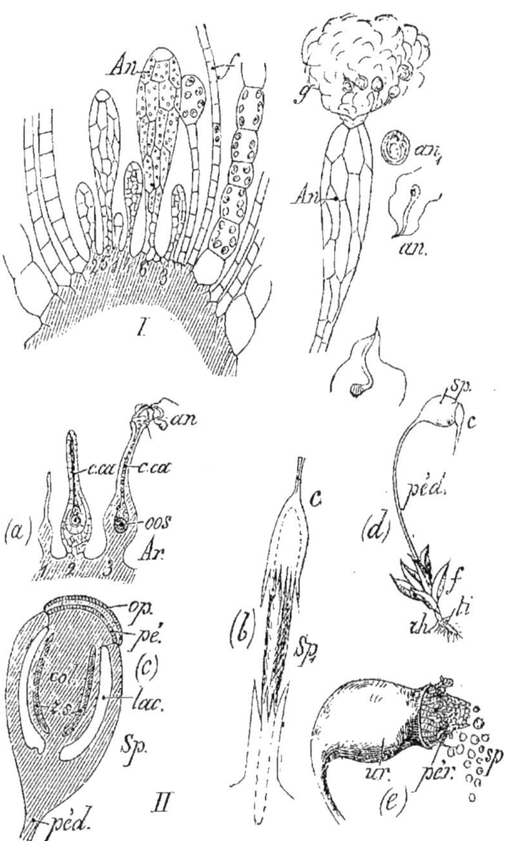

Fig. 439. — Organes reproducteurs d'une Mousse (*Funaria hygrometrica*). — I, sommet d'une tige portant des anthéridies, *An*, à divers états de développement, 1, 2,... 6. A droite, anthéridie mûre, ouverte à son sommet, laissant échapper les anthérozoïdes, *an₁*, *an*. — II; (a) *Ar*, 1, 2, 3, archégones à divers états ; *oos*, oosphère ; *c.ca*, cellule de canal ; l'archégone 3 reçoit l'anthérozoïde, *an*, qui va féconder l'oosphère, *oos*. — (b), développement de l'œuf en un appareil sporifère, *Sp₁*, surmonté de la coiffe, *c*. — (c), section du sporogone, *Sp* ; *col*, columelle ; *z.s*, zone sporifère ; *lac*, lacune ; *op*, opercule ; *pé*, péristome. — (d), une tige feuillée surmontée du sporogone (*péd*, pédicelle ; *sp*, sporange). — (e), le sporange, dont l'opercule est tombé, laisse échapper les spores, *sp*, entre les dents du péristome, *pér*.

chacune un anthérozoïde et gélifient leur membrane. Quand l'anthéridie est mûre, la moindre goutte de rosée ou de pluie, déposée dans la rosette terminale, fait gonfler le mucilage interne ; la massue éclate au sommet et son contenu, projeté au dehors, abandonne dans l'eau les *anthérozoïdes*, an_1, *an*, pourvus de deux cils qui en permettent le déplacement.

Un *archégone*, *Ar*, (1, 2, 3, II), également originaire d'un poil, a la forme d'une bouteille présentant un ventre et un col ; dans le ventre sont logées l'oosphère, *oos*, et la cellule du canal, *c.ca*, qui, divisée en plusieurs cellules superposées, s'engage entre les cellules du col.

La déhiscence de l'archégone et la fécondation de l'oosphère par l'un des anthérozoïdes mobiles dans l'eau se produisent comme pour les Fougères ; l'*œuf* est formé et tous les autres archégones d'une même rosette se flétrissent.

Développement de l'œuf. — **Sporogone asexué.** — L'œuf engendre, par une série de cloisonnements, un massif cellulaire allongé, *Sp* [II (*b*)], dont la base se nourrit aux dépens de la tige qui le supporte ; la partie supérieure entraîne avec elle la paroi de l'archégone qui, ne pouvant croître assez vite, se déchire transversalement : le sommet du massif est ainsi couvert d'une *coiffe*, *c*. Sous cette coiffe s'organise le *sporogone* comprenant le *pédicelle* grêle, *péd*, et la *capsule* ou sporange, *Sp* [II (*c*)].

Le sporange est formé, au début, d'un parenchyme homogène qui se différencie bientôt en un épiderme fortement cutisiné, une *lacune aérifère, lac*, une *zone sporifère*,'*z.s*, et une *columelle* centrale *col* : chaque cellule de la zone, *z.s*, se divise en 4 spores bientôt indépendantes les unes des autres. En même temps s'est organisé, au-dessus de l'*urne* (base de la capsule), un opercule, *op*, qui se détache à la maturité et laisse voir une collerette de dents appelée *péristome.* Par l'ouverture du péristome, *per* [II (*c*)], sortent les spores, *sp*, qui germeront tôt ou tard.

2° HÉPATIQUES.

2° **Hépatiques.** — Le mode de reproduction des Hépatiques est identique à celui des Mousses. Le sporogone reste plus longtemps inclus dans le ventre de l'archégone dilaté ; son pédicelle, toujours court, n'apparaît qu'au moment de la dissémination des spores (fig. 271, A et B).

Comparaison des Muscinées avec les Cryptogames vasculaires. — La succession des formes chez les Muscinées est la suivante :

Spore. →→ Protonéma. →→ *Plante feuillée sexuée* (anthéridie-anthérozoïde / archégone-oosphère...) Œuf (*Sporogone asexué* →→ Spore.

Bien que paraissant fort analogues à celles des Cryptogames vasculaires, les formes reproductrices des Muscinées en diffèrent par le déplacement de la sexualité de la plante feuillée dans le cycle des transformations ; *l'œuf est produit par la plante feuillée chez les Muscinées, tandis qu'il engendre la plante feuillée chez les Cryptogames vasculaires.*

Cette différence rend impossible toute transition des Muscinées aux Cryptogames vasculaires, alors que cette transition est naturelle des Cryptogames vasculaires aux Phanérogames.

§ 5. — THALLOPHYTES

Les Thallophytes comprennent les Algues et les Champignons, plus les Lichens qui proviennent de l'association d'une Algue (chlorophyllienne) et d'un Champignon (dépourvu de chlorophylle).

Nous avons étudié dans un chapitre précédent (page 297 et suivantes) quelques-unes des formes de Thallophytes qui, par différenciation progressive, nous ont conduits d'un végétal unicellulaire (Bactérie, Levure de bière, etc.) à une plante pluricellulaire d'organisation déjà complexe, où les appareils nutritif et reproducteur sont nettement distincts.

A ce propos, nous avons remarqué : 1° que certains Champignons (Levure de bière, Agaric) se multiplient exclusivement par des *spores*, de même que certaines Algues (Bactéries, etc.) ;

2° que certaines Algues (*Mesocarpus*, Spirogyre) se multiplient exclusivement par des œufs ;

3° qu'un grand nombre de Thallophytes (*Mucor*, etc., parmi les Champignons ; *Botrydium*, etc., parmi les Algues) se multiplient par des spores ou par des œufs, suivant que le milieu extérieur est favorable ou non à la végétation.

Deux nouveaux exemples pris, l'un parmi les Champignons, l'autre parmi les Algues, vont nous permettre de faire un rapprochement instructif entre les Thallophytes et les plantes supérieures.

Multiplication du Cystopus candidus. — Spore. — Œuf. — Ce Champignon forme une poussière blanche sur les tissus du Chou et d'autres Crucifères (tige, feuilles, etc.).

Une spore *sp* (fig. 440, 1), déposée sur une feuille, par exemple, s'y allonge en un filament qui, passant par un stomate, *st*, pénètre dans les lacunes de la feuille. Le filament, *f,f* (11), se nourrissant à l'aide de suçoirs, *ss*, aux dépens des cellules du parenchyme, *a*, émet de nombreuses ramifications qui envahissent tout le tissu.

Les conditions sont-elles favorables à sa nutrition, le mycélium s'accroît et émet hors de son hôte un appareil sporifère composé de rameaux, *r.sp'*. Chacun de ces rameaux porte un chapelet de spores dont la plus âgée est la plus extérieure ; les spores se détachent une à une et germent ; mais, chez le *Cystopus candidus*, au lieu de donner directement un filament, la spore, *sp′* (1), devient un *sporange*, c'est-à-dire que son contenu se divise en petites portions (2), qui à maturité (3) forment autant de *zoospores, sp* (4). Celles-ci, mobiles à l'aide de deux cils vibratiles dans les gouttelettes d'eau que porte la feuille le matin, par exemple, nagent dans cette eau, puis se fixent sur la cuticule, perdent leurs cils et germent comme la spore, *sp* (I et II).

A l'automne, on voit certains filaments mycéliens renflés et accolés par leurs extrémités : l'un, plus gros, *oos* (II), s'appelle *oogone* (organe femelle), l'autre, *an*, est un *pollinide* (organe mâle); leur contenu est isolé du protoplasme du filament par des cloi-

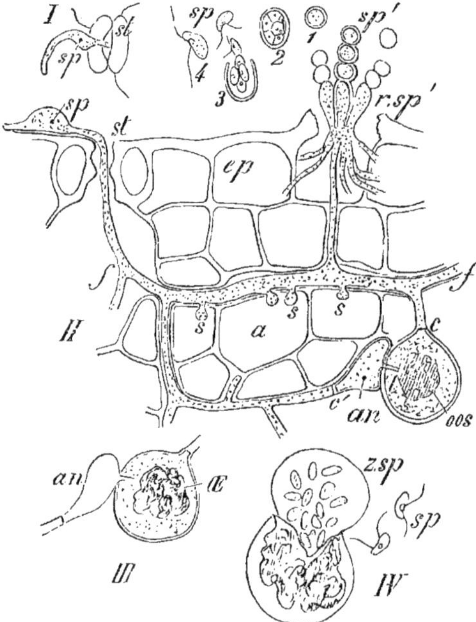

Fig. 440. — Mode de reproduction du *Cystopus candidus* (Champignon). — I. *sp*, spore germant sur une feuille de Chou et poussant un filament par un stomate *st*. — II, le filament mycélien *f* se ramifie dans le parenchyme du Chou, émet des suçoirs *s*; nombre de filaments forment, sur la feuille déchirée, un appareil sporifère *r.sp′* dont les spores *sp′* détachées (1) donnent des sporanges (2) qui émettent des *zoospores* (3, 4). Certains filaments se renflent en dedans du parenchyme du Chou, forment un *oogone* et un *pollinide an*; dans l'oogone, une partie du protoplasme s'isole en une oosphère *oos* que féconde le pollinide, à l'aide du tube *t*. — III, Œ, œuf formé. — IV. Un zoosporange *z.sp* sort de l'œuf au printemps et met en liberté des *zoospores sp*.

sons, *c,c′*. Dans l'oogone, une partie du protoplasme s'est isolée en une *oosphère*. Le pollinide est ainsi appelé, parce qu'il pousse un tube fin, *t*, qui, perçant la membrane de l'oogone, s'ouvre à son sommet et permet la fusion des protoplasmes de l'oosphère et du pollinide.

Un *œuf* ainsi formé, *OE* (III), est pourvu de deux membranes (*endospore* mince et *exospore* cutinisée); il peut subir les rigueurs de l'hiver. Au printemps suivant, l'œuf se gonfle par l'eau, l'exospore se déchire, *un zoosporange, z.sp* (IV), *est mis en liberté* qui, à son tour, produit de nombreuses zoospores, *sp*.

L'œuf du Cystopus produit un zoosporange qui donne des spores; il y a donc *alternance de génération,* comme chez les Muscinées et les Cryptogames vasculaires, mais *sans régularité.*

Multiplication des Algues Floridées. — Le *Lejolisia* porte certains rameaux courts qui se renflent en une cellule terminale appelée *tétrasporange, tt* (fig. 441, B). Le tétrasporange mûr donne 4 spores, *sp.*

D'autres rameaux se terminent différemment : les uns forment l'appareil femelle; les autres l'appareil mâle.

Chez le *Nemalion* (A), au sommet d'un rameau apparaissent de

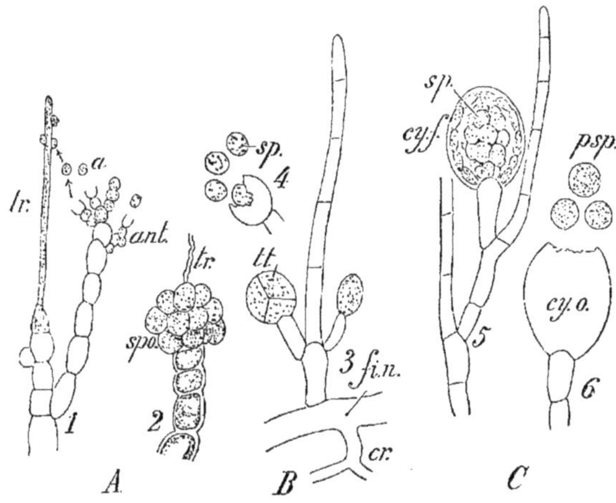

Fig. 441. — Mode de reproduction de certaines Algues Floridées. — A, *Nemalion :* 1, *ant,* pollinides flottant dans l'eau et retenus par le *trichogyne, tr,* d'un oogone; ils le fécondent et forment l'œuf qui, en 2, se développe en bourgeons producteurs de protospores, *spo.* — B. *Lejolisia; fi.n,* filament nutritif avec crampons, *cr,* et tétrasporange, *tt,* émettant 4 spores (*sp,* 4). — C, Les protospores *p.sp* de *Lejolisia* sont renfermées dans un cystocarpe fermé ou *cy.f* (5), ouvert en *cy.o* (6).

petites cellules donnant chacune un *pollinide, a,* c'est-à-dire un anthérozoïde sans cils vibratiles.

L'oogone, qui termine un autre rameau, développe un long *trichogyne, tr,* appendice grêle dont le rôle est de retenir les pollinides flottant dans l'eau. De la fusion des protoplasmes du pollinide et du trichogyne résulte un *œuf* qui se développe *sur la plante-mère* (comme chez les Muscinées), émet des bourgeons multiples, *spo,* producteurs de *protospores.*

L'ensemble des bourgeons est un sporogone; le sporogone, *nu* chez le *Nemalion,* est *enveloppé chez le Lejolisia d'un tégument* ou *cystocarpe, cy* (5 et 6, fig. 441, C).

Les *protospores, psp*, donnent par germination un thalle provisoire (véritable protonéma) duquel émanent ensuite des thalles définitifs, rendus indépendants par la destruction du premier.

L'analogie est donc complète entre le mode de reproduction des Algues Floridées et celui des Muscinées. La seule différence consiste en ce que l'alternance des spores et des œufs est irrégulière chez les Algues et nécessaire chez les Muscinées.

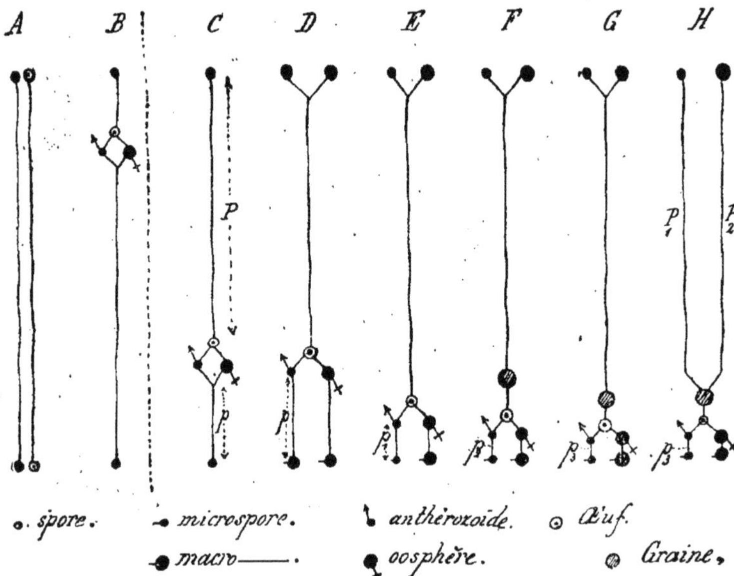

Fig. 442. — Reproduction comparée dans le règne végétal.

A. *Thallophytes.* — La plante originaire d'une spore ou d'un œuf produit, à un moment donné, des spores ou des œufs.

B. *Muscinées et certains Thallophytes.* — D'une spore sort un *protonéma* qui donne origine à une *plante feuillée sexuée.* Sur cette dernière se développent des anthéridies (anthérozoïdes) et des archégones (oosphères); la fusion d'un anthérozoïde et d'une oosphère produit un œuf d'où provient le *sporogone asexué* émettant des spores.

C. *Fougères.* — La spore produit un *prothalle sexué p* avec anthéridies et archégones. La fusion d'un anthérozoïde et d'une oosphère donne un œuf d'où provient la *plante feuillée asexuée* P qui émettra des spores.

D. *Équisétacées.* — Même série de phénomènes qu'en C; toutes les spores sont identiques, mais certaines d'entre elles donnent des prothalles à anthéridies exclusivement, et d'autres des prothalles à archégones.

E. *Lycopodinées hétérosporées.* — Deux sortes de spores : *microspores* donnant naissance à des prothalles à anthéridies; *macrospores* formant des prothalles à archégones. La suite des phénomènes est la même qu'en C et D.

F. *Gymnospermes.* — Dans la *fleur*, la microspore est le noyau mâle n ♂ du tube pollinique (*cellule primordiale*); la macrospore est représentée par l'*oosphère* n ♀ du corpuscule. *L'œuf forme une graine.*

G. *Angiospermes monoïques.* — La microspore est le *noyau mâle* n ♂ du tube pollinique; la macrospore est représentée par l'*oosphère* du sac embryonnaire (n ♀). Le reste est identique à F.

H. *Angiospermes dioïques.* — Elles ne diffèrent des Angiospermes monoïques que par deux sortes de plantes : les unes à fleurs mâles exclusivement, les autres à fleurs femelles.

HISTOIRE NATURELLE
DES ÊTRES VIVANTS

CLASSIFICATIONS

I. — BUT DE LA CLASSIFICATION

Les êtres qui vivent à la surface du globe offrent à nos yeux une telle profusion de formes diverses que l'observateur le plus superficiel serait découragé, dès les premiers efforts, s'il ne disposait d'une boussole, d'un fil d'Ariane, en quelque sorte, qui lui permît de s'orienter au milieu de cet immense dédale.

Qu'on imagine, en effet, les êtres de la nature pris comme objets d'une étude complète chacun à tour de rôle, combien de plantes, combien d'animaux pourrait connaître, à la fin de sa vie, le scrutateur doué de la plus grande puissance de travail, capable d'une finesse d'observation et d'une rapidité de déduction exemplaires ? Quelques milliers à peine ; et encore ce savant imaginaire aurait-il oublié de nombreux détails concernant les premiers individus soumis à ses recherches.

N'est-il pas préférable, si faire se peut, de rapprocher, de *grouper* sous un vocable particulier les êtres ayant de nombreux caractères communs, en sorte que l'étude de l'un d'eux fasse connaître la structure de tous les autres ?

Le fil d'Ariane à l'aide duquel le débutant peut faire ainsi de rapides progrès dans l'étude des sciences naturelles, c'est la *classification*.

Aperçu historique. — Aristote (384-322 av. J.-C.) paraît être le premier des philosophes de l'antiquité qui ait reconnu la nécessité de grouper les nombreux êtres dont il avait fait l'étude. Pline l'Ancien (mort en 79 av. J.-C.) divise les animaux en *terrestres, aériens* et *aquatiques*.

Puis, dix-sept siècles durant, les sciences naturelles demeurent plongées, comme presque toutes les sciences d'ailleurs, dans un oubli dont les exhumeront quelques chercheurs à l'époque de la Renaissance. Parmi les naturalistes de l'ère nouvelle, Ray (1686) énonce le premier la loi fondamentale de la génération :

Les enfants ressemblent toujours à très peu près à leurs parents.

Les êtres qui se ressemblent à ce titre appartiennent à une même espèce.

La notion de l'*espèce*, ainsi admise comme conséquence de la notion de l'*hérédité*, sert de base au grand naturaliste suédois Linné (1707-1778) pour jeter les fondements d'une classification en Zoologie et en Botanique.

Cependant, à mesure que s'élargit le cercle des connaissances acquises, les groupements méthodiques d'abord adoptés ne sont plus l'expression des liens de parenté des organismes découverts. Aux *systèmes* succèdent les systèmes : la classification de Linné fait place, en Zoologie, aux quatre plans généraux de Cuvier, puis aux types de de Blainville, aux embranchements de Milne-Edwards, à ceux de Claus, à la classification embryogénique de M. Giard, aux degrés d'organisation, types de structure et séries de M. Edmond Perrier; en Botanique, aux systèmes de Tournefort et de Linné sont substitués successivement les groupements d'Antoine-Laurent de Jussieu, de Candolle, Lindley, Brongniart.

Les dernières classifications admises ont elles-mêmes un caractère transitoire, on le conçoit facilement; elles ont, tout au moins sur celles qui les ont précédées, l'avantage de mieux préciser la filiation des êtres.

II. – DE L'ESPÈCE ET DE SES VARIATIONS

Espèce. — Races. — Métis. — Hybrides.

L'espèce, a dit Cuvier, *est l'ensemble des individus nés les uns des autres ou de parents communs; elle comprend en outre tous ceux qui leur ressemblent autant qu'ils se ressemblent entre eux.*

Tous les Chiens sont rangés dans une même espèce ; cependant il est, parmi ces animaux, des formes bien distinctes : on ne peut confondre un Terre-neuve avec un Basset, un Danois avec un Épagneul. *L'espèce Chien comprend donc plusieurs* **variétés**.

La Pensée des jardins a de grandes fleurs et des stipules de même ordre de grandeur que les feuilles; or, si l'on fait des semis successifs de graines issues d'un même pied de cette Pensée, on remarque, parmi les sujets obtenus, certaines plantes pourvues de petites fleurs et de stipules bien plus courtes que les feuilles, en tout comparables à la Pensée des champs. Ces deux sortes de végétaux (considérés longtemps comme deux espèces distinctes) sont deux **variétés** d'une même espèce.

Une **variété** *est représentée par un ensemble d'individus provenant d'êtres de même espèce dont ils se distinguent par des caractères peu importants.*

Les individus d'une même variété, accouplés pendant plusieurs générations, peuvent fixer par **hérédité**[1] *les caractères de cette variété dans leur descendance et constituer une* **race.** C'est ainsi que les variations de forme signalées plus haut dans l'espèce Chien sont devenues des caractères de races : race terre-neuve, race basset, race épagneule, race danoise, etc...

Certaines races sont *naturelles*; elles se rencontrent à l'état sauvage et sont limitées à certaines localités le plus souvent. D'autres sont dites *artificielles*, parce qu'elles résultent d'accou-

Fig. 443. — Bœuf de la race de Durham.

plements que l'homme a réglés parmi ses animaux domestiques (race bovine Durham, fig. 443; race ovine Mérinos, fig. 444).

Les croisements d'individus de même espèce, mais de races distinctes, donnent des **métis** *dont l'accouplement assure la création des races métisses.*

En Botanique, on appelle *métis* les plantes qui proviennent de

1. L'*hérédité* est la faculté que possèdent les organismes de transmettre à leur descendance les caractères qu'ils ont acquis. Cette transmission paraît se faire d'une manière capricieuse : les petits ressemblent à l'un ou l'autre de leurs parents directs, ancestraux ou collatéraux. Un caractère, disparu de la lignée pendant un certain nombre de générations, peut devenir le propre d'un individu nouveau, disparaître avec lui ou se transmettre encore à plusieurs générations (grains de beauté, doigts surnuméraires, etc...) On ne peut donner encore une explication satisfaisante de l'hérédité.

générateurs distincts, mais de la même espèce. Ainsi toutes les plantes dioïques ne produisent que des métis ; les végétaux monoïques, hermaphrodites, donnent aussi des métis lorsque la pollinisation est croisée (Voir page 426).

Les croisements d'individus appartenant à des espèces réputées distinctes peuvent donner parfois des **Hybrides** : tel est le cas dans l'accouplement du Chien et du Loup, du Chien et du Renard, de la Chèvre et du Bouquetin, de la Chèvre et du Bélier, de la Jument et de l'Ane, du Lièvre et du Lapin, etc., parmi les animaux ; des *Fucus vesiculosus* et *serratus*, des *Cytisus Laburnum*

Fig. 444. — Bélier mérinos français.

et *purpureus*, des *Dianthus, Geum, Nicotiana, Verbascum*, etc..., parmi les plantes.

L'hybride de l'Ane et de la Jument s'appelle *Mulet* ; celui du Cheval et de l'Anesse est le *Bardeau.*

La notion de l'espèce, qui paraissait si nettement établie par la définition de Cuvier, devient donc de plus en plus confuse, à mesure que se multiplient les formes intermédiaires entre les races, et même entre certaines espèces admises comme distinctes par les anciens naturalistes.

On *convient* aujourd'hui *de considérer comme appartenant à des espèces différentes .* 1° *les formes animales qui ne s'unissent pas entre elles ;* 2° *celles qui engendrent des produits inféconds ou faisant rapidement retour aux formes des générateurs.*

III. — MÉTHODES DE CLASSIFICATION

Bien qu'il soit difficile de délimiter nettement les espèces, les naturalistes font, de ces groupes d'individus, le point de départ de toute classification. Deux marches différentes ont été suivies pour grouper les êtres vivants; elles ont donné lieu à deux sortes de classifications : les *classifications artificielles* ou *systèmes* et la *classification naturelle* ou *généalogique*.

Classifications artificielles. — Le but des premiers savants a été de *cataloguer* les êtres connus, plutôt que de les classer. Choisissant *arbitrairement* un organe, ils en comparèrent toutes les manières d'être dans la série animale ou végétale, et constituèrent des groupes dont chacun comprenait un certain nombre d'espèces pourvues de la même forme pour l'organe envisagé.

On appelle *classifications artificielles* ou *systèmes* ces procédés de classement dont l'inconvénient est de ranger parfois côte à côte, dans un même groupe, des espèces fort dissemblables : c'est ainsi qu'en Botanique, Tournefort (1694) divisa les Végétaux en *Herbes* et en *Arbres*, eux-mêmes répartis dans 22 groupes caractérisés par la présence ou l'absence de fleurs et la forme de la corolle.

Systèmes de Linné. — Nomenclature binaire. — Clefs analytiques. — Considérant les espèces comme autant d'entités distinctes, Linné *fait de l'espèce l'unité en classification*; il réunit en un même *genre* les espèces possédant un certain nombre de caractères communs établis par convention, rassemble les genres en *familles*, les familles en *ordres*, ceux-ci en *classes*; les classes seront elles-mêmes groupées en *embranchements*.

A mesure qu'on gravit les degrés de cette hiérarchie : **espèce, genre, famille, ordre, classe, embranchement,** le nombre va diminuant des caractères communs aux êtres d'un même groupe.

Linné introduit en outre, dans la science, l'usage de la *nomenclature binaire* universellement adoptée aujourd'hui.

Toute forme. animale ou végétale, est désignée par deux termes : un *nom*, celui du genre dont elle fait partie et un *prénom* qui définit son espèce.

Ainsi le Chien domestique a pour nom *Canis* et pour prénom *familiaris*; le Loup est *Canis Lupus*; le Renard, *Canis Vulpes*; le Chacal, *Canis aureus*.

L'objectif du naturaliste suédois, dans la conception de ses systèmes, est de faciliter la détermination des êtres; il inaugure à cet effet les *clefs analytiques* ou *procédés dichotomiques*. Le principe d'une clef analytique consiste à opposer l'un à l'autre deux caractères dont l'un au moins se rapporte à l'être analysé, et d'enchaîner une série de ces oppositions qui conduit vite au nom générique, puis au prénom spécifique que l'on cherche.

Les clefs analytiques sont d'un usage courant dans les flores actuelles.

Méthode naturelle. — Établir les analogies et les dissemblances qui existent dans *toute l'organisation* des êtres vivants, grouper ces derniers en espèces, puis en genres, etc., à telle fin que les espèces pourvues du plus grand nombre de traits communs soient les plus rapprochées, faire de l'ensemble des êtres une sorte de généalogie basée sur les affinités plus ou moins nettes des groupes adoptés : tel est le but de la *méthode* dite *naturelle*.

Cet arrangement méthodique des êtres est supérieur aux systèmes, puisqu'il repose sur la *comparaison de l'ensemble des caractères* que présentent les organismes; il n'est pas cependant l'expression *absolue* des rapports des êtres, étant subordonné à l'appréciation du classificateur; celui-ci, faisant un choix dans les caractères, accorde toujours, et *par pure convention*, une importance plus grande à tel ou tel organe.

Toute classification dite *naturelle doit embrasser non seulement les êtres vivants, mais les espèces fossiles;* elle ne pourra jamais être l'expression fidèle de l'œuvre de la nature, étant donné que des lacunes subsisteront toujours dans le domaine de la paléontologie et que la découverte ultérieure d'êtres intermédiaires aux formes connues peut susciter une interprétation différente des analogies admises aujourd'hui.

Quoi qu'il en soit des incertitudes qui planent sur la généalogie des êtres, la classification en est indispensable; les classifications naturelles les plus récentes, fondées sur toutes les connaissances acquises jusqu'ici, sont nécessairement les moins imparfaites.

CLASSIFICATIONS ZOOLOGIQUES

Les animaux ont une organisation de complexité variable qui permet de les répartir en deux grandes divisions appelées *degrés d'organisation*.

1° Les **PROTOZOAIRES** sont composés d'un seul élément anatomique ou forment des colonies d'éléments tous semblables.

2° Les **MÉTAZOAIRES** embrassent le plus grand nombre des animaux et présentent deux *types de structure* :

(a) le *type ramifié*, qu'on trouve chez la plupart des animaux fixés au sol au moins pendant le jeune âge ;

(b) le *type segmenté*, qui se rapporte au plus grand nombre des animaux libres, ou qui se fixent tardivement.

Les Métazoaires à corps ramifié, pourvus d'une *symétrie radiaire* plus ou moins nette, s'appellent **PHYTOZOAIRES**.

Les Métazoaires à corps segmenté, pourvus d'une *symétrie bilatérale*, au moins dans le jeune âge, s'appellent **ARTIOZOAIRES**.

L'ensemble de la classification des animaux est compris dans le tableau suivant :

Degrés d'organisation.	Séries.	Embranchements.	Classes.

I. — PROTOZOAIRES

Corps formé d'une cellule (*plastide*) ou d'une colonie de cellules semblables.

I. PROTOZOAIRES

- Membrane ni permanente ni continue. *Pseudopodes.* — **RHIZOPODES.**
- libres. Membrane avec cytostome. — **MÉGACYSTIDÉS.**
- libres. Membrane avec *flagellum* ou *cils vibratiles.* — **INFUSOIRES.**

II. — MÉTAZOAIRES

Corps pluricellulaire comprenant 3 *feuillets blastodermiques* plus ou moins nets.

II. MÉTAZOAIRES — PHYTOZOAIRES

- **Spongiaires...** Corps ramifié ou massif, non rayonné. Pas de cavité générale. Ni tentacules, ni nématocystes. — **ÉPONGES CALCAIRES.** / **ÉPONGES NON CALCAIRES.**
- **Polypes...** Corps rayonné ou ramifié irrégulièrement. Mésoglée. Pas de cavité générale. Tentacules, *nématocystes.* — **HYDROMÉDUSES** → *Hydroïdes. Siphonophores. Acalèphes.* / **ANTHOZOAIRES** → *Coralliaires.* / **CTÉNOPHORES.**
- **Échinodermes...** Corps rayonné. Mésoderme calcifié. *Cavité générale.* Tube digestif à paroi distincte de celle du corps. *Canaux ambulacraires.* — **ANANGIÉS** → *Stellérides. Ophiurides.* / **ANGIOPHORES** → *Crinoïdes. Échinides. Holothurides.*

II. MÉTAZOAIRES (suite). — ARTIOZOAIRES

Chitinophores... Cuticule et divers organes chitineux. Pas de cils vibratiles.
- Corps segmenté. *Membres articulés.* — **ARTHROPODES** → aquatiques : *Crustacés. Arachnides.* / terrestres : *Myriapodes. Insectes.*
- Corps non segmenté. *Pas de membres articulés.* Parasites. — **NÉMATHELMINTHES** → *Nématodes.*

Néphridiés... Cuticule nulle ou mince. Cils vibratiles. *Appareil néphridien.*
- Appareil ciliaire portant les aliments à la bouche. — **LOPHOSTOMÉS** → *Rotifères. Bryozoaires. Brachiopodes.*
- *Corps mobile généralement segmenté.* Aliments saisis directement par la bouche. — **VERS** → *Annelés* : *Polychètes. Oligochètes. Hirudinées.* / *Plathelminthes* : *Trématodes. Cestodes.*
- Corps non segmenté. Coquille en général. Système nerveux avec 2 ou 3 colliers œsophagiens. — **MOLLUSQUES** → *Gastéropodes. Lamellibranches. Céphalopodes.*

CHORDATA
- Une *corde dorsale* et des fentes branchiales persistant dans l'âge adulte. — **PROTOCHORDES** → *Hémichordes. Urochordes. Céphalochordes.*
- Corde dorsale cartilagineuse au début, formant l'axe primitif d'un *squelette interne.* 4 membres au plus. Système nerveux central (encéphale et moelle épinière). — **VERTEBRÉS** → aquatiques (branchies persistantes ou non) : *Poissons. Amphibiens.* / aériens (poumons) : *Reptiles. Oiseaux. Mammifères.*

PREMIER DEGRÉ D'ORGANISATION

PROTOZOAIRES

Animaux unicellulaires, quelquefois composés de plusieurs cellules à peu près identiques associées en colonies où la division du travail physiologique fait défaut. Reproduction par spores et jamais par œufs.

<table>
<tr><td rowspan="6">PROTOZOAIRES</td><td>Membrane ni permanente ni continue. Pseudopodes ....</td><td>Rhizopodes..</td><td>{ Amibes.
{ Foraminifères.
{ Radiolaires.</td></tr>
<tr><td>Membrane avec cytostome.</td><td>Mégacystidés.</td><td></td></tr>
<tr><td>Membrane ordinairement pourvue de cils vibratiles ....</td><td>Infusoires...</td><td>{ Flagellifères.
{ Ciliés.
{ Tentaculifères.</td></tr>
</table>

Morphologie extérieure. — Le corps protoplasmique, dépourvu de *membrane* chez les Rhizopodes, émet des prolongements rétractiles ou *pseudopodes* : très fins d'ordinaire (*Difflugia*, fig. 445, A), mous et anastomosables en réseau, mais parfois rigides et non déformables grâce à une baguette élastique et résistante qui en occupe l'axe. Les animaux pourvus de pseudopodes sont animés de mouvements lents.

Chez les autres Protozoaires, animés de mouvements rapides, la couche externe du protoplasme est différenciée en une *membrane* résistante, pourvue ou non de prolongements permanents : *flagellums*, longs filaments qui ondulent sans cesse (*Noctiluca*, fig. 459; *Rhipidodendron*, fig. 446); *cils vibratiles*, nombreux et courts, distribués parfois sur toute la surface du corps (*Cyrtostomum*, fig. 5); *membranes ondulantes* qui avoisinent le cytostome ou orifice buccal, etc.

Les Sporozoaires, parasites, sont dépourvus d'organes spéciaux de locomotion.

Structure interne. — La structure du protoplasme des Protozoaires a été exposée déjà (Voir page 10). Homogène chez les Amiboïdes inférieurs, le protoplasme présente, à la surface, un *ectoplasme* plus condensé enveloppant l'*entoplasme*.

L'ectoplasme est parfois imprégné d'une matière chitineuse agglutinant des corpuscules étrangers (*Difflugia*, fig. 445, A) ou traversé par des spicules, des sphères ou des disques siliceux (*Heliosphæra*, fig. 447). Par les fins orifices que présente le test calcaire perforé de certains Foraminifères, de fins pseudopodes rayonnent tout autour de la coquille.

Vacuoles. — Dans l'ectoplasme se trouvent fréquemment des *vacuoles contractiles* dont les contractions brusques sont aussi périodiques (quelquefois 1 à 12 par minute); elles disparaissent alors et se reforment à peu près au même

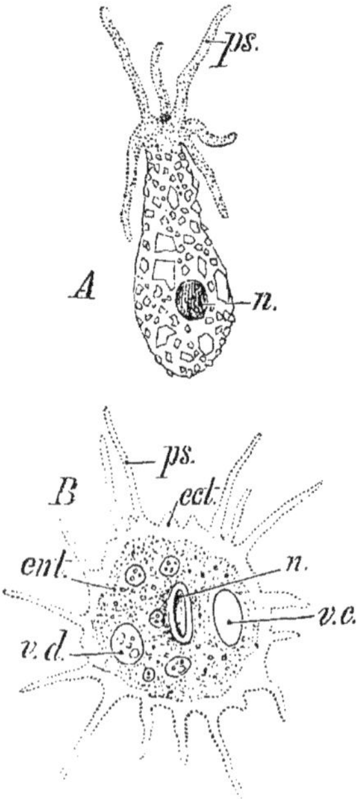

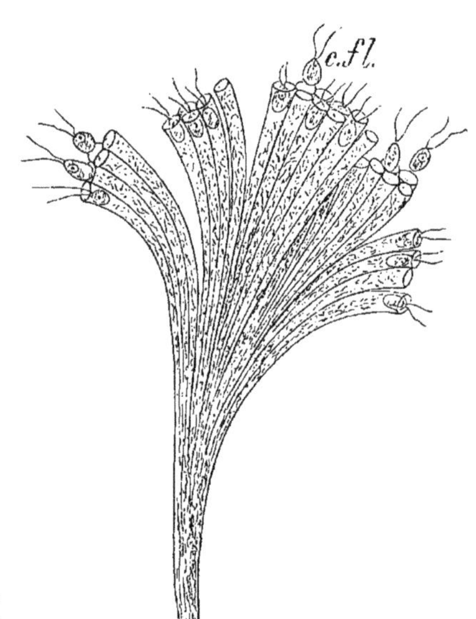

Fig. 445. — A ; *Difflugia*. — B ; *Dactylosphæra polypodia*; *ps*, pseudopodes: *n*, noyau; *ect*, ectoplasme; *ent*, entoplasme; *v.d*, vacuole digestive; *v.c*, vacuole contractile.

Fig. 446. — *Rhipidodendron*. Colonie de cellules flagellifères, *c.fl*.

point, souvent par la fusion de petites vacuoles secondaires. Les vacuoles contractiles servent à expulser en partie l'eau d'imbibition du protoplasme et celle qui a été englobée avec les particules alimentaires; le courant d'eau qui traverse ainsi le protoplasme en facilite aussi la respiration.

Dans l'entoplasme, on rencontre des *vacuoles digestives* enveloppant les particules alimentaires baignées par un liquide acide et diastasique (fig. 20, A) et des *inclusions gazeuses* (bulles d'acide carbonique) qui jouent parfois le rôle de flotteurs.

Noyau. — Le protoplasme est dépourvu de noyau chez quelques Rhizopodes inférieurs désignés par Hæckel sous le nom de *Monères* (*Protamœba*, *Myxodictyum*, fig. 448 et 449). Les autres

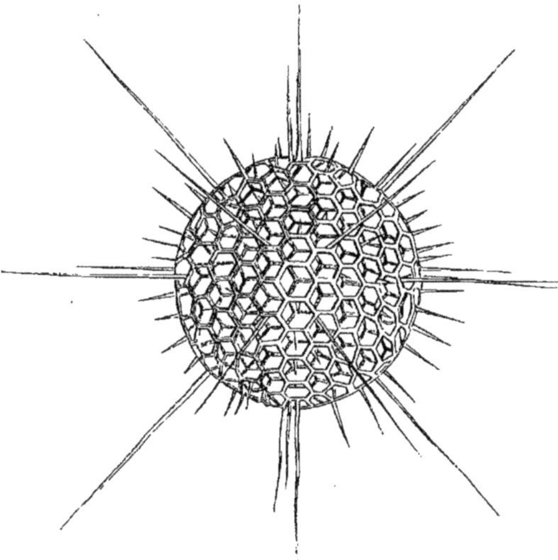

Rhizopodes possèdent au moins 1 noyau (*Amœba*, fig. 450 ; *Dactylosphæra*, fig. 445), quelquefois un grand nombre.

Nutrition. — Digestion. — Les Rhizopodes capturent, à l'aide de leurs pseudopodes, les particules en suspension dans l'eau et les enveloppent incomplètement ou non. Une particule alimentaire, totalement englobée par le protoplasme

Fig. 447. — Heliosphæra echinoïdes.

avec une petite quantité d'eau, remplit une vacuole digestive où elle subit l'action des acides et des diastases sécrétés par l'animal ; les résidus en sont rejetés par un point quelconque de la paroi du corps.

Les Sporozoaires, parasites, se nourrissent par imbibition de la lymphe de leur hôte.

Fig. 448. — Protamœba primitiva. Reproduction par *scissiparité* : L'être *a* subit un étranglement en son milieu, *b*; les deux moitiés deviennent indépendantes, *c*.

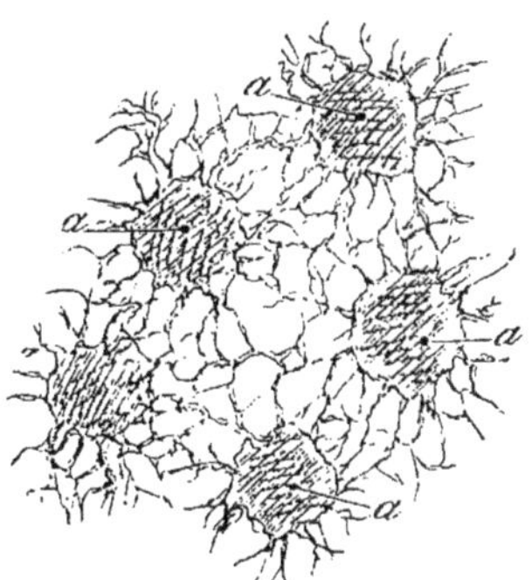

Fig. 449. — *Myxodictyum sociale*. Colonie d'individus monocellulaires.

Les Infusoires, dont la paroi est limitée par une *cuticule*, sont pourvus d'un *cytostome*, *Cy.b* (fig. 25), orifice buccal de l'ectoplasme bordé de cils vibratiles ou de lèvres. Chez les animaux sédentaires (*Stentor*, fig. 452) ou momentanément fixés, les mouvements des cils déterminent un appel d'eau

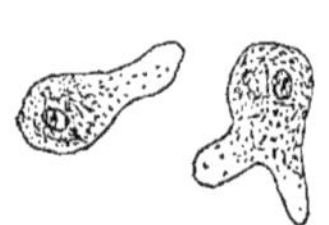

Fig. 450.
Amœba coli.

dont le point terminal est le cytostome; les particules solides, engagées dans le cytopharynx, y sont saisies par l'entoplasme. Autour de l'objet

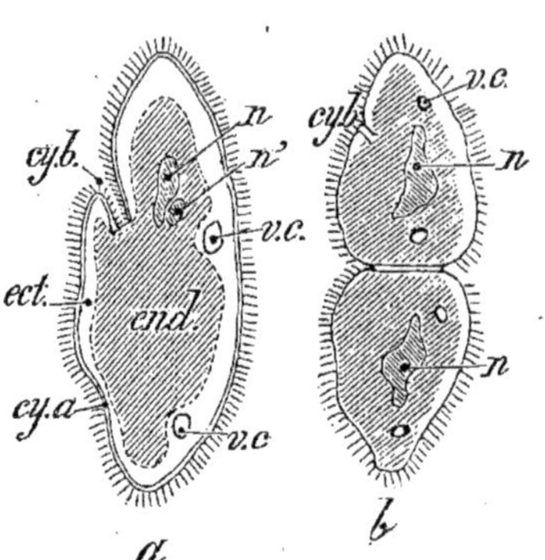

Fig. 451. — *Paramæcium aurelia*. L'être entier *a* présente, en *b*, un étranglement médian d'où résultera sa division en deux individus nouveaux. *cy.b*, cytostome; *cy.a*. cytoprocte; *ect*, ectoplasme; *end*, entoplasme; *v.c*, vacuoles contractiles.

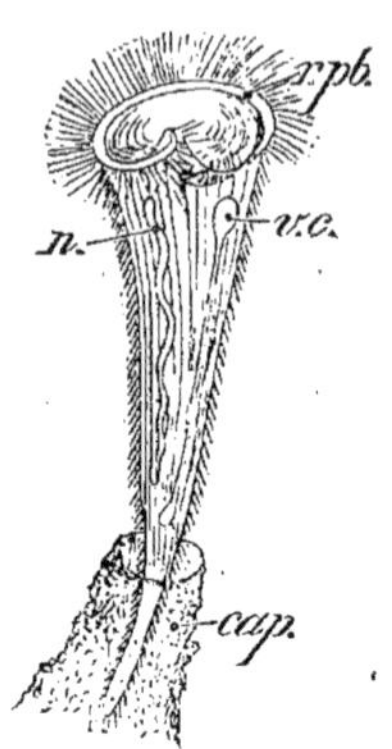

Fig. 452. — *Stentor Rœselii*. *r.pb*, région péribuccale; *n*, noyau; *v.c*, vacuole contractile; *cap*, capsule tubuliforme chitineuse.

capturé se forme une vacuole digestive entraînée, par la circulation protoplasmique, dans une direction qui n'est pas constante. *Le prétendu tube digestif n'existe donc pas chez les Infusoires.*

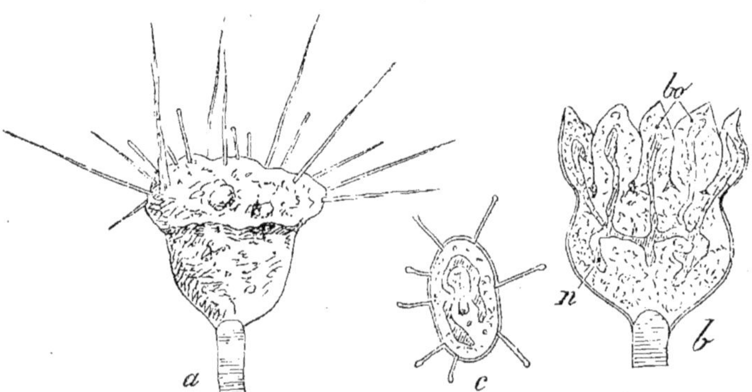

Fig. 453. — *Podophrya gemmipara*. Reproduction asexuelle par *bourgeonnement* : l'individu *a* forme, en *b*, des bourgeons, *bo*, qui se détachent et deviennent autant d'individus nouveaux, *c*.

Les résidus de la digestion sont éliminés par le *cytoprocte, cy.a*, ouvert seulement quand la défécation a lieu

La **circulation** des Protozoaires consiste en des courants intérieurs décelés par le déplacement des granulations protoplasmiques. Les mouvements rythmiques de *systole* et de *diastole* des vacuoles contractiles contribuent à la formation de ces courants, favorisent la **respiration** de l'animal et assurent l'**excrétion** des produits liquides et gazeux de désassimilation.

Relation. — L'hyaloplasme, portion contractile et vivante du protoplasme des Protozoaires, ne présente aucune différenciation qui permette d'attribuer à l'une quelconque de ses parties une fonction plus spéciale comme substance musculaire ou nerveuse.

Reproduction. — La *scissiparité* est le mode de reproduction asexuelle le plus général chez les Protozoaires [*Protamœba, Paramæcium*]. Le *bourgeonnement* s'y produit quelquefois (*Podophrya gemmipara*).

§ 1. — RHIZOPODES

Protozoaires dont la couche externe du protoplasme émet des prolongements temporaires appelés pseudopodes.

Les pseudopodes ne sont jamais animés de mouvements oscillatoires.

Pseudopodes			
courts, peu ramifiés, non anastomosés			*Amiboïdes.*
fins, ramifiés et anastomosés.	*Réticulés.*	Pas de capsule centrale. Test calcaire ordinairement.	*Foraminifères.*
		Capsule centrale. Test ordinairement siliceux.	*Radiolaires.*

I. — AMIBOÏDES

Rhizopodes à pseudopodes courts, simples ou peu ramifiés, non anastomosés.

Ils habitent les eaux douces, la terre humide, les matières en putréfaction, quelquefois les eaux salées.

Protamœba (fig. 448) ; amiboïde sans noyau. — *Amœba* (fig. 20) ; amiboïde avec noyau.

A. coli (fig. 450) pullule chez les individus atteints de diarrhée, de dysenterie ; dans les eaux marécageuses en Russie. — *A. buccalis* se trouve dans le tartre des dents.

Difflugia (fig. 445, A) ; membrane chitineuse agglutinant des corps étrangers. — *Dactylosphæra* (fig. 445, B) ; corps nu ; pseudopodes sans fibres de soutien. — *Actinosphærium* ; ectoplasme et entoplasme distincts ; pseudopodes grêles et soutenus par une baguette élastique.

II. — RÉTICULÉS

Rhizopodes à pseudopodes ramifiés, anastomosés en un réseau plus ou moins serré.

Les Réticulés comprennent les *Foraminifères* et les *Radiolaires*.

A. — FORAMINIFÈRES

Rhizopodes à pseudopodes filamenteux anastomosés. Pas de capsule centrale. Test membraneux, arénacé ou calcaire.

Le test est chitineux chez beaucoup d'espèces d'eau douce : *Gromia* (fig. 454) ; *Miliola*. Une matière organique chitineuse peut agglutiner une foule de corps étrangers et former à l'animal un revêtement de vase, grains de sable, spicules d'Éponges, etc.

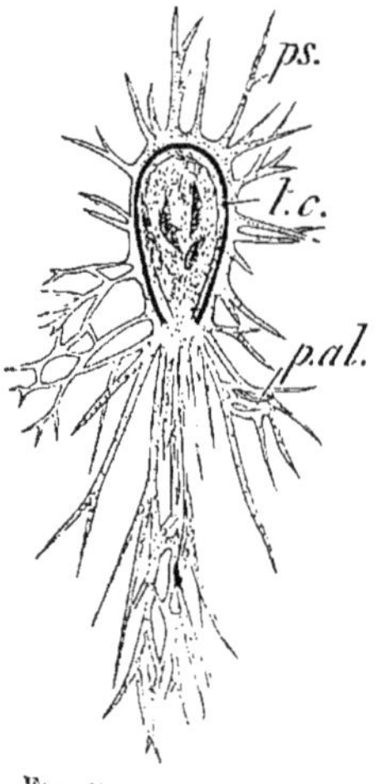

Les Foraminifères se divisent en *Perforés* et *Imperforés*.

Le test des *Imperforés*, tels que *Triloculina* (fig. 455), consiste en une substance compacte et homogène ; l'intérieur de la coquille communique avec l'extérieur par *une seule ouverture large*.

Le test des *Perforés*, comme *Lagena*, *Globigerina* (fig. 456), est percé d'une foule de fins canalicules, faisant communiquer entre elles toutes les loges de l'animal ; les loges périphériques communiquent en outre avec l'extérieur. Ces canaux, simples d'ordinaire et perpendiculaires à la surface des lames qu'ils traversent, peuvent se ramifier et s'anastomoser (*Nummulites*); *ils servent au passage de minces filets protoplasmiques émis par la masse centrale et prolongés en un réseau extérieur ténu.* La dernière loge possède *une large ouverture* par laquelle le protoplasme communique encore avec l'extérieur.

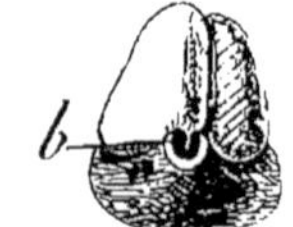

Fig. 455. — *Triloculina austriaca.*

Fig. 454. — *Gromia oviformis. ps*, pseudopodes ; *t.c*, test chitineux ; *p.al*, particule alimentaire.

1° **Imperforés.** — *Gromia oviformis* (fig. 454); une seule ouverture large par laquelle sortent les pseudopodes ; test chitineux.

Biloculina; une ouverture à chaque extrémité du test ; plusieurs chambres dont les deux dernières seules visibles

embrassent les autres. —

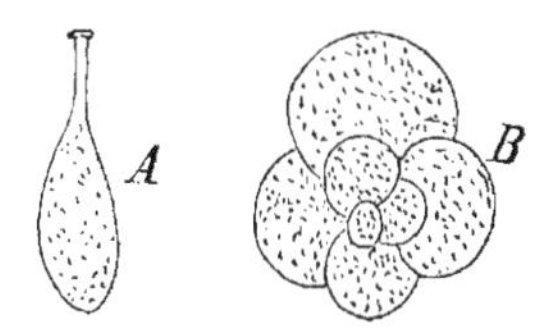

FIG. 456. — Foraminifères. 1° Perforés : A ; *Lagena clavata.* — B ; *Globigerina bulloïdes.*

Triloculina. — *Spiroloculina*: toutes les chambres visibles. — *Miliola.*

2° **Perforés.** — Les pseudopodes sortent par les pores de la coquille.

Lagena (fig. 456, A); 1 loge. — *Globigerina* (B) ; petit nombre de loges percées de larges pores.

Nummulites ; test calcaire finement perforé. Système de canaux complexes dans l'épaisseur de la coquille.

B. — RADIOLAIRES

Rhizopodes marins à pseudopodes rayonnants issus d'un protoplasme hyalin qui entoure une capsule centrale; cette capsule est remplie de protoplasme très dense. Squelette nul, organique (acanthine) ou siliceux (spicules, sphères ou disques treillissés).

Capsule centrale. — La capsule centrale, membraneuse, divise le protoplasme en une partie *intracapsulaire* et une couche *extracapsulaire.*

Protoplasme intracapsulaire. — Il est dépourvu de vésicule contractile; de nombreuses *vacuoles* s'y rencontrent, contenant des gouttelettes huileuses ou des corpuscules d'excrétion (*Thalassicolla*, fig. 457); des pigments et des cristaux y sont aussi disséminés.

Protoplasme extracapsulaire. —

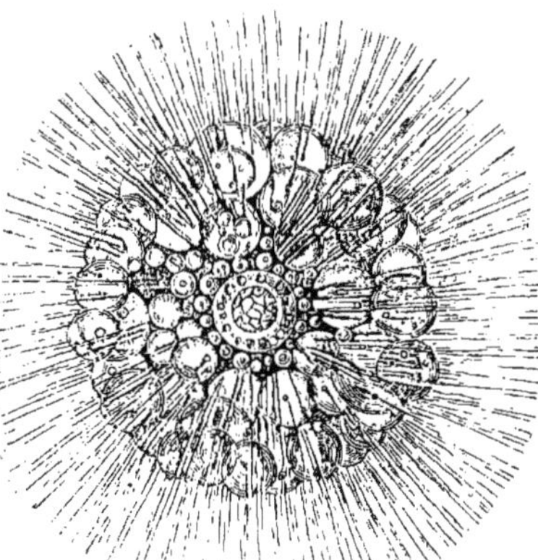

FIG. 457. — *Thalassicolla pelagica.*

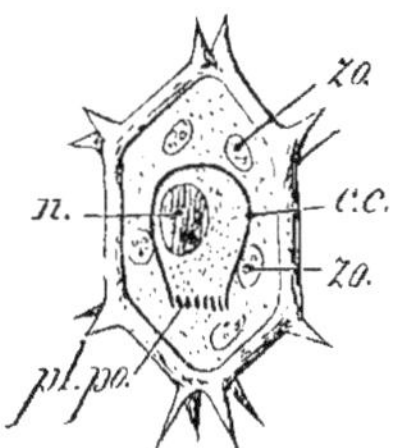

FIG. 458. — *Lithocircus annularis.* — *c.c,* capsule centrale avec une plage porifère, *pl.po*; *n*, noyau ; *zo.* zooxanthelles.

Celui-ci émet les pseudopodes et revêt d'une mince couche les aiguilles du squelette; une *couche gélatineuse* plus ou moins épaisse le recouvre. Des vacuoles ou *alvéoles*, remplies de liquide transparent, y sont parfois tellement nombreuses qu'elles forment plusieurs couches dans toute la masse extracapsulaire (*Thalassicolla, Sphærozoum*). On y distingue, en outre, des granulations pigmentaires et des cellules jaunes ou *zooxanthelles*, Algues qui vivent en symbiose avec les Radiolaires (*Lithocircus*, fig. 458).

1° Pores disséminés sur toute la paroi de la capsule centrale.
  Thalassicolla (fig. 457); pas de squelette; alvéoles nombreux autour de la capsule. — *Collozoum*; plusieurs capsules.
  Heliosphæra (fig. 447); sphère treillissée.
2° Pores de la capsule centrale localisés sur une plage limitée.
  Lithocircus (fig. 458); une boucle squelettique polygonale.

§ 2. — MÉGACYSTIDÉS

Protozoaires de grande taille, pourvus d'une membrane, souvent munis d'un tentacule mobile et d'un flagellum.

Ces animaux font le passage entre les Radiolaires (par leur capsule membraneuse) et les Infusoires flagellifères (par leur flagellum).

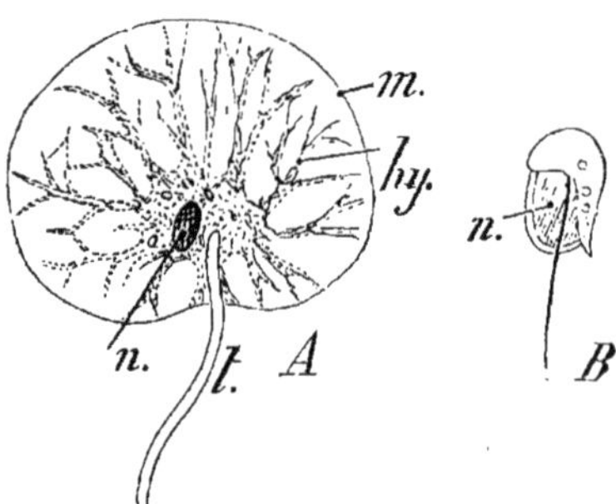

FIG. 459. — A; *Noctiluca miliaris. hy*, hyaloplasme; *m*, membrane; *n*, noyau; *t*, tentacule. — B; zoospore.

Noctiluques. — Organismes répandus dans toutes les mers, surtout au voisinage des côtes, tellement nombreux parfois qu'ils donnent à l'eau un aspect laiteux (océan Indien).

Les Noctiluques sont photogènes et donnent à la mer agitée une teinte variable du vert au bleu (phénomène appelé improprement *phosphorescence* de la mer).

Une Noctiluque a l'aspect d'une pêche de 1 à 2 millimètres de diamètre (fig. 33, A); le sillon ventral qu'elle présente n'occupe que 1/6 de circonférence; un *cytostome* s'y trouve compris; un tentacule mobile et un *flagellum* ou fouet sont au voisinage et en avant de cet orifice.

Le *tentacule* consiste en un ruban continu avec la masse protoplasmique centrale et recouvert d'une fine cuticule. Il est animé de mouvements ondulatoires, ainsi que le fouet.

Les Noctiluques se reproduisent par *bipartition* et par *sporulation*.

§ 3. — INFUSOIRES

Protozoaires pourvus d'une membrane avec des flagellums ou des cils vibratiles. Vacuoles contractiles.

1 ou plusieurs flagellums............................ *Flagellifères.*
Cils vibratiles.................................... *Ciliés.*
Successivement libres et fixés; ciliés à l'état libre, ⎰ *Tentaculifères.*
   pourvus de tentacules quand ils sont fixés........ ⎱

I. — FLAGELLIFÈRES

Infusoires possédant des flagellums ou fouets vibratiles.

1° Pas de collerette membraneuse autour de la base du flagellum.
1 flagellum.
Monades. Les unes solitaires : *Monas* [*M. necator*; parasite de la Truite]; les autres sociales, formant des colonies arborescentes : *Anthophysa* (fig. 460).
2 à 5 flagellums.
Rhipidodendron (fig. 446); habite au sommet de tubes gélatineux disposés en éventail; eaux douces.
   — *Monocercomonas*; parasite de l'intestin de l'Homme.

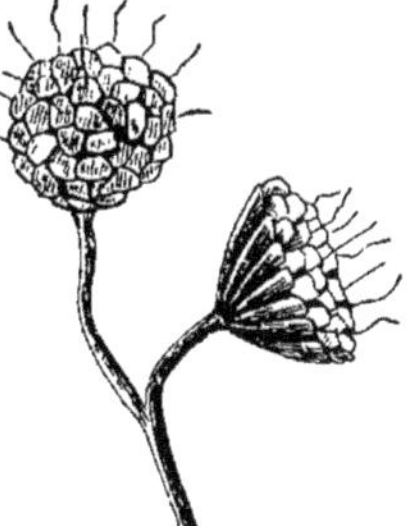

FIG. 460. — *Antophysa.*

2° 1 flagellum entouré d'une collerette protoplasmique qui limite l'aire de préhension des aliments.

Les particules alimentaires, attirées par les mouvements du flagellum, descendent sur la paroi interne de l'entonnoir, *en* (fig. 461) et parviennent à l'*aire ingestive, a.d.* Une vacuole se forme autour de l'aliment qui est entraîné dans la masse protoplasmique.

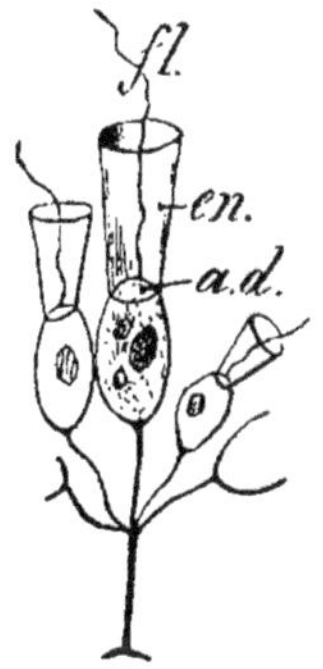

Phalansterium : collerette longue et étroite ; habite, en colonies, des tubes gélatineux ramifiés. — *Codosiga* (fig. 461); plusieurs individus au sommet d'un même pédoncule.

FIG. 461. — *Codosiga Botrytis. en,* entonnoir; *fl,* flagellum ; *a.d,* aire ingestive.

II. — CILIÉS

Infusoires se mouvant à l'aide de cils vibratiles généralement nombreux et courts.

1° Cils vibratiles semblables.
  Paramæcium (fig. 451); cytostome ventral et oblique se continuant par un canal cilié. — *Cyrtostomum* (fig. 5).
2° Cils vibratiles semblables sur tout le corps, sauf les cils oraux, beaucoup plus grands.
  Stentor (fig. 452); péristome en entonnoir; vit dans les eaux douces.
3° Corps nu ou pourvu d'une ou plusieurs ceintures de cils vibratiles.
  Vorticella; pédoncule contractile pouvant s'enrouler en hélice; eaux douces. *V. microstoma*; dans les infusions.

III. — TENTACULIFÈRES

Infusoires libres et ciliés à l'état jeune, fixés et parasites ou pourvus de tentacules dans l'âge adulte.

Ordinairement fixés, directement ou à l'aide d'un pédoncule.

Les Tentaculifères vivent, en général, de proies vivantes dont ils s'emparent au moyen de *tentacules* qui peuvent, chez certaines espèces, s'épanouir à leur extrémité et se transformer en *suçoirs*.

Acineta (fig. 462); une capsule pédonculée et largement ouverte. — *Hemiophrya* (fig. 453); corps nu et pédonculé.

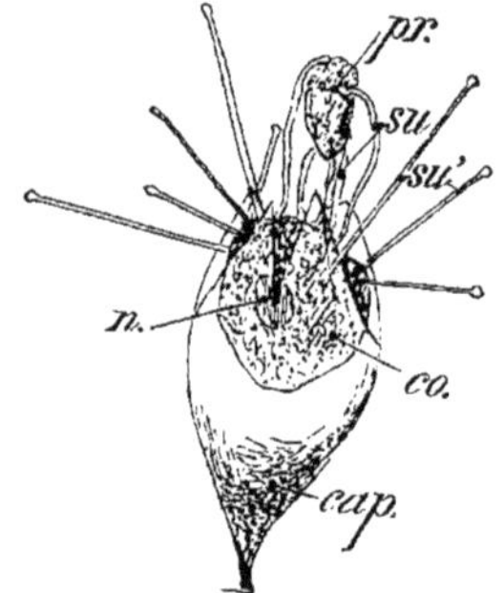

Fig. 462. — *Acineta mystacina* suçant une proie *pr. co*, corps protoplasmique; *n.* noyau; *su'*, *su*, suçoirs; *cap*, capsule.

DEUXIÈME DEGRÉ D'ORGANISATION

MÉTAZOAIRES

Animaux pluricellulaires dont les éléments sont groupés d'abord en trois feuillets blastodermiques (ectoderme, mésoderme, entoderme); de ces trois feuillets dérivent tous les tissus de l'animal adulte.

PREMIÈRE SÉRIE

SPONGIAIRES (ÉPONGES)

Métazoaires aquatiques dont le corps, ramifié ou massif, ne présente pas une symétrie rayonnée; mésoderme distinct, renforcé parfois de spicules calcaires ou siliceux, de fibres siliceuses ou cornées. Ni tentacules, ni nématocystes.

Morphologie générale. — Le type fondamental de l'Éponge est un sac (fig. 463, A), dont la cavité communique avec l'extérieur par un large orifice, *os* (*oscule*) et par un grand nombre de pores beaucoup plus petits (*pores inhalants, p.in*). La paroi interne du sac est tapissée de cellules flagellifères à collerette (*choanocytes*, G). Le mouvement constant des flagellums de ces cellules détermine un courant d'eau qui, de l'extérieur, entre par les pores inhalants en *f*, pénètre dans le sac, baigne les choanocytes tout en leur apportant des particules alimentaires, puis sort par l'oscule en F.

Les formes progressivement complexes qu'on peut observer parmi les Spongiaires sont les types *Ascon, Sycon* et *Leucon* que nous offrent les Éponges calcaires.

1° *Type Ascon.* — C'est une sorte d'urne en tout comparable au type fondamental qui vient d'être décrit; l'*Ascetta primordialis*, B, est conforme à cette description. La surface extérieure (ectoderme) est tapissée de cellules très aplaties avec un flagellum, *ect* (C); l'entoderme, *ent* (paroi interne de la cavité gastrique), est couvert de cellules flagellifères à collerette, les *choanocytes, ch.cy*; le mésoderme, *més*, qui réunit les parois externe et interne, renferme des cellules conjonctives diverses et des spicules, *sp*, situés autour des pores, *p.in*. Le courant d'eau à la fois *alimentaire* et *respiratoire* qui traverse l'animal, suit le sens des flèches *f, F* (B).

2° *Type Sycon*. — La paroi est ici plus épaisse (D); les canaux
qui la traversent de part en part sont encore simples, mais d'un
diamètre plus large en leur milieu où se forme une sorte d'excavation, une *corbeille vibratile, co.vi.* C'est, en effet, sur la paroi de
ces corbeilles seulement que se rencontrent les choanocytes qui

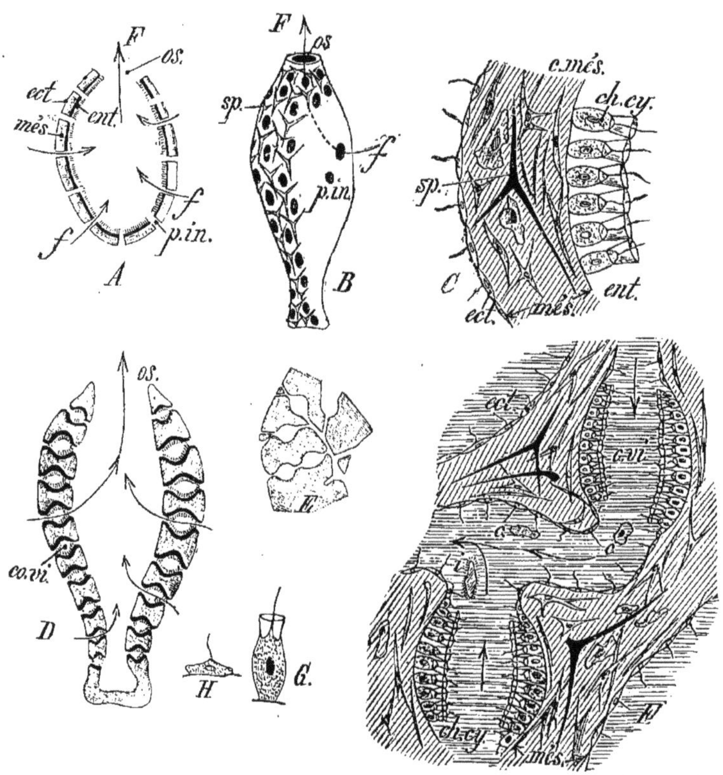

Fig. 463. — Structure schématisée des divers types d'Éponges calcaires. — A; type fondamental. — B; type *Ascon*. — D; type *Sycon*. — E; portion de paroi du type *Leucon*. —
G; et *ch.cy*; choanocyte. — H; pinacocyte. — C; portion de paroi d'une Éponge appartenant
au type *Ascon*. — F; portion de paroi d'une Éponge appartenant au type *Leucon*. *ect*, ectoderme; *més*, mésoderme; *ent*, entoderme; *p.in*, pore inhalant; *os*, oscule; *f*, *F*, courant
d'eau alimentaire et respiratoire; *sp*, spicule; *co.vi*, corbeille vibratile; *i*, infusoire;
c, corpuscules entraînés dans les corbeilles vibratiles par le courant d'eau alimentaire.

régularisent le mouvement de l'eau. Les parois externe et interne
sont tapissées de cellules flagellifères aplaties. [La figure 463, F,
donne une idée de cette disposition un peu plus compliquée, il est
vrai, car elle se rapporte au type suivant.]

3° Type *Leucon*. — La paroi est ici traversée par un réseau de canaux irréguliers (E), présentant çà et là des corbeilles vibratiles qui permettent la circulation de l'eau de l'extérieur vers la cavité gastrique. Partout où n'existent pas de corbeilles, *c.vi* (F), les canaux aquifères sont tapissés de cellules flagellifères plates, *c*, sans collerette, analogues aux cellules ectodermiques.

Description extérieure. — Les Éponges ont des formes variées : les unes simples sont des urnes (*Ascetta primordialis*, fig. 463, B), des coupes (*Poterion*), des cornets (*Asconema*); les

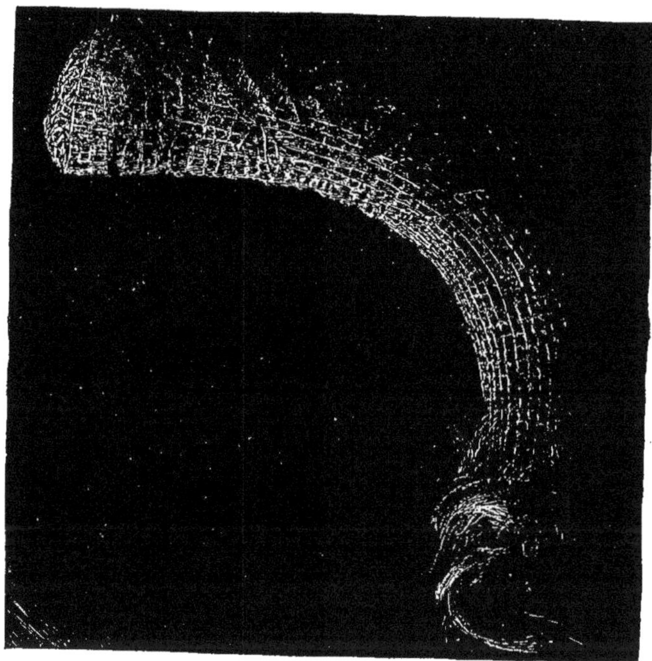

FIG. 464. — *Euplectella aspergillum*.

autres sont digitées (*Ascandra*), en masses compactes et irrégulières (*Euspongia*, Éponge ordinaire).

Chez les Éponges les plus simples, les oscules s'ouvrent à la surface, comme nous l'avons vu plus haut; mais à mesure que l'Éponge devient une colonie plus massive, chaque membre de la colonie devant être traversé par un courant d'eau alimentaire, la masse est sillonnée de nombreux tubes plus ou moins larges et irréguliers dans lesquels s'ouvrent à la fois les pores inhalants et les oscules des individus associés.

Nutrition. — Comme nous l'avons vu, le courant d'eau

pénètre de l'extérieur par les pores inhalants dans la cavité gastrique des Éponges, sous l'action des cellules flagellifères; puis il sort par les oscules, après avoir abandonné les particules alimentaires en suspension dans l'eau.

Le travail de la **digestion** est effectué par les cellules à collerette et autres cellules entodermiques. La **fonction respiratoire** s'accomplit par toutes les cellules directement baignées par l'eau. La **diffusion** des matières assimilables et des gaz se fait dans toute l'épaisseur du mésoderme. L'**excrétion** des produits de désassimilation se fait par un processus analogue.

Relation. — Les Éponges fixées au sol ont une forme variable sous l'influence des contractions de leurs fibres musculaires, lorsqu'elles ont un squelette corné sans spicules ou avec peu d'inclusions dures (*Euspongia*). Si le squelette tégumentaire est abondant, les fibres musculaires sont peu nombreuses et la déformation de l'Éponge est nulle ou à peu près (*Euplectella aspergillum*).

Les éléments nerveux, distribués au voisinage ou autour des ouvertures de l'appareil aquifère, jouent un rôle d'une certaine importance de concert avec l'appareil musculaire.

§ 1. — ÉPONGES CALCAIRES

Squelette composé exclusivement de **spicules calcaires**.

1° Cavité gastrique entièrement tapissée de choanocytes. — *Ascetta* (fig. 463, A, B); cavité gastrique lisse.

2° Cavité gastrique tapissée de choanocytes (dans les corbeilles vibratiles seulement) et de cellules flagellifères aplaties.

    (*a*) Canaux aquifères simples (fig. 463, D).

        Sycetta. — *Sycandra*; spicules de trois sortes. — *Grantia*.

    (*b*) Canaux aquifères ramifiés (fig. 463, E, F).

        Leucetta. — *Leucandra*.

§ 2. — ÉPONGES NON CALCAIRES[1]

Squelette **toujours dépourvu de spicules calcaires** *et composé : soit de spicules siliceux parfois soudés par de la spongine, soit de corps étrangers réunis par de la spongine, soit de fibres de spongine pure ; quelquefois pas de squelette.*

1° Squelette exclusivement siliceux. Spicules à rayons dirigés suivant trois axes rectangulaires.

---

[1]. Inexactement appelées *Éponges siliceuses*, alors qu'un certain nombre n'ont pas de squelette siliceux.

Euplectella; en forme de tube; squelette formé de cordons longitudinaux et transversaux se croisant à angle droit; *E. aspergillum* (fig. 464); Philippines. — *Asconema*; en forme de coupe.

2° Squelette avec des spicules siliceux à 1 axe le plus souvent réunis par de la spongine.

Suberites; corps sphéroïdal. — *Spongilla*; Éponge d'eau douce formant une couche verdâtre sur les bois immergés (portes d'écluses, piliers).

3° Squelette composé ou de spicules cimentés par de la spongine, ou de fibres de spongine.

Esperella; Manche. — *Euspongia*; Éponge massive avec un réseau de fibres cornées. Employée en médecine et pour les usages domestiques.

Sous l'unique dénomination : *E. officinalis*, on comprend l'Éponge fine de toilette originaire de Syrie, l'Éponge brune de Marseille, l'Éponge commune de cheval, etc...

4° Squelette nul.

Halisarca. H. Dujardini; vit sur les côtes de France dont elle recouvre les rochers d'incrustations violettes.

DEUXIÈME SÉRIE

POLYPES (CŒLENTÉRÉS)

Animaux dont le corps ramifié irrégulièrement, ou rayonné, est composé d'un ectoderme et d'un entoderme très nets ; ces deux feuillets sont séparés par un mésoderme rudimentaire. Pas de cavité générale. Une cavité digestive pourvue d'un seul orifice (bouche et anus) entouré de tentacules préhenseurs. Nématocystes dans l'ectoderme.

POLYPES sans palettes ciliées.	Corps formé d'individus libres ou associés en colonies, toujours dépourvus de squelette minéral..............	**Hydroméduses.**
	Corps formé, en général, de colonies d'individus pourvus d'un squelette calcaire ou corné (Polypier).........	**Anthozoaires.**
pourvus de huit rangées méridiennes de palettes ciliées pour la natation................................		**Cténophores.**

Morphologie générale. — La forme de Polype la plus simple est celle de *Protohydra Leuckarti*, sorte de cornet fixé par sa pointe, pourvu à l'autre extrémité d'un orifice servant à la fois de bouche et d'anus.

L'Hydre d'eau douce (fig. 465) présente, autour de la bouche, une couronne de *tentacules* préhenseurs et contractiles, *br* ; elle peut émettre sur ses flancs des bourgeons creux, *bo*, qui tôt ou tard seront eux-mêmes pourvus d'une bouche et contribueront à l'entretien de la jeune colonie. Chaque bourgeon est un *blastozoïde* ; l'individu primitif issu d'un œuf est un *oozoïde* et la colonie entière forme un **hydrozoïde**.

Dans le cas actuel, *tous les blastozoïdes sont identiques*. Mais nombre de Polypes forment des colonies dont les membres ont des attributions diverses résultant d'une division du travail physiologique : les uns, uniquement préhenseurs et tactiles, sont les *dactylozoïdes* ; d'autres, uniquement affectés à la nutrition et pourvus d'un orifice bucco-anal, sont les *gastrozoïdes* ; d'autres enfin, spécialement chargés de la multiplication, sont les *gonozoïdes* (*Hydractinia echinata*, fig. 466).

Ces divers individus sont portés, soit sur une même tige ramifiée, soit sur de véritables stolons rampants dont l'ensemble est appelé *cœnosarque*, protégé par un revêtement chitineux, le *périsarque*.

La réunion des blastozoïdes (individualités anatomiques) a donné une seule individualité physiologique, l'**hydrozoïde**.

Le groupement de dactylozoïdes en cercle autour d'un gastrozoïde, puis la fusion des dactylozoïdes en une cloche ou *ombrelle contractile* dont le gastrozoïde (*manubrium*) occupe le centre : telle paraît être l'origine d'une **méduse**, hydrozoïde nageur dont les individus **formateurs** seraient presque totalement confondus.

Les **méduses** peuvent atteindre une **différenciation** variable, se développer directement ou non. Quelles que soient ces variations,

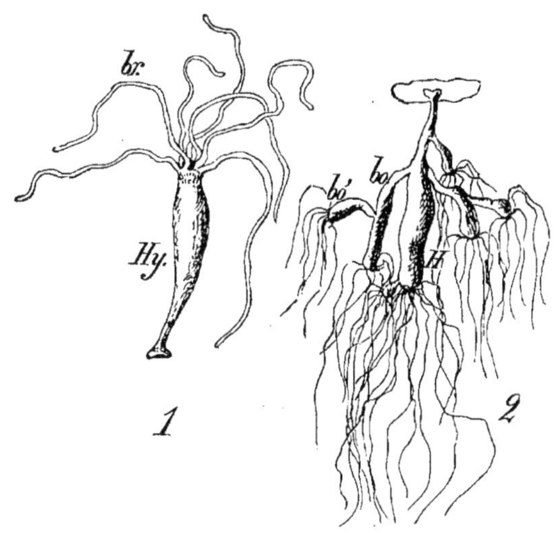

FIG. 465. — *Hydra grisea*. L'Hydre grise, *Hy* (1), abondamment nourrie, forme latéralement des *bourgeons*, *bo*, *bo'* (2) qui se différencient en autant d'individus *semblables*, associés *temporairement*.

le groupe des Polypes qu'elles caractérisent forme l'embranchement des **Hydroméduses**.

Certains Polypes nageurs, possédant une ombrelle *non contractile* sans gastrozoïde central, se meuvent à l'aide de *palettes ciliées* disposées en bandes longitudinales; ils constituent l'embranchement des **Cténophores**.

L'embranchement des **Anthozoaires** se distingue des deux précédents par le développement, dans les tissus des bourgeons formateurs, d'un abondant squelette calcaire qui forme un *polypier* persistant alors que les organismes constructeurs ont disparu.

Structure générale interne. — Les tissus des Polypes forment deux couches distinctes : l'*ectoderme* et l'*entoderme*, que sépare un *mésoderme* représenté par une mince lamelle de soutien.

Dans l'ectoderme se trouvent des *cellules urticantes* pourvues d'un *fil urticant*; l'ensemble de ces cellules constitue un appareil de défense précieux pour tout Polype attaqué[1].

Les *cellules entodermiques*, disposées en une assise unique le plus souvent, revêtent la cavité gastrique et les tubes du cœnosarque ; dans la cavité gastrique où elles jouent plus particulièrement un rôle digestif, *elles émettent, par leur surface*

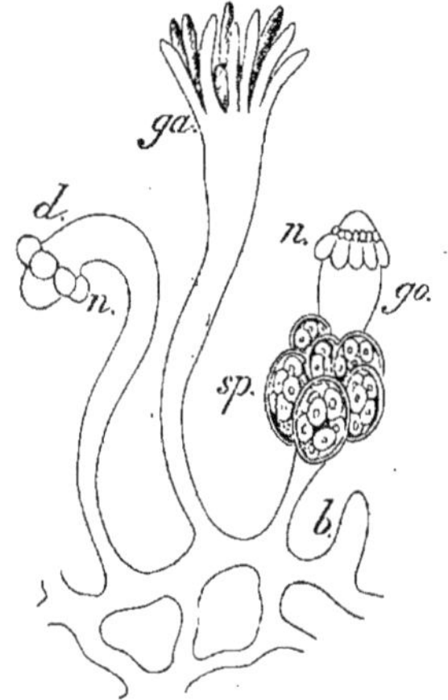

Fig. 466. — *Hydractinia echinata.* Colonie d'individus différenciés en vue de fonctions variées. *ga*, gastrozoïdes ; *d*, dactylozoïdes avec batteries de nématocystes, *n* ; *go*, gonozoïdes.

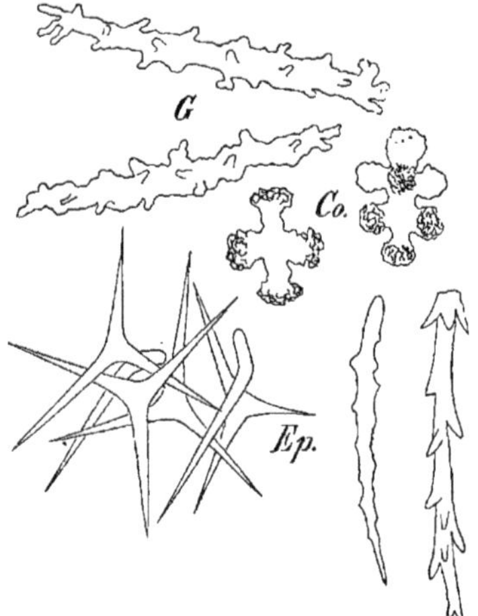

Fig. 467. — Spicules de Polypes (*G.* Gorgone ; *Co*, Corail) et d'Éponges, *Ép*.

libre, des prolongements amiboïdes qui capturent les particules alimentaires et les digèrent.

La *mésoglée mésodermique*, très mince d'ordinaire, atteint une notable épaisseur dans l'ombrelle des Méduses et s'incruste, chez les Anthozoaires, de spicules calcaires d'origine ectodermique (fig. 467) qui y ont émigré et s'y entrecroisent.

Nutrition. — La plupart des Polypes sont pourvus de tentacules préhenseurs, garnis de cellules urticantes. Les matières alimentaires, introduites par l'orifice bucco-anal, sont soumises à l'action des sucs digestifs sécrétés par les glandes de l'entoderme; l'eau dilue les matières nutritives ainsi préparées qui sont mises en circulation, par des cellules ciliées, dans les canaux

---

1. L'irritation de l'ectoderme par le contact d'un corps étranger, perçue par les cellules nerveuses voisines, a pour effet la brusque dévagination du fil urticant qui pénètre dans le corps excitateur.

gastro-vasculaires du cœnosarque et distribuées dans toute la colonie.

Les petites particules alimentaires en suspension dans l'eau peuvent être englobées directement par les pseudopodes lobés qu'émettent les cellules de l'entoderme.

Les produits d'excrétion sont rejetés par l'orifice bucco-anal.

Relation. — Le développement de cellules musculaires, la présence, à la base de l'ectoderme, d'une couche nerveuse dont les cellules ganglionnaires sont en rapport avec des cellules sensitives superficielles et avec les cellules musculaires ; l'apparition de véritables organes des sens (*corpuscules marginaux*) permettent à tous les Polypes d'explorer le milieu ambiant, d'y recevoir des impressions et d'accomplir tous les mouvements propres à assurer leur nutrition et leur sécurité.

§ I. — HYDROMÉDUSES

Corps formé d'individus [hydromérides, méduses] libres ou plus ou moins intimement associés en colonies toujours dépourvues de squelette minéral.

Nous désignons ici par *hydromérides* les éléments formateurs d'un hydrozoïde (oozoïde et blastozoïdes).

Les Hydroméduses forment trois classes importantes : les **Hydroïdes**, les **Acalèphes** et les **Siphonophores**.

I. — HYDROÏDES

Polypes fixés en général, composés d'hydromérides isolés ou associés soit entre eux, soit avec des méduses craspédotes. [Ces dernières ont une ombrelle en cloche dont le bord est garni d'un velum et d'organes sensitifs libres.] Cavité gastrique sans cloisons.

Description extérieure. — L'Hydre d'eau douce est une sorte de sac (fig. 468) dont l'orifice bucco-anal, *b*, entouré de tentacules préhenseurs, *br*, donne accès dans une cavité gastrique, *c.g*, sans cloisons, elle-même limitée par le pied de l'animal. Les tentacules contractiles, organes de préhension, mais

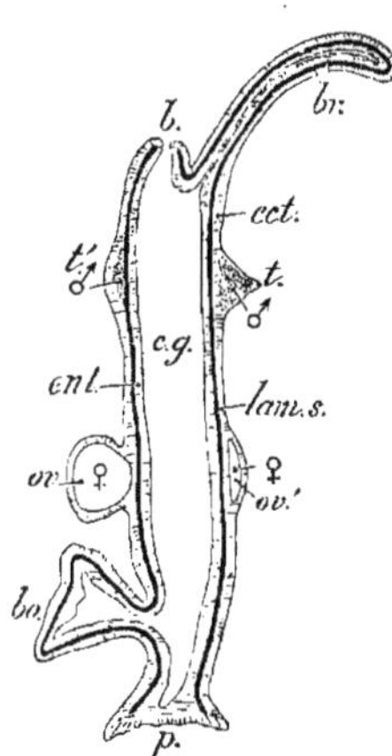

Fig. 468. — Hydre. *b*, orifice bucco-anal ; *c.g*, cavité gastrique ; *br*, bras ; *p*, disque pédieux ; *cct*, ectoderme ; *ent*, entoderme ; *lam.s.*, lame mésodermique ; *bo*, bourgeon.

aussi de tact et de défense, sont creux dans cette espèce (par exception) et communiquent avec la cavité gastrique.

Sous l'influence d'une nourriture abondante, l'Hydre peut bourgeonner et les bourgeons, *bo*, tous identiques à l'organisme mère, demeurent parfois associés (fig. 465, 2), mais deviennent le plus souvent indépendants.

Chez nombre d'Hydraires marins, l'association est la règle; l'individu issu d'un œuf (*oozoïde*) donne presque toujours des bourgeons différenciés en vue de fonctions déterminées : *gastrozoïdes* nourriciers, *dactylozoïdes* défenseurs, *gonozoïdes* reproducteurs : *Hydractinia echinata* (fig. 466), *Podocoryne*, *Syncoryne*, etc.

Méduses craspédotes des Hydroïdes. — La forme la plus parfaite atteinte par une méduse d'Hydroïde consiste en une cloche molle, l'*ombrelle*, *om* (fig. 469), au fond de laquelle est suspendu comme un battant le *manubrium*, *man*; celui-ci est pourvu d'une bouche, *b*, à son extrémité. Sur les bords de l'ombrelle contractile sont insérés des tentacules, *ten*, et une membrane lamellaire également contractile (*velum*, *vel*), percée d'un orifice plus ou moins large qui rétrécit l'ouverture de l'ombrelle.

La bouche donne accès dans une cavité gastrique située au niveau du pied du manubrium, cavité d'où rayonnent *des canaux gastro-vasculaires, c.ga.r*,

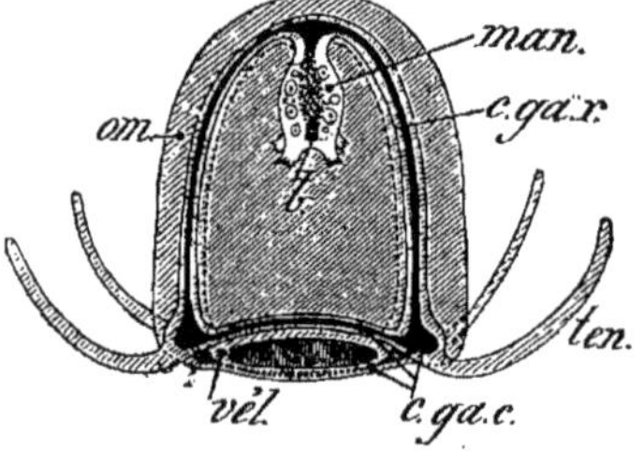

Fig. 469. — Méduse craspédote de *Podocoryne carnea*. *c.ga.r* et *c.ga.c*, canaux gastro-vasculaires radiaire et circulaire ; *om*, ombrelle; *vel*, velum; *ten*, tentacule; *man*, manubrium ; *b*, bouche.

orientés suivant des méridiens, près de la face interne de l'ombrelle; ces canaux radiaires, au nombre de 4 en général, débouchent dans un *canal circulaire*, *c.ga.c*, qui suit tout le bord de l'ombrelle.

C'est généralement en face des canaux radiaires que sont insérés certains des tentacules qui bordent l'ombrelle. Au nombre de 4 dans la méduse de *Podocoryne carnea*, les tentacules peuvent être beaucoup plus nombreux : 8, 12, 16, 24, etc.

Le bord de l'ombrelle porte des organes des sens (*ocelles*, *otocystes*) qui ne coexistent jamais dans la même espèce. Les *ocelles* sont situés à la base des tentacules, en général. Les *otocystes* sont insérés entre les tentacules (fig. 185, B).

Les filets nerveux qui aboutissent à ces organes proviennent d'un système nerveux central composé de deux anneaux superposés et courant dans l'ectoderme, sur tout le bord de l'ombrelle.

1° *Pas de périsarque ; tentacules creux verticillés. Bourgeons latéraux du corps devenant libres à maturité.*

Hydra (Hydre, fig. 465) ; fixée temporairement sur les plantes vivant dans les eaux douces.

2° *Périsarque formant des calices qui abritent les gastrozoïdes et les gonophores. Méduses apla-ties, discoïdes.*

Sertularia (fig. 470) ; colonies en forme de plumes.

Campanularia (fig. 471).

3° *Périsarque protégeant seulement le cœnosarque sans for-*

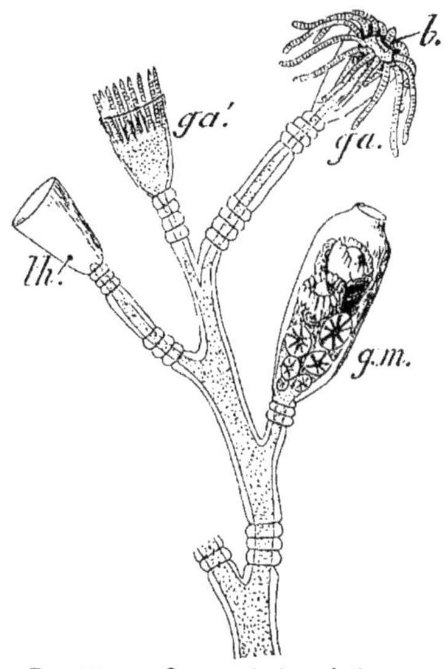

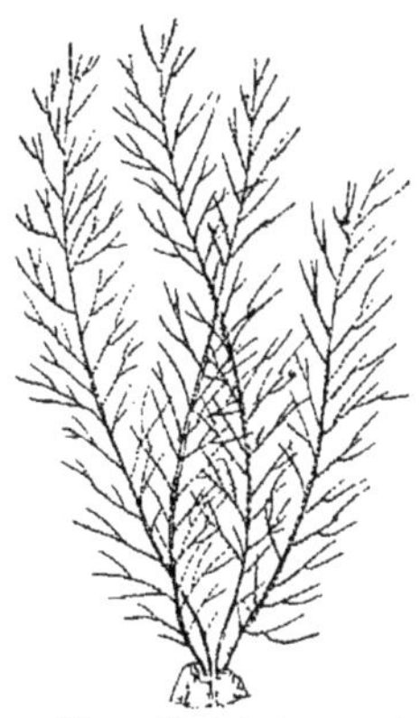

Fig. 470. — *Sertularia argentea.*

Fig. 471. — *Campanularia gelatinosa. ga,* gastrozoïde épanoui montrant la bouche, *b; ga',* gastrozoïde retiré dans l'hydrothèque, *th; g.m,* gonozoïdes.

mer de calices protecteurs pour les gastrozoïdes ou les gonophores. Méduses en cloche.

Hydractinia echinata (fig. 466) ; commensal des Pagures, vivant sur la coquille qu'ils habitent ; pas de méduses. — *Podocoryne.*

II. — ACALÈPHES

Méduses nageuses ou fixées, acraspèdes (sans velum) ; pas d'anneau nerveux continu.

Description générale. — Les Méduses de ce groupe, *qui en constituent les organismes adultes, sont toutes dépourvues de velum* (d'où leur nom d'*Acraspèdes*).

L'*Aurelia aurita* (fig. 472) est une Méduse discoïde, dont le bord, découpé en 8 lobes, présente dans les incisures 8 corpuscules marginaux, *co.m,* protégés par un capuchon ; des tentacules courts et nombreux, *t.m*, y forment une frange. Au milieu de la face sous-ombrellaire est disposé un manubrium court que prolongent 4 bras plissés, *br*, excavés en gouttière[1].

La bouche *b*, située au point de convergence des gouttières, donne accès dans une cavité gastrique d'où partent de nombreux canaux gastro-vasculaires, les uns simples, *c.an*, *c.in*, *c.g*, les autres ramifiés, tous aboutissant à un canal circulaire, *c.ci*, voisin du bord de l'ombrelle.

Le système nerveux, moins parfait que chez les Méduses craspédotes, consiste seulement en amas de cellules neuro-épithéliales avec des fibrilles nerveuses, situées au voisinage des *corpuscules marginaux*; pas d'anneau nerveux continu.

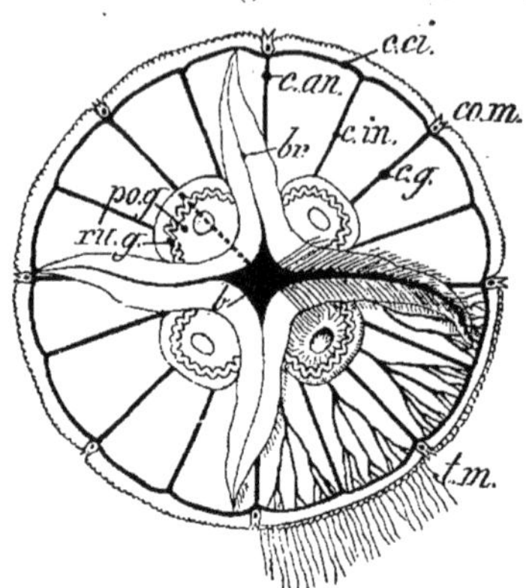

Fig.472.— Vue schématisée d'*Aurelia aurita* du côté buccal. *br*, bras; *b*, bouche. Canaux gastro-vasculaires: *c.an*, canaux angulaires; *c.g.* canaux génitaux; *c.in*, canaux intermédiaires; *c.ci*, canal circulaire. *co,m*, corpuscules marginaux; *t.m*, tentacules marginaux.

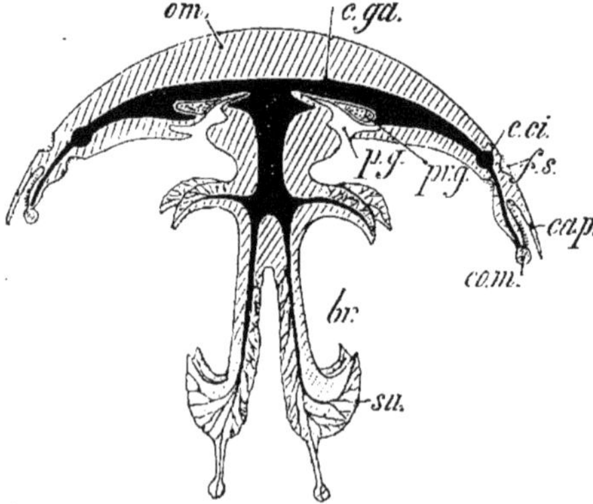

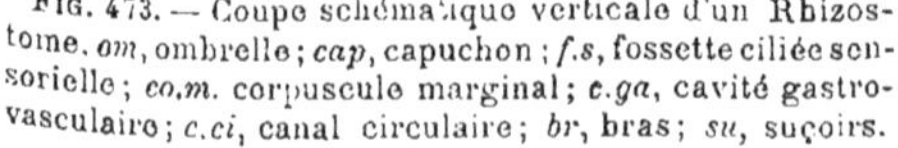

Fig. 473. — Coupe schématique verticale d'un Rhizostome. *om*, ombrelle; *cap*, capuchon; *f.s*, fossette ciliée sensorielle; *co.m.* corpuscule marginal; *c.ga*, cavité gastro-vasculaire; *c.ci*, canal circulaire; *br*, bras; *su*, suçoirs.

Fig. 474. — *Lucernaria*.

1° *Méduses à ombrelle profonde*.

Charybdæa; libre. —

Lucernaria (fig. 474); fixée; 8 bras creux portant des faisceaux de tentacules.

---

1. Chez les Rhizostomes (fig. 473), les bras se divisent en 8 tentacules, *br*, creusés en gouttière et bordés de replis frisés. Ces replis se soudent en formant un grand nombre de canaux : sortes de suçoirs, *su*, qui communiquent avec l'extérieur d'une part et, de l'autre côté, avec un canal central situé dans chaque tentacule. Les canaux tentaculaires s'ouvrent dans la cavité gastrique, *c.ga*; la bouche a disparu.

2° *Méduses à ombrelle aplatie.*

(*a*) 4 bras buccaux; une ouverture buccale en croix.

Pelagia (fig. 475); très longs tentacules. — *Aurelia* (fig. 472); courts tentacules.

(*b*) 8 bras buccaux percés de nombreux petits suçoirs; canaux

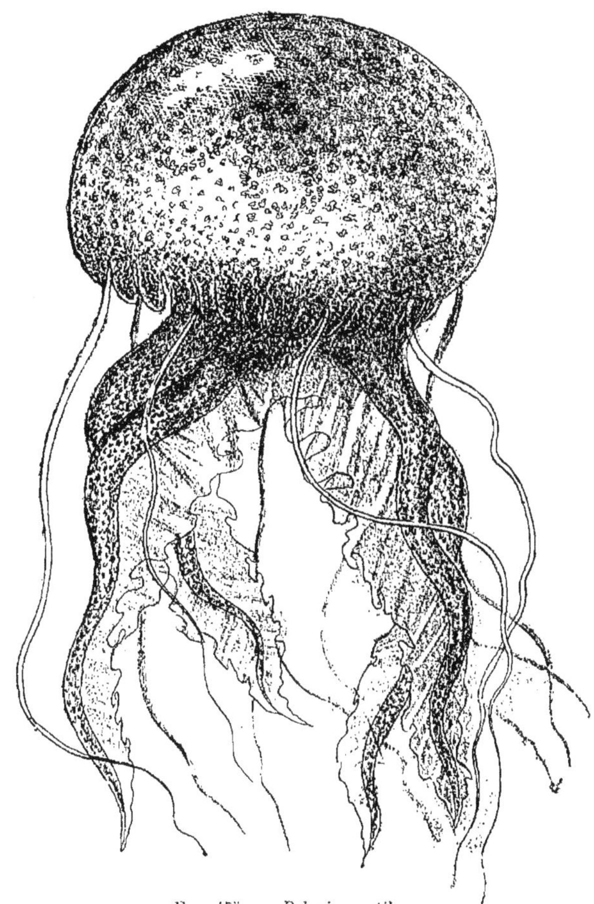

Fig. 475. — *Pelagia noctiluca.*

radiaux ramifiés et réunis par un canal circulaire. Pas de tentacules.

Rhizostoma (fig. 473); suçoirs dorsaux sur des bras simples.

III. — SIPHONOPHORES

Polypes flottants constitués par des hydromérides et des méduses variés, étagés le long d'une tige creuse.

Caractères généraux. — La différenciation des individus constituant ces colonies flottantes est poussée plus loin que

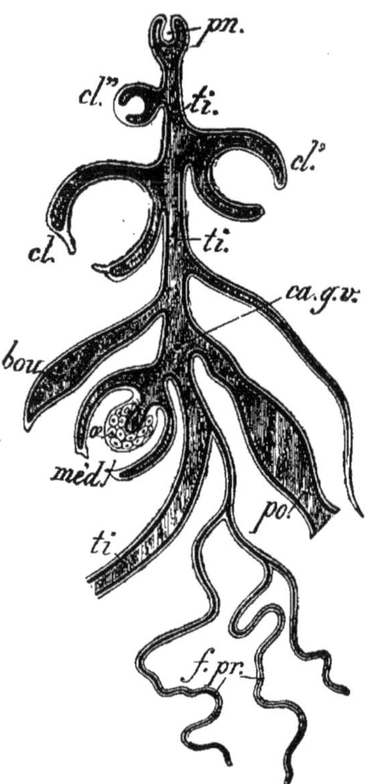

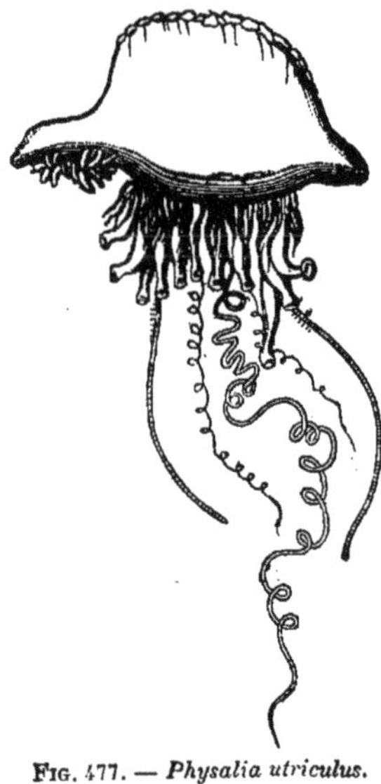

Fig. 477. — *Physalia utriculus.*

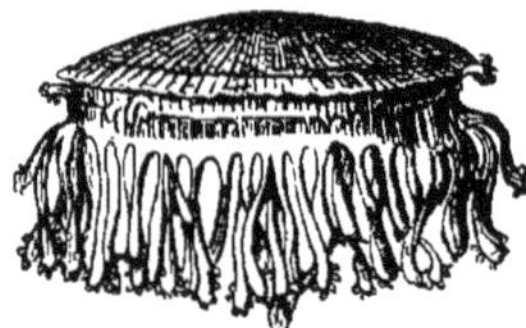

Fig. 476. — Siphonophore (figure théorique). *pn*, pneumatophore : *ti*, tige ; *ca.g.v*, cavité gastro-vasculaire ; *cl*, *cl'*, *cl''*, cloches natatoires ; *po*, polype ; *méd.* méduse ; *bou*, bouclier ; *f.pr*, filaments pêcheurs.

Fig. 478. — *Porpita mediterranea* ; vue latérale montrant les nombreux polypes disposés sur la face inférieure d'un disque circulaire très aplati.

chez les autres Polypes. On y trouve, en effet : des *dactylozoïdes* ou longs filaments pêcheurs, *f. pr* (fig. 476) ; des *gastrozoïdes* nourriciers, *po* ; des *phyllozoïdes* protecteurs (écailles, boucliers, *bou*) ; des appareils médusiformes affectés à la natation (*cloches natatoires, cl, cl', cl''* ; pneumatophore, *p. n*, etc.).

1° Les hydromérides et les méduses sont portés par le manubrium de la méduse initiale.

Physophora (fig. 476); petit pneumatophore; 2 rangs de cloches natatoires.

Physalia (fig. 477); un pneumatophore très vaste; pas de cloches natatoires.

2° Les hydromérides naissent en cercles concentriques sur la sous-ombrelle de la méduse initiale.

Porpita (fig. 478); disque circulaire.

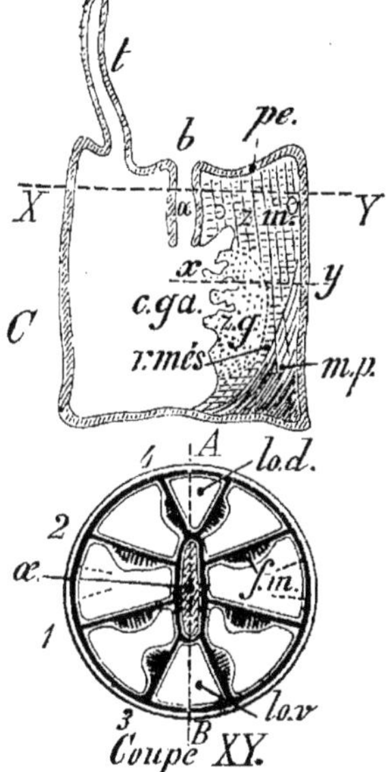

Fig. 479. — Coupes schématiques à travers un Polype Coralliaire (*Bunodes*). — C; coupe longitudinale montrant la structure d'un septum à droite. *b*, bouche; *œ*, œsophage; *c.ga*, cavité gastrique; *pe*, péristome; *r.més*, repli mésentéroïde; *z.m*, zone musculaire présentant des orifices qui assurent la communication latérale des loges; *z.g*, zone génitale; *m.p*, muscle pariétal. — *Coupe XY*, *AB*, plan de symétrie; *œ*, œsophage; *1,2,3,4*, septa complets reliant la paroi latérale à l'œsophage et subdivisant la cavité gastrique en loges (qui communiquent toutes entre elles au-dessous de l'œsophage); les numéros indiquent l'ordre d'apparition des septa. *lo.d*, loge dorsale; *lo.v*, loge ventrale; *f.m*, fanons musculaires saillants dans les loges latérales.

§ 2. — ANTHOZOAIRES

Corps formé d'individus isolés ou de colonies d'individus sécrétant en général un squelette calcaire ou corné (polypier).

La plupart des Anthozoaires appartiennent au groupe des **Coralliaires**.

Forme générale d'un Coralliaire. — Un Polype Coralliaire (fig. 479) consiste en un sac tubuliforme dont la face supérieure est percée d'un orifice, la bouche, *b*; des tentacules creux, *t*, sont insérés près du bord du *péristome*, *pé*, membrane qui s'étend de la bouche à la paroi latérale.

La bouche a la forme d'une fente elliptique dont le grand axe est contenu dans le *plan vertical de symétrie* du corps (*symétrie bilatérale* réelle, visible sur la coupe transversale XY dont le plan de symétrie est AB). L'orifice buccal donne accès dans l'œsophage, *œ*, puis dans la cavité gastrique, *c.ga*, où le tube œsophagien fait saillie. La cavité gastrique est divisée en *loges* par des cloisons rayonnantes (*septa* ou *replis mésentéroïdes, r.més*) qui s'avancent depuis la paroi latérale jusqu'au tube œsophagien [*septa complets*, 1, 2, 3, 4 (coupe *XY*)] ; d'autres cloisons (*septa incomplets*, non figurés sur la coupe) ne parviennent pas jusqu'à l'œsophage et divisent les premières loges en compartiments plus ou moins nombreux.

Les septa complets ont un bord libre qui s'étend de l'extrémité du tube œsophagien jusqu'au fond de la cavité gastrique, de sorte que les grandes loges qu'ils limitent latéralement communiquent toutes entre elles par la partie médiane de la cavité gastrique. Au sommet de chaque loge s'ouvre la cavité du tentacule qui la surmonte.

Deux formes fondamentales se rencontrent parmi les **Corallières** :

le type *Zoanthaire* ou *Hexactiniaire*, dont le nombre des tentacules et des loges est 6 ou un multiple de 6 (fig. 480) ;

le type *Alcyonnaire* ou *Octactiniaire*, dont le nombre des tentacules et des loges est 8 (fig. 481).

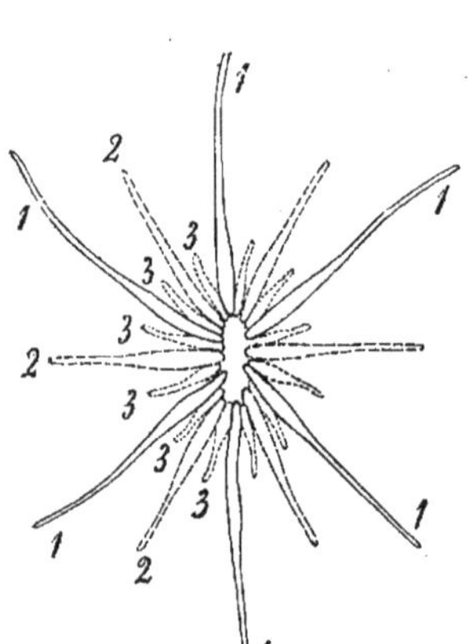

FIG. 480. — Position et importance relatives des tentacules d'une Actinie. 1, 2, 3, etc., ordre d'apparition des tentacules.

FIG. 481. — *Corallium rubrum* (Corail). Sur le polypier, *po*, sont disposés un grand nombre de polypes, *p*, *tous semblables*.

Squelette des Coralliaires. — Nul chez les Actinies, le squelette de la plupart des Coralliaires est calcaire.

1° **Zoanthaires.** — Le développement du squelette chez un Polype encore à l'état larvaire se traduit par les faits suivants : la formation d'une *lame basilaire* dans l'épaisseur de la paroi d'attache du Polype au substratum ; l'apparition de *lames verticales rayonnantes d'origine ectodermique et occupant le milieu des loges* du Polype (ces lames sont simples vers le centre et bifurquées à la périphérie de l'animal) ; la soudure des lames à la périphérie avec formation d'une enveloppe cylindrique appelée *muraille*.

Base, muraille latérale, lames rayonnantes (fig. 482) : telles sont les parties fondamentales du squelette.

Viennent s'y ajouter d'ordinaire : la *columelle*, *col*, colonne qui occupe l'axe du Polype, à laquelle se soudent les lames rayonnantes, par leur base tout au

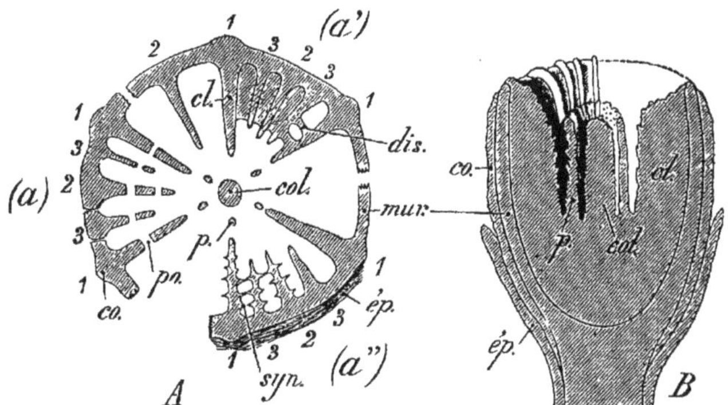

Fig. 482. — Squelette d'un Madréporaire simple. — A ; coupe transversale. — B ; coupe longitudinale médiane. (*a*), Perforé ; (*a'*), Imperforé ; (*a''*), Synapticulé ; 1, 2, 3, etc., ordre d'apparition des cloisons, *cl* ; *mur*, muraille ; *col*, columelle ; *p*, palis ; *dis*, dissépiments ; *syn*, synapticules ; *po*, pores ; *ép*, épithèque ; *co*, côte.

moins ; les *palis*, *p*, colonnettes verticales disposées autour de la columelle ; les *synapticules*, *syn*, lamelles insérées perpendiculairement sur les lames et pouvant se souder elles-mêmes entre elles.

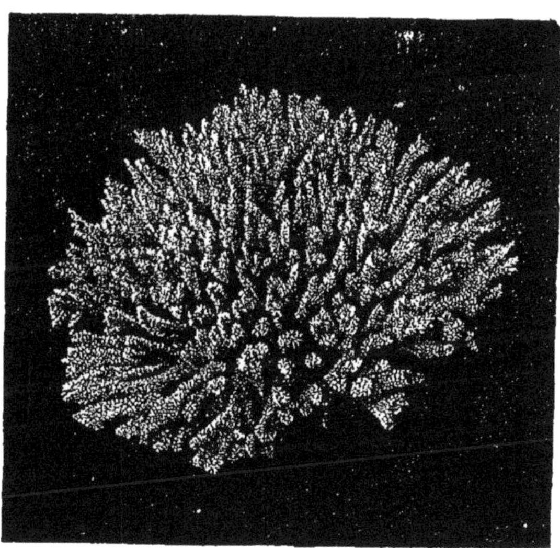

Fig. 483. — *Madrepora verrucosa*.

Cet ensemble minéral forme le *polypier dont les diverses parties ont une origine ectodermique*.

Chez les *Madréporaires* coloniaux (fig. 483), des incrustations extérieures aux calices des divers Polypes les soudent en un tout appelé *cœnenchyme*.

Chez les *Madréporaires perforés* (fig. 482, *a*), le cœnenchyme est traversé par une foule de fins canalicules où sont logés les canaux du cœnosarque qui assurent la nutrition générale de la colonie ; ces canalicules n'existent pas dans le cœnenchyme des *Madréporaires imperforés* (*a'*).

2° **Alcyonnaires.** — Leur squelette est composé soit de spicules calcaires épars (*Alcyonum*), soit de spicules et de lames calcaires ou cornées. Entièrement calcaire chez le Corail (fig. 481), le polypier consiste, chez la Pennatule, en une tige calcaire mince ; chez les Tubipores, ce sont des tubes parallèles dont l'ensemble est comparable à un jeu d'orgues.

En aucun cas, le polypier des Alcyonnaires ne se développe en lames associées, comme chez les Zoanthaires

1° HEXACORALLIAIRES (ZOANTHAIRES)

6 *systèmes de lames*.

(**a**) **Madréporaires**. — Hexacoralliaires pourvus d'un *polypier*

1° **Madréporaires perforés.** — Polypier calcaire dont les mailles sont traversées par des canaux de communication entre les cavités des Polypes associés. Cloisons et muraille criblées de trous.

Madrepora (fig. 483). — *Dendrophyllia* (fig. 173) ; grands calices cylindriques.

2° **Madréporaires imperforés.** — Muraille et lames sans perforations.

Astræa ; formes très nombreuses présentant entre les lames des tables qui subdivisent horizontalement les

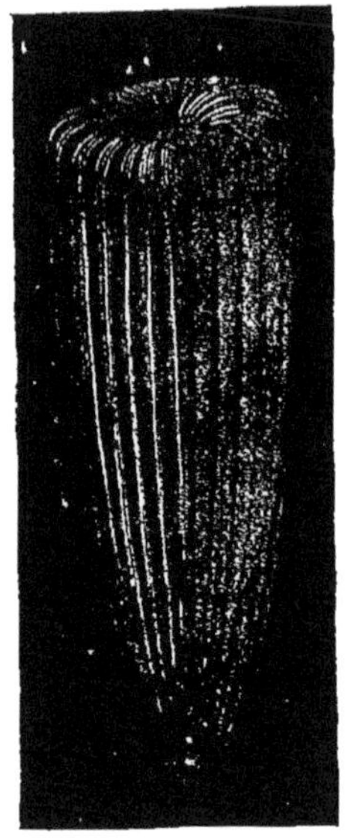

Fig. 484. — *Caryophylla clavus*

chambres du polypier. — *Meandrina* ; calices confluents, produisant des vallées séparées par de longues collines à une crête formées par les murailles soudées. — *Caryophyllia* (fig. 484), Polypes isolés.

(**b**) **Actiniaires.** — *Pas de squelette.* Ils se fixent ordinairement sur les rochers par un disque pédieux.

Actinia (fig. 485); tentacules courts, rétractiles.

A. equina pourpre ou verte est abondante sur les rochers des côtes de France.

Anemonia; tentacules longs, non rétractiles. — *Bunodes*:

FIG. 485. — Diverses formes d'Actinies.

FIG. 486. — *Gorgonia verrucosa*.

FIG. 487. — *Veretillum cynomorium*.

paroi couverte de verrues. — *Adamsia*; se fixe sur les coquilles de Buccin habitées par les Pagures.

2° OCTOCORALLIAIRES (ALCYONNAIRES)

Huit loges surmontées de 8 tentacules bipennés.

(a) **Coralliacés**. — Polypier pourvu d'un axe calcaire compact et continu. — *Corallium* (Corail).

Le corail employé en bijouterie est formé par le polypier du *Corallium rubrum* (Corail rouge). Il existe plusieurs variétés de corail basées sur la couleur du polypier ; le corail rose est le plus estimé (côtes de Syrie) ; le corail rouge se pêche beaucoup sur les côtes d'Algérie et de Tunisie, à l'aide de *fauberts* qui le détachent de la surface inférieure des rochers. On trouve aussi du corail blanc et du corail noir ; cette dernière variété résulte de la décomposition de la matière organique enclavée dans le polypier.

(*b*) **Gorgonacés.** — Polypier axial, dressé, ramifié, composé de spicules calcaires libres ou unis par une substance cornée ; quelquefois squelette entièrement corné.

Gorgonia (fig. 486) ; axe corné non calcifié ; polypier ramifié.

(*c*) **Pennatulacés**. — Colonies libres, portées par une extrémité sans Polypes, enfoncée dans le sable ou la vase.

Veretillum (fig. 487) ; tige cylindrique sans axe squelettique ; spicules courts. — *Pennatula* ; aspect d'une plume d'oie : tige courte et massive.

§ 3. — CTÉNOPHORES

Polypes nageurs, transparents, ne bourgeonnant jamais ; ils se meuvent à l'aide de palettes ciliées disposées suivant 8 rangées longitudinales.

Ce groupe, peu important, ne comprend que des animaux marins, vivant principalement dans les climats chauds.

TROISIÈME SÉRIE

ÉCHINODERMES

Animaux dont le corps possède une symétrie radiaire alliée à une symétrie bilatérale plus ou moins nette. Mésoderme calcifié. Une **cavité générale** *sépare le tube digestif autonome de la paroi du corps. Un système ambulacraire constitue l'appareil de locomotion.*

Les Échinodermes sont donc notablement supérieurs aux animaux étudiés jusqu'ici, par leur mésoderme très net et un tube digestif véritable ; ils sont *dépourvus de nématocystes* (éléments qui demeurent caractéristiques de la série des Polypes).

ÉCHINODERMES			
Pas d'appareil absorbant.Corps étoilé ou pentagonal..........	**Anangiés** *(Astéroïdes)*	Bras d'importance essentielle se touchant par leur base.............	*Stellérides.*
		Bras d'importance secondaire, indépendants à la base..............	*Ophiurides.*
Canaux absorbants autour du tube digestif...	**Angiophores**	Corps globuleux ou discoïdal............	*Échinides.*
		Corps sacciforme à tégument mou............	*Holothurides.*
		Corps caliciforme...... = *Crinoïdes.*

Morphologie générale. — Le corps des Échinodermes présente une symétrie radiaire, plus ou moins voilée par une symétrie bilatérale. Les parties semblables sont généralement au nombre de 5, disposées autour de l'axe du corps dont l'une des extrémités est presque toujours occupée par la bouche ; l'anus est situé à l'opposé chez la plupart des Échinides et des Holothurides.

On appelle *bras*, *rayons*, *fuscaux*, les parties symétriques du corps ; *radius*, le demi-méridien qui passe par le milieu d'un bras ou d'un rayon ; *interradius*, le demi-méridien situé au milieu de l'espace qui sépare deux bras ou deux rayons consécutifs.

Parfois l'une des parties acquiert sur les autres une prédominance marquée et la symétrie bilatérale apparaît nettement.

L'étude qui suit se rapporte au groupe des **Échinides**.

Échinides. — Mieux connus sous le nom d'*Oursins, ces animaux* ont une forme globuleuse ou discoïdale (fig. 488), le corps hérissé de piquants soutenus par un test calcaire continu. Si l'on supprime les piquants, on distingue, sur le test mis à nu d'un Oursin régulier (fig. 489, A), 10 zones dont 5 plus étroites et 5 plus larges ; les 5 zones étroites dites *zones ambulacraires, z.am,* présentent, de chaque côté du radius, deux rangées de pores fins servant au passage de *tubes ambulacraires*; les 5 zones larges sont

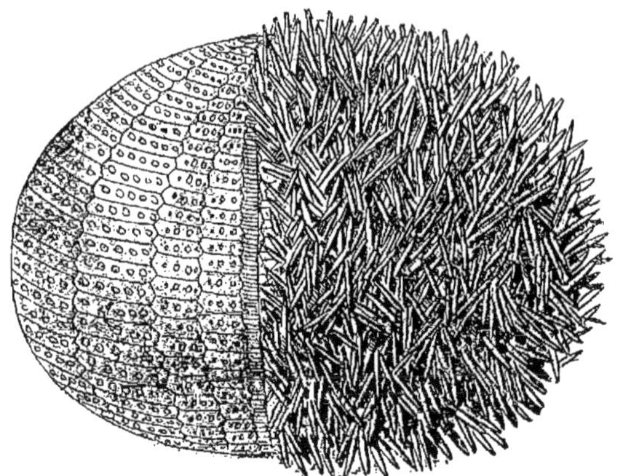

Fig. 488. — *Sphærechinus esculentus.*

dites *zones interambulacraires, z.in*, formées de plaques pentago-

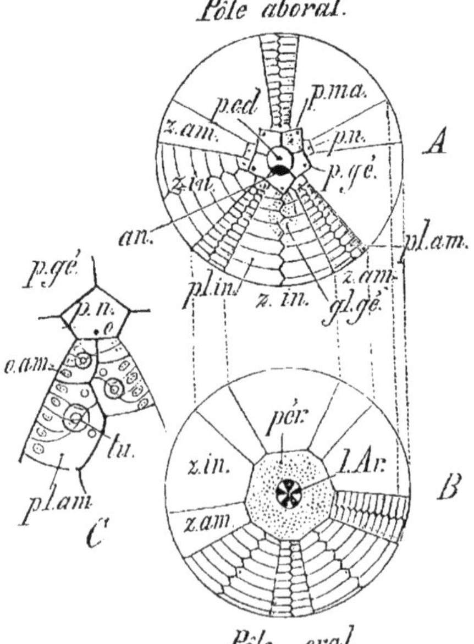

Fig. 489. — Test d'Oursin schématisé. — A; pôle aboral. — B; pôle oral. — *p. c. d*, plaque centrodorsale; *an*, anus; *p.ma*, plaque madréporique; *p.gé*, plaques génitales; *p.n*, plaques neurales; *z.am*, zones ambulacraires; *z.in*, zones interambulacraires; *pl.am*, *pl.in*, plaques ambulacraires et interambulacraires; *pér*, péristome; *l.Ar*, lanterne d'Aristote dont on ne voit que les dents saillantes dans l'orifice buccal. — C; quelques plaques ambulacraires, *pl.am*, montrant les tubercules, *tu*, et les orifices des ambulacres, *o.am*, disposés par paires; *p.n*, plaque neurale et l'orifice *o* par lequel le nerf qui y aboutit communique avec le réseau nerveux superficiel.

nales plus grandes que celles des zones ambulacraires et hérissées de gros mamelons (C).

Les Échinides sont donc bien formés de 5 segments qui, chez les Oursins réguliers, rayonnent autour d'un axe longitudinal passant par la bouche au milieu de la *face orale* ou *ventrale* (B) et par l'anus, *an*, au milieu de la *face aborale ou dorsale* (A).

La symétrie radiaire s'efface devant la symétrie bilatérale chez les Oursins irréguliers (*Clypeaster*, *Spatangus*); chez les Spatangues, la bouche, *bo* (fig. 490), tout en demeurant sur la face ventrale, se porte en avant dans un radius qui détermine le plan de symétrie bilatérale; l'anus, *an*, quittant la face dorsale, se porte sur la face ventrale en arrière, dans le plan de symétrie. En même temps, *trois* des zones ambulacraires sont situées dans la région antérieure du corps qui devient le *trivium*; les *deux* autres sont contenues dans la région postérieure appelée *bivium*.

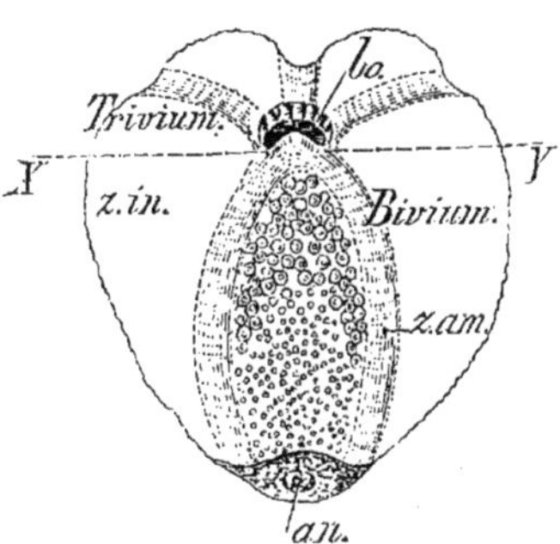

FIG. 490. — *Schizaster* vu par la face ventrale; *bo*, bouche en haut; *an*, anus; *XY*, plan de séparation du *bivium* et du *trivium*.

Structure de la paroi du corps.

— La paroi du corps comprend trois couches; une couche épithéliale externe, une couche conjonctive fibro-cellulaire et une couche épithéliale interne.

C'est dans la *couche conjonctive* mésodermique que se dépose le calcaire, dans les mailles d'un réseau organique anhiste appelé *tissu calcifère*.

Squelette. — Le test calcaire, continu chez les Oursins, est facile à décrire en particulier chez les *Oursins réguliers*. Il a pour centre l'*appareil apical* situé au pôle aboral (fig. 489, A).

L'appareil apical comprend : une plaque *centro-dorsale*, *p.c.d*, cinq plaques *génitales* ou *basales*, *p.gé*, et cinq plaques *neurales* ou *radiales*, *p.n.* (Ces dernières occupent les angles que laissent entre elles les plaques génitales). La *plaque centro-dorsale* est entourée, chez la plupart des Échinides, par une membrane incrustée de calcaire appelée *périprocte*, que traverse l'anus, *an*. Les *plaques génitales* forment la base des zones interambulacraires, *z.in*; l'une d'elles, plus grande que les 4 autres, est la *plaque madréporique*, *p.ma*, ou *plaque hydrophore*, percée d'une foule de pores aboutissant dans un canal hydrophore; les autres sont pourvues d'un orifice par où s'échappent les produits émanant des *glandes génitales*, *gl.gé*, sous-jacentes aux zones interambulacraires. Les *plaques neurales*, plus petites que les précédentes, forment la base des zones ambulacraires, *z.am*; elles présentent aussi un orifice, *o* (fig. 489, C), par lequel passe un filet nerveux qui assure la communication du nerf ambulacraire sous-jacent avec le plexus nerveux superficiel.

Les 5 zones ambulacraires sont plus étroites que les 5 zones interambulacraires ; toutes 10 rayonnent à partir de la rosette apicale et se terminent à la périphérie du *péristome*, *pér* (B),

membrane incrustée de calcaire qui entoure la bouche. Limitées par des lignes suturales droites, les 10 zones sont constituées chacune par deux rangées de plaques pentagonales ; les plaques ambulacraires, *pl.am*, beaucoup plus petites que les autres, *pl.in.* sont pourvues, près de leur bord externe, de doubles pores, *o.am* (C), servant au passage des tubes ambulacraires.

Cette disposition régulière de la rosette apicale et des zones se modifie profondément chez les Oursins irréguliers.

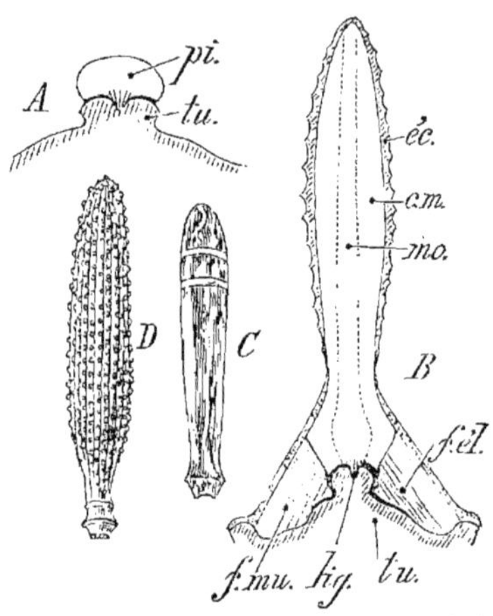

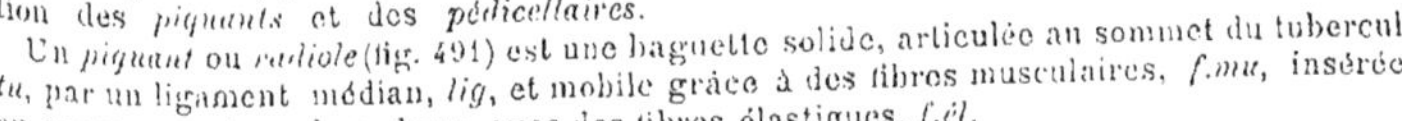

FIG. 491. — Piquants de Cidaridés. — A, B, deux stades du développement ; *tu*, tubercule ; *pi*, piquant ; *lig*, ligament ; *f.él*, fibres élastiques ; *f.mu*, fibres musculaires. *mo*, moelle ; *c.m*, couche moyenne : *éc*, écorce du piquant.

Les plaques pentagonales qui composent le test des Oursins sont hérissées de tubercules, les uns plus gros, les autres plus petits (réduits parfois à de simples granules) qui servent à l'articulation des *piquants* et des *pédicellaires*.

Un *piquant* ou *radiole* (fig. 491) est une baguette solide, articulée au sommet du tubercule *tu*, par un ligament médian, *lig*, et mobile grâce à des fibres musculaires, *f.mu*, insérées en couronne autour de sa base, avec des fibres élastiques, *f.él*.

Comme les autres pièces du squelette, le piquant est constitué par un réseau calcaire dont les mailles assez régulières sont remplies de tissu vivant.

Les *pédicellaires* sont des organes de préhension que nous envisagerons à propos des organes des sens.

Cavité générale. — Les Échinodermes sont les premiers animaux que nous trouvons pourvus d'une cavité générale ; celle-ci est remplie d'un liquide un peu albuminoïde et coagulable, renfermant des cellules amiboïdes en suspension.

Nutrition. — Digestion. — La bouche des Oursins est tantôt centrale (Oursins réguliers), tantôt portée en avant (*Schizaster*, fig. 490) ; elle est pourvue, chez les premiers seulement, d'un appareil de mastication, appelé *lanterne d'Aristote*.

La *lanterne d'Aristote* A (fig. 492), est composée de cinq pyramides triangulaires accolées D, portant chacune une dent, *d*, dont le prolongement est visible à travers la fenêtre, *f*, et terminée par une partie molle chargée de renouveler constamment par sa base la dent qui s'use au sommet. Les cinq pyramides sont réunies par de nombreux muscles et associées par des pièces calcaires ou *faux*, *fa*, C, que recouvrent des *pièces en* Y, *p*.

De l'axe de la lanterne part le tube digestif déjà décrit (Voir page 69, fig. 63).

La première anse du tube digestif paraît seule affectée à la digestion, car sur elle seule se ramifient des vaisseaux absorbants.

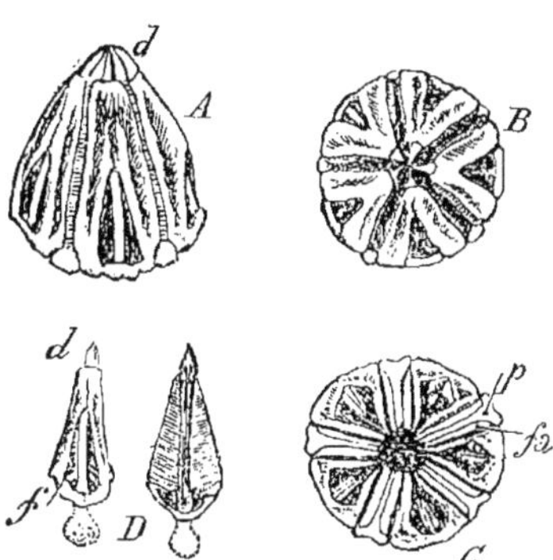

FIG. 492. — Lanterne d'Aristote d'un Oursin, A ; *d*, dents isolées en D ; B, vue de face, les 5 dents rapprochées ferment la bouche ; C, vue par la face opposée ; au milieu est le canal où est logé l'œsophage. *fa*, faux ; *p*, pièce en Y.

L'anse postérieure paraît être exclusivement respiratoire ; elle est, en effet, reliée à l'œsophage par un *siphon* qui y amène de l'eau, tandis que la portion antérieure du tube digestif est remplie d'aliments.

Respiration. — La respiration cutanée est à peu près la seule qui se produise chez les Oursins qui possèdent toutefois des *branchies* rudimentaires.

Circulation. — Les **Échinides** possèdent un appareil complexe qu'on ne peut appeler exactement appareil circulatoire, puisque les liquides qu'il renferme n'ont aucune analogie avec le sang des animaux supérieurs et que les mouvements de ces liquides ne rappellent en rien une circulation, telle que nous l'avons définie page 93.

Cet appareil comprend plusieurs parties :

1° Un *appareil ambulacraire* (système aquifère) ;

2° Un *appareil lacunaire* (cavités parambulacraires) ;

3° Un *appareil plastidogène* ;

4° Un *appareil absorbant*.

1° *Appareil ambulacraire.* — De la plaque madréporique, *pl.ma* (fig. 493) part le *tube hydrophore*, *t.hy* (canal du sable, tube aquifère) qui descend verticalement à l'intérieur du test, entre les deux replis de la *membrane péritonéale* (paroi commune des vésicules vaso-péritonéales primitives) ; le tube hydrophore aboutit à l'*anneau ambulacraire*, *ar.am*, appliqué sur la base de la lanterne d'Aristote. De cet anneau dépendent 5 *prolongements vésiculaires*, *vés.T'*, dans les interradius et 5 *canaux ambulacraires*, *c.am*, dans les radius. Ces derniers descendent sur la face externe de la lanterne pour gagner la paroi et s'incurvent *à l'intérieur* du test pour remonter le long et au milieu des zones ambulacraires jusqu'aux plaques neurales supérieures, *pl.n*. Au niveau du pore neural, chaque canal se termine en cul-de-sac ; mais il a émis, sur son trajet, à droite et à gauche, un grand nombre de branches trans-

versales parallèles en rapport avec autant de vésicules internes
vés.am; d'une *vésicule ambulacraire* partent deux tubes étroits,
t,t' (C) indépendants jusqu'au niveau du test où ils passent par

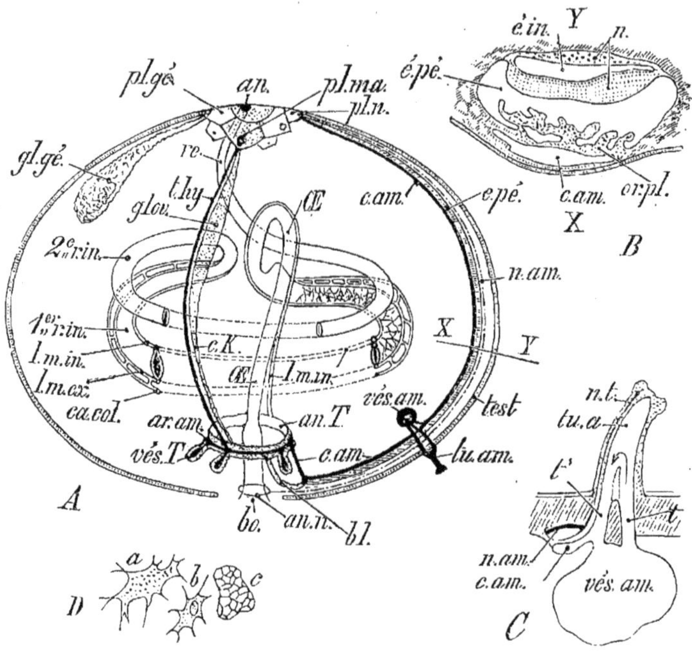

Fig. 193. — Figure schématique représentant l'organisation d'un Oursin régulier. —
A; coupe médiane longitudinale passant par le radius IV à droite et par l'interradius I à
gauche. Le *test* a été figuré sans tubercules ni appendices d'aucune sorte. *bo*, bouche,
Œ, œsophage ; *1er r.in*, *2e r.in*, 1re et 2e courbures de l'intestin ; *re*. rectum ; *an*, anus situé sur
le périprocte ; *pl.gé*, plaque génitale ; *gl.gé*, glande génitale ; *pl.n*, plaque neurale ; *pl.ma*,
plaque madréporique. — **Appareil ambulacraire** (en noir); *t.hy*, tube hydrophore ; *ar.am*,
anneau ambulacraire avec 5 diverticules logés dans les vésicules de Tiedemann, *vés.T*;
c.am, canal ambulacraire ; *vés.am*, *tu.am*, vésicule et tube ambulacraires. — **Appareil lacunaire** (hachures horizontales en A ; voir aussi la coupe *XY* en B); *é.pé*. espace périnervien ; *é.in*, espace intranervien dans le nerf *n*. — **Appareil plastidogène** (en pointillé);
gl.ov, glande ovoïde ; *c.K*, canal de Kœhler ; *an.T*, anneau de Tiedemann ; *b.l*, bourrelets lacunaires se continuant, dans les radius, par l'organe plastidogène, *or.pl* (B) : en D, corpuscules amiboïdes et globules muriformes contenus dans cet appareil. — **Appareil absorbant.**
l.m.in, *l.m.ex*, lacunes marginales interne et externe ; *ca.col*, canal collatéral. — C; coupe
longitudinale d'un ambulacre ; *c.am*, *vés.am*, *tu.a*, canal, vésicule et tube ambulacraires;
n.am, nerf ambulacraire émettant une ramification, *n.t*, dans l'ambulacre.

un double pore d'une plaque ambulacraire, puis se fusionnent
en un tube unique, *tu.a*, saillant à l'extérieur; ce tube ambulacraire est terminé le plus souvent par un disque aplati formant ventouse, et soutenu par une rosette de 4 à 6 pièces
calcaires.

2° *Appareil lacunaire*. — Entre chaque canal ambulacraire, *c.am* (A, B) et le test, on distingue deux cavités longitudinales superposées : l'une est l'*espace périnervien, e.pé* (B), adjacent et extérieur au canal ambulacraire, *c.am*; l'autre est l'*espace intranervien, e.in*, adjacent et intérieur au tégument, limité par du tissu nerveux, *n*. Ces espaces parambulacraires, *e.pé* (A), sont des lacunes qui accompagnent le canal ambulacraire correspondant jusqu'à la base de la lanterne d'Aristote, point où elles s'oblitèrent.

3° *Appareil plastidogène*. — On appelle ainsi un tissu conjonctif lâche où prennent naissance des *corpuscules amiboïdes* et des *globules mûriformes, a, b, c* (fig. 493, D), qui en envahissent ensuite les mailles et pénètrent, par diapédèse, dans les liquides des cavités lacunaire, ambulacraire et générale.

La partie la plus importante de l'appareil plastidogène est la *glande ovoïde, gl.ov* (A), voisine du tube hydrophore. Le tissu conjonctif réticulé qui la constitue se continue en haut vers la plaque madréporique; en bas, il forme un canal glandulaire (*c.K*) qui, parvenu au niveau de l'anneau ambulacraire, forme autour de lui l'*anneau de Tiedemann, an.T*, de structure spongieuse.

L'anneau de Tiedemann émet 10 prolongements. Ce sont :

1° Dans les interradius, 5 diverticules enveloppant les prolongements vésiculaires de l'anneau ambulacraire; ces formations plastidogènes s'appellent *vésicules de Tiedemann, vés.T.*

2° Dans les radius, 5 *bourrelets lacunaires, b.l*, qui, descendent vers la bouche, atteignent presque l'anneau nerveux, *an.n*, et forment dans chacun des espaces périnerviens, *é.pé*, un bourrelet plastidogène, *or.pl* (B), accolé au canal ambulacraire, *c.am*, sur toute sa longueur.

Appareil absorbant. — De l'anneau de Tiedemann part une lacune, *l.m.in* (A) qui, longeant l'œsophage, *œ*, parvient au bord interne de la première courbure intestinale et devient la *lacune marginale interne*. Beaucoup de lacunes secondaires s'en détachent (figurées à droite seulement en A) qui forment sur l'intestin un vaste réseau aboutissant à la *lacune marginale externe, l.m.ex*, parallèle à la 1ʳᵉ, mais située sur le bord externe de l'intestin (1ʳᵉ courbure) Un *canal collatéral, ca.col*, est situé plus en dehors chez nombre d'espèces et communique par plusieurs rameaux avec la lacune marginale externe.

Rôles des divers liquides qui précèdent dans la nutrition. — Le liquide de l'appareil ambulacraire provient du milieu extérieur par diffusion simple et sans courants, à travers les pores de la plaque madréporique; il circule dans cet appareil, grâce à l'épithélium vibratile qui en tapisse la paroi; en pénétrant dans les tubes ambulacraires saillants dans l'eau ambiante, il y puise par osmose de l'oxygène qu'il transmet par les vésicules au liquide de la cavité générale; ce gaz vivifiant est, par suite, réparti à tous les organes.

Outre sa fonction respiratoire, le liquide ambulacraire est chargé de la fonction locomotrice.

Par osmose aussi, le liquide de la cavité générale, les liquides ambulacraire et lacunaire puisent, dans le contenu de l'appareil absorbant, les matériaux propres à l'entretien de tous les organes; l'appareil plastidogène ne produit en abondance les corpuscules figurés amiboïdes, etc., qu'à la condition d'être convenablement nourri.

Système nerveux. — Le système nerveux consiste, chez les Oursins, en un collier pentagonal appliqué sur la paroi du pharynx, à une faible distance de l'orifice buccal (Voir page 266, fig. 236).

Organes des sens. — Les **Échinides** sont pourvus de *pédicellaires* (fig. 494), pinces à 2, 3 ou 4 branches, généralement pédonculées. Les pédicellaires sont distribués autour de la bouche, sur le péristome et dans les zones ambulacraires; ils sont affectés à la *préhension* de certaines particules alimentaires, à la *défense* de l'animal contre les

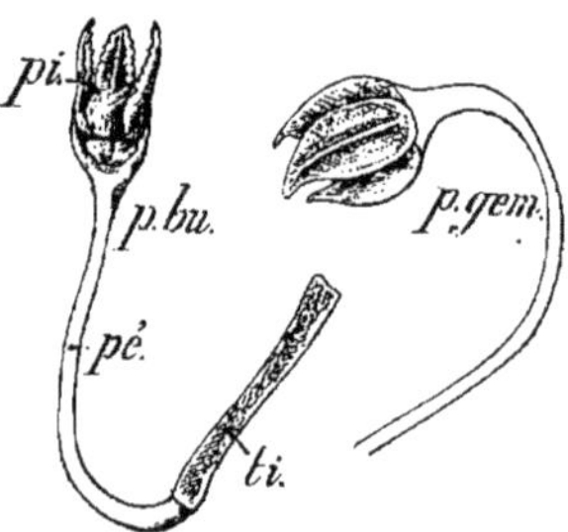

Fig. 494. —Pédicellaires. *p.bu*, pédicellaire buccal; *p.gem*, pédicellaire gemmiforme; *ti*, tigelle, *pé*, pédoncule; *pi*, pince.

êtres minuscules qui cherchent abri et subsistance à la surface du test. Les pédicellaires *gemmiformes* sont même venimeux.

Au bout des bras, chez les Étoiles de mer, existent des accumulations de taches d'un rouge vif, désignées sous le nom d'*yeux*; ces organes coiffent l'extrémité du nerf ambulacraire.

§ 1. — ANANGIÉS (ASTÉROÏDES)

Échinodermes libres, à corps étoilé. Appareil digestif sacciforme; pas d'appareil absorbant.

I. — STELLÉRIDES

Bras presque toujours larges se fusionnant en un disque médian; ambulacres situés exclusivement sur la face inférieure des bras et sur les bords d'une gouttière ventrale.

Cæcums digestifs à l'intérieur des bras. Plaque madréporique dorsale.

1° Tubes ambulacraires disposés suivant *quatre rangées* ou plus. *Asterias*; squelette dorsal muni de piquants; 5 bras. *A. glacialis.*

L'*A. rubens* est commune sur les côtes de la mer du Nord et de la Manche.

2° Tubes ambulacraires disposés suivant *deux rangées*. — *Solaster*. *S. papposus* (fig. 495); 13 bras. — *Cribrella* (fig. 496); mers d'Europe.

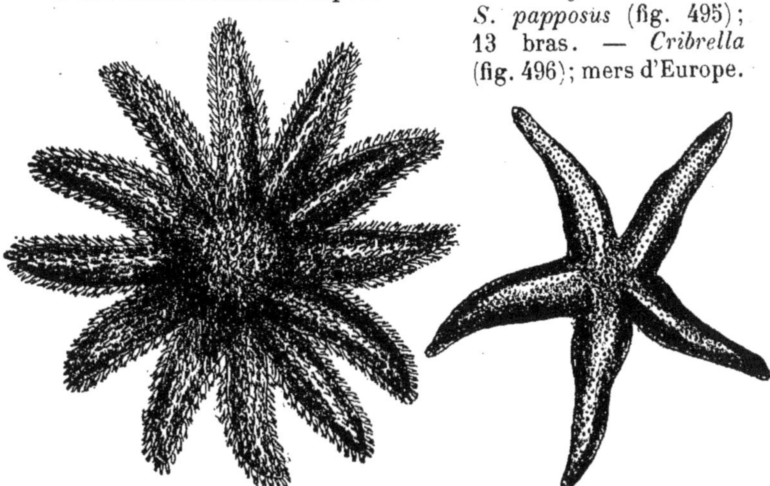

FIG. 495. — *Solaster papposus*.

FIG. 496. — *Cribrella oculata*.

Astropecten; pas d'anus; tubes ambulacraires sans ventouses.

L'*A. aurantiacus* est de couleur orangée et se trouve dans l'Atlantique et la Méditerranée.

II. — OPHIURIDES

Bras grêles, simples ou ramifiés, distincts d'un disque central; pas d'anus ni de cæcums dans les bras. Plaque madréporique ventrale.

Ophiura; disque recouvert de petits granules. — *Ophiothrix*; disque épineux. *O. fragilis*; Atlantique.

§ 2. — ANGIOPHORES

Échinodermes fixés et pourvus de bras ramifiés (**Crinoïdes**), *ou libres sans bras* (**Échinides, Holothurides**). *Appareil digestif avec bouche et anus, couvert de canaux absorbants.*

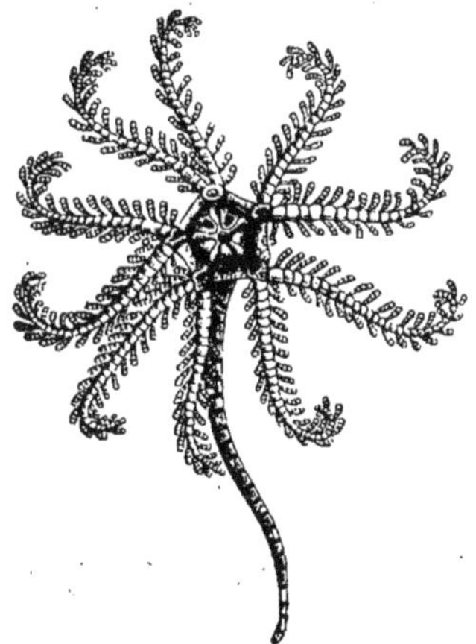

FIG. 497. — *Antedon rosacea* (Comatule jeune encore fixée).

I. — CRINOÏDES

Corps fixé, au moins dans le jeune âge; bras simples ou ramifiés. Bouche et anus sur le côté ventral du calice.

Pentacrinus; pédoncule prismatique. — *Antedon. A. rosacea* (Comatule); fixée seulement dans le jeune âge (fig. 497), libre à l'âge adulte et pourvue de 10 bras.

Cet animal est commun dans la Méditerranée.

II. — ÉCHINIDES (OURSINS)

Corps globuleux ou discoïde avec un test continu composé de 20 séries de plaques polygonales (10 ambulacraires et 10 inter-ambulacraires); tubes ambulacraires servant à la locomotion.

1° **Oursins réguliers**. — Bouche et anus aux deux extrémités de l'axe de symétrie radiaire. Aires ambulacraires identiques. Appareil masticateur (lanterne d'Aristote).

(a) Test immobile; aires ambulacraires larges.

Echinus [*E. acutus; E. microtuberculatus*, fig. 498]; vit sur nos côtes. — *Strongylocentrotus. S. lividus* (Oursin commun). — *Sphærechinus* (fig. 488); échancrures profondes du test à l'insertion des branchies.

FIG. 498.
Echinus microtuberculatus.

(b) Test immobile; aires ambulacraires étroites. — *Cidaris;* grand nombre de petites plaques remplaçant la centro-dorsale sur le périprocte. — *Dorocidaris.*

2° **Clypeastroïdes**. — Bouche centrale pourvue d'un appareil masticateur; anus excentrique. Symétrie bilatérale.

Clypeaster; corps aplati, aires ambulacraires imparfaitement pétaloïdes.

3° **Spatangoïdes**. — Symétrie bilatérale. Bouche et anus excentriques en général; pas d'appareil masticateur.

Echinolampas; 5 aires ambulacraires pétaloïdes. — *Spatangus;* test cordiforme; pétales ambulacraires très étalés. — *Schizaster* (fig. 490).

III. — HOLOTHURIDES

Corps allongé, quelquefois courbé en U, non soutenu par un squelette; téguments bourrés de spicules calcaires. Bouche et anus terminaux; une couronne péribuccale de tentacules; plaque madré-porique interne.

Tubes ambulacraires saillants au dehors.
Holothuria; 20 à 30 tentacules simples, élargis en disque.

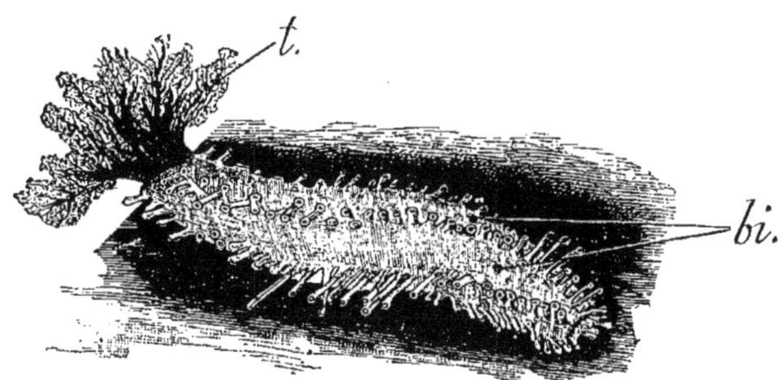

FIG. 499. — *Cucumaria. t*, tentacules buccaux; *bi*, bivium.

H. tremula tubulosa; anus terminal. — *Cucumaria* (fig. 499); 10 tentacules arborescents, en avant du corps un peu pentagonal.

QUATRIÈME SÉRIE

CHITINOPHORES

Animaux possédant une **symétrie bilatérale**; *téguments couverts d'une cuticule formée d'une épaisse couche de* **chitine** *qui se continue sur les parois du tube digestif et des organes internes communiquant avec l'extérieur. Pas de cils vibratiles.*

CHITINOPHORES { libres. *Membres articulés*........ **Arthropodes.**
{ parasites en général. Pas de membres....................... **Némathelminthes.**

I. — EMBRANCHEMENT DES

ARTHROPODES

Corps généralement segmenté, c'est-à-dire formé **d'anneaux**; *ces anneaux portent des* **appendices articulés** *pouvant servir à des usages variés : préhension, mastication, locomotion, etc.*

ARTHROPODES { aquatiques : **Branchiates**................. **Crustacés.**
{ terrestres : (**Appendices** { 4 paires....... **Arachnides.**
{ **Trachéates** (locomoteurs { *n* paires....... **Myriapodes.**
{ 3 paires........ **Insectes.**

Morphologie générale. — Les Arthropodes affectent une *symétrie bilatérale.* Leur corps est *annelé.* La même extrémité de leur corps se porte toujours en avant et devient la *tête* pourvue d'une bouche et d'appendices différenciés, en général, en vue de l'exploration du milieu, de la préhension et de la trituration des particules alimentaires fournies par ce milieu. Les anneaux qui font suite à la tête sont plus ou moins différenciés ; ils portent par paires les organes de locomotion et de respiration qui influent sur la physionomie générale du système nerveux (*chaîne ganglionnaire* : Voir page 263, fig. 234). En outre, les organes locomoteurs sont orientés de telle manière que toujours la même face du corps est tournée vers la terre : c'est la *face ventrale*, plus plane que la *face dorsale*.

Une couche de chitine[1] plus ou moins abondante revêt la surface du corps comme d'un vernis; elle constitue le *squelette extérieur* sur lequel s'insèrent les ligaments et les muscles chargés de maintenir les organes ou de les faire mouvoir.

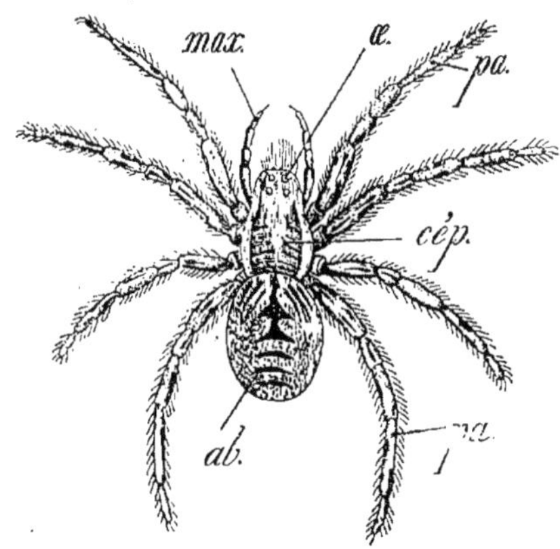

Fig. 500. — *Lycosa tarentula*. *cép*, céphalothorax ; *ab*, abdomen ; *œ*, œil ; *max*, patte-mâchoire (palpe maxillaire); *pa*, pattes.

Le revêtement de chitine s'opposerait à la croissance des Arthropodes si ces animaux ne le rejetaient à intervalles d'autant plus rapprochés que leur croissance est plus rapide : *mues*. Au moment des mues, ils subissent des changements brusques de forme, des *métamorphoses* qui leur permettent d'acquérir en une ou plusieurs fois la forme adulte.

Constitution d'un segment typique. — Nous avons vu (page 176) quelle est la constitution fondamentale du squelette d'un segment typique (fig. 171) :

1° Un *arceau ventral* formé de 2 pièces médianes (*sternums*) et de 2 latérales (*épisternums*), ordinairement soudées entre elles ;

2° Un *arceau dorsal* comprenant 2 *tergums* médians et latéralement 2 *épimères*.

A leurs points d'union, ces pièces forment des cloisons incomplètes ou *apodèmes*, saillies sur lesquelles s'insèrent les muscles et les ligaments. Les appendices d'un segment s'articulent de chaque côté, aux points de jonction de l'épisternum et de l'épimère.

Liberté ou soudure des segments. — Les segments qui composent le corps d'un Arthropode demeurent libres, en général, dans la région postérieure ; souvent ils sont fusionnés totalement ou en partie dans la région antérieure. La segmentation du corps est dite alors *hétéronome*. Ainsi la tête des Insectes et des Myriapodes, le céphalothorax des Araignées (fig. 500) résultent d'une

---

1. La chitine est une substance résultant de la combinaison d'une matière albuminoïde et d'un hydrate de carbone ; elle s'incruste parfois de calcaire (50 pour 100 chez l'Écrevisse).

fusion totale des segments antérieurs; la carapace dorsale de l'Écrevisse (fig. 501) est due à une soudure plus complète des pièces dorsales que des parties ventrales des anneaux antérieurs.

Fig. 501. — Écrevisse (*Astacus fluviatilis*).

Différenciation des appendices articulés. —*Les appendices du corps sont tous morphologiquement équivalents* ; mais en raison de la place qu'ils occupent, au voisinage de la bouche, au milieu ou près de l'extrémité postérieure du corps, ils évoluent de manières diverses; ils s'*adaptent* à des fonctions différentes : *antennes* exploratrices; *mandibules* et *mâchoires* voisines de la bouche ; *pattes locomotrices* dans la région moyenne du corps; *pattes abdominales* en arrière, affectées à la réception des œufs (Écrevisse), atrophiées souvent (Insectes, Araignées).

Avec la liberté ou la soudure des segments, avec les modifica-

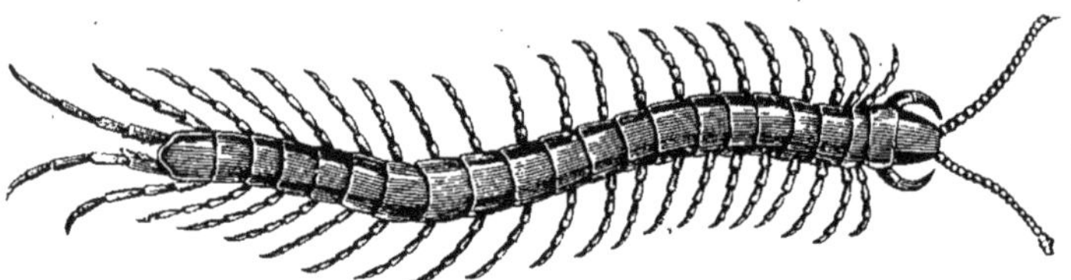

Fig. 502. — Scolopendre (*Scolopendra morsitans*).

tions qu'éprouvent les appendices articulés, le corps des Arthropodes présente un aspect extérieur très variable. Composé d'anneaux à peu près identiques, abstraction faite de la tête, chez les *Myriapodes* (Scolopendre, fig. 502), le corps présente deux régions distinctes (*céphalothorax* et *abdomen*) chez les Crustacés supérieurs (Écrevisse, fig. 501) et chez les Araignées.

Les Insectes présentent le maximum de différenciation (fig. 169). Leur corps se divise nettement en 3 régions :

1° La *tête*, *T*, résultant de la soudure de 6 anneaux.

La tête porte, en effet, outre les yeux et le labre, 4 paires d'appendices : antennes, mandibules, mâchoires, maxilles soudées en une lèvre inférieure.

2° Le *thorax*, *Th*, composé de 3 anneaux distincts pourvus chacun d'une paire de pattes locomotrices.

Chez les Insectes seulement, le thorax est pourvu d'*ailes*.

3° L'*abdomen*, *Ab*, composé *typiquement* de 11 anneaux dont le nombre peut diminuer par avortement des derniers ; en général, ces anneaux ne portent pas d'appendices.

Nutrition. — La **digestion** s'accomplit dans un tube de complexité variable avec les types envisagés ; le tube digestif possède toujours une bouche antérieure et un anus situé à l'extrémité opposée du corps.

Outre la **respiration** cutanée, d'importance variable avec la mollesse des téguments, les Arthropodes respirent par des *branchies* ou par des *trachées*, suivant qu'ils habitent l'eau ou qu'ils vivent sur la terre.

Un véritable **appareil circulatoire,** *non clos toutefois*, contient du *sang* généralement incolore chargé de répartir aux organes les matières indispensables à leur entretien ; le mouvement du liquide nourricier est déterminé par les contractions d'un cœur dorsal en forme de sac ou de tube (*vaisseau dorsal*).

L'appareil excréteur des Arthropodes est représenté par des glandes spéciales (**Crustacés**), ou par des canaux tubulaires fins, les *canaux de Malpighi*, qui dépendent de l'intestin (**Trachéates**).

Relation. — Les organes de relation, comme ceux de nutrition, attestent une supériorité anatomique et physiologique considérable des Arthropodes sur tous les groupes étudiés jusqu'ici

Le *système musculaire* et le **système nerveux ganglionnaire** y atteignent un haut degré de différenciation.

Les **organes des sens** y sont plus ou moins nets : les yeux existent presque toujours ; les autres organes sont représentés d'une façon variable.

Le siège des sens de l'ouïe, de l'odorat et du goût n'est pas parfaitement établi.

§ 1. — BRANCHIATES

I. — CRUSTACÉS

Arthropodes aquatiques, pourvus de branchies et d'appendices différenciés. Téguments recouverts ordinairement d'une couche chitineuse imprégnée de calcaire. Organes excréteurs débouchant à la surface du corps.

Ces animaux présentent un nombre considérable de formes, variées par le nombre et le développement des segments du corps, par la différenciation de leurs appendices.

CRUSTACÉS.
- **Malacostracés** 21 segments.
  - Yeux pédonculés : Podophthalmes.
    - Carapace couvrant tous les segments thoraciques............ *Décapodes.*
  - Yeux sessiles : Edriophthalmes.
    - Lamelles respiratoires sur les pattes thoraciques............. *Amphipodes.*
    - — respiratoires sur les pattes abdominales............. *Isopodes.*
- **Entomostracés** Plus ou moins de 21 segments.
  - Libres..........
    - Pas de pattes lamelleuses ; pas de carapace ; abdomen fourchu...... *Copépodes.*
    - 4 à 60 paires de pattes lamelleuses. Corps allongé................... *Branchiopodes.*
  - Fixés.. *Cirripèdes.*

Morphologie générale. — Le type fondamental des Crustacés comprend 21 segments ; mais ce nombre, réalisé chez les Crustacés supérieurs (**Malacostracés**, fig. 501), peut être porté à plus de 50 chez les **Entomostracés** (*Apus*).

La fusion plus ou moins complète de certains segments s'observe souvent, surtout à la partie antérieure du corps (céphalothorax de l'Écrevisse) ; on peut toutefois reconnaître le nombre d'anneaux coalescents en une région donnée, grâce au nombre de paires d'appendices que porte cette région.

Appendices. — Les appendices portés par les segments successifs du corps, chez l'Écrevisse ou le Homard, par exemple, sont : 1 paire d'yeux, 2 paires d'antennes, 6 paires de pièces masticatrices (1 p. de mandibules, 2 p. de mâchoires, 3 p. de pattes-mâchoires), 5 paires de pattes locomotrices, 6 paires de pattes abdominales. Le dernier segment du corps ou *telson* est réduit à une lame aplatie et médiane.

Tégument. — Les téguments des Crustacés comprennent un *épiderme* chitineux, calcifié dans un grand nombre de cas, et un *derme* conjonctif. La plus grande épaisseur de l'épiderme est occupée par une couche lamelleuse, où se déposent les incrustations ; cette couche repose sur un épithélium chitinogène profond.

Un pigment brun épidermique, qui passe au rouge par l'action des acides ou de l'eau bouillante et un pigment rouge dermique donnent sa couleur au tégument.

En raison de l'*accroissement continu* de leur corps, les Crustacés entourés d'une enveloppe rigide doivent subir des *mues*. La mue s'opère grâce à la formation d'une nouvelle enveloppe,

Fig. 503. — Appendices du Homard. — A, yeux ; B, labre ; C, métastome ; D, antennule ; E, antenne ; F, mandibule ; G,H, mâchoires ; I,J,K, pattes-mâchoires (*g*, branchie) : L, M, etc., pattes ambulatoires ; *ex*, exopodite : *en*, endopodite ; *ep*, épipodite ; *sc*, scaphognathite.

molle d'abord, entre l'épithélium chitinogène et la couche lamelleuse superficielle ; l'enveloppe rigide ancienne se déchire aux points de moindre résistance et l'animal s'en dégage par de brusques secousses, soit en arrière, soit en avant, ainsi que des formations chitineuses de l'intestin.

Chez l'Écrevisse, par exemple, il se forme dans l'estomac, avant la mue, une réserve calcaire consistant en deux *gastrolithes* qui sont dissous après la mue ; cette réserve est utilisée pour l'incrustation du nouveau tégument.

Nutrition. — Tube digestif. — Chez les Crustacés, la bouche toujours ventrale, située entre les pièces maxillaires, donne accès dans un œsophage court, puis dans un estomac très vaste divisé en deux parties : la partie antérieure *masticatrice* est armée de pièces chitineuses ou *dents* (une médiane et deux latérales) formant une pince à trois branches qui triture les aliments sous l'action de muscles puissants ; la partie postérieure, *estomac proprement dit* ou *chambre pylorique*, reçoit la matière triturée, imbibée de sucs digestifs sécrétés par deux *glandes hépatiques* latérales très volumineuses.

Un intestin rectiligne s'étend de l'estomac à l'anus postérieur (Voir page 67).

Appareil respiratoire. — La plupart des Crustacés sont pourvus de *branchies* situées au voisinage des appendices locomoteurs. Alors que, chez les Crustacés inférieurs, les appendices en partie modifiés servent à la fois de rames et d'organes respiratoires (*Branchiopodes*, fig. 504), des organes nouveaux sont affectés à la respiration chez les Crustacés supérieurs.

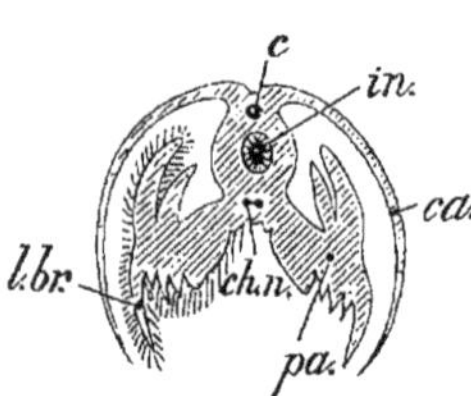

Fig. 504. — Coupe transversale du corps d'un Phyllopode. *ca*, carapace dorsale ; *c*, cœur ; *in*, intestin ; *ch.n*, chaîne nerveuse ganglionnaire ; *pa*.patte pourvue de lamelles branchiales, *l.br*.

La fonction de ces organes a été exposée précédemment (Voir page 91, fig. 92).

Appareil circulatoire et sang. — Le sang des Crustacés, ordinairement incolore, se compose de globules amiboïdes nageant dans un plasma qui contient en dissolution l'*hémocyanine* capable de fixer l'oxygène et de prendre alors une teinte bleuâtre. Ce liquide nourricier est contenu dans un *appareil vasculaire lacunaire* (Voir page 130, fig. 123).

Fig. 505. — Système nerveux du Crabe (*Carcinus mœnas*). *g.c*, ganglions cérébroïdes ; *c.œ*, collier œsophagien (*œ*, œsophage); *c.p.œ*, commissure sous - œsophagienne ; *m.g.v*, masse ganglionnaire ventrale ; *a.st*, artère sternale; *ch.v*, chaîne ventrale.

Appareil excréteur. — Les Malacostracés possèdent une paire de *glandes vertes* logées dans l'article basilaire des grandes antennes.

Le liquide excrété par ces glandes contient de la guanine.

Relation. — **Système nerveux.** — Les Crustacés présentent un système nerveux ganglionnaire (Voir page 262, fig. 234) se rapprochant d'autant plus du type ancestral des Arthropodes que les animaux considérés sont moins élevés en organisation (*Apus*, *Cirripèdes*). Chez les Crustacés supérieurs, une certaine *différenciation* se manifeste dans les ganglions cérébroïdes, et les ganglions thoraciques et abdominaux se fusionnent plus ou moins ; cette fusion, mentionnée déjà chez l'Écrevisse (Voir page 263, fig. 234, C), atteint son maximum dans le Crabe (fig. 505).

Organes des sens. — Les organes du toucher et de l'odorat consistent en poils situés sur les antennules.

Les *organes auditifs* consistent en *otocystes* dont chacun est placé dans l'article basilaire de l'antennule.

Les yeux, le plus souvent pairs, à facettes chez les **Malacostracés**, présentent une grande analogie avec ceux des Insectes ; ils sont pédonculés (**Podophthalmes**) ou sessiles (**Édriophthalmes**). Les Crustacés parasites et quelques animaux des grandes profondeurs sont parfois aveugles.

Des filets nerveux aboutissent aux poils et aux organes du tact, de l'olfaction et de l'audition ; des nerfs spéciaux desservent les yeux.

A. MALACOSTRACÉS

Corps composé de **21** *segments.*

1° PODOPHTHALMES

Yeux supportés par des pédoncules mobiles. Carapace recouvrant la plus grande partie du thorax.

Décapodes. — 5 *paires de pattes thoraciques locomotrices, précédées de 3 paires de pattes-mâchoires.*

Brachyures. — Décapodes à *abdomen réduit* et replié sous le céphalothorax.

Connus vulgairement sous le nom de Crabes, ces animaux ont un céphalothorax très développé autour duquel rayonnent les 5 paires de pattes thoraciques ; la première paire, seule pourvue de pinces didactyles, est incurvée en avant ; les pédoncules oculaires sont courts, les antennes peu saillantes.

Fig. 506. — *Cancer pagurus.*

Très communs sur les côtes dans les anfractuosités des rochers, les Crabes comestibles sont l'objet d'une pêche active.

Gecarcinus (Crabe terrestre); carapace bombée sous laquelle il met en réserve une grande quantité d'eau lui permettant de vivre à terre; lieux humides. Antilles.

Cancer. C. Pagurus ou Crabe Tourteau (fig. 506); atteint une grande taille ; recherché des gourmets pour le volume et la délicatesse de son foie. — *Carcinus. C. mœnas* ; Crabe commun ou Crabe enragé (fig. 507); moins estimé que le précédent. — *Portunus. P. puber* ou Étrille (fig. 508); petit Crabe nageur comestible. Rochers de l'Océan.

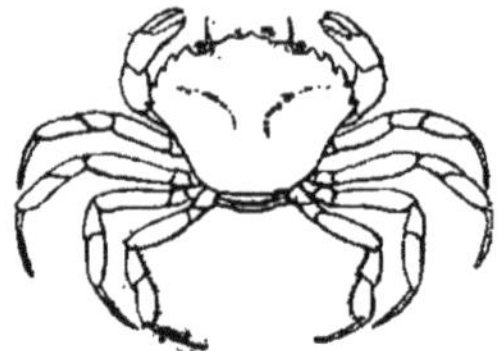

Fig. 507. — *Carcinus mœnas.*

Maïa (fig. 509). *M. squinado* ou Arai-gnée de mer : commune sur nos côtes; grande espèce comestible dont la carapace est couverte de piquants.

Macroures. — Décapodes à céphalothorax cylindrique, pourvus d'un *abdomen allongé* et non replié.

Tandis que les Brachyures sont surtout marcheurs, les Macroures sont d'excellents nageurs pour la plupart.

Astacus. A. fluviatilis ou Écrevisse (fig. 501); dernier segment thoracique mobile.

L'Écrevisse vit dans les eaux douces, courantes et limpides. Il en existe deux variétés comestibles : l'une, à pattes rouges, plus estimée que l'autre dont les pattes sont blanches. Lors de la ponte des œufs, la femelle les recueille sur ses

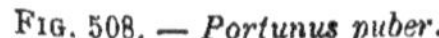

Fig. 508. — *Portunus puber.*

Fig. 509. — *Maïa verrucosa.*

appendices abdominaux ; les métamorphoses s'accomplissent toutes dans l'œuf. Les jeunes Écrevisses éclosent donc sous la forme adulte ; elles subissent 8 mues la première année, 5 mues la 2e année, 2 ou 3 la 3e année ; elles muent de plus en plus rarement ensuite.

Homarus. H. vulgaris ou Homard commun (fig. 91); dernier segment thoracique soudé.

Le Homard vit dans l'Océan et la Méditerranée; il a une chair délicate; aussi les pêcheurs en livrent-ils des millions chaque année à la consommation.

Palæmon. *P. serratus* (Crevette rose, Bouquet, fig. 510); plus grande que *P. squilla* ou Salicoque; mandibules bifides et long rostre denté en scie. — *Crangon. C. vulgaris* ou Crevette grise; rostre non denté.

Les Crevettes sont comestibles, mais la Crevette rose est plus estimée que la grise; elles sont abondantes sur nos côtes de la Manche et de l'Océan.

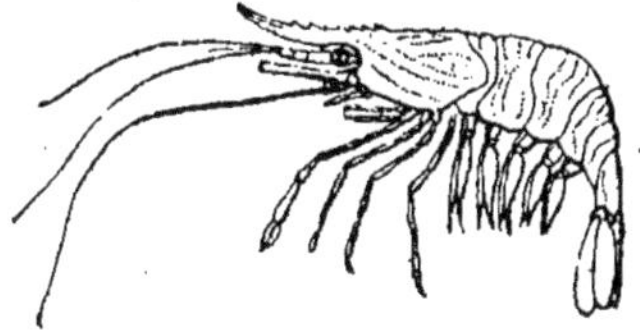

FIG. 510. — *Palæmon serratus.*

Palinurus. *P. vulgaris* ou Langouste; très estimée pour la table; vit sur les côtes de France.

Une carapace épineuse et très dure la protège efficacement sur les côtes rocailleuses qu'elle affectionne; grandes antennes très longues; la première paire de pattes thoraciques (*pinces*) demeure petite, tandis que chez le Homard elle atteint d'énormes dimensions.

Pagurus. *P. Bernhardus* ou Bernard l'ermite.

Il habite les coquilles de Gastéropodes (Buccin), car son abdomen mou se déchire contre les roches et tente l'appétit des animaux carnassiers; souvent il vit en société avec *Sagartia parasitica*, Actinie qui paraît se nourrir des reliefs du Bernard l'ermite.

L'asymétrie des pattes locomotrices et de l'abdomen du Pagure, l'avortement des pattes abdominales, etc., sont les conséquences du mode de vie sédentaire adopté par l'animal dans les coquilles abandonnées.

2° EDRIOPHTHALMES

Yeux sessiles ou faiblement pédonculés. Carapace nulle ou recouvrant incomplètement les segments thoraciques.

Une paire de pattes-mâchoires; 7 paires de pattes locomotrices.

1° **Amphipodes.** — Lames branchiales portées par les pattes thoraciques. Corps comprimé latéralement.

Gammarus. G. fluviatilis ou Crevettine des ruisseaux; vit communément dans les eaux douces courantes, où elle nage plutôt qu'elle ne saute. — *Talitrus. T. saltator* ou Puce de mer (fig. 511), s'enfonce dans le sable fin des bords de la mer et *saute* admirablement, grâce à une adaptation des 3 dernières paires de pattes abdominales.

FIG. 511. — *Talitrus saltator.*

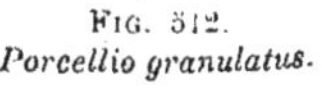

FIG. 512. *Porcellio granulatus.*

2° **Isopodes.** — *Lames branchiales portées par les pattes abdominales foliacées. Corps aplati.*

Oniscus (Cloporte); vit dans les caves et autres lieux humides. — *Porcellio* (fig. 512). — *Ligia*; grand Cloporte abondant dans les anfractuosités des rochers au bord de la mer.

B. ENTOMOSTRACÉS

Corps composé d'un nombre variable de segments.

1° **Copépodes.**—*Carapace rudimentaire ou nulle, jamais calcifiée. Abdomen réduit et fourchu. Pas de branchies.*

Ces Crustacés de petite taille présentent 2 paires d'antennes affectées à la natation; la première paire est particulièrement développée. Les femelles portent toujours, de part et d'autre de l'abdomen, deux *sacs ovigères* allongés.

Cyclops (Cyclope, fig. 513); doit son nom à son œil frontal unique.

Ce genre présente de nombreuses espèces, très petites et communes dans les eaux douces.

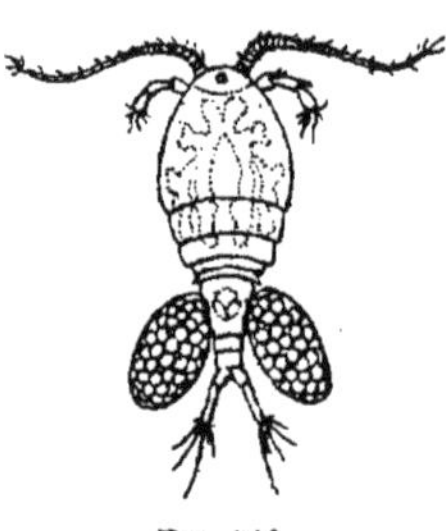

FIG. 513.
Cyclops quadricornis.

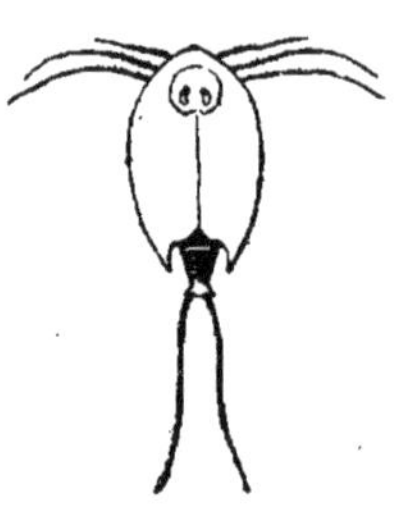

FIG. 514.
Apus cancriformis.

2° **Branchiopodes.**
— *Pattes pourvues de rames lamelleuses multilobées servant à la respiration.*

Crustacés les plus rapprochés du type primitif.

Branchipus; corps nu, allongé; vit dans les flaques d'eau douce au printemps. — *Apus. A. cancriformis* (fig. 514); grande carapace céphalothoracique molle; vit dans les eaux douces.

3° **Cirripèdes.** — *Corps enfermé dans un repli du tégument* (manteau) *contenant des plaques calcaires; 6 paires de pattes bifurquées et multiarticulées* (cirres).

Corps pédonculé.

Lepas. L. anatifera ou Anatife (fig. 515, A). — *Pollicipes* (B).

Corps sessile.

Balanus (Balane, fig. 515, C).

Considérés longtemps comme des Mollusques à cause de leur carapace calcaire, ces animaux sont de véritables Arthropodes par leurs pattes articulées.

L'Anatife, par exemple, présente deux parties distinctes :

1° Un *pédoncule, pé* (fig. 515, A), allongé et mou, formé par le développement de l'extrémité céphalique.

2° Un *capuchon* conique, fendu sur la face ventrale et revêtu de 5 pièces calcaires : une *carène* dorsale, *ca* ; deux *scuta*, *sc*, protégeant la tête et le thorax ; deux *terga*, *te*, situés au-dessous, entre lesquels font saillie les pattes articulées.

Le capuchon renferme le corps proprement dit qui y est comme suspendu ; la tête

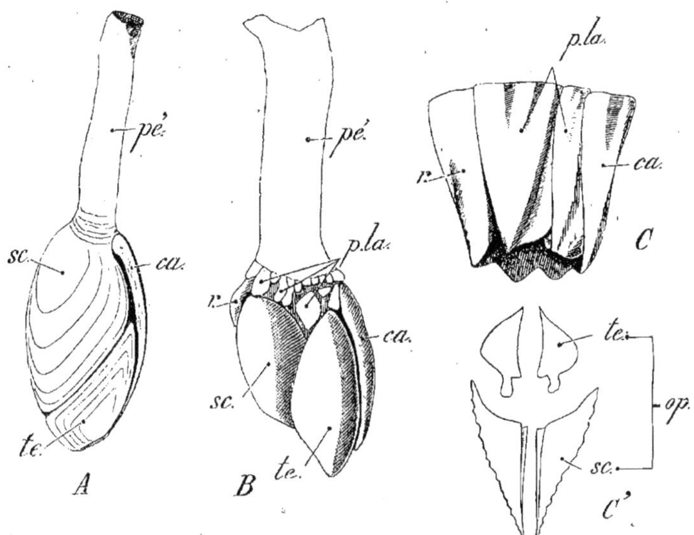

Fig. 515. — A ; Anatife (*Lepas anatifera*). — B ; *Pollicipes.* — C ; Balane (*Balanus*). *pé*, pédoncule ; *ca*, carène dorsale ; *sc*, scuta ; *te*, terga ; *p.la*, pièces latérales ; *r*, rostre. — C' ; Opercule de la Balane.

volumineuse, avec une bouche ventrale, se prolonge en haut par le pédoncule ; au thorax, qui porte 6 paires de pattes biramées, fait suite un abdomen rudimentaire sur lequel on remarque l'anus.

La respiration est cutanée ; l'appareil circulatoire est imparfaitement connu.

§ 2. — TRACHÉATES

Arthropodes terrestres respirant par des **trachées** *dont les orifices (stigmates) sont disposés en deux rangées symétriques. Organes excréteurs consistant en tubes de Malpighi qui débouchent dans l'intestin.*

1. — ARACHNIDES

Corps généralement divisé en deux régions : le céphalothorax et l'abdomen ; le céphalothorax porte 6 paires d'appendices : les deux paires antérieures préhensiles, les 4 autres paires locomotrices.

Appareil respiratoire spécial.	Abdomen segmenté......................		*Arthrogastres.*
	Abdomen non segmenté	distinct du céphalothorax......	*Aranéides.*
		confondu avec le céphalothorax.	*Acariens.*
Respiration cutanée...			*Linguatulides.* *Tardigrades.*

Morphologie générale. — Les *Scorpions* (Arthrogastres) sont les Arachnides les plus rapprochés des Crustacés par l'aspect général de leur corps. Ils sont composés d'un *céphalothorax* portant tous les appendices préhensiles et locomoteurs et d'un *abdomen* avec 12 segments : les 7 segments antérieurs larges et aplatis

Fig. 516. — *Thelyphonus caudatus.*

forment l'*abdomen proprement dit;* les 5 autres prismatiques constituent le *postabdomen* terminé par un aiguillon venimeux (fig. 85).

Chez les *Thélyphones* (fig. 516), le postabdomen, *p.ab*, est réduit à un long filament articulé ; ce fouet disparaît chez les *Phrynes* dont l'abdomen segmenté est encore assez largement soudé au céphalothorax.

Chez les *Araignées* (fig. 517), l'abdomen a perdu toute trace de segmentation ; il est brusquement séparé du céphalothorax par un étranglement.

Les *Acariens* (fig. 518)

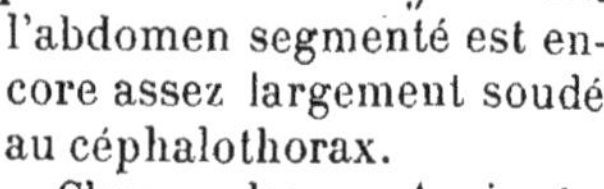

Fig. 517. — *Mygale.*

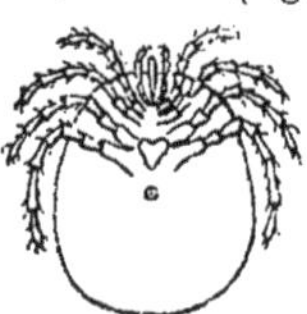

Fig. 518. — *Hydrachna globosa.*

présentent le maximum de différenciation par la fusion du céphalothorax et de l'abdomen en une masse unique.

Appendices. — Au nombre de 6 paires, les appendices des Arachnides se décomposent en :

1 paire de *chélicères* (pinces didactyles ou griffes);

1 paire de pattes-mâchoires ou *maxillipèdes ;*
4 paires de pattes locomotrices.

Les *chélicères* sont des pinces didactyles chez les Arthrogastres (Scorpions) ; elles consistent, chez les autres Arachnides, en griffes parfois pourvues d'une glande à venin (Epeire).

Les *maxillipèdes* atteignent leur développement maximum chez les Arthrogastres où ils consistent en bras robustes et allongés (Scorpion). Ils sont plus réduits chez les Araignées, transformés en appareil de succion chez nombre d'Acariens, absents chez les Linguatules.

Nutrition. — **Tube digestif.** — Il consiste en une bouche ventrale et un œsophage court qui s'ouvre dans un *proventricule* thoracique, *pr* (fig. 519) ; celui-ci émet des prolongements ou *cæcums* latéraux, *cæ* (sauf chez les Scorpions) ; il se continue dans l'abdomen par le *ventricule chylifique, v.chy*, puis par un intestin plus ou moins enroulé, *in*, que termine une vaste *ampoule rectale*, *am.r* ; l'anus, *an*, est situé à l'extrémité du corps.

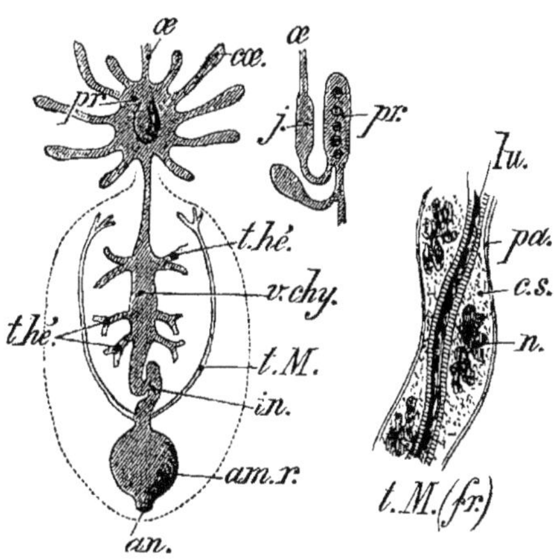

Fig. 519. — Tube digestif de Mygale. — *œ*, œsophage ; *j*, jabot ; *pr*, proventricule avec les cæcums latéraux, *cæ* ; *v.chy*, ventricule chylifique où débouchent les tubes hépatiques, *t.hé* ; *in*, intestin ; *t.M*, tubes de Malpighi ; *am.r*, ampoule rectale ; *an*, anus. (La figure du milieu montre la portion antérieure du tube digestif vue de profil.)

Appareil respiratoire. — Le Scorpion possède 4 paires d'organes appelés improprement *poumons ;* ces organes sont situés sur la face ventrale, du 2e au 5e anneau abdominal ; chacun d'eux consiste en un sac rempli d'air, communiquant avec l'extérieur par un stigmate ; dans ce sac sont suspendues environ 120 poches parallèles, séparées par des lacunes dans lesquelles circule le sang.

Les Araignées Mygales n'ont plus que 2 paires de ces organes (elles sont *tétrapneumones*) ; les autres Araignées possèdent encore 1 paire de poumons antérieurs (*dipneumones*), tandis que la paire postérieure s'est étirée en tubes formant de véritables *trachées* sans fil spiral ni ramifications.

Les Acariens ne possèdent que des trachées.

Appareil circulatoire. — Il a été décrit déjà avec quelques détails (Voir page 130, fig. 122).

Appareil excréteur. — Les Arachnides possèdent 2 *tubes de Malpighi*, *t.M* (fig. 519), quelquefois ramifiés, qui débouchent dans l'intestin en avant du rectum.

Leur produit de sécrétion est un liquide riche surtout en acide urique et urates ; jamais on n'y trouve de produits biliaires.

Les tubes de Malpighi sont l'équivalent physiologique des reins des animaux supérieurs.

Le dernier article postabdominal du Scorpion renferme 2 *glandes à venin* symétriques dont les canaux excréteurs s'ouvrent à l'extrémité de l'aiguillon caudal. Le venin sécrété est expulsé par les contractions d'un muscle ; il provoque l'empoisonnement du système nerveux (convulsions suivies de paralysie).

Rarement la piqûre entraîne la mort de l'Homme ; elle est mortelle pour les petits animaux (Oiseaux, Insectes).

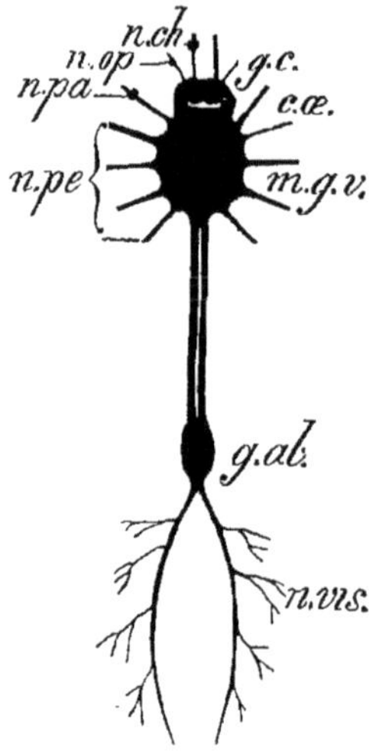

Les *glandes séricigènes* sont les plus développées de toutes les glandes des Arachnides ; rassemblées à l'extrémité postérieure de l'abdomen, elles sécrètent des substances diverses qui produisent la soie dont ces animaux font leur toile ; c'est par les petits tubes des *filières* et les pores du *cribellum*, organes situés sous la région ventrale postérieure de l'abdomen, que s'échappe la sécrétion propre à former les fils.

FIG. 520. — Système nerveux de la Mygale. *g.c*, ganglions cérébroïdes ; *c.œ*, collier œsophagien ; *n. ch*, nerf du chélicère ; *n. op*, nerf optique ; *n.pa*, nerf du maxillipède ; *m.g.v*, masse ganglionnaire ventrale ; *n.pé*, nerfs pédieux ; *g.ab*, ganglion abdominal ; *n.vis*, nerfs viscéraux.

Relation. — Système nerveux. — Le système nerveux ganglionnaire atteint son plus haut degré de perfection chez le Scorpion. A mesure que s'accentue la fusion des segments du corps, les ganglions de la chaîne ventrale disparaissent (fig. 520).

Organes des sens. — Les *yeux* sont les seuls organes sensitifs non douteux chez les Arachnides.

1° ARTHROGASTRES

Arachnides pourvus d'un abdomen segmenté.

Scorpio (Scorpion, fig. 85)'; sternum presque pentagonal. Abdomen suivi d'un postabdomen assez grêle, terminé par un crochet venimeux. Chélicères et maxillipèdes didactyles. Des poumons. *S. imperator* atteint 20 centimètres ; Gabon. — *Euscorpius flavicauda*, brun, atteint 4 centimètres au plus. Midi de la France, à partir de Grenoble et Bordeaux.

Thelyphonus (fig. 516); postabdomen filiforme ; Java, Mexico.

Phalangium (Faucheur); pattes très longues et grêles; des trachées. Commun en France.

2° ARANÉIDES

Céphalothorax et abdomen nettement séparés. Chélicères à griffes.

1° 4 poumons et 4 filières.

Theraphosa (Mygale, fig. 517) ; grande Araignée avec pattes très velues, épaisses, atteignant jusqu'à 8 centimètres de longueur.

La Mygale habite des tubes. pourvus d'un couvercle qu'elle a confectionnés dans des fentes d'arbres ou entre les pierres; elle y guette sa proie et peut même tuer de petits Oiseaux.

2° 2 poumons et 6 filières.

Aranéides errantes. — Ne tissent pas de toile.

Salticus; 2 yeux médians très gros; 6 yeux latéraux petits; bondit sur sa proie. — *Lycosa* (fig. 500); yeux tout petits.

La Lycose vit dans des trous qu'elle a tapissés de soie, et s'empare de sa proie en marchant ou en courant sur elle.

Aranéides sédentaires. — Tissent une toile.

Thomisus; fabrique les fils de la vierge qui flottent dans l'air en été par un beau temps.

Argyroneta (Argyronète).

Une espèce d'Argyronète aquatique file dans l'eau une cloche formée d'un tissu fin et serré, maintenue par les plantes voisines; puis elle y accumule de l'air de la manière suivante: lorsqu'elle plonge rapidement dans l'eau, son duvet maintient autour d'elle une certaine couche gazeuse qu'elle fait dégager par bulles en se frottant le corps avec ses pattes, au-dessous de l'ouverture de la cloche. Elle y peut vivre ainsi à l'abri des attaques de ses ennemis.

Tegenaria. T. domestica; vit dans les coins des appartements; elle tisse sa toile horizontale pourvue d'un sac d'où elle guette sa proie.

Epeira. E. diademata ; tache en forme de croix sur l'abdomen.

L'Épeire tisse une toile ronde, verticale, très régulière.

3° ACARIENS

Céphalothorax et abdomen confondus et sans segmentation apparente. Base des maxillipèdes formant suçoir en général. Respiration trachéenne ou cutanée.

Les Acariens sont tous de petite taille et vivent dans les conditions les plus diverses.

Dermanyssus. D. gallinæ; parasite des Oiseaux de basse-cour; vit dans la cavité des plumes.

Ixodes. I. ricinus ou Tiquet du Chien.

Ce parasite passe parfois du Chien à l'Homme [procéder au lavage de la peau avec de l'essence de térébenthine].

Sarcoptes. — Corps arrondi. Animaux venimeux, vivant sous la peau; ils produisent les diverses formes de *gale* de l'Homme et des animaux.

Sarcoptes scabiei (fig. 521).

La femelle creuse des galeries dans la profondeur de l'épiderme, pour y abriter ses œufs. Pourvue de maxillipèdes puissants, elle perce les téguments et creuse obliquement dans les tissus ; une fois engagée dans une galerie, elle ne peut reculer en arrière à cause de papilles aiguës antéro-postérieures situées sur son dos; elle pond une vingtaine d'œufs et meurt. Les œufs se développent en 2 ou 4 jours, donnent autant de larves hexapodes qui percent le plafond de la galerie et parviennent à la surface de la peau. Ces larves se nourrissent de matières sébacées, de sueur, muent plusieurs fois jusqu'à leur complet développement.

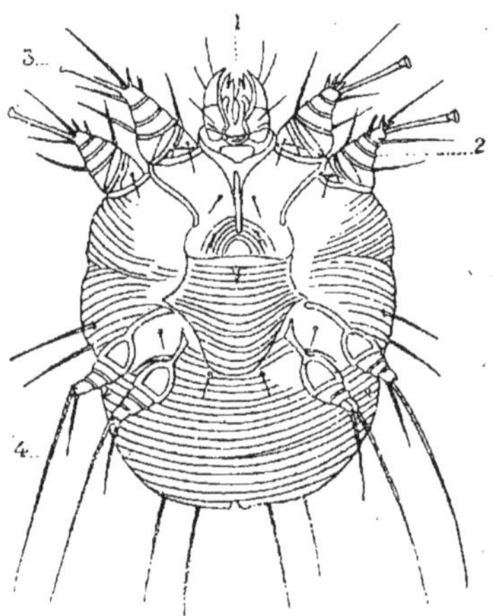

Fig. 521. — Femelle de *Sarcoptes scabiei* (face ventrale).

L'envahissement de la peau par les Sarcoptes a lieu aux points de plus faible résistance (membrane interdigitale, aisselle des bras, repli de l'aine, ventre); il est accompagné de la production de pustules dues à la sécrétion d'un venin par l'envahisseur.

S. scabiei Hominis, le plus petit de tous, produit la gale de l'Homme. [Faire des frictions générales avec des pommades sulfurées, pour la guérison.]

Demodex folliculorum; vit la tête en avant dans les follicules pileux et les conduits des glandes sébacées du nez, du front et des joues, chez l'Homme.

4° LINGUATULIDES

Corps vermiforme, annelé, pourvu comme appendices de 2 paires de crochets au voisinage de la bouche.

Linguatula. Parasite, à l'état adulte, dans les fosses nasales et les sinus frontaux et maxillaires des Vertébrés supérieurs, rarement chez l'Homme.

5° **TARDIGRADES**

Arachnides très dégradés.

Ces animaux, qui habitent dans la mousse des toits, dans l'eau, peuvent demeurer longtemps à l'état de vie ralentie dans les gouttières, la poussière, etc.; ils reprennent la vie active dès que la moindre quantité d'eau leur parvient (*Animaux réviviscents*).

II. — **MYRIAPODES**

Arthropodes vermiformes, à corps nettement segmenté; tête distincte avec 1 paire d'antennes articulées, 1 paire de mandibules et 2 paires de mâchoires. Un nombre variable de segments identiques entre eux forme le reste du corps. Des trachées.

Morphologie générale. — Par leur aspect extérieur, les Myriapodes se divisent en 2 ordres: les *Chilopodes* et les *Chilognathes*.

Les *Chilopodes* (fig. 522, *ch.p*) ont le corps *aplati*; leurs segments portent *latéralement* chacun *une* paire de pattes (*Lithobius*, fig. 523; Scolopendre).

Les *Chilognathes* (*ch.g*) ont le

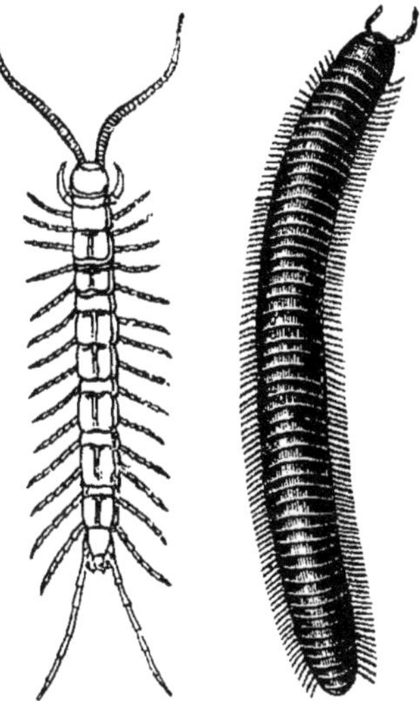

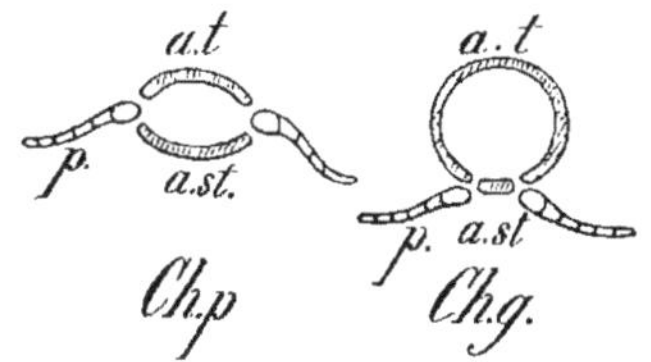

FIG. 522. — Coupe transversale schématique d'un Chilopode, *Ch.p* et d'un Chilognathe, *Ch.g*. *a.t*, arceau tergal; *a.st*, arceau sternal, *p*, patte.

FIG. 523. — *Lithobius forficatus*.

FIG. 524. — *Julus terrestris*.

corps *cylindrique*; leurs segments sont pourvus de *deux* paires de pattes insérées sur la face *ventrale* et près de la ligne médiane (*Julus*, fig. 524).

Appendices. — Les *pattes locomotrices* sont identiques, simples et composées de 6 ou 7 articles. Mais l'*appareil masticateur* est composé d'une manière variable avec les deux types de Myriapodes:

Les *Chilopodes*, ordinairement *carnassiers* (Scolopendre, fig. 502), présentent au-dessous d'un *labre*, *la* (fig. 525|) :

une paire de fortes *mandibules* dentées, *man* ; une 1re paire de *mâchoires* à large base triturante, ma_1 ; une 2e paire de *mâchoires* grêles, ma_2, soudées par leurs bases en une lèvre inférieure : enfin une paire de *pattes-mâchoires* très saillantes, *p.ma*, armées de crochets au sommet de chacun desquels débouche le canal excréteur d'une glande venimeuse basilaire.

Chez les *Chilognathes*, végétariens, existe une seule paire de mâchoires ; les secondes mâchoires et les pattes-mâchoires font retour à la fonction locomotrice.

Nutrition. — Le tube digestif s'étend en ligne droite de la bouche à l'anus ; la paroi de l'estomac renferme nombre de follicules gastriques. Dans la portion terminale de l'intestin s'ouvre l'**appareil excréteur** formé de longs *tubes de Malpighi* (1 paire : *Scolopendra* ; 3 paires : *Julus*).

La **respiration** est trachéenne. Les trachées s'ouvrent à l'extérieur par des stigmates situés entre les arceaux sternal et tergal correspondants.

L'**appareil circulatoire** lacunaire avec un vaisseau dorsal a été décrit (Voir page 130).

Relation. — Le **système nerveux** des Myriapodes est construit sur le type ganglionnaire normal : ganglions cérébroïdes, collier œsophagien, chaîne ganglionnaire ventrale dont les ganglions sont unis par paires en nombre égal à celui des segments du corps.

Les **organes des sens** sont représentés par des *yeux* simples, en nombre variable avec les genres considérés, et par des *poils tactiles* et *gustatifs* situés au voisinage de la bouche.

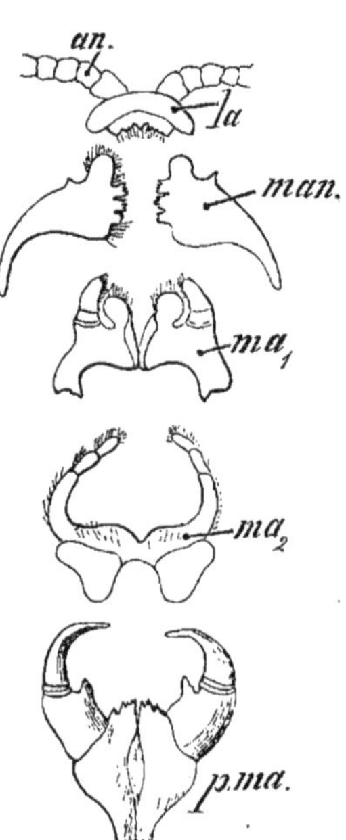

FIG. 525. — Armature buccale de *Scolopendra mutica*. *la*, labre ; *man*, mandibules ; ma_1, ma_2, mâchoires ; *p.ma*, pattes-mâchoires.

1° CHILOPODES

Corps aplati ; 1 paire de pattes locomotrices par segment du corps ; 2 paires de mâchoires ; 1 paire de pattes-mâchoires.

Lithobius. L. forficatus (fig. 523) ; 15 paires de pattes ; segments alternativement larges et étroits. — *Geophilus* (fig. 526); pattes nombreuses. — *Scolopendra* (Scolopendre, fig. 502); 21 paires de pattes, longues antennes et fortes pattes-mâchoires.

La morsure de la Scolopendre des pays chauds (Sénégal, Indes) est très redoutée.

2° CHILOGNATHES

Corps cylindrique; 2 paires de pattes locomotrices par segment du corps; 1 seule paire de mâchoires; pas de pattes-mâchoires.
Glomeris. G. *marginata* (fig. 527); 13 segments; se roule en boule. — *Julus. J. terrestris* (fig. 524); segments nombreux; beaucoup d'yeux.

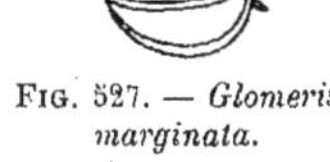

Fig. 527. — *Glomeris marginata.*

Fig. 526. — *Geophilus Walckenærii.*

III. — INSECTES

Corps comprenant une tête, un thorax et un abdomen distincts. La tête porte 1 paire d'antennes, 1 paire de mandibules, 1 paire de mâchoires et 1 lèvre inférieure. Le thorax est pourvu de **3 paires de pattes locomotrices articulées** *et de 2 paires d'ailes (en général). L'abdomen ne porte pas d'appendices, sauf à son extrémité. Des trachées.*

INSECTES	*broyeurs*	4 ailes; les premières ± résistantes.	Métamorphoses complètes....... *Coléoptères.*
			Métamorphoses incomplètes..... *Orthoptères.*
		Pas d'ailes; pas de métamorphoses................. *Thysanoures.*	
		4 ailes membraneuses, réticulées.	Métamorphoses incomplètes..... *Pseudonévroptères.*
			— complètes....... *Névroptères.*
	lécheurs.	4 ailes membraneuses veinées. Métamorphoses complètes.............................. *Hyménoptères.*	
	suceurs	4 ailes avec *lamelles écailleuses*. Métamorphoses complètes.............................. *Lépidoptères.*	
		4 ailes nues. Métamorphoses incomplètes...... *Hémiptères.*	
		2 ailes nues ou pas d'ailes. Métamorphoses complètes.............................. *Diptères.*	
	broyeurs ou *suceurs.* Segments thoraciques ± confondus........ *Parasites.*		

Morphologie externe. — **Division du corps**. — Tout Arthropode trachéen dont le corps est nettement divisé en

3 régions (*tête, thorax* et *abdomen*, fig. 169) appartient à la classe des Insectes.

La **tête**, *T*, est formée de la soudure de 6 anneaux et porte les *yeux*, les *antennes* et l'*appareil buccal*.

Le **thorax**, *Th*, comprend 3 anneaux distincts (*prothorax, P.Th*; *mésothorax, Ms.Th*; *métathorax, Mt.Th*) pourvus chacun d'une paire de *pattes locomotrices*; les deux derniers segments portent aussi chacun une paire d'*ailes*, à part quelques exceptions.

L'**abdomen**, *Ab*, est composé de 11 anneaux chez les formes inférieures (*Lepisma*, fig. 528); mais ce nombre peut descendre à 5. Les appendices abdominaux ont en général disparu, sauf à l'extrémité du corps.

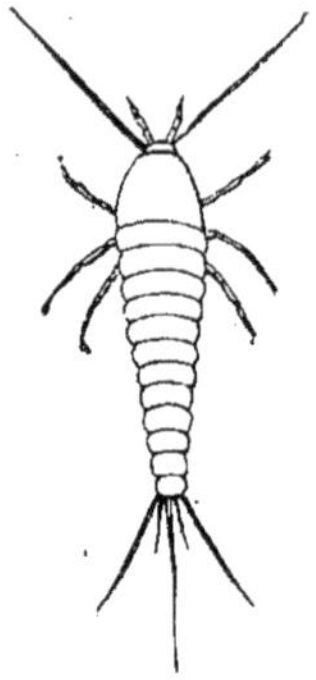

Appendices. — Les *appendices thoraciques* ou *pattes locomotrices*, au nombre de 3 paires, comprennent 5 parties : la *hanche*, *h* (fig. 529), articulée avec le thorax; le *trochanter*, *tr*; la *cuisse*, *cu*; la *jambe*, *j*, terminée par deux éperons et le *tarse*, *ta*, composé de 2 à 5 articles. Ce type général peut adopter des formes adaptives très diverses pour la marche, le saut, la natation ou la préhension.

FIG. 528.
Lepisma saccharina.

Les *ailes* sont des organes secondaires.

Une aile est un sac aplati dont les deux feuillets sont soudés par leur face interne et parcourus par les *nervures*; ces dernières sont des tubes creux, communiquant avec la cavité générale, dont le double but est de former la charpente de l'aile et d'assurer sa nutrition.

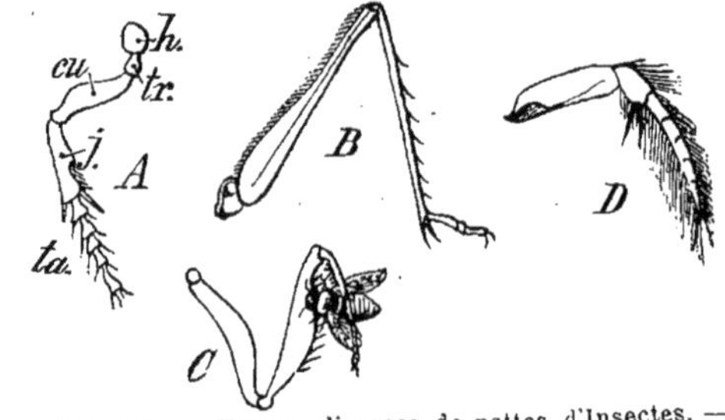

FIG. 529. — Formes diverses de pattes d'Insectes. — A; patte coureuse de *Carabus auratus*.— B; patte sauteuse de *Locusta viridissima*. — C; patte ravisseuse de *Mantis religiosa*. — D; patte natatoire de *Dytiscus marginalis*. *h*, hanche; *tr*, trochanter; *cu*, cuisse; *j*, jambe; *a*, tarse.

Le nombre et la structure des ailes sont invoqués pour la classification des Insectes.

Les *appendices abdominaux* de la région postérieure sont modifiés profondément pour constituer l'*oviscapte* des Orthoptères, la *tarière* des Tenthrénides, l'*aiguillon* des Guêpes, les *pinces caudales* des Forficulés.

Les *appendices buccaux* des Insectes ont été décrits (Voir page 64, fig. 55).

Les *antennes* sont composées d'articles de formes très variées suivant les genres considérés.

Nutrition. — **Tube digestif.** — Il est constitué par des régions différenciées qui permettent d'y reconnaître les trois parties fondamentales. L'*intestin antérieur* est représenté par un *œsophage* rectiligne, souvent élargi à sa partie postérieure en un *jabot* où demeurent provisoirement les aliments (Cicindèle). — L'*intestin moyen* ou *estomac*, reconnaissable aux glandes qui en dépendent, comprend souvent deux parties : le *proventricule* très musculeux, avec des séries longitudinales de pièces chitineuses saillantes en dedans (appareil *filtrant* qui retient les trop grosses particules alimentaires) et le *ventricule chylifique* avec des follicules gastriques nombreux. — L'*intestin postérieur* ou *intestin proprement dit* commence au point d'insertion des tubes de Malpighi ; court chez les carnivores, long chez les herbivores, l'intestin est contourné plus ou moins, se termine par le rectum muni d'une large *ampoule rectale* ouverte au dehors par l'anus (Voir page 66, fig. 57).

Appareil respiratoire. — Les *trachées* des Insectes émanent de *stigmates* au nombre de 10 paires au plus (Voir page 88, fig. 82 à 84).

Appareil circulatoire. — Il a été décrit déjà (Voir page 130, fig. 122).

Appareil excréteur. — Les *tubes de Malpighi* sont en nombre variable de 25 (Cicindèle) à 50 et plus (Blatte).

Glandes spéciales. — Les larves d'un certain nombre d'Insectes sont pourvues de *glandes séricigènes*, glandes salivaires adaptées à une fonction spéciale et débouchant, par un canal commun, dans une *filière*, orifice situé sur la lèvre inférieure. Au moment de leur dernière transformation, les larves *filent* la soie à l'aide de laquelle elles s'enferment dans un *cocon* protecteur (Ver à soie, fig. 568); elles y subissent les métamorphoses qui les font passer de l'état de *larve* à celui d'*insecte parfait*.

Certains Insectes (Hyménoptères : Abeille, Guêpe, etc.) possèdent une *glande venimeuse*, voisine du rectum, avec un canal excréteur dont l'orifice est situé en avant de l'anus.

La *cire* des Abeilles est fournie par des *glandes cirières* que portent les segments moyens de l'abdomen.

Relation. — **Système nerveux.** — Les Insectes possèdent un *système nerveux ganglionnaire* dont les ganglions sont très distincts et plus ou moins coalescents (Voir page 262, fig. 234, A,B,C).

Organes des sens. — Les Insectes possèdent, à de rares exceptions près, 2 *yeux à facettes* (fig. 530), placés de chaque côté de la tête; les Hyménoptères possèdent en outre 3 *ocelles*, disposés en triangle sur le milieu du front.

Les *organes auditifs* sont représentés par des otocystes parfois (Diptères), plus souvent par des *organes chordotonaux*

Ces organes sont des terminaisons nerveuses logées dans les saillies chitineuses que porte, sur sa face interne, une membrane flexible et fortement tendue appelée *tympan*. Quand le tympan vibre sous l'influence des sons extérieurs, il agite les organes chordotonaux ainsi impressionnés.

Un appareil tympanal se trouve sur les côtés du 1er segment abdominal chez les *Acridiens*; les *Locustides* en possèdent 2, séparés par une énorme vésicule trachéenne, sur les pattes antérieures.

Certains Insectes peuvent produire des sons, soit par le passage rapide de l'air à travers les stigmates, soit par le frottement rapide et cadencé de parties chitineuses les unes sur les autres (Criquet, Grillon, Sauterelle, Cigale).

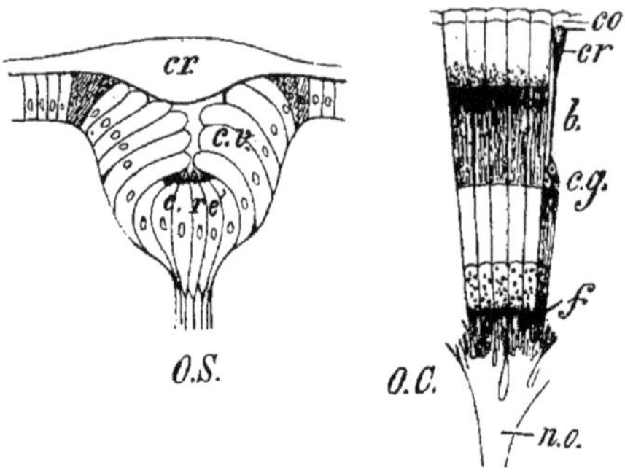

Fig. 530. — Yeux des Insectes. — *O.S*, œil simple (ocelle); *cr*, cristallin; *c.ré*, cellules rétiniennes prolongées par des fibres nerveuses. — *O.C*, œil composé; *co*, cornée; *c.g*, cellules ganglionnaires; *f*, fibres du nerf optique, *n.o*.

Les antennes portent des *poils tactiles* et des *organes olfactifs* parfois en nombre considérable (40 000), surtout chez les Insectes herbivores.

L'*organe du goût* est représenté par la *languette* (lamelle médiane du labre) chez les Hyménoptères, par la *trompe* chez les Diptères (fig. 55).

Les Insectes pondent des œufs.

De l'œuf sort une *larve* aptère, plus ou moins éloignée de la forme adulte, et qui s'en rapprochera par des mues successives en subissant des *métamorphoses*.

Métamorphoses des Insectes. — Les Insectes subissent des métamorphoses complètes ou incomplètes (*Métaboliens*); les rares espèces aptères qui n'en subissent pas sont dites *Amétaboliens*.

Soit le Hanneton. Cet Insecte apparaît abondamment au printemps et ravage avec une extrême rapidité les arbres dont il dévore les bourgeons et les jeunes feuilles; la femelle pond, à la fin de mai, 30 à 40 œufs dans les terres légères, souvent ameublies.

Des œufs sortent, au mois de juillet, les *larves* connues des agriculteurs sous le nom de *vers blancs;* celles-ci se nourrissent de racines qu'elles coupent, de débris ligneux qu'elles trouvent sur le sol. Les larves ne viennent jamais à la lumière; elles sont blanches, pourvues d'une cuticule peu épaisse, couvertes de poils assez raides et sensibles, et manquent d'yeux; leur tube digestif est très volumineux à cause de l'énorme quantité de nourriture qu'elles consomment; elles marchent difficilement, la courbure de leur corps les contraignant à se tenir sur le flanc. Dans le cours de leur existence qui dure environ 32 mois, les larves croissent constamment, mais avec lenteur. Au mois de mars ou avril de la *troisième année*, elles se renferment dans une coque ovalaire, épaisse, formée de débris agglutinés par leur salive; les larves sont devenues des *nymphes* qui demeurent immobiles pendant 5 à 6 semaines et se transforment en *insectes parfaits* ou *ailés*.

Les organes de l'insecte parfait ou *imago* n'ont pas tous pour origine les organes correspondants de la larve; pendant la phase d'immobilité de la nymphe, une partie des tissus larvaires subit l'*histolyse* suivie d'*histogénèse*.

Les stades *larve, nymphe, insecte parfait* ou *imago* sont désignés sous les noms de *chenille, chrysalide, insecte parfait* ou *papillon* quand il s'agit des Lépidoptères; certaines espèces de Lépidoptères (Bombyx du Mùrier) sécrètent un *cocon* formé par l'enroulement d'un fil soyeux entourant la chrysalide.

Insectes
{ sans métamorphoses (Thysanoures).
à métamorphoses incomplètes (Orthoptères, Hémiptères).
La larve ne diffère guère de l'adulte que par l'absence d'ailes.
à métamorphoses complètes (Coléoptères, Hyménoptères), etc.

1° COLÉOPTÈRES

Insectes broyeurs. 4 ailes : les antérieures cornées, rigides (élytres), juxtaposées par leur bord interne et **formant un étui ;** *les postérieures membraneuses, plissées longitudinalement et transversalement sous les élytres. Métamorphoses complètes.*

1° **Pentamères.** — *5 articles à tous les tarses.*

(a) **Carnassiers**.— Les uns terrestres (*Cicindela, Carabus*, etc.), les autres aquatiques (*Dytiscus, Gyrinus*, etc.). Tous sont pourvus de mandibules puissantes et acérées.

Carabides. — Corps svelte ; longues pattes grêles.

Cicindela (Cicindèle, fig. 531). Yeux gros et saillants ; antennes filiformes de 11 articles. Ces animaux courent et volent avec agilité.

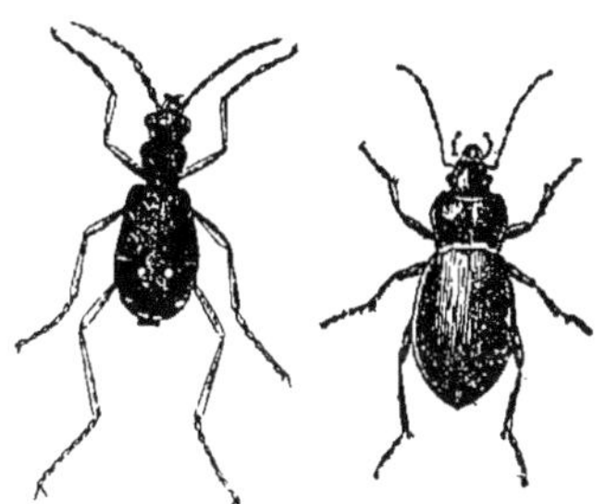

FIG. 531.   FIG. 532.
Cicindela campestris.   Carabus convexus.

La Cicindèle champêtre (*C. campestris*) est d'un beau vert avec des reflets cuivrés sur les élytres, la tête et le corselet. Les larves, carnassières comme l'adulte, se tiennent dans des trous creusés verticalement dans le sol, pièges dont elles ferment l'orifice avec leur tête ; elles y attendent le passage d'un petit animal dont elles feront leur proie. Elles s'enferment également dans ces tubes pour passer à l'état de nymphes.

Carabus (Carabe, fig. 532); élytres ovalaires.

Le Carabe doré (*Carabus auratus*) est très commun dans les champs.

Dyticides. — Corps large, ovale, très plat ; pattes propres à la natation . les dernières sont de véritables rames.

Dytiscus (Dytique, fig. 533); longues antennes filiformes, pattes antérieures assez courtes.

Le Dytique bordé (*Dytiscus marginalis*) est brun verdâtre foncé avec bordure jaune en dessus; ton fauve ferrugineux en dessous. Le mâle a les élytres lisses; ceux de la femelle sont cannelés.

Ce Coléoptère détruit nombre d'Insectes, de Mollusques et même des Grenouilles; sa larve, longue au maximum de 5 centimètres, est extrêmement vorace.

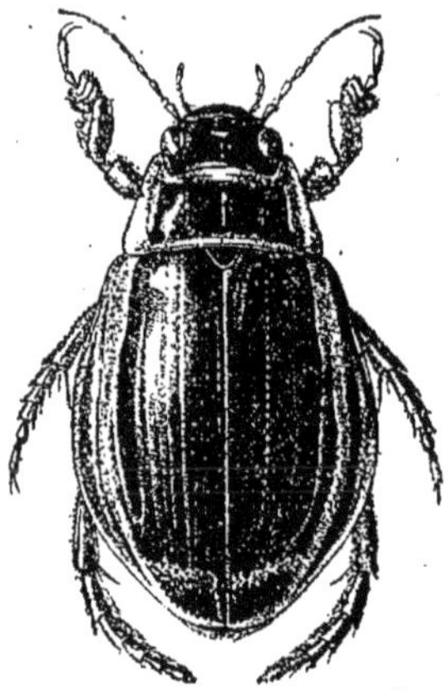

Gyrinus (Gyrin, fig. 534); petites antennes épaisses; pattes antérieures plus longues que les autres.

FIG. 534.
Gyrinus natator.

Le Gyrin passe une partie de son existence à la surface de l'eau où il décrit des cercles avec une grande rapidité.

FIG. 533. — *Dytiscus latissimus.*

(b) Hydrophilides. — Herbivores aquatiques. Corps ovalaire; antennes courtes terminées en massue et insérées latéralement.

Hydrophilus. Antennes de 9 articles.

L'Hydrophile brun (*H. piceus*) atteint 6 centimètres de longueur.

(c) Serricornes. — Antennes dentées en scie.

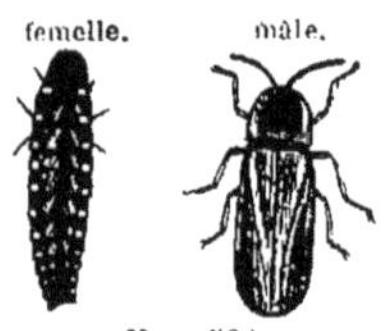

Une pointe du prosternum du Taupin s'engage, à sa volonté, dans une cavité correspondante du mésosternum; aussi quand l'animal est renversé sur le dos, il enfonce sa pointe sternale dans la cavité correspondante et, par une brusque détente, il se projette en l'air, répétant la manœuvre jusqu'à ce qu'il retombe sur le ventre.

FIG. 536.
Lampyris noctiluca.

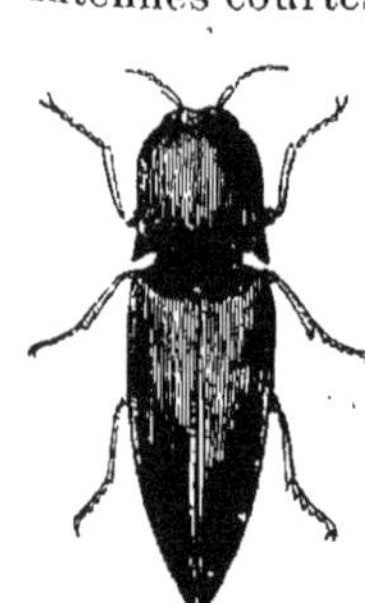

FIG. 535.
Elater sanguinolentus.

Elater (Taupin, fig. 535). Le Taupin des moissons (*E. segetis*), gris et très commun, est *nuisible* aux cultures; sa larve ronge les racines des végétaux.

Lampyris (Lampyre). Corps élancé, élytres flexibles et longs, sauf chez la femelle; le corselet large couvre en partie la tête. Téguments de faible consistance.

Le Lampyre noctiluque (*L. noctiluca* ou Ver luisant, fig. 536), la Luciole
(*L. italica*) émettent une vive lumière dans la région abdominale.
Toutes ces espèces sont utiles : elles dévorent les limaces.

Anobium (Vrillette, fig. 537). — *Lymexylon* (Lime-bois).

Ces espèces sont nuisibles, car elles rongent le bois.
Les Vrillettes attaquent les bois morts et y pratiquent les trous que l'on
remarque dans les vieux meubles.

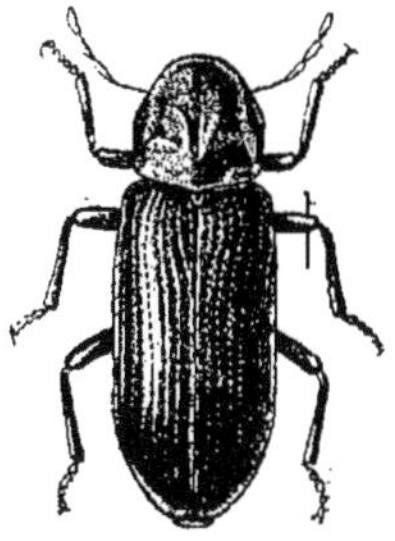

FIG. 537.
Anobium pertinax.

(d) Clavicornes. —
Antennes dilatées au sommet.

Vivent tous de matières corrompues.

Dermestes (fig. 538);
petit insecte de couleur
grise ou brune. — *Anthrenus* (Anthrène); corps
noir de 2 à 3 millimètres;
bandes transversales blanches sur les élytres. *Très nuisibles.*

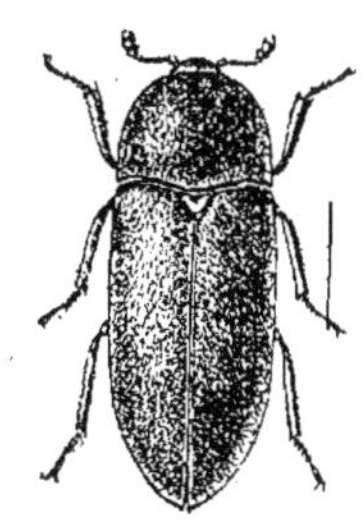

FIG. 538.
Dermestes vulpinus.

Les Dermestes pullulent dans les magasins de denrées, de fourrures; ils
attaquent les peaux des Mammifères et des Oiseaux dans les collections, tandis
que l'Anthrène des musées vit aux dépens des collections d'Insectes.

(f) Lamellicornes. — Antennes coudées terminées par des
lamelles.

Scarabéides. — Les lamelles des antennes sont mobiles et les
mandibules peu développées.

En général de forte taille, les Scarabéides
pondent des œufs d'où éclosent les larves
connues sous le nom de *Vers blancs*; ces
larves fuient la lumière et vivent de racines
ou de bois pourri.

Cetonia (Cétoine, fig. 539). Antennes de
10 articles dont les 3 derniers lamelleux.
Insecte *mélitophage*.

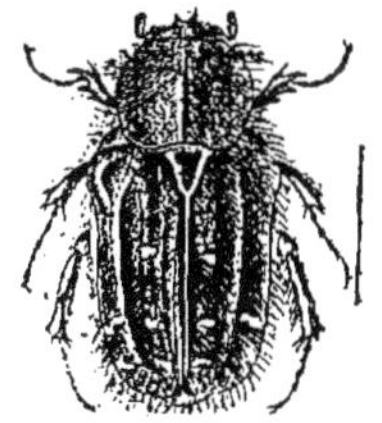

FIG. 539.
Cetonia hirtella.

La Cétoine dorée (*C. aurata*), d'un vert doré, fréquente les fleurs les plus brillantes (Rose, Pivoine),
ronge les pétales du Chèvrefeuille et en suce le miel. Elle pond ses œufs dans
le bois pourri dont se nourriront les larves.

Melolontha (Hanneton). Antennes de 10 articles dont les 6 ou 7
derniers lamelleux. Insecte *phyllophage très nuisible.*

Le Hanneton commun (*M. vulgaris*, fig. 170), à corselet noir et à élytres brun-
rouge, présente sur chaque anneau de l'abdomen une tache latérale blanche. Il

commet au printemps d'énormes dégâts, en dévorant les bourgeons et les feuilles des arbres. Les femelles s'enfoncent dans la terre où elles déposent leurs œufs. Les larves souterraines accomplissent leur développement en trois ans environ et rongent nombre de racines pendant ce laps de temps.

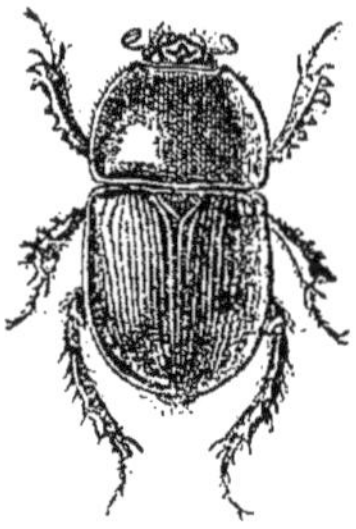

Geotrupes (fig. 540); antennes de 10 ou 11 articles; mandibules coriaces. — *Ateuchus*; antennes de 9 articles; mandibules et mâchoires membraneuses: ce

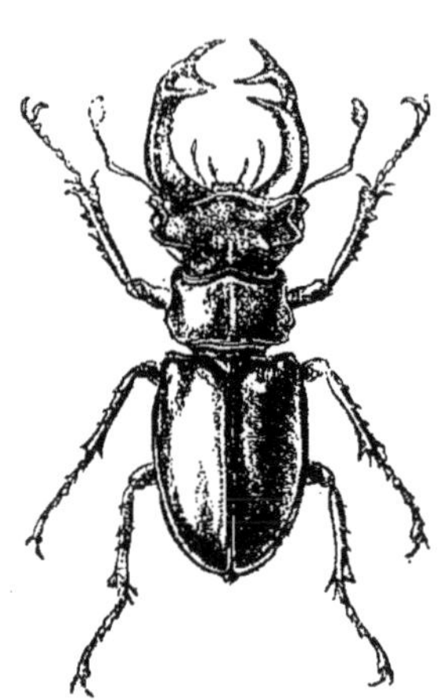

FIG. 540. — *Geotrupes.*

sont les Insectes des fumiers, des bouses de vache, appelés vulgairement *Bousiers.*

Le Géotrupe stercoraire (*G. stercorarius*), d'un noir luisant, avec des élytres striés, dépose ses œufs dans des trous du sol avec une provision de matières en décomposition. L'Ateuchus sacré (*A. sacer*), commun dans l'Europe méridionale et le nord de l'Afrique, est tout noir; sa tête est hérissée de 2 tubercules. Cet animal roule autour de chacun de ses œufs une boule de fumier et l'enfouit dans le sol.

Ces insectes sont utiles, car ils diffusent dans le sol les matières organiques fécondantes; ils sont *coprophages.*

Lucanus (Lucane, fig. 541); très grande taille. Les mâles ont des mandibules énormes. Les Lucanes habitent les bois et ne volent que le soir.

Le Cerf-volant (*L. cervus*) vit à l'état de larve dans les troncs des Chênes pourris.

FIG. 541. — *Lucanus cervus.*

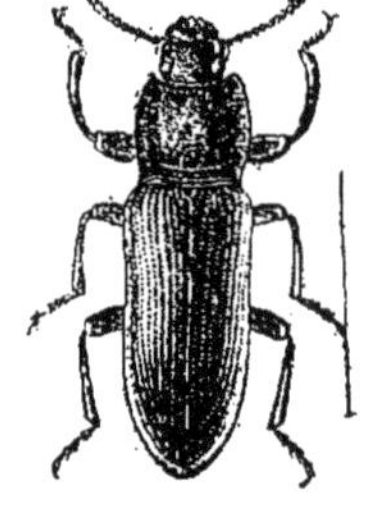

FIG. 542.
Tenebrio obscurus.

2° **Hétéromères.** — 5 *articles aux tarses antérieurs et intermédiaires; 4 articles aux tarses postérieurs.*
Tenebrio (fig. 542); corps noir, long et étroit.

Le Ténébrion de la farine (*T. molitor*) vit de farine, de biscuit, dans les boulangeries, au voisinage des fours. Sa larve fauve passe son existence enfouie dans la farine (*ver de farine*), ainsi que la nymphe.

Cantharis (Cantharide, fig. 543); grands élytres d'un vert brillant.

La Cantharide des officines (*C. vesicatoria*) est d'un vert brillant; abondante dans le midi de la France et en Espagne, sur les Frênes et les Lilas, elle est recueillie dans des toiles étendues au pied des arbres qu'on secoue violemment, exposée à des vapeurs de vinaigre bouillant et conservée en vases clos dans des endroits secs.

Le sang de la Cantharide renferme un principe vésicant (vésicatoires).

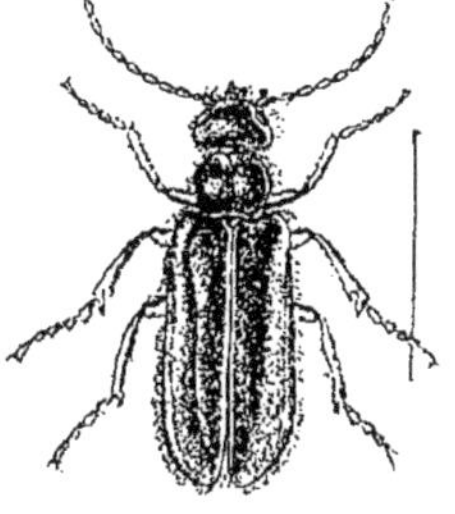

FIG. 543.
Cantharis vesicatoria.

3° **Tétramères**. — *4 articles à tous les tarses.*

Curculionides. — Tête prolongée en avant en un rostre.

La plupart sont petits, mais *tous sont nuisibles*, surtout à l'état larvaire, car ils s'attaquent à tous les végétaux.

Bruchus (Bruche); rostre court et large; antennes non coudées.

Le Bruche du Pois (*B. Pisi*) pond ses œufs dans les pois à l'approche de la maturité; chaque larve envahit une graine et devient libre.

Pois, lentilles, fèves, etc., sont attaqués par des Bruches spéciaux.

Otiorhynchus (Charançon); rostre plus ou moins long, antennes coudées.

Les Charançons sont nombreux dans nos pays. Les Calandres du Blé et du

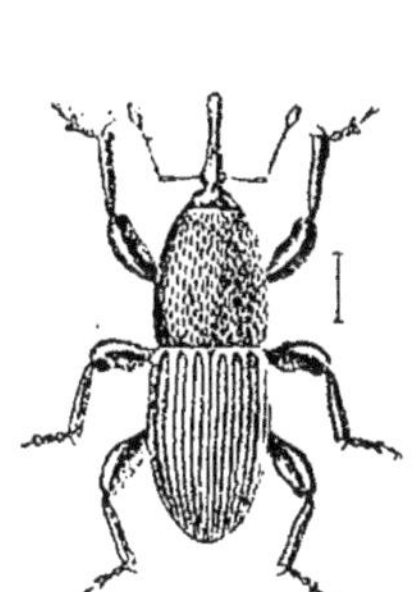

F**IG**. 544. — *Calandra granaria.*

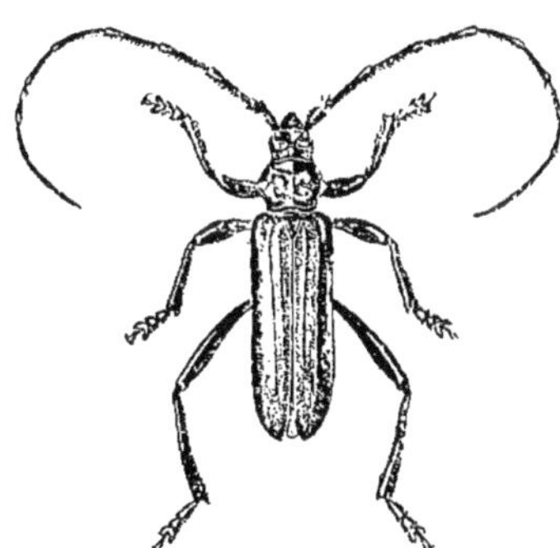

F**IG**. 545. — *Aromia moschata.*

Riz (*Calandra granaria*, fig. 544; *Oryzoe*) commettent parfois des dégâts considérables dans les greniers où elles se nourrissent de ces graines précieuses.

Cérambycides. — Antennes extrêmement longues; mandibules très fortes et mâchoires de forme variable avec la nature des plantes dont se nourrissent ces Coléoptères. *Animaux nuisibles.*

Cerambyx (Capricorne); antennes fortes.

Le Capricorne (*C. heros*), long de 5 centimètres, a un corps svelte, brun foncé, les élytres rougeâtres et chagrinés; il vit sur les Chênes.

Aromia (Callichrome, fig. 545); antennes grêles et longues.

Le Callichrome musqué (*A. moschata*) se voit sur les Osiers et les Saules à la fin de l'été, au bord des rivières; il exhale une agréable odeur de rose.

Chrysomélides. — Corps ramassé, souvent arrondi, orné de brillantes couleurs; antennes filiformes.

Animaux nuisibles détruisant les parties molles des végétaux, à l'état larvaire comme dans l'âge adulte.

Chrysomela (Chrysomèle); tête dégagée du thorax.

La Chrysomèle du Peuplier (*Lina populi*) est d'un vert bronzé avec élytres rouges; sa larve surtout en détruit le feuillage.

Eumolpus (Eumolpe, fig. 546); prothorax moins large que les élytres.

L'Écrivain (*E. vitis*, Eumolpe de la Vigne) découpe par petites lanières les feuilles de cette plante.

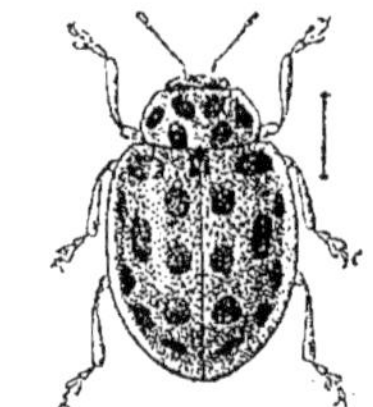

Fig. 547.
Anisosticta (*Cocci-nella*) 19-*punctata*.

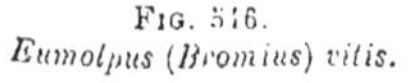

Fig. 546.
Eumolpus (*Bromius*) *vitis*.

4° **Trimères**. —

Tarses composés de 4 articles dont l'avant-dernier rudimentaire.
Coccinella (Coccinelle, fig. 547).

La Coccinelle à 7 points (*C. septempunctata*) est un Insecte essentiellement *utile* dont la larve consomme par jour une quantité énorme de Pucerons, suceurs extrêmement nuisibles à la végétation.

3° ORTHOPTÈRES

Insectes broyeurs. 4 ailes **droites**: *les antérieures (pseudélytres) plus petites et plus résistantes que les postérieures; ces dernières sont finement réticulées et plissées en éventail à l'état de repos. Métamorphoses incomplètes [rudiments d'ailes dans l'intervalle des 2 dernières mues].*

1° **Coureurs**. — *Tarses de 5 articles.*

Blatta (Blatte, fig. 548). — Corps large et plat à téguments très flexibles; antennes longues et filiformes, pattes hérissées d'épines. Le corps noir ou gris terne dégage une odeur repoussante. *Très nuisible.*

Les Blattes vivent de substances animales et végétales conservées ou desséchées; elles endommagent parfois de grands approvisionnements. Elles rassemblent leurs œufs dans une coque. La Blatte américaine, ou *Cancrelat*, vit dans les ports de mer; la Blatte des cuisines ou Cafard s'installe dans les fissures des vieilles cheminées.

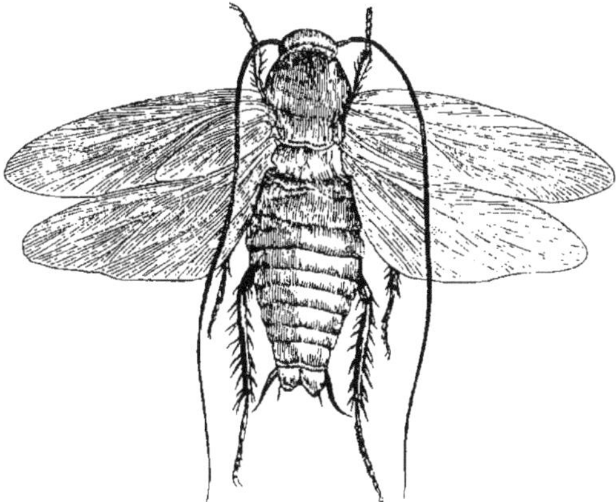

Fig. 548. — *Blatta americana.*

Mantis (Mante). — Corps élancé; tête mobile avec de gros yeux et des mandibules tranchantes; prothorax très long portant des pattes antérieures préhensiles; grandes ailes; abdomen volumineux.

La Mante religieuse verte (*M. religiosa*) se tient immobile dans les broussailles, le train antérieur dressé, les premières pattes prêtes à saisir l'insecte qui s'aventure à leur portée.

2° **Sauteurs.** — *Cuisses des pattes postérieures renflées et*

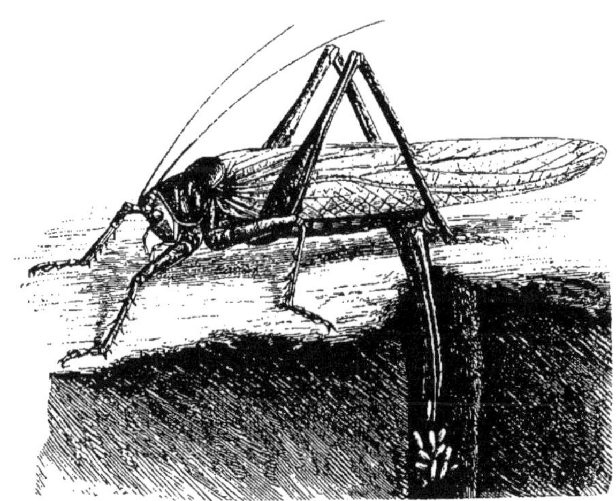

Fig. 549. — *Locusta viridissima.*

propres au saut. Organes de stridulation (bruit) *chez les mâles.* Locusta. *L. viridissima* (Sauterelle verte, fig. 549); front avec tubercule médian. Antennes très longues et sétacées; tarses de

4 articles. — *Ephippigera*. *E. vitium*; corps vert et ailes rudimentaires affectant la forme d'écailles.

L'abdomen est pourvu, chez les femelles de ces deux espèces, d'un grand
oviscapte à l'aide duquel elles
enfouissent leurs œufs dans
le sol.

Gryllus (Grillon ou
Cri-Cri, à cause du bruit
que font les mâles avec
leurs élytres, fig. 550);
pattes de devant simples.
Antennes très longues

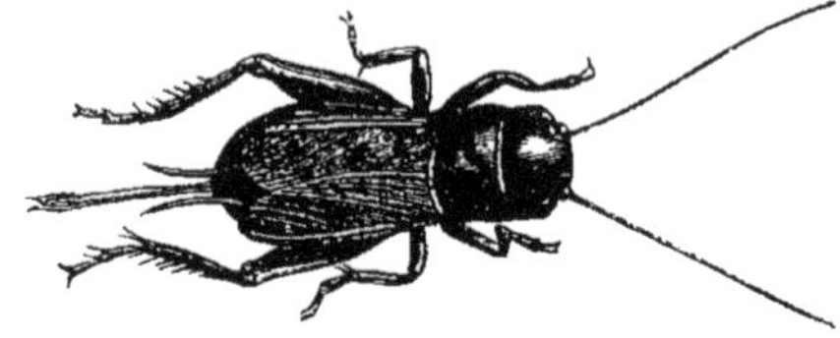

FIG. 550. — *Gryllus campestris*.

et sétacées; tarses de 3 articles ordinairement; l'oviscapte des
femelles est très frêle.

Le Grillon des champs (*G. campestris*), noirâtre, vit solitaire dans un trou qu'il
a creusé et d'où il ne sort que
pendant la nuit. Le Grillon
domestique (*G. domesticus*),
jaune brun, habite les crevasses des vieilles cheminées,
près des endroits chauds tels
que les boulangeries.

FIG. 551. — *Gryllotalpa*.

Gryllotalpa (Courti-
lière, fig. 551); pattes de
devant fortes et digitées, admirablement conditionnées pour fouir
le sol.

La Courtilière se creuse des galeries dans les terres meubles (jardins,

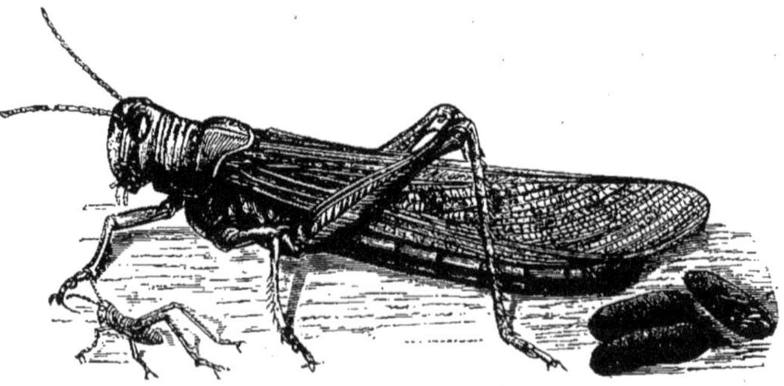

FIG. 552. — *Acridium peregrinum*.

potagers), coupe et mange les racines; si elle détruit les Vers et les larves
qu'elle rencontre, la Courtilière n'en est pas moins phytophage et *très nuisible*
aux cultures.

Acridium. A. peregrinum (Criquet voyageur, fig. 552); sternum pourvu d'une pointe. Antennes courtes, tarses de 3 articles ; pas d'oviscapte chez les femelles.

Cet *insecte nuisible*, abondant en Afrique et en Orient, se multiplie parfois d'une manière prodigieuse, envahit par colonnes épaisses les régions cultivées, détruit toute végétation et sème la ruine sur son passage. Aujourd'hui on organise en Algérie, contre de telles invasions, de véritables armées de soldats et d'indigènes qui exterminent en masse les Criquets et détruisent leurs cadavres au moyen de la chaux.

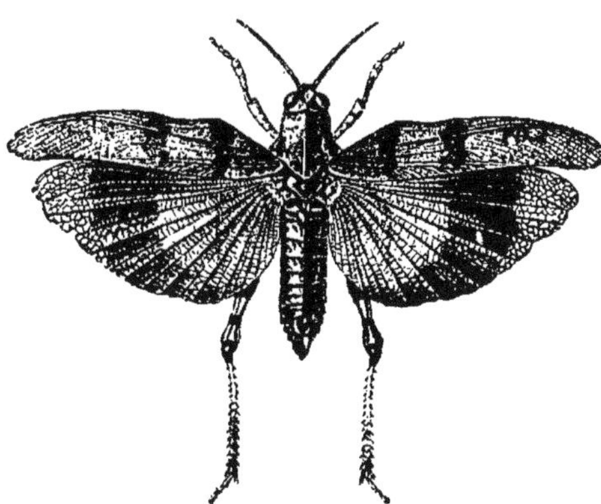

Fig. 553. — *Œdipoda cærulescens.*

Œdipoda (fig. 553). Petites Sauterelles à ailes rouges (*Œ. miniata*) ou bleues (*Œ. cærulescens*), très répandues dans nos prairies.

3° **Labidoures** ou **Forficulides.** — *Abdomen pourvu de 2 crochets* **formant pince.**

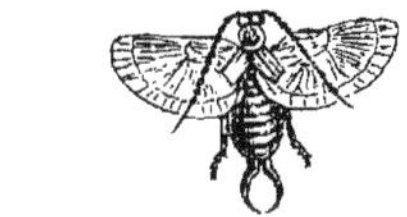

Fig. 554. — *Forficula auricularia.*

Forficula (fig. 554); tarses de 3 articles ; ailes antérieures courtes; ailes postérieures ployées en éventail, puis transversalement, au repos.

Le Perce-oreille (*Forficula auricularia*) est nocturne; il vit sous les pierres et l'écorce des arbres, se nourrit de végétaux et commet ainsi quelques dégâts. Sa pince abdominale est inoffensive.

4° THYSANOURES

Insectes broyeurs, aptères, dont l'abdomen porte des **appendices sétiformes.** *Pas de métamorphoses.*

Les Thysanoures se nourrissent de matières molles ou en décomposition.

Lepisma. L. saccharina (petit Poisson d'argent, fig. 528): petits yeux; 3 filaments abdominaux. Il habite les livres, le linge dans les armoires (surtout à la campagne).

Podura; un appendice abdominal fourchu et replié sous le corps; lieux humides.

5° PSEUDONÉVROPTÈRES

Insectes broyeurs. 4 ailes membraneuses de même structure ; réseau de nervures à mailles fines. Métamorphoses incomplètes.

1° **Corrodants**. — *Appendices buccaux très forts. Larves terrestres. Adultes mangeant du bois ou des matières animales.*

Termes (Termite). Tarses de 4 articles ; ailes égales.

Les Termites forment des sociétés, établies dans des nids ou *termitières*, comprenant des mâles et des femelles, des neutres (ouvriers et soldats), des nymphes actives et des larves.

La reine pond les œufs que les ouvriers emportent dans une nourricerie où ils en surveillent l'éclosion. Aux soldats incombe la défense de la colonie.

Le Termite lucifuge (*T. lucifugus*), commun dans les landes de Gascogne et dans les habitations de la côte voisine, vit dans les souches des vieux Pins, creuse ses galeries dans les poutres des maisons exposées par suite à l'effondrement (La Rochelle, Rochefort, Saintes, Bordeaux, etc.).

Le Termite belliqueux (*T. bellicosus*), de l'Afrique méridionale, construit des nids atteignant jusqu'à 5 mètres de hauteur.

2° **Odonates**. — *Antennes courtes ; appendices buccaux forts. Larves aquatiques carnassières comme les adultes.*

Libellulides ou **Demoiselles**. — Ailes égales avec une réticulation d'une finesse admirable. Grosse tête portant de gros yeux. Larves et nymphes pourvues d'une lèvre inférieure très développée, articulée sur le menton et terminée par 2 palpes formant pince (*masque*).

Les Demoiselles sont d'une extrême férocité : la larve et la nymphe, peu agiles, se servent du masque pour saisir leur proie (l'insecte ailé l'appréhende en volant) ; la victime est déchirée en un instant. Pour respirer, la larve introduit par l'anus, dans son intestin, une certaine quantité d'eau qu'elle rejette violemment si elle est attaquée. La nymphe, sur le point de donner l'insecte parfait, grimpe sur les plantes hors de l'eau ; sa peau se dessèche et se fend ; l'insecte ailé s'en échappe.

Libellula. L. depressa, (Libellule, fig. 555) ; corps large, palpes labiaux à 2 articles ; le mâle est bleuâtre en dessus, la femelle fauve.

FIG. 555. — *Libellula depressa.*

— *Agrion* ; corps grêle ; abdomen en forme de longue baguette, bleu gris de perle. — *Calopteryx. C. virgo* (Agrion vierge) ; mâle bleu ; femelle d'un vert brillant.

6° NÉVROPTÈRES

Insectes broyeurs. **4 ailes membraneuses réticulées,** *plus ou moins velues. Métamorphoses complètes.*

Myrmeleon. M. formicarius (Fourmilion, fig. 556). Ailes **planes,** nues ; mandibules fortes. Larves terrestres d'ordinaire.

La larve terrestre du Fourmilion ne peut marcher qu'à reculons ; elle forme dans le sable, au voisinage d'une fourmilière, un entonnoir au fond duquel elle disparaît, sauf sa tête armée de 2 grandes mandibules ; une Fourmi s'aventure-t-elle sur le bord ? la larve lui jette de petits grains de sable, la fait rouler dans le précipice et en suce le sang à l'aide de ses mandibules perforées.

Phryganea (Phrygane). Ailes écailleuses ou velues ; les postérieures **ployées** en long. Larves aquatiques.

Cet insecte habite le bord de l'eau et vole le soir. La femelle laisse tomber dans l'eau ses œufs enveloppés d'une gelée transparente qui les fixe aux pierres ou aux plantes aquatiques. De ces œufs sortent des *larves* carnassières, avec des téguments mous, qui se

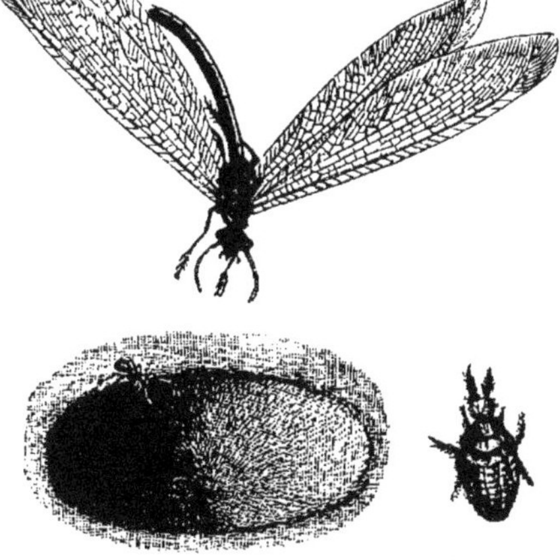

FIG. 556. — *Myrmeleon formicarius* et sa larve.

FIG. 557. — Larve de Phrygane dans son fourreau.

forment un long étui protecteur en réunissant, par des fils de soie, des bouts de bois, des grains de sable, etc. (fig. 557). Pour se transformer en nymphe, la larve fixe son fourreau en un point et le ferme à son extrémité. L'insecte ailé en sortira plus tard.

7° HYMÉNOPTÈRES

Insectes lécheurs. **4 ailes membraneuses** *à nervures peu nombreuses. Métamorphoses complètes.*

1° **Vulnérants** ou **Porte-aiguillon.** — *Abdomen pédiculé pourvu d'un aiguillon venimeux rétractile chez les femelles et les neutres. Hanche formée d'un seul article. Larves apodes.*

A. Chasseurs. — *Nourrissent leurs larves de proies.*

Vespa (Guépe) ; corps épais, abdomen peu étranglé à son origine.

Les Guêpes construisent un nid (fig. 558) avec des fibres ligneuses, des feuilles mortes, etc., dont elles forment une sorte de papier grisâtre ; à l'intérieur du nid sont disposés des rayons comprenant un seul rang de loges hexagonales. Les larves se nourrissent de substances molles, fruits, débris d'Insectes.

La Guêpe commune (*V. vulgaris*) établit son nid dans la terre. A mesure que le nombre des jeunes s'accroît, le nid s'augmente de nouvelles cellules fabriquées par les ouvrières de la colonie; il est entouré de plusieurs enveloppes papyracées. — La Guêpe des bois (*V. sylvestris*), plus petite que la précédente, est noire et tachetée de jaune; elle attache son nid aux branches des arbres.

Odynerus; corps noir; anneaux de l'abdomen bordés de jaune vif.

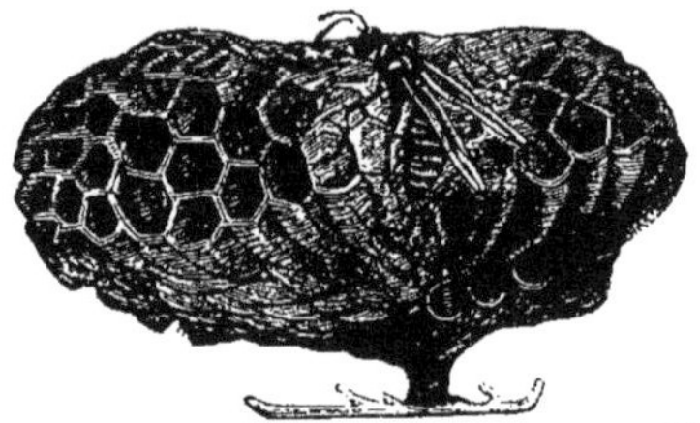

FIG. 558. — Nid d'une Guêpe (*Vespa sylvestris*).

L'Odynère se creuse un trou dans la terre, y dépose ses œufs avec une provision de nourriture; puis il en ferme l'entrée.

Eumenes (Eumène); formes plus sveltes.

L'Eumène pomiforme (*E. pomiformis*) est noire et tachetée de jaune, avec l'abdomen pédiculé. Elle fabrique avec de l'argile une petite capsule sphérique, uniloculaire, dans laquelle est déposée la ponte.

B. Formicides. — *Hyménoptères sociaux [mâles, femelles pourvues d'ailes caduques, ouvrières aptères]. Nourrissent leurs larves de matières sucrées.*

Formica (Fourmi); tête triangulaire avec des antennes coudées, de fortes mandibules; pattes grêles et longues; abdomen ovale soutenu par un pédicule court et mince.

L'espèce dite Fourmi rousse (*F. rufa*), qui habite les bois et les taillis, comprend : des mâles ailés tout noirs couverts de poils, des femelles ailées d'un roux ferrugineux avec le dessus du corps noir et luisant, des ouvrières aptères de même aspect que les femelles.

Les ouvrières construisent un nid, avec des chambres où elles placent les petits œufs blancs pondus par les femelles. Lors de l'éclosion des larves, les ouvrières vaquent à la recherche de miel, de jus de fruits, de la liqueur sucrée sécrétée par les Pucerons, en gorgent leur jabot et cèdent cette réserve, soit aux ouvrières de l'intérieur, soit aux larves qui grandissent. Les *larves* parvenues à leur maximum de croissance s'enferment dans une coque soyeuse et traversent la phase *nymphe*. L'*insecte parfait* est trop faible pour briser son enveloppe que déchirent encore les ouvrières; il reçoit une éducation progressive, vaque petit à petit aux besoins de la colonie avec les autres.

Formica sanguinea a pour esclave *F. fusca*. — *Lasius niger* (Fourmi noire des jardins); élève des Pucerons en captivité.

C. Mellifères. — *Individus tous ailés; aiguillon barbelé; corps couvert de poils; premier article des tarses postérieurs élargi, ainsi que l'extrémité de la jambe du côté externe. Larves nourries de miel ou de pollen.*

Les Mellifères vivent en société (*Abeille*) ou solitaires (*Xylocope*).

Apis mellifica (Abeille, fig. 559); yeux velus. — *Bombus*; yeux glabres.

L'Abeille présente dans sa structure, comme dans ses instincts, une supériorité

FIG. 559. — *Apis mellifica* (Abeille).

marquée sur tous les Hyménoptères. Centralisation du système nerveux, vastes trachées vésiculaires abdominales (fig. 83), appendices spéciaux : mandibules capables de pétrir du ciment et de malaxer de la cire, mâchoires et lèvre inférieure longues pour humer le nectar des fleurs, jambes postérieures et 1er article des tarses propres à récolter le pollen : tels sont ses caractères anatomiques. La construction des nids et la disposition merveilleuse des loges (fig. 560) sont l'indice d'une profonde intelligence chez cet Insecte.

L'Abeille domestique est essentiellement sociale. La colonie comprend des ouvrières, des mâles et une reine.

1° Les *ouvrières* sont les plus petits membres de la colonie; leur abdomen est pourvu d'un aiguillon droit. Leurs jambes postérieures sont creusées d'une fossette externe (*corbeille*) dans laquelle est logée une boulette formée de pollen pétri avec du miel.

2° Les *mâles* (*faux-bourdons*) plus gros que les ouvrières, avec une grosse tête, sont dépourvus d'aiguillon.

3° La *reine* est chargée de pourvoir à la multiplication des membres de la colonie; elle présente un abdomen plus volumineux que les ouvrières, armé d'un aiguillon fort et recourbé.

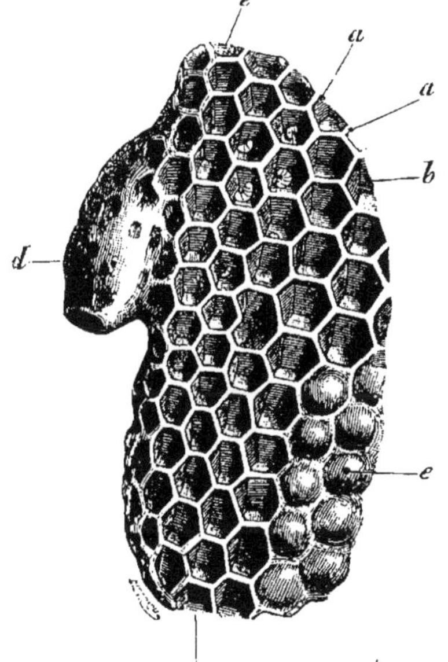

FIG. 560. — Fragment de rayon montrant les cellules des trois catégories. Partie supérieure : cellules d'ouvrières et larves de différents âges. — Partie inférieure : cellules de mâles. — *d.* cellule ordinaire de reine.

En moyenne, un *essaim* se compose d'une reine vivant 4 ou 5 ans, de 3000 ouvrières vivant moins d'un an et de 300 mâles qui sont tués par les ouvrières (fin d'août) avant la mauvaise saison.

L'Abeille domestique adopte facilement comme demeure la *ruche* qui lui est offerte. Lorsqu'une société se fonde, elle comprend une femelle ou *reine* et des ouvrières qui, aussitôt à l'ouvrage, bouchent les interstices avec une matière résineuse, puis construisent des alvéoles. Pour cela, la travailleuse prend avec sa patte postérieure l'une des lames de cire que produisent ses *glandes cirières* abdominales (Voir page 524), la malaxe avec ses mandibules et en forme un rouleau qu'elle applique à la voûte de la ruche; toutes les ouvrières procèdent ainsi pendant quelque temps. La masse de cire étant suffisamment épaisse, des alvéoles hexagonaux très réguliers y sont creusés suivant 2 rangs adossés. Quelques loges plus grandes sont disposées sur les bords, quelques-unes mêmes sont spacieuses et irrégulières.

La reine parcourt les gâteaux et dépose un œuf dans chaque alvéole; pendant ce temps, les ouvrières recueillent et entassent du miel dans un certain nombre de loges et en construisent d'autres. 3 jours après la ponte, les jeunes larves éclosent, croissent rapidement, filent une coque soyeuse et se transforment en nymphes; celles-ci donneront à leur tour des Insectes parfaits, mâles et ouvrières. Les *ouvrières* naissent dans les cellules étroites approvisionnées d'une grossière pâtée de miel et de pollen; les *reines* proviennent de cellules vastes (*loges royales*) dont les larves sont alimentées avec la *pâtée royale* plus substantielle que la pâtée pollinique.

Si une jeune reine apparaît à l'éclosion dans une ruche, la vieille reine s'en va constituer une nouvelle colonie avec une partie de l'essaim; sinon, un combat a lieu entre les deux reines jusqu'à ce que l'une d'elles meure. Si toutes deux succombent, vite la pâtée royale est réservée à une larve dont la cellule est agrandie et qui deviendra la reine de l'essaim. Une reine peut pondre jusqu'à 3 000 œufs par jour.

Xylocopa. *X. violacea* (Xylocope violet); grand corps noir; ailes violettes; jambes et tarses postérieurs pourvus d'un appareil collecteur peu développé.

Le Xylocope (Abeille charpentière) établit son nid dans des pièces de bois ou des branches mortes qu'il creuse parfois à 30 ou 35 centimètres de profondeur.

2° *Térébrants ou Porte-scie*. — *Femelles pourvues d'un oviscapte saillant à l'extrémité postérieure de l'abdomen.*

Phytophages. — *Abdomen sessile; trochanters biarticulés; larves vivant aux dépens des végétaux.*

Fig. 561. — Galle du *Cynips* du Rosier.

Ces larves ont l'aspect de chenilles (fausses chenilles) avec 8 paires de pattes membraneuses.

Cynips. Corps oblong; abdomen attaché au thorax par un mince pédicule. La tarière fort longue des femelles, contournée pendant le repos, est logée dans une rainure de l'abdomen; l'Insecte la développe quand il pratique une incision sur une plante.

Les *Cynips* sont très répandus. Les femelles, en été, piquent de leur tarière une tige ou une feuille et déposent, dans l'entaille pratiquée, un seul œuf d'où procède une larve. Autour de celle-ci se développe une excroissance végétale appelée *galle* (fig. 561), destinée à protéger la plante contre les déprédations de la larve et à nourrir en même temps cette dernière. Pendant l'hiver la larve se développe, puis se transforme en nymphe au printemps suivant; l'insecte ailé doit trouer les parois de sa prison pour devenir libre.

C. Quercus ou Cynips du Chêne. Il en existe plusieurs espèces; l'une d'elles, *C. gallæ tinctoriæ* (fig. 562), provoque, sur l'espèce

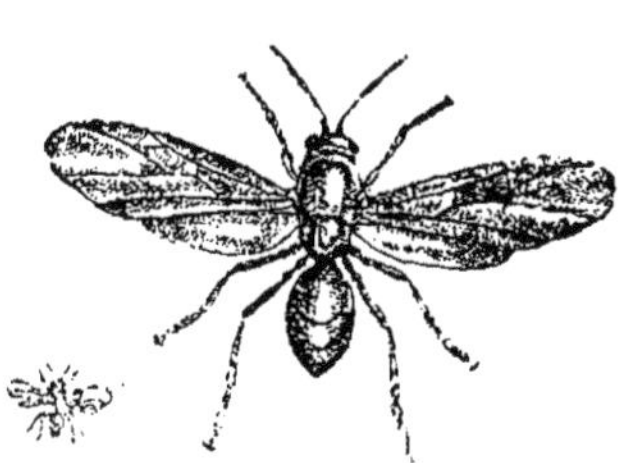

Fig. 562. — *Cynips gallæ tinctoriæ.*   Fig. 563. — *Ichneumon.*

de Chêne appelée *Quercus infectoria*, les noix de galle employées en teinture.

Entomophages. — *Corps long et mince; antennes longues pattes grêles. Abdomen nettement pédonculé chez la plupart* (Ichneumon); *tarière des femelles très développée.*

Ces animaux *utiles* pondent leurs œufs dans les œufs, larves ou pupes des Insectes phytophages, quelquefois dans les œufs d'Araignées.

Ichneumon (fig. 563); corps élancé, paré de bandes jaunes ou rougeâtres sur un fond noir.

8° LÉPIDOPTÈRES

Insectes suceurs dont les mâchoires sont le plus souvent allongées en une longue trompe enroulée en spirale. 4 **ailes couvertes d'écailles.** *Métamorphoses complètes; larve appelée* **chenille**; *nymphe dite* **chrysalide**; *insecte parfait appelé* **papillon.**

1° **Achalinoptères.** — *Lépidoptères diurnes pourvus d'ailes* **sans frein**[1], *relevées et accolées à l'état de repos; antennes terminées en massue ou en bouton.*

(a) **Papilionides.** — Pattes antérieures bien développées; antennes terminées en une massue allongée.

---

1. Le frein est une sorte de crin rigide, ramification de la nervure costale de l'aile postérieure, qui peut ou non s'engager dans un anneau porté par la nervure costale de l'aile antérieure.

Papilio (Papillon); ailes postérieures avec un prolongement caudiforme. *P. machaon* (Machaon, fig. 564).

Le Machaon, très commun, est de grande taille; ailes jaunes rayées et tachetées de noir avec des taches ocellées bleu tendre sur les ailes postérieures. Sa belle chenille, verte et glabre, a des anneaux noirs et de gros points rouges. Sa nymphe (*chrysalide succincte*) est entourée d'un fil qui la soutient comme une ceinture.

Pieris (Piéride, fig. 565);

FIG. 564. — *Papilio machaon* et sa chenille.   FIG. 565. — *Pieris brassicæ* et sa chenille.

ailes peu découpées et sans prolongement, d'une teinte blanche ou jaunàtre.

La chenille de la Piéride du Chou (*P. brassicæ*), verdàtre avec 3 lignes longitudinales jaunes, fait une consommation énorme et rapide de choux.

Colias; ailes jaunes, antennes courtes et roses. *C. edusa* ou Souci; *C. Hyale* ou Soufre.

Les chenilles de *Colias* vivent sur les Légumineuses.

(b) **Nymphalides.** — Se posent sur 4 pattes seulement; les 2 pattes antérieures sont en partie atrophiées et très velues. Chenilles hérissées d'épines ou de prolongement charnus. Chrysalides suspendues la tête en bas; elles portent des taches jaune d'or : d'où le nom de *chrysalide* qui leur a été donné.

Vanessa (Vanesse, fig. 566); ailes anguleuses ou festonnées brillant des plus vives couleurs. *V. Io* ou Paon de jour; *V. atalanta* ou Vulcain; *V. cardui* ou Belle-Dame, etc.

Le Paon de jour a les ailes d'un rouge brique, très découpées, portant chacune une large tache multicolore analogue à l'œil de Paon. La chenille vit sur les Orties; elle est d'un noir de velours pointillé de blanc; sa chrysalide est suspendue à une feuille et le papillon éclôt au bout de quinze jours.

Arge. A. Galathea (Demi-deuil, fig. 567); fort commun dans les taillis en été; blanc et noir.

2° **Chalinoptères**. — *Lépidoptères dont les* **ailes pourvues d'un**

FIG. 566. — *Vanessa cardui* et chenille
de *Vanessa Io.*

FIG. 567.
Arge Galathæa.

frein *sont placées horizontalement au repos; antennes de formes très variables, les unes filiformes, les autres barbelées, etc.*

(a) **Sphingides**. — Corps très volumineux, antennes épaisses, crénelées en dessous et terminées par une petite pointe. Ailes longues, étroites et fortes. Allure vive pendant les soirs d'été.

A l'aide de leur trompe très développée, les Sphingides peuvent puiser le nectar des fleurs sans s'y poser. Leurs chenilles glabres, ornées de vives couleurs, ont une corne sur le dernier anneau de l'abdomen; elles creusent une loge dans la terre pour y passer leur stade de nymphe jusqu'au mois de juin de l'année suivante, époque à laquelle apparaît le Papillon.

Macroglossa; trompe extrêmement développée; vol rapide en plein jour avec un fort bourdonnement. — *Sphinx*, trompe plus longue que le corps entier de l'Insecte. *S. Ligustri*, du Troène.

(b) **Bombycides**. — Corps épais, massif; antennes pectinées souvent rameuses et panachées chez les mâles. Trompe rudimentaire sans usage; palpes très courts.

Bombyx (fig. 568); corps couvert de poils; antennes pectinées.

C'est au genre Bombyx qu'appartient le Bombyx du mûrier (*Sericaria Mori*), Papillon velu, blanchâtre, dont la chenille est improprement appelée *ver à soie*. Le Bombyx du Mûrier, originaire de la Chine, introduit en France par Olivier de Serres, provient d'œufs éclos au printemps. [Dans les *magnaneries* où l'on élève les Vers à soie, l'éclosion est obtenue par incubation artificielle des œufs, à la température de 20 degrés environ, lorsque les feuilles de Mûrier sont déjà bien développées.] La chenille blanchâtre, issue de l'œuf, a 2 millimètres de longueur; elle croît rapidement sur des claies où elle consomme en abondance de la feuille de Mûrier. Dans l'espace de 33 jours, elle subit 4 mues et atteint 80 millimètres de long; alors elle monte sur des bruyères disposées au voisinage et commence à filer son *cocon*, pour passer à l'état de chrysalide.

Fig. 568. — Métamorphoses du Bombyx du Mûrier (*Sericaria Mori*).

La matière visqueuse d'où la soie tire son origine est sécrétée par 2 glandes en tube très contournées, placées sur les côtés de l'intestin chez la chenille. Chacune de ces glandes se continue en avant par une *filière* très grêle; les 2 filières se confondent en un canal unique terminé dans une petite papille que porte la lèvre inférieure. Dans ce canal aboutissent aussi les canaux excréteurs de 2 petites glandes fournissant un vernis. La matière visqueuse des 2 glandes séricigènes s'écoule sous forme de 2 fils extrêmement fins qui, dans le canal commun, sont réunis en un seul fil soudé et rendu brillant par le vernis des glandes accessoires. Le fil qui forme le cocon est continu et atteint plus d'un kilomètre de longueur; il peut être dévidé quand on a étouffé la chrysalide, en plongeant le cocon dans l'eau bouillante; le vernis se ramollit alors et, pendant le dévidage, les fils de plusieurs cocons peuvent être intimement unis pour constituer la *soie grège*.

La phase d'immobilité dure 3 semaines ; le Papillon éclôt en ramollissant le cocon à l'une de ses extrémités et en écartant les fils qui s'opposent à sa sortie. Les femelles pondent des œufs en nombre considérable et meurent.

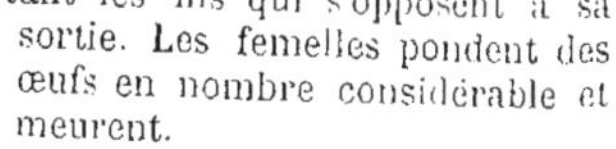

Saturnia. S. piri Grand-Paon de nuit, fig. 569); ailes très développées, plus ou moins festonnées, avec de magnifiques taches ocellées.

Le Grand-Paon de nuit a les ailes grises avec une tache ocellée noire dont la pupille diaphane en forme de croissant, est entourée d'un iris fauve.

(c) Phalénides. — Corps grêle, ailes amples ; antennes pectinées. Chenilles pourvues seulement de 2 paires de pattes membraneuses postérieures. *Insectes nuisibles.*

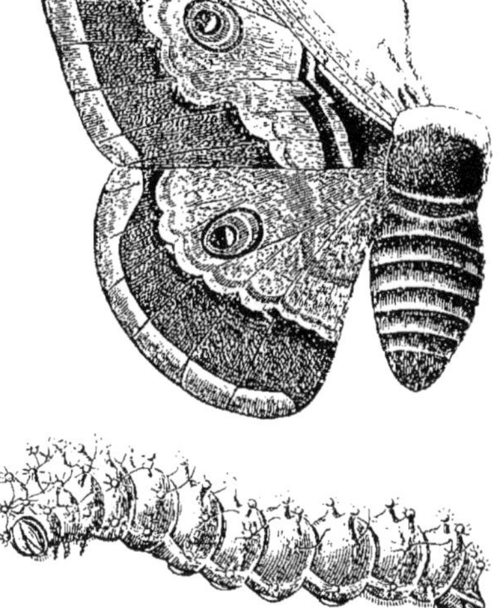

Fig. 569. — *Saturnia piri* et sa chenille.

Les chenilles des Phalénides, dites *arpenteuses* (fig. 570), peuvent demeurer immobiles dans des attitudes très diverses.

Fig. 570. — *Urapteryx Sambucaria* (chenille).

Les Phalènes commettent des dégâts sur les Groseilliers, Pêchers, Abricotiers, Arbres verts, etc.

(d) Pyralides. — Corps frêle ; ailes amples ; trompe bien développée. Chenilles peu velues avec 5 paires de pattes membraneuses. *Insectes nuisibles.*

Les Chenilles dites *tordeuses* de la plupart des Pyralides se constituent un abri en contournant et tordant les feuilles de leurs arbres favoris.

Pyralis (Pyrale, fig. 571) ; palpes très longs et courbés.

La Pyrale de la Vigne (*P. vitana*) ravage nos vignobles. Elle a les ailes jaunes avec des reflets verdâtres et des bandes brunes ; apparaissant en juillet, elle pond ses œufs sur les feuilles ; en août, éclosent les chenilles qui, suspendues par un fil, attendent *sans prendre de nourriture* que le vent les pousse sur le cep ou l'échalas. Elles pénètrent alors entre le bois et l'écorce où elles hivernent ; au printemps suivant, les chenilles enlacent de fils les jeunes bourgeons qu'elles dévorent et la récolte est perdue.

On combat ce fléau en échaudant ceps et échalas pendant l'hiver.

Tinea (Teigne, fig. 572) ; palpes courts, non courbés. Chenilles faibles.

La *Teigne* des tapisseries (*Tinea tapezella*) est un petit papillon blanc. Sa

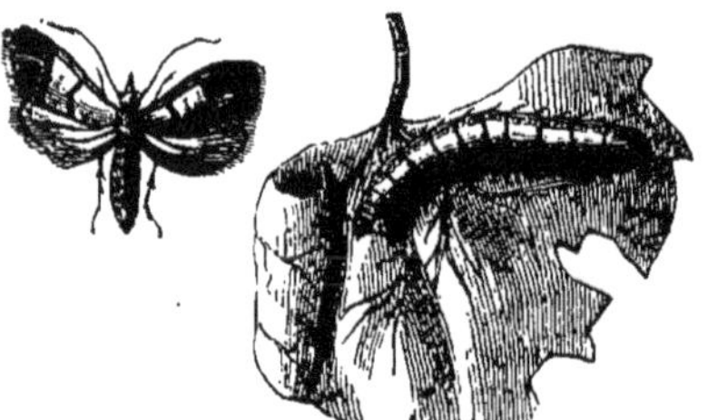

FIG. 571. — *Pyralis vitana* et sa chenille.

FIG. 572. — *Tinea tapezella.*

chenille, rongeant une étoffe de laine, une fourrure, une tapisserie, etc., se fait rapidement un fourreau de poils détachés; elle allonge et élargit ce fourreau à mesure qu'elle grandit. Au moment de sa transformation en chrysalide, elle fixe son fourreau par un bout. Le papillon libre vit des mêmes matières animales et y dépose ses œufs.

9° HÉMIPTÈRES (RHYNCHOTES)

Insectes suceurs dont les pièces buccales sont allongées en 4 stylets enfermés dans une trompe cornée ou rostre. 4 ailes en général. Métamorphoses incomplètes.

Le nom de **Rhynchotes** (animaux à bec), attribué à ces Insectes *tous pourvus d'un rostre*, est préférable à celui d'*Hémiptères* applicable seulement aux Insectes dont la première paire d'ailes (*hémélytres*) est partagée en 2 parties de consistance inégale : une portion basilaire coriace, une portion libre membraneuse.

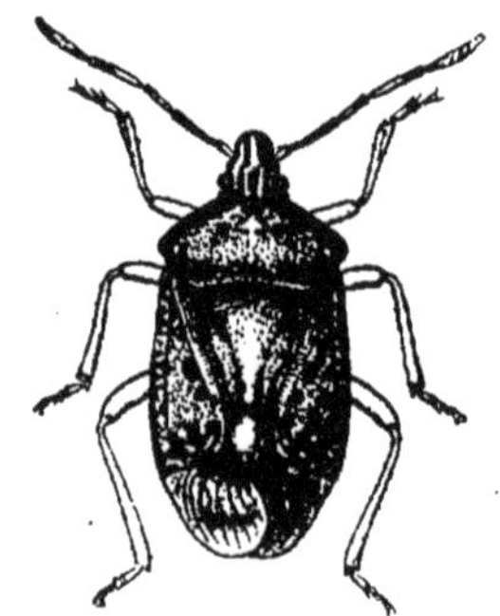

FIG. 573. — *Pentatoma grisea.*

1° **Hétéroptères.** — *Hémélytres. Rostre naissant du front. Antennes de 4 ou 5 articles.*

(a) **Géocorises.** — *Antennes plus longues que la tête. Insectes presque toujours terrestres.*

Pentatoma. P. *grisea* (fig. 573); antennes de 5 articles. Vit sur une foule de plantes. Corps gris, écusson triangulaire ne couvrant qu'une partie du corps en arrière du prothorax.

Cette espèce dégage une odeur caractéristique de *Punaise*.

Corcus. C. marginatus (fig. 574) ; corps brun uniforme et abdomen élargi débordant sur les côtés ; antennes de 4 articles.

Acanthia ; corps très aplati ; élytres rudimentaires.

La Punaise des lits (*Acanthia lectularia*) suce le sang en faisant une piqûre ; elle verse dans la plaie la sécrétion de ses glandes salivaires qui produit une irritation locale.

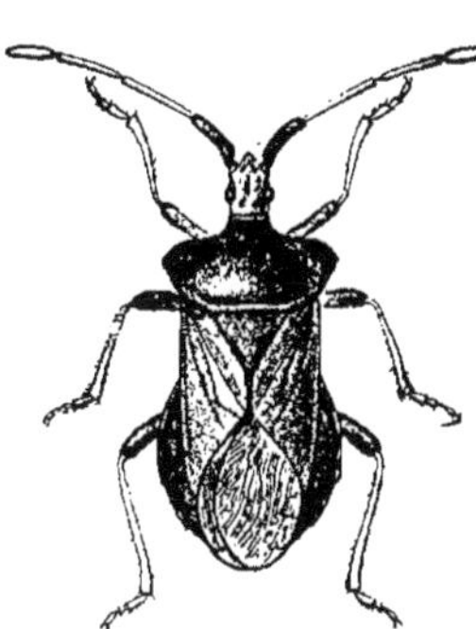

Fig. 574. — *Corcus marginatus.*

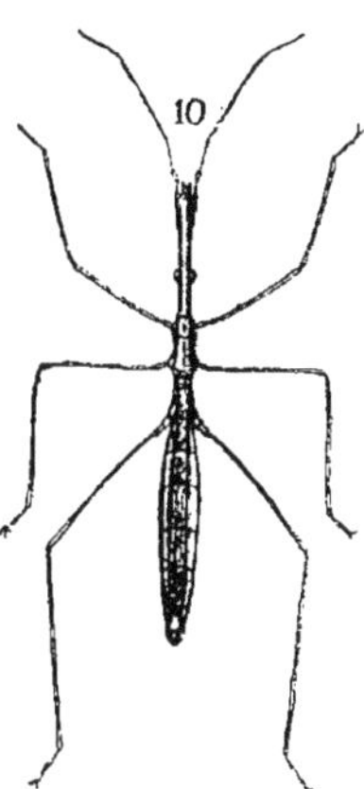

Fig. 575.
Hydrometra stagnarum.

Hydrometra (fig. 575) ; corps très allongé, pubescent. Nage sur l'eau.

(b) **Hydrocorises.** — *Antennes courtes cachées dans une fossette au-dessous des yeux. Insectes aquatiques.*

Nepa. N. cinerea (fig. 576) ; corps plat, ovoïde. — *Ranatra. R. linearis* ; corps très allongé. — *Notonecta. N. glauca* (fig. 577) ; nage sur le dos qui est caréné ; pattes en forme de rames ciliées.

2° **Homoptères.** — *Les ailes antérieures de* **même consistance dans toute leur étendue,** *souvent plus dures et de couleur autre que les ailes postérieures transparentes. Rostre naissant de la partie inférieure de la tête, au-dessous des yeux. Femelles pourvues d'un oviscapte.*

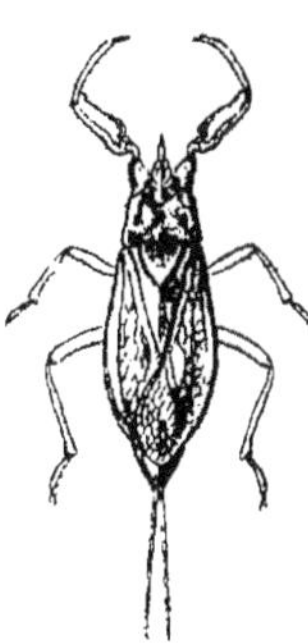

Fig. 576.
Nepa cinerea.

Fig. 577.
Notonecta glauca.

Cicada (Cigale, fig. 578). Corps épais de grande taille ; gros yeux ; ocelles très visibles. Les mâles possèdent de grandes plaques sous-abdominales recouvrant un appareil musical.

La femelle de la Cigale dépose ses œufs dans des entailles pratiquées à l'aide de sa tarière dans les troncs des arbres ; les larves s'enfoncent dans la terre pour sucer les racines ; peu différentes des adultes, elles sortent à un moment donné du sol, s'accrochent à une plante et demeurent immobiles ; leur peau se dessèche, se fend sur le dos et l'Insecte parfait sort de son enveloppe.

3° *Sternorhynques.*

— *Rostre paraissant naître entre les pattes antérieures et les intermédiaires. 4 ailes membraneuses (2 seulement chez les mâles dans les espèces dont les femelles sont aptères).*

Aphis (Puceron) ; antennes longues formées de 7 articles. Petite tête ; pas d'ocelles. Abdomen muni de 2 tubes saillants qui communiquent avec une glande sécrétant un liquide sucré dont les Fourmis sont friandes (Voir page 537).

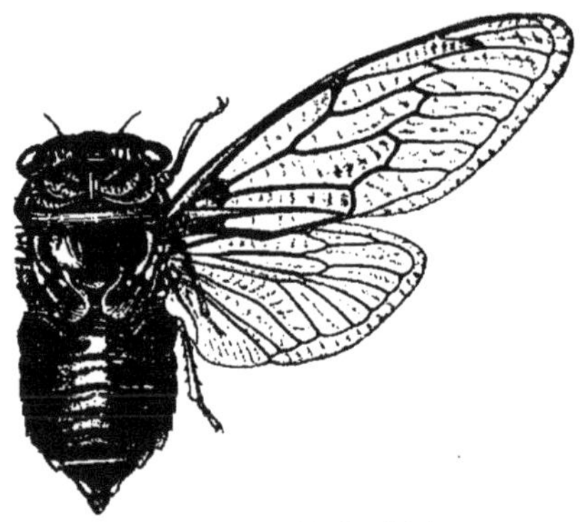

Fig. 578. — *Cicada plebeja.*

Mâles ailés ; femelles aptères. *Insectes nuisibles.*

A l'automne, les femelles pondent les *œufs d'hiver* sur les tiges ; au printemps suivant, les jeunes éclosent, tous femelles ayant acquis au bout de 12 jours leur accroissement maximum. Ces femelles donnent naissance à environ 90 *petits* chacune ; la nouvelle génération produira au bout du même temps une 2° génération de Pucerons ; et ainsi de suite jusqu'à l'automne, moment où apparaissent des individus des deux sexes.

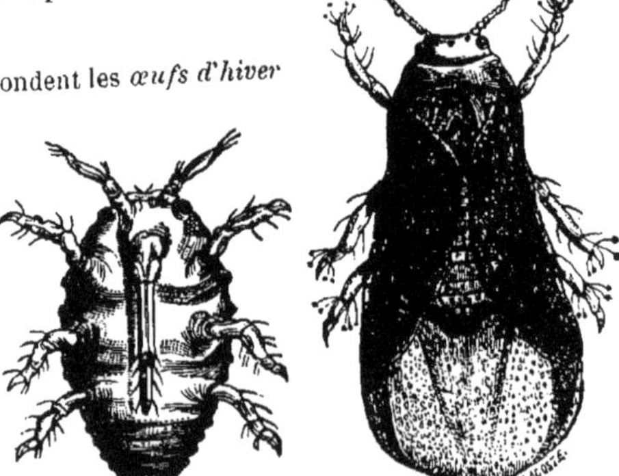

Fig. 579. — *Phylloxera vastatrix.*

On comprend ainsi l'extrême multiplication des Pucerons qui causent de grands dégâts dans les cultures, en suçant les feuilles et les tiges des plantes.

Phylloxera (fig. 579) ; antennes de 3 articles. *P. vastatrix* (Phylloxéra de la Vigne).

Le Phylloxéra de la Vigne, Insecte nuisible au premier chef, a jeté la désolation dans les vignobles français du Midi et du Centre depuis 1875, causant une perte de plusieurs milliards.

Cet Hémiptère suce les racines de la Vigne; les nodosités qu'il détermine entraînent la mort du chevelu radiculaire en s'opposant à l'absorption.

Combattre son envahissement par l'injection de sulfure de carbone dans le sol, par l'immersion des vignobles ou leur plantation dans les terrains sablonneux.

Coccus; antennes de 6 à 25 articles. Femelles ordinairement immobiles et aptères; mâles diptères.

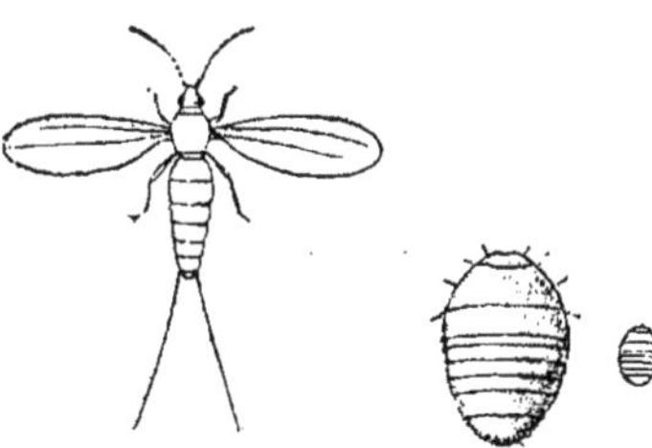

FIG. 580. — *Coccus cacti* ♂ et ♀.

Tous sont *très nuisibles* à la végétation, mais quelques-uns fournissent des matières tinctoriales dont l'industrie ne se sert plus guère depuis la découverte des couleurs d'aniline.

Coccus cacti (Cochenille, fig. 580); vit sur les Cactées (Nopal) dans le tissu desquelles les femelles enfoncent leur rostre pour ne l'en plus retirer; elles pondent alors sur place, meurent et sèchent en abritant leurs œufs.

On recueille les Cochenilles dont on extrait une belle matière colorante rouge.

10° DIPTÈRES

Insectes suceurs. Ailes postérieures transformées en balanciers; quelquefois aptères. Métamorphoses complètes.

FIG. 581. — *Culex pipiens.*

On désigne ordinairement la plupart de ces Insectes sous le nom de *Mouches.* Leurs larves sont vermiformes, très agiles et se déplacent en rampant; leurs nymphes sont : les unes actives sans prendre de nourriture; les autres immobiles sans se dépouiller de la peau de la larve (*pupes* des Mouches proprement dites).

1° **Némocères**. — *Corps long et frêle; antennes longues, filiformes; grandes ailes et longues pattes très ténues.*

Culex (Cousin ou Moustique, fig. 581); armature buccale délicate et résistante, formée de 6 stylets (mâchoires denticulées). A l'aide de cet appareil, la femelle pique la peau et suce le sang de l'Homme et des Mammifères, provoquant ainsi des démangeaisons insupportables.

Le Cousin piquant (*Culex pipiens*) abonde dans les marécages; sa larve aquatique vit dans les eaux stagnantes. Les antennes du mâle sont plumeuses, celles de la femelle presque nues au contraire. La femelle dépose ses œufs en paquets à la surface de l'eau; de ces petites masses flottantes éclosent les larves qui grandissent rapidement, se maintiennent la tête en bas et possèdent un tube respiratoire sur l'avant-dernier anneau abdominal.

Les nymphes actives sont enveloppées dans la peau de la larve, mobiles à l'aide de deux lamelles caudales; elles viennent respirer à la surface de l'eau par deux petits tubes dorsaux. Au moment de la mise en liberté du Cousin, la nymphe demeure immobile à la surface de l'eau; sa peau desséchée se fend sur le dos, l'insecte parfait se dégage de l'enveloppe et prend son vol.

Tipula (Tipule); armature buccale molle à l'aide de laquelle l'Insecte ne peut piquer, mais seulement sucer les matières fluides des végétaux et substances en décomposition.

La Tipule du Chou (*T. oleracea*) est pourvue de pattes très longues.

2° Brachycères. — *Corps ramassé; antennes très courtes composées de 3 articles dont le dernier est pourvu d'une soie grêle (style).*

Tabanus (fig. 582); corps large et épais; deux yeux énormes, une grande trompe formant un terrible suçoir.

Fig. 582.
Tabanus bovinus au vol.

Le Taon des bœufs (*T. bovinus*), aux yeux d'un vert vif, au corps gris avec des bandes noires, est très commun à la lisière des forêts en été; avide de sang, il s'attaque aux Bœufs, aux Chevaux qui se cabrent irrités par sa piqûre. La larve vermiforme vit, sous terre, de débris végétaux; sa nymphe est immobile.

Œstrus. — *Gastrophilus* (fig. 583). Grosses Mouches massives velues, avec de petites antennes et une trompe rudimentaire. A l'état adulte, l'Insecte ne prend aucune nourriture; il ne pique donc pas les animaux, mais les effraie par son bourdonnement lorsqu'il vole autour d'eux.

L'OEstre du Cheval (*Gastrophilus Equi*) bourdonne derrière les Chevaux, attendant le moment favorable pour pondre; il attache ses œufs enduits d'une matière agglutinante aux endroits de la peau que l'animal lèche d'ordinaire. Les larves éclosent; le Cheval les avale en se léchant; une fois parvenues dans son estomac, les larves se fixent sur la muqueuse digestive au moyen de leurs mandibules en crochets. Parvenues au maximum de leur développement, les larves se décrochent, sont entraînées au dehors avec les excréments du Cheval, se changent en pupes, puis en Insectes ailés.

Fig. 583.
Gastrophilus Equi.

Fig. 584.
Calliphora vomitoria.

Muscides (Mouches). — Grande trompe formée de toutes les pièces buccales réunies; la lèvre inférieure, grande et plissée, est douée d'une extrême sensibilité tactile.

Les larves des Muscides sont improprement appelées *Vers;* on les désigne sous le nom vulgaire d'*asticots;* elles ne subissent pas de mue pour se transformer en nymphe; leur corps se raccourcit, la peau durcie devient brune : c'est l'état de *pupe*.

Musca (Mouche); style des antennes velu ou plumeux. Elle se nourrit de matières animales ou végétales en décomposition. *M. domestica* ou Mouche domestique. — *Calliphora vomitoria*; grosse Mouche bleue de la viande (fig. 584). — *Stomoxis*; Mouche piquante d'automne. Sa trompe est horizontale et pique fortement l'Homme et les Animaux; elle peut être *charbonneuse*.

Les Mouches sont des Insectes nuisibles parce que, suçant toutes les matières en décomposition, elles emportent les microbes avec leurs pattes et leur trompe, et contribuent ainsi à la propagation des maladies infectieuses.

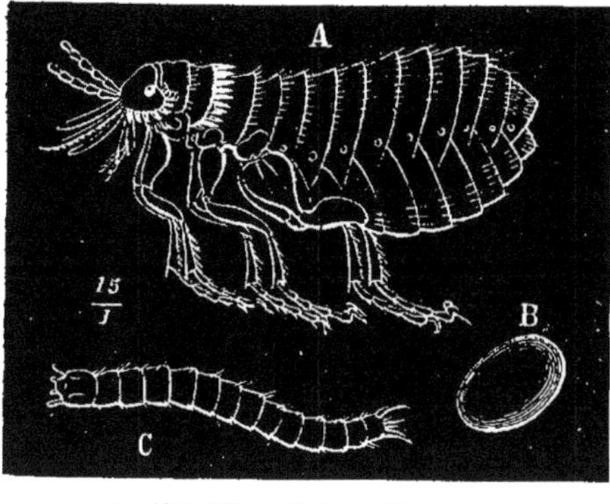

FIG. 585. — *Pulex irritans.*

3° Aphaniptères. —

Antennes très courtes; lèvre inférieure segmentée. 3 anneaux thoraciques bien distincts; pas d'ailes; pattes postérieures propres au saut. Insectes nuisibles.

Pulex (Puce, fig. 585).

La Puce de l'Homme (*Pulex irritans*) dépose ses œufs dans la poussière des planchers, dans les moindres interstices; sa larve sans pattes est nourrie par la mère qui dégorge une partie du sang dont elle s'est repue. La nymphe est enfermée dans une coque soyeuse d'où sortira l'Insecte parfait.

11° PARASITES

Insectes aptères; antennes de 3 à 5 articles; tarses biarticulés (le dernier article crochu). Segments thoraciques indistincts, au moins en partie. Insectes nuisibles.

Les Poux qui s'attaquent à l'Homme sont : le Pou de la tête (*P. capitis*) qui s'accroche aux cheveux et foisonne sur les têtes mal entretenues; le Pou du corps (*P. vestimenti*) et le Pou des maladies (*P. tabescentium*). Ce dernier provoque une hideuse affection, la *phthiriase* : la peau se couvre alors de taches brunes.

Les femelles pondent environ 50 œufs dont l'évolution est tellement rapide qu'en 2 mois une même femelle peut avoir été la souche de 10 000 individus. Les œufs ou *lentes* sont fixés aux cheveux et aux poils; la larve qui en sort est presque sous sa forme adulte.

Les soins de propreté les plus minutieux nous préservent de l'atteinte de ces animaux.

II. — NÉMATHELMINTHES

Chitinophores à corps cylindrique **dépourvu d'appendices.** *Cavité générale s'étendant tout le long du corps. Pas de chaîne ganglionnaire ventrale. Animaux parasites en général.*

La présence d'un **revêtement chitineux** sur le corps est la *seule raison* qui fasse traiter des Némathelminthes après les Arthropodes, *groupe dont les Némathelminthes s'éloignent par leurs caractères.*

Parmi les animaux groupés sous le nom de *Némathelminthes*, les Nématodes sont de beaucoup les plus importants.

NÉMATODES

Animaux parasites en général. **Corps cylindrique effilé** *à ses deux extrémités. Collier nerveux œsophagien.*

Les Nématodes se trouvent dans les milieux les plus divers. Les uns, libres pendant toute leur vie, habitent la mer, les eaux douces, la terre humide, les matières en fermentation (Anguillule du vinaigre) ou les substances putréfiées. Les autres, en bien plus grand nombre, sont libres à l'état larvaire et parasites à l'état adulte ou inversement; ou bien ils sont parasites toute leur vie, soit dans un même individu, soit en **émigrant** d'un hôte dans un autre pour y achever leur développement.

Morphologie externe. — Le corps des Nématodes est cylindrique et rigide, sans annulation véritable; il atteint depuis une fraction de millimètre (*Anguillula*) jusqu'à 1 ou 2 mètres (*Filaria*). La bouche est terminale et l'anus ventral placé au voisinage de l'extrémité du corps. Un pore excréteur ventral est situé près de la tête.

Décrire un type, c'est donner la physionomie générale du groupe.

Soit l'*Ankylostoma duodenalis* (fig. 586, A).

Nutrition. — Le **tube digestif**, s'étend en droite ligne de la bouche, *bo*, à l'anus, *an*; il comprend : une *capsule buccale* armée de 8 dents chitineuses; un *œsophage*, à paroi musculaire; un *intestin*, à paroi épaisse et glandulaire suivi d'un *rectum* court qui se termine à l'*anus*.

Ni appareil respiratoire, ni appareil circulatoire.

L'appareil excréteur consiste en deux canaux longitudinaux non ramifiés, *c.ex* (B), terminés en cul-de-sac en bas, réunis en avant du corps pour former un tube unique avec un pore excréteur ventral, *po.ex* (A et C).

Relation. — Mal défini chez l'Ankylostome, le **système nerveux** est plus net chez l'*Ascaris lumbricoides* (C) : un *anneau nerveux*

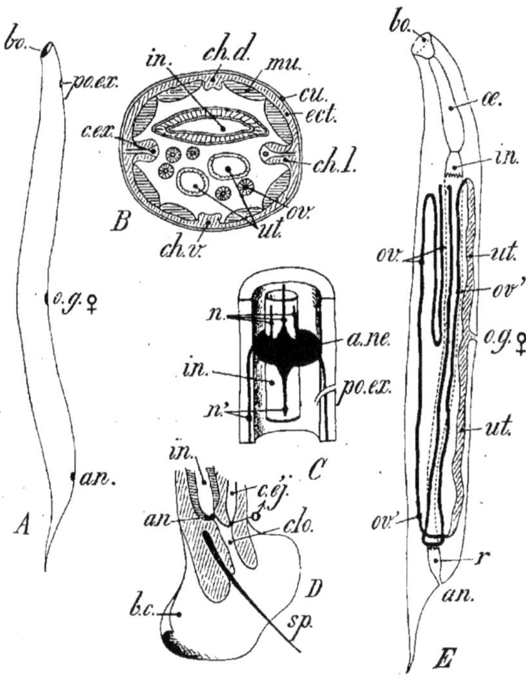

FIG. 586. — *Ankylostoma duodenalis*. — A ; vue extérieure ; *bo*, bouche ; *an*, anus ; *po.ex*, pore excréteur ; — B ; coupe transversale du corps ; *cu*, cuticule ; *ect*, ectoderme ; *in*, intestin. — C ; centre nerveux de l'*Ascaris lumbricoides*. *a.ne*, anneau nerveux embrassant l'intestin, *in*, un peu en avant du pore excréteur, *po. ex* ; *n*, *n'*, nerfs.

œsophagien, *a.ne*, situé au-dessus du pore excréteur, renferme des cellules nerveuses groupées surtout en ganglions. De ce collier se détachent des *nerfs*, *n,n'*, se rendant à la paroi et aux organes.

Les principaux Nématodes parasites sont les suivants :

Ascaris lumbricoides (Ascaride lombricoïde, fig. 587). Parasite de l'Homme.

Cet animal vit dans l'intestin grêle de l'Homme, surtout chez les enfants et à la campagne. Il atteint de 15 à 45 centimètres. Corps cylindrique ; bouche pourvue de 3 papilles chitineuses.

La femelle pond des œufs expulsés avec les excréments. Pourvus de 2 enveloppes résistantes et capables de résister longtemps à la dessiccation (5 ans), les œufs se développent rapidement dans un milieu humide. Absorbés par l'Homme *qui boit des eaux non filtrées à la campagne*, les œufs donnent des embryons qui éclosent dans l'intestin et y acquièrent leur état définitif. Quand l'Ascaride demeure dans l'intestin, il y occasionne des troubles peu importants en général; mais s'il pénètre dans le canal cholédoque, il s'oppose à l'évacuation de la bile et provoque la jaunisse (ictère); la mort par asphyxie survient quand il tombe dans la trachée-artère et les bronches. Lors de la fièvre typhoïde, il peut pénétrer dans la cavité péritonéale, à travers la paroi intestinale ulcérée au niveau des plaques de Peyer.

Ankylostoma duodenalis (Ankylostome du duodénum, fig. 586); l'un des parasites les plus dangereux de l'Homme. Extrémité antérieure pourvue d'une ventouse et de crochets.

A l'état adulte, l'Ankylostome atteint 10 à 20 millimètres. Sa bouche est armée de 8 crochets chitineux. La femelle pond un nombre considérable d'œufs elliptiques, revêtus d'une coque lisse; ces œufs, rejetés avec les excréments, peuvent demeurer longtemps intacts; mais s'ils tombent dans l'eau ou sur la terre humide, ils éclosent et donnent des larves qui, après plusieurs mues, peuvent séjourner à l'état latent pendant des mois dans la boue. Ces larves pénètrent dans le tube digestif de l'Homme, lorsque celui-ci porte à sa bouche les mains souillées de cette boue contaminée. Une fois parvenu dans l'intestin, l'animal en perfore la muqueuse à l'aide de ses crochets buccaux, déchire les vaisseaux capillaires pour sucer le sang et provoque ainsi des hémorragies internes.

C'est ainsi que l'Ankylostome, très commun en Égypte, détermine la *chlorose d'Égypte*, *l'anémie des mineurs et des briquetiers :* ceux-ci, disséminant leurs excréments dans les galeries ou sur le sol qu'ils devront manier tôt ou tard, s'exposent ainsi à la contamination.

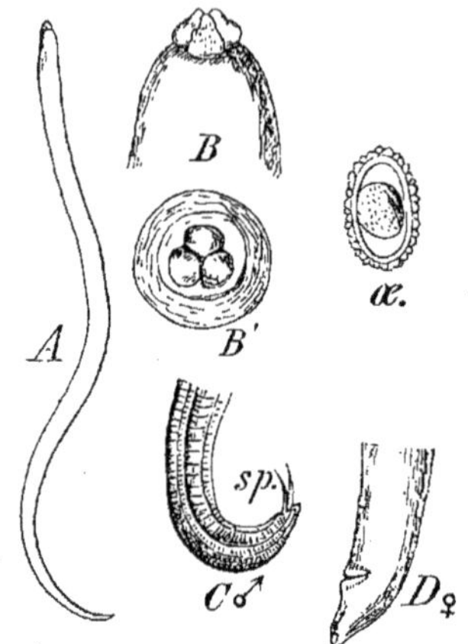

FIG. 587. — *Ascaris lumbricoides.* — A; corps entier; — B,B′, extrémité antérieure vue de dos et de face; œ, œuf.

Trichina spiralis (Trichine, fig. 588); parasite du Porc, du Rat, etc., et accidentellement de l'Homme; à l'état larvaire, elle habite les muscles striés de son hôte, à l'état adulte, elle a émigré dans l'intestin grêle.

La Trichine a 3 ou 4 millimètres de long; renflée à sa partie postérieure, elle s'effile régulièrement en avant. Elle envahit le corps des Souris et des Rats dont le Porc mange parfois les cadavres. Comme les muscles de la Souris étaient infestés de larves de Trichines enkystées (B), le suc gastrique de l'estomac du Porc dissout les kystes; les larves, mises en liberté, passent rapidement à l'état adulte. Les femelles du Nématode pondent une multitude d'œufs dans l'intestin du Porc.

Les œufs donnent des larves qui traversent l'intestin, pénètrent dans les vaisseaux de l'hôte, d'où elles sont disséminées dans toute l'étendue des muscles

Elles s'y immobilisent, s'entourent d'un kyste constitué aux dépens des fibres musculaires altérées. Elles demeureront à cet état, jusqu'à ce que la chair du Porc soit, par exemple, consommée par l'Homme; alors s'accomplira, dans l'intestin et les muscles de ce dernier, une série de transformations identiques à celles dont le Porc a été le témoin.

L'Homme trichiné éprouve, dans ses fonctions digestives, un malaise d'autant plus aigu que les parasites sont plus nombreux. L'altération des muscles est faible dans le cas où quelques Trichines seulement s'y sont fixées, et la maladie cesse avec l'enkystement des larves; quand les Trichines sont nombreuses, les muscles respiratoires en particulier sont profondément modifiés et la maladie devient mortelle.

La trichinose est très rare en France; elle est plus fréquente en Allemagne et en Amérique où l'on mange la chair salée ou seulement fumée.

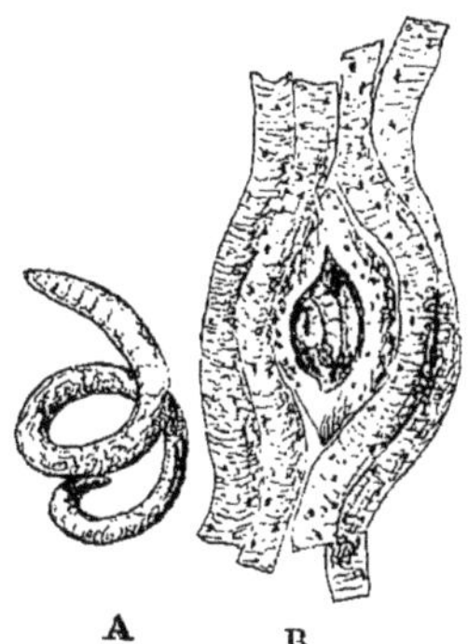

Fig. 588. — Trichine (*Trichina spiralis*). — A; Trichine libre. — B; Trichine enkystée dans un muscle (on a représenté quatre fibres musculaires entourant le kyste ouvert).

Filaria (Filaire); Diverses espèces sont parasites de l'Homme; toutes sont constituées par un corps long, filiforme.

Filaria Bancrofti (Filaire du sang de l'Homme); l'un des parasites les plus redoutables de l'Homme en Orient et en Amérique.

On ne connaît jusqu'ici que la femelle et les embryons de Filaire. Le corps de l'adulte est capillaire, lisse, d'un même diamètre dans toute sa longueur qui atteint 80 à 90 millimètres.

La Filaire adulte habite dans les *lymphatiques* en amont des ganglions; si on ne la peut rencontrer en aval, c'est que les vaisseaux lymphatiques diminuent de diamètre en pénétrant dans les ganglions et la Filaire, bien que fine comme un cheveu, ne peut y progresser. Elle obstrue souvent totalement ces vaisseaux et provoque la tuméfaction des ganglions. La femelle donne naissance à de nombreux embryons qui traversent les ganglions lymphatiques et passent dans le sang.

Les embryons de Filaire ne peuvent passer à l'état adulte chez l'Homme; ils doivent émigrer chez le Moustique. Le Moustique femelle, en se gorgeant du sang de l'Homme, absorbe une grande quantité d'embryons de Filaire qui s'y développent. Comme la femelle du Moustique vit quelques jours seulement pendant lesquels elle effectue sa ponte, son cadavre tombe généralement dans l'eau et s'y décompose; les jeunes Filaires deviennent libres, sont entraînées par le liquide et peuvent être avalées par l'Homme *qui boit cette eau impure*. Une fois dans le tube digestif de son nouvel hôte, la jeune Filaire en perfore la paroi, passe dans le système lymphatique où elle fait élection de domicile et les mêmes faits se renouvellent.

CINQUIÈME SÉRIE

NÉPHRIDIÉS

Animaux possédant une symétrie bilatérale, une cuticule mince ou nulle et des cils vibratiles. Leur appareil excréteur est composé, au moins chez les formes primitives, de **néphridies** *ou* **organes segmentaires,** *faisant communiquer la cavité générale du corps avec l'extérieur.*

La classification générale des *Néphridiés*, avec les caractères généraux des embranchements que renferme ce groupe, est contenue dans un tableau précédent (Voir page 41).

I. — EMBRANCHEMENT DES

LOPHOSTOMÉS

Corps formé d'un seul segment ou d'un petit nombre de segments fusionnés. Un **appareil ciliaire spécial** *porte les aliments à la bouche.*

LOPHOSTOMÉS

de petite taille, ordinairement nageurs, rarement associés en colonies. *Appareil rotateur* servant à la locomotion.................. **Rotifères.**

de petite taille, associés en colonies fixées en général. Appareil péribuccal cilié (*lophophore*) en couronne ou en double fer à cheval..... **Bryozoaires.**

jamais associés en colonies. Corps enfermé dans une coquille à 2 valves inégales. Appendices buccaux (*bras*) enroulés en spirale et pourvus de cirres respiratoires. Larve à 3 segments fusionnés chez l'adulte.................... **Brachiopodes.**

Les **Rotifères** sont transparents et ne dépassent pas 1 millimètre.

Les **Bryozoaires**, en général marins, forment des colonies d'aspect variable suivant les genres : plaques minces attachées aux Algues (*Membranipora*), lames foliacées (*Flustra*), lames pierreuses perforées (*Retepora*), etc. Parfois ces colonies sont analogues aux colonies d'Hydraires ; on peut cependant les en distinguer par leurs *mouvements beaucoup plus rapides*, et parce que chaque individu pourvu d'un tube digestif présente *une bouche et un anus distincts.*

Chaque individu habite une loge ou *zoécie* dans laquelle il peut s'abriter tout entier ; cependant, il peut épanouir à l'ouverture de sa loge un disque circulaire ou en fer à cheval appelé *lophophore* dont il est pourvu.

BRACHIOPODES

Animaux ne formant jamais de colonies. Corps enfermé dans une coquille à deux valves inégales dont le plan de symétrie est perpen-

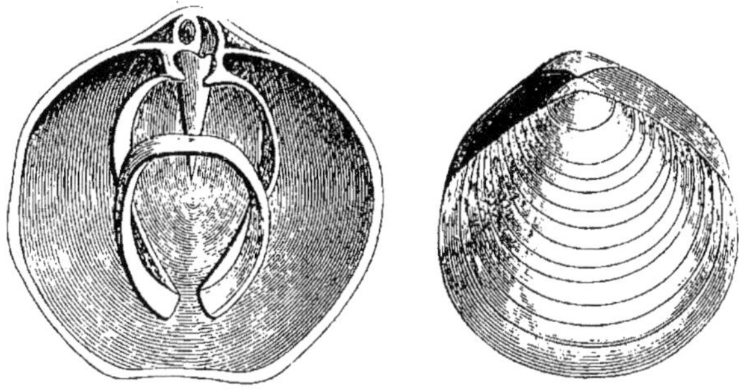

Fig. 589. — *Terebratula numismalis.*
A droite, le test est entier; à gauche, valve dorsale montrant l'appareil apophysaire.

diculaire à leur plan de séparation. Des deux côtés de la bouche sont les **bras enroulés en spirale** *et pourvus de cirres respiratoires.*

BRACHIOPODES
⎰ Les 2 valves sont unies par une charnière.
 Pas d'anus.................................... **Articulés**.
⎱ Les 2 valves sont indépendantes. Anus latéral. **Inarticulés**.

Morphologie extérieure. — Tout Brachiopode est enfermé dans une coquille bivalve (fig. 589) dont les deux valves, *va. v,va.d* (fig. 590), ont un plan de symétrie perpendiculaire à leur plan de séparation. L'une des valves, plus grande et plus bombée, est la *valve ventrale*; l'autre, plus plate, est la *valve dorsale* articulée par une charnière avec la première qui se recourbe en crochet du côté dorsal (*Terebratula*). Chez *Lingula*, les valves ne sont pas articulées.

Un pédoncule musculaire, *péd*, inséré au fond de la valve ventrale, fait saillie exté-

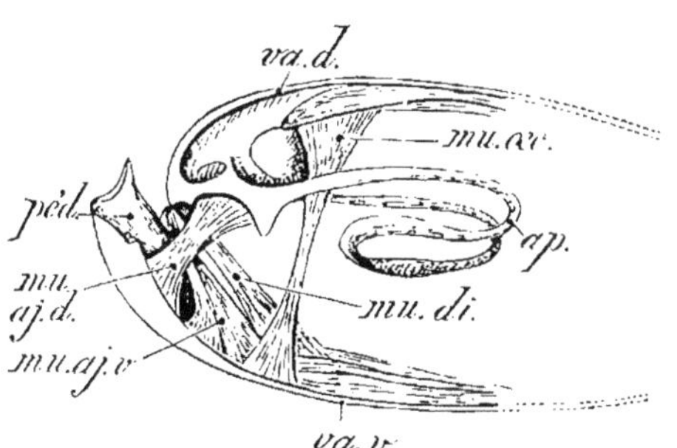

Fig. 590 — *Waldheimia australis. va.d. va v.* valves dorsale et ventrale; *ap*, appareil apophysaire; *péd*, pédoncule; *mu.occ*, muscle occluseur; *mu.di*, muscle divaricateur; *mu.aj.d*, *mu.aj.v*, muscles ajusteurs dorsal et ventral.

rieurement. L'animal se fixe aux rochers à l'aide de cet appareil musculaire.

Chez les *Lingules*, le pédoncule passe entre les deux valves indépendantes et presque identiques.

L'ouverture et la fermeture des valves de la coquille dépendent du jeu de muscles variés (fig. 590).

La masse viscérale, peu volumineuse, est reléguée dans la région de la valve ventrale voisine du muscle pédonculaire.

Bras. — Toujours au nombre de 2, les bras, enroulés en anse chez les Térébratules, forment deux spirales coniques chez les Rhynchonelles.

Un bras est une baguette cartilagineuse en forme de gouttière, *go* (fig. 591), limitée sur le bord dorsal par une lèvre membraneuse et sur le bord ventral par une rangée de cirres, *ci*. Le tout est couvert de *cils vibratiles dirigeant un courant d'eau* (et les particules en suspension qui s'y trouvent) *de la périphérie des bras à leur point de jonction occupé par la bouche, bo.*

Entièrement libres chez les Rhynchonelles et les Lingules, les bras se soudent avec le manteau chez les autres espèces, sur une plus ou moins grande partie de leur longueur ; ils sont en outre soutenus par *l'appareil apophysaire, ap* (fig. 590).

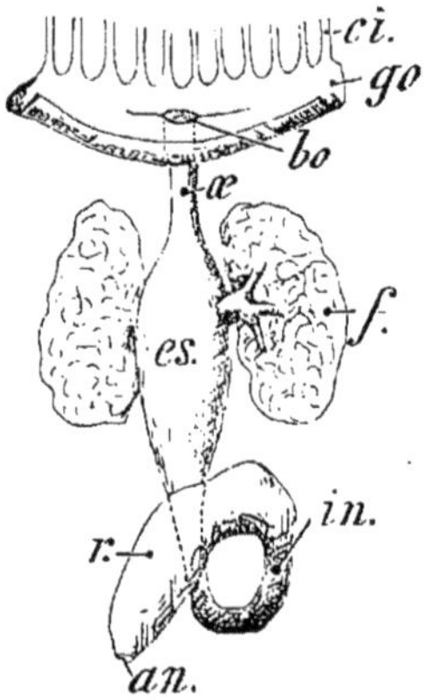

Nutrition. — Le tube digestif (fig. 591), revêtu d'un épithélium cilié, se compose de la bouche, *bo* (ouverte au fond de la gouttière brachiale, *go*), d'un œsophage court, *œ*, d'un estomac ovoïde, *es*, où débouchent les canaux hépatiques provenant du foie, *f*. L'intestin, *in*, se termine, chez les Inarticulés, par un anus dorsal (*Crania*) latéral et rejeté un peu à droite (autres genres).

Les Articulés n'ont pas d'anus ; l'intestin s'y termine par un cæcum de plus en plus étroit.

La **respiration** cutanée a pour siège les cirres des bras, *ci*, dans lesquels circule le liquide de la cavité générale.

L'appareil circulatoire comprend un cœur et des vaisseaux afférents et efférents ; mais les indications concernant cet appareil sont incomplètes.

L'appareil excréteur consiste en 2 *néphridies*.

Relation. — Le système nerveux de *Terebratula* consiste en un collier œsophagien unissant 2 ganglions : l'un sus-œsophagien, l'autre placé sous l'œsophage, assez peu distincts l'un et l'autre, qui envoient des nerfs aux bras, au manteau, aux viscères et aux muscles.

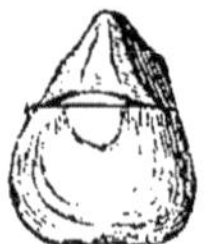

Fig. 591. — Tube digestif de *Crania*: *go*, gouttière avec ses cils, *ci*; *bo*, bouche; *œ*, œsophage; *es*, estomac et foie, *f*; *in*, intestin ; *r*, rectum ; *an*, anus.

1° **Articulés**. — *Coquille munie d'une* charnière. *Bras soutenus généralement par un squelette calcaire. Pas d'anus.*

Terebratula (Térébratule, fig. 589) ; l'appareil brachial est court, non contourné en spirale, et n'atteint pas le milieu de la coquille. *T. vitrea*; Méditerranée. — *Argiope* (fig. 592) ; coquille plus large que longue ; cirres portés sur un disque entourant la bouche. — *Thecidium* (fig. 593) ; valve ventrale très bombée, adhérente au rocher.

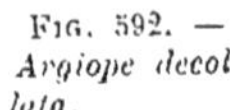

Fig. 592. — *Argiope decollata.*

Fig. 593. — *Thecidium mediterraneum.*

Rhynchonella ; coquille plissée ; bras complètement libres, formant 2 spirales coniques à sommet antérieur. Mer du Nord, Méditerranée.

2° **Inarticulés**. — *Valves non réunies par une* charnière. *Pas de squelette brachial. Un anus. Crania* ; coquille calcaire adhérente aux rochers par la valve ventrale ; anus médian. Méditerranée. — *Lingula* (Lingule) ; coquille cornée, mince ; valves semblables livrant passage à un très long pédoncule. Mer des Indes.

II. — EMBRANCHEMENT DES
VERS

Corps mobile, généralement segmenté, pourvu d'une symétrie bilatérale; jamais de membres articulés.

VERS	**Annélides** — Cavité générale distincte. Système nerveux avec chaîne ganglionnaire ventrale.	Corps cylindrique	pourvu de soies. Vie libre... **Chétopodes.**
			dépourvu de soies. 2 ventouses. Vie ectoparasitaire. } **Hirudinées.**
	Pas de cavité générale. Absence de chaîne nerveuse ventrale. **Plathelminthes**	Corps aplati, sans anus ni appareil circulatoire. Système nerveux très réduit.	**Trématodes.** **Cestodes.**

§ 1. — ANNÉLIDES

Vers allongés dont le corps est en général formé de segments

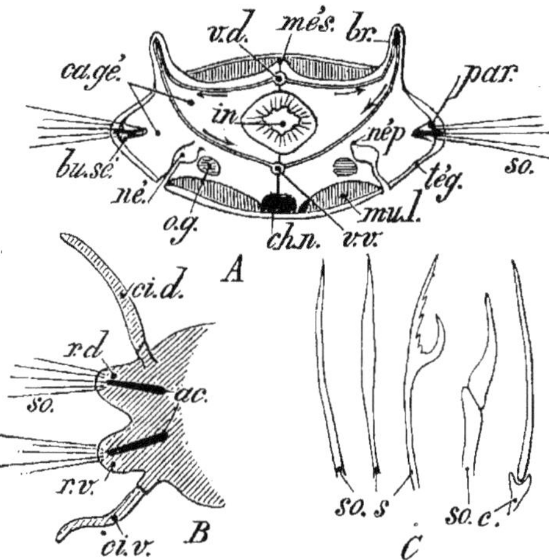

disposés en une série linéaire. Cavité générale distincte. Système nerveux comprenant un collier œsophagien et une chaîne ventrale ganglionnaire.

Parmi les Annélides on range les **Chétopodes** et les **Hirudinées.**

Morphologie générale. — Les Annélides sont formées d'une série linéaire de segments (*zonites*) distincts extérieurement et intérieurement : *extérieurement*, par les sillons qui les délimitent; *intérieurement*, par des diaphragmes musculaires transversaux qui

FIG. 594. — A; coupe transversale d'un segment idéal d'Annélide. *tég,* tégument; *mu.l,* muscles longitudinaux; *par,* parapodes portant des soies, *so,* insérées sur un bulbe sétigère, *bu.sé;* l'axe de ce bulbe est occupé par un acicule. *ac* (B); *br,* branchies; *més,* mésentère partageant longitudinalement en 2 parties la cavité générale, *ca.gé;* ce mésentère soutient les vaisseaux dorsal et ventral, *v.d, v.v,* l'intestin, *in* et la chaîne nerveuse ganglionnaire, *ch.n;* *né,* néphridie; *nép,* néphrostome. — B; parapode dédoublé en 2 rames : l'une dorsale, *r.d,* l'autre ventrale, *r.v,* portant chacune un cirre, *ci.d, ci.v.* — C; diverses sortes de soies : les unes simples, *so.s,* les autres composées, *so.c.*

divisent la cavité générale en autant de chambres.

Un segment idéal d'Annélide (fig. 594, A) présente, disposés symétriquement sur les parois latérales, deux *parapodes* ou mamelons ambulatoires, *par*, et deux *branchies*, *br*.

Sur une coupe transversale, on remarque : le *tube digestif*, *in*, au centre ; deux *troncs vasculaires* longitudinaux, *v.d* et *v.v*, reliés par des anses latérales qui se ramifient dans les branchies ; la *chaîne ventrale ganglionnaire*, *ch.n* ; une paire de *néphridies*, *né*.

La cavité générale d'un segment est séparée de celle des segments voisins par des cloisons mésodermiques transversales appelées *dissépiments* ; un *mésentère*, *més*, dorso-ventral, de même origine, s'étend longitudinalement dans le plan de symétrie de chaque segment et soutient le tube digestif, les troncs vasculaires et la chaîne nerveuse. Dissépiments et mésentère peuvent être largement perforés et parfois totalement résorbés.

Ce segment peut se compliquer ou se simplifier suivant que l'animal considéré mène une vie libre (**Chétopodes**) ou parasitaire (**Hirudinées**).

(A). CHÉTOPODES

Vers annelés dont le corps est pourvu de **soies** ; *ils mènent une vie libre.*

Chétopodes
$\begin{cases} \textit{Nombreuses soies.} \text{ Appendices au moins sur la tête.} \\ \qquad\qquad\qquad \text{Animaux marins}\dots\dots\dots \end{cases}$ *Polychètes.*
$\begin{cases} \textit{4 paires de soies} \text{ par segment. Animaux terrestres} \\ \qquad\qquad\qquad \text{ou d'eau douce}\dots\dots\dots \end{cases}$ *Oligochètes.*

(a). **CHÉTOPODES POLYCHÈTES**

Vers pourvus de **soies nombreuses**, *de parapodes saillants et de branchies le plus souvent. Chaque néphridie est tout entière dans le même segment. Vivent dans la mer.*

Morphologie extérieure. — Le nombre des segments du corps est variable entre des limites très espacées [10 à 12 chez l'*Hermione* ; 800 parfois chez l'*Eunice* (fig. 595)].

Le caractère essentiel des Polychètes consiste en ce que chaque segment du corps est pourvu d'une paire de *parapodes* latéraux, dont la complexité est variable avec l'espèce considérée, avec la région du corps envisagée dans une espèce donnée, enfin avec les attributions qui leur sont dévolues.

Parapode. — Un parapode est un mamelon unique (fig. 594, A) ou dédoublé en deux *rames* : l'une dorsale, *r.d*, l'autre ventrale, *r.v* (B). Chaque rame porte un *cirre* filiforme, *ci*, parfois aplati en lame ou transformé en branchie. Au sommet de chaque rame fait saillie une touffe de *soies*, *so*, productions chitineuses sécrétées chacune par une glande unicellulaire. La forme des soies est caractéristique d'une espèce. Les soies sont *simples*, *so.s* (C) ou *composées, so.c*; ces dernières comprennent deux pièces articulées et se trouvent d'ordinaire chez les Polychètes errants.

Un fort filament chitineux, *l'acicule*, *ac* (B), sorte de grosse soie à pointe émoussée, occupe le centre de la rame et lui sert de soutien.

Chez un même animal, les parapodes sont moins développés sur les segments postérieurs plus jeunes; en avant, tout au moins sur le *segment céphalique*, la fonction des parapodes est plutôt exploratrice et respiratoire; aussi supportent-ils des organes de forme variée en rapport avec leur fonction : *antennes* et *tentacules*, organes sensoriels insérés dorsalement et innervés par les ganglions cérébroïdes et les connectifs œsophagiens, *branchies*; *palpes* insérés sur la face ventrale, parfois soudés entre eux et innervés par un ganglion du système stomato-gastrique.

Nutrition. — Le **tube digestif**, simple chez les Annélides sédentaires, s'étend en droite ligne de la bouche antérieure à l'anus terminal et un peu dorsal; il se complique, chez les Polychètes errants et carnassiers, d'un appareil de préhension et de mastication.

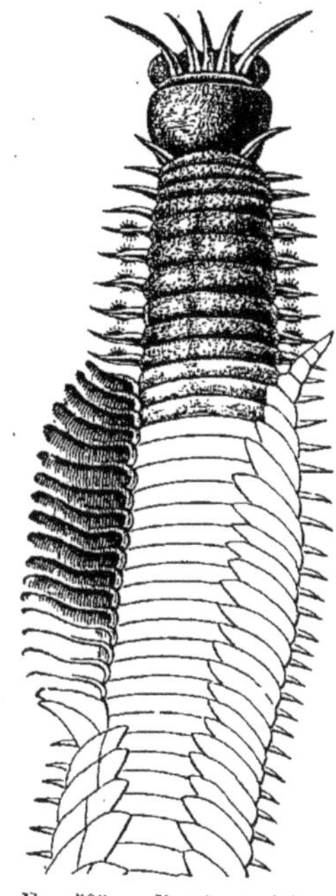

FIG. 505. — Partie antérieure du corps d'*Eunice Harassii* (Annélide errante) dont les branchies plumeuses, normalement relevées à droite, ont été rabattues en partie à gauche.

L'**appareil respiratoire** consiste en *branchies* vasculaires : branchies *thoraciques* chez les Polychètes errants, parce qu'elles se rencontrent sur la plupart des anneaux ⌈sur toute la longueur du corps chez l'Eunice, dans la partie moyenne du corps chez l'Arénicole]; branchies *céphaliques* chez les Tubicoles (Serpule, fig. 67; *Distylia*), dont les anneaux antérieurs sont le plus en rapport avec l'eau aérée.

Chaque ramification branchiale présente une artère et une veine réunies par des capillaires transversaux (Hermelle); quelquefois on trouve un vaisseau unique (Serpule) servant à l'aller et au retour du sang *animé d'un mouvement oscillatoire* et non circulatoire, dans ce cas.

La respiration est exclusivement cutanée dans les genres *Syllis*, *Nereis*, etc.

L'**appareil circulatoire**, souvent absent chez les petites espèces, est très variable chez les Polychètes supérieurs. C'est un système *clos* composé essentiellement : d'un *vaisseau dorsal* contractile dans lequel circule le sang d'arrière en avant; d'un *vaisseau ven-*

tral, dans lequel circule le sang d'avant en arrière ; *d'anses vasculaires*, disposées par paires en nombre au moins égal à celui des segments du corps ; ces anses réunissent les deux troncs vasculaires médians et se ramifient, les unes dans les parapodes et les branchies, les autres à la surface et dans la paroi de l'intestin. De fines branches anastomotiques relient les vaisseaux dorsal et ventral, du côté céphalique et à l'extrémité postérieure du corps.

Sang. — Le sang des **Chétopodes**, renfermé dans un *appareil vasculaire clos*, est isolé du liquide contenu dans la cavité générale ; il contient des globules de forme fixe ; généralement incolore, il renferme parfois un pigment *dissous dans le plasma* (*hémoglobine* chez les genres *Eunice*, *Arenicola*, *Terebella*, dont le sang est rouge ; *chlorocruorine* chez les *Sabelles* et quelques *Serpules* dont le sang est vert).

L'**appareil excréteur** consiste en *néphridies*, *né* (fig. 594, A), tubes plus ou moins contournés qui s'ouvrent dans la cavité générale par un *pavillon vibratile* ou *néphrostome*, *nép*, se renflent en une vésicule glandulaire et débouchent au dehors par un orifice latéral.

On donne aussi le nom d'*organes segmentaires* aux néphridies, parce que chaque segment du corps en contient *fondamentalement* une paire.

Relation. — Le **système nerveux** (fig. 596) est formé de 2 *ganglions cérébroïdes* sus-œsophagiens, *g.cé* (appartenant au 1er segment du corps), d'un *collier œsophagien*, *c.œ*, qui réunit les ganglions cérébroïdes à une paire de *ganglions buccaux* sous-œsophagiens, *g.bu*. Ceux-ci sont le point de départ d'une double *chaîne nerveuse ventrale*, *ch.n.v*, située près du tégument et dans le plan médian du corps. Dans chaque segment, on trouve une paire de ganglions réunis entre eux par une commissure, de telle sorte que la chaîne nerveuse présente l'aspect d'une échelle.

Fig. 596. — Système nerveux chez *Phyllodoce* (Chétopodes Polychètes). — *g.cé*, ganglions cérébroïdes ; *c.œ*, collier œsophagien ; *g.bu*, ganglions buccaux ; *ch.n.v*, chaîne nerveuse ventrale ; *n.an*, nerf antennaire ; *n.ci.ten*, nerfs des cirres tentaculaires ; *n.pé*, nerfs pédieux.

Des ganglions cérébroïdes se détachent les *nerfs antennaires*, *n.an*, et les *nerfs optiques* ; du collier œsophagien et des ganglions buccaux partent les *nerfs des cirres tentaculaires*, *n.ci.ten* ; les autres ganglions sont l'origine des *nerfs pédieux*, *n.pé*, ramifiés dans les parapodes.

Les **organes des sens**, inégalement répandus chez les Annélides, sont mieux développés chez les Errantes et plus particulièrement dans les types nageurs.

Les *organes tactiles* consistent en petites papilles dont les cellules sont terminées par de fins poils rigides où aboutissent des fibres nerveuses; ces papilles sont abondantes sur les antennes, les tentacules et les palpes.

Les *organes olfactifs* et *gustatifs* sont encore peu connus.

Les *organes auditifs* (otocystes) existent dans un petit nombre de genres (Arénicole; Serpule; Térébelle).

Quant aux *yeux*, ils existent chez de nombreuses espèces.

1° **Polychètes errants**. — *Vers carnassiers à tête distincte et pourvue d'une trompe ou d'un appareil maxillaire. Segments tous semblables; parapodes saillants pourvus de cirres. Vie vagabonde.*

Eunice (fig. 595); cuticule épaisse et irisée; nombreux anneaux; pieds uniramés; branchies en forme de peigne; tête avec 5 antennes, 2 yeux et un appareil maxillaire puissant.—*Marphysa*; diffère de l'Eunice par l'absence de cirres tentaculaires. — *Nereis*; très carnassière, pourvue de deux mâchoires venimeuses; pas de branchies; tête avec 2 antennes et 4 yeux. — *Phyllodoce*; tête triangulaire avec 2 gros yeux.

2° **Polychètes sédentaires**. — *Corps formé de 2 régions au moins, différentes par la forme des parapodes et des soies. Tête peu distincte sans appareil maxillaire. Vivent dans des galeries creusées dans le sol ou dans des tubes sécrétés par eux, sans y être fixés.*

Fig. 597. — *Spirographis unispira* dans un tube droit parcheminé.

Arenicola (Arénicole, fig. 69); dépourvue d'yeux, d'antennes et de cirres; 13 paires de branchies arborescentes; région caudale sans parapodes.

L'Arénicole des pêcheurs (*A. piscatorum*) vit dans un tube en V qu'elle s'est creusé dans la vase; elle sert d'amorce pour la pêche.

Terebella (Térébelle, fig. 66); grand nombre de tentacules longs et contractiles sur le bord supérieur de la tête; 3 paires de branchies arborescentes sur les segments antérieurs. — *Serpula* (Serpule, fig. 67); vit dans un tube calcaire; branchies céphaliques formant une couronne; opercule corné à l'extrémité d'un tentacule. — *Sabella* (Sabelle); tube de la consistance du caoutchouc; couronne branchiale circulaire très développée. — *Spirographis* (fig. 597); diffère de la Sabelle par la disposition spiralée des branchies.

(*b*). CHÉTOPODES OLIGOCHÈTES

Vers dont chaque segment porte 4 paires de soies. *Pas de parapodes, ni de branchies. Chaque néphridie*

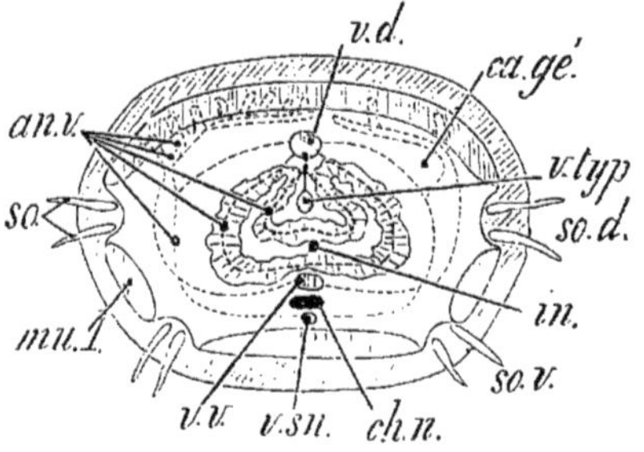

Fig. 599. — Coupe transversale schématisée du *Lumbricus terrestris*. *so.d*, *so.v*, soies dorsales et ventrales; *mu.l.* muscles longitudinaux répartis en 4 champs musculaires; *in*, intestin; *ch.n*, chaîne nerveuse; *ca.gé*, cavité générale. — Appareil circulatoire : *v.d*, vaisseau dorsal; *v.typ*, vaisseau du typhlosolis; *v.v*, vaisseau ventral; *v.sn*, vaisseau sous-nervien; tous ces vaisseaux longitudinaux sont reliés par de nombreuses anses vasculaires, *an.v*, (représentées en pointillé). La figure montre que l'hématose du sang s'accomplit surtout dans la région dorsale où les anses vasculaires se multiplient dans le champ musculaire dorsal.

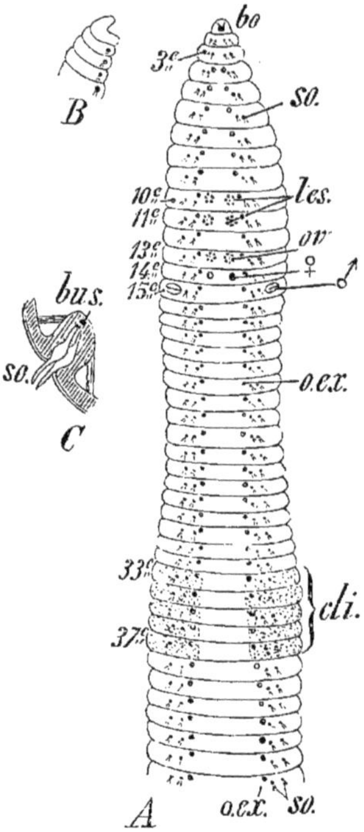

Fig. 598. — Partie antérieure du corps de *Lumbricus terrestris* (Ver de terre). — A; *bo*, bouche avec une lèvre saillante vue de profil en B; *so*, soies locomotrices (grossies en C et implantées dans un bulbe sétigère, *bu.s*); *o.ex*, orifices excréteurs; *cli*, clitellum.

appartient à deux segments. *Animaux habitant la terre humide ou les eaux douces pour la plupart.*

Morphologie extérieure. — Les Oligochètes possèdent, en général, un grand nombre de segments (de 100 à 200 chez le Lombric ou Ver de terre, fig. 598, A), sans parapodes saillants. Les soies y sont au nombre de 8, réparties en 4 paires symétriques : 1 paire dorsale, *so.d*, et 1 paire ventrale, *so.v*, de chaque côté (fig. 599). Ces soies sont implantées dans un petit bulbe, *bu.s*.

Les segments du corps sont tous semblables, sauf dans la région du *clitellum*, *cli* (A), où ils s'épaississent et sont pourvus de glandes nombreuses qui sécrètent abondamment lors de la reproduction.

Le Lombric présente un segment céphalique avec une lèvre saillante au-dessus de la bouche (B), mais sans yeux ni antennes.

Sur tous les segments, sauf les 3 premiers, on remarque une paire d'*orifices néphridiens*, *o.ex*; tous portent aussi un *orifice dorsal* médian mettant en communication la cavité générale avec l'extérieur.

L'anus s'ouvre sur le dernier anneau du corps.

Nutrition. — Le **tube digestif** rectiligne comprend, chez le Lombric, à la suite de la bouche, un pharynx très musculaire, un œsophage grêle portant 3 paires de *glandes de Morren* (celles-ci sécrètent du carbonate de calcium destiné à neutraliser l'acidité des aliments); un *jabot* à paroi mince et un petit *gésier* fortement musculaire; l'intestin pourvu d'un *typhlosolis* (fig. 59, B) (invagination de la paroi dorsale qui augmente la surface de contact des aliments avec la paroi intestinale); l'intestin débouche au dehors par l'anus terminal.

Un **appareil respiratoire** spécial fait défaut, en général.

L'**appareil circulatoire** des Oligochètes aquatiques a été décrit déjà (Voir page 129, fig. 121). Celui du Lombric est plus compliqué, comme le montre la figure 599.

L'**appareil excréteur** consiste en une paire de néphridies par segment (sauf les 3 premiers chez le Lombric). Le pavillon vibratile d'une néphridie s'ouvre toujours dans la cavité générale du segment immédiatement antérieur.

Relation. — Le plan du **système nerveux** des Oligochètes est identique à celui des Polychètes; les deux cordons de la chaîne ganglionnaire ventrale sont intimement soudés.

Les **organes des sens** paraissent faire défaut chez le Lombric; les *Nais* (Limicoles) possèdent des taches pigmentaires.

1° **Oligochètes terricoles**. — *Vers possédant 2 vaisseaux ventraux, l'un au-dessus, l'autre au-dessous de la chaîne nerveuse. Vie terrestre.*

Lumbricus (Lombric ou Ver de terre, fig. 598).

Le Ver de terre se creuse des galeries dans la terre humide dont il se nourrit.

2° **Oligochètes limicoles**. — *Vers pourvus d'un seul vaisseau ventral. Vie aquatique.*

Nais; tête très allongée; soies ventrales bifides; vaisseau dorsal seul contractile; sang incolore. — *Dero*, branchies caudales. — *Tubifex*; vit dans des tubes vaseux d'où sort l'extrémité caudale seule.

(*B*). HIRUDINÉES

Vers allongés à corps un peu aplati dépourvu de soies, mais terminé par deux ventouses, l'une buccale, l'autre post-anale; cavité générale très réduite. Animaux ecto-parasites.

Morphologie extérieure. — Les Hirudinées présentent un tégument plissé transversalement dont le nombre des anneaux est plus grand que celui des segments du corps. Pour connaître ce nombre de segments, il faut observer les organes internes (néphridies, chaîne nerveuse, etc.) qui fournissent d'utiles indications, tout au moins dans les types dont l'*organisation est la moins dégradée* (*Hirudo*).

La Sangsue médicinale (*Hirudo medicinalis*, fig. 93) présente une ventouse antérieure et ventrale où s'ouvre la bouche, une ventouse postérieure sur le dos de laquelle débouche l'anus. 104 anneaux les séparent, répartis en 26 segments, comprennent chacun 5 anneaux en général (fig. 600).

Deux rangées latérales et symétriques de 17 *orifices néphridiens*, o.*ex*, sont disposées sur la face ventrale au début de chacun des segments médians (du 7e au 23e compris).

Nutrition. — Le **tube digestif** de la Sangsue a été décrit avec ses trois mâchoires chitineuses et ses 11 estomacs pourvus de cæcums latéraux (Voir page 68, fig. 59).

Certaines Hirudinées (*Rhynchobdellides*) n'ont pas de mâchoires; mais la partie antérieure de leur tube digestif peut former une longue trompe saillante.

Un **appareil respiratoire** spécial fait défaut chez les Hirudinées; les échanges gazeux se font à travers la peau recouverte d'une cuticule mince.

L'**appareil circulatoire** est *incomplètement clos*; il se compose de vaisseaux s'ouvrant dans la cavité générale et les espaces endigués qui en dépendent (différence essentielle avec les Chétopodes).

Chez la Sangsue (fig. 601), 3 vaisseaux longitudinaux (1 médian

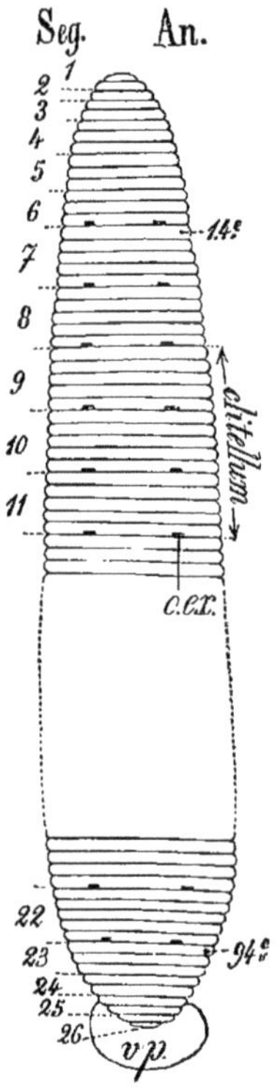

Fig. 600. — *Hirudo medicinalis* très schématisée (face ventrale). *Seg*, segments numérotés à gauche; *An*, anneaux externes numérotés à droite; o.*ex*, orifices excréteurs; *v.p*, ventouse postérieure à la face dorsale de laquelle est l'anus (La ventouse antérieure n'a pas été figurée).

dorsal, *v.d*, et 2 latéraux, *v.l*) communiquent ensemble par de nombreuses anastomoses situées sous le tégument (disposition favorable aux échanges gazeux avec le milieu extérieur).

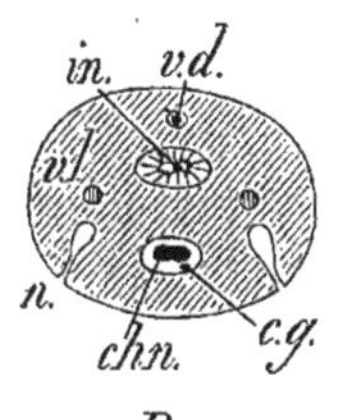

Fig. 601. — Coupe transversale du corps de la Sangsue, in, intestin ; v.d, vaisseau dorsal ; v.v, vaisseau ventral ; v.l, vaisseaux latéraux ; ch.n, chaîne nerveuse ; u, néphridie ; c.g, cavité générale très réduite.

Le vaisseau dorsal se résout, à ses deux extrémités, en ramifications nombreuses qui s'ouvrent dans la cavité générale ; celle-ci est représentée par un sinus ventral, c.g, qui entoure la chaîne nerveuse ganglionnaire, ch.n.

Les **néphridies** sont pourvues, chez les Hirudinées, d'un pavillon vibratile ouvert dans la cavité générale, sauf dans le genre *Hirudo* où le pavillon est obturé par un tissu spongieux percé de fins canalicules.

Relation. — Le **système nerveux** de la Sangsue a été décrit précédemment (Voir page 263, fig. 234, D).

Les Hirudinées possèdent des **organes sensoriels** indiscutables : *organes gustatifs* autour de la bouche ; *organes visuels* (?) au nombre de 2 à 10 sur le bord de la ventouse antérieure ; *organes sensoriels segmentaires* au nombre de 12 à 14 sur l'anneau antérieur de chaque segment.

1° *Une ventouse buccale en forme de cuiller ; pharynx armé de* **mâchoires chitineuses.**

Hirudo (Sangsue) ; 3 mâchoires.

La Sangsue grise (*H. medicinalis*, fig. 93) et la Sangsue verte (*H. officinalis*) habitent les eaux douces en Europe.

Hæmopis. La Sangsue de Cheval (*H. sanguisuga*), à mâchoires finement denticulées, ne peut attaquer que les muqueuses.

Elle pénètre parfois dans les narines des Chevaux pendant qu'ils boivent.

2° *Pas de mâchoires. La bouche est au fond d'une ventouse circulaire que porte une* **trompe exsertile.**

Clepsine ; petite ventouse buccale ; vit de Mollusques.

§ 2. — PLATHELMINTHES

Vers à corps plat ou cylindrique, dépourvu de cavité générale et de chaîne nerveuse ventrale. Appareil excréteur formé d'un système pair de canaux.

Parmi les Plathelminthes, les *Trématodes* et les *Cestodes* sont les êtres les plus importants à considérer.

Morphologie générale. — Le caractère commun à tous les

Plathelminthes consiste en ce que leur cavité générale est totalement obstruée par du parenchyme. Toutefois les Trématodes se distinguent des Cestodes par ce fait que leur corps est formé d'un segment unique.

(A). TRÉMATODES

Vers parasites, à corps plat, non segmenté et non cilié, pourvus d'appareils de fixation (ventouses et crochets) et d'un tube digestif.

Morphologie extérieure. — Les Trématodes *endoparasites* possèdent en général deux ventouses : l'une antérieure, *v.or*, où s'ouvre la bouche, *bo*; l'autre abdominale, *v. ab* (*Distomum*, fig. 602, A). Les Trématodes *ectoparasites* possèdent 2 ventouses

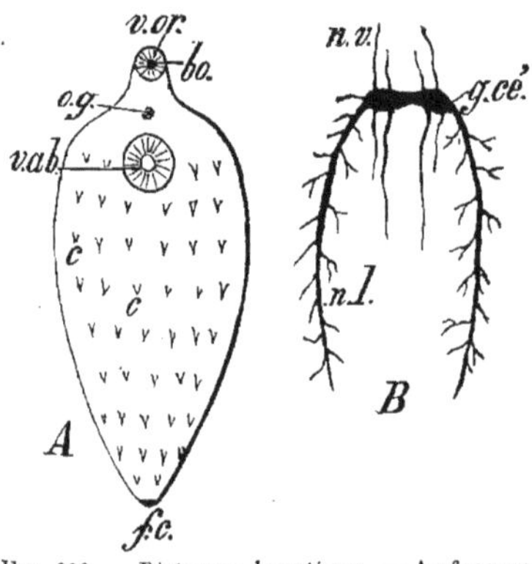

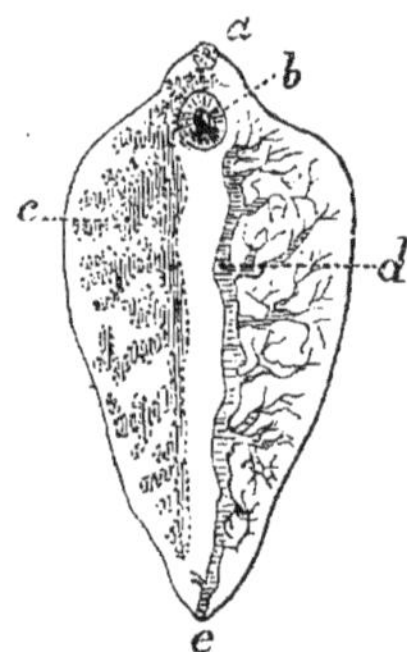

Fig. 602. — *Distomum hepaticum.* — A ; face ventrale ; *c*, crochets ; *v.or*, ventouse orale avec la bouche, *bo*, au centre ; *v.ab*, ventouse abdominale ; *f.c*, *foramen caudale.* — B ; système nerveux ; *g.cé*, ganglions cérébroïdes ; *n.v*, *n.l*, nerfs antérieurs et latéraux.

Fig. 603. — Douve du foie (*Distomum hepaticum*). *a*, bouche ; *b*, ventouse ventrale ; *c*, portion de l'intestin et ses ramifications (à gauche seulement dans la figure); *d*,portion du système excréteur (à droite seulement); *e*, pore excréteur.

antérieures de chaque côté de la bouche et 1 ou plusieurs ventouses postérieures.

Nutrition. — Le **tube digestif** de *Distomum* (Douve) consiste en une bouche antérieure, donnant accès dans un pharynx à paroi musculaire; un œsophage court se bifurque au-dessus de la ventouse ventrale et conduit à deux branches intestinales parallèles, ramifiées un grand nombre de fois (fig. 603).

Absence d'**appareils respiratoire** et **circulatoire**.

L'**appareil excréteur**, dont le *foramen caudale*, *f.c*, postérieur et terminal, est l'orifice, consiste en deux tubes ramifiés dans le parenchyme.

Relation. — En général, le **système nerveux** se compose de deux ganglions cérébroïdes, *g.cé* (fig. 602, B), unis par une commissure dorsale assez longue; de ces ganglions partent deux paires de nerfs antérieurs, *n.v*, pour la ventouse orale et d'autres nerfs dont deux importants et latéraux, *n.l*, pour la partie postérieure du corps (*Distomum hepaticum*).

Pas d'organes des sens.

Développement. — Les *Distomiens*, parmi les Trématodes, doivent être parasites de plusieurs hôtes (2 au moins) pour parcourir le cycle de leurs transformations.

Les Distomiens subissent ainsi des migrations.

Soit la Douve du foie.

Développement. — L'œuf développé dans l'eau donne un embryon (fig. 604, A), larve ciliée pourvue d'un rostre, *ro*, d'une tache oculaire dorsale en X, *t.oc*, d'un rudiment de tube digestif et de *cellules germinatives*, *c.gé*. Cet embryon se fixe, au bout de quelque temps, par son rostre aux téguments d'une Lymnée qu'il traverse, perd son enveloppe ciliée à l'intérieur de son hôte et devient un sac, *sporocyste* (B), où les cellules germinatives se multiplient et se groupent en individus nouveaux, les *Rédies*, qui traversent la paroi du sporocyste.

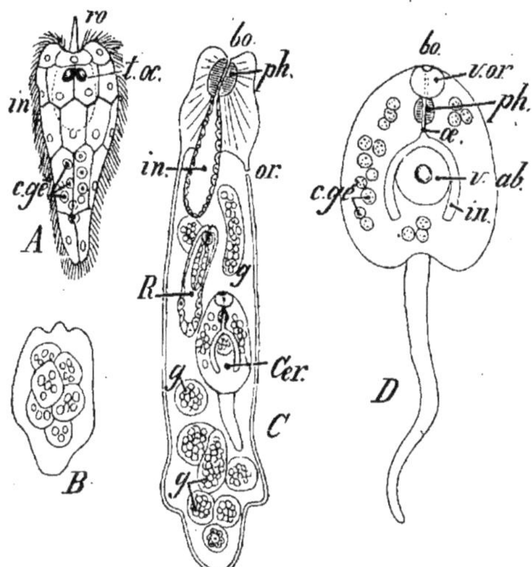

Fig. 604. — Phases du développement de *Distomum hepaticum*. — A; *Embryon cilié*; *ro*, rostre; *t.oc*, taches oculaires: *in*, intestin; *c.gé*, cellules germinatives. — B; *Sporocyste*. — C; *Rédie*; *bo*, bouche; *ph*, pharynx; *in*, intestin; *g*, germes; *R*, jeunes Rédies; *Cer*, jeunes Cercaires; *or*, orifice latéral. — D; *Cercaire*; *bo. ph. œ. in*, tube digestif; *v.or*, *v.ab*, ventouses orale et abdominale.

Une Rédie (C) possède un corps cylindrique avec deux papilles caudales, un tube digestif simple, *in* et un appareil excréteur. Les cellules germinatives qu'elle renferme y deviennent l'origine de 15 à 20 germes ou organismes nouveaux, *g* : les Rédies *R*, les Cercaires, *Cer*, fort semblables à la Douve adulte, avec un long appendice caudal. Parvenues à leur développement complet, les Cercaires (D) s'échappent de la Rédie par un orifice latéral, *or*, quittent la Lymnée et nagent en liberté dans l'eau. Bientôt elles se sécrètent une capsule rigide où elles s'enkystent, fixées à une plante quelconque. Si un Mouton avale ce kyste, un jeune Distome s'organise qui passe du tube digestif dans le foie de l'hôte par les canaux biliaires.

Tel est le mode général de développement des Trématodes Distomiens ; il est basé : 1° sur un *actif bourgeonnement interne* ; 2° sur le *parasitisme* aux dépens de deux hôtes successifs (Mollusque aquatique et Vertébré) et quelquefois d'un troisième hôte spécial à la Cercaire (Mollusque, larve d'Insecte, Crustacé, etc.).

1° **Trématodes Distomiens**. — *Deux ventouses au plus et pas de crochets. Endoparasites* (surtout dans le tube digestif des Vertébrés). *Développement avec métamorphoses.*

Distomum (Douve) ; une ventouse orale et une abdominale.

La Douve du foie (*D. hepaticum*), qui vit dans les canaux biliaires du Mouton et du Bœuf, provoque la *cachexie aqueuse* chez ces animaux.

D. lanceolatum est beaucoup plus petit que le précédent (7 à 8 mill.) ; les branches de l'intestin y sont simples. Elle infeste également le foie des herbivores. Ses embryons vivent dans le corps d'un Mollusque Gastéropode, *Planorbis marginata*.

Bilharzia. B. hœmatobia ; habite l'Afrique orientale où sa larve est fréquemment répandue dans les mares dont les habitants consomment les eaux impures.

Comment s'accomplissent les transformations et quelle est la nature des migrations de la *Bilharzia* ? On l'ignore encore. Quoi qu'il en soit, ce parasite s'établit dans le système veineux abdominal de l'Homme (veine porte et ramifications, etc.), où il vit aux dépens du sang ; assez inoffensif par lui-même, il est redoutable par ses œufs munis d'un éperon. Les œufs, entraînés par le sang dans le courant circulatoire, s'arrêtent dans les capillaires dont ils déchirent la paroi en provoquant des inflammations ; par l'artère rénale, ils sont amenés au niveau des glomérules de Malpighi, en percent l'épithélium et déterminent le passage du sang dans l'urine (*hématurie*).

2° **Trématodes Polystomiens**. — *Plus de 2 ventouses et crochets chitineux. Ectoparasites en général. Pas de métamorphoses.*

Tristomum ; 2 ventouses orales et 1 postérieure ; ectoparasite de la peau du Môle, des branchies de l'Esturgeon. — *Polystomum* ; 6 ventouses caudales avec 16 crochets interposés.

(B). CESTODES

Vers parasites à corps aplati, segmenté le plus souvent et non cilié, pourvus d'appareils de fixation (ventouses ou crochets). Pas d'appareil digestif. Endoparasites.

Morphologie extérieure. — Les segments ou *proglottis* qui composent le corps des Cestodes (fig. 605, A) sont identiques quand ils sont complètement développés ; le segment terminal seul ou *scolex* (F), improprement appelé tête, a une conformation spéciale, des ventouses, *e*, et parfois des crochets, *d* ; il a pour fonction de fixer le parasite aux tissus de son hôte. Le scolex est continué par une partie très étroite d'abord, puis de plus en plus large, où un bourgeonnement actif fait naître continuellement de nouveaux segments à mesure que les proglottis mûrs, *pr* (A), se détachent à l'autre extrémité du corps.

Les *Téniadés* possèdent sur le scolex 4 ventouses symétriques et 1 ou 2 couronnes de crochets; chez les *Bothriadés*, on ne trouve plus que 2 ventouses.

Nutrition. — Les **appareils digestif, respiratoire** et **circulatoire** font défaut chez les Cestodes.

L'**appareil excréteur** est très variable avec les espèces considérées.

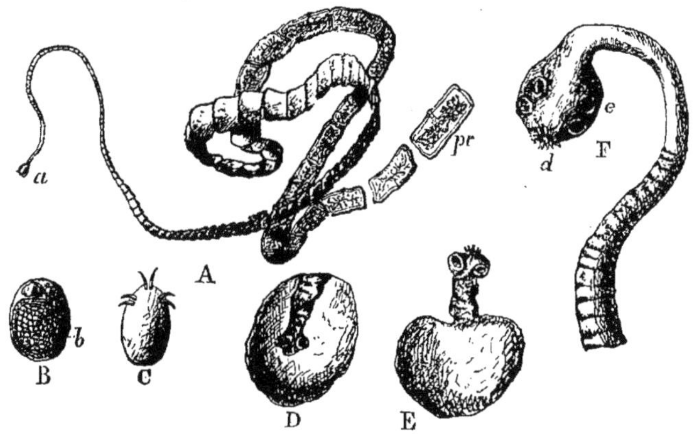

Fig. 605. — *Tænia solium.* — A; *a*, tête et ses nombreux anneaux; *pr*, proglottis ou anneau détaché rempli d'œufs. — B; œuf renfermant l'embryon, *b*. — C; *Embryon hexacanthe* sorti de l'œuf. — D ; *Cysticerque*, avec la tête invaginée. — E; le même avec la tête sortie de la vésicule. — F; *Scolex*; *d*, tête; *e*, ventouses (début du *Tænia*, dont les anneaux sont en formation).

Relation. — Le **système nerveux** des Cestodes est assez compliqué, tout au moins dans le scolex. Le *Tænia serrata* présente un ganglion central, réuni à deux ganglions latéraux d'où partent 4 paires de nerfs antérieurs, avec un anneau commissural. 2 gros troncs latéraux et inférieurs partent des ganglions latéraux et traversent sans ramifications tous les proglottis.

Développement. — Au moment de l'expulsion des proglottis de *Tænia serrata*, les œufs dont ils sont bourrés ont déjà subi la première partie de leur évolution (fig. 605, B); ils ont la forme d'*embryons hexacanthes* (C) qui, protégés par une coque épaisse, peuvent demeurer longtemps intacts sur l'herbe. Sont-ils avalés par un Lièvre ou un Lapin, leur coque se ramollit, les embryons s'en échappent, percent à l'aide de leurs crochets la paroi de leur hôte, pénètrent dans le sang et se fixent dans le foie. Un grand nombre de ces larves succombent; celles qui résistent s'enkystent t forment une vésicule pourvue d'une colonnette interne qui se différencie en un scolex invaginé : c'est le *cysticerque* (D); que le cysticerque soit mangé par un Chien, le *scolex* se dévagine (E), la vésicule inférieure est digérée par l'hôte et le scolex se fixe par ses crochets et ses ventouses à la paroi intestinale. Alors il bourgeonne activement des anneaux successifs (F).

1° Téniadés. — *4 ventouses petites, en croix.*

1 genre : *Tænia* (Ténia).

(a) 1 à 4 couronnes de crochets.

Tænia solium (Ver solitaire de l'Homme ou Ténia armé, fig. 605).

Cette espèce atteint 2 à 3 mètres de long; sa tête est pourvue de deux rangées de crochets à manche court. Les œufs, avalés par le Porc, s'enkystent dans le tissu conjonctif (le Porc est dit *ladre*). Les cysticerques de la grosseur d'un pois (*Cysticercus cellulosæ*), qui se développent chez le Porc, sont répandus surtout dans les muscles de la langue et de chaque côté du frein de cet organe. [Il est ainsi facile de reconnaître les Porcs atteints de ladrerie]. Si la chair du Porc ladre est consommée par l'Homme, les cysticerques se transforment en scolex dans l'intestin de leur nouvel hôte.

La ladrerie se manifeste aussi chez le Chien, le Chat, le Chevreuil, l'Ours et même chez l'Homme. Les cysticerques de l'Homme se transforment chez un autre homme en *Tænia solium*.

T. serrata, parasite du Chien, a été décrit plus haut. — *T. cœnurus*, de 30 centimètres à 1 mètre, parasite du Chien.

Son cysticerque possède plusieurs scolex et s'appelle un *cénure*; gros comme une tête d'épingle, le cénure vit dans l'encéphale du Mouton auquel il donne le *tournis*, affection convulsive assez fréquente chez cet herbivore.

T. echinococcus, le plus petit des Cestodes connus (3 à 4 millimètres), vit dans l'intestin grêle du Chien.

Il vit à l'état de larve *échinocoque* (plusieurs vésicules à têtes multiples) dans le foie et la plupart des autres organes (muscles, cerveau, etc.), chez l'Homme et un grand nombre de Ruminants, chez le Porc, le Cheval, le Lapin, etc.

Le Chien porte souvent, attachés à ses poils, des œufs de cette espèce; après s'être léché la peau, s'il passe ensuite sa langue sur les mains et le visage blessés de l'homme ou de l'enfant, il peut leur inoculer le Ténia en question.

(b) Pas de crochets.

Tænia saginata (T. inerme); tête pourvue de 4 ventouses. Cette espèce est fréquente dans l'intestin de l'Homme en Afrique et dans les Indes.

Son cysticerque (*C. bovis*) est plus petit que celui du Ténia armé; il vit dans le tissu conjonctif des muscles du Bœuf et du Mouton d'Afrique; il peut ainsi être communiqué à l'Homme qui consomme de la chair saignante de Bœuf.

2° Botriocéphalidés. — *Deux ventouses.*

Bothriocephalus (*B. latus*); tête ovoïde; deux ventouses en forme de gouttière, l'une ventrale, l'autre dorsale.

Le Bothriocéphale atteint jusqu'à 10 mètres de long; c'est le plus long des Cestodes parasites de l'intestin de l'Homme. Son développement est inconnu; on sait qu'il a un embryon cilié qui doit se fixer sur un hôte aquatique.

III. — EMBRANCHEMENT DES

MOLLUSQUES

Corps **mou** *non visiblement segmenté. Symétrie bilatérale* **primor-diale,** *masquée en général par la torsion ou l'enroulement de certaines parties. Une* **coquille,** *sécrétée par un repli cutané appelé* **manteau,** *protège souvent le corps. Un organe musculaire ventral, le* **pied,** *sert à la locomotion. Système nerveux présentant au moins 4 paires de ganglions et un nombre variable de colliers œsophagiens. Une cavité générale.*

MOLLUSQUES

Asymétrie profonde due à la torsion latérale du corps amenant la région postérieure en avant. *Coquille univalve* et turriculée. Tube digestif en U avec bouche et anus voisins. Large *pied* adapté à la reptation. **Gastéropodes.**

Symétrie à peu près complète. Manteau divisé en 2 lobes et *coquille bivalve.* Pas de tête distincte. Animaux aquatiques pourvus de *branchies lamelleuses.* Pied plus ou moins atrophié................ **Lamellibranches.**

Symétrie nette. Flexion ventrale du corps. *Coquille externe* ou *interne* divisée, par des cloisons, en chambres dont l'animal occupe la dernière. Parfois absence de coquille. Pied dont la partie antérieure forme la couronne de bras, et dont l'extrémité postérieure est représentée par l'entonnoir.......................... **Céphalopodes.**

Morphologie générale. — Les Mollusques possèdent un certain nombre de caractères généraux :

1° La **peau molle** consiste en un épithélium généralement vibratile, sauf aux points où se trouve la coquille (genres aquatiques) ; cet épithélium recouvre un tissu *dermo-musculaire* plus ou moins lâche.

2° L'enveloppe musculo-cutanée joue un rôle important dans la locomotion et la protection des Mollusques ; elle donne lieu à deux formations importantes : le **manteau** (dorsal) et le **pied** (ventral).

Le **manteau** est un double pli de la peau plus ou moins étendu, qui recouvre le corps totalement ou en partie ; on appelle *cavité palléale* l'espace compris entre le manteau et la paroi du corps.

Dans cette cavité est abrité l'appareil respiratoire (*branchies* le plus souvent) ; le rectum et l'appareil néphridien y débouchent. La surface du manteau sécrète, en général, une matière calcaire et pigmentée qui forme une **coquille** protectrice chez la plupart des Mollusques.

La **coquille**, quand elle existe, est : *univalve* et *uniloculaire*, contournée (Gastéropodes, fig. 606); *univalve* et *pluriloculaire* (certains Céphalopodes, fig. 635); *bivalve* (Lamellibranches, fig. 607).

Le **pied**, souvent rudimentaire chez les Mollusques fixés (Huître, Anodonte), présente la forme d'une massue conique (Lamellibranches en général, fig. 608), d'une sorte de large semelle (Gastéropodes, fig. 609), d'une couronne de bras péribuccaux et antérieurs (Céphalopodes, fig. 610).

Nutrition. — Le **tube digestif** est toujours pourvu de deux orifices (bouche et anus); une énorme glande en dépend, l'*hépatopancréas* appelé d'abord foie, qui verse dans l'estomac le produit de sa sécrétion (Voir fig. 61, *f*; fig. 62, *f.pa*; fig. 124 et 126, F).

FIG. 606.
Fusus contrarius.

Le tube digestif présente une courbure en U, avec rapprochement de la bouche et de l'anus, chez les **Céphalopodes** et les **Gastéropodes** (Voir fig. 62).

Les Mollusques, sauf les Gastéropodes Pulmonés, respirent par des **branchies** abritées dans la cavité palléale.

L'appareil **circulatoire** est lacunaire; il présente un cœur

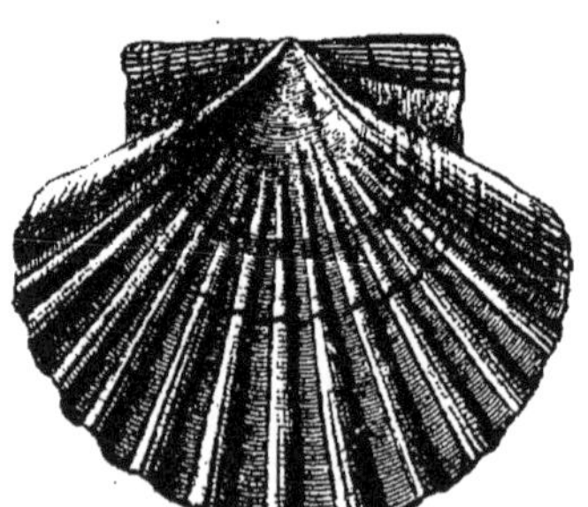
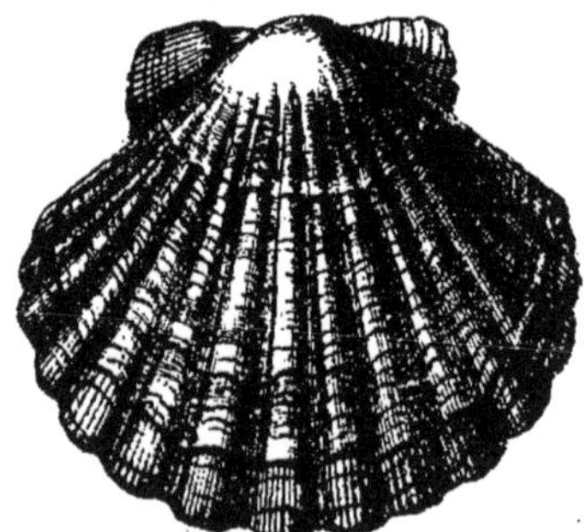

FIG. 607. — *Pecten maximus.*

dorsal d'où partent des artères, ramifiées parfois en fins capillaires (Céphalopodes); mais toujours le sang tombe dans les lacunes interorganiques, puis se rassemble dans des sinus qui le conduisent à l'appareil respiratoire où se fait l'hématose; de là le sang oxygéné retourne au cœur.

Le sang, incolore chez la plupart des **Lamellibranches** et des **Gastéropodes**, présente une teinte bleuâtre due à l'*hémocyanine*, chez les **Céphalopodes**. La Planorbe a le sang rouge, sans que cette coloration soit due à des globules.

L'appareil excréteur des Mollusques s'appelle *corps de Bojanus*.

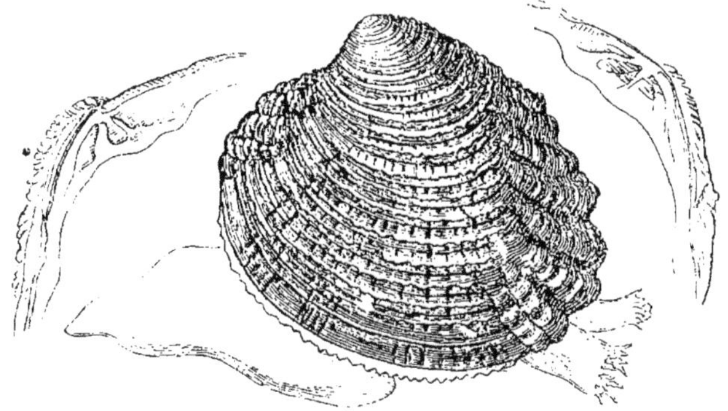

Fig. 608. — *Venus verrucosa.*

Il consiste typiquement en une paire de néphridies communiquant avec l'extérieur. La paroi de la glande néphridienne

Fig. 609. — *Helix pomatia* (Escargot).

présente de nombreuses lacunes dans lesquelles pénètre le sang non hématosé, qui se rend de là à l'appareil respiratoire.

Relation. — Le **système nerveux** des Mollusques est ganglionnaire, sans que les *ganglions* soient disposés en une chaîne, comme chez les Arthropodes et les Vers. Ces ganglions sont réunis par des *commissures* (reliant les ganglions de même nom et de même fonction) et des *connectifs* (reliant les ganglions de noms et de fonctions différents) formant des colliers en nombre variable. (Voir, pour plus de détails, page 263, fig. 235).

Les organes des sens atteignent à un haut degré de différen-

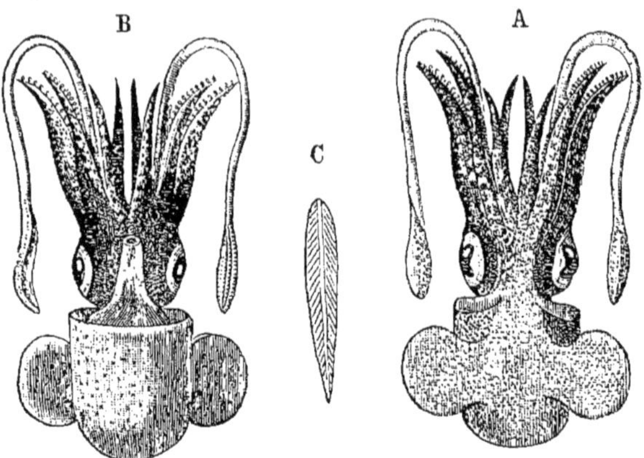

FIG. 610. — *Sepiola* (Sépiole).
A ; vue en dessus ; — B ; vue en dessous ; — C ; coquille.

ciation chez nombre de Mollusques ; l'*œil* du Poulpe et des autres Céphalopodes rappelle presque l'œil des Vertébrés par sa complexité ; des *otocystes* très distincts se rencontrent chez la plupart des Mollusques. Moins connus sont les organes de l'olfaction, du goût et du toucher.

§ 1. — GASTÉROPODES

Mollusques adaptés en général à la reptation ; pied en forme de large semelle ventrale. Corps asymétrique par suite de la torsion **latérale** *de la région postérieure, abrité par une coquille univalve turriculée (au moins à l'état embryonnaire). Tête toujours distincte. Ganglions cérébroïdes, pédieux et viscéraux réunis par des connectifs formant deux triangles latéraux.*

GASTÉROPODES	Système nerveux *chiastoneure*. 1 ou 2 branchies *en avant* du cœur. Respiration aquatique. Coquille avec un opercule en général.	**Prosobranches.**
	Système nerveux *orthoneure.* — 1 poumon en avant du cœur. Coquille sans opercule ou nulle. Espèces terrestres.	**Pulmonés.**
	— Branchies en *arrière* du cœur. Espèces marines.	**Opisthobranches.**

Morphologie extérieure et distribution générale des organes internes. — Les Gastéropodes possèdent une *tête* distincte, avec des yeux et des tentacules, une large semelle ventrale appelée *pied*, à l'aide de laquelle ils peuvent ramper sur un sol ferme. Une *coquille* abrite le plus souvent leur corps; mais *la forme extérieure de l'animal et celle de la coquille sont absolument indépendantes de la disposition des organes internes*.

Le corps peut être considéré comme formé de deux parties :

Une *région céphalopédieuse* (tête et pied) qui a conservé sa symétrie bilatérale primitive ;

Une *masse viscérale* (tube digestif, branchies, cœur, néphridies) qui, avec la cavité palléale, a subi une *torsion latérale* en passant par le côté droit. Il résulte de ce fait une asymétrie plus ou moins profonde.

La **tête** porte la *bouche* et les *tentacules* qui sont des organes

Fig. 611. — *Limax alpinus.*

sensoriels, au nombre de 2 (Littorine, Patelle) ou de 4 (Escargot, fig. 609; Limace, fig. 611).

Le **pied** a la forme d'une semelle, chez toutes les espèces rampantes ; c'est une masse musculaire épaisse dont l'épithélium et le tissu conjonctif dermique sont riches en *glandes pédieuses* capables de sécréter un mucus abondant[1]. Sur la face dorsale de sa région postérieure se trouve parfois un disque, corné ou calcaire, appelé *opercule* (fig. 615-616, C',E',H'), à l'aide duquel l'animal ferme totalement ou partiellement l'ouverture de sa coquille lorsqu'il s'y est retiré.

Coquille. — La coquille est une production continue et univalve du manteau qu'on rencontre chez presque tous les Gastéropodes. On peut la considérer comme engendrée par l'enroulement en hélice d'un cône autour d'un axe ou d'un cône *imaginaires*.

On appelle *sommet* ou *pointe* l'extrémité de la coquille par laquelle a commencé l'enroulement; l'*ouverture* est l'orifice par lequel peut sortir l'animal.

Orientons une coquille de telle sorte que la columelle soit verticale, la pointe de la coquille en haut, et plaçons l'œil au-dessus

---

1. La Janthine (fig. 615-616, L), au moment de la ponte, flotte à la surface de l'eau ; elle sécrète, en un point de son pied, un mucus abondant qui emprisonne successivement de nombreuses bulles d'air. Il en résulte un véritable radeau très allongé ou flotteur, *fl.* au-dessous duquel l'animal dépose ses œufs dans des capsules ovigères, *c.ov.* Une fois les œufs pondus, la Janthine se débarrasse de son radeau et regagne le fond de l'eau.

de cette coquille, comme si nous en voulions faire la projection
horizontale : si l'enroulement des tours successifs a lieu dans

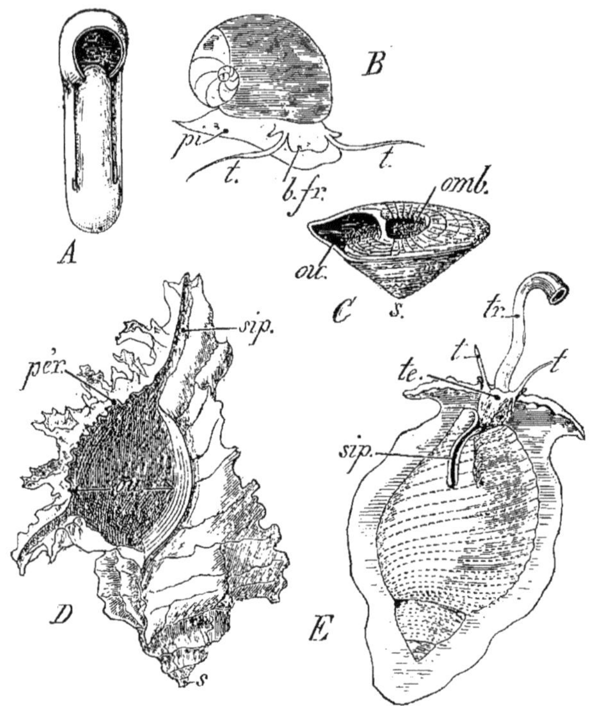

Fig. 612. — Gastéropodes. — A; *Planorbis rotundatus.* — B; *Nerita polita; pi,*pied; *b.fr*,
bulbe frontal; *t*, tentacules; *pi*, pied. — C; *Solarium; ou,* ouverture quadrangulaire de la
coquille; *omb*, ombilic; *s*, sommet. — D; *Murex; pér*, péristome; *sip*, siphon. — E; *Dolium
perdix; te,* tête; *t*, tentacules; *tr*, trompe; *sip*, siphon relevé au-dessus de la coquille.

le sens du mouvement des aiguilles d'une montre, la coquille
est dite *dextre*; elle est *sénestre* dans le cas contraire.

La plupart des coquilles sont dextres; les genres *Physa*, *Planorbis* (fig. 612)
sont sénestres.

Quand l'axe de la coquille est très allongé (*Cerithium*,
fig. 615), la coquille est dite *turriculée;* il est de moyenne
dimension le plus souvent (*Helix*, fig. 609; *Trochus,*
fig. 613); s'il est nul (*Nerita*) ou presque nul (*Planorbis*),
la coquille est dite *surbaissée* (fig. 612, A,B).

On appelle *péristome, pér* (D), la région de la coquille
qui en circonscrit l'ouverture; tantôt le péristome est
continu et l'ouverture arrondie en avant (l'animal est dit
alors *holostome : Helix, Solarium,* C); tantôt le péristome présente des prolongements rameux (*Murex*, D); tantôt le péristome se prolonge, en avant et

Fig. 613. — *Trochus.*

près de la columelle, par un canal où s'engage une gouttière formée par le manteau ; cette gouttière s'appelle *siphon palléal* et sert à l'arrivée de l'eau dans la cavité palléale (L'animal est dit *siphonostome* dans ce cas : *Murex, Fusus, Dolium*, E).

Muscle columellaire. — On appelle ainsi un muscle puissant dont les fibres, insérées d'une part sur la columelle, se confondent d'autre part avec les fibres musculaires du pied. Quand le muscle columellaire se contracte, l'animal rentre dans sa coquille.

Manteau. Cavité palléale. — Le *manteau* est un repli de la peau s'étendant au-dessus du corps, d'arrière en avant ; il forme une sorte de toit à la *cavité palléale* limitée sur les côtés par la soudure des bords du manteau avec la masse céphalopédieuse.

Le bord antérieur du manteau est libre, généralement épaissi et pourvu d'un ruban musculaire qui, par sa contraction, peut appliquer ce bord libre contre la paroi dorsale du corps et fermer momentanément la cavité palléale.

En général, la cavité palléale communique largement avec le milieu extérieur par une fente antérieure et dorsale ; parfois, cependant, cette ouverture est assez restreinte et constitue *l'orifice respiratoire* avec ou sans siphon palléal, suivant que l'animal est siphonostome ou holostome. L'orifice respiratoire sert uniquement à la circulation de l'eau (ou de l'air chez les Pulmonés) dans la cavité palléale qui contient l'appareil respiratoire (*branchies* en général ; *poumon* chez les Pulmonés).

Nutrition. — **Tube digestif.** — Le tube digestif des Gastéropodes présente, en général, une courbure en U par suite de l'enroulement de la masse viscérale. La *bouche* antérieure est portée : soit par un mufle simple (Escargot), soit par une trompe (*Dolium*, fig. 612, E).

La bouche donne accès dans un *bulbe buccal* (fig. 126), à forte paroi musculaire, portant des *mâchoires* et une *radula*.

Les *mâchoires* sont des plaques chitineuses enchâssées, au nombre de 2, latéralement et près de l'orifice buccal.

La *radula* est une bande chitineuse flexible ; très longue chez la Patelle en particulier, la radula est hérissée de dents insérées en rangées symétriques par rapport à l'axe médian longitudinal (fig. 615-616, M).

Dans le bulbe pharyngien débouchent les conduits de 2 *glandes salivaires*.

L'œsophage conduit à un *estomac* volumineux et unique en général. L'estomac est chargé de la trituration de la matière alimentaire, grâce aux contractions de sa paroi musculaire ; les canaux de la glande appelée *hépatopancréas*, y viennent déboucher au voisinage du pylore. L'*intestin*, plus ou moins contourné, présente un rectum appliqué contre le plafond de la cavité palléale. Il débouche au dehors par l'anus, situé sur le côté droit en général. [Chez l'Escargot, l'anus est au voisinage du pneumostome.]

L'*hépatopancréas*, appelé foie d'ordinaire, est une masse brune constituant la presque totalité du tortillon; deux canaux en apportent la sécrétion dans l'estomac ou l'intestin. *Cette sécrétion exerce son action digestive sur les diverses sortes d'aliments :* ce qui justifie son appellation nouvelle.

Appareil respiratoire. — Sauf les **Pulmonés** qui vivent et respirent dans l'air à l'aide d'un *poumon*, les Gastéropodes ont une *respiration branchiale.* Ordinairement la branchie gauche persiste seule.

Une branchie, *br* (fig. 614), consiste en un ensemble d'expansions triangulaires formées par la surface interne du manteau; ces expansions constituent une ou deux séries de lamelles qui présentent, comme le manteau d'ailleurs, de nombreuses lacunes à travers lesquelles le sang subit l'hématose dans son parcours.

Appareil circulatoire. — Chez les Gastéropodes, le cœur, dorsal et rempli de sang oxygéné, est composé d'*un seul ventricule* communiquant avec 1 ou 2 oreillettes : 1 oreillette chez les *Monotocardes ,*

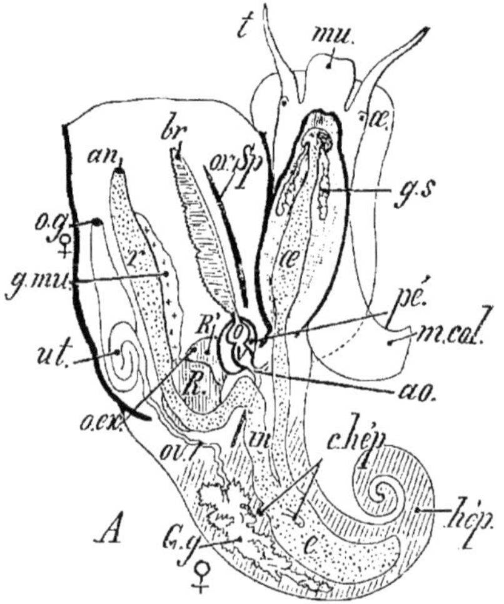

FIG. 614. — *Littorina littoralis.* — A; *mu*, mufle; *t*, tentacules; *œ*, yeux; *m.col*, muscle columellaire; *g.s*, glandes salivaires; *œ, e, in, r, an*, tube digestif; *hép*, hépatopancréas et ses canaux excréteurs, *c.hép*, aboutissant à l'estomac. *O.V*, cœur contenu dans le péricarde, *pé*; *ao*, aorte. *br*, branchie; *R*. rein.

Pulmonés et **Opisthobranches**, où le ventricule n'est pas traversé par le rectum; 2 oreillettes chez les *Diotocardes*, où le ventricule est traversé par le rectum (cette disposition est générale chez les Mollusques *Lamellibranches*).

On appelle **Prosobranches** les Gastéropodes dont la branchie (et par suite l'oreillette) est située *en avant* du ventricule (*Monotocardes, Diotocardes,* etc.); les **Opisthobranches** sont ceux dont la branchie (et par suite l'oreillette) est *en arrière* du ventricule.

Les **Pulmonés** ont, comme les **Prosobranches**, l'oreillette en avant du ventricule.

Le sang oxygéné, provenant de l'appareil respiratoire, pénètre de l'oreillette dans le ventricule qui, par ses contractions, l'envoie dans une seule *aorte, ao* (fig. 614), en général; celle-ci se bifurque immédiatement en une *aorte antérieure* pour la région céphalo-pédieuse et une *aorte viscérale* qui se rend dans le tortillon. Les ramifications des artères ou artérioles s'ouvrent directement dans les lacunes interorganiques. Des sinus rassemblent le sang et le conduisent aux lacunes branchiales ou pulmonaires, où se fait l'hématose.

Appareil excréteur. — Il consiste en deux *reins* ou *corps de Bojanus*; mais tandis que le rein droit conserve son rôle dépurateur, le rein gauche subit une affectation nouvelle : il devient une *glande hématique qui paraît former dans ses parois des globules sanguins* qui tomberaient dans les lacunes de sa paroi et seraient entraînés par le sang.

Relation. — **Système nerveux.** — Nous en avons reconnu la structure fondamentale (Voir page 264, fig. 235).

Deux commissures relient les ganglions pédieux, *g.p*, aux ganglions pleuraux 1 et 5, formant ainsi deux *triangles latéraux*, *tr. l*, tels que *g.c, c′*, 5, *g.p, c, g.c.*

Chez les **Pulmonés** et les **Opisthobranches**, le système nerveux est *orthoneure*, c'est-à-dire que la commissure viscérale est régulière et sous-intestinale [fig. 235 (*b*)]. *Chez tous les* **Prosobranches**, le système nerveux est *chiastoneure*, c'est-à-dire que cette même commissure a subi une torsion en même temps que la masse viscérale.

Organes des sens. — Les Gastéropodes possèdent deux *yeux* situés à la base des tentacules, sauf chez certains Pulmonés tels que l'Escargot où ces organes sont portés à l'extrémité des tentacules postérieurs.

Les 2 *otocystes* des Gastéropodes, placés au voisinage des ganglions pédieux, ont été décrits déjà (Voir page 200, fig. 185, C).

Les *organes de l'odorat*, du *goût* et du *toucher* ne paraissent pas nettement spécialisés.

I. — PROSOBRANCHES

Gastéropodes à système nerveux chiastoneure; 1 ou 2 branchies situées en avant du cœur. Une coquille en général pourvue souvent d'un opercule.

Les Prosobranches comprennent les **Diotocardes**, les **Hétérocardes** et les **Monotocardes**.

A. — DIOTOCARDES

1 *ou* 2 *branchies bipectinées. Cœur à* 2 **oreillettes** *et* 1 *ventricule traversé par le rectum.* 2 *reins.*

Fissurella (Fissurelle, fig. 615-616, A); coquille conique très évasée, perforée au sommet; 2 branchies. Vit dans la Méditerranée.

Haliotis (Ormier, B); coquille nacrée en forme d'oreille, portant une série de perforations situées à gauche; 2 branchies. Manche,

Méditerranée. — *Trochus* (Toupie, C); coquille conique à base aplatie; ouverture quadrangulaire fermée par un opercule corné mince (C').

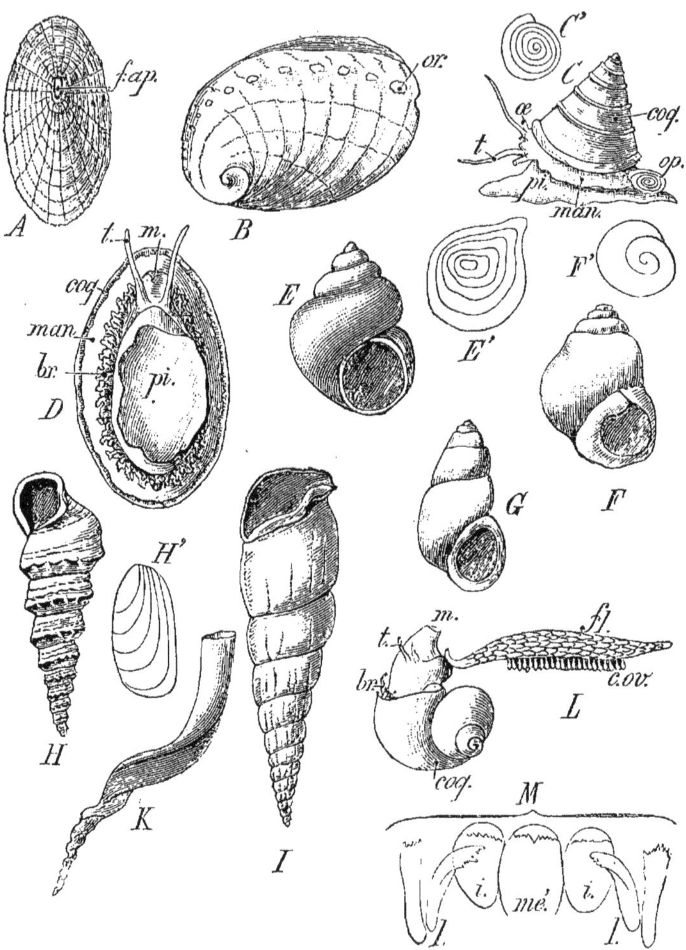

Fig. 615-616. — Gastéropodes. — A; *Fissurella*. — B: *Haliotis*. — C; *Trochus*. C'; son opercule. — D : *Patella* vue par sa face ventrale. — E; *Paludina* et son opercule E'. — F; *Littorina* et son opercule F'. — G; *Cyclostoma*. — H: *Melania* et son opercule H'. — I; *Cerithium nudum*. — K; *Vermetus*. — L; *Janthina* et son flotteur, *fl*, supportant les capsules ovigères, *c.ov*. — M; radula, avec les dents médianes, *mé*, intermédiaires, *i* et latérales, *l*.

Nerita (fig. 612, B); coquille globuleuse épaisse; 1 branchie. Formes marines. — *Neritina*; coquille mince; vit dans les eaux douces.

N. fluviatilis abonde dans le sable de la Seine.

B. — HÉTÉROCARDES

1 branchie bipectinée. Cœur à 1 oreillette et 1 ventricule non traversé par le rectum. 2 reins à orifices distincts et tous deux à droite du péricarde.

Patella (fig. 616, D); coquille conique et nacrée non turbinée à l'état adulte; jamais d'opercule. La branchie forme un cercle sur le bord du manteau.

La Patelle est comestible et vit en abondance sur les rochers battus par les vagues; elle y est étroitement appliquée par un large pied circulaire.

C. — MONOTOCARDES

1 branchie monopectinée. Cœur à **1 oreillette** *et 1 ventricule non traversé par le rectum. 1 seul rein (droit);* le rein gauche est devenu une *glande hématique.*

La coquille n'est pas nacrée.

Paludina (Paludine, E); coquille turbinée; opercule circulaire (E').

P. *vivipara*; vit dans les eaux douces.

Littorina (Littorine, F); coquille épaisse, conique. Comestible. Vit sur le littoral de l'Océan.

Cyclostoma (G); sorte de Littorine

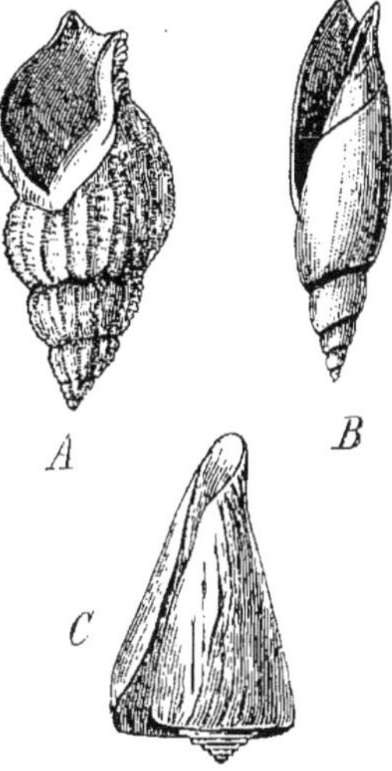

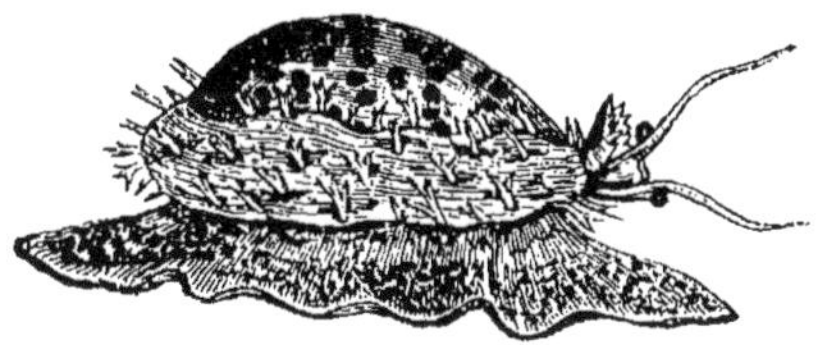

FIG. 617. — *Cypræa* (Porcelaine).

FIG. 618. — A ; *Buccinum.* B ; *Oliva.* — C; *Conus.*

adaptée à la vie terrestre; branchie atrophiée. Coquille conique et mince; vit dans la terre humide, au milieu des haies. — *Melania* (H); coquille holostome très variable suivant les espèces; vit dans les eaux douces. — *Cerithium* (Cérithe, I); coquille plus ou moins nettement siphonostome.

Janthina (Janthine, L); un flotteur porte les capsules ovigères après la ponte. — *Cypræa* (Porcelaine, (fig. 617); le dernier tour de spire de la coquille enveloppe complètement les précédents. La coquille présente une étroite fente longitudinale.

Cassis (Casque); coquille épaisse dont le dernier tour est grand et l'ouverture allongée; canal siphonal court et recourbé en arrière. — *Dolium* (fig. 612, E); coquille ventrue; canal très court.

Fusus (fig. 606); coquille fusiforme avec un long canal. — *Buccinum* (Buccin, Escargot de mer, fig. 618, A); large canal. Vit sur les côtes de l'Océan.

Murex (fig. 612, D); coquille épaisse avec de nombreuses expansions.

Le Bigorneau (*M. erinaceus*), qui vit sur nos côtes, mange beaucoup d'Huîtres après avoir perforé leur coquille.

Oliva (Olive, fig. 618, B); coquille allongée et lisse. — *Conus* (Cône, C), grand développement du dernier tour de spire qui cache presque tous les autres. Canal siphonal court.

II. — PULMONÉS

Gastéropodes à système nerveux orthoneure; poumon situé en avant du cœur. Coquille holostome, sans opercule en général.

1° *Pulmonés terrestres dont* **les yeux sont portés au sommet de deux tentacules rétractiles,** *en arrière des tentacules tactiles.*

Helix (Escargot, fig. 609); coquille enroulée et peu élevée dans laquelle l'animal peut rentrer tout entier et s'abriter en hiver au moyen d'un épiphragme.

L'Escargot de Bourgogne (*H. pomatia*) est un aliment très apprécié dans le nord de la France, comme le Limaçon (*H. aspersa*) dans le Midi.

Limax (Limace, fig. 611); coquille très mince, réduite à une lamelle plane abritée sous un épaississement du manteau au voisinage du pneumostome. — *Arion* (Limace rouge); pas de coquille. — *Testacella* (Testacelle); coquille très réduite, évasée, portée à l'extrémité d'un corps très allongé dont la masse viscérale est excessivement réduite.

La Testacelle se distingue des espèces précédentes parce qu'elle est carnivore et dépourvue de mâchoires.

2° *Pulmonés dont* **les yeux sont placés à la base de deux tentacules non rétractiles.**

Lymnæa (Lymnée, fig. 172); coquille dextre mince et aiguë, dont le dernier tour allongé présente une ouverture en amande; vit dans les eaux douces. — *Planorbis* (Planorbe, fig. 172); coquille dextre très déprimée.

III. — OPISTHOBRANCHES

Gastéropodes à système nerveux orthoneure; branchie située en **arrière** *du cœur. Animaux marins.*

FIG. 619.
A; *Æolidia.*

1° Une **branchie** *plus ou moins* **protégée** par le **manteau.** *Coquille plus ou moins développée chez l'adulte.*

Bulla; coquille globuleuse ne pouvant contenir l'animal entier. — *Pleurobranchus*; coquille patelliforme cornée et interne. — *Aplysia* (Aplysie); coquille cornée abritée presque totalement par le manteau. 4 grands tentacules, dont 2 très développés ont fait appeler cette espèce le Lièvre de mer. Méditerranée.

2° **Branchies** *symétriques dorsales (quelquefois nulles)* **toujours à nu.** *Pas de coquille à l'état adulte.*

Æolidia (fig. 619); nombreuses branchies dorsales papilleuses disposées suivant 4 rangées de chaque côté; 4 tentacules; mer du Nord. — *Doris*; branchies plumeuses et rétractiles dans une cavité commune autour de l'anus. — *Elysia*; expansions cutanées latérales remplaçant les branchies.

§ 2. — LAMELLIBRANCHES (ACÉPHALES)

Mollusques à symétrie bilatérale le plus souvent, **sans tête distincte.** *Ils sont pourvus d'un manteau divisé en 2 lobes et d'une coquille bivalve. Système nerveux sans triangles latéraux.*

Les Lamellibranches sont aquatiques; leur état d'immobilité relative (*fouisseurs* ou *fixés* aux rochers) a déterminé chez ces animaux une certaine *régression.*

Morphologie extérieure. — Les Lamellibranches ont un corps symétrique en général (fig. 620), comprimé latéralement suivant une direction perpendiculaire au plan de symétrie. Une *coquille* bivalve abrite le corps (fig. 621).

Les deux valves, *Vd, V.g*, sont articulées par une *charnière dorsale, ch*, située dans le plan de symétrie; elles sont réunies par *deux muscles adducteurs* (fig. 620), l'un antérieur, *mu.a*, en avant de la bouche, l'autre postérieur, *mu. p*, placé en avant de l'anus. La coquille est tapissée intérieurement par un *manteau, man*, formé de *deux lobes* soudés au corps le long de la ligne dorsale; lobe droit et lobe gauche se portent en avant, de part et d'autre de la masse viscérale qui se trouve ainsi contenue dans une vaste *cavité palléale*. La masse viscérale de l'animal est en partie logée dans l'épaisseur du manteau, en partie saillante dans la cavité palléale où elle forme, *du côté ventral*, la *bosse de Polichinelle*, *b.Po*, surmontée du *pied*, *Pi*.

Sur le côté ventral du pied est une *glande byssogène*, *g.by*; à sa base et du côté dorsal s'ouvre la *bouche*, *bo*, immédiatement en arrière du muscle adducteur antérieur, *mu.a*; au-dessous, on remarque le muscle adducteur postérieur, *mu.p*, puis l'anus.

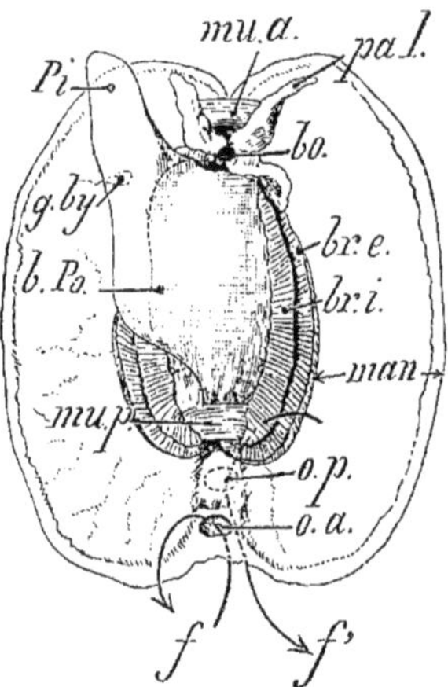

FIG. 620.— *Cardium* (face ventrale). *man*, manteau; *br.i*, *br.e*, branchies internes et externes; *mu.a*, *mu.p*, muscles antérieur et postérieur; *Pi*, pied; *g.by*, glande du byssus; *b.Po*, bosse de Polichinelle; *bo*, bouche entourée des palpes labiaux, *pa.l*; *o.a*,*o.p*,orifices antérieur et postérieur des siphons très courts.

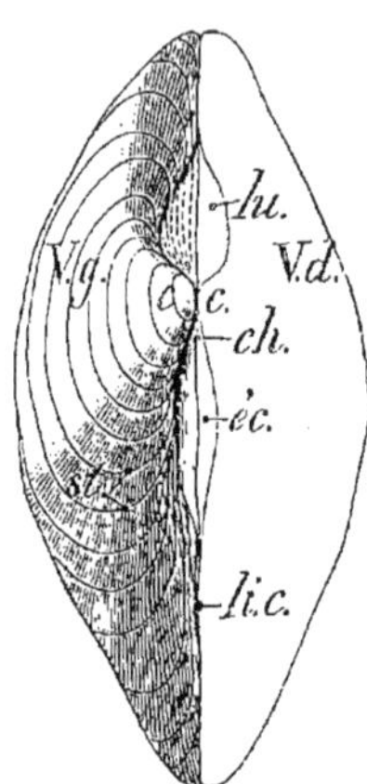

FIG. 621. — Coquille de *Cytherea* vue de dos. *V.g*, *V.d*, valves gauche et droite: *c*, crochets; *ch*, charnière; *lu*, lunule; *éc*, écusson; *st*, stries d'accroissement; *li. c*, ligne cardinale.

Deux *branchies*, *br.e*, *br.i*, s'étendent de chaque côté de la masse viscérale depuis la bouche jusqu'au muscle postérieur.

Coquille. — La coquille des Lamellibranches est, en général, composée de deux valves symétriques extérieurement: coquille *équivalve* (Moule, fig. 171; *Cytherea*, fig. 621).

La coquille est *inéquivalve* chez les espèces qui reposent constamment sur le sol par l'une de leurs valves (Huître, fig. 622).

Les bords des valves s'appliquent exactement l'un contre l'autre (Moule) et peuvent même s'engrener (*Pecten*) par la contraction des muscles adducteurs.

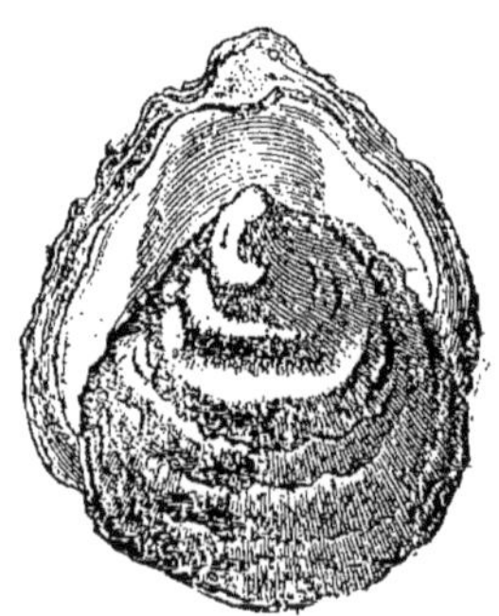

FIG. 622.
Ostrea edulis (Huître).

Quelquefois cependant une ou plusieurs ouvertures persistent après l'application des valves pour le passage des siphons et du pied : la coquille est *bâillante*. Chez le *Solen* (fig. 623), on trouve ainsi une ouverture antérieure.

La coquille présente des *stries d'accroissement* concentriques, *st* (fig. 621), dont le point de départ pour chaque valve est le *crochet, c*. La surface d'union des valves est la *charnière, ch* ; un *ligament* brunâtre, maintient unies les deux valves. Ce ligament possède une certaine *élasticité* qui fait bâiller

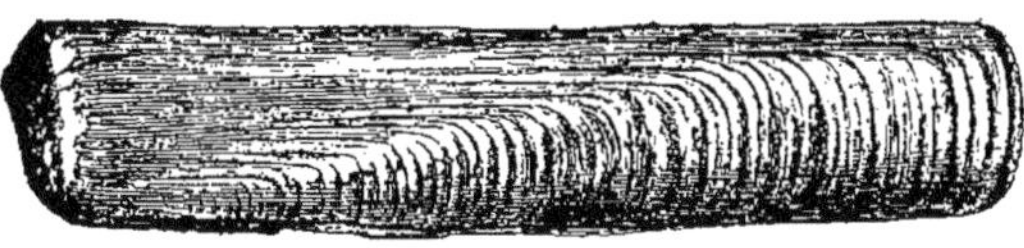

Fig. 623. — *Solen siliqua* (Couteau).

la coquille dont les deux valves ne sont plus rapprochées par les muscles.

C'est le cas d'un Lamellibranche mort ou dont on a sectionné les muscles.

Muscles adducteurs. — Les valves de la coquille sont réunies, chez le plus grand nombre de Lamellibranches, par *deux muscles* : l'un antérieur, *mu.a* (fig. 620), précédant la bouche ; l'autre postérieur, *mu.p*, situé en avant de l'anus. Ces muscles s'insèrent sur la coquille en y déterminant des empreintes appelées *impressions musculaires, mu.*

Les Lamellibranches se divisent en :
homomyaires, quand les muscles sont à peu près égaux (*Cytherea, Cardium* ; *hétéromyaires*, quand le muscle antérieur est très peu développé (Moule, Anodonte) ; *monomyaires*, quand le muscle antérieur a disparu (*Pecten*, fig. 124, Huitre).

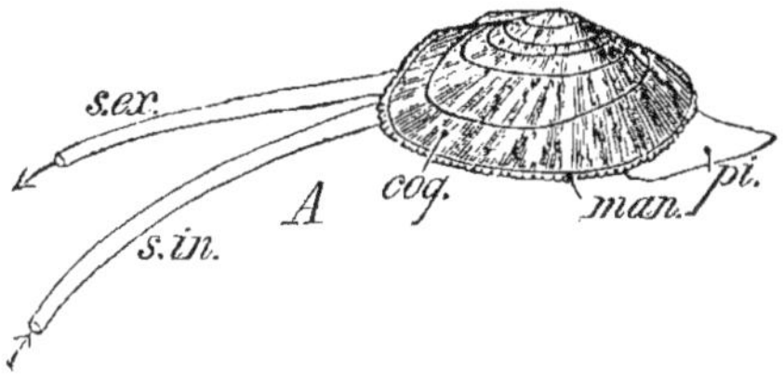

Fig. 624. — *Psammobia. coq*, coquille, *man*, manteau ; *pi*, pied ; *s.in*, *s.ex*, siphons aspirateur et expirateur indépendants.

Manteau. — Les bords du manteau sont libres du côté ventral chez les Lamellibranches inférieurs. Chez les formes élevées, ils se soudent en un ou plusieurs points.

Dans le cas d'une seule soudure, comme chez la Moule, la fente antérieure sert au passage du pied (*fente pédieuse*) et l'autre à la circulation de l'eau dans la cavité palléale (*fente respiratoire*).

Les lobes du manteau se soudent postérieurement chez nombre de Lamellibranches, en formant deux tubes ou *siphons* parallèles ; le siphon antérieur *aspirateur, s.in* (fig. 624), sert à l'entrée de l'eau dans la cavité palléale ; le siphon postérieur *expirateur, s.ex*, sert à la sortie de l'eau qui, après avoir traversé les lamelles branchiales, passe au voisinage de l'anus et entraîne les matières fécales (fig. 625).

Appareil locomoteur. Pied. — Chez les Lamellibranches fixés (Huître), le pied s'atrophie. Cet organe est d'autant plus développé que les espèces peuvent plus facilement se déplacer; il a la forme d'une hache ou d'une massue qui, en se gonflant, peut saillir en dehors de la coquille (fig. 624) et fouir dans le sable (*Solen*, *Mya*). Chez *Cardium*, le pied est coudé et permet à l'animal de sauter.

La *glande byssogène*, située sur la face ventrale du pied sécrète un produit liquide émis sous forme de filaments qui durcissent aussitôt; c'est le *byssus*. La Moule peut grimper le long d'un obstacle à l'aide du byssus qui lui sert d'appareil de fixation *temporaire*.

Nutrition. — **Tube digestif**. — Les Lamellibranches se nourrissent de particules alimentaires en suspension dans l'eau ; ces particules sont apportées à la bouche par les courants d'eau que déterminent les cils vibratiles des branchies et des 2 paires de *palpes labiaux*, qui forment gouttière autour de l'orifice buccal, *bo* (fig. 625).

Pas d'appareil masticateur, ni de glandes salivaires. Le tube digestif des Lamellibranches a été décrit précédemment (Voir page 68).

Appareil respiratoire. — Tous les Lamellibranches respirent par *deux branchies bipectinées*, *Br* (fig. 94), insérées sur deux supports qui occupent le fond des deux gouttières palléo-viscérales entre le corps, *C*, et le manteau, *M*.

Le sang est parfaitement endigué dans les branchies et emporté vers les oreillettes du cœur.

L'hématose du sang est due au courant d'eau très actif qui baigne les branchies; ce courant a lieu de la façon suivante chez un Lamellibranche siphoné, par exemple :

L'eau pénètre par le siphon aspirateur, suivant le courant *c.in* (fig. 625), dans la cavité palléale, *c.pa*; elle traverse les branchies, *br*, pénètre dans la cavité cloacale, *c.cl* et emporte, suivant *c.ex*, les matières excrémentitielles rejetées de l'intestin par l'anus, *an*.

Appareil circulatoire. — Les Lamellibranches possèdent, pour la plupart, un cœur médian dorsal voisin de la charnière; le cœur est composé d'un ventricule, *V* (fig. 124), et de deux oreillettes latérales *o*, (II), *Le ventricule est traversé par le rectum.*

Chez les Lamellibranches inférieurs, le cœur est appliqué contre le rectum logé

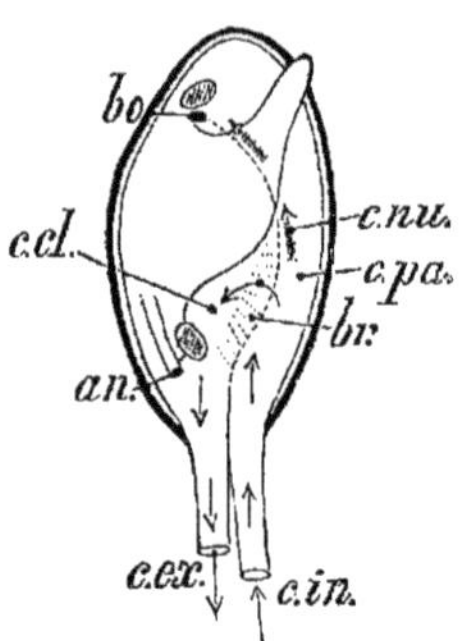

Fig. 625. — Figure schématique montrant la marche suivie par l'eau qui, entrant par *c.in*, pénètre dans la cavité palléale, *c.pa*, traverse les lamelles branchiales en *br*, entre dans la cavité cloacale, *c.cl* puis sort par *c.ex*, en entraînant les excréments qui émanent de l'anus, *an*. Les flèches pointillées montrent la marche des particules alimentaires formant le courant nutritif, *c.nu*, qui aboutit à la bouche, *bo*.

dans une gouttière de sa face ventrale. Chez l'Arche (III), la gouttière a totalement séparé le ventricule en deux parties très écartées latéralement.

Du ventricule partent deux aortes : l'une antérieure, $A.a$, qui irrigue la plus grande partie de la masse viscérale, le manteau, le pied, le muscle adducteur antérieur (non chez le *Pecten* où ce muscle a disparu); l'autre postérieure, $A.p$, qui envoie des rameaux au muscle postérieur et au rectum.

Le sang tombe dans les lacunes inter-organiques; puis il pénètre dans des sinus veineux (pédieux et sous-péricardique) qui le conduisent aux reins (corps de Bojanus) où il s'épure. Des reins, le sang aboutit aux vaisseaux afférents des branchies, subit l'hématose à travers ces organes, puis se rend aux oreillettes par les vaisseaux efférents.

Appareil excréteur. — Il consiste en 2 *corps de Bojanus* latéraux. Chez l'*Unio*, le corps de Bojanus, recourbé en V, présente une portion glandulaire et une portion excrétrice (fig. 626).

Relation. — Le système nerveux des Lamellibranches a été décrit déjà (page 264). Rappelons qu'il présente 3 paires de ganglions importants réunis par des connectifs qui forment 2 colliers : un anneau cérébro-pédieux, $a.p\alpha$ (fig. 235, B) et un anneau cérébro-viscéral, $a.p.v$.

Pas de triangle latéral comme chez les Gastéropodes.

Organes des sens. — Beaucoup de Lamellibranches sont sensibles à l'action de la lumière; les *yeux* sont en général épars sur toutes les régions du corps où peut atteindre directement la lumière (bords du manteau et des siphons notamment).

Certains Lamellibranches (Anodonte) possèdent des *otocystes* appliqués sur les ganglions pédieux, mais innervés par les ganglions cérébroïdes.

Sur le bord du manteau, on distingue des tentacules qui sont des *organes du tact*, très développés chez le *Pecten* en particulier.

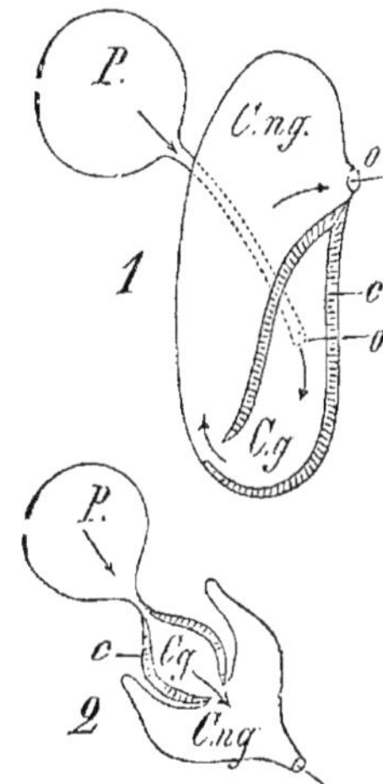

Fig. 626. — Appareil excréteur (corps de Bojanus) des Mollusques. 1, disposition normale. 2, disposition du même organe ramenée à l'organe segmentaire des Vers. *P*, péricarde; *C.g*, chambre glandulaire communiquant avec le péricarde; *C.ng*, chambre non glandulaire s'ouvrant à l'extérieur par l'orifice *o'*.

I. — FILIBRANCHES

Mollusques pourvus de branchies avec des lamelles très longues, libres entre elles. Pas de siphons ; grand pied avec byssus. Coquille équivalve à crochets développés. Espèces marines en général.

1° *Muscles adducteurs à peu près* **égaux.**

Arca (Arche, fig. 627, A et B); coquille épaisse, allongée, quadrangulaire, à charnière rectiligne.

Pectunculus (Pétoncle, B); coquille circulaire, à charnière courbe. *P. pilosus*; Méditerranée.

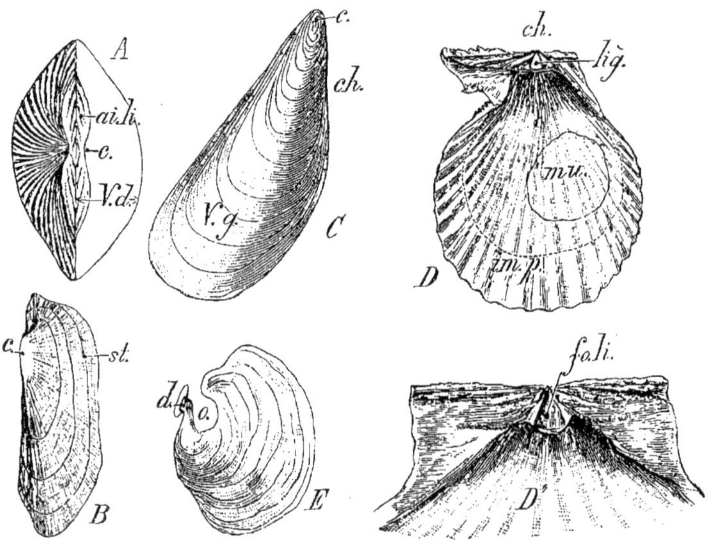

Fig. 627. — A ; *Arca diluvii*. — B ; *Arca Noæ*. — C; *Mytilus edulis*. — D ; *Pecten varius*. — D'; charnière de *Pecten maximus*. — E ; *Anomia*. — *V.d*, *V.g*, valves ; *c*, crochets ; *ch*, charnière ; *lig*, ligament ; *fo.li*, fosse ligamentaire ; *d*, dent ; *o*, perforation de la valve droite chez *Anomia*.

2° *Muscles adducteurs très* **inégaux** *ou bien* 1 *muscle seulement.*

(a) Muscles adducteurs très inégaux.

Mytilus (Moule, C); coquille aiguë à une extrémité, arrondie à l'autre. Charnière dépourvue de dents, sous laquelle est placé le muscle adducteur antérieur très petit. Byssus bien développé.

Dreyssenia. D. polymorpha; Moule d'eau douce vivant dans les fleuves d'Allemagne.

(b) Un seul muscle adducteur à l'état adulte.

Pecten (Peigne, D, D'); coquille à valve droite concave dans laquelle vit couché l'animal; valve gauche plate; toutes deux portent de fortes côtes rayonnantes et sont symétriques par rapport à un plan médian perpendiculaire à la charnière. Cœur traversé par le rectum.

Les *Pecten Jacobæus, maximus, varius* sont consommés à Paris sous le nom de Coquilles de Saint-Jacques; ces espèces proviennent de la Méditerranée.

Ostrea (Huître, fig. 622); coquille très inéquivalve, fixée par la valve gauche ordinairement bombée; charnière sans dents. Cœur non traversé par le rectum.

L'Huître comestible (*O. edulis*) comprend un grand nombre de variétés assez faciles à reconnaître par leur grandeur, leur forme et leur régularité. Au moment de la reproduction (mai, juin, juillet, août), il est interdit de les pêcher. On pratique l'*ostréiculture* dans des parcs spécialement aménagés (Arcachon, Marennes, Cancale, etc.).

A Arcachon, on s'occupe de recueillir les embryons et d'en favoriser le développement; à Marennes, on s'occupe de l'élevage de la jeune Huître jusqu'au moment où elle pourra être livrée à la consommation. Il faut, en moyenne, 4 à 6 ans pour obtenir les Huîtres livrables au commerce.

II. — EULAMELLIBRANCHES

Mollusques tous homomyaires et siphonés, pourvus de branchies du type le plus complexe (filaments associés en lames avec de nombreuses anastomoses transverses entre les feuillets. *Ligament externe, en général.*

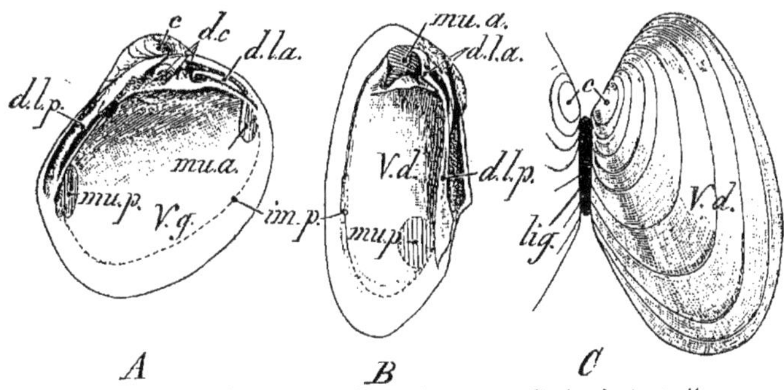

Fig. 628. — A; *Cyrena*. — B; *Unio pictorum*. — C; *Anodonta anatina*.

1° *Siphons peu développés ne déterminant pas d'impression sinueuse sur la coquille. Coquille équivalve en général.*

Cyprina; coquille épaisse, ovale ou arrondie; vit dans la mer. — *Cyrena* (fig. 628, A); coquille épaisse, ventrue, trigone; vit dans les estuaires ou dans les eaux saumâtres.

Unio (B); coquille allongée, ovale, épaisse, pourvue d'une épaisse couche de nacre; un court siphon anal; pas de byssus.

U. pictorum, Mulette des peintres. *U. sinuatus* sert à faire les boutons de nacre.

Anodonta (Anodonte, C); diffère du genre *Unio* par sa coquille mince, à charnière dépourvue de dents.

Cardium (Bucarde, fig. 629); coquille équivalve à crochets saillants, à côtes rayonnantes épaisses et à bords crénelés. Siphons courts. Branchies fortement plissées.

C. *edule*, comestible, vit dans la mer du Nord et la Méditerranée.

Fig. 629. — *Cardium edule* (Bucarde).

Tridacna (Bénitier); coquille épaisse, à côtes rayonnantes et à bords dentelés, pouvant atteindre un poids de 200 kilogrammes. Vit dans l'océan Indien.

2° *Siphons bien développés déterminant sur la coquille un sinus palléal. Coquille en général équivalve.*

Cytherea (fig. 621); coquille lisse ou pourvue de stries concentriques. — *Venus* (fig. 608); coquille ovale à bords finement crénelés. Quelques espèces en sont comestibles. — *Tapes. T. decussata* ou Clovisse; — *Psammobia* (fig. 624); coquille

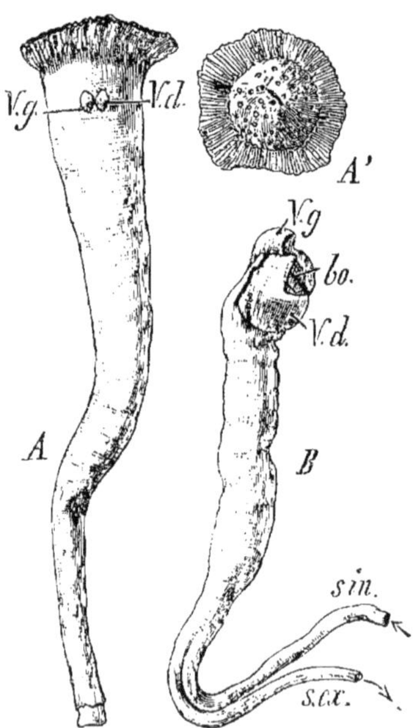

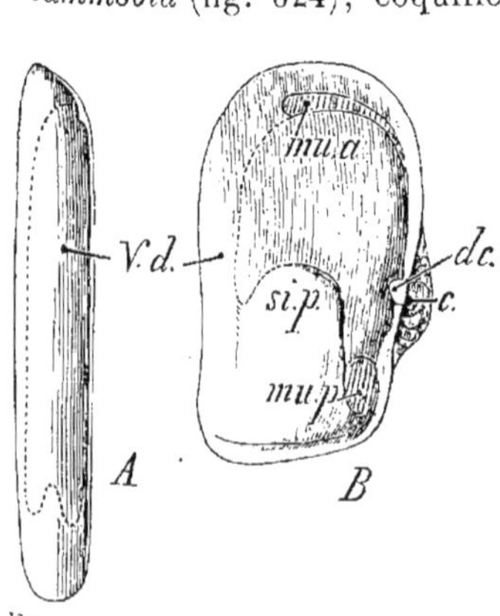

Fig. 630. — A ; *Solen*. — B ; *Mya truncata*.

Fig. 631. — A ; *Aspergillum* (Arrosoir). *V.g, V.d*, valves de la coquille. — A'; calotte antérieure du tube vue de face. — B ; *Teredo navalis* (Taret); ses siphons et ses valves.

lisse et allongée. — *Solen* (Couteau, fig. 623); coquille très longue dont les bords parallèles sont presque rectilignes; elle est tronquée et bâillante à ses extrémités.

S. *ensis*, espèce comestible très estimée, vit enfoncée dans le sable lorsque la mer se retire.

Mya (Mye, fig. 630, B); coquille non nacrée, inéquivalve, bâillante du côté postérieur.

Aspergillum (Arrosoir, fig. 631, A); les siphons très longs se sont entourés d'un tube calcaire fixé aux corps étrangers et terminé en avant par une calotte percée de nombreux trous comme une pomme d'arrosoir. Une petite fente centrale, visible dans cette calotte correspond à l'orifice pédieux du manteau; sur le tube sont soudées les 2 valves de la coquille excessivement réduites.

Chez les genres *Pholas* et *Teredo* qui suivent, *la coquille est dépourvue de ligament à l'état adulte;* ces formes sont siphonées et *perforantes.*

Pholas (Pholade), *P. dactylus*, espèce comestible. Vit à la Rochelle.

Les Pholades sont perforantes; elles peuvent percer les roches les plus dures, le bois, etc.

Teredo (Taret, fig. 631, B); les valves de la coquille, très petites mais solides, recouvrent la partie antérieure du corps; l'animal s'en sert pour percer, dans le bois, des galeries qu'il recouvre d'une sécrétion calcaire du manteau. Par ses longs siphons, il reçoit le courant d'eau alimentaire qui lui permet de vivre au fond de la galerie qu'il occupe.

Le *Teredo navalis* cause de grands ravages dans les digues, les navires en bois, les pilotis; la perforation des digues protectrices de la Hollande par ce dangereux Mollusque, au début du dix-huitième siècle, détermina une terrible inondation qui jeta la désolation dans ce malheureux pays.

§ 5. — CÉPHALOPODES

Mollusques symétriques, pourvus d'une **tête** **distincte avec une** **couronne de bras** *représentant la partie antérieure du pied (la partie postérieure en est représentée par l'entonnoir).* 2 ou 4 *branchies;* 2 ou 4 *oreillettes. Un système nerveux orthoneure.*

CÉPHALOPODES	Coquille externe nacrée. Tentacules nombreux filiformes. 4 *branchies;* 4 oreillettes. Entonnoir divisé en 2 parties.	Tétrabranchiaux.
	Coquille interne ou nulle. 8 ou 10 grands bras préhenseurs. 2 *branchies;* 2 oreillettes. Entonnoir simple.	Dibranchiaux.

Les Tétrabranchiaux sont les formes primitives des Céphalopodes; ils ne sont plus représentés aujourd'hui que par le genre *Nautilus* vivant dans la mer des Indes. Nous envisagerons ici les caractères des Dibranchiaux seulement.

Morphologie extérieure. — Les Céphalopodes **Dibranchiaux** présentent un *corps symétrique*, court en général (fig. 632, A), séparé par un étranglement d'une énorme *tête* qui porte *deux* gros *yeux latéraux*, œ, et une *couronne antérieure de bras*, 1,2,3,4.

Les bras, qui entourent l'*orifice buccal*, sont au nombre de 8 chez les *Octopodes* (Poulpe); 2 longs *bras préhensiles*, *t* (A,A′),

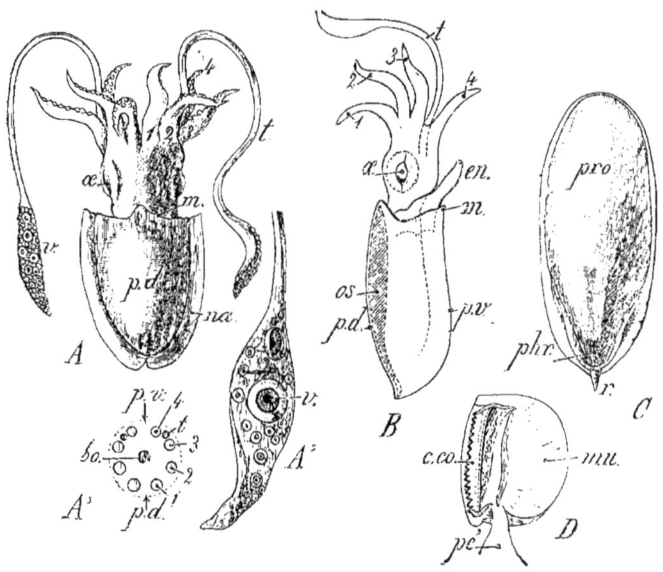

Fig. 632. — A ; *Sepia officinalis* (Seiche); *p.d*, paroi dorsale ; *na*, nageoire ; *m*, manteau ; tête portant les yeux, œ et 10 bras dont 2 tentacules, *t*, avec ventouses *v* (A′). La figure située au-dessous de A est schématique et montre la position symétrique des bras. 1.2.3, 4 et *t* autour de la bouche; *p.d*, *p.v*, parois dorsale et ventrale. — B ; vue de profil montrant l'entonnoir ventral, *en* ; *os*, place de l'os de Seiche. — C : *r*, rostre ; *phr*, phragmocône ; *pro*, proostracum. — D ; ventouse de Décapode; *pé*, pédoncule ; *mu*, muscle ; *c.co*, cercle corné.

se remarquent en outre chez les *Décapodes* (Seiche, Calmar).

Tous ces appendices représentent la partie antérieure du *pied*; la partie postérieure en est figurée par l'*entonnoir*, *en* (B), organe de forme conique, adossé au corps du côté ventral, *p.v*, au-dessous de la tête, le bec en avant et l'ouverture élargie en arrière.

L'ouverture de l'entonnoir débouche dans la *cavité palléale*, *ca.p* (fig. 633). Il existe, en effet, un *manteau* en forme de sac, *m* (fig. 632, B) adhérent à la paroi dorsale du corps, *p.d*, libre du côté ventral, *p.v*.

L'animal est contenu tout entier dans ce sac à l'exception de la tête, des bras et du bec de l'entonnoir. Le bord ventral du manteau s'écarte du corps pour permettre l'accès de l'eau dans

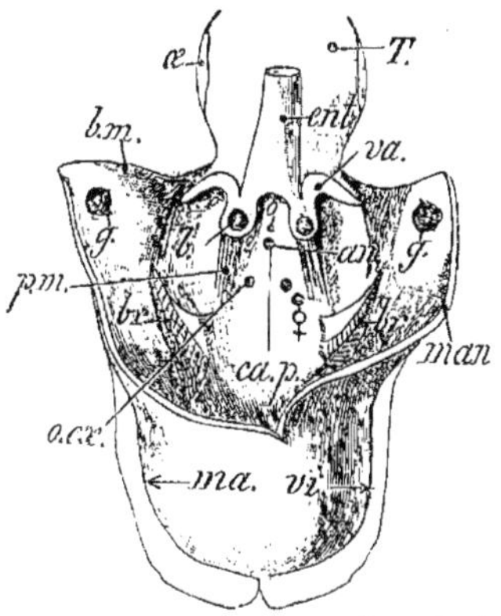

la cavité palléale, ou peut s'appliquer par contraction contre le bord inférieur de l'entonnoir, de telle sorte que l'eau soit expulsée par le bec de l'entonnoir exclusivement.

Au fond de la cavité palléale du côté ventral, sont placées *deux branchies*, *br* (fig. 633).

Plus haut, on distingue deux *orifices néphridiens* symétriques, *o.ex.*

Sur la ligne médiane, au niveau de l'entonnoir, débouche l'*anus*, *an*.

Le courant d'eau afférent baigne les branchies; en évacuant la cavité palléale par l'entonnoir, il entraîne les produits excrémentitiels.

La partie postérieure du corps est pourvue de nageoires latérales assez réduites chez la Seiche;

Fig. 633. — Vue schématisée de la Seiche par la face ventrale (le manteau, *man*, a été coupé pour laisser voir, dans la cavité palléale ouverte *ca.p*, les divers organes et orifices qui s'y trouvent). *T*, tête; *ma. vi*, masse viscérale; *ent*, entonnoir; *br*, branchies; *an*, anus; *o.ex*, orifices excréteurs des reins.

les nageoires forment deux expansions circulaires chez la Sépiole (fig. 634, A) et triangulaires chez le Calmar (B). Le Poulpe en est totalement dépourvu; mais il possède une sorte de palmure qui s'étend entre les bras à leur base; c'est une membrane, contractile et dilatable alternativement, dont se sert l'animal comme organe locomoteur.

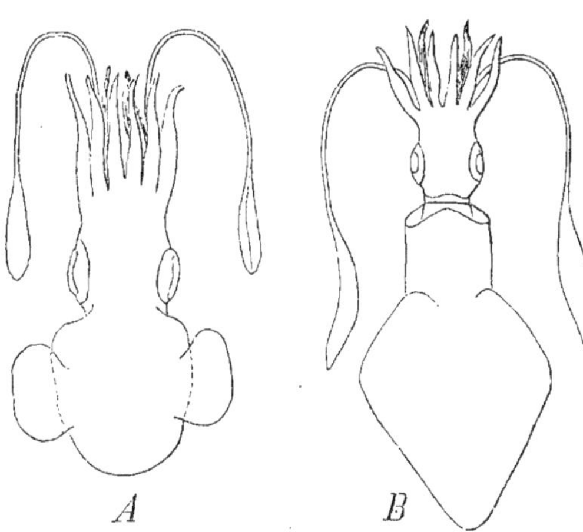

Fig. 634. — A; *Sepiola Rondeletii* (Sépiole). B; *Loligo vulgaris* (Calmar).

Coquille. — Parmi les Céphalopodes **Dibranchiaux**, la Spirule seule possède une coquille *externe* très réduite (fig. 635), englobée par deux lobes du manteau. Cette coquille nacrée est enroulée en spirale et divisée en *loges*. L'animal a habité successivement toutes ces loges et ne réside plus théoriquement que dans la dernière.

Un prolongement de l'extrémité postérieure du corps appelé *siphon*, s, traverse toutes les cloisons, *cl* et demeure attaché à la loge initiale, *c.i.* Le siphon est ventral chez la Spirule.

La Seiche possède, dans l'épaisseur du manteau et du côté dorsal, une coquille *interne*, en forme de bouclier ovale, appelée vulgairement *os de Seiche* (fig. 632, C).

Le Calmar possède une *plume* transparente. Chez le Poulpe et autres *Octopodes* adultes, on ne trouve plus de coquille.

Ventouses. — Les bras sont pourvus de *ventouses* (fig. 632, A, A′, D). Chez les *Décapodes*, ce

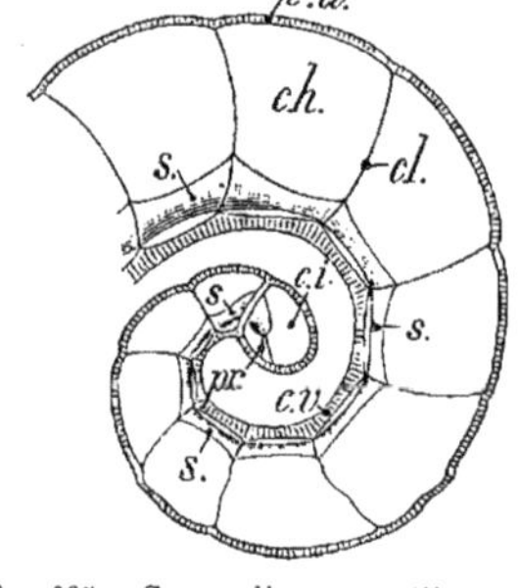

Fig. 633.—Coupe d'une coquille de Spirule. *c.i*, loge initiale ; *ch*, loges séparées par des cloisons, *cl* ; *c.d*, *c.v*, côtés dorsal et ventral : *pr*, prosiphon ; *s*, siphon.

sont des capsules pédonculées (D) présentant un cercle corné, *c.co*, à bord libre dentelé et un piston musculaire central, *mu*.

Ce piston remplit la cavité de la ventouse au moment où elle s'applique sur un animal ; puis, se rétractant vers le fond de la cupule, il y fait le vide ; le tégument de l'animal capturé pénètre alors dans la ventouse où il est fortement retenu.

Nutrition. — **Tube digestif.** — Nous avons vu la structure générale du tube digestif des Céphalopodes (Voir page 68, fig. 62).

Appareil respiratoire. — Les Céphalopodes **Dibranchiaux** possèdent deux branchies bipectinées symétriquement placées du côté ventral, dans la cavité palléale, *ca.p* (fig. 633).

Une branchie forme une pyramide triangulaire insérée sur le manteau par sa base et par une lamelle de soutien, qui court tout le long de son bord interne ; la pointe seule en est libre.

Appareil circulatoire. — Le cœur, situé près de l'extrémité inférieure du corps, se compose chez la Seiche d'un ventricule médian, *V* (fig. 125), flanqué de 2 oreillettes latérales, *O*. Le sang hématosé qui provient des branchies pénètre des oreillettes dans le ventricule et s'engage : d'une part, dans l'aorte ventrale, *A.v*, et ses ramifications ; d'autre part, dans l'aorte dorsale qui envoie des vaisseaux principaux à l'hépatopancréas (artères hépatiques, *A.h*), à l'entonnoir (artère de l'entonnoir, *A.e*), au manteau et à la paroi dorsale du corps (artères palléales supérieures, *A.pa*), aux yeux (artères ophtalmiques, *A.o*), aux bras (artères pédieuses,

A.br). Le sang tombe alors dans des sinus, S, S', assez réduits chez la Seiche, plus vastes chez le Poulpe; la grande veine, $G.V$, qui chez la Seiche descend le long de l'aorte dorsale, reçoit le sang de retour des organes précédemment énumérés; elle se divise en deux veines caves pourvues des cœurs veineux, $C.v$, dont le rôle consiste à transmettre aux branchies le sang riche en acide carbonique.

Appareil excréteur. — Il consiste en deux reins symétriques situés dans la région abdominale. Les cavités rénales s'ouvrent dans la cavité palléale par deux orifices, *o.ex*, placés au-dessous de l'anus (fig. 633).

Relation. — Système nerveux. — Les centres nerveux ganglionnaires ont subi chez les Céphalopodes une concentration que nous avons signalée déjà (Voir page 265, fig. 235, H, H′, H″).

Organes des sens. — Les *yeux* des Céphalopodes **Dibranchiaux** ont subi une différenciation comparable à celle que nous avons constatée chez les Vertébrés.

L'œil du Poulpe présente, en effet, en arrière de deux *paupières* (l'inférieure plus développée et formant *cornée transparente*), un *iris* avec un orifice pupillaire en arrière duquel se trouve le *cristallin*, un *corps vitré* séparant le cristallin de la *rétine* qui, elle-même, résulte de l'épanouissement du *ganglion optique*. Ce dernier repose sur un coussinet graisseux que limite extérieurement le *globe oculaire* (sclérotique et *cartilage oculaire*).

Deux *otocystes*, logés dans 2 cupules du cartilage céphalique, sont innervés par les ganglions cérébroïdes.

Le *goût* paraît avoir pour siège l'entrée de la bouche. Quant au sens du *toucher*, il réside sur toute l'étendue de la peau, en particulier sur celle des bras.

1. — DIBRANCHIAUX

Céphalopodes pourvus de **2 branchies** *et de 2 oreillettes, de 8 ou* 10 *bras. Système nerveux dont les ganglions sont très distincts.*

1° Octopodes. — *Céphalopodes sans coquille.* **8 bras.**

Octopus (Poulpe ou Pieuvre); une membrane réunit les bras à leur base. *O. vulgaris*, comestible. Vit dans la Méditerranée.

Eledone. E. moschata, comestible, a une forte odeur de musc. Méditerranée.

2° Décapodes. — *Céphalopodes toujours pourvus d'une coquille interne.* **10 bras** (dont 2 plus longs que les autres).

Coquille interne formée de conchyoline (plume).

Loligo (Calmar, fig. 634, B); corps allongé avec 2 nageoires postérieures triangulaires. — *Sepiola* (Sépiole, fig. 634, A) ; corps court pourvu de 2 nageoires circulaires.

Coquille interne incrustée de calcaire (os de Seiche ou sépion).

Sepia (Seiche, fig. 632); corps ovale avec de longues nageoires latérales séparées en arrière; bras tentaculaires longs et entièrement rétractiles.

Coquille externe, cloisonnée.

Spirula (Spirule); siphon ventral dans la coquille en partie recouverte par le manteau (fig. 635).

II. — TÉTRABRANCHIAUX

Un seul genre vivant : *Nautilus*.

Coquille externe, cloisonnée. Siphon central.

Nombreux tentacules céphaliques rétractiles ; entonnoir dont les 2 parties originelles sont libres. 4 branchies et 4 oreillettes ; pas de cœurs veineux. 4 reins. Système nerveux dont les centres sont formés de bandelettes mal définies.

IV. — EMBRANCHEMENT DES

PROTOCHORDES

Animaux pourvus d'une **notochorde** *(corde dorsale) s'étendant au côté dorsal du tube digestif; fentes branchiales. La corde dorsale et les fentes branchiales persistent à l'état adulte.*

PROTOCHORDES
- Corde dorsale localisée dans la tête. → Hémichordes (*Balanoglossus*).
- Corde dorsale localisée dans la région caudale (et dans le jeune âge seulement). → Urochordes [Tuniciers].
- Corde dorsale s'étendant d'une extrémité à l'autre du corps, mais plus développée à la partie antérieure. → Céphalochordes (*Amphioxus*).

Les **PROTOCHORDES** forment, avec les **VERTÉBRÉS** le groupe général des **CHORDATA** ou **CHORDÉS**.

§ 1. — HÉMICHORDES.

Corde dorsale localisée dans la tête.

Le genre *Balanoglossus* constitue, à lui seul, ce sous-embranchement.

Le Balanoglosse a l'aspect d'un Ver pourvu d'une trompe antérieure. Il se rencontre sur toutes les côtes, mais il est rare; il vit au niveau des marées basses, la partie antérieure du corps enfoncée dans le sable, l'extrémité postérieure avec l'anus en dehors. Méditerranée.

§ 2. — UROCHORDES [TUNICIERS]

Chordés pourvus d'une **notochorde** *persistante ou temporaire*, localisée dans la région caudale. *Une* tunique *en forme de sac, avec deux orifices pour la circulation de l'eau, enveloppe complètement le corps.*

Les plus simples de tous les Tuniciers, les **Appendiculaires**, sont des animaux pélagiques dont le corps atteint quelques millimètres de long avec une large queue servant à la natation. Ils s'entourent d'une large *tunique* ectodermique, production mucilagineuse pourvue d'orifices assurant une circulation d'eau très active.

Contrairement aux **Appendiculaires** *dont la notochorde est persistante, les* **Ascidies** (*Tuniciers en forme d'*outre) *sont pourvues d'une notochorde dans l'âge larvaire seulement.*

Une Ascidie (fig. 636) a la forme d'un sac plus ou moins allongé fixé aux rochers sous-marins par une tunique externe à 2 orifices : l'un antérieur est l'*orifice buccal* inspirateur; l'autre est l'*orifice cloacal* expirateur, placé sur la ligne médiane dorsale du corps et plus ou moins éloigné de la bouche.

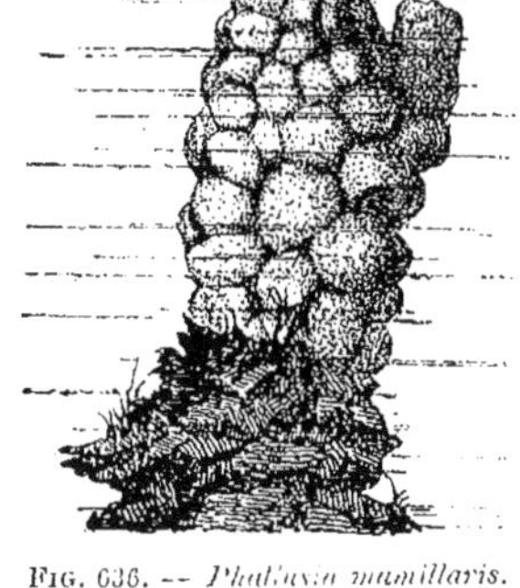

Fig. 636. — *Phallusia mamillaris.*

Dans la tunique protectrice est logé le corps transparent de l'animal composé de 2 parties : 1° une vaste région antérieure constituant la *région pharyngienne, branchiale* ou *respiratoire* ; 2° la *masse viscérale* postérieure comprenant les autres régions du tube digestif, le cœur, etc.

§ 3. — CÉPHALOCHORDES

Chordés pourvus d'une **notochorde** *qui s'étend d'une extrémité à l'autre du corps, mais* plus développée à la partie antérieure.

Le genre *Amphioxus* constitue, à lui seul, ce groupe important qui *établit le passage des* **PROTOCHORDES** *aux* **VERTÉBRÉS**.

Morphologie extérieure. — L'*Amphioxus* (fig. 155 et 637) vit dans le sable fin des côtes, au niveau des plus basses mers; il a un corps long de 5 à 8 centimètres, symétrique par rapport à un plan, fusiforme, aplati latéralement, sans appendices. Une *bouche* triangulaire, *bo* (A,B), occupe la partie antérieure du côté ventral; un *pore abdominal, po*, est situé à l'extrémité de la gouttière ventrale formée par deux replis latéraux, *r.v*; l'*anus, an*, est déjeté un peu à gauche de la nageoire impaire (nageoire caudale, *n.c*) qui forme crête dans le plan de symétrie et à l'extrémité postérieure du corps.

Squelette. — Une notochorde, *not* (E) déjà décrite (Voir page 170),

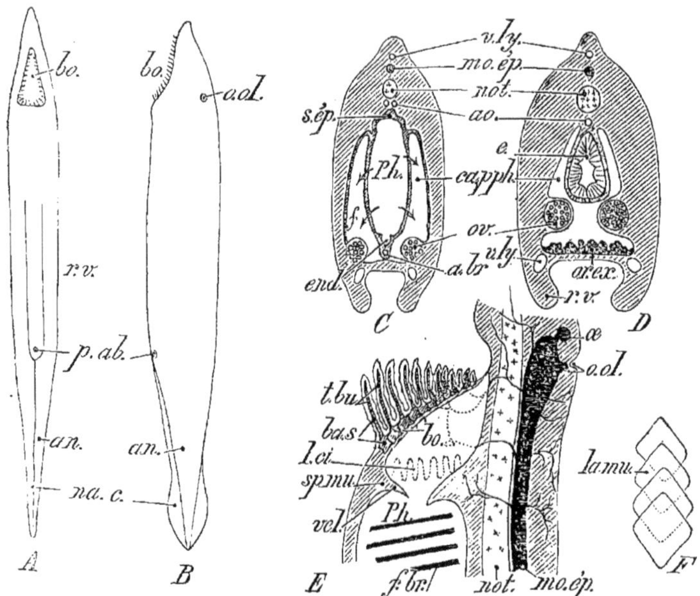

Fig. 637. — *Amphioxus* : A, vu par la face ventrale ; B, vu de profil. *bo*, bouche ; *an*, anus ; *p.ab*, pore abdominal ; *r.v*, repli ventral ; *na.c*, nageoire caudale ; *o.ol*, organe olfactif. — C ; coupe transversale au niveau du pharynx, *Ph*. — D : coupe transversale au niveau de l'estomac *e*. *s.ép*, sillon épibranchial ; *end*, endostyle ; *ca.p.ph*, cavité péripharyngienne dans laquelle passe, suivant *f*, l'eau qui se dégage par le pore abdominal. *ao*, aorte dorsale ; *a.br*, artère branchiale ; *v.ly*, vaisseaux lymphatiques. *not*, notochorde. *mo.ép*, moelle épinière ; *or.ex*, organe excréteur. — E ; coupe longitudinale de la partie antérieure du corps ; *bo*, bouche entourée des tentacules buccaux, *t.bu*, avec les baguettes de soutien, *ba.s* ; *sp.mu*, sphincter musculaire ; *vel*, velum ; *Ph*, pharynx avec les fentes branchiales, *f.br* ; *œ*, œil situé en avant du cerveau. — F ; lames musculaires isolées.

s'étend dans le plan de symétrie et tout le long du corps ; la gaine ou *couche squelettogène*, qui l'entoure complètement, émet des *prolongements supérieurs* soudés de manière à former un *canal neural*, *a.n* (Voir fig. 156, B) ; dans ce canal est contenu le système nerveux central. Du côté ventral, la couche squelettogène émet aussi des *prolongements inférieurs* soudés de manière à constituer un *canal hémal*, *a.h* (B, même figure) dans la région caudale seulement, en arrière de l'anus. Le canal hémal contient l'aorte dorsale.

Cette disposition se rapproche beaucoup de celle que présente le squelette initial des Vertébrés.

La bouche possède un squelette consistant en 2 tigelles cartilagineuses dont l'ensemble forme un fer à cheval ouvert antérieurement. Chaque tigelle porte des tentacules buccaux, *t.bu*, réunis par une palmure. L'appareil constitué par les tentacules buccaux forme une sorte de crible en travers de l'orifice buccal.

Nutrition. — **Appareil digestif.** — La bouche, *bo* (fig. 637, E), est une cavité en entonnoir limitée par un *velum, vel*, avec un sphincter musculaire à sa base, *sp.mu.*

A la bouche fait suite un vaste *pharynx, Ph*, avec de nombreuses fentes branchiales transversales; *comme chez les* Ascidies, c'est à la fois un pharynx et une branchie entourée d'une cavité péripharyngienne, *ca.p.ph*, en communication elle-même avec le milieu extérieur par le pore abdominal, *p.ab*.

Les particules alimentaires, en suspension dans l'eau qui pénètre de la bouche dans le pharynx, sont agglomérées par la sécrétion de cellules glandulaires renfermées dans les sillons hypo- et épibranchial, *end* et *s.ép* (C); elles pénètrent dans un œsophage court, puis dans un large estomac et un intestin rectiligne, tous deux ciliés. L'anus est placé du côté gauche.

L'estomac présente un cæcum antérieur, improprement appelé *cæcum hépatique* puisque sa paroi ne renferme pas plus de cellules sécrétrices que celle de l'estomac.

Appareil respiratoire. — Il est formé par le pharynx.

Le courant d'eau inspirateur traverse les fentes branchiales, *f.br* (E), sert à l'hématose du sang, pénètre dans la cavité péripharyngienne *ca.p.ph* (C,D), et sort du corps par le pore abdominal.

Appareil circulatoire. — Le cœur manque chez l'*Amphioxus*; la contractilité des principaux vaisseaux pourvoit à son

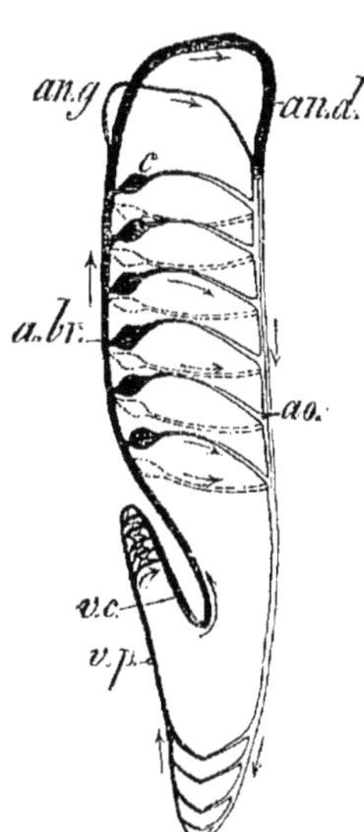

Fig. 638. — Schéma de la circulation de l'*Amphioxus*. *ao*, aorte dorsale double sur toute la longueur de la région branchiale; *an.d, an.g*, anses droite et gauche (cette dernière atrophiée); *a.br*, artère branchiale reliée à l'aorte, *ao*, par des anastomoses pourvues de cœurs contractiles, *c*; *v.p*, veine porte; *v.c*, veine cave.

absence. Le sang hématosé qui provient de la branchie passe dans une *aorte dorsale*, double dans la région branchiale, *ao* (fig. 638), et simple en arrière. L'aorte contractile distribue le sang dans toute la région postérieure; une veine porte, *v.p*, le ramène, chargé d'acide carbonique, dans la paroi du cæcum hépatique il se rassemble dans une veine cave, *v.c*, qui se continue par une artère branchiale, *a.br*. Cette dernière (fig. 637, C) longe la branchie parallèlement au sillon hypobranchial; elle émet de chaque côté des rameaux qui, pourvus de *bulbilles* contractiles, *c*, déterminent la circulation du sang dans la paroi du pharynx où il subit l'hématose; en avant, l'artère branchiale communique directement aussi avec l'aorte par 2 anastomoses dont l'une, *an.d*, subsiste seule.

Appareil excréteur. — On considère comme tel un amas glandulaire, *or.ex* (D), situé dans la paroi ventrale de la cavité péripharyngienne, *ca.p.ph* (?)

Relation. — **Système nerveux et organes des sens**. — Un tube nerveux complet, véritable moelle épinière, s'étend au-dessus de la notochorde. En avant, la moelle se termine : 1° par une vésicule cérébrale avec une tache pigmentaire ou *ocelle*, *œ* (fig. 637, E); 2° par une sorte de bulbe olfactif en connexion avec une *fossette olfactive* ectodermique, *o.ol.*

Des ramifications nerveuses partent de la moelle : les unes dorsales se rendent surtout au tégument; les autres latérales se distribuent aux muscles (F).

L'*ocelle*, *œ* ; la *fossette olfactive* (?), *o.ol* ; des *cellules tactiles* ectodermiques : tels sont les organes sensoriels de l'*Amphioxus*.

Amphioxus lanceolatus ; seule espèce recueillie sur les côtes sablonneuses de la mer du Nord, de la Méditerranée et de l'Amérique du Sud.

V. — EMBRANCHEMENT DES

VERTÉBRÉS

Chordés pourvus d'une symétrie bilatérale. Notochorde cartilagineuse, persistante ou temporaire, constituant l'axe primitif d'un squelette interne dont la **colonne vertébrale** *est la base. 4 membres au plus. Tube digestif ouvert à ses deux extrémités, dont dérive l'appareil respiratoire (Branchies ou Poumons). Appareil vasculaire clos; sang rouge dont la couleur est due à des globules riches en hémoglobine. Système nerveux central comprenant l'encéphale et la moelle épinière.*

VERTÉBRÉS	**Ichthyopsidés.**	respirant par des branchies............ ... **Poissons.**	
		pourvus de branchies au moins dans le jeune âge et de poumons dans l'âge adulte.....	**Amphibiens** (*Batraciens*).
	Pulmonés.	sans mamelles. { Écailles recouvrant le corps. **Reptiles.** / Plumes..... · · ... . **Oiseaux.**	
		possédant des mamelles. Poils. .... **Mammifères.**	

Morphologie générale. — La symétrie bilatérale du corps est un caractère d'une généralité presque absolue chez les Vertébrés qui sont des animaux vivant en liberté.

Tégument. — La peau n'est protégée ni par une coquille comme chez les **Mollusques**, ni par un revêtement de cellulose comme chez les **Tuniciers**, ni par une production chitineuse comme chez les **Arthropodes** et les **Vers**.

Elle se compose de deux couches superposées : le *derme* profond; l'*épiderme* superficiel (Voir page 188).

Nous avons exposé les formations tégumentaires des Vertébrés dérivées : soit de l'épiderme (poils, plumes, écailles des Reptiles), soit du derme (écailles des Poissons Téléostéens, *scutelles* des Crocodiles et des Tortues) (Voir page 154).

On appelle *exosquelette* l'ensemble des ossifications dermiques, recouvertes ou non par les productions épidermiques.

Squelette. — On appelle plus particulièrement ainsi l'ensemble des formations cartilagineuses et osseuses qui ont pour rôle de maintenir les organes dans leur situation respective.

Les Vertébrés ont un *squelette interne*, purement cartilagineux (Poissons inférieurs), cartilagineux d'abord, puis osseux (autres Vertébrés); ce squelette a eu pour origine une notochorde dont la gaine (*couche squelettogène*) a donné la **colonne vertébrale** composée de *vertèbres* (Voir page 179).

Les arcs neuraux des vertèbres protègent la moelle épinière; les arcs hémaux enveloppent les viscères.

En avant se forme le *crâne* destiné à recouvrir l'encéphale; 2 *paires de membres* au plus sont rattachées au squelette par des *ceintures* scapulaire et pelvienne.

Les Vertébrés inférieurs présentent en outre des *organes locomoteurs impairs* situés dans le plan de symétrie (nageoires).

Nutrition. — **Appareil digestif**. — Chez les Vertébrés, c'est un tube ouvert à ses deux extrémités, rectiligne d'abord, puis peu à peu contourné sur lui-même, avec des dilatations, des circonvolutions, des annexes glandulaires; ces variations nombreuses résultent d'une spécialisation des cellules de la muqueuse intestinale, d'une *division du travail* poussée au plus haut point et aussi, pour deux animaux distincts, d'une *différence dans le régime alimentaire* (Voir pages 59-66).

Appareil respiratoire. — Tous les Vertébrés ont, outre la *respiration cutanée*, un mode spécial de respiration à l'aide de *branchies* (Poissons, Amphibiens au moins dans le jeune âge) ou de *poumons* (Reptiles, Oiseaux et Mammifères, Amphibiens adultes). (Voir pages 86-91.)

Appareil circulatoire. — Cet appareil est *clos* chez les Vertébrés; il comprend un organe de propulsion (cœur) et un appareil de dissémination (artères, vaisseaux capillaires et veines); il a pour annexe un appareil lymphatique plus ou moins complexe (Voir pages 93 et 123-128).

L'étude générale des *liquides sanguins* (sang rouge et lymphe) a été faite aussi (Voir pages 94-102).

Appareil excréteur. — On l'appelle *appareil urinaire* chez les Vertébrés.

Relation. — **Système nerveux.** — Il se compose toujours :

1° d'une *moelle épinière* logée au-dessus de la colonne vertébrale, dans le canal rachidien formé par l'ensemble des arcs neuraux ;

2° d'un *encéphale*, abrité par une boîte cranienne, et d'autant plus développé qu'on se rapproche des Vertébrés supérieurs (Voir fig. 217, A').

Chez tous les Vertébrés, l'*axe cérébro-spinal* est placé *au-dessus* du tube digestif et ne présente jamais de commissures formant ou rappelant un collier œsophagien (colliers observés chez les Arthropodes, les Vers et les Mollusques).

Des **organes des sens**, en général mieux développés, caractérisent aussi les Vertébrés ; les organes du *toucher*, du *goût* et de l'*odorat* sont mieux connus que dans les groupes précédents.

§ 1. — POISSONS

Vertébrés aquatiques respirant par des **branchies**. *Tégument pourvu* d'**écailles** *ou de productions osseuses dermiques. Appareil locomoteur représenté par des* **nageoires** *paires* (4 au plus) *et des nageoires impaires.* **Cœur simple** (1 oreillette et 1 ventricule) *placé sur le trajet du sang rouge foncé. Circulation simple. Température variable.*

POISSONS

Squelette entièrement cartilagineux. Notochorde persistante. Pas de membres. *Bouche circulaire.* 6 à 7 paires de branchies en forme de bourse.		**Cyclostomes.**
Squelette en partie ossifié. Valvule spirale dans l'intestin. Bulbe aortique avec plusieurs rangées de valvules.	Bouche ordinairement ventrale et transversale. 5 paires de poches branchiales avec autant de fentes externes.	**Sélaciens (Chondroptérygiens).**
	Bouche terminale. Des écailles *ganoïdes* ou des plaques osseuses sur le corps. Branchies libres protégées par un opercule.	**Ganoïdes.**
	Notochorde persistante. *Respiration par des branchies et par un poumon.*	**Dipnoï.**
Squelette osseux. Écailles cycloïdes ou cténoïdes. Pas de valvule spirale. Bulbe aortique avec 2 valvules seulement. Branchies libres recouvertes par un opercule.		**Téléostéens.**

Morphologie extérieure. — La forme générale des Poissons est parfaitement adaptée à leur genre de vie aquatique. Leur corps a, le plus souvent, la forme d'un fuseau comprimé latéralement, caréné du côté ventral, avec des nageoires (dorsale, anale et caudale) disposées verticalement pour permettre à l'animal de mieux fendre l'eau. Les écailles imbriquées d'avant en arrière, la transformation des membres en nageoires, l'absence d'étranglement entre la tête et le tronc sont autant de conditions favorables à la natation avec un minimum de résistance de la part de l'eau.

La *bouche* est située le plus souvent à la partie antérieure de la tête (Carpe, fig. 88; Perche, etc.), quelquefois sur la face

Fig. 639. — *Carcharias glaucus* (Squale glauque).

ventrale (Requin, fig. 639; Raie). L'*anus* s'est porté en avant de la nageoire anale.

Tégument. — La peau des Poissons comprend un *épiderme sans couche cornée* et un *derme* conjonctif avec des vaisseaux et des nerfs; *elle ne renferme ni muscles, ni glandes analogues à celles des autres Vertébrés*.

Exosquelette. — On désigne sous ce nom les *écailles* et les os *de recouvrement* du crâne et de la ceinture scapulaire *qui apparaissent dans le derme* (Voir page 157).

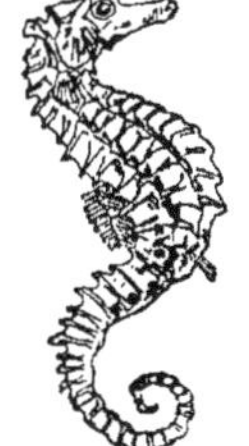

Fig. 640.
Hippocampus
(Hippocampe).

Des plaques osseuses dermiques, ou *os de recouvrement*, atteignent un grand développement chez l'Hippocampe (fig. 640), l'*Ostracion* (fig. 655), etc. Ces Poissons sont enfermés dans une carapace formée de plaques contiguës.

Squelette interne. — Le squelette interne demeure cartilagineux chez les Poissons les plus inférieurs (**Cyclostomes, Sélaciens, Ganoïdes** *cartilagineux*); il s'ossifie plus ou moins complètement dans les autres ordres.

Colonne vertébrale. — La notochorde persiste toute la vie chez les **Cyclostomes**; l'étui squelettogène, *et* (Voir fig. 156, B), en représente seul la gaine fibrillaire protectrice et se prolonge au-dessus en un canal abritant la moelle épinière. Toutefois chez la Lamproie apparaissent, dans la région dorsale de cette gaine, des éléments cartilagineux (*rudi-*

ments d'arcs vertébraux) non soudés sur la ligne médiane.

Chez les **Ganoïdes cartilagineux** et les **Dipnoï**, la forme de la vertèbre s'accentue ; la gaine de la corde est très développée et figure déjà le *corps vertébral* encore fibrillaire ; des pièces cartilagineuses supérieures et inférieures figurent les *arcs neural* et *hémal* ; ce dernier entoure tout au moins l'aorte (Esturgeon).

Chez les **Sélaciens** et certains **Ganoïdes** cartilagineux, la calcification se manifeste dans le corps de la vertèbre.

Il en est de même, et d'une manière plus nette, chez les **Ganoïdes osseux** et les **Téléostéens**.

Région caudale.— La *région caudale* de la colonne vertébrale présente des aspects différents. Chez les **Cyclostomes** et les **Dipnoï** (fig. 641, A) où la corde dorsale s'étend en ligne droite jusqu'à l'extrémité du corps, la nageoire caudale l'entoure symétriquement et la queue est dite *diphycerque* (*Protopterus*). Chez tous les autres Poissons, la colonne vertébrale est infléchie du côté dorsal (B), par suite d'une inégalité dans la croissance de la nageoire caudale ; la queue est dite *hétérocerque*.

L'hétérocercie est *extérieure* (Esturgeon, B) ou *intérieure* (Saumon, Brochet, etc. C, D) ; dans ce dernier cas, elle est masquée par une symétrie apparente de la nageoire caudale (*queue homocerque*).

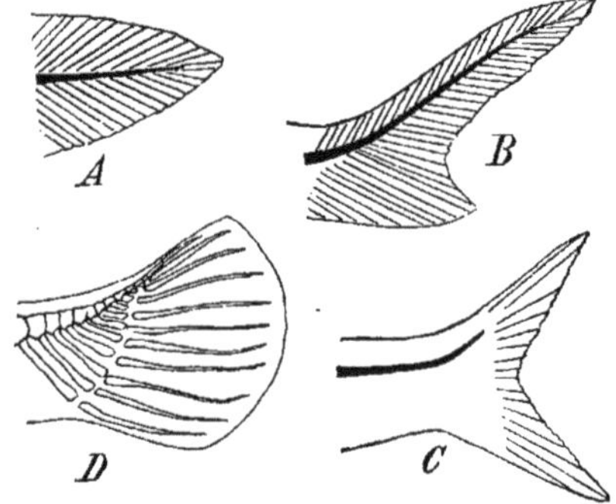

FIG. 641. — Région caudale. — A ; queue diphycerque de *Protopterus*. — B ; queue hétérocerque d'*Acipenser* (Esturgeon). — Hétérocercie masquée chez *Esox* (Brochet, C) ; chez *Lepidosteus* (D).

Côtes et Sternum. — *Les côtes se développent indépendamment de la colonne vertébrale ;* elles présentent une disposition métamérique dans l'intervalle des vertèbres. Elles reposent sur les corps vertébraux.

Soudées dans la région post-anale du corps, les côtes sont écartées en avant pour abriter la masse viscérale ; jamais alors *elles ne sont réunies par un sternum* (Voir fig. 156, D).

Squelette de la tête. — Il comprend le *crâne* et les *arcs viscéraux*.

Crâne. — Dans son état primitif, le crâne est représenté par 2 paires de lamelles cartilagineuses, *Pa* et *Tr* (fig. 642, 1), soudées ensuite en une *lame basilaire* unique tout autour de la notochorde ; c'est une sorte de plancher pour l'encéphale. Puis la lame basilaire se prolonge, en avant et sur les côtés, jusqu'au contact des organes olfactifs, visuels et auditifs (2) ; elle se relève sur les côtés (3) et forme même, chez les **Sélaciens**, une capsule cartilagineuse complète et persistante autour de l'encéphale.

Squelette viscéral. — Il consiste en 7 arcs pairs (4), disposés tout autour et dans les parois de l'œsophage :

1° L'arc *mandibulaire* ou *oral*, *Car*, *ca*.*M*, limite la bouche ;

2° l'*arc hyoïdien*, *Hy*, est en rapport avec la langue;

3° les *arcs branchiaux vrais. a.br*, portent les branchies et sont séparés par les fentes branchiales, *f.br*.

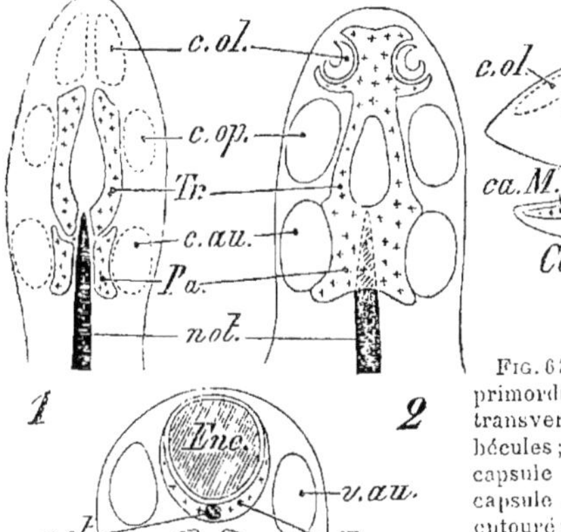

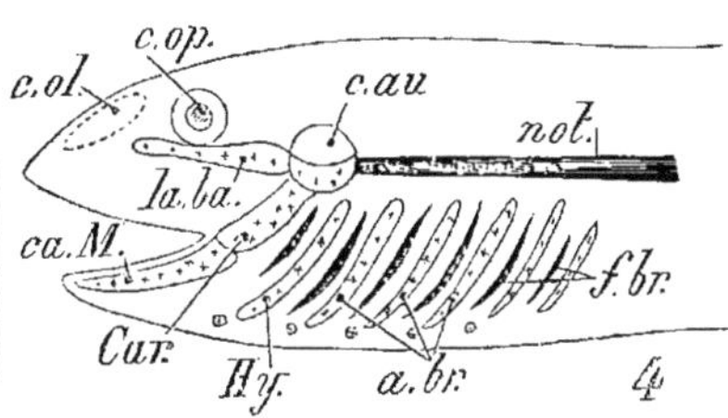

FIG. 642. — Schémas du développement du crâne primordial (1; 1er stade. — 2; 2e stade. — 3; coupe transversale) et du squelette viscéral (4). *Tr*, trabécules; *Pa*, parachordes; *not*, notochorde; *c.ol*, capsule olfactive; *c.op*, capsule optique; *c.au*, capsule auditive; *Enc*, encéphale; *Ph*, pharynx entouré par le squelette viscéral; *a.v*, arc viscéral. — 4; *la.ba*. lame basilaire; *Car*, os carré; *ca.M*, cartilage de Meckel; *Hy*, arc hyoïdien; *a.br*, arcs branchiaux; *f.br*, fentes branchiales.

Chez les **Cyclostomes**, le crâne est réduit à la lame basilaire. *Pas de mâchoires*. — Le squelette branchial consiste en 9 paires de lames cartilagineuses superficielles, non segmentées.

Les **Sélaciens** ont un crâne en forme de boîte cartilagineuse avec des capsules latérales où sont logés les organes sensoriels. — Le squelette viscéral cartilagineux y comprend ordinairement 5 arcs branchiaux.

Les **Ganoïdes** cartilagineux font le passage des Sélaciens aux Ganoïdes osseux et aux Téléostéens; des os de recouvrement y

FIG. 643. — *Acipenser sturio* (Esturgeon).

forment une sorte de cuirasse à la surface du crâne toujours cartilagineux; *l'opercule* y fait son apparition avec des plaques osseuses (Esturgeon, fig. 643).

Chez les **Téléostéens**, le crâne primordial cartilagineux est envahi par de nombreuses ossifications; mais les plaques osseuses sont toujours indépendantes et séparées par du cartilage. Le squelette céphalique atteint son maximum de complexité dans ce groupe. — Le squelette branchial en a été décrit (Voir page 89).

Membres. — Ils sont transformés en *nageoires paires* (2 nageoires *pectorales* et 2 nageoires *abdominales*) auxquelles sont adjointes des *nageoires impaires* (nageoires *dorsale*, *caudale* et *anale*) (Voir page 172, fig. 87).

Les *nageoires* sont soutenues par des *rayons*, baguettes cartilagineuses ou osseuses, elles-mêmes en rapport avec des *rayons interépineux*; ces derniers sont en relation variable avec les apophyses épineuses des vertèbres (fig. 87).

Nutrition. — **Appareil digestif.** — La description générale en a été faite à la page 66 (Voir fig. 56, II).

La bouche a une forme conique chez les **Cyclostomes**, qui sont dépourvus de mâchoires; sa paroi y porte un certain nombre de *dents cornées* et pointues dont le rôle est purement fixateur.

Chez les **Sélaciens**, le bord des mandibules est garni de *dents*, sortes d'écailles placoïdes identiques à celles du reste de la peau, mais plus serrées et plus fortes. Les *Requins* ont toutefois des dents plus spécialisées.

A part l'*Esturgeon* dépourvu de dents, les **Ganoïdes** et les **Téléostéens** possèdent des dents sur tous les os qui participent à la formation de la cavité bucco-pharyngienne.

Appareil respiratoire. — Les

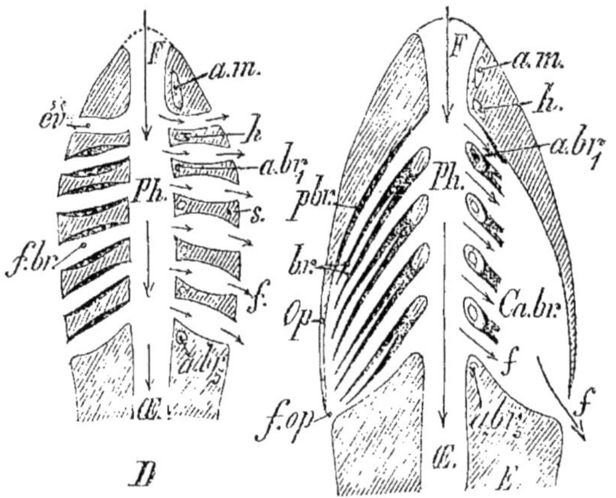

Fig. 644. — Figures schématiques représentant les dispositions de l'appareil branchial chez les Sélaciens, D : chez les Ganoïdes et Téléostéens, E. — *Ph.* pharynx; *Ca.br.* cavité branchiale; *f.br.* fentes branchiales; *év.* évent; *op.* opercule; *f.op.* fente operculaire; *œ.* œsophage; *br.* branchie; *a.m.* arc mandibulaire; *h.* arc hyoïdien; *a.br$_1$*, *a.br$_3$*, arcs branchiaux. La flèche F indique le sens du courant d'eau afférent tenant en suspension les particules alimentaires; *f*, sens du courant d'eau expirateur.

Poissons respirent par des *branchies*; les **Dipnoï** ont en outre un *poumon* constitué par leur vessie aérienne (Voir, pour les indications générales, pages 89 à 94, fig. 87 à 89).

Branchies. — Les branchies sont *deux rangées symétriques de diverticules formés par la partie antérieure du tube digestif*, communiquant directement avec l'extérieur par des orifices percés dans la peau. L'eau pourvue d'oxygène dissous, qui a pénétré dans la bouche, sort par ces orifices; l'absorption du gaz vivifiant est d'autant mieux assurée que la surface de contact est plus vaste entre le courant d'eau et les diverticules ; de là le plissement et la forme lamelleuse qu'affectent les branchies.

Les **Sélaciens** (fig. 644, D) ont, en général, 5 paires de poches branchiales qui s'ouvrent directement au dehors par de larges fentes placées sur les côtés du cou (Squales) ou sur la face ventrale (Raies). La surface des poches est hérissée d'une foule de feuillets richement irrigués par le sang qui y vient subir l'hématose.

L'appareil branchial des **Ganoïdes** et des **Téléostéens** (E) consiste, en lames branchiales, *br*, au nombre de *quatre* de chaque côté du cou, supportées par les arcs branchiaux et logées dans une vaste cavité appelée *ouïe*, *Ca. br.* L'ouïe a pour toit l'opercule, *Op*, en arrière duquel est réservée une *fente operculaire*, *f.op*, par où sort le courant d'eau expirateur.

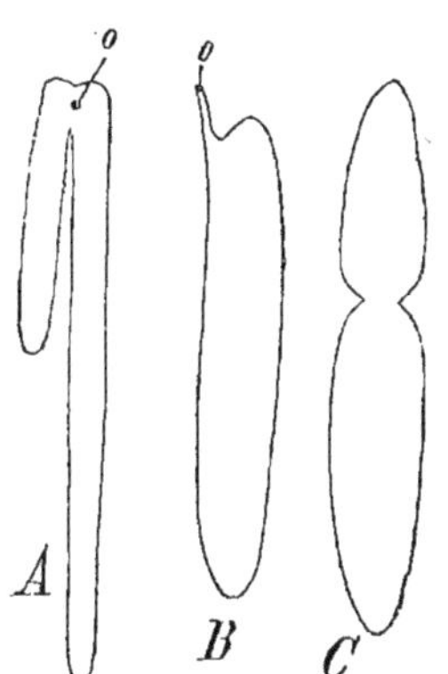

FIG. 645. — Vessie natatoire : A ; *Polyptère*. — B ; Brochet (Physostome). — C ; Carpe (Physoclyste).

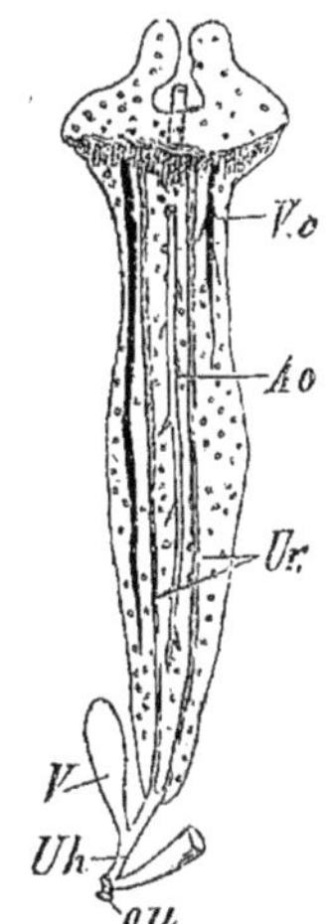

FIG. 646. — Rein de Perche. *Uh*, urèthre et son orifice, *ou.*

Vessie natatoire (fig. 645). — Exclusivement présent chez les **Dipnoï**, les Ganoïdes et la plupart des Téléostéens, cet organe communique avec le pharynx par un canal ouvert toute la vie (Ganoïdes et Téléostéens *physostomes*), transformé en un cordon fibreux plein (Téléostéens *physoclystes*).

La vessie des Ganoïdes et des Téléostéens, recevant du sang oxygéné, n'est donc pas affectée à la respiration ; c'est un *appareil hydrostatique* que l'animal peut comprimer plus ou moins, suivant qu'il veut occuper, dans l'eau, un niveau variable entre des limites déterminées (Voir page 88).

Chez les **Dipnoï**, *la vessie* **aérienne** *remplit l'office de poumon.*

Appareil circulatoire. — L'appareil circulatoire présente chez tous les Poissons une grande similitude, à part quelques points de détail relatifs au nombre des valvules du bulbe aortique et au mode d'irrigation du poumon chez les **Dipnoï** (Voir pages 94 et 127).

Appareil excréteur. — Les reins des **Téléostéens** sont deux rubans plus ou moins fusionnés (fig. 646) situés entre la colonne vertébrale et la vessie natatoire ; les uretères, *Ur*, sont plongés dans la masse rénale et se soudent en un canal unique, l'urèthre, *Uh*.

L'orifice urinaire est situé en arrière de l'anus.

Relation. — **Système nerveux.** — L'encéphale des Poissons constitue un axe nerveux horizontal, situé dans le prolongement de la moelle épinière. Les 5 cerveaux qui le composent sont différemment développés suivant les espèces et plus ou moins distincts.

Les **Sélaciens** possèdent un cerveau antérieur important (fig. 647, H), avec de gros lobes olfactifs transversaux, *l.ol*, un cervelet extrêmement développé, *Ce*, avec une petite protubérance annulaire et un arrière-cerveau important, *Bu*.

Les **Téléostéens** s'en distinguent par la réduction du cerveau antérieur comparativement aux lobes optiques énormes et au cerveau postérieur de dimensions très notables.

L'encéphale des **Ganoïdes** *et des* **Dipnoï** *possède des caractères qu'on retrouve chez les* **Amphibiens** : flexion de l'encéphale entre le cerveau moyen et le cerveau postérieur; cerveau antérieur prédominant; cervelet réduit à une bandelette transversale.

Organes des sens. — Des *bourgeons sensitifs terminaux* abondent sur les lèvres et sur les expansions voisines de la bouche (barbillons, filaments pêcheurs, etc.). Des organes à peu près analogues localisés dans la bouche sont affectés au *goût*. Des *cellules olfactives* se font aussi remarquer dans les cavités nasales, *co.l* (fig. 648, D).

Les *organes de l'ouïe* sont représentés uniquement par l'oreille interne.

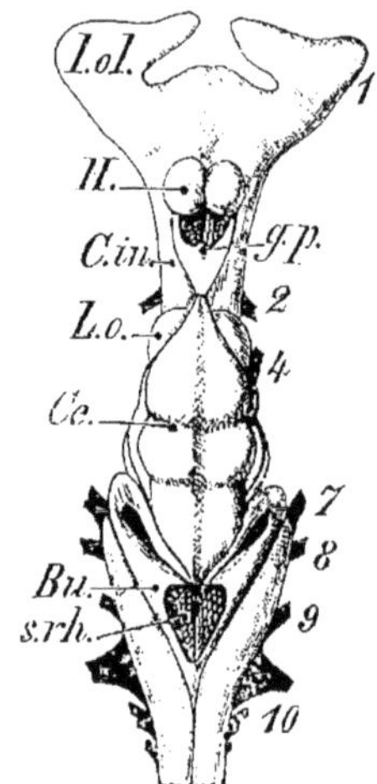

Fig. 647. — Encéphale de *Scyllium canicula* (Sélacien). *l.ol.* lobes olfactifs; *H.* hémisphères cérébraux; *g.p.* glande pinéale; *C.in*, cerveau intermédiaire; *L.o.* lobes optiques; *Ce*, cervelet; *Bu*, bulbe rachidien; *s.rh*, sinus rhomboïdal; 1 à 10, nerfs crâniens.

Chez les Poissons supérieurs, on trouve un véritable labyrinthe membraneux : le saccule et l'utricule sont bien distincts; le saccule, *sac* (fig. 648, C) porte la *lagena, la* (1er rudiment du limaçon); de l'utricule, *ut*, partent les 3 canaux semi-circulaires, *c.s.a, c.s.p, c.s.e*. Des *crêtes auditives*, auxquelles aboutissent les ramifications du nerf auditif, *n.au*, se remarquent sur la paroi interne des ampoules, du saccule, de l'utricule et de la lagena.

L'œil (B) présente une complication variable avec les espèces.

Le cristallin, *cr*, est *globuleux* et très réfringent (comme chez tous les animaux aquatiques).

Les Poissons étant dépourvus du *muscle ciliaire* qui sert à l'accommodation chez les Vertébrés supérieurs, cette accommodation est assurée par le *processus falciforme, li.f*, repli de la choroïde, *ch*, qui s'étend du point d'immergence du nerf optique, *n.op*, jusqu'à l'équateur du cristallin où il se termine par un renflement (*campanula Halleri, c.H*).

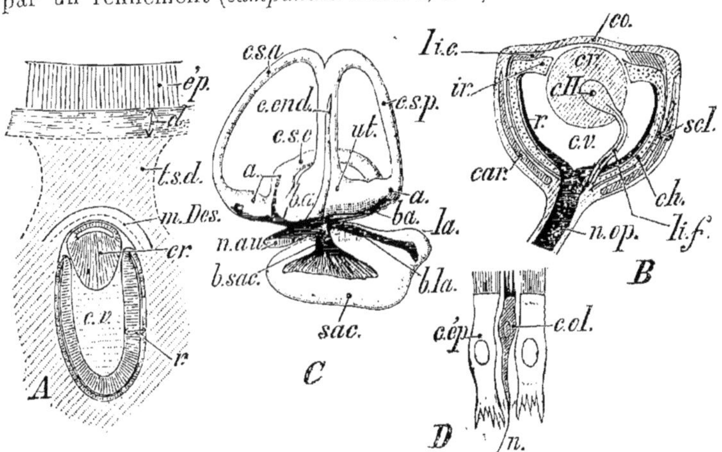

FIG. 648. — Organes des sens chez les Poissons. — A ; œil d'Ammocète caché sous la peau. — B ; œil d'un Poisson supérieur ; *ép*, épiderme ; *d*, derme ; *t.s.d*, tissu sous-dermique ; *m.Des*, membrane de Descemet ; *co*, cornée ; *scl*, sclérotique et cartilage, *car* ; *li.c*, ligament ciliaire ; *ch*, choroïde ; *ir*, iris ; *cr*, cristallin ; *c.H*, campanula Halleri ; *li.f*, ligament falciforme ; *r*, rétine ; *c.v*, corps vitré ; *n.op*, nerf optique. — C ; labyrinthe membraneux de la Perche (*Perca fluviatilis*) ; *sac*, saccule ; *ut*, utricule ; *la*, lagena ; *c.s.a, c.s.p, c.s.e*, canaux semi-circulaires ; *a*, ampoules ; *c.end*, rudiment du conduit endolymphatique ; *n.au*, nerf auditif et ses branches (du saccule, *b.sac* ; de la lagena, *b.la* ; des ampoules, *b.a*). — D ; *c.ol*, cellules olfactives de la Lamproie ; *f.n*, fibre nerveuse y aboutissant ; *c.ép*, cellules épithéliales.

Le ligament falciforme contient des nerfs, des vaisseaux et des *fibres musculaires lisses* dont la contraction modifie la courbure du cristallin.

I. — CYCLOSTOMES

Squelette entièrement cartilagineux; notochorde persistante; pas de nageoires paires. Bouche circulaire *sans mâchoires, affectée à la*

FIG. 649. — *Petromyzon fluviatilis* (Lamproie).

succion. 6 à 7 *paires de branchies en forme de bourses. Une fosse nasale médiane.*

Petromyzon (Lamproie, fig. 649). 7 paires de fentes branchiales.

La Lamproie fluviatile habite les mers d'Europe, et remonte les fleuves et les rivières pour y effectuer sa ponte ; elle retourne à la mer en automne.

II. — SÉLACIENS (CHONDROPTÉRYGIENS)

Poissons cartilagineux avec 1 paire de grandes nageoires pectorales et 1 paire de nageoires abdominales. Bouche d'ordinaire transversale et ventrale. Une valvule spirale dans l'intestin. 5 paires de poches branchiales avec autant de fentes externes. Un bulbe aortique avec plusieurs rangées de valvules. Pas de vessie natatoire.

1° **Squales.** — Orifices branchiaux *sur les côtés du corps fusi-*

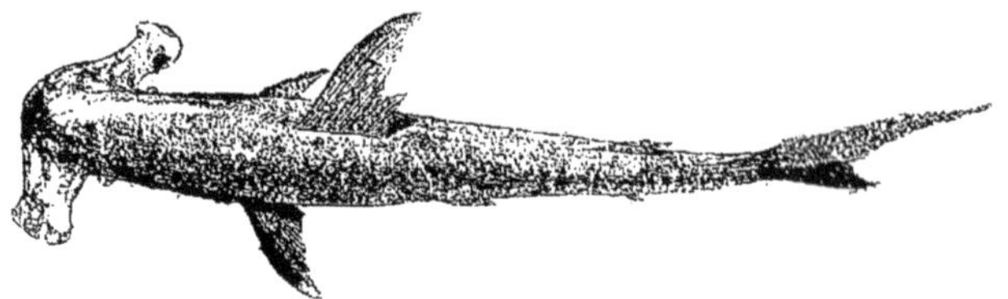

Fig. 650. — *Zygæna malleus* (Squale Marteau).

forme. Plusieurs rangées de dents pointues en forme de poignard.

La peau, couverte de petits tubercules calcifiés, est employée pour faire des étuis et polir le bois et l'ivoire (chagrin, peau de Roussette, galuchat).

Carcharias (Requin, fig. 639); museau très allongé; Poisson redoutable pour l'Homme. Vit dans la Méditerranée et l'Océan. — *Zygæna* (Marteau, fig. 650). Vit dans la Méditerranée. — *Scyllium* (Chien de mer ou Roussette); œufs entourés d'une coque résistante quadrilatère avec des sortes de vrilles aux coins. *S. canicula.* Mers d'Europe.

2° **Raies.** — Orifices branchiaux *sur la face ventrale du corps plat.* Grandes nageoires pectorales étalées horizontalement. Dents plates en pavé.

Raja (Raie, fig. 651); corps discoïde; nageoires pectorales

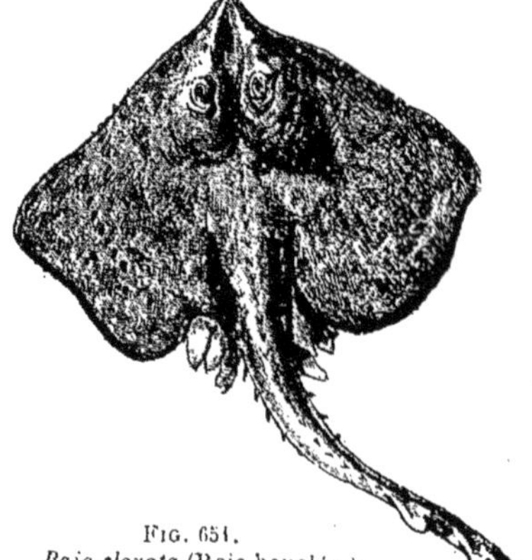

Fig. 651.
Raja clavata (Raie bouclée.)

s'étendant du museau aux nageoires abdominales; les 2 nageoires dorsales sont tout à l'extrémité de la queue. *R. clavata* (Raie bouclée). *R. batis* (Raie cendrée).

Ces deux espèces vivent sur les côtes de l'Europe.

Torpedo (Torpille); corps nu arrondi en avant; queue courte; organes électriques. — *Pristis* (Scie); museau prolongé en une longue lamelle sur les bords de laquelle sont implantées des dents. Océan et Méditerranée.

III. — GANOÏDES

Poissons cartilagineux ou osseux avec écailles ganoïdes ou plaques osseuses dermiques. Une valvule spirale dans l'intestin. Un bulbe aortique avec plusieurs rangées de valvules. Branchies libres protégées par un opercule. Une vessie natatoire physostome (fig. 645, B).

Acipenser (Esturgeon, fig. 643). *Squelette cartilagineux.* 5 rangées longitudinales d'écussons osseux. Bouche inerme située très en arrière du museau pointu, pourvue de barbillons.

A. sturio (Esturgeon) se trouve en France. *A. ruthenus* (Sterlet) vit, ainsi que le précédent, dans la mer Noire et la mer Caspienne.

L'Esturgeon est nomade; il remonte les fleuves et leurs affluents au moment du frai. Les œufs de cet animal servent à préparer le *caviar*, fort estimé en Russie; la colonne vertébrale, desséchée et bouillie dans l'eau, sert à faire des potages; avec la vessie natatoire, on fabrique l'*ichthyocolle* (colle de poisson) employée à clarifier les liquides, à faire des gelées.

Lepidosteus (Lépidostée). — *Squelette osseux*, écailles rhomboïdales. Fleuves de l'Amérique du Nord.

IV. — TÉLÉOSTÉENS

Poissons à squelette osseux et à vertèbres distinctes. Écailles cycloïdes ou cténoïdes. Pas de valvule spirale dans l'intestin. Branchies libres protégées par un opercule. Bulbe aortique avec 2 valvules seulement.

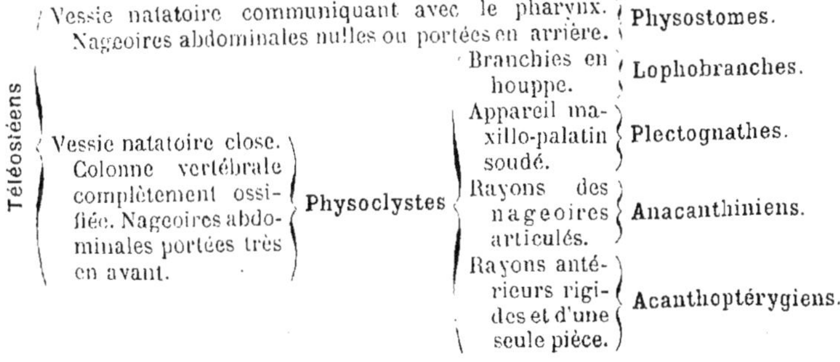

(A). — PHYSOSTOMES (MALACOPTÉRYGIENS)

Téléostéens à peau nue ou écailleuse. Rayons des nageoires articulés (mous). Nageoires abdominales nulles (Apodes) ou très en arrière (Abdominaux). Vessie natatoire s'ouvrant dans le pharynx.

1° **Physostomes apodes.** — *Pas de nageoires abdominales.*

Anguilla (Anguille); corps allongé, cylindrique, avec queue comprimée. Nageoires dorsale, caudale et anale soudées en une nageoire médiane; écailles non apparentes. Fleuves d'Europe.

A l'automne, les Anguilles descendent des fleuves vers la mer où elles émettent leurs produits sexuels; au printemps suivant, les jeunes Anguilles quittent la mer et remontent le cours des fleuves.

Conger (Congre ou Anguille de mer); pas d'écailles; nageoire dorsale commençant près de la tête; queue allongée et pointue. Côtes d'Europe.

2° **Physostomes abdominaux.** — *Des nageoires abdominales situées en arrière des nageoires pectorales.*

Clupea (Hareng); corps fortement comprimé à bord ventral denté en scie; écailles minces se détachant aisément; dents petites sur les mâchoires, le palais, le vomer et l'os hyoïde.

Le Hareng vit dans les mers du Nord dont il abandonne le fond au moment du frai; il remonte alors à la surface, s'approche des côtes de l'Écosse, de la Norvège, etc., en bancs immenses qui font l'objet d'une pêche particulièrement productive en septembre et octobre.

Alausa (Alose, fig. 652); mâchoire supérieure seule garnie de dents.

L'Alose (*A. vulgaris*) quitte la mer à l'époque du frai et remonte les fleuves

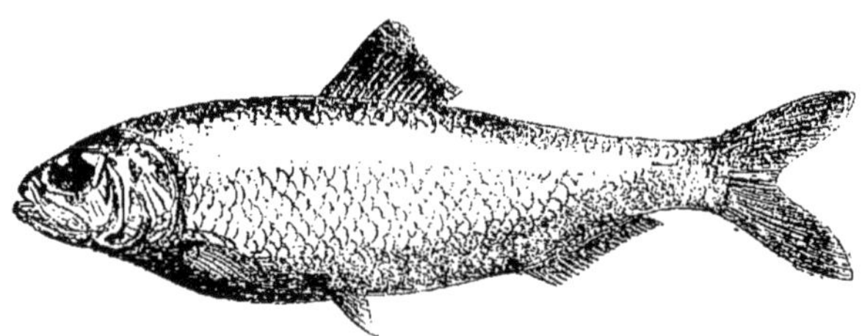

Fig. 652. — *Alausa vulgaris* (Alose).

pour y effectuer sa ponte. La Sardine (*A. Sardina*) fait l'objet d'une pêche active sur nos côtes; on la consomme fraîche et conservée dans l'huile après cuisson.

Esox (Brochet); Poisson d'eau douce écailleux, à tête large, aplatie; nageoire dorsale située très en arrière. Cavité buccale largement fendue et pourvue de nombreuses dents. Très vorace.

Le Brochet est commun dans presque tous les fleuves et les lacs d'Europe et d'Amérique; il atteint parfois un poids de 10 à 12 kilogrammes.

Salmo. 2 nageoires dorsales, la seconde pourvue de quelques rayons seulement; nageoire anale courte; petites écailles. — *Trutta* (Truite, fig. 653); caractères presque identiques à ceux du précédent. *T. salar* (Saumon); museau allongé.

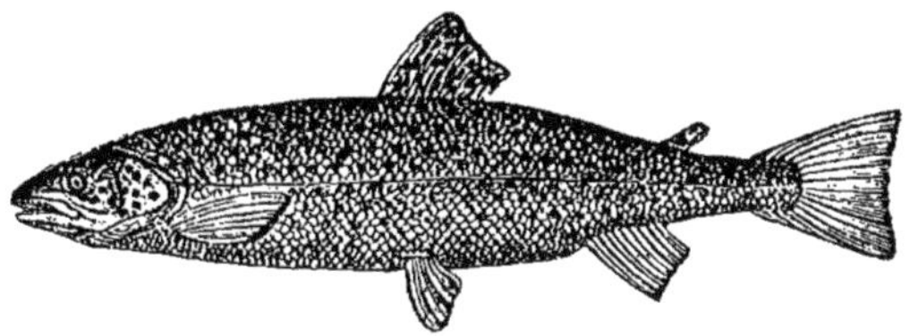

Fig. 653. — *Trutta* (Truite).

T. fario (Truite commune); vit dans les torrents et les lacs des pays montagneux. Chair jaunâtre exquise.

Les Saumons sont de gros Poissons voraces qui passent, à l'époque du frai, de la mer dans les eaux claires et froides des cours d'eau et des lacs, dans les régions montagneuses (de mai à novembre); ils peuvent, par grands bonds, franchir les cascades. Leur chair, grasse et rouge à ce moment, est très appréciée. Après le frai durant lequel ils ne prennent aucune nourriture, ils retournent à la mer, considérablement amaigris. Les jeunes passent la première année dans l'endroit où ils sont nés et ne gagnent la mer que l'année suivante. Poids maximum : 45 kilogrammes.

Cyprinus (Carpe, fig. 88); Poisson d'eau douce à corps épais et faiblement comprimé. Bouche terminale avec 4 barbillons à la

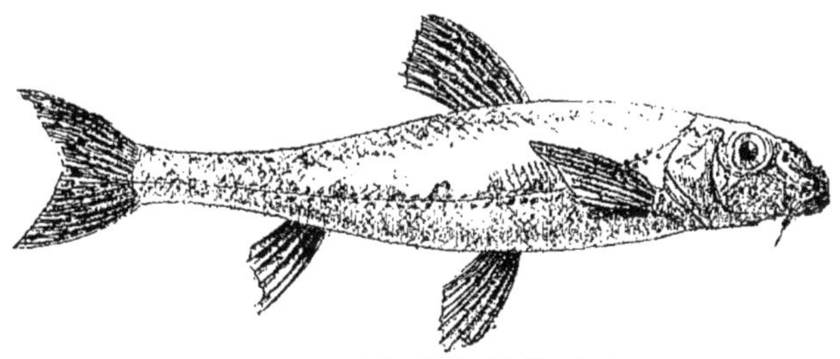

Fig. 654. — *Gobio fluviatilis* (Goujon).

mâchoire supérieure; pas de dents, sauf sur les os pharyngiens inférieurs. Longue nageoire dorsale et courte nageoire anale avec un fort rayon osseux. *C. carpio* (Carpe). — *Tinca* (Tanche); 2 barbillons; écailles très petites; nageoire caudale carrée. — *Gobio* (Goujon, fig. 654); 2 barbillons; nageoire caudale fourchue; corps petit et allongé. — *Abramis* (Brème); pas de barbillons. — *Alburnus* (Ablette); les écailles portent une matière qui, soluble dans l'ammoniaque, sert à la fabrication des fausses perles. — *Leuciscus* (Gardon); corps ovalaire, comprimé, avec de grandes écailles.

(B). — LOPHOBRANCHES

Téléostéens à corps cuirassé, à museau allongé, tubuleux, dépourvu de dents. Branchies en houppes et orifice branchial étroit.

Hippocampus (Hippocampe, fig. 640); queue préhensile; pas de nageoires. Méditerranée.

(C). — PLECTOGNATHES

Téléostéens à corps globuleux ou comprimé latéralement, protégé par une épaisse cuirasse dermique. Ouverture buccale étroite.

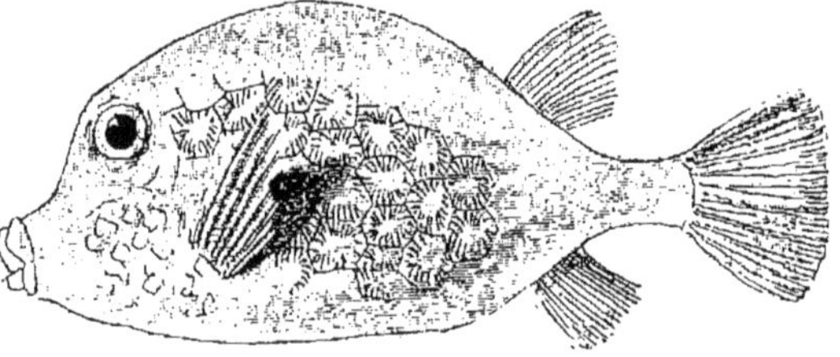

FIG. 655. — *Ostracion triqueter* (Coffre).

Ostracion (Coffre, fig. 655); corps triangulaire ou quadrangulaire, recouvert d'une cuirasse dermique inflexible; pas de nageoires ventrales; nageoires dorsale et anale courtes. *O. triqueter*: Inde occidentale.

Diodon. Océans Atlantique et Indien. — *Tetrodon*.

Ces 2 genres ont un corps globuleux.

(D). — ANACANTHINIENS

Téléostéens à nageoires dont les rayons sont formés de segments articulés. Les nageoires abdominales sont en avant ou au-dessous des pectorales.

Gadus. *G. Morrhua* (Morue, fig. 656), corps allongé, avec

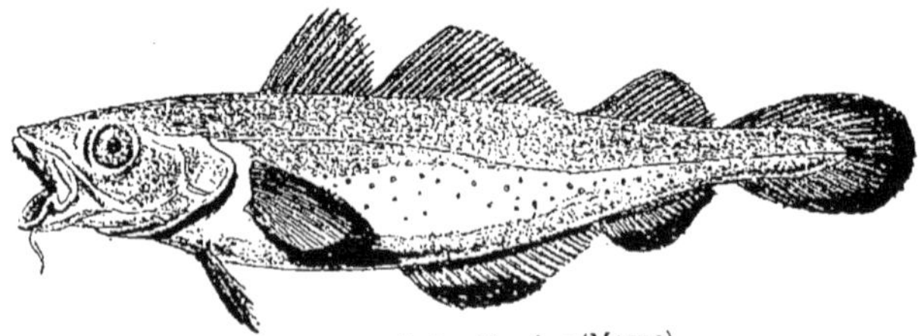

FIG. 656. — *Gadus Morrhua* (Morue).

une peau visqueuse et une large tête; 3 nageoires dorsales: 2 nageoires anales; 1 barbillon à la mâchoire inférieure.

La Morue se pêche en abondance, à l'époque du frai, sur les côtes de Terre-

Neuve; sa chair est très appréciée. On consomme la Morue fraîche, salée ou séchée. L'huile de foie de Morue est employée pour combattre le rachitisme et la phtisie.

Merlangus (Merlan); vit sur les côtes septentrionales. — *Lota* (Lotte); 2 nageoires dorsales, 1 anale; Poisson vorace d'eau douce.

Pleuronectidés. Poissons plats. Corps asymétrique, fortement comprimé latéralement, dont l'un des côtés, tourné vers la lumière, est seul riche en pigment; les 2 yeux sont placés sur la face pigmentée, par suite d'un déplacement de l'œil qui appartient normalement à la face non colorée; bouche également asymétrique. Les nageoires impaires sont toutes confondues en une

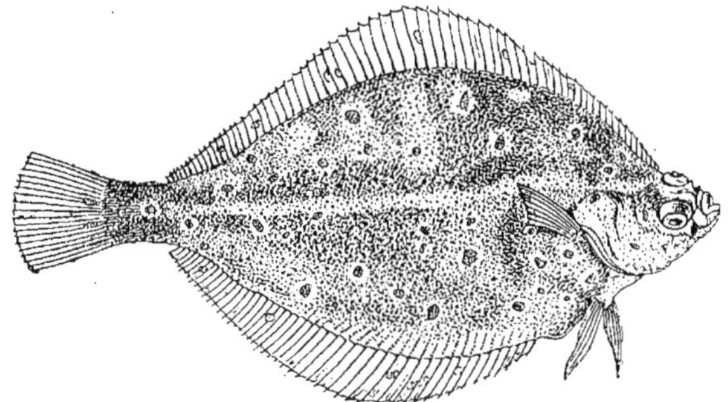

FIG. 657. — *Pleuronectes platessa* (Carrelet).

seule. Nageoires abdominales placées en avant des nageoires pectorales rudimentaires ou nulles. Vivent sur les rivages sablonneux surtout.

Yeux sur le côté gauche.

Rhombus. Rh. maximus (Turbot), à peau tuberculeuse. *Rh. lævis* (Barbue), à écailles lisses.

Yeux sur le côté droit.

Pleuronectes; orifice buccal étroit.

La Plie franche ou Carrelet (*Pl. platessa*, fig. 657) et la Limande (*Pl. limanda*) vivent sur les côtes de l'Europe septentrionale.

Solea; ouverture buccale large. *S. vulgaris* (Sole); mers du Nord.

(E). — ACANTHOPTÉRYGIENS

Peau nue ou écailleuse. Rayons antérieurs de la nageoire dorsale rigides. Souvent pas de vessie natatoire.

Perca (Perche); 2 nageoires dorsales, la 1ʳᵉ avec 13 ou 14 rayons épineux. Opercule épineux; nageoire anale avec 2 piquants. Corps zébré de noir.

La Perche de rivière est très vorace et chasse les petits Cyprins; elle se tient parfois à de grandes profondeurs dans l'eau.

Mullus (Mulle, fig. 658); corps d'un rouge vif, allongé et peu comprimé, couvert de grandes écailles. Deux longs

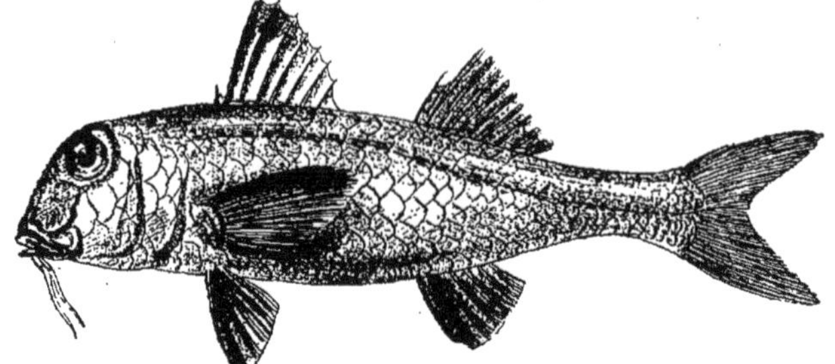

FIG. 658. — *Mullus barbatus* (Rouget).

barbillons sur l'os hyoïde; mâchoire supérieure sans dents. Le Rouget a une chair très appréciée. Méditerranée.

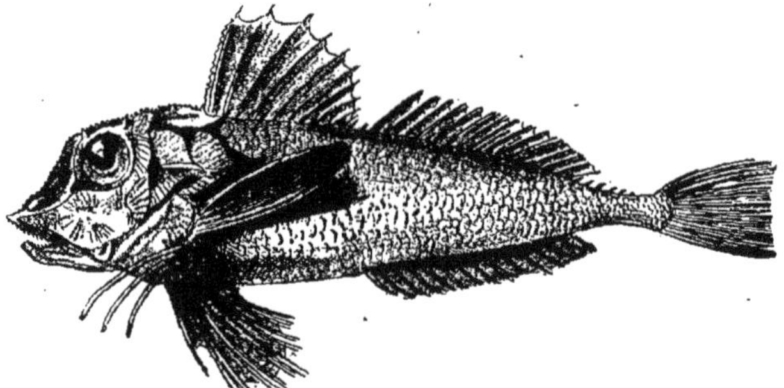

FIG. 659. — *Trigla* (Grondin).

Triglidés. Grosse tête. Nageoires pectorales parfois de la longueur du corps, avec quelques rayons détachés faisant fonc-

FIG. 660. — *Dactylopterus* (Dactyloptère).

tion d'organes tactiles. Nageoires abdominales sur la poitrine. *Trigla* (Grondin, fig. 659). — *Dactylopterus* (Hirondelle de mer, fig. 660); Poisson volant avec 2 grandes nageoires pectorales. Méditerranée et Océan.

Scombéridés (Maquereaux). Corps allongé, plus ou moins comprimé, avec une peau argentée, nue ou couverte de petites écailles. Nageoire caudale à échancrure semi-lunaire. Les piquants

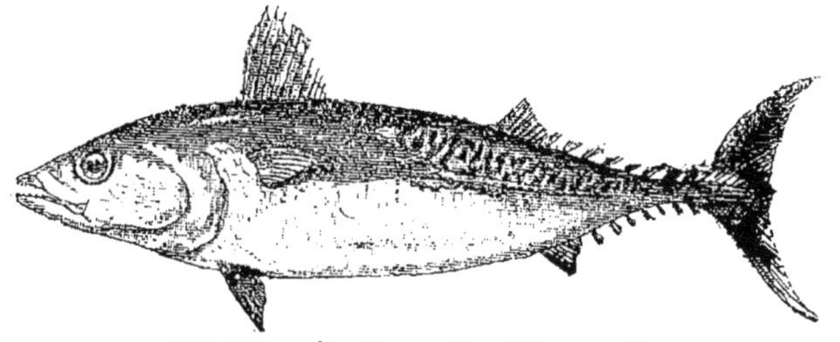

FIG. 661. — *Scomber scombrus* (Maquereau).

postérieurs des nageoires dorsale et anale, non réunis, forment de nombreuses petites nageoires. Marins pour la plupart avec un museau pointu.

Au printemps de chaque année, ils reviennent en grand nombre dans les mêmes localités où ils sont l'objet d'une pêche active. Chair très estimée [*Maquereaux* dans la Manche et la mer du Nord; *Thons* dans la Méditerranée].

Scomber. S. scombrus (Maquereau vulgaire, fig. 661); petites

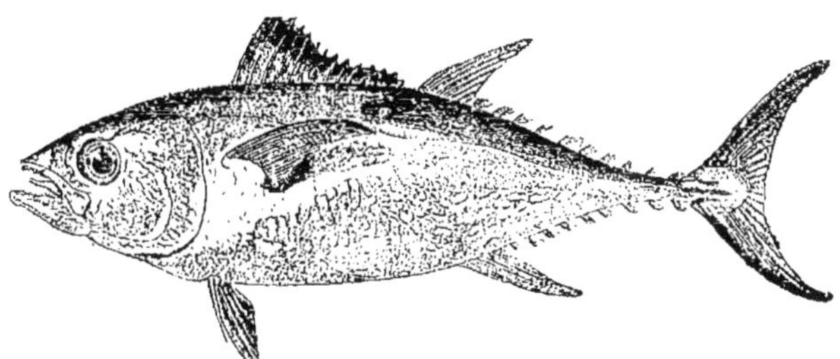

FIG. 662. — *Thynnus vulgaris* (Thon).

écailles. — *Thynnus. T. vulgaris* (Thon commun, fig. 662); cuirasse écailleuse autour de la poitrine; il atteint jusqu'à 5 mètres de long.

V. — DIPNOÏ

Poissons écailleux, incomplètement ossifiés, à notochorde persistante. Une valvule spirale dans l'intestin. Respiration par des branchies et un poumon *Bulbe aortique avec plusieurs rangées de valvules.*
Ce groupe fait la transition des Poissons aux Amphibiens.

Ceratodus. Poumon simple; vit dans les rivières de l'Australie en se nourrissant de feuilles. Chair comestible.

Protopterus. Deux poumons; des branchies externes; vit dans les cours d'eau de l'Afrique tropicale. — *Lepidosiren*; pas de branchies externes; vit dans les fleuves du Brésil.

§ 2. — AMPHIBIENS (BATRACIENS).

Vertébrés à peau généralement nue. Tête reposant sur la colonne vertébrale par 2 condyles occipitaux. 4 membres (pouvant manquer parfois). Respiration branchiale dans le jeune âge ou persistante; respiration pulmonaire dans l'âge adulte. Température variable. Circulation simple dans l'âge larvaire, double et incomplète chez l'adulte. Développement avec métamorphoses.

Amphibiens.
- à peau couverte de petites écailles. *Corps serpentiforme, sans membres* ....) **Gymnophiones.**
- à peau nue. 4 membres.
  - *Corps allongé avec queue persistante.* Branchies externes persistantes ou non. { **Urodèles.**
  - Corps ramassé *dépourvu de queue.* **Anoures**

Morphologie extérieure. — Les Amphibiens vivent *autour des rivages*, alternativement dans l'air et dans l'eau; suivant que l'un ou l'autre des deux modes d'existence prédomine, le corps

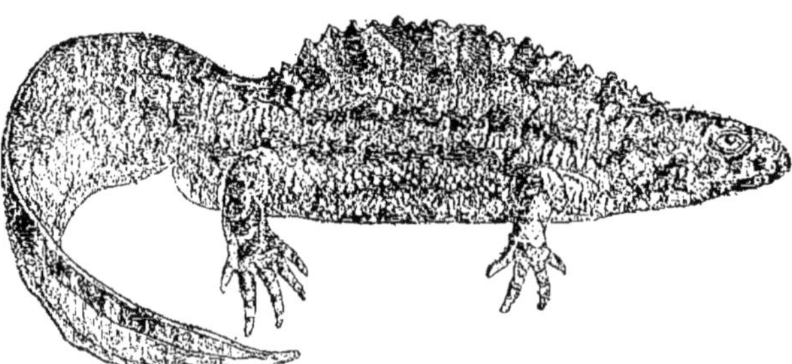

Fig. 663. — *Triton marmoratus* (Triton marbré).

adopte une conformation différente : il est allongé et cylindrique, ou comprimé avec une queue aplatié et souvent une crête cutanée dorsale (*Triton*, fig. 663) chez les types qui séjournent plus longtemps dans l'eau; il devient ramassé, avec des membres mieux développés chez les genres aériens (**Anoures**) qui peuvent grimper, courir et sauter.

La bouche antérieure est largement fendue le plus souvent, l'anus n'occupe l'extrémité postérieure que chez les **Anoures**.

Tégument. — L'épiderme des Amphibiens adultes bourgeonne activement dans le derme et forme des *glandes cutanées excessivement nombreuses* (caractère de la peau des Amphibiens).

Ces glandes sont abondantes surtout sur la tête, le cou et les flancs. Leur sécrétion est visqueuse, maintient la peau constamment humide, et assure la *respiration cutanée;* elle est *toxique* en outre.

Exosquelette. — Il est représenté par des écailles enfoncées entre les replis cutanés chez les Cécilies (**Gymnophiones**).

Squelette interne. — Sauf quelques parties qui subsistent à l'état cartilagineux, le squelette des Amphibiens est ossifié (fig. 158).

Colonne vertébrale. — La colonne vertébrale comprend 4 régions : la *région cervicale* avec 1 vertèbre (*axis*[1]) pourvue d'une apophyse odontoïde aplatie et articulée par 2 facettes avec les condyles occipitaux; les *régions dorsale, sacrée* et *caudale*, dont le nombre des vertèbres est variable avec chaque espèce et même avec chaque individu (*la région sacrée exceptée*, qui comprend 1 vertèbre sur laquelle s'insèrent les os iliaques).

Côtes et sternum. — Les *côtes* sont très atrophiées (**Urodèles**), à peine visibles chez certains **Anoures**; elles sont appliquées sur les *apophyses transverses* des vertèbres.

Le *sternum*, *st* (fig. 664), apparaît ici pour la première fois, sur la ligne médiane ventrale et dans la région thoracique, sous la forme d'un cartilage auquel s'unit la ceinture scapulaire, par l'intermédiaire du coracoïde, *co* et de l'épicoracoïde, *ép.co*.

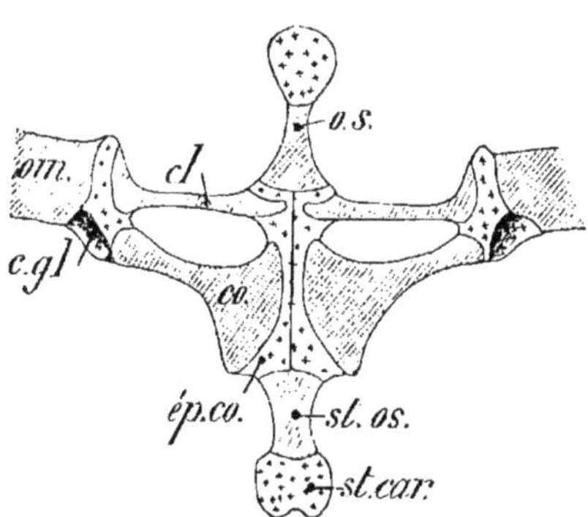

Fig. 664. — Sternum et ceinture scapulaire de Grenouille. *os*, omosternum; *st.os*, *st.car*, parties osseuse et cartilagineuse du sternum; *ép.co*, épicoracoïde; *co*, coracoïde; *cl*, procoracoïde; *om*, omoplate; *c.gl*, cavité glénoïde.

Squelette céphalique. — Il est beaucoup plus simple ici que chez les Poissons. On y retrouve les 3 régions *auditive, orbitaire* et *nasale*.

Tous les Amphibiens possèdent 2 condyles occipitaux, co.oc (fig. 665), articulés avec l'*axis* (Voir plus haut).

Chez les **Urodèles**, par exemple, en avant des condyles sont

1. L'*atlas* ou première vertèbre s'est, en effet, soudée à l'occipital.

2 grandes vésicules auditives, *v.au*, avec une fenêtre ovale fermée en bas par l'étrier cartilagineux, *étr*.

Les capsules nasales, *nar*, sont reliées aux capsules auditives par du cartilage que recouvrent : les pariétaux, *par*, les frontaux, *fr*, et les nasaux, *na*, en dessus; les parasphénoïdes, *p.sp*, les os vomers, *vo*, et les palatins, *vo.pa*, en dessous. Le maxillaire supérieur, *max*, est situé en dehors et en avant du crâne; l'inter-

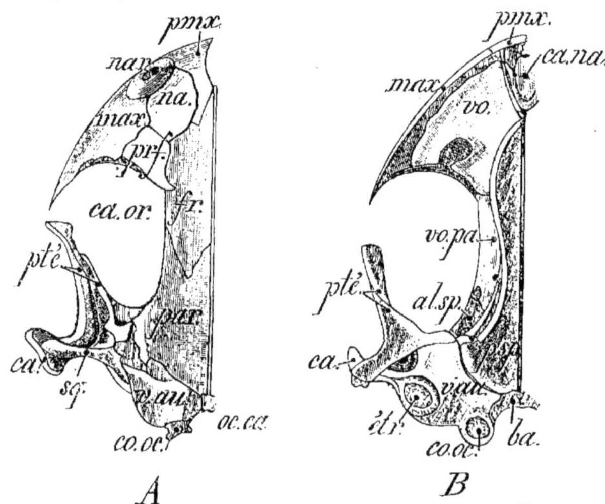

Fig. 665. — Crâne de Salamandre vu en dessus en A. en dessous en B. *p.mx*, prémaxillaire; *nar*, narine : *na*, nasale ; *ca.na*, cavité nasale; *max*, maxillaire; *prf*. préfrontal; *fr*, frontal : *ca.or*, cavité orbitaire; *par*, pariétal; *vo.pa*, voméro-palatin; *al. sp*. alisphénoïde; *p.sp*. parasphénoïde; *pté*, ptérygoïde; *ba*, occipital basilaire: *co.oc*, condyle occipital : *oc.ca*, occipital cartilagineux; *v.au*. vésicule auditive; *étr*. étrier: *sq*. squamosal; *ca*, os carré.

maxillaire, *pmx*, qui remonte sur le crâne jusqu'au contact du nasal, *na*, est en réalité devenu un prémaxillaire.

L'appareil suspenseur de la mâchoire inférieure se compose uniquement de l'os carré, *ca*, soudé au crâne.

Membres. — Alors que la nageoire des Poissons constitue un *levier à un seul bras*, on voit apparaître avec les Amphibiens (et pour la première fois chez les Vertébrés), des membres dont la partie libre constitue un *système de leviers à plusieurs bras* (fig. 160, 111).

Comme, dans la locomotion aérienne, le corps doit être, non seulement *poussé en avant*, mais encore *soulevé* pour la rapidité des déplacements, l'axe longitudinal des membres s'infléchit au moins en un point (coude, genou), puis forme, avec le plan de symétrie du tronc, un angle d'autant plus petit que le corps est plus haut porté.

Parmi les Amphibiens, les **Gymnophiones** sont apodes; tous les autres possèdent 4 membres. Courts chez les **Urodèles** qui rampent péniblement, les membres atteignent un plus grand développement chez les **Anoures**, surtout les membres postérieurs qui, longs et forts, permettent à ces animaux de faire de grands bonds (Grenouille, Crapaud).

Le nombre des doigts est le plus généralement de 4 en avant et de 5 en arrière.

Nutrition. — **Appareil digestif**. — La disposition générale en a été donnée (Voir page 66, fig. 56, G).

Le nombre des *dents* est beaucoup plus réduit que chez les Poissons ; ces organes sont portés par les maxillaires, intermaxillaires, vomers et palatins, et enfoncés dans la muqueuse buccale d'où ils surgissent à peine.

La *langue*, rudimentaire chez les Poissons, devient volumineuse et papilleuse chez les Amphibiens ; elle est fixée par son extrémité antérieure chez la *Grenouille*. La langue du *Caméléon*, libre sur toute sa périphérie, peut être projetée hors de la bouche par l'extension d'un long pédoncule éminemment protractile.

La langue, riche en glandes dont la mucosité imprègne sa surface, est un excellent organe de préhension.

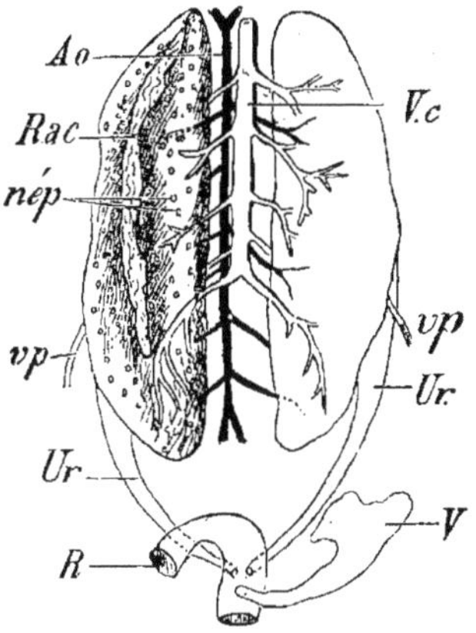

Appareil respiratoire. — Outre la *respiration cutanée*, excessivement importante pour les Amphibiens, ces animaux sont dotés d'une *respiration branchiale* transitoire (**Anoures**) ou persistante (**Urodèles Pérennibranches**) et d'une *respiration pulmonaire* dans l'âge adulte (Voir page 88 et 89).

Appareil circulatoire. — Nous renvoyons le lecteur à la description de cet appareil (Voir page 126)

Appareil excréteur. — Les reins, logés dans la région abdominale, sont pourvus de nombreux néphrostomes, *nép*, ouverts dans la cavité générale (fig. 666).

FIG. 666. — Rein de Grenouille. Sur le rein droit, on voit le rein accessoire *R.ac* ; *nép*, néphrostomes ; *Ur*, uretères débouchant dans un cloaque à côté de la vessie *V*, avec le rectum *R* ; *Ao*, aorte descendante ; *V.c*, veine cave ; *vp*, veine porte rénale afférente (les teintes blanche et noire de l'appareil circulatoire ont été interverties dans ce dessin).

Les canaux urinaires débouchent sur la paroi postérieure du cloaque, sans communication directe avec la *vessie urinaire*.

Relation. — **Système nerveux**. — *Les Amphibiens sont, de tous les Vertébrés, ceux dont l'encéphale est le plus simple* (Voir page 260, fig. 233, E, E').

Organes des sens. — Des *organes sensoriels*, formés de groupes de *cellules avec bâtonnet*, se trouvent chez les Amphibiens aquatiques et les larves, comme chez les Poissons.

Dans les *capsules nasales* se trouvent des *cellules olfactives* et des *cellules glandulaires chez les espèces qui séjournent assez long-*

temps dans l'air (à l'effet de maintenir toujours humide la muqueuse nasale et ses nombreux replis). Les capsules nasales, situées à la partie antérieure de la tête, *nar* (fig. 665), communiquent avec la cavité buccale.

L'*oreille* des Amphibiens se distingue de celle des Poissons : 1° par la *lagena* mieux développée ; 2° par une plaque cartilagineuse (*étrier*) chez les **Urodèles** ; 3° par une *caisse tympanique*,

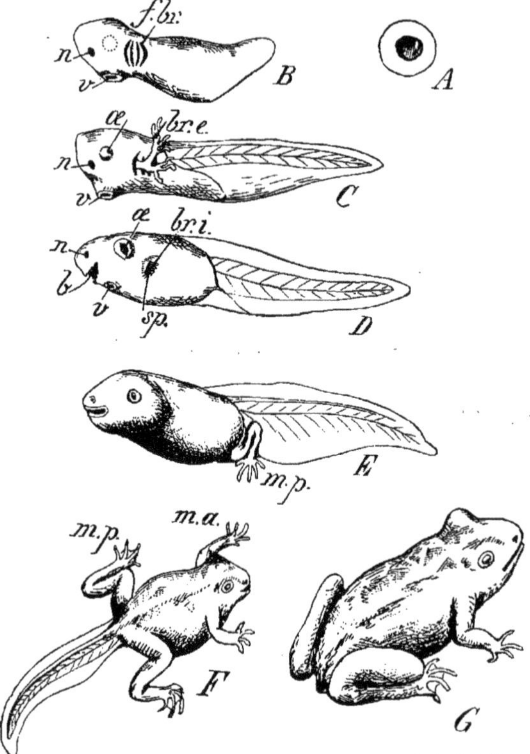

Fig. 667. — Métamorphoses de la Grenouille. — A ; œuf. — B,C,D,E,F ; Têtard aux stades successifs de son évolution. — G ; Grenouille. *v*, ventouse ; *œ*, œil ; *f.br*, fentes branchiales ; *br.e*, branchies externes ; *br.i*, branchies internes logées dans une cavité latérale ouverte au dehors par le spiracle, *sp* ; *b*, bouche ; *m.p*, *m.a*, membres postérieurs et membres antérieurs.

une *membrane du tympan* à fleur de peau et une *trompe d'Eustache* chez les **Anoures** seulement.

Dans l'*œil* des Amphibiens, on ne trouve plus le ligament falciforme avec la *campanula Halleri* mentionnés chez les Poissons, car le ligament ciliaire est ici remplacé par un *muscle ciliaire*.

Métamorphoses. — Les Amphibiens subissent des métamorphoses, c'est-à-dire que l'être qui sort de l'œuf n'acquiert sa forme définitive (état adulte) qu'après avoir éprouvé des modifications plus ou moins variées (état larvaire).

Soit la Grenouille ; elle pond de petits œufs, dépourvus de coque calcaire, mais entourés d'une abondante substance albumineuse qui les agglutine les uns aux autres ; cette substance, très gonflable dans l'eau, prend l'aspect de la gélatine.

L'œuf de la Grenouille (fig. 667, A) produit un Têtard (B), larve pourvue d'une longue queue aplatie latéralement et de *ventouses* fixatrices *v* ; de chaque côté de la tête apparaissent les fentes et les arcs branchiaux sur lesquels se développent les *branchies externes*, *br.e* (C), en même temps que la circulation s'établit, circulation analogue à celle des Poissons. L'animal grandit ; les branchies externes se flétrissent et sont remplacées par des branchies internes, *br.i* (D), logées dans une cavité en rapport avec la bouche, *b*, récemment formée en avant des ventouses. L'eau ambiante pénètre dans la bouche, traverse les fentes viscérales, baigne les branchies et sort par une petite ouverture latérale appelée *spiracle, sp.* Bientôt se développent les membres postérieurs, *m.p* (E), puis les membres antérieurs *m.a* (F), tandis que la queue est résorbée (G). Pendant ce temps, l'animal a acquis deux poumons, les branchies internes se sont flétries, l'oreillette unique du cœur s'est dédoublée et la circulation, primitivement simple, est devenue double et incomplète.

Le Têtard, **larve** *aquatique, est devenu Grenouille, animal adulte affecté à la* **vie aérienne.**

I. — GYMNOPHIONES (APODES)

Amphibiens dont le **corps** *est* **serpentiforme** *et dépourvu de membres ; peau couverte de petites écailles.*

Cœcilia. Amérique du Sud. — *Siphonops.* Brésil.

Ces animaux vivent sous terre de larves d'Insectes surtout dans les contrées tropicales.

II. — URODÈLES

Amphibiens à peau nue, de forme allongée, pourvus en général de 4 *membres courts et d'*une queue persistante. *Branchies externes persistantes ou non.*

1° **Pérennibranches.** — **Branchies externes persistantes.**

Siren ; corps allongé et aplati latéralement sans membres postérieurs. Eaux stagnantes de la Caroline du Sud. — *Proteus* (Protée) ; corps cylindrique.

Le Protée possède les plus gros globules sanguins rouges (1/17 de millimètre) ; il vit dans les eaux souterraines (Carniole, Dalmatie).

2° **Salamandrines.** — *Ni branchies, ni orifices branchiaux dans l'âge adulte.*

Amblystoma ; museau obtus ; queue épaisse et souvent comprimée en s'éloignant de la base.

L'Amblystome du Mexique possède une larve pourvue de branchies et d'une crête dorsale appelée Axolotl. On considérait autrefois les Amblystomes et les Axolotls comme deux genres distincts.

Salamandra (Salamandre, fig. 668); corps lourd avec une queue cylindrique. Glandes parotides très développées. Europe et Afrique septentrionale.

Fig. 668. — *Salamandra maculosa* (Salamandre).

Triton (Salamandre aquatique, fig. 663); corps grêle avec une queue comprimée latéralement Pas de glandes parotides.

III. — ANOURES

Amphibiens à peau nue et à corps ramassé **dépourvu de queue.** *4 membres dont les postérieurs au moins sont bien développés. Pas de branchies dans l'âge adulte.*

Fig. 669. — *Rana esculenta* (Grenouille verte)

1° **Oxydactyles**. — *Doigts pointus et libres.* Orteils unis ou non par une palmure.

Rana (Grenouille, fig. 669); corps relativement élancé et grêle.

Pattes postérieures très longues (saut) avec orteils unis par une palmure (natation). Peau lisse sans excroissances. Pas de glandes parotides.

R. esculenta (Grenouille verte); taches sombres et bandes jaunes sur le dos. — *R. temporaria* (Grenouille rousse); brune avec taches sombres sur les tempes.

Alytes (Alyte, fig. 670); creuse des galeries dans la terre.

Chez l'Alyte, le mâle enroule autour de ses cuisses le chapelet formé par les œufs agglutinés, s'enfonce dans la terre humide, les couve et s'en débarrasse un peu avant le moment de l'éclosion des larves.

FIG. 670. — *Alytes obstetricans* (Alyte).

Bufo (Crapaud); corps lourd et trapu; peau très glanduleuse et verruqueuse. 2 amas de glandes de chaque côté du cou sécrètent une humeur repoussante. Pas de dents sur les mâchoires.

Le Crapaud se cache le jour dans des galeries humides et sombres d'où il sort la nuit pour chercher sa nourriture.

Les Crapauds sont extrêmement utiles par le nombre considérable d'insectes nuisibles dont ils font leur proie.

B. vulgaris (Crapaud commun); peau d'un gris brun. *B. viridis* (Crapaud vert); taches vertes sur fond gris sombre.

2° **Discodactyles**. — *Doigts élargis en disque à leur extrémité (pelotes adhésives)*.

Grâce à ces disques adhésifs, ces Amphibiens *grimpent* sur les arbres.

Hyla (Rainette); doigts postérieurs pourvus d'une palmure. Tête revêtue d'une peau molle non adhérente; des dents.

La Rainette verte a le dos d'un beau vert avec des bandes jaunes sur les pattes de derrière; le ventre est blanc. Le mâle possède un sac vocal de la grosseur d'une noisette, saillant en avant du corps.

Elle vit sur les arbres pendant la belle saison et descend au voisinage des eaux à l'automne, se blottissant dans la vase.

§ 3. — REPTILES

Vertébrés aériens écailleux ou cuirassés, pourvus ou non de 4 membres. Crâne incomplètement ossifié portant un seul condyle occipital. Respiration pulmonaire. Circulation double et incomplète. Température variable. Ovipares en général.

REPTILES (Cloison interventriculaire) :
- **incomplète.** marcheurs ou nageurs. Carapace dorso-ventrale osseuse. Gaine cornée recouvrant les mâchoires. → *Chéloniens.*
- couverts d'écailles épidermiques. Os carré mobile. **Lépidosauriens** : avec membres. *Sauriens.* — sans membres. *Ophidiens.*
- **complète.** Marcheurs et nageurs. Plaques osseuses dermiques sur le dos. Dents logées dans des alvéoles. → *Crocodiliens.*

Morphologie extérieure. — Les Reptiles, sauf les Tortues, ont un corps allongé, plus ou moins cylindrique et pourvu, en général, de 4 membres courts. Certains n'ont que 2 membres (*Pseudopus*, membres supérieurs seulement); d'autres n'en présentent pas (Serpents, fig. 671, Orvet).

Qu'ils soient, ou non, pourvus de membres, les Reptiles ter-

Fig. 671. — Serpent.   Fig. 672. — *Lacerta muralis* (Lézard commun).

restres *rampent;* la face ventrale de leur corps porte plus ou moins sur le sol, à cause de la réduction des membres et de leur position très déjetée sur les côtés.

Les Lézards ont toutefois le corps un peu surélevé, les doigts déliés et garnis d'ongles acérés qui leur permettent de grimper avec agilité (fig. 672).

La tête plus ou moins volumineuse est portée par un cou très réduit; on y remarque la bouche antérieure, 2 fosses nasales, 2 yeux avec ou sans paupières. Un cloaque débouche au-dessous de la base de la queue.

Tégument. — La constitution générale de la peau est conforme à celle de tous les Vertébrés supérieurs (Voir page 128).

La peau des Reptiles renferme peu de glandes, contrairement à celle des Amphibiens. La couche de Malpighi y produit en proliférant, *chez les Serpents*, des écailles, des tubercules, etc., à la formation desquels participe le derme (Voir page 157).

De temps à autre survient une *mue*, c'est-à-dire que le revêtement corné se détache tout d'une pièce et le Serpent en sort, la tête la première, en la retournant comme un doigt de gant.

Exosquelette. — Les **Tortues** et les **Crocodiliens** possèdent un exosquelette très développé.

Chez les **Crocodiliens**, l'exosquelette est composé de larges plaques couvrant la face ventrale du corps.

Les **Tortues** sont enveloppées d'une véritable boîte osseuse formée de plaques intimement unies : la partie dorsale de la boîte est la *carapace*; la partie ventrale, le *plastron* (Voir fig. 141 et 142).

Carapace et plastron sont revêtus d'écailles cornées épidermiques *dont la disposition n'a aucun rapport avec celle des plaques osseuses.*

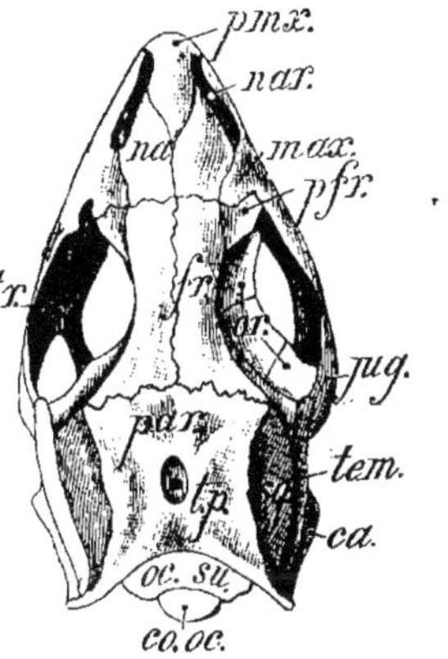

Squelette interne. — **Colonne vertébrale**. — La colonne vertébrale comprend 5 *régions*, mieux différenciées que chez les Amphibiens :

La *région cervicale* composée d'au moins 2 vertèbres bien développées, l'*atlas* et l'*axis* ;

La *région dorsale* comprenant jusqu'à 300 vertèbres chez les **Serpents** ;

La *région lombaire* ;

La *région sacrée* formée de 2 vertèbres (quelquefois 3 chez les **Crocodiliens**) avec de grosses apophyses transverses ;

La *région coccygienne* avec un nombre très variable de vertèbres [1].

Côtes et sternum. — Les côtes des Reptiles sont très développées. *Un certain nombre d'entre elles*, appelées *vraies côtes, se fusionnent à leur extrémité pour former un sternum sur la face ventrale* (sauf chez les Serpents). Les côtes libres ou qui se joignent indirectement au sternum sont dites *fausses côtes.*

Pas de *sternum* chez les **Serpents** ni chez les **Chéloniens**.

Fig. 673. — Crâne de *Lacerta agilis*. *pmx*, prémaxillaire; *nar*, narine; *na*, nasal; *max*, maxillaire supérieur; *pfr*, préfrontal; *fr*, frontal; *par*, pariétal; *t.p*, trou pariétal; *sp*, squamosal; *tem*, temporal; *or*, orbitaires; *jug*, jugal; *tr*, transverse; *oc.su*, occipital supérieur; *co.oc*, condyle occipital; *ca*, os carré.

---

1. Chez les **Tortues**, une partie de la colonne vertébrale (8 vertèbres) est soudée aux plaques médianes de la carapace.

Squelette céphalique. — *Le crâne des Reptiles est ossifié et très solide* (fig. 673). *Un seul condyle occipital, co.oc.*

De nombreux **Sauriens** présentent un *trou pariétal, t.p*, dans l'os pariétal unique, *par*, qui limite la partie supéro-postérieure de la tête.

La mâchoire inférieure est suspendue par l'intermédiaire d'un *os carré.*

Les **Chéloniens** et les **Crocodiliens** possèdent une *voûte palatine* située au-dessous de la voûte sphénoïdale du crâne ; *cette voûte constitue le plancher de la cavité nasale et le plafond buccal ;* en arrière se trouvent les fosses nasales postérieures faisant communiquer le pharynx avec le nez.

Membres. — Chez les **Chéloniens** la base du membre antérieur présente, en avant, un procoracoïde ou clavicule, *pc*, et un coracoïde, *c* (fig. 142) ; en arrière est l'omoplate.

Chez les **Sauriens**, la clavicule devient distincte du reste de la ceinture ; elle disparaît même chez les **Crocodiliens**. Les *Amphisbènes* et les *Scinques* (**Sauriens**) ont encore une ceinture scapulaire, mais plus de membres. Chez les **Ophidiens**, on ne trouve plus trace, en général, ni de ceintures ni de membres.

La base du membre postérieur des **Chéloniens** est représentée également en avant, par le *pubis, pu*, et l'*ischion, is* ; par l'*ilium* en arrière.

L'ilium acquiert de grandes dimensions chez les **Crocodiliens**, comme chez les Vertébrés supérieurs.

Nutrition. — **Appareil digestif.** — La disposition générale en a été indiquée (Voir pages 63 et 66, fig. 52 à 54 et 56, F).

Chez les Reptiles, comme chez tous les Vertébrés aériens, les *glandes de la bouche* sont nombreuses et destinées à maintenir humide la muqueuse buccale ; les unes sont simplement muqueuses, les autres *digestives.*

Les Ophidiens et les Sauriens dits *venimeux* possèdent même un *appareil venimeux* qui résulte de la spécialisation d'une partie des glandes labiales supérieures.

Une *glande à venin, s.ve* (fig. 674), est contenue dans une gaine fibreuse et pourvue d'un canal excréteur débou-

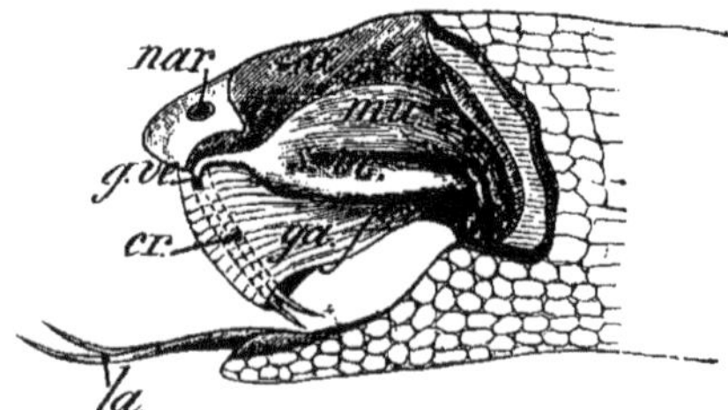

FIG. 674. — Tête du Crotale. *nar*, narine ; *œ*, œil ; *s.ve*, glande venimeuse ; *g.ve*, gouttière ; *cr*, crochets ; *la*, langue.

chant à la base des gouttières, *g.ve*, portées par quelques dents *cannelées ;* celles-ci sont insérées sur la partie antérieure des maxillaires supérieurs (*Protéroglyphes*). Chez les *Solénoglyphes*, les maxillaires supérieurs très réduits portent chacun 1 seul crochet venimeux *canaliculé*, mais originairement cannelé.

Le sac à venin est sous la dépendance de muscles puissants que l'animal contracte au moment où, la gueule béante, il va mordre une proie ; à mesure que les crochets s'enfoncent dans la plaie, le venin s'y écoule et pénètre dans le sang de l'animal blessé.

La *langue*, en général très mobile chez les **Sauriens** et les **Ophidiens**, n'effectue que des mouvements limités chez les **Crocodiliens** et les **Chéloniens**. Très charnue dans ces deux ordres, la langue présente des formes variables parmi les Sauriens ; elle est longue, grêle et bifide chez les Serpents. C'est surtout un organe sensoriel.

Le tube digestif est court ; la courbure de l'estomac s'accuse déjà ; une *valvule iléo-cæcale* apparaît ici *pour la première fois chez les Vertébrés supérieurs* ; elle délimite en avant le gros intestin qui aboutit d'autre part dans un cloaque.

Valvules conniventes et villosités intestinales atteignent un développement important.

Un *foie* avec vésicule biliaire et un *pancréas* distinct versent les produits de leur sécrétion dans les canaux cholédoque et de Wirsung qui se confondent avant de parvenir à l'intestin.

Un rudiment de *muscle diaphragme* apparaît chez les Reptiles ; l'ébauche en est plus prononcée chez les **Crocodiliens**.

Appareil respiratoire. — Les Reptiles respirent par des poumons dès leur naissance (Voir page 87).

Appareil circulatoire. — La disposition en a été envisagée longuement (Voir pages 124-126).

1° Tous les Reptiles, sauf les Crocodiliens, ont un cœur avec 2 oreillettes et un ventricule à demi cloisonné ;

2° Les **Crocodiliens** ont un cœur droit et un cœur gauche indépendants, mais les artères aorte droite (ventricule gauche) et aorte gauche (ventricule droit) communiquent par le *foramen de Panizza*.

Chez tous les Reptiles, la circulation est donc double et incomplète.

Appareil excréteur. — En général petits, compacts et lobés, les reins présentent, chez les **Serpents**, une forme allongée et rubanée. Les **Sauriens** et les **Chéloniens** seuls ont une vessie urinaire, qui débouche sur la paroi ventrale du cloaque, indépendamment des deux uretères ; ceux-ci ont des orifices distincts dans le cloaque.

Relation. — **Système nerveux**. — Sa configuration générale a été décrite (Voir page 260, fig. 233, D).

La conformation de l'**encéphale** décèle, pour les Reptiles, un degré d'intelligence supérieur à celui de tous les Vertébrés étudiés jusqu'ici. Les *hémisphères cérébraux* sont bien développés ; on y peut remarquer (et pour la première fois parmi les Vertébrés) une *écorce grise cérébrale qui en occupe la région dorsale*. Le *corps calleux* est visible, le *trigone* commence à s'ébaucher.

L'épiphyse du cerveau intermédiaire porte, chez les Lézards, un *œil pinéal* logé dans le *trou pariétal* du crâne.

Le *cerveau moyen* est divisé en 2 lobes optiques; parfois il en comprend 4 (ébauche de la paire postérieure des *tubercules quadrijumeaux* des Mammifères).

Organes des sens. — Des *boutons terminaux intra-épidermiques* existent sur les lèvres et la cornée des Reptiles; la langue des Serpents renferme des corpuscules du tact.

On remarque dans la langue des **Sauriens** et des **Crocodiliens** des *bourgeons gustatifs*.

Les Reptiles possèdent une cavité nasale fort réduite, qui s'ouvre dans la bouche, en arrière.

L'oreille des Reptiles diffère surtout de celle des Amphibiens par le plus *grand développement du limaçon*. Peu accentué encore chez les **Tortues** et les **Serpents**, *le limaçon forme un canal légèrement contourné en spirale chez les* **Crocodiliens**.

Le globe de l'œil est sphérique chez les Reptiles; il se rapproche de celui des Oiseaux que nous étudierons plus loin.

I. — CHÉLONIENS

Reptiles marcheurs ou nageurs, protégés par un exosquelette osseux (carapace dorsale, plastron ventral). Os carré immobile. Gaine cornée recouvrant les mâchoires dépourvues de dents.

1° *Exosquelette incomplet.*

Carapace plate, ovale, dont *les plaques latérales* sont peu ou pas développées; les os du plastron sont mobiles. Une peau épaisse, non écailleuse, recouvre la carapace et le plastron. Pattes transformées en palettes natatoires. Tête et pattes non rétractiles.

Trionyx. 3 *griffes* aux pattes.

L'espèce *Tr. ferox* est une Tortue dont la morsure est redoutable et la chair excellente: elle vit dans les fleuves de la Caroline.

2° *Carapace avec plaques latérales bien développées. Écailles épidermiques. La tête est rétractile dans l'exosquelette assez tardivement ossifié.*

Tortues marines. — *Chelone.* Grandes Tortues protégées par une carapace aplatie et cordiforme que recouvrent de grandes écailles imbriquées. La carapace et le plastron ne sont soudés sur les bords que par les prolongements digitiformes des pièces du plastron. Ces tortues ont les pattes adaptées à la natation; elles vivent dans les mers chaudes.

Le Caret (*Ch. imbricata*) fournit la belle écaille du commerce; il vit dans les océans Atlantique et Indien. Il n'est pas comestible, tandis que la Tortue franche (*Ch. esculenta*) a une chair très délicate; cette dernière espèce vit au Brésil et dans la mer du Japon.

Tortues de marécages. — *Exosquelette complet* à l'état adulte; carapace et plastron soudés sur les côtés d'une manière continue.

Emys; carapace peu bombée; doigts libres avec 3 phalanges, terminés par des griffes. Dalmatie, Grèce, Amérique. — *Cistudo.*

La Tortue commune (*C. Europæa*) est très répandue dans le sud de l'Europe; elle se rend à terre pendant la nuit. Elle vit de Vers, de Mollusques, de Poissons et de plantes.

Tortues terrestres. — *Testudo* (fig. 675); carapace très bombée où

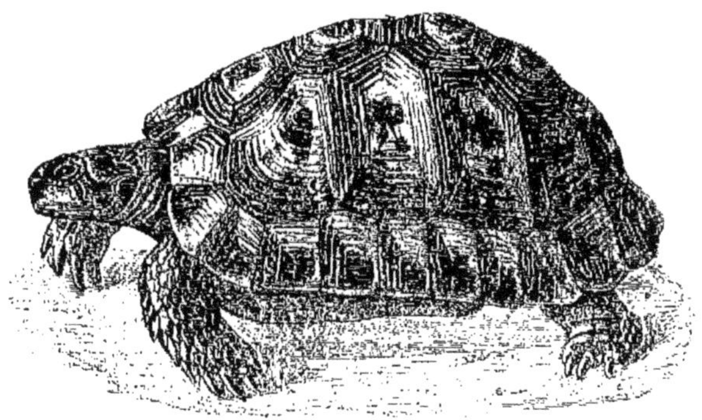

FIG. 675. — *Testudo mauritanica* (Tortue mauritanique).

peut s'abriter entièrement le corps; 5 doigts avec 2 phalanges, réunis par la peau jusqu'aux ongles.

La Tortue grecque (*T. græca*) habite les endroits humides et ombragés des pays chauds (sud de l'Europe, Asie Mineure); elle vit de plantes.

II. — LÉPIDOSAURIENS

Reptiles couverts d'écailles épidermiques et pourvus de membres (**Sauriens**) *ou non* (**Ophidiens**). *Os carré mobile.*

(*A*). — SAURIENS

Lépidosauriens avec membres.

1° **Fissilingues.** — **Langue fourchue**, *mince et protractile. Paupières complètes en général. Petites écailles imbriquées sur le tronc.*

Lacerta (Lézard); longue queue, tête couverte de larges plaques polygonales; surface ventrale du corps avec des plaques carrées disposées en séries obliques. Habite les endroits exposés au soleil et se nourrit d'Insectes et de Vers.

Le Lézard commun (*L. muralis*, fig. 675) est gris et s'abrite dans les interstices des pierres. *L. agilis* est verdâtre et de forme trapue ; *L. viridis* est vert, pourvu d'une longue queue, etc.

Varanus (Varan) ; tête sans larges plaques polygonales. Corps couvert de tubercules écailleux sur le dos et sur le ventre.

Le Varan du désert a la queue arrondie ; il vit dans l'Afrique septentrionale. Le Monitor a la queue comprimée avec une carène ; il vit sur les rives du Nil, mange les œufs de Crocodile, chasse les Oiseaux et les Mammifères.

2° **Vermilingues.** — **Langue vermiforme,** *protractile et préhensile. Grande paupière extensible percée d'une petite ouverture en son milieu.*

Chamæleon (Caméléon) ; tête pyramidale ; corps comprimé latéralement et couvert d'une peau chagrinée ; queue mince, longue et préhensile. Pattes également préhensiles terminées par 5 doigts (3 en avant, 2 en arrière). La peau peut changer de couleur sous l'action de la lumière et par la volonté de l'animal.

La langue du Caméléon est un appareil préhensile, renflé à son extrémité et creusé en coupe, qui peut dépasser la longueur du corps quand l'animal la déploie pour saisir une proie. Lent et paresseux, le Caméléon grimpe bien sur les arbres, y demeure immobile des heures entières, guette les insectes sur lesquels il darde sa langue avec la rapidité d'une flèche.

3° **Brévilingues.** — **Langue courte** *et épaisse.* 0, 1 *ou* 2 *paires de membres.*

Scincus (Scinque) ; corps serpentiforme couvert d'écailles lisses. 4 membres pourvus de 5 doigts. Égypte. — *Seps* ; corps très allongé ; 4 membres rudimentaires. Dalmatie. — *Pseudopus* ; rudiments de pattes postérieures. Europe méridionale.

Anguis ; corps allongé sans membres.

L'Orvet est commun en France : il se cache dans des trous pendant le jour ; il capture pendant la nuit les Lombrics et certains Mollusques dont il se nourrit. On l'appelle Serpent de verre, parce que son corps serpentiforme se brise facilement.

4° *Crassilingues*. — **Langue épaisse et charnue,** *courte, non protractile. 4 membres pourvus de doigts libres. Habitent les pays les plus chauds.*

Iguana (Iguane) ; grande taille, dos hérissé d'une crête dentelée en avant ; se nourrit de plantes. Chair délicate.

Draco (Dragon).

Une sorte de parachute est porté par les côtes très allongées chez *D. volans* qu'on rencontre à Java.

(*B*). — **OPHIDIENS (SERPENTS)**

Lépidosauriens sans membres.

1° **Colubriformes.** — *Les deux mâchoires sont armées de dents crochues non venimeuses (Aglyphodontes); la dernière dent de la mâchoire supérieure est parfois cannelée, en rapport ou non avec une glande venimeuse (Opisthoglyphes).*

(a) **Aglyphodontes.** — *Pas de crochets venimeux*; tête couverte de plaques ou d'écailles.

Colubridés (Couleuvres). Tête distincte peu large avec une denture complète.

Certaines espèces habitent sur terre, les autres dans les lieux humides, au bord des ruisseaux, des mares, etc.

Fig. 676. — *Zamenis viridiflavus.*

Couleuvres terrestres : Coronella; écailles lisses.

La Couleuvre lisse, très répandue en Europe, a le dos roux avec des taches noirâtres.

Zamenis (fig. 676); Couleuvre verte et jaune.

Couleuvres habitant les lieux humides : Tropidonotus, écailles carénées.

La Couleuvre à collier porte sur la nuque un collier de couleur claire (jaune pâle, orangé ou rougeâtre); elle est verdâtre sur le dos et les flancs, d'un noir bleuâtre en dessous. Cette espèce est la plus commune en France, vit dans les prairies humides, les bois marécageux, s'établit près des habitations ; souvent, pendant l'hiver, elle se creuse une galerie dans la paille ou le fumier. Elle nage et plonge bien dans l'eau. Inoffensive pour l'Homme, cette Couleuvre se nourrit de Souris, d'Oiseaux, de Grenouilles, etc.

Pythonidés. Serpents de grande taille et de force musculaire considérable. Tête allongée. Queue courte. *Membres postérieurs rudimentaires* terminés par un éperon corné de chaque côté du cloaque. Habitent les pays chauds.

Boa (Boa); queue préhensile. Tête couverte d'écailles. Intermaxillaire privé de dents. Brésil.

Le *Boa constrictor* mesure 3 à 4 mètres de long, quelquefois plus. Le Boa grimpe sur les arbres où il se suspend par la queue ; il attend le passage d'une proie, s'élance dessus, l'enserre dans ses replis et la broie avant de la déglutir.

Python; queue préhensile ; dents sur l'intermaxillaire.

(b) Opisthoglyphes. — 1 ou plusieurs *crochets cannelés portés en arrière* par les maxillaires supérieurs.

Cœlopeltis (fig. 677); tête quadrangulaire, haute; museau court; écailles dorsales finement striées.

La Couleuvre maillée ou Couleuvre de Montpellier est brun olivâtre sur les flancs avec une teinte rougeâtre sur le dos; le ventre est blanc jaunâtre. Elle est agressive quand on fait mine de la saisir; elle habite les terrains arides et rocailleux ensoleillés, où elle vit de petits Mammifères, d'Oiseaux et de Lézards. La morsure en paraît inoffensive pour l'Homme et mortelle pour les petits animaux.

2° Protéroglyphes. — *Serpents venimeux dont les maxillaires supérieurs, courts et immobiles,*

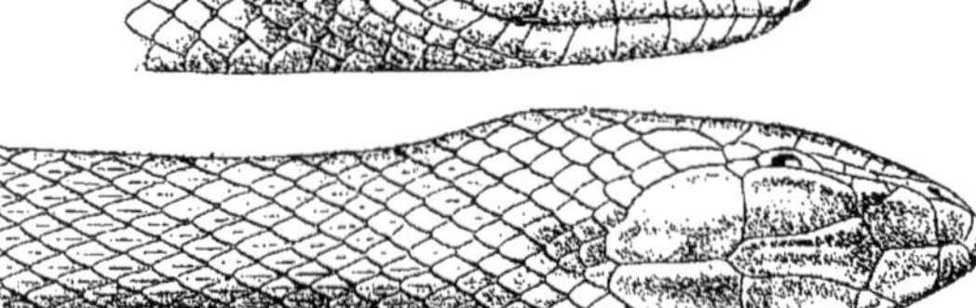

Fig. 677. — *Cœlopeltis insignitus.*

portent **en avant** *un ou quelques* **crochets cannelés** *également immobiles; en arrière, comme sur les palatins et la mâchoire inférieure, se trouvent des dents pleines à crochet. Tête non élargie en arrière et couverte de plaques.*

Ces Reptiles habitent les régions les plus chaudes de tous les pays, sauf l'Europe.

Naja; région antérieure extensible latéralement par suite de l'écartement des premières paires de côtes; le cou devient alors beaucoup plus large que la tête. Tête quadrangulaire.

L'Haje, Aspic ou Serpent de Cléopâtre vit en Égypte; c'était le serpent sacré des Égyptiens. — Le Serpent à lunettes ou Cobra présente une tache en forme de lunette sur le cou.

La morsure de ces Ophidiens est presque instantanément mortelle.

Le *Naja* peut dresser verticalement la partie antérieure de son corps, l'autre partie s'appuyant sur le sol; grâce à cette faculté, les jongleurs indiens et égyptiens (*psylles*) font exécuter une sorte de danse au Serpent, *privé préalablement de ses dents venimeuses;* ils l'excitent ou le calment par des airs musicaux, etc.

Elaps; corps allongé, très grêle. Tête aplatie.

Le Serpent corail est d'un rouge éclatant avec des anneaux noirs bordés de blanc; il vit dans les forêts de l'Amérique du Sud (Brésil, Guyanne, etc.); sa morsure est très dangereuse.

3° Solénoglyphes. — *Serpents venimeux dont les maxillaires supérieurs, très courts et mobiles, portent chacun un* **crochet canaliculé** *en arrière duquel sont de petits crochets de remplacement.*

Dents pleines sur le palais et la mâchoire inférieure. Tête triangulaire élargie en arrière.

Beaucoup de ces Ophidiens sont vivipares.

Les maxillaires supérieurs sont couchés horizontalement, ainsi que les crochets venimeux logés dans un pli de la muqueuse buccale, lorsque la gueule est fermée; à mesure que celle-ci s'ouvre, les crochets deviennent verticaux, la pointe en bas, et s'enfoncent dans la plaie que fait l'animal en mordant sa proie. Une fois la morsure faite et le venin éjaculé, le Serpent lâche sa proie et attend, avant de la déglutir, que le poison ait produit son effet.

Vipera (Vipère). *Tête large très distincte*, petites écailles lisses sur la tête en arrière; plaques frontales.

La Vipère commune, grise, rouge ou noire, à museau tronqué, atteint jusqu'à 0ᵐ,70 ; elle habite les contrées montagneuses et boisées (centre et sud de la France, Espagne).

Pelias (fig. 678); 3 plaques sur le milieu de la tête.

La Vipère péliade, petite Vipère ou lance d'Achille, a une couleur variable comme la précédente ; elle est aussi plus petite (0ᵐ,45 au maximum); elle habite les régions rocailleuses et les bois, principalement dans le nord et l'ouest de la France, en Allemagne, etc.

Fig. 678. — *Pelias berus.*

Les femelles mettent au monde, en avril (*Vipera*) ou en août (*Pelias*), des *petits vivants* qui atteignent parfois 15 à 23 centimètres de long.

Les Vipères se nourrissent de petits Mammifères et d'Oiseaux. Elles ont pour *ennemis* les Oiseaux Rapaces (diurnes et nocturnes), les Cigognes, les Corbeaux et le *Hérisson qui devrait être protégé par les agriculteurs.*

Crotalus (Serpent à sonnettes). *Grosse tête;* queue pourvue d'anneaux épidermiques emboîtés.

Le Crotale est le plus dangereux des Serpents; il vit en Amérique.

III. — CROCODILIENS

Reptiles marcheurs et nageurs pourvus de plaques osseuses dermiques dorsales ; os carré immobile. Dents implantées dans des alvéoles.

Rhamphostoma (Gavial); museau très développé; pattes avec

une membrane natatoire. Vit dans le bassin du Gange et les îles de la Sonde.

Crocodilus (Crocodile, fig. 53) ; museau court, dents antérieures de la mâchoire inférieure reçues dans des fossettes correspon-

Fig. 679. — *Alligator* (Caïman).

dantes des intermaxillaires Pattes postérieures à membrane natatoire. *C. vulgaris* ; vit en Égypte. *C. palustris* ; habite le sud de l'Asie.

Alligator (Caïman, fig. 679) ; pas de fossettes dans les inter-maxillaires ; membrane natatoire rudimentaire ; plaques osseuses dorsales et ventrales. Vit en Amérique.

§ 4. — OISEAUX

*Vertébrés aériens couverts de plumes, pourvus de 4 membres :
2 antérieurs (ailes) adaptés au vol ; 2 postérieurs propres à la
station bipède. Crâne ossifié portant 1 condyle occipital. Respiration pulmonaire. Sacs aériens. Circulation double et complète.
Température presque constante. Ovipares.*

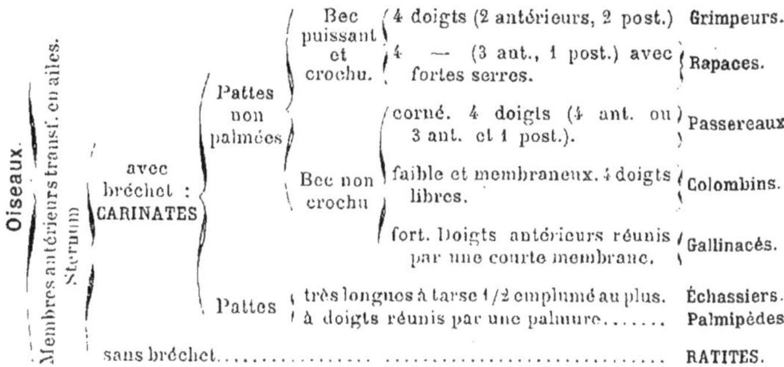

La classe des Oiseaux est la plus homogène du règne animal. A
part les **Ratites**, les types nombreux que comprend le groupe des
Carinates sont également bien organisés et ne diffèrent que par
des caractères peu importants.

Morphologie extérieure. — Les Oiseaux ont la faculté

FIG. 680. — Martinet.　　　　FIG. 681. — Héron.

de *voler* (fig. 680), de *marcher* (fig. 681) et de *sauter*. Ces propriétés
retentissent sur leur aspect extérieur, comme sur leur organisation
interne. Leur tronc repose obliquement sur leurs membres postérieurs verticaux, tandis que leurs membres antérieurs, transfor-

més en *ailes*, sont repliés et disposés latéralement. En avant du
tronc se trouve la tête légère avec un bec corné, portée par un
cou plus ou moins allongé; en arrière, la queue courte est garnie
de fortes plumes dont l'animal se servira comme d'un gouvernail.

La *pneumaticité* des os,
l'existence de vastes ca-
vités aériennes situées en
d'autres points du corps
concourent à donner,
pour un même volume,
une grande légèreté à
l'animal.

Tégument. — La peau
des Oiseaux est consti-
tuée par un *derme très
mince* que recouvre l'épiderme également réduit.
Elle repose sur un riche

Fig. 682. — Oie.

réseau de fibres musculaires lisses qui, insérées aux follicules
des plumes, déterminent par leur contraction l'érection de ces
organes.

Pas *de glandes tégumentaires*, si ce n'est la *glande uropygienne*
(glande du croupion); cette d e
nière, très développée en particulier chez les espèces aquatiques (fig. 682), est une glande
sébacée modifiée dont la sécré-

Fig. 683. — *Aquila nævia* (Aigle criard).

tion puisée par le bec de l'Oiseau est utilisée pour le lissage des
plumes.

Les formations tégumentaires sont nombreuses chez les Oiseaux :
étui corné du bec et des ergots, peau des doigts écailleuse en
quelque sorte, griffes et plumes (Voir fig. 140 et 683).

Squelette interne. — **Colonne vertébrale**. — La notochorde a complètement disparu chez les Oiseaux; l'ossification des vertèbres est complète et la soudure de toutes les pièces d'une vertèbre est parfaite.

La colonne vertébrale comprend 5 régions : cervicale, dorsale, lombaire, sacrée et coccygienne.

Les vertèbres cervicales (en nombre variable de 8 à 23 suivant la longueur du cou) sont articulées *par emboîtement réciproque;* latéralement y sont articulées les côtes.

Les vertèbres dorsales (au nombre de 6 à 10) sont peu mobiles ou même soudées complètement, ainsi que les vertèbres lombaires.

Aux 2 vertèbres sacrées primitives s'adjoignent des vertèbres lombaires et dorsales en haut, des vertèbres caudales en bas, à mesure que progresse le développement de l'Oiseau. Le nombre total des *vertèbres sacrées secondaires* ainsi surajoutées peut être de 21.

Les vertèbres caudales se réduisent à 10 environ [les premières sont libres; les dernières, méconnaissables et soudées en un os unique, le *pygostyle, co* (voir fig. 159), servent à l'insertion des pennes rectrices].

Côtes et sternum. — Les Oiseaux possèdent de 5 à 10 paires d'arcs hémaux complets comprenant de chaque côté deux *côtes* : l'une *vertébrale, co.v* (fig. 684), articulée avec la vertèbre; l'autre *sternale, co.s,* soudée au sternum antérieur. Toutes deux sont également ossifiées, et chaque côte vertébrale (sauf la dernière) porte une *apophyse uncinée, a.un,* appliquée sur la côte suivante.

Le *sternum,* très développé chez les Oiseaux, présente un large *bouclier* ventral, *bou,* pourvu d'une crête médiane, *carène* ou *bréchet, br.*

Le bréchet est d'autant plus saillant que l'Oiseau est meilleur voilier (**Carinates**); l'Autruche et tous les Oiseaux coureurs n'ont pas de bréchet (**Ratites**).

La synostose plus ou moins complète des vertèbres dorsales et suivantes, du sternum et des côtes avec leurs apophyses uncinées, donne une grande solidité à la cage thoracique des Oiseaux; les muscles moteurs des ailes y trouvent donc un point d'appui précieux pour la locomotion aérienne.

Squelette céphalique. — Le crâne des Oiseaux présente de nombreuses analogies avec celui des Sauriens; toutefois il s'en distingue par plusieurs caractères : *boîte cranienne beaucoup plus volumineuse* (en rapport avec le développement de l'encéphale); os minces, spongieux, formant une *masse squelettique continue* par la disparition de leurs sutures; 1 *condyle occipital* situé sur la face ventrale de la base du crâne; *os carré mobile.*

L'*os hyoïde* existe chez les Oiseaux; il prend un grand développement chez le *Pic.*

Membres. — I. *Ceintures*. — La ceinture scapulaire (fig. 684, A), comprend une *omoplate* allongée, *om,* appliquée en arrière sur les côtes, et un *coracoïde* volumineux, *co,* articulé à angle aigu avec l'omoplate. La cavité articulaire de l'humérus, *c.gl,* est formée par ces 2 os.

La *clavicule*, *cl*, est un os dermique qui, soudé avec son congénère, *cl*, forme la fourchette, *f*.

La **ceinture pelvienne** (B) présente un *ilium* allongé et lamelleux, *il*, auquel sont soudés l'*ischion*, *is* et le *pubis*, *pu*. Ce dernier, rudimentaire en avant, se continue en arrière par un

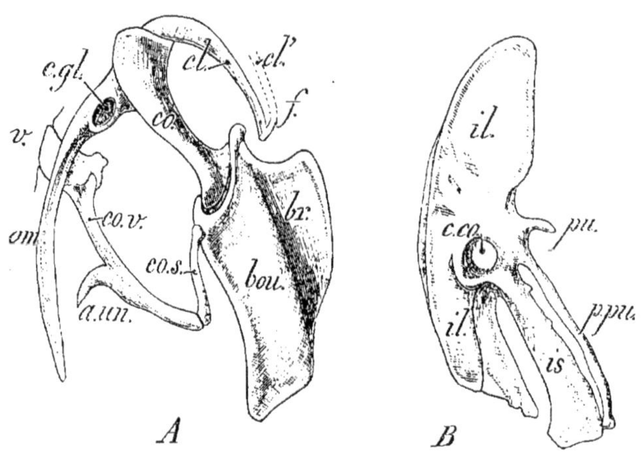

Fig. 684. — A : ceinture thoracique du Faucon et partie du tronc : *om*, omoplate ; *e.gl*, cavité glénoïde ; *co*, coracoïde ; *cl.cl'*, clavicules dont la réunion forme la fourchette, *f* ; *bou*, bouclier et *br*, bréchet du sternum ; *v*, l'une des vertèbres ; *co.v*, vraie côte ; *co.s*, côte sternale. — B : bassin de l'*Aptéryx* ; *il*, ilium ; *pu*, pubis ; *p.pu*, postpubis, *is*, ischion, *c.co*, cavité cotyloïde.

post-pubis, *p.pu*, parallèle à l'ischion et appliqué sur lui à son extrémité.

Le bassin des Oiseaux n'est pas fermé en avant par une symphyse pubienne.

11. ***Partie libre des membres***. — L'étude du membre antérieur a été déjà faite (Voir page 173).

Quant au membre postérieur, il se compose d'un *fémur*, *f* (fig. 159), d'un *tibia* volumineux, *ti*, auquel sont soudés : le *péroné* du côté externe, et certains os tarsiens à son extrémité. Les autres os tarsiens sont soudés entre eux et avec les métatarsiens.

Le nombre des doigts du pied est de 4 chez la plupart des Oiseaux, il peut être réduit à 3 (*Casoar*) ou à 2 (*Autruche*).

Nutrition. — **Appareil digestif**. — La description générale de cet appareil a été faite déjà (Voir page 66).

Le *bec* des Oiseaux est variable, soit par la *longueur relative des deux mandibules* qui le constituent, soit par la *forme de ces mandibules*.

Les mandibules ont à peu près la même longueur chez les **Passereaux**, les **Gallinacés**, les **Échassiers** en général et chez certains **Palmipèdes**; toutefois la

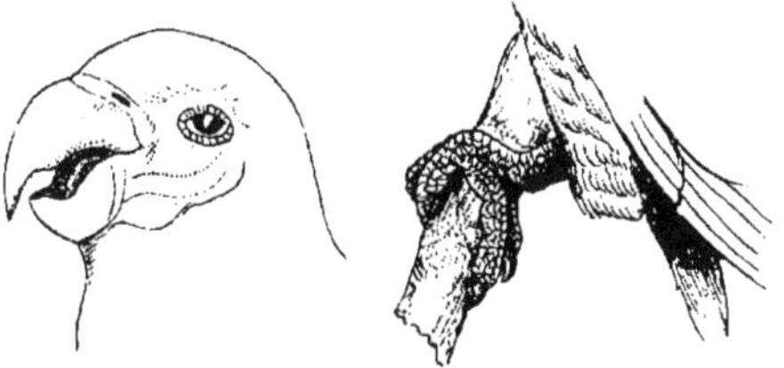

FIG. 685. — Tête et patte de Perroquet.

FIG. 686. — *Pyrrhula vulgaris* (Bouvreuil).

mandibule supérieure est plus longue et recourbée vers le bas en un fort crochet chez les **Rapaces** (fig. 683) et les *Perroquets* (fig. 685).

La forme du bec dépend beaucoup du genre de nourriture que prennent les Oiseaux:

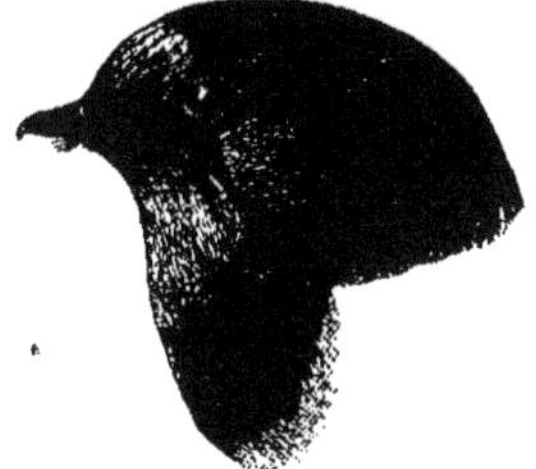

FIG. 687. — *Hirundo rustica* (Hirondelle de cheminée).

FIG. 688. — *Numenius* (Courlis cendré).

conique et court chez les Granivores (Chardonneret, Pinson, Bouvreuil, fig. 686), il est en outre *pourvu d'un fort crochet* à la mandibule supérieure chez les Rapaces qui s'en servent pour lacérer leur victime; il est *allongé et ténu* chez le Colibri qui se nourrit d'insectes; il est *aplati et fendu jusqu'au dessous des yeux* chez l'Hirondelle (fig. 687), le Martinet et l'Engoulevent qui, le bec ouvert saisissent au vol les Mouches et les Papillons; le bec est *long et fort* chez le Courlis (fig. 688) qui cherche sa proie dans la vase ou le sable humide à une certaine profondeur; il a la forme d'une *spatule* chez le Canard, l'Oie, le Cygne (fig. 689), qui puisent de petits Vers et des Mollusques dans les eaux vaseuses; le Pélican possède un bec fort *long et pourvu*, entre les 2 branches de la mâchoire inférieure, d'*une vaste poche* où il emmagasine le produit de sa pêche.

FIG. 689. — *Cygnus mansuetus* (Cygne domestique).

La *langue* des Oiseaux, peu musculeuse d'ordinaire, est revêtue d'une production cornée; les

Pics s'en servent comme d'organe préhensile, car ils peuvent la projeter fort en avant.

Les **Rapaces** et surtout les *Perroquets* ont une langue charnue dont l'épaisseur est due moins au développement musculaire qu'à l'abondance de graisse, de glandes et de vaisseaux sanguins.

Le *muscle diaphragme* forme, chez les Oiseaux, une voûte encore incomplète, mais plus nette que chez les Reptiles ; cette cloison musculaire est traversée par le cœur.

Appareil respiratoire. — Les Oiseaux respirent par des poumons traversés par les bronches, dont certains rameaux aboutissent aux sacs aériens (Voir page 87).

Appareil circulatoire. — Les Oiseaux ont un cœur à 4 cavités, une *crosse aortique droite*, une circulation double et complète à peu près analogue à celle de l'Homme et des Mammifères (Voir page 123).

Le *sang rouge* renferme des globules rouges elliptiques renflés en leur milieu (Voir fig. 97).

Appareil excréteur. — Les Oiseaux ont des reins très lobulés contigus, dans la région pelvienne ; ils n'ont pas de vessie urinaire.

Relation. — **Système nerveux.** — L'encéphale des Oiseaux présente un volume plus considérable que celui des Reptiles, et cependant la structure en diffère peu (Voir page 260, fig. 233, C et C′).

Organes des sens. — Des *corpuscules du* **tact** se trouvent uniquement sur la langue et le bec des Oiseaux.

Le *goût* est très obtus chez ces animaux.

L'organe de l'**odorat** se compose d'un *vestibule* et d'une *cavité olfactive* avec deux *cornets* : le cornet moyen très développé sous forme d'une lamelle plus ou moins enroulée, et le cornet supérieur peu saillant.

L'organe de l'**ouïe** diffère peu de celui des Reptiles dans son ensemble.

Dans l'*oreille interne*, le saccule est de petite dimension ; il communique avec l'utricule d'une part, avec le limaçon d'autre part. Le limaçon est toujours rectiligne.

L'*oreille moyenne* (caisse du tympan) communique, comme chez les Mammifères, avec des cellules mastoïdiennes. La chaîne des osselets consiste en un os unique, la *columelle*, qui s'étend de la membrane du tympan à la membrane de la fenêtre ovale.

L'*oreille externe* est représentée, chez quelques Oiseaux, par un rudiment de conduit auditif externe ; celui-ci est pourvu parfois d'un repli cutané ou d'une valvule membraneuse mobile garnie de grandes plumes et faisant office de pavillon (Hibou, Grand-Duc, fig. 690).

L'organe de la **vue** présente, chez les Oiseaux de proie surtout, une cornée transparente plus convexe que celle des Oiseaux aquatiques.

Fig. 690. — *Bubo maximus* (Grand-Duc).

La sclérotique renferme parfois un anneau formé de pièces osseuses, souvent aussi des plaques cartilagineuses. La choroïde envoie, à travers la rétine, un repli vasculaire saillant dans le corps vitré, le *peigne*, qui doit servir d'écran à la rétine lorsque la lumière est trop vive. Cet appendice présente jusqu'à 16 plis ; son éclat est métallique, verdâtre et forme un tapis chatoyant qu'on rencontre aussi chez les Reptiles et chez les Poissons où il s'élargit en forme de cloche (*Campanule de Haller*).

Le cristallin a une forme plus bombée.

Les paupières sont mobiles chez les Oiseaux qui en possèdent encore une troisième appelée *nictitante*. La nictitante préserve l'œil des chocs ou de la trop grande lumière.

Larynx. — Les Oiseaux possèdent 2 larynx : l'un supérieur, rudimentaire, situé en arrière de la langue (*larynx ordinaire*), incapable de produire des sons ; l'autre inférieur (*syrinx*), situé en général au carrefour de la trachée-artère et des bronches, quelquefois sur les bronches mêmes.

Le syrinx est le véritable appareil vocal des Oiseaux, celui qui module les sons.

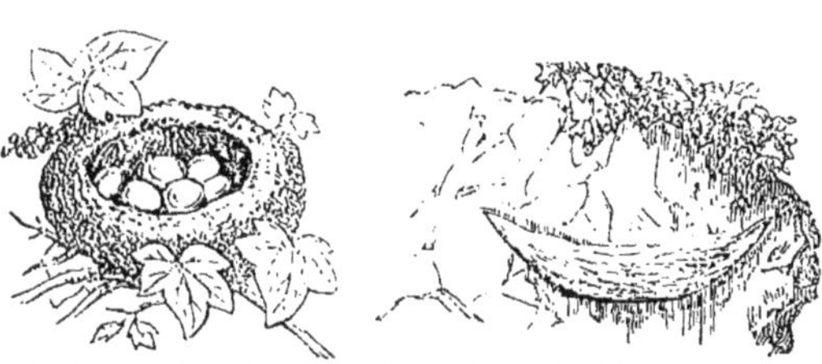

Fig. 691. — Nid de Pinson à gauche. — Nid de l'Hirondelle Salangane à droite.

Œuf des Oiseaux. — Tous les Oiseaux sont *ovipares*. Ils construisent un *nid*, de forme et de nature variables suivant les espèces considérées (fig. 691), et ils y déposent leurs œufs.

Un œuf est ainsi composé :

1° Un *vitellus blanc*, *vit. bl* (fig. 691 *bis*), qui embrasse le *vitellus jaune*, *vit. j.* ou vitellus nutritif. Le vitellus blanc forme, en un point de sa surface, un épaississement lenticulaire, appelé *cicatricule*, *cic*, qui se prolonge en forme de battant de cloche au centre du vitellus jaune.

2° Le *vitellus jaune*, *vit. j*, est constitué par une masse de cellules pourvues de matières grasses, de granulations caséeuses, de pigments colorés, etc.

3° La *membrane vitelline, m. vit.*

4° L'*albumen* ou *blanc, al* (1), (2), (3) comprend une substance nutritive plus dense au centre qu'à la périphérie.

5° Une *membrane coquillière* à 2 feuillets, m_1, m_2, s'applique étroitement par son feuillet externe, m_1, contre la coquille *coq*; le feuillet interne, m_2, supporte deux ligaments ou *chalazes, ch*, qui maintiennent la masse centrale de l'œuf

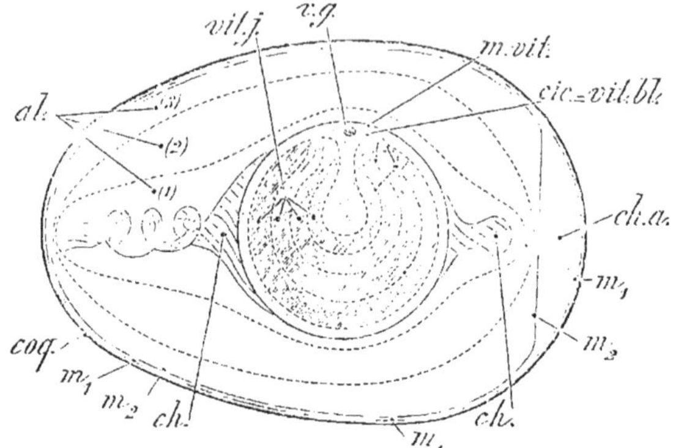

Fig. 691 *bis*. — (Œuf des Oiseaux, *coq*, coquille; m_1, m_2, membrane coquillière à deux feuillets; *ch. a.* chambre à air; *al.* albumen; *ch*, chalazes; *vit. j.* vitellus jaune; *vit. bl.* vitellus blanc formant la cicatricule, *cic.*

(jaune) au milieu de l'albumen. Vers le gros bout de l'œuf, les deux feuillets de la membrane coquillière circonscrivent la *chambre à air*, *ch. a*, pleine d'un gaz comprenant pour 100 : 23,5 d'oxygène, des traces d'acide carbonique et 76 environ d'azote.

6° La *coquille*, *coq*, est une substance organique sulfurée (kératine), imprégnée de sels calcaires et parfois de pigments (coquille colorée ou tachetée).

Les œufs sont pondus ordinairement à un jour d'intervalle, quand la femelle en produit plusieurs. Beaucoup d'Oiseaux de mer (Manchot, Pingouin), ne pondent qu'un seul œuf; les grands Oiseaux de proie, la Tourterelle, le Martinet, etc., en pondent 2; les autres en produisent davantage, surtout la Poule (fig. 692) et l'Autruche.

La *durée de l'incubation* est de 11 ou 12 jours pour le Colibri et le Roitelet, de 15 à 18 jours pour les Oiseaux

Fig. 692 — *Gallus* (Coq et poule).

chanteurs, de 21 jours pour la Poule, de 6 semaines pour le Cygne, de 2 mois environ pour l'Autruche. Cette durée dépend de la grosseur de l'œuf, de la constance de température déterminée par la mère qui couve et du développement du jeune à l'éclosion.

Le Coucou pond furtivement et isolément ses œufs dans les nids des Passereaux, se déchargeant sur eux des soins de l'incubation.

Nombre d'Oiseaux *émigrent*, à l'approche des froids, soit des hautes altitudes vers les plaines, soit des pays froids vers des régions plus clémentes.

I. — CARINATES

I. — GRIMPEURS

Oiseaux à bec robuste. Pattes comprenant 2 doigts antérieurs et 2 doigts postérieurs. Plumage rigide; peu de duvet.

1° Perroquets. — *Bec épais à mandibule supérieure fortement crochue; langue charnue. Narines percées dans une membrane appelée cire. Pattes fortes à tarses courts.*

Ces Oiseaux, actifs et intelligents, s'apprivoisent facilement. Par l'éducation des mouvements de leur langue épaisse, ils arrivent peu à peu à imiter les accents de la voix humaine. Ils ont un plumage fort riche en couleurs parfois; ils volent et grimpent le long des branches, en s'aidant de leur bec.

Les Perroquets vivent en société dans les forêts des contrées tropicales et se nourrissent de fruits, de graines, etc. Ils pondent 1 ou 2 œufs dans un nid établi au fond d'un creux d'arbre ou de rocher.

Psittacus (Perroquet vrai, fig. 685); bec dont l'extrémité est fortement recourbée. Queue courte et carrée; côte occidentale d'Afrique. — *Conurus* (Perruche), queue conique; joues emplumées; belle couleur verte; vit au Chili. — *Sittace* (Ara); le plus grand des Perroquets, avec des joues nues; Amérique. — *Cacatua* (Cacatoès); tête ornée d'une huppe; queue courte et large.

2° Coucous. — *Bec long, légèrement crochu et profondément fendu.*

Cuculus (Coucou, fig 693); bec faible. Très commun en France dans les bois.

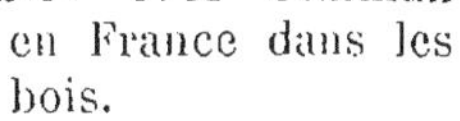

Fig. 693. — *Cuculus* (Coucou).

Le Coucou est gris-cendré en dessus, blanc rayé de gris sous le ventre.

La femelle ne construit pas de nid; elle pond à terre un assez petit œuf qu'elle porte, à l'aide de son bec, et dépose furtivement dans le nid d'une Fauvette ou d'un Traquet. L'œuf est couvé par l'Oiseau propriétaire du nid; après l'éclosion le jeune Coucou, beaucoup plus grand et plus turbulent que ses commensaux, les culbute hors du nid sans que leurs parents cessent d'avoir les mêmes égards pour leur fils d'adoption.

Le Coucou détruit beaucoup d'Insectes et de Chenilles.

3° Pics. — *Bec fort, droit et conique dépourvu de cire. Langue plate, cornée et longue, pouvant être projetée fort loin.*

Ces Oiseaux (fig. 694), grimpeurs par excellence, ont une queue formée de plumes raides qui leur servent de point d'appui pour monter le long des arbres. A l'aide de leur bec, ils frappent violemment les troncs d'arbres et font sortir des fentes de l'écorce les Insectes qui s'y trouvent.

Ils établissent leur nid dans les troncs des arbres pourris et y pondent des œufs d'un blanc pur.

Les Pics habitent les forêts et les jardins parfois; *ils rendent*, en général, *de grands services à la sylviculture*, en détruisant un nombre considérable d'Insectes et de larves.

Picus; plumage raide, bec fort; langue avec crochets.

Le Pic vert et le Pic Épeiche sont communs en Europe.

FIG. 694. — *Picus major* (Pic Épeiche).

II. — RAPACES

Oiseaux à bec puissant et crochu. 3 doigts antérieurs et 1 doigt postérieur armés d'ongles crochus (serres).

Les Rapaces, essentiellement carnivores, se nourrissent de chair vivante, parfois de cadavres (*Vautours*). Leurs victimes sont surtout des Mammifères et des Oiseaux qu'ils maintiennent avec leurs serres et déchirent à l'aide de leur bec; ils avalent la chair et les téguments, vomissent sous forme de boulettes les poils et les plumes non digestibles et utilisent le reste.

La femelle couve seule dans un nid établi sur les arbres, les tours ou au sommet des rochers élevés (*aire* de l'Aigle).

FIG. 695 — *Milvus regalis* (Milan royal).

1° Diurnes. — *Rapaces dont les yeux petits sont dirigés latéra-*

lement; doigt externe dirigé en avant. Leur plumage est raide et leur vol bruyant.

(a) Falconidés (Faucons). — *Bec court et généralement denté. Tête, cou et tarses emplumés en général. Ailes grandes et pointues.*

FIG. 696. — Faucon Emérillon.

Aquila (Aigle). Long bec, non échancré et droit à la base; tarses emplumés jusqu'aux doigts. *A. imperialis* (Aigle impérial); Europe méridionale. *A. nævia* (Aigle criard, fig. 683); habite le midi de la France.

L'Aigle se nourrit de Mammifères et d'Oiseaux; après avoir plané dans les airs, il fond brusquement sur eux, les saisit avec ses griffes et peut les emporter près de son aire.

Milvus (Milan); longue queue fourchue; bec sans échancrure. Le Milan royal (fig. 695) ravit la proie des Rapaces plus faibles que lui et chasse les petits Rongeurs; on le trouve dans le sud de la France.

Buteo (Buse); bec gros et court; vole lourdement. — *Falco* (Faucon); bec court, très recourbé, avec une dent proéminente; ailes pointues.

Les Faucons sont les plus rapides voiliers parmi les Rapaces; aussi les employait-on beaucoup pour la chasse. Le Faucon commun, la Crécerelle, l'Émerillon (fig. 696), le Gerfault, etc., nichent dans les trous des rochers ou sur les arbres élevés; ils se nourrissent d'Oiseaux, de Sauterelles. On emploie l'Émerillon pour la chasse à l'Alouette. Toutes ces espèces habitent l'Europe.

FIG. 697. — *Vultur* (Vautour fauve).

(b) Vulturidés (Vautours). — *Bec long, droit, recourbé seulement à la pointe. Tête et cou nus en partie. Grandes et larges ailes plus ou moins arrondies.*

Les Vautours volent lentement à une grande hauteur; ils se nourrissent de charogne, en général; ils établissent leur nid sur les arbres ou les grands rochers.

Vultur (Vautour, fig. 697); tête revêtue d'un duvet; cou entouré d'une collerette de fines plumes; habite l'Europe méridionale et l'Algérie. — *Gypaetus* (Gypaète); tête et cou très emplumés. Alpes et Pyrénées.

2° **Nocturnes.** — *Rapaces dont les gros yeux, dirigés en avant, sont entourés d'une collerette de plumes. Leur plumage est souple et leur vol silencieux.*

Les Hiboux ont l'œil et l'oreille très subtils; ils chassent, de préférence au crépuscule et pendant la nuit, les petits Rongeurs (Souris, Rat, Mulot, etc.); s'ils détruisent parfois de petits Oiseaux (ce qui est très rare), il faut convenir cependant qu'*ils rendent de grands services à l'agriculture* en détruisant les Rongeurs et les Insectes. Pendant le jour, ils se cachent dans les trous des murailles et des arbres où ils font aussi leur nid.

Strix (Effraie). — *Syrnium* (Hulotte ou Chat-Huant); plumes jusque sur les doigts des pattes. — *Bubo* (Duc); faisceaux de plumes autour des oreilles (fig. 690). Tarses et doigts très emplumés.

Otus (Hibou); taille moyenne, bec court; faisceaux de plumes sur les conques auditives.

III. — PASSEREAUX

Oiseaux à bec corné, dépourvu de cire; tarses recouverts de petites écailles; pattes comprenant 4 doigts antérieurs, ou 3 antérieurs et 1 postérieur. Appareil vocal très développé chez la plupart d'entre eux.

Cet ordre comprend la foule des petits Oiseaux qui peuplent les campagnes et les bois où ils volent, sautent, chantent ou crient, et nous égayent autant par leur ramage varié que par leur brillant plumage (un grand nombre d'espèces tout au moins).

Fig. 698. — *Alcedo ispida* (Martin-pêcheur).

1° **Lévirostres.** — *Grand bec léger, de forme variable. Pattes faibles dont les 2 doigts externes antérieurs sont souvent réunis jusqu'au milieu de leur longueur.*

Alcedo (Martin-pêcheur, fig. 698); grosse tête; bec long, droit et comprimé. Robe de couleurs variées.

Le Martin-pêcheur vit solitaire au bord de nos cours d'eau, demeure immobile sur une branche d'où il guette le Poisson, plonge rapidement dès que sa proie passe près de lui. Il fait son nid dans les trous des berges qu'il a tapissés d'arêtes de Poissons.

2° **Ténuirostres**. — *Long bec grêle et très pointu ; pattes identiques à celles des* **Lévirostres**.

Oiseaux-Mouches. — Bec long et mince, droit.

Ce sont les plus petits et les plus charmants de tous les Oiseaux par leur élégance et leur brillant plumage. Leurs ailes longues et pointues leur permettent un vol d'une extrême rapidité pendant lequel ils saisissent des Insectes butinant sur les fleurs.

Ces Oiseaux, dépourvus d'appareil vocal, habitent tous l'Amérique et *émigrent*, lors du froid, vers les régions tropicales.

3° *Fissirostres*. — *Bec aplati et fendu jusqu'au dessous des yeux ; petit cou ; tête plate. Ailes longues et pointues. Pattes faibles avec 4 doigts antérieurs, ou 3 antérieurs et 1 postérieur ; les 2 externes antérieurs sont soudés.*

Ces Oiseaux au vol très rapide ont toujours le bec ouvert pendant leur course ; ils saisissent ainsi les Mouches et les Papillons. Ils vivent dans les pays chauds ; ils viennent au printemps dans les zones tempérées, mais *émigrent* à l'automne. Sauf les Hirondelles qui gazouillent assez agréablement, les autres Oiseaux sont criards (Martinet, Engoulevent).

Hirundo (Hirondelle, fig. 687); bec court et triangulaire. Queue longue et fourchue ; dessus noir brillant à reflets bleus ; ventre blanc roussâtre. — *Chelidon* (Hirondelle de fenêtre, fig. 699); dessus noir bleuâtre, sauf la partie postérieure du dos qui est blanche comme le ventre.

Fig. 699. — *Chelidon urbica* (Hirondelle de fenêtre).

Les Hirondelles, très familières, sont précieuses comme insectivores ; elles construisent leur nid dans les angles des fenêtres, au coin des cheminées, etc., en agglutinant de la terre avec leur salive.

Cypselus (Martinet, fig. 680). — *Caprimulgus* (Engoulevent); bec très plat, fort large, garni de soies raides. Plumage souple dont la teinte rappelle celle de l'écorce des arbres.

4° Dentirostres. — *Bec fort dont la mandibule supérieure présente une échancrure près de son extrémité.*

Corvus (Corbeau, fig. 700); bec long et fort. Longues ailes pointues ; queue arrondie.

Le Corbeau commun habite les grandes forêts, chasse les Souris, les Taupes, quelquefois les Lièvres. La Corneille, très commune en France, *détruit les jeunes Oiseaux* et mérite pour cela d'être sacrifiée.

Pica (Pie); *animal nuisible,* maraudeur, dénicheur d'Oiseaux, détruit les œufs et le petit gibier. — *Garrulus* (Geai); bec court et fort, échancré ; vit dans les bois.

Fig. 700. — *Corvus corax* (Corbeau ordinaire).

Le Geai doit être détruit au même titre que la Pie; il commet les mêmes méfaits.

Oriolus (Loriot, fig. 701), couleur d'un jaune vif.

Siffleur émérite, mais grand amateur de fruits, le Loriot sait se cacher parmi les arbres; il émigre à l'automne quand il n'y a plus de fruits mûrs.

Paradisea (Oiseaux de paradis). Nouvelle-Guinée.

Sturnus (Étourneau ou Sansonnet); bec long et pointu. Oiseau chanteur.

Fig. 701. — *Oriolus galbula* (Loriot).

L'Étourneau commun, d'un noir brillant, vit par bandes nombreuses dans nos contrées; il se rend *très utile* en détruisant de nombreux Insectes dans les prairies où paissent les troupeaux.

Lanius (Pie-grièche); bec comprimé en avant avec une forte dent tranchante.

Les Pies-grièches sont de petits Oiseaux de proie qui doivent être traités sans merci: elles se nourrissent non seulement d'Insectes, mais de jeunes Oiseaux encore au nid qu'elles embrochent sur une épine jusqu'au moment où elles s'en nourrissent. Elles émigrent lors de la mauvaise saison.

Parus (Mésange, fig. 702); bec court, pointu ; corps ramassé avec de vives couleurs.

Fig. 702. — *Parus cæruleus* (Mésange).

Très agiles, les Mésanges explorent les arbres pour y puiser œufs d'Insectes et chenilles, larves diverses; elles pondent de 15 à 18 œufs dans des nids remarquablement construits, et nourrissent les jeunes avec une quantité prodigieuse d'Insectes et de larves. *Les Mésanges sont donc utiles à l'agriculture.* Cependant la Mésange bleue détruit parfois de petits Oiseaux.

Sylvia (Fauvette). — *Regulus* (Roitelet). Petits Oiseaux chanteurs habitant les buissons et les jeunes taillis; *très utiles* à cause de la quantité d'Insectes qu'ils détruisent.

Luscinia (Rossignol, fig. 703); bec aigu; queue arrondie; dos brun-roux; ventre d'un blanc-roux. *L. rubicula* (Rouge-gorge).

Fig. 703. — *Luscinia* (Rossignol).

Le Rossignol, commun dans nos petits bois, nous charme pendant toute la belle saison par son chant merveilleux. Il émigre à l'automne. *Très utile.*

Turdus (Grive); bec grêle porté par un corps allongé et massif; dos brun, ventre blanc-roussâtre. *T. merula* (Merle noir); tout noir, avec un bec jaune.

Ces Oiseaux habitent les bosquets et les jardins, vivent d'Insectes, mais consomment aussi des baies, des fruits pulpeux. Ils émigrent à l'automne. La Grive, très grasse à cette époque, est l'objet d'actives chasses au fusil et aux collets. Le Merle peut-être réduit en captivité; on lui apprend alors à siffler, mais il ne se reproduit pas dans ces conditions.

5° **Conirostres.** — *Bec fort et conique, pouvant broyer les graines. Corps ramassé; tête épaisse portée par un petit cou. 4 doigts dont 3 antérieurs; les 2 doigts externes sont réunis à la base.*

Fig. 704. — *Alauda arvensis* (Alouette des champs).

Ces oiseaux vivent en société, se nourrissent de graines, de fruits ou d'Insectes.

Alauda (Alouette, fig. 704); bec assez court; queue peu développée. La patte présente un pouce muni d'un ongle très long et mince, en forme d'éperon droit (Oiseau coureur). Plumage de couleur terreuse.

L'Alouette des champs court très vite et vole également bien; par les beaux jours d'été, elle s'élève parfois dans les airs à de grandes hauteurs et ne cesse de chanter. A l'automne, nombre d'Alouettes se réunissent pour *émigrer* et sont alors l'objet de chasses aux collets.

Fringilla (Pinson); bec robuste et pointu.

Le groupe des Fringilles comprend de nombreuses espèces qui vivent presque toutes autour de nos habitations : le Moineau (fig. 705), de ton noir et gris-cendré ; le Verdier, d'un vert sombre avec le ventre et les cuisses jaunes ; le Pinson ordinaire aux teintes variées ; le Chardonneret, la Linotte à belle livrée d'un rouge cramoisi au printemps

Tous ces Oiseaux dévorent un grand nombre d'Insectes ; s'ils consomment des grains, ils n'en rendent pas moins de *grands services à l'agriculture*.

FIG. 705. — *Passer domesticus* (Moineau).

Pyrrhula (Bouvreuil, fig. 686) ; dos gris-cendré ; ventre rouge-ponceau vif. Bec noir.

Le Bouvreuil vulgaire *commet des dégâts* au printemps, en mangeant les bourgeons des arbres fruitiers.

IV. — COLOMBINS

Oiseaux à bec faible, membraneux et renflé autour des narines Ailes pointues de moyenne taille. Pattes faibles à 4 doigts libres (3—1) articulés au même niveau.

FIG. 706. — *Columba* (Pigeon).

Les Pigeons pondent 2 ou 3 œufs dans un nid grossier porté sur des branches d'arbre ou dans un taillis. Les petits, à l'éclosion, n'ont presque pas de plumes et les paupières closes. La mère sécrète, dans son jabot, un liquide crémeux qu'elle donne à ses petits encore trop faibles ; elle les nourrit ensuite de graines qu'elle a ramollies également dans son jabot.

Columba (Colombe, Pigeon, (fig. 706) ; queue de faible longueur

Le Pigeon Bizet (*C. livia*), entièrement gris-cendré, vit en bandes à l'état sauvage sur des rochers escarpés (côtes de la Méditerranée, en Europe et en Asie); il paraît être la souche de toutes nos races de Pigeons domestiques.

Palumbus (Pigeon ramier, fig. 707); longue queue et tarses très courts. Émigre par grandes troupes à l'automne. — *Turtur* (Tourterelle) ; corps petit et élégant pourvu d'une longue queue.

FIG. 707. — *Palumbus* (Pigeon ramier).

La Tourterelle, commune dans les bois, niche sur les arbres. Lorsqu'on la prend jeune, elle peut être réduite en domesticité.

V. — GALLINACÉS

Oiseaux à corps ramassé, à courtes ailes arrondies, pourvus d'un fort bec ordinairement recourbé à sa pointe. Jambes couvertes de plumes. Le doigt postérieur est atrophié ou inséré au-dessus de l'articulation des 3 doigts antérieurs.

Mauvais voiliers et bons coureurs, les Gallinacés vivent à terre où ils cherchent leur nourriture (graines, baies, bourgeons, Vers, Insectes) ; ils établissent leur nid dans les buissons, près du sol. Les jeunes éclosent avec des plumes, les yeux ouverts ; ils sont capables de courir et de chercher leur nourriture dès le premier jour.

Meleagris (Dindon); bec court et bombé en dessus ; lobes cutanés à la gorge et à la base de la mandibule supérieure. Le mâle étale sa large queue en faisant *la roue* ; en même temps, il fait entendre un glouglou caractéristique.

Phasianidés. — *Tête dénudée en partie sur les joues, souvent surmontée d'une crête charnue.*

Ailes moyennes arrondies ; longue queue, souvent large, présentant chez le mâle de longues couvertures. Pattes robustes dont les doigts antérieurs sont armés de fortes griffes pour gratter le sol.

Le mâle, plus gros que la femelle, possède une brillante parure.

Gallus (Coq, fig. 692); crête dentelée sur la tête; 1 ou 2 lobes charnus sous la mandibule inférieure. Les grandes couvertures de la queue, recourbées en faucille, retombent en arrière en formant toit.

Le Coq et la Poule ont été réduits en domesticité; on en élève de nombreuses races (cochinchinoise, du Mans, de la Bresse, Crève-Cœur, de Houdan, etc.). Leur élevage, le produit de leur ponte, leur plumage permettent aux agriculteurs de réaliser de jolis bénéfices, sans que l'entretien de la basse-cour les oblige à de grands frais.

Phasianus (Faisan); dépourvu de crête et de lobes cutanés sous la mandibule inférieure. Longue queue en toit.

Le Faisan doré aux brillantes couleurs, et le Faisan argenté, au plumage moins éclatant, habitent les bois touffus. Originaires de la Chine, ils se sont parfaitement acclimatés dans nos forêts, où ils vivent surtout au voisinage des étangs. Ils font l'objet de grandes chasses, car leur chair est des plus recherchées.

Pavo (Paon); petite tête ornée d'une aigrette. Les longues couvertures de la queue du mâle sont légères et décorées de riches dessins. Cri désagréable.

Numida (Pintade); tête nue en partie; les plumes du dos et les couvertures de la queue sont très allongées.

La Pintade commune est un Oiseau de basse-cour.

Perdix (Perdrix, fig. 708); bec court et épais. Longs tarses sans plumes, rarement avec ergots.

Fig. 708. — *Perdix rubra* (Pordrix rouge).

La Perdrix grise, à dos brun-roux rayé de noir, à ventre blanc marqué d'un fer à cheval roux-foncé est pourvue d'un bec brun; elle est commune dans les plaines du nord de la France; elle s'abrite dans les taillis pendant les grandes chaleurs. Elle fait son nid au pied d'une touffe d'herbe, dans les blés ou dans les prairies. — La Perdrix rouge a le dos brun olivàtre, une gorge blanche avec un collier noir, le ventre roux clair, le bec et les pattes rouges. Elle habite plus au sud de la France que la Perdrix grise et s'établit de préférence sur les coteaux garnis de bruyère et bien exposés au soleil. Toutes deux ont une chair fort délicate et très prisée des gourmets.

Coturnix (Caille, fig. 709); plus petite que la Perdrix, elle a de longues ailes pointues.

La Caille émigre en septembre vers l'Algérie et revient en avril; elle suit surtout les côtes d'Espagne et d'Italie pour effectuer plus sûrement la traversée

Fig. 709.— *Coturnix* (Caille).

de la Méditerranée, traversée pénible pour elle à cause de son corps lourd. Elle parvient épuisée sur la côte d'Afrique où l'on peut la prendre vivante et l'expédier comme gibier en Europe.

VI. — ÉCHASSIERS

Oiseaux à long cou grêle et à grand bec. Corps perché sur de longues pattes. Queue courte et grandes ailes.

Les Échassiers vivent en général au bord de l'eau, dans les marécages; ils peuvent, comme le *Héron*, courir rapidement sur les rivages et voler haut dans les airs. Leur nourriture consiste surtout en Vers, larves d'Insectes et Mollusques peuplant la vase des marais; parfois ils peuvent, s'ils ont le bec fort, se saisir de Poissons et de Grenouilles. Certains Échassiers comme l'*Outarde*, sont terrestres, se rapprochent des Gallinacés et sont dépourvus de doigt postérieur (Oiseaux coureurs). D'autres, comme la *Poule d'eau*, sont plus voisins des Palmipèdes;

leurs pattes courtes leur permettent de nager facilement, quoique dépourvues de palmure. La plupart des Échassiers sont migrateurs.

1° Rallidés. — *Doigts longs et grêles, pourvus de grands ongles, séparés ou entourés d'une légère membrane lobée. Bec court et fort.*

FIG. 710. — *Gallinula chloropus* (Poule d'eau).

Rallus ; bec droit à peu près aussi long que la tête ; plumage imperméable.

Le Râle d'eau vit dans les lacs et les étangs du nord de l'Europe ; il traverse la France au moment de l'émigration à l'automne.

Gallinula (fig. 710) ; bec comprimé à bords dentelés, plus court que la tête. Longs doigts aplatis en dessous.

La Poule d'eau habite en troupes les grandes herbes au bord des étangs, grimpe le long des tiges de roseaux. Elle émigre un peu vers le Midi lors des grands froids.

2° Ardéidés. — *Grands Échassiers au long cou portant une petite tête avec un fort bec à bords tranchants. Longues pattes nues ; doigts réunis par une courte membrane.*

FIG. 711. — *Ardea cinerea* (Héron).

Ibis ; bec long, recourbé en faux. Cou et face en partie dénudés. Grandes ailes ; vit dans l'Amérique centrale. — *Ardea* (Héron, fig. 711) ; corps élancé « avec un long bec emmanché d'un long cou ».

Le Héron cendré qui atteint 1 mètre de taille, porte une grande huppe sur la nuque ; il niche en compagnie au haut des arbres, des forêts, l'un d'eux perché comme sentinelle sur la plus haute cime. Il est devenu rare en France ; le Héron émigre pour l'hiver dans les contrées méridionales.

Ciconia (Cigogne), bec long et conique. *C. alba* (Cigogne blanche), plumage d'un blanc sale ; ailes noires ; bec et pattes rouges.

La Cigogne devient très rare en France, dans les Vosges, elle établit son nid au faîte des tours, des églises, des cheminées, etc. ; elle est commune en Algérie.

Sa nourriture consiste en Reptiles, Amphibiens et Poissons. La Cigogne émigre par grandes troupes à l'automne.

Grus (Grue); bec en cône allongé, pointu. Tête en partie nue. Doigt postérieur court n'appuyant pas sur le sol.

La Grue cendrée passe en France lors de ses *migrations* en mars et en octobre; elle voyage en troupes qui constituent de vastes triangles.

3° **Scolopacidés.** — *Bec long et mince, revêtu d'une peau molle; jambes grêles. 3 doigts antérieurs parfois unis par une membrane; le doigt postérieur est petit ou atrophié.*

Numenius (Courlis, fig. 688) ; corps élancé pourvu d'un long cou et d'une petite tête que termine un bec allongé et corné à l'extrémité.

Scolopax(Bécasse,fig.712);

FIG. 712. — *Scolopax* (Bécasse).

pattes courtes et vigoureuses, emplumées jusqu'au talon. — *Gallinago* (Bécassine); bec très long; pattes moyennes et nues au-dessus du talon.

Les Bécasses et Bécassines sont surtout communes en France à l'époque des passages d'automne et de printemps; elles s'établissent sur la lisière des bois humides, dans les marécages, etc., et y séjournent assez longtemps; elles constituent un gibier fort recherché des chasseurs.

VII. — PALMIPÈDES

Oiseaux aquatiques, pourvus de pattes courtes à doigts palmés (fig. 713).

Les Palmipèdes ont un plumage serré, un abondant duvet et une grosse glande uropygienne dont la sécrétion leur sert à lisser et à huiler leurs plumes. Leurs pattes courtes, placées très en arrière, ont de puissantes rames à l'aide desquelles les Palmipèdes nagent vite et avec élégance; leur démarche sur la terre ferme est au contraire maladroite. Les uns, comme la Frégate, sont dotés de puissantes ailes et volent avec une excessive rapidité: d'autres, comme le

Canard et le Cygne, pourvus d'ailes ordinaires, volent plus rarement et moins vite ; d'autres enfin, comme le Pingouin et le Manchot, ont des ailes réduites à un moignon qu'ils emploient surtout en guise de rames pour nager.

1° Totipalmes. — *Bec long porté par une petite tête. Ailes pointues et souvent très longues. Palmure commune aux 4 doigts.*

Tachypetes (Frégate); bec, ailes et queue très développés ; la membrane qui relie les doigts est échancrée. Vol puissant jusqu'à une grande distance des côtes.

La Frégate vole d'une manière infatigable et plonge pendant ce temps pour saisir les Poissons dont elle se nourrit.

Phalacrocorax (Cormoran); bec comprimé de moyenne longueur, gorge nue.

FIG. 713. — Mouette.

Les Chinois l'élèvent et l'exercent à la pêche ; ils entourent le cou de cet Oiseau d'un anneau pour lui empêcher d'avaler le Poisson qu'il a saisi.

Pelecanus (Pélican); bec avec grande poche suspendue à la mandibule inférieure.

Le Pélican fréquente l'embouchure des grands fleuves et les baies du bord de la mer Méditerranée.

2° Longipennes. — *Bec corné de forme variable. Longues ailes pointues qui permettent à ces Palmipèdes de voler rapidement et jusqu'à de grandes distances des côtes.*

Procellaria (Pétrel, Oiseau des tempêtes); pouce rudimentaire ; bec plus court que la tête.

Le Pétrel brave les violentes tempêtes, et saisit sa proie sur les vagues mugissantes ; il niche en société sur les côtes rocheuses. Mers du Nord.

FIG. 714. — *Larus argentatus* (Goéland argenté).

Larus (Goéland, fig. 714) ; pouce libre ; bec fortement crochu. — *Sterna* (Sterne ou Hirondelle de mer); bec droit.

Ces oiseaux nichent en société sur les rivages, comme le Pétrel.

3° Lamellirostres. — *Bec large revêtu d'une peau molle très riche en corpuscules tactiles ; les bords du bec sont garnis de petites lamelles transversales. Pattes palmées. Doigt postérieur rudimentaire.*

Les lamelles du bec forment un crible qui retient les animaux pêchés dans la vase (Vers et Mollusque, larves), tout en se laissant traverser par l'eau. La femelle construit son nid au bord de l'eau généralement, le tapisse de duvet et y pond un grand nombre d'œufs qu'elle couve seule. Les petits courent aussitôt après l'éclosion.

Anas (Canard); pattes rejetées fort en arrière. Bec large et aplati en avant; petit onglet au bout de la mandibule supérieure; petit cou.

Le Canard sauvage habite les grands marais et les cours d'eau. La Sarcelle, commune en France, *émigre* vers le Midi quand surviennent les froids. L'Eider, qui habite au voisinage des mers du Nord, est très recherché pour son duvet (édredon). Les Macreuses sont des espèces à chair détestable.

Anser (Oie, fig. 682); bec de la longueur de la tête, aplati à son extrémité où se trouve une lamelle cornée. Pattes moins en arrière que chez le Canard, avec une palmure moyenne.

Cygnus (Cygne, fig. 689); bec pourvu de lamelles bien

Fig. 715. — *Phœnicopterus roseus* (Flamant rose).

développées, porté par un long cou. Excellent nageur. Habite les pays tempérés et froids.

Le Cygne muet a le bec rouge surmonté d'une caroncule noire; il est l'ornement des pièces d'eau dans les parcs et les jardins publics.

Phœnicopterus (Flamant, fig. 715); bec courbé en son milieu et caractéristique. Très longues pattes.

4° **Brachyptères**. — *Bec fort en général. Ailes courtes.*

Colymbus (Plongeon); pattes palmées; ailes courtes et obtuses. Habite les mers du Nord et pond dans les lacs.

Il se tient debout à terre sur ses pattes de derrière; dans l'eau, il nage bien, construit presque un nid flottant où il pond un seul œuf. Plumage épais et très recherché.

Alca (Pingouin); ailes courtes, peu propres au vol, mais pourvues toujours de petites rémiges.

Fig. 716.
Grand Manchot.

Les Pingouins vivent en troupes considérables dans les mers arctiques; ils pondent sur les côtes dans des trous du sol et soignent leur petit.

Aptenoides (Manchot, fig. 716); ailes réduites à de courts moignons sans rémiges, dont les plumes ont la forme d'écailles. Plumage formant une fourrure épaisse et chaude. Corps adipeux.

Les Manchots nagent et rament rapidement, enfoncés dans l'eau jusqu'au cou. Ils viennent à terre sur les côtes insulaires de l'océan Pacifique (Hémisphère austral), y pondent un œuf et s'occupent de leur petit.

II. — RATITES

Oiseaux coureurs dont le sternum n'a pas de bréchet. Coracoïde dans le prolongement de l'omoplate. Ischion non soudé à l'iléon.

I. **Struthioniformes**. — *Ratites sans dents. Membres antérieurs complets, pourvus de plumes, mais impropres au vol.*

Ce groupe comprend les *Autruches* et les *Casoars*, excellents coureurs, habitants des vastes plaines tropicales. Leurs pattes très fortes portent 2 ou 3 doigts seulement. Un bec large, aplati et profondément fendu, termine la tête petite portée par un long cou presque dénudé. Le duvet est rare et les grandes plumes sont garnies de barbes souples (Autruche), rigides et parfois transformées en piquants (Casoar).

Les Autruches se nourrissent de graines, de plantes, parfois de petits animaux; la femelle pond 16 à 20 œufs. Les jeunes sont élevés par leurs parents.

Struthio (Autruche): **2 doigts aux pattes; le doigt interne seul est pourvu d'un ongle large. Habite les steppes d'Afrique.**

Les Anglais ont entrepris d'élever des Autruches dans de vastes parcs, au cap de Bonne-Espérance; ils tirent une source de bénéfices prodigieux de la vente des plumes qui ornent la queue de ces Oiseaux. Il est fort à souhaiter que pareille entreprise soit faite en Algérie par nos colons.

Rhea (Nandou); **pattes à 3 doigts; vit dans les pampas en Amérique.** — *Casuarius* (Casoar); **tête surmontée d'un appendice osseux. Cou petit et pattes courtes à 3 doigts; les ailes portent chacune 5 baguettes pointues et ébarbées. Habite les forêts de l'Australie et des îles voisines.**

II. **Aptérygiformes**. — *Ratites sans dents. Membres antérieurs réduits à un court humérus caché sous la peau.*

Apteryx; **ceinture scapulaire complète, mais réduite à de petits os.**

Gros comme un Poulet, l'*Apteryx* est couvert de plumes simples comme celles du Casoar, pendantes, à barbes déchiquetées; ses pattes sont fortes. Il vit dans les contrées boisées de la Nouvelle-Zélande et sort, la nuit seulement, des trous dans lesquels il se cache pendant le jour, pour se nourrir de larves et de Vers.

§ 5. — **MAMMIFÈRES**

Vertébrés couverts de poils et pourvus de **mamelles** *dont la sécrétion sert à nourrir les petits. Crâne ossifié portant 2 condyles occipitaux; mâchoire inférieure mobile sur le crâne sans l'intermédiaire d'un os carré. 4 membres. Respiration pulmonaire. Circulation double et complète. Température presque constante. Hémisphères cérébraux réunis par un corps calleux. Vivipares (sauf les Monotrèmes).*

Morphologie exté-rieure. — Les Mammifères sont conformés pour vivre, en général, sur la terre. Quelques-uns · cependant

Fig. 717. — *Plecotus auritus* (Oreillard).

possèdent des membres adaptés à la locomotion aérienne (**Chéiroptères** pourvus d'une membrane alaire, fig. 717) ou à la locomotion aquatique (**Pinnipèdes** pourvus de nageoires, fig. 718).

Fig. 718. — *Trichechus rosmarus* (Morse).

Le corps adopte la station horizontale, puisqu'il repose sur 4 pattes (fig. 719); mais, chez les Mammifères supérieurs, dont les membres antérieurs au moins ont un pouce opposable aux autres doigts, la station est oblique (**Singe**, fig. 720) ou verticale (**Homme**).

Un caractère très général chez les Mammifères est la brièveté de l'axe antéro-postérieur de la tête; ce caractère est d'autant plus net que l'animal considéré est plus intelligent : l'encéphale, mieux développé, est contenu dans une boîte cranienne plus vaste qui influe sur la forme générale de la tête (fig. 721).

La face présente une physionomie souvent en rapport avec le

MAMMIFÈRES			Caractères	Ordre
Protothériens.			Petite taille ; organisation primitive. Mâchoires sans dents au moins dans l'âge adulte. Bec corné. *Cloaque*. Ovipares.	Monotrèmes.
Métathériens.			Bassin pourvu en avant de 2 *os marsupiaux*. Dentition complète et variable ; pas de cloaque. Vivipares............	Marsupiaux.
Euthériens. Pas de cloaque. Vivipares.	Homodontes.		Dentition incomplète ou nulle. Membres terminés par de gros ongles recourbés.........	Édentés.
	Homodontes.		Marins carnivores ; membres antérieurs transformés en nageoires. Ni membres postérieurs ni poils. Queue transformée en nageoire horizontale. Dents ou fanons....	Cétacés.
	Hétérodontes.	Ongulés.	Nombre *impair* de doigts (le 3e plus grand). Parfois pas de canines. Estomac simple. Cæcum volumineux.........................	Périssodactyles.
		Ongulés.	Nombre *pair* de doigts (2e et 5e rudimentaires). Parfois pas de canines ni d'incisives à la mâchoire supérieure. Estomac simple ou multiple.	Artiodactyles.
		Ongulés.	*Longue trompe*. 1 ou 2 paires d'incisives énormes (défenses) ; pas de canines. 5 doigts presque égaux......................	Proboscidiens.
		Onguiculés. Herbivores	de petite taille. Incisives à croissance continue servant à *ronger* des matières dures. 5 doigts armés de griffes......	Rongeurs.
		Onguiculés. Carnassiers	de petite taille, plantigrades, pourvus de 5 doigts. Molaires à tubercules aigus.............	Insectivores.
		Onguiculés. Carnassiers	Insectivores dont les membres antérieurs sont adaptés au *vol*...................	Chéiroptères
		Onguiculés. Carnassiers	Pieds pentadactyles transformés en nageoires ; vie aquatique	Pinnipèdes.
		Onguiculés. Carnassiers	Digitigrades ou plantigrades pourvus de griffes puissantes. Dentition complète (dents carnassières). Cerveau volumineux avec circonvolutions.....	Carnivores.
		Onguiculés. Préhenseurs. Membres antérieurs au moins avec un *pouce opposable*. Dentition complète. Encéphale volumineux. Primates.	Grimpeurs ; dentition d'Insectivore. Cerveau lisse. 2 paires de mamelles........	Lémuriens.
			Tous les doigts pourvus d'ongles. Cerveau avec circonvolutions.....	Singes.
			Cerveau antérieur très développé. Langage articulé. Station verticale.........	Homme.

régime alimentaire qui influe sur la dentition ; plus courte chez

FIG. 719. — *Canis aureus* (Chacal).

les Mammifères carnassiers, la face s'allonge au contraire chez les

FIG. 720. — *Satyrus orang* (Orang-outang). — *Troglodytes niger* (Chimpanzé).
Gorilla gina (Gorille).

Herbivores qui ont une armature dentaire plus étendue (Voir fig. 51).

Tégument. — Les Mammifères ont le corps couvert de *poils.*

Les Cétacés sont les seuls Mammifères dépourvus de poils, tout au moins dans l'âge adulte.

Les poils font partie des formations tégumentaires que nous avons étudiées déjà (Voir pages 154-155). Parmi ces formations, on

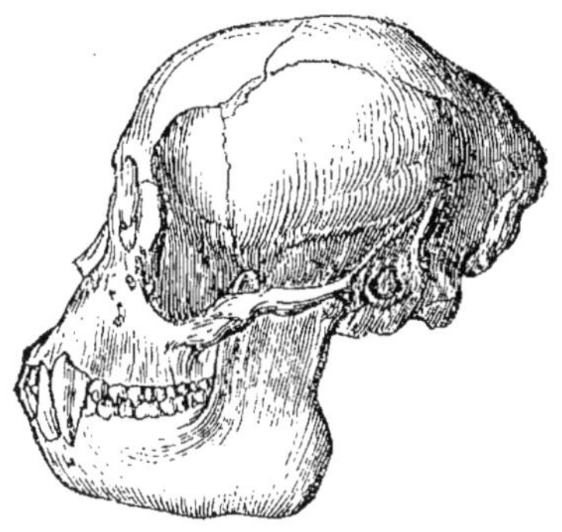

FIG. 721. — *Mycetes niger*
(Crâne de Hurleur).

range : les *callosités* des **Singes**, le bec des **Monotrèmes**, les *ongles, griffes* et *sabots*, les *cornes creuses* des **Ruminants**, la *corne nasale* du Rhinocéros, les *fanons* de la Baleine, etc.

Les *glandes cutanées* (sudoripares, sébacées, cérumineuses, de *Meibomius*, etc.) résultent, comme les poils, de bourgeons issus de la couche de Malpighi et développés dans le derme.

Parmi les glandes cutanées doivent être rangées les *glandes mammaires* qui caractérisent tous les Mammifères ; ces glandes sécrètent le *lait* dont la mère nourrit les petits aussitôt après leur naissance.

Exosquelette. — Le Tatou (fig. 722) possède une cuirasse

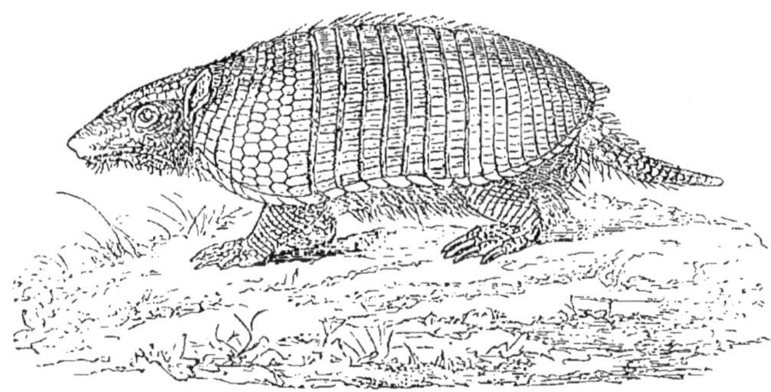

FIG. 722. — *Dasypus* (Tatou Encoubert).

formée de lames osseuses disposées sur la tête, la nuque, le dos et la queue, en bandes transversales un peu mobiles.

L'axe osseux des *bois* (fig. 735) qui ornent le front des Cervidés est aussi une formation exosquelettique.

Squelette interne. — **Colonne vertébrale.** — La notochorde a disparu complètement chez les Mammifères ; les disques fibro-cartilagineux intervertébraux demeurent indépendants des corps vertébraux ; les vertèbres sont en contact mobile par des *apophyses articulaires* très développées (Voir fig. 174).

Les *vertèbres cervicales sont toujours au nombre de* 7 (6, Lamantin ; 6, 8 ou 9, Paresseux) ; elles sont parfois soudées chez les **Cétacés**. L'*atlas* porte 2 facettes articulaires pour les 2 *condyles occipitaux ;* le corps de l'*axis* se prolonge par l'apophyse odontoïde qui occupe la place du corps absent de l'atlas (fig. 148).

Le nombre des *vertèbres dorsales* est variable (20 environ avec les vertèbres lombaires).

On compte 2 *vertèbres sacrées primaires* chez les **Marsupiaux**, chez les autres Mammifères, un certain nombre d'autres s'y ajoutent et l'ensemble, complètement soudé, constitue le *sacrum.*

Les *vertèbres caudales* sont en nombre très variable.

Côtes et Sternum. — Le nombre des *côtes dorsales* (vraies côtes et fausses côtes) est très variable ; elles présentent avec les vertèbres et le sternum les relations indiquées déjà (Voir page 161).

Dans les régions lombaire et sacrée, les côtes rudimentaires se fusionnent complètement avec les apophyses transverses pour constituer des *apophyses latérales.*

Le *sternum* est formé de 4 à 13 articles soudés en général.

Squelette céphalique. — *Les portions cranienne et viscérale du squelette céphalique des Mammifères sont plus intimement soudées que chez les autres Vertébrés* (abstraction faite du *maxillaire infé-rieur*). La face occupe la base du crâne ; elle est d'autant moins proéminente que l'animal est plus intelligent.

Les rapports des os du crâne et de la face chez les Mammifères sont à peu près identiques à ceux que nous avons signalés pour l'Homme.

Membres. — 1. *Ceintures.* — L'*os coracoïde* de la ceinture scapulaire est très réduit chez tous les Mammifères, sauf chez les **Monotrèmes** où il atteint encore le sternum. Il forme alors une apophyse de l'omoplate (apophyse coracoïde). L'omoplate prédominante, avec son apophyse acromion, sert seule à l'articulation de l'humérus. La clavicule repose sur l'acromion en dehors et sur le sternum en dedans.

La ceinture pelvienne présente une symphyse pubienne chez les Mammifères supérieurs.

Les **Monotrèmes** et les **Marsupiaux** possèdent 2 os épipubiens ou *os marsupiaux* reposant symétriquement sur les 2 pubis en avant.

II. *Partie libre des membres.* — Les principales dispositions en ont été décrites (Voir pages 172-176).

Nutrition. — Nous avons exposé précédemment la disposition et la structure des appareils auxquels incombent les fonctions de nutrition chez les Mammifères (Voir : Appareil digestif, pages 59-63 et 64 ; appareil respiratoire, page 86 ; appareil circulatoire, page 123 ; appareil excréteur, page 145).

Envisageons ici quelques caractères particuliers :

Dents. — Toute dent jeune est largement ouverte à sa base, de telle sorte que la pulpe y est activement nourrie et détermine la croissance de l'organe.

Tantôt à l'état adulte, la dent demeure ainsi large ouverte : elle est alors dite *à croissance continue* et peut atteindre une longueur considérable (*défenses* : Proboscidiens, Sanglier, Morse); tantôt elle s'use par son extrémité libre à mesure qu'elle s'allonge par sa base (incisives des **Rongeurs**, molaires des Herbivores); le plus souvent, la base de la dent ne présente plus qu'un orifice très étroit et l'organe cesse de croître.

Cæcum. — Le cæcum, très petit, parfois même absent chez les Mammifères carnassiers, présente chez les Herbivores une longueur égale ou supérieure à celle de leur corps.

Cloaque. — Les **Monotrèmes** et quelques **Marsupiaux** sont les seuls Mammifères qui possèdent un cloaque, comme les Oiseaux et les Reptiles; chez tous les autres, l'anus est indépendant du ou des orifices urinaires.

Muscle diaphragme. — Complet chez les Mammifères, le muscle diaphragme divise en deux parties la cavité générale : *cavité thoracique* et *cavité abdominale*.

Relation. — Le système nerveux a été étudié également. Quant aux **organes des sens**, ils se rapprochent beaucoup de ceux de l'Homme (Voir page 260).

Larynx. — Le larynx des Mammifères se distingue de celui des autres Vertébrés par l'existence d'une *épiglotte* et d'un *cartilage thyroïde* bien développés.

L'épiglotte a pour rôle de protéger le larynx, d'éviter que toute particule alimentaire solide ou liquide puisse accéder dans l'arbre pulmonaire; elle forme chez les **Cétacés**, avec les cartilages aryténoïdes, un long cône *saillant dans l'orifice postérieur des fosses nasales*, orifice par lequel passe l'air nécessaire à la respiration.

I. — PROTOTHÉRIENS

Mammifères de petite taille et d'organisation primitive.

1. — MONOTRÈMES

Mâchoires sans dents, recouvertes d'un bec corné, même à l'état adulte. Os marsupiaux. Un cloaque *dans lequel débouchent le rectum et les conduits urinaires. Ovipares.*

Par leurs ceintures et leurs membres, les **Monotrèmes** se rapprochent des Reptiles; leur bec corné, la soudure précoce des os du crâne les relient aux Oiseaux; l'oviparité et l'existence d'un cloaque éloignent également ces animaux des Mammifères auxquels ils se rattachent seulement par la présence de poils et l'existence de mamelles.

Leurs caractères comme Mammifères relient étroitement les **Monotrèmes** aux **Marsupiaux** : naissance précoce des petits qui nécessite l'existence d'une poche marsupiale soutenue en avant par les os marsupiaux ou épipubis; encéphale avec 2 lobes optiques seulement, un corps calleux rudimentaire et une protubérance annulaire réduite.

Les **Monotrèmes** pondent des œufs, les couvent, abritent et nourrissent les petits dans la poche marsupiale, après l'éclosion, jusqu'à ce qu'ils puissent se nourrir seuls.

Ornithorhynchus (Ornithorhynque, fig. 723); bec de Canard large et aplati; le corps cylindrique est revêtu d'une fourrure épaisse

FIG. 723. — *Ornithorhynchus paradoxus* (Ornithorhynque).

et souple et terminé par une queue. Pattes palmées, à 5 doigts pourvus de fortes griffes. Encéphale lisse.

L'Ornithorhynque vit au bord des cours d'eau en Australie et s'y nourrit de Vers et d'animaux aquatiques.

Echidna (Échidné); bec allongé, étroit et cylindrique; langue vermiforme, protractile, enduite d'une sécrétion visqueuse. Corps hérissé de piquants cornés et terminé par une queue rudimentaire. Pattes avec de forts ongles recourbés. Encéphale avec circonvolutions.

L'Échidné couve l'œuf qu'il a pondu, en le plaçant dans sa poche marsupiale. Cet animal creuse la terre et se nourrit de Fourmis dont il s'empare en appliquant sa langue visqueuse sur les fourmilières qu'il a détruites à l'aide de ses ongles puissants. Il vit également en Australie.

II. — MÉTATHÉRIENS

Mammifères sans cloaque; vivipares.

II. — MARSUPIAUX

2 **os marsupiaux** *soutiennent en avant la poche marsupiale. Dentition complète et très variable. Cerveau petit avec un corps calleux rudimentaire.*

Le caractère principal des **Marsupiaux** est la présence d'une *poche marsupiale* placée sous le ventre ; cette poche renferme les glandes mammaires dont le lait servira à nourrir les jeunes.

Les **Marsupiaux** mettent au monde de bonne heure des petits de taille excessivement réduite (gros parfois comme un haricot) qui vivront pendant un certain temps, dans la poche marsupiale, du lait sécrété par la mère.

Les différences que présente la dentition des Marsupiaux sont en rapport avec les variations de leur régime alimentaire : ils comprennent en effet des carnivores (*Dasyure*), des insectivores (*Sarigue*), des rongeurs (*Phascolome*), des herbivores ongulés (*Kanguroo*).

Les Marsupiaux sont nocturnes, en général ; ils vivent dans les régions boisées de l'Australie et des îles voisines ; un petit nombre habitent l'Amérique (Sarigue).

1° Carnivores ou Insectivores.

— *Incisives petites et nombreuses ; fortes canines ; molaires hérissées de tubercules aigus. Grimpeurs, sauteurs ou coureurs.*

Fig. 724. — *Didelphys virginiana* (Sarigue de Virginie).

Didelphys (Sarigue, fig. 724); doigts libres.

Thylacinus (Thylacine ou Loup zébré); de la taille d'un Chacal.

Fort et hardi, le Thylacine est féroce comme le Loup.

Dasyurus (Dasyure); sorte de Fouine à corps ramassé.

2° Herbivores.

— *Jamais plus de 3 incisives à chaque mâchoire. Pas de canines en général ; molaires avec tubercules ou crêtes transversales.*

Phascolomys (Phascolome); Rongeur qui sort la nuit pour chercher les racines dont il se nourrit. — *Phalangista* (Phalanger); sorte d'Écureuil à queue touffue. — *Petaurus* (Petauriste); frugivore pourvu d'une membrane aliforme entre les membres, constituant un parachute. — *Macropus* (Kanguroo); herbivore avec des membres postérieurs beaucoup plus grands que les antérieurs et une longue queue (Sauteur).

Excessivement agile, le Kanguroo vit dans les plaines riches en pâturages et grimpe parfois sur les arbres; il sort de son gîte seulement pendant la nuit. On le chasse comme gibier.

Le Kanguroo géant atteint jusqu'à 1ᵐ,30 de longueur.

III. — EUTHÉRIENS

Mammifères dépourvus d'os marsupiaux. Pas de cloaque. Vivipares.

III. — ÉDENTÉS

Mammifères à dentition nulle ou incomplète. Jamais d'incisives; des canines rarement; molaires toutes semblables dépourvues d'émail. Membres massifs pourvus de gros ongles recourbés. Régime herbivore ou insectivore.

Les **Édentés** vivent tous dans l'Amérique du Sud, à l'exception

Fig. 725. — *Myrmecophaga jubata* (Tamanoir).

de l'*Oryctérope* qui habite l'Afrique et du *Pangolin* qui est africain et asiatique.

1° **Fourmiliers**. — *Corps revêtu d'une fourrure épaisse et pourvu d'une longue queue touffue; tête très allongée avec museau cylindrique étroit. Langue vermiforme et protractile. Pas de* *dents* (sauf chez l'Oryctérope). *Pattes courtes et fortes munies d'ongles recourbés.*

Les Fourmiliers se servent de leurs ongles pour creuser le sol et fouiller dans les nids des Fourmis et des Termites; ils appliquent leur langue filiforme et visqueuse sur la fourmilière en partie détruite; les Fourmis s'y accolent et l'animal les avale en retirant vivement sa langue.

Myrmecophaga (Tamanoir, fig. 725); longs poils raides; queue touffue. — *Manis* (Pangolin); corps couvert d'écailles imbriquées; longue queue; il s'enroule en boule au moindre danger. — *Orycteropus* (Oryctérope); poils courts et épais; longues oreilles, forte queue et museau rappelant celui du Porc; la chair en est estimée. Le Cap, Sénégal.

2° **Tatous**. — *Corps revêtu d'un squelette dermique. Tête allongée avec un museau conique armé de nombreuses molaires prismatiques. Pattes antérieures à 4 doigts; pattes postérieures à 5 doigts avec de longs ongles recourbés.*

Les Dasypodes peuvent se rouler en boule; ils habitent des trous pendant le jour et cherchent la nuit les Insectes dont ils se nourrissent.

Dasypus (Tatou, fig. 722). Le Tatou géant atteint presque 1 mètre.

3° **Paresseux**. — *Corps couvert de poils. Tête ronde, semblable à celle d'un Singe. Longues pattes grêles, terminées par 3 doigts avec de grandes griffes leur permettant de se suspendre aux arbres.*

Les Paresseux vivent dans les forêts de l'Amérique du Sud, effectuent des mouvements très lents et se nourrissent de feuilles.

Bradypus (Paresseux); 3 doigts à tous les membres. B. *tridactylus* (Aï); — *Cholœpus*; 2 doigts seulement aux membres antérieurs. *C. didactylus* (Unau)

IV. — CÉTACÉS

Mammifères marins, carnivores, homodontes ou dépourvus de dents. Corps dépourvu de poils. Membres antérieurs transformés en nageoires; pas de membres postérieurs; queue transformée en nageoire horizontale sans squelette osseux.

Les Cétacés sont des Mammifères adaptés à la vie pélagique. Leur corps est dépourvu presque totalement de poils (quelques soies sur la lèvre supérieure); mais il présente une épaisse couche adipeuse sous-cutanée.

La tête, non distincte du tronc, est parfois énorme (fig. 726); elle présente latéralement 2 petits yeux, *œ*, souvent situés près des coins de la bouche; plus en arrière se trouvent les orifices très étroits des conduits auditifs externes sans pavillon, *or*; les deux narines sont reléguées sur le haut de la tête et très rapprochées. Les membres antérieurs seuls visibles sont des nageoires, *na.p*, se mouvant tout d'une pièce. Sous le ventre est l'anus, *a* (C), situé entre deux sillons latéraux, *s*, qui contiennent les 2 mamelles très petites.

Le *squelette* est formé d'un tissu caverneux, spongieux, pénétré de graisse fluide.

La colonne vertébrale comprend 7 vertèbres cervicales soudées parfois en un os court, les autres vertèbres très mobiles et pas de sacrum. Les côtes sont faible-

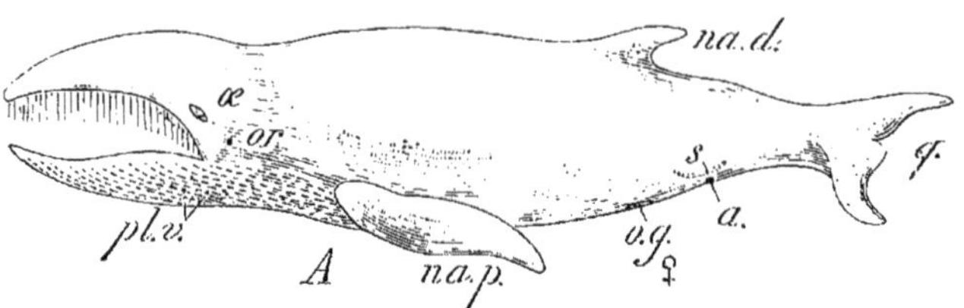

FIG. 726. — A; Balænoptère. *na.d*, *na.p*, nageoires dorsale et pectorales ; *œ*, œil ; *or*, orifice de l'oreille externe ; *pl.v*, plis ventraux ; *a*, anus entre les sillons mammaires, *s* ; *q*, queue.

ment articulées aux vertèbres dorsales ; le sternum rudimentaire est relié à une ou quelques paires de côtes seulement.

La tête (B, comprend une boîte crânienne très réduite et un museau particulièrement développé que soutiennent les maxillaires, de vastes intermaxillaires et le vomer. On trouve des dents coniques assez semblables sur les deux mâchoires (*Dauphin*) ou sur la mâchoire inférieure seule (*Cachalot*). La Baleine est pourvue de *fanons*, sortes de grandes papilles cornées qui coiffent autant de bourgeons épidermiques de la couche de Malpighi.

Les fanons sont suspendus à la voûte palatine en plusieurs séries longitudinales et parallèles ; leurs dimensions croissent du centre de la voûte à la périphérie. Quand la Baleine ouvre la gueule, l'eau s'y précipite avec une foule de petits animaux en suspension ; l'eau est rejetée latéralement, tandis que les fanons, faisant office de crible, retiennent les Mollusques, Crustacés, etc., capturés, dont se nourrit exclusivement le colosse au gosier étroit.

Les membres antérieurs comprennent 4 ou 5 doigts (2e et 3e allongés) avec un grand nombre de phalanges. Les membres postérieurs sont représentés uniquement par 2 ischions styliformes, placés longitudinalement.

Le cerveau est très réduit (son poids est environ $\frac{1}{2500}$ du poids total du corps).

Le nez ne sert pas à l'olfaction ; son orifice, simple ou double (*évents*), situé en avant du front, donne accès dans les cavités nasales de direction verticale et réunies à leur partie inférieure ; à ce niveau, le larynx fait saillie dans la cavité nasale unique et rend ainsi indépendantes les voies respiratoires et les voies digestives. La Baleine peut respirer et déglutir simultanément.

On croyait autrefois que la Baleine rejetait de l'eau par les évents ; en réalité, c'est la vapeur d'eau contenue dans l'air expiré qui se condense au contact de l'air froid et produit ces panaches de brouillard que l'on prenait pour des colonnes d'eau.

Les Cétacés vivent dans la haute mer ; les petites espèces approchent souvent des côtes et pénètrent parfois dans l'embouchure des fleuves.

1° **Denticètes.** — *Cétacés pourvus de dents.*

(a) *1 seul évent. Dents aux 2 mâchoires.*

Delphinus (Dauphin, fig. 727); museau étroit et allongé; plus de 200 dents fines et persistantes. Une nageoire dorsale.

Le Dauphin vulgaire atteint 2 mètres à 2m,50; il est très commun dans nos mers, vit par troupes de 5 à 10 individus qui s'approchent des côtes et remontent parfois les fleuves. Le Dauphin se nourrit de Harengs, de Sardines, de Maquereaux, etc.

Fig. 727. — *Delphinus delphis* (Dauphin).

Phocaena (Marsouin); tête arrondie en avant, sans bec; une nageoire dorsale triangulaire peu élevée; nageoires pectorales étroites. 100 dents environ.

Le Marsouin commun atteint 1m,60; il habite l'océan Atlantique et la Manche, abonde dans le golfe de Gascogne. Il se nourrit de petits Poissons et de Seiches et brise les filets des pêcheurs sur les côtes.

On en a capturé dans la Charente et la Loire.

(b) 1 *seul évent. 2 dents seulement à la mâchoire supérieure.*
Monodon (Narval); pas de nageoire dorsale.

Chez la femelle, les 2 dents demeurent petites; chez le mâle, la dent gauche s'allonge énormément en avant et présente une surface cannelée en spirale. Mers du Nord.

(c) 2 *évents séparés. Dents à la mâchoire inférieure seule.*
Catodon (Cachalot); tête énorme, tronquée en avant; la cavité nasale droite, très développée, est remplie de spermaceti[1].

Le Cachalot mâle atteint 18 à 20 mètres; la femelle est beaucoup plus petite. Il habite la haute mer en troupes nombreuses. Chaque bande, à la recherche de sa nourriture, nage avec rapidité; le Cachalot se nourrit de Céphalopodes surtout.

---

1. Le spermaceti ou blanc de Baleine est une matière grasse qui s'accumule dans le tissu conjonctif des Cétacés, comme la graisse; il est liquide pendant la vie chez ces animaux et se dédouble, après leur mort, en une matière cristalline et en huile. Employé pour faire les bougies de luxe et préparer les cosmétiques

La poursuite du Cachalot par les pêcheurs est dangereuse, car il peut d'un coup de tête faire échouer les embarcations; à part ces accidents d'ailleurs très rares, la pêche en est productive par la quantité énorme de *spermaceti* recueillie, par l'*huile* qu'on extrait du lard (80 à 100 barils chez les grands individus) et par l'*ambre gris* qu'on retire de l'intestin [1].

2° **Mysticètes.** — *Tête énorme; mâchoires dépourvues de dents; voûte du palais présentant des fanons. Évents séparés.*

Fig. 728. — *Balæna mysticetus* (Baleine franche).

Balæna (Baleine, fig. 728); pas de nageoire dorsale; ventre lisse; fanons très longs.

La Baleine franche atteint une longueur de 12 à 30 mètres, dont la tête occupe environ le tiers. Autrefois elle se montrait assez fréquemment près de nos côtes; mais, de plus en plus rare, elle se cantonne dans les régions boréales où vont la pêcher les baleiniers.

Balænoptera (Rorqual, fig. 726); corps élancé avec une nageoire dorsale adipeuse et une petite nageoire caudale.

VI. — PÉRISSODACTYLES

Mammifères hétérodontes et ongulés (sabots) possédant un nombre **impair de doigts;** *le poids du corps porte en majeure partie sur le 3ᵉ doigt (médian), qui est le plus grand Dentition le plus souvent complète. Estomac simple et cæcum volumineux.*

Les Périssodactyles comprennent 3 genres : *Equus* (Cheval), *Tapirus* (Tapir) et *Rhinoceros*.

Membres. — Nous avons jeté déjà un rapide coup d'œil sur

1. L'*ambre gris* est une substance odorante qui s'amasse dans l'intestin du Cachalot une fois rejeté comme excrément, il acquiert un parfum agréable dû à une matière balsamique appelée *ambréine*. Dans l'océan Indien, on trouve quelquefois des boules flottantes d'ambre gris.

la constitution du membre chez les **Périssodactyles** (Voir page 174). *Adapté exclusivement à la course* chez tous les Ongulés et chez les Périssodactyles en particulier, le membre s'allonge verticalement par le redressement des articulations (le pied touche le sol par l'extrémité des dernières phalanges : *Onguligrades*) et par l'accroissement des parties qui le constituent.

Dentition. — La formule dentaire primitive des **Périssodactyles** est : $\dfrac{3\ 1\ 4 + 3}{3\ 1\ 4 + 3}$; une prémolaire a disparu chez le Cheval (Voir page 62) ; la réduction porte sur les canines chez le Rhinocéros.

1° *Tapiridés*. — *Tapirus* (Tapir) ; tête allongée prolongée en avant par une trompe mobile, peu préhensile. Membres antérieurs à 4 doigts ; membres postérieurs tridactyles. Queue courte.

Le Tapir, de la taille d'un petit Ane, est un animal timide vivant sur le bord des cours d'eau, dans les forêts marécageuses : il nage parfaitement.

Fig. 729. — *Rhinocéros indicus* (Rhinocéros des Indes).

2° *Rhinocéridés*. — *Rhinoceros* (Rhinocéros, fig. 729) ; Pachyderme lourd, de grande taille, pourvu d'une forte cuirasse cutanée, et d'une tête allongée avec 1 ou 2 cornes épidermiques portées par les os nasaux. Membres terminés par 3 doigts.

Les Rhinocéros vivent avec les Éléphants dans les forêts tropicales de l'Afrique et de l'Asie : ils ravagent les plantations et sont très redoutables ; leur peau épaisse se laisse difficilement entamer par les projectiles.

3° *Équidés*. — *Equus* (Cheval, fig. 730) ; Ongulé de grande taille à longs membres vigoureux, terminés chacun par un seul doigt portant à terre : ce doigt (3°) est

Fig. 730. — Cheval boulonnais.

coiffé d'un large sabot. Le cubitus et le péroné sont atrophiés. Un seul os métacarpien ou métatarsien (*canon*, fig. 165). Robe non rayée : tête allongée et grêle portant de courtes oreilles : bord dorsal du cou garni d'une longue crinière flottante ; queue garnie de crin jusqu'à la base.

Dentition : $\dfrac{3}{3}\dfrac{1}{1}\dfrac{3+3}{3+3}$. Les incisives s'appellent, de dedans en dehors : *pinces, mitoyennes, coins*. Les incisives sont creusées, sur leur surface de frottement, d'une fossette d'autant plus petite que les dents sont plus usées ; c'est par ce degré d'usure qu'on peut reconnaître l'âge d'un Cheval dans certaines limites. Les canines petites persistent seulement chez les mâles. Une *barre* sépare les molaires des dents antérieures.

Le Cheval vit en troupes à l'état sauvage ; il habite de grandes plaines dans

Fig. 731. — *Asinus vulgaris* (Âne). — *Hippotigris zebra* (Zèbre). — *H. Burchelli* (Dauw).

toutes les contrées du monde. En France, on cite les chevaux de la Camargue et des dunes de Gascogne.

Domestiqué depuis longtemps en Asie, le Cheval est un des plus utiles auxiliaires de l'Homme comme coursier et comme animal de trait : on utilise même comme viande de boucherie ceux de ces animaux qu'un accident a mis hors de service. C'est un préjugé ridicule que celui de prétendre que la viande de Cheval ne peut entrer dans une bonne alimentation.

Sous-genre : *Asinus* (Ane, fig. 731); longues oreilles; crinière dressée; queue courte, pourvue de crins à l'extrémité seulement.

L'Ane domestique est sobre, facile à nourrir et plus robuste que le Cheval; il est employé, par les pauvres surtout, comme bête de trait et pour porter les fardeaux; brutalisé bien injustement, l'Ane est l'un de nos plus précieux animaux domestiques; sa chair sert à faire des saucissons (Lyon); le lait de l'ânesse est recommandé aux malades atteints d'affections de poitrine. On élève cet animal en Gascogne et dans le Poitou.

Le *Mulet*, hybride de l'Ane et de la Jument, est plus grand que l'Ane et porte comme lui de longues oreilles; la sûreté de son pied le fait rechercher comme bête de somme dans les défilés montagneux.

L'Hémione, qui vit du Thibet à la Mongolie, est intermédiaire entre le Cheval et l'Ane et possède une bande longitudinale foncée sur le dos.

Sous-genre : *Hippotigris* (Zèbre; fig. 731); robe rayée; crinière courte et droite; oreilles moyennes. Vit en Afrique.

Chez le Dauw (*H. Burchelli*), les raies manquent sur les jambes.

VII. — ARTIODACTYLES

Mammifères hétérodontes et ongulés possédant un nombre pair de doigts (*les 3ᵉ et 4ᵉ sont les plus grands*). *Dentition parfois incomplète. Estomac simple ou multiple.*

Cet ordre, qui présente avec le précédent de grandes analogies, est représenté aujourd'hui par de nombreuses formes répandues sur toute la surface du globe.

Membres. — Le caractère fondamental des **Artiodactyles** est la présence, à l'extrémité de chaque membre, de 2 *piliers médians* de même valeur physiologique, sur lesquels porte le poids du corps (Voir page 175, fig. 167).

Dentition.—Les **Artiodactyles** primitifs ont 44 dents disposées en 2 rangées continues : $\dfrac{3}{3}\dfrac{1}{1}\dfrac{4+3}{4+3}$.

Les incisives, pointues et fortes chez l'Hippopotame, s'allongent et deviennent tranchantes chez le Sanglier, le Cochon et les **Ruminants**; elles disparaissent même de la mâchoire supérieure chez les Ruminants proprement dits (fig. 51).

La canine devient une forte défense chez l'Hippopotame, le Sanglier et les **Ruminants**, et se dispose en bas contre les incisives externes.

Les prémolaires demeurent assez petites, formant une simple crête ou, au plus, 3 tubercules; les molaires ont 4 tubercules.

Les **Artiodactyles** comprennent : les *Suidiens*, les *Caméliens* et les *Ruminants proprement dits*.

A. — SUIDIENS

Dentition complète : incisives pointues; canines proéminentes (défenses). Estomac simple. Métacarpiens et métatarsiens non soudés; 4 doigts ordinairement (le pouce manque toujours).

Sus. Pattes avec 2 doigts médians plus longs et plus forts que les latéraux. Peau couverte de soies. Mamelles abdominales.

S. scrofa (Sanglier commun, fig. 732); canines inférieures longues et déjetées en dehors; canines supérieures plus courtes servant à aiguiser les premières. Les soies du dos forment une crinière hérissée.

Le Sanglier habite nos forêts et cause beaucoup de dégâts dans les cultures: la chair en est estimée, surtout la *hure*. Le Sanglier est la souche du Cochon domestique.

FIG. 732. — *Sus scrofa* (Sanglier).

S. domesticus (Cochon ou Porc, fig. 732 *bis*)

Le Porc fournit une chair excellente à condition qu'elle soit bien cuite[1], du *lard* et de la *panne* (graisse) qui,

FIG. 732 *bis*. — *Sus domesticus* (Cochon domestique).

fondue, constitue l'*axonge* ou *saindoux*; les *soies* servent à faire des brosses et des pinceaux.

1. Consulter le *Cours élémentaire d'Hygiène* par E. Aubert et A. Lapresté, pages 86 à 92.

Hippopotamus (Hippopotame, fig. 733); corps lourd portant une énorme tête avec un large groin renflé et de fortes canines dont les inférieures sont recourbées. Pattes avec 4 doigts à peu

Fig. 733. — *Hippopotamus amphibius* (Hippopotame).

près d'égale longueur, portant tous sur le sol. Peau nue. Mamelles inguinales.

L'Hippopotame peut atteindre un poids de 3000 kilogrammes; sa chair est assez appréciée: ses dents fournissent de l'ivoire. Il vit par bandes dans les fleuves et les lacs de l'Afrique et nage bien: herbivore, il pait sur le rivage pendant la nuit seulement.

B. — CAMÉLIENS

Artiodactyles sans cornes; cou long; queue courte. Des incisives à la mâchoire supérieure. Pas de soudure entre les os carpiens ou tarsiens. Pattes pourvues d'une large semelle qui unit les 2 doigts. Estomac composé de 3 poches (caillette non distincte).

A part les caractères qui précèdent et la forme ellipsoïdale des globules sanguins, les **Caméliens** ressemblent beaucoup aux **Ruminants** par leur organisation.

Camelus (Chameau, fig 734). Sur le dos se trouvent 2 protubérances graisseuses chez le Chameau d'Asie; le Dromadaire d'Afrique n'en a qu'une. Dentition : $\frac{1}{3}\frac{1}{1}\frac{3+3}{2+3}$.

Le Chameau vit dans les steppes des pays tempérés; il est précieux pour l'Arabe qui en fait son cheval du désert. Capable de porter jusqu'à 200 kilogrammes,

le Chameau peut rester une semaine sans manger ni boire ; il accumule dans
sa panse une provision d'eau pour les longues traversées du désert

Fig. 734. — *Camelus Bactrianus* (Chameau de la Bactriane).

Auchenia (Lama) ; sorte de Chameau sans bosse du Nouveau-
Monde.

Le Lama est domestiqué dans l'Amérique du Sud où on l'emploie comme bête
de somme ; il est précieux aussi par son lait, sa laine et sa chair.

C. — RUMINANTS PROPREMENT DITS

*Artiodactyles avec ou sans cornes ; pas d'incisives à la mâchoire
supérieure ; pas de canines (sauf chez les espèces sans cornes).
Molaires avec crêtes formant croissant. Estomac composé de 4 poches.*

*1° Cervicornes. — Ruminants pourvus de cornes pleines et
caduques (bois). Radius et cubitus soudés. 4 poches stomacales*

Les *bois* (fig. 735) sont des végétations exosquelettiques, intimement unies à un
revêtement corné, reposant sur 2 apophyses de l'os frontal. Ils étaient primitivement recouverts d'une peau molle, vascularisée, qui se dessèche peu à peu.

Le 1er bois est une simple *dague* ; le 2e porte un *andouiller* à la base ; le 3e
porte 2 andouillers, et ainsi de suite, le nombre des andouillers croissant avec
l'âge de l'animal considéré (*ramure*). Les femelles n'ont pas de ramure, sauf chez le
Renne. Tous les ans, les Cerfs perdent leurs bois et il leur en repousse d'autres ;
la rupture s'en opère au niveau de la *meule* (*cercle de pierrures*) qui occupe la

base du bois; les pierrures, à mesure qu'elles se développent, forment des saillies qui pressent contre la peau et ferment la lumière des vaisseaux nourriciers. Après la chute, on voit apparaître une proéminence molle, sillonnée de vaisseaux, qui donnera naissance au bois nouveau.

Les Cervidés possèdent, à chaque membre, 2 doigts médians très développés et 2 doigts latéraux rudimentaires. La tête est pourvue de grandes oreilles; au bord interne des yeux saillants se trouvent des *larmiers* ou fossettes lacrymales, sécrétant une matière huileuse.

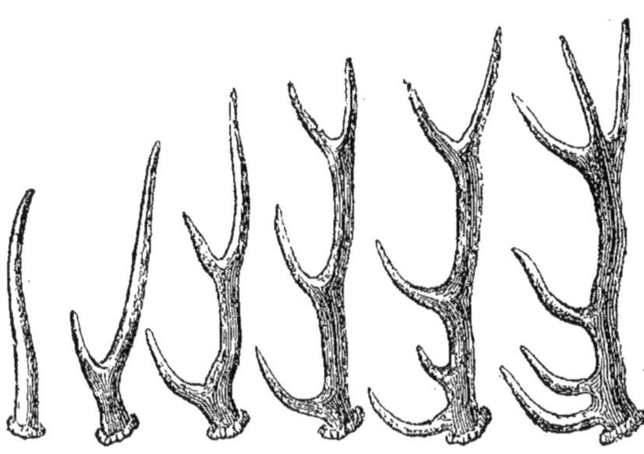

Fig. 735. — Bois de Cerf.

Fig. 736. — *Rangifer* (Renne).

Les Cervidés sont répandus dans les forêts du monde entier (sauf en Australie et dans le sud de l'Afrique); ils se nourrissent d'herbes. Très timides, ils ne peuvent être domestiqués, à l'exception du Renne (fig. 736).

Bois arrondis. — *Cervus*; bois arrondi, plusieurs fois ramifié.

Le Chevreuil a le bois fourchu et court, la queue rudimentaire et une chair estimée. Le Cerf possède une ramure à nombreuses branches chez les vieux individus (*dix-cors*, *vingt-cors*) et une chair assez grossière.

Bois palmés. — *Dama* (Daim). Tiges de la ramure d'abord arrondies, étalées ensuite en larges palettes. Italie méridionale, Espagne, Afrique.

La chair du Daim est également très estimée.

Rangifer ou *Tarandus* (Renne); gorge avec une longue crinière.

Le Renne se nourrit d'herbes, de Lichens le plus souvent; utilisé par les tribus

Fig. 737. — *Camelopardalis* (Girafe).

des régions boréales comme animal de trait, le Renne est encore précieux par sa chair, son lait, sa peau et ses bois.

Cornillons. — *Camelopardalis* (Girafe, fig. 737); tête grêle et allongée portant 2 cornillons simples recouverts par la peau, avec une touffe de poils au sommet; pas de larmiers. Langue mobile servant d'organe préhensile. La tête est portée par un long cou ; le corps assez étroit est perché sur de longues jambes.

La Girafe est le plus grand des Mammifères terrestres actuels ; elle atteint 6 mètres ; son allure paraît maladroite, car elle marche l'*amble* (les 2 pieds du même côté sont portés ensemble en avant). Elle vit dans les plaines boisées de l'intérieur de l'Afrique.

2° **Cavicornes.** — *Ruminants à cornes creuses et persistantes.*

Formule dentaire constante : $\dfrac{0\,.\,0}{3+1}\ \dfrac{3+3}{3+3}$

Les *cornes* sont des étuis cornés d'origine épidermique, revêtant deux prolongements osseux du frontal, prolongements eux-mêmes creusés de cavités spacieuses. La grandeur, la forme et la position des cornes fournissent des caractères précieux pour la classification.

Les Cavicornes comprennent les Antilopes, les Chèvres et Moutons et les Bœufs, domestiqués dès les temps les plus reculés.

Fig. 738. — *Rubicapra* (Chamois)

(a) **Antilopinés.** — *Cornes minces et allongées, le plus souvent cylindriques, droites ou courbes, parfois cannelées Corps élancé recouvert d'un poil court et porté sur de longues jambes grêles. Quelquefois des larmiers. Pas de barbe au menton.*

Les Antilopinés habitent soit les plaines des pays chauds (Arabie et Afrique), soit les hautes montagnes, ils sont extrêmement agiles.

Antilope : nez pointu ; cornes longues lyriformes ; pas de larmiers.

La Gazelle est une Antilope qui habite en troupeaux nombreux les plaines de l'Arabie et de l'Afrique septentrionale.

Rubicapra (Chamois, fig. 738) ; cornes petites, verticales, à pointe recourbée en crochet en arrière.

Le Chamois a la taille d'une Chèvre, il habite les points les plus élevés des Alpes et des Pyrénées et descend en hiver dans les vallées. Sans cesse en éveil, il vit en petites troupes, toujours protégées par des sentinelles.

(b) Ovinés. — *Cornes fortes, enroulées et recourbées en arrière, comprimées latéralement avec des épaississements annulaires. Les doigts rudimentaires (2 et 5) sont courts. 2 mamelles en général.*

Capra (Chèvre); cornes dressées presque parallèles, fortement aplaties latéralement et recourbées en arrière. Crâne étroit et front bombé, menton barbu. Pas de larmiers. 2 longues mamelles pendantes. Queue courte. Animal grimpeur, habitant à l'état sauvage les hautes montagnes de l'ancien continent.

Fig. 739. — *Capra hircus* (Bouc de Cachemir).

La Chèvre domestique présente de nombreuses races : les *Angoras* et les *Cachemirs* (fig. 739) fournissent une laine longue et soyeuse; celles d'Europe (*Chèvres des Alpes et du Poitou*) à poils grossiers, celles d'Afrique (*Chèvre d'Égypte*) à poil ras, sont précieuses par leur lait. Leur chair est peu estimée, sauf celle du Chevreau. La peau de Bouc et de Chèvre sert à faire des chaussures; celle du Chevreau, plus souple, est employée dans l'industrie gantière.

Ovis (Mouton, fig. 740); cornes insérées en arrière des yeux, plus ou moins enroulées, à section triangulaire. Crâne large et front plat. Menton imberbe. Des larmiers en général. 2 mamelles abdominales. Queue longue et pendante ordinairement.

Le Mouton sauvage vit sur les hautes montagnes, en troupeaux nombreux conduits par un vieux bélier (hémisphère septentrional).

Le Mouton domestique à longue queue, au pelage épais et

Fig. 740. — *Ovis aries* (Mouton).

laineux, aux cornes enroulées, est aujourd'hui répandu sur toute la terre. Domestiqué depuis longtemps, le Mouton est précieux par sa laine, particulièrement fine et abondante chez le *Mouton mérinos* d'Espagne (fig. 444). L'Homme utilise cette laine pour confectionner ses vêtements (drap, flanelle). Le *Mouton de prés-salés* nous fournit une chair exquise; le lait de Brebis sert à faire des fromages, comme le lait de Chèvre.

(c) **Bovinés.** — *Grands Ruminants, dont les cornes lisses, à section circulaire, sont insérées derrière les yeux et sur les côtés du front, recourbées en arrière ou en dehors, mais non enroulées en hélice. Museau tronqué, généralement nu, à narines écartées (mufle); queue plus ou moins longue avec une touffe de poils terminale. 4 mamelles en général.*

Bubalus (Buffle); front bombé, bas et étroit, avec des cornes

Fig. 741. — *Bison americanus* (Bison).

comprimées latéralement à la base; mufle nu sur toute sa longueur.

Le Buffle ordinaire ou Arni vit à l'état sauvage depuis l'Inde jusqu'en Italie et dans l'Afrique septentrionale. Il est domestiqué en Italie, où il est utilisé pour les travaux des champs.

Bison (Bison, fig. 741); front plus large que long, un peu voûté, portant des cornes insérées en arrière des orbites; ces cornes cylindriques sont dirigées à l'extérieur et recourbées vers le haut. Une forte crinière recouvre la tête et le cou. Pelage laineux.

L'Aurochs, autrefois très commun dans l'Europe centrale, n'est plus représenté que par quelques individus sauvages vivant en Lithuanie et dans le Caucase. Le Bison américain présente les mêmes caractères.

Poephagus (Yack); tête de Bison, cornes de Bœuf, queue de Cheval; toison laineuse très épaisse, tombant presque jusqu'au col. Thibet.

Le Yack est le plus grand des Bovinés; il est domestiqué sur les hauts plateaux du Thibet et de la Mongolie, où il sert de bête de somme; son lait, sa laine et sa chair sont également appréciés.

Fig. 742. — Vache bretonne.

Bos (Bœuf, fig. 443 et 742); front large et plat, portant 2 cornes en croissant très en arrière des yeux. Mufle nu sur toute sa longueur. Pelage grossier.

Le Bœuf domestique présente de nombreuses races créées *par sélection* pour le *travail*, la *boucherie* ou le *lait*; avec sa graisse, on fait du suif; avec sa peau, des chaussures; son sang sert à clarifier les liquides; ses os, sa corne et son fumier constituent d'excellents engrais.

B. indicus (Zébu); garrot avec une loupe graisseuse formant bosse.

Le Zébu sert au Thibet et en Afrique comme monture ou animal de trait; il trotte et galope. Il grogne ainsi que le Yack et ne mugit pas comme notre Bœuf.

VIII. — PROBOSCIDIENS

Mammifères hétérodontes et ongulés, de grande taille, possédant une longue **trompe** *préhensile. 5 doigts presque égaux. 1 ou 2 paires d'incisives énormes (défenses); pas de canines; molaires à crêtes transversales.*

Le corps des Proboscidiens, lourd et massif (fig. 743', est soutenu par un puissant squelette

La tête, courte et grosse, présente de nombreuses cavités dans les os qui la composent; de puissants ligaments la relient aux apophyses épineuses des vertèbres dorsales; le cou est court; aussi la *trompe*, formée de l'allongement des cavités nasales en avant et pourvue à son extrémité libre d'un appendice mobile et dactyliforme, est-elle chargée de prendre les aliments qu'elle porte à la bouche en se recourbant en arrière.

Elephas (Éléphant); 2 défenses seulement sur les intermaxillaires. Molaires avec de nombreuses cloisons transversales d'émail.

Fig. 743. — *Elephas africanus et indicus* (Éléphant d'Afrique et Éléphant d'Asie).

Estomac simple. Foie dépourvu de vésicule biliaire. Cerveau avec de nombreuses circonvolutions. Yeux petits et grandes oreilles pendantes. 2 mamelles pectorales chez la femelle.

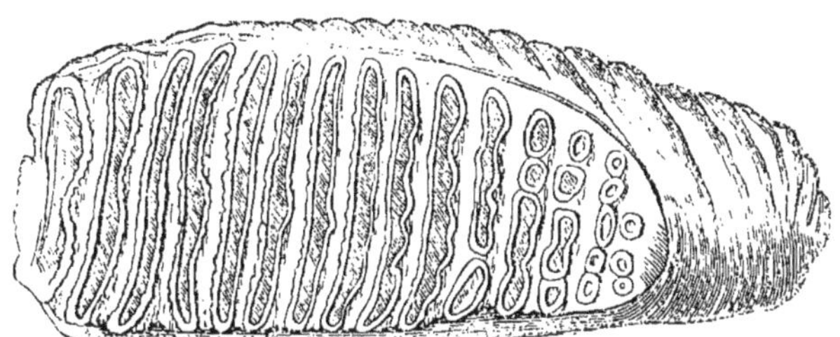

Fig. 744. — Molaire d'Éléphant d'Asie.

La dentition ne comprend que des incisives et des molaires : les canines et les incisives inférieures manquent chez l'Éléphant (Voir page 62). Les incisives coniques sont à croissance continue et presque entièrement formées d'ivoire. Les molaires tuberculeuses sont hérissées de crêtes en nombre variable (fig. 744). Les vallées en sont comblées par du cément. Les molaires poussent les unes après les autres et ne sont jamais plus de 2 ou 3 à la fois, de chaque côté de chaque mâchoire. Quand les antérieures tombent, celles qui les suivent immédiatement les remplacent.

L'Éléphant d'Asie a une grosse tête et un front concave, les oreilles et les défenses petites, les molaires avec bandes d'émail elliptiques. Il habite l'Inde et Ceylan.

L'Éléphant d'Afrique, plus grand que le précédent, a le front fuyant, de grandes oreilles couvrant le cou et les épaules, les molaires avec bandes d'émail losangiques. Il habite l'Afrique.

L'Éléphant vit en troupes, dans les contrées humides et ombragées de préférence; très intelligent, il peut être facilement domestiqué; de tout temps, l'Homme l'a utilisé comme bête de somme et comme animal de guerre.

X. — RONGEURS

Mammifères onguiculés (ongles ou griffes) et hétérodontes. Dentition incomplète : pas de canines; incisives à croissance continue; molaires à replis d'émail transversaux, à croissance limitée ou continue.

Les Rongeurs comprennent un nombre considérable de Mammifères très agiles.

FIG 745. — *Lepus timidus* (Lièvre).

dont les uns, de très petite taille, s'abritent dans des trous qu'ils ont creusés dans le sol, d'autres grimpent à l'aide de leurs pattes aux doigts très mobiles et armés d'ongles; d'autres enfin fréquentent le voisinage des eaux et nagent parfaitement. Tous sont reconnaissables à leur dentition et à la forme de la mâchoire inférieure (Voir pages 61, fig. 49 et 50).

Peu intelligents, possédant un encéphale très réduit, les Rongeurs sont sans défense contre les Carnassiers qu'ils évitent par la fuite et en se cachant dans leurs trous. Ils se multiplient avec une extrême rapidité et pullulent dans le monde entier.

1° **Léporidés.** — *Excellents coureurs dont les pattes postérieures sont plus fortes que les antérieures. Poil épais. 2 incisives accessoires très petites sont situées en arrière des principales.*

Lepus ; longues oreilles; queue courte et dressée. Clavicule rudimentaire.

Le Lièvre (fig. 745) atteint environ 0^m,50 de longueur. Il habite les champs, la lisière des bois, s'abrite dans une légère excavation, dans un sillon ou sous un buisson ; il cherche, au crépuscule seulement, sa nourriture composée de racines et de feuilles diverses (plantes potagères surtout). Il fuit au moindre bruit et fait des bonds prodigieux quand il est poursuivi. Les jeunes naissent, couverts de poils et les yeux ouverts.

Contrairement au Lièvre qui vit solitaire, le Lapin vit en société dans des galeries souterraines qu'il s'est creusées dans les landes; il en sort le soir pour paître en famille. Les petits naissent nus et aveugles.

Le Lapin de garenne a été réduit en domesticité.

Les **Léporidés** ont une chair très appréciée; aussi sont-ils recherchés des chasseurs.

2° **Subongulés.** — *Rongeurs assez lourds dont les pattes antérieures ont 4 doigts et les postérieures 3 seulement.*

Cavia (Cochon d'Inde); pattes courtes.

Dasyprocta Agouti); semblable au Lièvre et haut sur pattes. Vit dans les forêts de l'Amérique du Sud.

Fig. 746. — *Hystrix* (Porc-épic).

3° **Hystricidés.** — *Gros Rongeurs lourds. Dos couvert de piquants. Pattes courtes avec 4 ou 5 doigts armés de griffes fortes. Molaires avec plis d'émail.*

Hystrix (Porc-épic, fig. 746); animal habitant des trous d'où il sort la nuit; queue courte et longue crinière de soies sur le cou. Nord de l'Afrique, Italie et Espagne

4° **Muridés.** — *Rongeurs à corps plus ou moins svelte.* $\frac{3}{3}$ *molaires tuberculeuses. Fortes clavicules.*

Mus (Rat). Queue très longue cannelée et écailleuse; museau pointu; grandes oreilles. Molaires à surface ornée de lamelles transversales d'émail avec 3 tubercules sur chaque lamelle. Nombreuses espèces.

Le Rat noir (fig. 747), au pelage gris noirâtre, au museau très effilé, atteint 0ᵐ,15; sa queue a 0ᵐ,20.

Originaire de l'Asie centrale, il fut amené en Europe sur les navires, à l'époque des croisades, et se multiplia rapidement; il a été presque entièrement détruit chez nous par le Surmulot, beaucoup plus fort. Il vit dans les lieux secs (greniers, remises, etc.), d'où il sort surtout la nuit.

Le Surmulot au pelage brun roussâtre, atteint 0ᵐ,30; sa queue n'a que 0ᵐ,20.

Probablement originaire aussi de l'Asie centrale, il a envahi, au siècle dernier, la Russie, puis l'Angleterre par les navires, la France vers 1750 et la Suisse vers 1810. Il habite la ville et la campagne, préfère les égouts et les caves; il traverse facilement les fleuves à la nage. Omnivore, il se nourrit de végétaux, mais ne dédaigne pas la nourriture animale, dépèce les cadavres dans les abattoirs, poursuit dans la campagne poulets et perdreaux; il a détruit le Rat noir à Paris et dans les grandes villes.

FIG. 747. — *Mus rattus* (Rat noir).

FIG. 748. — *Mus musculus* (Souris).

La Souris (fig. 748), au pelage gris-brun, avec de grandes oreilles nues, atteint 0ᵐ,09; queue de même longueur.

La Souris a toujours accompagné l'Homme, s'installant partout où il élit domicile; elle se nourrit de matières végétales, de graisse, de suif, de papier, en un mot des substances les plus variées.

Le Mulot, au pelage fauve, aux pattes blanches, atteint 0ᵐ,12; queue de même longueur.

Commun dans toute la France, le Mulot habite les champs et s'y creuse des terriers dans lesquels il s'abrite et fait d'abondantes provisions (glands, faînes, épis); il mange les graines semées, ronge l'écorce des jeunes arbres et parfois attaque les petits Oiseaux. *Essentiellement nuisible.*

Arvicola (Campagnol). Forme lourde; tête large pourvue d'un museau écourté : petites oreilles et queue courte uniformément velue. Molaires à surface supérieure ornée de plis d'émail en zigzag.

Fig. 749. — *Arvicola agrestis* (Campagnol).

Très nuisibles à l'agriculture, les Campagnols se creusent des terriers dans tous les terrains cultivés (prairies, champs, jardins potagers, etc.), détruisent beaucoup de végétaux et font de grandes provisions de graines pour l'hiver. Ils se reproduisent rapidement par les temps secs; les pluies abondantes et les inondations du printemps en détruisent beaucoup, parce que les petits sont noyés dans les terriers.

Le Rat d'eau, au pelage brun-gris, atteint 0ᵐ,17; sa queue 0ᵐ,08.

Il habite des terriers sur la berge des cours d'eau; il nage avec facilité, se nourrit de racines et du frai de Poisson, détruit parfois les jeunes Oiseaux et leurs œufs, les Grenouilles et même des Poissons. Il hiberne.

Le Campagnol des champs (fig. 749) a le pelage fauve et les pattes blanches; sa longueur est de 0ᵐ,10.

Le plus nuisible de tous les Muridés, ce Campagnol exerce d'incomparables dégâts dans les champs comme sur les hautes montagnes. Il coupe le chaume du Blé avant la moisson et emporte l'épi dans son terrier, ravage les champs de carottes, coupe les racines des jeunes Trèfles et dévaste à l'automne les semailles. Il forme de véritables colonies dont les terriers sont voisins.

Putois, Fouines, Chats, Buses, Hiboux détruisent fort heureusement un nombre considérable de ces animaux.

5° Castoridés. — *Grands Rongeurs au corps épais ; courtes oreilles ; queue aplatie, écailleuse, en forme de rame. Pattes à 5 doigts armés de fortes griffes ; les postérieures seules sont palmées. Des clavicules. $\frac{4}{4}$ molaires à plis transversaux d'émail.*

Castor (Castor ou Bièvre, fig. 750); pelage très recherché comme fourrure à cause des 2 sortes de poils soyeux (les uns plus longs, les autres courts) dont il est formé. Longueur : 0^m,65 ; queue : 0^m,30 sur 0^m,10.

Le Castor, autrefois commun en France sur le rivage d'un grand nombre de

FIG. 750. — *Castor fiber* (Castor d'Europe).

rivières (en particulier la *Bièvre*, près de Paris), se trouve rarement sur les bords du Rhône et de ses affluents ; c'est surtout au Canada qu'il est abondant aujourd'hui. Il vit de jeunes pousses d'arbres (surtout de Saule), mange l'écorce de Peuplier et de Bouleau, les racines de plantes aquatiques. Il peut couper des troncs de 50 centimètres de diamètre.

A ce propos, il importe de signaler les travaux de construction des digues auxquels se livre le Castor. Une troupe de Castors établit une digue avec des branches d'arbres coupées, puis reliées entre elles par d'autres branches et de la terre glaise. Cette digue est disposée en travers d'un cours d'eau et en amont des points où la troupe édifiera, sur pilotis, des huttes pour l'hiver. Chaque hutte se compose d'un étage supérieur avec un plancher à sec et d'un étage inférieur avec une ouverture sous l'eau ; dans cette chambre immergée est placée la réserve d'écorces qui servira à l'alimentation de chaque habitant pendant la saison froide.

Le Castor a une chair excellente ; on le recherche pour sa fourrure et la substance odorante (*castoreum*) que sécrètent deux glandes spéciales placées au voisinage de l'anus.

6° **Myoxidés.** — *Rongeurs très agiles ressemblant à la Souris par leur petite tête et leur squelette, et à l'Écureuil par leur queue touffue.*

$\frac{4}{4}$ molaires. *Pouce rudimentaire.*

Myoxus (Loir); animal extrêmement nuisible.

Le Loir commun, au pelage gris brillant, blanc en dessous, atteint 0^m,15.

FIG. 751. — *Myoxus nitela* (Lérot).

Le Loir habite les grandes forêts de Chênes et de Hêtres, dont il mange les fruits; il établit son nid dans un creux d'arbre, y entasse ses provisions pour l'hiver et s'engourdit.

Le Lérot (fig. 751) a les oreilles plus grandes que le précédent et la queue touffue à l'extrémité.

FIG. 752. — *Sciurus vulgaris* (Écureuil commun).

Répandu dans toute la France, le Lérot habite les jardins et les vergers, où *il maraude et cause les plus grands dégâts.* Il consomme les fruits sucrés (prunes, abricots, poires, pêches dont il est friand) ou, à défaut, des noisettes, des œufs et de jeunes Oiseaux. Il s'abrite dans les murs, les arbres creux et même dans les nids des Oiseaux, en été; en hiver, il se réfugie dans les granges où plusieurs peuvent s'endormir, pressés les uns contre les autres.

7° **Sciuridés.** — *Rongeurs à longue queue généralement touffue. Membres antérieurs organisés pour saisir les objets; pouce rudimen-*

taire. Clavicules bien développées. Molaires : $\dfrac{5(4)}{4}$ *, avec couronne d'émail carrée ou triangulaire.*

Sciurus (Écureuil, fig. 752); animal agile au corps élancé, avec de longues oreilles garnies d'un pinceau de poils et une queue touffue.

L'Écureuil commun a deux pelages : l'un d'été, l'autre d'hiver. D'un roux brillant *en été* et blanc en dessous, le pelage devient d'un roux moins vif et mêlé de gris en hiver; et même, dans les pays du Nord, la fourrure entièrement grise en hiver (petit-gris) est très recherchée.

L'Écureuil habite les bois, surtout les grandes forêts de Pins; il vit de fruits, de bourgeons de Pins et de Sapins. Il construit son nid au sommet des grands arbres avec des bûchettes entrelacées et de la mousse; au voisinage, il fait des provisions qu'il consommera pendant l'hiver en se réveillant, à diverses reprises, de son sommeil hivernal. Ses ongles pointus et recourbés en font un excellent grimpeur; il saute avec agilité. L'Écureuil se pose sur ses membres postérieurs et sa queue pour grignoter les graines qu'il tient avec ses 2 pattes antérieures.

Fig. 753. — *Arctomys* (Marmotte).

Arctomys (Marmotte, fig. 753); corps lourd; petites oreilles arrondies; queue courte et poilue; pas d'abajoues (Alpes, Asie, Amérique).

La Marmotte habite aux altitudes les plus élevées au voisinage des glaciers; elle ne vit activement que pendant 3 mois et broute alors des plantes alpines (Plantain, Trèfle, *Aster*). Son long sommeil hivernal ne l'épuise pas.

XI. — INSECTIVORES

Mammifères onguiculés et hétérodontes. Dentition complète. Molaires hérissées de tubercules aigus. Animaux plantigrades et pourvus de 5 doigts armés de griffes. Hémisphères cérébraux petits et lisses.

Les Insectivores sont de petits Carnassiers, tous plantigrades, se nourrissant de petits animaux, surtout d'Insectes, de larves et de Vers. Ils hibernent dans nos régions et sont répandus dans le monde entier, sauf l'Australie et l'Amérique du Sud.

Erinaceus (Hérisson, fig. 754); dos couvert de forts piquants; des poils protègent le reste du corps. Queue très courte. Le corps peut se rouler en boule.

Le Hérisson est très répandu en Europe et dans une partie de l'Asie; blotti dans les pierres ou les broussailles pendant le jour, il cherche la nuit les Insectes, Chenilles et Limaces, dont il se nourrit; parfois il mange des Mulots, des Serpents, des racines, etc. Il se roule en boule quand il est inquiété. C'est un *auxiliaire précieux des agriculteurs qui*, le plus souvent, *le tuent stupidement parce qu'ils en ignorent les services*. Le Hérisson s'endort, pendant l'hiver, dans un nid de mousse et de feuilles, au fond d'un tronc creux.

Fig. 754. — *Erinaceus europæus* (Hérisson).

Sorex (Musaraigne); le plus petit des Mammifères, de forme svelte, comme la Souris; mais avec un museau long et pointu, de courtes oreilles et une dentition très différente de celle du Rongeur précité.

La Musaraigne atteint au plus 0^m,07; elle habite en France, les prairies et les bois humides; très sanguinaire, elle fait la chasse non seulement aux Insectes, mais aux Grenouilles, Campagnols et Mulots qu'elle va attaquer dans leurs terriers.

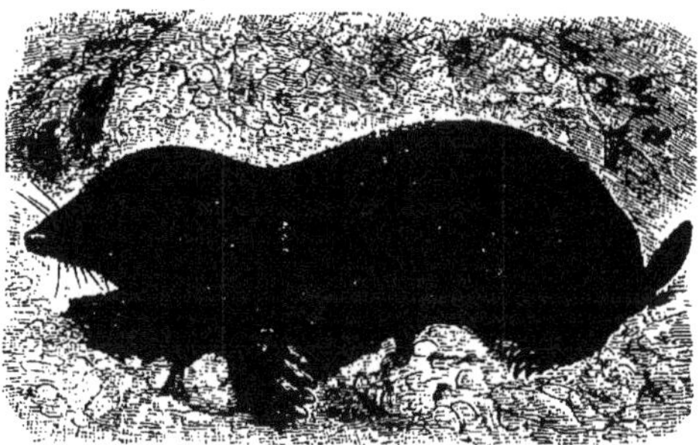

Fig. 755. — *Talpa* (Taupe).

Talpa (Taupe, fig. 755); corps allongé et cylindrique, protégé par un pelage velouté; pattes antérieures beaucoup plus fortes que les postérieures et propre à fouir le sol (Voir page 173, fig. 162). Yeux et pavillons des oreilles atrophiés. Nez prolongé en trompe.

La Taupe est très commune dans toute la France; elle se creuse rapidement une ingénieuse habitation souterraine (*taupinière*) composée de galeries nombreuses (*terrain de chasse*), toutes reliées entre elles et communiquant avec une chambre centrale (*gîte*). La Taupe tue et dévore tout animal engagé dans ses galeries (Insectes, Vers, Mulots, Grenouilles, etc.); elle s'attaque parfois aux Serpents.

Si la Taupe cause d'importants dégâts aux cultures en creusant ses galeries souterraines, *elle rend* aussi *d'inappréciables services* par la quantité considérable d'Insectes, de larves de Hannetons, etc., qu'elle détruit.

XII. — CHEIROPTÈRES

Mammifères onguiculés et hétérodontes. Dentition complète. **Membrane cutanée** *s'étendant entre tous les doigts des membres antérieurs et rejoignant les membres postérieurs et la queue* (Adaptation au vol). 2 *mamelles pectorales.*

La structure caractéristique du membre antérieur des **Chéiroptères** a été exposée déjà (Voir page 173, fig. 161). Ces animaux nocturnes ne sortent de leurs retraites obscures qu'au crépuscule; aussi ont-ils des yeux peu développés, mais par contre l'odorat, l'ouïe et le toucher d'une exquise sensibilité : de nombreux corpuscules tactiles sont contenus dans la membrane alaire; l'oreille est pourvue d'un grand pavillon, qui peut être fermé par un opercule.

Les Chauves-Souris, absentes des pays froids, acquièrent une taille d'autant plus grande qu'elles habitent des régions plus méridionales. Les espèces des régions tempérées s'endorment pendant l'hiver dans des lieux abrités, accrochées les unes à côté des autres par leurs pattes de derrière.

1° Chéiroptères insectivores. — *Petite taille; museau court.* *Molaires hérissées de tubercules pointus. Pouce seul armé d'une griffe.*

Plecotus (Oreillard, fig. 717); grandes oreilles presque aussi longues que le corps et soudées ensemble à leur base ; ailes courtes et larges. — *Vespertilio* (Vespertilion); oreilles allongées et bien séparées, plus longues que larges.

Phyllostoma (Vampire); tête épaisse; langue longue. Appen-

FIG. 756. — *Pteropus* (Roussette grise).

dice nasal en fer à cheval bien développé. Brésil et Guyane.

2° Chéiroptères frugivores. — *Grande taille. Tête allongée avec de petites oreilles et une queue rudimentaire. Le pouce et le 2° doigt sont seuls armés d'une griffe. Molaires hérissées de tubercules* *émoussés. Langue garnie de pointes cornées dirigées en arrière.*

Pteropus (Roussette, fig. 756); pas de queue. *P. edulis*, le plus grand des Chéiroptères, atteint 0ᵐ,50 de long. Inde.

Ces Chauves-Souris causent de grands dégâts dans les plantations et les vignobles (Australie, Inde, Afrique).

XIII. — CARNIVORES

Mammifères onguiculés et hétérodontes. Dentition complète : [la dernière prémolaire supérieure et la 1ᵉʳᵉ molaire inférieure, très développées, constituent les *carnassières*.] *Digitigrades ou plantigrades à doigts armés de griffes puissantes. Volumineux cerveau avec circonvolutions.*

La dentition des Carnivores comprend de petites incisives, des canines très saillantes et des molaires de deux sortes : les prémolaires qui précèdent la carnassière sont aiguës et tranchantes; celles qui la suivent ont une couronne large et aplatie couverte de tubercules mousses. Plus l'animal est sanguinaire, moins les molaires sont développées; les carnassières, en retour, sont extrêmement puissantes. Le rôle des dents et le jeu du maxillaire inférieur ont été envisagés précédemment (Voir page 60, fig. 48 et 49).

La plupart des Carnivores sont organisés pour courir rapidement et pour sauter; aussi sont-ils dépourvus de clavicules ou n'en ont-ils que de rudimentaires : les plus agiles sont digitigrades (Chat, Lion); quelques-uns seulement, aux formes lourdes, sont plantigrades. Leurs sens sont très développés.

1° **Viverridés.** — *Carnassiers de petite taille, digitigrades ou plantigrades avec 5 doigts aux 4 membres (le pouce plus court que*

Fig. 757. — *Viverra* (Civette).

les autres doigts). Ongles rétractiles au moins partiellement. Carnassière parfaitement développée. Museau long et pointu.

Les Viverridés habitent les régions chaudes de l'ancien continent; ils sont très sanguinaires.

Viverra (Civette, fig. 757); digitigrade, pourvue d'une longue queue non enroulable. Molaires : $\frac{3}{4} + \frac{1}{1} + \frac{2}{1}$. Une grande poche, située près de l'anus, sécrète une substance onctueuse (*viverreum* ou *zibeth*) à odeur de musc. — *Genetta* (Genette); fourrure excellente. France méridionale et Espagne.

2° **Mustélidés.**—*Carnivores plantigrades ou demi-plantigrades avec 5 doigts armés de griffes non rétractiles. Animaux surtout grimpeurs.*

Meles (Blaireau); corps assez trapu à membres courts. Molaires : $\frac{3}{4} + \frac{1}{1} + \frac{1}{1}$. Plantigrade, avec de fortes griffes.

Le Blaireau a un pelage gris brun sur le dos, noir sous le ventre; sa tête est blanche avec une bande noire. Il atteint 0ᵐ,70. Répandu dans toute la France, il se creuse des terriers profonds dans les bois; il sort, la nuit surtout, pour chercher sa nourriture composée de fruits, de racines, de miel, de jeunes Mammifères ou d'Oiseaux. Pas de sommeil hivernal.

Mustela (Martre); corps allongé, souple et vermiforme, avec une queue longue et touffue. Museau pointu. Animal digitigrade pourvu de griffes recourbées, aiguës et rétractiles.

La Martre (fig. 758) a le pelage marron foncé et la gorge orangée; elle habite

Fig. 758. — *Mustela* (Martre).

toujours dans les forêts (de Pins surtout), où elle vit de Loirs, d'Écureuils, d'Oiseaux. Sa fourrure est plus recherchée que celle de la Fouine.

La Fouine, plus petite que la Martre, a le pelage gris brun et la gorge blanche; commune dans toute la France, elle habite la lisière des bois, s'approche des habitations où elle élit parfois domicile en hiver. Très sanguinaire : quand elle pénètre dans une basse-cour, elle en tue les habitants et suce le sang de ses victimes dont elle n'emporte que quelques-unes pour sa nourriture.

La Zibeline, à gorge jaunâtre, qui habite la Sibérie, a une fourrure très appréciée.

Putorius (Putois); corps vermiforme dont la tête et la queue sont plus courtes que chez la Martre : oreilles plus courtes et plus arrondies. Animal digitigrade à griffes aiguës et rétractiles.

Le Putois a le pelage brun sur le dos et noir sous le ventre, la queue noire : il grimpe mal et chasse à terre, la nuit, les Oiseaux (Perdrix, Alouettes), les petits Rongeurs, ainsi que les Lièvres et les Lapins ; s'il pénètre dans un poulailler, il en tue tous les habitants. Sa fourrure a peu de valeur.

Le Furet, jaunâtre, a les mêmes instincts ; on l'élève pour chasser le Lapin de garenne qu'il poursuit dans son terrier.

La Belette a le pelage rouge-brun en dessus, blanc en dessous ; elle fréquente les environs des fermes, fait la chasse, la nuit, aux Oiseaux de basse-cour ou autres ; détruit beaucoup de Campagnols, de Mulots, de Souris, etc.

L'Hermine, plus grande que la Belette, habite également nos pays; son pelage d'été est brun-fauve ; il devient entièrement blanc en hiver, sauf le bout de la queue qui demeure toujours noir. Les fourrures de Sibérie sont les plus estimées.

Fig. 759. — *Lutra vulgaris* (Loutre).

Lutra (Loutre, fig. 759); tête large et aplatie avec de courtes oreilles ; queue plate ; membres courts avec doigts palmés.

La Loutre habite le bord des rivières et des étangs ; elle est très agile dans l'eau, s'empare, surtout la nuit, des Poissons qu'elle emporte dans sa retraite établie sous les racines d'un Saule, sur la berge. Fourrure estimée.

Tous les Mustélidés sont des *animaux nuisibles* bien qu'ils détruisent un assez grand nombre de petits Rongeurs.

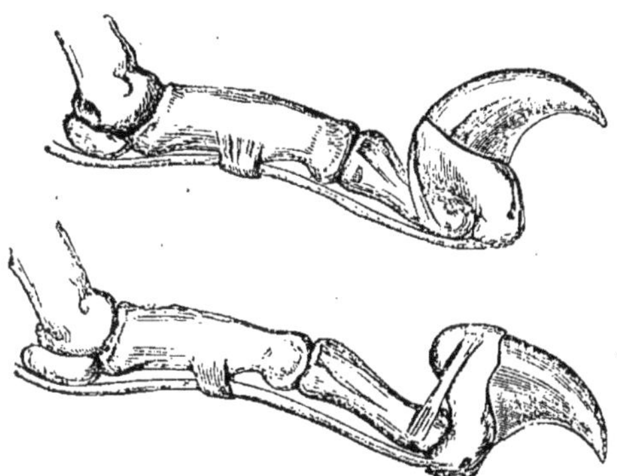

Fig. 760. — Griffe de Chat.

3° **Félidés.** — *Carnivores digitigrades ; pattes pourvues de 5 doigts en avant et de 4 en arrière, tous armés de griffes recourbées, tranchantes et rétractiles* (fig. 760). *Langue pourvue de papilles cornées très dures.*

Felis. Canines fortes et en général sillonnées. Carnassière supérieure à 3 tubercules dont le médian est le plus développé ; carnassière inférieure avec 2 tubercules égaux. 30 dents. Pattes courtes. Fourrure très recherchée en général.

Le Lion (fig. 761), a un pelage court à peu près uniformément jaunâtre, le nez aplati, la face large par suite du grand développement des arcades zygomatiques et des muscles masticateurs. Pupille ronde. Le mâle porte une crinière sur le cou et les épaules, une houppe et un piquant corné au bout de la queue. Il habite les pays chauds d'Asie et d'Afrique. — En Amérique habite le Cougouar, petit Lion sans crinière et sans touffe à la queue.

Le Lion est le seul Félin qui ne grimpe pas sur les arbres.

Fig. 761. — *Felis leo* (Lion).

Le Tigre, dépourvu de crinière, possède un pelage jaune avec des raies transversales brun-foncé. Plus sanguinaire que le Lion, il sème l'effroi dans tous les lieux qu'il habite en Asie.

La Panthère ou Léopard d'Asie et d'Afrique (fig. 762) et le Jaguar de l'Amérique

Fig. 762. — *Felis pardus* (Panthère).

du Sud possèdent une robe jaune d'or parsemée de taches arrondies, pleines ou annulaires. Leur férocité ne le cède en rien à celle du Tigre.

Le Chat sauvage (fig. 763) est gris-fauve, à raies et bandes transversales, noirâtres sur le corps et la queue. Pupille verticale. Il vit dans toute l'Europe, sauf le Midi, et devient très rare en France.

Le Chat domestique est notre commensal et nous délivre des Souris, Rats et autres Rongeurs; il a conservé en partie ses instincts sauvages et parfois chasse les Oiseaux; il faut se défier de sa patte de velours qui devient rapidement offensive quand l'animal est agacé.

FIG. 763. — *Felis cattus* (Chat sauvage).

Lynx (Lynx); 28 dents. Ongles rétractiles.

Le Lynx est un égorgeur redoutable qui s'attaque aux Cerfs, Chevreuils, Moutons, Lièvres, etc. Il tue sans besoin et ne mange qu'une faible partie de ses victimes, laissant ses reliefs aux Loups et aux Renards. Cet animal habite l'Europe septentrionale et devient rare aujourd'hui dans le Jura, les Alpes et les Pyrénées.

4° **Hyænidés.** — *Carnivores digitigrades, tétradactyles, pourvus de griffes non rétractiles. 34 dents.*

Hyæna (Hyène, fig. 764); tête épaisse avec de grandes oreilles dressées; dos garni d'une épaisse crinière. Afrique.

La Hyène est lâche et répand une odeur puante; elle sort la nuit pour déterrer les cadavres dont elle se nourrit le plus souvent.

5° **Canidés.** — *Carnivores digitigrades, avec 5 doigts aux pattes antérieures et 4 aux pattes postérieures; ongles non rétractiles.*

Les Canidés vivent en société, ne grimpent pas

FIG. 764. — *Hyæna* (Hyène).

et prennent leur proie à la course; parfois omnivores. 40 ou 42 dents.

Canis (Chien). Pupille circulaire; queue de longueur moyenne, peu touffue en général.

Le Chien domestique (fig. 765), est l'animal domestique le plus dévoué à son maître auquel il rend mille services (chasse, garde de la maison et des troupeaux, transport de fardeaux, etc.). Il a acquis un langage particulier et varié (*aboiement*) en rapport avec les sentiments que cet excellent animal veut traduire (joie, douleur, effroi, appel, etc.). Le nombre des races de Chiens domestiques est considérable; les principales sont : le Chien de chasse (chien courant, braque, épagneul, barbet, griffon, etc.); le Bouledogue à museau court; les Chiens laineux (Terre - Neuve, chien des Esquimaux, chien de berger, etc.); le Mâtin aux formes robustes (mâtin, chien danois, etc.);

Fig. 765. — Basset à jambes torses.

le Lévrier au corps allongé, au museau extrêmement pointu, très rapide à la course, etc.

Le Chien sauvage (ou redevenu sauvage) n'aboie pas : il hurle et chasse toujours en bandes. On le rencontre dans tous les pays.

Lupus (Loup); pupille ronde ; queue touffue et pendante, grandes pattes.

Le Loup a un pelage gris-fauve sur le dos, plus clair sous le ventre, les oreilles droites et pointues. Généralement solitaire, il se réunit en troupes pendant l'hiver pour chasser, lorsque la neige couvre la terre : il devient alors hardi et s'attaque non seulement aux Moutons et aux Chevreuils, mais aux Chevaux, Bœufs et Chiens, parfois à l'Homme, jusque dans les villages. Le Loup contracte la rage, comme le Chien. Il vit dans toute l'Europe et l'Asie.

Le Chacal (fig. 719), plus petit que le Loup, a le museau pointu et une longue queue; sa robe est gris rougeâtre avec la gorge blanche (Inde, Afrique et Amérique).

Vulpes (Renard); pupille oblongue et verticale ; museau pointu; queue longue et très touffue; pattes courtes.

Le Renard (fig. 766) est assez commun dans tout l'hémisphère nord. Son pelage est d'un fauve rougeâtre. Il vit dans un terrier à plusieurs issues et en sort la nuit pour commettre ses rapines dans les poulaillers des fermes; il poursuit Lièvres, Lapins, Campagnols, Perdrix, Cailles, etc.

6° **Ursidés.** — *Carnivores plantigrades, pentadactyles, pourvus de griffes non rétractiles.*

Les Ursidés sont omnivores; leur dentition le révèle par ses caractères; prémolaires réduites, molaires tuberculeuses très développées, carnassières garnies de tubercules mousses. Ils sont grimpeurs. 38 dents. Leurs pattes postérieures très fortes leur permettent de se tenir debout.

Fig. 766. — *Vulpes vulgaris* (Renard).

Ursus (Ours); corps lourd et trapu, avec une courte queue. Répandu dans tous les pays.

L'Ours blanc a un pelage entièrement blanc. Exclusivement carnivore, il habite les régions polaires; il peut atteindre 2^m50 de long.

L'Ours brun (fig. 767) a le pelage épais, formé de poils crépus. Il habite les pays froids et tempérés de l'Europe et de l'Asie. Jeune, il a une nourriture presque exclusivement herbivore (bourgeons, fruits, etc.), mange le miel et ravage les fourmilières pour y prendre les œufs et les larves dont il est très friand; adulte, il devient carnivore, s'empare des

Fig. 767. — *Ursus arctos* (Ours brun des Alpes).

Moutons, tue parfois des Bœufs, des Chevaux, etc. Il s'engourdit pendant l'hiver et dort d'un sommeil souvent interrompu.

XIV. — PINNIPÈDES

Mammifères onguiculés et hétérodontes. Carnivores adaptés à la vie aquatique, dont les membres pentadactyles sont transformés en nageoires. Dentition complète. Cerveau volumineux avec de nombreuses circonvolutions.

Les **Pinnipèdes** ont le corps allongé et fusiforme, une tête petite supportée par un cou mobile, les 4 membres courts et transformés en nageoires pentadactyles armées de griffes; pas de nageoire caudale. Les pattes antérieures servent surtout à la marche sur le sol, les pattes postérieures à la natation. Mamelles ventrales.

Ces animaux vivent en troupes sur les côtes des pays froids et tempérés, surtout dans les régions polaires. On les pêche pour utiliser leur graisse et leur fourrure.

1° **Phoques ou Chiens de mer**. — *Piscivores à courtes canines; molaires à tubercules pointus.*

Ils se nourrissent principalement de Poissons qu'ils pêchent la nuit; le jour ils dorment sur les récifs. Intelligents et vifs en général, les Phoques sont faciles à apprivoiser.

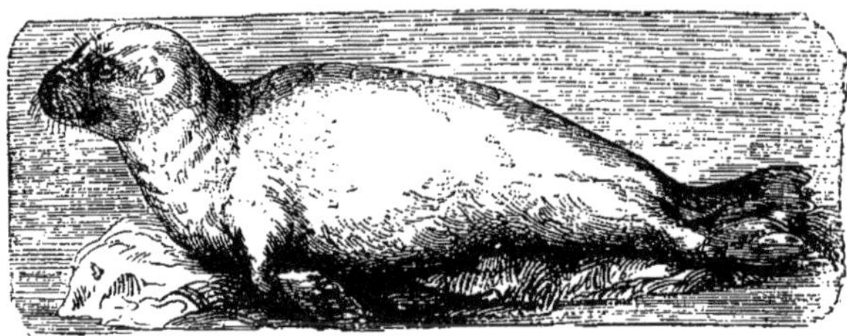

Fig. 768. — *Phoca barbata* (Phoque barbu).

Phoca (fig. 768); museau glabre à l'extrémité; pas d'oreilles externes. — *Otaria* (Otarie); oreilles pourvues d'un pavillon.

2° **Morses**. — *Fortes canines supérieures dirigées en bas et servant de défenses. Molaires à tubercules mousses.*

Le museau large est couvert de poils. Ces animaux se nourrissent de Varechs, de Crustacés et de Mollusques.

Trichechus (Vache marine, fig. 718); atteint de 4 à 5 mètres de long; ses grandes défenses, qui ont jusqu'à 0^m,60, sont travaillées comme l'ivoire. Océan glacial arctique.

XV. — LÉMURIENS

Mammifères **Primates** *hétérodontes et grimpeurs. Membres avec pouce opposable* (**main**). *Dentition d'Insectivore. Cerveau lisse; orbites non fermées.* 1 *ou* 2 *paires de mamelles* (pectorales et abdominales).

Les **Lémuriens** où **Prosimiens** sont des grimpeurs à tête large, à face velue, à queue jamais prenante. Le 2° doigt du membre postérieur est toujours muni d'une griffe; les autres possèdent des ongles; ils habitent exclusivement les contrées tropicales de l'ancien monde : Madagascar, Afrique et Asie. Ils se nourrissent d'Insectes et de petits Mammifères.

Galeopithecus (Galéopithèque); une membrane aliforme très velue réunit sur toute leur longueur les membres et la queue, et fait office de parachute. Tous les doigts sont armés de griffes.

Chiromys (Aye-Aye); ressemble à un gros Écureuil avec de longs doigts grêles pourvus de griffes; pas de canines. Madagascar. — *Lemur* (Maki); museau très allongé (comme celui d'un Renard); oreilles courtes et velues; longue queue touffue. Vit en troupes dans les forêts de Madagascar.

XVI. — SINGES

Mammifères **Primates** *hétérodontes. 4 mains pourvues d'ongles. Hémisphères cérébraux développés avec circonvolutions ; orbites distinctes des fosses temporales. 2 mamelles pectorales.*

Par leurs canines robustes, leur face proéminente, surtout dans l'âge adulte, leur menton fuyant, les crêtes osseuses parfois considérables que présente leur crâne, etc., les Singes se distinguent de l'Homme. S'ils sont assez intelligents, ils ne possèdent pas toutefois le langage articulé ; leur angle facial ne dépasse pas 30° en général. Les poils, plus abondants sur le dos que sur le ventre, manquent à la paume de la main, à la plante des pieds et parfois aux fesses (*callosités fessières*). La queue, nulle chez les **Anthropoïdes**, n'est pas prenante chez les autres Singes de l'ancien Continent ; c'est, au contraire, un organe préhensile chez ceux d'Amérique.

La plupart des Singes vivent en troupes dans les pays chauds (le Magot est le seul type qu'on trouve encore aujourd'hui en Europe, sur les rochers de Gibraltar). Ils se nourrissent surtout de fruits, de graines et de racines, plus rarement d'œufs, d'Oiseaux et d'Insectes.

Les Singes ont la faculté d'imiter les mouvements qu'on exécute devant eux ; cette tendance à l'imitation n'existe chez aucun autre animal ; malheureusement ils ont le naturel pervers et s'il est possible d'entreprendre l'éducation de quelques-uns d'entre eux quand ils sont jeunes, on doit vite y renoncer dès qu'ils avancent en âge.

« Chassez le naturel, il revient au galop. »

1° Arctopithèques. — *Petits Singes de l'Amérique du Sud, couverts de poils laineux, à longue queue touffue, possédant des griffes, sauf le gros orteil opposable qui porte un ongle plat. Pouce non opposable. Tête arrondie renfermant un encéphale très volumineux, mais sans circonvolutions. 32 dents. Attitude quadrupède.*

Ce groupe de Singes est le plus voisin des Lémuriens.

Hapale (Ouistiti) ; touffes de poils blancs en avant et en arrière des oreilles de longueur moyenne. Canines petites ; molaires à tubercules pointus. Queue non préhensile.

L'Ouistiti a une fourrure soyeuse ; il vit en troupes sur les arbres, grimpe et saute avec légèreté ; il s'abrite la nuit dans les creux des vieux troncs pour y dormir.

2° Platyrrhiniens. — *Singes d'Amérique* à **narines écartées**, *pourvus d'ongles. Le pouce de la main est souvent rudimentaire, jamais opposable autant que le gros orteil. Corps élancé avec longue queue souvent prenante.* Dentition : $\dfrac{2}{2} \ \dfrac{1}{1} \ \dfrac{3+3}{3+3}$. *Attitude quadrupède.*

Les Platyrrhiniens n'ont jamais d'abajoues ni de callosités fessières. Ils vivent sur les arbres en sociétés nombreuses. Leur intelligence est médiocre.

(a) **Queue pendante**. — *Pithecia* (Saki) ; mâchoire inférieure énorme ; canines fortes. — *Callithrix* (Sagouin).

(b) **Queue prenante**. — *Cebus* (Sajou) ; tête arrondie ; longue queue entièrement poilue. — *Ateles* (Atèle ou Singe-araignée) ; corps grêle à longs bras et longue queue ; pouce rudimentaire. — *Mycetes* (Singe hurleur, fig. 721) ; os hyoïde vésiculeux renfermant des poches destinées au renforcement de la voix. Pouce bien développé ; grosses canines.

3° **Catarrhiniens.** — *Singes de l'ancien continent, à narines rapprochées, pourvus d'ongles. Pouce bien développé. Queue jamais prenante, parfois nulle* (Anthropomorphes). *Dentition* : $\dfrac{2}{2}\dfrac{1}{1}\dfrac{2+3}{2+3}$.

Fig. 769. — *Cercopithecus* (Guenon). — *Semnopithecus* (Semnopithèque et son petit).

(a) **Cercopithécidés.** — Une queue ; 19 vertèbres dorsolombaires. Molaires à section allongée. Attitude quadrupède.

Cynocephalus (Cynocéphale ou Papion) ; corps trapu et lourd ; museau semblable à celui du Chien. Grosses canines ; des abajoues et de grandes callosités fessières. Habite les contrées montagneuses élevées d'Afrique.

Cercopithecus (Guenon, fig. 769); formes plus légères; membres vigoureux pourvus de pouces bien développés; longue queue. Vit en Afrique, volontiers dans le voisinage de l'Homme. — *Macacus* (Macaque); corps trapu. — *Innuus* (Magot); queue courte.

Le Magot commun vit sur les rochers de Gibraltar et au nord de l'Afrique.

Semnopithecus (Semnopithèque, fig. 769); corps grêle avec de longs membres; pouce rudimentaire. Museau court; petites callosités; pas de véritables abajoues. Asie.

Le Semnopithèque habite par troupes nombreuses dans les forêts de l'Asie méridionale; il vit surtout de feuilles et de fruits. Le Nasique, qui habite Bornéo, est pourvu d'un long nez.

(b) Anthropomorphes. — Pas de queue. 16 à 18 vertèbres dorso-lombaires. Molaires à section peu allongée, à angles arrondis. Pas de callosités fessières (sauf *Hylobates*). *Attitude oblique.*

Hylobates (Gibbon); corps élancé pourvu d'une tête arrondie et de longs membres antérieurs qui touchent presque le sol quand l'animal est debout; petites callosités et pas d'abajoues.

Le Gibbon ne dépasse pas 1 mètre; il est d'une intelligence médiocre et d'un naturel très doux. Il habite en troupes nombreuses les forêts de l'Asie méridionale et de l'Océanie et se tient sur les arbres; il y déploie une vigilance surprenante qui lui permet de se soustraire par la fuite au moindre danger.

Satyrus (Orang, fig. 720); crâne court (*brachycéphale*) et courtes oreilles. Membres antérieurs atteignant les chevilles. 12 paires de côtes.

L'Orang-outang atteint 1^m,40 de hauteur; il habite les forêts marécageuses de Sumatra et de Bornéo, grimpe lentement sur les arbres au sommet desquels il construit son nid; il marche difficilement sur le sol, en s'appuyant sur ses membres postérieurs et sur la face dorsale des doigts écourbés. Le jeune Orang est intelligent, mais son cerveau s'accroît peu avec l'âge, tandis que ses mâchoires acquièrent un développement considérable.

Gorilla (Gorille, fig. 720); crâne allongé (*dolichocéphale*) et petites oreilles. Membres antérieurs atteignant le genou. 13 paires de côtes.

Le Gorille vit en bandes dans les forêts du Gabon; c'est le plus grand et le plus fort de tous les Singes; il atteint 1^m,60.

Troglodytes (Chimpanzé, fig. 720); crâne allongé et grandes oreilles écartées. Les autres caractères extérieurs sont identiques à ceux du Gorille.

Le Chimpanzé est noir; il vit en bandes nombreuses dans les forêts de la Guinée où il construit, sur les arbres, un nid pourvu d'un toit.

XVII. — HOMME

Mammifère **Primate,** *possédant* 2 *mains et* 2 *pieds ; la plante des pieds est large et les orteils courts* : *Dentition* : $\dfrac{2}{2} \dfrac{1}{1} \dfrac{2+3}{2+3}$. *Canines veu proéminentes. Station verticale. Encéphale développé au maximum. Langage articulé.*

La station verticale de l'Homme est obtenue grâce aux courbures qu'a éprouvées la colonne vertébrale ; les membres antérieurs, n'étant plus appelés à poser sur le sol, ont subi dès lors une réduction considérable ; par contre, le pied repose par toute sa plante sur la terre où il prend un solide point d'appui.

Tous les caractères qui précèdent constituent, entre l'Homme et les Singes anthropomorphes, des différences d'autant plus accusées que ces êtres sont considérés à un âge plus avancé.

Caractères des races humaines. — On admet aujourd'hui 4 races humaines principales, caractérisées surtout par la forme de la tête et du crâne, la couleur de la peau et le développement des cheveux.

a) **Race blanche (caucasique).** — Peau blanche (nord de l'Europe), foncée (midi de l'Europe) ou brune (Afrique). Cheveux blonds ou bruns, droits ou bouclés ; barbe abondante ; visage ovale, plus large en haut. Front élevé, nez étroit, yeux à fente transversale. Lèvres peu épaisses. Dents placées verticalement. Mâchoire inférieure non saillante (orthognathes). Europe, Asie occidentale, Afrique septentrionale.

b) **Race jaune (mongolique et malaise).** — Peau jaunâtre (Asie orientale), brun olivâtre (Polynésie et Malaisie). Cheveux noirs et droits ; barbe rare sur le visage en losange. Front bas et étroit ; nez peu proéminent ; yeux à fente oblique relevée en dehors (Mongols), à fente horizontale (Malais). Face aplatie ; pommettes saillantes. Lèvres épaisses. Mâchoire inférieure peu saillante (mésognathes). Asie orientale, Malaisie, Polynésie. Esquimaux.

(c) **Race noire (éthiopique).** — Peau noire (Afrique centrale, Mélanésie), de couleur chocolat (Australie). Cheveux noirs, crépus et courts, en général ; barbe rare (sauf chez les Australiens qui ont aussi des cheveux lisses et raides). Visage ovale, plus large en bas. Front fuyant ; nez écrasé ; lèvres épaisses et relevées. Mâchoires très proéminentes (prognathes). Afrique, Mélanésie, Australie.

(d) **Race rouge (américaine).** — Peau cuivrée. Cheveux longs, noirs et rudes ; barbe rare. Visage elliptique. Yeux enfoncés. Front étroit ; face large ; pommettes et nez saillants. Lèvres minces (mésognathes). Amérique.

Les Patagons sont les géants de l'espèce humaine ; ils atteignent en moyenne 1ᵐ.80 de hauteur.

Étude préhistorique de l'Homme. — L'Homme a progressivement acquis les connaissances qui lui ont permis de lutter plus avantageusement contre les animaux et de s'assurer un bien-être relatif ; à ces fins, il a déployé toutes les ressources d'une *intelligence* très bornée au début, servie d'autant mieux par *la main* que l'éducation de cet organe est devenue plus parfaite.

On a divisé les temps préhistoriques en trois *âges* dont chacun est caractérisé par les matériaux dont l'Homme faisait le plus couramment usage :

1° L'*âge de la pierre ;* 2° l'*âge du bronze ;* 3° l'*âge du fer* auquel appartiennent les temps historiques.

1° Age de la pierre. — Il comprend 2 périodes : celle de la *pierre taillée* (sans doute précédée de la période de la *pierre brute* sur laquelle on n'a aucune donnée) et celle de la *pierre polie*.

Dans la *période paléolithique* (*pierre taillée*) correspondant à l'*époque quaternaire*, l'Homme taille grossièrement des silex sur ses deux faces, les appointe à un bout, les arrondit à l'autre et lutte ainsi contre les animaux. Il campe encore à l'air libre. C'est l'époque où vit le Mammouth.

Plus tard, il taille mieux des silex plus petits, les fixe à l'extrémité de bâtons et possède des armes plus redoutables (massues, lances, etc.) A cette époque, l'Homme habite les cavernes ; contemporain du Renne, il commence à tailler les os pour s'en faire des aiguilles, des poinçons, des harpons, des *bâtons de commandement* ornés de dessins divers. Il n'utilise pas encore d'animaux domestiques.

Dès le début de la *période néolithique* (*pierre polie*), aurore des temps actuels, l'industrie humaine se manifeste ; l'Homme, plus intelligent, utilise les haches en pierre polie pour combattre ; il se construit des habitations sur pilotis au milieu des lacs (*habitations lacustres*) où il se retire la nuit à l'abri des animaux sauvages ; il a domestiqué déjà le Chien, le Bœuf, le Mouton, le Cheval (?), utilise leurs efforts pour cultiver la terre à laquelle il confie ses premières semences.

Vivant en famille, il apprend à se vêtir, à tisser des étoffes, à mouler des vases en poterie cuite, des ustensiles de cuisine, etc. (car il a découvert le moyen de faire du feu). Les cavernes deviennent des lieux de sépulture : *dolmens, menhirs, cromlechs* (*monuments mégalithiques*).

Fig. 769 *bis.* — Alignements de Carnac.

2° Age du bronze. — En travaillant le sol en divers points, l'Homme a découvert des minerais, l'or en premier lieu dont il a fait des bijoux ; il sait ensuite préparer le bronze avec lequel il se forge des armes, des objets d'ornement, etc. La métallurgie est encore dans l'enfance ; mais, l'esprit toujours en éveil, l'Homme se perfectionne dans l'art de faire le feu, atteint des températures suffisamment élevées pour obtenir la fonte liquide et le fer à l'état visqueux.

3° Age du fer. — Désormais en possession du métal le plus précieux qu'il peut forger tout à son aise, l'industriel se révélera constructeur de bateaux. créant ainsi l'art de la navigation, source des échanges commerciaux qui entraînent avec eux l'échange des idées et les relations des peuples : il devient charpentier et architecte et se construit des habitations plus confortables ; avec des instruments plus parfaits, l'agriculteur exige de la terre un rendement plus élevé, etc. L'Homme s'est placé, grâce à des efforts intellectuels incessants, au premier rang parmi les animaux.

TABLEAU XLVIII. — **CLASSIFICATIONS DES ANIMAUX.**

DEGRÉS d'organisation	SÉRIES	EMBRANCHEMENTS	CLASSES	ORDRES
			Rhizopodes........	Amiboïdes. / Foraminifères. / Radiolaires.
PROTOZOAIRES...........			Mégacystidés.	
			Infusoires........	Flagellifères. / Ciliés. / Tentaculifères.
	1. Spongiaires........		Éponges calcaires. / Éponges non calcaires	
		HYDROMÉDUSES.	Hydroïdes. / Acalèphes. / Siphonophores.	
	2. Polypes..	ANTHOZOAIRES..	Coralliaires......	Hexacoralliaires. (Zoanthaires). / Octocoralliaires (Alcyonnaires).
		CTÉNOPHORES.		
		ANANGIÉS.....	Stellérides. / Ophiurides. / Crinoïdes.	
I. — [PHYTOZOAIRES]	3. Échinodermes.	ANGIOPHORES...	Échinides (Oursins)..	Oursins réguliers. / Clypéastroïdes. / Spatangoïdes.
			Holothurides.	
			Branchiates. Crustacés. Malacostracés. Podophthalmes.	Décapodes.
			Edriophthalmes.	Amphipodes. / Isopodes.
			Entomostracés.	Copépodes. / Branchiopodes. / Cirripèdes.
MÉTAZOAIRES.		ARTHROPODES.	Trachéates. Arachnides..	Arthrogastres. / Aranéides. / Acariens. / Linguatulides. / Tardigrades.
			Myriapodes...	Chilopodes. / Chilognathes.
II. — [ARTIOZOAIRES]	4. Chitinophores.		Insectes......	Coléoptères. / Orthoptères. / Thysanoures. / Pseudonévroptères / Névroptères. / Hyménoptères. / Lépidoptères. / Hémiptères. / Diptères. / Parasites.
		NÉMATHELMINTHES.	Nématodes.	

TABLEAU XLIX. — CLASSIFICATIONS DES ANIMAUX (*fin*).

DEGRÉS d'organisation	SÉRIES	EMBRANCHEMENTS	CLASSES	ORDRES
MÉTAZOAIRES. II. — [ARTIOZOAIRES] (*fin*).	5. Néphridiés.	LOPHOSTOMÉS...	Rotifères. Bryozoaires. Brachiopodes.....	Articulés. Inarticulés.
		VERS...........	*Anné-lides.* Chétopodes. Hirudinées.	Polychètes. Oligochètes.
			Plathel-minthes. Trématodes. Cestodes.	
		MOLLUSQUES....	*Gastéropodes.* Prosobranches.	Diotocardes. Hétérocardes. Monotocardes.
			Pulmonés. Opisthobranches.	
			Lamellibranches.	Filibranches. Eulamellibranches.
			Céphalopodes....	Dibranchiaux. Tétrabranchiaux.
		PROTOCHORDES.	Hémichordes.....	*Balanoglossus.*
			Urochordes (Tuniciers).	
			Céphalochordes..	*Amphioxus.*
		VERTÉBRÉS.....	*Ichthyopsidés.* Poissons......	Cyclostomes. Sélaciens. Ganoïdes. Dipnoï. *Téléostéens.* Physostomes. Lophobranches. Plectognathes. Anacanthinions. Acanthoptérygiens.
			Amphibiens...	Gymnophiones. Urodèles. Anoures.
			Reptiles......	Chéloniens. Lépidosauriens. Sauriens. Ophidiens. Crocodiliens.
			Pulmonés. Oiseaux....	*Carinates.* Grimpeurs. Rapaces. Passereaux. Colombins. Gallinacés. Échassiers. Palmipèdes. Ratites.
			Mammifères..	Monotrèmes. Marsupiaux. Édentés. Cétacés. Périssodactyles. Artiodactyles. Proboscidiens. Rongeurs. Insectivores. Cheiroptères. Pinnipèdes. Carnivores. Lémuriens. Singes. Homme.

CLASSIFICATIONS BOTANIQUES

Nous avons examiné brièvement (page 297 et suivantes) et sous le titre « *Grandes divisions du règne végétal* », la complexité variable que nous offrent les Végétaux dans leur constitution, complexité déterminée par le perfectionnement de l'appareil nutritif seul, ou des appareils nutritif et reproducteur tout à la fois.

De cette revue sommaire il résulte que, si l'on tient compte seulement du mode de reproduction, les plantes se répartissent en 2 grands groupes :

Cryptogames, se multipliant par *spores* et par *œufs* ;

Phanérogames, se multipliant par *graines* issues de fleurs.

Si l'on envisage en outre la nature des membres qui composent le corps végétatif, les Cryptogames se subdivisent elles-mêmes en 3 autres groupes.

Le règne végétal comprend ainsi 4 *embranchements* :

I. **Thallophytes.** . . . . . . (sans racine, ni tige, ni feuilles, ni fleurs. Un *thalle.*

II. **Muscinées.** . . . . avec tige et feuilles seulement.

III. **Cryptogames vasculaires.** avec racine, tige et feuilles seulement.

IV. **Phanérogames.** . . . . . . avec racine, tige, feuilles et fleurs.

[Consulter, à ce sujet, les pages 269 et 270 et le tableau de la page 306.]

I. — EMBRANCHEMENT DES
THALLOPHYTES

Plantes formées d'un **thalle** *ou corps végétatif en général peu différencié (pseudoparenchyme). Multiplication :* 1° *par spores ;* 2° *par œufs.*

THALLOPHYTES {
sans chlorophylle...................... **Champignons.**
avec chlorophylle...................... **Algues.**
formées de l'association d'une Algue et d'un Champignon...................... } **Lichens.**

Morphologie générale. — Les Thallophytes consistent parfois en cellules isolées (Bactéries), ou bien elles sont formées d'un thalle dont la forme extérieure est essentiellement variable : filament simple ou ramifié à protoplasme continu (*Botrydium*, fig. 268), ou cloisonné (*Spirogyra*, fig. 248); thalle à structure cloisonnée, mais uniquement formé de pseudoparenchyme (*Anthophycus*, fig. 770).

Nutrition. — L'absence ou la présence de *chlorophylle* dans un végétal est un caractère important à envisager; nous avons vu précédemment (pages 372, 376 et 383-385) quel rôle joue la chlorophylle dans la vie de la plante.

FIG. 770. — *Anthophycus longifolius.* *Cr.* crampon; *t*, pseudo-tige; *fl*, flotteur; *f*, lame d'apparence foliacée; *gr*, inflorescence en grappe composée.

L'**Algue**, pourvue de chlorophylle, peut, à la lumière, emmagasiner la radiation qui lui sert à décomposer l'acide carbonique de l'air et à fixer dans ses tissus le carbone essentiel à la constitution de tout composé organique; avec l'acide carbonique de l'air, de l'eau et des sels minéraux, l'Algue se constituera de toutes pièces.

Le **Champignon**, sans chlorophylle, emprunte le carbone qui lui est nécessaire aux tissus vivants ou à la substance des plantes et des animaux en décomposition.

Il convient cependant de remarquer que le Champignon doit digérer la matière organique dont il fait sa nourriture.

Toutefois la présence ou non de chlorophylle chez un Végétal ne peut être invoquée exclusivement pour déterminer son inscription dans tel groupe plutôt que dans tel autre : malgré l'absence du pigment vert chez la plupart des Bactériacées, ces organismes sont classés parmi les **Algues**.

Multiplication. — Les Thallophytes se multiplient de manières très diverses : par *dissociation du thalle*, par *spores*, par *œufs*.

§ 1. — CHAMPIGNONS

1 hallophytes sans chlorophylle.

CHAMPIGNONS

Thalle *non cloisonné*. Reproduction par *œufs*...................... **Oomycètes.**

Thalle *cloisonné*. Reproduction par *spores*. Spores naissant.. { dans des *asques*............... **Ascomycètes.** / sur dos *basides*............... **Basidiomycètes.**

Ni *asques*, ni *basides* (1 ou *n* sortes de spores).... **Hypodermées.**

Caractères généraux. — Le thalle des Champignons est tantôt *continu*, tantôt *cloisonné*. *Continu*, il est composé d'une masse protoplasmique, avec de nombreux noyaux en général, logée dans un tube ramifié le plus souvent (*Mucor*, fig. 772). *Cloisonné*, le thalle est constitué par des filaments enchevêtrés en tous sens, formant un pseudoparenchyme ou *stroma* assez compact et une partie plus lâche, filamenteuse, appelée *mycélium* qui puise, dans le substratum, la matière nutritive [*Agaricus campestris* ou Champignon de couche (fig. 269, 1)].

Le thalle cloisonné peut se désagréger à mesure que de nouvelles cellules prennent naissance; le cas est fréquent chez les Levures (fig. 268, A et B).

Nutrition. — Les *Champignons n'ont pas de chlorophylle*; ils empruntent donc à la matière organique, *vivante* ou *en décomposition*, le carbone essentiel à la constitution de leur propre substance.

Ils sont *parasites* dans le premier cas, *saprophytes* dans le second (Voir page 385).

Champignons parasites : *Puccinia graminis* (produisant la *rouille* sur le Blé), *Ustilago segetum* (provoquant le *Charbon* sur les Céréales), *Cystopus candidus* (provoquant la *rouille blanche* du Chou), *Peronospora viticola* (qui cause le *mildiou* de la Vigne), *Phytophthora infestans* (qui attaque la Pomme de terre), etc.

Champignons saprophytes : *Agaricus campestris* ou Champignon de couche, *Penicillium glaucum*, *Morchella* ou Morille, *Peziza* ou Pézize, etc., qui vivent aux dépens du bois, d'Insectes et de Poissons morts, de l'humus du sol, du fumier.

Quelles que soient les substances absorbées, *elles doivent être digérées* par le Végétal *pour qu'il puisse se les assimiler*. Ce travail incombe au mycélium doué d'un tel pouvoir digestif *dans ses parties terminales* qu'il est capable de dissoudre carbonates, phosphates, silicates, etc.

Les Champignons ayant acquis leurs matériaux nutritifs réalisent, à l'aide de l'air et de l'eau, la synthèse des composés qui forment leur substance vivante (albuminoïdes), leur *membrane cellulosique*, leurs matériaux de réserve (glucose, mannite), des produits de sécrétion localisés (*substances vénéneuses*).

Leur activité physiologique est décelée par l'importance de leurs échanges avec le milieu ambiant (**respiration**).

Certains Champignons peuvent puiser l'oxygène qui leur est nécessaire non seulement dans l'air, mais encore dans le dédoublement de substances organiques ; ce sont des *ferments figurés* (Voir pages 392-393).

Multiplication. — La multiplication des Champignons peut être réalisée : 1° par la *dissociation du thalle* (multiplication végétative ou *bouturage*); 2° par la *reproduction proprement dite* (émission de *spores*, production d'*œufs*).

I. **Dissociation du thalle**. — L'indépendance des cellules de *Levures* (fig. 268) constitue un véritable *marcottage* naturel.

Un *marcottage artificiel* consiste dans la fragmentation du mycélium vendu, sous le nom de graine, à ceux qui se livrent à la culture du Champignon de couche dans les carrières des environs de Paris.

II. **Reproduction proprement dite.**

(a) *Spores*. — 1° Les filaments mycéliens poussent, à la surface du milieu nutritif, des prolongements qui se renflent légèrement et se fragmentent en chapelets de spores dites *spores exogènes* : c'est le cas du *Cystopus candidus* (Voir page 448, fig. 440, II, *sp'*).

L'Agaric donne aussi naissance à des *spores exogènes*, *sp* (fig. 270), que produisent les cellules appelées *basides*, *ba*, portées par les lamelles du chapeau (4).

Les **Basidiomycètes** se reproduisent tous de cette manière.

2° Les prolongements émis par le thalle peuvent être très renflés à leur extrémité et produire des *sporanges* dans lesquels s'organisent un grand nombre de *spores endogènes :* c'est le cas de la Levure de bière (fig. 268, A).

La Pézize et autres **Ascomycètes** se multiplient par spores endogènes, *sp*, prenant naissance dans des *asques*, *as* (fig. 771).

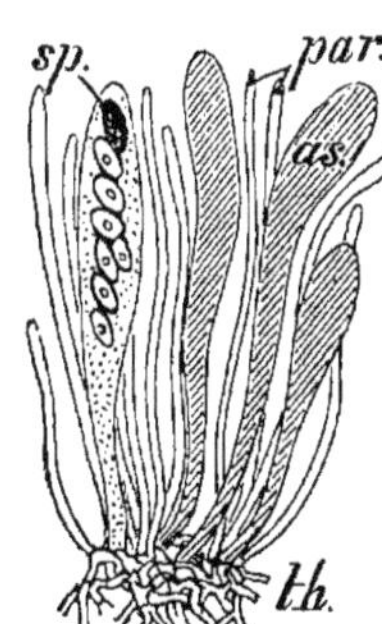

Fig. 771. — Fragment d'hymenium contenu dans le périthèce de *Peziza*. *th*, thalle ; *as*, asque contenant 8 spores, *sp* ; *par*, paraphyses.

(b) *Œufs*. — La plupart des Champignons se multiplient seulement par spores. Les **Oomycètes** se multiplient par *œufs* résultant de la combinaison des protoplasmes de deux cellules d'abord indépendantes (Voir page 448).

I. — OOMYCÈTES

Champignons pourvus d'un thalle non cloisonné, enveloppé d'une membrane celluloso-pectique [ou celluloso-callosique]. Multiplication par œufs et par spores.

Les principaux Champignons de cet ordre sont les **Mucorinées** et les **Péronosporées**.

(a) **Mucorinées**. — *Œuf formé par l'union de deux cellules semblables (isogamie).*

Les Mucorinées, désignées sous le nom de *moisissures*, vivent soit aux dépens des matières végétales ou animales en décomposition (*Mucor Mucedo, Rhizopus nigricans*), soit en parasites sur d'autres Champignons (*Syncephalis*).

Thalle. — Le thalle des Mucorinées est généralement incolore avec de nombreux petits noyaux; à mesure qu'il s'allonge, le protoplasme évacue les parties âgées (remplies alors d'un liquide hyalin) et remplit les ramuscules jeunes préposés à une absorption active.

Suivant les espèces, *le thalle se comporte de manières différentes lorsque l'oxygène libre fait défaut.*

Un thalle de *Mucor Mucedo* (Moisissure blanche qui envahit les bois humides dans les caves) meurt peu de temps après la suppression de l'oxygène dans le milieu ambiant; le *Mucor racemosus*, dans les mêmes conditions, croît *en boule*, c'est-à-dire que les filaments mycéliens présentent des étranglements successifs qui se manifestent surtout sur les branches nouvelles.

Le *Mucor racemosus*, au contraire, provoque la fermentation alcoolique du glucose ou du sucre interverti contenu dans le

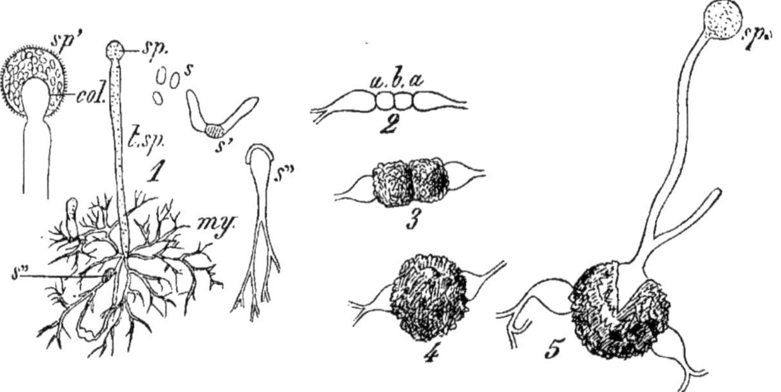

FIG. 772. — *Mucor Mucedo.* 1; *s*, spores germant en *s',s''*, avec formation d'un mycélium nutritif, *my* et d'un tube sporangifère, *t.sp*; *sp*, sporange grossi en *sp'* et plein de spores. 2, conjugaison de 2 filaments mycéliens pour la formation d'un œuf, 3, 4. En 5, l'œuf a déchiré l'exospore (sa membrane externe) et germé en un tube sporangifère.

milieu nutritif, lorsque l'atmosphère est privée d'oxygène libre. Pendant cette période où il résiste à l'asphyxie, il croît en boule, mais il ne peut, comme la Levure de bière, intervertir le sucre de canne, car le thalle des Mucorinées ne fabrique pas d'invertine.

Reproduction. — Le *Mucor Mucedo*, pris pour exemple, forme suivant les cas :

1° des sporanges remplis de *spores* mises en liberté par dissolution de la membrane du sporange;

2° un *œuf*, par la fusion des protoplasmes de deux cellules isolées aux extrémités de 2 filaments conjugués.

Quand le thalle du *Mucor* est vigoureux, il émet vers l'extérieur des pédicelles ou *tubes sporangifères*, *t. sp*, qui atteignent parfois 15 centimètres de longueur; au sommet de ces tubes, se développe une sphère remplie d'un protoplasme abondant; puis *une membrane apparaît*, la *columelle*, *col*, en dehors de laquelle le protoplasme se convertit en une foule de spores, *sp'*, mises en liberté par la destruction de la membrane externe.

Si la Moisissure manque d'air ou d'humidité, elle forme des œufs. A cet effet, deux filaments conjugués (fig. 772, 2) isolent, par des cloisons *a,a*, deux cellules dont la paroi commune, *b*, se résorbe; l'œuf qui résulte de leur fusion, appelé d'ordinaire *zygospore*, grossit (3, 4) et s'entoure d'une membrane épaisse et brune. Dans l'air humide, cet œuf germe, donne un mycélium nouveau et parfois directement un sporange, *sp* (5).

Remarque.— Chez nombre de Mucorinées, l'œuf ou *zygospore*, *œ* (fig. 773), est protégé non seulement par sa membrane propre, mais encore par un feutrage plus ou moins compact de ramuscules à membrane cutinisée et colorée, émis par les filaments qui portent l'œuf [*Phycomyces*].

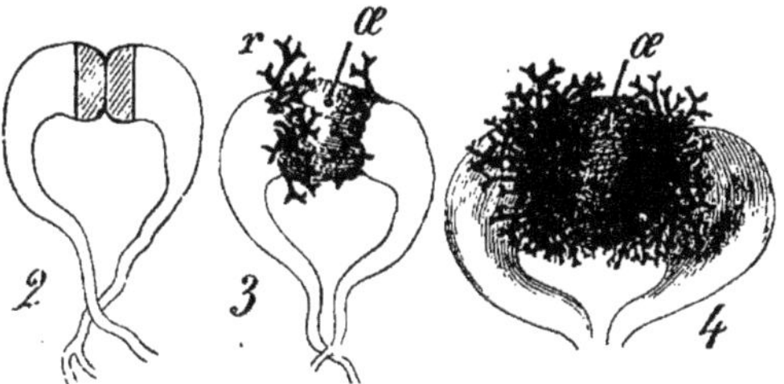

Mucor (fig. 772). Œuf formé par isogamie réelle.

Les *Mucor* provoquent une lente fermentation alcoolique dans les liquides contenant du *glucose* (moût de bière, mélasses); mais, comme ils ne développent pas d'*invertine*, ils ne peuvent intervertir le sucre de canne; ils sont aussi sans action sur la dextrine, l'inuline, le sucre de lait.

Fig. 773. — **Mucorinées.** — Formation de l'œuf de *Phycomyces* et développement du feutrage de rameaux protecteurs.

Phycomyces. Thalle développé dans le pain humide. L'œuf est protégé par un feutrage épais, noir.

Syncephalis. Œuf formé par isogamie approximative.

(b) **Péronosporées.** — *Œuf formé par l'union de deux cellules dissemblables immobiles (hétérogamie : pollinide ♂ et oosphère ♀).*

Les Péronosporées, parasites chez certaines Phanérogames, y provoquent des maladies sérieuses : le *mildiou* de la Vigne dû au *Peronospora viticola*, la maladie de la Pomme de terre due au *Phytophthora infestans*, la *rouille blanche* des Crucifères provoquée par le *Cystopus candidus* (Voir p. 448, fig. 440).

Cystopus (fig. 440). Spores en chapelet. — *Phytophthora* (fig. 774, B). Spores isolées portées par des filaments ramifiés. — *Peronospora* (A). Spores isolées portées par des rameaux disposés en grappe.

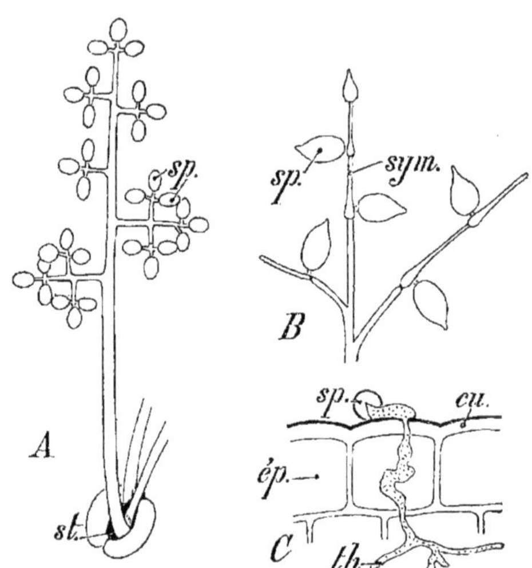

FIG. 774. — Péronosporées. — Appareil sporifère de *Peronospora viticola* en A, de *Phytophthora infestans* en B — C : germination d'une spore, *sp* et ramification du thalle, *th*, dans le tissu de l'hôte.

On emploie, pour combattre le mildiou et la rouille blanche : soit l'*eau céleste* (obtenue en ajoutant de l'ammoniaque à une dissolution de sulfate de cuivre jusqu'à dissolution complète du précipité d'oxyde de cuivre); soit la *bouillie bordelaise* (100 litres d'eau avec 8 kilogrammes de sulfate de cuivre et 15 kilogrammes de chaux éteinte).

Ce traitement est préventif ; il est efficace en ce que les spores du *Peronospora viticola*, par exemple, ne peuvent attaquer l'épiderme des feuilles de Vigne imprégnées de sulfate de cuivre.

II. — ASCOMYCÈTES

Champignons à thalle cloisonné. Multiplication par spores naissant dans des asques.

Les Ascomycètes comprennent un grand nombre de formes saprophytes ou parasites. Parmi les saprophytes, on peut signaler les Levures, les *Penicillium*, qui vivent aux dépens de liquides nutritifs, de fruits, de peaux, etc. ; la Pézize, l'Helvelle, la Morille, la Truffe qui se développent sur la terre humide. Les formes parasites principales sont : l'*Erysiphe* qui attaque la Vigne (*Oïdium*); le *Claviceps* qui produit l'*ergot* du Seigle, etc.

Le caractère fondamental des Ascomycètes est la présence d'un appareil sporifère appelé *asque*, *as* (fig. 771), provenant d'une cellule-mère dont le protoplasme s'est divisé en 4 ou 8 *spores*, *sp*.

Tantôt les asques sont isolés (Levures, fig. 776); tantôt ils sont groupés dans un *périthèce* où, serrés côte à côte et entremélés de cellules stériles appelées *paraphyses*, par (fig. 771), ils forment un *hymenium*.

Tantôt le périthèce est une coupe large ouverte où les asques sont directement au contact de l'air [Pézize (fig. 775, A), Morille (B)]; tantôt c'est une sphère creuse, à la surface interne de laquelle sont disposés les asques [*Sphæria* (C), *Claviceps*].

(a) *Asques isolés.*

Saccharomyces (Levures, fig. 776). Thalle à cellules sphériques ou ovoïdes se multipliant, suivant les conditions extérieures, par *bourgeonnement* ou par *spores endogènes* au nombre de 2 ou 4 dans un asque constitué par une cellule libre.

Les *Saccharomyces* sont presque tous des *ferments alcooliques*. A la surface d'un fruit ou d'un liquide sucrés, *au contact de l'air*, ils vivent de sucre qu'ils transforment en eau et CO_2. Mais, *privés d'oxygène libre* (quand on les force à vivre au sein d'un liquide sucré non aéré), les *Saccharomyces* décomposent la matière sucrée, la dédoublent en CO_2 et en *alcool* principalement; une petite quantité d'oxygène libre résultant de cette réaction est utilisée par la Levure pour sa respiration.

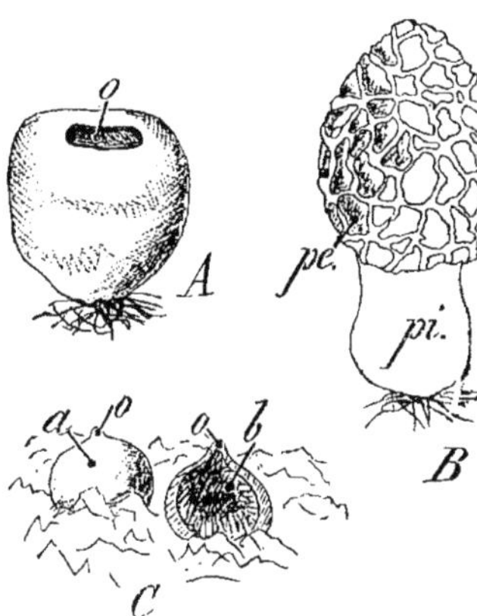

Fig. 775. — **Ascomycètes.** — A; *Peziza vesiculosa* (Pézize). — B; *Morchella esculenta* (Morille): *pi*, pied; *pé*, un périthèce. — C; *Sphæria*; *a*, vue extérieure; *b*, coupe; *o*, orifice du périthèce.

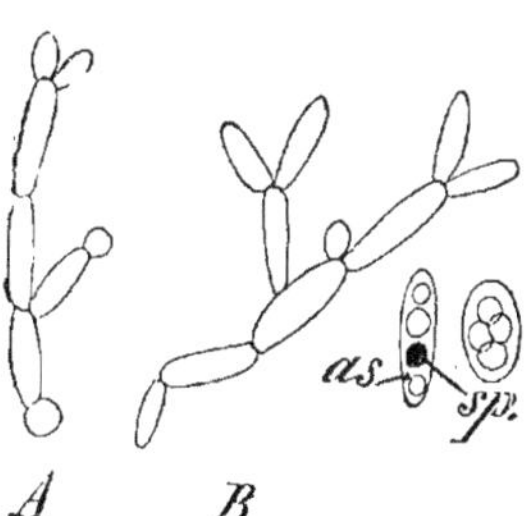

Fig. 776. — A; *Mycoderma vini.* — B; *Saccharomyces Pasteurianus*; *as.* asque renfermant 4 spores, *sp.*

S. Cerevisiæ (Levure de bière, fig. 268, A). Cellules rondes ou ovales (8 à 9μ); 2 variétés : *Levure basse* et *Levure haute :* la dernière, un peu plus grande, flotte de préférence à la surface du liquide en fermentation et se développe mieux à la température de 10 à 20°; la Levure basse se tient de préférence au fond des vases et fonctionne bien de 2 à 8°.

S. ellipsoideus (Levure ordinaire des vins, fig. 268, B). Cellules elliptiques (6μ), solitaires ou groupées en courtes colonies rameuses. — *S. Pasteurianus* (fig. 776, B). Cellules parfois allongées (18 à 25μ) quand la végétation est rapide. Semble être une *levure de maladie*, provoquant l'altération du vin, du cidre et de la bière, en leur communiquant un goût amer.

Les *S. Cerevisiæ, ellipsoideus* et *Pasteurianus, sécrètent de l'invertine propre à la transformation du sucre de canne* ($C^{12}H^{22}O^{11}$) *en sucre interverti* ($C^6H^{12}O^6$).

S. mycoderma (Fleur du vin, fig. 776, A). Cellules allongées formant un *voile* sur le vin et la bière abandonnés à l'air ; on n'en a pas encore découvert les spores. Cet organisme oxyde l'alcool du liquide à la surface duquel il végète; ce n'est pas un ferment alcoolique.—*S. albicans* (Champignon du Muguet des enfants). Cellules, les unes allongées, les autres globuleuses, disposées en filaments qui forment un enduit blanchâtre sur la langue, le voile du palais et le pharynx, lorsqu'un défaut de nutrition en a modifié les sécrétions.

(**b**) *Périthèce largement ouvert, en forme de coupe ou de disque.*

Peziza (Pézize, fig. 775, A). Périthèce en forme de coupe généralement ; les asques n'y dépassent pas les paraphyses.

Un certain nombre de Pézizes sont parasites.

P. calycina attaque la tige des jeunes Mélèzes, y provoque un écoulement de résine avec de profondes plaies; l'arbre dépérit et meurt. — *P. trifoliorum* tue les Trèfles. — *P. sclerotiorum* envahit le Chanvre, la Carotte, le Topinambour, etc. — *P. Fuckeliana* est très répandue sur les feuilles mortes de la Vigne pendant la saison froide.

Morchella (fig. 775, B). Un pied surmonté d'un chapeau, avec des alvéoles qui constituent autant de périthèces hérissés d'asques.

L'espèce *M. esculenta* est comestible; on la trouve assez abondamment au printemps dans les bois.

(**c**) *Champignons souterrains, à périthèce clos.*

Tuber (Truffe, fig. 777). Périthèce complètement enveloppé par les filaments du thalle.

La *Truffe noire*, de forme globuleuse, noire et couverte de dépressions polygonales, renferme en son milieu un grand nombre d'asques avec 3-6 spores hérissées de fines pointes. On la trouve dans les bois de chênes, surtout dans le Périgord, l'Aveyron et l'Yonne, où elle vit probablement en parasite sur les racines des arbres. La *Truffe blanche* est très parfumée.

Fig. 777. — **Ascomycètes.** — *Tuber melanosporum* (Truffe); à droite est un asque fortement grossi avec 3 spores visibles.

(**d**) *Périthèce clos ou communiquant avec l'extérieur par une faible ouverture.*

Aspergillus. Moisissure commune sur les matières organiques en décomposition.

Les *Aspergillus* envahissent parfois les plaies résultant de lésions de la peau chez l'Homme, et y trouvent un milieu favorable à leur développement.

Sterigmatocystis. — Le *St. nigra* se développe bien dans les milieux renfermant du tanin dont il provoque le dédoublement en acide gallique et en glucose : propriété utilisée dans l'industrie pour la préparation de l'acide gallique.

Penicillium. — Le *P. glaucum* est une moisissure gris verdâtre, répandue à profusion sur toutes les matières organiques en décomposition, et qui s'accommode des aliments les plus variés. Le *P. glaucum* est utilisé pour la fabrication des fromages de Roquefort ; on l'y ensemence à l'aide de pain moisi.

Les genres précédents sont saprophytes en général

Erysiphe. Thalle parasite sur les feuilles et les tiges; il enfonce des suçoirs dans les cellules épidermiques.

L'*Erysiphe Tuckeri* (Oïdium de la Vigne) développe son thalle à la surface des jeunes feuilles ; les grains à peine apparus sont rapidement détruits.

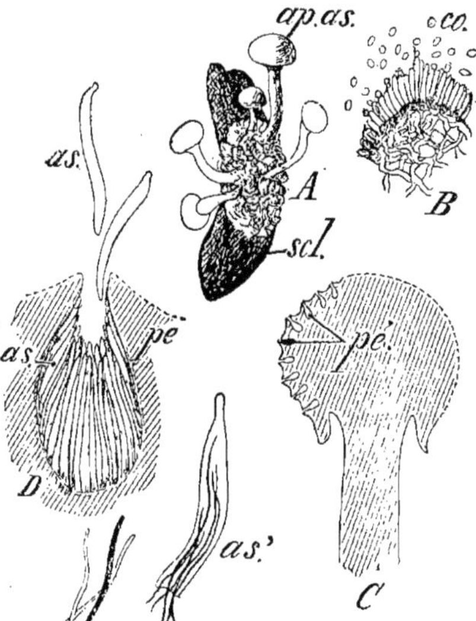

Les feuilles de la Vigne, qui sont attaquées, deviennent cassantes ; le fruit est dur et se fend.

On combat l'Oïdium par 3 soufrages successifs au début de la végétation (tiges de 10 centimètres), à la floraison et à la fructification.

Claviceps. Périthèce composé avec asques tubuleux et spores filiformes.

Le *Claviceps purpurea* (Ergot du Seigle, fig. 778) développe son thalle filamenteux sur l'ovaire des Graminées (surtout du Seigle) et se substitue peu à peu au grain dont il s'est nourri. L'ovaire est donc remplacé par un mycélium d'abord mou et blanc qui produit à la surface un grand nombre de *conidies*, *co* (B), cellules reproductrices spéciales capables de germer sur place et de donner des conidies secondaires. Le mycélium devient ensuite plus compact à la base de l'ovaire et prend l'aspect d'un tubercule allongé et noirâtre : c'est l'*Ergot* (A).

Fig. 778. — Ascomycètes. — *Claviceps purpure* (Ergot du Seigle). — A; *scl*, sclérote produisant des appareils ascogènes, *ap.as*. — B ; fragment d'appareil conidien et conidies libres, *co*. — C ; coupe longitudinale d'un appareil ascogène montrant les périthèces, *pé*. — D ; un périthèce grossi rempli d'asques, *as*; *as'*, asque libre émettant des spores filiformes, *sp*.

Capable de résister à la sécheresse et au froid, l'Ergot germe au printemps, sous l'influence de l'humidité ; il se hérisse de petites tiges terminées chacune par une boule rouge, *ap.as* (A). Chacune de ces têtes est creusée à sa surface d'un grand nombre de petites bouteilles (périthèces, *pé*, C) où font saillie des asques tubuleux, *as* (D). Chaque asque contient 8 spores filiformes, *sp*, qui germeront à leur tour en milieu humide (jeunes fleurs de Graminées, par exemple).

III. — BASIDIOMYCÈTES

Champignons à thalle cloisonné. Multiplication par spores naissant sur des basides.

Dans cet ordre très vaste, qui renferme à lui seul plus de 2 000 espèces en France, sont rangés les *Champignons à chapeau* bien connus de tout le monde. Les Basidiomycètes sont le plus souvent saprophytes, vivant sur la terre riche en humus, sur le vieux bois, les feuilles mortes, etc.

Le caractère fondamental des Basidiomycètes est la naissance

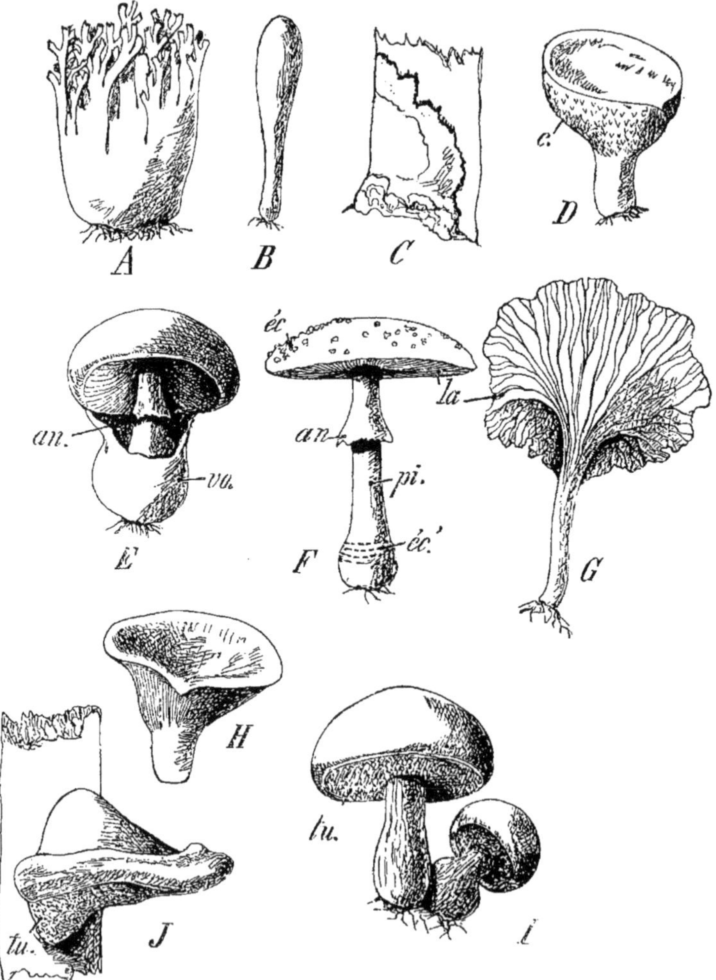

FIG. 779. — **Basidiomycètes.** — A ; *Clavaria flava.* — B ; *Clavaria pistillaris.* — C ; *Thelephora biennis.* — D ; *Hydnum repandum.* — E ; *Amanita cæsarea* (Oronge). — F ; *Amanita muscaria* (Fausse Oronge). — G ; *Cantharellus cibarius* (Girolle). — H ; *Russula delica.* — I ; *Boletus edulis* (Bolet ou Cèpe). — J ; *Polyporus fomentarius.* c, cônes ; *ro,* volve ; *an,* anneau ; *la,* lames rayonnantes ; *éc,* écailles ; *tu,* tubes.

des spores (*basidiospores*) à l'extrémité des *stérigmates* portés par de grosses cellules-mères (*basides*) disposées côte à côte ou entremêlées de paraphyses, à la surface d'un appareil sporifère.

Nous avons brièvement exposé déjà la *structure de l'appareil sporifère* du Champignon de couche (*Agaricus* ou *Psalliota campestris*, fig. 270).

(a) *Appareil sporifère formant chapeau le plus souvent; basides indivises, très serrées sur la surface externe de cet appareil sporifère.*

Clavaria. Champignon charnu, d'assez grande taille, cylindrique, en massue ou très ramifié (fig. 779, A, B), portant des basides sur *toute la surface* de l'appareil sporifère. Vit dans les bois, les prairies, au milieu de l'herbe ou sur les troncs en décomposition.

Un certain nombre d'espèces de Clavaires sont comestibles.

Agaricinées. — Les basides sont insérées sur des lames rayonnantes à la face inférieure du chapeau.

Spores blanches.

Amanita (Amanite, E, F). Champignon pourvu d'une *volve, vo,* qui l'enveloppe complètement dans le jeune âge; lors de l'épanouissement du chapeau, la volve se déchire et forme : soit un étui autour du pied (*A. cæsarea*, E), soit un simple bourrelet annulaire (*A. citrina*) et pas de verrues (fragments de la volve) sur le chapeau; soit des verrues et un bourrelet annulaire (*A. muscaria*, F), etc.

L'Oronge (E) est un Champignon comestible; chapeau jaune-orangé, sans écailles, atteignant 10 à 15 centimètres, à chair ferme et jaune, ne rougissant pas à l'air; *les feuillets du chapeau sont inégaux et jaunes;* pied plein jaune doré, entouré à sa base d'une volve blanche formant étui : l'odeur en est agréable.

La fausse Oronge ou Amanite Tue-Mouches (F) est extrêmement vénéneuse. Chapeau *rouge*, parfois orangé, *parsemé d'écailles blanches, éc; les feuillets du chapeau sont blancs;* le pied est entouré, à sa base, d'une volve réduite à des fragments écailleux blancs, *éc'.*

Ces caractères permettent de ne pas confondre l'Oronge à chair délicate et comestible avec la fausse Oronge.

Cantharellus (Chanterelle, G). Champignon charnu à pied plus ou moins excentrique; chapeau hérissé inférieurement de feuillets épais, peu saillants parfois, souvent anastomosés.

La Girolle ou Chanterelle comestible a le chapeau jaune ou orangé-vif, quelquefois blanc-crème, en forme de coupe à bord irrégulier; les lames jaunes s'étendent sur le pied jaune-orangé, *épais.* Comestible et fort appréciée, la Girolle ne doit pas être confondue avec une espèce vénéneuse voisine dont le pied est jaune roux, quelquefois noir.

Spores noires ou brun-pourpre foncé à maturité.

Agaricus ou *Psalliota* (Agaric ou Psalliote, fig. 269). Champignon ayant un anneau, les feuillets libres; le pied se détache facilement du chapeau. La plupart des espèces en sont comestibles.

Le Champignon de couche possède une chair qui devient rosée à l'air; un chapeau blanc, roux ou brun; des lames roses, puis pourpre-foncé; un pied plein, blanc et lisse; une odeur agréable. On le cultive dans les environs de Paris.

Polyporées. — Basides tapissant la surface interne de tubes.

Boletus (Bolet, fig. 779, I). Champignon charnu, à pied central, à *tubes facilement séparables du chapeau;* il pousse à terre et pourrit rapidement.

Le Cèpe de Bordeaux, le plus connu des Bolets comestibles, a le chapeau brun, la chair molle et blanche, rougeâtre sous l'épiderme, le pied brun, souvent renflé à la base; les tubes, d'abord blancs, deviennent jaunâtres.

Polyporus (Polypore, J). Champignon charnu, parfois sans pied, à tubes difficilement séparables de la chair du chapeau; il pousse sur le bois, rarement à terre.

Le nombre des espèces de Polypores est très grand, quelques-unes font élection de domicile sur des arbres déterminés (Mélèze, Peuplier, Aulne, etc.); mais ces espèces sont coriaces le plus souvent; elles peuvent atteindre des dimensions considérables par suite de leur accroissement continu. Le Polypore amadouvier se développe sur le Frêne, le Saule, le Peuplier, le Chêne, etc., appliqué par l'un de ses côtés contre le tronc-support; il prend la forme d'un sabot de Cheval. On coupe sa chair en tranches qu'on ramollit à coups de maillet pour faire de l'*amadou.*

IV. — HYPODERMÉES

Champignons à thalle cloisonné, se reproduisant par spores de plusieurs sortes; ni asques ni basides. Parasites dans les végétaux terrestres.

Cet ordre comprend 2 familles : les **Ustilaginées** et les **Urédinées.**

(a) **Ustilaginées.** — *Thalle ramifié perforant souvent les membranes cellulaires de la plante hospitalière.*

Ces parasites provoquent, chez les Graminées, les maladies de la *carie* et du *charbon.* Le *Tilletia Tritici* dévore l'ovule du Blé (*carie du Blé*); l'*Ustilago segetum* détruit la fleur entière des Graminées et produit le *charbon* des céréales (Blé, Orge, Avoine), etc.

Les spores de ces Champignons peuvent conserver leur faculté germinative pendant 2 ou 3 ans; elles sont tuées par immersion prolongée dans une dissolution de sulfate de cuivre contenant 5 grammes de ce sel par litre d'eau. [*Faire baigner les graines à ensemencer pendant 15 heures dans ce bain pour tuer les spores qui peuvent s'y trouver, sécher et semer ensuite*].

(b) **Urédinées.** — *Thalle ramifié se développant dans les méats intercellulaires de la plante hospitalière sans pénétrer dans les cellules qu'ils entourent.*

Parasites *dans* les Végétaux terrestres, les Urédinées y provoquent des maladies appelées *rouilles,* à cause de la couleur des taches que forment les spores sur les feuilles et les tiges dont elles ont déchiré l'épiderme pour se disséminer.

L'une des plus communes et des plus redoutables pour l'agriculture est l'espèce *Puccinia graminis* qui produit la *rouille du Blé* (fig. 780).

En été, on remarque par transparence, sur la tige et les feuilles du Blé, des bourrelets longitudinaux étroits et rougeâtres constitués par de nombreuses ramifications du thalle de *Puccinia graminis*; ces ramifications sont terminées chacune par une grosse spore ovoïde à membrane mince et à protoplasme rouge (*urédospore ur*, 1) qui presse contre la face interne de l'épiderme, le déchire et se trouve ainsi mise à nu. Des rangées de spores semblables se voient sur toute l'étendue des bourrelets signalés : c'est la *rouille orangée*.

Les *urédospores* se détachent, germent sur la même plante ou sur des plantes voisines (1') en un ou plusieurs tubes qui pénètrent par un stomate dans le tissu de l'hôte et y produisent de nouveaux bourrelets. Ce phénomène se produit pendant tout l'été, propageant la maladie avec une grande rapidité.

Quand le Blé mûr va sécher, des spores d'une autre nature se produisent (*téleuto-*

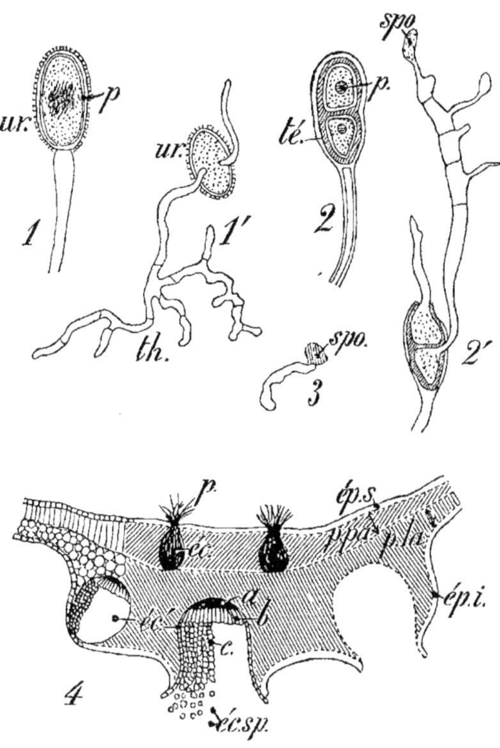

Fig. 780. — Urédinées. — Développement de *Puccinia graminis.* — 1; *ur*, urédospore. — 1'; urédospore ayant germé en un thalle, *th.* — 2; téleutospore; — 2'; téleutospore ayant produit des sporidies, *spo.* — 3; sporidie en germination. — 4; coupe schématique d'une feuille d'Épine-vinette; *ép.s, ép.i*, épidermes supérieur et inférieur; *p.pa, p.la*, parenchymes palissadique et lacuneux. *éc*, écidiolispores; *éc', sp*, écidiospores; *p*, poils.

spores. té, 2); elles sont allongées, pourvues d'une cloison transversale; leur membrane brune est fortement cutinisée. Les téleutospores demeurent adhérentes à leur pédicelle et peuvent subir les froids rigoureux sans altération.

Au printemps, une *téleutospore*, germant dans l'air humide (2'), donne un mycélium comprenant 4 cellules dont chacune produit une *sporidie, spo.*

La *sporidie*, emportée par le vent, *ne peut germer que sur une jeune feuille d'Épine-vinette*; elle pousse un tube grêle (3) qui, perforant l'épiderme du nouvel hôte, pénètre dans les méats intercellulaires et y produit rapidement un thalle. Bientôt on remarque, sur les deux faces de la feuille envahie, 2 sortes de taches produites par les filaments pressés du thalle (4).

Les taches de la face supérieure font éclater l'épiderme et prennent l'aspect de bouteilles, *éc*, à col étroit par lequel font saillie de nombreux poils, *p* ; au fond se trouvent des rameaux serrés qui se résolvent en chapelets de petites spores (*Écidiolispores*) *capables de propager la maladie sur l'Épine-vinette.*

Les taches de la face inférieure, après rupture de l'épiderme, *ép. i*, ont l'aspect de cupules, *éc'*, dans le fond desquelles est disposée une assise de cellules allongées ayant produit chacune un chapelet de spores (*Écidiospores, éc. sp*), *capables de germer seulement sur le Blé ou quelques autres Graminées,*

Le développement d'une *Écidiospore* produit un tube qui, pénétrant par un stomate de la feuille ou de la tige du Blé, se ramifie en un thalle abondant; au bout de 6 à 10 jours, ce thalle provoque la formation des bourrelets dont nous avons parlé au début.

Le cycle des transformations ainsi fermé est représenté par le tableau suivant :

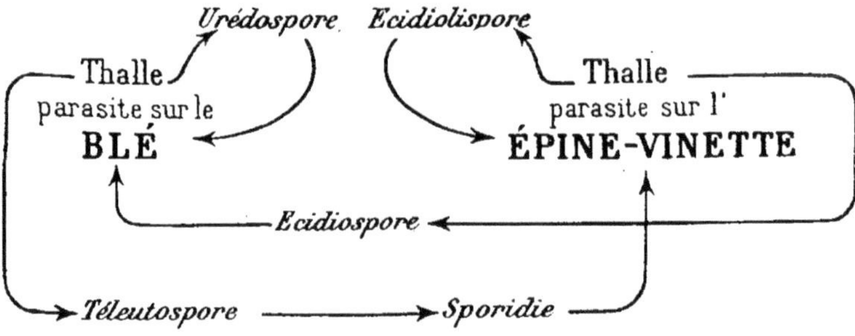

§ 2. — ALGUES

Thallophytes pourvues de chlorophylle ordinairement.

<table>
<tr><td rowspan="6">ALGUES
à
thalle</td><td rowspan="4">vert,
vert bleuâtre
ou incolore.</td><td colspan="2">Thalle incolore ou vert bleuâtre.
Cellules sans noyau.</td><td>Algues bleues.
(Cyanophycées).</td></tr>
<tr><td colspan="2">Thalle ordinairement vert. Cellules à
noyau net......................</td><td>Algues vertes.
(Chlorophycées).</td></tr>
<tr><td colspan="2"></td><td></td></tr>
<tr><td colspan="2"></td><td></td></tr>
<tr><td colspan="3">brun, olivâtre ou jaune........................</td><td>Algues brunes.
(Phéophycées).</td></tr>
<tr><td>ordinairement
rouge.</td><td colspan="2">Spores sans cils vibratiles........</td><td>Algues rouges.
(Floridées).</td></tr>
</table>

Caractères généraux. — Le thalle des Algues présente les formes les plus variées :

1° **Le thalle est simple ou abondamment ramifié.** — Unicellulaire chez *Protococcus* et *Botrydium* (fig. 268), il affecte la forme d'un filament, continu chez *Spirogyra*, dissocié chez les *Bactériacées* (fig. 246). Le thalle atteint sa complexité maximúm chez certaines Fucacées et Floridées (fig. 781).

2° Le thalle est homogène ou profondément différencié. —

Fig. 781. — *Lomentaria articulata.*

Semblable dans toutes ses parties chez les Algues filamenteuses (*Spirogyra*) ou membraneuses (*Ulva*), le thalle se différencie plus ou moins chez les Algues fixées en particulier : un *crampon* ou *système fixateur* apparaît le premier ; puis la partie flottante du thalle présente un *appareil nutritif* formé de lames pouvant recevoir beaucoup de lumière, et un *appareil reproducteur* le plus souvent localisé en un point de la surface du thalle (Laminaire, fig. 269; *Anthophycus*, fig. 770).

Des pigments chez les Algues. Leur importance au point de vue de la nutrition. — Les Algues renferment presque toutes de la chlorophylle.

1° Ce pigment, mélangé simplement de xanthophylle, donne au thalle des **Chlorophycées** une couleur verte; il est localisé sur des chloroleucites plus ou moins nombreux dans une même cellule.

2° Un 3° pigment se superpose aux 2 précédents chez certaines Algues auxquelles il communique sa couleur propre *s'il est prédominant* ; ce pigment additionnel est soluble dans l'eau, insoluble dans l'alcool et l'éther et peut être extrait du végétal par un lavage à l'eau ; l'Algue ainsi traitée devient verte.

Le pigment surnuméraire est :

(a) la *phycocyanine bleue* chez les Algues bleues ou **Cyanophycées** ;

(b) la *phycophéine*, jaune-brun, superposée à la chlorophylle chez les Algues brunes ou **Phéophycées** ;

(c) la *phycoérythrine*, rouge, superposée à la chlorophylle, chez les Algues rouges ou **Floridées.**

Spectres d'absorption des pigments. — Nous avons étudié déjà : 1° la manière dont on obtient un *spectre d'absorption* ; 2° la composition des *spectres de la chlorophylle* et *de la xanthophylle* indépendants ou superposés (Voir page 273).

Or, la principale bande d'absorption de la *chlorophylle*, I, située entre les raies B et C, est déviée :

dans le jaune, vers la raie D, avec la *phycocyanine* ;

dans le vert, entre les raies D et E, avec la *phycophéine* ;

plus à droite, vers le bleu, avec la *phycoérythrine.*

Importance de ces faits pour l'assimilation. — Déjà nous avons pu remarquer que *l'assimilation chlorophyllienne se fait* uniquement *dans les régions correspondant aux bandes d'absorption dans le spectre bien étalé de la chlorophylle* (Voir page 273). Si nous répétions la même expérience des feuilles de Bambou et des éprouvettes plates avec les spectres d'absorption de la *phycocyanine*, de la *phycophéine* et de la *phycoérythrine*, nous arriverions à une conclusion identique.

Répartition des Algues. — *La mer est presque exclusivement habitée par des Algues dont la répartition est variable, en profondeur, avec la nature du pigment qu'elles renferment*

L'intensité de la lumière diminue à mesure qu'on pénètre plus profondément dans la mer. A la surface des eaux et à une faible profondeur, on trouve les diverses sortes d'Algues ; à 100 mètres, on n'en trouve plus que des brunes et des rouges ; au delà, on rencontre seulement des Algues rouges, et elles sont très rares.

Multiplication. — Les Algues peuvent se multiplier : 1° par la *dissociation du thalle* (multiplication végétative ou *bouturage*) ; 2° par la *reproduction proprement dite* (émission de *spores*, production d'*œufs*).

I. Dissociation du thalle. — Elle s'observe rarement chez les Algues (Bactéries, Nostoc).

II. Reproduction proprement dite. — (a) *Spores.* — Au sein d'une cellule du thalle se produisent, aux dépens du protoplasme, 1, 2, 4 ou *n* spores, ciliées ou non.

Les spores endogènes des Bactéries (fig. 246) *sont dépourvues de cils vibratiles ;* il en est de même des spores issues du

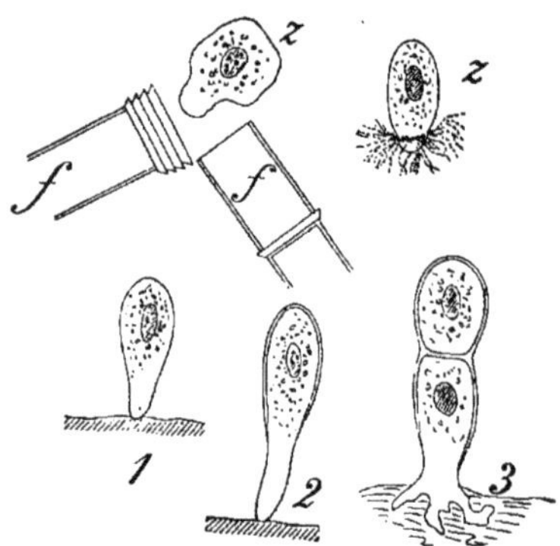

FIG. 782. — **Chlorophycées.** — *Œdogonium vesicatum.* Formation des zoospores, *z.* — 1, 2, 3, leur germination.

tétrasporange de *Lejolisia* (fig. 441) ; les *spores ciliées* ou zoospores se rencontrent : avec 1 ou 2 cils chez *Botrydium granulatum* (fig. 268, 2' et 3'') ; avec *n* cils chez *Œdogonium* (fig. 782, *z*).

Rendues libres par une rupture circulaire de la membrane cellulaire, les zoospores d'*Œdogonium* nagent, puis perdent leurs cils (1), se fixent par leur extrémité antérieure transformée en crampon (2), s'allongent en un tube peu à peu cloisonné (3) et donnent un thalle nouveau.

(b) *Œufs.* — La formation d'œufs se produit soit par isogamie, soit par hétérogamie.

Dans le cas de l'**isogamie**, les *gamètes* sont exactement de même importance, comme chez *Mesocarpus* (fig. 783) : 2 cellules, *a* et *b*, conjuguées en 1, unissent, dans cette partie qui leur est commune, des portions équivalentes de leur protoplasme constitutif ; il en résulte un œuf vu en 2.

Dans la Spirogyre, l'isogamie n'est plus aussi absolue, puisque le *gamète mâle* passe totalement dans la cellule où le *gamète femelle* est demeuré immobile (Voir page 279, fig. 248, B.)

L'**hétérogamie** s'observe chez le plus grand nombre d'Algues ; la formation de l'œuf est due à l'union d'un anthérozoïde mobile avec l'oosphère immobile chez *Vaucheria* (fig. 784).

Deux rameaux du thalle isolent leur contenu, par une cloison, du protoplasme continu qui remplit le filament principal f,f; ce sont : l'oogone, *oog* et l'anthéridie, *an*. L'oogone, dissymétrique, présente un bec latéral dont la membrane se gélifie; son protoplasme se contracte et forme l'oosphère, *oos* (II), en communication libre avec l'eau ambiante par l'ouverture résultant de la gélification locale de la membrane. L'anthéridie est ovale, allongée; son contenu se partage

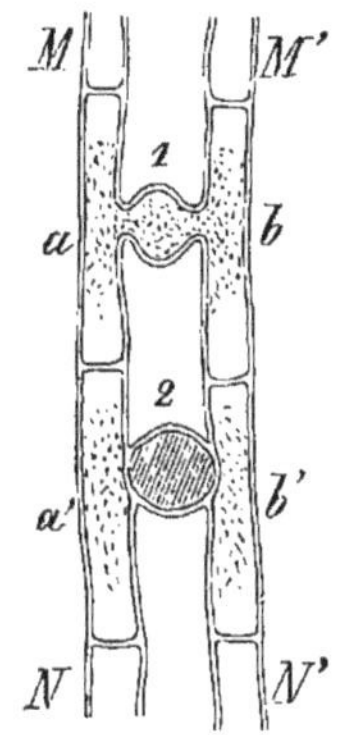

FIG. 783. — **Chlorophycées**. — *Mesocarpus* : fusion *partielle* du contenu protoplasmique des cellules *a* et *b*, pour la formation d'un œuf (2).

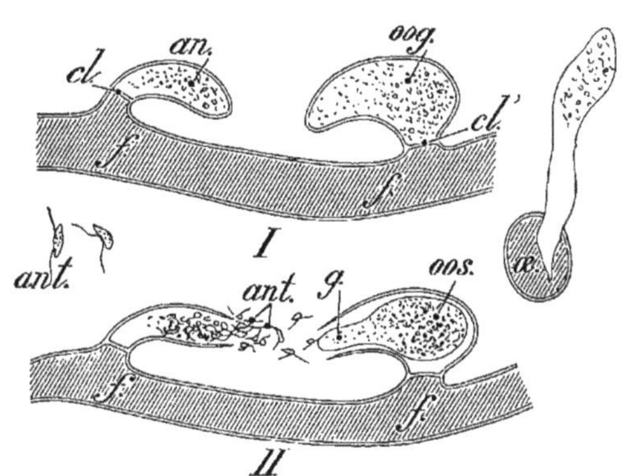

FIG. 784. — **Chlorophycées**. — *Vaucheria sericea*. Mode de formation de l'œuf. — I; f,f, filament d'Algue sur lequel se sont formés l'oogone, *oog* et l'anthéridie, *an*, isolés par les cloisons, *cl*, *cl'*. — II; l'anthéridie ouverte émet les anthérozoïdes, *ant*, dont l'un au moins est retenu par le mucilage, *g*, qui occupe l'ouverture de l'oogone; *oos*, oosphère avant la fécondation. *œ*, œuf au début de la germination.

en une foule d'anthérozoïdes à 2 cils, *ant*, mis en liberté par la gélification de la paroi à son extrémité (au voisinage de l'ouverture de l'oogone). 1 ou plusieurs anthérozoïdes pénètrent dans l'oogone; la fusion de l'un d'eux s'opère avec l'oosphère; l'œuf, *œ*, qui en résulte, s'entoure aussitôt d'une membrane épaissie, cutinisée, passe à l'état de vie latente et germera tôt ou tard en produisant un thalle nouveau.

I. — CYANOPHYCÉES

Thalle incolore ou vert bleuâtre, composé de cellules sans noyau. La chlorophylle, quand elle existe, est diffusée avec la **phycocyanine** *dans toute l'étendue du protoplasme.*

CYANOPHYCÉES. { Thalle ordin⁺ incolore. Spores endogènes. — **Bactériacées.**
{ Thalle ordin⁺ vert bleuâtre. Spores exogènes. **Nostocacées.**

(a) Bactériacées. — *Thalle ordinairement incolore Spores endogènes.*

La plupart des Bactéries, dépourvues de chlorophylle et d'un pigment leur permettant de décomposer CO_2 et de s'en assimiler le carbone, semblent devoir être placées parmi les Champignons ; toutefois la constitution de leur thalle (cellules fort petites et toutes semblables) nous amène à les ranger à côté des Nostocacées dont quelques genres d'ailleurs sont également incolores.

Le thalle des Bactériacées est composé de cellules différentes par leur forme et leur association (fig. 246).

Ces cellules sont **sphériques** chez *Micrococcus* et *Sarcina* ; elles sont **elliptiques** chez *Bacterium*. Elles ont la forme de **bâtonnets courts et droits** chez *Bacillus* et *Leptothrix* ; de **bâtonnets arqués**, fusiformes ou claviformes, chez *Vibrio* ; de **bâtonnets en spirale** chez *Spirillum* et *Spirochæte*.

La forme des cellules, leur association, la présence d'une gaine gélatineuse ne sont pas autant de caractères spécifiques. Une même espèce peut présenter diverses formes, être mobile ou non, libre ou associée, etc., suivant les conditions du milieu dans lequel elle se développe : d'où la nécessité, pour bien connaître une espèce, d'en faire des *cultures pures* et dans des conditions variées.

Formation des spores. — Les Bactériacées, qui se multiplient très rapidement par *scissiparité* lorsqu'elles vivent dans un milieu nutritif convenable, produisent des *spores* dès que ce milieu est épuisé ou que les conditions extérieures deviennent défavorables (dessiccation, température trop basse ou trop élevée, sécrétion de produits nuisibles). On voit alors chaque cellule grossir, se remplir d'une matière de réserve peu à peu résorbée à mesure que se forme la spore ; bientôt il ne reste plus dans la cellule qu'une spore séparée de la membrane par un liquide hyalin ; la membrane se dissout elle-même et la spore est mise en liberté. Les spores peuvent résister à une température inférieure à 0°, comme à une température supérieure à 100°.

Ainsi les spores de la Bactéridie charbonneuse ne sont tuées qu'au bout d'un quart d'heure dans un milieu humide à 90° ou dans une atmosphère sèche à 120° ; les spores de *Bacillus subtilis* résistent pendant 1 heure à l'ébullition de l'eau surchauffée entre 105 et 110°. Il faut, pour détruire les spores des Bactériacées et pour *stériliser les vases de cultures*, les soumettre pendant plusieurs heures à la température de 120° dans une étuve.

La germination des spores peut s'effectuer des mois, parfois des années, après leur passage à la vie latente ; dès que les conditions de milieu sont favorables à leur développement, leur protoplasme absorbe de l'eau, leurs réserves sont dissoutes, leur membrane protectrice se déchire ; la cellule jeune qui provient de chacune d'elles se cloisonne et se multiplie par scissiparité ; tel est le cas du *Bacillus Amylobacter* (fig. 246, D, *a, b, c, d*).

Les plus importants de ces végétaux sont les Bactériacées

ferments et les Bactériacées **pathogènes** dont nous avons parlé déjà (page 393).

(b) **Nostocacées**. — *Thalle de coloration ordinairement vert-bleuâtre, due à la super-position de chlorophylle et de phycocyanine diffusées dans le protoplasme. Une gaine gélatineuse entoure les cellules.*

La plupart des Nosto-cacées vivent dans la mer, dans l'eau ou dans l'air humide (murs, rochers, arbres).

La **multiplication cellulaire**, avec dissociation du thalle en éléments uni-cellulaires, est observée chez *Gleocapsa* (fig. 785, C).

Une cellule (1), entourée de sa gaine gélatineuse, se divise en 2 (2), puis en 4 (3), puis en 2n cellules indépendantes les unes des autres, mais englobées par une gaine épaisse et consistante.

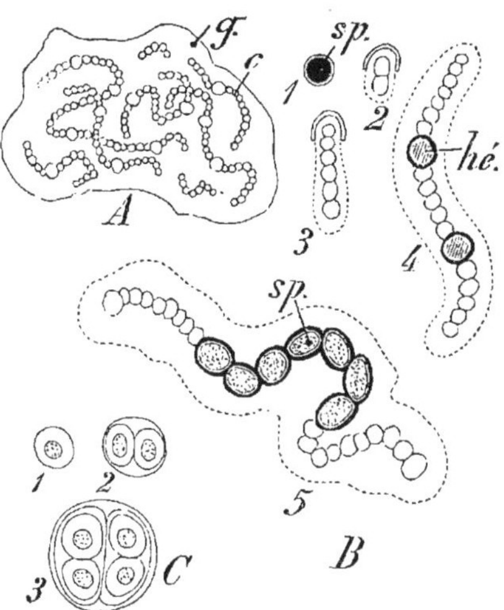

Fig. 785. — **Nostocacées**. — A ; *Nostoc verrucosum* ; *c*, chapelets de cellules contenus dans une gaine gélatineuse, *g*. — B ; 1, spore *sp*. 2, 3. 4, 5, stades successifs de sa germination. *hé*, hétérocystes ; *sp*, kystes. — C ; *Gleocapsa*.

La dissociation du thalle en *hormogonies* pluricellulaires s'observe chez le *Nostoc*.

Dans une même file de cellules (fig. 785, A, B), certaines d'entre elles se différencient, deviennent plus grandes que les autres, épaississent leur membrane et contiennent un liquide jaunâtre; ce sont les *hétérocystes*, *hé*, au niveau desquels se séparent ordinairement les hormogonies.

Gleocapsa. — *Nostoc*. — *Rivularia*.

II. — CHLOROPHYCÉES

Thalle ordinairement vert. Cellules avec noyau net et **chloroleucites** *contenant des grains d'amidon à la lumière. Multiplication par spores (zoospores le plus souvent) et toujours par œufs.*

La plupart des Chlorophycées sont aquatiques, habitant les eaux douces (Conjuguées), les eaux marines (Confervacées, Siphonées); quelques-unes vivent dans l'air humide (Protococcées).

(a) **Conjuguées**. — *Thalle formé d'un filament cloisonné transversalement. Pas de spores. Œuf résultant de la fusion d'isogamètes immobiles* (fig. 783).

Les Conjuguées vivent dans les eaux douces.

Mesocarpus. — Gamètes absolument équivalents et formation de l'œuf dans le tube de conjugaison des cellules-mères (fig. 783). — *Spirogyra*. Le protoplasme du gamète mâle se transporte par le tube de conjugaison dans la cellule occupée par le gamète femelle (fig. 248).

(b) **Confervacées**. — *Thalle cloisonné. Multiplication par spores et par œufs.*

Les Confervacées habitent la mer (*Ulva*), les eaux douces (*Conferva*) ou la terre humide.

Conferva. Thalle filamenteux simple et cloisonné. — *Ulva*. Thalle membraneux d'un beau vert, abondant sur les rochers maritimes; comestible. — *Œdogonium*. Thalle filamenteux simple. Zoospores avec une couronne de cils (fig. 782); formation d'un œuf par fusion d'un petit anthérozoïde, pourvu d'une couronne de cils, avec une oosphère volumineuse.

(c) **Siphonées**. — *Thalle formé de filaments non cloisonnés (structure continue). Multiplication par spores et par œufs.*

La plupart des Siphonées habitent la mer; quelques-unes vivent dans les eaux douces (*Vaucheria terrestris*) ou sur la terre humide (*Botrydium granulatum*).

Valonia (fig. 268). Thalle simple. — *Botrydium*. Thalle avec une ampoule verte aérienne et un appareil de fixation incolore et souterrain; vit sur la terre humide (Voir page 299). — *Caulerpa*. Thalle très différencié, à ramification latérale. — *Vaucheria*. Long tube très ramifié fixé par un crampon (Voir page 728).

(d) **Protococcées**. — *Thalle composé de cellules indépendantes. Multiplication par spores et par œufs.*

Protococcus. Cette Algue forme une couche poudreuse verte sur les surfaces humides (sol, rochers, vieux murs, écorce des arbres, particulièrement en hiver). Cellules immobiles.

III. — PHÉOPHYCÉES

Thalle brun, olivâtre ou jaune Cellules avec noyau net et **phéoleucites** *ne produisant jamais d'amidon. Multiplication par spores (zoospores le plus souvent) et presque toujours par œufs.*

Les Phéophycées habitent la mer en général; certaines vivent dans les eaux douces (la plupart des *Diatomées*); les *Zooxanthelles* vivent en symbiose avec des animaux (Radiolaires, Polypes, page 469).

Leur couleur seule fait ranger les Diatomées dans ce groupe.

(a) Diatomées. — *Algues unicellulaires dont la membrane, fortement silicifiée, est incapable de croître une fois formée; cette membrane consiste en 2 valves emboîtées [sorte de boîte et son couvercle (fig. 786, G)].*

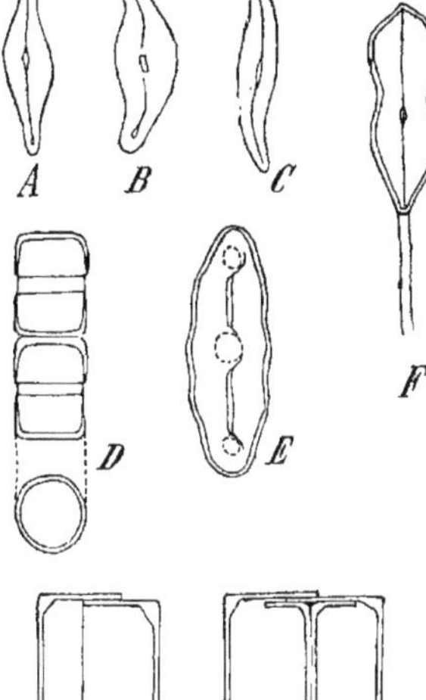

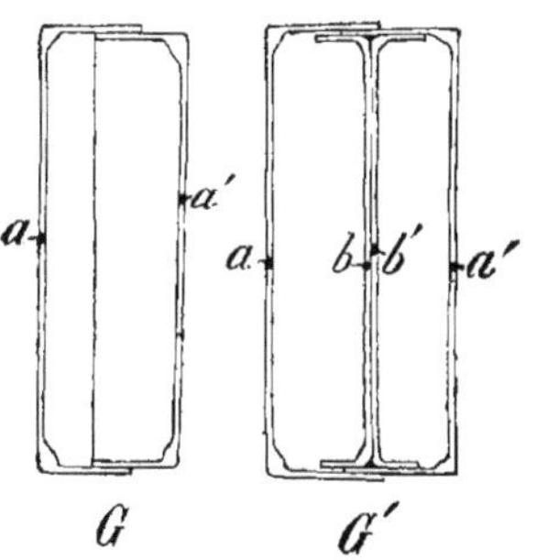

Certaines Diatomées vivent dans la mer; la plupart habitent les eaux saumâtres, les eaux douces ou la terre humide. Leurs carapaces siliceuses, accumulées pendant de longues années, ont formé des dépôts importants de *tripoli*, particulièrement à Berlin, à Kœnigsberg et sur les côtes de la Méditerranée.

Les cellules en sont libres généralement.

Quand on traite les Diatomées par l'acide azotique bouillant, elles laissent comme résidu leur *carapace silicifiée* qui était contenue dans l'épaisseur de leur membrane gélifiée extérieurement.

(b) Phéosporées. — *Thalle à cellules associées; multiplication par zoospores.*

Les Phéosporées vivent dans la mer ; elles comprennent le plus grand nombre des Algues brunes et, en particulier, les plus grands végétaux connus : les *Macrocystis* (fig. 787) dont la longueur peut atteindre 200 à 300 mètres.

Laminaria (Laminaire, fig. 269). Thalle foliacé pourvu d'un pédoncule et d'un crampon rameux par lequel la Laminaire est fortement fixée au rocher; son accroissement se fait à la base du limbe.

Fig. 786. — **Diatomées.** — A ; *Navicula.* — B ; *Encyonema.* — C ; *Pleurosigma.* — D ; *Melosira.* — E, G, G' ; *Pinnularia.* — F ; *Gomphonema.* a,a' ; b, b', valves de la carapace.

La Laminaire sucrée a le limbe entier et ondulé sur les bords ; en se desséchant, elle se recouvre de mannite. On l'utilise pour faire des confitures.

Macrocystis (fig. 787). Algue géante dont le pied simple et grêle, nageant sur l'eau, porte une foule de limbes pendants, longs de 1 à 2 mètres et pourvus d'un flotteur à leur base.

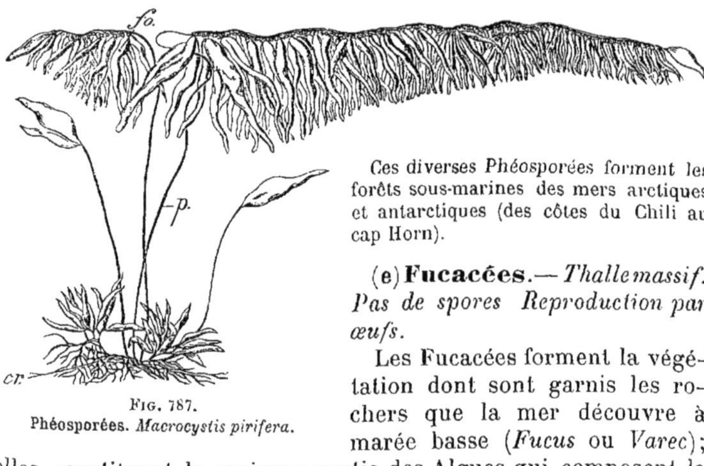

Ces diverses Phéosporées forment les forêts sous-marines des mers arctiques et antarctiques (des côtes du Chili au cap Horn).

(e) **Fucacées**. — *Thalle massif. Pas de spores Reproduction par œufs.*

Les Fucacées forment la végétation dont sont garnis les rochers que la mer découvre à marée basse (*Fucus* ou *Varec*);

FIG. 787.
Phéosporées. *Macrocystis pirifera.*

elles constituent la majeure partie des Algues qui composent la mer de Sargasse.

La mer de Sargasse est due à l'accumulation de thalles du *Sargassum bacciferum* (fig. 789) détachés de la côte américaine et entraînés par le courant

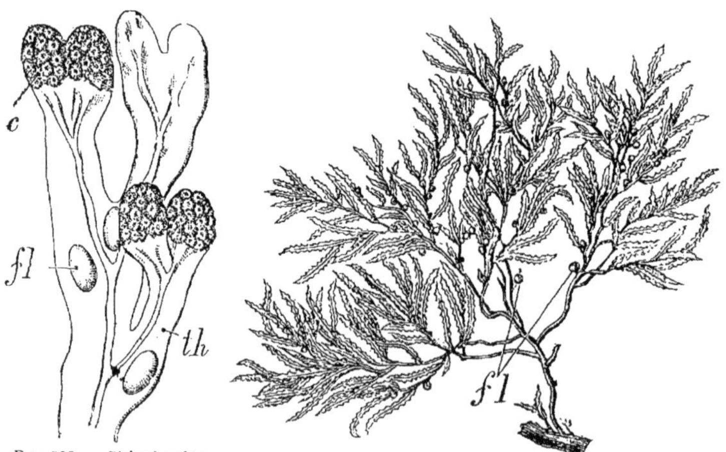

FIG. 788. — Phéophycées. —
Fucus vesiculosus. th, thalle avec flotteurs, *fl*; *c,* conceptacles.

FIG. 789. — Fucacées. *Sargassum bacciferum.*

du Gulf-Stream au milieu de l'océan Atlantique; ces thalles sont rassemblés en une prairie flottante de 60 000 milles carrés, entre les Canaries à l'est, les Açores au nord et les îles Bermudes à l'ouest.

Sargassum (Sargasse). — *Fucus* (fig. 788). Conceptacles[1] localisés à l'extrémité des branches du thalle qui présente çà et là des flotteurs remplis d'air.

Les *Fucus*, arrachés par les vagues, forment sur les plages le *varec* ou *goémon* que l'on recueille comme engrais azoté et potassique pour les terres, comme nourriture pour le bétail. On brûle sur les bords de la mer le varec pour retirer des cendres la potasse, le brome et l'iode qui y sont contenus.

IV. — FLORIDÉES

Thalle ordinairement rouge. Cellules avec un noyau net et des **érythroleucites** *qui ne contiennent jamais d'amidon. Reproduction par spores non ciliées et par œufs d'où dérivent des protospores* (Voir page 450).

Les Floridées (*fleurs de mer*) sont marines, sauf quelques genres (*Batrachospermum, Bangia*) qui vivent dans les eaux douces.

Les Corallinées sont des Floridées au thalle dur, composé de cellules dont la membrane est fortement incrustée de *calcaire*; le thalle du genre *Corallina*, est un filament ramifié dont l'incrustation manque de distance en distance avec régularité, de telle sorte que l'Algue paraît formée d'articles (fig. 790).

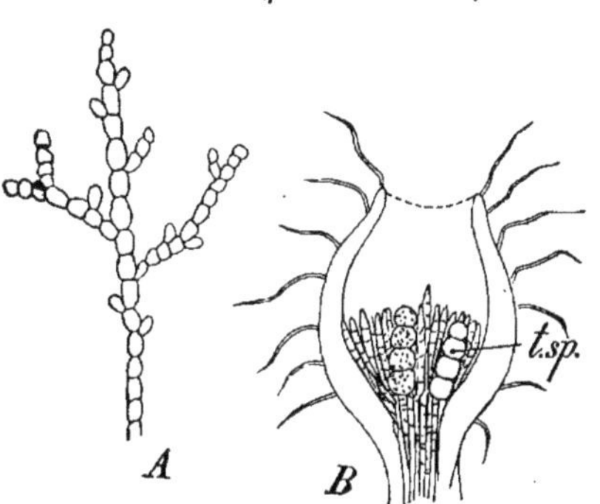

Fig. 790. — Corallinées. *Corallina*. — A ; fragment du thalle. — B ; conceptacle renfermant des tétrasporanges, *t.sp*

Multiplication : Propagules. — Spores. — Œufs.

Les modes de multiplication des Floridées présentent quelques particularités qu'il importe de signaler.

Quelques espèces (*Melobesia*) produisent des **propagules**; nous trouverons ce caractère chez certaines Muscinées.

La plupart se multiplient par **spores**, prenant naissance par 4 (*tétraspores*) dans un tétrasporange (*Lejolisia*, fig. 441). Chez les Corallinées, les tétrasporanges sont groupés côte à côte au fond d'un conceptacle.

La formation de l'œuf consiste dans la fusion d'un *pollinide* (anthérozoïde immobile) avec une *oosphère* qui occupe la partie basilaire de l'oogone; ce dernier est pourvu d'un *trichogyne, tr*, prolongement généralement allongé (fig. 441, A). Le pollinide, mis

---

1 Cryptes renfermant les organes reproducteurs : anthéridies et oogones.

en liberté par rupture de la membrane de l'anthéridie, est entraîné par l'eau vers le trichogyne contre lequel il s'accole ; une résorption des membranes du trichogyne et du pollinide se produit à leur point de contact ; protoplasme et noyau du gamète mâle entrent dans le trichogyne qu'ils parcourent jusqu'à l'oosphère.

L'œuf ainsi formé se développe aussitôt sur la plante-mère et à ses dépens (comme cela a lieu chez les Muscinées) ; il produit *de diverses manières* un *sporogone* duquel sortiront des *protospores* propres à multiplier le végétal.

Protonéma. — Les protospores, *contrairement aux tétraspores*, ne produisent pas directement le thalle définitif, mais un ensemble de filaments ramifiés constituant un thalle provisoire (*protonéma*), origine d'une ou plusieurs Algues définitives. Nous retrouverons, chez les Muscinées, ce caractère signalé déjà (Voir page 450).

Les modes de multiplication des Algues Floridées peuvent être ainsi représentés :

Plante. { Tétrasporange. ⇒→ Tétraspore............................. ⇒→ } Plante.
{ Anthéridie. ⇒→ Pollinide. } Œuf. ⇒→ Protospore. ⇒→ Protonéma. }
{ Oogone. ⇒→ Oosphère. }

Nemalion. Algue marine au thalle non calcifié, formé d'un faisceau de filaments. — *Corallina* (fig. 790). Thalle *fortement incrusté de calcaire* et composé d'articles ; conceptacles renfermant les tétrasporanges et les sporogones.

Abondantes sur toutes nos côtes, surtout dans la Méditerranée, les Corallines forment des touffes hautes de 4 à 6 centimètres, solidement fixées aux rochers.

Lejolisia. — *Gracilaria.*

L'espèce *G. lichenoïdes*, des îles de la Sonde et de Ceylan, fournit une gelée utilisée pour rendre les confitures consistantes.

Lomentaria (fig. 781). — *Chondrus.*

Le *Chondrus crispus* (Carragaen ou Mousse perlée), abondant sur les côtes de la Manche, se trouve dans le commerce, décoloré et crispé ; dans l'eau bouillante, il donne une gelée très consistante qu'on utilise en pharmacie.

On retire du thalle des Floridées la *gélose (agar-agar)* employée couramment aujourd'hui pour faire des cultures de Bactériacées. Il suffit, pour obtenir cette substance, de soumettre les Algues à l'action de l'eau bouillante qui en gélifie les membranes.

V. — CHARACÉES

Algues d'organisation supérieure, **vertes comme les Chlorophycées,** *se multipliant par œufs. Les anthérozoïdes sont analogues à ceux des Muscinées. L'œuf donne, par sa germination, un protonéma dont procède le thalle définitif, par bourgeonnement, comme chez les Muscinées.*

Les Characées sont donc des *plantes formant bien le passage des Thallophytes aux Muscinées* ; on les range d'ordinaire parmi les Algues à cause de leur organisation qui, bien que plus élevée, n'atteint pas encore le degré de différenciation présenté par les Muscinées.

Les Characées vivent dans les eaux douces (étangs profonds et ruisseaux rapides). Leur thalle se compose d'un filament dressé, dépassant parfois 1 mètre de longueur et à peine 2 millimètres de diamètre; ce filament, à croissance terminale indéfinie, porte des verticilles de rameaux à croissance terminale limitée, eux-mêmes pourvus de ramuscules verticillés.

Chara. — *Nitella.*

§ 3. — LICHENS

Thallophytes formées ordinairement de l'association d'une Algue et d'un Champignon.

Les Lichens vivent sur l'écorce des arbres, les rochers, la terre humide; ils abondent dans la nature, surtout dans les pays montagneux et les régions septentrionales où ils finissent par constituer l'unique végétation.

Fig. 791. — Lichens. *Physcia parietina.*

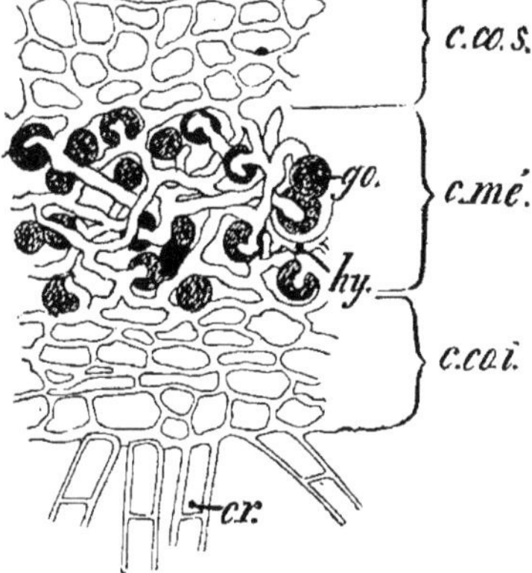

Fig. 792. — Figure schématique montrant la structure du *Physcia parietina.* — *c.co.s, c.co.i,* couches corticales supérieure et inférieure; *cr,* crampons; *c.mé,* couche médullaire; *hy,* hyphes du Champignon; *go,* gonidies de l'Algue.

Structure du thalle. — Soit le *Physcia parietina,* Lichen foliacé qui revêt les murs (fig. 792). Il est composé : 1° d'une *couche corticale supérieure, c.co.s,* pseudoparenchyme compact formé par le thalle des Champignons; 2° d'une *couche médullaire* verte, *c.mé,* composée d'hyphes, *hy* (filaments incolores du Champignon), entourant d'un réseau lâche les cellules vertes de l'Algue ou *gonidies, go (Protococcus);* 3° d'une *couche corticale inférieure, c.co.i,* formée de filaments incolores serrés, émettant des rhizoïdes, *cr,* qui jouent à la fois le rôle de crampons fixateurs et de poils absorbants.

Le Lichen est une association d'une Algue et d'un Champignon. — Le fait a été rendu indiscutable par des expériences de *synthèse* et *d'analyse des Lichens.*

1° **Synthèse**. — Le développement du *Physcia parietina* a été obtenu en semant des spores du Champignon et quelques cellules de *Protococcus* dans un petit récipient traversé par un courant d'air humide privé de ses poussières.

Les spores du Champignon germent en filaments qui entourent les cellules de l'Algue. Ils se différencient alors : en *filaments renflés*, *f.r* (fig. 792 *bis*); en *filaments chercheurs* plus étroits, *f.ch*, qui vont à la recherche de l'Algue; en *filaments crampons*, *f.cr*, émis par les précédents autour des cellules vertes rencontrées.

Dès que le contact a eu lieu entre une cellule d'Algue et un filament crampon, la cellule verte s'accroît et se divise plus rapidement que les autres; le Champignon enlace plus étroitement l'ensemble de ces cellules et se ramifie davantage.

Algue et Champignon vivent désormais en symbiose. — Les filaments périphériques qui ne rencontrent plus de cellules vertes s'anastomosent entre eux et avec les filaments renflés pour former le pseudoparenchyme protecteur du thalle nouveau.

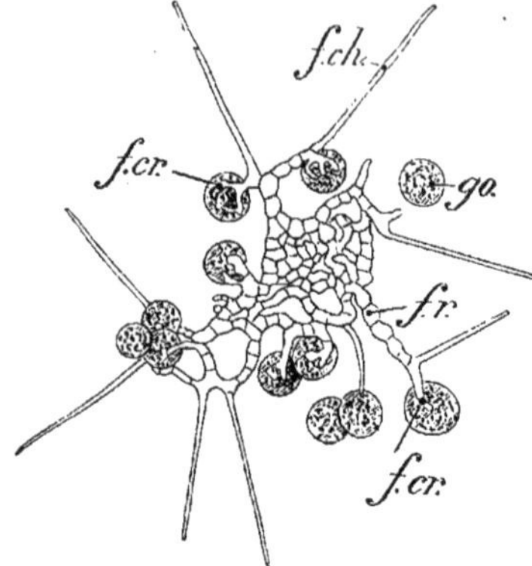

FIG. 792 *bis*. — Synthèse du *Physcia parietina*. — *go*, gonidies; *f.r*, filaments renflés; *f.cr*, filaments crampons; *f.ch*, filaments chercheurs émis par le Champignon en voie de développement.

Désormais le Lichen est constitué; il se nourrit, grandit et fructifie comme les Lichens naturels.

2° **Analyse**. — Quand on immerge pendant longtemps un Lichen dans l'*eau*, le thalle du Champignon meurt et met en liberté les cellules de l'Algue qui reprend le cours normal de son existence.

Si l'immersion du Lichen a lieu dans un *liquide nutritif* propice au développement du Champignon, celui-ci se développe et peut fructifier sans le concours de l'Algue.

Nutrition. — Nous avons défini (page 385) les attributions de l'Algue et du Champignon constituant un Lichen. Grâce à la *symbiose* de deux végétaux associés, ils peuvent l'un et l'autre résister mieux à la sécheresse et au vent, vivre dans un milieu aride et jouer un rôle important dans la nature.

Un *Protococcus*, par exemple, pourra bien croître pendant la saison humide sur un rocher dénudé; vienne la sécheresse, il mourra s'il n'est pas préservé par un Champignon. L'association est capable de résister à toutes les intempéries : telle est la raison de la présence des Lichens dans les diverses régions du globe et sous tous les climats où, de temps à autre, l'humidité se manifeste : les débris des Lichens s'accumulant forment à la longue une couche propice au développement de Muscinées, puis de Cryptogames vasculaires et de Phanérogames. C'est là l'histoire de l'établissement de la végétation sur un point quelconque du globe : quelques spores de Champignons et d'Algues ont suffi, *au début*, pour un résultat aussi prodigieux.

Multiplication. — La multiplication des Lichens se fait par *spores*.

Spores. — En certains points voisins de la surface du thalle, chez la plupart des Lichens, se développe l'appareil fructifère qui s'ouvre à l'extérieur, à la maturité des spores, soit par une coupe large ouverte (*Anaptychia*, fig. 793, A), soit par un pore étroit (*Pertusaria*).

L'appareil fructifère ou *périthèce* présente, comme chez les Champignons Ascomycètes, un *hymenium* composé d'asques remplis de spores (A') et des paraphyses interposées. Les spores sont projetées avec force au dehors. Dans des conditions de milieu favorables, ces spores germent en un thalle incolore nouveau qui subsistera s'il rencontre des cellules vertes d'Algue.

Classification.— (a) **Lichens gélatineux**. — L'*Algue y prédomine* et la plante est molle : *Collema*.

Dans les cas suivants le *Champignon prédomine* et le Lichen se présente sous la forme d'une croûte (**b**) d'une lame foliacée (**c**) ou d'un buisson dressé (**d**).

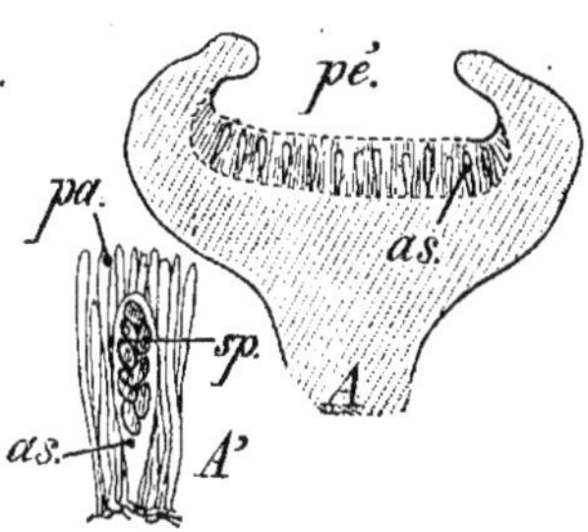

Fig. 793. — A ; périthèce d'*Anaptychia*. — A' ; portion grossie ; *as*, asques ; *sp*, spores ; *pa*, paraphyses.

(**b**) **Lichens crustacés**. — *Graphis*, *Lecanora*.

Le Lichen de la manne (*Lecanora esculenta*) se trouve en petites masses arrondies libres sur le sol, dans les steppes de la Russie, de la Perse et en Algérie ; il contient de l'inuline et une autre substance amylacée alimentaire (lichénine) qu'on peut convertir en alcool.

(**c**) **Lichens foliacés**. — *Parmelia*, *Physcia*, *Peltigera*, etc.

Le Lichen des murailles (*Physcia parietina*), au thalle jaune doré, est abondant sur les murs et l'écorce des arbres ; on l'utilise en Suède pour teindre les laines en jaune. — La Mousse de Chien (*Peltigera canina*), au thalle vert en dessus et blanc en dessous avec des périthèces brun-foncé, est très commune dans les bois.

(**d**) **Lichens fruticuleux**. — *Cetraria*, *Roccella*, *Cladonia*.

Le Lichen d'Islande (*Cetraria islandica*) a un thalle dressé d'environ 10 centimètres de haut, à lobes étalés, ciliés sur les bords ; il est gris-roux ou brun-verdâtre avec des périthèces d'un rouge-brun. Très répandu dans toute la région polaire, ce Lichen est un *aliment* pour les Islandais qui en tirent une farine comestible quand elle a été bouillie. On l'utilise en pharmacie comme émollient.

L'Orseille de mer (*Roccella tinctoria*) a le thalle blanc, farineux et les périthèces noirs ; commun sur les côtes de la Manche, du Sénégal, du Chili, des Indes, etc. On tire de ce Lichen des matières colorantes (*orseille* et *tournesol*).

Le Lichen des Rennes (*Cladonia rangiferina*) forme de petits buissons atteignant de 4 à 20 centimètres de hauteur ; il est très commun dans les terrains non cultivés et surtout dans la zone arctique ; le Renne sait le découvrir sous la neige et s'en nourrit.

II. — EMBRANCHEMENT DES
MUSCINÉES

Plantes présentant de **vrais tissus** *qui constituent un* **thalle** *ou* **une tige** *couverte de* **feuilles**; *elles sont fixées au sol par des rhizoïdes* (crampons faisant parfois office de poils absorbants). **Jamais de vraies racines ni de vaisseaux.** *Reproduction par spores et œufs alternant régulièrement (2 phases dans le développement : de la spore naît la plante sexuée; de l'œuf dérive un sporogone asexué).*

MUSCINÉES { Corps végétatif { Protonéma peu ou pas développé. } **Hépatiques.** rampant. { Sporogone inclus dans l'archégone. }
Corps végétatif dressé. Protonéma. Sporogone libre. **Muscinées.**

Morphologie générale. — Un certain nombre d'**Hépatiques** sont pourvues d'un thalle rampant (*Marchantia*), (fig. 271, B); les autres possèdent une tige filiforme, pourvue de feuilles sessiles *sans nervures* et réduites à un seul plan de cellules; l'insertion des feuilles est large et *oblique* sur la tige rampante *à symétrie bilatérale (Jungermannia, Calypogeia,* C,C').

Les **Mousses** possèdent, au contraire, une tige dressée (D,E) *symétrique par rapport à son axe* (G), fixée par des rhizoïdes basilaires (crampons, poils absorbants); sur la tige sont insérées *transversalement* des feuilles, pourvues le plus souvent d'*une nervure médiane* avec plusieurs couches de cellules, tandis que les parties latérales du limbe sont réduites à une seule assise cellulaire. Sur la face ventrale, les feuilles sont hérissées de lames longitudinales très riches en chlorophylle.

Nutrition. — La nutrition du corps végétatif des Muscinées est assurée : 1° par les *poils absorbants* qui, ramifiés abondamment dans le sol, y puisent les liquides nutritifs; 2° par *le thalle et les feuilles* dont les cellules, riches en chlorophylle, constituent un parenchyme assimilateur très actif.

Multiplication. — Les Muscinées se multiplient à profusion : 1° *par dissociation du corps végétatif;* 2° *par spores et par œufs* alternant avec régularité.

1° **Dissociation du corps végétatif.** — Des bourgeons, des branches, des fragments de protonéma (**Mousses**), des portions de thalle (**Hépatiques**) peuvent, en se détachant du corps végétatif principal, constituer autant de *boutures* propres à la multiplication des Muscinées

Ces plantes se propagent aussi à l'aide de *propagules,* corps pluricellulaires, pédiculés chez *Tetraphis,* lenticulaires chez

Marchantia (fig. 794), ayant pour origine la cellule terminale d'une papille située, soit au sommet de la tige, soit sur le thalle, et toujours dans un conceptacle.

2° **Reproduction.** — Nous avons vu précédemment (Voir

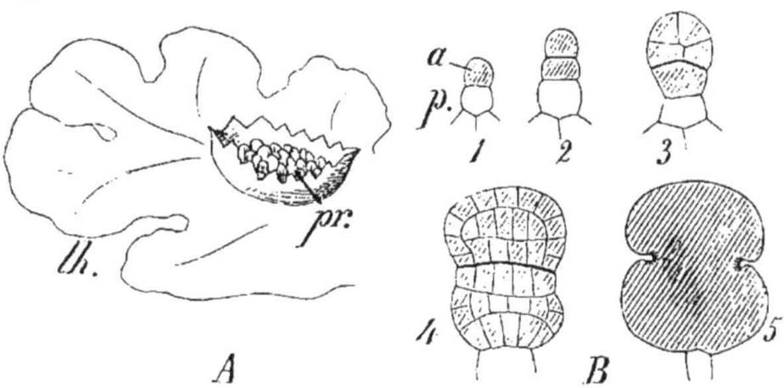

Fig. 794. — Hépatiques. — A; *Marchantia. th.* portion de thalle avec une corbeille à propagules. *pr.* — B: 1 à 5; développement d'un propagule.

page 447, que le cycle du développement chez les Muscinées peut se traduire par le cycle suivant :

Spore. $\longrightarrow$ Protonema. $\longrightarrow$ Plante feuillée sexuée. { anthéridie-anthérozoïde. archégone-oosphère. } Œuf. $\longrightarrow$ Sporogone ascien. $\longrightarrow$ Spore.

Les **Hépatiques** diffèrent des **Mousses** :
1° par leur protonéma rudimentaire ou nul;
2° par leur sporogone inclus dans l'archégone jusqu'à maturité;
3° par la déhiscence du sporogone en 4 valves en général.

§ 1. — HÉPATIQUES

Muscinées dont le corps végétatif est rampant (thalle ou tige feuillée). Protonéma peu ou pas développé. Sporogone inclus dans l'archégone jusqu'à la maturité.

Les Hépatiques habitent les lieux humides : sol (*Marchantia*); écorce des arbres (*Frullania, Calypogeia, Jungermannia*).

Marchantia (fig. 271, B). Le thalle aplati et rampant présente à sa face inférieure des rhizoïdes et des lames foliacées, la face supérieure porte des dessins losangiques, au milieu de chacun desquels est un stomate qui donne accès dans une vaste crypte aérifère tapissée par l'épiderme.

Vit à la surface des sols humides

Jungermannia. Tige portant 2 ou 3 rangées de feuilles. — *Frullania. Madotheca.* 3 rangées de feuilles. — *Calypogeia* (fig. 271, C,C). Archégones protégés par un *périanthe* (sorte d'urne qui se développe en même temps que le sporogone et l'enveloppe)

§ 2. — MOUSSES

Muscinées dont le corps végétatif dressé consiste en une **tige feuillée.**
Protonéma bien développé. Sporogone libre.

MOUSSES { Sporogone porté par un pseudopode............... **Sphagnées.**

{ Sporogone pédicellé s'ouvrant par un opercule caduc. **Bryacées.**

Caractères généraux. — Les Mousses vivent en touffes serrées dans les lieux les plus variés : les unes habitent les eaux courantes (*Fontinalis*) ou stagnantes (*Bryum*), les marécages où leurs débris accumulés forment de la tourbe (*Sphagnum*); les plus nombreuses poussent dans les endroits humides, au pied et sur les écorces des arbres dans les forêts touffues (*Polytrichum, Leuco-bryum, Hypnum*); certaines espèces, capables de résister à une sécheresse prolongée, croissent sur les toits, les rochers, les murs (*Grimmia*). Dans les endroits où sont établies les Mousses, le substratum est peu à peu couvert d'un riche humus dû à la destruction constante des tiges à leur base, à mesure qu'elles s'accroissent au sommet.

(a) **Sphagnées.** — *Mousses des marais tourbeux. Tige abondamment ramifiée, à croissance continue. Anthéridies sphériques. Sporogone porté par un pseu-dopode* (fig. 795).

Un seul genre : *Sphagnum* (Sphaigne).

Les Sphaignes vivent dans les marais tourbeux, se détruisent par leur base et s'accroissent constam-ment au sommet. Leurs débris s'accumulent dans l'eau, y subissent une lente décomposition, perdent de l'hydrogène et de l'oxygène sans que la propor-tion de carbone subisse de grandes variations.

La tourbe noire de Sphaigne renferme pour 100 : 64 de carbone, 5 d'hydrogène, 27 d'oxygène et 4 d'azote.

La transformation du Sphaigne en tourbe a lieu le plus activement dans des eaux limpides, aérées, à une température moyenne de 6 à 8 degrés; aussi trouve-t-on, en Irlande, plus d'un million d'hectares de tourbières (*bogs*) dont l'épaisseur moyenne de la tourbe est de 8 à 10 mètres.

(b) **Bryacées.** — *Mousses à sporogone longuement pédicellé surmonté d'une coiffe* (débri de l'archégone). *Sporange comprenant une urne renfermant les spores et un opercule qui tombe à leur maturité.*

Ce groupe comprend la grande majorité des Mousses.

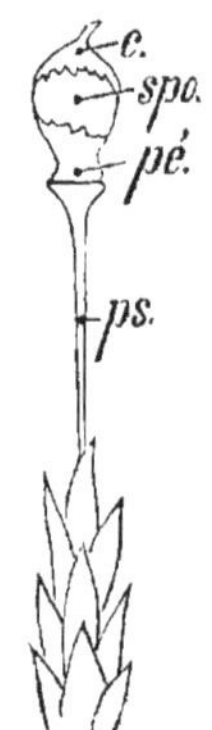

Fig. 795. — Mousses.—Spo-rogone dévelop-pé au sommet d'un rameau à archégone; *c.* coiffe; *spo,* spo-range; *pé,* pédi-celle; *ps,* pseu-dopode.

Polytrichum (fig 796, B, B′, 1, 2, 3). Vit dans les terrains sablonneux et humides. Grandes tiges de 5 à 10 centimètres : les unes terminées par une rosette de larges feuilles avec des anthéridies ; les autres portant les archégones qui, après fécondation, forment un sporogone porté par un long pédicelle

Le Polytric commun sert à faire des balais et des brosses employées pour apprêter certaines étoffes.

Bryum (C, 1′, 2′). Ce genre forme des tapis serrés dans les endroits humides ; — *Barbula* (D, D′). Genre très répandu sur les

Fig. 796. — Sporogones de diverses **Mousses** — A ; *Andræa*. — B,B′ ; *Polytrichum commune* ; 1, sporogone recouvert de sa coiffe ; 2, urne surmontée de l'opercule ; 3, urne seule que forme l'épiphragme. — C (1′, 2′) : *Bryum argenteum*. — D,D′ ; *Barbula*. — E ; *Tetraphis* (mode de déhiscence de l'urne). — F,F′ ; *Hypnum*.

murs. — *Funaria*. Sporogone à coiffe fendue d'un côté — *Tetraphis* ; propagules. — *Grimmia* ; vit sur les rochers.

Hypnum (F, F′). Nombreuses espèces croissant dans les milieux les plus variés ; ce genre, le plus répandu, est appelé vulgairement la mousse.

Les *Hypnum* sont employés comme litière pour les animaux, on en garnit des matelas ; ils servent pour l'emballage des objets fragiles, pour abriter les plantes frileuses, protéger les greffes, calfeutrer les bateaux, couvrir les toits des chaumières, etc.

Fontinalis. Vit dans les eaux courantes.

III. — EMBRANCHEMENT DES

CRYPTOGAMES VASCULAIRES

Plantes dont le corps végétatif comprend une **tige** *pourvue de* **feuilles** *et de* **vraies racines;** *jamais de fleurs. Des* **vaisseaux** *et des* **tubes criblés** *y assurent la circulation de la sève. Reproduction par spores et par œufs alternant régulièrement [2 phases dans le développement : de la spore naît un prothalle sexué; de l'œuf dérive la plante asexuée].*

CRYPTOGAMES VASCULAIRES

Tige non ou peu ramifiée *latéralement*, portant des feuilles très développées. Sporanges sur la face inférieure des feuilles....... **Fougères.**

Tige portant de petites feuilles verticillées. Des *verticilles de rameaux* et de racines à chaque nœud. Sporanges sur des feuilles groupées en épi au sommet des tiges fertiles.................. **Equisétacées.**

Tige portant de petites feuilles; elle est simple, parfois ramifiée en apparence *dichotomiquement* ainsi que les racines. Sporanges à l'aisselle des feuilles .... **Lycopodinées**

isosporées.... **Lycopodiacées.**

hétérosporées. **Isoétées.** **Sélaginellées.**

Morphologie générale. — Les Cryptogames vasculaires possèdent une *tige* pourvue de *feuilles* et un *système radiculaire* à l'aide duquel elles puisent dans le sol ou dans l'eau les liquides nutritifs qui leur sont nécessaires.

Pour la première fois, nous rencontrons des végétaux possédant un ensemble de *canaux* à travers lesquels circule la sève; ce sont les *vaisseaux (scalariformes) du bois* et les *tubes criblés (imperforés) du liber* · de là le nom de Cryptogames vasculaires qui leur a été attribué.

La tige, simple ou peu ramifiée chez les *Fougères*, porte en général de grandes feuilles isolées et de nombreuses racines latérales.

Chez les **Lycopodinées**, la tige est simple (*Isoetes*) ou pourvue d'une ramification latérale *très voisine du sommet* qui lui donne l'apparence dichotomique (*Selaginella*) : sur cette tige sont insérées des feuilles ordinairement petites et disposées en spirale, les racines présentent toujours une fausse dichotomie.

La tige des *Équisétacées* porte des verticilles de petites feuilles soudées latéralement entre elles, de manière à former une gaine qui enveloppe la tige, de chaque nœud partent des verticilles de rameaux *alternes avec les feuilles qu'ils ont traversées pour se développer;* des nœuds se détachent également de nombreuses racines tirant leur origine des mêmes bourgeons qui ont produit les rameaux.

Nutrition. — Par leurs nombreuses racines latérales comme par leur système radiculaire proprement dit, les Cryptogames vasculaires puisent abondamment les liquides nutritifs dans les milieux humides (sol, eau) où elles vivent d'ordinaire.

Les feuilles des *Fougères*, les tiges vertes et ramifiées des *Équisétacées* et des **Lycopodinées**, riches en parenchyme chlorophyllien, sont le siège d'une assimilation très active à la lumière.

Multiplication — 1° La **multiplication végétative** des Cryptogames vasculaires peut avoir lieu par *marcottage naturel* (Doradille).

La feuille de Doradille se prolonge en une longue pointe terminale qui prend racine dans le sol et devient l'origine d'une nouvelle plante.

2° La **reproduction** par spores et par œufs est le mode de multiplication prédominant chez les Cryptogames vasculaires.

Nous avons vu précédemment (Voir pages 443 et 445) que le cycle du développement chez ces végétaux est composé de la manière suivante, suivant que les *spores* émises sont *identiques* (**Cryptogames isosporées**) ou *différentes* (**Cryptogames hétérosporées**) :

1° **Cryptogames isosporées** (Fougères, Équisétacées, Lycopodiacées) :

Spore. ⟶ *Prothalle* ⎰ Anthéridie ⟶ anthérozoïde. ⎱ Œuf. ⟶ *Plante feuillée* ⟶ Sporange ⟶ Spore.
      sexué. ⎱ Archégone ⟶ oosphère. ⎰   *asexuée.*

2° **Cryptogames hétérosporées** (Isoétées, Sélaginellées) :

Microspore. ⎰ Prothalle mâle.
       ⎱ Anthéridie ⟶ anthérozoïde. ⎞
                ⎰ Œuf. ⟶ Plante feuillée. ⟶ ⎱ ⎰ Microsporange ⟶ Microspore.
Macrospore. ⎰ Archégone ⟶ oosphère. ⎠   ⎱ Macrosporange ⟶ Macrospore.
       ⎱ Prothalle femelle.

Comparaison des Cryptogames vasculaires et des Muscinées. — Les considérations générales qui précèdent nous permettent de reconnaître qu'*il n'existe, entre les* **Cryptogames vasculaires** *et les* **Muscinées**, *aucun de ces termes de passage que nous avons pu trouver entre les* **Muscinées** *et les* **Thallophytes** (les Floridées par exemple).

Ces deux embranchements diffèrent :

1° *Par leur appareil végétatif.* Les Cryptogames vasculaires possèdent de vraies racines et un appareil conducteur de la sève, absents chez les Muscinées.

2° *Par leur mode de reproduction*. Chez les Cryptogames vasculaires, c'est le prothalle *transitoire* qui est la forme sexuée (il correspond au corps végétatif des Muscinées), tandis que la plante feuillée *de longue durée* est asexuée (elle correspond au sporogone transitoire des Muscinées).

3° *Par leurs anthérozoïdes*. Ceux des Cryptogames vasculaires présentent de nombreux cils vibratiles et sont très enroulés ; les anthérozoïdes des Muscinées n'ont que 2 cils vibratiles et forment une spirale à 2 ou 3 tours au plus.

§ 1. — FOUGÈRES

Cryptogames vasculaires à tige simple ou peu ramifiée latéralement, portant des feuilles très développées. Sporanges nombreux sur la face inférieure des feuilles.

Caractères généraux. — Les Fougères sont des végétaux vivaces répandus dans les climats les plus variés, particulièrement abondants dans les régions équatoriales où ils atteignent de grandes dimensions et constituent les *Fougères arborescentes*. Les Fougères habitent de préférence les lieux humides, frais et ombragés ; aussi forment-elles la plus grande partie de la végétation des îles

La **tige** est rampante (*Polypodium vulgare*, fig. 272) grimpante ou verticale et arborescente, atteignant 15 à 20 mètres de hauteur parfois.

De nombreuses **racines** *latérales* noirâtres, émises par la tige près de son sommet la recouvrent et la protègent ainsi que les gaines foliaires.

Les **feuilles**, enroulées en crosse avant leur épanouissement, sont très serrées, disposées autour de la tige si elle est verticale, espacées et insérées sur sa face supérieure ou ses faces latérales si elle est rampante.

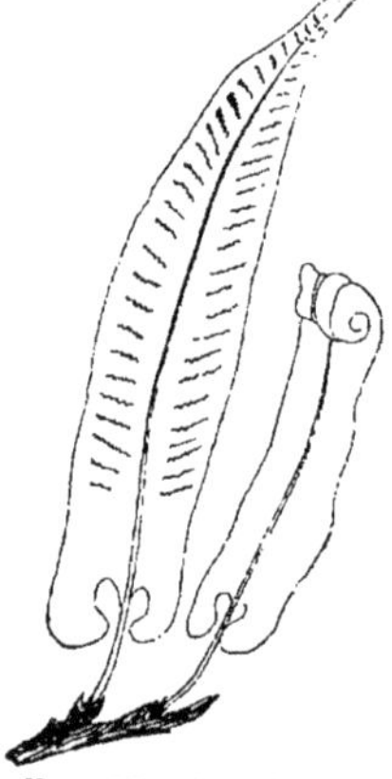

Fig 797. — **Fougères**. — *Scolopendrium* (Scolopendre).

La forme des feuilles et leur découpure sont très variables avec les espèces.

Le limbe est entier [*Scolopendrium* (fig. 797)]. divisé 1 fois [*Polypodium, Blechnum* (fig. 798, D,D')], 2, 3,... 12 fois [*Osmunda*].

(a) **Polypodiacées.** — *Sporanges à anneau dorsal incomplet, groupés en sores nus ou protégés par un indusie.*

C'est la famille la plus nombreuse.

Polypodium (Polypode). Feuilles à limbe profondément découpé et brusquement interrompu à la base (fig. 272).

Le Polypode vulgaire pousse dans les anfractuosités des rochers et des murs, le long des talus et sur les troncs des vieux arbres; ses feuilles persistantes atteignent de 2 à 5 décimètres.

La tige souterraine peut être employée comme purgatif léger.

FIG. 798. — Forme des feuilles et disposition des sporanges chez quelques Fougères. — A ; *Hymenophyllum* (A', portion de fronde grossie). — B,B'; *Adianthum*. — C,C'; *Pteris aquilina*. — D,D'; *Blechnum spicant*. — E; portion de fronde de *Nephrodium*. — F; portion de fronde d'*Aspidium*. — G; fronde d'*Asplenium*. — H ; *Asplenium Trichomanes*. — I, fronde d'*Osmunda regalis*. so, sore ; *in*, indusie ; *sp*, sporange

Adianthum (Capillaire, fig. 798, B,B'). Feuilles 2 fois complètement divisées, à lobes arrondis au sommet et portés par un pétiole très étroit. — *Pteris* Grandes feuilles à limbe très divisé (C) dont les lobes portent des sporanges sous leur bord recourbé légèrement (C′).

La Fougère-aigle (*P. aquilina*) est très commune dans toutes nos forêts où ses feuilles atteignent 5 et 6 mètres dans les endroits touffus. Ses cendres sont riches en potasse.

Blechnum (fig. 798, D,D′). 2 sortes de feuilles 1 fois profondément divisées ; les feuilles stériles (D), à lobes larges, sont persistantes ; les feuilles fertiles (D′), à lobes longs et étroits, disparaissent après la rupture des sporanges. Vit dans les bois humides. — *Asplenium* (G, H) Feuilles 1 ou plusieurs fois divisées, à pétiole vert ou noir. Sores linéaires ou ovales avec indusie soudé par le bord externe seulement. Vit sur les rochers, les vieux murs.

Scolopendrium (Scolopendre, fig. 797). Feuilles entières, longues de 2 à 5 décimètres. Groupes de sporanges disposés en lignes allongées.

La Scolopendre officinale habite les endroits humides et ombragés (bois, bord des ruisseaux, puits) ; elle est diurétique.

(b) Osmundées. — *Sporanges à anneau latéral incomplet, groupés le long des nervures des lobes plus ou moins atrophiés.*

Osmunda (fig. 798, I). Feuilles dont les divisions supérieures forment une grappe rameuse de sporanges.

L'Osmonde royale (*O. regalis*) est assez répandue dans les bois marécageux, les tourbières ; ses feuilles servent comme litière, sa tige est employée comme purgatif léger ; c'est aussi une plante ornementale.

§ 2. — ÉQUISÉTACÉES

Cryptogames vasculaires à tiges portant de petites feuilles verticillées. La tige émet, à chaque nœud, des verticilles de rameaux et de racines. Sporanges insérés sur des feuilles modifiées disposées en épi au sommet de tiges fertiles. Spores avec 2 rubans spiralés.

Caractères généraux. — Les Prêles (*Equisetum*), sont de petite taille et herbacées. Ce sont des plantes vivaces, à rhizome traçant et souvent rameux, qui croissent dans les sols très humides.

L'œuf développé aux dépens du prothalle donne une **tige** dressée dont l'un des rameaux basilaires, t_1 (fig. 799, A), s'enfonce obliquement dans le sol ; un rameau de second ordre, t_2, né sur le 1er, s'enfonce plus obliquement encore ; un rameau de 3e ordre, t_3, né sur le 2e, s'enfonce verticalement, parvenu à une certaine profondeur, ce dernier forme un rhizome, rh, qui croîtra désormais à ce niveau, émettant 2 sortes de rameaux : les uns horizontaux et *souterrains*, les autres *verticaux*, r_1, r'_1, r''_1 qui, doués de géotropisme négatif, parviennent à la surface du sol, se couvrent de verticilles de feuilles et émettent, ou non, des verticilles de rameaux aux nœuds. Les tiges aériennes, formées dès l'automne, n'apparaissent à la lumière qu'au printemps. Elles sont cannelées et comprennent autant de sillons que de feuilles par verticille.

Les **feuilles** demeurent petites et forment des verticilles alternes de divergence : $\alpha = \dfrac{360}{2\,n}$ (n, nombre de feuilles par verticille) Les feuilles d'un même verticille, concrescentes latéralement, forment

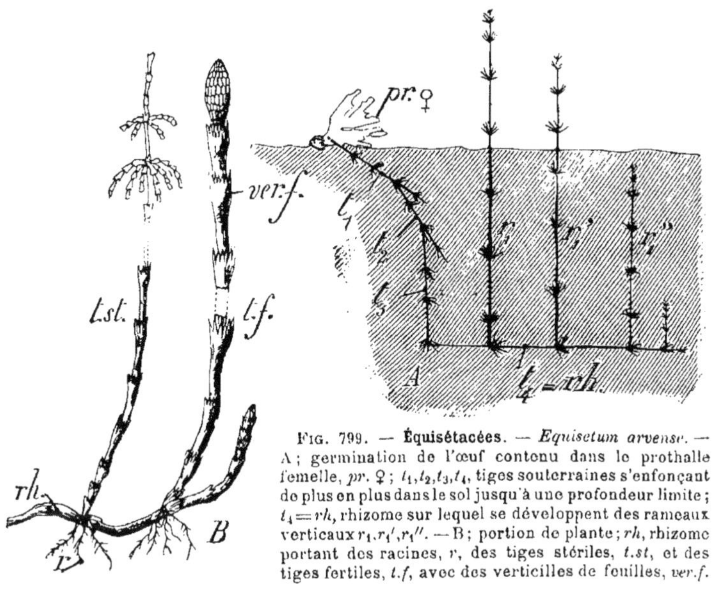

Fig. 799. — **Équisétacées**. — *Equisetum arvense.* — A ; germination de l'œuf contenu dans le prothalle femelle, *pr.* ♀ ; t_1, t_2, t_3, t_4, tiges souterraines s'enfonçant de plus en plus dans le sol jusqu'à une profondeur limite ; $t_4 = rh$, rhizome sur lequel se développent des rameaux verticaux r_1, r_1', r_1''. — B ; portion de plante ; *rh*, rhizome portant des racines, *r*, des tiges stériles, *t.st*, et des tiges fertiles, *t.f*, avec des verticilles de feuilles, *ver.f*.

une gaine dentelée dont la base, soudée à la tige, enveloppe les bourgeons axillaires et les initiales des **racines** latérales. Bourgeons et racines, en réalité *exogènes* et disposés par verticilles, devront perforer la gaine foliaire pour se développer.

Reproduction. — Chez les Prêles, certaines tiges aériennes, *t.f* (fig. 799, B), ramifiées ou non, portent au sommet un épi formé de feuilles différenciées sur lesquelles se développent les sporanges (fig. 800, A).

Ces feuilles (B,B′) ont l'aspect de clous à tête hexagonale, implantés perpendiculairement à la tige et tangents par leurs bords ; sur leur face interne naissent 5 à 10 sporanges, *sp*. Chaque spore, *s* (C), est enveloppée de 3 membranes dont l'externe se divise, par des sillons, en 2 rubans spiralés, *r,r′*, soudés à la spore en un point commun. Ces rubans, très hygrométriques, se déploient par la sécheresse (D) et s'enroulent autour de la spore au contact d'une goutte d'eau (C), *ils jouent un rôle important dans la dissémination des spores.*

A la maturité, le sporange se déchire, les spores libres étalent leurs rubans, s'enchevêtrent par groupes qui tombent sur le sol humide et y germent en *prothalles ordinairement unisexués, sans que rien, dans l'aspect extérieur des spores, puisse faire prévoir la nature du prothalle qu'elles produiront.*

Le prothalle mâle (E) atteint à peine quelques millimètres; il est lobé et porte les anthéridies, *an*, au bord des lobes.

Le prothalle femelle (F), également lobé, mesure parfois 2 centimètres et produit les archégones, *ar*, au fond des sillons.

Après la fécondation de l'oosphère, l'œuf se segmente en 8 cellules . les

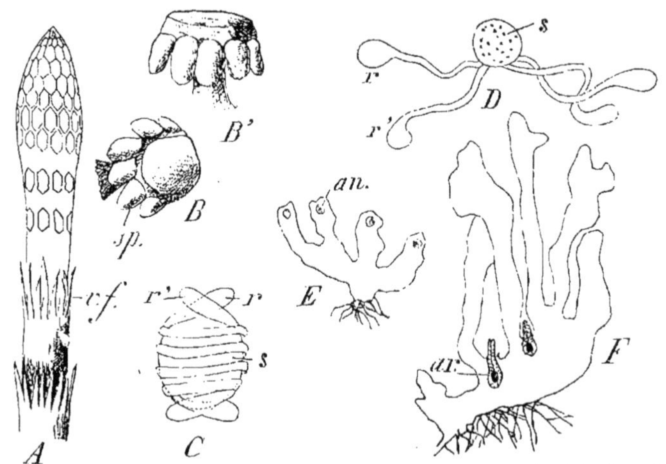

Fig. 800. — *Equisetum arvense.* — A; sommet d'une tige fertile montrant la disposition des feuilles modifiées qui soutiennent les sporanges, *sp* (B,B'). — C,D; spore, *s*, avec ses rubans spiralés, *r,r'*, enroulés en *C*, épanouis en *D*. — E; prothalle mâle; *an*, anthéridie. — F; prothalle femelle; *ar*, archégone.

4 postérieures donnent le pied et la première racine; les 4 antérieures sont les initiales de la tige et des 2 premières feuilles.

Equisetum (Prêle).

Les tiges de Prêles, incrustées de silice, sont employées pour polir le bois et les métaux.

§ 3. — LYCOPODINÉES

Tige simple ou ramifiée et racine toujours ramifiée, simulant une dichotomie. Sporanges insérés à l'aisselle des feuilles rapprochées en épis ou isolées.

LYCOPODINÉES	isosporées. Prothalle cylindrique ou ovoïde. **Lycopodiacées**
	hétérosporées — simple.. .... **Isoétées**
	Prothalle très réduit.) ramifiée. (opposées. **Sélaginellées**
	Tige......... Feuilles (

(a) Lycopodiacées. — *Lycopodinées isosporées.*

Lycopodium. Tige grêle et rameuse; feuilles sessiles uninerves cachant ou non la tige.

Les sporanges isolés sont insérés sur la face supérieure de feuilles fertiles. Les spores tétraédriques germent en un prothalle ovoïde portant dans sa région supérieure des anthéridies et des archégones à peine saillants.

L'œuf subit un 1er cloisonnement; des 2 cellules qui en résultent, l'une inférieure donnera l'embryon, *l'autre supérieure s'allonge en un suspenseur*, sans se cloisonner.

C'est là un caractère des Phanérogames (Voir page 428) *présenté par les* **Lycopodinées**.

Le Lycopode en massue croît dans les bois montagneux. La poussière que forment ses spores est très inflammable (feux de théâtre); elle est employée aussi comme dessiccative.

(b) Isoétées. — *Lycopodinées hétérosporées à tige simple.*

Le genre *Isoetes* est répandu surtout dans la région méditerranéenne.

(c) Sélaginellées —*Lycopodinées hétérosporées à tige dichotome portant des feuilles opposées.*

Le seul genre *Selaginella* compose cette famille. Il vit surtout dans les forêts tropicales humides où certaines de ses tiges rampantes peuvent atteindre jusqu'à 20 mètres de long.

Nous en avons étudié le mode de reproduction (Voir page 444).

IV. — EMBRANCHEMENT DES
PHANÉROGAMES

Plantes pourvues d'une **tige,** *d'un* **système radiculaire** *et de* **feuilles**; *tôt ou tard y apparaissent des* **fleurs** *d'où proviennent des fruits et des graines. Jamais la fécondation de l'oosphère n'a lieu à l'aide d'anthérozoïdes.*

PHANÉROGAMES

- Carpelle réduit à un ovaire non clos et portant les *ovules nus*.............. **Gymnospermes.**
- Carpelle consistant en un *ovaire clos* *renfermant les ovules*, surmonté d'un style et d'un stigmate .... **Angiospermes.**

Morphologie et Physiologie générales. — L'étude générale des Phanérogames a fait l'objet de la plus grande partie du Cours d'Anatomie et Physiologie végétales. La reproduction en a été envisagée de même avec détail.

Ces connaissances et celles qui ont été acquises au cours de l'examen spécial des Cryptogames vasculaires nous permettent d'affirmer *qu'il n'existe pas de limite nette entre les Cryptogames vasculaires et les Phanérogames.*

§ 1. — GYMNOSPERMES

Phanérogames dont **les ovules sont nus,** *c'est-à-dire portés par une feuille carpellaire qui n'est pas transformée en un ovaire clos. Jamais de style ni de stigmate. Ovule orthotrope avec un seul tégument (primine). Grain de pollen cloisonné. Tige ayant pour origine 1 cellule initiale*

Les **Conifères** constituent la plus importante des familles de Gymnospermes

CONIFÈRES

Gymnospermes monoïques ou dioïques. Les carpelles naissent par 2 à l'aisselle des feuilles du rameau femelle et se soudent par leurs bords en une **fleur.** *Le rameau fertile est un* **épi.**

Caractères généraux. — Les Conifères sont des arbres ou des arbrisseaux, résinifères en général, croissant en tous les points du globe.

La **tige** dressée atteint souvent de grandes dimensions (*Sequoia gigantea* : 150 mètres) et émet de nombreux rameaux axillaires. La disposition de ces rameaux imprime à chaque espèce un

FIG. 801. — Disposition sur la tige des feuilles de quelques Conifères. — A ; If. — B ; Pin. — C ; *Thuia.* — D ; Genévrier.

aspect spécial qui permet de la reconnaître assez facilement[1].

Les **feuilles** normales ordinairement petites, étroites et univerves, sont toutes semblables et vertes chez le Sapin, le Mélèze, le Cèdre, le Cyprès, l'If (fig. 801, A), etc.; elles sont de 2 sortes chez le Pin : les unes écailleuses, sans chlorophylle, sont portées par la tige et par des rameaux longs; les autres vertes (B), affectées à l'assimilation et très développées, sont portées au contraire par des rameaux courts, elles sont associées par 2, 3 ou 5, suivant les espèces de Pins.

FIG. 802. — Conifères. *Picea excelsa* (Épicéa).

La forme des feuilles fournit un excellent caractère pour la classification; leur disposition est le plus souvent spiralée [Pin (B), *Araucaria*, If (A)], elle est cependant verticillée : par 2 [Cyprès *Thuia* (C)], par 3 à 5 [Genévrier (D)]. Chez la plupart des Conifères, les *feuilles sont persistantes*, c'est-

---

1. L'Épicéa (*Picea excelsa*, fig. 802) porte des *rameaux de* 1er *ordre horizontaux*, verticillés en apparence, graduellement décroissants de la base au sommet et figurant un cône à angle aigu; les *rameaux de* 2e *ordre* y sont pendants. Chez le Sapin (*Abies pectinata*), les rameaux de 1er ordre les plus anciens meurent; les plus récents forment également un cône de faux verticilles en haut de la tige. Le Pin parasol (*Pinus pinea*) est également dépourvu de ses rameaux inférieurs; les branches les plus jeunes forment une tête élargie en parasol au sommet de l'arbre. La tige et les rameaux du Pin Laricio (*P. Laricio*) affectent, dans leur ensemble, une forme ovoïde. Le Cèdre (*Cedrus Libani*) présente un axe central plus ou moins tortueux, avec des rameaux latéraux disposés en assises horizontales, de quelque ordre qu'ils soient. Le Mélèze (*Larix europæa*) a un aspect presque pleureur.

à-dire qu'elles peuvent vivre plusieurs années sur le rameau qui les porte ; aussi dans nos contrées, les Conifères font exception en hiver aux autres arbres qui, dès l'automne, ont perdu leur feuilles : d'où le nom *d'arbres toujours verts* attribué aux Conifères. [D'autres végétaux présentent cependant le même caractère, le Houx par exemple].

De nombreux *canaux résinifères* sont répartis dans toute l'étendue du corps végétatif chez les Conifères, sauf l'If qui en est dépourvu[1].

Fleurs. — Les fleurs des Conifères sont toujours *unisexuées et sans périanthe :* monoïques (Pin, Sapin, Cyprès, *Thuia*, etc.) ; dioïques (If, *Ginkgo*); elles sont ordinairement groupées en **cônes** (Voir pages 420 et 425).

Nous rappellerons brièvement ici la correspondance des organes reproducteurs chez les Gymnospermes et les Cryptogames vasculaires.

GYMNOSPERMES.		CRYPTOGAMES VASCULAIRES.
Grain de pollen.	→	Microspore.
n cellules stériles [$n \geqslant 2$]	→	Prothalle mâle rudimentaire.
Tube pollinique : organe d'adaptation pour transport du gamète mâle : *noyau de la cellule primordiale*		Pas d'organe correspondant ; l'eau sert au transport du gamète mâle : *anthérozoïde* avec cils vibratiles.
Ovule.	→	Sporocarpe.
Nucelle.	→	Macrosporange.
Sac embryonnaire.	→	Macrospore.
Endosperme.	→	Prothalle femelle.
Corpuscules avec oosphère et cellule de canal.		Archégone avec oosphère et cellule de canal.
L'œuf se développe en *embryon* et l'ovule en *graine* ; appareil transitoire, à l'état de vie latente, qui tôt ou tard donnera une plante feuillée.		L'œuf se développe *immédiatement* en une plante feuillée.

1. La *résine* demeure au lieu de production si elle est peu abondante ; quand elle est produite en grande quantité, elle s'écoule au dehors en se frayant un chemin à travers le parenchyme cortical (Épicéa, Pin). On facilite cet écoulement par le *gemmage ;* on pratique à cet effet des incisions dans l'écorce et parfois jusqu'au jeune bois de l'*Épicéa* (duché de Bade), du *Pin maritime* (Landes), du *Pin Laricio* (Autriche).

On appelle *térébenthine brute* le produit qui s'écoule par les incisions. Soumise à la distillation, la térébenthine donne l'*essence de térébenthine* volatile et un résidu de composition très variable (poix blanche, résine ordinaire, etc.).

Le *baume du Canada* est une térébenthine très limpide et très réfringente, originaire d'*Abies balsamea*, précieuse dans les recherches d'histologie.

La *colophane* est obtenue en maintenant longtemps en fusion de la térébenthine jusqu'à ce que la masse soit devenue très limpide.

⟨a) **Taxinées**. — *Pas de cône. Embryon à 2 cotylédons.*

Taxus (If). Arbre de faible taille ; feuilles linéaires, aiguës à l'extrémité, disposées en spirale et étalées horizontalement. *Fleurs mâles* globuleuses et solitaires à l'aisselle des feuilles (fig. 803, A), chaque fleur comprend 5 à 8 étamines, *ét*, avec un écusson polygonal d'où pendent 5 à 8 sacs polliniques, *s.po* (B). *Fleurs femelles* sessiles et solitaires (C) ; chacune porte un ovule, *ov* (C et D), au milieu de bractées stériles ; l'ovule donne une graine dont la base est entourée d'un *arille charnu, ar* (E, F).

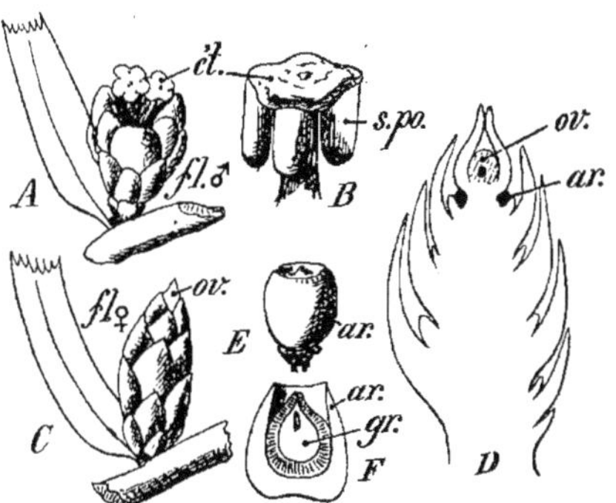

Fig. 803. — **Taxinées**. — Organes de reproduction de *Taxus baccata* (If). — A ; fleur mâle renfermant un groupe d'étamines, *ét*. — B ; étamine grossie portant des sacs polliniques, *s.po*. — C ; fleur femelle, vue en coupe en D ; *ov*, ovule ; *ar*, début de l'arille. — E ; fruit, coupé en F pour montrer la graine, *gr*.

L'If commun atteint parfois 12 à 14 mètres ; il exhale une odeur nuisible ; ses feuilles sont vénéneuses ; son arille l'est moins.

Le bois d'If rougeâtre est susceptible d'un beau poli (vaisseaux ponctués-aréolés avec épaississements spiralés) ; on l'emploie en ébénisterie et pour fabriquer les cannelles des tonneaux. Arbre d'ornement.

Ginkgo. Arbre de dimensions colossales en Chine (13 mètres de circonférence).

Le Ginkgo est un arbre d'ornement pour les parcs et jardins.

(b) **Cupressinées**. — *Bractées disposées en* **cônes** *formés en apparence d'écailles d'une seule sorte.*

Cupressus [Cyprès (A à D)]. Arbre ou arbrisseau à *rameaux cylindriques* avec de petites feuilles écailleuses, sessiles et opposées. Épis femelles globuleux (C), ordinairement solitaires sur de courts rameaux ; écailles opposées.

Le bois du Cyprès est imputrescible. Cet arbre a un port pyramidal et une couleur sombre ; il sert pour l'ornement des jardins et des cimetières.

Thuia [Thuya] (E à G). Arbrisseau à *rameaux aplatis* portant de petites feuilles écailleuses, sessiles et opposées. *Fleurs mâles* solitaires terminant les rameaux. *Fleurs femelles* disposées en épis oblongs solitaires sur des rameaux courts (F) ; 2 ou 3 ovules dans l'aisselle des écailles (G).

Th. occidentalis ; rameaux d'une même branche étalés dans un plan horizontal ; bois brun, tendre, utilisé en menuiserie fine. — *Th. orientalis (Biota)* ; rameaux d'une même branche dans un plan vertical ; bois dur. Arbres d'ornement.

Juniperus [Genévrier (H à K)]. Arbre ou arbrisseau à feuilles opposées ou ternées. *Fleurs mâles* réunies parfois en capitules de quelques fleurs ; chaque étamine porte 3 ou 4 sacs polliniques. Épis globuleux de *fleurs femelles* (H) verticillées par 3 (I) ; chaque écaille porte latéralement 1 ovule (K). Les écailles, charnues à

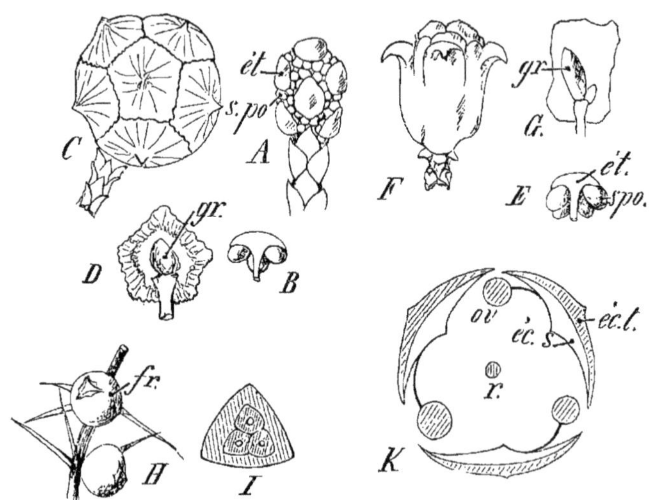

Fig. 804. — Organes de reproduction des **Cupressinées.** — A à D ; Cyprès. — E à G ; *Thuia.* — H à K ; *Juniperus communis.* — A ; fleur mâle. — B,E ; étamines isolées. — C,F ; cônes femelles. — D,G ; fleurs femelles isolées avec graine, *gr.* — H ; baie de Genévrier coupée en I. — K ; disposition schématisée des écailles tectrices, *éc.t* et des écailles séminifères, *éc.s*, avec leurs ovules latéraux, *ov*, chez le Genévrier.

la maturité, se pressent et abritent les graines pendant leur développement.

Les épis charnus ou fruits du Genévrier commun sont connus sous le nom de *baies de genièvre* et employés comme épice à cause de leur saveur aromatique. Par distillation, on en extrait une essence (eau-de-vie de grains parfumée aux baies de genièvre). Le bois en est surtout utilisé par les tourneurs.

Le bois rouge-brun odorant de *J. virginiana* sert à fabriquer les crayons.

Sequoia. Géant du règne végétal qui vit aujourd'hui en Californie dans les lieux humides. — *Araucaria.* Arbrisseau utilisé pour l'ornement des jardins et des appartements.

(c) Abiétinées. — *Carpelles* soudés en une écaille séminale Cônes *formés en apparence de 2 sortes d'écailles : écailles séminales fertiles internes ; écailles tectrices stériles externes.*

Pinus (Pin). Arbre à feuilles de 2 sortes : les unes petites et écailleuses, insérées sur l'axe et sur de longs rameaux axillaires ; les autres longues, en aiguille, réunies (2 à 5) sur de courts rameaux axillaires. *Fleurs mâles* globuleuses, groupées en épi au sommet de certains rameaux; étamines portant 2 sacs polliniques; grain de pollen bicellulaire et pourvu de deux ampoules latérales pleines d'air. *Fleurs femelles* groupées en cônes, avec de petites écailles tectrices membraneuses et de grandes écailles séminales dilatées et épaissies en écusson à l'extrémité libre. Sur chaque écaille séminifère sont disposés dorsalement 2 ovules. A la maturité des graines, une lame de liège se forme sur l'écaille, vis-à-vis de chacune d'elles, et détache une sorte d'aile qui demeure attachée à la graine.

Embryon renfermant de 3 à n cotylédons.

Le Pin sylvestre a l'écorce rouge et tanifère (industrie des peaux); le bois en est tendre. Il habite l'Europe centrale et septentrionale. Ses bourgeons sont employés comme diurétique et pour aromatiser la bière.
Le *Pin Laricio* est originaire de la région méditerranéenne; son bois est plus durable que le précédent. —

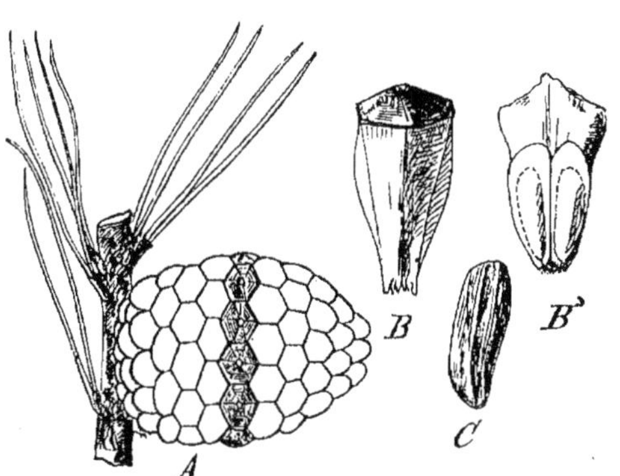
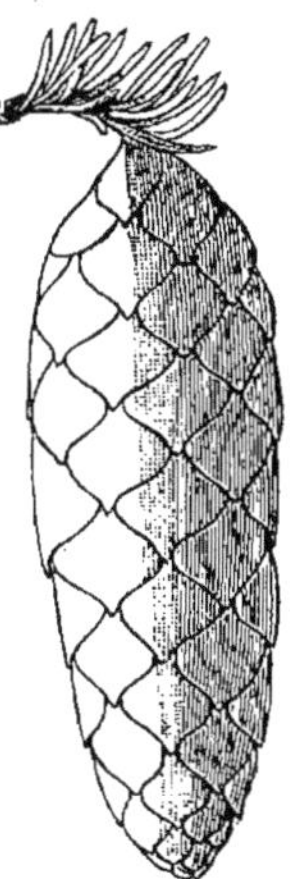

Fig. 805. — **Conifères.** — *Pinus pinea* (Pin parasol). — A; cône, — B, B', écaille vue de dos (B) et ventralement (B').— C; graine.

Fig. 806. — Cône de *Picea excelsa* (Épicéa).

Le Pin maritime, à cime conique, est cultivé dans les Landes et fournit de la résine, un bois précieux pour la charpente et les constructions navales. — Le Pin pignon ou Pin parasol, très répandu dans le midi de l'Europe, forme de gros cônes à tête élargie (fig. 805, A) avec des *graines non ailées* (C) dont l'amande, comestible, est employée à la préparation des pralines.

Picea (Épicéa, fig. 802). Arbre pyramidal à rameaux de 2ᵉ ordre pendants et couverts de feuilles en aiguille. *Fleurs mâles* en forme de chou-fleur. *Fleurs femelles* groupées en *cônes pendants* où les écailles tectrices sont cachées à la maturité par les écailles séminales minces (fig. 806).

L'Épicéa ou Sapin de Norwège est très répandu dans toute l'Europe septentrionale; son bois tendre et durable est utilisé pour les constructions navales.

Abies (Sapin, fig. 274). Arbre pyramidal élancé à feuilles planes, légèrement échancrées au sommet, vertes et planes en dessus, blanches en dessous. *Fleurs mâles* globuleuses. *Cônes dressés* à écailles tectrices peu apparentes seulement au sommet; écailles séminifères lâchement imbriquées se détachant en même temps que les graines.

Le Sapin des Vosges abonde dans les Vosges et les Pyrénées. Son bois tendre craint l'humidité.

Larix (Mélèze). Arbre à longues branches grêles, étalées et *pendantes*; des rameaux courts portent des *faisceaux de feuilles aiguës caduques. Fleurs mâles* solitaires sur des rameaux courts. Petits *cônes globuleux* avec des écailles tectrices, visibles seulement au sommet, appliquées sur les écailles séminifères membraneuses.

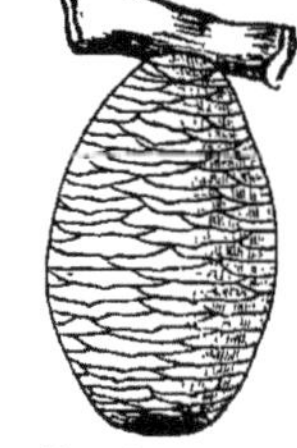

FIG. 807. — Cône de *Cedrus Libani* (Cèdre).

Le Mélèze croît jusqu'à 2000 mètres d'altitude. Son bois tendre et grossier résiste bien à l'humidité; le cœur du bois est précieux pour les constructions.

Cedrus (Cèdre, fig. 311). Grand arbre à grosses branches horizontales ainsi que leurs courts rameaux sur lesquels sont des faisceaux de feuilles en aiguille. *Cônes volumineux* (fig. 807) à *écailles caduques*.

Le Cèdre du Liban est simplement ornemental. Il se rencontre sur le Liban, l'Himalaya et la chaîne de l'Atlas.

§ 2. — ANGIOSPERMES

Phanérogames dont les ovules sont contenus dans des cavités closes formées par les carpelles. *Style et stigmate surmontant l'ovaire. Grain de pollen sans cloison persistante. Tige ayant pour origine 3* (ou 3 *n*) *cellules initiales*

Caractères généraux. — Chez les Angiospermes, la racine et la tige croissent à l'aide de 3 (ou 3 *n*) initiales superposées.

Le bois renferme des vaisseaux imparfaits (annelés, spiralés et réticulés) et des *vaisseaux parfaits* (ponctués); des fibres intercalées servent d'organes de soutien. Le liber comprend des *tubes criblés perforés* où circule une sève élaborée riche en matières albuminoïdes.

La fleur est *pourvue d'un périanthe* le plus souvent; le grain de pollen n'est pas cloisonné; il renferme 2 noyaux dont le plus petit sert de gamète mâle. L'*ovaire clos*, uni ou pluriloculaire, est surmonté d'*un style* et d'*un stigmate* sur lequel germe le grain de pollen.

Ces caractères, opposés à ceux des Gymnospermes, peuvent être groupés dans le tableau suivant :

ANGIOSPERMES	GYMNOSPERMES
3 ou 3 n initiales pour la tige. →	1 initiale pour la tige.
Bois avec vaisseaux *parfaits* et imparfaits (*ponctués*, rayés, annelés, spiralés, qqf. scalariformes).	Vaisseaux imparfaits. (annelés, spiralés, réticulés, *ponctués-aréolés*).
Liber avec tubes criblés *perforés*. →	Tubes criblés imperforés.
Fleur avec *périanthe coloré* généralement.	Fleur sans périanthe (bractées parfois).
Grain de pollen *non cloisonné*. →	Grain de pollen cloisonné.
Ovaire *clos* avec *style et stigmate* →	Ovaire non clos.
Pollen germant sur le stigmate. →	Pollen germant sur le nucelle.

ANGIOSPERMES
- Embryon avec 1 cotylédon : Feuilles en général rectinerves. Fleurs construites sur le type 3. } **Monocotylédones.**
- Embryon avec 2 cotylédons. Feuilles penni- ou palminerves. Fleurs non construites sur le type 3. } **Dicotylédones.**

A. — MONOCOTYLÉDONES

Embryon pourvu d'un cotylédon. *Racine primaire avortée; système radiculaire fasciculé. Feuilles en général rectinerves, sans stipules. Fleurs construites sur le type* 3.

MONOCOTYLÉDONES. Corolle
- nulle. Feuilles
  - distiques......................... **Graminées.**
  - tristiques......................... **Cypéracées.**
- sépaloïde. Fruit
  - charnu......................... **Palmiers.**
  - sec......................... **Joncacées.**
- pétaloïde.
  - Fleur régulière. Ovaire
    - libre..... 6 étamines........ **Liliacées.**
    - adhérent. 6 étamines. ...... **Amaryllidées.**
    - 3 étamines. ..... **Iridées.**
  - Fleur zygomorphe......... **Orchidées.**

[Voir les caractères généraux des **Monocotylédones** comparés à ceux des **Dicotylédones** à la page 777.]

1. — FAMILLE DES GRAMINÉES

Tige aérienne ordinairement creuse, interrompue par des nœuds, cylindrique ou comprimée, jamais triangulaire. Feuilles distiques avec gaine fendue du côté opposé au limbe et avec ligule. Fleurs le plus souvent nues et hermaphrodites, enfermées dans 2 bractées (glumelles). Elles sont rapprochées en épis simples (épillets) formant des épis composés ou des grappes. Fruit sec (akène); albumen amylacé.

Les Graminées sont des plantes herbacées annuelles (Blé), ou vivaces (Chiendent), rarement ligneuses (Bambou), répandues sur tout le globe; elles sont importantes en ce qu'elles comprennent les *céréales* et la plupart des *plantes fourragères* qui constituent les prairies naturelles.

La **tige** est ordinairement creuse (*chaume*), parfois pleine (Maïs, Sorgho). Chez les Graminées annuelles, la tige produit à sa base un grand nombre de rameaux (*tallement*) qui fleurissent et fructifient comme elle. Chez les Graminées vivaces, un rhizome émet des pousses aériennes et des ramifications qui accumulent des matières de réserve pour l'année suivante.

Système radiculaire fasciculé (fig. 285).

Feuilles engainantes, sans pétiole; la gaine, *g* (fig. 808), est presque toujours fendue du côté opposé au limbe, *l*; entre la gaine et le limbe est une *ligule*, *li*, membrane transparente variable avec les espèces qu'elle sert à déterminer.

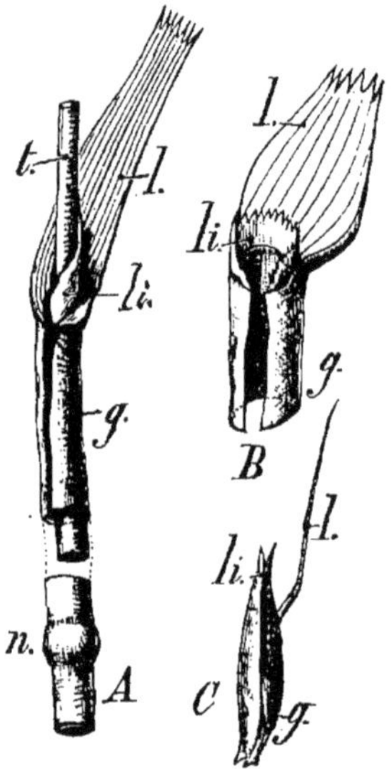

La structure de la **fleur** des Graminées est, en général, conforme à celle qu'on trouve dans le Blé ou l'Avoine (fig. 391 et 396) :

une *glumelle inférieure* ou externe, *g.i*, à laquelle est opposée une *glumelle supérieure* ou *préfeuille*, *g.s*; ces 2 glumelles cachent 2 *glumellules*, *s*, adossées à la glumelle inférieure et placées symétriquement; puis un verticille de 3 étamines, *ét*, entourant un ovaire *c*, uniloculaire et uniovulé; l'ovaire est hérissé de 2 stigmates plumeux.

Nous conviendrons d'appeler *fleur* cet ensemble de parties.

FIG. 808. — A,B : figures montrant la forme et la disposition d'une feuille de Graminée, insérée au nœud, *n*, sur la tige, *t*. — C; glumelle d'Avoine. *l*, limbe; *g*, gaine; *li*, ligule.

Inflorescence. — Les fleurs sont toujours associées en *épillets* (épis simples) disposés en *épis* (épis composés) ou en *grappes*.

L'épillet (fig. 809, A,B,C) est embrassé par 2 bractées basilaires stériles appelées *glumes*, G,G' ; le long de son axe sont insérées, suivant la disposition distique, n glumelles inférieures, g_1,g_2,g_3 ; dans l'aisselle de chaque glumelle est inséré l'axe d'une fleur

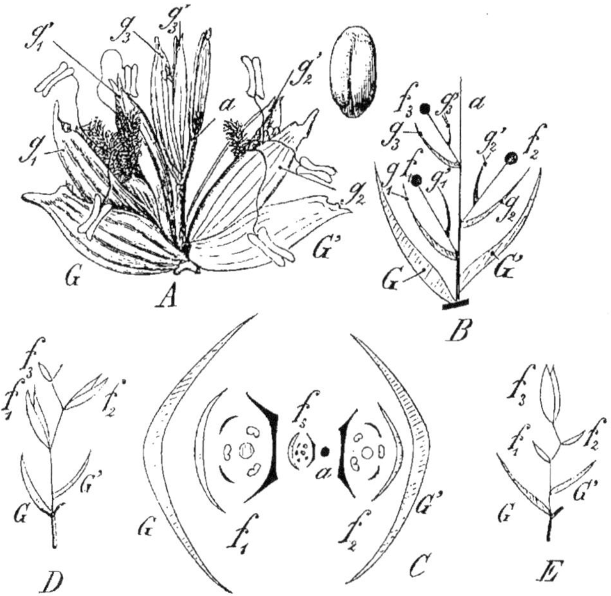

Fig. 809. — Épillet de Blé représenté réellement en A, théoriquement en B, vu en section transversale en C. — D : épillet à avortement centrifuge. — E ; épillet à avortement centripète. G,G', glumes. g_1,g'_1 ; g_2,g'_2 ; g_3,g'_3, glumelles des fleurs, f_1,f_2,f_3, qui composent l'épillet ; a, axe de l'épillet.

f_1,f_2,f_3, portant la glumelle supérieure bicarénée, g'_1,g'_2,g'_3, à l'opposé de la glumelle inférieure unicarénée.

Le nombre de fleurs par épillet est très variable.

Les fleurs d'un même épillet sont aussi diversement développées (fig. 809, D,E) ; la dernière est ordinairement stérile.

Dans le Blé (fig. 374), le Seigle, l'Ivraie, etc., les épillets sessiles sont disposés alternativement sur les deux faces de l'axe de l'épi ; ils sont sur 3 rangs dans l'Orge, sur plus de 12 rangs dans le Maïs. Toutes ces plantes présentent de *vrais épis composés*.

Chez le Brome, le Dactyle (fig. 381), l'Avoine, (fig. 813), le Paturin (fig. 812), les épillets sont pédonculés et l'inflorescence est une *grappe* dont la forme est utilisée pour la classification.

Fruit et graine. — Après la fécondation, le fruit se développe rapidement; il contient une seule graine dont le tégument est intimement appliqué contre la paroi interne du fruit (*akène*, appelé plus spécialement *caryopse* à cause de cette disposition).

La graine (fig. 434) renferme un embryon monocotylédone et un albumen dont les cellules sont riches en amidon, sauf l'assise externe ou couche protéique remplie de grains d'aleurone (fig. 359).

(a) **Céréales**. — *Fleurs hermaphrodites; celles de la base de l'épillet sont seules fertiles* (fig. 809, D)

1. Tr. Hordéacées. — Épillets sessiles ou brièvement pédonculés, disposés en épi composé.

Lolium (fig. 810, A,A′). Espèces vivaces avec rhizome et espèces annuelles. Épi allongé dont les épillets sessiles ont un plan de symétrie contenant l'axe du rachis. Feuilles comprimées, roulées avant l'épanouissement.

L'Ivraie (*L. temulentum*) est une mauvaise herbe; sa farine, mêlée à celle du Blé, lui donne des propriétés enivrantes. Le Ray-grass (*L. italicum* et *perenne*) constitue un excellent fourrage.

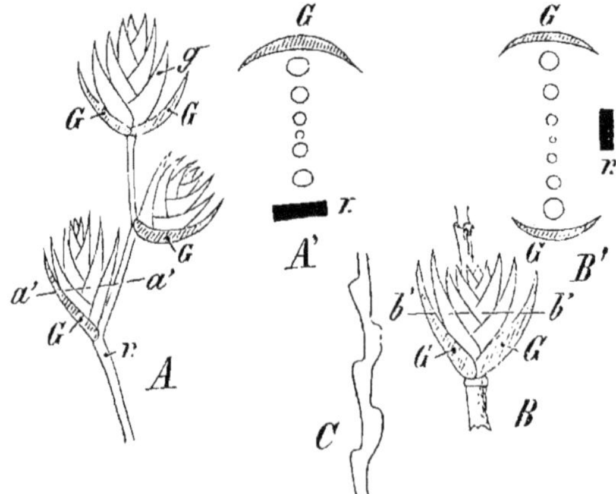

FIG. 810. — **Graminées**. — A; *Lolium perenne*: disposition des épillets sur le rachis, *r*. L'épillet terminal a 2 glumes; les épillets latéraux n'en ont qu'une. — A′; coupe théorique d'un épillet latéral et du rachis, *r*, suivant *aa′* (A). — B,B′: épillet de *Triticum* (Blé) et sa position par rapport au rachis, *r*; coupe suivant *bb′*. — C; portion du rachis.

Triticum (Froment, Blé, fig. 374, 809 et 810, B,B′). Plante herbacée annuelle; épi dense avec 2 rangées d'épillets accolés latéralement au rachis; 2 glumes ventrues. Glumelle avec ou sans arête. Fruit oblong.

Le Blé est inconnu à l'état sauvage. Les espèces et variétés en sont très nombreuses (1700 environ); les principales sont: le Blé d'été et d'hiver, le Blé d'été ou de Pologne, au fruit nu; l'Épeautre, au fruit vêtu.

Par la mouture, on retire du Blé la *farine* et le *son* que sépare le blutage. La *farine*, qui provient de l'embryon et de l'albumen, contient de l'amidon, du gluten et des matières sucrées. Le *son* a pour origine les enveloppes du grain; il renferme des substances azotées.

Agropyrum (Chiendent). Plante vivace à rhizome rampant.

Le Chiendent est une mauvaise herbe qui envahit les lieux cultivés; son rhizome donne une tisane émolliente et apéritive.

Secale (Seigle, fig. 811). Plante annuelle; épi dense avec 2 rangées d'épillets isolés. Glumes uninerves; glumelle inférieure avec une longue arête. Fruit allongé à sillon étroit.

Le Seigle résiste mieux que le Blé à une température un peu rigoureuse; aussi peut-on le cultiver dans les pays montagneux.

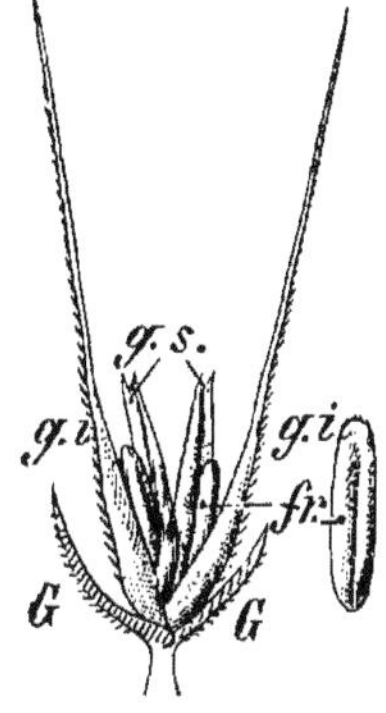

FIG. 811. — Épillet de *Secale cereale* (Seigle) avec 2 fleurs limitées par les glumelles, *g.s* et *g.i*, *fr*, fruit.

Hordeum (Orge). Épi dense avec épillets uniflores disposés par 3 sur chaque dent du rachis. Glumes très étroites; glumelle inférieure des fleurs fertiles avec longue arête.

L'Orge cultivée sert à la préparation de la bière. L'Orge des Rats est une mauvaise herbe abondante partout.

2. Tr. Festucacées. — Grappe d'épillets pédonculés et pluriflores.

Poa (Paturin, fig. 812). Plante annuelle ou vivace dont les ramifications de la grappe sont étalées.

FIG. 812. — Graminées. — *Poa pratensis* (Paturin des prés).

Nombreuses espèces croissant partout, sauf dans les lieux arides; quelques-unes donnent de bons fourrages.

Dactylis (Dactyle, fig. 381). Épillets disposés par paquets à l'extrémité des rameaux de l'inflorescence.

Le Dactyle pelotonné, commun dans les prés et les bois, est une plante fourragère précieuse.

Festuca (Fétuque). Espèces nombreuses annuelles ou vivaces, à épillets ovoïdes ou allongés.

Les espèces fourragères vivent de préférence dans les endroits humides.

Bromus (Brome) Plante annuelle à grappe simple ou peu ramifiée, longs épillets pendants.

Mauvaise herbe.

3. Tr. Avénacées. — Épillets pédonculés uniflores ou multiflores, disposés en grappe composée le plus souvent. Longues glumes; glumelles inférieures en général pourvues d'une arête dorsale, tordue et genouillée (fig. 808).

Avena (Avoine, fig. 813). Plante annuelle à grands épillets pendants après la floraison. Fruit allongé.

L'Avoine cultivée sert à la nourriture des Chevaux ; en Bretagne et en Irlande, les grains d'Avoine concassés forment le *gruau d'avoine* utilisé pour l'alimentation humaine.

Agrostis. Épillets uniflores dont la glumelle est pourvue ou non d'une arête

A. alba est une plante fourragère excellente.

4. Tr. Arundinacées. — Grappe ramifiée avec épillets cylindriques dont l'axe est couvert de longs poils.

Phragmites (Roseau). Plante très commune au bord des eaux.

Le Roseau sert à confectionner des nattes et à faire des toitures.

Fig. 814. — Graminées. — *Alopecurus pratensis* (Vulpin des prés).

Fig. 813. — Graminées. — *Avena* (Avoine).

5. Tr. Alopécuroïdées. — Épillets uniflores légèrement pédonculés, dont l'ensemble forme une grappe cylindrique (faux épi).

Alopecurus (Vulpin, fig. 814). Glumes soudées à la base. — *Phleum* (Fléole). Glumes indépendantes.

Le Vulpin des prés, le Vulpin genouillé et la Fléole des prés poussent dans nos meilleures prairies ; ce sont d'excellentes espèces fourragères.

(b) **Saccharifères.** — *Fleurs hermaphrodites ou unisexuées ; une seule fleur fertile au sommet de l'épillet* (fig 809, E).

6. **Tr. Anthoxanthées.** — Plantes d'odeur agréable Fleurs fertiles avec 2 étamines. — *Anthoxanthum* (Flouve).

La Flouve odorante donne un fourrage de mauvaise qualité.

7. **Tr. Oryzées.** — Épillets composés de 2 glumes et 2 glumelles représentant 2 fleurs stériles, plus une fleur fertile.

Oryza (Riz). Plante semi-aquatique à tige dressée grêle, à longues feuilles planes et rudes ; grappe terminale à rameaux flexueux. Fleurs pourvues de 6 étamines.

Le Riz est cultivé pour son fruit dans les plaines inondées de la région méditerranéenne (vallée du Pô), au Tonkin, dans l'Inde et l'Amérique.

8. Tr. Andropogonées. — 2 épillets collatéraux uniflores *de sexes différents*, disposés sur un même gradin de l'inflorescence. Glumes membraneuses; glumelle inférieure avec une longue arête genouillée.

Sorghum (Sorgho). Grappe très rameuse. Épillets globuleux.

Le Sorgho vulgaire donne un grain alimentaire dont on peut extraire de l'alcool; la plante est utilisée comme fourrage. Le Sorgho sucré cultivé dans l'Amérique du Nord, renferme jusqu'à 18 pour 100 de sucre qu'on en extrait concurremment à celui de notre Betterave à sucre.

Saccharum (Canne à sucre). Grappe droite et étalée terminant une tige de 3 mètres, avec des entre-nœuds renflés et gorgés de sucre.

La Canne à sucre présente des rhizomes d'où partent de nombreuses tiges aériennes; on l'élève de *boutures* dans tous les pays tropicaux. On en extrait du sucre cristallisé, de la mélasse; elle sert aussi à la préparation du rhum.

9. Tr. Olyrées. — Fleurs mâles et femelles dans des inflorescences distinctes. Grappe de fleurs mâles au sommet de la tige, épis de fleurs femelles insérés aux nœuds le long de l'axe.

Fig. 815. — Graminées. — *Zea* (Maïs).

Zea (Maïs, fig. 815). Fleurs femelles avec longs stigmates ciliés.

Le Maïs commun est cultivé dans les pays chauds et tempérés, pour son grain et comme plante fourragère. Sa tige pleine atteint de 1 à 3 mètres; elle contient beaucoup de sucre. La farine de Maïs, qui est sans gluten, ne se prête pas à la panification; on en fait des gâteaux; elle sert aussi pour l'engraissement des bestiaux. On en retire des boissons alcooliques.

2. — FAMILLE DES CYPÉRACÉES

Plantes ordinairement vivaces pourvues d'un rhizome ramifié. Tige aérienne triangulaire ou cylindrique, dont les nœuds sont tous à la base. Feuilles tristiques, avec gaine non fendue le plus souvent; limbe parfois nul. Fleurs unisexuées ou hermaphrodites, à périanthe représenté par des écailles ou des soies. Fruit sec (akène); albumen amylacé.

Les Cypéracées sont des plantes à port de Graminée, le plus souvent vivaces, particulièrement abondantes dans les endroits humides ou marécageux. Leurs rhizomes (fig. 304) émettent des tiges aériennes et florifères.

I. **Carex**. — *Tige* généralement triangulaire, silicifiée, à bords coupants; *feuilles* tristiques à limbe plié en deux.

Fleurs unisexuées disposées en épis simples ou composés, les épis mâles au sommet de la tige, les épis femelles au‑dessous. [Quelques espèces sont dioïques (*C. dioica*)].

Une *fleur mâle* consiste en une bractée portée par l'axe, avec 3 étamines à l'aisselle de la bractée (fig. 395 et 816).

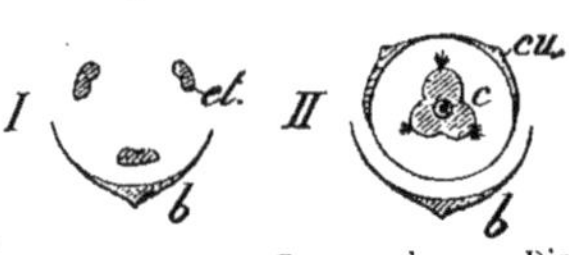

Fig. 816. — *Carex glauca*. Diagrammes des fleurs mâle (I) et femelle (II).

Une *fleur femelle* présente une petite coupe qui contient l'ovaire et le style surmonté de 3 stigmates faisant saillie en haut de la cupule.

Les rhizomes des Carex sont amers et légèrement camphrés. En Hollande, la Laîche des sables fixe les dunes.

II. **Autres Cypéracées**. — *Fleurs hermaphrodites* disposées en épillets, groupés eux-mêmes en grappe, épi, ombelle ou capitule.

La fleur (fig. 817), insérée dans l'aisselle d'une bractée basilaire, *br*, comprend : un périanthe de 6 soies, *s*, disposées sur 2 rangs; un androcée composé de 3 étamines); un pistil composé de 3 carpelles opposés aux étamines.

Scirpus. Épillets multiflores; fleurs avec périanthe de 6 à 0 soies.

Fig. 817. — **Cypéracées**. Diagramme de la fleur de *Scirpus lacustris*. *a.* axe; *br*, bractée; *s*, soies; *ét*, étamines; *c*, carpelles.

Toutes les espèces de Scirpes sont plus ou moins aquatiques; tiges employées pour le rempaillage des chaises, la fabrication des nattes fines d'Égypte et des paillassons.

Cyperus (Souchet). Épillets multiflores; fleurs sans périanthe.

Le Souchet comestible, cultivé dans le midi de l'Europe, produit des tubercules souterrains, gros comme une amande, riches en sucre, en fécule et en huile.

Eriophorum (Linaigrette). Périanthe floral composé de nombreuses soies longues et blanches.

3. — FAMILLE DES PALMIERS

Arbres souvent de taille élevée. Tige cylindrique non divisée (stipe), couverte des restes des anciennes feuilles et terminée par un bouquet de feuilles vivantes. Feuilles rectinerves, entières dans le jeune âge, découpées et prenant l'apparence penninerve ou palminerve. Fleurs petites, hermaphrodites ou unisexuées, portées par un spadice entouré ou non d'une grande spathe et de spathes secondaires plus petites.

Fruit charnu (baie ou drupe). Graine à albumen corné ou huileux.

Les Palmiers vivent normalement dans la zone torride et les régions tempérées voisines, là où ils trouvent, avec la chaleur, une atmosphère suffisamment humide; une seule espèce, le Palmier nain (*Chamærops humilis*) est indigène de l'Europe méridionale.

La tige non ramifiée des Palmiers est un *stipe*[1]. Les feuilles prennent naissance à son sommet où la sève afflue en abondance.

Le bourgeon terminal de la tige s'appelle *chou palmiste;* il constitue un mets exquis chez nombre de Palmiers. Tout arbre dont on a enlevé le bourgeon terminal ne peut plus croître; il est abattu pour servir aux constructions; la sève qui s'écoule de l'*Arenga saccharifera*, soumise à la distillation, donne un alcool appelé *arrack*.

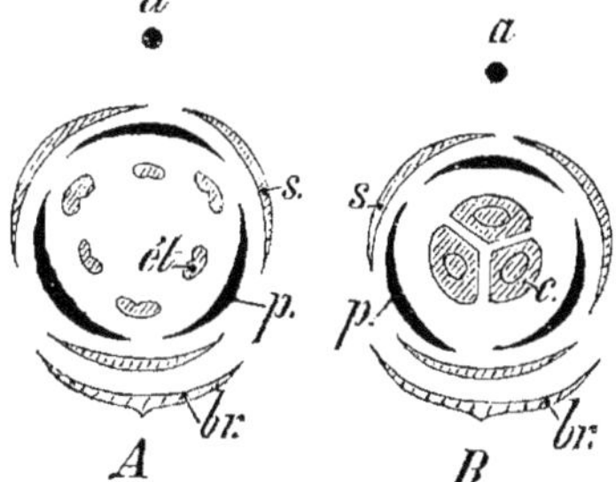

Fig. 818. — Palmiers. Diagrammes des fleurs unisexuées de *Chamærops humilis*. *a*, axe; *br*. bractée; *s*, sépales; *p*, pétales; *ét*, étamines; *c*. carpelles.

Les fleurs des Palmiers sont hermaphrodites (*Corypha*) ou unisexuées (Cocotier); le *Chamærops* est polygame, c'est-à-dire qu'on y trouve à la fois des fleurs hermaphrodites et des fleurs unisexuées.

Une fleur hermaphrodite se compose : d'un périanthe à 6 divisions sur 2 rangs calice et corolle); de 6 étamines bisériées et de 3 carpelles. — Une fleur unisexuée n'en diffère que par la disparition des étamines ou des carpelles (fig. 818, A et B).

Le fruit est une baie (*Calamus*, Dattier) ou une drupe (Cocotier) avec une seule graine ordinairement.

Dans le Dattier, le fruit ou *datte* renferme une graine très dure, à albumen corné, et un petit embryon qui y est implanté en coin.

Le fruit du Cocotier (*noix de Coco*, fig. 819) est une drupe dont le péricarpe, charnu en dehors, est envahi par une foule de faisceaux libéroligneux entre-croisés; l'endocarpe est fortement sclérifié, d'une dureté excessive et percé de 3 pores à la base. Il contient l'amande comestible; exprimée à froid, l'amande donne l'*huile de Coco* incolore et comestible également.

Quand on ouvre une noix de Coco avant la maturité, au lieu de l'albumen non encore organisé, on trouve un liquide opalescent, légèrement aigrelet, de saveur agréable

---

1. La tige des Palmiers employée entière, et non découpée en long, est d'une extrême solidité; aussi l'emploie-t-on comme bois de construction, pour faire des solives, etc. Celle des Rotangs ou Palmiers-joncs, qui est très grêle, atteint parfois 400 à 600 mètres; son extraordinaire flexibilité la fait employer pour la confection de meubles treillissés, de badines, de cannes appelées joncs.

Chamærops. Feuilles en éventail; fleurs polygames dioïques. Baie en forme d'olive.

Le Palmier nain croît spontanément dans l'Europe méridionale (Nice, Espagne); il atteint rarement 7 ou 8 mètres; le pétiole des feuilles est armé d'épines. Les faisceaux libéroligneux des feuilles servent à faire des cordages.

Phœnix (Dattier). Palmier de l'Inde et de l'Afrique du Nord. Feuilles pennées.

Les *dattes* constituent l'aliment le plus important des Arabes. Le stipe et les feuilles sont utilisés dans l'industrie; mais le bois se fend trop facilement.

Cocos (Cocotier), Palmier de l'Océanie tropicale. Fleurs unisexuées monoïques, réunies sur un même spadice protégé par une spathe ligneuse.

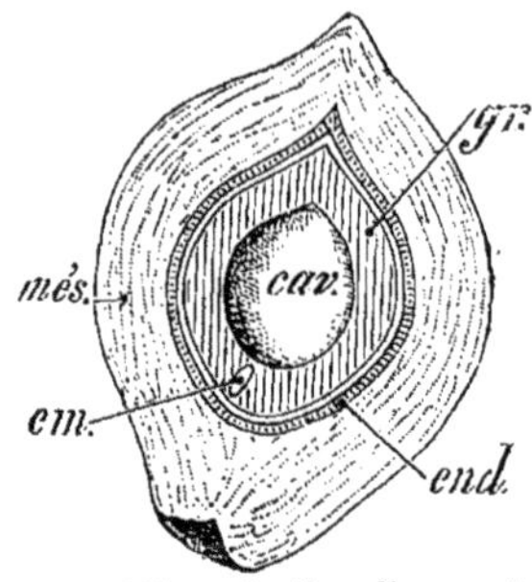

Fig. 819. — Section d'une noix de Coco. *més*, mésocarpe; *end*, endocarpe sclérifié; *gr*, graine; *em*, embryon; *cav*, cavité remplie de liquide lactescent.

Le Cocotier habite le voisinage des mers dans toute la zone torride. On l'a appelé le *roi des végétaux* à cause de son immense utilité. Sa tige sert de bois de charpente; les faisceaux foliaires et ceux du mésocarpe du fruit, particulièrement résistants, sont utilisés pour la fabrication des cordages, câbles, tapis, brosses, couvertures, etc. L'endocarpe sclérifié de la noix de Coco forme des vases solides; tourné et sculpté, il sert à la fabrication d'objets divers. L'amande est comestible et fournit l'huile de Coco, consommée telle ou employée pour faire des savons. On peut aussi retirer de cet arbre précieux du sucre, des liquides alcooliques, etc.

Calamus (Rotang). Palmier-jonc de l'Inde et de l'Afrique, à tige sarmenteuse atteignant plusieurs centaines de mètres.

Le *C. Draco* fournit une gomme-résine rouge, appelée *sang-dragon*, extraite du fruit chauffé au soleil, à feu nu ou par la vapeur d'eau. Le sang-dragon est employé pour la préparation des vernis en ébénisterie et pour le polissage des meubles.

4. — FAMILLE DES JONCACÉES

Plantes vivaces, à rhizome rampant. Tige simple, parfois ramifiée. Feuilles alternes, cylindriques ou planes. Fleurs petites, hermaphrodites, régulières, disposées en grappe ou en épi. Périanthe à 6 folioles vertes ou brunes; 6 étamines; 3 carpelles concrescents, 1 style et 3 stigmates. *Fruit sec (capsule). Graine à albumen charnu* (fig. 820).

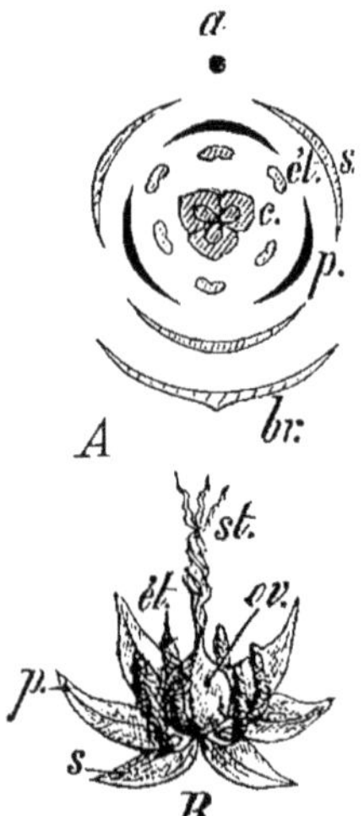

Fig. 820. — Joncacées. *Luzula* (Luzule). — A; diagramme de la fleur B.

Les Joncacées habitent surtout les lieux humides (prairies, marécages, bois, etc.).

Juncus (Jonc). Feuilles longues, cylindriques ou canaliculées et glabres. Capsule à 3 loges contenant plusieurs graines.

Les Joncs servent à faire des nattes, des corbeilles, des liens pour les jardiniers.

Luzula (Luzule). Feuilles plates, parfois velues. Capsule uniloculaire à 3 graines.

5. — FAMILLE DES LILIACÉES

Plantes ordinairement herbacées, pourvues d'un bulbe ou d'un rhizome. Feuilles simples, entières, le plus souvent linéaires et engainantes. Fleurs hermaphrodites régulières, solitaires ou groupées diversement.

Leur formule générale est : $3\,S + 3\,P + 3\,E + 3\,E' + 3\,C.$

Fruit ordinairement sec (capsule); quelquefois une baie. Graine avec un volumineux albumen.

Les Liliacées sont très répandues sur tout le globe, sauf dans les pays froids ; elles abondent dans les zones tempérées.

Leur **tige** est parfois pourvue à la base d'un bulbe tuniqué [Tulipe, Jacinthe (fig. 821), Ail] ou écailleux [Lis (fig. 369)].

Chez le Sceau de Salomon (fig. 278), un rhizome horizontal redresse chaque année, au printemps, son bourgeon terminal qui devient une tige aérienne.

Les **feuilles** sont, en général, très développées avec un limbe charnu (Aloès) ou cylindrique et creux (Ail); elles se réduisent à de petites écailles chez l'Asperge dont les nombreux rameaux verts de la tige sont assimilateurs.

Fig. 821.
Bulbe de Jacinthe.

La **fleur** des Liliacées présente la composition générale indiquée plus haut; mais, sauf les carpelles toujours plus ou moins concrescents, tantôt les pièces des 5 verticilles sont indépendantes [Tulipe (fig. 822, B)]; tantôt la concrescence atteint les autres verticilles isolément ou tous ensemble : calice, corolle et androcée sont soudés chez le Colchique, le Muguet (E), la Jacinthe

Le **fruit** est une capsule (*Liliées, Colchicacées*) ou une baie (*Asparaginées*). La déhiscence de la capsule est longitudinale : *septicide* chez les Colchicacées, *loculicide* chez les Liliées.

1. Liliées.

Capsule loculicide Styles concrescents.

(a) Sépales, pétales et étamines libres.

Tulipa (Tulipe, fig. 822). Plante herbacée ornementale avec bulbe ; périanthe campanulé ; ovaire à 3 loges, stigmate sessile.

Des variétés nombreuses sont l'objet d'une culture attentive.

Fritillaria. F. imperialis (Couronne impériale). Couronne de belles fleurs rouges au sommet de la tige, avec bouquet de feuilles terminales.

Lilium (Lis, fig. 369). Bulbe écailleux. Feuilles alternes. Périanthe en entonnoir. Ovaire surmonté d'un long style et d'un stigmate à 3 lobes.

Nombreuses espèces ornementales : Lis blanc. Lis tigré, Lis Martagon, etc.

Allium (Ail). Bulbe tuniqué ; feuilles planes ou cylindriques creuses. Fleurs disposées en une ombelle entourée d'une spathe. Périanthe à folioles étalées

Toutes les espèces du genre *Allium* renferment une essence sulfurée à laquelle elles doivent leurs propriétés médicinales ; elles sont alimentaires et contiennent beaucoup de sucre. Celles que cultivent les maraîchers sont : l'Oignon, l'Ail, le Poireau, l'Échalote, la Ciboule, etc.

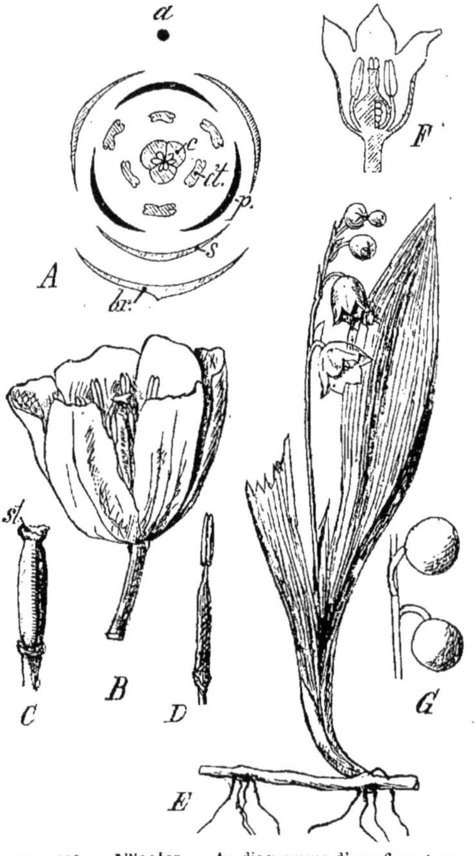

FIG. 822. — Liliacées. — A ; diagramme d'une fleur-type. — B ; *Tulipa* (Tulipe). — C ; pistil. — D ; étamine. — E ; *Convallaria maialis* (Muguet). — F ; section longitudinale d'une fleur de Muguet. — G ; son fruit.

Scilla (Scille). Périanthe étalé en roue. Espèces ornementales : *S. bifolia, italica, maritima.*

(b) Sépales, pétales et étamines concrescents.

Endymion (Jacinthe des bois). Plante bulbeuse ; feuilles toutes basilaires : fleurs en entonnoir disposées en grappes retombantes.

— *Hyacinthus* (Jacinthe). Diffère du genre précédent par une plus grande soudure des pièces du périanthe. Plante ornementale. — *Muscari*. Fleurs en grelot avec 6 dents courtes.

Phormium (*Ph. tenax*). Plante à racines tubéreuses; fleurs jaunes à périanthe tubuleux court. Nouvelle-Zélande.

Les feuilles du *Phormium* sont étroites, mais longues de 1 ou 2 mètres; elles fournissent jusqu'à 22 % de fibres textiles brutes; ces dernières sont utilisées telles pour la confection des cordages; quand on les travaille, elles servent à la fabrication de tissus.

Aloe (Aloès). Tige arborescente. Feuilles charnues, épineuses sur les bords. Grappes axillaires ou terminales de fleurs à périanthe tubuleux et nectarifère au fond.

L'Aloès est une plante grasse dont les feuilles épaisses fournissent un latex amer qui se résout par évaporation en une gomme rougeâtre (purgatif).

On peut extraire aussi des feuilles les faisceaux libéroligneux qui constituent de longues fibres brillantes, fines et blanches. Plante d'ornement.

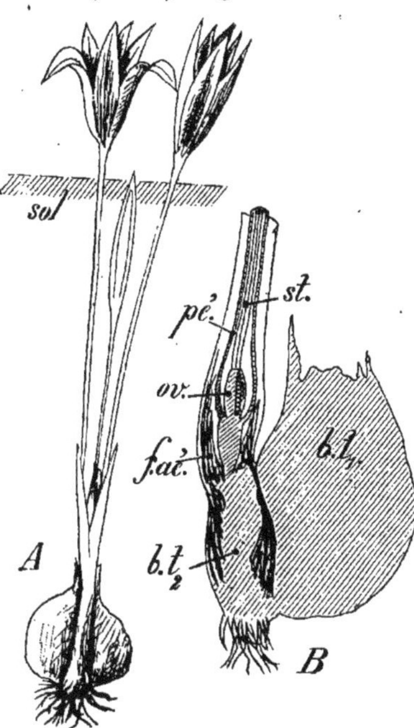

Fig. 823. — Liliacées. — *Colchicum autumnale.* — A; plante avec 3 fleurs inégalement développées. — B; section longitudinale d'une fleur à sa base; *pé*, périanthe; *ov*, ovaire; *st*, style; *f.aé*, feuilles aériennes; *b.t₁*, tubercule de l'année; *b.t₂*, tubercule de l'année prochaine.

II. Colchicacées.

Capsule septicide. Styles libres.

Colchicum (Colchique, fig. 823). Plante pourvue d'un tubercule souterrain; à l'automne, apparaissent les fleurs d'un lilas tendre, avec un long périanthe tubuleux; l'ovaire est caché profondément dans le sol; au printemps, le fruit apparaîtra à la surface, au milieu d'une rosette de feuilles.

Le Colchique d'automne est une plante *très vénéneuse* qui croît dans les prairies humides; ses graines fournissent un alcaloïde amer et brun qui, employé à très faible dose, est purgatif et diurétique, à haute dose, il détermine rapidement la mort.

III Asparaginées. — *Le fruit est une baie.*

(a) Sépales, pétales et étamines libres.

Asparagus (Asperge). Plante ligneuse, vivace à l'aide d'un rhizome (*griffe*) couvert d'écailles et pourvu de nombreuses racines (fig. 824); ce rhizome émet des tiges aériennes ou *turions*, *tu*, qui se ramifient beaucoup, en croissant librement. Feuilles écailleuses à peine visibles, remplacées physiologiquement par les rameaux verts appelés *cladodes*. Fleurs unisexuées, souvent dioïques. Périanthe campanulé à 6 folioles (B); 6 étamines; ovaire triloculaire surmonté d'un style court et d'un stigmate trilobé. Baie globuleuse à 3 loges.

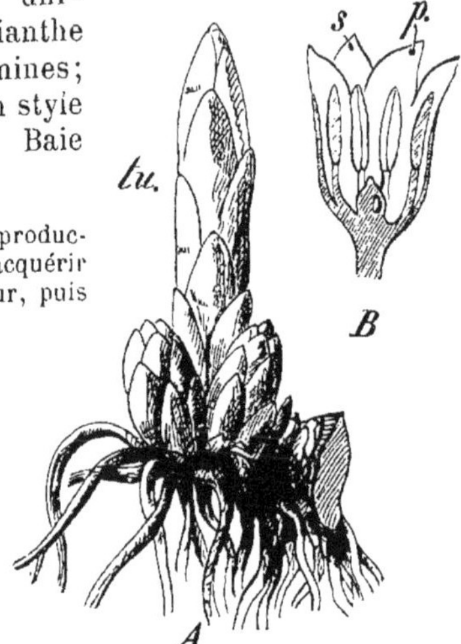

Fig. 824. — Liliacées. — *Asparagus* (Asperge). — A; griffe avec plusieurs turions, *tu*, inégalement formés. — B; section longitudinale d'une fleur mâle.

L'Asperge est l'objet d'une culture fort productive. On la reproduit par semis; on laisse acquérir aux jeunes rhizomes une grande vigueur, puis on les transplante dans un terrain richement fumé; les jeunes griffes croissent librement pendant 3 ou 4 ans; alors seulement on peut couper, jusqu'à la fin de juin, les *turions* ou tiges aériennes qu'émet la plante. Ces jeunes pousses comestibles renferment de l'asparagine, de la mannite, des matières albuminoïdes, des phosphates, etc.

(b) Sépales, pétales et étamines concrescents.

Convallaria (Muguet, fig. 822, E). Plante vivace par un rhizome ramifié; feuilles ovales; fleurs campanulées d'odeur agréable. — *Polygonatum* (Sceau de Salomon). Rhizome dont le bourgeon terminal sort de terre une fois par an et se développe en une tige avec des feuilles alternes rejetées d'un côté et les fleurs de l'autre. — *Ruscus* (Petit-Houx). Arbrisseau dont les feuilles sont réduites à de petites écailles; les derniers rameaux aplatis en lames vertes portent les fleurs dioïques.

6. — FAMILLE DES AMARYLLIDÉES

Plantes herbacées vivaces, ordinairement bulbeuses. Feuilles simples, entières, linéaires. Fleurs hermaphrodites, régulières, solitaires ou en ombelles enfermées dans une spathe.

Composition de la fleur : $(3\,S + 3\,P + 3\,E + 3\,E' + 3\,C)$.
Ovaire infère. Fruit sec ordinairement (capsule loculicide). Graine avec un albumen charnu.

Les Amaryllidées peuvent être définies des Liliacées à ovaire infère; elles ne diffèrent aussi des Iridées que par le nombre et le mode de déhiscence des étamines.

Ces plantes croissent dans la région tropicale et les zones tempérées, sauf le *Galanthus nivalis* qui pénètre dans les contrées froides.

Les Amaryllidées renferment, comme les Liliacées, des espèces à **fleurs** *hermaphrodites* et d'autres à fleurs *unisexuées*.

Les sépales du calice et les pétales de la corolle, concrescents autour de l'ovaire infère, sont tantôt libres immédiatement au-dessus de l'ovaire (*Galanthus, Leucoium*), tantôt concrescents en tube ou en entonnoir sur une certaine longueur (*Amaryllis*, *Narcissus*, fig. 825, A). Dans ce dernier cas, le périanthe porte une *collerette interne*, *col* (B).

I. Amaryllidées à bulbe.

(a) Sépales, pétales et étamines libres.

Galanthus (Perceneige). Fleurs blanches renversées : pétales échancrés au sommet, avec une tache verte en dehors. Plante très printanière. — *Leucoium* (Nivéole). Fleurs blanches renversées ; les 6 pièces du périanthe sont semblables ; fleurit en février.

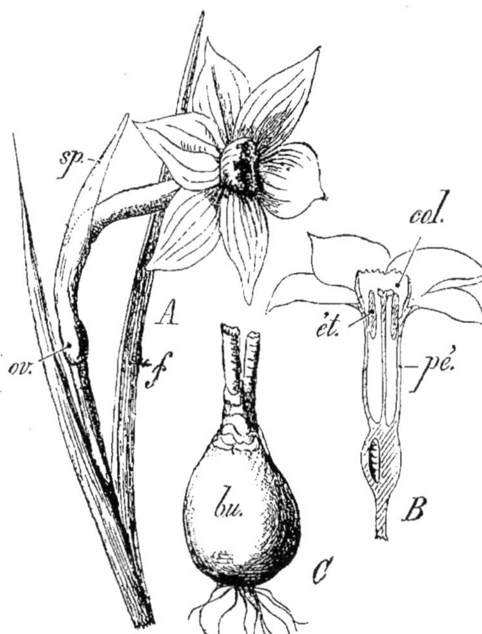

Fig. 825. — **Amaryllidées.** — *Narcissus poeticus.* — A : fleur épanouie vue en coupe longitudinale en B ; *col*, collerette ; *ov*, ovaire infère. — C ; bulbe.

(b) Sépales, pétales et étamines concrescents.

Amaryllis. Périanthe à tube court sans couronne ; étamines insérées sur la gorge du périanthe. Plante ornementale.

Narcissus (fig. 825). Périanthe tubuleux, surmonté d'une couronne campanulée *au-dessous* de laquelle sont insérées les étamines.

Les Narcisses sont des plantes ornementales : *N. Pseudo-Narcissus* (Narcisse des bois) à fleurs jaunes ; *N. incomparabilis*, *N. Jonquilla* aux fleurs jaunes et odorantes ; *N. poeticus* à fleurs blanches avec une couronne légèrement jaunâtre et bordée de rouge.

II. Amaryllidées à rhizome ou à tige dressée.

Agave (fig. 826). Tige dressée portant de grandes feuilles charnues et dentées; inflorescence magnifique en grappe ramifiée; fleurs à sépales, pétales et étamines concrescents. Ne fleurit qu'une fois.

L'*A. americana* croît spontanément dans la région méditerranéenne; feuilles longues de 1^m50 parfois et larges de 0^m20, dont on retire un liquide sucré qui, fermenté, donne le *pulque,* spiritueux très recherché des Mexicains; le pulque distillé donne une sorte de rhum.

Les faisceaux libéroligneux foliaires donnent une filasse résistante, la *soie végétale,* dont les Mexicains faisaient des étoffes et du papier. La moelle de la tige est utilisée en Grèce au même titre que les bouchons de liège.

FIG. 826. — **Amaryllidées.** — *Agave americana.*

III. Dioscorées (Amaryllidées à fleurs unisexuées).

Dioscorea (Igname de Chine). Tubercules féculents et comestibles.

L'Igname est un légume précieux en Chine et au Japon où il est cultivé sur une grande échelle, comme la Pomme de terre l'est en Europe.

7. — FAMILLE DES IRIDÉES

Plantes herbacées, ordinairement vivaces par un rhizome ou un tubercule. Tige aérienne portant des feuilles entières et engainantes. Fleurs hermaphrodites, régulières le plus souvent, solitaires, en épis ou en grappes.

Composition de la fleur : (3 S + 3 P + 3 E + 3 C).

3 étamines seulement. Ovaire infère. Fruit sec (capsule trigone, à 3 loges, loculicide). Graine avec un albumen charnu ou corné.

Les Iridées habitent les zones tempérées plus que la zone torride; les Iris, les Glaïeuls et les *Crocus* croissent spontanément dans la région méditerranéenne et jusque dans les plaines de l'Europe centrale.

Iris. Plante vivace par un rhizome horizontal ramifié; feuilles pliées en gouttière et engainantes. Fleur régulière (fig. 827). Calice composé de 3 folioles réfléchies, pourvues d'une bande médiane de *papilles situées au-dessous des anthères*; corolle de 3 folioles relevées vers le sommet de la fleur; les 3 stigmates pétaloïdes, alternant avec les pétales, sont recourbés en dehors au-dessus des anthères qui sont cachées dans leur concavité (fig. 390).

Nombreuses espèces ornementales.

Les rhizomes d'Iris contiennent beaucoup d'amidon, une matière grasse âcre et une huile volatile. Les rhizomes *frais* d'*I. florentina* ont une saveur amère, l'odeur âcre et constituent alors de violents purgatifs; *desséchés*, ils perdent cette âcreté, présentent une odeur suave (de violette) qui les fait employer en parfumerie.

Crocus (Safran, fig. 306). Plante avec un tubercule basilaire; feuilles étroites linéaires. Périanthe en entonnoir avec un long tube, à 6 folioles dressées; 3 étamines à long filet; *ovaire demeurant sous le sol*; long style surmonté de 3 stigmates en cornet.

Fig. 827. — **Iridées.** — *Iris.*

Le Safran a des fleurs violettes avec stigmates rouges pendants; on le cultive dans l'Orléanais et en Espagne pour ses stigmates, employés en médecine et en teinture.

Gladiolus (Glaïeul). Fleurs zygomorphes. Plante ornementale.

8. — FAMILLE DES ORCHIDÉES

Plantes herbacées, vivaces à l'aide d'un rhizome ou d'un tubercule. Feuilles entières, engainantes. Fleurs hermaphrodites zygomorphes, groupées ordinairement en épi ou en grappe. Périanthe à 6 divisions sur 2 rangs; androcée représenté généralement par 1 étamine confondue en un seul corps avec le style (gynostème) au-dessus de l'ovaire infère, uniloculaire et tricarpellé. Fruit sec (capsule septifrage). Graine très petite sans albumen, avec un embryon peu développé.

Les Orchidées sont particulièrement abondantes dans la zone torride ; elles y poussent sur la terre ou sur d'autres plantes (on les dit alors épiphytes), elles sont moins nombreuses dans les régions tempérées.

Certaines Orchidées ont un **rhizome** ramifié, avec de nombreuses racines (*Listera, Neottia*), d'autres présentent 2 tubercules basilaires formés par la concrescence de racines latérales.

La Vanille est une Orchidée épiphyte pourvue de racines enroulées en vrille.

La **tige** aérienne porte des feuilles toutes basilaires (fig. 828), ou insérées latéralement.

La **fleur** d'*Orchis* est zygomorphe (fig. 829). Le périanthe a subi une rotation de 180° par la torsion de l'ovaire.

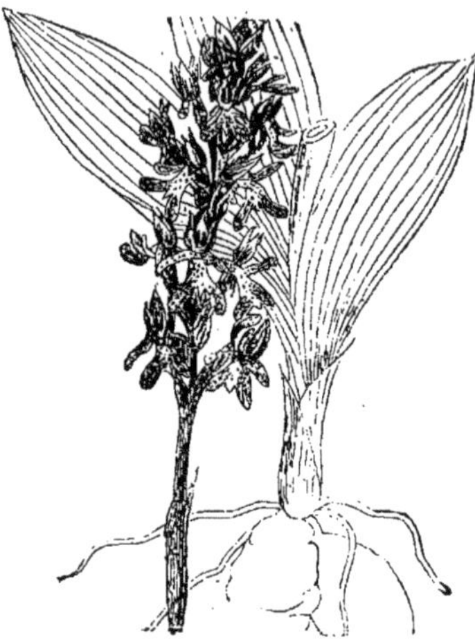

Fig. 828. — Orchidées. *Orchis militaris.*

Le calice comprend 3 sépales, *s* (fig. 830) : l'un superposé à la bractée basilaire, *br*, et les 2 autres redressés latéralement. La corolle comprend 3 pétales, *p* : l'un supérieur large (devenu inférieur par la torsion de l'ovaire) est le *labelle*, *la*, en forme de tablier pourvu d'un éperon creux nectarifère, *ép*, les 2 autres concourent, avec le sépale médian, à former une sorte de casque recouvrant l'étamine, *ét*. L'androcée est représenté par une seule étamine comprenant une anthère.

A maturité, les grains de pollen demeurent adhérents et forment 2 *pollinies*.

L'ovaire infère, *ov*, uniloculaire et composé de 3 carpelles, a subi une torsion

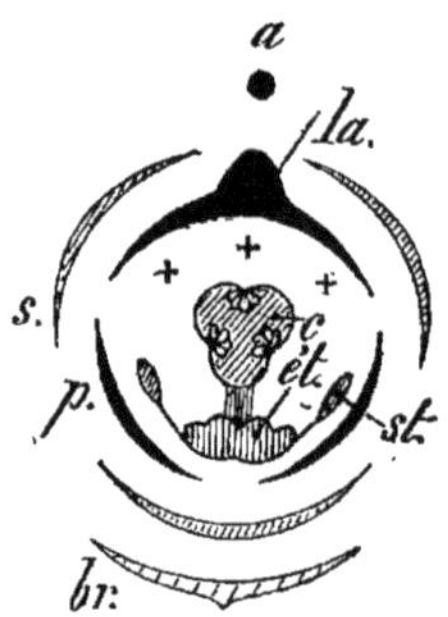

Fig. 829. — Diagramme d'une fleur d'*Orchis*. *la*, labelle ; *st*, staminodes (les étamines atrophiées ont été remplacées par des croix).

de 180° en renversant la fleur ; la placentation y est axile. Stigmate, *st*, à la base du gynostème. L'ovaire s'ouvre à maturité en une capsule à 6 valves (déhiscence *septifrage* : fig. 830, B, et fig. 429, C′). La graine renferme un embryon homogène, ovoïde et pas d'albumen (C).

La fécondation est réalisée par les Insectes qui, attirés par le nectar du labelle, plongent leur tête dans la fleur d'*Orchis*; les pollinies se fixent sur la tête du visiteur qui les porte inconsciemment sur le stigmate d'une fleur voisine, tout en y puisant le liquide sucré.

Nombre d'espèces d'Orchidées sont cultivées comme plantes ornementales ; la Vanille toutefois fournit des capsules recherchées comme condiment.

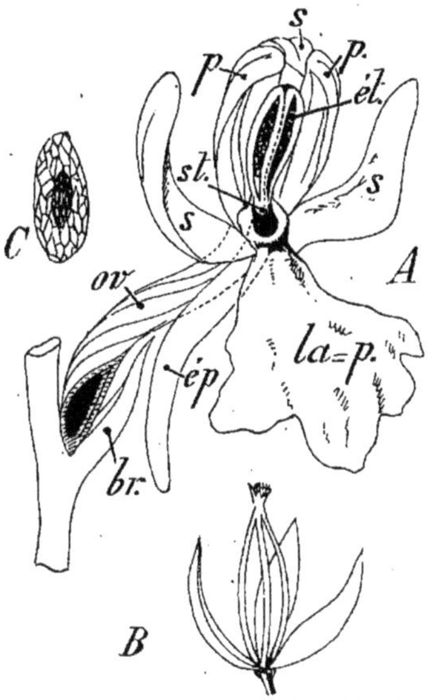

Orchis (fig. 828). 2 tubercules à la base de la tige. Feuilles vertes engainantes. Labelle pourvu d'un éperon. Nombreuses espèces dans les prairies et les bois au printemps. — *Ophrys*. 2 tubercules basilaires. Labelle sans éperon présentant des aspects divers : abeille, bombyx, frelon, araignée, etc., qui servent à caractériser les espèces. Vit dans les prés et les bois, sur les coteaux. — *Listera*. Pas de tubercules ; 2 feuilles en cœur seulement ; fleurs vertes à labelle sans éperon et bifide. — *Neottia*. Plante sans feuilles vertes.

Vanilla (Vanille). Plante indigène du Mexique, à tige sarmenteuse, avec de grandes feuilles elliptiques. Long fruit aromatique (gousse).

Fig. 830. — **Orchidées**. A ; fleur d'*Orchis* ; *s*, sépales ; *p*, pétales dont l'un forme le labelle, *la*, avec éperon, *ép* ; *ét*, étamine avec ses 2 pollinies ; *ov*, ovaire contourné ; *st*, stigmate, — B ; fruit ouvert. — C ; graine.

Les gousses, cueillies un peu avant la maturité, sont séchées et bottelées ; elles brunissent et se couvrent de petits cristaux blancs dont l'abondance est en rapport avec la qualité du fruit.

B. — DICOTYLÉDONES

Embryon pourvu de 2 cotylédons. *Racine primaire développée. Feuilles pennées ou palmées Fleurs non construites sur le type 3*

DICOTYLÉDONES	sans corolle		Apétales.
	avec corolle	à pétales libres	Dialypétales.
		à pétales concrescents	Gamopétales.

Caractères distinctifs des Dicotylédones et des Monocotylédones. — Ils sont résumés dans le tableau ci-joint :

MONOCOTYLÉDONES.	DICOTYLÉDONES.
Embryon avec 1 *cotylédon* ⟹	Embryon avec 2 *cotylédons*.
Tige avec nombreux faisceaux libéroligneux, disposés en *n* cercles concentriques.	Peu de faisceaux disposés en *un seul* cercle à la périphérie du cylindre central.
Racine primaire avortée. ⟹	Racine primaire développée.
Feuilles *rectinerves*, sans stipules, le plus souvent engainantes.	Feuilles à *nervation pennée* ou *palmée*, prenant peu de faisceaux à la tige.
Fleur construite sur le type 3. ⟹	Fleur construite généralement sur le type 5 (parfois 2).

I. — DICOTYLÉDONES APÉTALES

Fleurs à périanthe nul ou composé seulement d'un verticille (calice).

APÉTALES Fleurs
- unisexuées en général.
  - Périanthe nul ou peu net................. **Amentacées**.
  - Un périanthe.
    - Ovaire uniloculaire......... **Urticacées**.
    - Ovaire à 2 ou 3 loges....... **Euphorbiacées**.
- hermaphrodites en général.
  - Feuilles avec gaine et stipule spéciale (*ocrea*). Fruit à 2-3 angles........ **Polygonées**.
  - Feuilles sans stipules. Fruit arrondi.. **Chénopodiacées**.

9. — FAMILLE DES AMENTACÉES

(a) Salicinées. — *Arbres à feuilles alternes, simples, stipulées. Fleurs dioïques nues, en épis cylindriques à l'aisselle de bractées très serrées. Capsule ovoïde s'ouvrant en 2 ou 4 valves. Nombreuses graines petites, entourées de longs poils soyeux.*

Les Salicinées sont très répandues dans les régions tempérées et froides de l'hémisphère boréal. Elles comprennent 2 genres : *Salix* (Saule) et *Populus* (Peuplier).

Salix (Saule, fig. 831). Bourgeons à 1 écaille nette. Feuilles entières ou finement dentées, plus ou moins allongées. Épis dressés (*chatons*) à fleurs sessiles.

Fleur mâle réduite à une bractée portant 2 étamines en général. *Fleur femelle* réduite à une bractée portant 1 ovaire uniloculaire avec 2 placentas pariétaux. Capsule bivalve.

Le Saule habite les lieux humides et marécageux, le bord des cours d'eau : on l'y multiplie facilement par bouture (Voir page 395). On taille en têtard les *S. fragilis* et *viminalis* (Osier) pour y provoquer la formation de nombreuses verges d'osier utilisées dans la vannerie. Le bois mou et grossier de *S. caprea* sert à faire des échalas, des cercles de tonneaux; les feuilles en sont consommées par les Chèvres. L'écorce de certaines espèces, riche en tanin, est utilisé pour le tannage des cuirs.

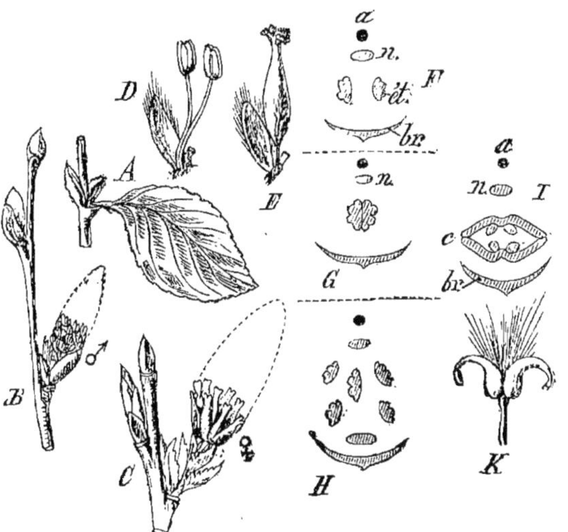

FIG. 831. — Salicinées. *Salix* (Saule). — A; feuille. — B; chaton de fleurs mâles, D. — C; épi de fleurs femelles, E. — F.G,H ; diagrammes de fleurs mâles chez *Salix diandra* et *pentandra*; *n*, nectaires. — I ; diagramme de fleur femelle. — K ; fruit.

Populus (Peuplier, fig. 832). Bourgeons résineux avec plus de 3 écailles. Feuilles simples, dentées, à pétiole aplati latéralement (fig. 334)

Chatons mâles ordinairement pendants. *Fleur mâle* avec 4 à 30 étamines; *fleur femelle* avec un ovaire sessile et de nombreux ovules. Graines petites avec une houppe de poils favorisant leur dissémination.

Le Peuplier se plaît dans les endroits humides; il comprend plusieurs espèces : le Peuplier noir aux feuilles glabres et finement dentées; le Peuplier blanc aux feuilles blanches ou grises, velues en dessous; le Tremble aux feuilles âgées glabres et à l'écorce lisse.
Le bois de Peuplier sert à faire des caisses d'emballage, des meubles grossiers. Les bourgeons résineux de *P. nigra* et *Tremula* servent à combattre les affections des poumons.

(b) **Cupulifères.** — *Arbres ou arbrisseaux à feuilles alternes, simples, entières ou dentées, avec des stipules fugaces. Fleurs monoïques : les fleurs mâles disposées en chatons; les fleurs femelles, solitaires ou en épis, entourées de bractées formant généralement une* **cupule** *autour du fruit. Une seule graine.*

Les Cupulifères sont répandues dans les régions tempérées de l'hémisphère Nord où elles forment de vastes forêts.

I. Quercinées.— Fleurs femelles solitaires ou groupées par 2 ou 3 dans une *cupule*; inflorescence mâle variée.

Les Quercinées comprennent 3 genres : *Quercus* (Chêne), *Castanea* (Châtaignier) et *Fagus* (Hêtre).

Quercus (Chêne, fig. 833). Arbre de grande taille généralement. Bourgeons à *n* écailles. Feuilles penninerves, lobées ou dentées, alternes, caduques ou persistantes. Fleurs femelles au sommet des jeunes rameaux

Fig. 832. — **Salicinées.** *Populus alba* (Peuplier blanc).

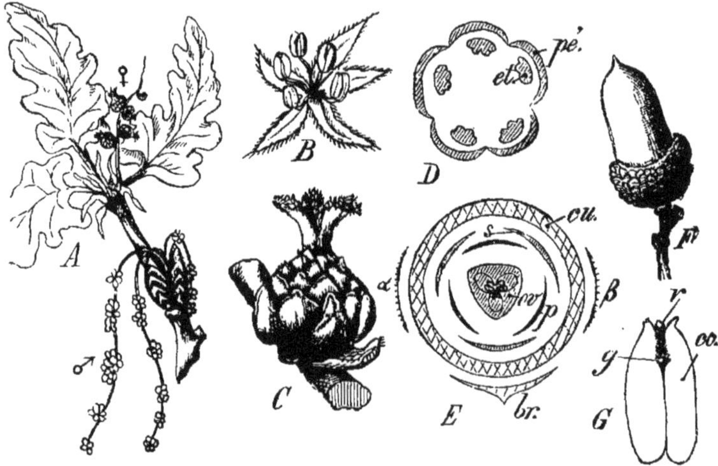

Fig. 833. — **Quercinées.** *Quercus pedunculata* (Chêne pédonculé). — A ; rameau portant des inflorescences mâles ♂ et femelles ♀. — B ; fleur mâle. — C ; fleur femelle entourée de sa cupule. — D, E ; diagrammes des fleurs mâle et femelle. — F ; fruit. — G ; graine vue en coupe ; *r*, radicule ; *g*, gemmule ; *co*, cotylédons.

feuillés et fleurs mâles disposées latéralement en général.

L'inflorescence mâle est une grappe simple, pendante (A, ♂); chaque *fleur mâle* comprend un périanthe de 5 à 6 lobes avec 5 ou 12 étamines (B, D). L'inflorescence femelle est un épi dressé de 1 à 5 fleurs (C, E); chaque *fleur femelle*, solitaire à l'aisselle d'une écaille (C), est entourée d'une cupule, *cu* (E); elle comprend un périanthe à 6 divisions (E) et un ovaire à 3 loges, *ov*, avec 6 ovules dont un seul se développe.

Fruit appelé *gland* (F) avec une graine unique (G) aux cotylédons charnus.

Le Chêne est précieux à cause des nombreuses applications dont il est l'objet : le cœur du bois est employé en menuiserie, en tonnellerie (douves) et dans les constructions navales. L'écorce, riche en tanin, est séchée, réduite en poudre sous le nom de *tan* et sert au tannage des peaux ; celle du Quercitron fournit une matière colorante jaune; on retire le liège de l'écorce du Chêne-liège.

Les *galles* formées sur le pétiole des feuilles (par la piqûre des Cynips) sont utilisées pour l'extraction du tanin, de l'acide gallique et la préparation de l'encre; les glands, riches en amidon, sont consommés par les Porcs.

Fig. 834. — Châtaignier. Rameau feuillé portant des épis de fleurs mâles répartios sur presque toute leur longueur et des fleurs femelles à la base. Fruits entourés d'une cupule ouverte.

Castanea (Châtaignier, fig. 834). Arbre pouvant atteindre 30 à 40 mètres; bourgeons de 2 ou 3 écailles; feuilles ovales, allongées pointues, à dents un peu recourbées. Inflorescence en épi, portant des glomérules de fleurs mâles au sommet, de fleurs femelles à la base. L'involucre fructifère, hérissé de piquants, s'ouvre en 4 valves contenant 1, 2, rarement 3 fruits (*châtaignes, marrons*). Graine avec 2 cotylédons charnus.

Le bois de Châtaignier fournit de belles charpentes; son fruit est un aliment précieux cuit à l'eau, grillé ou confit (marron glacé).

Fagus (Hêtre). Arbre à écorce lisse, grise; bourgeons très aigus avec *n* écailles. Feuilles entières ou à bord sinueux ondulé et soyeux, avec de longues et étroites stipules. Inflorescences en capitules longuement pédonculés; capitules mâles multiflores pendants; capitules femelles biflores dressés. Fruit trigone appelé *faîne*, avec 1 graine à cotylédons contournés. Cupule s'ouvrant en 4 valves.

Le Hêtre fleurit vers l'àge de 50 ans ; son bois, très durable, est employé en menuiserie, en charronnerie et pour le chauffage ; ses copeaux sont utilisés dans la fabrication du vinaigre ; on retire du fruit une huile grasse, comestible à petite dose, surtout employée pour l'éclairage et la fabrication des savons.

II. Corylées. — *Chatons mâles pendants. Inflorescence femelle variée ; périanthe soudé avec l'ovaire pourvu de 2 loges uniovulées.*

Les Corylées comprennent 2 genres : *Corylus* (Noisetier ou Coudrier) et *Carpinus* (Charme).

Corylus (Noisetier, fig. 373). Arbrisseau à bourgeons globuleux avec *n* écailles. Feuilles dentées ovales apparaissant après les fleurs. Inflorescences mâles en chatons pendants. Inflorescences femelles avec 2 fleurs isolées dans des bourgeons terminés par une houppe de stigmates rouges. Fruit (*noisette*).

FIG. 835. — **Corylées.** *Carpinus* (Charme). — A ; rameau portant une inflorescence mâle latérale ♂ et une inflorescence femelle terminale ♀.— B ; fleur mâle ; — C ; fleur femelle. — D ; fruit avec sa cupule.

Le Noisetier, commun dans les taillis, cultivé dans les parcs et les jardins, donne un bois peu durable, employé en menuiserie. La noisette est alimentaire et donne, par expression, une huile douce comestible.

Carpinus (Charme, fig. 835). Arbre aux bourgeons aigus avec *n* écailles. Feuilles doublement dentées, ovales, à nervures secondaires parallèles et saillantes. Inflorescences (**A**) apparaissant en même temps que les feuilles, les femelles en épi terminal ♀, les mâles en chatons latéraux pendants ♂. Fruit entouré d'une cupule trilobée (**D**).

Le Charme se rencontre dans toutes les forêts ; on en fait des *charmilles*. Son bois, blanc à l'état frais, brunit en vieillissant ; on l'emploie en charronnage (poulies, vis de pressoir, manches d'outils) et comme bois de chauffage.

III. Bétulinées. — *Chatons mâles terminaux et pendants. Épis* *femelles latéraux et dressés. Pas de cupule. Ovaire à 2 loges uniovulées.*

2 genres : *Alnus* (Aulne) et *Betula* (Bouleau).

Alnus (Aulne, fig. 836) ; Arbre aux bourgeons pédiculés avec 2-3 écailles. Feuilles pétiolées dentées, sans pointe au sommet, presque glabres.

L'Aulne vit au bord des eaux ; son bois, blanc d'abord, puis rouge-brun, résiste longtemps à l'action de l'eau (constructions hydrauliques).

Betula (Bouleau). Arbre aux bourgeons aigus avec *n* écailles ; jeunes pousses grêles et pendantes. Feuilles pétiolées finement dentées, élargies vers la base, vertes et luisantes en dessus, vert-pâle en dessous.

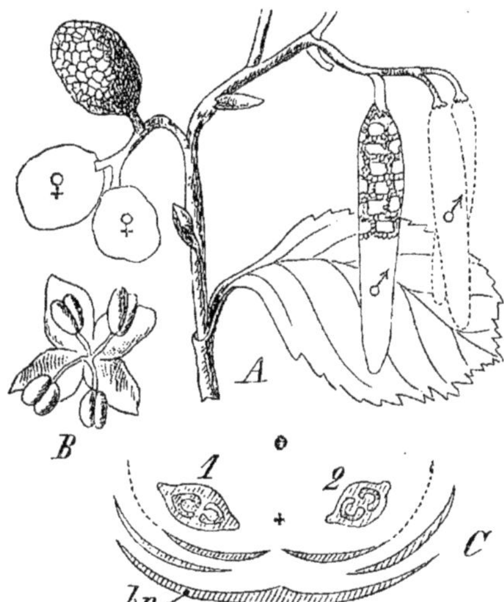

FIG. 836. — Bétulinées, *Alnus* (Aulne). — A ; rameau portant des inflorescences mâles ♂ et femelles ♀. — B ; fleur mâle. — C ; section transversale de 2 fleurs femelles associées à l'aisselle d'une même bractée, *br.*

Le Bouleau a un tronc blanc argenté (cellules du liège remplies d'air). Son bois, trop hygrométrique, est employé en charronnage et en menuiserie grossière ; l'écorce en est utilisée pour le tannage des cuirs et sert surtout à la préparation du *cuir de Russie*, à cause de l'huile balsamique résineuse qu'elle contient. Dans les régions septentrionales où pousse encore le Bouleau blanc, on en recueille la sève sucrée pour faire une boisson fermentée (bière) et du vinaigre.

(c) **Juglandées**. — *Arbres à feuilles composées pennées. Fleurs monoïques : les fleurs mâles groupées en chatons pendants latéraux ; les fleurs femelles groupées par 3 au sommet des jeunes rameaux. Fruit (drupe, noix).*

Juglans (Noyer). Arbre de grande taille. *Fleur mâle* avec un périanthe de 2 à 4 folioles et 3 à 40 étamines ; *Fleur femelle* avec un périanthe à 4 divisions, soudé à l'ovaire uniloculaire et uniovulé ; 1 style court et 2 stigmates.

Le Noyer donne un bois fin, dur, très estimé en ébénisterie ; son fruit, la *noix*, renferme une amande comestible dont on retire, par pression, une huile excellente, mais qui rancit très vite.

10. — FAMILLE DES URTICACÉES

Plantes herbacées ou arborescentes à feuilles ordinairement alternes, pétiolées et stipulées. Fleurs en général unisexuées et régulières, pourvues d'un périanthe simple, sépaloïde. Ovaire uniloculaire et uniovulé. Fruit indéhiscent (akène, samare ou drupe) à 1 graine.

La famille des Urticacées comprend un grand nombre d'espèces, répandues dans les zones torride et tempérées ; ces espèces sont importantes par leurs caractères et leurs applications industrielles.

I. **Urticées**. — *Fleurs unisexuées ; étamines à filet se déroulant élastiquement ; ovule dressé ; embryon droit avec cotylédons charnus.*

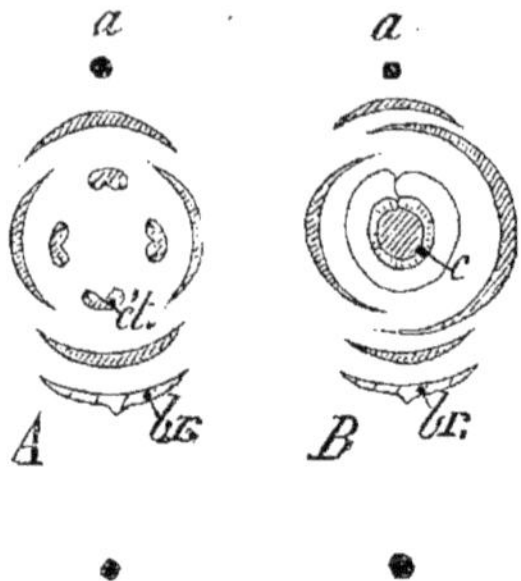

Urtica (Ortie). Plante herbacée couverte de poils urticants. Feuilles opposées pétiolées et dentées avec des stipules latérales Fleurs très petites groupées diversement le long de la tige ; *fleur mâle* (fig. 837, A) avec un périanthe à 4 divisions et 4 étamines opposées (fig. 394) ;

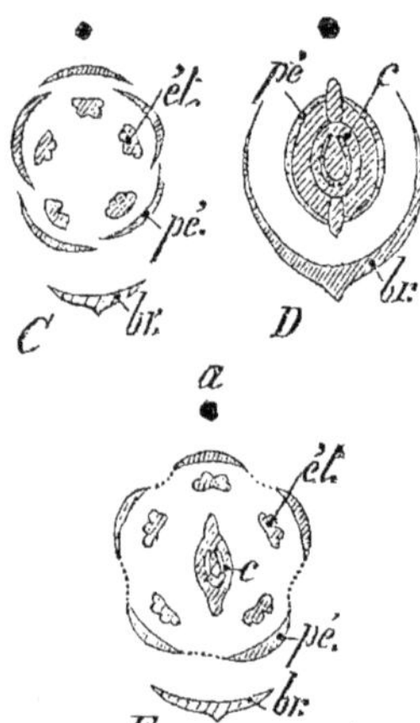

Fig. 837. — **Urticacées**. — A et B ; *Urtica dioica* (Ortie). — C et D ; *Cannabis sativa* (Chanvre). Diagrammes des fleurs mâle (A.C) et femelle (B,D). — E ; *Ulmus campestris* (Orme) ; diagramme de la fleur.

Fig. 838. — **Urticées**. *Parietaria officinalis* (Pariétaire officinale).

fleur femelle (B) avec un périanthe identique, un ovaire et un ovule dressés.

L'Ortie habite les pays tempérés ; la grande Ortie renferme des fibres libériennes textiles ; l'Ortie brûlante, la plus commune, utilisée par les médecins en thérapeutique, irrite la peau à la suite de l'injection sous-cutanée du liquide brûlant renfermé dans ses poils (*urtication*). Ces plantes donnent un excellent fourrage pour les vaches laitières.

Bœhmeria (Ramie). Arbrisseau renfermant de précieuses fibres textiles.

On cultive la Ramie depuis quelques années dans le midi de la France.

Parietaria (Pariétaire, fig. 838). Herbe à petites fleurs polygames disposées en glomérules à l'aisselle des feuilles. alternes, non stipulées.

Très commune dans les fissures des vieux murs, sur les plâtras, la Pariétaire est employée comme diurétique en décoction, car elle est riche en salpêtre.

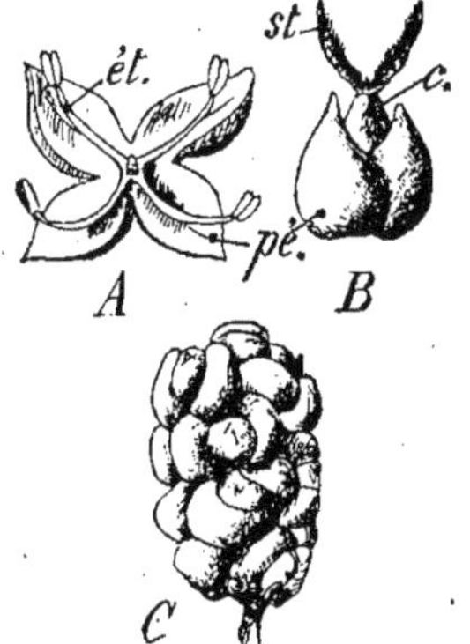

FIG. 839.— **Morées.** *Morus* (Mûrier). — A,B; fleurs mâle et femelle. — C; fruit.

II. Artocarpées. — *Arbres contenant beaucoup de latex. Fleurs unisexuées réunies en grand nombre dans un réceptacle charnu (figue) qui renferme les fruits.*

Ficus (Figuier, fig. 438). Arbre à feuilles alternes lobées avec stipules caduques. Inflorescence en forme de poire, ouverte au sommet près duquel sont les *fleurs mâles; fleurs femelles* insérées sur toute la face interne du réceptacle.!

Le Figuier (*F. carica*), cultivé dans le midi et l'ouest de la France, le nord de l'Afrique, etc., atteint parfois 10 à 12 mètres de haut; les figues en sont consommées à l'état frais ou sec. De l'écorce incisée s'écoule un latex beaucoup plus abondant chez *F. clastica* et *F. indica* (Figuier des Banians), espèces d'où on retire le caoutchouc.

III. Morées. — *Plantes lactescentes. Fleurs unisexuées, les femelles en inflorescence serrée.*

Morus (Mûrier). Arbre à feuilles alternes dentées, avec **stipules** caduques. Épis allongés de *fleurs mâles* (fig. 839, A); glomérules de *fleurs femelles* (B) formant à la maturité une agrégation de baies (C).

Le Mûrier comprend plusieurs espèces dont les fruits sont comestibles. Les feuilles du Mûrier blanc servent à nourrir les vers à soie.

Dorstenia; réceptacle charnu, non fermé comme celui du Figuier.

FIG. 840. — **Cannabinées.** *Cannabis sativa* (Chanvre).

IV. Cannabinées. — *Feuilles opposées palminerves. Fleurs unisexuées dioïques.*

Humulus (Houblon). Plante herbacée, volubile, à feuilles toutes opposées. *Fleurs mâles* en grappe; *fleurs femelles* en chatons avec de grandes bractées, formant des cônes ovoïdes.

Le Houblon commun est cultivé pour la récolte de ses cônes utilisés dans la fabrication de la bière; les écailles et les périanthes floraux sont couverts de poils glanduleux qui sécrètent un alcaloïde amer.

Cannabis (Chanvre, fig. 840). Plante herbacée droite à feuilles séquées et stipulées. *Fleurs mâles* pédonculées avec un périanthe de 5 divisions auxquelles sont opposées 5 étamines (fig. 837, C); *fleurs femelles* sessiles avec un périanthe non découpé, étroitement soudé à l'ovaire (D).

Le Chanvre est une plante textile cultivée dans les régions tempérées; on arrache les pieds mâles à l'époque de la floraison et les pieds femelles avant la fin de la maturation du fruit (*chènevis*). Les fibres sont isolées par rouissage; elles ont d'autant plus de valeur qu'elles sont moins lignifiées. On retire du fruit l'*huile de chènevis*, utilisée dans l'industrie.

V. Ulmées. — *Fleurs ordinairement hermaphrodites, développées avant les feuilles.*

Ulmus (Orme). Arbre à feuilles alternes, dentées et penninerves, à stipules caduques. Fleurs polygames disposées en faisceaux aux nœuds des feuilles tombées de l'année précédente. Périanthe en cloche (fig. 841) renfermant 5 étamines et 1 ovaire

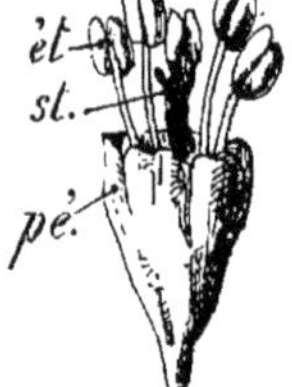

FIG. 841.
Fleur de l'Orme.

surmonté d'un style bifide (fig. 837, E). Fruit (samare) avec une aile membraneuse réticulée (fig. 423).

L'Orme est un arbre ornemental, planté au bord des routes et dans les parcs; son bois dur, mais grossier, est employé par les charrons et les tourneurs; on en fait des crosses de fusil.

11. — FAMILLE DES EUPHORBIACÉES

Plantes herbacées ou arborescentes, annuelles ou vivaces, à feuilles le plus souvent alternes, simples et stipulées. Tiges et feuilles renferment un abondant latex. Fleurs unisexuées monoïques ou dioïques, ordinairement régulières. Périanthe petit, parfois nul, **quelquefois double.** *Étamines 1 à* **n.** *Ovaire à 2 ou 3 loges. Capsule (le plus souvent) avec une graine.*

La famille des Euphorbiacées est diffusée sur toute la surface du globe, sauf dans les pays froids.

Quelques espèces ont une **tige** charnue, verte, qui leur donne l'aspect des plantes grasses appelées Cactées. Des cellules laticifères très ramifiées sillonnent les tissus d'un grand nombre d'Euphorbiacées.

Les **fleurs** sont constituées et groupées de manières très variables ; à ne considérer que nos espèces indigènes, les Euphorbiacées ne possèdent qu'un périanthe et peuvent être rangées parmi les Apétales ; mais *un certain nombre d'espèces exotiques possèdent un calice et une corolle distincts, de telle sorte que leur place normale se trouve parmi les Dialypétales où l'on range d'ordinaire aujourd'hui les Euphorbiacées.*

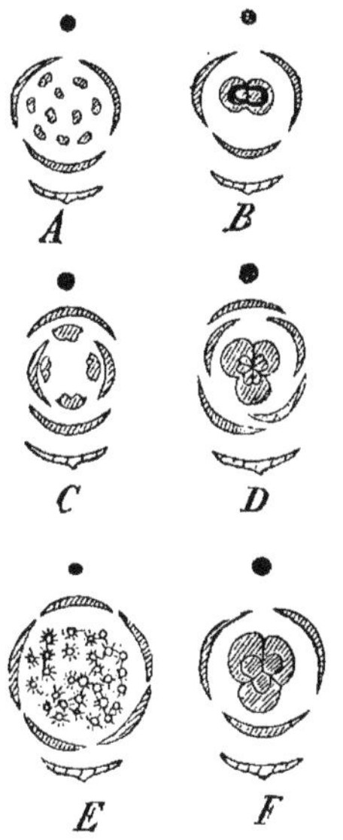

Genres à périanthe unique. — Chez la Mercuriale, les fleurs unisexuées (fig. 842, A,B) ont un périanthe à 3 divisions, avec n étamines (fleur mâle, A) et 2 carpelles (fleur femelle, B).

Le Buis (*Buxus*) possède des fleurs mâles (C) avec 4 sépales et 4 étamines, et des fleurs femelles (D) avec 5 sépales et 3 carpelles.

Le Ricin (*Ricinus*) a des fleurs mâles (E) construites sur le type 5 (5 sépales et n étamines *ramifiées*) et des fleurs femelles (F) construites sur le type 3 (3 sépales et 3 carpelles).

Fig. 842. — **Euphorbiacées.** — Diagrammes de fleurs. — A et B ; *Mercurialis* (Mercuriale). — C et D ; *Buxus* (Buis). — E et F ; *Ricinus* (Ricin).

Chez l'Euphorbe (*Euphorbia*), la fleur mâle est réduite à 1 étamine et la fleur femelle comprend 3 carpelles.

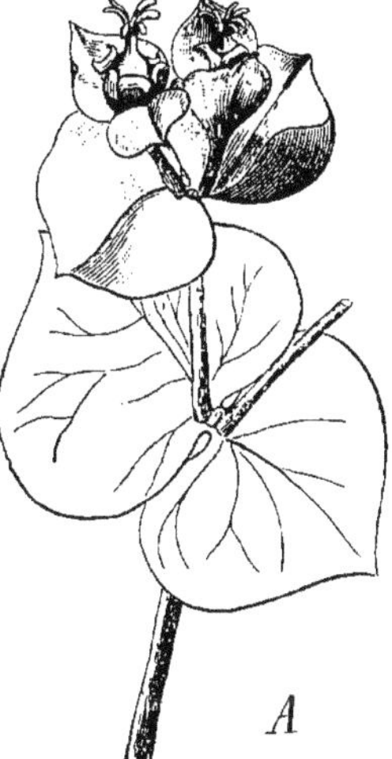

Fig. 843. — **Euphorbiées.** Inflorescence d'*Euphorbia sylvatica.*

Les Euphorbiacées sont toutes plus ou moins vénéneuses.

Euphorbia (fig. 843). Herbes ou arbrisseaux charnus, avec un latex âcre. Fleurs unisexuées.

Les graines de l'Épurge renferment une huile purgative ; le latex de la petite Ésule a la réputation de guérir les verrues.

Manihot. Plante à racines tuberculeuses riches en fécule.

Les tubercules du Manioc renferment, outre la fécule, de l'acide cyanhydrique qu'on extrait de la pulpe par forte pression ; le résidu est la farine de manioc comestible et fort utilisée au Brésil ; on prépare le *tapioca* avec cette farine. La culture du Manioc, très rémunératrice, s'étend en Amérique, en Afrique et en Océanie.

Mercurialis (Mercuriale, fig. 303). Plante annuelle ou vivace à feuilles opposées.

La Mercuriale est une très mauvaise herbe qui pullule dans les campagnes.

Ricinus (Ricin). Plante à larges feuilles palmées. Fleurs unisexuées disposées en grappes de cymes dont les cymes inférieures sont mâles, les supérieures femelles et les intermédiaires mixtes.

On extrait des graines par pression une huile purgative, servant aussi à fabriquer les savons, à graisser les cuirs, etc.

Buxus (Buis). Arbuste à feuilles opposées, entières, glabres. Fleurs unisexuées, disposées en grappes à l'aisselle des feuilles.

Le Buis qui habite les régions tempérées et montagneuses surtout, peut former de véritables arbres (Asie Mineure). Son bois compact, jaune, sert pour la gravure sur bois, la sculpture, la fabrication d'instruments de musique (flûte, hautbois). Dans les jardins, on cultive le Buis en bordures.

12. — FAMILLE DES CHÉNOPODIACÉES

Plantes herbacées annuelles ou vivaces. Feuilles entières ou irrégulièrement dentées, **sans stipules.** *Fleurs hermaphrodites (parfois polygames ou unisexuées). Périanthe de 5 sépales ordinairement,* **auxquels sont opposées les étamines;** *pistil formé de 2-3 carpelles* concrescents *en un* **ovaire uniloculaire et uniovulé.** *Fruit globuleux presque toujours sec (akène) enveloppé par le périanthe persistant qui tombe avec lui.*

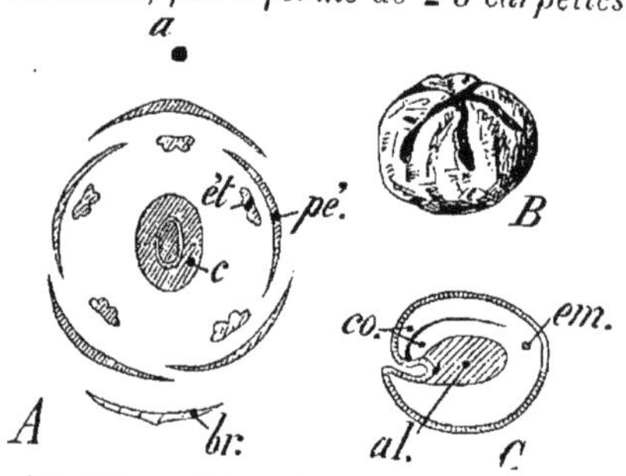

Les Chénopodiacées sont abondantes dans la zone tempérée septentrionale, les unes sur le rivage des mers et des lacs salés, d'autres dans les déserts jadis occupés par la mer; certaines espèces préfèrent les décombres, le voisinage des lieux cultivés, où elles peuvent trouver un substratum riche en matières azotées.

FIG. 844. — **Chénopodiacées.** *Chenopodium.* — A; diagramme de la fleur. — B; fruit enveloppé du périanthe. — C; coupe de la graine; *em*, embryon; *co*, cotylédons; *al*, albumen.

La structure générale de la fleur est conforme au type 5 (*Chenopodium, Beta*); parfois elle présente par avortement le type 4 (*Spinacia*), 3 (*Blitum, Salicornia*), etc.

Chenopodium (fig. 844). — Plante herbacée, parfois ligneuse à la base, d'aspect farineux. Feuilles alternes larges, entières ou dentées. *Fleurs hermaphrodites* petites, groupées en glomérules axillaires ou en épis. Périanthe (A) ordinairement à 5 divisions avec 5 étamines; ovaire globuleux. Fruit enveloppé par le périanthe persistant, sans y adhérer (B). Graine avec un tégument coriace et un embryon annulaire entourant un albumen farineux abondant (C).

Le *Ch. bonus-Henricus* est commun autour de nos habitations ; ses pousses jeunes sont comestibles comme l'Épinard.

Beta (Betterave, fig. 845). Plante bisannuelle à tige sillonnée, portant à la base surtout de larges feuilles glabres. Racines charnues. *Fleurs hermaphrodites* petites, en glomérules disposés le long de l'axe.

La Betterave présente des variétés diverses : la *Poirée* dont on consomme les feuilles (Cardon) ; la *rouge longue*, la *jaune longue*, etc., dont on mange la racine cuite ; la *Betterave de Silésie*, la blanche à collet rose, etc., dont on extrait du sucre dans l'industrie.

Spinacia (Épinard). Plante annuelle à feuilles larges.

L'Épinard est cultivé pour ses feuilles consommées après cuisson.

Fig. 845. — **Chénopodiacées.** *Beta vulgaris* (Betterave).

13. — FAMILLE DES POLYGONÉES

Plantes herbacées, rarement arborescentes. Feuilles alternes, engainantes, pourvues le plus souvent de stipules concrescentes formant une ocrea qui entoure la tige. Fleurs ordinairement hermaphrodites. Périanthe à 4-6 divisions **alternes avec les étamines** *au nombre de 6 à 9. 3 carpelles concrescents en un ovaire uniloculaire et uniovulé. Fruit sec (akène) à* **3 angles** *le plus souvent.*

Rheum (Rhubarbe, fig. 847). Grande plante vivace, à rhizome produisant chaque année

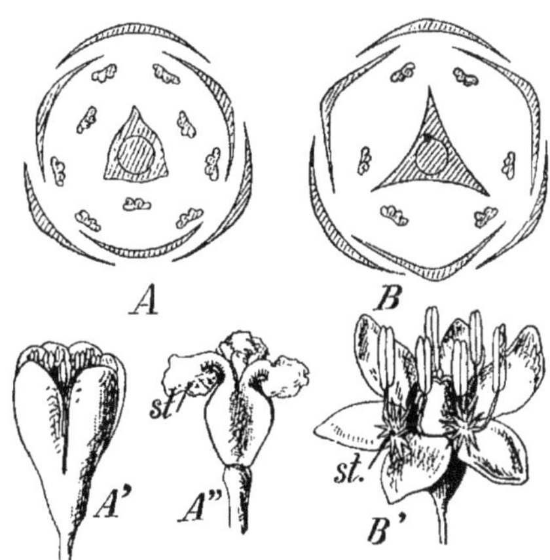

Fig. 846. — **Polygonées.** — Diagrammes de fleurs : A ; *Rheum.* — B ; *Rumex.* — A' et A" ; fleur et fruit de *Rheum.* — B' fleur de *Rumex.*

une rosette de grandes feuilles (1ᵐ50). Longues grappes de petites *fleurs hermaphrodites* (fig. 846, A).

La Rhubarbe est cultivée pour l'ornement des parcs; son rhizome, employé contre les maladies d'estomac, doit son efficacité à des résines purgatives, du tanin, des oxalate et malate de calcium. En Angleterre on utilise les pétioles succulents et légèrement acidulés du *R. hybridum* pour la préparation des confitures.

Rumex. Plante herbacée à fleurs ordinairement hermaphrodites (B).

On cultive dans les jardins, pour ses feuilles, l'Oseille très riche en acide oxalique; on consomme également les feuilles de *R. Patientia*.

Polygonum (Renouée). Plante herbacée à tige droite, couchée ou volubile. Gaine des feuilles pourvue d'une *ocrea*.

Le rhizome de la Bistorte, riche en tanin, est employé en médecine comme astringent, et pour la préparation des cuirs. La tige volubile du *P. convolvulus* est nuisible aux plantes dont elle fait son support. Le Sarrasin a la tige dressée, les fleurs blanches ou rosées, les fruits trigones et lisses avec un embryon placé au milieu d'un abondant albumen amylacé; comme le Sarrasin se contente de terrains pauvres et résiste assez bien au froid, les habitants des régions peu favorisées en tirent la farine nécessaire à leur alimentation (*blé noir*) et à celle des oiseaux de basse-cour.

Fig. 847. — **Polygonées.** *Rheum officinale* (Rhubarbe officinale).

II. — DICOTYLÉDONES DIALYPÉTALES

Fleurs à périanthe composé de 2 verticilles distincts (calice et corolle); **les pétales** *de la corolle* **ne sont pas soudés entre eux.**

```
                                              ( Étamines   ( non réunies par leurs filets......... Renonculacées.
                                  axile.      ( nombreuses ( plus ou moins réunies par leurs filets. Malvacées.
          thalamiflores                       ( Moins de 12 ( 5 carpelles distincts extérieurement. Géraniacées.
          à placentation                      (  étamines   ( Carpelles réunis................... Linées.
                          centrale libre....................................................... Caryophyllées.
                                              ( Étamines nombreuses. Carpelles réunis. 4 pétales. Papavéracées.
                          pariétale.          ( Moins de 10 ( Fleurs zygomorphes ordinairement. Violariées.
                                              (  étamines   ( Fleurs régulières................. Crucifères.
                          ( libre. Fleurs zygomorphes ordinairement. Fruit (Gousse)...... Légumineuses
          caliciflores.   ( parfois libre, parfois adhérent. Fleurs régulières............ Rosacées.
          Ovaire          ( adhérent.  ( Fleurs hermaphrodites en ombelle............... Ombellifères.
                                        ( Fleurs unisexuées........................... Cucurbitacées.
```

(Accolade générale : **DIALYPÉTALES**)

On appelle *thalamiflores* les Dialypétales chez lesquelles les verticilles floraux externes (calice, corolle et androcée) sont insérés séparément sur le pédoncule floral ou *torus* (Lin, fig. 382).

On appelle *caliciflores* les Dialypétales dont les étamines sont concrescentes au moins à la base avec les sépales et les pétales ; l'ovaire est souvent enfermé dans le tube du calice (Pommier, fig. 375).

14. — FAMILLE DES RENONCULACÉES

Plantes herbacées à feuilles alternes ou arbrisseaux grimpants à feuilles opposées, généralement sans stipules. Fleurs à sépales caducs, colorés souvent; étamines nombreuses; carpelles libres.

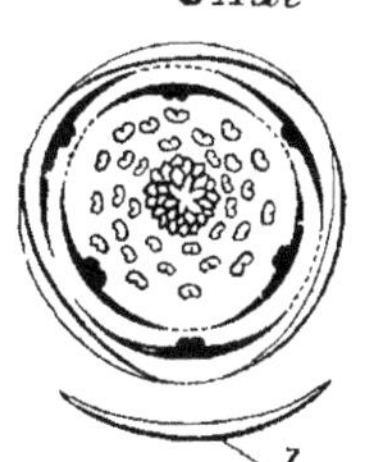

Fig. 848. — Diagramme de la fleur de Ficaire (Renonculacées).

Les Renonculacées sont répandues dans les régions tempérées et froides. Les espèces qui y sont rangées paraissent très différentes, mais leurs caractères anatomiques et chimiques, leur mode de développement indiquent que ces plantes constituent une famille naturelle.

La plupart des Renonculacées sont âcres et plus ou moins vénéneuses par les alcaloïdes qu'elles sécrètent (*anémonine*, *aconitine*, etc.).

La structure florale des Renonculacées (typiquement spiralée et non verticillée) est très variable avec les espèces ; on ne peut la traduire que par une formule vague :

$$n\,\text{S} + [n'\text{P}] + \infty\,\text{E} + \infty\ [\text{ou }n]\,\text{C}.$$

I. **Clématitées** et **Anémonées**. — *Calice seulement. Étamines nombreuses. Carpelles nombreux uniovulés.*

Clematis (Clématite). Plante sarmenteuse à tige ligneuse qui grimpe le plus souvent à l'aide des pétioles des feuilles composées pennées. Fleurs blanc-grisâtre, solitaires ou en grappes axillaires. Périanthe de 4 sépales blancs ; pétales nuls ou étroits, passant peu à peu à la forme des étamines. Fruit : groupe d'akènes surmontés chacun d'un style plumeux (fig. 424).

La Viorne possède un suc âcre et vésicant. La Clématite odorante (*Cl. Flammula*) est ornementale, ainsi que *Cl. Viticella* aux petites fleurs bleues.

Fig. 849. — **Renonculacées.** *Anemone pulsatilla.*

Anemone (Anémone, fig. 849). Plantes herbacées vivaces à feuilles plus ou moins divisées. Involucre de 3 feuilles au-dessous de la fleur. 4 à 20 sépales colorés diversement suivant les espèces. Akènes avec un style persistant.

Toutes les Anémones sont vésicantes à l'état frais seulement. Plusieurs espèces sont ornementales : *A. sylvestris* aux fleurs d'un blanc velouté ; *A. Hepatica* à fleurs ordinairement bleues, mais de couleurs variées par la culture ; *A. Pulsatilla* à feuilles très velues et grandes fleurs violettes.

II. **Renonculées.** *Calice et Corolle. Étamines nombreuses. Carpelles nombreux uniovulés.*

Ranunculus (Renoncule, fig. 850). Plantes herbacées annuelles ou vivaces, à feuilles entières ou découpées. Fleurs jaunes, quelquefois blanches ou rouges. Ordinairement 5 sépales caducs et 5 pétales portant à la base une fossette nectarifère devant laquelle se trouve une petite languette (fig. 409). Akènes à style crochu.

Fig. 850. — **Renonculacées.** *Ranunculus acris* (Renoncule âcre).

Les nombreuses espèces de Renoncules croissent dans les prés, les bois (Bouton d'or ou *R. acris, R. auricomus, bulbosus, arvensis*, etc.), dans l'eau ou au bord des fossés (*R. aquatilis, Flammula, sceleratus*, etc.). Dans les prairies, ce sont de mauvaises herbes à cause de leur âcreté et des propriétés vénéneuses de quelques-unes.

Ficaria (Ficaire). Plante vivace, très commune dans les endroits humides, à feuilles réniformes. Fleur avec 3 sépales, 6 à 9 pétales. Elle se multiplie surtout par bulbilles. — *Adonis.* 5 à 8 sépales caducs; 5 à 16 pétales étroits, d'un rouge sang chez *A. autumnalis* des moissons, d'un jaune d'or chez *A. vernalis*, qui est une plante ornementale.

III. **Helléborées.** — *Calice et corolle. Étamines nombreuses. Carpelles peu nombreux en général et pluriovulés, déhiscents à la maturité.*

Caltha (Populage). Fleur avec 5 à 9 sépales colorés et caducs; nombreux carpelles déhiscents.

Helleborus (Hellébore, fig. 851). Plante herbacée à tige dressée ou non, avec de grosses souches radicales. Feuilles palmées, lobées ou séquées. Fleurs pourvues de 5 sépales verts et persistants; 3 à 21 pétales petits, en cornet nectarifère; 1 à 5 carpelles en général.

Les diverses espèces renferment une résine purgative, mais vénéneuse à haute dose. La Rose de Noël fleurit en hiver.

Fig. 851. — Renonculacées.
Helleborus niger (Rose de Noël).

Aquilegia (Ancolie). Plante herbacée vivace. Fleurs régulières composées : d'un calice à 5 sépales colorés et caducs; d'une corolle à 5 pétales en cornet avec un long éperon; de 5 carpelles transformés en follicules à la maturité. Plante ornementale. — *Aconitum* (Aconit). Plante herbacée vivace. Fleurs irrégulières avec 5 sépales colorés inégaux (le postérieur forme un casque); 2 à 5 pétales petits, dont 2 postérieurs longuement pédicellés (terminés en capuchons abrités sous le casque). 3 à 5 carpelles (fig. 430).

L'espèce *A. Napellus*, aux fleurs violettes, est ornementale. La racine d'Aconit renferme de l'*aconitine*, alcaloïde vénéneux qui rend très dangereux l'emploi de cette racine en pharmacie.

Delphinium (Dauphinelle). Plante herbacée portant des grappes de belles fleurs bleues. Fleurs irrégulières composées : d'un calice à 5 sépales dissemblables (le postérieur prolongé en éperon); d'une corolle à 2-4 pétales, les 2 postérieurs avec un petit éperon engagé dans celui du calice. 1 à 5 carpelles.

IV. **Pæoniées.** — *Calice et grande corolle. Nombreuses étamines. 2 à 5 carpelles pluriovulés.*

Pæonia (Pivoine). Plante à feuilles alternes présentant tous les passages de la feuille proprement dite au pétale (fig. 384). Fleurs avec 5 sépales persistants, de nombreux pétales et 2 à 5 carpelles pluriovulés (fig. 423).

La Pivoine odorante, formant de grosses touffes avec fleurs blanc-rosé et la Pivoine officinale, à grandes fleurs rouges, sont cultivées comme plantes ornementales.

15. — FAMILLE DES MALVACÉES

Plantes herbacées ou arborescentes à feuilles alternes, ordinairement simples, palminerves et munies de petites stipules caduques. Fleurs le plus souvent hermaphrodites, régulières, disposées en grappe ou en cyme. Composition de la fleur : $5S + 5P + 5[nE] + (5C)$.

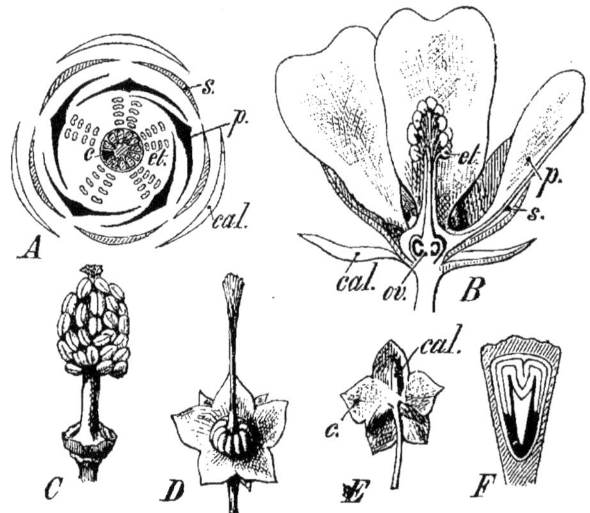

Fig. 852. — Malvacées. *Malva sylvestris* (Mauve). — A et B; diagramme schématisé et coupe longitudinale de la fleur. *cal*, calicule ; *s*, sépale ; *p*, pétale ; *ét*, étamine ; *c*, carpelle. — C; androcée. — D; calice et pistil. — E; calice et calicule. — F; portion de fruit vue en coupe transversale.

Calice pourvu d'un calicule de 3 à n folioles. Corolle formée de 5 pétales un peu soudés à la base. Androcée composé d'un grand nombre d'étamines **opposées aux pétales, à anthères uniloculaires, soudées par leurs filets** *en une colonne entourant le pistil ordinairement pluriloculaire. Capsule ou akènes; graine avec ou sans albumen mucilagineux.*

Les Malvacées croissent surtout dans la région tropicale. La plupart renferment un abondant mucilage qui leur donne des propriétés émollientes.

I. **Malvées.** — *Fruit composé d'un verticille d'akènes.*

Malva (Mauve). Plante herbacée à feuilles lobées. Fleur

munic d'un calicule de 3 folioles, *cal* (fig. 852, A, B, E); Calice gamosépale à 5 divisions (D); corolle rouge, rose ou blanche, à 5 pétales faiblement soudés à la base et portant la colonne staminale avec un grand nombre d'étamines (C); *n* carpelles, soudés en un ovaire pluriloculaire (D), qui forment à la maturité un disque épais et deviennent libres en se détachant de l'axe sans s'ouvrir.

Les feuilles et les fleurs de *M. rotundifolia* et *sylvestris* sont employées comme émollient. Les fibres libériennes de *M. crispa* peuvent servir de matière textile.

Althæa. Fleur avec un calicule de 6 à 9 folioles.

La racine et les fleurs de la Guimauve (*A. officinalis*) et de la Rose trémière (*A. rosea*) sont employées comme émollient. La Rose trémière est cultivée comme plante d'ornement; sa grande tige atteint 2 mètres et se termine par un épi de grandes fleurs roses ou rouges.

Fig. 853. — **Malvacées.** *Gossypium* (Cotonnier). A gauche, fleur. A droite, fruit ouvert renfermant les graines entourées de longs poils (coton).

II. **Hibiscées.** — *Fruit à 5 loges (Capsule loculicide).* *Hibiscus.* Calicule avec *n* bractées ($n > 5$).

La Rose de Chine (*H. Rosa sinensis*) est cultivée dans nos parcs et jardins comme ornementale.

Gossypium (Cotonnier, fig. 853). Plante herbacée ou ligneuse de la zone torride. Grandes fleurs jaunes. Capsule dont les graines sont couvertes de poils laineux denticulés (*coton*).

Le Cotonnier en arbre fournit un coton de qualité supérieure à celle des espèces herbacées. Les poils du coton sont fusiformes, faciles à filer et sont devenus l'objet d'une industrie des plus importantes : la fabrication des tissus de coton.

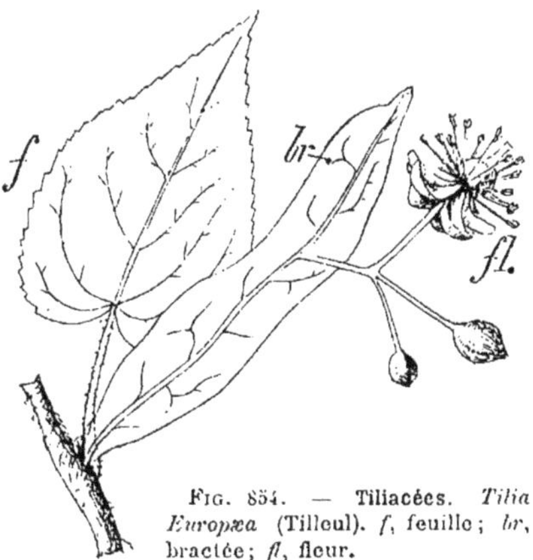

Fig. 854. — **Tiliacées.** *Tilia Europæa* (Tilleul). *f*, feuille ; *br*, bractée ; *fl*, fleur.

Les **Tiliacées** diffèrent des Malvacées par leurs étamines libres. *Tilia* (Tilleul, fig. 854). Arbre à feuilles simples, dentées et penninerves. Fleurs blanches ou jaunâtres en cyme dont le pédoncule est soudé jusqu'à la moitié avec la bractée foliacée axillaire, *br*.

Le Tilleul d'Europe est planté en allées et massifs dans nos parcs ; son bois est utilisé dans la menuiserie grossière ; les fibres libériennes servent à la confection de cordages ; avec les feuilles, on fait des infusions ; feuilles et fleurs produisent des exsudations sucrées (*miellat* et *nectar*) récoltées par les Abeilles.

16. — FAMILLE DES GÉRANIACÉES

Plantes herbacées en général, à fleurs hermaphrodites, régulières le plus souvent, solitaires ou diversement groupées. Composition de la fleur :

$$5S + 5P + 5E + 5E' + (5C). \text{ (fig. 855).}$$

Le fruit est ordinairement une capsule à déhiscence loculicide ou septifrage Graine avec ou sans albumen.

Les Géraniacées habitent surtout les régions tempérées.

Geranium Plante herbacée à rameaux articulés renflés aux nœuds. Fleurs régulières pourvues de 10 étamines. Le fruit, parvenu à maturité, se sépare avec élasticité en 5 akènes demeurant accolés à l'axe placentifère par la partie supérieure du style arqué (sorte de candélabre à 5 branches).

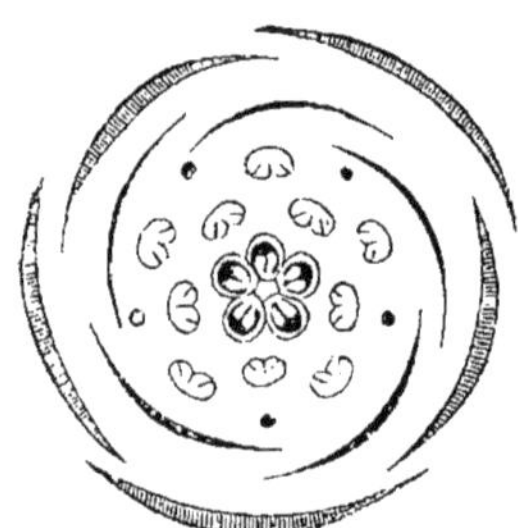

FIG. 855. — Diagramme de la fleur du Géranium.

FIG. 856. — Géraniacées. *Erodium cicutarium.*

Les Géraniums sont communs le long des murs et des haies ; ils contiennent du tanin et de l'acide gallique qui leur donnent des propriétés astringentes.

Erodium (fig. 856). Fleurs régulières avec 5 étamines fertiles. Les styles qui soutiennent les carpelles mûrs sont enroulés en hélice. — *Pelargonium*. Fleur zygomorphes.

Plusieurs espèces sont ornementales.

Tropæolum (Capucine). Plante grimpante à feuilles peltées. Fleurs zygomorphes à sépale postérieur prolongé en éperon *libre*. Ornementale.

Impatiens Fleurs irrégulières. 3 ou 5 sépales colorés, le supérieur prolongé en éperon ; 5 pétales ; 5 étamines ; 5 carpelles soudés. Capsule loculicide à 5 valves se tordant brusquement et projetant les graines.

La Balsamine orne les parterres de nos jardins ; variétés nombreuses.

17. — FAMILLE DES LINÉES

Plantes herbacées en général à feuilles alternes, simples et entières. Fleurs hermaphrodites régulières, disposées en grappe. Composition de la fleur :

$$5S + 5P + 5E + 5E' + (5C).$$

Fruit (capsule ou drupe). Graine à albumen charnu.

Les Linées se distinguent des Géraniacées par leurs feuilles entières et leurs carpelles soudés complètement et non distincts (fig. 383).

Linum (Lin, fig. 370). Herbe annuelle à fleurs bleues disposées en corymbe; 5 étamines fertiles. Ovaire à 5 loges biovulées. Capsule septicide. Graine à tégument externe gélifié.

L'espèce la plus cultivée aujourd'hui (*L. usitatissimum*) fournit des fibres textiles contenues dans le péricycle de la tige et une huile grasse, siccative, extraite de la graine. L'huile de Lin est employée pour la fabrication de l'encre d'imprimerie, des vernis, du savon, etc.

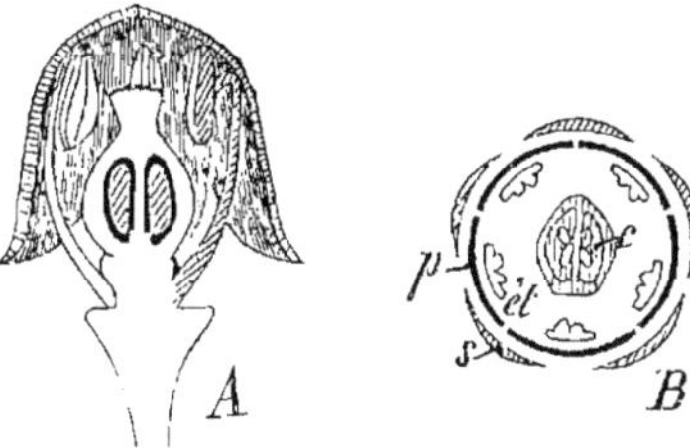

Fig. 857. — Ampélidées. *Vitis vinifera.* — A ; fleur vue en coupe longitudinale au moment du soulèvement de la corolle provoqué par l'épanouissement des étamines. — B ; diagramme de la fleur.

La famille des **Ampélidées** comprend des arbrisseaux à tige noueuse, grimpante à l'aide de vrilles fourchues. Ces vrilles sont opposées aux feuilles simples et palminerves (fig. 325). Fleurs hermaphrodites, petites et vertes, disposées en grappe.

Vitis (fig. 857). Très petit calice à 5 sépales; corolle formée de 5 pétales soudés au sommet, se détachant à la base comme un capuchon que soulèvent les 5 étamines lors de leur épanouissement (les étamines sont opposées aux pétales). 2 à 6 carpelles soudés en un ovaire pluriloculaire. Le fruit est une baie.

La Vigne cultivée présente une multitude de variétés.

La Vigne-vierge est une plante d'ornement pour les tonnelles.

18. — FAMILLE DES CARYOPHYLLÉES

Plantes herbacées en général, à tige et rameaux souvent renflés aux nœuds. Feuilles opposées sans stipules. Fleurs régulières hermaphrodites, groupées en cymes. Fleur construite sur le type 5 ou 4 (fig 858). 2 verticilles d'étamines. Pistil composé de carpelles clos soudés en un ovaire pluriloculaire, dont les cloisons sont résorbées ensuite. Le fruit est une capsule à déhiscence variable, rarement une baie. Graine à albumen amylacé entouré par l'embryon.

Les Caryophyllées sont abondantes surtout dans la zone tempérée septentrionale et se rencontrent parfois à de hautes altitudes ; le nombre des espèces en est considérable.

1. **Silénées.** — *Calice gamosépale tubuleux; pétales à onglet très développé.*

Dianthus (Œillet, fig. 399). Herbe vivace à feuilles étroites, à fleurs rouges ou roses groupées en cymes lâches ou denses; 2 styles.

Nombreuses espèces ornementales dont les principales sont : l'OEillet de poète, l'OEillet des fleuristes, l'OEillet de Chine, la Mignardise.

Saponaria (Saponaire). 2 styles; capsule s'ouvrant par 4 petites valves au sommet.

La Saponaire, commune dans nos contrées, sur les berges des rivières, le long des chemins, etc., est dépurative.

Silene (fig. 858). 3 styles. — *Lychnis*. 4 ou 5 styles.

La Nielle des champs (*Lychnis Githago*)

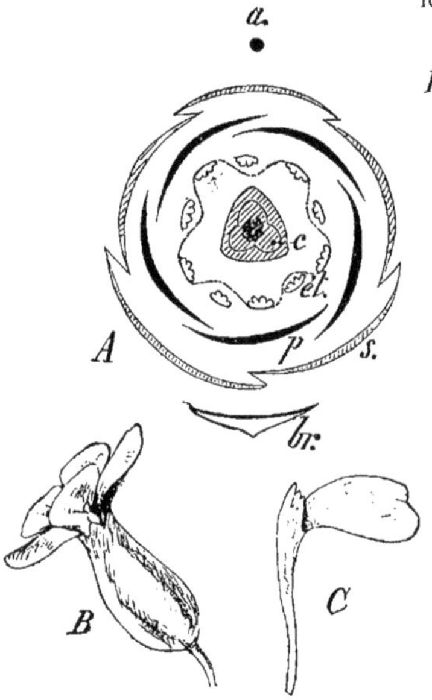

Fig. 858. — **Caryophyllées.** *Silene.* — A ; diagramme de la fleur, B. — C ; un pétale isolé.

Fig. 859. — **Caryophyllées.** *Stellaria media* (Mouron des Oiseaux).

a des graines âcres dont la farine, mêlée en forte proportion à celle du Blé, rend le pain vénéneux.

11. Alsinées. — *Calice à sépales libres ou soudés seulement tout à fait à la base ; onglet des pétales très réduit.*

Cerastium (Céraiste). 5 sépales libres; 5 pétales ordinairement bifides; 10 étamines; 5 styles opposés aux sépales ; capsule cylindrique. — *Stellaria* (Stellaire, fig. 859). Capsule globuleuse ou oblongue; 3 styles.

19. — FAMILLE DES PAPAVÉRACÉES

Plantes ordinairement herbacées à feuilles alternes sans stipules. Fleurs hermaphrodites régulières. Composition générale de la fleur:

$$2\,S + 2\,P + 2\,P' + \infty\,E + (2\,[\text{ou}\ \infty\,]\,C)$$

Calice à 2 sépales caducs. Corolle à 4 pétales sur 2 rangs, caducs ou chiffonnés dans le bouton. Étamines nombreuses à filets étroits. Pistil de 2 à n carpelles (n > 20) soudés en un ovaire uniloculaire, à placentas pariétaux pluriovulés. Le fruit est une capsule à déhiscence poricide ou valvaire. Graines globuleuses avec albumen huileux.

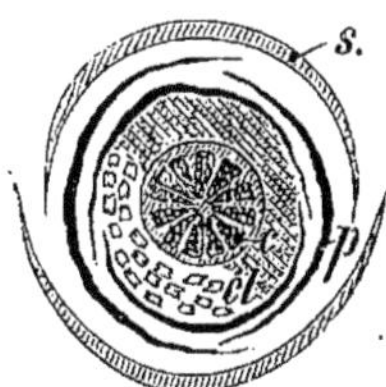

FIG. 860. — Papavé-racées. *Papaver Rhœas* (Pavot). Diagramme de la fleur.

Les Papavéracées habitent surtout la zone tempérée septentrionale; il en vit peu sous l'équateur ou dans l'hémisphère austral.

Papaver (Pavot, fig. 367). Plante herbacée renfermant du latex blanc. Grandes fleurs provenant de boutons penchés sur le pédoncule. 2 sépales; 4 pétales; ∞ étamines; ovaire pluriloculaire à placentas lamellaires couverts d'ovules (fig. 860). Capsule globuleuse à déhiscence poricide (fig. 426).

Le Pavot fournit de *l'huile d'œillette* et de *l'opium*. L'huile d'œillette ou huile blanche est douce et comestible; comme elle est siccative, on l'utilise en peinture. Le Pavot blanc fournit une huile plus fine, mais moins abondante que le Pavot noir cultivé à cet effet au nord de la France, en Belgique et en Allemagne.

L'opium, latex recueilli par des incisions pratiquées sur les capsules vertes du Pavot, renferme des alcaloïdes (*morphine, codéine, papavérine, thébaïne*, etc.) qui en font un poison mortel à haute dose, mais un médicament précieux à dose convenable. Les Orientaux s'enivrent et s'abrutissent à le boire, le fumer ou le mâcher.

FIG. 861. — Papavéracées. *Glaucium luteum*.

Glaucium (fig. 861). Plante du littoral, glauque, à latex jaune. Fleurs jaunes; capsule très longue s'ouvrant en 2 valves. — *Chelidonium* (Éclaire). Plante herbacée à latex jaune; capsule longue bivalve à maturité (silique); graines lisses avec une caroncule.

La grande Éclaire, commune sur les vieux murs et les décombres, est vénéneuse; elle sert à détruire les verrues.

20. — FAMILLE DES VIOLARIÉES

Plantes herbacées à feuilles ordinairement alternes, simples, munies de stipules plus ou moins développées. Fleurs hermaphrodites le plus souvent zygomorphes, solitaires, parfois groupées.

Composition de la fleur : 5S + 5P + 5E + (3C).

Carpelles soudés en un ovaire uniloculaire à placentation pariétale; ovules anatropes. Capsule à déhiscence loculicide. Graine à albumen charnu abondant.

Les Violariées sont réparties surtout dans les régions tempérées; certains genres ligneux appartiennent à la zone torride.

Viola (fig. 862). Fleur à 5 sépales presque égaux; 5 pétales dissemblables dont l'inférieur présente un éperon plus grand que les autres; 5 étamines dont les

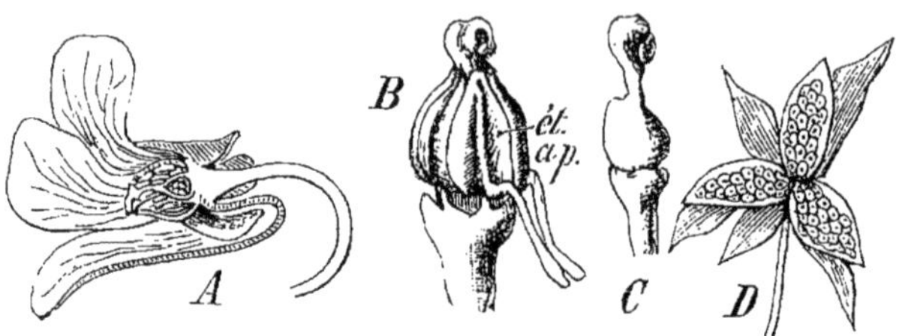

Fig. 862. — Violariées. *Viola tricolor.* — A; coupe longitudinale de la fleur. — B; androcée découvert montrant 2 étamines avec éperon, *ap.* — C; pistil. — D; déhiscence du fruit.

connectifs des 2 inférieures sont prolongés par un éperon nectarifère (B) logé dans celui du pétale inférieur; pistil muni d'un style courbé en S (C).

La Violette odorante à fleurs bleues, violettes ou blanches, commune dans les bois et les buissons, est aussi cultivée dans nos jardins à cause du parfum suave qu'elle répand; ses fleurs s'emploient en infusion comme émollientes.

La Pensée des jardins est essentiellement décorative. La racine de la Pensée sauvage (fig. 368) sert à la préparation de tisanes dépuratives.

21. — FAMILLE DES CRUCIFÈRES

Plantes herbacées, rarement ligneuses. Feuilles alternes, simples, sans stipules. Fleurs hermaphrodites régulières (parfois zygomorphes) disposées en grappes terminales ou axillaires.

Composition de la fleur : $4 S + 4 P + 2 E + 4 E' + (2 C)$.

6 étamines tétradynames; pistil composé de 2 carpelles concrescents à placentas pariétaux, divisé en deux loges par une fausse cloison; 2 stigmates. Le fruit est une silique. Graine avec embryon huileux.

Les Crucifères, répandues sur tout le globe, sont particulièrement abondantes dans la zone tempérée septentrionale. Elles renferment des composés sulfurés.

Principaux genres : *Cheiranthus* (Giroflée, fig. 389). Feuilles oblongues; grappe de grandes fleurs jaunes ou pourpres à sépales dressés, à pétales pourvus d'un onglet long. Silique tétragone.

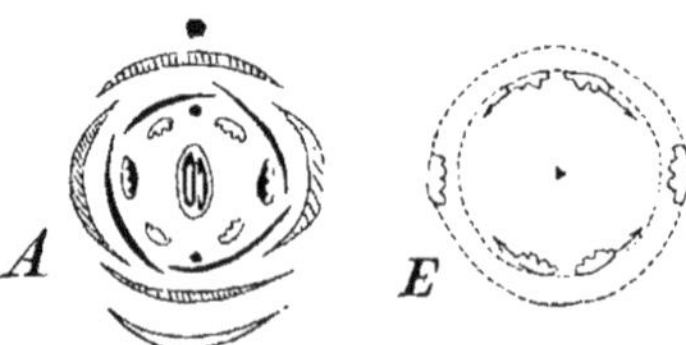

Fig. 863. — Crucifères. — A; diagramme de la fleur. — E; disposition théorique des étamines.

Fig. 864. — Silique du Colza (exemple de fruit déhiscent).

La Giroflée pousse sur les vieux murs et répand un parfum agréable.

Nasturtium (Cresson). Plante herbacée, aquatique ou terrestre, à petites fleurs jaunes ordinairement; sépales courts et égaux; pétales sans onglet; silique avec 2 (ou 1) séries de graines.

Le Cresson de fontaine à fleurs blanches, aujourd'hui cultivé en grand dans les environs de Paris (cressonnières), est consommé abondamment dans la capitale; c'est un stimulant antiscorbutique dont on fait un sirop.

Alyssum. Feuilles entières linéaires; fleurs blanches ou jaunes, à sépales et pétales courts; silique courte avec 2 séries de graines.

La Corbeille d'or vivace, à feuilles blanchâtres et à fleurs jaune d'or, est cultivée dans les jardins où elle forme, pour les parterres, des bordures en touffes serrées.

Cochlearia. Herbe vivace, glabre, à feuilles entières; grappes de fleurs ordinairement blanches.

Le *C. officinalis* a des propriétés antiscorbutiques très prononcées, dues à un principe âcre et piquant. Le Raifort a de fortes racines d'un goût piquant. Les sirops de *Cochlearia*, de Raifort, les teintures, infusions, etc., sont des préparations pharmaceutiques obtenues avec ces plantes.

Brassica. Plante herbacée à grandes feuilles; fleurs ordinairement jaunes : sépales dressés, plus ou moins étalés; silique linéaire renfermant 1 série de graines globuleuses.

Le genre *Brassica* présente de nombreuses espèces alimentaires :
Le Chou proprement dit dont la culture a favorisé le développement et la disposition des feuilles en une tête parfois énorme;

FIG. 865. — Crucifères. *Brassica campestris pabularia* (Chou-rave).

Le Colza qui se distingue du précédent par ses jeunes feuilles *ciliées;* ses graines fournissent, par pression, une huile douce, d'odeur faible, non siccative, employée pour l'éclairage et le graissage;
Le Turneps dont la grosse racine charnue (Rutabaga, Chou-navet) est consommée par l'homme et les animaux;
Le Chou-rave (fig. 865) qui a la base de la tige renflée en une grosse sphère sur laquelle s'insèrent les grandes feuilles;
Le Navet dont les feuilles sont hérissées de poils raides; la base de sa racine est charnue

Sinapis (Moutarde, fig. 273). Diffère du genre précédent par ses feuilles ordinairement velues, ses fleurs jaunes à sépales étalés.

Les graines de Moutarde donnent une farine employée : soit comme condiment, soit à l'extérieur comme rubéfiant. Leur principe actif est l'essence de moutarde, qui se développe lors du contact de la farine de moutarde avec l'eau.

Lepidium. Petites fleurs blanches ; silicule de forme variée.

Les jeunes pousses et les feuilles du Cresson alénois ont une saveur piquante et âcre ; aussi les emploie-t-on comme condiment dans les salades.

Isatis (Pastel). Plante dressée rameuse, à feuilles entières et sagittées. Fleurs jaunes ; silicule ovale.

Les feuilles d'*I. tinctoria*, séchées rapidement, sont pulvérisées ; on en fait avec l'eau une pâte abandonnée à l'air libre qui fermente et développe une matière colorante bleue. Le Pastel était cultivé autrefois comme plante tinctoriale.

Raphanus. Grappes de fleurs blanches ou jaunes, veinées de pourpre ; silique avec des étranglements.

Le Radis présente 2 races : le *Radis rose* (fig. 283) et le *Radis noir* ou Raifort. Le Radis noir surtout est diurétique, antiscorbutique, etc.

22. — FAMILLE DES LÉGUMINEUSES

Plantes herbacées ou arborescentes. Feuilles alternes, composées pennées, avec 1 à n folioles entières ou lobées. Fleurs ordinairement hermaphrodites et zygomorphes. 1 carpelle pluriovulé. Fruit (gousse ou légume) sec ou charnu. Graine ordinairement sans albumen (fig. 866)

Dans les régions tempérées abondent certaines Légumineuses dites **Papilionacées** à calice gamosépale et à corolle zygomorphe

Papilionacées. — *Fleurs zygomorphes à corolle papilionacée. Composition générale de la fleur*

$(5\ S) + 5\ P + 10\ E + 1\ C$ (fig 866, A).

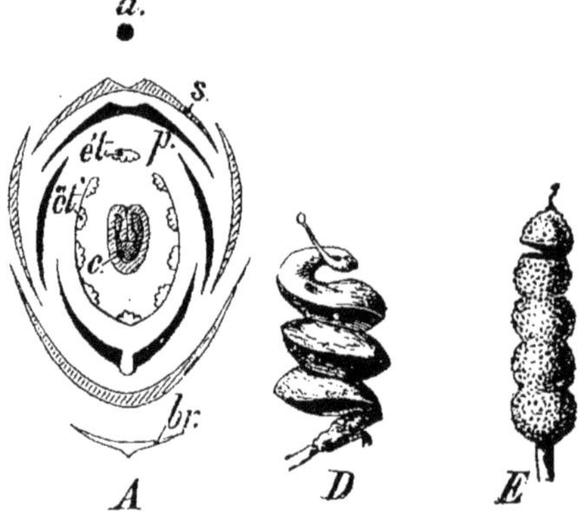

FIG. 866. — Légumineuses ; diagramme de fleur. A ; (*Faba*). — Fruits. — D ; Luzerne. — E ; Sainfoin.

La corolle papilionacée (fig. 392) comprend : l'*étendard*, pétale supérieur très développé ; 2 *ailes*, pétales latéraux recouverts en partie par l'étendard et recouvrant la *carène* ; la carène est formée de 2 pétales inférieurs soudés par leurs bords en contact. Les 10 étamines sont en général soudées par leurs filets, parfois libres.

1. **Génistées.** — *Herbes ou arbrisseaux non grimpants. Étamines toutes soudées. Feuilles composées digitées.*

Lupinus (Lupin, fig. 239). Plante herbacée avec feuilles de 5 à

15 folioles; grappes de fleurs bleues, violettes, rarement jaunes ou blanches.

Le Lupin est cultivé pour l'emploi comme engrais vert, comme fourrage; sa graine est riche en matières albuminoïdes (aleurone).

Ulex (Ajonc, fig. 326). Arbrisseau à rameaux verts; feuilles réduites à leur pétiole épineux.

L'Ajonc forme des haies défensives; il pousse dans les landes.

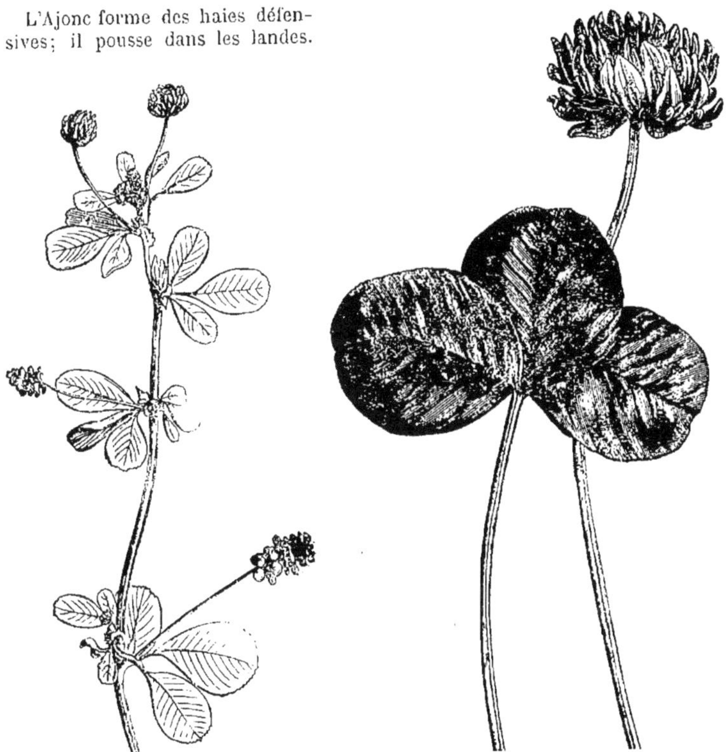

Fig. 867. — Légumineuses. *Medicago Lupulina* (Lupuline).

Fig. 868 — Légumineuses. *Trifolium repens* (Trèfle blanc).

II. Trifoliées. — *Herbes non grimpantes à feuilles composées de 3 folioles dentées.*

Medicago (Luzerne). Fleurs jaunes ou violettes; gousse à peine déhiscente, contournée en spirale (fig. 866, D). Plante fourragère excellente

La Luzerne a une longue racine vivace et pivotante (1^m,30); elle pousse au printemps des tiges aériennes avec des épis de fleurs violettes; fruits décrivant 2 ou 3 tours de spire. Dans les prairies artificielles, on sème aussi la Lupuline dont les épis sont formés de petites fleurs jaunes (fig. 867).

Melilotus (Mélilot). Fleurs petites, jaunes ou blanches, en grappes grêles. Gousse ovoïde à 2 ovules. — *Trifolium* (Trèfle, fig. 868). Fleurs purpurines, rouges ou blanches, en épis, capitules ou ombelles. Pétales dont les onglets sont plus ou moins soudés avec le tube staminal ; petite gousse indéhiscente avec 1 ou 2 graines.

Les espèces fourragères principales sont : le Trèfle rouge, le Trèfle incarnat, le Trèfle blanc, etc. ; les 2 premières espèces sont assez sensibles aux gelées.

III. Hédysarées. — *Herbes ou arbrisseaux parfois grimpants, à feuilles composées de* [2 n + 1] *folioles; 10 étamines diadelphes* (9-1). *Fruit indéhiscent divisé en articles contenant chacun une graine et indépendants à maturité.*

Coronilla. Plante vivace à fleurs roses ou jaunes. — *Onobrychis.* Fleurs purpurines, roses ou blanches, en grappe conique; carpelle contenant 1 ou 2 ovules.

Le Sainfoin (*O. sativa*) est cultivé comme plante fourragère, ainsi que la Luzerne.

IV. Viciées. *Herbes basses ou grimpantes; feuilles composées de 2 n folioles; souvent l'extrémité du pétiole principal et plusieurs folioles sont transformées en vrilles; 9 étamines soudées en un tube fendu. Gousse déhiscente.*

Vicia (Vesce). Gousse avec plusieurs graines globuleuses, parfois comprimées.

Fig. 869. — Papilionacées. *Lathyrus* (Gesse).

La Vesce commune, à fleurs purpurines, est cultivée surtout comme fourrage vert; elle pousse bien même dans les pays froids. La Fève a de grosses gousses provenant de fleurs blanches ou violacées; la graine est employée pour l'alimentation de l'Homme et des animaux.

Lens (Lentille, fig. 337). Gousse avec 1 ou 2 graines lenticulaires comestibles. — *Lathyrus* (Gesse, fig. 869). Feuilles transformées en vrilles et ne conservant le plus souvent que 2 folioles; parfois toutes les folioles ont disparu et les stipules seules prennent un grand développement (fig. 333).

La Gesse des prés est une plante fourragère excellente. Le Pois de senteur est ornemental.

Pisum (Pois, fig. 408). Plante grimpante à grandes fleurs purpurines, roses ou blanches. Gousse comprimée à graines globuleuses renfermant d'épais cotylédons (fig. 431).

V. **Phaséolées.** — *Herbes grimpantes à feuilles trifoliolées; les feuilles primordiales sont opposées* (fig. 339, C et C′).

Phaseolus (Haricot). Tige anguleuse volubile; fleurs en grappes avec calice à 2 lèvres, large étendard et carène contournée en spirale, ainsi que le style et les étamines. Gousse déhiscente bosselée et graines réniformes.

Le Haricot commun est l'objet d'une culture attentive dans les pays où des températures basses ne sont pas à craindre; il en existe de nombreuses variétés dont on consomme les gousses en vert et les graines avant ou après la maturité.

23. — FAMILLE DES ROSACÉES

Plantes herbacées ou arborescentes, pourvues de feuilles stipulées, simples ou composées, le plus souvent alternes. Fleurs ordinairement régulières et hermaphrodites. La fleur est construite sur le type 5 (rarement 4 ou 3). Calice libre ou soudé à l'ovaire, avec sépales persistants constituant un plateau ou une coupe portant les diverses pièces florales; corolle à pétales caducs; étamines souvent nombreuses; 1 à n carpelles. Fruit varié (akène, capsule ou drupe). Graine avec cotylédons épais.

I. **Amygdalées.** — *Calice sans calicule. 1 carpelle avec 2 ovules pendants. Le fruit est une drupe.*

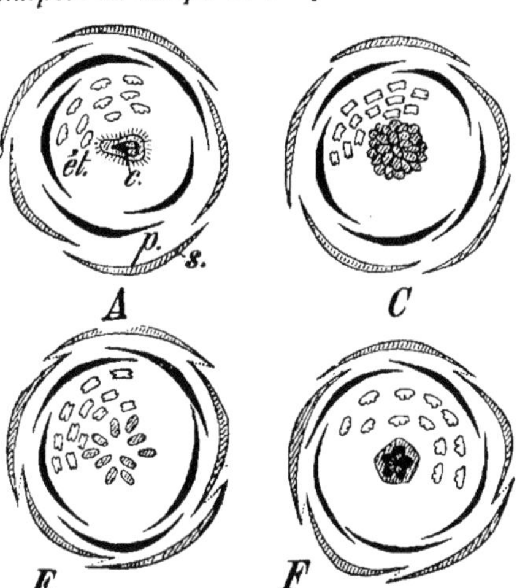

FIG. 870. — **Rosacées.** Diagrammes de fleurs. — A; *Prunus Persica* (Pêcher). — C; *Rubus* (Ronce). — E; *Rosa* (Rosier). — F; *Pirus Cydonia* (Cognassier).

Prunus. Arbres ou arbrisseaux à feuilles simples, dentées. Fleurs blanches ou roses en grappe ou en corymbe. Composition de la fleur : (5S) + 5P + 15 à 20E + 1C (fig. 870, A).

Drupe à noyau lisse ou rugueux.

L'Amandier (fig. 871), arbre de 5 à 6 mètres à feuilles lancéolées, présente une drupe veloutée à mésocarpe mince et endocarpe rugueux (fig. 422); cette drupe renferme une seule graine en général.

Les amandes douces sont consommées à l'état frais ou sec; elles contiennent surtout de l'huile, des matières albuminoïdes, du glucose, etc. Les amandes amères, consommées en pâtisserie, contiennent de l'acide cyanhydrique.

Le Pêcher, à feuilles longues et lancéolées, à fleurs rouges purgatives, donne de grosses drupes succulentes et finement veloutées; l'endocarpe est creusé de sillons; la graine est amère et sert à la préparation d'une liqueur. Certaines pêches sont veloutées; d'autres sont lisses (*brugnons*).

L'Abricotier est un petit arbre à larges feuilles cordiformes, à fleurs roses, qui fournit une drupe veloutée à mésocarpe ferme et succulent, à endocarpe lisse.

Le Prunier cultivé présente de nombreuses variétés dont les fruits sont des drupes glabres, à noyau

Fig. 871. — Rosacées. *Amygdalus communis* (Amandier).

généralement lisse; les prunes sont consommées à l'état frais ou en conserves (pruneaux).

Le Cerisier nous offre de nombreuses variétés. La Cerise est une drupe à noyau lisse (fig. 422).

II. Fragariées.—*Calice avec ou sans calicule. Nombreux carpelles uniovulés. Le fruit est un akène ou une drupe.*

Fragaria (Fraisier, fig. 870). Herbe vivace à rhizome épais, émettant des stolons; feuilles stipulées à 3 folioles [fig. 336 (11 et 12)]. Fleurs blanches; calice persistant à 5 sépales, avec un calicule de 5 folioles; 5 pétales; *n* étamines et carpelles insérés sur un réceptacle (gynophore) qui devient charnu pendant la maturation des fruits ou akènes (fig. 427).

Le Fraisier commun donne les fraises comestibles et dépuratives.

Potentilla (Potentille). Rhizome épais; tiges aériennes grêles et rampantes; sorte de Fraisier à réceptacle sec.

Rubus (Ronce, fig. 372). Arbrisseau à tige sarmenteuse, armée d'aiguillons; feuilles composées pennées à [2 n + 1] folioles; fleurs blanches ou roses, comparables à celles du Fraisier, mais calice sans calicule; les carpelles deviennent autant de drupes à maturité.

Espèces nombreuses dont l'une, appelée Framboisier, est cultivée pour ses fruits.

Les Rosacées précédentes ont le **fruit nu;** *toutes les suivantes ont* le **fruit enveloppé.**

III. Rosées. — *Calice en forme d'outre, sans calicule. 5 pétales; carpelles nombreux devenant autant d'akènes libres, mais contenus dans le tube du calice charnu* (fig. 872 et 870, E).

Rosa (Rosier). Arbrisseau dressé ou sarmenteux, ordinairement armé d'aiguillons, à feuilles alternes composées de [2 n + 1] folioles. Fleurs solitaires ou en corymbe, blanches, jaunes, roses ou rouges. Composition de la fleur :

$$(5S) + 5P + \infty \, E + \infty \, C.$$

Calice sans calicule.

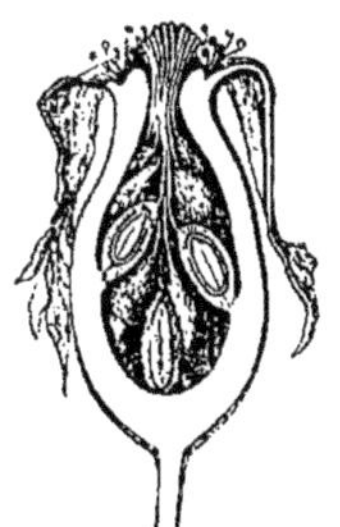

FIG. 872. — Fruit du Rosier coupé.

L'Églantier est employé pour faire des haies vives. De nombreuses espèces sont cultivées pour la beauté et le parfum de leurs fleurs; la régression des étamines a multiplié le nombre des pétales dont la couleur varie du blanc lilial au pourpre foncé. Les pétales de quelques espèces servent à préparer l'essence et l'eau de roses, employées en médecine et en pharmacie.

IV. Pirées. — *Carpelles concrescents avec le tube du calice en un ovaire infère. Le fruit est une drupe concrescente avec le calice charnu formant une* **pomme** (fig. 870, F).

Pirus. Arbre ou arbrisseau à feuilles alternes, pétiolées et dentées, à stipules caduques; fleurs en cyme, rarement en corymbe. Composition de la fleur en général :

$$(5S) + 5P + \infty \, E + (2\text{-}5)C.$$

Les principales espèces sont :

Le Poirier à feuilles ovales, longuement pétiolées, velues dans le jeune âge, ordinairement glabres ensuite; le fruit en est la *poire.*

Le Pommier (fig. 375), à feuilles ovales, velues dans le jeune âge et encore sur la face inférieure dans l'âge adulte; le fruit en est la *pomme,* jamais parsemée des nodules scléreux qu'on trouve dans la poire.

FIG. 873 — Rosacées. *Cratægus oxyacantha* (Aubépine).

Le Néflier, épineux dans le premier âge; le fruit en est la *nèfle,* à endocarpe scléreux, présentant à sa partie supérieure un disque concave circonscrit par les sépales persistants.

Le Cognassier, peu cultivé, dont le fruit très gros renferme de nombreuses graines à tégument mucilagineux; ce fruit sert à préparer des compotes et des gelées.

Cratægus (Aubépine, fig. 873). Arbrisseau souvent épineux à feuilles alternes pétiolées et stipules caduques. Fleurs blanches, roses ou rouges; petit fruit, rouge ou noir, à endocarpe très dur.

L'Épine blanche est commune dans les haies et sur la lisière des bois; elle est employée pour faire des haies vives; le bois en est dur et sert à confectionner des bâtis de machines, des outils, etc.

24. — FAMILLE DES OMBELLIFÈRES

Plantes aromatiques ordinairement herbacées à feuilles alternes, sans stipules, mais très engainantes à la base. Fleurs petites, régulières ou zygomorphes, hermaphrodites, disposées en ombelles ou en capitules.

Composition générale de la fleur :

$$(5S + 5P + 5E + 2C).$$

Ovaire adhérent. Fruit formé de 2 akènes soudés.

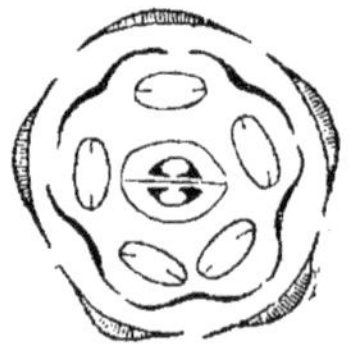

Les Ombellifères abondent dans les régions tempérées, surtout dans l'hémisphère boréal; elles comprennent un grand nombre d'espèces. Leur diagramme général est donné par la figure 874.

Fig. 874. — Ombellifères. Diagramme de la fleur d'*Eryngium*.

I. **Ombelles simples.**

Eryngium (Panicaut, fig. 874). Plante à feuilles épineuses plus ou moins divisées; fleurs toutes sessiles, en capitule entouré d'un involucre à 4-2 bractées épineuses, fruit ovoïde ordinairement hérissé d'épines

E. *campestre*: fleurs blanches; racine diurétique. E. *maritimum*; fleurs bleues.

Sanicula. Plante vivace; fleurs blanches ou rosées pédicellées, fruit hérissé de soies. Amère et astringente.

II. **Ombelles composées.**

Conium (fig. 875). Grande herbe à tige creuse; feuilles pennées très divisées, luisantes et molles; fleurs blanches disposées en ombelles à ∞ rayons avec de nombreuses petites bractées renversées. Calice à dents non visibles.

Fig. 875. — Ombellifères. *Conium maculatum* (Grande Ciguë).

La Grande Ciguë, abondante sur les décombres, au bord des chemins, est extrêmement vénéneuse.

Apium (Céleri). Feuilles composées pennées ; ombelles nombreuses dont l'involucre est nul ou représenté par quelques bractées. Fleurs blanches.

Le Céleri odorant est cultivé pour sa racine tuberculeuse et ses feuilles mangées cuites ou crues en salade; propriétés excitantes.

Carum. Diffère surtout du genre *Apium* par le support du fruit (*carpophore*) qui est bifide à maturité.

Le Persil est une espèce de *Carum* dont les feuilles sont employées comme assaisonnement.

Anthriscus. Fleurs blanches ordinairement polygames. Fruit terminé en pointe.

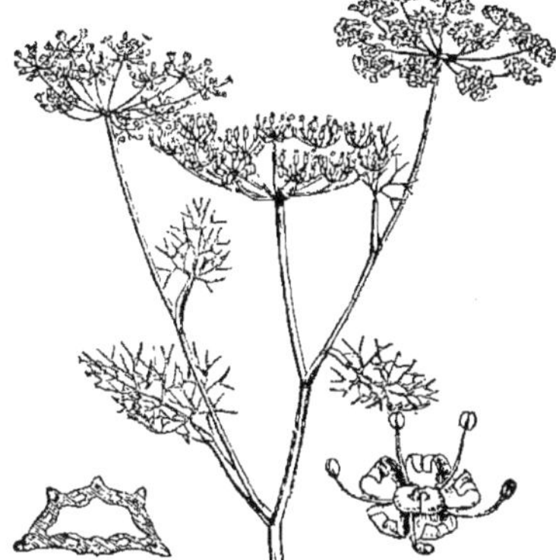

FIG. 876.
Ombellifères. *Fœniculum vulgare* (Fenouil).

Le Cerfeuil a des feuilles aromatiques employées comme condiment.

Fœniculum (Fenouil, fig. 876). Plante herbacée, ordinairement vivace et de grande taille; feuilles composées très découpées, à divisions linéaires. Involucre et involucelle nuls. Fleurs jaunes; fruit oblong.

On cultive, dans le Midi, le Fenouil officinal et le Fenouil doux, pour en recueillir une huile essentielle jaunâtre et douce, utilisée en parfumerie; les racines, les jeunes tiges et les feuilles blanchies aromatiques sont stimulantes et consommées cuites ou crues.

Peucedanum. Fleurs jaunes; fruit ailé.

La racine du Panais est alimentaire.

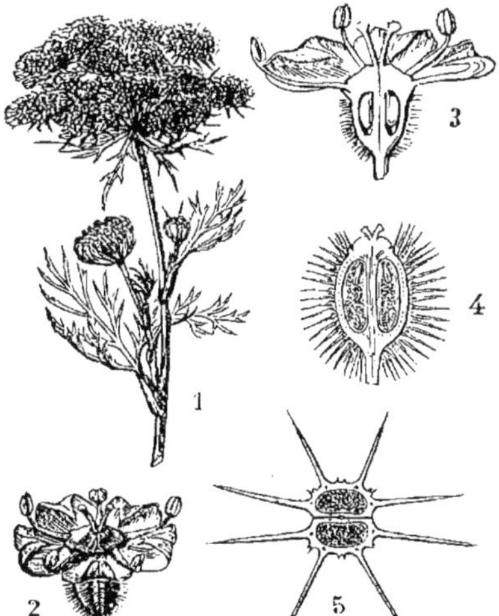

FIG. 877. — Ombellifères. *Daucus Carota* (Carotte commune). — 1; inflorescence en ombelle. —2; fleur isolée.—3 ; coupe d'une fleur. — 4 et 5; fruit en coupes longitudinale et transversale.

Daucus (*D. Carota*, Carotte, fig. 877). Plante bisannuelle à racine ligneuse, tige dressée et feuilles très découpées.

Fleurs blanches ou rosées, disposées en ombelles multiradiées; involucre et involucelles à nombreuses bractées découpées; la fleur centrale de chaque ombelle est stérile et pourpre. Fruit garni de piquants.

La Carotte commune est abondante dans les prairies et les pâturages; elle y constitue un excellent fourrage; la Carotte cultivée, qui en dérive probablement, nous est utile par sa racine charnue, comestible après cuisson et riche en sucre.

25. — FAMILLE DES CUCURBITACÉES

Plantes herbacées, rampantes, parfois grimpantes au moyen de vrilles foliaires simples ou ramifiées. Feuilles alternes, simples, sans stipules, à limbe entier ou diversement découpé. Fleurs unisexuées, blanches ou jaunes en général, solitaires ou groupées. Calice formant un tube soudé avec l'ovaire; corolle à 5 pétales libres ou soudés en corolle gamopétale, confluents avec le calice; androcée composé de 5 demi-étamines portant chacune une seule loge d'anthère courbée en S; pistil composé de 5 carpelles soudés en un ovaire infère unique. Le fruit est une baie dont la paroi externe est dure, les cloisons et les placentas transformés en une pulpe liquide. Nombreuses graines avec de larges cotylédons plans.
Les Cucurbitacées croissent le mieux dans les pays chauds.
Cucurbita (Courge). Plante herbacée rampante à feuilles lobées cordiformes, à vrilles divisées. Grandes fleurs jaunes, monoïques et solitaires.

On en cultive diverses espèces : le Potiron, la Citrouille, etc., à fruit d'aspect très variable suivant les races.

Cucumis (Concombre). Feuilles cordées; vrilles simples. Fleurs jaunes monoïques, les mâles groupées, les femelles solitaires.

2 espèces principales sont cultivées : le Concombre (var. Concombre blanc et Concombre à cornichons) et le Melon (var. Cantaloup, brodé, etc.).

Bryonia (Bryone). Plante grimpante herbacée, à feuilles lobées; vrilles simples; fleurs verdâtres dioïques. Baie petite et rouge contenant au plus 6 graines.
La grosse racine vivace de Bryone renferme une substance purgative à très faible dose.

III. — DICOTYLÉDONES GAMOPÉTALES

Fleurs à périanthe composé de 2 verticilles distincts (calice et corolle); les pétales de la corolle sont soudés entre eux.

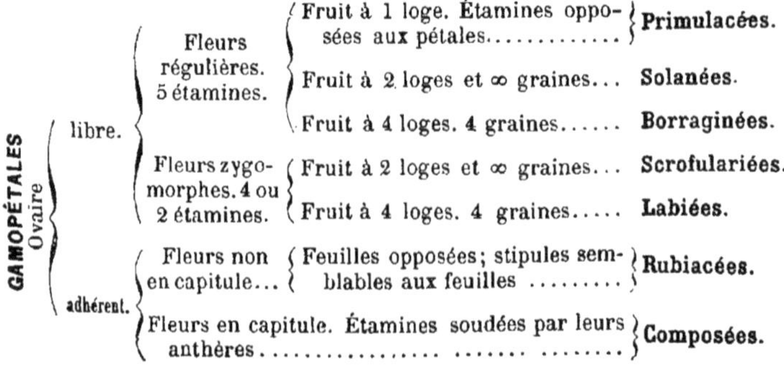

26. — FAMILLE DES PRIMULACÉES

Plantes herbacées ordinairement à rhizome vivace, à feuilles sans stipules et rarement lobées, alternes ou verticillées (à la base). Fleurs régulières, hermaphrodites, solitaires ou diversement groupées. Constitution de la fleur en général :

$$(5\,S) + (5\,P + 5\,E) + (5\,C).$$

Étamines opposées aux pétales; 5 *carpelles concrescents en un ovaire uniloculaire à* **placentation centrale libre.** *Le fruit est une capsule ou un pyxide.*

Les Primulacées habitent surtout les régions tempérées de l'hémisphère nord.

Primula (Primevère, fig. 878). Herbe à feuilles toutes radicales, entières ou den-

FIG. 878. — **Primulacées.** *Primula officinalis* (Primevère).

tées. Fleurs blanches, roses, pourpres ou jaunes, les unes à long style, les autres à style court (*fécondation croisée*). Calice tubuleux à 5 lobes ; corolle gamopétale en entonnoir, à 5 lobes sur la gorge desquels sont insérées les 5 étamines. Ovaire globuleux à style filiforme et stigmate capité. Capsule à nombreuses graines, déhiscente par des valves au sommet (fig. 879).

Le Coucou est commun dans nos prairies; l'infusion des fleurs en est employée comme antispasmodique. Nombreuses espèces ornementales.

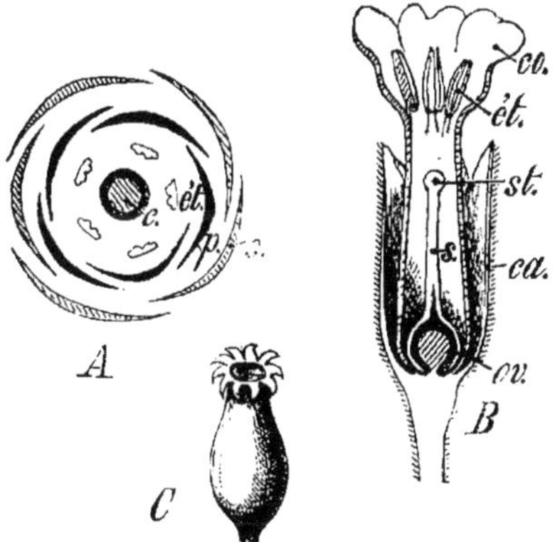

FIG. 879. — **Primulacées.** *Primula officinalis* (Primevère). — A ; diagramme de la fleur. — B ; fleur coupée longitudinalement. — C ; capsule.

Lysimachia. Corolle très divisée, à la base de laquelle sont insérées les étamines.

— *Anagallis* (Mouron). Plante herbacée glabre, à feuilles verticillées par 2 ou par 3. Fleurs axillaires, rouges ou bleues. Pyxide (fig. 429, D, D').

Le Mouron des champs est une mauvaise herbe.

La famille des **Oléacées** est voisine de la précédente.

Les principaux genres en sont : le Jasmin, le Lilas, le Frêne, l'Olivier et le Troène. Tous sont des arbrisseaux ou des arbres d'ornement ou de rapport.

Le bois du Frêne est fin et dur ; on l'utilise dans la charpente, la menuiserie, la fabrication d'instruments aratoires, etc. L'Olivier est cultivé en vue de la récolte des baies qui fournissent, à la maturité, une grande quantité d'huile estimée.

27. — FAMILLE DES SOLANÉES

Plantes herbacées ou arbrisseaux à feuilles alternes, entières ou fort découpées. Fleurs hermaphrodites régulières.

Composition de la fleur : $(5S) + (5P + 5E) + (2C)$.

Généralement 2 carpelles soudés en un ovaire biloculaire et multiovulé surmonté d'un style unique et d'un stigmate entier ou bilobé. Fruit : baie ou capsule. Graine à albumen charnu entourant l'embryon (fig. 880, *Solanum*).

Les Solanées sont réparties sur toute l'étendue du globe, sauf dans les régions polaires ; elles sont plus abondantes dans la zone torride.

I. *Le fruit est une baie.*

Lycopersicum (Tomate). Herbe velue, glanduleuse ; fleurs régulières en cymes pédonculées, de couleur jaune pâle. Plus de 10 carpelles ; grosse baie.

La baie rouge (tomate) est remplie d'une pulpe orangée, usitée comme condiment.

Solanum (fig. 393). Plante herbacée ou arborescente. Fleurs blanches, jaunes, violettes ou purpurines, disposées en cymes dichotomes ou simples. Calice campanulé ; corolle rotacée ou campanulée, à tube court. Étamines à anthères dressées, s'ouvrant au sommet par un pore. Baie nue ou entourée du calice persistant.

La Morelle douce-amère est arborescente ; tige de saveur amère, dont l'infusion est dépurative. La Morelle noire est une mauvaise herbe abondante au milieu des jardins et dans les décombres. La Pomme de terre nous est extrêmement précieuse par ses tubercules riches en fécule et comestibles. La partie verte de la Pomme de terre (tige, feuilles et fruits) renferme de la *solanine*, alcaloïde vomitif et narcotique dont la production paraît liée à la présence de la chlorophylle.

Il faut éviter le verdissement des tubercules en veillant à ce qu'ils se développent dans le sol et non à sa surface. Dans ce dernier cas, en effet, ils contiennent de la solanine et leur consommation présente un certain danger.

L'Aubergine fournit une longue baie, comestible seulement à l'état cuit.

Capsicum (Piment). Baie allongée, vert foncé avant la maturité, rouge ou orangée ensuite, avec un suc âcre.

La baie du Piment est employée comme condiment dans les pays chauds.

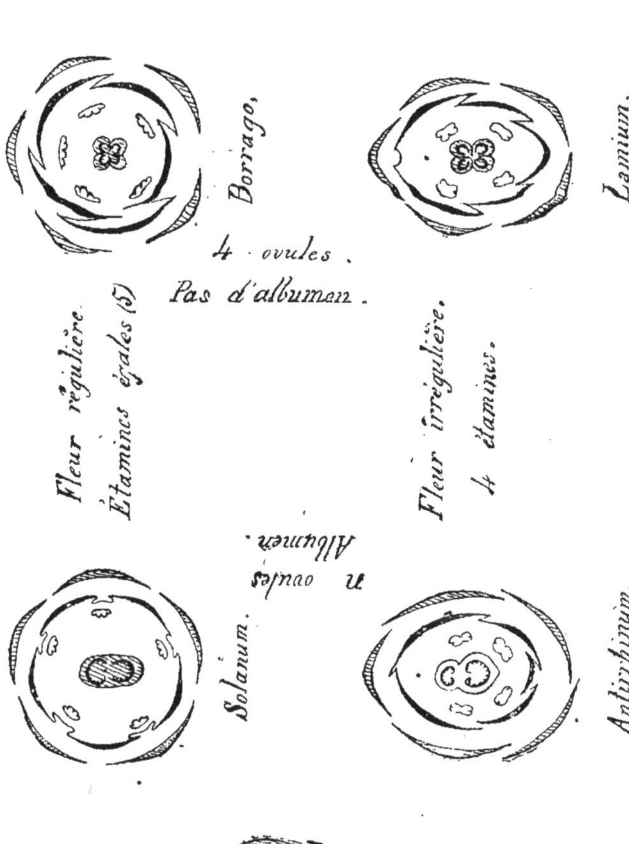
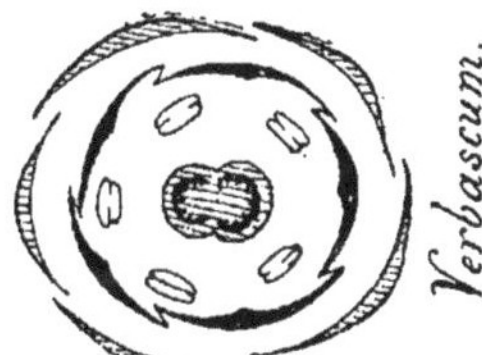

FIG. 880. — Diagrammes comparés des **Solanées**, **Borraginées**, **Scrofulariées** et **Labiées** (plantes-types).

Lycium (Lyciet). Arbrisseau cultivé dans les parcs. Corolle d'un violet pâle. — *Atropa* (Belladone, fig. 881). Herbe vivace à rameaux dressés; feuilles entières et grandes fleurs d'un pourpre sale ou d'un jaune pâle. Calice foliacé, persistant, à 5 lobes profonds; large corolle campanulée à lobes courts. Baie noire luisante, semblable à une cerise, *mais accompagnée du calice*. Graines nombreuses.

La plante contient 2 alcaloïdes très dangereux : l'*atropine* et l'*hyoscyamine*.

II. *Le fruit est une capsule.*

Datura (Pomme épineuse, fig. 882). Plante herbacée à larges feuilles sinuées, à grandes fleurs

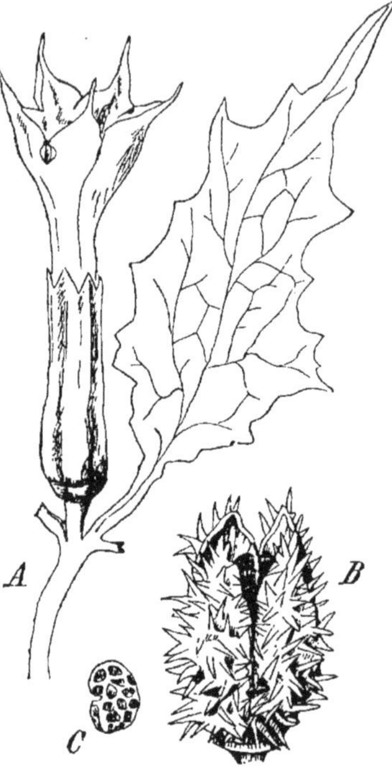

FIG. 881. — **Solanées.** *Atropa Belladona* (Belladone).

FIG. 882. — **Solanées.** *Datura stramonium* (Pomme épineuse). — A ; feuille et fleur. — B ; fruit. — C ; graine.

blanches. Corolle en entonnoir à limbe plié; Capsule hérissée de piquants, s'ouvrant par 4 valves.

La plante contient aussi un alcaloïde; on la cultive comme plante d'ornement, mais son odeur est désagréable.

Nicotiana (Tabac, fig. 371), Herbe velue glanduleuse, à larges feuilles entières et sinuées. Fleurs régulières blanches, jaunes ou purpurines. Corolle en entonnoir à gorge un peu renflée. Ovaire à 2 loges multiovulées. Capsule s'ouvrant par 2 valves bifides.

On en cultive de nombreuses espèces comme plantes d'ornement, pour la récolte des feuilles servant à la fabrication du tabac et pour l'extraction de 2 alcaloïdes très dangereux : la *nicotine* et la *nicotianine*.

28. — FAMILLE DES BORRAGINÉES

Plantes généralement herbacées, à feuilles alternes, entières ou ondulées, sans stipules. Fleurs hermaphrodites régulières, groupées en cymes.

Formule florale identique à celle des Solanées.

Les pétales sont souvent prolongés chacun en un éperon dirigé vers le centre de la gorge formée par la corolle gamopétale. Étamines à filets concrescents avec le tube de la corolle et appendiculés parfois. Pistil formé de 2 carpelles concrescrents en un ovaire bi-, puis tétra-loculaire par suite du développement d'une fausse cloison. Fruit : tétra-kène, parfois drupe. Graine avec ou sans albumen (fig. 880, Borrago).

Les Borraginées sont surtout nombreuses dans la zone tempérée boréale (région méditerranéenne et Asie centrale).

Symphytum (Consoude, fig. 403). Herbe à fleurs jaunes, bleues ou pourpres. Corolle tubuleuse campanulée, avec 5 écailles à la gorge ; étamines incluses.

La Grande Consoude, commune dans nos prairies, présente une racine employée comme émolliente.

Borrago (Bourrache, fig. 883). Herbe velue à belles fleurs bleues. Corolle rotacée avec écailles à la gorge entourant les 5 étamines saillantes à filet appendiculé.

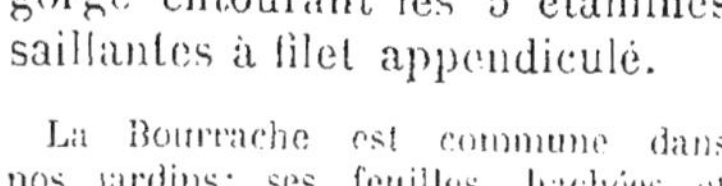

Fig. 883. — Borraginées. *Borrago officinalis* (Bourrache).

La Bourrache est commune dans nos jardins ; ses feuilles, hachées et confites dans le vinaigre, constituent un hors-d'œuvre ; ses fleurs sont émollientes et diurétiques.

Myosotis. Fleurs bleues, roses ou blanches ; corolle à tube court et à lobes contournés ; la gorge en est également fermée. — *Lithospermum* (Grémil ou Herbe aux perles). Akènes résistants. — *Pulmonaria.* Fleurs rouges et bleues. — *Echium* (Vipérine). Fleurs zygomorphes, bleues, violettes, rouges ou blanches, disposées en cymes formant des épis en apparence ; étamines inégales.

Les **Convolvulacées** se distinguent des Borraginées par leur tige le plus souvent volubile.

Genres principaux : *Convolvulus, Cuscuta,* etc.

On utilise comme purgatives les racines du Liseron, du Jalap, de la Scammonée. La racine de Patate est tuberculeuse, amylacée et sucrée ; on la consomme au même titre que la Pomme de terre.

La Cuscute (fig. 353), dépourvue de chlorophylle, vit en parasite, au moyen de suçoirs, sur la Luzerne, le Trèfle des prés, le Serpolet, l'Ajonc. etc.

29. — FAMILLE DES SCROFULARIÉES (PERSONNÉES)

Plantes herbacées ou arborescentes, à feuilles ordinairement opposées, simples, sans stipules, entières ou diversement découpées Fleurs zygomorphes, hermaphrodites, le plus souvent groupées en grappes, épis ou cymes bipares.

Constitution générale de la fleur : $(5S) + (5P + 4E) + (2C)$.

Calice persistant. Corolle souvent bilabiée dont la lèvre supérieure comprend 2 pétales et la lèvre inférieure les 3 autres. 4 étamines didynames. Pistil composé de 2 carpelles concrescents en un ovaire biloculaire et multiovulé. Ovule anatrope généralement Fruit . capsule à déhiscence variable ou baie. Graine à embryon droit avec un albumen charnu (fig. 880, Antirrhinum).

La famille des Scrofulariées est représentée sur tout le globe même à de hautes altitudes et surtout dans les régions tempérées.

Verbascum (Molène, fig 880). Plante herbacée ordinairement velue, à feuilles molles. Fleurs zygomorphes jaunes, rouges ou blanches, en cymes disposées en épis. Corolle à 5 lobes un peu inégaux ; 5 étamines dont les 3 postérieures à filets velus.

Linaria (Linaire) Fleurs solitaires ou en épis, à corolle bilabiée, base du tube de la corolle *éperonnée* en avant ; lèvre supérieure à 2 lobes, lèvre inférieure à 3 lobes formant une bosse qui obstrue la gorge de la corolle. 4 étamines incluses, didynames (fig. 403, 4). — *Antirrhinum* (Muflier, fig. 880 et 401). Fleurs solitaires

Fig. 884. — Scrofulariées. *Digitalis purpurea* (Digitale).

ou en grappes terminales. Corolle bilabiée à tube large, avec une *bosse basilaire* et la gorge plus ou moins fermée ; 4 étamines didynames incluses. Capsule s'ouvrant par 3 pores

La Gueule-de-loup est une plante ornementale.

Scrofularia (Scrofulaire) Corolle à tube développé, ni renflé en sac, ni éperonné. — *Digitalis* (Digitale, fig. 884) Plante herbacée à feuilles alternes. Grandes fleurs purpurines ordinairement, disposées en longues grappes terminales. Corolle à tube large ouvert, oblique.

La Digitale, commune dans les terrains siliceux et cultivée comme ornementale, doit sa toxicité à la *digitaline* qui provoque, à haute dose, la paralysie du cœur.

Veronica (Véronique). Fleurs un peu zygomorphes, bleues, rouges ou blanches, à tube court. 2 étamines seulement. — *Rhinanthus* (Rhinanthe, fig. 355). — *Melampyrum* (Mélampyre)

Ces 2 genres, bien que pourvus de chlorophylle, sont parasites sur d'autres végétaux variables suivant les espèces (Voir page 385).

30. — FAMILLE DES LABIÉES

Plantes ordinairement herbacées, à tige quadrangulaire; feuilles opposées, simples et sans stipules, entières ou découpées, avec d'abondants **poils sécréteurs**. *Fleurs hermaphrodites zygomorphes, souvent groupées en cyme.*

Composition générale de la fleur : $(5S) + (5P + 4E) + 2C.$

Calice persistant; corolle ordinairement bilabiée dont les lobes pétaloïdes sont diversement groupés. 4 étamines didynames (parfois 2 atrophiées). Pistil composé de 2 carpelles concrescents en un ovaire bi-, puis tétraloculaire par développement d'une fausse cloison. Fruit: tétrakène. Graine ordinairement sans albumen (fig 880, *Lamium*).

Les Labiées se rencontrent dans les régions tropicales et tempérées, à des altitudes variées.

Par leurs caractères tirés surtout de la structure de la fleur et du fruit, on voit que les **Labiées** ont, avec les **Scrofulariées**, les mêmes rapports que les **Borraginées** avec les **Solanées** : ce que montre d'ailleurs la figure 902.

Fig. 885. — **Labiées.** *Mentha piperita* (Menthe poivrée)

Lavandula (Lavande). Plante plus ou moins lignifiée, à feuilles longues et étroites; petites fleurs bleues ou violacées, disposées en épis cylindriques longuement pédonculés Calice tubuleux à 5 dents, corolle bilabiée à 5 lobes presque égaux; 4 étamines incluses à anthères confluentes uniloculaires.

On utilise surtout les fleurs de la Lavande pour l'extraction de l'*essence de Lavande* aromatique, et pour la préparation de l'*alcoolat de Lavande*.

Mentha (Menthe, fig. 885). Plante herbacée à feuilles opposées, à glomérules de fleurs disposés en épis cylindriques (*M. piperita*), en tête globuleuse (*M. aquatica*), ou dispersés le long de l'axe (*M. arvensis*). Calice à 10 nervures et 5 dents ; corolle à 4 lobes dont le supérieur est échancré ; anthères à loges parallèles.

La Menthe poivrée, d'odeur agréable, est cultivée dans les jardins ; ses feuilles fournissent la plus forte proportion de l'*essence de Menthe poivrée* servant à préparer des infusions. La Menthe verte sert à l'extraction de l'*essence de Menthe verte*.

Thymus (Thym). Petite plante ligneuse ; glomérules de fleurs dispersés le long de l'axe ou réunis en épis courts au sommet de la tige. Calice bilabié à 10-13 nervures ; corolle à lobes plans ; 4 étamines parfaites divergentes.

Nombreuses espèces dont les principales sont : le Thym et le Serpolet, cultivés comme bordures dans les jardins, employés comme assaisonnement et pour l'extraction de l'*essence de Thym*. On en retire le *thymol*, précieux antiseptique dont l'usage se répand de plus en plus.

Melissa (Mélisse). Herbe à feuilles dentées ; glomérules axillaires de fleurs blanches ou jaunâtres. Calice à 13 nervures ; corolle bilabiée à étamines convergentes au sommet, sous la lèvre supérieure.

La Mélisse renferme une matière qui rappelle l'odeur du citron ; on l'emploie en infusion dans l'eau ou l'alcool.

Salvia (Sauge, fig. 398). Gloméérules axillaires de grandes fleurs bleues, roses ou blanches. Calice bilabié à gorge nue ; corolle à 2 grandes lèvres ; 2 étamines dont *les anthères ont les loges séparées par un long connectif arqué et articulé par le milieu avec le filet.*

Les feuilles et les fleurs de la Sauge officinale sont usitées comme aromatique stimulant.

Rosmarinus (Romarin). Arbrisseau à feuilles étroites ; fleurs opposées identiques à celles de

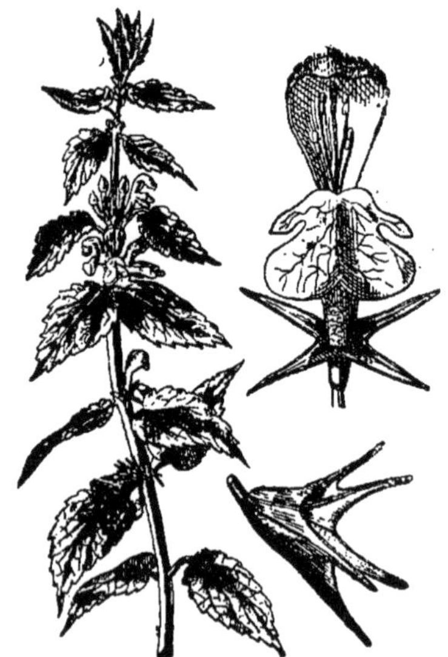

Fig. 886. — **Labiées.** *Lamium album* (Lamier blanc).

la Sauge ; 2 étamines dont *les anthères ont le connectif continu avec le filet.*

Le Romarin fournit une essence utilisée en médecine ; l'infusion en est stimulante.

Lamium. (fig. 886). Calice à 5 dents ; akènes tronqués au sommet.

31. — FAMILLE DES RUBIACÉES

Plantes herbacées ou arborescentes, à feuilles verticillées, stipulées, simples et ordinairement entières. Fleurs hermaphrodites, régulières, groupées en inflorescences diverses. Type 5 ou 4.

Constitution de la fleur au niveau des lobes du calice (type 5) : 5 S + (5 P + 5 E) + (2 C).

Calice à tube soudé à l'ovaire. Pistil concrescent avec les 3 verticilles externes sur toute la longueur de l'ovaire infère. Fruit variable. Graine albuminée.

La famille des Rubiacées comprend un grand nombre de genres appartenant presque tous à la zone torride ou à son voisinage; elle n'a que peu de représentants dans nos régions.

Rubia (Garance). Herbe rigide à tige tétragone couverte d'aiguillons; feuilles verticillées par 2, mais avec des stipules foliacées (verticilles apparents de 4, 6 feuilles). Fleurs appartenant au type 5.

La racine de Garance renferme une matière colorante rouge, l'*alizarine*. L'alizarine est diurétique.

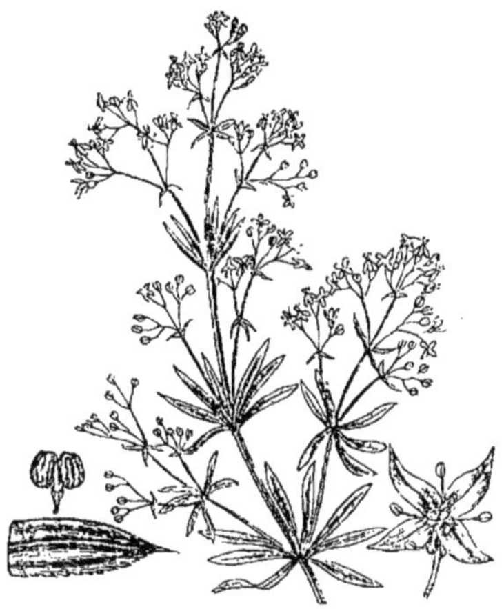

Fig. 887. — Rubiacées. *Galium* (Gaillet).

Galium (Gaillet, fig. 887). Tige tétragone grêle, à verticilles *apparents* de 4-12 feuilles. Petites fleurs du type 4. Corolle rotacée à 4 lobes, portant 4 étamines. Ovaire biloculaire; 2 styles courts. Fruit : diakène glabre ou hérissé de pointes.

La Croisette a les fleurs jaunes; le Caille-lait blanc, le Grateron, etc., à fleurs blanches, ont des racines propres à la teinture en rouge.

Aspérule (Aspérule). Corolle infundibuliforme.

La Reine des bois, à petites fleurs blanches, est employée en infusion.

Coffea (Caféier). Arbrisseau à feuilles opposées ordinairement, avec de larges stipules.

Le Caféier est cultivé en grand dans la plupart des pays chauds : Moka, Bourbon, la Martinique, Haïti. Les grains torréfiés acquièrent un arome particulier dû au développement d'une huile essentielle brune; les grains de Café vert contiennent un alcaloïde, la *caféine*, tonique du cœur et diurétique.

Cinchona (Quinquina). Arbre à feuilles opposées, munies de stipules caduques.

Les arbres à *quinquina* vivent dans les Andes de l'Amérique tropicale. L'écorce de ces arbres renferme un certain nombre de principes (*quinine, cinchonine,* etc.) d'application courante en médecine pour guérir la fièvre. Aussi enlève-t-on avec précaution l'écorce des arbres *maintenus aujourd'hui sur pied* et protégés aussitôt par une couche de mousse qui favorise la production d'une nouvelle écorce.

Les **Valérianées** sont voisines des Rubiacées. Ce sont des plantes herbacées à feuilles opposées, à fleurs souvent zygomorphes.

La principale espèce est la Valériane dont le rhizome odorant, connu sous le nom de *racine de Valériane,* est utilisé comme antispasmodique et stimulant.

32. — FAMILLE DES COMPOSÉES (SYNANTHÉRÉES)

Plantes généralement herbacées ; feuilles sans stipules, jamais composées. Fleurs hermaphrodites ou unisexuées par avortement, réunies en un capitule entouré d'un involucre formé de 1 à n séries de bractées.

Constitution générale de la fleur : $5S + (5P + 5E) + (2C)$.

Tube du calice soudé à l'ovaire et surmonté souvent d'une aigrette de soies ; corolle à tube plus ou moins allongé, à limbe régulier ou zygomorphe ; étamines à filets libres insérés sur le tube de la corolle ; **anthères soudées en un tube entourant le style ;** 2 *carpelles concrescents en un ovaire uniloculaire. Fruit : akène à sommet nu ou pourvu de l'aigrette du calice. Graine sans albumen* (fig. 888).

La corolle présente 3 formes utilisées dans la classification :

La forme *régulière* ou *tubuleuse* (corolle tubuleuse à 5 lobes plus ou moins étalés);

La forme *bilabiée* (corolle dont les 2 lobes supérieurs sont beaucoup plus petits que les 3 autres);

La forme *ligulée* (corolle dont tous les lobes sont rabattus en un ruban denté à son extrémité libre).

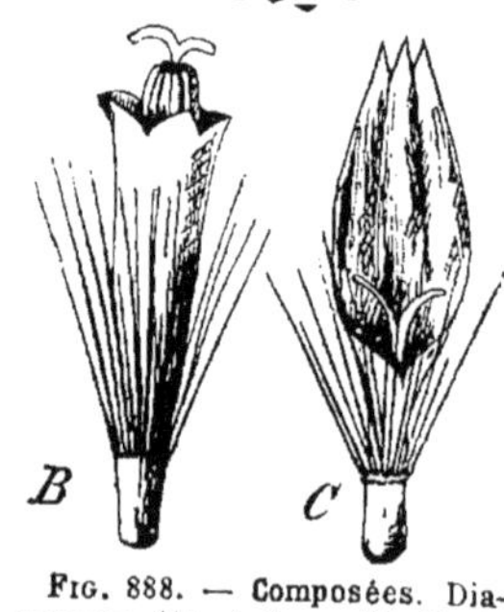

FIG. 888. — Composées. Diagramme (A) et fleurs (B, C) de *Senecio Jacobæa.*

Les Composées constituent la famille la plus vaste des Phanérogames, elles comprennent plus de 10 000 espèces, répandues sur toute l'étendue habitable du globe; elles abondent surtout dans les zones tempérées, au voisinage de la zone torride.

I. **Tubuliflores**. — *Fleurs toutes régulières.*

Carduus (Chardon). Plantes herbacées dressées, à feuilles

alternes armées de dents épineuses. Capitules de fleurs purpurines ou blanches, Involucre à *n* séries de bractées épineuses; akènes surmontés d'une aigrette de soies insérées sur un anneau caduc.

Mauvaises herbes en général. Le *C. Silybum marianum* est employé comme ornemental à cause de son feuillage quelquefois panaché de blanc ; il est aussi diurétique et sudorifique.

Cynara (fig. 889). Herbes dressées à grandes feuilles séquées ; grands capitules de fleurs purpurines, bleues ou

FIG. 889. — Composées. *Cynara Scolymus* (Artichaut).

blanches, entourées d'un involucre à larges bractées charnues à la base comme le réceptacle. Akènes avec aigrette comme *Carduus*.

On cultive comme légumes l'Artichaut et le Cardon dont les racines et les nervures des feuilles étiolées sont consommées cuites.

Centaurea (Centaurée, fig. 890). Capitules pédonculés ; les fleurs de la périphérie ont la corolle plus grande que celles du centre.

Espèce commune : Bleuet à fleurs d'un bleu vif.

Nos Centaurées indigènes sont amères, toniques et fébrifuges.

II. Liguliflores. — *Fleurs toutes ligulées, à 5 dents. Capitules à fleurs toutes hermaphrodites fertiles.*

Cichorium (Chicorée). Herbes dressées, rameuses, à feuilles

FIG. 890. — Centaurée : capitule. A droite, fleur détachée. — 5 ; aigrette. — 1 ; corolle gamopétale. — 4 ; androcée dont les étamines sont soudées par les anthères. — 5 ; stigmate du pistil.

découpées. Fleurs bleues, insérées sur un réceptacle plan et nu.

De nombreuses variétés en sont cultivées comme salade (Chicorée frisée;

Barbe de Capucin qui a poussé en cave et présente de jeunes pousses étiolées, amères).

Taraxacum (Pissenlit, fig. 378). Herbe à feuilles dentées. Fleurs jaunes insérées sur un réceptacle plan, nu; akènes prolongés en un bec mince avec une aigrette de soies.

Le Pissenlit est consommé en salade.

Lactuca (Laitue). Capitules de fleurs jaunes ou bleues. Abondant latex.

De nombreuses variétés de Laitues (*Laitues pommées* et *Laitues romaines*) sont cultivées pour la consommation en salade.

Sonchus (Laiteron, fig. 891). Herbes à feuilles embrassant la tige par 2 lobes.

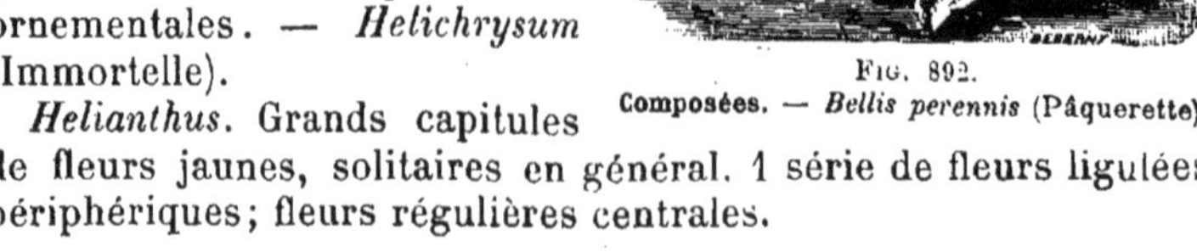

FIG. 891. — Composées. *Sonchus asper.*

Tragopogon (Salsifis). Herbes a feuilles alternes, linéaires. Capitules terminaux de fleurs jaunes ou purpurines.

La racine du Salsifis blanc, comme celle du Salsifis noir, se mange après cuisson; les feuilles sont consommées en salade.

III. Radiées. — *Fleurs centrales régulières et tubuleuses; fleurs périphériques ligulées avec 3 dents.*

Bellis (Pâquerette, fig. 892). Capitules solitaires avec 1 série de fleurs ligulées femelles blanches ou roses, et des fleurs centrales régulières hermaphrodites et jaunes. *B. perennis*, ornementale. — *Aster.* Capitules solitaires ou groupés; fleurs ligulées bleues, violettes ou blanches; fleurs régulières centrales jaunes, parfois purpurines. Plusieurs espèces sont ornementales. — *Helichrysum* (Immortelle).

FIG. 892.
Composées. — *Bellis perennis* (Pâquerette).

Helianthus. Grands capitules de fleurs jaunes, solitaires en général. 1 série de fleurs ligulées périphériques; fleurs régulières centrales.

Le Topinambour (*H. tuberosus*, fig. 330) est cultivé pour ses tubercules riches en sucre et en inuline ; on en retire aussi de l'alcool. Le Soleil (*H. annuus*) est cultivé comme plante d'ornement, ainsi que le *Dahlia* aux racines charnues et aux gros capitules de couleur profondément modifiée par la culture.

Anthemis. Fleurs ligulées blanches ou jaunes ; fleurs centrales jaunes, insérées sur un réceptacle convexe couvert de paillettes.

La Camomille romaine a des capitules odorants, toniques et digestifs.

Chrysanthemum (Chrysanthème). Grands capitules plus ou moins pédonculés dont la couleur des fleurs a été très modifiée par

FIG. 893. — **Composées.** *Arnica montana.*

la culture ; réceptacle nu. Plante ornementale. —· *Artemisia* (Armoise). Fleurs toutes tubuleuses, jaunes ou blanchâtres, groupées en de petits capitules.

A ce genre appartiennent des espèces multiples : l'Estragon, dont les feuilles aromatiques sont employées comme condiment ; l'Absinthe, si tristement célèbre par l'abrutissement que causent les liqueurs alcooliques à la composition desquelles elle participe.

Arnica (fig. 893). Grands capitules solitaires. Plante stimulante, sudorifique, émétique à haute dose.

On prépare la *teinture de fleurs d'Arnica* employée pour guérir les contusions.

Senecio (Seneçon, fig. 379). Capitules solitaires ou groupés, à fleurs ligulées de couleurs variées, à fleurs centrales jaunes ou blanches, rarement purpurines.

Tableau L. — CLASSIFICATIONS DES VÉGÉTAUX.

EMBRANCHEMENTS	CLASSES	ORDRES	FAMILLES
	CHAMPIGNONS...	Oomycètes......	Mucorinées. / Péronosporées.
		Ascomycètes.	
		Basidiomycètes.	
		Hypodermées...	Ustilaginées. / Urédinées.
I. Thallophytes..	ALGUES.......	Cyanophycées..	Bactériacées. / Nostocacées.
		Chlorophycées..	Conjuguées. / Confervacées. / Siphonées. / Protococcées.
		Phéophycées....	Diatomées. / Phéosporées. / Fucacées.
		Floridées	
		Characées.	
	LICHENS.		
II. Muscinées....	HÉPATIQUES.		
	MOUSSES...............		Sphagnées. / Bryacées.
III. Cryptogames vasculaires.	....	Fougères.......	Polypodiacées. / Osmundées.
	....	Équisétacées.	
	LYCOPODINÉES............		Lycopodiacées. / Isoétées. / Sélaginellées.
IV. Phanérogames.	GYMNOSPERMES............		Conifères.
	ANGIOSPERMES...	Monocotylédones.	Graminées. / Cypéracées. / Palmiers. / Joncacées. / Liliacées. / Amaryllidées. / Iridées. / Orchidées.
		Dicotylédones (Voir Tableau LI).	

Tableau LI. — **CLASSIFICATIONS DES VÉGÉTAUX** (fin).

EMBRANCHEMENTS	CLASSES	ORDRES	FAMILLES
IV. **Phanérogames.**	**ANGIOSPERMES** Dicotylédones	Apétales........	+ Amentacées [1] + Urticacées. + Euphorbiacées. + Chénopodiacées. + Polygonées.
		Dialypétales....	+ Renonculacées. + Malvacées. Tiliacées. + Géraniacées. + Linées. Ampélidées. + Caryophyllées. + Papavéracées. + Violariées. + Crucifères. + Légumineuses. + Rosacées. + Ombellifères. + Cucurbitacées.
		Gamopétales....	+ Primulacées. Oléacées. + Solanées. + Borraginées. Convolvulacées. + Scrofulariées. + Labiées. + Rubiacées. Valérianées. + Composées.

1. Les familles de Phanérogames qui ont reçu un plus grand développement dans le texte sont marquées d'une croix.

ÉLÉMENTS DE GÉOLOGIE

CHAPITRE PREMIER

NOTIONS PRÉLIMINAIRES

La Géologie [science de la Terre] a pour but d'étudier :

1° la *structure de notre globe ;*

2° les phénomènes qui s'y accomplissent *actuellement ;*

3° l'*histoire de sa formation,* c'est-à-dire la série des modifications qui se sont produites dans *toute l'étendue* de la Terre depuis son origine.

Nous dirons, au préalable, quelques mots relatifs à l'origine de la Terre, à sa physionomie générale (forme, dimensions, mouvements, distribution des océans et des continents), à la répartition de la chaleur sur la surface et dans la profondeur du globe.

Origine de la Terre. — Le système solaire, dont la Terre fait partie, consistait au début en une *nébuleuse* (hypothèse de Laplace) animée de mouvement dans l'espace. Les $\frac{699}{700}$ de la masse de cette nébuleuse ont formé le *Soleil;* l'autre $\frac{1}{700}$ s'en est détaché par parcelles, conformément aux expériences de Plateau [1], et ces parcelles sont devenues les *Planètes* du système solaire, astres dont la densité est d'autant plus grande qu'elles sont plus voisines du Soleil central.

Les planètes sont, par ordre d'éloignement du Soleil : *Mercure, Vénus, la Terre, Mars, Jupiter, Saturne, Uranus* et *Neptune.*

La Terre, une fois isolée sous la forme *gazeuse,* a rayonné de la chaleur dans l'espace et diminué de volume ; en son centre s'est condensée une masse *liquide*

---

1. Le physicien belge Plateau a réalisé une curieuse expérience qui donne une image du mode de formation de notre système planétaire et de l'anneau qui entoure Saturne.

Dans une cuve en verre, remplie d'un mélange d'eau et d'alcool présentant exactement la même densité que l'huile, on introduit, au moyen d'un entonnoir à long bec, une certaine quantité d'huile qui adopte la forme sphérique. Si l'on traverse la sphère d'huile par une tige de fer, puis qu'on anime cette tige d'un mouvement de rotation de plus en plus rapide à l'aide d'une manivelle, on remarque les phénomènes suivants :

D'abord la sphère s'aplatit aux deux pôles de rotation; puis la vitesse de rotation augmentant, la sphère se creuse aux extrémités de l'axe et il s'en détache successivement des anneaux concentriques qui se partagent ensuite en sphérules animées, pendant quelques instants, d'un double mouvement : l'un de *rotation* sur elles-mêmes, l'autre de *translation* autour de la sphère centrale réduite. La sphère centrale représente le Soleil ; les sphérules sont les Planètes.

incandescente ou **noyau central**, entourée d'une atmosphère gazeuse d'épaisseur considérable[1]. *La surface du noyau liquide, plus exposée au refroidissement, s'est lentement solidifiée ;* ainsi s'est ébauchée l'**écorce solide** du globe, d'abord discontinue, puis agrégée et formée d'éléments cristallins (*roches cristallines*).

L'écorce terrestre a emprisonné, dans le noyau liquide, une énorme quantité de gaz dissous à haute température (2 000 à 3 000°), sous une pression de plus de 300 atmosphères. Parmi ces gaz, il convient de citer : l'hydrogène, les acides chlorhydrique et sulfhydrique des carbures d'hydrogène, etc.

A mesure que l'écorce terrestre s'est épaissie par suite d'un rayonnement continu, sa surface a reçu moins de chaleur du noyau interne, par conductibilité ; *cette écorce a joué le rôle d'un écran* pour l'**atmosphère externe** qui, rapidement refroidie, a subi de profondes modifications : quelques-uns des corps simples gazeux qui constituaient l'atmosphère primitive, jusque-là séparés par le fait d'une température trop élevée[2], se sont combinés pour former des chlorures, bromures, iodures (de sodium et de potassium notamment), des sulfates et autres composés divers, précipités en un bain liquide à la surface de l'écorce terrestre. Puis l'hydrogène et l'oxygène se sont combinés pour donner la *vapeur d'eau* qui, plus tard, put se condenser à son tour en pluies torrentielles et dissoudre une partie des éléments du bain liquide.

Dès lors, la Terre fut couverte par les mers agitées ; l'eau désagrégea les roches cristallines superficielles, en accumula les débris en certains points et détermina la production des *roches sédimentaires*.

L'écorce primitive présentait, au début, une forme à peu près sphérique (fig. 894, I) ; mais des *plissements* s'y sont produits (II), par la contraction

Fig. 894. — Formation et plissements de l'écorce terrestre ; les fractures éprouvées par l'écorce ont livré passage aux roches éruptives, *ro.ér*, *ro.pr*, roches primitives.

lente du noyau central (de même que se ride la peau des fruits, à mesure que diminue leur contenu par l'évaporation d'une partie de l'eau qu'ils renferment à l'état frais). Le fond des vallées, formées par les roches cristallines primitives, fut occupé par les mers qui y déposèrent les premières roches sédimentaires (fig. 895).

La croûte terrestre, douée d'une faible élasticité, n'a pu se plisser sans subir des *fractures*, par lesquelles une partie du noyau central a fait *éruption* (fig. 894, III). Les matières en fusion qui se sont épanchées ainsi, soit dans l'épaisseur de l'écorce, soit à sa surface, ont également cristallisé. On appelle

Fig. 895. — Apparition de l'eau à la surface du globe ; cette eau désagrège les roches cristallines primitives et les premières roches sédimentaires se déposent dans les mers.

roches éruptives, ro. ér, ces roches cristallines plus récentes.

A partir du moment où la température est devenue favorable à l'entretien

---

1. A cet état, la Terre était un astre lumineux par lui-même.
2. Voir les phénomènes de *dissociation* dans les cours de Chimie.

TABLEAU LII

GÉOLOGIE : NOTIONS PRÉLIMINAIRES.

Définition. — La Géologie étudie la *structure* de la Terre et envisage l'*histoire de sa formation.*

TERRE

COMPOSITION SOMMAIRE.
- **Atmosphère** gazeuse
- **Écorce** solide, formée de *roches cristallines* et de *roches sédimentaires.*
- **Noyau central** liquide (matières en fusion).

DONNÉES GÉNÉRALES.
- **Mouvements** : *de rotation* autour de son axe (ligne des pôles). *de révolution* autour du Soleil.
- **Forme** : Sphère un peu aplatie aux pôles. Rayons : polaire $= 6356^k6$; équatorial $= 6378^k2$; Aplatissement $= 21^k6$ ou $\dfrac{1}{300}$ du rayon.

§ 1. — Atmosphère.

Composition centésimale : $0 = 20.8$; $Az = 79.2$; traces de gaz carbonique et de vapeur d'eau.

L'air est un réservoir de la chaleur solaire qui atténue les variations de température à la surface du globe.

§ 2. — Écorce terrestre.

La surface en est recouverte aux $\dfrac{3}{4}$ par les eaux; la plus grande étendue des continents est dans l'hémisphère N.

Le *relief positif* des Continents et le *relief négatif* des Océans indiquent que l'écorce terrestre a été soumise à de puissantes actions de refoulement de la part du noyau central.

RÉPARTITION DE LA CHALEUR.
- 1° à la surface du globe. **Température moyenne** d'un lieu. **Climats :** *constant, variable, excessif.*
- 2° dans la profondeur. *Degré géothermique* $= 32$ mètres en moyenne. *Épaisseur* approximative de l'écorce $= 100$ kilomètres

§ 3 — Noyau central.

L'étude des roches éruptives permet seule d'en connaître la composition *superficielle.*

de la vie, des animaux et des plantes envahirent les mers, puis se répandirent sur les continents réduits préalablement à de petits îlots épars, mais de plus en plus vastes à mesure que s'est produite l'évolution du globe.

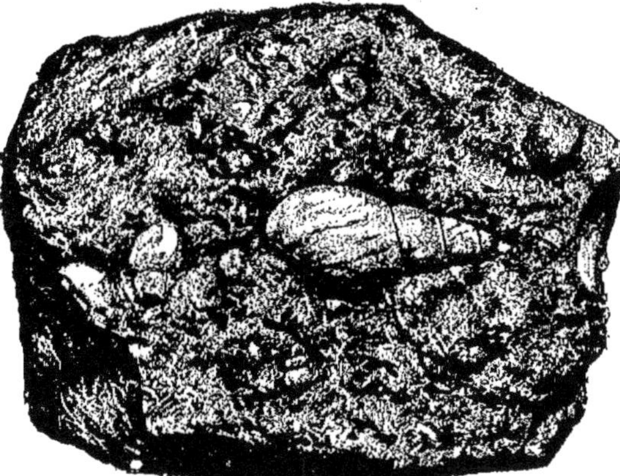

FIG. 896. — Un fossile en place dans une roche sédimentaire.

Certains de ces êtres, *enfouis dans les seuls dépôts sédimentaires* (fig. 896), ont été plus ou moins bien conservés : ce sont des *fossiles*, documents précieux qu'utilise le géologue pour écrire l'histoire de notre globe.

Nous pouvons tirer de cette étude la conclusion qui suit :

Composition générale de la Terre. — La Terre comprend, de l'extérieur à l'intérieur, 3 parties concentriques :

1° une **atmosphère gazeuse** composée d'oxygène, d'azote, de traces de gaz carbonique et de vapeur d'eau ;

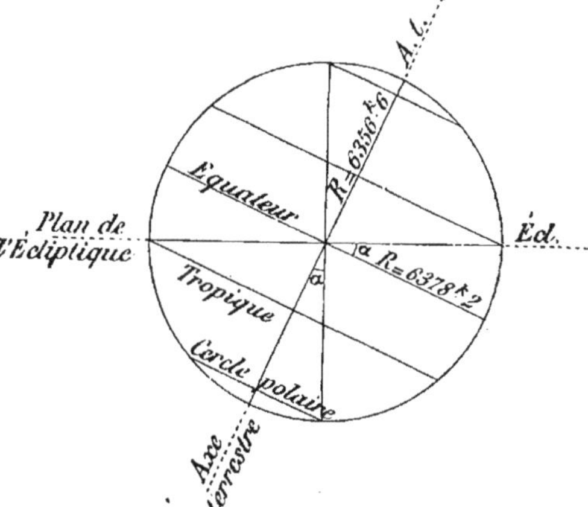

FIG. 897. — Inclinaison de l'axe de la Terre sur le plan de l'écliptique. Rayon polaire = 6356 kilomètres 6. Rayon équatorial = 6378 kilomètres 2.

2° une **écorce solide**, formée de roches[1] : les unes *cristallines*, les autres *sédimentaires ;* elle est recouverte par les eaux sur les 3/4 de sa surface ;

3° un **noyau central liquide**, composé de matières en fusion à une haute température.

Forme actuelle et mouvements de la Terre[2]. — Notre globe présente à peu près la forme d'une *sphère* (fig. 897).

1. On appelle *roche* en Géologie, toute partie constitutive de l'écorce terrestre ; le sable, l'argile, etc., sont des roches au même titre que les granites, les porphyres, etc.

2. Nous renvoyons le lecteur aux cours de Géographie et de Cosmographie pour les détails qui concernent plus spécialement ces sciences.

Ainsi, la ligne d'horizon qui sépare la mer du ciel est un arc de cercle; si l'on quitte un point donné du globe et qu'on se dirige constamment vers l'E., par exemple, on revient au point de départ (voyages de circumnavigation), etc.

La Terre est animée dans l'espace de 2 mouvements de l'O. vers l'E. :

1° Elle accomplit, en 365 jours et 6 heures, un *mouvement de révolution* autour du Soleil; son centre de gravité décrit alors dans l'espace une courbe plane appelée *écliptique*, ellipse dont le Soleil occupe l'un des foyers.

2° Elle effectue, en un jour de 24 heures, un *mouvement de rotation* autour d'un axe passant par ses *pôles* N. et S. Cet axe est incliné, sur le plan de l'écliptique, d'un angle de 66°32'39".

L'équateur, grand cercle de la Terre perpendiculaire à l'axe des pôles, forme donc avec le plan de l'écliptique un angle $\alpha = 23°27'21"$.

Les conséquences de ces mouvements sont :

(a) La production du *jour* et de la *nuit* pour chaque point du globe alternativement éclairé ou non par le Soleil ;

(b) L'*inégalité des jours et des nuits*, sauf pour les divers points de l'équateur ;

(c) Le phénomène des *saisons*, dont l'influence est peu sensible dans la *zone torride* (située entre les tropiques), plus marquée dans les *zones tempérées* (comprises entre les tropiques et les cercles polaires), considérable dans les *zones glaciales*.

Dimensions de la Terre. — Lorsqu'une sphère d'huile est en suspension dans un mélange convenable d'eau et d'alcool et mise en rotation lente autour d'un de ses axes, conformément aux expériences de Plateau (Voir page 825), on remarque qu'*elle s'aplatit aux pôles* de l'axe de rotation et se renfle à l'équateur.

La Terre présente un pareil aplatissement [ce qui confirme l'état de fluidité du noyau central]. Le globe terrestre présente une circonférence de 40 000 kilomètres, un *rayon polaire* de 6 356,6 kilomètres et un rayon équatorial de 6 378,2 kilomètres : soit un aplatissement de 21,6 kilomètres.

L'aplatissement polaire, qui atteint à peine $\frac{1}{300}$ du rayon terrestre, serait invisible pour un observateur situé sur Mars ou sur toute autre planète. A plus forte raison, le relief des plus hautes montagnes [8 840 mètres pour le Gaurisankar appartenant à la chaîne de l'Himalaya] n'influe pas sur la forme générale du globe; ce relief présente l'importance des aspérités d'une écorce d'orange relativement aux dimensions de ce fruit.

§ 1. — ATMOSPHÈRE

Épaisseur. — Pression. — Composition chimique. —
La couche d'air qui enveloppe la Terre a une épaisseur évaluée par
les uns à 48 kilomètres, dépassant 600 kilomètres pour les autres.

Il est difficile de faire une pareille évaluation, puisque l'air se raréfie à mesure
qu'on pénètre dans les régions supérieures de l'atmosphère.

Quoi qu'il en soit, la pression atmosphérique au niveau de la
mer est d'environ 1 kilogramme par centimètre carré; elle est
équilibrée par une colonne mercurielle de 760 millimètres (hauteur
barométrique normale).

L'air est composé de : 20,8 d'oxygène ; 79,2 d'azote ; 0,0002 à
0,0004 de gaz carbonique ; il contient une quantité variable de
vapeur d'eau. La vapeur d'eau peut se résoudre : en *brouillards* à
la surface du sol, en *nuages* à des altitudes diverses, en *pluie* ou
neige lorsque sa condensation est plus complète.

L'air est un réservoir de chaleur. — Le Soleil, comme
tous les astres, rayonne de la chaleur dans l'espace ; les radiations
reçues par la Terre traversent l'atmosphère qu'elles échauffent
avant de parvenir jusqu'au sol ; plus l'air est dense (ce qui a
lieu au voisinage immédiat du sol à une altitude faible), plus est
grande la quantité de chaleur emmagasinée. Ainsi *l'air est un
réservoir de la chaleur solaire* particulièrement important dans les
régions basses, mais capable d'en absorber peu sur les hautes
montagnes où il est très raréfié.

Pour la même raison, l'air s'oppose à une active déperdition de
la chaleur propre de la Terre, par rayonnement vers l'espace.

La vapeur d'eau contenue dans l'air accentue encore ce rôle de l'atmosphère :
1° parce qu'elle possède un pouvoir absorbant élevé ; 2° parce qu'elle transforme
en chaleur obscure (pour laquelle elle est *athermane*) la chaleur lumineuse solaire
(pour laquelle elle est *diathermane*).

Nous tirerons plus loin de ces observations diverses, une
conséquence importante relative à la *régulation de la température*
à la surface du globe (Voir page 833).

§ 2. — ÉCORCE TERRESTRE

Étendue et aspect de sa surface. — La surface du globe
est de 510 millions de kilomètres carrés ; les 3/4 environ (375 millions) en sont couverts par les eaux ; le reste (135 millions) est
formé par les continents et les îles éparses au sein des mers.

L'étendue continentale est plus forte dans l'hémisphère boréal que dans l'hémisphère austral; en effet, le premier comprend à lui seul : l'Europe, l'Asie, les 2/3 de l'Afrique et le continent américain sauf la majeure partie de l'Amérique du Sud.

L'écorce terrestre forme donc plutôt un ovoïde dont le gros bout est représenté par l'hémisphère N.

Les masses continentales peuvent être ainsi associées : Amérique; Continent européo-africain; Continent asiatico-australien. Toutes sont inclinées du N.-O. au S.-E. et se terminent en pointe du côté du pôle S. ; *elles sont coupées transversalement par une dépression médiane*, **méditerranéenne**, qu'occupe la mer (golfe du Mexique, Méditerranée, Mer Rouge, golfe Persique, golfe du Bengale, etc.).

Ces continents sont séparés par 3 grandes dépressions longitudinales occupées par les Océans Atlantique, Pacifique et Indien, en large communication les uns avec les autres par l'Océan glacial antarctique. Les 2 premiers seuls s'étendent jusqu'à l'Océan glacial arctique.

Relief des continents et des océans. — Convenons d'appeler *relief positif* toute saillie formée par un continent au dessus du niveau de la mer, et *relief négatif* toute dépression envahie par les eaux. Si l'on uniformisait, à l'aide d'un immense rabot, les saillies continentales d'une part et les profondeurs océaniques d'autre part, on obtiendrait les valeurs suivantes pour le relief compté à partir du niveau de la mer :

Relief positif moyen (continents) :   + 500 à 600 mètres.
— *négatif* —   (fond des mers) : — 4 000 mètres.

Le relief négatif des mers vaut environ 7 fois l'altitude moyenne des continents; cette épaisseur de la masse océanique n'est cependant que de $\dfrac{4}{6360} = \dfrac{1}{1590}$ ou environ $\dfrac{1}{1600}$ du rayon terrestre.

Forme générale du relief terrestre. — Un continent quelconque étant donné, *les chaînes de montagnes les plus puissantes n'y occupent pas une position médiane et n'ont pas deux flancs également inclinés.* Ainsi, en Amérique, les montagnes Rocheuses de la

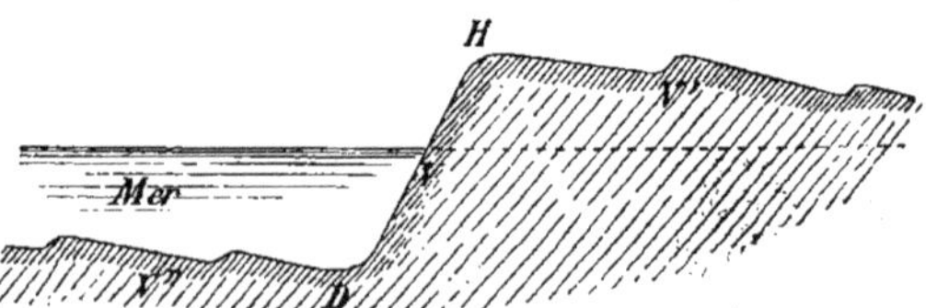

FIG. 898. — Figure théorique traduisant la disposition relative des saillies continentales et des dépressions océaniques.

chaîne des Andes présentent une pente abrupte du côté de l'océan Pacifique et une pente douce du côté de l'Atlantique. Il en est de même des Pyrénées de pente abrupte vers la France et de pente douce sur le versant espagnol; du **Jura** dont le flanc abrupt est du côté de la Suisse, etc. (fig. 898).

La disposition est identique, mais de sens inverse pour toute grande dépression océanique : c'est ce que nous montre une coupe (fig. 899) dirigée du N.-O. au S.-E. à travers la partie septentrionale de l'océan Pacifique, s'étendant des îles Kouriles aux îles Sandwich,

Fɪɢ. 899. — Coupe à travers l'océan Pacifique s'étendant des îles Kouriles aux îles Sandwich. Cette coupe montre les 2 versants inégalement inclinés qui aboutissent à la fosse du Tuscarora profonde de 8540 mètres.

en passant par la grande fosse du Tuscarora (8540 m.).

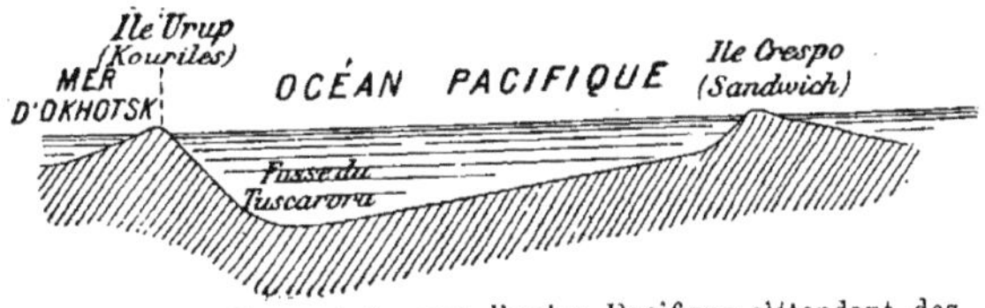

La forme générale du relief terrestre a été exprimée ainsi par M. de Lapparent :
Toute grande ligne de hauteurs H, *émergée ou non, est une arête saillante formée par l'intersection de deux versants* V, V' *inégalement inclinés. — Le versant le plus abrupt* V *plonge vers une grande dépression* D *habituellement occupée par la mer; l'autre versant* V' *s'abaisse doucement sous la forme d'ondulations successives vers une dépression moins marquée qui demeure le plus souvent émergée. — Le pied du versant abrupt est l'arête en creux* D *d'une intersection inverse de la première dont le talus en pente modérée* V'' *remonte peu à peu jusqu'aux régions de profondeur moyenne des océans.*

Ainsi, *la cime des plus hautes chaînes est relativement voisine des plus bas-fonds marins.* Or, quand on comprime latéralement une lame flexible ou une étoffe, il s'y forme des *plis* dont le profil est conforme à l'énoncé précédent : *la configuration du relief de notre globe est due,* par suite, *à ce que l'écorce terrestre a été soumise à de puissantes actions de refoulement.*

Répartition de la chaleur à la surface de l'écorce terrestre — La surface du globe reçoit la chaleur :

1° en faible quantité, *par conductibilité,* du noyau central dont la température est élevée, comme nous le verrons plus loin;

2° en proportion notable de l'atmosphère qui absorbe les *radiations* émises par les astres (Soleil et étoiles).

Pour un même lieu de la Terre, si le premier facteur est à peu près constant, le second est au contraire variable avec les mouvements du globe, avec l'état de l'atmosphère, etc. *La température change donc à chaque instant au point considéré.*

On appelle *moyenne diurne* du lieu la moyenne arithmétique des températures maximum et minimum du jour; soit : $\frac{24° + 8°}{2} = 16°$. — La *moyenne mensuelle* est égale au $\frac{1}{30}$ de la somme obtenue en ajoutant les 30 moyennes diurnes du mois. — La *moyenne annuelle* est le $\frac{1}{12}$ de la somme des 12 moyennes mensuelles d'une même année.

Cette température est dite **température moyenne du lieu** ; *elle est la principale caractéristique du* **climat** *de ce point ;* mais elle ne suffit pas à sa détermination, car deux points A et B peuvent avoir des températures moyennes identiques sans que leur climat soit le même : dans l'un (A), l'écart des températures extrêmes (hiver et été) peut être faible, alors qu'il est considérable dans l'autre (B).

Les variations de température sont beaucoup moins sensibles à la surface des mers qu'à la surface des continents. Si l'on considère exclusivement les continents, on divise en trois catégories les climats des lieux qui s'y trouvent, en se basant sur l'écart entre leurs moyennes mensuelles extrêmes (été et hiver). On appelle :

1° *climats constants (marins, insulaires)*, ceux pour lesquels l'écart ne dépasse pas 10° [Ile Madère, 2°] ;

2° *climats variables*, ceux dont l'écart est compris entre 10 et 16° [Londres, 13°5 ; Paris, 14°4] ;

3° *climats excessifs (continentaux)*, ceux dont l'écart est supérieur à 16° [Berlin, 18°2 ; Moscou, 27°8 ; Irkoustk, 34°].

L'*influence de la proximité de la mer sur la régulation de la température*, et par suite l'influence de la quantité de vapeur d'eau répandue dans l'air, se manifeste ici d'une manière évidente, comme nous l'avons indiqué déjà (page 830).

L'*altitude* du lieu ne doit pas être négligée, puisque la raréfaction de l'air a pour conséquence la diminution de la masse gazeuse qui fait office de magasin pour la chaleur solaire.

Répartition de la chaleur dans la profondeur de l'écorce terrestre. Mesure approximative de l'épaisseur de cette écorce.

— A mesure qu'on creuse le sol, on fait les remarques suivantes :

1° A partir de la surface, on doit pénétrer jusqu'à une profondeur d'environ 30 mètres pour y trouver une couche dont la température est *constante*, indépendante des variations de température de la surface.

Un thermomètre, placé depuis 1783 dans les caves de l'Observatoire de Paris, à une profondeur de 27^m60, y indique une température constante de $11°8$, peu différente de la moyenne annuelle $10°8$.

2° A partir de cette zone à température constante, le thermomètre accuse, à mesure qu'on pénètre plus avant dans le sol, une augmentation moyenne de 1° par 32 mètres de profondeur (*degré géothermique*).

Mesure du degré géothermique. — Le puits artésien de Grenelle à Paris présente une profondeur de 548 mètres, la température de l'eau qui s'en échappe est de 27°7 ; quel est le degré géothermique en ce point ?

On sait qu'à une profondeur de 27^m60, à Paris, la température constante est de 11°8 ; la variation de température avec la profondeur, à partir de cette zone, est donc de $27°7 - 11°8 = 15°9$, pour une profondeur de $548^m - 27^m6 = 520^m4$.

Le degré géothermique vaut donc : $\dfrac{520^m4}{15.9} = 32^m7$.

La mesure du degré géothermique peut être effectuée en tout lieu où l'on pratique des sondages (puits de mines).

Si l'on suppose le degré géothermique invariable, on voit que la température sera :

de 1000° à 32000 mètres ou 32 kilomètres de profondeur;
de 3000° à 32 × 3 = 96 kil. ou à 100 kilomètres environ.

Or, à 3000°, tous les corps connus sur le globe sont fondus, sauf le charbon (3500°); donc *l'écorce terrestre présente une épaisseur approximative de 100 kilomètres,* soit $\frac{1}{63}$ du rayon terrestre.

Conclusions. — 1° *Le noyau central du globe est fluide.*

2° *L'écorce terrestre,* de faible épaisseur relative, *est essentiellement déformable sous l'influence de la contraction lente et continue éprouvée par le noyau central qui rayonne de la chaleur vers l'espace.*

Densité moyenne de la Terre et des éléments composant l'écorce terrestre. — On a pu évaluer à 5,5 la densité moyenne du globe. Or, la densité de l'eau de mer est 1,03; celle de la plupart des roches connues est comprise entre 2 et 3; les roches composant le noyau central ont donc une densité beaucoup plus élevée, comparable à celle des métaux.

D'ailleurs, les roches en fusion rejetées actuellement par les volcans sont lourdes et riches en composés du fer dont l'oxydation est incomplète.

La structure et la composition chimique des roches composant l'écorce terrestre sont étudiées plus loin d'une manière spéciale.

§ 3. — NOYAU CENTRAL

Le noyau central du globe n'est pas directement accessible à nos investigations. Nous avons pu cependant dégager des considérations précédentes ce fait que *le noyau central est composé de matières fondues;* d'autre part, l'étude ultérieure des laves actuelles, rejetées par quelques fractures de l'écorce terrestre, nous permettra de connaître certains des éléments chimiques qui ie constituent.

CHAPITRE II

NOTIONS SUR LES PRINCIPALES ROCHES

Roches éruptives. Roches sédimentaires. — Les masses minérales ou *roches*, constituant l'écorce terrestre, diffèrent par leur mode de formation qui retentit sur leur aspect, leur structure, leur consistance, etc.

On peut les diviser en 2 catégories principales :

1° les *roches massives* ou *éruptives;* 2° les *roches sédimentaires*.

Roches éruptives. — Les roches éruptives, issues du noyau central, sont passées directement, par refroidissement, de l'état liquide (roches fondues ou *ignées*), à l'état solide. Tels sont : les *granites*, les *porphyres*, les *trachytes*, les *laves*, etc.

On décèle, sur la cassure récente de ces roches *compactes*, des *cristaux* visibles à l'œil nu, à l'aide de la loupe ou du microscope.

Roches sédimentaires. — Les roches sédimentaires ont pour origine la désagrégation des roches éruptives par les eaux agitées à la surface du globe. Les résidus de cette désagrégation, les *sédiments*, d'abord en suspension dans les eaux agitées, se sont accumulés peu à peu dans des eaux plus calmes (mers profondes, golfes, lacs), en formant des couches successives (*strates*), parfois superposées horizontalement comme au moment de leur dépôt, le plus souvent bouleversées. Tels sont : les *sables*, les *argiles*, certains *calcaires*.

La *disposition stratifiée* des roches sédimentaires est un de leurs principaux caractères. Il en est un autre également important : la présence des *fossiles*.

L'apparition de l'eau à la surface du globe a permis le développement

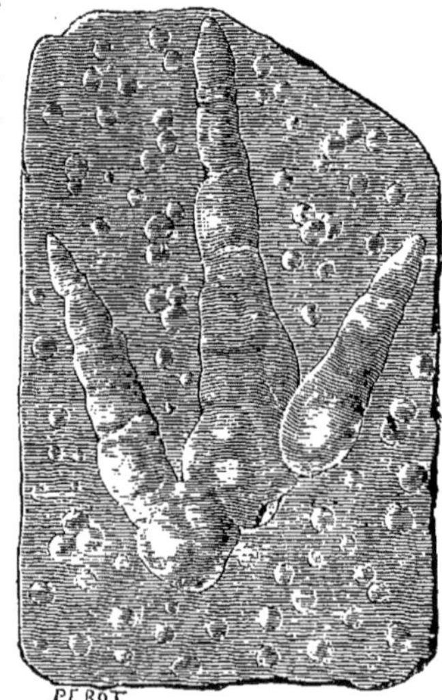

Fig. 900. — Traces de pas de *Brontozoum giganteum* et impressions de gouttes de pluie sur la vase (Empreintes fossiles).

et la multiplication des êtres vivants; on doit donc s'attendre à découvrir : soit ces êtres dont les parties dures tout au moins ont été conservées entières ou par fragments : soit même leurs traces, leurs empreintes au sein des roches sédimentaires (fig. 900).

En un mot, *les roches sédimentaires renferment des* **fossiles** *qu'on ne décèle jamais,* et pour cause, *au sein des roches éruptives.*

Roches cristallophylliennes. Roches d'origine organique. — Aux deux catégories de roches précédentes, il convient d'en ajouter une 3e : les **roches cristallophylliennes** qui leur sont intermédiaires, se rapprochant des roches éruptives par leur structure cristalline et des roches sédimentaires par leur aspect stratifié ; nous en verrons plus loin la raison. Ce sont : les *gneiss*, les *micaschistes*, etc.

Enfin certaines **roches** dites **organiques** sont dues exclusivement à des organismes autrefois vivants, dont les débris ou les

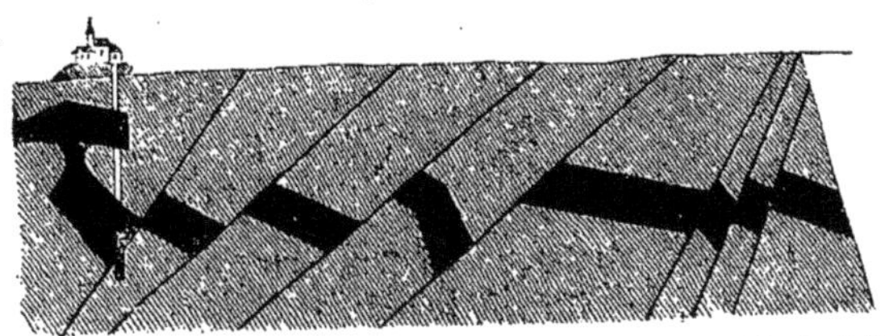

Fig. 901. — Dislocation d'une couche de houille par une série de failles.

productions squelettiques ont formé des dépôts importants (fig. 901). De ce nombre font partie : le graphite, la houille, les lignites, la tourbe, etc., parmi les *roches d'origine végétale;* les récifs madréporiques, la craie à Foraminifères, le tripoli, etc., parmi les *roches d'origine animale.*

I. — ROCHES ÉRUPTIVES

Leurs éléments fondamentaux. — Depuis l'origine de l'écorce solide du globe, le noyau central n'a cessé de se contracter par refroidissement ; l'écorce, ayant préalablement recouvert une étendue superficielle plus grande qu'elle ne devait l'être par la suite, a dû se *plisser;* avec ces plissements se sont produites des *fractures* d'abord larges, plus réduites aujourd'hui, par lesquelles s'est échappée et s'échappe encore une partie du noyau central.

Ce noyau étant fluide, les éléments qui le composent y sont superposés par ordre de *densités croissantes de la périphérie au centre.* Les roches éruptives les plus anciennes ont pris naissance aux dépens des *matériaux les moins denses qui sont,* en même temps, *le plus facilement solidifiables.*

Ces éléments sont :

 la **silice** ou *acide silicique,* parfois libre, pure et cristallisée (fig. 902), connue sous le nom de *cristal de roche* ou *quartz;*

Tableau LIII

NOTIONS SOMMAIRES SUR LES PRINCIPALES ROCHES

ROCHES.

éruptives. Issues du noyau central, elles sont parvenues souvent jusqu'à la surface de la Terre. Ex.: Granite.

sédimentaires. Elles résultent de la désagrégation des roches éruptives par les eaux. Ex. : Argile.

cristallophylliennes dues à des fusions et des solidifications successives des roches profondes (sédimentaires ou éruptives). Ex.: Gneiss, Micaschiste.

d'origine organique dues aux animaux. Ex.: Récifs coralligènes. — végétaux. Ex.: Anthracite, Houille, Lignite, Tourbe.

I. ROCHES ÉRUPTIVES. — Classification.

Éléments fondamentaux principaux. Quartz, Feldspaths, Micas, Amphiboles, Pyroxènes, Péridot.

R. granitoïdes
à texture *granitique* — acides = Granite, Granulite, Pegmatite. neutres = Syénite. basiques = Diorite, Diabase.
à texture *porphyrique* = Porphyres.

R. trachytoïdes neutres = Trachytes, Andésites. basiques = Basaltes. } Laves.

R. vitreuses acides = Pechstein. neutres = Obsidienne, Ponce.

II. ROCHES SÉDIMENTAIRES. — Classification.

Éléments fondamentaux principaux. Silice, Argile, Calcaire.

R. siliceuses
d'origine détritique — meubles = Sables. agglomérées — Conglomérat (Poudingue, Brèche). Grès (Quartzite).
d'origine chimique = Silex, Meulière, Geysérite.
d'origine organique = Tripoli.

R. argileuses Kaolin, Argile plastique, Argile smectique, Ocres, Phyllades ou Schistes (Ardoises), Gaize.

R. calcaires
d'origine chimique = Tuf, Travertin, Calcaire oolithique.
d'origine organique — Craie, Calcaire grossier. Calcaires anciens cristallins.
Dolomie, Marne.

Autres roches d'origine chimique: Sel gemme, Gypse, Anhydrite.

les *oxydes d'aluminium, de potassium, de sodium, de calcium*, puis les *oxydes de fer* et *de magnésium*, bases qui se sont unies à l'acide silicique pour former des *silicates* divers, plus ou moins complexes.

Les plus importants de ces silicates sont :

FIG. 902. — Groupe de cristaux de quartz.

les *feldspaths*, composés de silicate d'aluminium combiné au silicate de potassium, de sodium ou de calcium ;

les *micas*, silicates complexes d'aluminium, de potassium, de fer et de magnésium ;

les *amphiboles* et les *pyroxènes*, silicates de magnésium, de calcium et de fer, le *péridot*, silicate de magnésium presque pur.

Les feldspaths et les micas sont les seuls, parmi ces minéraux qui renferment toujours le silicate d'aluminium *peu dense et très difficilement fusible*.

Quartz. — Le quartz ou cristal de roche est de la *silice pure* entièrement cristallisée sous forme de prismes hexagonaux souvent couronnés par des pyramides hexagonales (fig. 903) ; ces cristaux ont la transparence du verre. Le quartz a pour densité 2,65 ; il raye le verre, l'acier. Il est insoluble dans l'eau et inattaquable par les acides, sauf l'acide fluorhydrique.

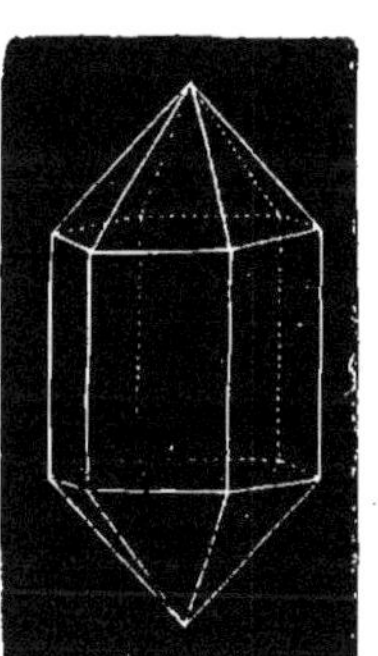

FIG. 903. — Quartz. Prisme hexagonal terminé par 2 pyramides hexagonales.

Le quartz présente diverses nuances quand des matières étrangères s'y trouvent contenues : le *quartz enfumé* est noirâtre, presque opaque parfois à cause de particules charbonneuses ; le *quartz améthyste* doit sa coloration violette à des traces d'oxyde de manganèse : le *quartz brun* contient un peu d'oxyde de fer.

Le quartz amorphe est le *silex*.

On appelle *calcédoine* ou *agate* un mélange de quartz cristallisé et de quartz amorphe composé fréquemment de zones successives, plus ou moins parallèles et diversement colorées. On en fait de beaux camées en joaillerie.

La silice hydratée, disposée en masses mamelonnées, porte le nom d'*opale;* l'une des principales variétés est la *geysérite*.

Feldspaths. — Les feldspaths sont des silicates doubles, parfois plus complexes, *renfermant toujours du silicate d'aluminium* auquel est combiné du silicate de potassium, de sodium ou de calcium.

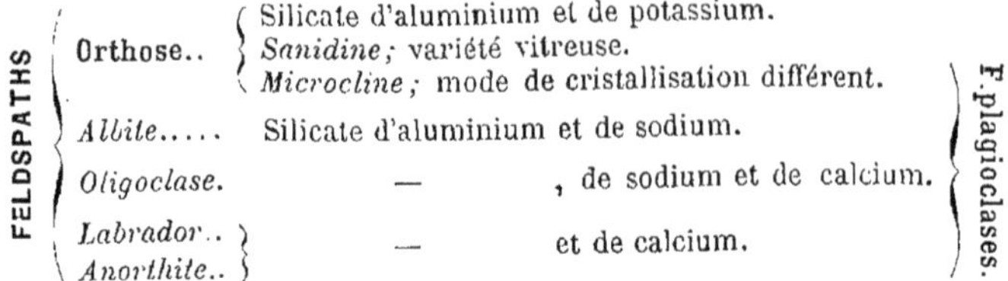

Les cristaux de feldspath se divisent en lames parallèles, sous le choc du marteau; ils se *clivent*. Les 2 directions de clivage sont *à angle droit* chez le feldspath *orthose;* elles forment un angle différent de 90°, elles sont *obliques* chez les feldspaths *plagioclases*.

Les cristaux de feldspath sont blancs, rose-chair ou grisâtres, moins durs que l'acier; ils s'altèrent à la longue sous l'influence de l'eau acidulée par l'acide carbonique.

L'orthose est altéré par l'eau dont l'acide carbonique (CO_2) transforme le silicate de potassium en carbonate de potassium soluble; le silicate d'aluminium isolé est une argile pure appelée *kaolin*[1], mélangée de silice comme l'indique la réaction suivante :

Orthose. { Silicate d'aluminium.......... Silicate d'aluminium (Kaolin).
            { Silicate de potassium $+ CO_2$.. { Silice.
                                               { Carbonate de potassium soluble.

Micas. — Les micas sont des silicates d'*aluminium*, de potassium, de fer et de magnésium, parfois riches en fluor. Ce sont des minéraux composés de minces feuillets élastiques, superposés et *brillants*, ordinairement réduits à de fines lamelles hexagonales. Plus un mica est ferrugineux, plus il est coloré.

Les principales variétés de mica sont : le *mica noir* ou *biolite*, ferro-magnésien ; le *mica blanc* ou *muscovite*, riche en potasse.

Remarque. — Les feldspaths et les micas ont une densité inférieure à 2,7 ; leur richesse en silice les a fait appeler *roches acides*.

Amphiboles. — Les amphiboles sont des silicates de magnésium, de calcium et de fer, dans lesquels *la magnésie prédomine sur la chaux*. La variété la plus commune en est l'*Hornblende*, d'un noir verdâtre, riche en oxyde de fer et renfermant un peu d'alumine.

Pyroxènes. — Ils diffèrent des amphiboles par la *prédominance de la chaux sur la magnésie*. La principale variété en est l'*Augite*, comparable à l'*Hornblende* en ce qu'elle renferme aussi beaucoup d'oxyde de fer magnétique et un peu d'alumine.

1. Des gisements importants de kaolin existent à Saint-Yrieix (France), et dans la Saxe ; ceux de Saint-Yrieix sont exploités pour la fabrication de la porcelaine de Sèvres.

Péridot. — Sous ce nom sont rangés les silicates de magnésium dont le principal, appelé *Olivine* à cause de sa couleur verte, est du silicate de magnésium presque pur

Remarque. — Les amphiboles, les pyroxènes et le péridot ont une densité égale ou supérieure à 3 ; ils sont pauvres en silice : d'où leur nom de *roches basiques* (roches lourdes) ; leur oxyde de fer est l'*oxyde magnétique,* noirâtre et moins oxygéné que le sesquioxyde rougeâtre ou *fer oligiste*, contenu dans les roches acides. Aussi les roches qui contiennent ces éléments basiques sont-elles en général de couleur plus sombre que celles qui renferment les éléments acides.

On appelles *roches neutres* celles qui contiennent de 50 à 65 p. 100 de silice.

PRINCIPALES ROCHES ÉRUPTIVES

Nous classerons les principales roches éruptives en nous basant sur leur *état* et leur *texture*.

Une roche éruptive entièrement composée de cristaux est dite à l'**état granitoïde.** Sa *texture* est *granitique* si les éléments en sont largement cristallisés (fig. 904) ; si quelques éléments sont des cris-

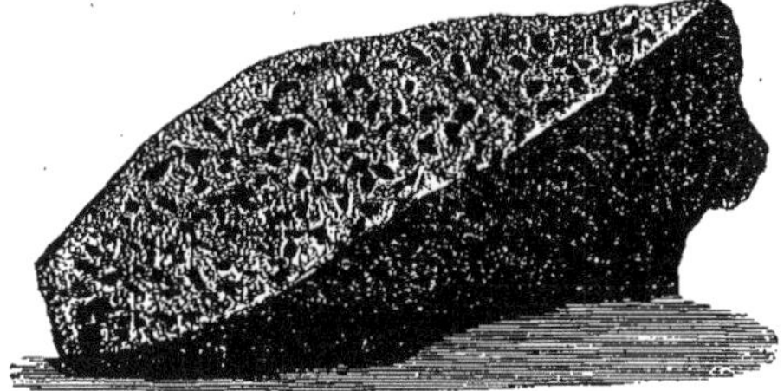

Fig. 904. — Granite (les parties noires représentent les cristaux de mica non orientés).

taux bien développés, noyés dans une pâte finement cristallisée, la *texture* de la roche granitoïde est *porphyrique* (fig. 905).

Si une roche éruptive renfermé des cristaux microscopiques (*microlithes*) noyés dans une pâte amorphe, elle est à l'**état trachytoïde** (fig. 906).

Fig. 905. — Porphyre.

Une roche éruptive formée de matière amorphe est à l'**état vitreux.**

I. *Roches éruptives granitoïdes.* — Celles dont la **texture** est granitique sont : le *granite*, la *granulite*, la *pegmatite* (roches acides), la *syénite* (roche neutre), la *diorite*, la *diabase* (roches basiques).

Les roches granitoïdes à **texture porphyrique** sont : les *porphyres quartzifères* et *pétrosiliceux*.

Granite. — *Le granite est formé de cristaux de quartz, de feldspath et de mica*[1].

Le mica noir a cristallisé d'abord en fines lamelles hexagonales orientées en tous sens ; puis se sont formés les cristaux de feldspath oligoclase et de feldspath orthose dans une pâte siliceuse qui s'est solidifiée à son tour (quartz) en cimentant les cristaux primitivement formés.

Fig. 906. — Trachyte vu au microscope (gr. 60), *sa*, sanidine ; *y y*, pyroxène augite ; *ol*, oligoclase ; *m*, microlithes.

Le granite est dit à *grain fin* quand les divers cristaux sont à peu près d'égale dimension (granite de Vire et de Bretagne, fig. 904) ; il est dit *porphyroïde* quand les cristaux de feldspath sont beaucoup plus volumineux que les autres [granite de Cherbourg (Manche) et de Gelles (Puy-de-Dôme)].

Le granite est employé comme pierre de construction, pour le pavage des rues, le dallage des trottoirs. Il s'altère à la longue à cause de l'action de l'eau sur le felsdspath et le mica (*Voir page* 839).

Granulite. — C'est un granite à *grain fin* renfermant, outre le mica noir, du *mica blanc* et du quartz en petits cristaux bipyramidés. Il a une couleur rose-chair (granulite du Limousin, du Morvan, du Mont-Saint-Michel).

Pegmatite. — Cette roche est une granulite où le mica blanc est rassemblé en certains points en lames hexagonales empilées, parfois radiées (mica palmé). Le quartz, ayant cristallisé dans le feldspath, forme des taches grises sur la cassure des cristaux de feldspath blanc ou rose.

Une variété de pegmatite est dite *pegmatite graphique*, à cause des caractères hébraïques que forme le quartz fiché dans le feldspath, sur une section transversale bien polie.

---

1. On trouve parfois du granite renfermant de l'amphibole associé ou substitué au mica ; c'est le *granite à amphibole* de Syène (Égypte).

Remarque. — Les roches granitiques précédentes forment des *masses importantes* en France : dans le Plateau Central, la Bretagne, le Cotentin, les Alpes et les Pyrénées.

Syénite. — La syénite est une roche neutre à structure granitique, *sans quartz*, où domine le feldspath orthose rose, associé à l'*amphibole hornblende* d'un vert très foncé. L'amphibole s'est substituée totalement ou en partie au mica noir (syénite des Vosges).

Diorite. — Tandis que le feldspath orthose caractérise la syénite, c'est un *feldspath plagioclase* blanc qui, dans la diorite, est associé à l'*amphibole*. Cette roche est assez commune en Bretagne et dans les Vosges.

Diabase. — La diabase est composée d'un *feldspath plagioclase* blanc associé au *pyroxène augite* vert-foncé : ce dernier caractère distingue la diabase de la diorite. Son grain est généralement très fin (diabase du Cotentin et de Bretagne).

Remarque. — La diorite et la diabase forment des *filons* enclavés dans les terrains anciens.

Porphyres. — Les porphyres ont ordinairement l'aspect d'une pâte au milieu de laquelle sont inclus des cristaux plus ou moins volumineux (fig. 905); l'examen microscopique d'une lame mince taillée dans un porphyre montre que la pâte, en apparence amorphe, est elle-même formée de très petits cristaux.

Les porphyres ont cristallisé en 2 temps : dans la 1re période se sont formés les grands cristaux; puis est survenu un assez brusque refroidissement qui a déterminé la consolidation du reste de la masse fluide.

On distingue 2 sortes principales de porphyres :

1° les *porphyres quartzifères* où de grands cristaux de feldspath et de grains de quartz sont nettement visibles au milieu de la pâte;

2° les *porphyres pétrosiliceux* où la masse est homogène en apparence, sans gros cristaux visibles à l'œil nu.

Les porphyres se présentent en *nappes* ou en *filons*, particulièrement abondants dans le Plateau Central (Morvan, environs de Roanne à l'E., et de Brives à l'O.).

II. *Roches éruptives trachytoïdes*. — Les principales roches trachytoïdes sont : les *trachytes*, les *andésites* (roches neutres), les *basaltes* (roche basique) et les *laves*. Ces roches ont une *origine volcanique*.

Trachyte. — Le trachyte est une roche grise, *rude au toucher*, formée d'une pâte microlithique où sont enclavés de gros cristaux craquelés de *sanidine* (fig. 906). Le feldspath orthose domine dans cette roche où l'on trouve aussi une assez forte proportion d'oxyde de fer magnétique (trachyte du Plateau Central : pic de Sancy, plomb du Cantal).

On appelle *domite* une variété poreuse de trachyte constituant le Puy-de-Dôme. La *phonolithe*, variété compacte au contraire, se débite en plaques *sonores* au mont Dore et au mont Mézenc où elle est utilisée pour couvrir les toits.

Andésite. — Cette roche diffère du trachyte par la prédominance d'un feldspath plagioclase. Elle tire son nom de la chaîne des Andes où on la rencontre abondamment.

Basalte. — On appelle ainsi une roche noire, compacte, dont la *pâte microlithique, riche en oxyde magnétique de fer, englobe des cristaux de péridot* (olivine) et de pyroxène augite. Les microlithes sont formés de feldspath plagioclase (labrador ou anorthite). Le basalte dévie l'aiguille aimantée. Il forme d'importantes coulées dans le Plateau Central : Cantal, Puy-de-Dôme et Haute-Loire.

Les coulées de basalte, en se refroidissant, se sont contractées et divisées en colonnes prismatiques hexagonales dont les axes sont perpendiculaires aux

Fig. 907. — Colonnes prismatiques de basalte dans la grotte de Fingal (Ile Staffa, Écosse).

surfaces de refroidissement (*orgues* de Murat, de Saint-Flour et d'Espaly, grotte de Fingal dans l'île Staffa, Écosse, fig. 907).

Lave. — La lave est la matière liquide rejetée par les volcans actuels. Les laves ont une composition variable non seulement avec les volcans qui les émettent, mais aussi pour un même volcan, avec le niveau où elle sort du cratère.

Les unes sont grises comme les trachytes (Ischia), les autres noires comme des basaltes (Vésuve, Etna, Santorin).

La lave du Vésuve renferme du péridot; celle de l'Etna n'en renferme pas.

III. *Roches éruptives vitreuses.* — Les matériaux dont sont formées certaines des roches précédentes ayant subi un brusque refroidissement lors de leur émission ont pris l'*état vitreux* en se solidifiant. Les principales roches vitreuses sont : le *Pechstein* (roche acide), l'*Obsidienne* et la *Ponce* (roches neutres).

Pechstein (Rétinite). — C'est un verre porphyrique, brun ou vert foncé, d'éclat résineux, à cassure conchoïdale; il est pénétré de quelques cristaux de sanidine, de plagioclase, de quartz, etc. Monts de l'Esterel en France.

Obsidienne. Ponce. — Encore appelée **verre des volcans**, l'obsidienne est le type vitreux compact et noirâtre des trachytes et des andésites; on y trouve inclus de petits cristaux de sanidine. Mont Dore; Islande.

On appelle *pierre ponce* une obsidienne spongieuse, grisâtre, dont la solidification a été accompagnée d'un abondant dégagement de vapeurs.

II. — ROCHES SÉDIMENTAIRES

Leurs éléments fondamentaux. — Les principaux de ces éléments sont : la *silice*, l'*argile* et le *calcaire*.

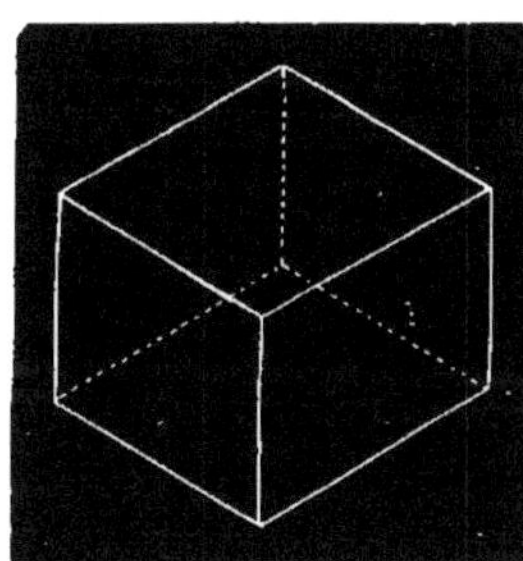

FIG. 908.
Spath d'Islande (rhomboèdre).

Silice. — Les propriétés de la silice pure ont été exposées au sujet de l'étude du quartz (page 838).

Argile. — L'argile ou *terre glaise* est composée de silicate d'alumine hydraté; *elle forme avec l'eau une pâte liante,* plastique, c'est-à-dire qu'on peut mouler (statues); fortement tassée à cet état avec un pilon au fond des bassins, des citernes, *l'argile est imperméable,* c'est-à-dire que l'eau ne peut la traverser. Elle se laisse rayer par l'ongle, happe à la langue et ne fait pas effervescence avec les acides (pas de dégagement de gaz). Chauffée fortement, l'argile perd l'eau qu'elle renfermait et devient très dure (briques, tuiles).

Quand des blocs d'argile sont longtemps soumis à l'action d'eaux agitées, ils se réduisent en un sédiment d'une finesse extrême qui se dépose très lentement dans une eau calme, mais beaucoup plus rapidement dans une eau salée comme l'eau de mer.

L'argile est un élément essentiel de la terre végétale qui, grâce à sa présence, conserve l'humidité. C'est aussi la matière première employée par les industries céramiques (poteries).

Calcaire. — Le calcaire ou *carbonate de calcium* se distingue des éléments qui précèdent en ce qu'*il est facilement attaquable par les acides* ; il fait *effervescence* : si l'on verse un peu d'acide chlorhydrique sur un morceau de craie, aussitôt se dégagent de nombreuses bulles de gaz carbonique.

$$CO^3Ca + 2HCl = CaCl^2 + H^2O + CO^2.$$

L'acier raye le calcaire ; la chaleur le décompose en *chaux vive* et en gaz carbonique qui se dégage.

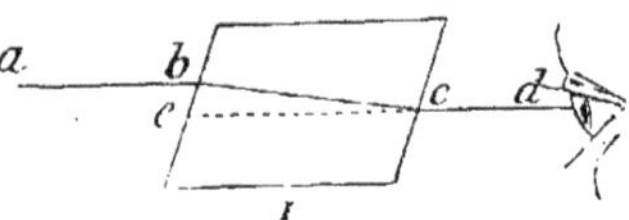

La chaux vive, mise au contact de l'eau, se combine avec elle, se délite et forme la *chaux éteinte* ; cette combinaison est accompagnée d'un grand dégagement de chaleur.

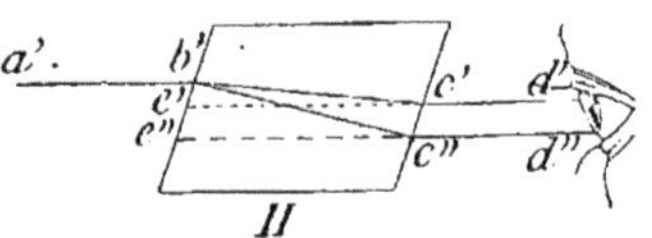

Le calcaire se dissout en petite quantité dans l'eau chargée de gaz carbonique ; les animaux et les plantes peuvent se l'assimiler ainsi.

La plupart du temps, le calcaire est amorphe ; il peut aussi se présenter en cristaux ; sous la forme rhomboédrique c'est le *spath d'Islande* (fig. 908) ; sous la

Fig. 909. — Figure montrant la réfraction simple d'un rayon lumineux *ab* traversant un rhomboèdre de verre (I), et la *double réfraction* d'un rayon lumineux *a'b'*, traversant un rhomboèdre de spath (II) ; l'œil perçoit une seule image, *c*, en I ; il perçoit deux images, *c'*, *c''*, en II.

forme prismatique, c'est l'*aragonite* [2].

PRINCIPALES ROCHES SÉDIMENTAIRES.

Nous les diviserons en : *roches siliceuses*, *roches argileuses* et *roches calcaires*.

Cette division a le mérite de la simplicité, mais elle n'est pas parfaite : ainsi une roche peut être à la fois calcaire et siliceuse (certains grès), à la fois calcaire et argileuse (marnes), etc. Afin d'éviter de nombreux renvois, nous envisagerons à la suite de chaque sorte de roche celles de même nature qui ont une origine *chimique* ou une origine *organique*.

I. *Roches siliceuses*. — On les divise en roches meubles et en roches agglomérées.

---

1. Un rhomboèdre est un parallélipipède limité par 6 faces losangiques égales. Le spath d'Islande jouit de la propriété de la *double réfraction*, c'est-à-dire qu'en regardant une aiguille, un trait, à travers un cristal pur de spath, on voit 2 aiguilles, 2 traits (fig. 909).

2. L'aragonite tire son nom de la province d'Aragon (Espagne) où l'on en a trouvé de beaux échantillons.

1° **Roches meubles**. — Au bord de la mer (fig. 910), dans les régions granitiques (Cotentin, Bretagne), on trouve des débris qui, par ordre de grosseurs décroissantes, sont des *galets*, des *cailloux roulés*, des *sables grossiers* et des *sables fins* (ces derniers

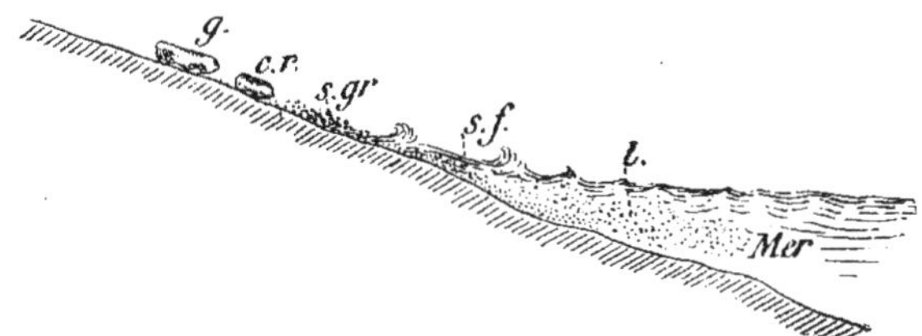

Fig. 910. — Position relative des éléments résultant de la désagrégation des roches granitoïdes, rejetés par la mer sur le rivage. *g*, galets ; *c.r.*, cailloux roulés ; *s. gr.*, sable grossier ; *s.f.*, sable fin ; *l*, limon en suspension dans l'eau.

sont entraînés par le reflux des vagues, au fond de la mer, tout au voisinage de la côte).

Les sables fins sont constitués par de petits grains de quartz irréguliers, souvent entremêlés de paillettes de mica et de débris de feldspath (dans ce cas, le sable est appelé *arène*).

2° **Roches agglomérées**. — Si les éléments meubles sont, à la longue, réunis, *cimentés* par un dépôt minéral dû aux eaux

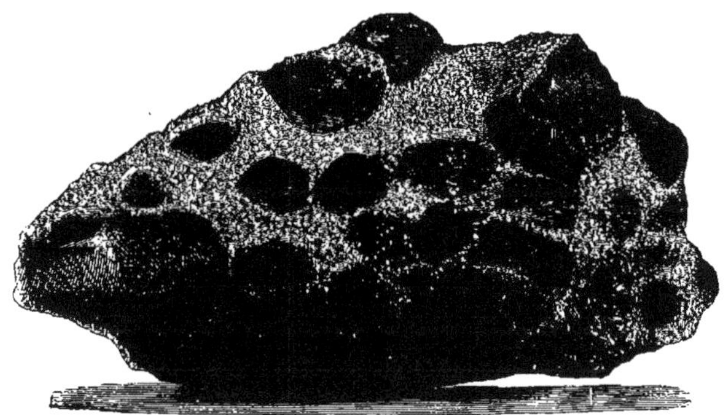

Fig. 910 *bis*. — Conglomérat.

d'infiltration, la roche compacte ainsi obtenue s'appelle *conglomérat* ou *grès*.

Un *conglomérat* (fig. 910 *bis*) résulte de l'agglomération de galets [*poudingue*] ou de cailloux anguleux [*brèche*].

Un *grès* résulte de la cimentation des grains de sable fin. On appelle *quartzite* un grès modifié par une pression considérable. Au microscope, dans les grès ordinaires, le quartz apparaît en grains arrondis à contours nets et non engrenés les uns dans les autres, comme cela se voit dans les quartzites.

Le grès est *quartzeux* quand il est formé de grains de quartz cimentés ; on appelle *psammite* un grès micacé.

Le ciment peut être siliceux, calcaire, argileux ou ferrugineux. Un *grès siliceux* est inattaquable par les acides ; sa cassure est brillante, lustrée (grès de Fontainebleau). — Quand le ciment est calcaire, il est attaqué par les acides : un fragment de grès calcaire, traité dans un verre, donne une effervescence avec dégagement de CO_2, tandis que les grains de quartz, devenus indépendants, tombent au fond du verre (grès de Beauchamp). — Le ciment des *grès psammites* est souvent argileux. — Quand les grains de sable sont agglomérés par de l'oxyde de fer, le *grès* est dit *ferrugineux* et sa couleur est ordinairement rouge ou jaune.

Roches siliceuses dues à des dépôts chimiques. — A divers niveaux, dans les falaises crayeuses qui forment le littoral du département de la Seine-Inférieure, on trouve des cordons de *silex* alignés suivant le sens de la stratification de la craie blanche.

Le *silex* est un amas compact de silice (calcédoine), de couleur variée, dur, faisant feu sous le choc de l'acier (pierre à fusil, pierre à briquet).

On trouve souvent des fossiles englobés dans les rognons de silex. Ces derniers sont dus, en effet, à l'agglomération lente autour de certains points, dans la masse crayeuse plus ou moins récemment déposée, de la silice qui y était dispersée (test de Radiolaires, spicules d'Éponges et de Polypes, etc.).

Les *meulières* sont des dépôts caverneux en général, des silex criblés de cavités, parfois compacts, très répandus dans la Brie et la Beauce[1].

La meulière compacte de la Ferté-sous-Jouarre sert à faire des meules de moulin.

La *geysérite* est de la silice hydratée déposée par les eaux chaudes des geysers.

Roches siliceuses d'origine organique. — Le *tripoli* (*farine fossile*) est un sable à grain très fin, dû à l'accumulation des carapaces siliceuses de Diatomées (fig. 911).

Le tripoli est employé pour le nettoyage des objets métalliques, et la fabrication de la dynamite.

---

1. *La formation des meulières est due à une décalcification de calcaires préalablement pénétrés d'infiltrations siliceuses.* Une eau siliceuse s'infiltre dans un calcaire fissuré et y dépose la silice dont elle est chargée ; cette silice forme un réseau, un tissu caverneux, englobant le calcaire dans ses mailles. Si, par la suite, la roche ainsi constituée est soumise à de nouvelles infiltrations d'eau chargée de CO_2, le calcaire sera plus rapidement dissous, la *décalcification* de la roche aura pour conséquence une meulière. Telles sont : la *meulière de Montmorency* formée aux dépens du calcaire de Beauce et la *meulière de la Ferté-sous-Jouarre* formée aux dépens du calcaire de Brie.

II. *Roches argileuses.* — Les argiles proviennent de la décomposition des feldspaths et d'autres silicates.

Elles paraissent être, d'après M. Schlœsing, un mélange de sable dénué de cohésion et d'une *argile colloïdale* qui agrège ce sable. Une argile est, d'après l'éminent chimiste, d'autant plus grasse, d'autant plus plastique, qu'elle renferme plus de substance colloïdale; cette dernière en suspension dans l'eau est très rapidement précipitée, *coagulée*, par l'addition d'un sel calcaire notamment.

Fig. 911. — Diatomées vues au microscope.

La plus pure de toutes ces roches est le *kaolin*, étudié précédemment (page 839).

L'*argile plastique* fait avec l'eau une pâte liante, employée pour le *modelage*, la fabrication des poteries et des briques réfractaires (Issy, Vanves).

L'*argile smectique* ou *terre à foulon*, grise ou verte, est difficile à délayer dans l'eau; elle a pour propriété d'absorber les matières grasses : aussi l'emploie-t-on au nettoyage, au *foulonnage* des étoffes de laine.

Certaines argiles sont ferrugineuses, de couleur rouge, jaune ou noire, variable avec l'hydratation de l'oxyde de fer; ce sont : les *ocres* (rouge ou jaune) et la *terre de Sienne* (noire).

On appelle *gaize* une argile sursaturée de silice. La gaize est abondante dans les Ardennes et le bassin de Paris. La silice provient de la destruction des spicules d'Éponges et du test des Radiolaires aux dépens desquels la roche légère s'est partiellement formée.

Parmi les dépôts argileux anciens, on en trouve qui se débitent par feuillets parallèles ; on les appelle *schistes* ou *phyllades*[1]. Les *ardoises* sont des phyllades à grain fin, capables de se débiter en lames minces.

III. *Roches calcaires.* — Roches calcaires d'origine chimique.

— Une eau de source ou l'eau de mer peut renfermer du carbonate de calcium dissous grâce à la présence de gaz carbonique. Par évaporation ou par le dégagement de CO_2, le carbonate se dépose (fig. 913) et donne des *tufs*, des *travertins* (roches caverneuses), du *calcaire oolithique* (formé de grains arrondis, gros comme des œufs de poisson et constitués par des couches concentriques)[2], de la *craie* à la formation de laquelle participent surtout les débris organiques.

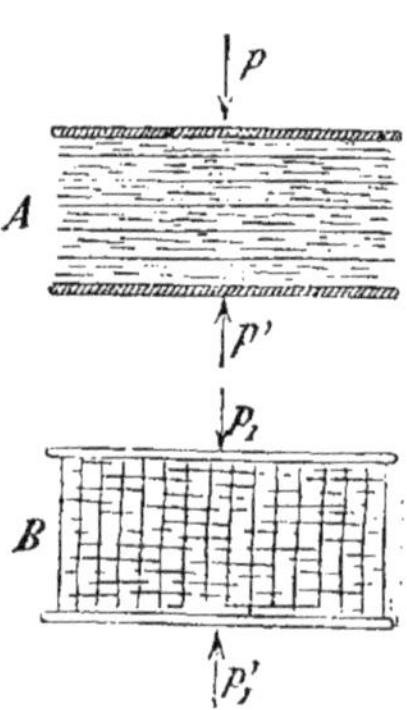

Fig. 912. — Effets produits par la pression sur la schistosité des roches.

Roches calcaires d'origine organique.

— La *craie* est une roche blanche, friable, formée de grains amorphes de carbonate de calcium réunissant une foule de débris organiques (coquilles de Foraminifères, spicules d'Éponges, de Polypes ; fragments d'Échinodermes et de coquilles de Mollusques, etc.). La craie forme d'immenses dépôts en Normandie (falaises de la Manche), aux environs de Paris (blanc de Meudon), dans la Champagne, la Touraine, etc.

---

1. *Le sens de la schistosité est indépendant du sens de la stratification.*

M. Daubrée a réalisé des expériences probantes à ce sujet : il a montré, en outre, à quelle cause est due la *schistosité* (division en feuillets) d'une roche argileuse :

1° On dispose des couches parallèles ou *strates* d'argile entre 2 lames rigides (fig. 912, A) ; puis on exerce sur ces plaques une pression suivant *pp'*, normalement à la direction des strates ; l'argile se partage en feuillets de direction telle que le *plan de schistosité est parallèle au plan de stratification*.

2° On dispose des strates d'argile perpendiculairement aux lames rigides (B) ; quand on les soumet à la pression suivant *p₁ p'₁*, l'argile se divise encore en feuillets parallèles aux lames ; *le plan de schistosité est perpendiculaire au plan de stratification*.

La cause de ce phénomène est que l'argile pressée abandonne l'eau qu'elle renferme ; cette eau s'échappe suivant des courants perpendiculaires à la pression.

2. La formation des grains ou *oolithes* est due à la trituration, par les eaux agitées, des calcaires édifiés par les coraux (fig. 914). Ces calcaires, constamment battus par les vagues et roulés, se résolvent en *boues* qui demeurent en suspension dans l'eau pendant plus ou moins de temps ; l'eau, fortement chargée de calcaire dissous, s'évapore et détermine, autour de chaque particule boueuse, des dépôts concentriques de carbonate de calcium : chaque grain augmente de volume et de poids, tombe au fond de l'eau où il est cimenté avec les voisins par le précipité de calcaire qui couvre aussi le fond de la mer dans la région considérée.

La craie mélangée d'argile est dite *marneuse*; pénétrée de *nodules* de phosphate de calcium, elle est dite *noduleuse*; pénétrée d'hydrosilicate de fer et de potassium ou *glauconie*, elle est dite *glauconieuse*.

Le *calcaire grossier* résulte de l'accumulation des coquilles de Mollusques, en général assez bien conservées; c'est la pierre à

Fig. 913. — Formation de *travertins* dans le bassin inférieur du fleuve Gardine (Amérique

bâtir des environs de Paris, criblée de trous dus aux empreintes des coquilles.

Le *calcaire lithographique*, à grain très fin, susceptible d'un beau poli, est employé pour la gravure sur pierre[1].

1. Sur la surface *polie* de la pierre, on trace avec un crayon gras le dessin à reproduire, puis avec une éponge imprégnée d'eau acidulée on lave la pierre qui est attaquée seulement

Un certain nombre de calcaires anciens sont devenus *cristallins* : ce sont les *calcaires saccharoïdes* et les *marbres*.

Le *calcaire saccharoïde* est ainsi appelé parce que, formé de petits grains de spath associés, il présente la cassure du sucre

Les *marbres blancs de Paros et de Carrare* sont des calcaires saccharoïdes d'un blanc pur, propres à faire de magnifiques statues.

Les *marbres* sont des calcaires cristallins plus ou moins impurs. susceptibles d'un beau poli, qu'on peut tailler en plaques ou en

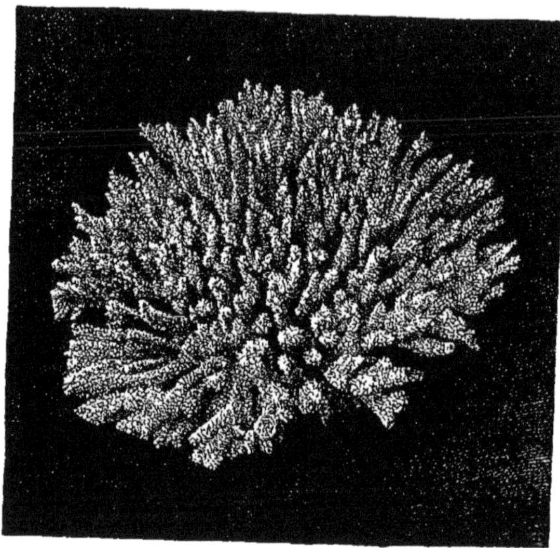

Fig. 914. — *Madrepora verrucosa.*

tables. Ils sont pénétrés de matières bitumineuses ou ferrugineuses, de coquilles, qui influent sur leur couleur et leur aspect.

Tels sont : le *marbre* noir *de Sainte-Anne*, en Belgique ; le *marbre griotte* de l'Aude, à fond brun parsemé de taches rouges ; le *marbre* rouge *des Pyrénées*, etc.

Ces marbres servent à la décoration des cheminées et des meubles, parfois à la construction ou l'ornementation des monuments publics.

On appelle *dolomie* un carbonate double de calcium et de magnésium qui forme de puissants massifs dans les Alpes du Tyrol.

aux points où manque la trace du crayon. Le dessin, mis en relief, retiendra seul l'encre d'imprimerie lorsqu'on passera sur la pierre lithographique un rouleau imprégné de cette encre. Il suffit, après cette opération, d'appliquer successivement une série de feuilles de papier sur la pierre, pour que le dessin y soit exactement reproduit.

Cette roche paraît due à la pénétration de la magnésie dans un calcaire primitif édifié par des coraux. Souvent la dolomie est caverneuse, parce que les eaux d'infiltration qui l'ont traversée, dissolvant moins rapidement le carbonate de magnésium que le carbonate de calcium, ont fait disparaître une partie de cette dernière substance et déterminé, dans la roche, des cavités hérissées ensuite de cristaux de dolomie.

IV. *Autres roches dues à des dépôts chimiques.* — Les principales sont le *sel gemme*, le *gypse* et l'*anhydrite*.

Le *sel gemme* ou *chlorure de sodium*, très soluble dans l'eau, se présente ordinairement dans le sol en amas lenticulaires enclavés entre des couches imperméables à l'eau (argiles, marnes). On en trouve d'abondants gisements en Lorraine (Dieuze, Vic, Varangeville), dans le Jura (Salins, Lons-le-Saunier); les plus riches d'entre eux sont ceux de Wieliczka en Galicie et de Paradj en Transylvanie (Autriche)[1].

Le *gypse* est du sulfate de calcium hydraté qui se laisse rayer par l'ongle; il ne fait pas effervescence sous l'action des acides; chauffé entre 115 et 130°, il perd son eau de cristallisation et donne le *plâtre*, en poudre blanche, capable de faire prise avec l'eau quand on l'y gâche.

Le gypse présente des aspects différents : *gypse saccharoïde, gypse fibreux, gypse en fer de lance, albâtre*, etc Il est abondant aux environs et sous le sol de Paris (Argenteuil, Montmorency, Montmartre), en Lorraine, en Autriche, etc., partout enfin où se trouvent des lentilles de sel gemme.

On a attribué ces dépôts de gypse et de sel gemme à l'évaporation de grandes mers intérieures aux époques géologiques qui ont précédé la nôtre, en se basant sur ce que l'eau de mer abandonne, dans les marais salants, du gypse, puis du sel marin, puis des sulfates, des chlorures et des bromures de magnésium et de potassium. Comme les dépôts salifères de la Lorraine ne renferment ni chlorure de magnésium, ni brome, ni iode, on pense que le gypse (de Lorraine tout au moins) est dû à la transformation des calcaires sous l'influence de sources sulfureuses ou sulfuriques.

L'*anhydrite* est du sulfate de calcium anhydre, plus dur que le gypse qu'il accompagne souvent.

V. *Autres roches d'origine organique*. — Outre la craie, les calcaires coralliens, les calcaires grossiers, le tripoli, etc..., existent des roches d'origine végétale très importantes à considérer : l'*anthracite*, la *houille*, le *lignite* et la *tourbe*, employés comme combustibles.

L'*anthracite* est un charbon compact, à éclat vitreux, bon conducteur de la chaleur, renfermant au plus 10 pour 100 de matières étrangères. Quand on le distille en vase clos, l'anthracite donne peu de gaz d'éclairage[2]; il brûle en dégageant beaucoup de

1. Voir les cours de chimie pour l'extraction du sel gemme et la préparation du plâtre par la cuisson du gypse.
2. Voir les cours de Chimie.

chaleur : de là son emploi pour le chauffage des locomotives en Amérique.

La *houille* est moins pure, en général, et moins compacte que l'anthracite ; elle renferme de 75 à 90 pour 100 de carbone, libre ou engagé dans certaines combinaisons organiques. Elle présente des variétés appelées *houilles grasses*, *houilles maréchales*, *houilles à gaz*, *houilles maigres*, suivant leur richesse en charbon et leur aptitude à donner plus ou moins de gaz d'éclairage quand on les distille en vase clos.

La houille forme des amas puissants en France (Nord et Pas-de-Calais, Plateau central), en Angleterre, en Belgique, en Allemagne, au Tonkin, etc.

Ces amas sont constitués par la superposition de couches à peu près parallèles, infléchies ou disloquées, d'allure variable avec les régions considérées (fig. 901), séparées par des bancs de schistes ou de grès. Les couches atteignent une épaisseur moyenne de 1 mètre ; certaines ont quelques centimètres seulement ; d'autres ont une puissance de 3 ou 4 mètres. Dans l'Aveyron, l'une d'elles a 50 mètres d'épaisseur.

La formation de la houille est due à la *décomposition lente* de

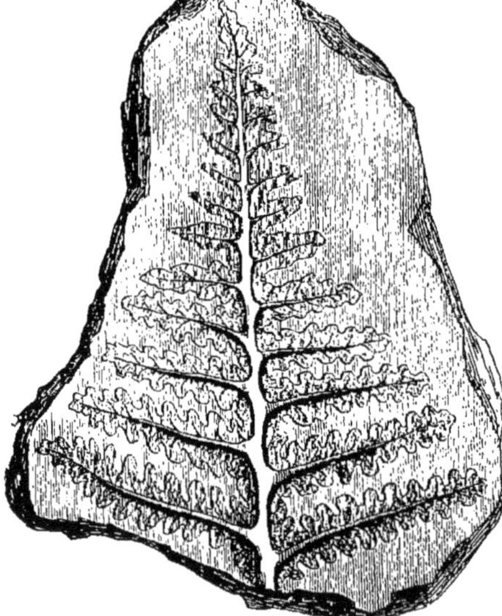

FIG. 915. — *Nevropteris.*

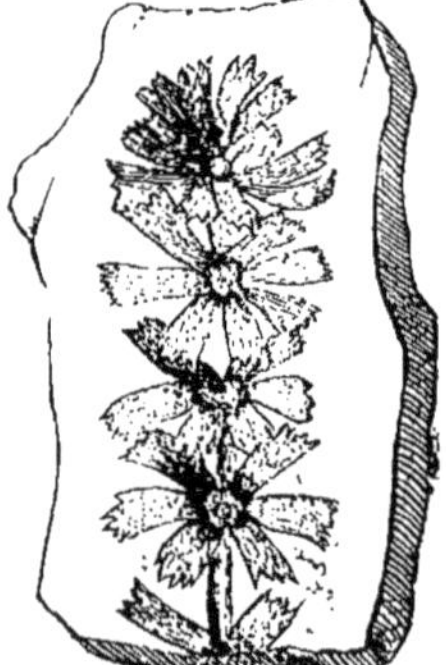

FIG. 916. — *Sphenophyllum annulatum.*

végétaux enfouis *à l'abri de l'air*, au fond de l'eau ou de la vase des marécages et des lacs.

Cette transformation a été obtenue expérimentalement de la manière suivante : on place des fragments de végétaux entre des gâteaux d'argile récemment pétrie dans l'eau ; les gâteaux doivent présenter quelque consistance. On presse le tout d'une façon progressive de manière à chasser tout l'air interposé, puis on cuit modérément : l'argile devient schiste; les fragments végétaux se transforment en houille.

Les empreintes de tiges et de feuilles que portent les schistes et les grès interposés (fig. 915 et 916), les débris organisés découverts dans la houille même, etc., sont autant de preuves de l'origine de la houille[1].

Le *lignite* est un charbon compact, terreux, brun et mat en général, de formation plus récente que la houille. Certaines variétés, noires et très dures, appelées *jais* ou *jayet*, susceptibles d'un beau poli, servent à la fabrication des bijoux de deuil. Les lignites des environs de Laon et de Soissons sont riches en pyrite de fer.

La *tourbe* est une variété de charbon excessivement impure, qui brûle mal en répandant beaucoup de fumée et une odeur infecte. Elle est plus utilisable quand on la débite en pains et qu'on la laisse sécher; elle est particulièrement abondante en Irlande, dans la Somme, l'Allemagne du Nord et la Lithuanie.

La formation de la tourbe est due à la décomposition lente des Mousses, surtout des Sphaignes, qui vivent dans une eau limpide à une température moyenne de 6 à 8°.

ROCHES CRISTALLOPHYLLIENNES

Les roches cristallophylliennes, interposées entre le noyau liquide central et les roches sédimentaires superficielles de l'écorce terrestre, ont une structure *cristalline;* mais leurs cristaux sont disposés en *feuillets parallèles* comme les formations sédimentaires.

Principales roches cristallophylliennes. — Le *gneiss* est un granite à éléments orientés; les paillettes de mica y sont disposées en lits minces séparés par des bandes de quartz et de feldspath associés (fig. 917).

A mesure qu'on pénètre plus profondément dans l'écorce, le gneiss tend à prendre l'aspect du granite (*gneiss granitoïde*), le mica y présentant une disposition rubanée plus effacée.

Le gneiss est dit *feuilleté* ou *schisteux* quand le mica y est abondant, en lits nombreux très nets.

Le *micaschiste* est formé de lits de mica séparés par de minces feuillets de quartz; son aspect feuilleté et brillant est caractéristique.

---

1. On trouve en Sibérie (environs d'Irkoutsk) d'abondants gisements de *graphite*, charbon gris presque pur, tendre au toucher, formé de petites paillettes cristallines hexagonales qui se détachent par frottement sur le papier (on en fait des crayons).

On attribue la formation de certains dépôts de graphite au *métamorphisme* éprouvé par certaines couches de houille ou d'anthracite.

La *leptynite* est un gneiss sans mica.

Les autres schistes cristallins sont appelés *amphibolites*, *pyroxénites* ou *chloritoschistes*, *schistes à séricite*, suivant qu'ils renferment

Fig. 917. — Gneiss (figure schématisée).

de l'amphibole, du pyroxène, de la chlorite (silicate d'aluminium, de fer et de magnésium en paillettes flexibles d'un vert foncé) ou de la séricite (mica hydraté, verdâtre, onctueux au toucher).

Origine des roches cristallophylliennes. — M. Munier-Chalmas attribue la formation des roches cristallophylliennes au remaniement des roches cristallines les premières apparues et des roches sédimentaires les plus anciennement déposées. Ces roches cristallines et ces roches sédimentaires primitives ont subi des plissements comme la surface de l'écorce terrestre par suite du refroidissement du globe; les parties le plus profondément plongées dans la masse liquide, *abcd* (fig. 918) ont fondu à nouveau; plus tard, *la masse liquide qui en résulte s'est à nouveau solidifiée, partie comme roches éruptives, partie comme roches cristallophylliennes,* en adoptant à la fois, dans ce dernier cas, une structure cristalline et une disposition stratifiée.

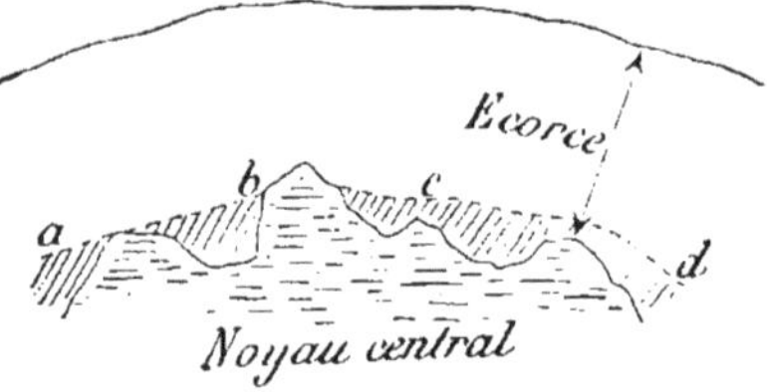

Fig. 918. — Figure théorique montrant que les parties les plus profondes, *a*, *b*, *c*, *d*, de l'écorce terrestre peuvent, au contact du noyau central, subir une nouvelle fusion (théorie de M. Munier-Chalmas).

De telles fusions et solidifications alternatives se sont succédé nombre de fois.

Les roches primitivement apparues et les roches sédimentaires les plus anciennes ont donc fait retour au noyau liquide pour reparaître à la surface de l'écorce (roches éruptives) et pour en reconstituer la base (roches cristallophylliennes).

Les roches éruptives superficielles, attaquées et remaniées par les eaux, ont donné de nouvelles roches sédimentaires qui occupent ou occuperont à leur tour les profondeurs de l'écorce pour y subir à leur tour la fusion.

La matière parcourt donc à la surface du globe (écorce et partie superficielle du noyau liquide) un cycle fermé, se présentant sous la forme de roches fondues, éruptives, sédimentaires ou cristallophylliennes.

« Ainsi, dit M. Munier-Chalmas, *l'écorce terrestre, telle que nous la connaissons aujourd'hui, ne représente que les derniers numéros d'une revue périodique* (à période de très longue durée) *dont les plus anciens numéros* (roches, faunes et flores) *ont été détruits et ne pourront être reconstitués* ».

Métamorphisme. — On appelle ainsi toute modification de constitution survenue dans l'état d'une roche après sa formation, particulièrement sous l'influence de roches éruptives injectées ou d'eaux minérales infiltrées dans les roches sédimentaires. Les roches cristallophylliennes sont, d'après ce qui précède, le résultat d'actions métamorphiques. Elles présentent une succession assez régulière dans les grands massifs montagneux.

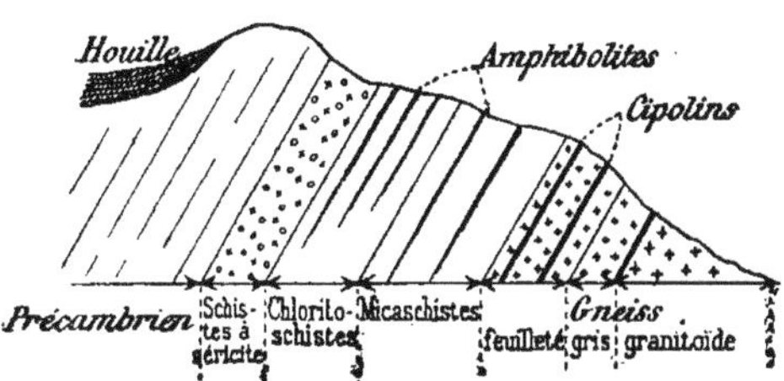

Fig. 919. — Succession la plus ordinaire des roches cristallophylliennes.

Si l'on part d'un massif granitique central, on trouve, successivement étagés en général : le gneiss granitoïde, le gneiss gris, le gneiss feuilleté, les micaschistes, les amphibolites, les chloritoschistes, etc. (fig. 919). Fréquemment des *cipolins* sont intercalés en divers points de cette série.

Les *cipolins* sont des calcaires cristallins pénétrés de mica, de chlorite, etc.; ces paillettes y sont disposées en bandes, comme dans le gneiss ou les autres roches cristallophylliennes.

Les cipolins forment des sortes de bancs lenticulaires plus ou moins parallèles, au milieu des gneiss ; la structure se modifiant progressivement du cipolin au gneiss encaissant, il semble bien que les cipolins aient été primitivement des roches sédimentaires calcaires, remaniées dans la suite.

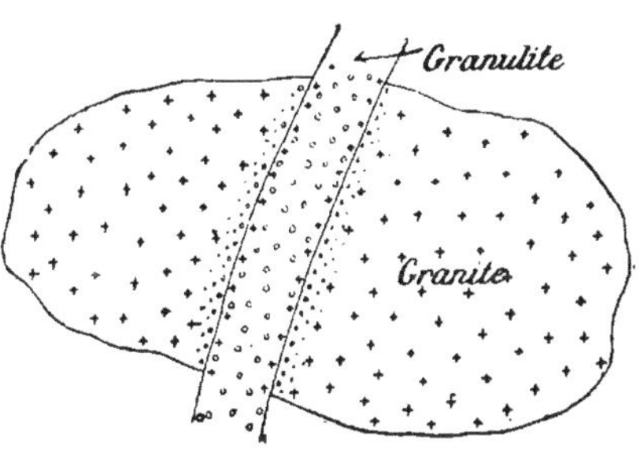

Fig. 920. — Métamorphisme d'un filon de granulite traversant un granite.

**Exemples simples de métamorphisme. — 1° *Métamorphisme au contact de 2 roches éruptives*. — En Bretagne, on voit parfois des filons de granulite traverser des massifs granitiques (fig. 920). Or, les zones de granite les plus voisines de la granulite sont pénétrées des éléments qui caractérisent cette dernière (et en particulier mica blanc, tourmaline, grenat, émeraude); inversement les zones de granulite les plus voisines du massif granitique renferment des éléments du granite.

2° *Métamorphisme au contact d'une roche éruptive et d'une roche sédimentaire.* — Dans le Cotentin, on trouve des masses de granite traversant des schistes ardoisiers anciens et englobant même quelques blocs de ces schistes. Soient A, B, C (fig. 921), trois de ces blocs placés à des profondeurs diverses dans le granite. La zone de contact du massif granitique et des schistes montre que le granite y envoie des prolongements; le quartz en fines veinules parcourt en tous sens la roche schisteuse, des cristaux nombreux s'y manifestent: c'est la zone des *schistes maclifères* passant progressivement aux schistes ardoisiers.

D'autre part, les blocs A, B, C présentent des aspects divers:

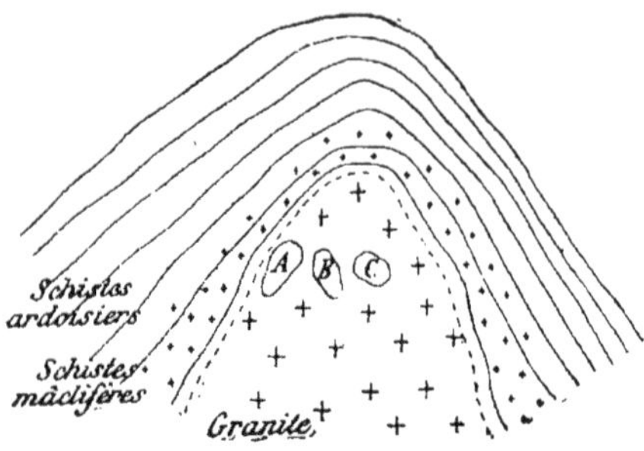

FiG. 921. — Métamorphisme au contact d'une roche éruptive (granite) et d'un schiste ardoisier.

A est devenu un schiste maclifère peu modifié, avec un feuilletage causé par l'alignement des cristaux de mica. Le bloc B, plus profond, est plus cristallin et moins schisteux que A. Le bloc C présente une schistosité nulle ou à peine visible; c'est un véritable granite.

CHAPITRE III

ÉTUDE DES PHÉNOMÈNES ACTUELS

Admettons qu'un service photographique collectionne, à dater de ce jour, les vues des divers points du globe et que, de 20 en 20 ans par exemple, on constitue une nouvelle série d'épreuves photographiques des mêmes lieux ; un naturaliste qui comparerait, dans plusieurs siècles, les vues successives d'une même région serait frappé des modifications survenues : soit dans le relief des massifs montagneux, soit dans le contour des rivages maritimes, soit dans la forme du lit des cours d'eau, etc.

Ces changements sont l'effet des phénomènes qui s'accomplissent *actuellement* à la surface du globe. Les causes qui les produisent étant de même nature que celles qui ont sévi dans les temps anciens, il est naturel de commencer l'étude des phénomènes géologiques par ceux que nous sommes à même d'observer quotidiennement.

Deux causes principales, l'une **externe**, l'autre **interne**, influent sur la *stabilité apparente* de l'écorce terrestre et modifient la surface de cette écorce :

1° *La* **cause externe** *principale est la chaleur que le soleil envoie à la terre*, ses facteurs sont l'*air* et l'*eau*.

En effet, l'atmosphère, inégalement échauffée en ses divers points, est le siège de courants ; les *vents* qui soufflent agitent la surface des mers et contribuent à augmenter la puissance des *vagues* précipitées contre les côtes. A la chaleur solaire est due l'évaporation des mers, des lacs et des cours d'eau, suivie de la précipitation de la vapeur sous forme de pluie ou de neige dans les régions moins ou plus froides. *Torrents, glaciers* et *cours d'eau* qui en résultent modifient, eux aussi, la configuration de la croûte terrestre.

Signalons aussi une autre cause externe importante : *les organismes vivants* dont l'action, prolongée pendant des siècles à la surface de la terre, en modifie sensiblement le relief.

2° *La* **cause interne** *principale est la contraction progressive du noyau central* due au rayonnement du globe dans l'espace ; les *plissements* de l'écorce terrestre en résultent avec toutes leurs conséquences : tremblements de terre, éruptions volcaniques, etc.

Tableau LIV

PHÉNOMÈNES ACTUELS

L'écorce terrestre n'a qu'une *stabilité apparente ;* elle se modifie sous l'influence :
1° de la *chaleur solaire* et des *êtres vivants* (causes externes) ;
2° de la *contraction progressive du noyau central* (cause interne).

§ 1. Causes externes.

Agents : *Air. Eau. Organismes vivants.*

I — ACTION DE L'AIR
Érosion : Poussières transportées par les *vents.*
Édification : *Dunes.*

II — ACTION DE L'EAU

Eaux marines
Érosion. Désagrégation des côtes : Galets ; Cailloux roulés ; Sables ; Limon.
Édification. Cordons littoraux. Dépôts de mer profonde.

Eaux continentales.

de ruissellement
Torrent — Cône de déjection.
Cours d'eau pp^t dit.
Érosion. Creusement faible et rectification du *lit.* Chutes d'eau. Lacs.
Édification. Alluvionnement. Estuaires. Deltas.

d'infiltration
Nappe souterraine Sources. Puits. Puits artésiens.
Érosion. Cours d'eau souterrains. Effondrements, etc.
Édification : Stalactites. Stalagmites, etc.

Glace
Origine d'un glacier : Neige. Névé. Glace.
Mouvements des glaciers. Crevasses. Moraines. Blocs erratiques. Roches striées, moutonnées. Boues glaciaires.
Glaces flottantes.

III — ACTION DES ORGANISMES VIVANTS
Dépôts d'aire pélagique, d'aire terrigène
Récifs madréporiques.

§ 2. Cause interne.

Agent : *Noyau central* se contractant par refroidissement.

I — TREMBLEMENTS DE TERRE
Dégagements gazeux à travers les fissures de l'écorce terrestre.
Secousses
de grande amplitude : Nature. *Centre d'ébranlement. Épicentre.*
de faible amplitude.

II — PHÉNOMÈNES VOLCANIQUES
Définition d'un **volcan.** Caractères d'une *éruption.*
Produits rejetés
solides $=$ Scories. Bombes. Sables et cendres volcaniques.
liquide $=$ Lave.
gazeux $=$ (Fumerolles) HCl, SO^2, AzH^3, H, H^2S, CO^2, etc.
Classification
Volcans actifs $=$ activité *continue ;* activité *intermittente.* — *Volcans sous-marins.*
Volcans éteints (Auvergne).

III — PHÉNOMÈNES FAISANT SUITE AUX PRÉCÉDENTS
Solfatares. Sources thermales diverses. Salses. Mofettes.

IV — MOUVEMENTS LENTS DE L'ÉCORCE TERRESTRE. $=$ Soulèvements et affaissements.

§ 1. — PHÉNOMÈNES D'ORIGINE EXTERNE

Les agents qui provoquent ces phénomènes sont : l'*air*, l'*eau* sous ses divers états et les *organismes vivants*. Leur action sur l'écorce terrestre sera envisagée, en général, au double point de vue de l'*érosion* (destruction) et de l'*édification*, car les éléments détachés d'un point se retrouvent forcément en d'autres endroits.

I. — ACTION DE L'ATMOSPHÉRE

Érosion. Poussières. — Pendant les périodes de sécheresse prolongée (étés de 1893 et 1895 en France), le sol se crevasse profondément, se recouvre d'une couche de fine poussière que la moindre agitation de l'air soulève en tourbillons épais [1]. Toute roche, quelle que soit sa dureté, éclate et subit une désagrégation superficielle sous l'influence alternative de la sécheresse et de l'humidité

Le *vent* entraîne d'autant plus facilement les débris que sa vitesse est plus grande [2] ; sa puissance est encore augmentée de l'effet des fragments entraînés qui sont eux-mêmes précipités comme une véritable mitraille sur d'autres roches. Celles-ci sont rapidement désagrégées ou striées si leur compacité est médiocre ; elles sont polies dans le cas où leur dureté est notable.

Dans le Sahara, par exemple, les calcaires sont polis comme du marbre par le sable quartzeux qu'emporte le vent ; il en est de même du granite et du quartz dans les déserts de la Californie.

Édification. Dunes. — Les matériaux transportés par le vent s'accumulent en des lieux abrités (vallées, dépressions du sol).

Les ouragans qui se déchaînent dans les déserts transportent parfois d'immenses masses de sable ; dès que la fureur du vent est apaisée, ce sable se dépose en monticules ou **dunes** atteignant jusqu'à 200 mètres de hauteur.

Les *dunes continentales*, ainsi formées, sont essentiellement instables ; un vent violent peut les soulever à nouveau et les déposer ailleurs.

1. Il suffit d'un changement de climat, avec suppression totale ou presque totale de la vapeur d'eau atmosphérique, pour transformer une région fertile en un *désert* (Région du Colorado aux États-Unis).

2. La vitesse du vent et sa pression par mètre carré sont données par le tableau suivant :

Nature du vent.	Vitesse moyenne par seconde.	Pression moyenne en kilogrammes.
Vent faible...........	0^m 35	1 kilog.
— modéré.	5^m 50	4 —
— fort..........	14^m »	25 —
— violent......	22^m »	65 —
Ouragan.	45^m »	400 —

Des dunes se remarquent aussi sur le bord de la mer, *dunes maritimes*, observées en France sur les côtes de Gascogne, à Saint-Pol-de-Léon en Bretagne, à Carteret dans le Cotentin, sur le littoral du Pas-de-Calais, etc.; les côtes d'Angleterre en présentent aussi. Leur hauteur atteint 100 mètres en Cornouailles.

Aspect et formation des dunes maritimes. — Ces dunes constituent, le long du rivage, des ondulations plus ou moins parallèles entre elles. Leur formation est la suivante : dans les points où la plage AB (fig. 922), inclinée en pente douce, reçoit du sable fin

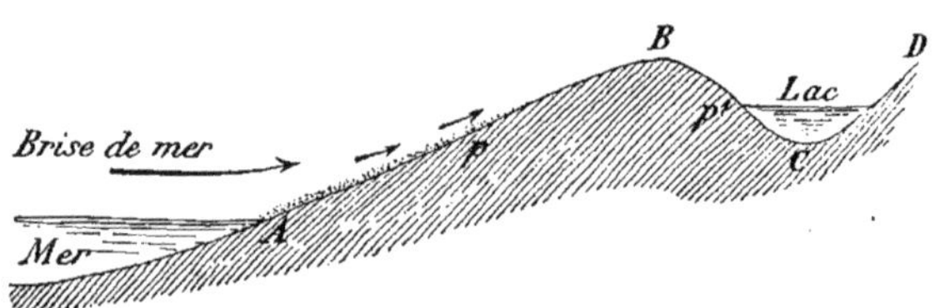

Fig. 922. — Formation des dunes : le vent, soufflant de la mer, accumule sur le rivage des collines de sable, *B*, avec 2 versants inégalement inclinés (*AB*, en pente douce; *BC*, en pente plus abrupte) ; souvent en arrière d'une chaîne de dunes se produisent des *lacs* dus à l'ensablement du lit de petits cours d'eau près de leur embouchure.

rejeté par la mer, ce sable est séché par le soleil dans l'intervalle de deux marées ; le vent en soulève les particules qui montent pour ainsi dire à l'assaut de la côte, s'accumulent contre les moindres obstacles (cailloux, touffes d'herbes), puis les enfouissent. A la longue, le sable forme, en avant de la côte, une sorte de vague limitée par 2 plans, p, p', inégalement inclinés : le plan p, qui regarde la mer, a la plus faible pente. La surface de la bande sableuse est mobile ; le vent qui rase la crête B en fait rouler les grains le long de la pente abrupte, p', tandis que d'autres grains amenés par la mer entreprennent l'ascension du plan p et viennent les remplacer. Le phénomène se continuant d'année en année, on prévoit l'ensablement de la région avoisinant la mer.

L'empiétement des dunes est variable avec chaque région. Au siècle dernier, Brémontier a trouvé que les dunes de Gascogne progressaient de 20 à 25 mètres par an dans les terres qu'elles rendaient stériles ; aussi entreprit-il de les *fixer*.

Fixation des dunes. — Certaines plantes développent rapidement leur chevelu radiculaire dans le sable des dunes (*Carex arenaria*, *Salix arenaria*, *Psamma arenaria*, etc.) ; il suffit d'en faire un semis pour qu'au bout de peu de temps, les jeunes plantes aient fixé la surface de la dune ; puis on y plante de jeunes *Pins maritimes*, protégés au début contre l'ensablement.

Le vent ne peut désormais ni soulever le sable fixé par les herbes, ni édifier de nouvelles dunes, puisque sa vitesse est à peu près annulée par la résistance des arbres.

Aujourd'hui, les plantations de Pins ont donné aux Landes de Gascogne, non seulement la sécurité, mais une source de richesse[1].

Effets des dunes. — Sur le littoral de la Gascogne, en particulier, les sables ont comblé le lit des petits cours d'eau qui aboutissaient autrefois à la mer ; les eaux arrêtées en arrière des dunes ont formé une longue série d'étangs dont les principaux sont ceux d'Hourtin, de Lacanau, de Cazau, de Parentis, d'Aureilhan, etc.

Les dunes fixées forment une espèce de barrière qui s'oppose à l'envahissement des terrains bas voisins de la mer, à l'époque des grandes marées ; la végétation peut conserver ces terrains qui s'exhaussent lentement par les alluvions qu'ils reçoivent des régions plus élevées d'alentour.

II. — ACTION DE L'EAU

Mouvement de l'eau à la surface du globe. — L'eau des océans s'évapore (fig. 923) ; la vapeur qui en provient se répand dans l'atmosphère et s'y condense partiellement en fines gouttelettes dont la réunion forme les nuages. Nuages et vapeur d'eau

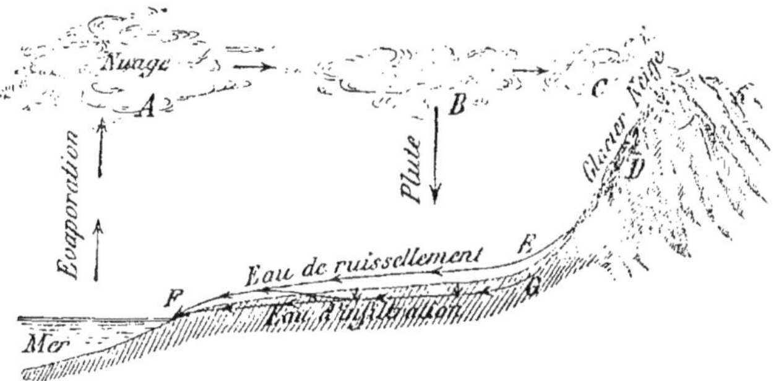

Fig. 923. — Circulation de l'eau dans la nature. La vapeur d'eau, due à l'évaporation des mers, se résout en *nuages* dans les régions élevées de l'atmosphère ; les nuages, poussés par les vents au-dessus des continents, s'y condensent en *pluie* ou en *neige :* il en résulte de l'*eau de ruissellement* et de l'*eau d'infiltration* qui font peu à peu retour aux océans.

sont entraînés par les vents au-dessus des continents, s'y résolvent en neige dans les régions froides, en pluie dans les points où la température est supérieure à 0°. — La neige se transforme en glace qui descend lentement vers les vallées, y fond et donne naissance à des cours d'eau. — L'eau de pluie qui tombe sur le sol se divise en 3 parties : l'*eau d'évaporation* (vapeur d'eau) qui retourne dans l'atmosphère ; l'*eau de ruissellement* qui coule sur le

1. Conclusion pratique à tirer de ce fait : *il faut bien se garder de détruire les forêts qui avoisinent les côtes, surtout dans les points où la mer apporte des sables.*

sol; l'*eau d'infiltration* qui y pénètre et forme des nappes d'eau souterraines, regagnant la mer avec l'eau de ruissellement

L'eau parcourt donc un cycle complet : elle part d'un immense *bassin d'évaporation* (l'océan), se répand à la surface des continents où elle entretient la vie, et fait retour à l'océan qui en est aussi le *bassin de réception.*

A. — ACTION DE LA MER

Les eaux marines sont soumises à deux sortes de mouvements : les uns *périodiques* (flux et reflux dus à la marée), les autres *irréguliers* (dus aux vents qui soufflent du large). Les *vagues* qui en

Fig. 924. — Érosion des côtes par les vagues.

résultent atteignent, par les gros temps, une hauteur moyenne de 4 à 6 mètres en pleine mer ; lorsqu'elles se brisent contre le rivage, surtout s'il est à pic (falaise), elles peuvent atteindre 20, 50, 80 mètres parfois (fig. 924).

Toutefois l'agitation des eaux n'affecte que la surface de la mer ; au plus fort de la tempête, elle est à peine sensible à une profondeur de 150 à 200 mètres. L'action destructive et édificatrice de la mer s'accomplit donc principalement sur les côtes et à leur voisinage.

Érosion marine. — La puissance des vagues est considérable : il résulte de mesures effectuées à Skerryvore (Écosse) que leur pression moyenne *par mètre carré* est de 3 000 kilogrammes en été, de 10 000 kilogrammes en hiver, de 30 000 kilogrammes et plus lors des tempêtes.

Destruction des côtes, démantèlement des falaises, transport de blocs de plusieurs mètres cubes résultent de l'effort des vagues.

L'action érosive des vagues est augmentée, en certains points, de l'effet produit par les galets qu'elles soulèvent et qu'elles projettent comme autant de boulets contre la côte.

Érosion des roches cristallines. — Soit une côte granitique, par exemple celle qui forme une partie du littoral de la Bretagne et la côte du Cotentin, de Cherbourg à Barfleur.

La masse cristalline superficielle présente des plans de moindre résistance dus aux variations de température et à l'infiltration des eaux de pluie. Le choc répété des vagues y accentue les fractures, en détermine la désagrégation : des éboulements importants se produisent lors des gros temps ; au pied de la falaise s'accumulent des blocs volumineux soumis plus directement à l'action de la mer ; précipités les uns contre les autres par la mer en furie, assaillis par de plus petits fragments, les *blocs* se débitent en *galets* anguleux ; remaniés par la vague, les galets perdent leurs angles et deviennent des *cailloux roulés*, puis des *sables grossiers*, enfin des *sables fins* quartzeux et du *limon* argileux (Voir page 846).

La côte bretonne est très découpée, parce que ses divers points ont offert une résistance inégale à l'action des vagues. Ici, la masse granitique plus compacte a persisté en formant des falaises à pic qui pourtant s'éboulent à la longue ; là-bas, la roche moins dure a été profondément entamée, la mer a envahi l'emplacement qu'elle a rasé et y forme de gracieuses baies au rivage doucement incliné. C'est dans ces baies que les courants marins, longeant la côte, vont déposer en eau plus calme les débris qu'ils transportent.

La vague se précipite sur le rivage et y projette tous les matériaux solides qu'elle tient en suspension, puis elle se retire ; mais les galets plus lourds se sont déposés tout de suite et la vague de retour est impuissante à les déplacer ; les cailloux roulés, plus mobiles, subiront un faible mouvement en arrière ; sables grossiers et sables fins seront entraînés jusqu'à la mer qui les lancera de nouveau sur le rivage avec la prochaine vague et ainsi de suite. Quant au limon, de finesse extrême, il est entraîné peu à peu dans les eaux plus calmes où il se dépose, soit près du rivage, soit au large (fig. 910) ; il forme ainsi, autour des continents, une ceinture de *boues vertes ou bleues* dans l'*aire terrigène*, d'une largeur de 200 à 300 kilomètres.

Érosion des roches sédimentaires. — La destruction des côtes est plus rapide et plus régulière dans ce cas. La côte normande, par exemple, ne présente pas les nombreuses découpures de la côte bretonne.

Entre les embouchures de la Seine et de la Somme, par exemple, la côte normande forme des falaises dont la base est accessible aux vagues à marée haute (fig. 925); celles-ci excavent et ébranlent le pied de la falaise, C, tandis que l'eau de pluie tombant sur la terrasse, *AB*, s'y infiltre et produit des fentes verticales qui en diminuent la compacité. Tôt ou tard la portion de terrasse en saillie, *ABCD*, s'écroule dans la mer qui en dissémine les débris, notamment les rognons de silex de la craie (Voir terrain crétacé) transformés

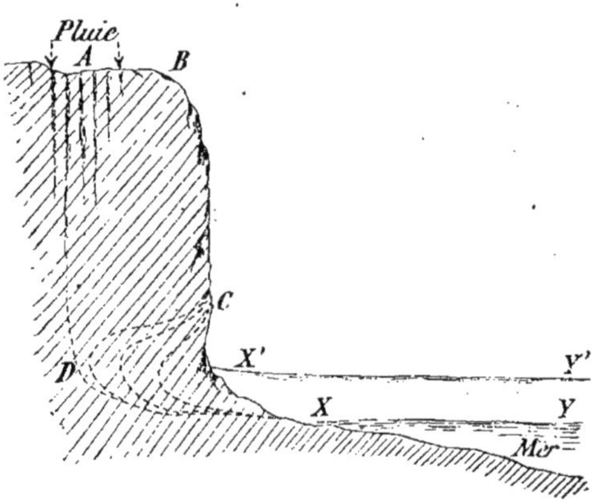

FIG. 925. — Figure théorique montrant l'érosion et le recul des falaises. La mer, à marée haute, *X'Y'*, se précipite contre la base des falaises qu'elle excave ; la portion de la falaise *ABCD*, mal soutenue et entamée par l'infiltration des eaux de pluie, se détache tôt ou tard et tombe dans la mer qui en disperse les éléments.

en ces galets et cailloux roulés qui recouvrent toutes les plages normandes.

Par suite de l'érosion des falaises crayeuses sur le littoral de l'Angleterre et de la France, la Manche s'élargit d'environ 1 mètre par an.

La destruction des *roches calcaires* et des *roches siliceuses* donne du *sable* calcaire ou siliceux ; celle des *roches argileuses* donne du *limon*.

Édification. — **Cordons littoraux**. — On appelle ainsi les alignements de galets et autres débris déposés soit au pied des falaises, au lieu même de leur détachement, soit plus généralement en travers des échancrures du rivage lorsque dans la mer se forment des courants qui longent les côtes.

Entre l'eau agitée de l'Océan et l'eau plus tranquille d'une baie quelconque se trouve une zone dans laquelle se précipitent les matériaux apportés par le courant de sens *f;* le cordon littoral allonge progressivement dans le même sens et peut transformer la baie primitive en une lagune fermée.

Un exemple remarquable de ce phénomène nous est donné par

le littoral de la Baltique entre Danzig et Memel (fig. 926). Les cours d'eau qui débouchent dans la lagune y apportent des alluvions propres à la combler; la végétation envahit et consolide ces nouveaux dépôts qui augmentent l'étendue de la terre ferme.

Ainsi *les cordons littoraux concourent à l'extension des continents dont ils rectifient les contours.*

Telle est l'origine des *polders* de la Hollande. Toutefois l'homme ne doit pas entrer trop vite en possession de pareils terrains qui s'affaissent à la longue; il doit faciliter, au contraire, leur exhaussement par le *colmatage* dû soit aux apports des grandes marées, soit aux alluvions des cours d'eau.

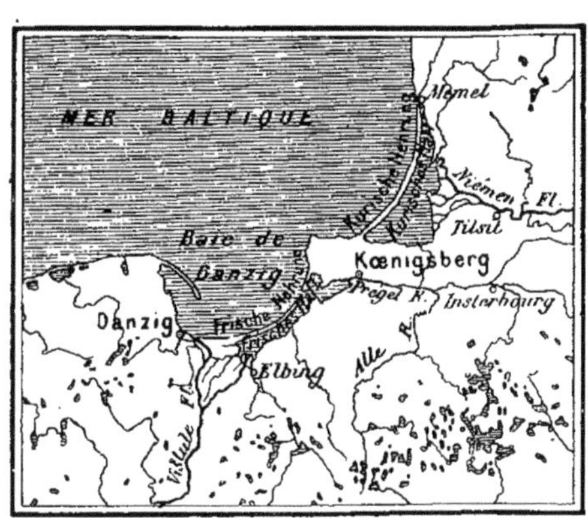

FIG. 926. — Cordons littoraux sur le rivage de la Prusse orientale.

B. — ACTION DES EAUX COURANTES

Nous avons vu (page 862) que l'eau de pluie se partage, dès son contact avec le sol, en *eau d'évaporation, eau de ruissellement* et *eau d'infiltration.*

La proportion qui passe à l'état de vapeur est surtout considérable en été, alors que la terre est fortement échauffée par les rayons du soleil.

De l'eau qui subsiste à l'état liquide, une partie *ruisselle* sur le sol; l'autre s'y *infiltre.*

Ce partage dépend de la nature et de la pente du terrain qui reçoit la pluie. Moins la terre est perméable (roches cristallines, couches argileuses) et plus grande en est la pente (régions montagneuses), plus il y aura d'eau de ruissellement. La part faite à l'eau d'infiltration prédomine lorsque le sol est perméable (sables), sillonné de fissures et peu incliné.

Pour ces raisons, les précipitations atmosphériques, dans le Plateau Central presque entièrement cristallin, grossissent de suite les *ruisseaux* qui s'en écoulent; dans le bassin de la Seine, où dominent les roches perméables, la même quantité de précipitations pour une même surface ne détermine qu'un faible exhaussement du niveau des cours d'eau.

1° **EAU DE RUISSELLEMENT**

Consultons la carte d'une région montagneuse ; nous voyons partir de ce massif des cours d'eau dans toutes les directions.

Dire que tel *cours d'eau prend sa source* dans un massif montagneux signifie qu'une certaine surface, limitée par un contour

FIG. 927. — Érosion par les torrents.

net (ligne de hauteurs), reçoit l'eau de pluie qui alimente ce ruisseau.

On appelle *cirque* ou *bassin de réception* d'un cours d'eau la surface bien déterminée qui concourt à son alimentation. Exemple : le cirque de Gavarnie dans les Pyrénées.

Si le bassin de réception est composé de roches imperméables ou de pente rapide, après chaque pluie l'eau de ruissellement se précipite dans le lit très incliné du cours d'eau qu'on appelle alors *torrent* (fig. 927).

En général, le torrent ne coule que par intermittences.

Une fois parvenues dans une région moins abrupte, les eaux atténuent leur vitesse, s'unissent à celles de ruisseaux voisins et forment des rivières, puis des fleuves à cours de plus en plus tranquille jusqu'à la mer.

TORRENT. — Érosion. — Remarquons d'abord que la chute des pluies sur le sol en désagrège peu à peu la surface, même si le terrain est dur, cristallin ; l'eau chargée de gaz carbonique dissout, en effet, carbonates, phosphates et silicates, altère les feldspaths et les micas. Cette désagrégation est particulièrement activée dans les régions montagneuses par les gelées et dégels successifs : toute roche, si compacte qu'elle soit, est toujours imprégnée d'humidité ; l'eau qui l'a pénétrée augmente de volume en se congelant, écarte les diverses parties de la roche qui seront rendues plus indépendantes au prochain dégel. Il suffit alors d'une faible impulsion, telle que la chute de la pluie, pour que des cailloux ou de petits fragments se détachent des flancs des montagnes.

Si un bloc plus résistant couvre une certaine étendue d'une roche meuble, la surface non abritée subira, de la part de l'eau de pluie, une érosion contre laquelle est protégée la partie du sol que recouvre le bloc de rocher : ce dernier pourra, au bout d'un temps plus ou moins long, occuper le sommet d'une pyramide que l'eau de ruissellement aura épargnée (*Pyramides de Botzen* dans le Tyrol, de la baie Manitou dans le Colorado, fig. 928).

La pluie tombe dans une région élevée ; elle déplace et entraîne, en s'écoulant, de petits fragments de roches ; elle gagne le lit du torrent, augmente de vitesse, ébranle des fragments plus gros, arrache des arbres et des blocs volumineux, *affouille* et modifie le canal d'écoulement, aidée dans cette œuvre de destruction par la mitraille et l'air qu'elle entraîne (fig. 929).

Le régime torrentiel dans une contrée montagneuse a donc pour conséquence la destruction des forêts, l'entraînement des terres meubles cultivées, enfin la dépopulation[1], On peut s'opposer à de tels ravages en *gazonnant* d'abord, puis en *boisant* les pentes soumises à l'action des pluies ; c'est là un travail coûteux et pénible, mais indispensable. Les racines des plantes fixent le sol meuble et perméable en même temps ; elles absorbent une partie de l'eau qu'elles reçoivent : ainsi se trouvent réduites la proportion et la vitesse de l'eau de ruissellement. [*Éviter avec soin de déboiser les régions montagneuses*].

1. Les départements des Hautes et des Basses-Alpes ont perdu de ce fait 25 000 habitants de 1836 à 1866.

Édification. — La plupart des matériaux entraînés par le torrent se déposent à son extrémité, au point où, la pente ayant beaucoup diminué, la vitesse de l'eau s'amortit presque subite-

Fig. 928. — Pyramides d'érosion et blocs perchés du Parc des Monuments, près de la baie Manitou (Colorado).

ment; ils y forment un *cône de déjection*, amas confus de débris de tout volume et de toute nature.

Quand le torrent débouche dans un lac, les débris s'y déposent avec plus de régularité : d'abord les blocs volumineux et les graviers, puis le sable fin et le limon ; il en résulte une suite de couches inclinées à peu près parallèles, couronnées par un lit de galets et de cailloux roulés qu'a formé le torrent sur ses

premiers dépôts. C'est là un *delta torrentiel* qui comble lentement lé lac considéré et en recule la rive. Exemple : le lac de Genève qui reçoit du Rhône des
eaux boueuses chargées d'alluvions, et qui rend au Rhône, à Genève, des eaux

Fig. 929. — Cours d'eau torrentiel (Montagnes Rocheuses).

limpides. La localité de Port-Valais, qui s'élevait sur les bords du lac à l'époque
romaine, en est aujourd'hui à 2500 mètres.

COURS D'EAU PROPREMENT DIT. — Au torrent fait suite le
cours d'eau proprement dit dont les eaux coulent vers l'embouchure avec plus de tranquillité, dans un lit qui subit seulement
de faibles changements de contour ou de section. Tandis que le
torrent détruit et édifie *par intermittences*, le cours d'eau est un
instrument permanent d'érosion et d'édification.

1° *Le cours d'eau* (rivière ou fleuve) *a creusé d'abord son lit* dans une *période torrentielle (période du creusement de la vallée).*

La preuve en est fournie par l'examen d'une vallée d'érosion : les couches géologiques qui s'y succèdent sur les deux flancs en un même lieu sont identiques et identiquement placées.

2° Puis est venue la *période de divagation* dans laquelle le cours d'eau a fixé ses contours d'une manière à peu près définitive, décrivant de nombreux méandres, *affouillant les rives concaves et alluvionnant les rives convexes.*

Ceci nécessite une explication : Soit une rivière dont le lit est rectiligne sur une certaine étendue (fig. 947) ; du haut d'un pont XY, 5 personnes placées à égale distance les unes des autres (en 1, 2, 3, 4, 5) laissent tomber chacune un bouchon de liège au même signal ; quelques minutes après, elles voient les 5 bouchons disposés, non plus en ligne droite comme lors du départ, mais suivant une courbe régulière, le bouchon 3 étant le plus avancé, 1 et 5 l'étant le moins.

Ainsi *la vitesse d'un cours d'eau à trajet rectiligne est plus grande au milieu que près des bords.*

Faisons la même expérience en un lieu où la rivière forme un coude. Nous verrons le bouchon 3, par exemple, décrire une courbe se rapprochant de la rive dans ses parties concaves et s'en éloignant dans les parties convexes. La vitesse du cours d'eau à trajet irrégulier est donc modifiée dans ce sens : l'eau, butant contre la rive concave, tend à en accentuer la concavité ; glissant le long de la paroi convexe avec une moindre vitesse, elle y dépose une partie de ses alluvions. Si la rivière forme une boucle, à la longue la presqu'île qu'elle entoure pourra devenir une île ; la rivière aura rectifié son parcours et la boucle deviendra une *fausse rivière* à courant presque nul, envahie par les alluvions et les plantes, puis transformée en terre ferme. Exemple : la Seine près de Villiers (Seine-et-Marne).

3° On appelle *état de régime* celui du cours d'eau qui a cessé de divaguer. Mais si, à cet état, le cours d'eau ne modifie plus son lit d'une manière notable, il n'en est pas moins soumis à des variations de niveau (*crues* ou *étiage*), suivant qu'il roule une masse d'eau énorme (périodes de pluies abondantes) ou une quantité très faible (périodes de sécheresse prolongée).

L'état de régime n'est pas identique pour tous les cours d'eau, ainsi que nous le montre leur *débit.*

On appelle *débit d'une rivière en un lieu la masse d'eau qui franchit, en une seconde, la section transversale de cette rivière au lieu considéré.*

COURS D'EAU	DÉBIT EN MÈTRES CUBES			RAPPORT :
	Étiage. (a)	Débit moyen.	Crues. (b)	$\frac{a}{b}$
La Seine, à Paris.	75	130	1400	$\frac{1}{20}$
La Loire, à Orléans.	25	132	10000	$\frac{1}{400}$

Si le rapport des débits d'étiage et de grandes crues est si différent pour la Seine et la Loire, à égalité de débit moyen, c'est que la Loire est alimentée par de nombreux affluents torrentiels qui descendent du Plateau Central, tandis que la Seine, à l'exception de l'Yonne et de ses affluents originaires du Morvan, reçoit des rivières tranquilles coulant au milieu de terrains perméables.

La Somme est un cours d'eau tranquille dont le rapport $\dfrac{a}{b} = \dfrac{1}{4}$. Le fleuve Saint-Laurent a un débit presque constant dû à l'existence sur son trajet des lacs

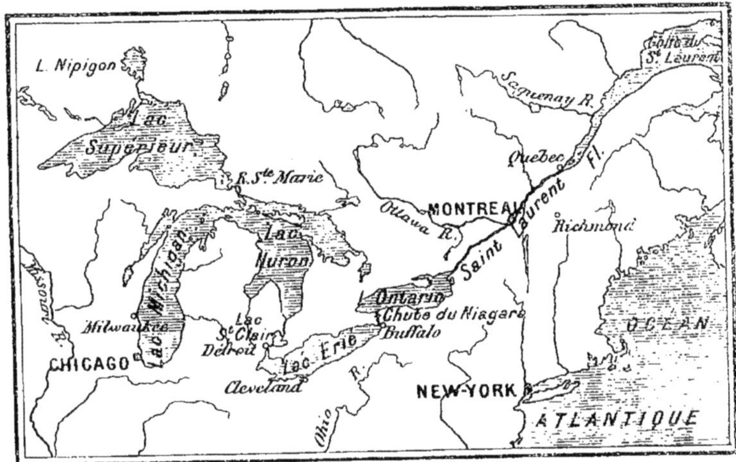

Fig. 930. — Fleuve Saint-Laurent (*cours d'eau à régulateurs* formés par les lacs Supérieur Michigan, Huron, Érié et Ontario).

Supérieur, Michigan, Huron, Érié et Ontario qui jouent l'office de *régulateurs* (fig. 930).

Érosion. — Les rivières dites *torrentielles* effectuent encore le creusement de leur lit et transportent un volume de matériaux plus ou moins considérable.

Le Rio Colorado qui se jette dans le golfe de Californie a entamé les roches au sud de l'Utah, sur une largeur de 1 000 mètres et y a creusé un goulot de 950 mètres de profondeur (Grand Cañon du Colorado, fig. 931). — Le Mississipi verse annuellement dans le golfe du Mexique 28 000 000 de mètres cubes d'alluvions ; le Rhône en apporte 21 000 000 à la Méditerranée.

Le travail effectué par des cours d'eau tranquilles est moindre, tout en étant continu.

Formation des chutes d'eau. — Soit D (fig. 932) le plan de séparation de deux couches sédimentaires inégalement dures : A, la couche plus dure en amont ; B, la couche plus tendre en aval. L'eau affouille plus vite B que A ; au bout de peu de temps, une *chute* se produira dans le plan de séparation des deux couches, chute dont la hauteur s'accentuera par la suite, comme le montre la série des lignes ponctuées de la figure, 1, 1 ; 2, 2.

Une chute de faible hauteur est une *cascade* ; elle peut devenir une *cataracte*. La cataracte peut être aussi déterminée par une

FIG. 931. — Les Cañons du Colorado.

différence de niveau entre deux régions au milieu desquelles un cours d'eau a creusé son lit.

La cataracte du Niagara (fig. 933, 934) doit son origine et son recul à ces deux particularités. A l'origine, le Saint-Laurent coulait, à sa sortie du lac Érié, sur un plateau plus élevé que la plaine où se trouve le lac Ontario. L'escarpement était au voisinage de Queenstown ; or le fleuve s'est creusé une gorge dans les marnes et grès tendres qui en forment le soubassement; dans sa chute, l'eau excave ces roches plus tendres que le calcaire dur qui les surmonte; de temps à autre, la masse de calcaire qui surplombe, minée par-dessous, tombe et détermine un recul de la cataracte, recul évalué à 0^m,30 par an.

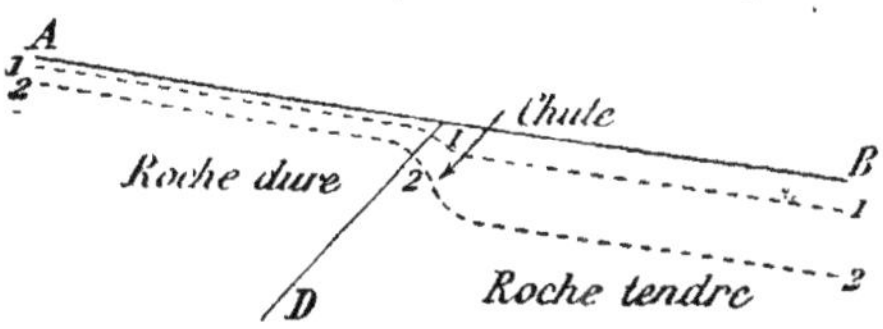

FIG. 932. — Formation d'une chute sur le trajet d'un cours d'eau.

Formation des lacs. — Supposons, contrairement à ce qui précède, que la couche A soit la plus tendre (fig. 935); il se produira, en C, une excavation dont la couche B est le rempart, le *barrage*; l'eau s'y étalera en un *lac*. L'affouillement cessera soit par la rupture du barrage, soit par le dépôt d'alluvions que détermine la diminution de vitesse de l'eau. Nombre de petits lacs

FIG. 933. — Chute du Niagara (coupe).

en Suisse doivent leur origine à un pareil phénomène.

Édification (Alluvionnement). — Les matériaux entraînés par un cours d'eau varient de grosseur avec la *vitesse* de l'eau, vitesse d'autant plus grande que la *pente* du lit est plus accusée et que l'on envisage un point de la section transversale plus rapproché du plan médian.

Si l'on s'en tient à des considérations générales, on peut dire que la pente (et par suite la vitesse) d'un cours d'eau diminue à mesure qu'on s'approche de son embouchure. Donc les cailloux roulés, les sables grossiers chemineront jusqu'à une faible distance de la source, et se déposeront en général au milieu du lit; sables fins et limon seront transportés jusqu'à l'embouchure du fleuve, ou bien se déposeront sur les rives et sur les terres avoisinantes en cas d'inondation (*limon de débordement*).

Estuaire. Delta. — Tout fleuve, pendant sa période d'établissement (régime torrentiel), a échancré la côte d'une manière variable avec la quantité d'eau qu'il apportait à la mer; son embouchure consiste donc en un *estuaire* parfois très étendu (Tamise, Seine, Loire, Gironde (fig. 936), etc.).

Deux cas extrêmes peuvent se présenter :

1° Le fleuve a un *cours tranquille ;* il apporte relativement *peu de matériaux* dans une *mer sujette à de fortes marées et sillonnée de courants longeant la côte.*

2° Le fleuve a conservé un *régime torrentiel ;* il effectue ses apports dans une *mer soumise à de faibles marées et non sillonnée de courants littoraux.*

Dans le premier cas, les sédiments fluviaux se déposent rapide-

Fig. 934. — Chute du Niagara vue incomplètement du côté du Canada.

ment au contact de l'eau de mer avec l'eau douce (fig. 937); ils forment en travers de l'estuaire une *barre* sous-marine essentielle-

ment mobile, sans cesse déformée par la marée : tels sont les sables déposés dans l'estuaire de la Seine où ils consti- tuent un danger constant pour la na-

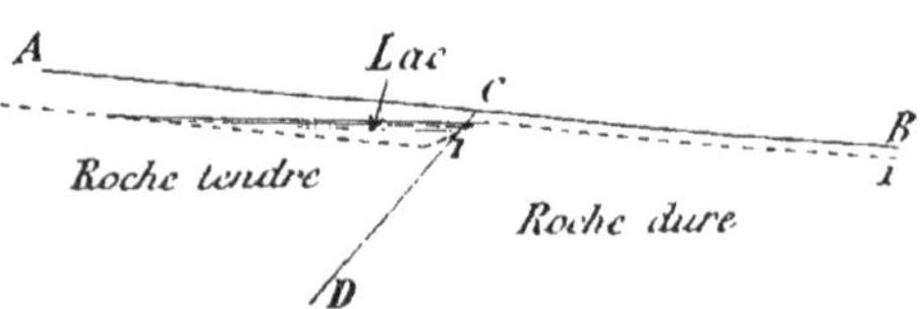

Fig. 935. — Formation d'un lac sur le trajet d'un cours d'eau.

vigation. Les courants littoraux dispersent peu à peu ces dépôts le long des côtes et vers la haute mer, en sorte que la barre ne peut dépasser dans l'estuaire un certain volume maximum.

Dans le deuxième cas, au contraire, les troubles qu'abandonne le fleuve à son embouchure sont peu remaniés par la mer; à la longue ils comblent l'estuaire, sous forme d'un dépôt triangulaire

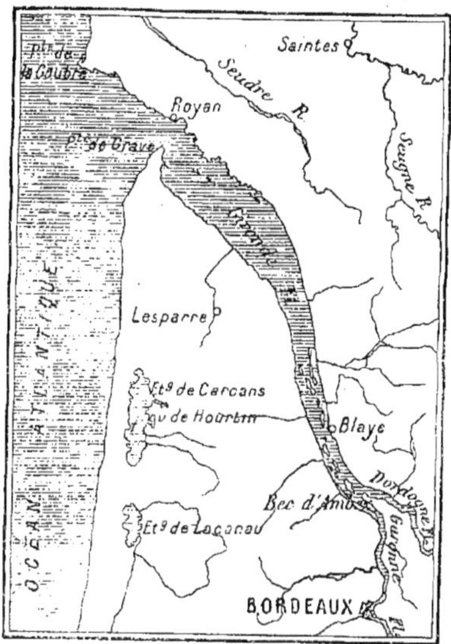

Fɪɢ. 936. — Estuaire de la Gironde.

appelé *delta* (Δ) (fig. 938); les eaux du fleuve longent le delta et parviennent à la mer par deux embouchures dans lesquelles se forment, tôt ou tard, d'autres bancs du même genre; elles peuvent aussi se frayer divers passages à travers les alluvions déposées : ce qui multiplie les bras du cours d'eau.

Les plus beaux exemples de deltas sont donnés par le Nil, le Pô, le Rhône (fig. 939) dans la Méditerranée, le Gange et l'Indus dans l'océan Indien, le Mississipi dans le golfe du Mexique.

Le Mississipi verse par an 28 000 000 de mètres cubes d'alluvions dans le golfe du Mexique ; ces sédiments s'accumulent à l'embouchure du fleuve et forment dans la mer une digue en forme de patte d'oie avec 3 branches terminales. La longueur totale du delta est de 320 kil.

Les apports du Gange et du Brahmapoutre au fond du golfe du Bengale sont tellement abondants, lors des chutes de pluie

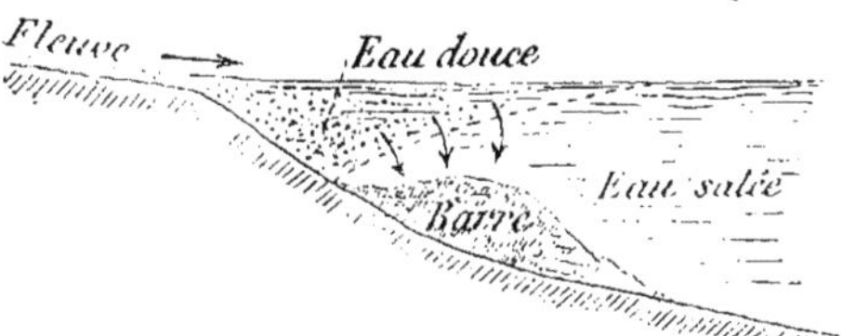

Fɪɢ. 937. — Formation d'une barre, à l'embouchure d'un cours d'eau, par la précipitation rapide dans l'eau salée du limon en suspension dans l'eau douce.

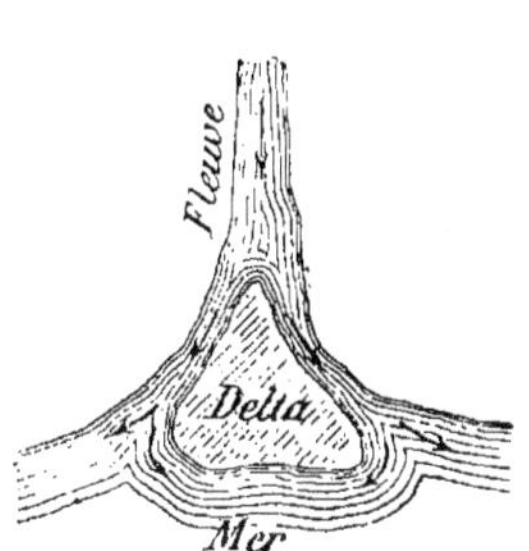

Fɪɢ. 938 et 939. — Delta et Delta du Rhône.

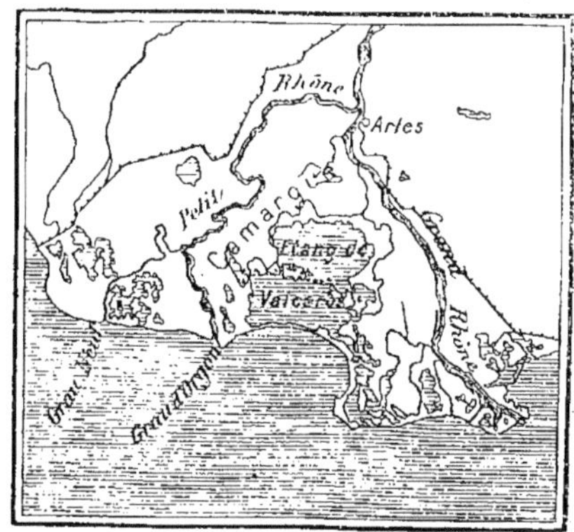

qu'ils suffisent à troubler les eaux de la mer jusqu'à 100 kilomètres du rivage.

Les matériaux apportés par les fleuves à la mer, les débris résultant de la destruction des côtes par l'action des vagues, se déposent au fond de la mer et constituent des *formations sédimentaires* que nous étudierons plus loin (Voir page 889).

2° EAU D'INFILTRATION

L'eau qui s'infiltre dans un sol perméable (sables, calcaires) ou entrecoupé de fissures (calcaires, grès, etc.), y pénètre jusqu'à une profondeur limite marquée par l'existence d'une *nappe souterraine d'infiltration* 1, 2, 3, 4 (fig. 940).

Quelles que soient l'intermittence des pluies et la perméabilité du sol, l'eau qui s'infiltre cède à l'évaporation une part plus faible à mesure que la profondeur est plus grande. Il arrivera toujours un moment où une couche sera saturée d'eau

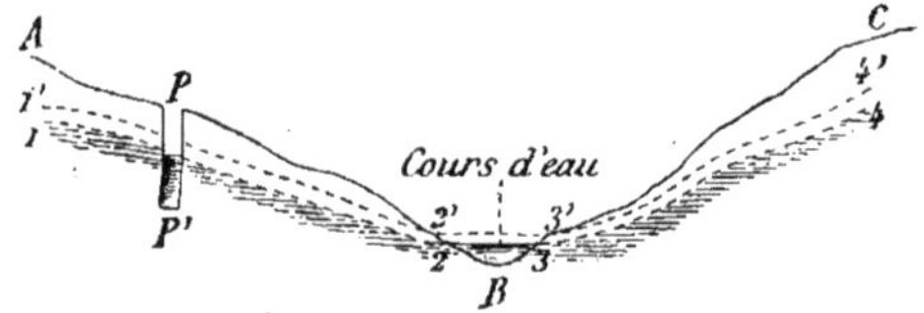

FIG. 940. — Nappe souterraine d'infiltration, 1, 2, 3, 4, présentant une configuration quelque peu analogue à la surface du sol *A*, *B*, *C*. Des pluies plus abondantes déterminent une augmentation de l'eau d'infiltration dont la nappe a pour niveau 1′, 2′, 3′, 4′. *p*, *p′* puits ordinaire.

dans une terre perméable : là sera le niveau de la nappe d'eau *dont la forme suivra les grandes lignes du relief du sol.* Toute *couche imperméable* (argileuse par exemple) peu profonde, arrêtant l'eau d'infiltration, influe également sur l'établissement d'une nappe souterraine.

Sources. Puits. — Supposons qu'en une région donnée la nappe d'infiltration affleure à la surface du sol, il existera un certain nombre de *sources* suivant la ligne d'affleurement (fig. 941).

Au fond d'une vallée où coule un cours d'eau, la surface de l'eau courante est en continuité avec la surface de la nappe souterraine dans le sol voisin (fig. 940).

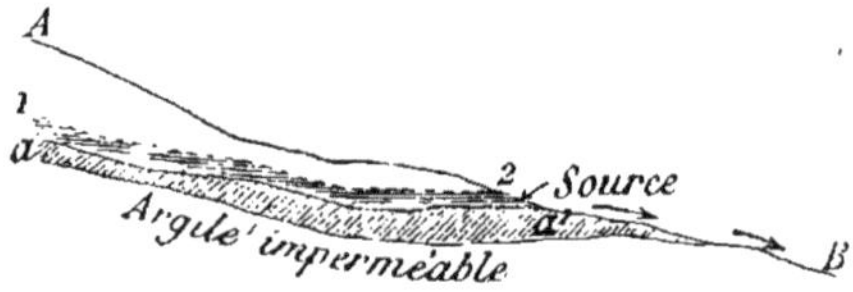

Le cours d'eau d'un bassin est donc alimenté par la nappe d'infiltration.

FIG. 941. — La nappe d'infiltration, couvrant une couche d'argile qui affleure en *a′*, détermine en ce point la production d'une source.

La conclusion naturelle de ce fait est que l'eau infiltrée n'est pas immobile ; elle coule toujours vers la mer.

Le niveau de la nappe varie avec l'abondance des précipitations atmosphériques; plus élevé pendant les saisons pluvieuses (1′,2′,3′,4′), il s'abaisse considérablement pendant les périodes de sécheresse prolongée. certaines contrées peuvent même, dans ce cas, être totalement privées d'eau; les rivières sont à sec parce que la nappe est épuisée.

Que l'on fore un *puits* au point P, on n'obtiendra d'eau dans ce puits qu'à partir du moment où sera rencontrée la couche d'eau souterraine. Les puits contiennent une quantité d'eau variable, pour les raisons qui viennent d'être exposées.

Puits artésiens. — Supposons une couche de sable (*perméable*) plongeant dans le sol (fig. 942) et y formant une cuvette profonde, entièrement recouverte, *sauf sur les bords*, par une couche d'argile (*imperméable*).

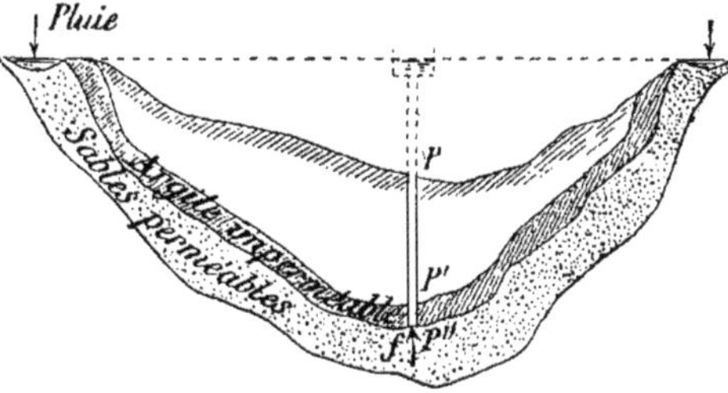

FIG. 942. — Puits artésien (fig. théorique).

Sur la couche d'argile peuvent s'être déposées ultérieurement des formations sédimentaires quelconques; cela importe peu.

Les pluies tombées, depuis l'origine, sur les bords de la cuvette ont donné de l'eau d'infiltration qui s'est engagée et accumulée dans la couche de sable, *sans issue possible puisque la couche d'argile formant plafond est continue.* Toute perforation pratiquée dans la couche imperméable permettrait à l'eau de s'élever et d'envahir la cuvette (principe des vases communicants).

Si, en un point P du fond de la cuvette, on creuse un puits assez profond pour atteindre la couche de sable, l'eau montera dans le puits et jaillira en P : tels sont les **puits artésiens** de Grenelle et de Passy.

La couche perméable est ici constituée par des *sables verts* que recouvre l'*argile du gault.* Ces couches affleurent sur les hauteurs qui s'étendent des Ardennes à l'Yonne, circonscrivant en partie le bassin dont Paris occupe le centre. Sables verts et argile se retrouvent sous Paris à une profondeur de 548 mètres à Grenelle, de 586 mètres à Passy.

Dans toutes les contrées où les dispositions précédentes sont réalisées, où le forage des puits artésiens est possible, ces appareils rendent de grands services ; ils constituent une véritable source de richesses dans les pays de sables brûlants.

En Algérie, nombre de points longtemps arides sont aujourd'hui couverts d'une luxuriante végétation (avec des Palmiers notamment), grâce à l'établissement de puits artésiens.

Érosion. — **Cours d'eau souterrain.** — La *vitesse d'écoulement* de l'eau qui constitue une nappe d'infiltration dépend de l'*abondance des pluies* et de l'*inclinaison* de la nappe souterraine. Dans toutes les régions où cette vitesse est notable, les fentes étroites primitives, les petits couloirs par lesquels avait lieu l'écoulement s'élargissent, de véritables *cours d'eau souterrains* s'établissent (fig. 943). Outre leur action dissolvante sur les roches, ces cours d'eau désagrègent les parois encaissantes, entraînent des sédiments, forment des chambres plus où moins vastes aux dépens

Fig. 943. — Cours d'eau établis dans des grottes et des canaux souterrains (Cave du Mammouth : Kentucky). Ces canaux résultent d'érosions importantes produites par les eaux d'infiltration particulièrement abondantes à l'époque pléistocène.

des roches de désagrégation facile, des couloirs étroits et tortueux quand la destruction est plus lente : tous ces espaces creusés par les eaux souterraines en forment le *lit*.

Grottes. — De nombreuses *grottes*, les immenses couloirs récemment découverts sous les Causses du Rouergue, etc., sont le fait d'un puissant travail accompli par les eaux souterraines à une époque antérieure à la nôtre, époque où les précipitations atmosphériques ont été extrêmement abondantes.

Parmi les principales excavations, il convient de citer : les grottes d'Arcy-sur-Cure, les cavernes à ossements de la Madelaine, Laugerie basse, Aurignac, etc., en France; les grottes du Han en Belgique; celles de Lueg et d'Adelsberg en Autriche.

Glissements. Effondrements. — Soit une couche d'argile en pente assez accusée, formant le soubassement d'un massif montagneux; l'eau d'infiltration, parvenant jusqu'à la roche imperméable, en délaye la surface et forme une boue incapable de résister au poids des roches qui s'appuient sur elle : de là un *éboulement* d'autant plus effrayant que la masse mouvante est plus considérable. Ces éboulements sont assez fréquents.

La catastrophe du Rossberg [1] en est un exemple des plus saisissants : des pluies abondantes, survenues au commencement de l'année 1806, délayèrent la couche d'argile sur laquelle reposaient des conglomérats formant une partie de ce massif montagneux; tout à coup, le 6 mai, la masse de conglomérat se détacha, engloutit 3 villages en quelques minutes, tua 457 personnes et encombra la belle vallée de la Goldau de 40 000 000 mètres cubes de débris.

Quand le plafond d'une excavation souterraine ne peut soutenir la masse rocheuse qui le recouvre, il *s'effondre*; la surface du sol forme alors un entonnoir, parfois un gouffre profond.

A Lons-le-Saunier, vers la fin du siècle dernier, se forma ainsi un gouffre de 22 mètres de diamètre où furent englouties plusieurs maisons sous une couche d'eau de plus de 15 mètres.

Édification. — Les eaux d'infiltration suintent sur la paroi des grottes spacieuses d'origine antérieure, qu'elles ne peuvent aujourd'hui remplir. Elles y abandonnent, par évaporation, le calcaire qu'elles ont dissous dans leur trajet. Chaque goutte d'eau forme un petit dépôt adhérent à la voûte, puis tombe sur le sol où elle en produit un autre. C'est ainsi que se sont constituées à la longue les *stalactites*, cylindres creux qui descendent de la voûte, et les *stalagmites*, cônes pleins qui leur correspondent en s'élevant du sol. Stalactite et stalagmite réunies forment une belle colonne d'albâtre translucide.

C. — ACTION DE LA GLACE

La vapeur d'eau atmosphérique se condense sous la forme de neige en tous lieux où la température est, temporairement ou constamment, inférieure à 0°. Si, dans une région considérée, la fonte des neiges est inférieure chaque année à la quantité de neige tombée, cette région sera toujours couverte de neige, on dit que *la neige y est persistante*.

La *limite des neiges persistantes* atteint l'altitude moyenne de 5000 mètres dans la zone torride, de 3000 mètres dans les Alpes; elle descend peu à peu jusqu'au niveau de la mer, à mesure qu'on s'approche des pôles.

1. Le Rossberg est une région montagneuse située en Suisse, au nord du Righi, non loin du lac des Quatre-Cantons.

Origine d'un glacier. — Soit une région appartenant à la zone des neiges persistantes (fig. 944). La neige qui y tombe ne peut s'accumuler indéfiniment[1]; celle qui couvre les pentes abruptes est précipitée dans les vallées, soit par le vent, soit par son poids, sous forme *d'avalanches* dangereuses pour les touristes et les montagnards. La neige, accumulée sur les plateaux ou dans les dépressions formant cirque, se tasse peu à peu et se transforme, sous l'influence des radiations solaires et de la pression, en *névé*, puis en *glace compacte*, origine des glaciers.

La transformation de la neige en glace a lieu de la manière suivante : la neige qui tombe se compose en général de flocons légers, formés de cristaux qui laissent entre eux beaucoup de vides; les rayons solaires fondent totalement les cristaux superficiels, et en partie seulement les cristaux plus profonds qui se trouvent cimentés par l'eau de fusion. La neige récemment tombée a donné une couche de névé, c'est-à-dire un amas de petits grains tangents ou soudés entre eux.

Fig. 944. — Mont Blanc.

Des couches successives de névé se superposent ainsi; mais les *couches superficielles pressent sur les parties profondes, en provoquent la fusion partielle;* l'eau de fusion remplit les espaces vides, se congèle à nouveau et transforme le névé en glace compacte.

Quand 2 fragments de glace sont pressés l'un contre l'autre, la glace fond au-dessous de 0° aux points de contact; l'eau de fusion *regèle* (puisque sa température est inférieure à 0°) et soude les 2 fragments de glace en un seul. L'expérience suivante due à Tyndall rend compte de ce phénomène :

1 La chute annuelle de neige au mont Saint-Bernard atteint de 5 à 10 mètres; au mont Grimsel, elle a été parfois de 17 mètres.

Deux petits cylindres de buis, A et B sont évidés sur leurs faces en contact, de telle sorte que l'espace vide forme lentille (fig. 945). On remplit, et au delà, cet espace de fragments de glace pilée, puis on presse fortement les cylindres l'un contre l'autre ; au bout de quelques minutes, la glace forme une lentille compacte parsemée çà et là de quelques petites bulles d'air.

1 mètre cube de neige	récemment tombée	pèse		85 kilogrammes.
—	névé	pèse	500 à 600	—
—	glace bulleuse	pèse	900 à 960	—

La glace qui forme les glaciers est bulleuse, en effet ; elle devient plus compacte encore, bleue et à demi transparente, à mesure qu'on la prend dans une partie plus basse de la vallée où le glacier est engagé.

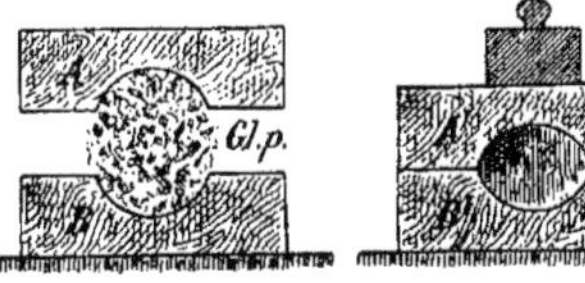

FIG. 945. — Formation d'une lentille de glace compacte, *Gl. c*, par la pression d'une masse de glace pilée, *Gl. p.* (Expérience de Tyndall).

Les glaciers, *g* (fig. 946), *constamment alimentés* par la neige qui tombe dans les régions de haute altitude, débouchent de ces cirques élevés dans les vallées, suivent les lignes de plus grande pente, se confondent à chaque confluent et peuvent former un glacier unique, G, au même titre que les divers ruisseaux d'un bassin réunissent leurs eaux dans un seul fleuve. Ce glacier fond peu à peu sous des influences diverses, telles que : la chaleur solaire, la chaleur qui lui parvient des roches encaissantes, les chutes de pluie dans les régions de faible altitude, etc. D'après cela, le glacier présentera toujours une *limite inférieure* déterminée par la fusion totale de la glace.

Il se continue par un cours d'eau.

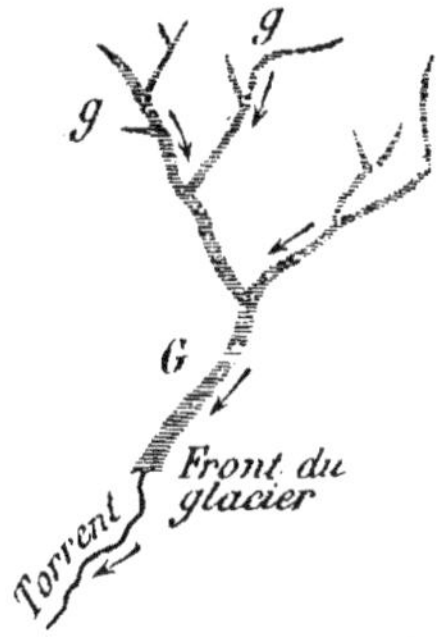

Mouvement des glaciers. — Puisqu'un glacier est *constamment alimenté* dans les régions élevées et qu'il subit une *fusion constante* et totale à son extrémité inférieure, il faut forcément que *ce glacier se déplace* des cimes élevées où il a pris naissance vers le fond de la vallée où il se termine.

FIG. 946. — Glacier principal et ses affluents.

Les preuves du mouvement des glaciers sont nombreuses. Une échelle fut abandonnée par de Saussure en 1788, au pied de l'Aiguille noire dans son exploration du mont Blanc ; en 1845, les débris en ont été retrouvés à 4 420 mètres du point de départ.

L'expérience suivante est concluante : on plante en ligne droite transversale 5 piquets, par exemple, sur un glacier (fig. 947) ; deux autres piquets extrêmes, XY, sont enfoncés sur les rives qui l'encaissent, et dans l'alignement des premiers.

Au bout de quelques jours, on remarque que l'alignement est détruit; le piquet médian, 3, a progressé plus que 2 et 4; ceux-ci plus que 1 et 5.

Les résultats de ces expériences sont identiques à ceux que nous ont fournies les expériences faites sur les cours d'eau avec des bouchons (Voir page 871).

La vitesse d'un glacier est plus grande au milieu que sur les bords, à la surface qu'au fond, dans les gorges resserrées que dans les vallées à large section. Le mode de progression d'un glacier est en tout comparable à celui d'un cours d'eau, sauf en ce qui concerne la *vitesse absolue*. La vitesse moyenne de la Mer de Glace (fig. 948) est de $0^m,305$ *par jour ;* celle de la Seine est d'environ $0^m,50$ *par seconde.*

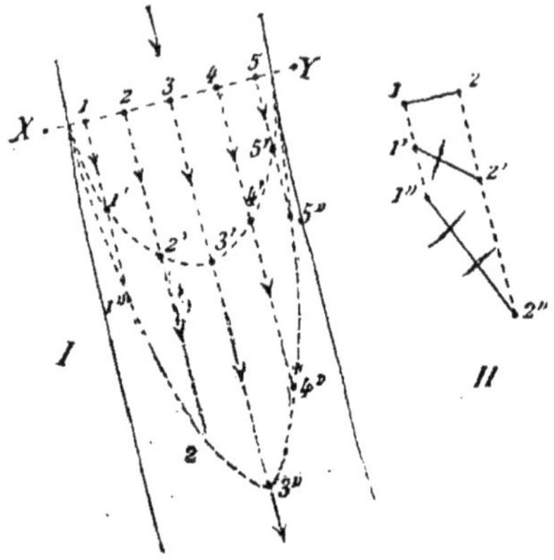

En été, la vitesse est plus grande qu'en hiver : ainsi, pour la mer de Glace, le maximum d'été a atteint $1^m,58$ par jour ; le maximum d'hiver, $0^m,46$.

Fig. 947. — Marche des glaciers. I. Les piquets, 1, 2, 3, 4, 5, préalablement alignés suivant *XY*, avancent irrégulièrement ; le piquet du milieu, 3, progresse plus vite que les autres. — II. Formation des crevasses. La masse de glace, 1.2, ne pouvant s'étirer indéfiniment, se rompt à mesure qu'elle progresse en 1'.2', puis en 1''.2''.

Un glacier est donc un véritable fleuve de glace avec ses affluents, qui a pour continuation un cours d'eau.

Conséquences de ce mouvement. — Crevasses. — Mesurons la distance qui sépare deux points 1 et 2 sur la ligne droite X Y menée transversalement à un glacier ; au bout de quelques jours 1 et 2 occuperont les positions 1' et 2' ; la distance 1'2' aura augmenté. Comme la glace ne peut se déformer aussi facilement que l'eau, comme sa *plasticité*[1] a une limite, il se produit entre 1' et 2' des *crevasses* perpendiculaires à la courbe 1'2'. Ces crevasses s'agrandissent et se multiplient par la suite ; elles forment une série de lignes de rupture perpendiculaires à la courbe 1',2',3',4',5', puis à la courbe 1'',2'',3'',4'',5'', etc.; les crevasses de droite forment avec celles de gauche un angle dont le sommet est dirigé du côté d'où vient le glacier (amont).

Une crevasse déterminée présente, en profondeur, une incli-

---

1. La *plasticité de la glace* est la propriété que possède cette substance de se déformer sans se rompre à une température quelque peu supérieure à 0°.

Ainsi une barre, taillée dans un bloc de glace et soutenue par ses extrémités, s'incurvera peu à peu sans se briser.

Fig. 948. — La mer de glace à Chamounix.

naison très prononcée vers l'amont, puisque la vitesse est plus grande à la surface du glacier que dans ses couches profondes (fig. 949).

Fig. 949. — Une crevasse dans un glacier.

Ces crevasses sont très dangereuses pour les touristes, surtout lorsque des chutes récentes de neige les cachent aux regards, en formant des ponts d'une extrême fragilité.

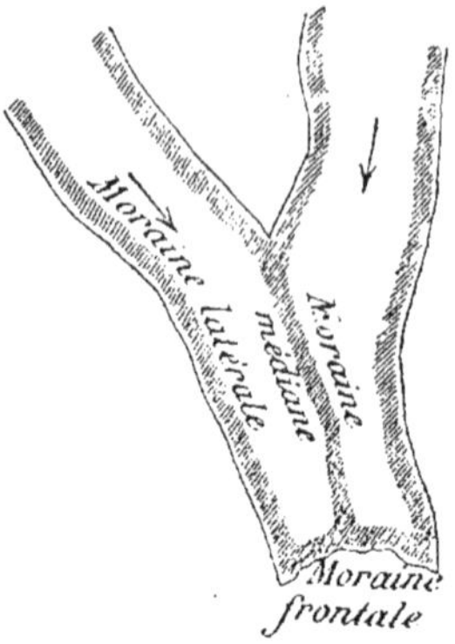

Moraines. — Partout où la paroi des hautes cimes montagneuses n'est pas recouverte de neige, les changements de température provoquent une altération profonde de la surface des roches; celles-ci se désagrègent et leurs débris, parfois très volumineux (8 000 mètres cubes), tombent sur les bords des glaciers; ils y constituent les *moraines latérales* (fig. 950), sous forme de deux traînées qui progressent avec le glacier qui les supporte.

Fig. 950. — Moraines.

Quand deux glaciers se rencontrent, les moraines latérales adjacentes se confondent en une *moraine médiane.* Le nombre des moraines comprises entre les 2 moraines latérales d'un glacier est égal au nombre de glaciers qui se sont fusionnés en un seul. En général, les moraines se confondent avant d'atteindre l'extrémité libre du glacier. Comme en ce point toute la glace est fondue, les matériaux solides s'entassent en une *moraine frontale*, sorte de remblai d'où sort le cours d'eau torrentiel qui a pour origine la fusion de la glace[1].

Autrefois, quand d'immenses glaciers descendant de la Suisse ou de la Scandinavie s'étendaient sur les plaines de la Bresse, de la Lombardie et de l'Allemagne, ces gigantesques appareils, épais parfois de 1 000 mètres, transportaient des blocs

Fig. 951. — Roche striée par un glacier.

de plusieurs milliers de mètres cubes. Une température plus clémente détermina plus tard la fusion de ces immenses calottes de glace ; les blocs charriés se déposèrent dans les plaines aux points où la glace les avait portés : ce sont les

1. Un même glacier est parfois précédé de *plusieurs moraines frontales.* Supposons, en effet, qu'une série d'années pluvieuses augmente notablement la condensation des neiges sur les hauts massifs montagneux ; l'épaisseur moyenne des glaciers en sera accrue par suite ; mais c'est au bout de plusieurs années seulement que la masse plus imposante de glace parviendra dans ces vallées, et, *toutes choses égales d'ailleurs,* contraindra les glaciers à dépasser leur limite ordinaire. Dès lors, la moraine frontale sera transportée plus en aval ; il n'y en aura qu'une.

Supposons qu'une série d'anuées moins pluvieuses survienne ; l'effet contraire se produira, l'extrémité libre de chaque glacier reculera, abandonnant la moraine frontale pour en former une ou plusieurs en arrière suivant l'importance du recul.

blocs erratiques (fig. 951), qui nous renseignent aujourd'hui par leur composition et leur situation relative sur l'étendue, la provenance et la direction des glaciers à l'époque reculée dont il s'agit.

Roches striées. — Roches moutonnées. — Les blocs de roches qui tombent sur le glacier pénètrent de suite dans les crevasses, ou bien ils y seront précipités quand d'autres fractures se produiront à leur voisinage. En raison de la déformation constante de la

Fig. 952. — Sognefiord (Norwège) : ancienne vallée glaciaire.

glace mouvante, ils y sont enchâssés et progressent avec elle. Quelques-uns parviennent jusqu'à la paroi latérale ou jusqu'au fond du glacier; leurs arêtes vives entament la roche encaissante comme autant de burins et la *strient;* les stries sont, en général, parallèles et bien conservées sur les roches dures

La présence des stries en des points que n'occupent plus les glaciers, leur direction, etc., sont de précieux documents qui renseignent encore le géologue sur la puissance et la direction des glaciers anciens.

Le fond de la vallée glaciaire est soumis à une action identique; s'il présente des saillies, le glacier les aplanit du côté de l'amont.

Les roches *mamelonnées, moutonnées*, que l'explorateur observe dans la vallée du Rio Colorado, doivent leur aspect particulier à l'érosion produite en cet endroit par d'anciens glaciers.

Boue glaciaire. — On désigne sous ce nom une argile compacte, bleue, à grain très fin, que déposent les torrents issus des glaciers; elle a pour origine les débris pulvérisés des roches effritées, les particules détachées de la paroi par le glacier mouvant, fragments préservés pour un temps de l'oxydation et entraînés par l'eau de fusion.

Glaces polaires. — Les régions polaires sont couvertes d'immenses calottes de glace qui descendent jusqu'à la mer, tantôt sur une grande étendue de la côte, tantôt seulement par de profondes échancrures ou vallées glaciaires appelées *fjords* (fig. 952).

Certains glaciers du Spitzberg forment des falaises de 60 à 120 mètres de haut avec un front de 20 kilomètres.

De telles masses triturent véritablement les roches sur lesquelles elles glissent, et en entraînent les débris à la mer sous forme de

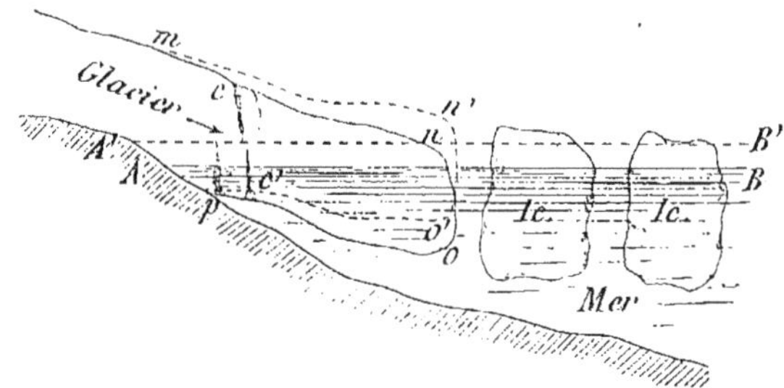

Fig. 953. — Formation des glaces flottantes, *Ic*, par la rupture d'un glacier polaire en *c, c'*. Le niveau de la mer, en s'élevant, soulève la glace et y détermine des crevasses en *c'*; en s'abaissant, il provoque d'autres crevasses en *c*.

moraine profonde. Les torrents sous-glaciaires apportent à la mer des eaux troubles qui contiennent en suspension les éléments de destruction les plus fins (boue glaciaire).

Le bord libre d'un glacier polaire, *mnop* (fig. 953), avance peu à peu dans la mer et flotte à sa surface à cause de la moindre densité de la glace. Lors du flux et du reflux de la marée, il se produit des craquements, *c, c'*, dans la masse solide tour à tour soulevée (flux $A'B'$) et insuffisamment soutenue (reflux, AB); le front du glacier se résout à la longue en énormes blocs de glace flottante, les *icebergs*, *Ic*, très dangereux pour les navires qui explorent les régions polaires (fig. 954).

Fig. 954. — Glaces flottantes antarctiques. Mont Erebus.

Quelques-unes de ces masses peuvent atteindre de 500 à 1000 mètres d'épaisseur.

La fusion lente des icebergs restitue à la mer une partie de l'eau que l'évaporation lui avait enlevée.

FORMATIONS SÉDIMENTAIRES

La mer, assaillant les côtes, leur arrache des matériaux de dimensions diverses dont les plus fins sont entraînés au large; les fleuves et les glaciers polaires apportent à l'Océan un important contingent de débris. Que deviennent tous ces sédiments?

Les sondages opérés à partir d'une côte, en se dirigeant vers la haute mer, ont montré que deux aires bordent les continents (fig. 955) : 1° l'*aire terrigène*, zone des mers peu profondes, qui reçoit tous les débris mentionnés plus haut; l'*aire pélagique*, zone des mers profondes, où ne parvient aucun apport appréciable des continents.

Dépôts effectués dans l'aire terrigène. — Cette aire se divise elle-même en 2 sous-zones A et B. Dans la sous-zone A, moins profonde et plus voisine de la côte, pénètre la lumière ; des courants d'intensité variable la traversent et les êtres y peuvent vivre. Elle reçoit les éléments les plus volumineux ; les roches sédimentaires qui s'y forment sont des sables, des graviers, des conglomérats, des argiles, des calcaires, des assises madréporiques, etc.

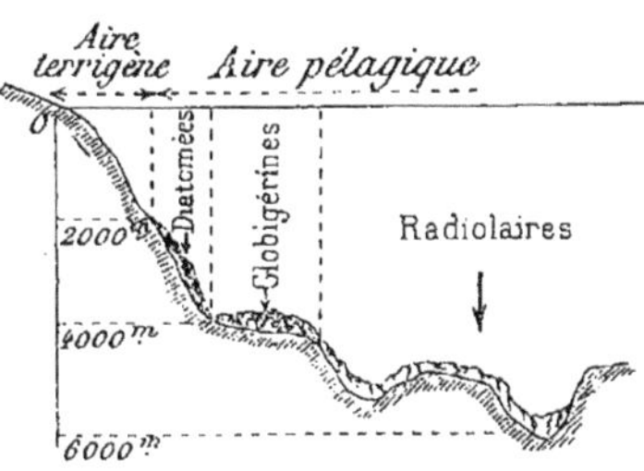

Fig. 955. — Nature des dépôts formés par les organismes inférieurs dans l'aire pélagique.

Dans les mers très chaudes, l'évaporation rapide de l'eau, accompagnée d'un abondant dépôt de carbonate de calcium, accélère la formation de ces couches sédimentaires ; les grains de sable et les galets des plages, cimentés de calcaire, deviennent des grès et des conglomérats.

La sous-zone B, profonde de plus de 200 mètres, est parcourue par de faibles courants ; la lumière y pénètre difficilement ; les sédiments y sont réguliers, constitués par des bancs de sables fins, d'argiles (*boues bleues, rouges* ou *vertes*), de calcaires (*boues et sables coralliens*).

Les *boues bleues*, qui dominent autour des continents, sont colorées par du sulfate de fer ; ce sel est dû à la précipitation du fer par l'hydrogène sulfuré provenant de la décomposition des débris organiques accumulés dans cette zone. — Les *boues rouges*, des côtes du Brésil, doivent leur couleur au fer hydroxydé. — Les *boues vertes* sont des sables glauconieux. — Les *boues et sables coralliens* sont abondants non loin des récifs établis sur les cônes volcaniques sous-marins de l'océan Pacifique surtout (Voir page 892).

Dépôts des mers continentales. — On appelle ainsi les mers intérieures englobées presque totalement dans un continent et communiquant avec l'Océan par un détroit assez resserré. Les sédiments apportés par les eaux océaniques se déposent dans le détroit et tendent à l'obstruer ; l'eau salée de la mer intérieure s'évapore d'autant plus vite que cette mer est peu profonde (cas général) ; d'où formation de roches dues à une précipitation chimique : calcaire, gypse, sel gemme, où sont intercalés les apports des eaux fluviales qui se déversent dans la mer intérieure.

Un exemple de ce fait nous est fourni par le golfe de Kara-Bougaz situé à l'est de la mer Caspienne avec laquelle il communique par un chenal long de 4 kilomètres. Ce golfe n'est autre qu'un immense *marais salant*.

Tous les dépôts de l'aire terrigène renferment évidemment les restes des êtres qui vivent dans la mer à une profondeur relativement faible.

Dépôts effectués dans l'aire pélagique. — L'aire pélagique est à l'abri des transports s'effectuant des continents vers les mers ; les courants ne s'y font pas sentir. Il s'y forme des *vases calcaires* ou *siliceuses*, provenant de la décomposition sur place des organismes qui y meurent après avoir vécu à une grande profondeur, ou des débris des êtres qui, ayant vécu plus près de la surface des eaux, y sont tombés après leur mort.

Certaines causes peuvent troubler cette tranquillité et les actions lentes des grandes profondeurs ; la plus importante consiste dans les éruptions volcaniques sous-marines dont il sera question plus loin (page 898).

Comme les animaux des grandes profondeurs fixent de la chaux, de la silice, du phosphate de calcium, du fer et du fluor, ces éléments se trouvent dans les dépôts profonds qu'on divise ordinairement en *vases calcaires, siliceuses, phosphatées* et *ferrugineuses*.

Les plus communes sont les vases calcaires comprenant : les *boues à Globigérimes* (communes) et les *boues à Ptéropodes* (rares). Les principales vases siliceuses sont les *boues à Radiolaires* (océan Indien) et les *boues à Diatomées* (Hémisphère austral).

Des *boues rouges* (argile rouge des grands fonds), riches en fer et en manganèse, proviennent de la décomposition lente (à 0° et sous une pression de 500 à 600 atmosphères) des éléments qui composent les roches volcaniques tapissant ces profondeurs ; elles contiennent des *nodules d'hydroxydes de fer et de manganèse*.

RÉCIFS MADRÉPORIQUES

Parmi les productions d'origine organique, les récifs madréporiques méritent une place spéciale, plus encore par leur importance dans les temps géologiques antérieurs qu'à l'époque actuelle.

On appelle *récifs madréporiques* les massifs édifiés dans les mers chaudes par les Coralliaires dont nous avons parlé déjà (Voir page 487 et suivantes). Tout Polype, appartenant à une espèce coralligène, établi sur un rocher dans des conditions convenables, y grandit et puise dans l'eau le carbonate de calcium dont il forme son squelette sur le rocher qui lui sert d'appui. Grâce à une active multiplication par bourgeonnement, le nombre des polypes s'accroît vite, l'édifice calcaire progresse en surface et en hauteur ; il devient récif.

Le développement des espèces coralligènes n'est possible que dans les mers dont la température n'est jamais inférieure à 20°, à une profondeur moindre que 37 mètres ; aussi ne trouve-t-on de récifs qu'aux abords des îles émergeant dans la région équatoriale des océans Pacifique et Atlantique.

Les Madrépores qui forment des coraux branchus se développent assez vite, et d'autant mieux que la mer est plus agitée et plus riche en calcaire dissous. Les vagues brisent souvent les rameaux dont la plupart restent enlacés dans les branches plus résistantes ; des Bryozoaires et d'autres espèces incrustantes, des Algues calcaires (Corallines) s'y ajoutent ; le tout, cimenté par un dépôt de carbonate de calcium, constitue à la longue un polypier compact, capable de défier le choc des vagues au plus fort des tempêtes.

Quand le récif a atteint le niveau des plus hautes marées, la végétation s'y établit. Au voisinage du récif, on trouve toujours des *sables coralliens*, des *calcaires oolithiques* (Voir page 849) et, plus au large, une *vase calcaire* très fine.

Divers aspects des récifs. — On appelle *récifs-frangeants* ceux qui bordent les côtes ou les îles ; *récifs-barrières* ceux qui en sont séparés par un canal plus ou moins large : *atolls*, les récifs circulaires, continus ou interrompus, qui circonscrivent une lagune remplie d'eau plus calme.

Les observations de Murray permettent de concevoir comment, *en général*, se sont édifiés les massifs coralliens et pourquoi ils présentent de telles formes.

Le fond de l'océan Pacifique est hérissé de cônes volcaniques sous-marins :

1° *Que l'un de ces cônes atteigne ou dépasse le niveau de la mer*, les polypes construisent un *récif-frangeant* ou un *récif-barrière* d'accroissement plus rapide du côté de la mer agitée, c'est-à-dire du côté externe.

2° *Si le sommet d'un cône volcanique émergent est rasé par les vagues*, ou *si le cône atteint un niveau compris entre la surface de la mer et la profondeur de 37 mètres*, les polypes couvrent le dôme volcanique, s'accroissent plus sur les bords, édifient un brisant sous-marin de forme circulaire qui, tôt ou tard, apparaîtra à la surface de l'eau : ce sera un *atoll*.

§ 2. — PHÉNOMÈNES D'ORIGINE INTERNE

I. — TREMBLEMENTS DE TERRE

On appelle *tremblement de terre* un ébranlement du sol de *courte durée* (quelques secondes au plus) et *d'intensité très variable* (secousse presque imperceptible ou bien dislocation du sol).

Les secousses sont de trois natures :

1° les *secousses verticales* qui, lorsqu'elles sont violentes, projettent en l'air les maisons et les objets divers reposant sur le sol, comme le fait l'explosion d'une mine ;

2° les *secousses horizontales*, qui provoquent des déplacements latéraux ;

3° les *secousses ondulatoires*, de beaucoup les plus fréquentes et les plus terribles par leurs effets, car la surface du sol agitée rappelle le mouvement des vagues : Les édifices s'écroulent, les arbres sont arrachés ; le sol s'entr'ouvre parfois et des *crevasses* subsistent après les secousses, jusqu'à ce que les agents extérieurs les aient comblées lentement.

Lors du tremblement de terre d'Ischia, le 28 juillet 1883, une première secousse très violente, de direction verticale, se manifesta à Casamicciola. « Il semblait, dit un témoin du phénomène, que la ville entière sautait en l'air comme le bouchon d'une bouteille de champagne. » Puis un mouvement ondulatoire succéda à cette trépidation, accompagné d'un bruit strident. En 16 secondes, 1 200 maisons s'étaient écroulées faisant 2 300 victimes.

Le 23 février 1887, trois séries de secousses ondulatoires se sont succédé sur le littoral méditerranéen, de Nice à Diano-Marina. Un géologue, qui se trouvait à Nice à l'époque, raconte qu'il entendit d'abord une sorte de frémissement, bruit qui grandit rapidement jusqu'à rappeler celui d'une voiture roulant à toute vitesse, puis les éclats du tonnerre. Tous les objets environnants vibrèrent, puis ondulèrent et nombre de maisons s'abattirent avec fracas.

Lors du tremblement de terre des Calabres, en 1783, le sol fut sillonné de profondes crevasses ; l'une d'elles avait 2 kilomètres de long, 10 mètres de large et 40 mètres de profondeur.

Un fait assez fréquent consiste dans le glissement vertical de l'un des bords d'une crevasse brusquement refermée ; il en résulte une inégalité de niveau à la surface du sol, un manque de concordance des couches sous-jacentes : c'est une *faille* (fig. 955 *bis*).

Vitesse de propagation des secousses. — Si l'on note, aux points A et B, les heures exactes auxquelles une même secousse s'est fait sentir, en déterminant d'autre part la distance qui sépare ces deux points, on peut calculer approximativement la vitesse de propagation des *ondes séismiques*.

Une étude attentive montre en effet que la secousse part d'un point, *Ep*

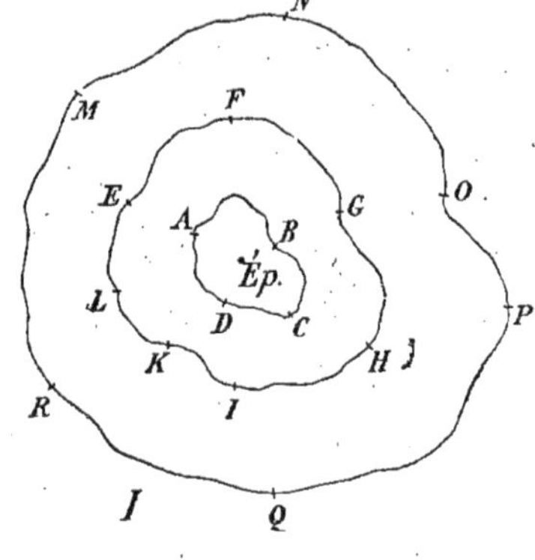

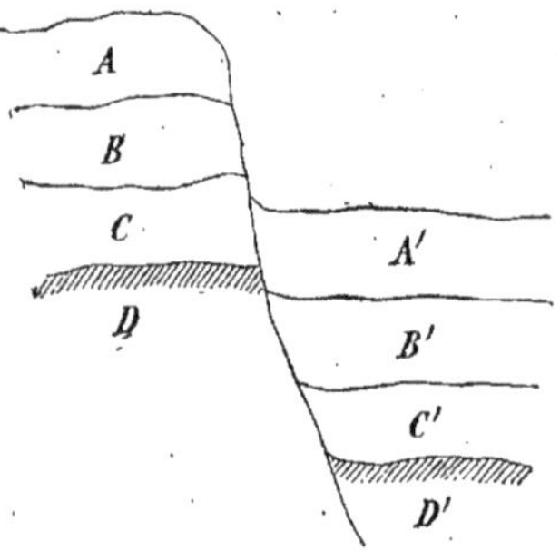

FIG. 955 *bis*. — Rupture d'une série de couches sédimentaires (*faille*).

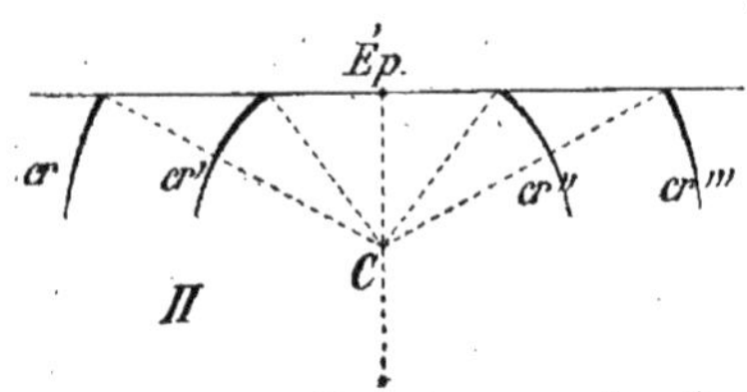

FIG. 956. — I. Mode de propagation d'une secousse ; *Ép*, épicentre. — II. Mode de détermination du centre d'ébranlement, *C* ; *cr*, *cr*, etc., crevasses.

(fig. 956, I), à la surface du sol et se propage tout autour de ce lieu, comme le font les ondes produites à la surface de l'eau par la chute d'un corps qui y est tombé ; la propagation est d'autant plus régulière que le sol est plus homogène dans la région considérée.

La vitesse de propagation, calculée pour différents tremblements de terre, a varié de 131 mètres par seconde (Pérou en 1868) à 885 mètres (Allemagne en 1843). Cette vitesse est plus grande sur la terre qu'à la surface des mers, le long des chaînes de montagnes que perpendiculairement à cette direction.

Quand une onde séismique parvient jusqu'au rivage d'une mer, elle se propage à travers l'océan en donnant lieu à une énorme *vague de translation* dont les effets sont terribles sur les points de la côte où elle aboutit (*ras de marée*).

Centre d'ébranlement. — On appelle *épicentre*, *Ép*, le point de la surface du sol affecté le premier par les secousses ; il est situé au-dessus de la région profonde qui a été le véritable *centre d'ébranlement*, son point de départ C (fig. 956, II).

Pour déterminer l'*épicentre*, on joint par une courbe, sur une carte géographique, tous les lieux qui ont été affectés rigoureusement à la même heure par la secousse ; une série de courbes sont ainsi tracées qui entourent un foyer commun en quelque sorte, c'est-à-dire l'épicentre. — Pour déterminer ensuite la profondeur du centre d'ébranlement, on note la direction des crevasses, *cr*, *cr'*, etc., et leur inclinaison ; les perpendiculaires menées aux points d'intersection de ces directions par la surface du sol se rencontrent au voisinage du centre cherché, C.

La profondeur du centre d'ébranlement est, en général, comprise entre 5 et 20 kilomètres.

Mouvements microséismiques. — Outre les tremblements de terre qui se manifestent d'une manière évidente à la surface du sol, il en est une foule d'autres, dits *mouvements microséismiques*, que l'emploi d'instruments délicats peut seul nous révéler ; en général, ils sont le prélude des mouvements de plus grande amplitude.

Il semble résulter d'observations faites avec des microphones que les phénomènes séismiques, quelle que soit leur amplitude, sont dus à des dégagements de gaz accumulés dans les fissures du sol sous une pression considérable ; parvenus à une faible distance de la surface, ces gaz ont assez d'énergie pour briser la résistance des dernières couches qui s'opposent à leur dégagement.

Il va sans dire que la cause primordiale réside dans les plissements que subit l'écorce terrestre par le refroidissement progressif du globe.

Les gaz dont il s'agit ont pour origine le noyau central liquide.

Des phénomènes plus intenses peuvent aussi se produire ; cette fois, non seulement les gaz dissous dans la masse centrale en fusion s'en échappent, mais cette masse elle-même peut se faire jour par les fissures de la croûte terrestre. Alors se produisent les *éruptions volcaniques*.

II. — PHÉNOMÈNES VOLCANIQUES

Un volcan *est un appareil naturel qui met en communication, permanente ou temporaire, la surface du globe avec les matières fondues du noyau central.*

En général, un volcan a la forme d'un *cône* dont le sommet est occupé par un *cratère*, orifice de la *cheminée* qui est située dans l'axe du cône (fig. 957).

La cheminée résulte d'un ensemble de fentes entrecroisées qui sillonnent l'écorce terrestre au-dessous du cratère ; c'est par ce canal fort irrégulier qu'ont été émises les matières fondues dont l'accumulation constitue le cône volcanique (*cône de débris*).

Ainsi, sur l'emplacement du Xorullo, volcan du Mexique haut de plus de 500 mètres aujourd'hui, existait en 1759 un bois de goyaviers ; le 28 septembre 1759, le sol fut bouleversé et, par les crevasses, jaillit de la lave qui n'a cessé de s'y accumuler depuis.

La plupart des volcans ont une activité intermittente ; leurs périodes d'activité sont dites *éruptions volcaniques* et sont caractérisées par l'émission de matériaux divers. Pendant les périodes de repos, le cratère est

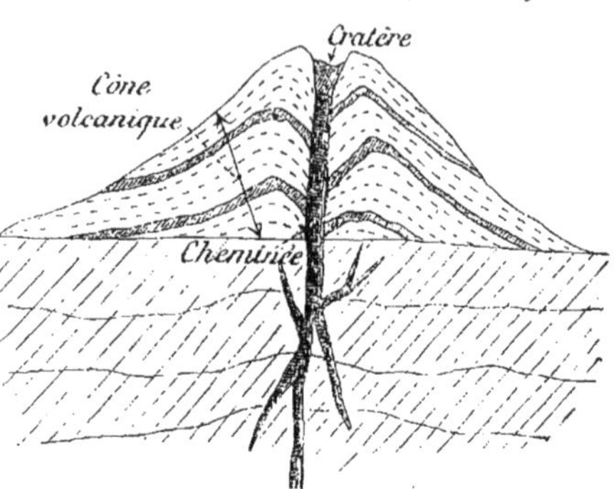

FIG. 957. — Coupe théorique d'un volcan.

obstrué par un culot de lave solidifiée dont les fissures livrent passage à de la vapeur d'eau et à des émanations gazeuses (fig. 958).

FIG. 958. — Le Vésuve et la Somma vus de l'intérieur de la campagne napolitaine.

Caractères d'une éruption volcanique. — Une éruption est annoncée par l'augmentation de vapeur qui forme au-dessus du volcan un panache plus dense, par l'ébranlement du sol avec grondements souterrains ; le débit des sources voisines diminue, les puits tarissent, les animaux sont inquiets ; enfin des craquements se produisent dans le cratère d'où s'échappe un panache sombre de vapeur d'eau, de gaz et de cendres, avec projection du culot et de la paroi réduits en fragments plus ou moins volumineux.

La colonne, sombre pendant le jour, rouge pendant la nuit[1], atteint plusieurs kilomètres de hauteur (11 kilomètres lors de l'éruption du Krakatoa, en 1883; 3 kilomètres pour le panache du Vésuve en 1822). *Elle se compose surtout de vapeur d'eau;* les *cendres volcaniques* qui l'accompagnent sont dues à la pulvérisation de la lave liquide par le dégagement brusque des gaz qu'elle tenait en dissolution sous une pression énorme (Voir page 826).

La lave incandescente s'échappe du sommet du cratère ou, le plus souvent, des crevasses ouvertes dans ses flancs; elle forme une ou plusieurs coulées, descendant vers les vallées comme autant de nappes lumineuses qui s'assombrissent et se solidifient.

Nature des produits rejetés. — Le volcan rejette : 1° des *matériaux solides* (scories, bombes, sables et *cendres volcaniques*); 2° une *substance liquide* (*lave*); 3° des *gaz* (acide chlorhydrique, acide sulfureux, gaz carbonique, hydrogène libre, vapeur d'eau, hydrogène sulfuré, carbures d'hydrogène, oxygène et azote libres).

1° Matériaux solides. — Les *scories* sont des fragments fort irréguliers et parfois volumineux, ayant pour origine la paroi du cratère et la couche superficielle de la lave.

Quand un fragment de lave, projeté à l'état liquide, est animé d'un mouvement de rotation dans sa chute, il devient fusiforme et sa surface porte la trace d'une torsion évidente; c'est une *bombe*.

Les *lapilli* sont des grains dont l'accumulation forme un *sable volcanique*.

Les *cendres volcaniques* sont dues à la pulvérisation de la lave projetée et solidifiée dans les airs.

Ces cendres peuvent être entraînées à de grandes distances par les vents : en 1876, des cendres vomies par l'Hécla (Islande) tombèrent jusqu'à Stockholm, après un parcours de 1 900 kilomètres.

L'abondance des cendres rejetées est parfois énorme.

En 1815, le volcan du Temboro (Malaisie) rejeta une telle quantité de cendres que l'atmosphère en fut envahie sur un rayon de 500 kilomètres. L'île Lombock, distante de 120 kilomètres, fut entièrement recouverte d'une couche épaisse de 0^m,60.

Quand l'émission des centres volcaniques est accompagnée de pluies abondantes ou de la fusion des neiges (volcan à cime élevée), il en résulte de véritables *coulées de boue* qui envahissent les dépressions du sol et s'y solidifient en donnant un *tuf*.

---

1 A cause du rayonnement de la lave incandescente qui remplit le cratère.

Herculanum et Pompéï ont été ensevelies, lors de l'éruption du Vésuve en l'an 79, par une boue volcanique transformée en un tuf dur, épais de 45 mètres par endroits.

2° Lave. — C'est une *roche en fusion*, assez visqueuse, d'aspect et de composition variables (Voir page 843). La *température* en est supérieure à 1 000°.

Si on jette une pièce d'argent sur une coulée de lave pendant sa marche, on voit la pièce se rider ; la déformation qu'elle a éprouvée en atteste la fusion. Le cuivre y est fondu ; un fil de fer y subit un étirement.

La surface d'une coulée de lave se refroidit vite et se solidifie ; la croûte formée, mauvaise conductrice, joue le rôle d'écran pour la lave sous-jacente qui peut conserver une température élevée pendant des années.

Là *densité* de la lave est comprise entre 2,3 et 3 ; elle dépend de sa composition chimique. La lave renferme toujours des silicates et des éléments ferrugineux : quand elle contient un excès de silice, elle est dite *lave acide, légère, trachytique,* et fond difficilement ; dans le cas contraire, elle est dite *lave basique, lourde, basaltique,* et sa fusion est plus facile.

Mode d'émission. — Tandis que, par le cratère, sortent du volcan des gaz et de la vapeur d'eau avec des scories projetées par les explosions gazeuses, c'est en général par des *crevasses* ou *fentes latérales* que s'échappe la lave, rarement par le sommet du cratère.

Les fentes qui, *pour une même éruption,* se produisent dans le cône volcanique, sont orientées, en quelque sorte, dans un même *plan éruptif.*

Une même fente présente des points d'inégale activité ; ceux où se produisent des explosions gazeuses plus fréquentes sont les lieux d'accumulation de débris et forment autant de *cratères adventifs.*

Une fois sortie du cratère, la lave coule avec une rapidité qui dépend de sa viscosité et de la pente du sol.

Certaines laves vitreuses, les *obsidiennes* (verre des volcans), donnent des coulées qui, une fois solidifiées, sont comparables à des faisceaux d'énormes câbles diversement contournés (laves cordées de l'île de la Réunion). Parfois aussi les coulées basaltiques, de refroidissement lent, se partagent en *colonnes prismatiques* parallèles, d'aspect comparable aux rangées de tuyaux d'orgue : telles sont les coulées anciennes qui ont formé les orgues de Bort et d'Espaly (Plateau central), la grotte de Fingal (Écosse, fig. 907), etc.

3° Produits gazeux. — On appelle *fumerolles* les émissions gazeuses qui s'échappent de la lave fondue et forment des nuages au sommet du cratère et en divers points de la coulée.

On distingue plusieurs catégories parmi ces émanations :

Les *fumerolles sèches*, de température 500° environ, se dégagent de la lave dès sa sortie ; elles renferment des chlorures anhydres de sodium, de potassium, de magnésium, de fer, etc.

Les *fumerolles acides*, de température 300 à 400°, renferment des gaz chlorhydrique et sulfureux, avec beaucoup de vapeur d'eau.

Les *fumerolles alcalines*, de température 100° environ, laissent dégager surtout de la vapeur d'eau avec du chlorure d'ammonium et de l'hydrogène sulfuré.

Les *fumerolles froides* contiennent, outre la vapeur d'eau, du gaz carbonique et de l'hydrogène sulfuré.

Les *mofettes* sont des émanations de gaz carbonique.

Toutes ces fumerolles émettent en outre de l'hydrogène, des hydrocarbures, de l'oxygène et de l'azote ; elles sont réparties le long de la coulée dans l'ordre où elles ont été citées, les fumerolles sèches étant les plus voisines de la fente. D'autre part, une fumerolle acide deviendra successivement ammoniacale, froide, etc. Les mofettes marquent la fin des éruptions ; elles persistent parfois des mois, des années, etc., après la période de grande activité d'un volcan.

On considère même les dégagements gazeux (de CO_2 notamment) qui se produisent encore dans certaines régions du Plateau central comme la continuation des éruptions anciennes dont les volcans éteints de l'Auvergne sont aujourd'hui les témoins. Ces émanations se manifestent à Clermont, à Royat, dans l'Eifel (Allemagne), à la grotte du Chien près de Naples, dans la vallée de la Mort (Java).

Les chlorures se déposent au voisinage du volcan ; parmi les gaz rejetés, les uns s'oxydent (H_2S), d'autres s'oxydent et s'hydratent (SO_2) ; tous réagissent sur les roches voisines et forment des chlorures, des sulfates, etc. L'alun, le fer oligiste, le soufre, sont autant de produits connexes de l'activité volcanique.

Diverses sortes de volcans. — L'activité des divers volcans est fort inégale

Les uns ont une *activité permanente*, comme le Stromboli (îles Lipari, au nord de la Sicile) ; les autres ont une *activité discontinue*, comme le Vésuve, l'Etna (Italie et Sicile), Santorin (Archipel), etc. ; d'autres ont depuis longtemps *cessé d'émettre de la lave*, mais peuvent cependant rejeter encore de la vapeur d'eau et des gaz ; nous les appellerons *volcans éteints*, n'attribuant au mot *éteint* d'autre signification que l'arrêt d'émission de la lave.

Un volcan, aujourd'hui éteint, peut soudain redevenir actif : le Vésuve, autrefois couvert de végétation et considéré par les Romains comme une montagne ordinaire, se réveilla brusquement en l'an 79 de notre ère.

Nombre de volcans sont appelés *sous-marins*, parce que leur cratère s'ouvre au fond de la mer. La lave se solidifie alors au contact de l'eau et s'épand en masses coniques plus ou moins considérables dont le sommet peut atteindre la surface de la mer ou en être voisin. Quand le sommet du cône volcanique est formé seulement de débris accumulés et qu'il parvient dans les eaux de surface qui sont agitées, il est le plus souvent rasé et l'îlot volcanique disparaît (île Julia[1]) ; la plate-forme qui subsiste sous les

1. Le 18 juillet 1831, on vit apparaître dans la Méditerranée, à 40 kilomètres de la Sicile, une accumulation de débris rejetés par un volcan sous-marin dont l'éruption avait commencé le 28 juin précédent. Cet îlot s'accrut jusqu'au milieu du mois d'août ; l'éruption ayant cessé, il fut peu à peu démoli par les vagues et disparut le 28 décembre. — En 1863, l'île Julia apparut à nouveau ; mais quelques semaines après il n'en restait plus trace.

eaux peut, dans la zone équatoriale, se recouvrir de récifs madréporiques (Voir page 892). Si le cône de débris est recouvert et protégé par des coulées de lave, il résiste davantage à l'action des vagues.

Telle est l'île Saint-Paul, volcan éteint sous-marin dont le cratère émerge dans l'Océan Indien; ce cratère, ébréché à l'Est, forme une baie ayant 50 mètres de profondeur moyenne, envahie par l'eau de mer.

L'île consiste en scories et tufs recouverts de laves basiques en grande partie.

Répartition des volcans. — Les volcans sont orientés sur le globe suivant les 3 grandes dépressions longitudinales et la grande dépression méditerranéenne signalées déjà (page 831). Faisant abstraction des volcans sous-marins, on voit que les volcans visibles sont à peu près tous contenus dans ces dépressions, plus particulièrement à leurs points de rencontre qui sont des zones volcaniques par excellence. Ils sont pour la plupart dans des îles ou sur le bord de la mer.

Le long de l'*Océan Atlantique* on trouve, du N. au S. : les volcans de Jan Mayen, de l'Islande (Hécla), des Açores, des Canaries (Ténériffe), du cap Vert; les rochers volcaniques de l'Ascension et de Sainte-Hélène.

L'*Océan Indien* renferme quelques îlots avec des volcans éteints, en général, (Saint-Paul, la Réunion, etc.).

L'*Océan Pacifique* est pourvu d'une véritable ceinture volcanique qui, partant de la Nouvelle-Zélande, gagne les Nouvelles-Hébrides, les îles Salomon, les îles

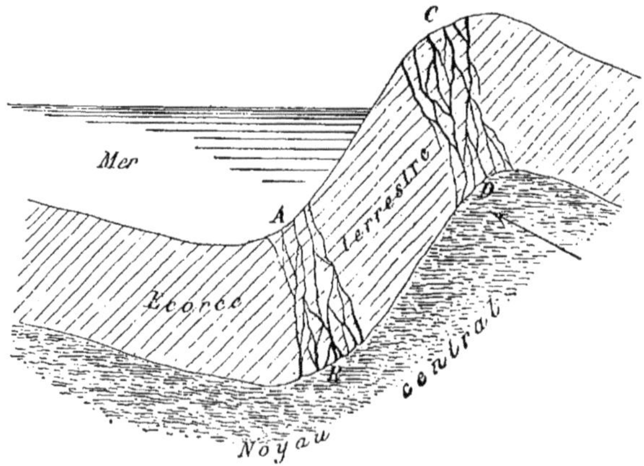

Fig. 959. — Figure théorique montrant l'origine et la disposition probables des fissures de la croûte terrestre par où s'échappe la lave : en *DC* (volcans terrestres), en *BA* (volcans sous-marins).

de la Malaisie (109 volcans), le Japon (Fusi-Yama), les îles Kouriles (20 volcans), le Kamtschatka (38 volcans), les îles Aléoutiennes (48 volcans), la presqu'île d'Alaska, les Montagnes Rocheuses comprenant un grand nombre de cônes éteints, le Mexique (Xorullo, Popocatepelt, Orizaba), l'Amérique centrale (25 volcans actifs dont le Fuego et le Coseguina), la chaîne des Andes (40 volcans dont le Cotopaxi, l'Antisana, le Misti), la Terre de Feu ; les volcans Erebus et

Terreur dans la zone antarctique (fig. 954) ferment ce *cercle de feu* au centre duquel sont compris de nombreux volcans actifs, notamment le Mauna-Loa des îles Sandwich.

Dans la *dépression méditerranéenne*, on trouve les volcans de l'archipel (Santorin), d'Italie (Vésuve, Stromboli, Etna), des Canaries et des Açores, des Antilles, de l'Amérique Centrale, des îles Sandwich, des îles Malaises, etc.

Les volcans occupent toujours *le flanc le plus incliné des rides de l'écorce terrestre, et jalonnent les lignes de brusque dépression.* On donne de ce fait l'explication suivante :

Soit l'une des rides de l'écorce (fig. 959) formant une dépression extérieure, A, occupée par la mer et une dépression profonde, D, où s'exerce l'effort du noyau liquide central. Le plissement de l'écorce a été accompagné de fractures particulièrement nombreuses dans la région ABCD, et surtout aux points de plus grande courbure, en B et en C. La masse liquide pénétrant dans les fissures peut s'échapper soit en C (volcans continentaux), soit en A (volcans sous-marins).

Ainsi se trouvent rattachés les phénomènes volcaniques à la contraction progressive du globe.

III. — PHÉNOMÈNES FAISANT SUITE AUX MANIFESTATIONS VOLCANIQUES PROPREMENT DITES

Les *volcans éteints* [ceux que nous sommes convenus d'appeler ainsi quand, depuis plusieurs siècles, ils n'ont pas rejeté de lave] peuvent continuer à émettre, *directement ou indirectement*, des gaz, des vapeurs, des eaux chaudes parfois riches en substances dissoutes.

Ils donnent lieu aux *solfatares*, aux *suffioni*, aux *geysers*, aux *sources thermales* et *thermominérales*, avec formation de *filons métallifères* comme conséquence.

Solfatares. — Une *solfatare* est un cratère d'où s'échappent avec violence de la vapeur d'eau et des gaz divers, surtout de l'hydrogène sulfuré, H^2S. Une partie de ce gaz s'oxyde à l'air en donnant du gaz sulfureux et de l'acide sulfurique qui, réagissant sur les roches voisines, forme des sulfates, de l'*alunite ;* une autre partie se décompose et dépose du *soufre natif*.

La solfatare de Pouzzoles, près de Naples, provient d'un volcan dont la dernière éruption date de 1198.

Suffioni. — Par certaines fentes du sol de la Toscane (Italie) s'échappent des jets de vapeur d'eau à une température de 105 à 120° ; on les appelle *suffioni* ou *soufflards*. L'eau condensée, qui contient de l'acide borique notamment, se rassemble dans des *lagoni*, bassins où la solution borique se concentre peu à peu. L'hydrogène sulfuré, un peu d'hydrogène libre et de gaz des marais, du gaz carbonique, etc., se dégagent en même temps des fentes du sol.

Geysers. — On appelle ainsi des sources intermittentes d'eau bouillante, tenant en dissolution diverses substances, variables avec la nature des roches traversées par l'eau. Ces appareils

Fig. 960. — Grand Geyser du Yellowstone (Amérique du Nord).

occupent tous des régions volcaniques. Longtemps les geysers d'Islande ont été les seuls connus, le grand Geyser en particulier; mais dans l'État de Wyoming, aux États-Unis, le Parc national du Yellowstone présente les plus belles manifestations de l'activité geysérienne : plusieurs milliers de sources ou bouches d'éruption s'y trouvent, dont 70 sont en activité (fig. 960).

Prenons comme type de cette étude le grand Geyser d'Islande. C'est un cône surbaissé ayant 70 mètres de diamètre à la base et une hauteur de 8 à 10 mètres. L'axe en est occupé par un canal vertical long de $22^m,50$, continué en bas par des crevasses irrégulières, terminé en haut par un bassin ayant 20 mètres de diamètre. D'ordinaire, ce bassin est plein d'eau chaude; mais, toutes les 24 heures environ, le contenu en est projeté en l'air par une violente éruption précédée de quelques petites projections. Puis l'eau, sortant du canal central, remonte peu à peu dans le bassin qui est à nouveau rempli au bout de 6 à 7 heures, et ainsi de suite.

Explication du phénomène geysérien. — Tyndall a fait, au sujet du grand Geyser, les déterminations suivantes :

Niveaux divers.	Profondeur.	Température observée.	Température nécessaire pour l'ébullition de l'eau.
A	$3^m 30$	$85°5$	$107°$
B	$8^m 10$	$110°$	$116°$
C	11^m	.....	$120°8$
D	13^m	$121°8$	$123°8$
E	18^m	$124°$	$130°$
F	$22^m 50$	$126°$	$136°$

Ainsi, dans tous les points de la colonne liquide observés, la température est inférieure à celle que nécessiterait son ébullition; c'est dans la région CD que les deux séries de température sont le plus voisines. Si l'on suppose que les vapeurs chaudes amenées de l'intérieur acquièrent une force élastique suffisante pour soulever la colonne d'eau de 2 mètres seulement, une énorme quantité de vapeur, due à l'ébullition du liquide au voisinage de C, se dégagera du canal en projetant brusquement en l'air la colonne de 11 mètres d'eau qui la surmonte. Puis tout rentrera dans l'ordre jusqu'à ce que des conditions identiques soient à nouveau réalisées.

Cette théorie a été confirmée par l'expérience. 3 pierres ayant été suspendues dans le canal à l'aide de ficelles : l'une en C, l'autre en D, la dernière au fond, la première seule fut projetée lors d'une éruption violente.

Composition de l'eau émise par les geysers. Conséquences. — L'eau du grand Geyser renferme en dissolution des silicates alcalins empruntés aux roches qu'elle a traversées; ces silicates sont transformés, par des émanations simultanées de gaz chlorhydrique et sulfureux, en silice libre, en chlorures et en sulfates

L'eau dépose donc, sur toute la surface du bassin geysérien, de la silice (geysérite) qui rehausse constamment cette surface.

Outre ces *geysers* dits *siliceux*, il est des *geysers calcaires.* Dans ce cas, les eaux chaudes, riches en CO^2, ont traversé de puissants massifs calcaires, dissous du carbonate de calcium qu'elles déposent à la surface du sol en croûtes épaisses, de couleur rose ordinairement (*travertins calcaires* du parc de Yellowstone, fig. 913).

A la longue, la cheminée d'un geyser actif atteindra une hauteur telle que la pression de la colonne d'eau empêchera désormais l'ébullition du liquide en quelque point que ce soit. Le geyser sera réduit à un appareil tranquille, citerne remplie d'une eau chaude qui s'échappera sur les bords et émettra de la vapeur. — Nombre de ces fontaines tranquilles se rencontrent dans le parc de Yellowstone et en Islande.

Sources thermales. — La *majorité*[1] des *sources thermales* ou *chaudes* sont d'origine volcanique. Établies le long de fentes de

1. *Certaines sources thermales n'ont aucun rapport avec les phénomènes volcaniques.* Les précipitations atmosphériques condensées sur les hautes montagnes peuvent donner de l'eau d'infiltration qui, s'engageant dans certaines fissures de l'écorce, aboutit à un système de fentes plus larges, sorte de réservoir souterrain. Si ce réservoir communique avec un point de la suface du sol situé à une faible altitude, de l'eau pourra sourdre en ce lieu. Cette eau sera *chaude* parce qu'elle provient de l'intérieur de la terre (Voir page 833). Si, dans son trajet, elle a reçu quelques émanations gazeuses échappées de fentes profondes, la source thermale considérée aura quelques rapports avec la catégorie de sources spécialement envisagées plus haut.

l'écorce terrestre, dans des régions bouleversées, elles émettent de l'eau chaude (d'où leur nom de *thermales*) riche en gaz et substances solides (d'où leur nom de *thermo-minérales*). L'eau résulte de la condensation de vapeur émanant de régions profondes; son pouvoir dissolvant sur les massifs qu'elle a traversés est considérable, étant donnés sa température généralement élevée et les gaz qu'elle contient.

Parmi les plus renommées de ces sources en France, il convient de citer celles de Vichy. Les sources de la Grande-Grille, de l'Hopital, des Célestins, d'Hauterive, sont *presque en ligne droite;* latéralement et à peu de distance on en trouve un certain nombre d'autres (sources Chomel, Mesdames, Lucas, du Parc, Lardy, Saint-Yorre, etc.)

La température et la composition de ces eaux sont fort différentes : alors que l'eau de la Grande-Grille atteint 42 à 44° et n'a pas de saveur acidulée, celle des Célestins a une température de 16 à 18° et dégage une assez grande quantité de gaz carbonique.

Classification des sources thermales. — Les sources thermales, quelle que soit leur origine, sont classées d'après la nature des substances qu'elles contiennent en :

Eaux acidules, dont le gaz carbonique est l'élément prédominant (Seltz, Soulzmatt, Condillac, etc...).

Eaux alcalines, dont la réaction alcaline est due le plus souvent au bicarbonate de sodium (Vichy, Cusset, Hauterive, Vals, Ems).

Eaux salines renfermant, avec du chlorure de sodium, des sulfates de sodium (Carlsbad), de magnésium (Epsom, Sedlitz, Pullna), etc.

Eaux sulfureuses, ordinairement riches en sulfure de sodium (Bagnères-de-Luchon, Barèges, Cauterets, Enghien).

Eaux ferrugineuses, contenant une proportion de sels de fer suffisante pour leur faire acquérir des propriétés thérapeutiques spéciales (Bussang, Forges, Orezza, Spa, etc.).

Dépôts lents effectués par les eaux thermales : Filons métallifères. — Un examen attentif de la paroi des bassins où s'épandent les eaux thermales y révèle la présence de substances métalliques variées, résultant de réactions chimiques accomplies : soit entre les matières minérales dissoutes dans l'eau, soit entre ces substances et celles qui composent la paroi.

De pareils dépôts revêtent aussi les fentes par où s'échappe l'eau thermale, en diminuent peu à peu la largeur, puis les oblitèrent définitivement. C'est ainsi que se sont formés la plupart des **filons métallifères**, ceux qu'on appelle *filons concrétionnés* ou *filons d'incrustation.*

Formation des filons. — Les eaux chaudes venant des grandes profondeurs reçoivent des émanations gazeuses du noyau central (HCl, H_2S, hydrocarbures), elles peuvent contenir des *sulfures alcalins* qui, réagissant sur les métaux des roches encaissantes, forment avec eux des *sulfures doubles solubles*. A mesure qu'elles s'enrichissent ainsi, les eaux progressent vers la surface du sol, se refroidissent partiellement et déposent, *en milieu réducteur*, une partie de leurs sulfures sous forme de cristaux ou de concrétions. A un niveau plus élevé les eaux chaudes rencontrent l'eau d'infiltration qui suit une marche inverse et qui leur apporte de l'oxygène et du gaz carbonique ; dès lors se déposeront dans les filons, *en milieu oxydant*, non loin de la surface du sol, des **oxydes** et des **carbonates** avec les sulfures non modifiés.

Quant aux **métaux natifs** que l'on trouve parfois, ils résultent probablement de la décomposition électrolytique des sulfures correspondants.

Certains filons ont une tout autre origine : quand des phénomènes éruptifs se manifestent dans une région disloquée, la matière fondue interne peut pénétrer dans certaines fissures de l'écorce ; si la substance injectée renferme une notable proportion de sels métalliques, un mouvement moléculaire peut les y rassembler en certains points sous forme de cristaux épars dans toute la masse. C'est là un *filon par injection.*

Constitution d'un filon concrétionné. — Un filon a généralement une direction voisine de la verticale. Vú en section transversale, il présente une certaine symétrie dans sa constitution[1] : les parois de la fente qui l'encaisse s'appellent *épontes;* entre les épontes et le filon est une couche de matières argileuses ou détritiques appelée *salbande.* Quant au filon, il est composé de *gangue* renfermant le *minerai*, c'est-à-dire les composés métalliques qui rendent le filon précieux au point de vue industriel.

Parfois, dans le filon, se trouvent des cavités (*druses*) remplies de magnifiques cristaux.

Parmi les plus beaux filons, il convient de signaler : ceux de Vialas, de Pontgibaud, en France ; du Hartz, en Allemagne ; de Schemnitz, en Hongrie ; de Przibram, en Bohème, etc.

Minerais. — Les minerais sont des sulfures, arséniures et antimoniures, des oxydes, des carbonates, etc., rarement des métaux à l'*état natif.*

Sulfures principaux : *pyrites de fer* et de *cuivre, blende* (sulfure de zinc), *galène* (sulfure de plomb), *cinabre* (sulfure de mercure), *argyrose* (sulfure d'argent), etc.

Oxydes principaux : *fer oligiste, fer magnétique, ocres* (oxydes de fer); *corindon* (oxyde d'aluminium); *pyrolusite* (peroxyde de manganèse); *cassitérite* (oxyde stannique).

Carbonates principaux : *sidérose* ou *fer spathique* (carbonate de fer); *calamine* (carbonate de zinc).

Métaux principaux à l'*état natif : argent, or, platine, iridium, palladium, osmium.*

La gangue est généralement formée de *quartz*, de *fluorine*, (fluorure de calcium), de *calcite* (carbonate de calcium), de *barytine* (sulfate de baryum).

---

1. Cette symétrie confirme le mode de formation des filons concrétionnés par circulation d'eaux chaudes, comme il a été indiqué plus haut.

Salses. Mofettes. — Mentionnons enfin, parmi les émanations qui ont des rapports probables avec les phénomènes volcaniques :

1° Les *salses* ou *volcans de boue*, sortes de collines d'argile ayant au plus 1 mètre de hauteur, qui rejettent une boue légèrement salée imprégnée de pétrole, et des gaz (CO_2 et carbures d'hydrogène).

On trouve des salses : à Dax (France), à Bakou et Kertch (Russie méridionale).

L'Amérique renferme, dans les régions disloquées, de véritables *sources d'huile minérale*, des puits d'eau salée et hydrocarburée, dont l'exploitation est une source de richesse.

2° Les *mofettes* ou émanations de gaz carbonique, signalées dans tous les pays volcaniques (Voir page 898).

IV. — MOUVEMENTS LENTS DE L'ÉCORCE TERRESTRE

Outre *les mouvements brusques et intermittents* que nous avons précédemment étudiés sous le nom de tremblements de terre, l'écorce solide subit des *déformations lentes et continues* qui ont pour résultat des *soulèvements* en certains points, des *affaissements* en d'autres lieux.

L'examen des rivages maritimes a permis aux géologues de reconnaître et de définir ces mouvements découverts, dès 1730, sur le littoral septentrional de la péninsule scandinave.

Imaginons une section de la côte normande par un plan vertical perpendiculaire au rivage ; nous y trouvons, un peu au-dessus du niveau de la basse mer, une *plate-forme* ou *terrasse littorale* aboutissant en pente douce au pied de la falaise que baigne la haute mer. La base de cette falaise est excavée par l'effort des vagues ; galets et cailloux roulés y sont accumulés, tandis que le sol de la terrasse, formé de fragments plus petits (sables), renferme des coquilles de Mollusques vivant dans la région considérée.

Or, sur le littoral de la Norvège, on remarque une *série de terrasses* de gravier, *étagées au-dessus du niveau de la mer ;* on en a conclu, à juste titre, que le nord de la Scandinavie subit depuis plusieurs siècles un **mouvement d'émersion** qui, d'ailleurs, n'est ni régulier pour un même point de la côte, ni de même amplitude pour tout le littoral.

L'extrémité méridionale de la Suède subit, au contraire, un **affaissement**. On en a pour preuve l'invasion définitive par la mer d'anciennes rues de Malmö, d'Ystad, de Falsterbo (villes du littoral).

On admit alors que la Scandinavie effectuait un mouvement de bascule autour d'un axe passant par les lacs Wenern et Mälaren. Il est reconnu aujourd'hui que le mouvement est beaucoup plus complexe.

Les résultats des observations faites sur le littoral européen de l'océan Atlantique sont les suivants :

Les terres polaires (Spitzberg, Nouvelle-Zemble) subissent un exhaussement comme les parties septentrionales de la Scandinavie, du Jutland et de l'Écosse. Le littoral des Pays-Bas, de la Normandie, du Cotentin et de la Bretagne, s'affaisse notablement sauf en quelques points.

Les rochers du Calvados, les îles anglo-normandes, les îles Écrehou et Chausey. le plateau sous-marin des Minquiers sont les points culminants d'un territoire autrefois émergé et peu à peu envahi par la mer.

Au V° siècle, la forêt de Scissy s'étendait des îles Chausey au Mont-Saint-Michel, et Jersey n'était séparée du territoire de l'évêché de Coutances que par un fossé large de 0^m,70. En maints endroits de la côte bretonne, la mer laisse voir, à la suite de violentes tempêtes qui déplacent les sables sous-marins, des troncs d'arbres engloutis depuis longtemps et provenant de forêts submergées [1].

Sur le littoral de la baie de Douarnenez, on voit aboutir plusieurs routes fort anciennes (partant de Quimper, Carhaix et autres lieux), qui plongent sous la mer et convergent en un même point de la baie occupé autrefois par la ville d'Ys, encore florissante au V° siècle. L'emplacement de cette cité est aujourd'hui à 15 mètres de profondeur.

De l'embouchure de la Vilaine à l'embouchure de la Gironde, le rivage s'exhausse assez rapidement (1 mètre à Rochefort depuis deux siècles). Il est vrai qu'ici c'est plutôt une cause locale qui produit cet effet : l'amoncellement des vases déposées par la mer.

La Rochelle, autrefois construite sur une île, occupe aujourd'hui le fond d'une baie constamment envahie par les vases.

Le littoral de la Gascogne a subi un recul. Ainsi le phare de Cordouan est aujourd'hui à 7 000 mètres de la côte, alors qu'en 1630 une distance de 5 400 mètres seulement l'en séparait.

On n'a encore que de vagues indications sur les mouvements du sol dans les autres régions du globe. Ce qu'on en sait, joint aux notions précédentes, suffit à prouver que **la surface du globe subit des ondulations**.

En un même lieu peuvent se manifester pourtant des effets contraires pendant la suite des temps : ainsi la côte d'Italie, qui s'exhaussait pendant la période préhistorique, s'affaisse depuis plusieurs siècles déjà.

1. Certains géologues pensent que ces troncs d'arbres ont été entraînés par les cours d'eau dans les lagunes voisines de la mer dont elles étaient séparées par les cordons littoraux.

CHAPITRE IV

GÉOLOGIE PROPREMENT DITE

(ÉTUDE DES PHÉNOMÈNES ANCIENS)

Écrire l'histoire ancienne de notre globe, c'est faire connaître l'ordre dans lequel se sont déposées et se sont succédé les couches qui composent l'écorce terrestre en tous ses points (*classification géologique*); c'est dire de quelle manière se sont effectués ces dépôts, établir la correspondance des couches de même âge dans les diverses régions considérées, préciser par cela même l'étendue des océans et la configuration des continents dans les phases successives de l'évolution terrestre.

Ainsi qu'il résulte de considérations précédemment émises au sujet de l'origine des roches cristallophylliennes (Voir page 855), il importe seulement, dans l'étude générale qui suit, d'envisager les roches sédimentaires dans leurs rapports réciproques et dans leur position relativement aux roches éruptives qui les ont traversées.

AGE RELATIF DES COUCHES SÉDIMENTAIRES

1° Position et âge relatifs des couches sédimentaires en un même lieu. — L'examen d'une tranchée profonde ou

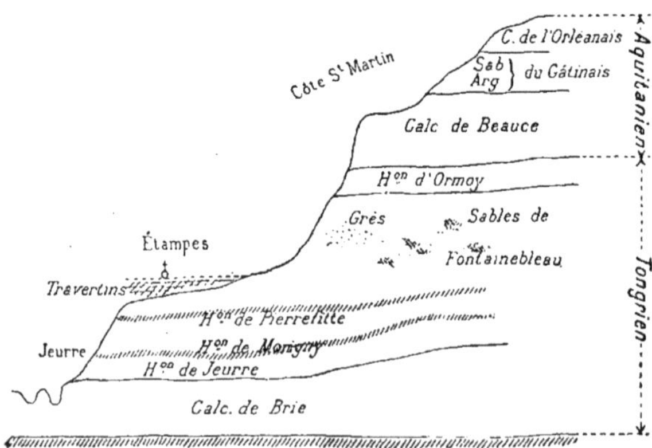

Fig. 961. — La Côte Saint-Martin, à Étampes.

d'une falaise élevée (par exemple, la côte Saint-Martin à Étampes, fig. 961) nous permettra de reconnaître que le sol est constitué de couches différentes superposées (sables, calcaires, argiles, etc.).

Ces couches sont dites *strates*; en établir la direction relative, c'est faire connaître leur *mode de stratification.*

Modes de stratification. — 1° *Toute couche sédimentaire s'est déposée horizontalement* (à ne considérer qu'une étendue limitée).

Si, depuis son dépôt, la région qu'elle recouvre n'a subi aucune déformation, cette couche est demeurée horizontale (fig. 962, I); dans le cas contraire, elle présente une inclinaison variable jusqu'à la verticalité (II, III).

2° *De deux couches sédimentaires superposées et parallèles A et B* (fig. 963, I), *la couche inférieure B est la plus ancienne en général* [1] (**Principe de superposition**).

3° *Plusieurs couches sédimentaires superposées et parallèles*

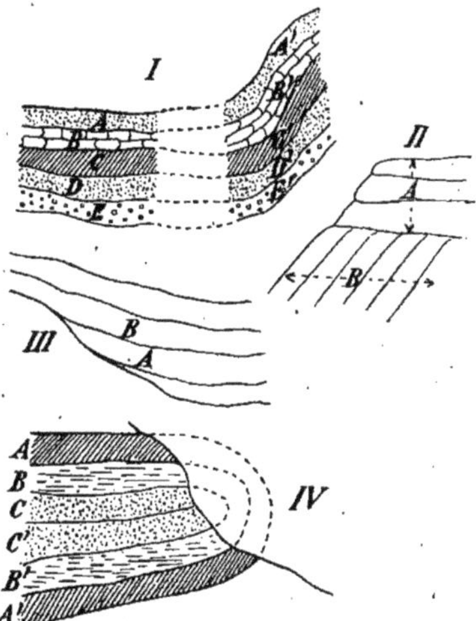

FIG. 963. — Modes de stratification. — I. *Stratification concordante :* les couches successivement déposées sont demeurées parallèles. — II. *Stratification discordante*; l'ensemble des couches A a une direction différente de celle des couches B. — III. *Stratification transgressive.* — IV. Plissement avec renversement d'une série de couches sédimentaires.

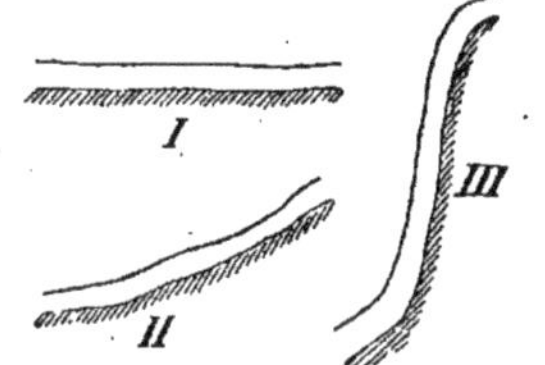

FIG. 962. — Variations de position d'une même couche sédimentaire, par suite des plissements de l'écorce terrestre.

(*A, B, C, D, E*) *forment un système en* **stratification concordante,** *quelle qu'en soit la direction* (1). Les couches sont demeurées horizontales si la région n'a pas été bouleversée ; quand elles sont inclinées *tout en ayant conservé leur parallélisme* (*A', B', C', D', E'*), c'est que le mouvement du sol auquel elles ont obéi s'est produit après leur dépôt.

4° *Deux systèmes A et B* (II), dont chacun est composé de couches parallèles, *sont dits en* **stratification discordante,** *lorsque les*

1. Parfois la dislocation d'une région a été telle qu'un pli a subi un renversement total; alors une même couche, AA' (fig. 963, IV), présente deux parties complètement séparées : l'une de ces parties A est plus récente que la couche B qu'elle recouvre ; l'autre partie A' est également plus récente que la couche B' qui lui est cependant superposée. — Ce fait, facile à reconnaître quand le pli est conservé, l'est moins lorsqu'une désagrégation ultérieure a permis à l'eau d'entraîner la partie convexe du pli qui est généralement superficielle.

TABLEAU LV. — NOMENCLATURE DES TERRAINS SÉDIMENTAIRES.
(MM. Munier-Chalmas et de Lapparent).

GROUPES.	SYSTÈMES.	SÉRIES.	ÉTAGES.
Quaternaire.		Actuel.	
		Pléistocène.	
Tertiaire.	NÉOGÈNE.	Pliocène.	Sicilien. / Astien. / Plaisancien.
		Miocène.	Pontien. / Sarmatien. / Tortonien. / Helvétien. / Burdigalien.
	ÉOGÈNE.	Oligocène.	Aquitanien. / Tongrien.
		Éocène.	Ludien = Priabonien. / Bartonien. / Lutétien. / Yprésien. / Sparnacien. / Thanétien.
Secondaire.	CRÉTACÉ.	supracrétacée.	Danien. / Sénonien. / Turonien. / Cénomannien.
		infracrétacée.	Albien. / Aptien. / Barrémien. / Néocomien.
	JURASSIQUE.	suprajurassique.	Portlandien. / Kimeridgien. / Séquanien. / Rauracien. / Oxfordien. / Callovien.
		médiojurassique.	Bathonien. / Bajocien.
		infrajurassique.	*Lias.* / *Infralias.*
	TRIAS............		Juvavien. / Tyrolien. / Virglorien. / Werfénien = Vosgien.
Primaire.	PERMIEN............		Thuringien. / Penjabien = Saxonien. / Artinskien = Autunien.
	CARBONIFÉRIEN............		Ouralien = Stéphanien. / Moscovien = Westphalien. / Dinantien = Culm.
	DÉVONIEN............		Famennien. / Frasnien. / Givétien. / Eifélien. / Coblentzien. / Gédinnien.
	SILURIEN............		Gothlandien. / Ordovicien. / Cambrien.
	PRÉCAMBRIEN.		
	.... ARCHÉEN.		

couches du système A sont inclinées sur celles du système B. Si les couches A sont horizontales et recouvrent l'ensemble des couches B, elles sont les plus récentes et se sont déposées seulement après la perturbation du sol qui a déterminé l'inclinaison du système B.

C'est ainsi qu'on peut reconnaître l'*âge d'une chaîne de montagnes :*
La chaîne a acquis son relief avant le dépôt des roches sédimentaires qui, appuyées sur ses flancs, ont conservé leur horizontalité.

5° *Quand une roche sédimentaire se dépose dans une vallée pendant qu'un mouvement lent du sol en détermine l'exhaussement* (III), *l'étendue du dépôt nouveau B est plus grande que celle des dépôts A qui l'ont précédé; la* **stratification** *est* **transgressive** dans ce cas.

Pénétration des roches éruptives au sein des couches sédimentaires. — Quand un filon de roche éruptive traverse une série de couches sédimentaires A, B, C, D (fig. 964, I), on peut affirmer que sa formation est postérieure au dépôt des couches traversées; la conclusion est identique s'il s'est épanché sur une couche D en formant une sorte de champignon (II).

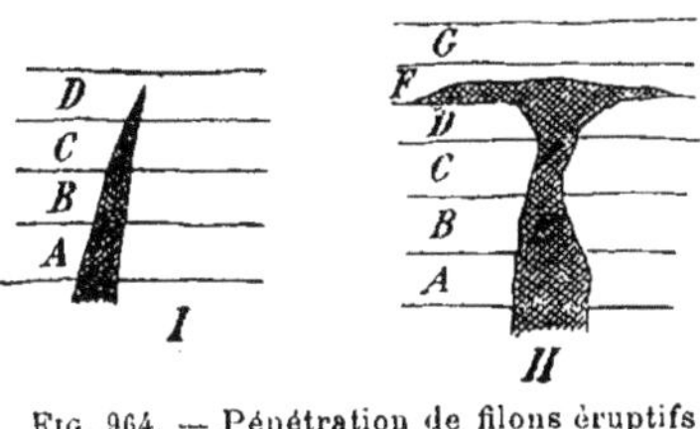

FIG. 964. — Pénétration de filons éruptifs au sein des couches sédimentaires.

En peut-on conclure que le filon est plus ancien que les couches recouvrantes F, G? Non. Il faut alors examiner la structure de la couche F : si cette structure est la même au contact de la roche éruptive que dans tous les autres points de la couche, la roche éruptive est venue au jour avant le dépôt de F; si la face inférieure de la couche sédimentaire a subi, au contact de la coulée, une sorte de fusion ou de cuisson partielle, la coulée a été postérieure au dépôt de la couche F et n'a pu la traverser.

2° Age relatif des couches sédimentaires en deux points différents. — La succession des *couches sédimentaires contemporaines* diffère généralement en deux points éloignés. Ce fait peut être attribué à des causes diverses :

La *différence de* **facies**, d'aspect, présentée par une même couche aux points considérés;

L'existence de **lacunes**, c'est-à-dire l'absence d'une ou plusieurs couches dans l'une ou l'autre des séries comparées, etc.

Différence de facies. — Une même couche sédimentaire a un facies différent aux points A et B lorsqu'elle est formée de calcaire en A et de sable en B, par exemple.

Nous verrons qu'à l'époque éocène, le bassin de Paris fut envahi à plusieurs reprises par la mer venant du N. : soit l'époque dite des *sables de Beauchamp*.

A ce moment se sont déposés des sables en mer profonde à Beauchamp (fig. 965) A l'E., du côté de Saint-Ouen, à mesure qu'on gagne le rivage, on reconnaît qu'il existait d'abord une zone où les courants rapides amenaient encore des sables, puis une zone à courants moins rapides où n'atteignaient pas les sables; dans cette dernière zone, la plus voisine du rivage, se sont formés des dépôts calcaires (*calcaire de Saint-Ouen*). Les cours d'eau qui se déversaient du continent dans la mer en ce point en dessalaient les eaux sur une certaine étendue, y permettaient la vie des Mollusques d'eau douce (on en retrouve les traces dans les sédiments).

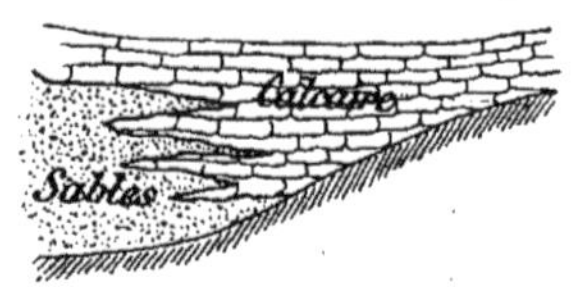

FIG. 965. — Deux formations sédimentaires *synchroniques* peuvent avoir une composition différente.

Calcaire et argile ont donc formé un dépôt sous-marin de rivage qui passe insensiblement aux sables de mers profondes.

Comme l'intensité des courants marins a subi des variations, les sables se sont déposés plus près du rivage à diverses reprises : d'où l'alternance des sables et du calcaire plusieurs fois répétée à leur limite commune.

Des actions métamorphiques peuvent modifier considérablement aussi l'aspect primitif d'une couche.

Lacunes. — Pour que des formations sédimentaires se déposent en une succession identique dans les régions considérées A et B, il faudrait que ces régions fussent immergées et émergées aux mêmes époques. Or, la répartition des mers a varié souvent; le point A a pu être émergé alors que les eaux recouvraient la région B. A la couche sédimentaire déposée alors en B correspondra une *lacune* en A.

Pour reconnaître la contemporanéité des formations sédimentaires de l'écorce terrestre, on ne peut donc se fier absolument à leur identité de composition ou à leur ordre de succession; on a recours, en outre, à l'examen des *fossiles*.

FOSSILES

On appelle *fossile* tout débris organique rencontré dans une couche sédimentaire; on comprendra aussi, sous ce nom, les *moules*, les *empreintes* des animaux ou des plantes, les *trous*, *tubes* ou *traces* quelconques de l'activité des animaux.

Fossilisation. — Un animal ne peut devenir un fossile s'il est abandonné à l'air; au bout de quelques jours en effet, les parties molles en auront disparu; subsisteront seules les parties résistantes (dents, squelette, chitine, test) qui seront elles-mêmes attaquées et dissoutes à la longue par l'eau de pluie.

Un être enfoui vivant ou aussitôt après sa mort sera d'autant mieux conservé que la substance qui l'englobe le préservera plus complètement du contact de l'air.

Des Mammouths (fig. 966) ont été retrouvés absolument intacts, en Sibérie, dans le limon glacé et *imperméable*.

Dans un milieu si peu accessible que ce soit à l'air et à l'eau d'infiltration (limon argileux, par exemple), les parties molles de l'être se décomposent, disparaissent à la longue et sont généralement remplacées par la substance enveloppante; cette dernière

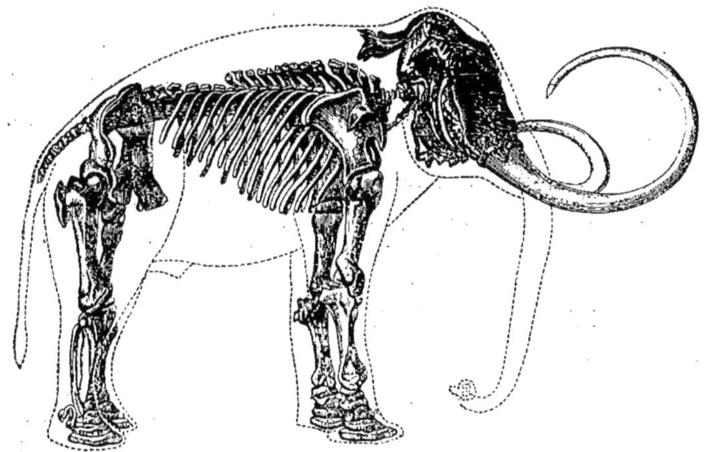

FIG. 966. — Mammouth (*Elephas primigenius*).

prend l'empreinte des parties squelettiques. Si c'est une coquille, le limon s'applique étroitement sur ses contours soit internes, soit externes, forme un *moule externe*, un *moule interne* (parfois seulement un moule externe qui s'affaissera tôt ou tard sous la pression des couches qui lui sont superposées).

Divers cas peuvent se présenter dans la suite :

(a) La matière organique en décomposition constitue un *milieu réducteur* qui, réagissant sur la roche encaissante, en amène les éléments ferrugineux à l'état de *pyrite*. *Par suite d'une concentration moléculaire*, la pyrite se dépose à la surface des débris conservés, épouse les contours internes des coquilles : tel a été le cas pour l'*Ammonites Lamberti* (fig. 967).

(b) Parfois l'eau d'infiltration altère la composition de la coquille qui sépare les moules interne et externe, ou la dissout totalement ; *une substitution moléculaire* curieuse s'opère dans certains cas : des coquilles calcaires sont devenues siliceuses.

Cette substitution est fréquente dans la craie où les fossiles sont des centres d'attraction pour la silice dispersée dans la roche encaissante : nombre de rognons de silex se sont ainsi formés autour de fossiles.

(c) La présence de nodules calcaires, siliceux, phosphatés, dans un milieu de composition différente, est attribuable aux phénomènes de concentration moléculaire définis plus haut.

Au voisinage des sources minérales se sont conservées beaucoup de formes végétales (empreintes de tiges, de feuilles, etc.) ou de formes animales (Insectes, Mollusques, etc.), les dépôts calcaires ou siliceux les ont recouvertes ou protégées jusqu'à notre époque.

De pareils dépôts se forment aussi de nos jours près des sources incrustantes et des geysers.

Fig. 968. — *Ostrea edulis* (Huître).

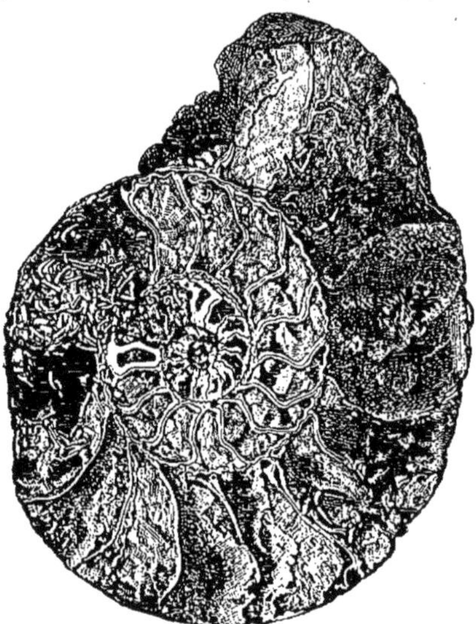
Fig. 967. — Coupe d'*Ammonites Lamberti* par son plan de symétrie ; de part et d'autre des cloisons et sur la paroi des loges s'est formé un magnifique dépôt de pyrite de fer ; quelques-unes des cloisons et des loges ont été brisées à gauche.

Fig. 969.
Cérithe.

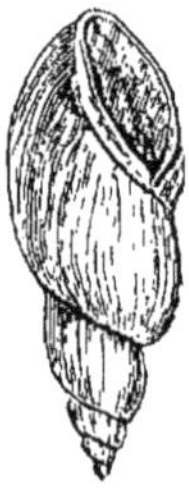

Fig. 970.
Physe.

En quoi la connaissance des fossiles est-elle utile à la stratigraphie ? — 1° *Toute roche sédimentaire renferme, à l'état fossile, une partie des êtres qui ont vécu dans les eaux lors de sa formation.*

2° Parmi les animaux aquatiques actuellement vivants, les uns habitent les mers, d'autres les eaux lagunaires, d'autres enfin les eaux douces ; or il résulte de la comparaison des formes actuelles avec les formes fossiles que *nombre d'entre elles ont les rapports les plus étroits et ont dû vivre dans des milieux identiques :* c'est ainsi qu'on rapporte :

à la *faune marine*, les genres : Huître (fig. 968), Moule, Cythérée, Plicatule, Lucine, etc.

à la *faune saumâtre*, les genres : Mye, Cyrène, Cérithe (fig. 969), etc.

à la *faune d'eau douce*, les genres : Physe (fig. 970), Lymnée, Planorbe, etc.

3° Dans une mer large ouverte, un grand nombre d'espèces sont communes à des parages dissemblables; ces espèces deviendront, par la suite, des *fossiles caractéristiques* de la couche sédimentaire qui les englobe.

Chacune des couches sédimentaires composant l'écorce terrestre présente ainsi un certain nombre de fossiles qu'on trouve *à ce niveau seulement*.

Les conséquences de ces remarques sont les suivantes :

(*a*) *L'origine d'une formation sédimentaire est indiquée par la nature des fossiles qu'elle contient :* telle sera une formation marine qui contient des Huîtres; telle autre sera une formation d'eau douce qui renferme des Physes, des Planorbes, etc.

(*b*) *Deux formations sédimentaires,* si éloignées soient-elles, *qui possèdent un même ensemble de fossiles caractéristiques, sont dites* **synchroniques** (de même âge).

La classification des couches géologiques d'un même lieu, la comparaison des couches sédimentaires existant sur toute l'étendue du globe et l'établissement de leur synchronisme dépendent donc de l'*étude des fossiles*, de la **Paléontologie**.

Les *espèces fossiles* connues forment une seule et même classification avec les espèces actuelles, au milieu desquelles elles sont rangées d'après leurs caractères et leurs affinités. On les désigne, comme les espèces actuelles, par deux noms : un nom de *genre* et un nom d'*espèce*. Ex. : *Paradoxides spinosus*.

Paradoxides (nom générique)   *spinosus* (nom spécifique).

Nature des divisions établies parmi les roches sédimentaires. — On appelle **couche** (*zone*, *niveau* ou *horizon*) la formation sédimentaire la plus simple; on la désigne, en général, par le nom de l'espèce la plus caractéristique (*Couche à Ostrea longirostris*).

Une réunion de couches s'appelle **étage** (*Étage sénonien*); la durée de formation d'un étage est une **époque**.

Une réunion d'étages s'appelle **série** (*Série oligocène*).

Un ensemble de séries est un **système** (*Système éogène*); sa durée de formation est une **période**.

Une réunion de systèmes est un **groupe** (*Groupe tertiaire*); le temps de sa formation est une **ère**.

Chaque époque, chaque période, chaque ère est caractérisée par une *faune* et une *flore* spéciales, attestant une évolution constante et un progrès continu des êtres organisés depuis les plus anciens qui nous soient connus. Nous en esquisserons les grands traits lors de l'étude des groupes géologiques qui les concernent.

Comment expliquer que les faunes et les flores de deux *ères successives*, par exemple, possèdent des types différents ? Dans la suite des temps géologiques, les plissements principaux qui ont affecté la surface du globe ont présenté une continuité remarquable et modifié profondément les rapports des terres et des eaux : *changements de température et de configuration géographique ont provoqué des variations chez les êtres organisés qui ont dû s'adapter aux conditions d'existence nouvelles ou* **disparaître**.

Des mouvements aussi généraux que les précédents, mais de plus faible amplitude, ont suscité des modifications moins accentuées dans le monde organique pendant chaque ère géologique : de là, les caractères de coupures moins importantes appelées *périodes*. — Les *étages* correspondent aux changements dus à des mouvements locaux, c'est-à-dire n'intéressant qu'une région.

	GROUPES.	SYSTÈMES.	SÉRIES.
FORMATIONS SÉDIMENTAIRES.	**Gr. quaternaire.**	*Actuel.* *Pléistocène.*	
	Gr. tertiaire ou **néozoïque.**	*Néogène.* *Éogène.*	*Pliocène.* *Miocène.* *Oligocène.* *Éocène.*
	Gr. secondaire ou **mésozoïque.**	*Crétacé.* *Jurassique.* *Triasique.*	
	Gr. primaire ou **paléozoïque.**	*Permien.* *Carboniférien.* *Dévonien.* *Silurien.* *Précambrien.*	
	ARCHÉEN [1].		

1. Les termes employés dans ce tableau, et dans l'étude ultérieure des formations sédimentaires, ont été récemment adoptés par les géologues français les plus éminents qui ont résolu de se conformer désormais à une échelle stratigraphique uniforme.

TERRAINS SÉDIMENTAIRES

§ 1. — ARCHÉEN

On désigne sous le nom d'**Archéen** l'ensemble des assises cristallophylliennes appelées autrefois *terrain primitif*.

Les roches principales qui composent ce système important ont été étudiées (Voir page 854) ; ce sont les *gneiss*, *micaschistes*, *amphibolites*, *schistes à chlorite*, *schistes à séricite*, etc. Y sont intercalés des *cipolins*, bancs calcaires plus ou moins modifiés.

Les micaschistes renferment une grande quantité de fer oxydulé. Ces schistes divers peuvent aussi contenir des minéraux variés, tels que : grenat, tourmaline, staurotide, topaze, émeraude, etc.

Les couches cristallophylliennes sur lesquelles repose la série sédimentaire paraissent par cela même inaccessibles à nos investigations; si nous en connaissons la nature et la composition, c'est que des poussées considérables du noyau interne ont amené au jour d'immenses masses granitiques, qui ont plissé et relevé la série sédimentaire et toutes les assises cristal-

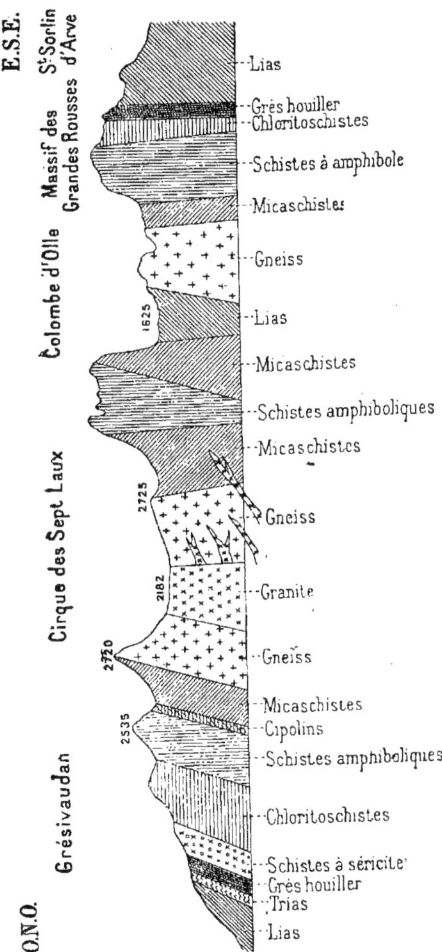

Fig. 971. — Coupe de la chaîne de Belledonne (Alpes du Dauphiné).

lophylliennes formant aujourd'hui les contreforts des dômes et des chaînes de montagnes ainsi édifiés.

En général, le granite occupe le centre d'une chaîne montagneuse. Parfois cependant, cette roche éruptive n'est pas venue jusqu'au jour; alors elle est recouverte par l'une des roches cristallophylliennes les plus profondes.

Si donc, partant d'une haute crête, on en descend la pente sur l'un ou l'autre versant, on y trouvera les assises cristallophylliennes (vues sur la tranche) dans leur ordre normal de succession. Cet ordre est rarement identique sur les deux versants ; il n'y a pas forcément symétrie et c'est ce que nous montre la coupe de la chaîne de Belledonne (Alpes occidentales) où le granite est à jour (fig. 971).

On pense aujourd'hui que le granite n'est pas apparu tout constitué comme l'ont fait les autres roches éruptives, mais que la matière fluide, pourvue de dissolvants énergiques, a enlevé aux couches sédimentaires traversées certains de leurs éléments qui ont participé à la production du granite. *Les granites se seraient avancés à travers les couches sédimentaires en les dissolvant à mesure.*

M. Munier-Chalmas cite, à l'appui de cette hypothèse, la disparition incomplète de bancs de grès enclavés dans la masse granitique, en divers points de la Bretagne, et la substitution totale du granite aux roches sédimentaires dans lesquelles étaient enclavés les bancs de grès. Des phénomènes métamorphiques se manifestent, en outre, aux surfaces de contact du granite avec les roches encaissantes.

Principales régions d'affleurement. — L'Archéen affleure dans la plupart des pays d'altitude élevée. Il couvre une grande étendue dans le Plateau Central, forme la partie orientale des Pyrénées, la partie occidentale de la Corse, prend une part prédominante à la constitution des Alpes, se remarque sur la plupart des crêtes des Vosges et de la Forêt-Noire, présente en Bretagne deux directions convergeant vers l'O. ; il est plus développé dans le Canada et l'Amérique du Nord.

§ 2. — TERRAINS PALÉOZOÏQUES

CARACTÈRES GÉNÉRAUX

Les terrains paléozoïques débutent par les formations sédimentaires les plus anciennes, celles où il est possible de reconnaître des fossiles.

Ils comprennent : le **Précambrien**, le **Silurien**, le **Dévonien**, le **Carboniférien** et le **Permien**.

En général, les terrains paléozoïques ont une allure tourmentée due à ce que, depuis leur dépôt, d'importants mouvements se sont manifestés dans l'écorce terrestre; ils sont de couleur foncée le plus souvent, durs et compacts, parfois difficiles à distinguer des roches cristallophylliennes à la base.

Les roches siliceuses y sont à l'état de quartzites, de grès et de conglomérats; les calcaires compacts, blancs ou noirs, souvent cristallins, peuvent donner des marbres; les argiles y sont transformées en schistes.

Une température élevée se faisait sentir sur tout le globe (les constructions coralliennes primaires en font foi); les terres, se

FERNIQUE & FILS, PH. Sc.

FIG. 972. — Carte de la France pendant l'ère paléozoïque.

bornant à quelques îlots épars dès le début, subirent un accroissement progressif (fig. 972). Des continents relativement étendus apparurent surtout dans la partie septentrionale de notre hémisphère; une faune et une flore, exclusivement aquatiques d'abord (celles dont les formes nous ont été conservées), devinrent de plus en plus riches; des espèces continentales se multiplièrent dès le

Dévonien pour prendre une grande extension à l'époque carboniférienne.

Tels sont les caractères généraux de l'ère paléozoïque.

CARACTÈRES PALÉONTOLOGIQUES

Faune paléozoïque. — Les grands groupes zoologiques sont représentés déjà, et parfois avec une telle différenciation des genres qu'on est forcé de reconnaître que *la faune paléozoïque est loin d'être la faune primordiale*. Sans aucun doute, les premiers genres ont à jamais disparu par la transformation des premières roches sédimentaires en roches cristallophylliennes; ceux que nous rencontrons dans les terrains paléozoïques résultent d'une évolution déjà notable des formes anciennes.

Protozoaires. — Les Foraminifères sont rares et mal conservés. Le genre *Fusulina*, abondant à l'époque carboniférienne, consiste en une coquille fusiforme formée d'un tube divisé en nombreuses loges et enroulé en tours étroitement appliqués les uns sur les autres.

Polypes. — Les **Coralliaires** sont nombreux à partir du Silurien.

Ce sont tous des *Tétracoralliaires*, c'est-à-dire qu'on distingue dans leur calice 4 cloisons principales. Principaux genres : *Cyatophyllum* (fig. 973), remarquable par un bourgeonnement latéral très actif (Silurien). — *Calceola* (fig. 974); calice en forme d sandale sur lequel se rabat un opercule demi-

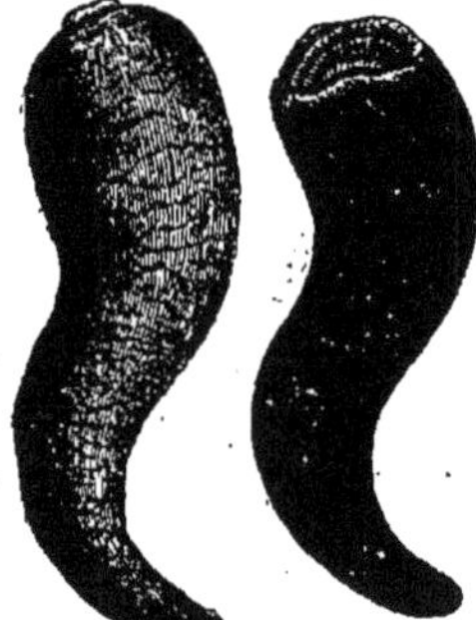

Fig. 973. — *Cyatophyllum flexuosum.*

Fig. 974. — *Calceola sandalina.*

elliptique; une cloison primaire très développée forme une forte saillie au milieu du disque et de l'opercule (Dévonien).

Parmi les Coralliaires, on range aussi : *Favosites* et *Pleurodictyum* (Dévonien).

L'espèce *Pleurodictyum problematicum* (fig. 975) est connue sous forme d'empreinte elliptique; les loges communiquent par de fins canalicules; elles rayonnent autour d'un centre occupé par un tube contourné dans lequel vivait une Annélide, sa commensale.

Les *Hydroïdes* sont représentés par des *Graptolithes*, disposés en colonnes arborescentes simples (fig. 989).

Échinodermes. — Les **Cystidés** sont très abondants dans le Silurien et disparaissent avant la fin de l'ère paléozoïque; de forme globuleuse le plus souvent, avec des bras peu ou pas développés, ils étaient fixés au sol par une tige formée d'articles superposés. — *Echinosphærites* (Silurien).

Les **Blastoïdes**, abondants depuis le Silurien jusqu'à la fin du Carboniférien s'éteignent rapidement avant l'époque permienne ; la plupart sont pédonculés ; leur symétrie radiée est parfaite et leur corps ressemble à un bouton de fleur du type 5.

Les **Crinoïdes** sont représentés à cet âge par les *Cyathocrinus, Poteriocrinus*, etc., genres fixés par un long pédoncule, avec un calice pourvu de bras ramifiés ou non.

Dès l'époque silurienne, les Crinoïdes avaient subi une évolution compliquée.

Fig. 975. — *Pleurodictyum problematicum.*

Arthropodes. — Les Arthropodes sont représentés par des formes nombreuses dont les **Trilobites** (Crustacés) sont les plus importants et les plus variés. *Les Trilobites ne se trouvent que dans les terrains paléozoïques.*

Leur corps, divisé transversalement en 3 régions, comprend : 1° un *céphalothorax* non segmenté ; 2° un *abdomen* à segments libres ; 3° un *postabdomen* (*pygidium*) à segments soudés, mais distincts. Le corps est aussi divisé longitudinalement en 3 lobes (fig. 976).

Le *céphalothorax*, généralement arrondi en avant, se prolonge souvent de chaque côté par une *pointe génale* dirigée en arrière ; il présente en son milieu un renflement appelé *glabelle*, où était logé l'estomac ; de part et d'autre de la glabelle sont les *joues* ; deux gros *yeux* composés et saillants sont disposés de chaque côté, au bord externe d'une ligne de suture qui divise les joues en deux parties : *joue fixe* interne et *joue mobile* externe.

Certaines espèces de Trilobites, habitant les grandes profondeurs, étaient dépourvues d'yeux ; chez d'autres, on trouve des ocelles entre les yeux composés.

Dans l'*abdomen* se trouve un nombre d'anneaux (2 à 29) variable avec les espèces considérées ; chaque anneau se compose d'un *axe* central et de

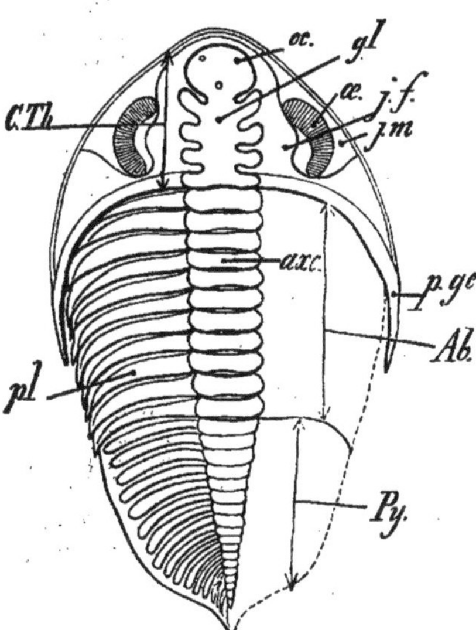

Fig. 976. — *Dalmanites Hausmannii* (Trilobite ; face dorsale). *C.Th*, céphalothorax ; *Ab*, abdomen ; *Py*, pygidium ; *gl*, glabelle ; *oc*, ocelle ; *j.f*, joue fixe ; *j.m*. joue mobile ; *œ*, œil composé ; *p.gé*, pointe génale ; *pl*. plèvre.

plèvres latérales souvent munies de pointes.

Le *pygidium* est en général raccourci ; les plèvres l'enveloppent plus ou moins.

Sur la face inférieure, les Trilobites étaient pourvus d'appendices céphaliques au nombre de quatre paires (pattes-mâchoires) et d'appendices identiques, à la fois locomoteurs et respiratoires, disposés par paires sur toute la région thoracique et abdominale.

Genres principaux : *Paradoxides, Conocephalus, Calymene, Phacops, Trinucleus*, etc.

La *Limule* du Japon et des îles Moluques présente une grande analogie avec les Trilobites.

A côté des Trilobites, doivent être signalés d'autres Crustacés paléozoïques de grande taille, les **Euryptéridés**, caractérisés par un grand nombre de segments libres en arrière du céphalothorax :
Eurypterus, long de 30 à 40 centimètres avec de petites antennes (Silurien-Carbonifèrien). — *Pterygotus*, long de 1ᵐ50 et pourvu de pinces puissantes en guise d'antennes (Silurien-Dévonien).

Nombre d'autres Crustacés se rencontrent encore à l'état fossile dès le Silurien.

Les *Podophthalmes* apparaissent avec deux formes principales de décapodes macroures : *Palæopalæmon* (Dévonien d'Amérique) et *Anthrapalæmon* (Carbonifèrien).

Quelques formes d'**Arachnides** ont été trouvées dans le Carbonifèrien.

Le plus ancien des **Insectes** connus, *Palæoblattina*, date du Silurien ; mais les espèces se multiplient à profusion dans le Carbonifèrien où la plupart des ordres sont représentés par des types bien conservés.

Lophostomes. — Brachiopodes. — Parmi les Inarticulés, le genre *Lingula* (fig. 977), caractérisé par 2 valves presque égales extérieurement, se trouve déjà dans les premières formations paléozoïques ; il existe encore aujourd'hui avec les mêmes caractères, et *vit dans les mers chaudes à une faible profondeur.* — *Crania*, à valves fort dissemblables et fixé par la valve ventrale, s'est conservé également du Silurien à nos jours.

Les Articulés attestent, par leurs nombreuses formes paléozoïques, une évolution profonde qui s'est effectuée à une date encore antérieure.

Orthis ; charnière droite et crochet recourbé (dès le Précambrien). — *Productus* ; longue charnière droite ; valve ventrale bombée, avec un pli médian, se recourbe au-dessus de la valve dorsale concave (Dévonien-Permien).

L'espèce *P. horridus* du Permien (fig. 1011) a la surface hérissée de longues épines.

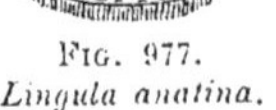

FIG. 977.
Lingula anatina.

Spirifer (fig. 997) ; charnière droite extrêmement longue ; appareil brachial formé de 2 cônes spiraux divergents vers les bords des 2 valves bombées (Silurien-Carbonifèrien). — *Atrypa* ; surface pourvue d'ornements réticulés (*A. reticularis*, Dévonien) ; cônes spiraux convergents vers la valve dorsale. — *Rhynchonella* ; appareil brachial composé de 2 apophyses courtes ; cônes spiraux libres, pouvant saillir hors de la coquille à valves très bombées (Silurien-Époque actuelle). — *Stringocephalus* ; valve ventrale à crochet fortement recourbé (Dévonien).

Vers. — Dès le Précambrien, on remarque dans les couches sédimentaires des empreintes appelées *Bilobites*, *Nereites*, etc., qu'on a attribuées à des traces de Vers ; c'est encore problématique. (Les Bilobites sont peut-être dus à des empreintes de Crustacés.) Il existe cependant, depuis le Silurien, des tubes régulièrement enroulés dus à des *Spirorbis*.

Mollusques. — Les premiers **Gastéropodes** connus appartiennent au début du Silurien, notamment les genres : *Pleurotomaria* (Silurien-Actuel) ; *Murchisonia*, à coquille turriculée ; *Bellerophon*, à coquille d'abord symétrique. — *Pupa* (Carbonifèrien) représente les Pulmonés terrestres. — *Conularia* (Silurien-Permien) est un Ptéropode à coquille en forme de pyramide quadrangulaire.

Parmi les **Lamellibranches** paléozoïques, il convient de citer les genres : *Arca,
Nucula, Cardiola* (Silurien) et *Anthracosia* (Carbonifèrien).

Les **Céphalopodes** *tétrabranchiaux* caractérisent l'ère paléozoïque ; ce sont lès seuls Céphalopodes vivant à l'époque silurienne. Formes principales : *Orthoceras* (fig. 978) à coquille
externe cloisonnée droite (Ère paléozoïque). — *Cyrtoceras*, à
coquille arquée (Silurien-Carbonifèrien).— *Gyroceras*, à coquille
enroulée en tours non contigus (Silurien-Carbonifèrien). —
Nautilus, dont la coquille enroulée dans un plan est à tours
embrassants.

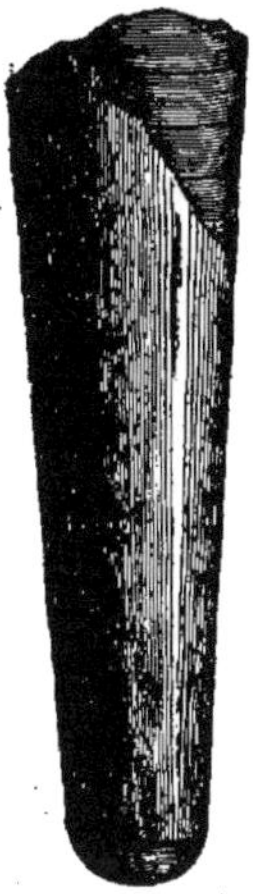

Le Nautile (fig. 979) vit encore aujourd'hui dans la mer des
Indes ; sa coquille comprend un certain nombre de loges que
l'animal a successivement habitées ; les lignes de suture des
cloisons sont simples ; un siphon, qui traverse les loges *en leur
milieu*, renferme un prolongement de l'animal.

La faune paléozoïque comprend encore des **Céphalopodes**
dibranchiaux : les *Goniatites*, qui diffèrent du Nautile par le
siphon situé du côté externe (ventral), par les lignes de suture
des cloisons qui sont ondulées (au moins 1 lobe et 2 selles) (Dévonien-Permien); les *Clyménies* (fig. 980) dont le siphon est du
côté interne.

Vertébrés. — I. *Poissons*. — L'existence des premiers Poissons a été révélée dès l'époque silurienne, par la découverte de
restes de *Sélaciens* et de *Ganoïdes* cuirassés : plaques osseuses,
dents, piquants, empreintes de peau chagrinée. Ces derniers
atteignent leur apogée dans le Dévonien, puis disparaissent ; alors se manifestent

Fig. 978.— *Ortho-
ceras laterale.*

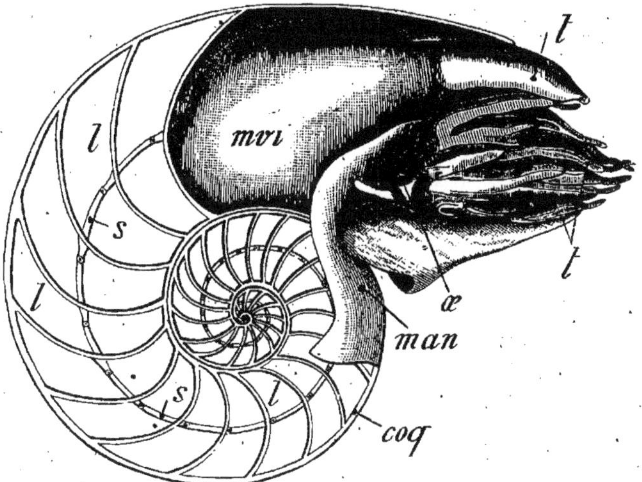

Fig. 979. — *Nautilus pompilius.*

les *Dipnoï*, avec les *Euganoïdes* et les *Sélaciens* particulièrement nombreux à
l'époque carbonifèrienne.

Les Poissons paléozoïques sont *hétérocerques*. Principaux genres :

Prosélaciens. — *Pleuracanthus* [1] ; squelette cartilagineux sans trace d'ossifi-

1. Ce genre fait la transition entre les Cyclostomes, les Sélaciens et les Dipneustes.

cation; crâne continu et bouche terminale ; 7 arcs viscéraux ; corps des vertèbres non distincts ; nageoires très simples (Carboniférien-Permien). — **Ganoïdes cuirassés.** — Squelette interne cartilagineux. *Cephalaspis* ; vaste bouclier céphalique formé d'une plaque unique voûtée avec deux grandes cornes dirigées en arrière et latéralement (Dévonien). — *Asterolepis* et *Pterichthys* (fig. 981) ; tête et partie antérieure du thorax recouvertes de grandes plaques ; petites plaques sur le reste du corps et les nageoires pectorales (Dévonien). — *Coccosteus* (fig.1001); corps allongé; bouclier céphalique circulaire; grandes plaques sur le thorax allongé; abdomen nu.

Les Ganoïdes Placodermes ou cuirassés abondent du Silurien au Permien.

Ganoïdes fortement hétérocerques. Crâne et arcs vertébraux ossifiés. *Palæoniscus* (fig. 1012), du Permien; *Platysomus* (fig. 982), du Carboniférien ; larges écailles ganoïdes sculptées.

Dipnoï. — *Dipterus* ; ossification assez prononcée (Dévonien).

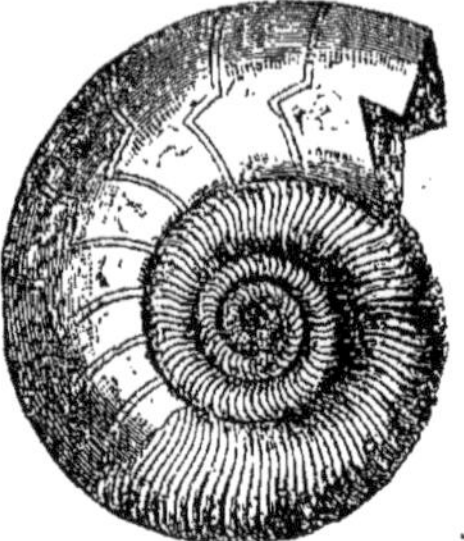

Fig. 980.
Clymenia undulata.

II. **Amphibiens.** — Pendant l'ère paléozoïque et particulièrement à l'époque permienne, cette classe est représentée par le groupe des **Stégocéphales** dont les

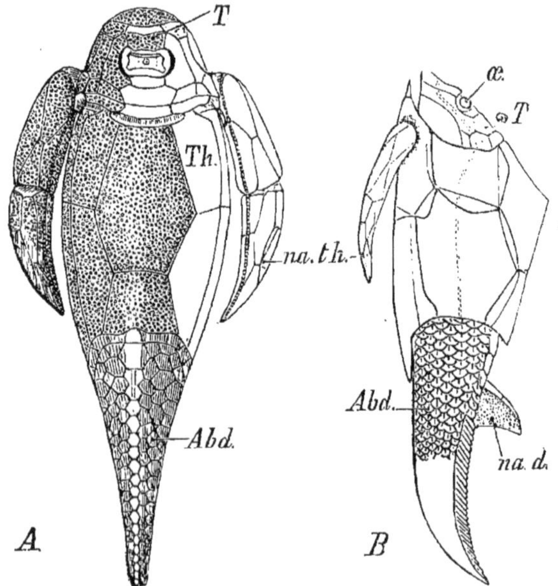

Fig. 981. — Poissons cuirassés Ganoïdes : *Asterolepis. Pterichthys.*

caractères sont les suivants; colonne vertébrale incomplètement ossifiée; boîte cranienne formant une *capsule fermée en haut*, ouverte par-dessous; 0, 1 ou 2 paires de membres; *dents labyrinthiformes* en général (fig. 983).

Branchiosaurus; aspect d'une Salamandre; écailles sur toute la face ventrale (Carboniférien). — *Protriton* et *Pleuronoura* en sont des formes larvaires.

Labyrinthodontes. Formes dont les dents sont plissées en éventail. *Archegosaurus* ; tête très allongée et triangulaire ; longueur : 1ᵐ, 50. — *Actinodon* (fig. 1013) ; plastron ventral formé d'écailles ganoïdes pointues.

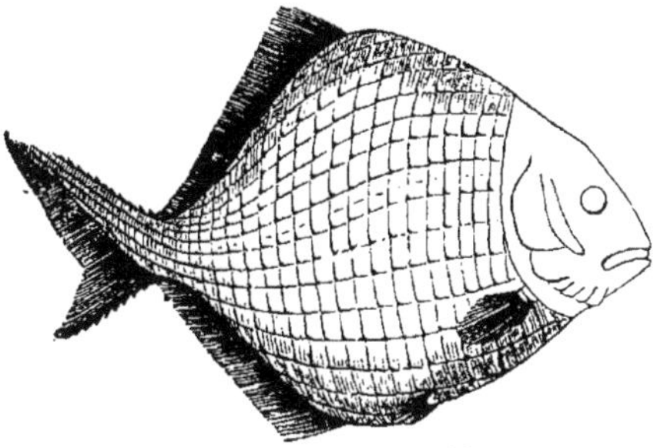

Ces 2 genres ont un squelette incomplètement ossifié (Permien).

III. Reptiles. — Les formes primitives de Reptiles, dérivées des Stégocéphales, apparaissent à l'époque permienne ; ce sont des **Théromorphes**, caractérisés en particulier par un seul condyle occipital trilobé, tandis que les *l*Amphibiens ont 2 condyles occipitaux.

On ne connaît aucune forme d'**Oiseaux** ou de **Mammifères** paléozoïques.

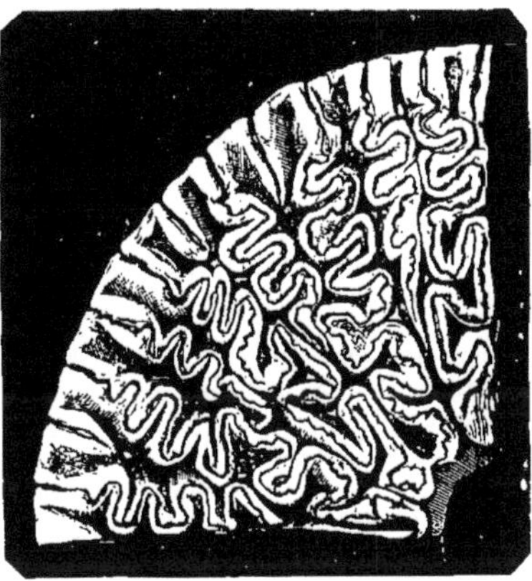

Fig. 982. — *Platysomus gibbosus.*

Flore paléozoïque. — La flore paléozoïque américaine des époques silurienne et dévonienne est beaucoup mieux conservée que celle d'Europe.

L'examen microscopique a révélé l'existence de **Thallophytes** (*Champignons*, **Bactériacées, Diatomées**) abondantes à l'époque carboniférienne. On attribue à des Algues inférieures les empreintes trouvées dès le début du Silurien : *Oldhamia*, par exemple.

Les **Muscinées** paléozoïques sont peu connues.

Cryptogames vasculaires. — Elles ont joué un rôle primordial, presque exclusif dans la constitution de la flore paléozoïque. Dès que les continents ont apparu, les végétaux s'y sont établis et y ont formé des forêts luxuriantes, grâce à la température élevée, l'humidité et la richesse de l'atmosphère en gaz carbonique ; ainsi s'explique l'activité de la végétation à

Fig. 983. — Un quart d'une dent de Labyrinthodonte.

l'époque carboniférienne en Europe, *et dès l'époque silurienne en Amérique.*

I. Parmi les *Fougères* fossiles de cette époque, citons :

Tæniopteris (fig. 984, A), à forte nervure primaire et à nervures secondaires simples et parallèles ; *Pecopteris* (B) et *Alethopteris* (C), à pinnules largement soudées au rachis et à nervures secondaires les unes simples, les autres dichotomes ; *Nevropteris* (D), à pinnules attachées au rachis par la nervure primaire seulement et à nervures secondaires arquées ; *Odontopteris* (E) et *Sphenopteris* (F), à pinnules découpées, etc.

Les *Pecopteris* étaient des Fougères arborescentes de très grandes dimensions ; les autres étaient herbacées, mais parfois pourvues de grandes feuilles (jusqu'à 10 mètres chez les *Nevropteris*).

II Parmi les **Equisétinées**, le genre *Calamites* (fig. 985), très commun à la fin de l'ère primaire (Carboniférien et Permien) mesurait parfois 10 mètres de haut.

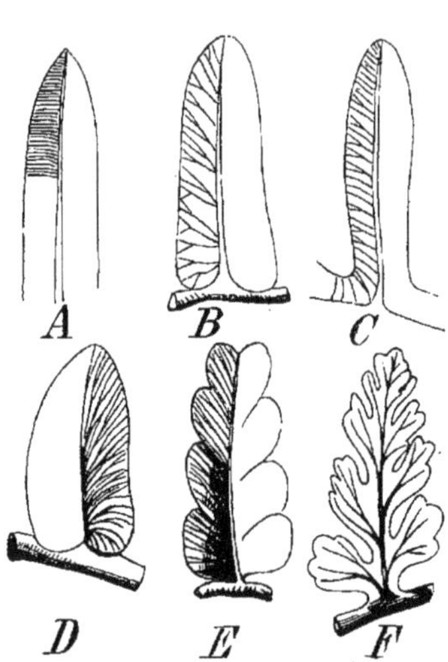

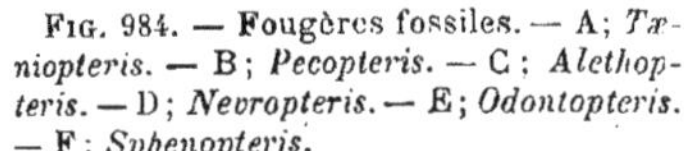

FIG. 984. — Fougères fossiles. — A; *Tæniopteris*. — B; *Pecopteris*. — C ; *Alethopteris*. — D; *Nevropteris*. — E; *Odontopteris*. — F ; *Sphenopteris*.

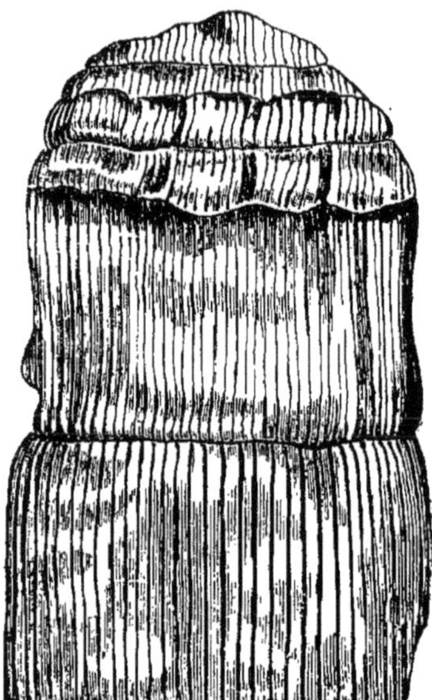

FIG. 985. — *Calamites dubius*.

Les genres *Annularia* (fig. 986), (Dévonien-Permien) à feuilles inégales, et *Asterophyllites* à feuilles égales, datent de la même époque.

III. Les **Lycopodinées fossiles** sont représentées par une famille très importante apparue dans le Dévonien avec de petites formes, continuée dans le Carboniférien par des espèces gigantesques (tiges de 20 à 30 mètres de haut et 1 mètre de diamètre); cette famille s'est éteinte pendant la période permienne.

Les tiges étaient portées par de gros rhizomes (*Stigmaria*), d'où partaient des racines dichotomes; des feuilles aiguës, parfois longues, à section rhomboïdale, étaient insérées sur les tiges terminées elles-mêmes par des épis de feuilles fertiles (*strobiles*).

Lepidodendron (fig. 987). Épis fructifères terminaux. — *Sigillaria* (fig, 1006). Épis fructifères latéraux.

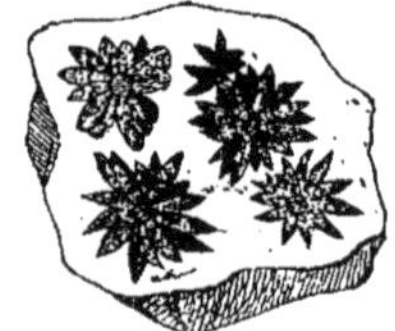

FIG. 986. — *Annularia fertilis*.

*On a trouvé récemment chez les **Calamodendrées** des fructifications qui en font les intermédiaires entre les Cryptogames vasculaires et les Phanérogames.* Ces plantes **fossiles** dont la tige atteignait jusqu'à 20 mètres de hauteur, étaient pourvues de fructifications mâles et de fructifications femelles.

Phanérogames. — Les Gymnospermes se sont multipliées à partir de l'époque carboniférienne.

Les **Cordaïtes** ont toutes vécu pendant l'ère primaire (Dévonien — Permien inférieur), avec maximum de développement au Carboniférien.

Elles possédaient un tronc haut de 20 à 30 mètres, ramifié en haut et couvert, surtout au sommet, de grandes feuilles sessiles, rectinerves, arrondies à leur extrémité (fig. 988).

Les **Conifères** ont eu comme représentants les genres *Walchia* et *Ulmannia* (Permien).

Les *Walchia* atteignaient de grandes di-

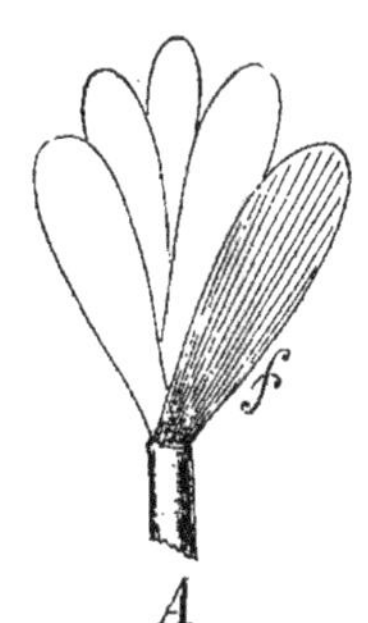

Fig. 987. — *Lepidodendron*.   Fig. 988. — Cordaïtes.

mensions; leurs feuilles falciformes étaient disposées en spirale autour des rameaux.

A. — PRÉCAMBRIEN

Caractères généraux. — Le Précambrien se rencontre en France dans la Bretagne et le Cotentin, dans le Plateau Central (Montagne-Noire) et dans les Alpes; on le trouve également au nord de la Suède, en Écosse, dans l'Amérique du Nord (au Canada et dans la région des grands lacs, du lac Huron en particulier), dans la Chine septentrionale.

Le Précambrien consiste en schistes, en *quartzites* et en *conglomérats* intercalés dans des bancs de calcaires plissés. Presque tous ces dépôts sont modifiés par le métamorphisme; aussi quelques rares fossiles se voient-ils seulement çà et là : *Radiolaires*, *Crinoïdes*, trous creusés par des *Annélides*, empreintes de *Crustacés*, etc.

La bande précambrienne observée du Canada à la Chine septentrionale (en passant par l'Écosse et le nord de la Suède) *repose par sa base sur des gneiss redressés :* il est fort probable que, dès le début de cette époque, existait une bande continentale boréale (*continent huronien*). Sur la rive méridionale de ce continent, les vagues ont accumulé des sédiments grossiers tandis que, plus loin du rivage, se déposaient des vases transformées aujourd'hui en *phyllades* (Phylladès de Saint-Lô, Granville, Rennes, etc.).

Types divers. — En **Amérique**, le Précambrien atteint plusieurs kilomètres de puissance. Les roches qui le constituent sont modifiées plus ou moins par le métamorphisme ; ce sont : à la base, quartzites, conglomérats, schistes micacés, schistes maclifères[1] ; au sommet, des roches détritiques alternant avec des diabases et des porphyres.

En **France**, la base du Précambrien est mal délimitée, mais son sommet est nettement discordant avec le Cambrien (Silurien inférieur). — Dans la Bretagne et le Cotentin, les assises précambriennes consistent en schistes lustrés (phyllades de Saint-Lô et de Granville, schistes de Rennes) alternant avec des calcaires siliceux. *Ces schistes sont devenus maclifères dans tous les points de contact avec le granite.* — Dans les Cévennes, les schistes sont sériciteux et atteignent 400 mètres d'épaisseur.

Les phyllades sont exploitées pour faire des dalles minces et des ardoises grossières.

B. — SILURIEN [2]

(Règne des Trilobites).

Caractères généraux. — La période silurienne est séparée de la précédente par de grands mouvements orogéniques qui ont disloqué et redressé le Précambrien ; aussi le Silurien est-il en discordance avec lui partout où l'on observe le contact de ces deux systèmes (Suède, Angleterre, France, Canada, Chine).

Des schistes, des grès et plus rarement des calcaires y forment des assises nettes, caractérisées par des fossiles nombreux.

Divisions. — Le système silurien comprend 3 étages, basés principalement sur la répartition des Trilobites qui, pour chaque étage, présentent des formes nouvelles :

le **Silurien inférieur** ou **Cambrien**, avec les genres *Paradoxides, Olenus*, etc.;
le **Silurien moyen** ou **Ordovicien**, avec le genre *Trinucleus*;
le **Silurien supérieur** ou **Gothlandien**, avec le genre *Calymene.*

Caractères paléontologiques. — **Faune silurienne.** — **Polypes.** — Les *Graptolithes* sont des colonies d'Hydroïdes repré-

---

1. Ces schistes renferment des cristaux de *macle* ou *andalousite*, composés de silicate d'aluminium et de fer.

2. Le nom de Silurien vient de ce que ce terrain a été étudié d'abord dans le Pays de Galles, habité autrefois par les Silures, peuple d'origine gauloise.

sentées dans les schistes siluriens par des empreintes charbonneuses (fig. 989).

Chaque polype habitait une petite cavité (*hydrothèque*). Suivant la disposition
des hydrothèques, le long du canal qui forme l'axe de la colonie et suivant la

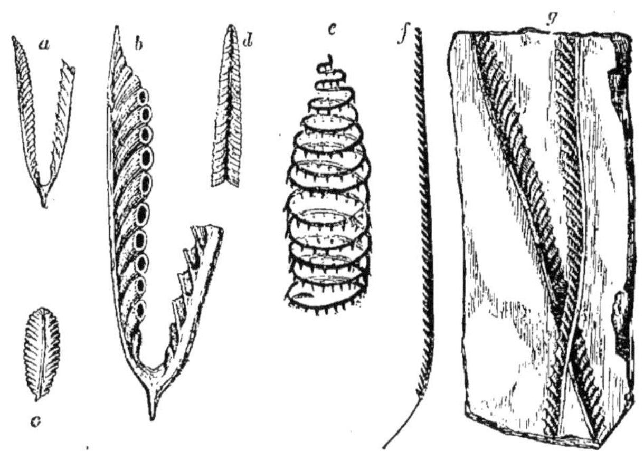

FIG. 989. — Graptolithes.

forme de cet axe, on a des espèces diverses : *Monograptus priodon* et M. *turricu-
latus*, *Diplograptus*, *Phyllograptus*, etc.

Parmi les Polypes de cette époque, on peut citer le genre *Catenipora* (fig. 990).

Arthropodes. — Les Trilobites princi-
paux sont :

1° Dans la faune cambrienne, les genres *Paradoxides* et
Olenus.

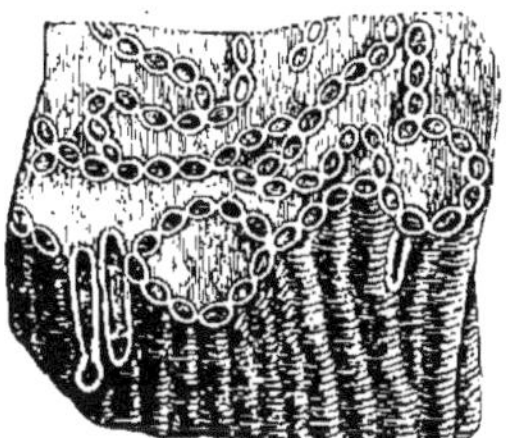

FIG. 990. — *Catenipora.*

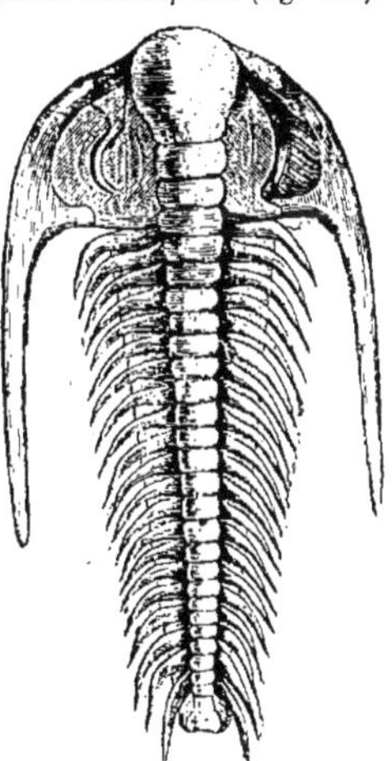

FIG. 991.
Paradoxides bohemicus.

Paradoxides (fig.
991); corps composé
de 18 à 20 anneaux
abdominaux ; glabelle
elliptique; pointes gé-
nales très développées.
[Sous-genre : *Olenel-
lus* avec 13 à 14 an-
neaux abdominaux.

Olenus ; glabelle com-
primée en avant ; pygidium un peu plus développé
que chez les *Paradoxides.*

2° Dans la faune ordovicienne, les genres
Illænus, *Trinucleus*, etc.

Illænus ; tête et pygidium d'égale grandeur, que 2 faibles sillons divisent
incomplètement en 3 lobes. — *Trinucleus* ; énorme céphalothorax dont le limbe

perforé se prolonge par 2 longues pointes génales en arrière; glabelle divisée en 3 lobes par 2 sillons profonds.

3° Dans la faune gothlandienne, les genres *Calymene* et *Homalonotus*.

Calymene (fig. 992); corps s'enroulant avec facilité; les anneaux en sont dépourvus de pointes latérales; glabelle quadrangulaire avec des sillons latéraux.

Les **Mérostomes** apparaissent dans cette faune, avec le genre *Eurypterus*.

Lophostomes. — **Brachiopodes.** — Ils abondent dès le Cambrien avec les genres *inarticulés : Lingula* (fig. 977) et *Discina*, qui vivaient par troupes nombreuses.

On remarque ensuite les *Articulés : Orthis* et *Atrypa*.

Mollusques. — Les **Gastéropodes** les plus importants sont *Pleurotomaria* et *Conularia*.

Parmi les **Lamellibranches**, signalons *Cordiola*.

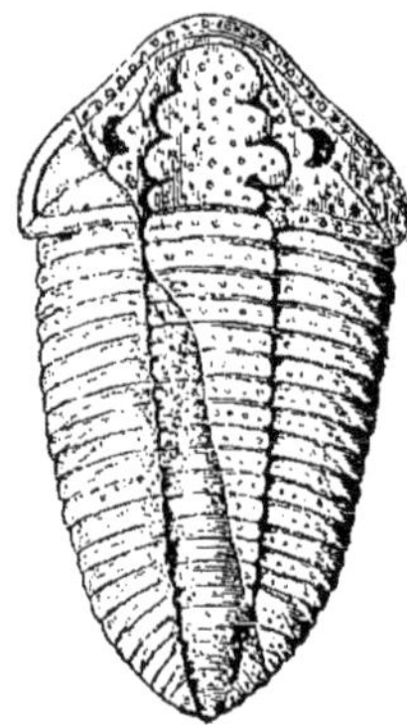

FIG. 992. — *Calymene Blumenbachii.*

Cardiola (fig. 993); coquille à 2 valves égales réunies par une charnière sans dents; sur les valves sont des côtes : les unes rayonnantes, les autres concentriques interrompues près du bord de la coquille *C. interrupta.*

Les **Céphalopodes** tétrabranchiaux sont seuls représentés dans le Silurien par des genres tels que : *Orthoceras* (fig. 978), *Cyrtoceras*, *Gyroceras* et *Nautilus* (fig. 979).

Vertébrés. — Parmi les **Poissons**, seuls Vertébrés connus lors de la période silurienne, figurent les premiers **Placodermes** avec des dents, des plaques osseuses, etc., restes abondants surtout dans le Gothlandien.

FIG. 993. — *Cardiola interrupta.*

Flore silurienne. — La flore silurienne n'est pas représentée en Europe. En Amérique, elle comprend déjà un nombre important de Cryptogames vasculaires (*Sphenophyllum, Psilophyton*, etc.) dont les genres se multiplieront dans les périodes dévonienne et carbonifériennne qui suivent.

Si l'on ne connait pas la flore silurienne en Europe, cela ne veut pas dire qu'elle n'ait pas existé, mais simplement qu'elle n'a pas été conservée.

Caractères stratigraphiques. — La Suède et la Grande-Bretagne renferment seules, en Europe, une succession complète des assises siluriennes.

Dans la **Suède**, en Scanie, le Silurien présente un facies argileux dominant ; il paraît s'être déposé dans des lagunes où circulaient des eaux assez calmes.

Sur le gneiss redressé repose le **Cambrien**, composé de conglomérats à la base, puis de grès avec empreintes de Méduses et d'Arénicoles ; au sommet sont des schistes à *Olenellus* et *Paradoxides* qui passent insensiblement aux étages supérieurs. **L'Ordovicien** et le **Gothlandien** consistent en schistes à *Graptolithes* avec bancs calcaires à *Trinucleus* intercalés ; les calcaires qui terminent le Gothlandien contiennent des *Calymene*, la *Cardiola interrupta* et des *Orthoceras*.

Le Silurien de la **Grande-Bretagne** forme 4 bandes principales[1] orientées du N.-E. au S.-O., qui vont rejoindre celles qu'on trouve en Suède.

Ces bandes sont constituées par des schistes, des grès et des calcaires. [Les schistes sont surtout des ardoises, des phyllades. Les calcaires, présents à tous les étages, sont des calcaires construits.]

Soit le Silurien de la Pointe-Saint-Davids (Pays de Galles). Il est adossé au Précambrien redressé (fig. 994). Le **Cambrien** est constitué à la base par des conglomérats (galets précambriens cimentés) et des schistes rouges à *Olenellus*, puis par des schistes à *Paradoxides*, enfin par des schistes à *Olenus* et à *Lingula*.

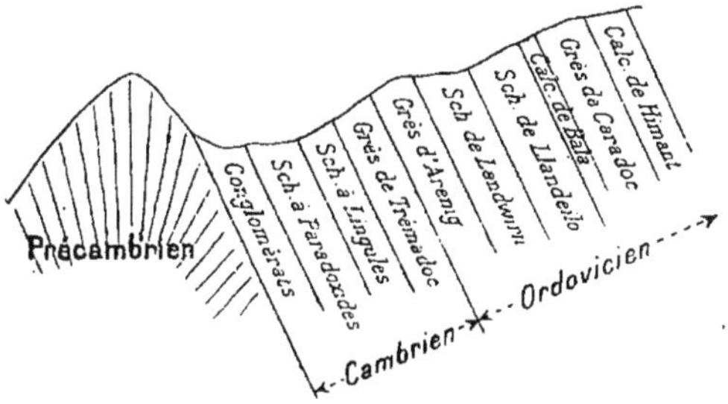

FIG. 994. — Coupe du Silurien en Angleterre (Pointe Saint-Davids).

Les schistes verts et rouges donnent les ardoises violettes de Llanberis. Les schistes à Lingules se débitent en dalles,

L'Ordovicien consiste : en grès, puis en schistes dans lesquels sont intercalés des quartzites, des bancs calcaires, des tufs de diabases ; des grès et des calcaires terminent l'Ordovicien. Des espèces différentes de *Trinucleus* caractérisent ces assises où l'on rencontre, en outre, les genres *Illænus*, *Phacops*, etc., parmi les Trilobites, des Crinoïdes, des *Orthis* et des Graptolithes.

Le **Gothlandien** est en discordance nette avec les assises inférieures dans le Shropshire, attestant qu'un grand mouvement s'est produit à cette époque dans la Grande-Bretagne ; ce mouvement coïncide avec un changement notable dans la faune. Les assises gothlandiennes sont nombreuses ; elles consistent surtout en schistes, en grès avec beaucoup de calcaires intercalés. Ces calcaires construits sont riches en Polypiers tétracoralliaires, Hydrozoaires, Crinoïdes (*Encrinurus*) en Trilobites (*Calymene Blumenbachi*, *Phacops*, etc.), en Brachiopodes. (*Atrypa reticularis*) ; l'*Eurypterus* s'y remarque également.

1. Ces bandes faisaient partie d'un seul dépôt formé dans un grand bassin (*synclinal*) ; des plissements ultérieurs ont relevé le Silurien du N.-E. au S.-O, suivant 3 crêtes (*anticlinaux*) dont les courants marins ont raboté le sommet jusqu'au contact des roches cristallophylliennes sous-jacentes.

En **France**, le Silurien se présente en Normandie, en Bretagne, dans la Montagne-Noire (Cévennes) et les Ardennes.

Bretagne et Normandie. — Les couches siluriennes inférieures sont en discordance avec le Précambrien.

Le **Cambrien** n'est pas fossilifère; il est représenté, dans la rade de Brest par exemple, par des conglomérats pourprés, puis des schistes et des grès feldspathiques (fig. 995).

L'**Ordovicien** comprend : à la base, le *grès armoricain* appelé encore *grès à Bilobites* à cause des impressions bilobées qu'il porte en relief; puis viennent en alternance des schistes à *Trinucleus* et à *Calymene* (*C. Tristani* et *Aragoï*) avec bancs de minerai de fer.

On exploite : en Bretagne le grès armoricain, dur, blanchâtre et stérile, pour l'empierrement des routes : à May (au sud de Caen), le minerai de fer qui surmonte le grès armoricain ; à Trélazé (près d'Angers), les schistes ordoviciens à *Calymene*, utilisés comme ardoises.

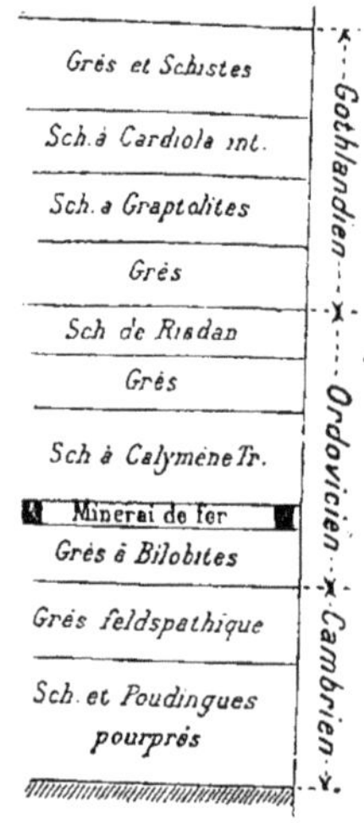

Le **Gothlandien** consiste surtout en schistes noirs à *Graptolithes*, en schistes noduleux à *Cardiola interrupta*, etc.; en certains points, des grès surmontent le tout (*quartzites de Plougastel*).

Cet étage, si complexe et si fossilifère en Angleterre et en Suède, est au contraire pauvrement représenté en France.

Fig. 995. — Coupe du Silurien dans la rade de Brest.

Ardennes. — Le Cambrien y est seul représenté et peu fossilifère. Des phyllades vertes, rouges, etc., en couches redressées et parfois plissées, se montrent sur les deux rives de la Meuse au nord de Mézières, de Bogny à Fépin.

On y exploite, en particulier : les schistes gris de Deville et les schistes verts de Fumay, pour ardoises; les quartzites de Monthermé, pour _ empierrement.

Montagne-Noire. — Dans cette région, les deux étages inférieurs du Silurien diffèrent du Cambrien et de l'Ordovicien du N.

Le Cambrien fossilifère renferme le *Paradoxides angulosus*, espèce de Trilobite essentiellement méditerranéenne (Espagne, Sardaigne), totalement inconnue dans le Silurien septentrional. L'Ordovicien possède aussi une faune spéciale. Le Gothlandien, par contre, a les mêmes caractères qu'au N.

Ces observations, rapprochées de la discordance que nous avons signalée entre l'Ordovicien et le Gothlandien anglais, prouvent que : 1° durant les époques cambrienne et ordovicienne, l'Océan silurien comprenait 2 régions caractérisées par des espèces différentes : l'une occidentale et septentrionale, l'autre orientale et méditerranéenne) dont le Plateau central formait l'une des limites; 2° des mouvements importants ont précédé l'époque gothlandienne et déterminé l'uniformisation des faunes.

Répartition du Silurien sur le globe. — Le Silurien est très développé à l'O. de l'**Espagne** et dans le **Portugal**. Les calcaires noirs avec des schistes charbonneux représentent le Gothlandien dans les **Pyrénées**. Contournant la Montagne-Noire et gagnant la région des Alpes, on y trouve le Silurien sous forme de 2 bandes parallèles à l'axe de la chaîne alpine ; ces bandes, situées l'une sur le versant N. l'autre sur le versant S. des Alpes de Salzbourg et des Alpes autrichiennes, sont adossées au gneiss et composées de grauwackes, de schistes à *Graptolithes*, de schistes noirs à *Cardiola* et de schistes rouges à *Crinoïdes* surmontés par des calcaires dévoniens.

Au N. de la chaîne alpine, on trouve en **Bohême**, dans un pli parallèle à cette chaîne, les divers étages du Silurien reposant sur le Précambrien plissé, en régression les uns sur les autres, au moins dans plusieurs points. Le Cambrien renferme des espèces de *Paradoxides* appartenant : les unes à la faune septentrionale, les autres à la faune méridionale. Les 2 étages supérieurs sont très fossilifères et contiennent les fossiles caractéristiques déjà signalés.

Les bandes siluriennes de la **Grande-Bretagne** se prolongent en **Norvège** et en **Suède** ; elles rejoignent en **Russie**, une grande bande alignée de l'O. à l'E., depuis les îles Gothland, Dagoë, OEsel, par l'Esthonie et la Livonie, jusqu'à l'Oural et l'embouchure de la **Léna** en Sibérie. [Une partie de cette bande est toutefois recouverte par les sédiments ultérieurs.]

*Dans l'*Inde, *les couches siluriennes se sont déposées dans des mers continentales communiquant avec de vastes lagunes d'évaporation :* les grès rouges de la base supportent, en effet, des argiles avec des bancs de *gypse* et de *sel gemme*, puis des calcaires et des grès.

En **Amérique** du Nord, on trouve le Silurien parfaitement développé, avec divers horizons cambriens comparables par leurs fossiles à ceux de la Scandinavie (Montagnes Rocheuses, Canada, Terre-Neuve). Les étages ordovicien et gothlandien sont représentés par de nombreuses assises alternantes de schistes de grès et de calcaires.

Le fait important à signaler, c'est l'*abondance en Amérique des empreintes végétales absentes dans le Silurien d'Europe.*

En résumé, lors de la période silurienne existait un vaste continent septentrional et la mer couvrait la plus grande partie de l'Europe et de l'Amérique du N.; une ride, rejetant la mer plus au S., se forma de la Norvège au fleuve Saint-Laurent (début de la *chaîne calédonienne*), accompagnée de mouvements plus restreints qui ont déterminé les discordances signalées entre l'ordovicien et le gothlandien. La température était, dans les régions boréales, identique à celle de la région tropicale actuelle, car on a trouvé des polypiers calcaires dans la zone arctique (latitude 82°).

C. — DÉVONIEN [1].

(Règnes des Poissons cuirassés et des *Spirifer*).

Caractères généraux. — Le Dévonien repose en discordance sur le Silurien dans la plupart des points où leur contact a été observé (Ardennes, Eifel, Russie, etc.). En Angleterre, la concor-

---

1. Du nom du Devonshire, comté d'Angleterre où ce terrain fut d'abord étudié.

dance n'est qu'apparente, dans la péninsule armoricaine (Finistère, Sarthe, Mayenne), la concordance est réelle, car les dépôts du Silurien supérieur et du Dévonien inférieur se sont effectués dans les mêmes synclinaux

Schistes, grès, poudingues, grauwackes [1] forment les dépôts dévoniens, avec des calcaires beaucoup plus abondants que dans le Silurien.

Divisions. — Le Dévonien ayant été bien étudié dans la région ardennaise, on a donné aux divisions qui y ont été établies des noms tirés de cette région. Ce sont, de la base au sommet : *Gédinnien, Coblentzien, Eifélien, Givétien, Frasnien, Famennien.*

Caractères paléontologiques. — **Faune dévonienne.** — Spongiaires. — Les Éponges, qui figuraient déjà dans la faune silurienne, forment des gisements importants dans le Dévonien anglais.

Polypes. — Les Graptolithes ont disparu pour faire place aux *Stromatopores*, Hydroïdes qui ont édifié de puissantes masses calcaires encroûtantes et très poreuses.

Les Coralliaires abondent : *Cyatophyllum, Pleurodictyum problematicum, Calceola sandalina* (fig. 973 à 975), *Heliolites* (fig. 996).

FIG. 996. — *Heliolites porosa.*

Arthropodes. — Parmi les **Trilobites**, en décroissance à partir du Silurien supérieur, signalons : *Homalonotus, Bronteus, Phacops*, et le genre spécial *Cryphæus*, caractérisé par un pygidium hérissé de grandes pointes. — Parmi les **Euryptéridés**, est à citer le *Pterygotus anglicus*.

FIG. 997. — *Spirifer speciosus.*

Lophostomés. — Les **Brachiopodes** principaux, caractéristiques du Dévonien, sont : *Strophalosia*, à surface entièrement couverte d'épines ; *Spirifer* (*S. speciosus*, fig. 997 ; *S. Verneuilli*, etc.) à tous les étages ; *Uncites* (fig. 998), *Stringocephalus*, dont la valve ventrale est pourvue d'un grand crochet ; *Atrypa* (*A. reti-*

---

1. On appelle *grauwacke* un schiste dont l'élément calcaire a été dissous par la suite et qui présente, de ce fait, des espaces vides.

cularis); *Rhynchonella* (*R. cuboides*, *R. sub. Wilsoni*, fig. 999);
Orthis (fig. 1000).

Mollusques. — Parmi les **Lamellibranches**, *Cardiola retro-striata* est importante pour le Dévonien supé-rieur. — Les **Céphalopodes** dibranchiaux apparaissent avec les genres *Gonialites* et *Clymenia* (ce dernier spécial au Dévonien).

Vertébrés. — C'est dans le Dévonien que les

FIG. 998.
Uncites gryphus.

FIG. 999. — *Rhynchonella sub-Wilsoni.*

FIG. 1000. — *Orthis elegans.*

Ganoïdes *cuirassés* (Proganoïdes) ont pris tout leur développement.

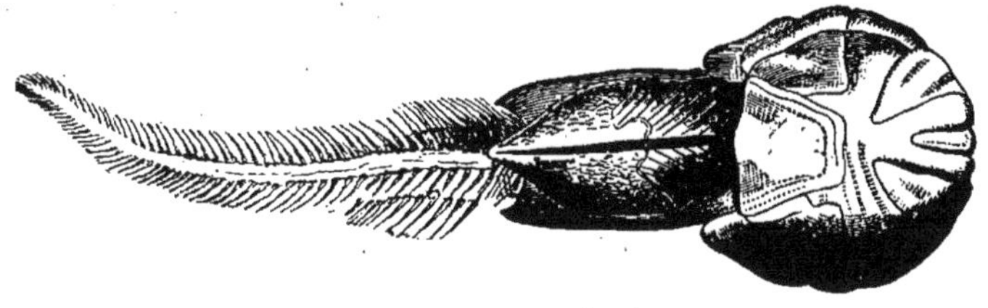

FIG. 1001. — *Coccosteus decipiens.*

Genres : *Pteraspis, Cephalaspis, Pterichtys, Asterolepis* (fig. 981);
Coccosteus (fig. 1001).

Les Ganoïdes cartilagineux ont apparu à ce moment avec le genre *Holoptychius* notamment (fig. 1002).

Flore dévonienne. — Encore mal conservée en Europe, elle

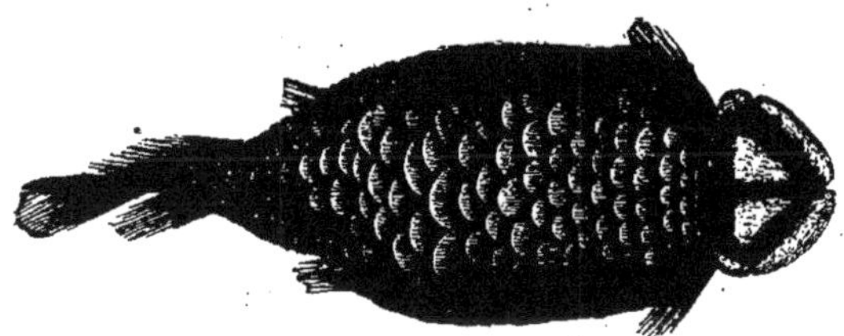

FIG. 1002. — *Holoptychius nobilissimus.*

présente en Amérique de nombreux genres de Cryptogames vasculaires, dont les espèces ont de grandes affinités avec celles qui sont si remarquablement développées dans le Carbonifère.

Caractères stratigraphiques. — Les Ardennes sont la région classique pour l'étude du Dévonien complet. A la fin de la période silurienne, un grand plateau composé de quartzites et de phyllades, dû à un plissement récent, s'étendait : de Douai, à Namur et au N.-E. de Bruxelles au N. ; de Guise à Fumay, Charleville et Sedan au S. (fig. 1003).

Des plissements y déterminèrent la formation de deux synclinaux : l'un de direction Avesnes, Marche, Fraipont ; l'autre couvrant tout le Luxembourg. La mer dévonienne envahit ces plis au début,

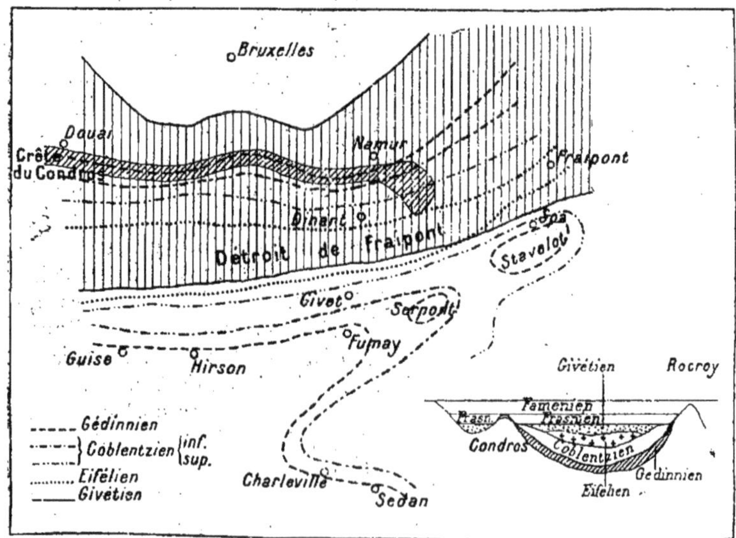

FIG. 1003. — Variations des rivages de la mer dévonienne dans la région franco-belge. A droite, une coupe schématique faite, dans la direction N.-S., de Rocroy au delà de Namur, y montre la disposition et l'importance des étages dévoniens.

et contourna les deux îlots de Serpont et de Stavelot situés dans le prolongement de la presqu'île de Rocroy. Les dépôts marins successifs, occupant une superficie de plus en plus réduite, attestent que la mer subit une régression pendant les époques *gédinnienne* et *coblentzienne*, régression dont le maximum fut atteint à l'époque *eifélienne*.

Les eaux circulaient alors dans le détroit de Fraipont, couloir fort resserré qui faisait communiquer la mer dévonienne de l'O. avec celle qui couvrait le Luxembourg et l'Allemagne.

Puis survint une transgression qui s'accrut jusqu'à la fin du Dévonien supérieur ; la mer, conservant au S. à peu près son rivage (Trélon, **Hierges**, Givet), recouvrit la crête du Condros (Namur, Douai) et s'avança au N.

Les formations successives de cette période sont faciles à observer tout le long de la vallée de la Meuse, entre Fumay et Dinant (fig. 1004).

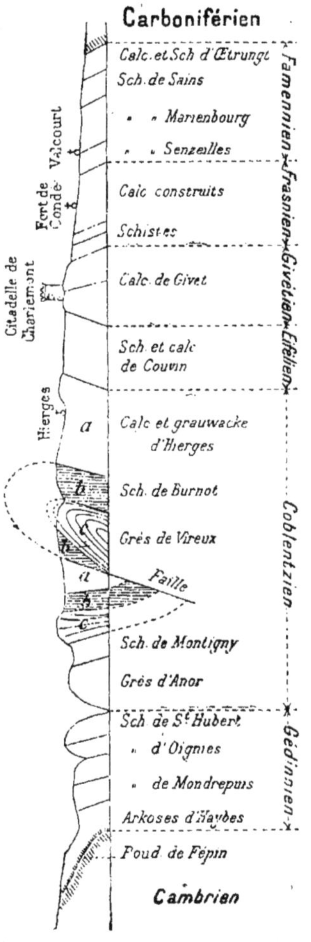

Sur le Cambrien redressé reposent les *poudingues de Fépin*, les *grès et arkoses d'Haybes*, qui prouvent l'action violente de la mer dévonienne à ses débuts. Une série de schistes fossilifères, à *Homalonotus Rœmeri* à la base, à *Pleurodictyum problematicum* au sommet, clôt le **Gédinnien**. Le **Coblentzien** consiste en grès et schistes alternants, coupés près de Vireux par une faille ; en ce point s'est produite une crête saillante, aujourd'hui rasée, au nord de laquelle s'observent les calcaires d'Hierges. Parmi les fossiles qui caractérisent ce niveau, citons : *Homalonotus Gervillei, Athyris undata, Calceola sandalina*, etc.

Au delà d'Hierges on trouve l'**Eifélien** représenté par des schistes et des calcaires à *Calceola sandalina* et *Spirifer speciosus ;* puis les calcaires de Givet constituant le **Givétien**, avec *Stringocephalus Burtini, Uncites gryphus*, etc.

Franchissant la frontière belge, on remarque le **Frasnien** consistant en calcaires à *Stromatopores* et à *Rhynchonella cuboides*, surmontés de schistes à *Cardiola retrostriata*. — Enfin le **Famennien** embrasse un ensemble de schistes avec *Spirifer Verneuilli*, quelques espèces carbonifères [dont un *Productus*] et des Cryptogames vasculaires.

Fig. 1004. — Coupe du Dévonien dans les Ardennes (**vallée de la Meuse**).

Les calcaires frasniens, exploités en Belgique, fournissent le *marbre de Sainte-Anne* employé pour décorer les cheminées.

A l'E., le dévonien de l'**Eifel** (provinces rhénanes) présente des caractères à peu près identiques aux couches ardennaises.

A l'O., la mer dévonienne a envahi **le Boulonnais** seulement à l'époque de la transgression givétienne signalée plus haut ; une succession de calcaires (calcaires de Blacourt, de Ferques, etc.), et de schistes y reposent, par l'intermédiaire de galets, sur le Silurien redressé.

Bretagne. — Le Dévonien y est représenté : par les *quartzites de Gahard*, surmontant les quartzites de Plougastel ; puis par des schistes renfermant des nodules calcaires (*calcaires de Néhou, de Vire et d'Erbray*) ; enfin par les *schistes de Porsguen*.

Dès lors la Bretagne fut presque complètement émergée.

Répartition du Dévonien sur le globe. — On trouve, en **Irlande** et dans l'**Écosse**, le Dévonien avec un faciès particulier dit *faciès du vieux grès rouge* (*old red sandstone*), extrêmement riche en *Poissons cuirassés*.

Il débute par des conglomérats recouverts de grès à *Poissons* et à *Pterygotus anglicus*, reposant sur le Silurien en concordance ou en discordance suivant les points ; puis viennent des schistes ayant plus de 1 500 mètres de puissance, avec les genres *Dipterus, Acanthodes*, etc., et de nombreuses empreintes végétales (*Lepidodendron, Psilophyton*, etc.). Au sommet, sont des grès rouges avec *Osteolepis, Coccosteus* et diverses Fougères.

Le même faciès existe en **Russie**, où le Dévonien s'observe sur un vaste quadrilatère dont les sommets sont, à peu près, Pernau et Memel à l'O., le lac Onéga et Smolensk à l'E. Il plonge, de là, sous les sédiments p.us récents et affleure à nouveau en une longue bande adossée à l'Oural.

Au S. de cette formation septentrionale (franchement marine d'après M. Munier-Chalmas, puisqu'on y trouve des Lingules et des Brachiopodes tous marins), on trouve le Dévonien dans le **Devonshire** et le **Pays de Galles**, avec un faciès nouveau et incomplet. Le **Gédinnien** n'y est pas représenté. Le **Coblentzien** consiste à la base en schistes exploités pour ardoises, puis en grès à *Pleurodictyum*. Au-dessus sont des schistes, avec bancs calcaires intercalés, contenant *Calceola sandalina, Spirifer speciosus* et une espèce de *Pteraspis* commune avec le vieux grès rouge. Des calcaires à polypiers, enfin des couches gréseuses très bouleversées terminent ici le Dévonien.

Pendant la période dévonienne, l'E. et le S. de la Grande-Bretagne étaient recouverts par une mer continentale, traversée peut-être par des courants d'inégale rapidité qui ont influé sur la nature des dépôts synchroniques effectués en Écosse et dans le Devonshire. Cette mer, qui recouvrait en partie la **Bretagne** et le **Cotentin**, contournait le **Boulonnais** et communiquait par le détroit de Fraipont (**Ardennes**) avec la mer dévonienne de l'**Eifel** et de la **Westphalie**.

On retrouve, en **Bohême**, le Dévonien incomplet où dominent les calcaires alternant avec des schistes pénétrés de nodules calcaires ou argileux.

La **région alpine** renferme aussi du Dévonien entièrement représenté par des *calcaires* et des *schistes* ; mais les calcaires y prédominent de beaucoup : les uns ferrugineux et oolithiques, d'autres compacts, d'autres dispersés à l'état de nodules au milieu des schistes.

La **Montagne Noire**, au S. du Plateau central, les **Pyrénées** et l'**Espagne** présentent un Dévonien calcaire avec certaines espèces fossiles spéciales. Dans la Montagne Noire en particulier, il est formé de dolomie à la base et de nombreuses couches calcaires : calcaires noirs à *Bronteus meridionalis*, calcaires à *Goniatiles*, calcaires rouges à *Clymenia*.

Certains de ces bancs calcaires sont exploités comme marbres : notamment le *marbre griotte* rouge, près de Carcassonne ; le *marbre de Campan* vert, dans la vallée du même nom.

En **Amérique**, le Dévonien, en concordance avec le Silurien supérieur, renferme également et surtout à la base beaucoup d'assises calcaires avec polypiers du genre *Cyatophyllum*; il est plutôt schisteux au sommet.

Il a pour caractère fondamental l'énorme développement de la flore qui s'enrichit de la base au sommet et donne déjà quelques minces bandes de houille non exploitables.

D. — CARBONIFÉRIEN

(Règne des Productus et des Fusulines.)

Caractères généraux. — Ce système, généralement discordant avec le Dévonien et concordant avec le Permien, est représenté par des couches puissantes tantôt marines, tantôt lagunaires, qu'on peut observer en Russie, dans le bassin franco-belge, dans le Plateau Central, les Iles Britanniques, en Amérique et en Asie. *Le caractère fondamental du Carboniférien est la présence de la houille.*

Divisions. — Le Carboniférien comprend, suivant les régions étudiées : un *facies marin* et un *facies littoral* ou *lagunaire*.

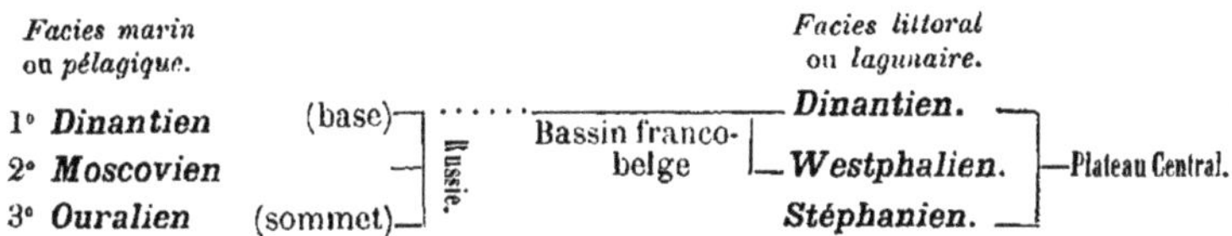

A la fin du Dévonien, les contrées boréales, de l'Amérique à l'Europe, étaient occupées par un vaste continent au S. duquel émergeaient, du sein de l'océan, des îles importantes : le massif du pays de Galles et de Cornouailles, la Bretagne le plateau des Ardennes et de l'Eifel, le Hartz et la Bohême; plus loin, le massif hispano-portugais, le Plateau Central et les premiers indices de la future chaîne alpine.

Dinantien. — Dès le début de la période carboniférienne, les mouvements du sol accusent la formation d'une sorte de ride (la *chaine hercynienne*) s'étendant des Monts Alleghanis en Amérique jusqu'à la Silésie en Europe, affectant l'Irlande, la partie méridionale de la Grande-Bretagne et la péninsule armoricaine, les massifs des Ardennes et de la Westphalie.

Entre cette chaine non continue et le rivage du continent boréal s'étendait, de l'O. à l'E., une mer où se sont formés les dépôts généralement calcaires du **Dinantien**. Cet océan était en rapport avec la mer de Moscou, mer continentale qui couvrait le centre de la Russie et se prolongeait au S. jusqu'aux Balkans.

Moscovien et *Ouralien*. — Alors que des mouvements secondaires isolent plus ou moins complètement de la mer de Moscou, certains de ses prolongements transformés alors en lagunes, les dépôts carboniférens effectués dans la mer de Moscou même conservent le facies marin jusqu'à la fin du Carboniférien; ce sont, au-dessus du Dinantien, le **Moscovien** et l'**Ouralien**.

Le même caractère s'en observera plus au S. dans les régions de haute mer plus méridionales.

Westphalien et *Stéphanien*. — A l'O. de l'Europe se produisent, au contraire, des plissements très importants.

Dans la région franco-belge, les eaux rétrogradent pendant l'époque westphalienne, effectuent de temps à autre quelques retours offensifs sur les points évacués, puis se retirent définitivement. A la fin de cette époque, le bassin franco-belge est émergé.

Durant le dépôt du **Westphalien** au N. de la France et en Belgique, le Plateau central était émergé. Des plissements s'y produisent pendant l'époque qui suit, plissements accompagnés d'éruptions violentes; dans les lagunes nouvellement apparues se dépose le **Stéphanien**.

Caractères paléontologiques. — Faune carboniférienne. — Protozoaires. — Les *Fusulines*, inconnues dans le Dévonien, pullulent dans les calcaires du Carboniférien et du Permien qui suit.

Polypes. — Les Tétracoralliaires abondent dans le calcaire carboniférien, avec les genres : *Zaphrentis*, *Cyatophyllum*, *Lithostrotion*, etc.

Arthropodes. — Parmi les Trilobites, le genre *Phillipsia* subsiste seul. Les **Décapodes** sont représentés par l'*Anthrapalæmon*. — Le *Cyclophthalmus* est un Scorpion trouvé en Bohême. — Les **Insectes**, très abondants, représentent déjà presque tous les ordres, surtout les Orthoptères et les Névroptères.

Lophostomés. — Les **Brachiopodes** caractéristiques du Carboniférien sont les *Productus* (**P.** *giganteus*, **P.** *cora*, **P.** *semireticulatus*, fig. 1005) et des *Spirifer*.

Mollusques. — Le genre *Pupa* représentait à cette époque les **Gastéropodes** Pulmonés; le genre *Anthracosia*, les **Lamellibranches**.

Les **Céphalopodes** tétrabranchiaux diminuent d'importance et les *Goniatites* subsistent en se compliquant jusqu'après la période permienne.

Vertébrés. — Parmi les **Poissons**, à signaler la conservation des **Prosélaciens** au squelette cartilagineux qui datent certainement d'une période antérieure (*Cladodus*); le genre *Acanthodes* appartient aux **Ganoïdes**.

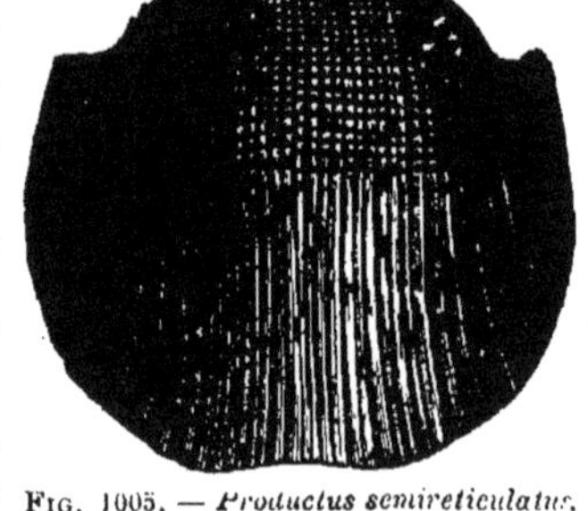

Fig. 1005. — *Productus semireticulatus.*

Les **Amphibiens** Stégocéphales sont, pour la première fois, représentés par *Branchiosaurus*, aux vertèbres à peine ossifiées.

Flore carboniférienne. — Les **Algues** forment une grande partie des dépôts houillers, contrairement à l'opinion courante qui attribue la formation de la houille aux Fougères, Équisétinées, Lycopodinées et Gymnospermes, mieux conservées.

Parmi les **Cryptogames vasculaires** :

les **Fougères** comprennent surtout · *Pecopteris, Sphenopteris, Nevropteris*, etc. (fig. 984);

les **Equisétinées** : *Equisetum* et *Annularia* (fig. 986);

les **Lycopodinées** : *Lepidodendron* (fig. 987), *Sigillaria* (fig. 1006), *Calamodendron*.

Les **Gymnospermes** ont pour représentants les genres : *Cordaites* et *Dicranum*.

Caractères stratigraphiques. — Le Carboniférien présentant en Russie un facies marin dans toute son étendue, étudions-le d'abord dans le bassin de Moscou; nous l'envisagerons ensuite dans le bassin franco-belge et dans le Plateau Central où ce terrain possède en partie le facies continental.

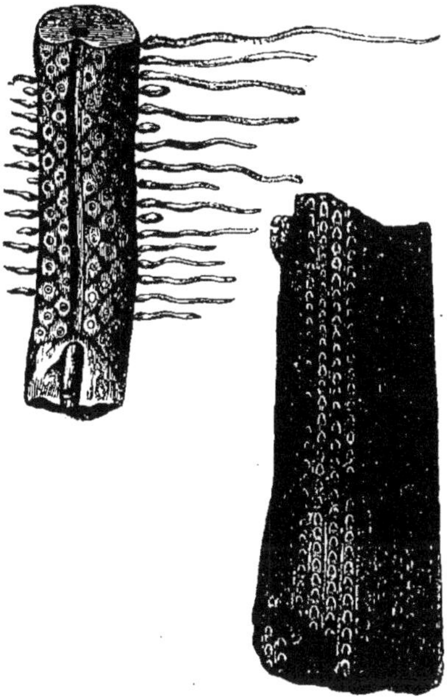

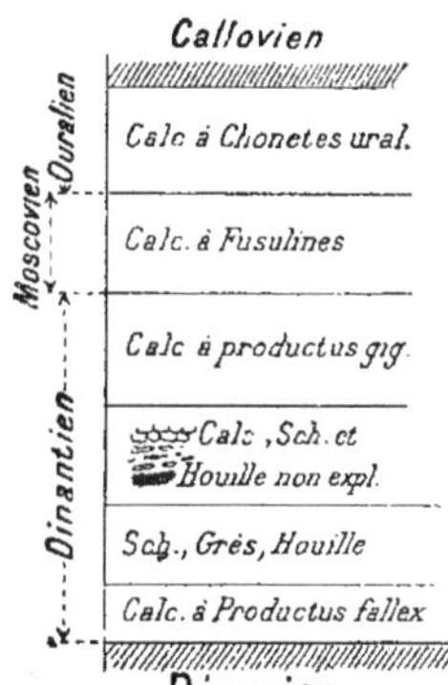

FIG. 1006. — *Sigillaria*.

FIG. 1007. — Coupe du Carboniférien en Russie.

Bassin de Moscou (fig. 1007). — Le **Dinantien**, en concordance avec le Dévonien, comprend à la base (à l'O. du bassin) des calcaires marins à *Productus fallex*, surmontés de grès et de schistes avec bancs intercalés de houille exploitable; au-dessus se trouvent des schistes, puis une masse calcaire puissante à *Pr. giganteus*.

Le **Moscovien** consiste en un calcaire blanc à Fusulines et à *Spirifer Mosquensis*.

L'**Ouralien** est un calcaire dolomitique, ferrugineux par places, caractérisé par *Chonetes uralica* (Productidé pourvu d'épines le long du bord cardinal seulement).

Dans les **bassins de l'Oural** et du **Donetz** (S. de la Russie), les caractères du Carboniférien sont peu différents.

Bassin franco-belge (fig. 1008). — Un certain nombre de bandes alignées de l'O. à l'E. y peuvent être observées : les unes appartenant au Dinantien ; les autres, au Westphalien.

Le bassin ayant été émergé à la fin de cette période, *on n'y trouve pas de Stéphanien.*

Le rivage de la mer dinantienne s'étendait : au N., de Ferques à Visé et Aix-la-Chapelle ; au S., de Saint-Valery à Beauvais pour

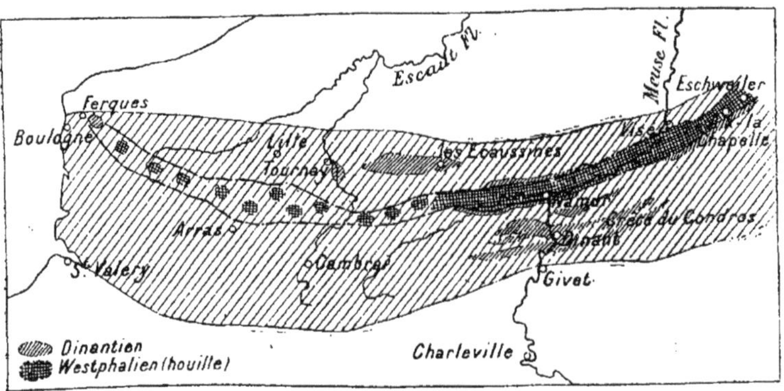

Fig. 1008. — Carte du bassin carbonifèrien franco-belge.

remonter à Givet. C'est dans cette région que s'est déposé le Carbonifèrien qui affleure de nos jours à l'E., tandis qu'à l'O., il est recouvert par des dépôts plus récents ; des sondages seuls en ont révélé l'existence.

Soit la région de Dinant à Namur. A la fin de la période dévonienne, la crête sous-marine du Condros y formait déjà deux synclinaux secondaires : celui de Dinant au sud, celui de Namur au nord. Pendant la période carbonifèrienne, la crête s'accentuant davantage tendit à séparer totalement les deux bassins.

Alors que le **Dinantien** y acquit à peu près une égale importance, le **Westphalien** se développa plus dans le bassin de Namur. Des plissements ultérieurs ont eu pour effet de rejeter la crête du Condros contre le bord méridional du bassin de Namur dont les dépôts carbonifèriens ont été en partie renversés et rompus par des failles.

Dans le bassin de Dinant, on trouve le Carbonifèrien dans une série de petits synclinaux à peu près parallèles et indépendants. Étudions l'un d'eux (fig. 1009). Sur le calcaire dévonien d'Étrœungt repose le **Dinantien** formé, à la base, de schistes entourant un calcaire noir et compact (calcaire d'Avesnelles) ; puis vient une longue suite de calcaires exploités comme marbres.

Ce sont : le calcaire des Écaussines (ou de Tournai) à *Spirifer Tornacensis* et *Productus semireticulatus*; le calcaire de la Marlière (ou de Waulsort) importante production coralligène; le calcaire de Bachamp à *Productus Cora* et P.

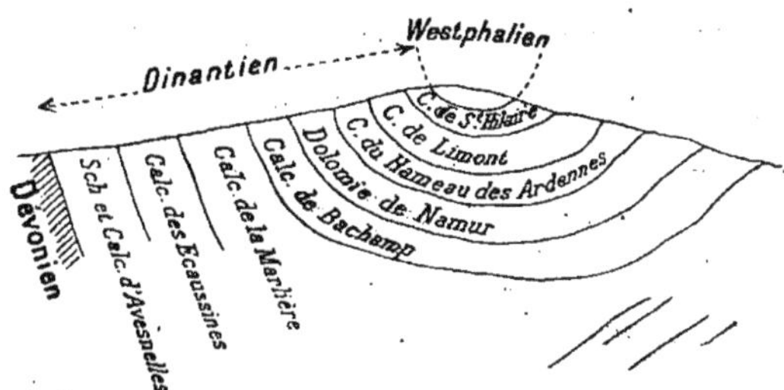

Fig. 1009. — Coupe du Carboniférien dans l'un des petits bassins de Belgique.

giganteus (calcaire noir où se trouvent les plus grands polypiers de l'époque : *Amplexus coralloides*).

Le Dinantien se termine par la Dolomie de Namur. peu riche en fossiles, et par une seconde série de calcaires.

Ce sont : le calcaire du Hameau des Ardennes, le calcaire de Limont et le calcaire de Saint-Hilaire (ou de Visé) caractérisé par *Productus giganteus* et des *Foraminifères*.

Toutes ces couches sont franchement marines[1]. Mais une série de plissements modifie désormais la configuration de la mer qui se retire peu à peu ; la sédimentation change.

Aussi le **Westphalien** présente-t-il à sa base des grès (psammites) et des schistes à *Goniatites diadema* et à *Productus carbonarius*; les végétaux y sont représentés par des *Calamites* et des *Fougères*. [Ces assises sont lagunaires, parfois marines].

Lors du dépôt des couches qui suivent (Westphalien supérieur), le régime lagunaire est définitivement établi; les courants fluviaux amènent des végétaux nombreux qui donneront la **houille** par leur décomposition.

Ces couches du Westphalien supérieur se répartissent en 3 groupes :

1° **Houilles maigres** à la base [à Annœulin, Vieux-Condé, Fresnes, Vicoigne] comprenant en abondance des *Nevropteris, Alethopteris, Annularia*, (*A. radiata*), *Sigillaria* (*S. conferta*), *Lepidodendron*, (*L. pustulatum*).

2° **Houilles demi-grasses** [à Aniche, Anzin, Douai, Denain] comprenant des *Sphenopteris, Pecopteris, Odontopteris, Cordaites* et *Calamodendron*.

3° **Houilles grasses** [à Liévin, Bully-Grenay, Lens, Mons, etc.] comprenant des *Pecopteris* en abondance, *Callipteris, Calamites* et *Walchia*.

La flore de Bully-Grenay sert de passage entre la flore westphalienne et la flore stéphanienne, car elle est identique à celle de

---

1. La flore qui caractérise le Dinantien s'appelle *flore du Culm*; elle comprend : des *Lepidodendron*, quelques espèces de *Sigillaria* et des *Calamites*.

Rive-de-Gier qu'on rencontre à la base du Stéphanien, dans le Plateau Central.

Les dépôts houillers du Plateau Central ont donc commencé au moment même où ceux du bassin franco-belge cessaient de se former.

Plateau Central (fig. 1010). — Quand on longe sur sa bordure E. le Plateau Central, depuis la région Autun-Épinac jusqu'aux

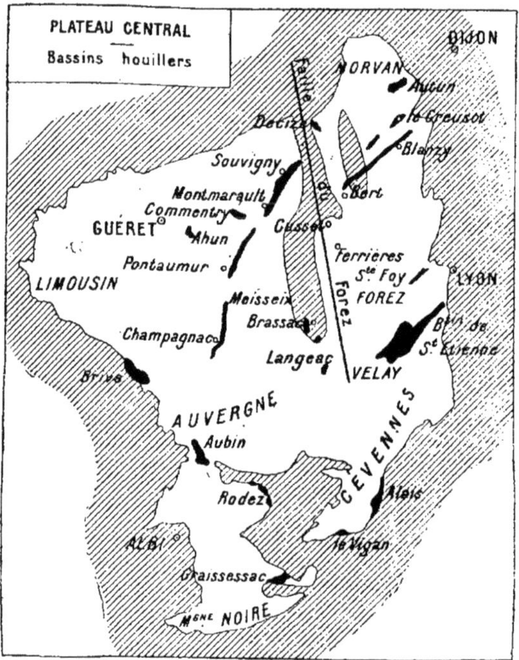

Fɪɢ. 1010. — Bassins houillers du Plateau Central.

environs de Tournon, on y remarque, au milieu de granits et de gneiss, une série de synclinaux sensiblement orientés du N.-E. au S.-O. ; les principaux d'entre eux sont : Épinac-Autun ; le Creusot-Blanzy ; Mâcon-Roanne ; Sainte-Foy ; la Verpillière — Saint-Symphorien — Rive-de-Gier — Saint-Chamond — Saint-Étienne.

Dans quelques-uns de ces synclinaux se trouvent, à la base, des schistes à séricite recouverts de **Stéphanien** *sans interposition de* **Dinantien** (bassins houillers de Saint-Étienne et de Sainte-Foy) ; dans le synclinal du Beaujolais (Mâcon, Roanne), on trouve du **Dinantien** seulement sous la forme de schistes et de calcaires traversés par des roches éruptives (porphyrites) qui ont donné lieu à des tufs au sommet.

Mais le Plateau Central renferme d'autres dépôts houillers : les uns se sont formés dans des synclinaux indépendants des précédents [la Grand-Combe-Bessèges ; Aubin-Decazeville ; Commentry] ; les autres occupent, au contraire, des synclinaux également orientés du N.-E. au S.-O. [Bert : Souvigny-Montmarault-Pontaumur-Bort-Champagnac].

Le bassin de Bert, est sans nul doute, la continuation de celui de Blanzy, interrompu par les dépôts plus récents de la vallée de la Loire. Il est fort probable que le bassin [Souvigny-Champagnac] appartient au même synclinal. On trouve, en effet, dans la direction N.-N.-O, S.-S.-E. une grande faille dite *faille du Forez* (de Montbrison à Cusset-Vichy et au delà) qui partage le Plateau Central en deux parties, dont l'une. la partie E., s'est déplacée vers le S. plus rapidement que la partie O. : dès lors, le synclinal [le Creuzot-Bert — Souvigny-Champagnac] a été interrompu au niveau de la faille et semble former deux systèmes distincts.

La **flore stéphanienne** renferme divers horizons caractérisés par des espèces spéciales.

1° **Horizon de Rive-de-Gier** avec prédominance de *Sphenophyllum, Nevropteris flexuosa. Calamites ramosus. Sigillaria* et *Lepidodendron elegans.*

2° **Groupe des Cévennes** [exploité à Ronchamp, Graissessac. Épinac. etc.] avec prédominance des *Pecopteris, Calamites. Asterophyllites. Cordaites principalis.*

3° **Groupe des Cordaites** [exploité à la Grand-Combe. Langeac. Brassac, Saint-Chamond. Saint-Étienne (inférieur)] avec prédominance des *Cordaites* et apparition des Conifères (*Dicranophyllum gallicum*).

4° **Groupe des Filicinées** [exploité à la Grand-Combe (supérieur), Decazeville (inférieur). Saint-Étienne (moyen)] avec grand développement des *Odontopteris* et des *Pecopteris.*

5° **Groupe des Calamodendrées** [exploité à Saint-Étienne (supérieur), Montchanin. Decazeville (supérieur) et Commentry] avec prédominance des *Calamodendron* et diminution des Fougères.

Répartition du Carbonifériem sur le globe. — Au début de la période carboniférienne, la mer occupait en Écosse un synclinal étroit qui s'épanouissait de là sur l'Irlande. Dans cette dernière région, le Dinantien (calcaire à *Productus* occupe une large surface.

En **Angleterre**, le Dinantien (marin) est peu développé ; par contre, le Westphalien est très répandu et les principales villes industrielles y sont bâties (Newcastle. Leeds, Sheffield. Manchester, Birmingham, Cardiff).

La série des formations carbonifériennes de la Grande-Bretagne est la suivante : à la base, le *calcaire de montagnes* (mountain limestone) ; puis les assises du Westphalien : *schistes de Yoredale* à Goniatites, *grès stériles* (Millstone-grit) occupant tout le centre de l'île, la série du *Coal-measures*, puissante formation houillère avec 3 horizons identiques à ceux du bassin franco-belge [1]. En de rares points on rencontre quelques assises stéphaniennes avec la flore du Plateau Central.

Dans le **Boulounais**, le Dinantien n'est représenté que dans sa partie supérieure, par la dolomie de Huré et des calcaires construits que recouvre le Westphalien.

Les massifs anciens (**Bretagne, Vosges. Nassau. Hartz, Bohême**) sont entourés

1. Le *Coal-measures* comprend des schistes, des argiles, des grès, du minerai de fer. sous une épaisseur de 1 500 à 3 600 mètres. avec un ensemble de lits de houille atteignant de 15 à 22 mètres en totalité ; la puissance moyenne de chaque couche de houille est d'environ 0^m60.

d'une frange de dépôts dinantiens arénacés et schisteux (facies *Culm*), où les débris végétaux (*Lepidodendron, Sphenopteris, Cyclopteris*, etc.) sont mêlés à des fossiles marins et à des tufs éruptifs ; ces dépôts, où parfois on trouve de l'*anthracite* exploitable (Sablé et Changé dans la Mayenne, Bretagne), contrastent avec les calcaires formés au large de la mer carboniférienne qui s'étendait de la Grande-Bretagne à la Russie.

Nous avons vu plus haut qu'en **Russie** le *caractère franchement marin du Carboniférien se manifeste dans toute son étendue*, puisque des calcaires marins à Fusulines existent à tous les niveaux ; ces calcaires se retrouvent en divers points d'une vaste zone méridionale qui s'étend, des confins de l'Asie à l'E., à travers l'Europe (dans les **Alpes de Carinthie et de Carniole**, au **S. de l'Espagne et du Portugal**, près du cap Saint-Vincent) jusqu'aux **Montagnes Rocheuses** en Amérique.

L'étude du Carboniférien de l'**Illinois** est particulièrement intéressante. Le **Dinantien** y est représenté à la base par des grès, des schistes, puis par des calcaires très fossilifères en général, renfermant beaucoup de Brachiopodes, de Crinoïdes et une flore comparable à celle du même niveau en Europe (flore du Culm) ; pendant cette époque, la mer était relativement calme et les animaux abondants. — Mais les conglomérats et les schistes qui forment la base du **Westphalien** accusent une transgression de la mer ; les courants deviennent plus actifs ; de nouveaux mouvements créèrent des synclinaux secondaires où, au milieu d'arkoses et de grès psammites, se sont formés des lits de houille. Plus tard, des oscillations répétées ont permis à la mer d'envahir à plusieurs reprises ces synclinaux : ce qu'indiquent les bancs calcaires à Fusulines intercalés d'abord dans la houille, puis qui s'y substituent définitivement. Ainsi le *facies Westphalien passe insensiblement au facies Moscovien, puis à l'Ouralien.* — Enfin, le régime lagunaire se rétablit ; des lits de houille nouveaux avec fossiles caractéristiques indiquent qu'*inversement*, en ce qui concerne le Carboniférien supérieur, *le facies Ouralien est peu à peu remplacé par le facies Stéphanien.*

De l'étude générale du Carboniférien se dégage un fait important : *La flore a présenté sur tout le globe une complète uniformité.*

Du Spitzberg et de la terre de Grinnel jusqu'à l'équateur, la température des continents était élevée, l'atmosphère épaisse, chargée de vapeur d'eau et d'une proportion notable de gaz carbonique ; sous l'influence des radiations solaires, les végétaux se développèrent avec une activité extraordinaire, fixant le carbone de l'air, l'eau et les principes d'un sol jeune, encore enrichi par les débris des végétaux plus anciens décomposés sur place. Les pluies abondantes entraînaient parfois à la mer, ou accumulaient dans des dépressions lacustres comme à Commentry, plantes déracinées et détritus de toute sorte qui, dans un milieu plus calme, se déposaient par ordre de densité (sédiments minéraux d'abord, *alluvion végétale* par-dessus). De nouveaux apports recouvraient les premiers ; les couches végétales, plus ou moins épaisses, s'accumulèrent ainsi pendant des siècles et subirent, à l'abri de l'air, une pression et une dessiccation croissantes, une lente décomposition qui en fit la *houille*.

Suivant la nature des débris accumulés (Algues, feuilles, écorces), la houille qui en résulta présente aujourd'hui une richesse variable en principes volatils [*houilles grasses, houilles maigres*].

L'*anthracite* résulte d'une distillation partielle de la houille provoquée par la chaleur qu'ont développée en certains points les mouvements du sol.

Ainsi tout en purifiant l'atmosphère, en la rendant désormais accessible aux animaux aériens (pourvus de poumons et de trachées), les végétaux nous ont préparé une immense réserve de charbon, *source* précieuse *de l'énergie* que nous dépensons actuellement sous forme de chaleur, d'électricité et de lumière dans nos habitations, usines et laboratoires.

E. — PERMIEN [1]

(Règne des Amphibiens Stégocéphales).

Caractères généraux. — Le Permien, dernier terme de la série primaire, est remarquable par l'*apparition des Ammonites et des Reptiles* qui vont atteindre leur apogée pendant la série secondaire.

Le plus ordinairement discordant avec les terrains secondaires, le Permien prépare donc l'avènement d'une ère nouvelle. Ce système comprend des schistes (bitumineux quelquefois), des grès, plus rarement des calcaires dans nos régions, des couches de gypse et de sel gemme au sommet; des roches éruptives s'y manifestent presque à tous les niveaux.

Divisions. — Le Permien présente deux facies : l'un, continental ou *occidental* (O., centre et E. de l'Europe); l'autre, marin ou *oriental* (S.-O. de l'Europe, Asie).

Facies marin.	*Facies lagunaire.*
Artinskien [2] (base).	**Autunien** [4].
Penjabien [3].	**Saxonien**.
Thuringien (sommet).	

Il est probable que la Russie renfermait, au pied de l'Oural, une grande mer s'irradiant par des canaux étroits à l'O. de l'Europe ; et même, en France, ne se trouvaient que de petites lagunes, envahies par la mer à la fin de la période permienne : de là le facies lagunaire occidental.

Les dépôts permiens exclusivement calcaires, qu'on trouve en Orient, indiquent au contraire qu'un grand Océan s'étendait sur la région méditerranéenne actuelle jusqu'à l'Inde ; il en était de même dans l'Amérique du N. (Californie, Texas).

Caractères paléontologiques. — **Faune permienne**. — La faune permienne est beaucoup moins riche que celles des périodes antérieures.

1. Nom tiré du gouvernement de Perm en Russie. — 2. Artinsk, localité de l'Oural. — 3. Penjab, région de l'Inde. — 4. Autun (département de Saône-et-Loire).

Parmi les **Polypes**, signalons la disparition des **Tétracoralliaires** pendant cette période. Il en est de même des *Trilobites* parmi les Arthropodes, et des *Productus* parmi les **Brachiopodes** qui ont encore pour représentants à ce moment l'espèce *Productus horridus* (fig. 1011).

Les **Mollusques** méritent une attention spéciale ; le type Ammonite y apparaît avec les genres *Popanoceras* et *Cyclobolus*, de forme globuleuse, à suture pourvue de selles et de lobes découpés, établissant une transition parfaite entre les Goniatites et les véritables Ammonites.

Fig. 1011. — *Productus horridus.*

Vertébrés. — Poissons. — La plupart des Poissons connus dans le Permien sont des **Ganoïdes** fortement hétérocerques, dont les arcs vertébraux sont ossifiés : *Palæoniscus* (fig. 1012).

Amphibiens. — Les **Stégocéphales** sont particulièrement abondants : *Branchiosaurus*, déjà connu à l'époque carbonifé-

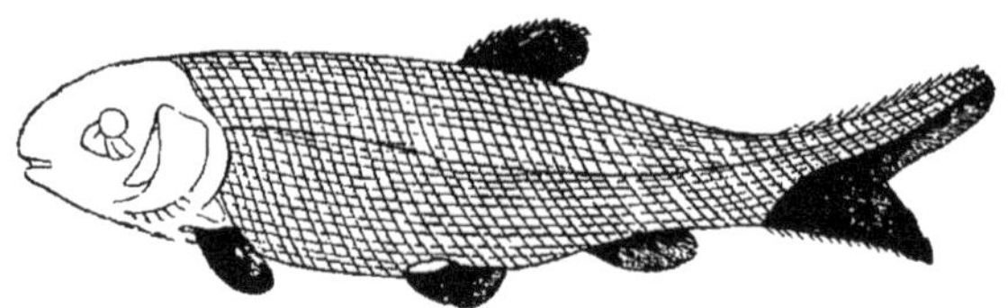

Fig. 1012. — *Palæoniscus Blainvillei.*

rienne ; *Protriton*, *Pleuronoura*, des schistes d'Autun ; les grands **Labyrinthodontes** (*Archegosaurus*, *Actinodon*, fig. 1013), caractérisés par leurs dents profondément plissées et leur crâne allongé, triangulaire.

Reptiles. — Issus des Archégosauridés (Amphibiens Stégocéphales), les types primitifs de Reptiles permiens sont des **Cotylosauriens,** pourvus d'un seul condyle occipital, et des Rhynchocéphales inférieurs.

Flore permienne. — Elle a de nombreuses analogies avec la flore carboniférienne (phase stéphanienne) et présente quelques types spéciaux, notamment les Conifères des genres *Walchia* et *Ullmannia*.

Caractères stratigraphiques. — Facies lagunaire. — En France, le Permien se trouve dans les Vosges, en quelques points du Plateau Central, des Pyrénées et des Alpes ; mais il n'est représenté d'une manière complète en aucun point.

Dans le **Plateau Central**, il est réparti dans certains des synclinaux où s'est déjà déposé le Stéphanien (Autun, le Creusot, Lodève, Brive, etc.). A Autun, on ne trouve que de l'*Autunien* consistant en schistes avec une flore presque identique à la flore stéphanienne, mais qui s'en distingue à mesure qu'on l'étudie dans les assises les plus récentes.

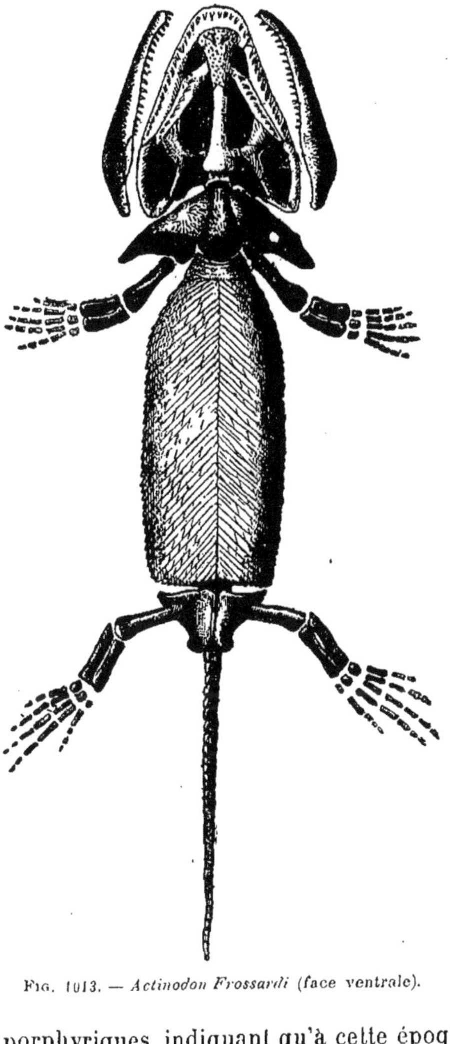

Les schistes permiens d'Autun sont :

1° Les *schistes d'Igornay*, à la base, schistes bitumineux dont on retire du pétrole par distillation. Espèces principales : *Actinodon Frossardi, Palæoniscus Blainvillei*, etc., parmi les animaux ; *Walchia piniformis, Cordaites*, etc., parmi les plantes.

2° Les *schistes de Muse* avec : *Protriton petrolei*, parmi les animaux ; *Callipteris conferta, Calamites gigas*, parmi les plantes.

3° Les *schistes de Millery* (zone du Bog-Head), avec *Walchia filiciformis*.

Au-dessus de ces assises, on remarque des schistes et des grès rouges contenant des bois silicifiés : ce sont des termes de passage de l'*Autunien* au *Saxonien* mieux développé dans le bassin du Creusot encore immergé pendant le Permien moyen, tandis que le synclinal d'Autun émerge.

Le **Saxonien** consiste, au Creusot, en schistes et grès rouges, avec poudingues et tufs

Fig. 1013. — *Actinodon Frossardi* (face ventrale).

porphyriques indiquant qu'à cette époque ont eu lieu des phénomènes éruptifs de grande intensité. Ces éruptions sont indiquées également par la nature du Permien moyen du Val d'Ajol (**Vosges**).

Facies marin. — Dans le gouvernement de Perm, en **Russie**, le Permien marin est entièrement représenté.

A la base, on trouve sur le calcaire carboniférien à *Chonetes Uralica* :

l'***Artinskien***, consistant en schistes et grès avec des bancs de calcaires intercalés, où sont des Fusulines, des *Productus* (*semireticulatus* et *Cora*) identiques à ceux du Carboniférien, etc. ; le ***Penjabien***, formé de calcaires passant à des sables et à des argiles pénétrées de *lentilles de gypse* et du *sel gemme* qui représentent le ***Thuringien***.

A cette époque existaient donc, dans la région de Perm, des lagunes comparables à celles de l'Europe occidentale.

Allemagne. — En **Thuringe**, où le Permien supérieur est remarquablement développé, la base de cet étage est occupée par des conglomérats et des schistes cuivreux avec de nombreux Poissons (*Platysomus*) ; puis vient le Zechstein, calcaire magnésien caractérisé par une faune marine à *Productus horridus* et autres, attestant que la mer contemporaine était presque inhabitable ; la salure en devait être très accusée, puisqu'on trouve, au-dessus du Zechstein, une série de couches certainement formées dans des lagunes d'évaporation où la mer faisait quelques incursions en y déposant des calcaires (argiles bariolées avec intercalations de calcaires dolomitiques, schistes fétides, bancs de sel gemme et de gypse).

De puissants dépôts de sel gemme, d'anhydrite et de gypse, sont exploités à Stassfürt.

Répartition du Permien sur le globe. — Étant donné le facies lagunaire du Permien dans l'Europe occidentale, ce terrain y est représenté par des dépôts généralement peu étendus, à travers lesquels les roches éruptives porphyriques se sont fait jour.

En **Angleterre**, le Permien inférieur est rarement représenté : (comme le Carbonif12rien supérieur). Dans le Yorkshire, le Saxonien est formé de grès rouges (*new red sandstone*) pénétrés de porphyres et d'argilolithes. Le Thuringien consiste en argiles avec des calcaires magnésiens intercalés : les schistes argileux supérieurs nous conduisent au Trias avec lequel ils concordent.

Dans le **bassin de la Sarre**, le **Hartz** et la **Bohême**, le Permien présente : soit des schistes, soit le *grès rouge* de Saxe, ordinairement surmonté de Thuringien en Allemagne. Des éruptions de porphyre ont accompagné les mouvements du sol signalés surtout à partir du Saxonien. Ces caractères sont à peu près identiques à ceux que nous avons pu observer dans les **Vosges** et le **Plateau Central**.

Dans l'E. de la **Russie**, et parallèlement au massif de l'Oural, est la grande bande permienne au facies marin qui s'étend sur les gouvernements de Perm, Oufa et Orenbourg ; à signaler ici l'*association des premières Ammonites avec les Goniatites*. La même association a été observée dans des blocs de calcaires en **Sicile**, en **Arménie**, etc.

Le **Penjab**, au N.-O. de l'Hindoustan, présente un Permien complet. L'étage inférieur, reposant sur des argiles, consiste surtout en grès mouchetés, avec une faune correspondant à celle de l'*Artinskien* européen. Des calcaires à *Productus* recouvrent ces grès et se prolongent dans l'étage moyen ou ***Penjabien*** ; mais ils sont entremêlés ici de dolomie, de marnes et contiennent le genre *Strophalosia* parmi les Brachiopodes. Dans le **Thuringien** de l'Inde, qu'ils constituent aussi, les calcaires à *Productus* présentent pour la première fois les Ammonitidés (*Popanoceras*, *Medlicottia*, etc.).

Le Permien, étudié dans l'**Inde méridionale**, l'**Australie**, l'**Afrique australe** et le **Brésil**, y présente un facies gréseux et schisteux (*facies australien*) avec une flore assez spéciale dont le genre *Glossopteris* est une forme caractéristique.

Il est probable qu'*un grand continent occupait, vers la fin de l'ère primaire, une grande partie de la région australe du globe*, continent démantelé et profondément modifié dans la suite. Une grande mer méditerranéenne le séparait des terres boréales dont les descriptions précédentes ont fait connaître approximativement la forme et l'étendue.

ÉRUPTIONS PENDANT L'ÈRE PRIMAIRE

L'écorce terrestre, ébranlée par les plissements presque incessants qui en ont déterminé le relief, a permis aux roches éruptives de remplir la partie centrale des principales chaînes montagneuses, ou de parvenir jusqu'à la surface du globe en masses épaisses, souvent sillonnées de filons formés par des roches plus récentes. Parmi ces roches, les unes sont parvenues au jour, les autres sont demeurées, à l'époque même de leur invasion, recouvertes d'une voûte qu'une érosion ultérieure a rasée; c'est pourquoi nous trouvons aujourd'hui les sommets des massifs montagneux, *depuis longtemps émergés*, formés presque exclusivement de roches éruptives.

Pendant la **période précambrienne**, ont eu lieu des éruptions de roches variées : *granite* (de Vire, des îles Chausey[1] et de la Bretagne); *granulite* (des environs de Cherbourg), *pegmatite*, *syénite*, etc. (du Cotentin); des filons ou des nappes de *diabases* et de *porphyres* se sont épanchés à travers les formations précambriennes de Bretagne et d'Amérique.

Les **éruptions siluriennes** sont accusées par des nappes de *diabases* d'un vert foncé, accompagnées de *tufs*; ces nappes sont intercalées dans le Gothlandien de la baie de Douarnenez, du Cotentin et de la Bohême; on en trouve également dans le **Dévonien** de l'Eifel et du Hartz. Des *porphyres* d'âge dévonien se remarquent de même en Écosse et en Norwège.

Les mouvements orogéniques importants du **Dévonien** supérieur et du **Carboniférien,** dus au soulèvement de la chaîne hercynienne, ont eu pour conséquence une activité éruptive intense. Alors ont apparu : le *granite* de Flamanville (Cotentin); les *granulites* et *pegmatites* du Plateau Central, de Rostrenen et Huelgoat (Bretagne), du Mont-Saint-Michel, de Cornouailles (Angleterre); les *porphyres*, extrêmement variés du Plateau Central, du Morvan et de la Westphalie.

Pendant la **période permienne** sont venus au jour des *porphyres* : les uns acides, les autres basiques (*mélaphyres*), accompagnés parfois de roches vitreuses (*pechstein*); leur aire de distribution, moins étendue que celle des porphyres carbonifériens, forme une ellipse allongée s'étendant de l'E. du Plateau Central à la Saxe et la Bohême, par les Vosges et le Palatinat.

---

1. Les phyllades des environs de Granville renferment des galets provenant d'un granite identique à celui des îles Chausey.

§ 3. — TERRAINS SECONDAIRES (MÉSOZOÏQUES)

CARACTÈRES GÉNÉRAUX

Les terrains secondaires sont répartis en trois systèmes : le Trias, le **Jurassique** et le **Crétacé**.

A l'ère des mouvements orogéniques intenses (ère primaire), succède une ère plus calme caractérisée, en Europe tout au moins, par de rares éruptions (triasiques). L'atmosphère plus légère et purifiée par l'abondante végétation des époques antérieures, les continents plus étendus, sont désormais habités par des êtres nouveaux : des Reptiles variés, des Mammifères assez rares encore, d'innombrables Insectes, et plus tard les premiers Oiseaux. La richesse des formes végétales, parmi lesquelles vont figurer les Angiospermes, compense les gigantesques dimensions des Cryptogames primaires.

La connaissance des faunes marines secondaires aux divers points du globe nous apprend que la température n'y est plus uniforme. Il faut tenir compte désormais : des *régions boréales* avec une faune pauvre en espèces; des *zones tempérées* où la faune est plus riche et les Coralliaires nombreux; une *zone équatoriale* où règne le maximum d'activité vitale.

Nous avons vu se dessiner, comme autant de rides : tout au N., la *chaîne huronienne* d'âge archéen, formant un continent septentrional; puis la *chaîne calédonienne* et la *chaîne hercynienne* formant, pendant l'ère primaire, autant de bordures parallèles au continent plus ancien en partie disloqué. Comme celles qui l'ont précédée, la chaîne hercynienne est démantelée par l'action combinée de l'atmosphère et des eaux marines; dans les dépressions formées autour d'elle s'établissent, à l'O. de l'Europe, les lagunes du Trias, les golfes et détroits où s'édifieront les polypiers du Jurassique, où s'accumuleront les dépôts secondaires formés aux dépens du littoral et des continents. Une vaste mer occupe alors les *régions méridionales et couvre la région alpine*, en partie tout au moins.

Les roches qui dominent pendant la période secondaire, sont : des calcaires argileux bleus, colorés par du sulfure de fer; des calcaires oolithiques; des calcaires à entroques, formés de débris de Crinoïdes; des argiles; plus rarement des sables.

CARACTÈRES PALÉONTOLOGIQUES

Faune secondaire.

Protozoaires. — Les **Foraminifères** *perforés* deviennent tres abondants, moins cependant que dans les couches tertiaires où ils atteindront leur apogée.

Spongiaires. — On en trouve à tous les niveaux ; mais les **Éponges** *calcaires* dominent au début du Crétacé.

Polypes. — Les *Tétracoralliaires* ont disparu, faisant place aux **Hexacoralliaires** qui viennent probablement de l'Océan Pacifique avec la mer triasique ; ce sont des **Apores** (*Stylina*, *Cyatophyllia*, etc.) et des **Fungidés** (*Thamnastræa*, *Anabacia*, *Cyclolites*, etc.).

Échinodermes. — Parmi les **Crinoïdes**, les genres *Encrinus* et *Pentacrinus* deviennent abondants.

Les Pentacrines, en particulier (fig. 1014), ont été si abondants à l'époque oolithique, que les débris des articles de leurs tiges forment un *calcaire à entroques* puissant à Commercy, en Bourgogne, etc. Ils atteignaient des proportions énormes au début du Jurassique (tige de 17 mètres de longueur surmontée d'un calice ayant 1 mètre de diamètre).

Les **Échinides** sont représentés par des genres nombreux parmi lesquels il convient de signaler : *Cidaris*, *Hemicidaris*, *Glypticus*, etc., parmi les **Homognathes** (à mâchoires égales) ; *Ananchytes*, *Echinospatagus*, *Micraster*, etc., parmi les **Atélostomes** (sans mâchoires) à symétrie bilatérale.

Cidaris (fig. 1015). Zones ambulacraires ondulées et étroites ; zones interambulacraires portant d'énormes

Fig. 1014. — *Pentacrinus fasciculosus.*

radioles cylindriques, fusiformes, etc. (Trias-Actuel.) — *Hemicidaris* (fig. 1016). Zones ambulacraires moins étroites avec de petits tubercules en dedans des lignes de pores. — *Glypticus*. Tubercules émoussés et réunis par des saillies coudées en forme d'hiéroglyphes (*G. hieroglyphicus* : Rauracien). — *Ananchytes*. Forme ovale très bombée ; face inférieure plate ; aires ambulacraires droites (Sénonien). — *Echinospatagus* (fig. 1055). Bord postérieur du test tronqué portant l'anus ; aires ambulacraires flexueuses avec pores conjugués (Néocomien). — *Micraster* (fig. 1056). Test fortement relevé dans la zone interambulacraire postérieure (Sénonien).

Arthropodes. — Les **Insectes**, assez rares à l'époque triasique (Blattes et

Coléoptères), deviennent très abondants dans le Jurassique et disparaissent en partie dans le Crétacé.

Lophostomés. — Parmi les **Brachiopodes**, *Spirifer* s'est transformé en *Spiriferina,* à ligne cardinale courbe (Jurassique). Le genre *Rhynchonella* prend un développement extrême dans le Jurassique et décroît à partir de ce moment.

FIG. 1015. — *Cidaris clavigera.*

FIG. 1016. — *Hemicidaris crenularis.*

Les **Térébratulidés**, à coquille ponctuée, à crochet perforé par l'ouverture pédonculaire, à ligne cardinale courbe, sont abondants et de formes très diverses [*Zeilleria, Terebratella, Terebratula* (fig. 1017), *Pygope*, etc.].

Mollusques. — Les **Gastéropodes** *siphonostomes* à siphon court, apparaissent dans le Trias alpin ; le canal siphonal s'accentue chez les formes jurassiques et crétacées (*Nerinea, Pterocera*, etc.).

Nerinea. Coquille turbinée formant un grand nombre de tours de spire ; canal siphonal droit et court ; genre exclusivement secondaire, abondant dans les récifs coralliens (Jurassique-Crétacé). — *Pterocera.* Siphon très long ; péristome prolongé en de longues expansions (Jurassique).

Les **Lamellibranches** sont représentés par de nom-

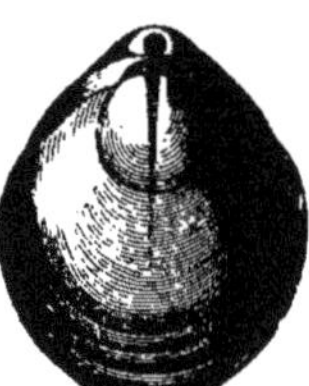

FIG. 1017. — *Terebratula vulgaris.*

FIG. 1017 *bis*. — *Terebratula numismalis.*

FIG. 1018. — *Inoceramus labiatus.*

breuses formes : *Avicula* (fig. 1042), *Gervillia* (Trias-Éocène), *Inoceramus* (fig. 1018, Trias-Crétacé), *Mytilus, Pecten, Lima* (fig. 1019), *Spondylus* (fig. 1065), *Plicatula, Gryphæa* (fig. 1037), *Exogyra, Ostrea, Trigonia*, etc.

Le groupe des **Chamacés** joue un rôle prépondérant pendant l'ère secondaire ; il comprend notamment les genres : *Chama, Diceras, Hippurites, Radiolites* (les Hippurites et les Radiolites sont souvent appelés *Rudistes*). Toutes ces formes, marines, à test épais, habitaient les récifs et le littoral des mers chaudes, fixées par l'une de leurs valves inégales ; la charnière consiste en une dent entre 2 fossettes à l'une des valves, en une fossette entre 2 dents à la valve opposée.

Diceras. Valves à crochets très longs irrégulièrement enroulés. — *Hippurites* (fig. 1020). Valve fixée conique ou cylindrique, mais non enroulée, ornée de côtes et de 2 ou 3 sillons longitudinaux ; valve libre presque plane. — *Radiolites.*

Valve fixée moins allongée et plus conique que dans le genre précédent ; 2 bandes longitudinales parfois ornées de fines côtes.

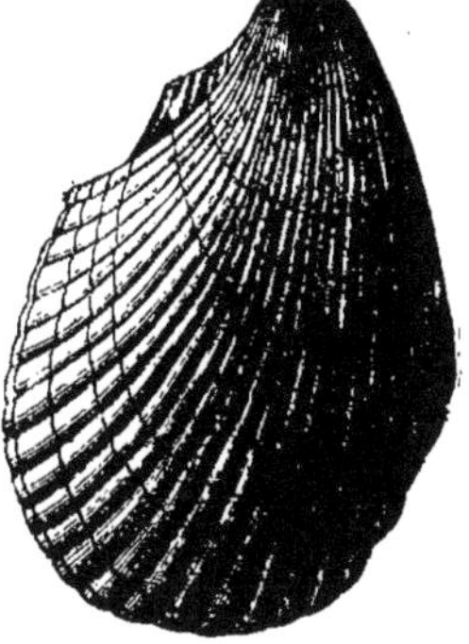

Fig. 1019. — *Lima striata.*

Fig. 1020. — Hippurite.

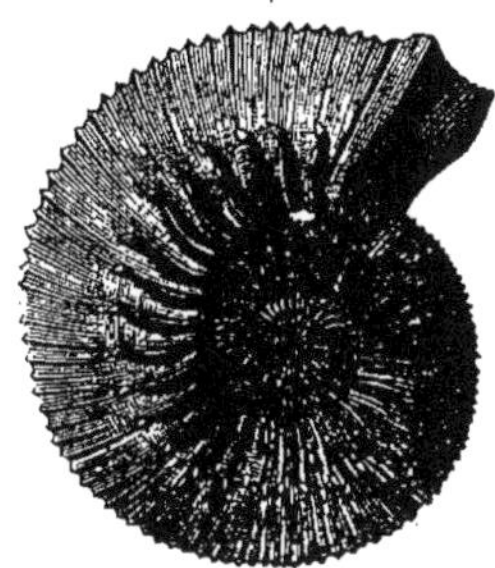

Fig. 1021. *Ammonites Humphriesianus.*

Parmi les *Céphalopodes dibranchiaux*, les **Ammonites** et les **Bélemnites** prennent une importance considérable, surtout à l'époque jurassique. Le groupe des Ammonites s'éteint avec le Crétacé ; celui des Bélemnites décroît progressivement à partir de cet époque.

Une *Ammonite* (fig. 1021) présente une coquille enroulée comme celle du Nautile ; elle comprend une série de chambres qui séparent des cloisons plus ou moins sinueuses. On appelle *suture* la ligne par laquelle adhère chaque cloison avec la coquille externe.

Alors que chez le Nautile, la suture est très simple, elle présente chez les Goniatites et les Clyménies (fig. 980) des *lobes* (dépressions à concavité dirigée vers l'ouverture) et des *selles* (saillies dirigées vers l'ouverture) simplement ondulés ; chez les *Cératites* (fig. 1030) et les *Ammonites*, lobes et selles se compliquent à tel point que les sutures forment des dessins comparables à des feuilles de Fougère. Un siphon traverse également les cloisons ; il est situé du côté externe et ventral.

Les *Bélemnites*, voisines des Seiches, ont laissé, comme preuve de leur existence, une sorte de pointe de flèche (fig. 1022) comparable à l'os de Seiche, n'en différant tout au moins que par les dimensions relatives de ses parties : *rostre, phragmocône* et *proostracum* (fig. 1023). L'animal était placé dans sa coquille comme l'est aujourd'hui la Seiche par rapport à son osselet.

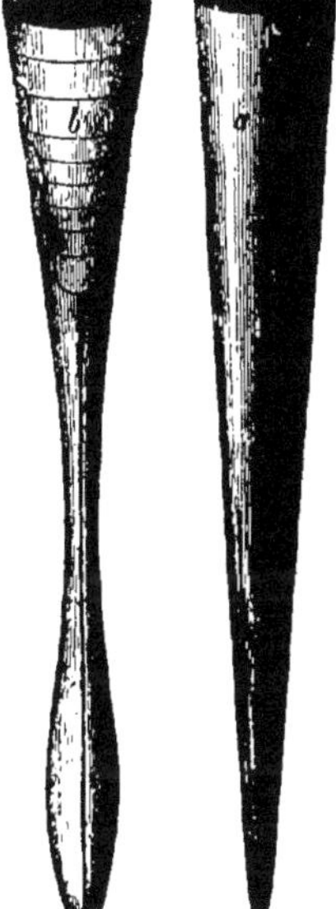

Fig. 1022. — *a. Belemnites giganteus ; b. B. hastatus.*

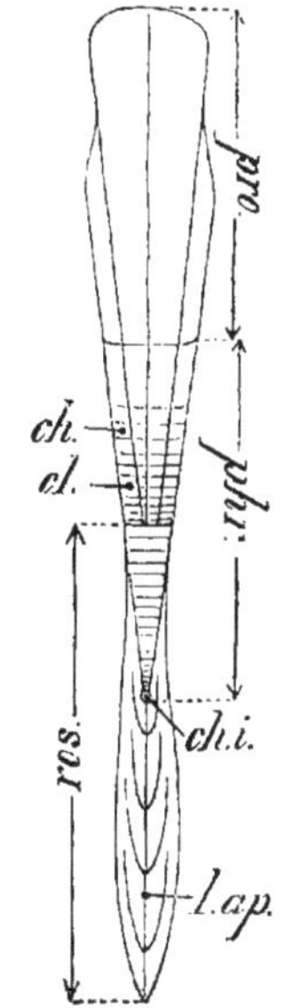

Fig. 1023. — Coquille de Bélemnite ; *ros*, rostre ; *phr*, phragmocône ; *pro*, proostracum ; *l. ap*, ligne apicale ; *ch.i*, chambre initiale ; *ch*, loges séparées par les cloisons, *cl*.

Vertébrés. — Les *Poissons* présentent une ossification de plus en plus parfaite pendant l'ère secondaire : les **Téléostéens** *Physostomes* apparaissent dès le Trias.

Les **Amphibiens** **Stégocéphales**, également mieux ossifiés, sont représentés par le *Mastodonsaurus*, géant dont la tête seule atteignait près d'un mètre. Ils disparaissent après le Trias.

Les **Reptiles** atteignent à ce moment leur apogée et surtout à l'époque jurassique ; les uns peuplent les mers (*Ichthyosaurus*, *Plesiosaurus*, *Nothosaurus*); d'autres vivent sur les rivages (*Atlantosaurus*, *Iguanodon*); d'autres enfin volent dans les airs (*Pterodactylus*, *Pteranodon*).

Énaliosauriens (Reptiles marins) —*Ichthyosaurus* (fig. 1024). Très commun dans les mers jurassiques, l'Ichthyosaure mesurait jusqu'à 23 mètres ; il possédait une tête volumineuse avec un long museau armé de dents logées dans des rigoles profondes, un cou très court, une longue queue, des membres adaptés à la natation et 7 doigts aux membres antérieurs.

Plesiosaurus (fig. 1025). Le Plésiosaure présentait, au contraire, une petite tête portée par un long cou, une queue courte, des membres avec palettes natatoires pourvues de 5 doigts seulement ; les dents étaient logées dans des alvéoles sur les 2 mâchoires.

L'Ichthyosaure et le Plésiosaure se livraient parfois de terribles combats (Jurassique).

Ptérosauriens (Reptiles volants). — *Pterodactylus* (fig. 1039). Le Ptérodactyle, de la grosseur d'un Poulet, avait une tête énorme relativement au volume du tronc, un squelette composé d'os creux, de grands membres antérieurs ; du 5ᵉ doigt extrêmement développé s'étendait une membrane alaire soutenue par les membres postérieurs et la queue (Jurassique).

— *Pteranodon*. Espèce d'Amérique qui atteignait 8 à 9 mètres (Crétacé).

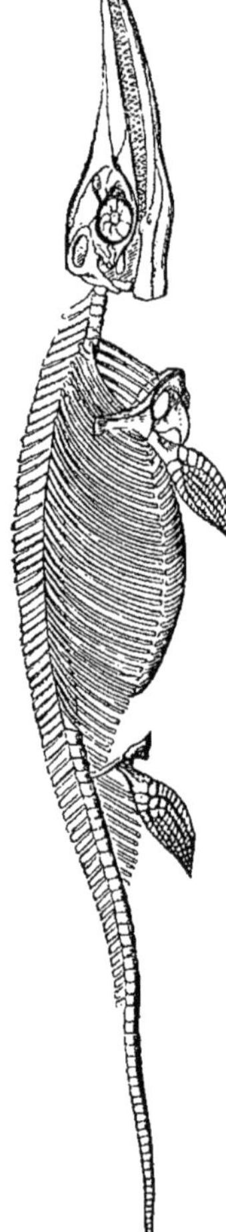

Fig. 1025. — Plésiosaure.

Dinosauriens (Reptiles terrestres). — Par les caractères de leur squelette, ces animaux tiennent à la fois des Crocodiles et des Oiseaux.

Brontosaurus. Cet animal dépassait 16 mètres ; sa tête excessivement petite était portée par un cou puissant ; 4 membres fort développés et à peu près égaux soutenaient le corps pourvu d'une longue queue. — *Atlantosaurus*. 40 mètres.

Ces deux animaux herbivores ont été trouvés dans les montagnes Rocheuses (Jurassique).

Iguanodon. Ce Reptile herbivore, long de 11 mètres, possédait 2 membres antérieurs très courts et 2 membres postérieurs beaucoup plus longs avec 3 doigts ; il se tenait surtout debout. Les *dents en spatule*, ornées de plis longitudinaux, dont ses mâchoires étaient armées, lui permettaient d'écraser les parties végétales dont il faisait sa nourriture (Crétacé).

Oiseaux. — Le premier Oiseau connu jusqu'ici, l'*Archæopteryx*, date du Juras-

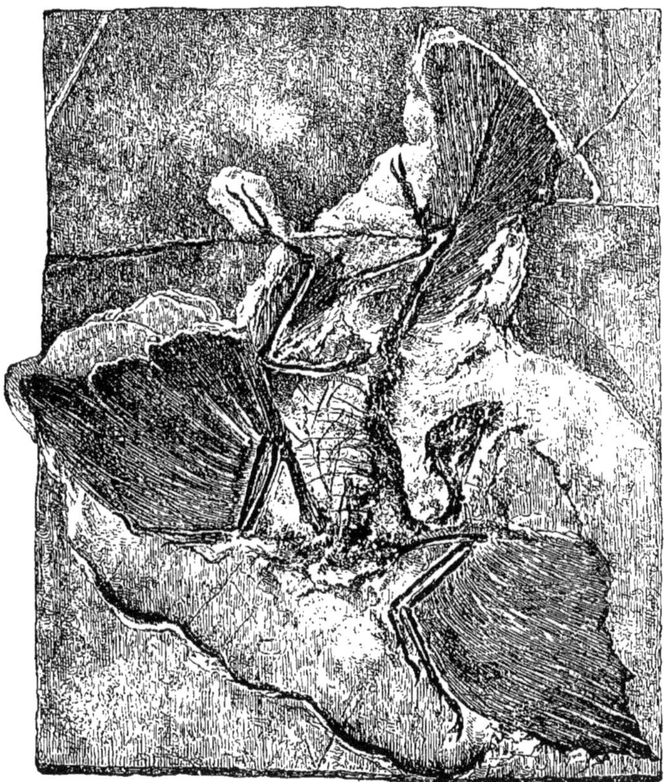

Fig. 1026. — *Archæopteryx lithographica.*

sique. — Pendant le Crétacé ont apparu les genres : *Hesperornis*, et *Ichthyornis*, plus élevés en organisation.

Archæopteryx (fig. 1026). Cet animal possédait des caractères de Reptile et d'Oiseau : une petite tête avec des os soudés, un os carré libre, des dents implantées dans des alvéoles aux 2 mâchoires, les membres antérieurs transformés en ailes, mais avec les doigts distincts armés de griffes, une longue queue de 20 à 21 vertèbres portant chacune une paire de plumes (Jurassique). — *Hespe-*

rornis (fig. 1027). Oiseau nageur et plongeur, atteignant 1 mètre de long, pourvu d'un grand bec armé de dents logées dans une rainure; sternum sans bréchet; membres antérieurs rudimentaires contrairement aux membres postérieurs

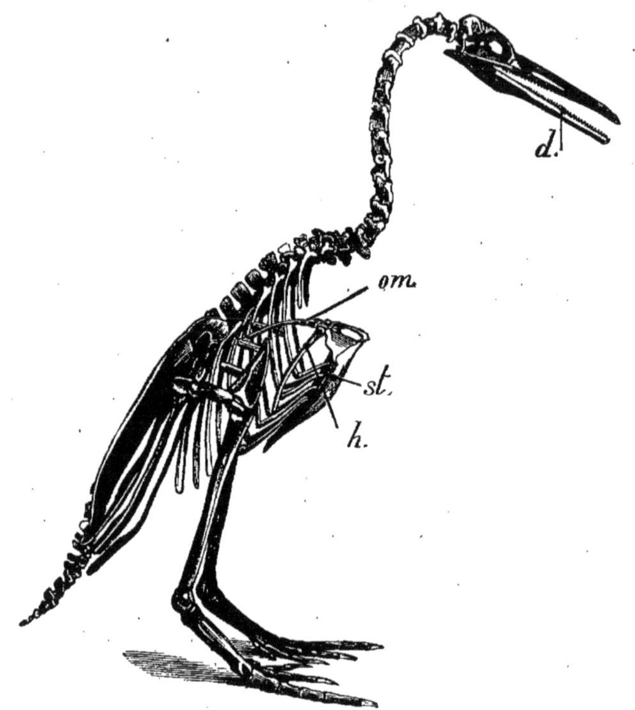

FIG. 1027. — *Hesperornis regalis*.

(Crétacé). — *Ichthyornis*. Diffère du précédent par la présence d'un bréchet et le développement normal des membres antérieurs (Crétacé).

Mammifères. — Les plus anciens Mammifères sont représentés, dans le Trias, par des débris de mâchoire inférieure, par quelques dents isolées avec une racine seulement. *Dromatherium*, *Plagiaulax*, *Microlestes*, en sont les premières formes appartenant aux **Protothériens,** Mammifères pourvus d'une poche marsupiale.

Dromatherium. Type très primitif; incisives seulement préhensiles, canines et molaires très simples. — *Microlestes*. Dents avec 2 rangées de tubercules (Jurassique inférieur). — *Plagiaulax*. Molaires fort comprimées, tranchantes, ornées de sillons obliques (Crétacé).

Flore secondaire.

Dès l'époque triasique s'éteignent : parmi les **Cryptogames vasculaires, les** *Calamites* et les **Lépidodendrées**, parmi les **Phanérogames**, les *Cordaïtes*.

Parmi les formes caractéristiques de **Gymnospermes**, il convient de signaler les genres : *Pinus, Cedrus, Plerophyllum, Zamites, Voltzia* (fig. 1028), etc.

Les **Angiospermes** s'épanouissent à partir du Crétacé (Palmier, Bambou, Saule, Peuplier, Hêtre, Platane, Figuier, *Aralia*, etc...) dénotant un climat chaud pour tous les points où on les rencontrera dans les couches secondaires.

A. — TRIAS

Caractères généraux. — Le Trias est remarquablement développé à l'E. et au N.-E. de la Russie dont il couvre un tiers de la surface totale ; il s'étend sur le Tyrol, le pays de Salzbourg, une partie des Alpes Carniques et Juliennes, en Autriche ; sur la Souabe et la Franconie, en Allemagne ; il forme une grande partie de la région vosgienne en France, affleure en de nombreux points sur le pourtour du Plateau Central et dans les Alpes françaises ; en Angleterre, il occupe une grande bande qui s'étend d'Exeter, par Bristol et Birmingham, jusqu'au delà de York au N.

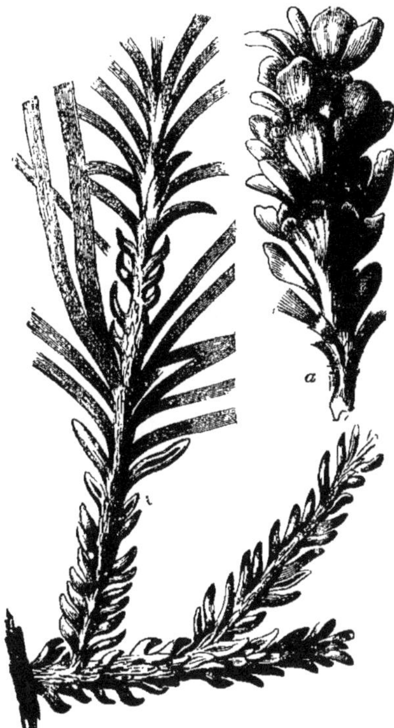

FIG. 1028. — *Voltzia heterophylla.*

Divisions. — Le Trias présente deux facies principaux :

1° Un *facies occidental* (Vosges, Souabe et Franconie), caractérisé par la présence d'un dépôt marin calcaire (*Muschelkalk*) entre deux assises d'eau douce ou de lagunes (*Vosgien*, à la base ; *Marnes irisées* au sommet).

2° Un *facies oriental* (Alpes), composé de masses puissantes de calcaires marins.

La mer triasique baignait les deux versants de la chaîne alpine en formation. Le long du versant méridional, elle s'étendait jusqu'au massif granitique des Balkans à l'E., jusqu'à la région des lacs alpins à l'O., puis gagnait au S.-O. le Plateau Central *espagnol*. Dans cette même région des lacs et par une coupure où coule actuellement le Rhin, la mer du versant méridional communiquait avec la mer du versant N. ; celle-ci occupait un chenal resserré entre les Alpes et la Bohême.

Le plateau de la Bohême se prolongeait vers l'O., jusqu'à la coupure du Rhin, par une crête probablement sous-marine (fig 1029): au S. de la crête se sont formés les dépôts triasiques franchement marins (faciès oriental) ; au N. règne le faciès occidental observé en Souabe, en Franconie, dans la Westphalie, les Vosges, etc.; en effet, la mer n'a occupé que temporairement ces régions. Le bassin allemand

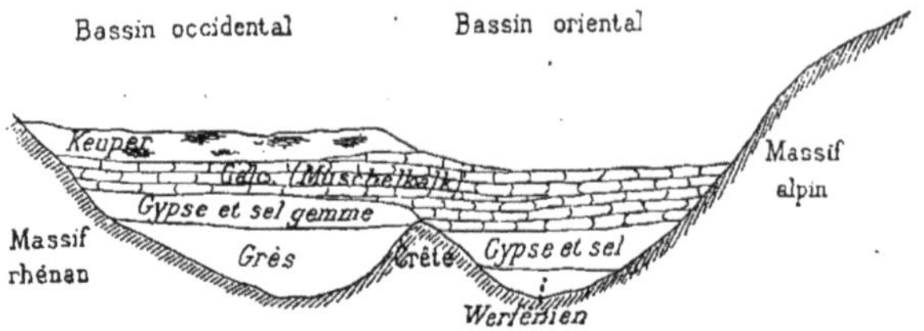

Fig. 1029. — Coupe schématique du massif rhénan au massif alpin, montrant la nature des dépôts triasiques effectués dans les bassins occidental et oriental.

communiquait alors par le détroit de Trèves avec le bassin de Paris qui, lui-même, était en rapport avec le bassin anglais au N.-O., et se continuait au S.-E. tout en longeant le Plateau Central à l'E.

Caractères paléontologiques. — Faune triasique. — Parmi les **Échinodermes**, les *Pentacrines* apparaissent dans le Trias avec leur calice petit porté par une tige pentagonale et leurs grands bras très ramifiés (actuellement ces êtres vivent en abondance dans les mers profondes).

Les **Brachiopodes** sont représentés par des Spiriféridés (*Spiriferina, Retzia*) et des Térébratulidés (*Zeilleria*).

Mollusques. — Avec les **Lamellibranches** apparaissent des formes nouvelles et nombreuses : *Hœrnesia*, avec coquille très inéquivalve et crochet fort recourbé ; *Inoceramus*, à crochets très recourbés et inégaux ; *Mytilus*, à coquille très aiguë ; *Pecten*, à coquille équivalve et à côtes rayonnantes ; *Lima* (fig. 1019), à coquille allongée obliquement par rapport à la charnière. Les **Ostréidés** datent de cette époque et se trouveront désormais dans toutes les formations littorales.

Parmi les **Céphalopodes**, le genre *Ceratites* caractérise le Trias (fig. 1030).

Fig. 1030. — Cératite.

Vertébrés. — Poissons. Les Sélaciens, les Dipnoï, les Ganoïdes sont abondants et les premiers **Téléostéens** figurent dans le Trias.

Les genres *Chirotherium* et *Mastodonsaurus* sont quelques-uns des derniers **Amphibiens Stégocéphales** qui disparaissent désormais.

L'évolution des **Reptiles**, commencée au Permien, se poursuit ici et les **Dinosauriens** sont signalés par des traces à trois doigts

(*Brontozoum*) analogues à des traces de pas d'Oiseau (fig. 900).

Les premiers Mammifères (*Dromatherium* [Caroline du Nord], *Tritilodon* [Le Cap]), y ont été découverts.

Flore triasique. — Les *Calamites*, Lépidodendrées et Calamodendrées sont éteints; par contre, le genre *Equisetum* reçoit un notable développement. — Parmi les **Phanérogames**, le genre *Voltzia* (fig. 1028) est une Conifère très répandue, avec ses feuilles de deux formes (les unes en faulx. les autres linéaires et aplaties).

Caractères stratigraphiques. — 1° Facies occidental. — Supposons une coupe s'étendant du Plateau de la Bohême à notre

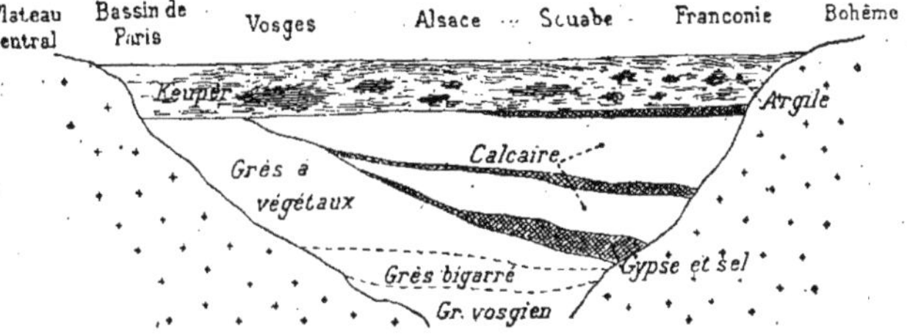

FIG. 1031. — Coupé schématique montrant la nature et l'étendue des dépôts triasiques effectués dans le bassin occidental, du Plateau Central français au Plateau de la Bohême.

Plateau Central, à travers la Franconie, la Souabe, les Vosges et le bassin de Paris (fig. 1031).

Vosgien. — A la base sont des *grès vosgiens* rouges et jaunes, à peu près sans fossiles, dus à l'accumulation de sédiments apportés par des courants marins intenses. Les *grès bigarrés*, situés au-dessus des premiers, portent des empreintes de pas de *Chirotherium* et de *Brontozoum* (animaux de rivage); les *grès à végétaux* supérieurs contiennent des empreintes de plantes (*Voltzia heterophylla*, *Equisetum*, etc.), apportées à la mer triasique par les fleuves des continents voisins. — Puis la mer triasique, se retirant partiellement de la région, y a formé des lagunes; aussi la partie supérieure des grès est-elle recouverte de marnes et argiles bariolées, rouges et vertes (*Röth*) avec *bancs de gypse*, d'*anhydrite*, de *sel gemme* et de *dolomie*. Cette assise supérieure est très développée en Allemagne, peu dans les Vosges, nulle autour du Plateau central.

Muschelkalk. — Un nouveau mouvement orogénique détermine l'envahissement des lagunes allemandes par la mer qui atteint à l'O. jusqu'aux Vosges seulement; un premier calcaire (*Wellenkalk*) se dépose avec *Hœrnesia socialis*, *Lima striata*, *Tere-*

bratula vulgaris, Ceratites trinodosus, etc., et des Reptiles nageurs (*Nothosaurus*) comme fossiles caractéristiques. — Un régime lagunaire s'établit à nouveau avec les dépôts de gypse, anhydrite, etc. (*groupe de l'anhydrite*). — Un régime franchement marin lui succède et la mer triasique dépose cette fois une puissante masse calcaire (*Muschelkalk supérieur*) suivie de la Bohême au delà des Vosges, sans atteindre cependant le Plateau Central; on y trouve *Ceratites nodosus, Lima striata, Encrinus liliiformis* (fig. 1032); les Reptiles y sont communs (*Nothosaurus, Simosaurus*, etc.).

Marnes irisées. — La mer se retire encore; une évaporation intense se produit dans les lagunes qui occupent cette fois tout le bassin de Paris. La base des dépôts nouveaux consiste en une argile schisteuse avec intercalation d'une houille argileuse comprenant des plantes et des Poissons nombreux (*Lettenkohle*); puis on trouve les *marnes bariolées* avec dépôts salifères, particulièrement épais dans les Vosges, exploités à Vic, Dieuze, Varangeville, etc. Le tout est surmonté de *grès à roseaux* avec *Equisetum arenaceum, Pterophyllum, Voltzia* et des restes de Labyrinthodontes.

FIG. 1032. — *Encrinus liliiformis.*

2° Facies oriental. — Les Alpes orientales présentent sur leurs deux versants des couches calcaires ininterrompues du Trias à l'Éocène; toutes sont redressées sur les flancs d'un massif cristallin central; certaines de ces bandes sont transformées en dolomie et ne contiennent plus de fossiles.

Soit une coupe du Trias dans le Tyrol (fig. 1033).

Sur des calcaires permiens, et en concordance avec eux, reposent des *schistes micacés* avec intercalations de gypse, de dolomie et de sel gemme; la base du Trias (étage **Werfénien**) a donc un caractère lagunaire. — Au-dessus sont des *calcaires à Ceratites* (*C. binodosus et trinodosus*) formant l'étage **Virglorien** (très développé au col de Virgloria dans les Alpes Rhétiques). — Puis viennent les calcaires à Ammonites (*Trachyceras Archelaus, T. Aon*, etc.) pénétrés de mélaphyres contemporains; c'est l'étage **Tyrolien**, comprenant de puissantes masses de calcaires construits (1000 mètres au Schlern) ainsi que l'étage **Juvavien** [1] qui suit. Dans ce dernier étage, les calcaires sont souvent dolomitisés.

Répartition du Trias sur le globe. — La mer triasique d'**Angleterre** communiquait avec celle du bassin de Paris par un détroit normand; elle s'étendait d'Exeter au S.-O. jusqu'au delà d'York au N.-E., envoyant un bras de Derby et Birmingham jusqu'au delà de Liverpool à l'O. Le Trias y est représenté par des marnes rouges avec lentilles de gypse et de sel, et par des grès rouges.

Les formations triasiques, si nettes avec leur facies occidental dans les **Vosges**, la **Souabe** et la **Franconie**, affleurent en de nombreux points tout autour du **Plateau Central**, mais n'atteignent pas la Bretagne à l'O.; le Muschelkalk y

____
1. Juvavo, pays de Salzbourg.

est absent; de plus la discordance du Trias avec le Permien, celle des couches triasiques entre elles indiquent des mouvements importants du sol à cette époque.

Ce terrain figure également sur le versant occidental des **Alpes françaises** à l'état de grès quartzeux, de calcaires magnésiens et de dépôts salifères (Moutiers).

Le Trias atteint une puissance considérable dans les **Alpes autrichiennes**; il affleure en **Transylvanie**, couvre de grandes étendues à l'E. et au S. de la

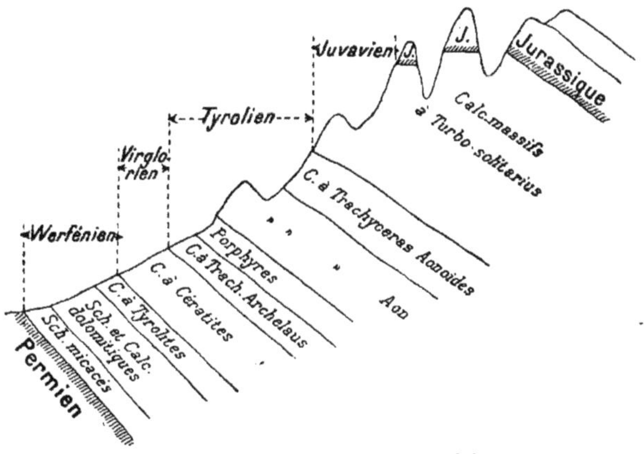

Fig. 1033. — Coupe du Trias alpin.

Russie, où il est représenté par des marnes irisées avec bancs de calcaires marins intercalés et des dépôts salifères au-dessus.

Tandis que le faciès oriental du Trias s'observe sur la **côte de l'océan Pacifique** septentrional (Japon, presqu'île d'Alaska, Colombie anglaise), c'est au contraire le faciès occidental qu'on remarque dans les dépôts triasiques de grès rougeâtres à l'E. des **États-Unis** (Connecticut) avec des végétaux et des traces de pas de *Chirotherium*, identiques à ceux de la Lorraine.

B. — JURASSIQUE [1].

(Règne des Reptiles et des Ammonites).

Caractères généraux. — La période jurassique correspond à une grande extension des mers, à l'O. comme à l'E. de l'Europe; aussi le système jurassique est-il en transgression sur le Trias. Dès le début, la mer envahit en France le bassin de Paris; ce bassin communique alors : par le *détroit de la Côte-d'Or* avec le *bassin du Rhône* (comme précédemment); avec le *bassin d'Aqui-taine* par le *détroit du Poitou* (qui n'existait pas lors du Trias). Les bassins d'Aquitaine et du Rhône sont eux-mêmes en rapport par le *détroit du Languedoc*, au S. du Plateau Central (fig. 1034).

1. Tire son nom du Jura qui en est presque entièrement formé.

Plus tard seulement la mer Jurassique envahira la Russie qui forme, au début de la période, un continent septentrional s'étendant jusqu'au Pacifique.

Des grès et conglomérats à la base, en général, puis des assises calcaires et argileuses constituent le système Jurassique qui

Fig. 1034. — Carte de la France pendant l'ère secondaire.

acquiert une importance exceptionnelle en France particulièrement; ce système y affleure sous la forme d'un 8 dont la boucle inférieure entoure le Plateau Central, tandis que la boucle supérieure enveloppe le bassin de Paris, sauf de l'embouchure de la Seine à l'Ardenne où cette boucle est largement ouverte.

Divisions. — On divise le système Jurassique en 3 séries :

la *série infrajurassique* comprenant l'**Infralias** et le **Lias;**
la *série médiojurassique* comprenant le **Bajocien** et le **Bathonien;**
la *série suprajurassique* embrassant le **Callovien,** l'**Oxfordien**, le **Rauracien**, le **Séquanien**, le **Kimeridgien** et le **Portlandien**.

Avec le Jurassique inférieur, la mer fait retour dans le bassin anglo-parisien; des courants rapides y amènent des dépôts arénacés avec ossements, transformés en grès (*bone-bed* ou lit à ossements); puis, malgré certains mouvements du sol, peu à peu s'établit un régime à peu près constant. — Avec le Jurassique moyen apparaissent à divers niveaux des calcaires oolithiques, indices de formations coralliennes importantes; en même temps se dessine, à l'E. de l'Europe, le grand mouvement de transgression de la mer qui, au Jurassique supérieur, recouvrira une partie du continent russe et permettra, par le bassin de la Petchora, le libre accès des animaux cantonnés alors dans les eaux boréales jusque dans nos eaux jurassiques occidentales.

Caractères paléontologiques. — **Faune jurassique**. — **Polypes**. — Les **Astréidés** prennent un développement énorme et construisent des récifs dépassant parfois 1000 mètres de puissance.

Échinodermes. — Parmi les **Crinoïdes**, les Pentacrines pullulent dans les terrains Jurassiques (*Pentacrinus*, *Apiocrinus*).

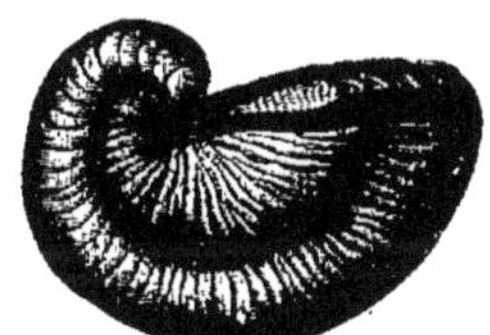

FIG. 1035. — *Ostrea Marshi*.

FIG. 1036. — *Cardium hillanum*.

FIG. 1037. — *Gryphæa arcuata* (Gryphée arquée).

Les **Échinides** sont représentés par les genres : *Cidaris*, *Glypticus*, *Pygaster*, etc.

Arthropodes. — D'abondants **Insectes** se trouvent à divers niveaux dans le Jurassique : **Coléoptères** [à Schambelen en Suisse], **Diptères, Orthoptères** et **Lépidoptères** [à Solenhofen, couches de Purbeck, etc.].

Lophostomés. — Les **Brachiopodes** consistent en *Spiriferina*, Rhynchonelles et Térébratules extrêmement variées.

Mollusques. — Parmi les **Gastéropodes**, les *Nérinées* abondent dans les récifs coralliens du Jurassique supérieur.

Les **Lamellibranches** comprennent les genres : *Avicula*, *Pecten*, *Lima*, *Spondylus*, *Ostrea* (fig. 1035), *Gryphæa*, *Exogyra*,

Cardium (fig 1036), plus ou moins abondants et caractéristiques de couches diverses.

Les genres *Gryphæa* et *Exogyra* appartiennent à la famille des Huitres ou **Ostréidés** ; leur coquille est formée de 2 valves très inégales. — *Gryphæa* (fig. 1037) ; valve gauche très bombée, fixe, avec un crochet saillant recourbé sur la valve droite qui est plane. [Les formes sont d'autant moins recourbées et plus larges qu'elles sont plus récentes : *G. arcuata, G. cymbium, G. dilatata*]. — *Exogyra* (fig. 1038) ; crochets recourbés latéralement et appliqués sur leurs valves respectives.

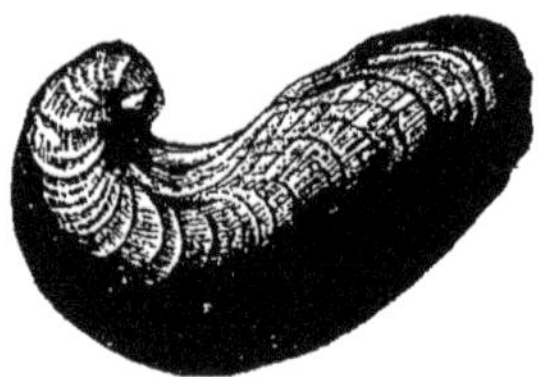

Fig. 1038. — *Exogyra virgula*.

Parmi les **Céphalopodes**, les **Ammonites** à cloisons persiliées sont dispersées à profusion ; à tous les étages on en rencontre des formes diverses : *Psiloceras, Lytoceras, Phylloceras, Arietites, Lioceras, Stephanoceras, Macrocephalites, Peltoceras*, etc. — Les vraies **Bélemnites** font leur apparition dès le début du Jurassique, et caractérisent, mieux que les Ammonites, les couches où on les rencontre ; elles ont un rostre *sans sillon* ou pourvu d'un *sillon ventral*.

La coquille d'une Ammonite morte peut flotter et être entraînée à une grande distance du lieu où l'animal a vécu ; le rostre d'une Bélemnite est tombé de suite au fond de la mer, étant donné son poids plus considérable.

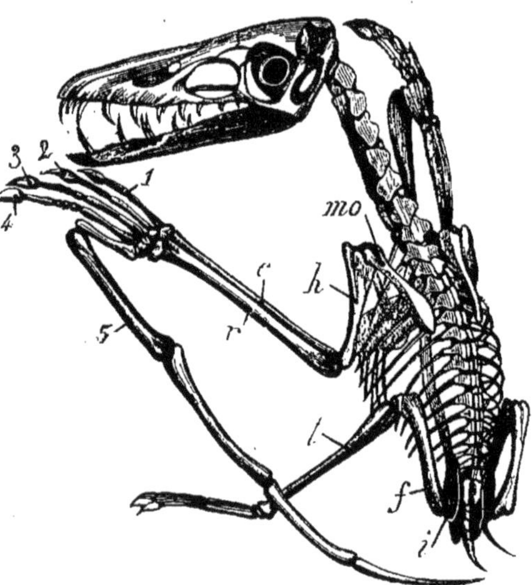

Fig. 1039. — *Pterodactylus* (Ptérodactyle).

Vertébrés. — Parmi les **Poissons**, les **Ganoïdes** et les **Téléostéens** Physostomes prédominent.

Les **Reptiles** prennent leur épanouissement le plus complet. Les genres : *Ichthyosaurus, Plesiosaurus*, parmi les **Énaliosauriens** ; *Teleosaurus*, à museau très long et très étroit, parmi les **Crocodiliens** ; *Pterodactylus* (fig. 1039) parmi les **Ptérosauriens** ; *Atlantosaurus, Brontosaurus*, parmi les **Dinosauriens** sont seulement les plus importants.

Les **Oiseaux** apparaissent avec l'*Archæopteryx* (fig. 1026).

Quant aux **Mammifères**, ils prennent une extension notable dans le Jurassique ; tous possèdent une poche marsupiale, mais déjà leur dentition indique une adaptation à des régimes variés (*Phascolotherium*, *Amphitherium*, fig. 1040, parmi les Carnivores ; *Plagiaulax* parmi les Herbivores).

FIG. 1040. — Mâchoire inférieure d'*Amphitherium*.

Flore jurassique. — Les **Fougères** sont représentées par quelques genres importants, *Tæniopteris* en particulier.

Parmi les **Phanérogames**, on trouve de nombreuses **Cycadées** (*Zamites*, *Nilssonia*, *Pterophyllum*) et **Conifères** (*Salisburia*, *Araucaria*, Sapin, Cèdre, Mélèze, etc.).

Lors de l'Infralias (début du Jurassique), les Conifères et les Cycadées, très développées sur les continents, formaient des débris que de grands fleuves accumulaient dans leurs estuaires ; ces alluvions végétales se sont décomposées lentement et ont formé du charbon exploitable, de qualité peu inférieure à celle de la houille, en Portugal, Hongrie, Turkestan, Sibérie, Chine, Tonkin, Chili, aux environs de New-Jersey aux États-Unis.

Caractères stratigraphiques. — Nous les étudierons séparément dans les 3 séries adoptées pour le système jurassique.

1° SÉRIE INFRAJURASSIQUE OU LIASIQUE

Les couches de cette série se succèdent sans discordance, mais le *Lias* est en transgression sur l'*Infralias*.

Examinons une coupe prise en **Bourgogne**, au détroit de la Côte-d'Or, sur le bord du Plateau Central (fig. 1041).

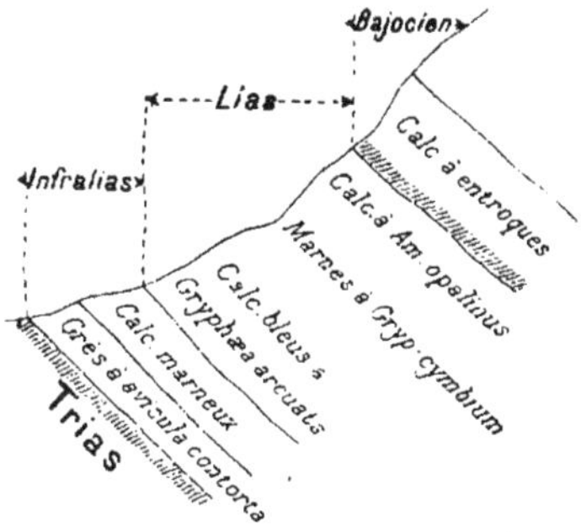

L'Infralias comprend : à la base, des grès à *Avicula contorta* (fig. 1042), surmontés parfois de bandes calcaires et de nouveaux grès, avec petits lits formés presque exclusivement d'os et dents de Poissons (c'est l'étage **Rhétien** déposé par une mer sillonnée de courants rapides) ; au-dessus, sont des calcaires marneux à *Pecten Valoniensis* et des calcaires à *Amm. angulatus* :

FIG. 1041. — Coupe de l'Infrajurassique en Bourgogne.

c'est l'étage **Hettangien** (Hettange, localité du Luxembourg).

Le Lias, qui vient au-dessus, comprend :

1° Une série de calcaires bleus à *Gryphæa arcuata* : c'est l'étage **Sinémurien** (de Semur, Côte-d'Or).

Principaux horizons [*Amm. Bucklandi* (fig. 1043) et *Spiriferina Walcothi*. — *Amm. raricostatus*].

2° Des marnes bleues à ciment avec *Gryphæa cymbium* · c'est l'étage **Charmoutien** (de Charmouth, en Angleterre).

Principaux horizons : [*Amm. Davæi* et *Belemnites clavatus.* — *Amm. margaritatus.* — *Amm. spinatus* et *Spiriferina pinguis*].

3° Des schistes calcaires et des calcaires marneux avec *Amm. bifrons, Amm. opalinus* (fig. 1044) et *Trigonia navis* : c'est l'étage **Toarcien** (de Thouars, Deux-Sèvres).

Répartition de la série infrajurassique. — En France, c'est surtout

Fig. 1042. — *Avicula contorta.*

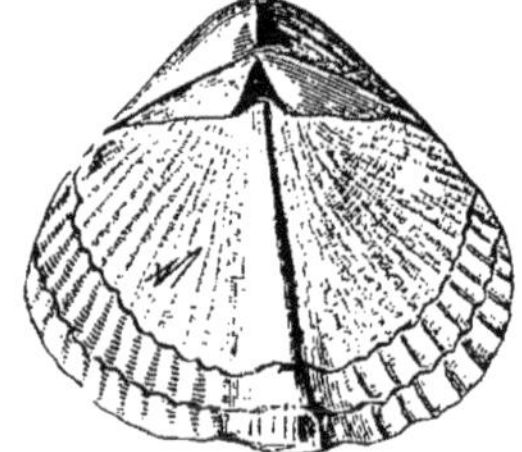

Fig. 1043 *bis*. — *Spiriferina pinguis.*

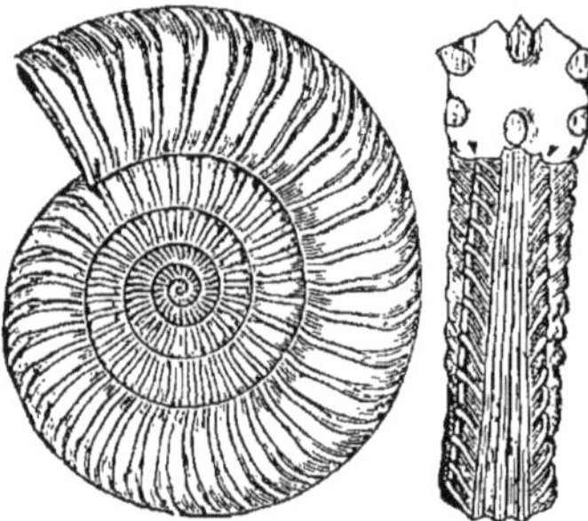

Fig. 1043. — *Ammonites (Arietites) bisulcatus* ou *Bucklandi.*

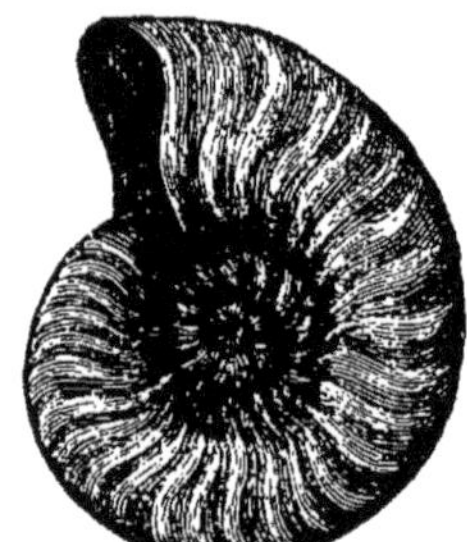

Fig. 1044. — *Ammonites (Ludwigia) opalinus.*

à l'E. du bassin de Paris que la série liasique est bien développée et les couches plongent vers le centre du bassin. Elle affleure à partir d'Hirson dans l'Aisne, gagne par Mézières et Sedan le Luxembourg où la mer jurassique formait un golfe profond communiquant avec la mer de Souabe; puis elle se dirige, par Metz Nancy et Langres, jusqu'au détroit de la Côte-d'Or, y plonge sous des dépôts jurassiques plus récents pour reparaître autour du Plateau Central et au S. de la péninsule armoricaine (Thouars, Fontenay-le-Comte). La série liasique n'affleure, à l'O. du bassin de Paris que dans le Calvados, de May à Osmanville, et gagne de là l'Angleterre.

On exploite à Mézières et Sedan un calcaire sableux; dans les Ardennes, les marnes toarciennes à Posidonies, riches en sulfure de fer, sont calcinées et livrées au commerce (*cendres*) pour l'amélioration des terres; en Lorraine (Longwy), ce même niveau consiste en un calcaire ferrugineux exploité; à Venarey et Pouilly, dans la Côte-d'Or, on extrait un calcaire à ciment; les calcaires marneux sinémuriens renferment un minerai de fer exploité à Thostes, près de Semur et à Mazenay, près du Creusot; un calcaire argileux toarcien fournit à Vassy, près d'Avallon, un ciment estimé.

Les caractères de la série liasique sont à peu près les mêmes en **Angleterre**; l'Infralias y est représenté par des grès et des argiles (où l'on a trouvé les dents de *Microlestes*) et par des calcaires (*Lias blanc*). Le lias est formé de calcaires marneux (*Lias bleu*) et d'assises plus ou moins argileuses.

La mer jurassique anglaise communiquait, à cette époque, avec le bassin de Paris; elle était reliée à la mer de Souabe par un détroit situé entre le plateau du Brabant et la Suède.

En **Souabe**, la série liasique comprend des couches presque horizontales, formant une succession d'assises alternativement calcaires et argileuses, avec des Ammonites caractéristiques. Le Rhétien y est riche en lits à ossements. A Boll, on trouve des schistes bitumineux où abondent les Ichthyosaures.

En **Scanie** (Suède), dans les **Carpathes**, en **Russie**, en **Chine** et jusqu'au **Tonkin**, on trouve l'Infralias avec des couches de charbon formées de Fougères et de Cycadées.

La série infrajurassique revêt un caractère calcaire dans la région méditerranéenne où dominait franchement le régime pélagique. Une faible différence existe entre les faunes du N. et du S.; pourtant, dans la région méridionale seule, on trouve des polypiers d'âge liasique (**Tyrol**).

Les marbres de Carare (**Italie**) sont infraliasiques; ce sont des calcaires métamorphiques avec peu de fossiles.

Dans les **Alpes occidentales** (massif de l'Oisans, Suisse), la série liasique présente un faciès schisteux; sur ces schistes se sont déposés des calcaires du Lias dans les Basses-Alpes)

En **Amérique**, le continent N. était probablement émergé à cette époque. Le grand continent austral signalé précédemment (page 949) devait avoir subi encore peu de modifications.

2° SÉRIE MÉDIOJURASSIQUE

Cette série comprend le **Bajocien** (de Bayeux, Calvados) et le **Bathonien** (de Bath, Angleterre). En transgression sur le Lias, elle est contemporaine d'oscillations importantes du sol en Normandie et dans les Vosges; avec le Bathonien débute la grande

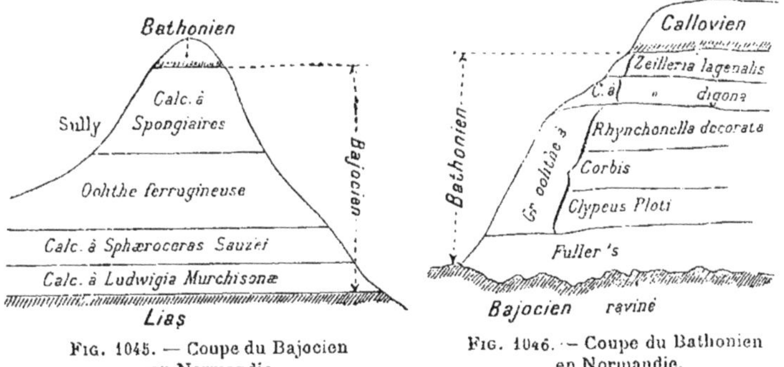

Fig. 1045. — Coupe du Bajocien en Normandie.

Fig. 1046. — Coupe du Bathonien en Normandie.

transgression de la mer qui atteindra son maximum lors de l'Oxfordien (série suprajurassique).

La série médiojurassique affleure dans le Calvados (région de Bayeux à Caen; littoral de Grand-Camp, Port-en-Bessin, Luc et Lion-sur-Mer).

Le **Bajocien** comprend : à la base, des calcaires à *Amm. Mur-*

chisonæ, surmontés de l'*oolithe ferrugineuse* de Bayeux à *Amm. Humphriesianus* et *Amm. subradiatus*; au-dessus se trouve l'*oolithe blanche* à spongiaires (fig. 1045).

A Port-en-Bessin (fig. 1046), les assises **bathoniennes** qui font suite à l'oolithe blanche sont : un calcaire fissile à *Amm. procerus* [contemporain des calcaires grenus à *Teleosaurus* et à *Tortues* des environs de Caen]; puis la *grande oolithe* (*oolithe miliaire, pierre de Caen*) avec *Rhynchonella decorata* et *Rh. spinosa* (fig. 1047), surmontée d'un calcaire riche en Bryozoaires, en Brachiopodes (*Terebratula digona*, fig. 1048), etc.

Répartition de la série médiojurassique. — L'Angleterre présente un Jurassique moyen analogue à celui de Normandie; de nombreuses oscillations du sol ont déterminé des lacunes diverses dans les deux régions. Le Bathonien anglais débute, à Bath, par des argiles à *Ostrea acuminata* (*Fuller's*, terre à foulon) qui passent latéralement à des calcaires comparables au calcaire fissile de Port-en-Bessin.

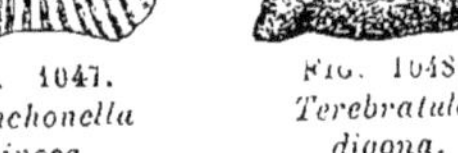

Fig. 1047.
Rhynchonella spinosa.

Fig. 1048.
Terebratula digona.

Dans le Yorkshire qui formait le rivage de la mer bajocienne, les couches inférieures sont des formations d'estuaire (sables, grès, avec débris végétaux abondants et coquilles d'eau douce telles que les **Unio**) La belle couche à végétaux de Scarborough renferme des Cycadées dont les troncs sont transformés en beaux *jayets* exploités, des Conifères (**Ginckgo**) et des Fougères.

La lisière du **Bassin de Paris**, en Bourgogne et en Lorraine, présente une série médiojurassique importante où les formations coralligènes jouent un rôle primordial. Ainsi le Bajocien de **Bourgogne** est constitué par du *calcaire à entroques* et du *calcaire à Polypiers* sans que, cependant, s'y trouvent de véritables récifs.

Dans la **Côte-d'Or** (occupée alors par le détroit du même nom), dans la **Haute-Marne**, le calcaire à entroques prend un grand développement, comme au S. de la **Lorraine**, où il forme des terrasses régulières limitées par des escarpements d'aspect ruiniforme.

Le Plateau de Langres est une plate-forme bajocienne.

Le Bathonien est formé, dans la même région, par un calcaire marneux jaunâtre; en **Lorraine**, ce calcaire est surmonté de la *grande oolithe blanche* très développée de Chaumont à Toul et d'Étain jusque dans les Ardennes.

Entre Toul et Étain, une formation vaseuse remplace l'oolithe.

La mer bathonienne est parvenue jusque dans le **Boulonnais** où l'on trouve, comme dans le Yorkshire, des sables avec des Reptiles et des plantes reposant sur les couches paléozoïques ravinées; au-dessus, on trouve la grande oolithe avec des caractères identiques à ceux de l'Ardenne.

Dans le **Jura**, le **Bajocien** est formé d'un calcaire à entroques, comme en Bourgogne; au-dessus, le **Bathonien** débute par des marnes à *Ostrea acuminata* (marnes de Vesoul) ; ces marnes sont surmontées de la grande oolithe, blanche et compacte, recouverte elle-même par un calcaire cristallin.

A mesure qu'on s'avance en **Allemagne**, vers le Würtemberg et la Souabe, le Jurassique moyen présente un faciès de plus en plus vaseux.

Au N.-E. de la **Russie** et au N. de la **Sibérie**, la série médiojurassique est représentée par des grès et des schistes avec débris végétaux dont les empreintes ressemblent beaucoup à celles de Scarborough, en Angleterre. A l'époque qui va suivre, la mer boréale, sur le rivage de laquelle se sont formés ces dépôts, communiquera avec la mer Jurassique d'Occident.

Dans les **Basses-Alpes**, aux environs de Digne, le Jurassique moyen est représenté par des assises calcaires et schisteuses en alternance, renfermant de l'hydroxyde et du sulfure de fer. Les Ammonites liasiques du genre *Phylloceras* y sont encore nombreuses.

3° SÉRIE SUPRAJURASSIQUE

La série suprajurassique comprend les étages suivants : le **Callovien** (de Kalloway près d'Oxford, en Angleterre); l'**Oxfordien** (d'Oxford); le **Rauracien** (de l'ancienne Rauracie, environs de Bâle, Suisse); le **Séquanien** (de l'ancienne Séquanie, Jura central); le **Kimeridgien** (de la baie de Kimeridge, Angleterre); le **Portlandien** (de Portland, Angleterre).

Presque au début de cette importante série (Oxfordien), la mer boréale en forte transgression s'est avancée, par le N.-E. de la Russie, à travers la partie centrale de ce pays, a gagné le détroit compris entre la Scandinavie au N., la Bohême, l'Ardenne et le Brabant au S., est parvenue en Angleterre par le Yorkshire. Les courants froids, longeant la côte O., ont pu se propager par Oxford jusque dans la région de Portland et de l'île actuelle de Wight; certaines espèces de la faune boréale ont pu pénétrer ainsi, de la mer suprajurassique anglaise, jusque dans le bassin de Paris par la Normandie au N.-O.[1].

Le détroit du Poitou a émergé après l'Oxfordien; le détroit de la Côte-d'Or, encore ouvert, assurait la communication de la mer du Jura, du bassin du Rhône et de la région méditerranéenne, avec le bassin de Paris qui reçut, par cette nouvelle voie, des espèces appartenant à la faune chaude.

Le caractère général des dépôts suprajurassiques dans le **bassin de Paris** est le suivant :

Le **Callovien** est marneux, de même que la base de l'**Oxfordien**; il ne s'y forme pas encore de récifs de polypiers parce que les eaux sont trop froides ou troublées par des sédiments trop abondants. L'**Oxfordien** supérieur devient calcaire; c'est aussi le faciès du **Rauracien** et du **Séquanien**; partout où les conditions seront favorables à leur édification, des polypiers croîtront : le bassin de Paris est ainsi bordé, à l'E. et au S., d'une ceinture presque ininterrompue de récifs qui prendront leur maximum d'extension dans le Jura, à la limite des zones marines tempérée et chaude.

---

[1] Il est probable qu'un canal existait à cette époque entre la Bretagne et l'Angleterre, assurant la communication des mers boréales et du bassin de Paris avec la mer d'Aquitaine, lorsque le détroit du Poitou fut émergé.

Dans le **Kimeridgien,** le facies vaseux prédomine. A l'époque **portlandienne** a lieu une régression importante de la mer à laquelle correspondent des formations saumâtres.

La coupe schématique (fig. 1049) nous permet de mieux saisir la distribution et les rapports des termes de la série suprajurassique.

En **Normandie**, la série suprajurassique est incomplète sur le littoral du Calvados, par suite d'érosions ultérieures (fig. 1050).

Le **Callovien** affleure à Dives sous forme d'argiles avec de nombreuses Ammonites (*A. Lamberti, A. athleta, A. Mariæ*).

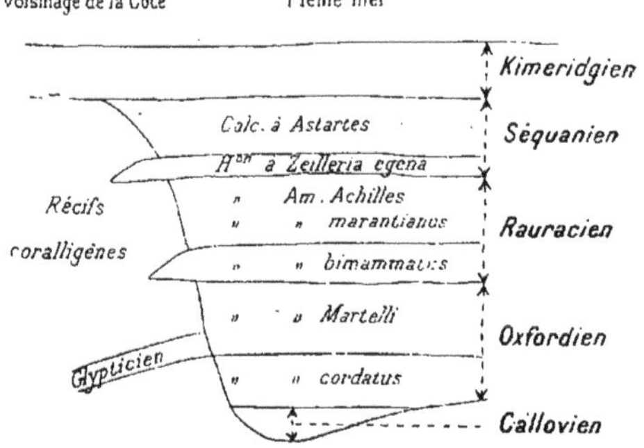

FIG. 1049. — Coupe schématique de la série suprajurassique dans le Bassin de Paris.

— Dans les falaises qui s'étendent de Dives à Villers-sur-Mer, on observe les assises **oxfordiennes,** oolithiques et ferrugineuses à

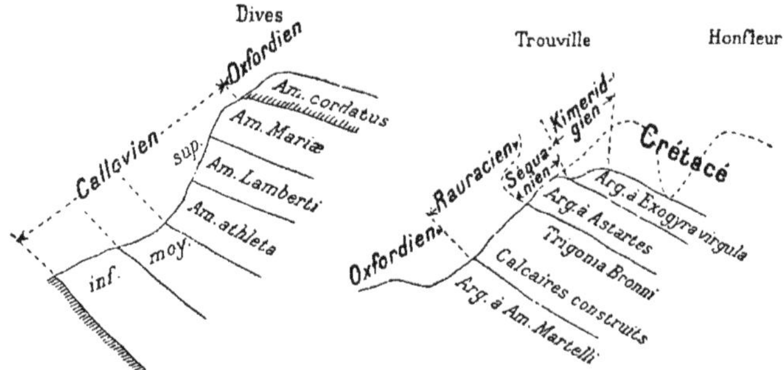

FIG. 1050. — Coupe de la série suprajurassique en Normandie.

la base avec *Amm. cordatus* (fig. 1051), argileuses au sommet avec *Amm. Martelli.* — Plus loin, de Trouville à Honfleur, on distingue : le **Rauracien,** formé surtout de calcaires détritiques[1]; puis le **Séquanien,** représenté par des argiles bleu-foncé avec des *Astartes.* — Le **Kimeridgien,** qui surmonte ces dépôts en régression, se trouve beaucoup mieux développé de l'autre côté de l'embouchure de la Seine, à la Hève, sous forme d'une argile bleue

---

1. Rarement dans cette région se trouvent des calcaires construits, car l'influence de la zone boréale s'y faisait sentir; cependant, à Trouville même, on trouve quelques polypiers.

à *Exogyra virgula* (fig. 1038). — Il faut aller dans le Pays de Bray pour trouver, au-dessus de ces couches kimeridgiennes, le **Port-landien,** consistant en calcaires à *Amm. gigas,* en argiles, puis en sables à *Trigonia gibbosa* qui se confondent avec les sables néocomiens.

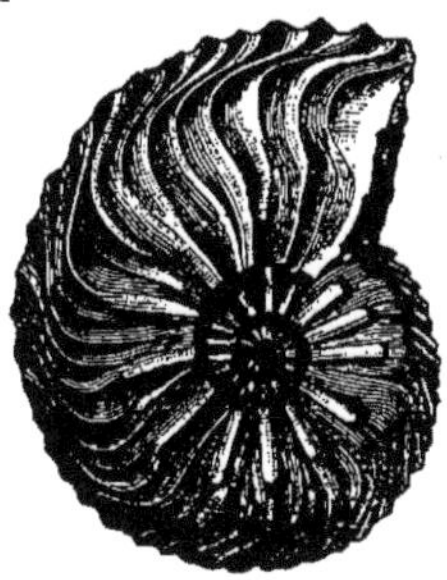

FIG. 1051. — *Ammonites (Cardioceras) cordatus.*

Répartition de la série suprajurassique. — Si l'on se dirige de la Normandie vers l'Angleterre, le Jurassique supérieur y est surtout composé d'argiles épaisses (*Oxford clay*), supportant un calcaire caverneux (*Coral-rag*) que recouvrent elles-mêmes les argiles bleues de Kimeridge (*Kimeridge clay*) ; sur cette dernière formation, on trouve dans l'île de Portland le *calcaire de Portland* recouvert des *dépôts lacustres et saumâtres de Purbeck*, dépôts riches en débris de Marsupiaux. en Mollusques) *Cyclas, Physa,* *Cypris, Lymnæa*), en Cycadées et autres végétaux.

A ce moment la région anglaise fut émergée comme le bassin de Paris.

Comme la mer jurassique anglaise communiquait avec les eaux qui couvraient la **Russie,** une grande analogie se remarque entre les dépôts des deux pays. Ces dépôts, consistant surtout en argiles de couleur foncée (avec minerais de fer et phosphates), couvraient tout le centre de la Russie ; les érosions ultérieures les ont presque totalement entraînés. — On trouve des dépôts identiques dans la **Sibérie** septentrionale et jusque dans la **Colombie anglaise,** en Amérique.

Revenons à la côte normande pour longer, à partir de là, toute la lisière du **bassin de Paris.** Dans le Maine et l'Anjou, les formations jurassiques sont cachées par les dépôts plus récents. Depuis le détroit de Poitiers jusqu'aux Ardennes, en passant par l'Indre, le Cher, la Nièvre, l'Yonne, le détroit de la Côte-d'Or et la vallée de la Meuse, on trouve le *Callovien* et la base de l'*Oxfordien*, avec un caractère argileux ou marneux en général ; les dépôts contiennent des Ammonites pyriteuses. L'*Oxfordien supérieur*, le **Rauracien** et le **Séquanien** sont composés de puissantes formations calcaires, dues le plus ordinairement à l'extension importante des polypiers à cette époque (Ardennes et Meuse surtout).

Tels sont : le calcaire à *Diceras* de Fontgombault (Poitou); le coral-rag de Chatel-Censoir, le calcaire lithographique, le calcaire de Tonnerre (Yonne) ; le coral-rag de Doulaincourt (Haute-Marne) et de Saint-Mihiel (Meuse) ; les calcaires oolithiques, les calcaires compacts de la vallée de la Meuse et des Ardennes, etc.

Les calcaires construits, observés autour du Morvan et des Vosges, font défaut dans le détroit de la Côte-d'Or trop profond pour que les polypes constructeurs aient pu s'y établir ; on y trouve des marnes à Spongiaires.

A partir du **Kimeridgien,** représenté souvent par des calcaires à *Plérocères* à la base, et surtout par des argiles à *Exogyra virgula*, le bassin de Paris subit un mouvement lent d'émersion : aussi le **Portlandien** affleure-t-il sous forme de *calcaires lithographiques,* suivant une bande passant par Cosne, Auxerre et le Barrois (Bar-sur-Seine, Bar-sur-Aube et Bar-le-Duc), en retrait sur les dépôts jurassiques précédents.

Des formations saumâtres terminent le Jurassique en divers points.

La région du **Jura** présente un intérêt tout particulier, car la série suprajurassique participe presque seule à la constitution de la chaîne qui s'étend de Belley jusqu'à Bâle et au delà, en Suisse. L'Oxfordien y est constitué par des marnes à Ammonites pyriteuses. Le Rauracien en est peu distinct et consiste en marnes à Spongiaires ; on trouve, de-ci de-là, des bancs avec *Glypticus* alternant avec des bancs vaseux.

*Les véritables récifs de polypiers apparaissent seulement à l'époque séqua-
nienne et se forment jusqu'à la fin de l'époque portlandienne.*

Ces récifs forment des îlots plus ou moins déchiquetés, à cause des circonstances
variées dans lesquelles ils se sont développés. Ces îlots sont entourés de calcaires oolithiques, parfois de bancs vaseux. Outre les polypes constructeurs, on trouve les genres :
Hemicidaris, Glypticus, Terebratula (T. humeralis), Diceras, Ceromya, etc.

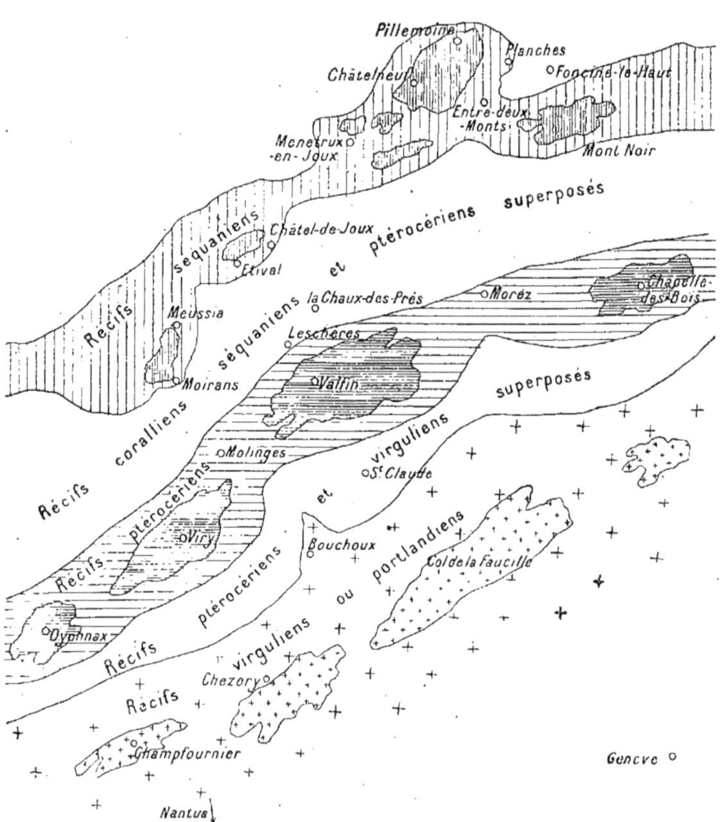

Fig. 1052. — Carte des récifs du Jura montrant leur régression progressive du N.-O.
au S.-E. pendant la période suprajurassique.

La carte (fig. 1052), nous montre que les polypes ont successivement rétrogradé
du N.-O. au S.-E., formant trois bandes de récifs bien distinctes :
la *bande séquanienne*, de Moirans à Chatelneuf par Châtel-de-Joux ;
la *bande plérocérienne*[1], d'Oyonnax à Chapelle-des-Bois par Valfin ;
la *bande virgulienne et portlandienne*, de Champfournier au Col de la Faucille.

1. Le *Plérocérien* et le *Virgulien* sont deux sous-étages du **Kimeridgien**.

Ce retrait paraît dû à un abaissement progressif de la température, et aussi à l'émersion progressive du massif du Jura[1].

La mer se trouvant rejetée plus au S., les polypiers constructeurs se développaient en formant, sur le bord du continent, une frange battue par la pleine mer.

Facies tithonique. — Les étages supérieurs du Jurassique offrent un caractère particulier dans la région méditerranéenne.

Au-dessus du *Séquanien* qui conserve à peu près dans cette région son facies occidental, on trouve une masse calcaire presque uniforme qui s'étend jusqu'au

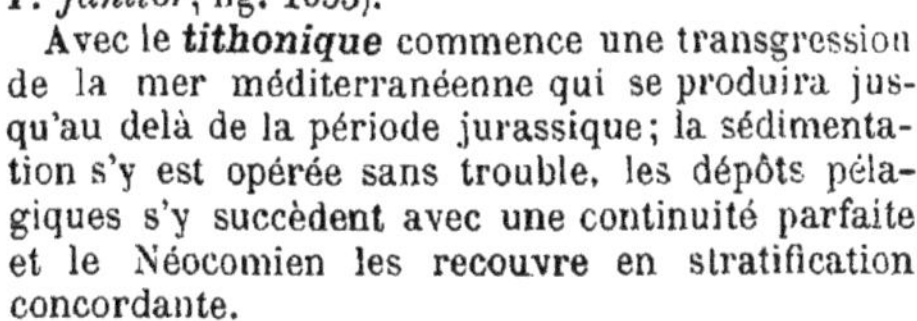

Crétacé, avec des Térébratules trouées (*T. diphya, T. janitor*, fig. 1053).

Avec le **tithonique** commence une transgression de la mer méditerranéenne qui se produira jusqu'au delà de la période jurassique; la sédimentation s'y est opérée sans trouble, les dépôts pélagiques s'y succèdent avec une continuité parfaite et le Néocomien les recouvre en stratification concordante.

Le facies tithonique du Jurassique supérieur s'observe : à partir de la **Bavière** et du **Würtemberg** (Solenhofen) au N.; dans les **Cévennes**, au S.

Fig. 1053. — *Terebratula diphya.*

de Lyon (Berrias dans l'Ardèche, Bois de Mounier dans l'Hérault); dans les **Alpes** et les **Carpathes** partiellement émergées; en **Espagne** méridionale; en Italie; en **Sicile** et dans les **Balkans**.

Le Jurassique supérieur de **Solenhofen** mérite une mention spéciale à cause des nombreux fossiles qu'on y a trouvé : le Kimeridgien y est formé, à la base, de couches coralligènes à *Glypticus hieroglyphicus*, de petits récifs avec beaucoup de *Diceras*, enfin des *calcaires lithographiques de Solenhofen* avec des empreintes remarquables de Méduses, des Insectes, des empreintes de Bélemnites, de Poissons, de *Ptérodactyles* et d'Oiseaux (*Archæopteryx*).

Le Jurassique supérieur marin a été étudié en **Abyssinie** et à **Madagascar**, où sa présence indique qu'une grande brèche s'est formée dans le continent austral signalé précédemment (Voir page 949).

La mer s'étendait en **Amérique**, à cette époque, de la région des Andes aux Montagnes Rocheuses; elle recouvrait en partie ces dernières sur le rivage desquelles vivaient le *Brontosaurus* et l'*Atlantosaurus* conservés au milieu de dépôts saumâtres.

C. — CRÉTACÉ

(Règne des Rudistes).

Caractères généraux. — A la fin de la période jurassique, les détroits du Poitou et de la Côte-d'Or étant fermés, la mer du bassin de Paris en retrait vers le N. était localisée dans un synclinal au pied du massif du Brabant, où se sont déposés le Kimeridgien et le Portlandien; dans le bassin d'Aquitaine, c'est également dans un synclinal situé au pied de l'exhaussement du Poitou que se sont cantonnés les dépôts terminant le Jurassique (fig. 1054).

A l'époque du Crétacé inférieur, la mer néocomienne envahit

1. Quelques points du Jura sont, en effet, couronnés par des calcaires portlandiens, avec fossiles d'eau douce identiques aux couches de Purbeck signalées en Angleterre.

le bassin de Paris par le N., s'avance jusqu'au Havre à l'O. et couvre les dépôts portlandiens. Pendant le même temps, dans le bassin d'Aquitaine se forme un synclinal sur le versant occidental

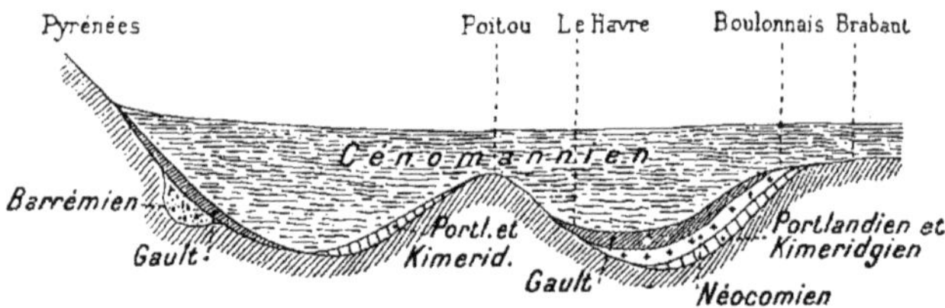

FIG. 1054. — Coupe schématique montrant la nature et la disposition des dépôts jurassiques supérieurs et des premiers dépôts crétacés dans les bassins d'Aquitaine et de Paris. [Le Cénomannien a été exagéré comme épaisseur.]

des Pyrénées; plus tard survient alors la grande transgression de la mer cénomannienne qui, passant au-dessus du Poitou, s'étendra sur les bassins de Paris et d'Aquitaine réunis une fois de plus.

Dans la région méditerranéenne, aucun mouvement de cette nature ne se produit et les formations néocomiennes reposent en concordance sur le tithonique.

Divisions. — On divise le Crétacé en 2 séries :

la *série crétacée inférieure* comprenant le **Néocomien**, le **Barrémien**, l'**Aptien** et l'**Albien** ;
la *série crétacée supérieure* embrassant le **Cénomannien**, le **Turonien**, le **Sénonien** et le **Danien**.

La première série correspond au moment où les Céphalopodes déroulés ont pris leur maximum de développement (*Scaphites, Crioceras, Ancyloceras, Hamites, Turrilites*).

La deuxième série commence avec l'époque de transgressivité du Cénomannien mentionnée plus haut ; elle correspond aux puissantes formations de craie si importantes en France.

Caractères paléontologiques. — Faune crétacée.

Protozoaires. — Les *Orbitolines, Orbitoïdes, Rotalidés* et *Globigérinés* jouent un rôle important.

Spongiaires. — Les Éponges *calcaires* dominent dans le Crétacé inférieur; mais tous les groupes de Spongiaires atteignent leur apogée dans la série supérieure.

Polypes. — Les **Coralliaires** forment des colonies massives (**Astréidés**), ou bien sont dispersés dans la craie où ils abondent (*Cyclolites*).

Échinodermes. — Les *Échinides* présentent ici des formes nouvelles; alors que les Cidaridés diminuent d'importance, les

Ananchytidés et les **Spatangidés** deviennent particulièrement nombreux [*Ananchytes*, *Echinospatagus* (fig. 1055), *Micraster*, (fig. 1056)].

Les **Crinoïdes** sont plus rares qu'à l'époque Jurassique.

Mollusques. — Parmi les **Lamellibranches**, les genres *Ostrea*, *Pecten*, *Inoceramus* sont abondants. Les **Chamacés** sont très répandus dans les formations coralligènes; ils ont comme les polypes constructeurs, rétrogradé du N. au S. pendant la période jurassique; durant le Crétacé, ils sont cantonnés, en France, dans l'Aquitaine et les Alpes. Les *Hippurites* forment à eux seuls de puissants récifs turoniens fig. 1057).

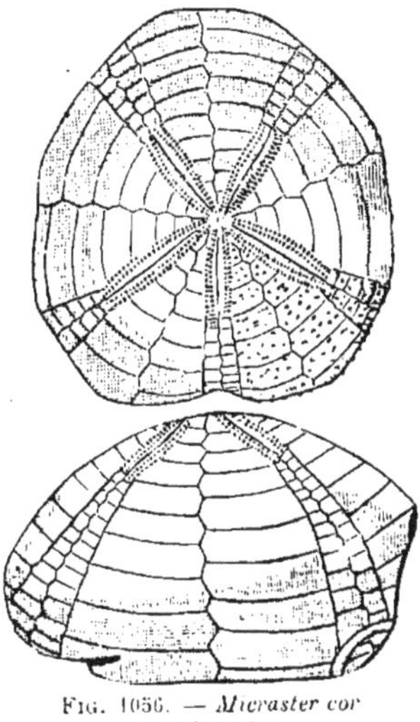

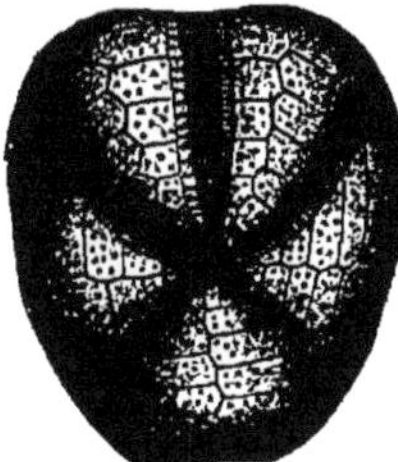

Fig. 1055. — *Echinospatagus cordiformis.*

Fig. 1056. — *Micraster cor testudinarium.*

Les **Céphalopodes** ne sont pas moins intéressants à considérer

Au lieu des *Ammonites* à tours contigus du Jurassique, on trouve des formes variablement déroulées appartenant aux familles les plus diverses.

Fig. 1057. — *Hippurites Tucasiana.*

Fig. 1058. — *Crioceras Duvali.*

Crioceras (fig. 1058) a encore la coquille enroulée, mais les tours ne sont pas contigus. Chez *Scaphites* (fig. 1059), la coquille, à tours contigus d'abord, présente une dernière partie déroulée puis recourbée sur elle-même dans le plan d'enroulement. *Ancyloceras* diffère de *Scaphites* en ce que les premiers tours eux-mêmes sont disjoints. Chez *Hamites*, la coquille est distendue et se recourbe trois ou quatre fois. *Turrilites* (fig. 1060) a les tours contigus, mais formant une spire conique.

Les *Bélemnites* du Crétacé possèdent, en général, une *forme aplatie* et un *rostre* avec *sillon dorsal* (*B. dilatatus*). Le genre *Belemnitella* est pourvu d'une courte échancrure à son extrémité alvéolaire et se termine par une pointe courte (*B. mucronata*, fig. 1067).

Vertébrés. — Poissons — Les **Téléostéens** *Physoclystes* apparaissent dans le Crétacé supérieur, de même que les premiers **Urodèles** parmi les **Amphibiens**.

Reptiles. — La faune reptilienne s'enrichit d'**Ophidiens** et de **Pythonomorphes** (*Mosasaurus*); mais un grand nombre de formes s'éteignent pendant cette période.

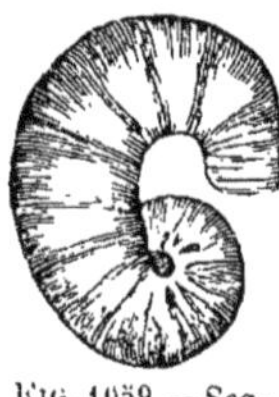

Fig. 1059. — *Scaphites æqualis.*

Fig. 1060. — *Turrilites catenatus.*

Mosasaurus. Reptile marin de grande taille dont le corps très allongé (8 mètres) était pourvu de nombreuses vertèbres (100 pour la queue seulement) et de membres adaptés à la natation (craie de Maëstricht).

Oiseaux — Les **Ratites** sont représentés par le genre *Hesperornis*, aux membres antérieurs rudimentaires (fig. 1027), les **Carinates**, par le genre *Ichthyornis*, pourvu de dents comme le précédent.

Mammifères. — Découverts surtout dans le Wyoming (Amérique), mais mal conservés et pêle-mêle, les Mammifères du Crétacé sont encore peu connus.

Flore crétacée. — Elle est caractérisée par l'apparition des **Angiospermes** dont les formes sont déjà nombreuses (Palmier, Bambou, Saule, Peuplier, Hêtre, Platane, Figuier, etc.). Ces plantes, propres à la nourriture des Mammifères qui vont pulluler lors de l'époque tertiaire, peuvent résister aux variations de température moyenne qui sont désormais la conséquence des saisons.

Caractères stratigraphiques. — Nous les préciserons successivement dans les 2 séries adoptées.

1° SÉRIE INFRACRÉTACÉE

Cette série comprend : le **Néocomien** (de Neuchâtel en Suisse), le **Barrémien** (de Barrême, Basses-Alpes), l'**Aptien** (d'Apt, (Vaucluse), l'**Albien** ou **Gault** (de l'Aube).

A l'E. du bassin de Paris, dans la **Haute-Marne**, l'Infracrétacé est complètement représenté (fig. 1061).

Il débute, sur le Portlandien raviné, par une formation d'estuaire, sables et marnes **néocomiens** avec minerai de fer, surmontés de falaises calcaires avec *Amm. radiatus* et *Echinospatagus cordiformis.* Ces falaises annoncent l'arrivée de la mer dans l'E. du bassin de Paris.

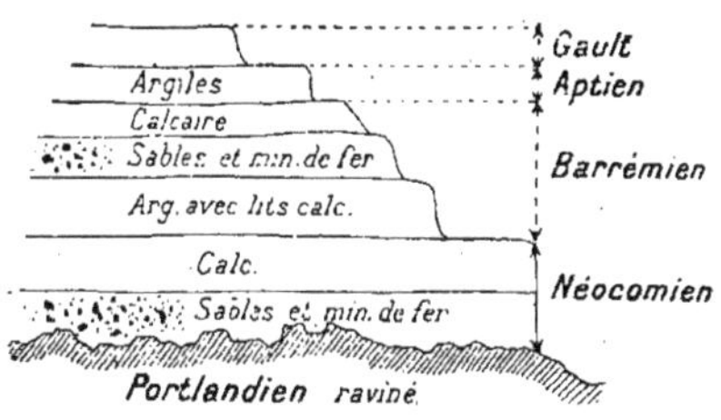

Fig. 1061. — Coupe de l'Infracrétacé dans la Haute-Marne.

Durant le séjour de la mer, se sont déposées des argiles grises **barrémiennes** avec lits de calcaires coquilliers en dalles ; mais peu à peu la mer se retira ; sur l'argile sont des sables d'eau douce avec minerai de fer, renfermant les genres *Unio*, *Paludina*, *Anodonta*, *Cyclas*, des cônes de Pins et de Sapins.

Avec le retour de la mer **aptienne** se sont déposées les argiles bleues à *Amm. Nisus*, *Plicatula placunea* et *Ostrea aquila*, surmontées des argiles et sables verts du **Gault**.

Le Gault est mieux représenté dans les **Ardennes** où il affleure : à la base, il consiste en *sables verts* à phosphate de calcium remplis de traces d'Ammonites ; au-dessus sont des *argiles imperméables* à *Amm. splendens* et *Deluci*, *Inoceramus sulcatus* et *concentricus.* Le tout est recouvert d'une gaize **cénomannienne** à *Amm varians.*

Partout où l'on trouve du Gault, la présence de phosphate de calcium abondant est à noter.

Les sables de la base du Gault sont très développés dans tout le bassin de Paris où ils plongent, en formant une cuvette dont Paris occupe le centre. Les eaux tombant sur les Ardennes s'infiltrent dans les sables verts au-dessus desquels elles ne peuvent remonter, puisqu'ils sont recouverts d'une couche d'argile imperméable ; elles servent à l'alimentation des puits artésiens de Grenelle et de Passy (fig. 942).

Répartition et faciès principaux de la série infracrétacée. — En **Normandie** et principalement au **S. de l'Angleterre** (région du Weald, île de **Wight**), l'Infracrétacé consiste surtout en formations d'estuaires ou de lacs, déposées sur les couches de Purbeck. Ce sont : les *sables d'Hastings* à la base, avec des Reptiles (*Iguanodon*, *Plesiosaurus*), des Poissons (*Lepidotus*), des Mollusques d'eau douce, des Fougères, des Cycadées et des Conifères ; puis les *argiles wealdiennes* avec un calcaire à *Paludines* intercalé (marbre de Sussex).

La mer, alors en transgression, a déposé au-dessus les *argiles d'Athenfield*, le *grès vert* à *Ostrea aquila*, enfin l'*argile bleue du Gault* très développée à Folkestone et dans le **Boulonnais**.

L'Infracrétacé a des caractères identiques dans le **Hanovre**, et la forte transgression marine survenue à l'époque *albienne* a déterminé le dépôt de Gault jusque sur le massif du **Brabant**.

Au **N.** de l'**Angleterre** (falaise de Speeton), le facies marin apparaît dès la base ; l'Infracrétacé y consiste en argiles avec fossiles identiques à ceux que renferment les couches contemporaines de la **Russie** centrale (Gouvernement de Saratov) ; car les deux régions sont toujours en communication par le détroit du Danemark et de l'Allemagne du N.

Si, de la lisière orientale du bassin de Paris, on passe dans le **Jura**, le Crétacé inférieur y offre un facies intermédiaire entre le type littoral de la Haute-Marne et le type pélagique méditerranéen. Les formations coralligènes du Jurassique supérieur s'y continuent dans le calcaire *néocomien* de Montepile (près de Saint-Claude) et le calcaire *barrémien* de la Perte du Rhône avec *Requienia ammonia*.

Le *Néocomien* est représenté à Hauterive par des marnes avec *Ostrea Couloni* (fig. 1062) et *Belemnites dilatatus*, à Neuchatel et Pontarlier par des calcaires à Spatangues (*Echinospatagus cordiformis*). L'*Aptien* et le *Gault* sont à l'état de lambeaux conservés dans divers plis du Jura.

De la **Suisse** jusqu'aux **Carpathes** s'étendait, sur le versant N. des Alpes orientales partiellement émergées, un synclinal où se sont formés les *grès de Vienne* ou *grès carpathiques* indiquant une sédimentation spéciale.

Dans le **Dauphiné** et la **Provence**, l'Infracrétacé renferme en abondance des *Requienia*, des *Toucasia* descendants directs des *Diceras* jurassiques, des Ammonites déroulées, etc.

Aux environs de Grenoble, la série commence par des marnes avec Belemnites plates (*B. latus*) et Ammonites pyriteuses (*A. semisulcatus*) ; puis vient une longue série de calcaires (calcaire du Fontanil à *Ostrea Couloni* ; calcaires roux glauconieux et marneux *Belemnites dilatatus* et *Crioceras Duvalii* ; calcaire coralligène à *Requienia*) surmontés d'un *Gault* peu développé parfois.

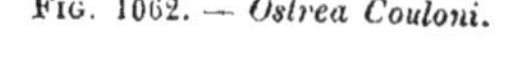

FIG. 1062. — *Ostrea Couloni.*

Dans l'**Aquitaine**, l'Infracrétacé est faiblement représenté aux environs d'Orthez (Basses-Pyrénées), où les étages supérieurs présentent un facies à *Rudistes* s'étendant même au Cénomannien.

Il en est ainsi dans les **Corbières**, en **Espagne**, dans l'Apennin, et dans toutes les provinces orientales baignées par l'Adriatique.

La mer crétacée méditerranéenne couvrait une faible partie de l'**Afrique** septentrionale, les régions du Texas et des Andes en **Amérique**. Les premiers végétaux Angiospermes ont été découverts dans les *couches du Potomac* (près de Washington).

2° SÉRIE SUPRACRÉTACÉE

Cette série comprend : le **Cénomannien** (de Cenomanum, Le Mans), le **Turonien** (Tourraine), le **Sénonien** (de Sens), le **Danien** (de Dania, Danemark).

Au début se produit la grande transgression de la mer cénomanienne qui envahit tout le bassin de Paris et le met en communication avec la mer d'Aquitaine par le détroit du Poitou, qui s'étend en Angleterre jusqu'aux terrains paléozoïques du Devonshire, couvre le plateau du Brabant, la Scanie en Suède et une partie de la Russie.

Soit une coupe du **bassin de Paris**, de la Sarthe au Boulonnais par Nogent-le-Rotrou et Rouen (fig. 1063). L'Infracrétacé manque dans la Sarthe ; à mesure qu'on s'éloigne de cette région, on voit le Cénomannien reposer sur le Jurassique, puis sur l'Infracrétacé en régression dans la Normandie.

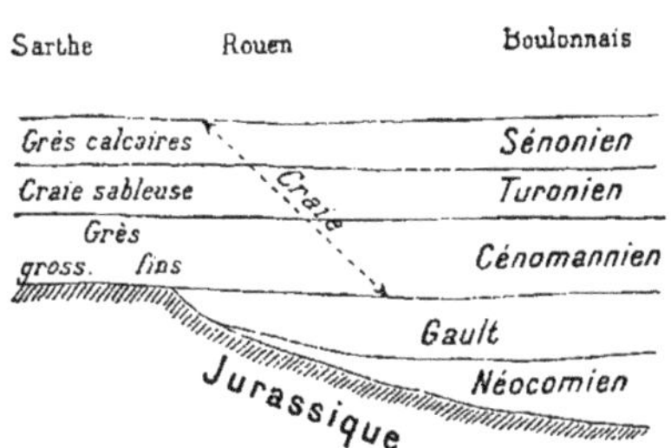

Fig. 1063. — Coupe schématique montrant la nature des dépôts supracrétacés dans le Bassin de Paris, de la Sarthe au Boulonnais.

La base du Crétacé supérieur (**Cénomannien**) affecte à l'O. du bassin un facies arénacé (*sables du Maine* et *du Perche*, fig. 1064) que remplace la *craie glauconieuse* à Rouen (côte Sainte-Catherine) et dans le pays de Bray, la *craie marneuse* dans le Boulonnais. Les étages supérieurs ont une uniformité plus nette dans tout le bassin, surtout le **Sénonien** composé de craie blanche et tendre partout où on le trouve [ce qui dénote un régime marin très calme durant l'époque sénonienne].

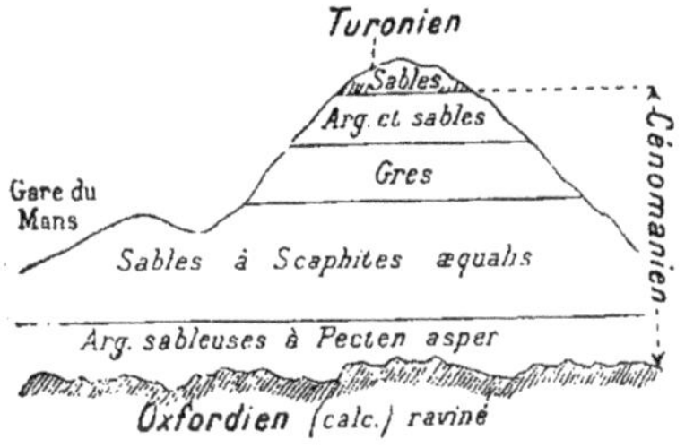

Fig. 1064. — Coupe du Cénomannien dans la Sarthe.

Les sables cénomanniens déposés au voisinage du détroit du Poitou ont été apportés par des courants chauds venant d'Aquitaine avec une faune particulière qui se mêlait aux espèces apportées de même par les courants froids des régions boréales.

L'étude complète de la série supracrétacée n'est possible en aucun point du bassin de Paris.

Le **Cénomannien**, qui forme la plus grande partie des falaises du Havre (cap de la Hève), présente un notable développement à Rouen (côte Sainte-Catherine); c'est une *craie glauconieuse* avec *Turrilites* diverses, *Scaphites æqualis*, *Pecten asper*, etc.

A **Saint-Martin-le-Nœud**, dans le pays de Bray, le **Turonien** superposé au Cénomannien est représenté par une craie marneuse et compacte avec silex noirs, à *Belemnitella plena, Inoceramus labiatus, Rhynchonella Cuvieri, Spondylus spinosus* (fig. 1065) et *Micraster breviporus*[1].

Plus loin à l'E., près de Vervins, le **Sénonien** se montre à la base à l'état de craie blanche et tendre avec *Micraster cor testudinarium, Ananchytes gibba, A. ovata, Echinoconus albogalerus* (fig. 1066) ; au-dessus se trouvent *Micraster cor anguinum, Cidaris clavigera*. Puis viennent la *craie de Reims* à *Belemnitella quadrata* et la *craie de Meudon* à *Belemnitella mucronata* (fig. 1067)[2].

Enfin le **Danien** n'est qu'accidentellement représenté dans le bassin de Paris, par des lambeaux d'un *calcaire pisolithique* qui a subi une érosion depuis son dépôt. A Meudon, il repose sur la craie ravinée et perforée de tubulures dues à des racines : la mer s'était donc retirée de Meudon après le dépôt du Sénonien et une forêt s'y est établie ; puis la mer danienne est revenue déposant le calcaire pisolithique

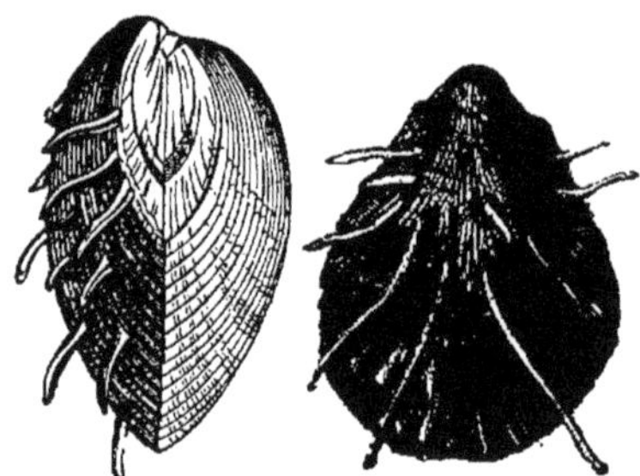

FIG. 1065. — *Spondylus spinosus.*

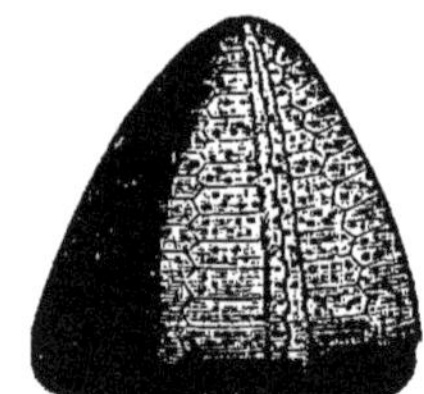

FIG. 1066. — *Galerites albogalerus.*

FIG. 1067 — *Belemnitella mucronata.*

à *Nautilus danicus*, recouvert de marnes blanches avec Mollusques saumâtres (*Melanopsis*) et de couches d'*eau douce*. On observe le Danien à Marly, Flins, Vigny, Laversine près de Beauvais, etc.

Répartition du Crétacé supérieur. — La mer supracrétacée a formé, au S. de l'Angleterre, des dépôts identiques à ceux de la Normandie et de la Picardie ; il y manque le Danien.

En Belgique, on trouve aux environs de Mons, sur la craie de Meudon, la

---

1. En Touraine, le Turonien est une craie micacée appelée *tuffeau* dont les couches, affleurant dans les vallées de l'Indre, du Cher et du Loir, ont été exploitées. Les anciennes carrières servent d'habitations aux paysans de la région.

2. Le Sénonien est très puissant et très homogène auprès de Sens ; il affleure avec le Turonien en de vastes plaines stériles dans la *Champagne pouilleuse*. Les falaises normandes qui en sont formées, d'Etretat à Dieppe et au Tréport, contiennent des cordons horizontaux de silex (rognons) ; ces nodules sont dus à la concentration, autour de fragments de coquilles, de la silice dispersée primitivement dans la craie sous forme de spicules d'Éponges, Diatomées, etc.

craie de Spiennes et là *craie phosphatée de Ciply* avec *Hemipneustes*, surmontée d'un tuffeau jaunâtre équivalent au *tuffeau de Maëstricht*. Ce dernier est remarquable par le grand nombre de fossiles qu'on y a trouvés : *Mosasaurus*, Tortues, Poissons, *Baculites anceps*, *Rudistes* (portés jusque-là par des courants venant du S.), Bryozoaires, *Orbitoïdes*, etc.

A Aix-la-Chapelle, le Sénonien renferme des couches de sable et des plantes transportées par les fleuves dans leurs estuaires. En d'autres points de la **Westphalie, au Hanovre** et jusqu'en **Galicie**, le Crétacé supérieur vaseux et pélagique est représenté par des marnes crayeuses avec Ammonites ; ces marnes sont recouvertes par la craie danienne à silex en **Danemark** (Ile Seeland à Faxe, île Saltholm) et en **Suède**.

La **Russie** méridionale (de Karkov à Simbirsk notamment) présente des argiles noires cénomanniennes surmontées de craie phosphatée avec *Ichthyosaurus*, *Plesiosaurus*, dents de Poissons (*Ptychodus*), des Ammonites (*A. varians*), des *Aucella*, etc.

Quand on passe du bassin de Paris en **Aquitaine**, on trouve, aux environs de Rochefort et dans l'île d'Aix, des argiles à lignites occupant la base du **Cénomannien** : dans ces formations lagunaires sont des Palmiers, des Dicotylédones, etc. La mer cénomannienne, envahissant les lagunes, y a déposé des grès à *Orbitolina concava*, puis des calcaires construits riches en Rudistes, en Turrilites (*T. costatus*).

Le **Turonien** consiste en calcaires argileux à *Ostrea Columba* (fig. 1068), à *Caprina, Apricardia* (fig. 1069), etc., puis en calcaires à *Rudistes* exploités comme pierre de construction (*pierre d'Angoulême, pierre de Chancelade* près de Périgueux, *craie de Royan* et de *Meschers* sur l'estuaire de la Gironde). Le **Sénonien** est également riche en Rudistes et très développé dans la Champagne des Charentes.

Sur le versant N. des **Pyrénées**, le Crétacé supérieur a pris une extension importante ; mais à mesure qu'on s'avance des Basses-Pyrénées vers la Haute-Garonne, le faciès arénacé est remplacé par des marnes et calcaires marins à Hippurites, à Orbitoïdes, etc., recouverts de formations sau-

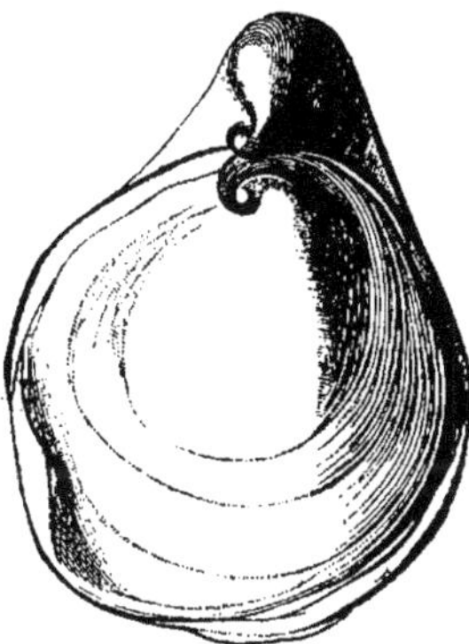

Fig. 1068. — *Ostrea columba.*

Fig. 1069. — *Apricardia.*

mâtres (argiles bariolées), puis lacustres (calcaire à Physes), puis marines (calcaire marneux à Échinides).

Le **bassin du Rhône** n'a communiqué avec le bassin de Paris qu'à l'époque sénonienne. Dans la vallée du Rhône, on trouve çà et là quelques petits bassins renfermant des lignites formés au milieu de lagunes cénomanniennes ; une fois que les courants du N. purent pénétrer dans la région, ils s'avancèrent jusqu'à Toulon et Nice, formant des dépôts sans Hippurites et de faciès identiques à celui du N. [Ces dépôts ont été pour la plupart détruits par érosion depuis].

Sur le **versant N. des Alpes**, à Salzbourg, en Bavière, on trouve certains plis, les plus éloignés de la chaîne, où régnait la faune froide ; d'autres plis, plus rapprochés de la chaîne, renfermaient la faune de la région méditerranéenne que nous allons examiner.

Sur le **versant S. des Alpes** et dans toute la **région méditerranéenne**, les eaux chaudes et chargées de calcaires étaient propices au développement des *calcaires* à *Rudistes* qui occupent toute la série supracrétacée reposant sur le tithonique. On peut observer ce facies en **Italie**, dans les provinces de Vicence et de Vérone, dans les Alpes Dinariques, en **Turquie, en Grèce et en Sicile**.

Aux environs de Marseille, les couches à *Rudistes* sont bien développées et peuvent être observées aux Martigues, près de l'étang de Berre, au Beausset. Mais dès le Sénonien supérieur se produisent des mouvements d'émersion ; ainsi, à Fuveau, on trouve des lignites dus à la décomposition de végétaux déposés dans des lagunes, avec *Melanopsis, Cyclas, Omphalia*, etc.

En **Espagne**, en **Algérie** et jusqu'en **Égypte** au voisinage de la mer Rouge, les Huîtres et les Échinides pullulent dans le Crétacé supérieur.

En **Amérique**, la craie se retrouve dans le bassin du Mississipi, identique à celle du bassin de Paris, tandis que le calcaire à Hippurites de la région méditerranéenne représente le Crétacé du Texas et des Antilles.

ÉRUPTIONS PENDANT L'ÈRE SECONDAIRE

L'activité éruptive ne s'est guère manifestée en **Europe** qu'à l'époque triasique, par l'émission de *granite*, de *syénite* et surtout de *roches porphyriques* dans le Tyrol. Comme suite à ces éruptions, des gaz, des eaux thermominérales, s'échappant par les fissures de l'écorce dans les régions tourmentées, ont peu à peu constitué les gîtes métallifères (galène, plomb argentifère, cuivre carbonaté) et les filons de quartz du Morvan, du Hartz et de la Saxe.

L'activité interne a été intense en **Asie** à l'époque jurassique (*porphyrites* de l'Afghanistan), et en **Amérique** pendant toute la période secondaire (*porphyrites* jurassiques des Andes, *porphyres* crétacés du Colorado).

§ 4. — TERRAINS TERTIAIRES (NÉOZOÏQUES)

CARACTÈRES GÉNÉRAUX

Les terrains tertiaires sont répartis en 2 systèmes : l'**Éogène** et le **Néogène**.

Après la grande transgression de la mer à l'époque supracrétacée, les eaux évacuèrent une notable partie de l'Europe septentrionale, se cantonnant dans de petits synclinaux : le bassin de Paris émergea, ceux de Bruxelles et de Londres seulement en partie. Au S., la mer occupa des dépressions le long des Alpes, des Pyrénées, de l'Atlas, etc.; car l'emplacement actuel de la *mer méditerranéenne* était occupé, sinon par une terre continue, du moins par une chaîne d'îles s'étendant du golfe des Antilles à l'Inde, à travers notre Méditerranée et l'Asie Mineure.

Le mouvement d'émersion s'est accentué pendant toute l'ère tertiaire, avec de nombreuses oscillations qui ont déterminé le retrait et le retour répétés de la mer en certaines régions, telles que le bassin de Paris. La multiplicité des rivages, la répartition des eaux en océans profonds et en mers continentales, ont eu pour conséquence l'abondance des Protozoaires dans les eaux profondes, des Gastéropodes et des Lamellibranches sur les rivages, dans les lacs ou les mers restreintes. Avec l'extension des continents a coïncidé l'épanouissement des Insectes et des Vertébrés aériens (Mammifères, Oiseaux) auxquels fut assurée la subsistance par les végétaux Angiospermes désormais prédominants (plantes à fleurs plus ou moins vives, arbres à feuillage caduc adaptés au jeu des saisons).

De grands fleuves, se déversant des continents dans les mers, y apportèrent des sédiments qui formèrent les dépôts détritiques : sables, argiles et marnes. Pas de calcaires construits, mais de puissantes masses de calcaires blancs à Foraminifères dans la zone méditerranéenne.

Les *travertins*, spéciaux au Tertiaire, sont des calcaires d'origine chimique qui se sont édifiés dans les bassins formés, englobant feuilles et Mollusques d'eau douce ; nombreux sont aussi les dépôts saumâtres et lagunaires dans certaines mers continentales soumises à une active évaporation

La régression des mers a été provoquée par les plissements de l'écorce terrestre, tels que les soulèvements des Pyrénées, des Alpes, des Carpathes, etc., avec leurs apophyses méridionales. Ces plissements, déjà ébauchés pendant la période précédente, ont rejeté les eaux sur l'emplacement actuel de la Méditerranée, dans les vastes plaines de Hongrie, Roumanie, Russie méridionale, etc. Ils ont été accompagnés d'éruptions violentes et des émanations liquides et gazeuses qui en sont la conséquence normale.

Peu à peu, le globe a acquis la configuration que nous lui connaissons aujourd'hui.

CARACTÈRES PALÉONTOLOGIQUES

Faune tertiaire.

Protozoaires. — Les **Nummulites**, connues déjà mais rares à l'époque carboniférienne et pendant la période secondaire, prennent une extension considérable dès le début de l'Éogène et durant toute cette période ; elles se répandent alors dans les bassins de Paris et d'Aquitaine, sur tout le pourtour du bassin méditerranéen, de l'Amérique jusqu'aux Indes et au delà, elles pullulent à tel point que certains dépôts sont appelés *calcaires nummulitiques*.

Une *Nummulite* (fig. 1070) est une coquille circulaire aplatie, de diamètre 2 à 60 millimètres ; on peut la considérer comme formée par l'enroulement d'un tube à section demi-elliptique ; les tours successifs très rapprochés forment autant de couches dont chacune recouvre entièrement la précédente ; des cloisons obliques, incomplètes et dirigées radialement, divisent les tours successifs en un grand nombre de loges qui communiquent entre elles. La muraille est finement perforée et d'innombrables canalicules, ramifiés dans l'épaisseur

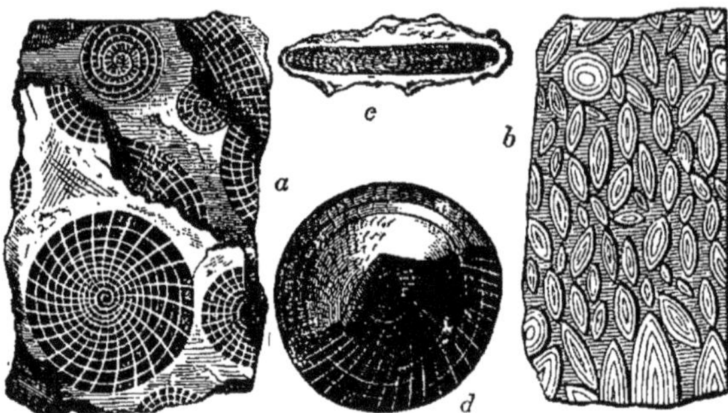

Fig. 1070. — *Nummulites lævigata.*

des cloisons, mettent en rapport le protoplasme des loges avec le milieu extérieur. Genres principaux : *Nummulites, Orthophragmina.*

Polypes. — Les **Hexacoralliaires** sont représentés par des formes diverses telles que *Mæandrina, Oculina, Caryophyllia, Madrepora* (fig. 914); ce dernier genre est apparu dans le Tertiaire et n'a cessé de prendre de l'extension depuis.

Échinodermes. — Parmi les **Échinides** tertiaires, on doit signaler les genres *Clypeaster* et *Scutella*, parmi les **Hétérognathes** (à mâchoires inégales), *Echinolampas, Echinanthus, Spatangus*, parmi les Atélostomes. Les *Ananchytes* et les *Micraster* sont éteints.

Clypeaster. Test pentagonal plus ou moins bombé avec larges zones ambulacraires saillantes. Très abondant dans la région méditerranéenne au Miocène — *Scutella.* Test circulaire et très aplati (Miocène). — *Spatangus.* Zone ambulacraire impaire logée dans une dépression du test.

Arthropodes. — Les *Insectes* sont des plus nombreux et des plus variés surtout pendant l'Oligocène ; tantôt on les trouve au milieu des dépôts lacustres ou saumâtres (Aix en Provence, Œningen, Florissant dans le Colorado), tantôt ils ont été englobés par l'ambre, résine sécrétée par le *Pinus succifer*, qui les a conservés dans un parfait état (Insectes habitant les vastes forêts des provinces Baltiques, de la Galicie, etc.).

Mollusques. — Les **Gastéropodes** et les *Lamellibranches* pullulent durant la période tertiaire.

Toutes les familles actuelles de Gastéropodes sont représentées. Les genres : *Vivipara, Cyclostoma, Melania, Melanopsis* (fig. 1071), *Cerithium* (fig. 1072), *Potamides, Turritella, Fusus, Buccinum, Murex* (fig. 1073), *Voluta*, etc. sont les principales formes de **Prosobranches**. Parmi les **Pulmonés**, sont à signaler les genres : *Helix, Bulimus, Lymnæa, Planorbis, Physa.*

Fig. 1071. — *Melanopsis Martiniana.*

Les Cérithidés méritent une mention spéciale; on en connaît plus de 1000 espèces fossiles ayant habité les mers chaudes, les estuaires ou les lagunes (bassins de Paris, d'Aquitaine et de Vienne); la forme *Cerithium* est marine, la forme *Potamides* est cantonnée dans les dépôts saumâtres ou d'eau douce.

Les **Eulamellibranches** prennent une extension subite dans le Tertiaire; les principaux genres sont : *Cyrena* (fig 1084), *Lucina* (fig, 1099),

Cytherea, Venus, etc. Signalons en outre : *Cucullæa, Pectunculus, Congeria*, caractéristiques de couches diverses. Les *Rudistes* ont disparu.

Parmi les **Céphalopodes**, nous ne trouverons plus d'*Ammonites* ni de vraies *Bélemnites*.

Vertébrés. — Poissons. — Les **Téléostéens** *Physoclystes*, apparus dans le Crétacé supérieur, multiplient dans le Tertiaire leurs formes qui se sont conservées jusqu'à notre époque.

Amphibiens. — Les **Urodèles** et les **Anoures** sont associés dans les nombreux marais qui couvrent alors l'Europe et l'Amérique (Phosphorites du Quercy, Miocène de la Limagne).

Reptiles. — Dès le début de l'Éocène, on ne trouve plus les Ichthyosauriens, Plésiosauriens, Pythonomorphes, Ptérosauriens, Dinosauriens caractéristiques, des temps secondaires; les types représentés dès lors existent encore aujourd'hui.

Oiseaux. — C'est à l'époque tertiaire que la faune ornithologique prend une subite extension; pauvre encore au début (*Gastornis* de Meudon et de Cernay, près Reims), elle présente, à l'époque de l'Éocène supérieur, de nombreux genres voisins de ceux qui vivent actuellement dans la zone torride (Gypse de Paris, Phosphorites du Quercy); il en de même à l'époque

FIG. 1072. — *Cerithium giganteum.*   FIG. 1073. — *Murex turonensis.*

Miocène (Limagne, Sansan dans l'Aquitaine, Orléanais). Lors du Pliocène commence la répartition des espèces suivant les régions où déjà les saisons et les différences de température moyenne sont nettement accusées.

Gastornis. Grand Oiseau incomplètement connu qui mesurait 2 fois la hauteur d'un homme. Les sutures des os de sa tête n'étaient pas fusionnées, tandis qu'elles avaient disparu, même chez les genres secondaires: les os du bassin étaient distincts, rappelant ainsi des caractères nettement reptiliens.

Mammifères. — Dès le début de l'ère *tertiaire*, les formes mammifères se multiplient avec une telle rapidité qu'*on peut considérer cette ère comme le règne des Mammifères, au même titre que l'ère secondaire a été dite le règne des Reptiles.*

Les divers types trouvés dans l'Éocène inférieur (faune des environs de Reims) sont peu spécialisés; ils ont pour caractères communs : 5 doigts plantigrades pourvus de productions cornées intermédiaires entre des griffes et des sabots; pièces du carpe et du tarse toutes séparées; encéphale peu développé, lisse;

dentition : $\dfrac{3\;1\;4+3}{3\;1\;4+3}$, faiblement adaptée à tel ou tel régime.

Un peu plus tard les **Protothériens** disparaissent, tandis que les autres se différencient en types franchement carnassiers, insectivores, rongeurs, etc. Les **Ongulés** évoluent, à partir de l'Éocène moyen surtout, dans le sens périssodactyle (*Eohippus, Epihippus*, etc.) et dans le sens artiodactyle. **Marsupiaux** (Sarigue),. **Cétacés** (*Zeuglodon*), **Rongeurs** et **Lémuriens** ont des représentants.

Dans l'Éocène supérieur (Gypse de Paris, Lignites de la Débruge près d'Apt, Phosphorites du Quercy, etc.), presque tous les ordres de Mammifères sont

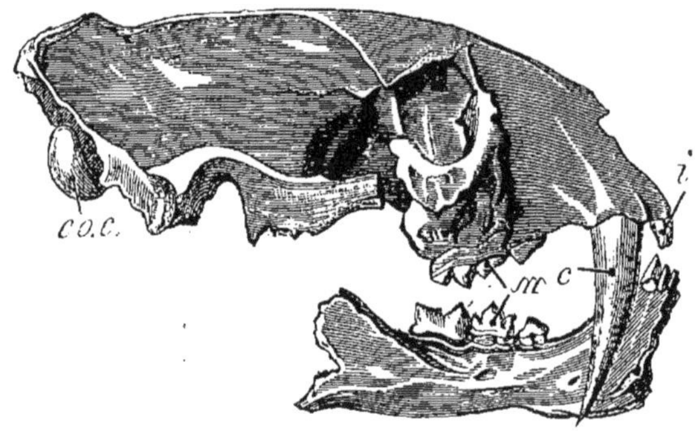

FIG. 1074. — Crâne de *Machairodus*.

représentés; les Ongulés prédominent avec des formes périssodactyles (*Lophiodon, Palæotherium*), des formes artiodactyles (*Anoplotherium, Xiphodon*); les **Édentés** apparaissent pour la 1re fois.

A l'Oligocène, appartiennent : parmi les **Carnivores**, la Civette et la Loutre; parmi les **Périssodactyles**, le genre *Rhinoceros*.

Les couches miocènes (Sansan et Simorre) contiennent, outre des légions d'Insectivores, de Cheiroptères, de Rongeurs, etc., de grands **Carnassiers** (*Machairodus*, fig. 1074), les 1ers Canidés (*Amphicyon*); les 1ers **Proboscidiens** (*Mastodon angustidens*, fig. 1075 et *Dinotherium*, fig. 1076); des Singes (*Pliopithecus, Dryopithecus*).

Au Miocène supérieur [faunes du mont Léberon (France) et de Pikermi (Grèce)] se rattachent des formes nouvelles : *Felis, Hyæna* (Carnivores); *Hipparion Protohippus* (Périssodactyles); *Mesopithecus* (Singes).

A l'époque pliocène apparaissent : *Ursus arvernensis* (Carnivores), *Tapirus, Pliohippus, Equus* (Périssodactyles), *Cervus, Bos* (Artiodactyles), *Mastodon arvernensis, Elephas meridionalis* (Proboscidiens).

                    FAUNE TERTIAIRE.

Examinons quelques-unes de ces formes.

Parmi les **Périssodactyles**, les Équidés forment une série continue (fig. 1077) :

Eohippus a 4 doigts bien développés, la taille d'un Renard, les membres massifs.

Epihippus, Mesohippus, Miohippus n'ont plus que 3 doigts, comme le *Palæotherium* du gypse parisien, mais leur taille est de plus en plus élevée (*P. magnum* avait la taille du Rhinocéros)). *Protohippus, Pliohippus* et *Hipparion* ont un doigt médian prédominant, les doigts latéraux (2 et 4) en régression notable ; ils se rapprochent du genre *Equus* (Cheval) qui apparaît dans le Pliocène et n'a plus que le doigt médian.

Les principaux genres **Artiodactyles** sont : *Anoplotherium*, de

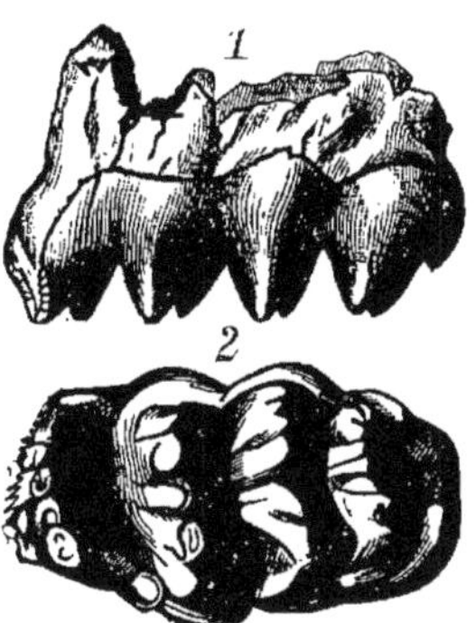

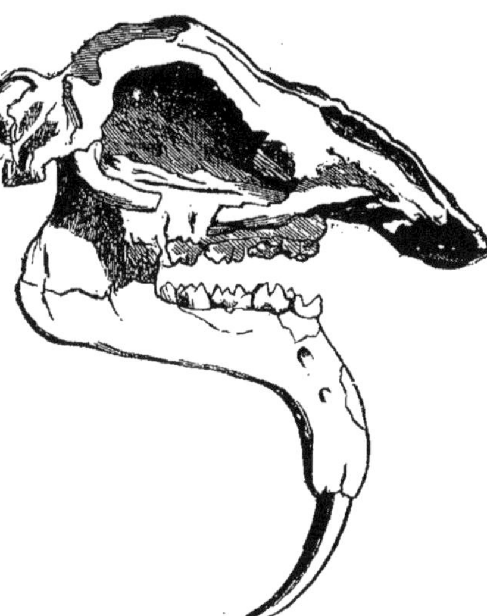

FIG. 1075. — Molaire de Mastodonte, vue de profil en 1, vue de face en 2.

FIG. 1076. — Crâne de *Dinotherium*.

la taille d'un Tapir, qui vivait au bord des cours d'eau et des lacs dans le bassin de Paris, avec le *Palæotherium* et le *Xiphodon*. Ce dernier avait un corps svelte porté sur de hautes pattes avec 2 doigts seulement (*X. gracile* avait la légèreté d'une Antilope). Le *Rhinoceros* et l'*Hippopotame* atteignent leur apogée à l'époque pliocène.

Les **Proboscidiens** sont représentés par les genres *Mastodon* et *Dinotherium*. — Le

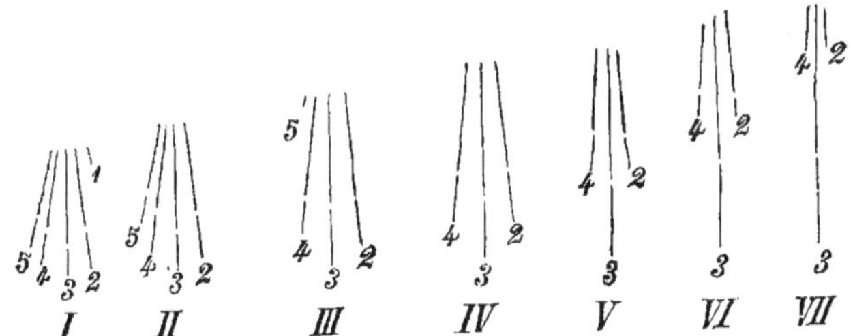

FIG. 1077. — Extrémité du membre chez les Chevaux américains fossiles ; I, *Eohippus* ; II, *Orohippus* ; III, *Mesohippus* ; IV, *Miohippus* ; V, *Protohippus* ; VI, *Pleiohippus* ; VII, Cheval. 1, pouce ; 2, 3, 4, 5, les autres doigts.

Mastodon angustidens avait 4 défenses peu recourbées (les incisives supérieures plus grandes que les inférieures) et des molaires hérissées de tubercules (fig. 1075).

Le *Dinotherium* atteignait 4ᵐ50 ; sa mâchoire inférieure seule possédait 2 fortes défenses recourbées vers le bas (fig. 1076). L'*Elephas meridionalis*, avec 2 défenses supérieures, apparaît à la fin du Pliocène.

Les **Carnivores** étaient nombreux en raison même de la multiplicité des formes herbivores.

Ce sont : *Machairodus*, Félin armé de puissantes canines à la mâchoire supérieure (fig. 1074). *Felis, Hyæna, Ursus arvernensis*, espèce plus robuste encore que les formes actuelles, etc.

Flore tertiaire.

L'*Éocène* comprend 2 phases au point de vue botanique : 1° l'*Éocène inférieur*, avec des Chênes, des Lauriers, de la Vigne, etc., attestant des conditions de végétation actuellement propres à la partie méridionale de la zone tempérée; 2° l'*Éocène moyen* et *supérieur* avec des Palmiers, des *Dracæna*, etc., qui indiquent une recrudescence de la chaleur.

Avec l'*Oligocène* apparaissent les *arbres à feuilles caduques* (Chêne, Érable, *Acacia*) associés à des espèces tropicales (Palmier, Camphrier). Puis les arbres à feuilles caduques prédominent sur les autres dans nos régions, indiquant l'existence d'une saison humide, relativement froide, succédant à une saison chaude.

A l'*époque pliocène*, le *Chamærops humilis* seul représente en France les Palmiers.

A. — ÉOGÈNE
(Règne des Nummulites).

Caractères généraux. — L'Éogène embrasse le temps qui s'est écoulé depuis la première transgression marine succédant à l'époque danienne jusqu'au moment où se prépara le soulèvement

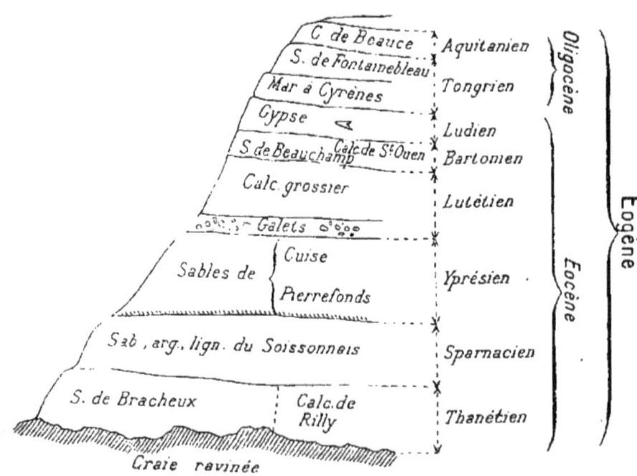

FIG. 1078. — Série tertiaire dans le Nord de la France.

définitif de la chaîne des Alpes; dans cet intervalle, les Pyrénées acquirent leur relief actuel.

L'Éogène correspond, en Europe, à une période de luttes entre les mers et les continents qui finirent par l'emporter; les formations sédimentaires y sont donc variées. Dans la région méditerranéenne au contraire, où régnait un calme relatif, se produisirent les *calcaires à Nummulites* caractéristiques de l'Éogène dans ce bassin qui s'étendait au S. jusqu'à la zone torride.

Les saisons n'étaient pas aussi accusées que de nos jours; l'hiver ne se faisait pas sentir avec sa rigueur actuelle, puisque Cocotiers, Palmiers, Camphriers et autres types de notre flore tropicale, prospéraient dans les bassins de Paris et de Londres. Les variations de température étaient modérées par le voisinage de la mer qui s'étendait, au N., des Pays-Bas à la Baltique, couvrait la Pologne, la Russie méridionale, longeait le Caucase au N., contournait l'Oural et gagnait l'Océan boréal par le bassin de l'Obi.

Divisions. — Le système éogène est partagé en 2 séries (fig. 1078) :

> 1° la série **éocène**, qui comprend tous les dépôts formés du début du Tertiaire au soulèvement des Pyrénées ; ces dépôts sont rangés dans les étages : **Thanétien, Sparnacien, Yprésien, Lutétien, Bartonien** et **Ludien** ;
> 2° la série *oligocène* qui comprend les étages **Tongrien** et **Aquitanien**.

Caractères paléontologiques. — Faune éogène. — Parmi les **Protozoaires**, les *Miliolites* comparables à des grains de millet, les *Alvéolines* fusiformes, les *Nummulites* pullulent principalement dans la région méditerranéenne.

Les **Mollusques** sont en très grand nombre. Les principaux *Gastéropodes* marins appartiennent aux genres : *Cerithium, Melania, Nerita, Fusus* (fig. 1079), *Conus, Turritella;* les genres d'eau douce sont : *Planorbis, Paludina* (fig. 1080), *Physa, Cyclostoma;* parmi ceux d'estuaire il convient de signaler *Potamides.* — Les **Lamellibranches** marins sont : *Cardita, Cardium, Lucina,* etc.; parmi ceux d'eau douce est le genre *Unio; Cyrena* vit dans les eaux saumâtres.

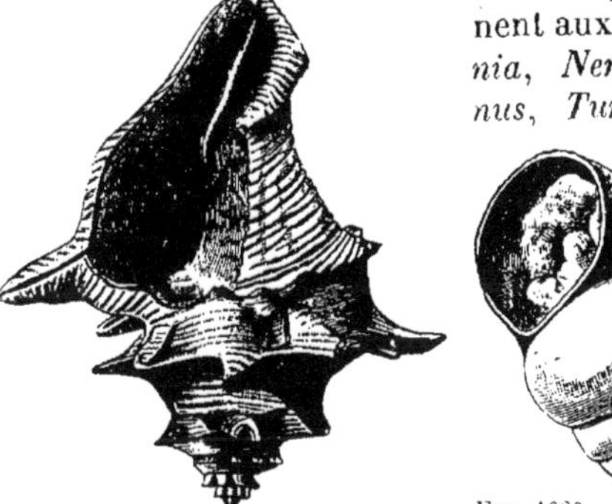

FIG. 1079. — *Fusus minax.*

FIG. 1080. — *Paludina aspersa.*

Toutes ces formes vivent encore actuellement.

Parmi les **Vertébrés** sont des Tortues, des Crocodiles, etc.; de grands **Oiseaux** màrcheurs (*Gastornis*), de nombreux **Mammifères** tels que : *Didelphys* (Marsupiaux); *Eohippus*, *Orohippus*, *Palæotherium*, *Lophiodon* (Périssodactyles) ; *Anoplotherium*, *Xiphodon* (Artiodactyles); *Arctocyon*, *Proviverra* (Carnivores), etc. On ne connaît pas encore de Proboscidiens à cette époque.

Flore éogène. — Elle comprend des **Algues** calcaires, des **Fougères** (*Osmunda*), des **Angiospermes** (Palmiers, *Nipadites*, *Dracæna*, Chênes, Lauriers, Figuiers, etc.). La flore éocène est plus pauvre que la flore oligocène.

Caractères stratigraphiques. — Nous étudierons séparément les 2 séries.

1° SÉRIE ÉOCÈNE

Les étages successifs de cette série sont :

1° dans l'Éocène inférieur : le **Thanétien** (de l'île anglaise de Thanet), le **Sparnacien** (d'Épernay) et l'**Yprésien** (d'Ypres en Belgique);

2° dans l'Éocène moyen : le **Lutétien** (de Lutèce ou Paris) et le **Bartonien** (de Barton en Angleterre);

3° l'Éocène supérieur ou **Ludien** (de Ludes).

On les trouve en divers points du **Bassin de Paris** (fig. 1081).

1° **Éocène inférieur.** — Au début de l'Eocène, la mer s'étendait de la Belgique sur la Flandre, l'Artois et la Picardie, s'avançait jusqu'à Beauvais, Pont-Sainte-Maxence, Soissons et Reims (fig. 1082); elle déposa, sur la craie ravinée, le **Thanétien** représenté par les *sables de Bracheux* (près de Beauvais) et les *sables de Jonchery* (près de Reims) avec *Cyprina scutellaria*, *Cucullæa crassatina*, *Cardita pectuncularis* (fig. 1083)[1].

A ce moment, aux environs de Reims, la communication avec la mer devint difficile ; aussi trouve-t-on déjà dans les sables de Jonchery, des Mollusques, d'estuaire (*Cyrena*) et d'eau douce (*Physa gigantea*, *Paludina aspersa*, fig. 1080) et même des espèces terrestres (*Helix hemisphærica*).

L'estuaire de Rilly, où aboutissait un large fleuve venant du continent par Sézanne, se ferma complètement et forma le lac où se déposa le *calcaire de Rilly*. A Sézanne même, l'ancien lit du fleuve est occupé par des galets alternant avec de petits lits calcaires, puis par des calcaires concrétionnés. Le *travertin de Sézanne*, particulièrement développé sur les rives du fleuve, indique qu'alors existaient en ces points des sources chargées de carbonate de calcium : le calcaire a englobé de nombreuses espèces fluviales (*Physa*, *Paludina*, *Astacus Edwardsii*, larves d'Insectes), des Cryptogames (*Marchantia*, *Fontinalis*, *Alsophila*, *Cyathea*), des fleurs et des fruits.

A Bracheux existait, à la même époque, une lagune où vécut *Ostrea bellovacina*.

---

1. La présence des Cyprines indique l'arrivée de courants froids dans la mer thanétienne.

Le **Sparnacien** correspond à un régime lagunaire. Certains points, émergeant à chaque instant du sein de la mer *plus étendue mais peu profonde*, multiplièrent les rivages habités par les Oiseaux (*Gastornis*) et les Pachydermes (*Coryphodon*). Les eaux

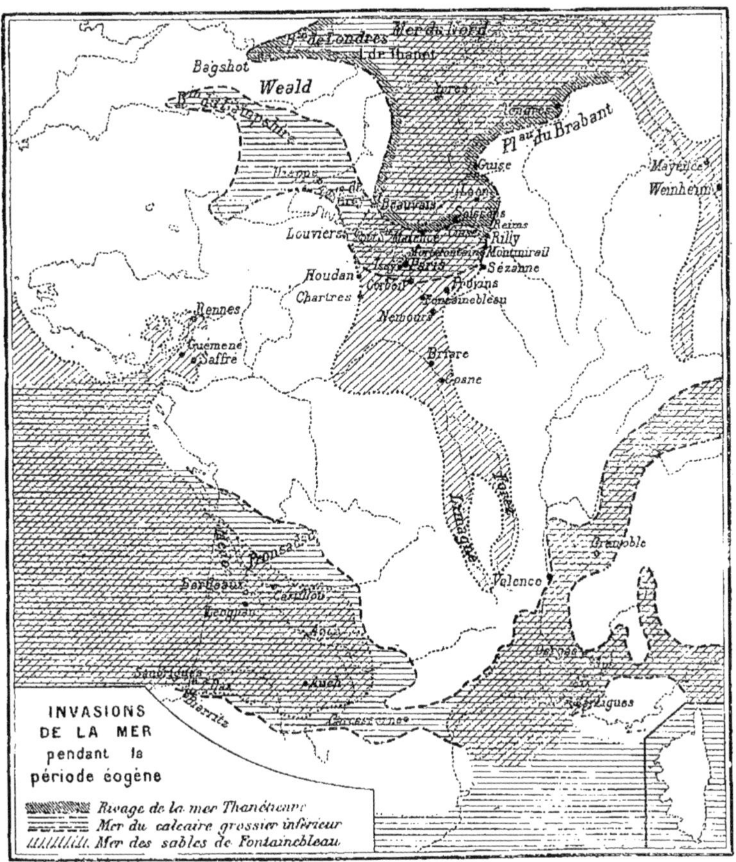

Fig. 1081. — Carte de la France pendant la période éogène.

douces étaient abondamment déversées dans les lagunes (Évreux, Beynes); certaines de ces lagunes devinrent des lacs d'eau douce (région parisienne); aussi la sédimentation sparnacienne fut-elle très variable. Dans le Soissonnais, les dépôts saumâtres de la base, avec *Melania inquinata*, *Cyrena cuneiformis* (fig. 1084), sont composés d'argiles bleues où s'intercalent des sables et des lignites riches en Dicotylédones et pénétrés de pyrite de fer (*sables, argiles et lignites du Soissonnais*, fig. 1085).

A Issy, près de Paris, se trouve une couche épaisse d'*argile plastique* ligniteuse, recouvrant le *bombement de Meudon* (fig. 1086). — L'argile plastique, plus pure à Montereau où on l'exploite pour la fabrication de la porcelaine, semble un dépôt de sources ; plus à l'O., elle est pénétrée de galets (*poudingue de Nemours*).

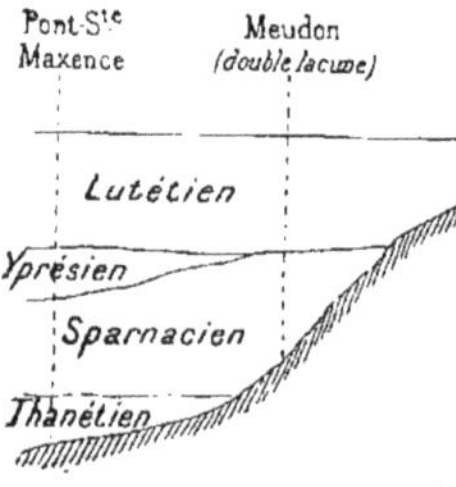

Fig. 1082. — Coupe de l'Éocène inférieur et moyen au nord de Paris.

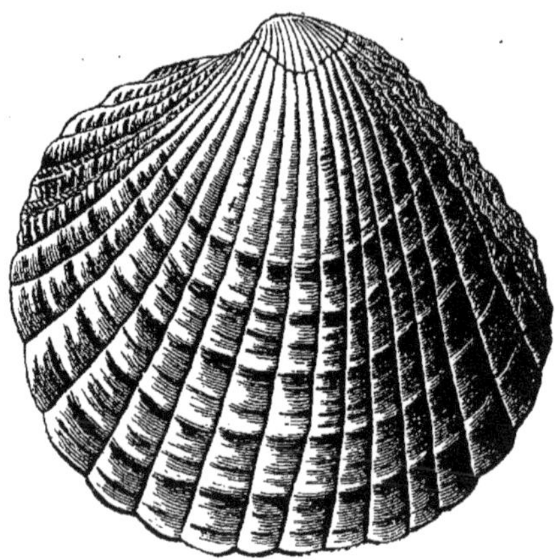

Fig. 1083. — *Cardita pectuncularis*.

L'Yprésien correspond à une nouvelle invasion marine qui, parvenant jusqu'à Saint-Denis, a déposé des sables

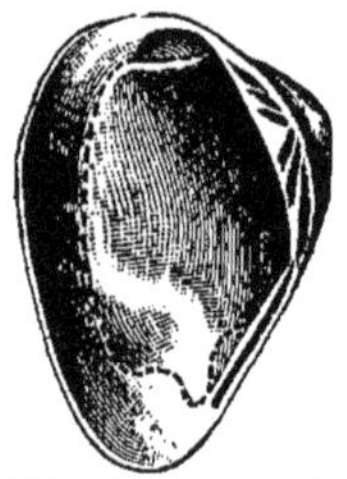

Fig. 1084. — *Cyrena cuneiformis*.

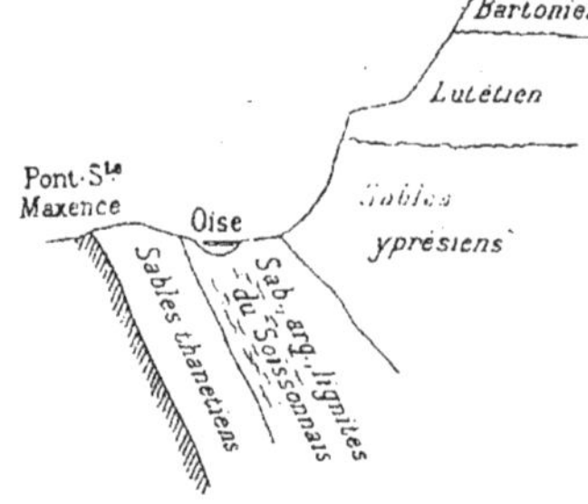

Fig. 1085. — Coupe de l'Éocène à Pont-Sainte-Maxence.

avec les premières Nummulites (*N. planulata*), *Turritella edita*, *Cyrena gravesi*. Ces sables se trouvent à Aizy, Pierrefonds et *Cuise* dans l'Oise ; une couche d'argile les recouvre en divers points.

Les *argiles d'Ypres* sont contemporaines des *sables de Cuise*.

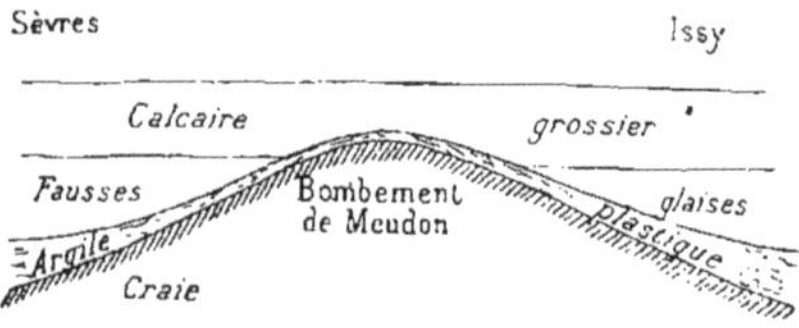

Fig. 1086. — Coupe de l'Éocène à Meudon.

2° Éocène moyen. — Avec le **Lutétien** se produisirent des changements importants dans la configuration des continents :

La mer lutétienne s'avança, en forte transgression, à l'O. jusqu'à Gaillon et Houdan, dépassa Paris au S. et couvrit une partie de la Champagne à l'E. Des courants, venant du Midi et contournant l'Angleterre à l'O., pénétraient dans les mers septentrionales et y amenaient des formes spéciales, notamment *Nummulites lævigata* (fig. 1087).

Les courants rapides du début ont raviné l'Yprésien, déposant un cordon de galets de quartz qui forment la base du Lutétien, puis des calcaires détritiques à *N. lævigata*, *Ostrea gigantea*, *Cardium porulosum*. Dans les eaux devenues plus calmes se formèrent

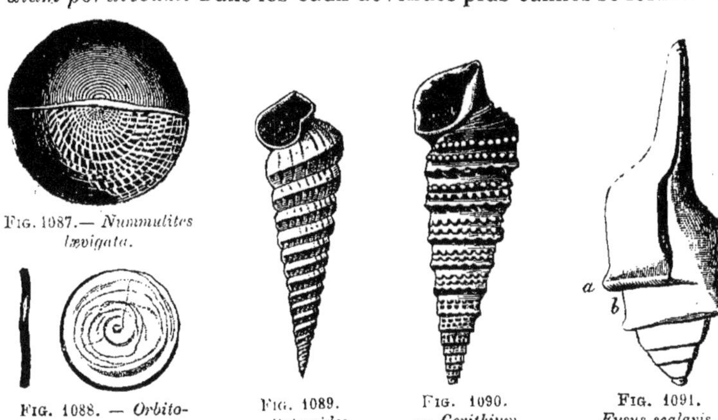

FIG. 1087.— *Nummulites lævigata.*

FIG. 1088. — *Orbitolites complanata* (vue de profil et de face).

FIG. 1089. — *Potamides lapidum.*

FIG. 1090. — *Cerithium mutabile.*

FIG. 1091. *Fusus scalaris.*

dès lors . le *calcaire grossier* à *Cerithium giganteum* (fig. 1072) et *Turritella imbricataria;* le *calcaire à Miliolites* où l'*Orbitolites complanata* prit son maximum de développement (fig. 1088).

Les calcaires reposent directement sur le Sparnacien dans la carrière d'Issy; ils sont exploités depuis longtemps aux environs de Paris, comme matériaux de construction (catacombes).

Après le dépôt des calcaires à Miliolites, certains îlots peu élevés émergèrent (emplacement du palais du Trocadéro, par exemple) et dans les lagunes voisines se déposèrent les *marnes* et *calcaires à Potamides lapidum* (fig. 1089) et *Lucina saxorum*.

On trouve à ce niveau, dans le Soissonnais, de petits bancs lacustres à *Planorbis pseudo-ammonius;* à Provins existait alors un grand lac où se déposèrent des calcaires d'eau douce.

Avec le **Bartonien**, la mer couvre à deux reprises différentes la région parisienne, déposant successivement : les *sables de Beauchamp* à *Cerithium mutabile* (fig. 1090), *Fusus scalaris* (fig. 1091) et *F. minax*, recouverts d'un calcaire d'eau douce à Ducy; puis les *sables de Mortefontaine* avec *Fusus subcarinatus* et *Cerithium Cordieri* surmontés du *calcaire de Saint-Ouen* à *Lymnæa longiscala* (fig. 896). Des *sables* recouvrent au parc *Monceau* et à l'E. de Paris le calcaire de Saint-Ouen (fig. 1092).

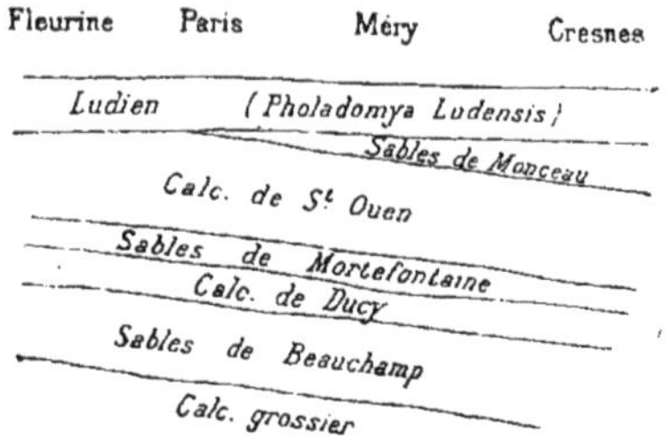

Les calcaires de Ducy et de Saint-Ouen correspondent à des moments où le bassin de Paris, très plissé, était couvert de lagunes ; les unes ont été presque complètement dessalées par les eaux douces qu'y déversaient les fleuves ; les autres, qui ne recevaient aucun cours d'eau, se sont rapidement desséchées par évaporation en déposant du gypse, ainsi que cela avait eu lieu déjà dans le Lutétien :

Fig. 1092. — Coupe schématique de l'Éocène moyen et supérieur aux environs de Paris.

Dans bien des points, les cristaux de gypse ont été dissous dans la suite et remplacés par de la silice ou de la fluorine (*pseudomorphose* du gypse en silice).

Le pays de Bray a subi un plissement après le Lutétien ; son axe était occupé par un anticlinal, falaise que la mer bartonienne a rasée jusqu'à la craie en s'étendant à l'O.

3° **Éocène supérieur** ou **Ludien**. — A cette époque, le bassin de Paris comprend deux régions séparées par une ligne de barrières à peu près insignifiantes et d'ailleurs maintes fois interrompues ; cette ligne, parallèle à la Marne, passait un peu au S. de cette rivière. Dans la région N.-O., occupée par de vastes *lagunes*, se sont déposés : les marnes à *Pholadomya ludensis*, puis des lits marneux alternant avec des bancs de gypse ; dans la région S.-E., occupée par des *lacs d'eau douce*, s'est formé un épais amas de calcaire (*travertin de Champigny*).

Le maximum de dépôt du gypse a eu lieu à Paris (Montmartre) et dans ses environs (Argenteuil) où les couches atteignent jusqu'à 30 mètres d'épaisseur : ce qui semble indiquer qu'un synclinal existait alors le long de la ligne de contact des formations marines (N.-O.) et des formations d'eau douce (S.-E.). Au milieu de ces masses gypseuses importantes ont été trouvés les *Palæotherium, Anoplotherium, Xiphodon*, etc., restaurés par Cuvier.

Le gypse abondant au centre de la lagune, diminue d'importance à mesure qu'on se rapproche de ses bords ; à Pont-Sainte-Maxence, à Neauphle-le-Château, les marnes ludiennes sont presque totalement dépourvues de gypse.

2° SÉRIE OLIGOCÈNE

Elle comprend le **Tongrien** (de Tongres, dans le Limbourg) et l'**Aquitanien**.

Les Pyrénées se sont soulevées déjà ; le Plateau Central est le siège de plissements accompagnés des dépressions qui forment aujourd'hui les vallées de la Loire et de la Limagne. La mer **tongrienne**, comme contrecoup de pareils bouleversements, couvre le N. de l'Europe, envahit à deux reprises le bassin de Paris, pénètre jusque dans les grandes fractures du Plateau Central et de la vallée du Rhin.

Le **Tongrien** *inférieur* est représenté, au centre de la lagune parisienne (environs d'Argenteuil), par des marnes bleues supra-gypseuses à *Cyrena convexa, Cerithium trochleare*, etc.; puis par des marnes vertes peu fossilifères et du gypse, qui se sont déposés en eaux peu profondes et très con-centrées; enfin par des argiles à *Cytherea incrassata, Cerithium plicatum, Natica crassatina* (fig. 1093), etc., toutes formations marines ou sau-mâtres.

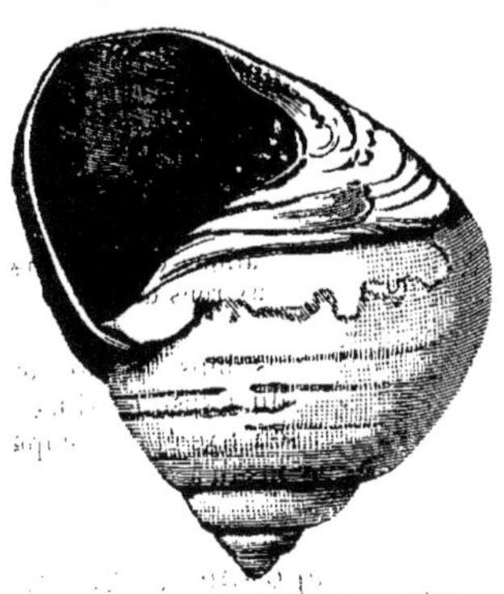

Fig. 1093. — *Natica crassatina.*

Sur les bords de la lagune se trouvaient des lacs (lac de Brie notamment) où se sont formés des dépôts variés d'eau douce : *calcaire de Brie, meulière de la Ferté-sous-Jouarre et d'Étampes, travertin de Briare et de Cosne*, etc.

Alors se produit, dans le bassin de Paris, l'invasion la plus consi-dérable de la mer éogène (mer des *Sables de Fontainebleau*), qui pénètre jusqu'au delà de l'Orléanais et dépose les assises du **Tongrien** *supérieur* visibles à Argenteuil : marnes à *Ostrea cyathula* et *longirostris*, puis *sables de Fontaine-bleau* couronnés ordinairement par des grès (forêt de Fontaine-bleau, environs d'Étampes).

La côte Saint-Martin à Étampes (fig. 961) présente, au-dessus du calcaire de Brie, les sables de Fontainebleau fort développés avec divers horizons fossilifères :

Horizon de Jeurre à *Ostrea cyathula, Natica crassatina, Cerithium trochleare*, etc. ;

Horizon de Morigny à *Lucina Heberti, Pectunculus obovatus ;*

Horizon de Pierrefitte à *Cardita Bazini, Potamides Brongnarti*, etc.

Au-dessus sont des sables pénétrés de grès en divers points, puis un calcaire lacustre avec *Potamides Lamarcki* (fig. 1094), et divers autres Mollusques d'eau douce. La présence des *Potamides Lamarcki* indique que nous approchons de la fin d'un régime marin ; à Étampes, en effet, s'isolait un lac à cette époque, tandis que non loin de là, à Ormoy, se déposaient des sables marins contemporains du calcaire lacustre.

Fig. 1094. — *Potami-des La-marcki.*

Avec l'**Aquitanien,** la mer éogène atteint son étendue minimum dans l'Europe septentrionale. Le bassin de Paris, communiquant avec la mer au début, renferme ensuite un vaste lac dont les eaux sont encore un peu salées. Il s'y dépose : à la base, le *calcaire de Beauce* à *Helix Ramondi ;* au sommet, le *calcaire de l'Orléanais* à *Planorbis solidus :* entre ces deux formations, on trouve en certains points la *mollasse du Gâtinais* consistant en sables et en argiles qu'une incursion marine passagère y a déposés.

A Ormoy ce sont des *meulières* qui représentent le calcaire de Beauce.

Après le dépôt du calcaire de l'Orléanais, des plissements ont produit la coupure occupée actuellement par la Loire; le lac de Beauce s'est vidé par là et désormais le bassin de Paris est émergé (fig. 1095).

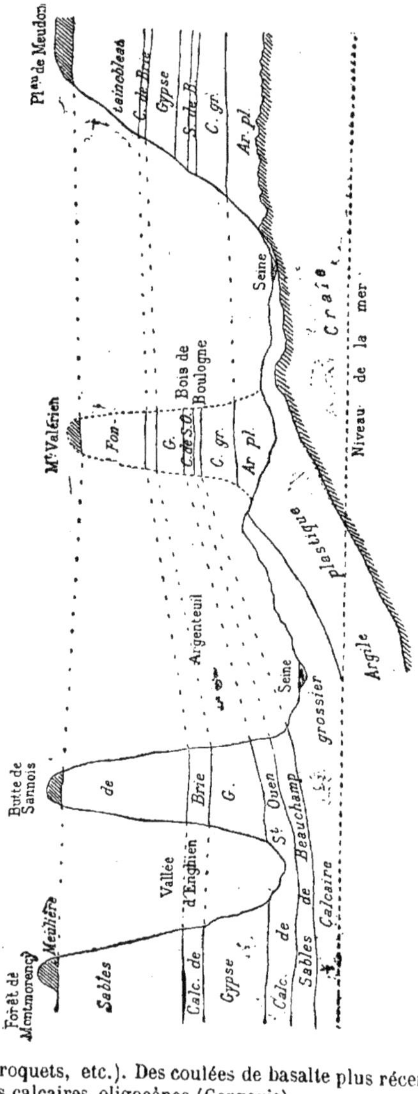

Dans le **Plateau Central**, les vallées de la Loire (Velay) et de la Limagne ont été envahies, à l'époque tongrienne, par les eaux provenant du bassin de Paris(?); ces eaux ont d'abord démantelé les roches anciennes que des fractures récentes avaient mises à nu; elles ont formé, à leurs dépens, des *arkoses* et des argiles (résultat de la désagrégation des feldspaths).

Puis les eaux saumâtres devenues plus calmes ont déposé, au milieu des arkoses, des lits calcaires avec *Potamides Lamarcki*; enfin, dans les eaux totalement dessalées et réparties en lacs plus ou moins nombreux, se sont formés les calcaires aquitaniens à *Helix Ramondi*, à *Melania aquitanica*; en outre, on trouve sur les bords de ces lacs une foule d'ossements de Mammifères et d'Oiseaux (Chéiroptères, Rongeurs, Carnassiers, Ruminants, Aigles, Chouettes, Colombes, Cigognes, Canards, Perroquets, etc.). Des coulées de basalte plus récent recouvrent en maints endroits les calcaires oligocènes (Gergovie).

FIG. 1095. — L'Éogène à Paris (les hauteurs ont été considérablement exagérées).

Répartition de l'Éogène sur le globe. — **Europe septentrionale.** — Les invasions marines dont le bassin de Paris a été le siège se faisant par le N., le caractère de l'Éogène en **Belgique** est plus franchement marin que celui de l'Éogène parisien dont il diffère peu cependant : les sables de Cuise y sont remplacés par l'*argile d'Ypres* (argile des Flandres), et le calcaire grossier par des sables calcarifères qu'amenaient des courants trop rapides pour permettre la formation de ce calcaire (aussi les fossiles y sont mal conservés).

En **Angleterre** existaient alors 2 bassins séparés par la région du Weald : le *bassin de Londres* au N.-E., et le *bassin du Hampshire* au S.-O. La mer de Londres communiquait directement avec la mer belge tandis que le bassin du Hampshire, émergé au début de l'Éogène (époque thanétienne), communiqua ensuite avec le bassin de Paris par un couloir établi sur le pays de Bray.

La correspondance suivante peut être établie entre les étages parisiens et les couches temporaires de l'Éogène dans les 2 bassins anglais :

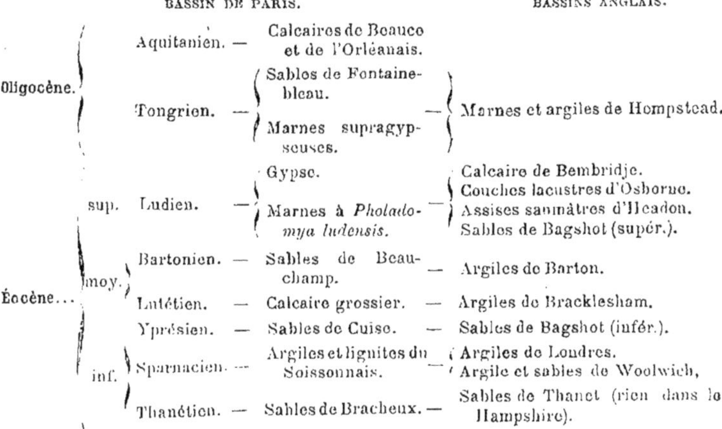

On trouve, au **Danemark**, des argiles éocènes à *Astartes* déposées par les courants froids qui traversaient le synclinal E.-O., s'étendant du bassin anglo-belge à la plaine du S. de la Baltique. Dans cette dernière région, on remorque les *sables de Tongres* contemporains de notre gypse ludien ; au-dessus s'étend un vaste dépôt de *lignites* dus à la décomposition des Conifères nombreuses dans les forêts septentrionales[1].

La mer tongrienne a pénétré à cette époque, par la récente coupure de la vallée du Rhin, dans le **bassin de Mayence** et de là jusqu'en **Suisse** ; elle y a abandonné les *sables de Weinheim* et d'*Elsheim*, puis des lits alternativement marins et saumâtres recouverts par l'Aquitanien, de facies variable suivant les points où il est étudié.

Dans la **Russie** méridionale, au voisinage du lac d'Aral et dans le bassin de l'Obi en **Sibérie**, se trouvent aussi des dépôts oligocènes.

Aquitaine et Bretagne. — Quand on descend des points élevés des Pyrénées par le versant N. jusque dans le bassin d'Aquitaine, on trouve, dans les Basses-Pyrénées par exemple, sur les couches crétacées supérieures, des calcaires à Miliolites puissants, des calcaires yprésiens à *Nummulites planulata* et *Alveolina oblonga*, puis des marnes et des *calcaires* à Nummulites diverses, particulièrement bien développés à Biarritz (calcaires ludiens à *N. Biarritzensis* et *intermedia*). On voit plonger toutes ces assises nummulitiques sous le *poudingue de Palassou*, conglomérat dû à l'**Exhaussement progressif des Pyrénées.**

---

1. Ces plantes ont sécrété beaucoup de *succin* disséminé aujourd'hui dans les sables du littoral de la Baltique.

La mer, se précipitant contre le rivage, y forma de véritables barrages de galets qui isolèrent de la pleine mer une série de lacs en bordure le long de la chaîne montagneuse en voie de soulèvement ; sur les rivages de ces nappes lacustres vécut le *Palæotherium* dont on a retrouvé des restes abondants dans le poudingue de Palassou.

Sur ce conglomérat redressé reposent les couches oligocènes horizontales. *Le soulèvement des Pyrénées marque donc la limite de l'Éocène et de l'Oligocène*

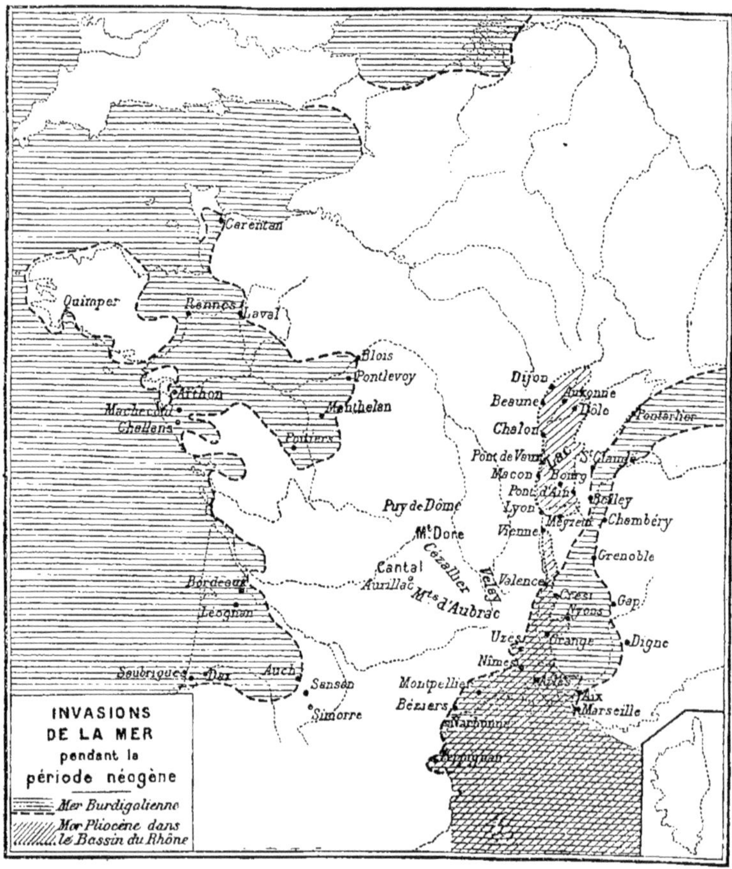

FIG. 1096. — Carte de la France pendant la période néogène.

en Aquitaine : il a coïncidé avec l'obstruction du canal du Languedoc de telle sorte que le bassin d'Aquitaine ne communique plus avec la Méditerranée à partir de ce moment.

Les couches oligocènes sont particulièrement bien développées au N. du bassin, dans le Médoc ; on y voit reposer sur les couches éocènes à *Palæotherium :* la *mollasse du Fronsadais à Xiphodon gracile*, le *calcaire de Castillon* contemporain du calcaire de Brie, le *calcaire à Astéries* correspondant aux sables de Fontainebleau, enfin des couches alternatives de calcaire et de molasse dues à une lutte entre la mer et le continent qui va émerger définitivement.

A l'E. se trouvait un grand lac où se forma le *calcaire* blanc et gris *de l'Agenais*.

La mer éocène s'étendait d'Aquitaine en **Bretagne** où elle forma des golfes profonds au N. de l'estuaire actuel de la Loire, ainsi que l'indique la carte ci-jointe (fig. 1096). A l'époque oligocène, l'une de ces baies pénétra jusqu'à Rennes et y déposa des argiles bleues à *Natica crassatina*, du calcaire à Cérithes (*C. trochleare, plicatum*, etc.), des couches saumâtres à *Potamides Lamarcki*, enfin des couches lacustres à *Planorbis cornu.*

Régions alpine et méditerranéenne. — Une coupe schématique s'étendant des Alpes à la Tunisie, par exemple, nous montre que, dans la région alpine comme en Afrique, se trouvaient des synclinaux E.-O. séparés par un anticlinal émergé occupant, *au début de l'Éocène,* l'emplacement actuel de la Méditerranée. Au fond de ces synclinaux surtout, on remarque des sédiments crétacés et les premiers dépôts tertiaires. Pendant l'Éocène moyen, la mer s'est retirée plus au S. de l'Europe où le *terrain nummulitique* a pris, **de l'Espagne à l'Himalaya,** un si remarquable développement sous la forme de calcaires et de grès à Nummulites

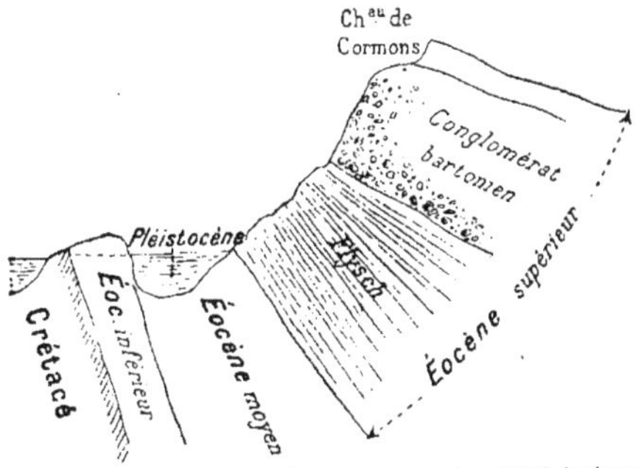

Fig. 1097. — Coupe de l'Éocène au nord de l'Adriatique.

(*N. lærigata* dans l'Éocène inférieur des Alpes vénitiennes : *N. perforata, complanata*, etc., dans l'Éocène moyen des environs de Trieste et du Vicentin en Italie), de couches à *Alvéolines*, de calcaires à *Orbitoïdes* (Éocène supérieur du Véronais, du Vicentin, des environs de Pesth en Hongrie).

L'étude géologique de la région que baigne l'Adriatique à l'E. et au N. (**Dalmatie, Istrie, Frioul, Vicentin, Véronais,** fig. 1097 et 1098) y fait connaître l'existence de bandes tertiaires plus ou moins détruites par une érosion ultérieure. La disposition de ces bandes indique qu'une grande dépression

Fig. 1098. — Principaux îlots tertiaires au N.-E. de l'Italie. — 1. Istrie. — 2. Frioul. — 3. Alpago. — 4. Bellunais. — 5. Bassanais. — 6. Versant S. des Sett-Communi. — 7. Vissentin. — 9. Monts Euchanéens. — 10. Véronais. — 11. Trentin.

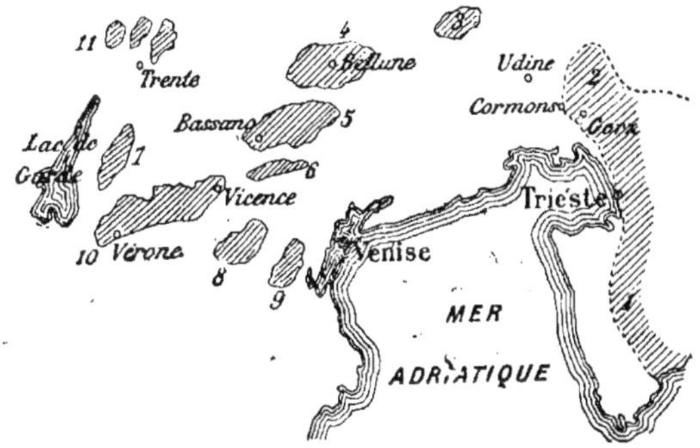

existait alors, à peu près parallèle à l'axe de l'Adriatique, dépression envahie par la mer qui y a déposé l'Éocène inférieur et moyen ; puis *des mouvements importants du sol,* coïncidant avec les plissements pyrénéens, *ont déterminé la formation de l'Adriatique et le dépôt du flysch* (assises puissantes de grès et de schistes sans fossiles, attestant une sédimentation fort troublée).

Ce faciès flysch, absent dans le Véronais et le Vicentin, est plus accusé dans le Bellunais, au voisinage des Alpes et dans le Frioul.

A l'époque oligocène, le Frioul était émergé ; mais la mer pénétrait encore en Dalmatie et dans le Vicentin où elle déposa des marnes et des calcaires marneux

A l'O. de la Méditerranée, les environs d'Aix en **Provence** présentent une série tertiaire composée de marnes rouges, puis de sables et d'argiles bariolées avec quelques bancs calcaires intercalés ; au sommet se trouvent des gypses oligocènes, tandis qu'à la Débruge, près d'Apt, sont des marnes à lignites riches en ossements de *Palæotherium*, de *Xiphodon* et d'*Anoplotherium*.

A l'E., la mer éogène s'étendait en **Hongrie** par une série de synclinaux longeant les Alpes. Sur les argiles crétacées déposées dans la vaste lagune hongroise, la mer éogène a formé les couches tertiaires suivantes : marnes et argiles à la base, puis calcaires à *N. lævigata* et *perforata*, calcaires à *Orbitoïdes* (calcaires de Bude), enfin marnes ludiennes de Bude. Ces dépôts sont particulièrement importants dans la Forêt baconienne et dans le Comitat de Gran, à l'O. et au N. de Buda-Pesth.

Parmi les synclinaux où se sont formés les dépôts nummulitiques, de l'**Algérie** à l'**Égypte**, on peut signaler deux bandes importantes : l'une qui s'étend du S. de Nemours à Tunis ; l'autre passant au S. de Batna et de Constantine, qui se dirige vers le Sahara.

On reconnaît également le terrain nummulitique en **Syrie**, en **Perse** et jusque dans l'**Asie centrale**. [L'Asie Mineure a émergé à la fin de l'Éocène.]

Amérique. — L'Éogène y est représenté, surtout : dans les Montagnes Rocheuses par une assise lignitifère de 600 à 1 200 mètres de puissance appelée *groupe de Laramie* ; puis par des sables où des fossiles d'eau douce sont mélangés à des espèces saumâtres. Il est difficile de séparer ici le Tertiaire du Crétacé, tant au point de vue stratigraphique que par l'examen des fossiles.

B. — NÉOGÈNE

Caractères généraux. — La période néogène, qui débute par une grande transgression de la mer dans la région méditerranéenne, voit s'élever le massif des Alpes avec le relief qu'il possède aujourd'hui (abstraction faite des modifications dues à l'érosion) ; le détroit de Gibraltar s'ouvre et la Méditerranée adopte peu à peu sa configuration actuelle. Les grands Mammifères présentent des formes encore plus variées (les Proboscidiens datent de cette période), tandis qu'à l'autre extrémité de la série animale, les Nummulites subissent une décroissance profonde.

La faune et la flore évoluent et se répartissent de telle sorte qu'elles s'identifient au monde organique actuel. La *fin de l'ère tertiaire coïncide avec l'apparition de l'Homme sur la Terre.*

Divisions. — Le système néogène se divise en 2 séries :

1° La *série miocène* comprenant les étages : **Burdigalien, Helvétien, Tortonien, Sarmatien** et **Pontien;**

2° La *série pliocène* comprenant les étages : **Plaisancien, Astien** et **Sicilien.**

Les 2 époques sont séparées par le mouvement qui a eu pour conséquence l'ouverture du détroit de Gibraltar ; **pendant l'époque miocène s'est produit le soulèvement des Alpes.**

Caractères paléontologiques. — Faune néogène. — Parmi les **Protozoaires**, les *Nummulites* et les *Orbitoïdes* ne sont plus représentées que par de rares espèces ; le genre *Orthophragmina* disparaît avec le Miocène.

Les genres *Clypeaster* et *Scutella* sont les **Échinodermes** les plus communs dans le Néogène méditerranéen.

Diverses formes d'**Insectes** dont un grand nombre existent encore aujourd'hui pullulent sur les continents et dans les eaux douces des lacs et des étangs (faunes d'Œningen et de Radoboj).

Les **Mollusques** sont également abondants et les *faluns* de Touraine (dépôts coquilliers de rivage) permettent d'en recueillir les espèces variées, à Mantelan et Pontlevoy en particulier.

Parmi les **Vertébrés**, les *Oiseaux* et les *Mammifères* appellent l'attention.

Dans le Miocène, la faune ornithologique a subi des modifications en rapport avec le changement de climat. Très abondants dans le Miocène inférieur de la Limagne où existaient des lacs et des îlots avec de multiples rivages, les *Oiseaux* indiquent, par les espèces qui se succèdent en France jusqu'à la fin du Pliocène, que la température moyenne s'abaisse ; les formes tropicales abandonnent nos régions ; le Canard, l'Oie, le Faisan, le Coq y font leur apparition ainsi que les **Ratites** (Autruche, Casoar, Nandou).

La faune des *Mammifères*, plus riche que celle de l'Oligocène, comprend : parmi les **Périssodactyles**, les genres *Hipparion*, *Miohippus*, *Pliohippus*, le Rhinocéros ; parmi les **Artiodactyles**, le Cerf, l'Antilope, le Bœuf, etc. ; parmi les **Proboscidiens**, le Mastodonte, le *Dinotherium* et l'Éléphant (*Elephas meridionalis*) ; des **Carnassiers** redoutables comme *Machairodus*, le Lion, la Loutre, le Chien ; des **Rongeurs**, des **Cheiroptères** ; les **Singes** des genres *Pliopithecus* et *Dryopithecus*.

Flore néogène. — Les arbres à feuilles caduques sont de plus en plus abondants : d'où il existe une saison humide relativement froide ; les Palmiers, si abondants pendant toute la période éogène en France, y deviennent rares, puis disparaissent sauf le *Chamerops humilis* qui a persisté sur le littoral méditerranéen.

Caractères stratigraphiques. — Envisageons successivement les 2 séries.

1° SÉRIE MIOCÈNE

Les étages successifs qu'elle comprend sont : le **Burdigalien** (de Bordeaux), l'**Helvétien** (de *Helvetia*, Suisse), le **Tortonien** (de Tortone, Italie), la **Sarmatien** (de la Sarmatie) et le **Pontien** (de la région de Pont, Russie méridionale).

Bassins de Paris et d'Aquitaine. — Nous avons vu, à la fin de l'Oligocène, le lac de Beauce se dessécher en vidant ses eaux dans le détroit qui, séparant déjà la Bretagne de la Vendée, subit un nouvel abaissement.

Le **bassin de Paris** constitue désormais un continent sur lequel coulent de grands cours d'eau torrentiels issus principalement du Plateau Central. Ces cours d'eau ont un régime et un emplacement fort variables; ils sont anastomosés en un réseau qui baigne de nombreux îlots où vivent les Mammifères, et se dirigent généralement vers l'O. A cette époque s'effectue le dépôt des *Sables de l'Orléanais* : ces graviers qui résultent de l'érosion des terrains cristallins du Plateau Central, sont déposés sur le calcaire de Beauce raviné et creusé de poches remplies de sable. On y trouvera les ossements de *Mastodon angustidens*, de *Dinotherium*, de *Rhinoceros*, d'*Anthracotherium*, etc.

Sur une étendue restreinte de l'Orléanais, on trouve le *calcaire lacustre de Montabuzard* à *Melania aquitanica*.

Puis se sont déposés les *sables de la Sologne*, moins grossiers que les précédents et charriés par des cours d'eau moins rapides; mais ces sables sont pénétrés de feldspath et d'argile qui les rendent à peu près imperméables et causent la stérilité de la plaine de la Sologne.

Alors le synclinal breton subit un nouvel abaissement, tandis que s'exhausse la partie orientale du bassin de Paris. La mer miocène venant de l'O. par l'emplacement actuel de l'estuaire de la Loire, s'avance jusqu'aux portes de Blois (fig. 1096); elle forme le golfe de Poitiers au S., et gagne la Manche au N., par le bassin de Rennes. [La Bretagne devient une île entamée par des lagunes]. De cette époque datent: les *faluns helvétiens de Touraine* à *Murex Turonensis* (fig. 1073), *Pyrula condita*, *Lucina columbella* (fig. 1099), etc., exploités à Manthelan et

Fig. 1099. — *Lucina columbella.*

Pontlevoy; puis les *faluns du Maine et de l'Anjou* à *Ostrea crassissima* surmontés de marnes noduleuses. La mer a définitivement évacué le bassin de Paris.

En Aquitaine, la mer miocène s'avance jusqu'à Auch en un

large golfe où se déposent successivement : les *faluns de Bordeaux et de Léognan* à *Fusus burdigalensis* (fig. 1100), *Proto cathedralis* (fig. 1101), etc. ; les sables helvétiens à *Cardita Jouannetti*, les faluns de Saubrigues. Le fond du golfe était bordé de lacs où se sont formés les *calcaires de Sansan* et de *Simorre* surmontés d'une mollasse marine à Lectoure.

Fig. 1100. — *Fusus burdigalensis.*

Au N. de l'Europe, on ne trouve pas de Miocène, sauf dans le synclinal d'**Anvers** qui renferme des sables (*Crag noir*) à *Chenopus pespelicani*, *Venus multilamellosa*, dents de *Carcharodon*, etc. Donc la mer miocène du N. s'est maintenue en régression ; elle renfermait une faune froide où sont représentés les Phoques et les Cétacés.

En **Allemagne du N.**, les formations contemporaines sont des gisements de lignite (Schleswig, Mecklembourg, Poméranie, Brandebourg, Westerwald).

Région méditerranéenne et Europe centrale. — Dans le **Bassin du Rhône**, la mer **burdigalienne** couvrait une partie de la Provence, du Dauphiné

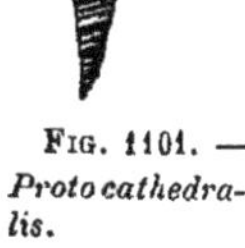

Fig. 1101. — *Proto cathedralis.*

et de la Savoie (carte 1096), parvenait jusqu'à Pontarlier et s'étendait en Suisse sur le versant N. des Alpes. Elle déposa, dans la vallée inférieure du Rhône (Saint-Paul-Trois-Châteaux), une mollasse plus ou moins arénacée à *Scutella paulensis*, contemporaine des sables et calcaires à *Ostrea crassissima* du Dauphiné.

Alors se produisit la grande transgression de la mer **helvétienne** qui couvrit la vallée actuelle du Rhône en y déposant une mollasse à *Scutella subrotunda* ; des sables **tortoniens** et des argiles bleuâtres recouvrent la mollasse ; enfin des sédiments d'eau douce représentent le **Sarmatien** (marnes blanches, calcaire lacustre et *limon rouge à ossements* de Mammifères herbivores *du Mont Luberon*).

Vers la fin du Miocène, la vallée du Rhône fut à nouveau envahie par la mer **pontique** qui, venant de l'Europe orientale, couvrit les Apennins et déposa les *assises à Congéries* de Vaucluse.

En **Suisse**, le Miocène inférieur consiste en une *mollasse d'eau douce* formée dans des lagunes dessalées, en faible communication avec la mer et recevant des torrents des Alpes ; avec la transgression de la mer helvétienne, la Suisse subit le maximum d'immersion et la *mollasse* marine *de Saint-Gall* vient recouvrir le versant N. de **la chaîne des Alpes** qui **s'exhausse et acquiert son relief définitif à l'époque tortonienne.** Dès lors, la mer se retire, les torrents qui descendent des Alpes charrient sables et galets, accumulés dans les lacs situés au pied des montagnes (origine de la *nagelfluh*). Une *mollasse d'eau douce* supérieure et des *lignites* se forment dans les lacs suisses qui commencent à se dessiner.

Dans le lac miocène d'Œningen (près de Constance) se sont déposées des lamelles calcaires avec de nombreuses empreintes de végétaux (Érables, Peupliers, Noyers, etc., des Insectes et des Poissons.

La mollasse s'observe également en **Bavière**.

Passons de là dans le **Bassin autrichien**. Celui-ci se divise en deux parties : le *bassin intraalpin*, limité à l'O. par les Alpes de Styrie, de Carinthie et de Carniole, s'étendant sur la partie orientale de l'Autriche ; le *bassin extraalpin*, au N. du premier, compris entre les Alpes, les Karpathes et le plateau de la Bohême, s'étendant sur la Basse-Autriche, une partie de la Moldavie, la Galicie, etc. les 2 bassins, séparés lors de l'Oligocène, entrent en communication pendant le Miocène, grâce aux effondrements survenus entre les Alpes et les Karpathes ; dans cette dépression passe aujourd'hui le Danube, de Vienne à Presbourg.

Au début du Miocène se sont déposés, près d'Eggenburg (au N.-O. de Vienne), des sables surmontés d'argiles et de calcaires marins à *Fusus burdigalensis* : avec la solution de continuité survenue dans la chaîne alpine, la mer du bassin intraalpin communique avec le bassin du N. et des argiles bleues (*schlier*) se déposent sur tout le versant N. des Alpes et des Karpathes, de la Bavière à la Transylvanie et la Valachie. Puis apparaissent des lagunes d'évaporation avec dépôt de sel gemme et gypse.

De cette époque datent les gisements de Wieliczka en Galicie et de Parajd en Transylvanie.

La chaîne des Alpes surgit et refoule la mer vers les plaines où se dépose le Tortonien. Cet étage est calcaire avec une faune chaude à *Clypeaster* dans le bassin de la Leitha ; il est argileux à Baden avec une faune froide, océanique, à Pleurotomes.

Les espèces de cette faune devaient pénétrer de l'Océan dans la Méditerranée par le détroit Nord-Bétique (vallée du Guadalquivir) et par le Maroc.

Puis se sont formées les couches sarmatiques à Cérithes (*C. pictum, C. disjunctum*) dans une mer peu salée en général, qui couvrait l'Europe orientale en partie (Bassin de Vienne, Hongrie, Transylvanie, Serbie, Roumanie, Bessarabie, Crimée, etc.). A la suite de fractures et de plissements, la mer pontique envahit l'Europe occidentale et déposa, dans les vallées nouvelles, les *couches à Congéries*, en discordance avec le Sarmatien.

Sur le **versant S. des Alpes, en Italie**, les dépôts miocènes consistent, dans le Piémont, en marnes blanches avec intercalation d'un conglomérat de serpentine près de Turin. A Tortone (au N. de la province de Gênes), sur des sables helvétiens reposent les argiles bleues tortoniennes à *Pleurotoma, Ranella marginata*, etc. ; du gypse, puis un calcaire lacustre indiquent le desséchement d'un lac où les fleuves charriaient les éléments d'un conglomérat à *Hipparion*. Des couches à Congéries se font remarquer dans l'Apennin.

En **Grèce**, le Miocène est fluvio-lacustre, A Pikermi, en Attique, sur des argiles rouges continentales reposent des graviers, avec une faune de Mammifères herbivores identique à celle du Mont-Luberon (bassin du Rhône).

L'analogie de la faune et des dépôts tortoniens des îles Méditerranéennes (Malte, Sicile, Sardaigne, Baléares) et des Antilles nous porte à croire qu'à cette époque un continent, un cordon d'îles tout au moins, s'étendait de la Méditerranée à l'Amérique.

2° SÉRIE PLIOCÈNE

On y range : le **Plaisancien** (de Plaisance, Italie) ; l'**Astien** (d'Asti, Piémont) et le **Sicilien**.

Dès le début du Pliocène, le détroit de Gibraltar s'ouvre, le continent nord-africain s'effondre et la Méditerranée occidentale, très profonde en certains points se rapproche de ses limites actuelles, tout en étant plus étendue : ainsi elle couvre les deux versants de l'Apennin dont l'arête est à nu et le profil de l'Italie se dessine ; en France, elle s'avance dans la vallée du Rhône jusqu'aux portes de Lyon ; en Espagne, elle occupe une partie de la vallée du Guadalquivir désormais obstruée. Le bassin austro-hongrois, a peu près isolé de la mer avec laquelle il communique seulement par des couloirs très étroits, est occupé par un grand lac ainsi que la Roumanie. Une dépression *aralo-caspienne* saumâtre se prolonge au N. de la mer Noire, envahissant une partie de l'emplacement actuel de cette mer.

C'est seulement à l'époque pléistocène, succédant à la période pliocène, que se produira l'effondrement occupé aujourd'hui par la mer Caspienne et que la Méditerranée orientale adoptera ses contours actuels.

Étudions d'abord le Pliocène en **France**.

La vallée inférieure du Rhône est occupée par un golfe marin et la vallée de la Saône par une dépression lacustre.

Du Roussillon à Fréjus sur le littoral et de l'embouchure actuelle du Rhône jusqu'auprès de Lyon, dans le **golfe du Rhône**, se déposen: des *argiles bleues* du Pliocène inférieur avec une faune marine au centre, une faune saumâtre sur les bords ; déjà se dessinent, dans cette sorte de fjord, les vallées secondaires où coulent les rivières descendant des Alpes et du Plateau central. La **dépression de la Bresse**, au N. de Lyon, envahie par la mer miocène, est occupée par un lac qui subit des variations d'étendue pendant le Pliocène inférieur ; ce lac est relégué, en dernier lieu, vers Châlon et Beaune ; il s'y dépose des *marnes à Paludines*.

Au Pliocène moyen, la mer évacue le golfe du Rhône, le lac de Bresse se dessèche, les vallées du Doubs, de la Saône et du Rhône sont creusées par les cours d'eau qui ravinent les marnes récemment déposées.

Le régime de la Saône diffère déjà de celui du Rhône à l'époque pliocène (fig. 1102). A Trévoux (vallée de la Saône), les dépôts fluviatiles sont des sables mêlés de marnes pliocènes en couches horizontales, indiquant un cours d'eau tranquille comme la Saône actuelle ; tandis qu'à Montluel (vallée du Rhône), on trouve des cailloux roulés pliocènes transportés par un cours d'eau à régime torrentiel tel que le Rhône actuel.

Au Pliocène supérieur, des pluies abondantes et le relèvement des bords du bassin de la Bresse ont provoqué une allure très rapide des cours d'eau qui débordent et couvrent toute la région d'une nappe de galets de quartzite originaires des Alpes. A mesure que les eaux deviennent plus calmes, elles se concentrent dans des lits de plus en plus étroits, étagés en terrasses jusqu'à l'emplacement définitif de la Saône.

En Aquitaine sont les sables des Landes mal définis.

En Vendée et dans l'**estuaire de la Loire** pliocène, les sables contemporains sont caractérisés par *Potamides Basteroti*.

Le **Cotentin** présente, à Gouberville, des sables argileux à *Nassa*

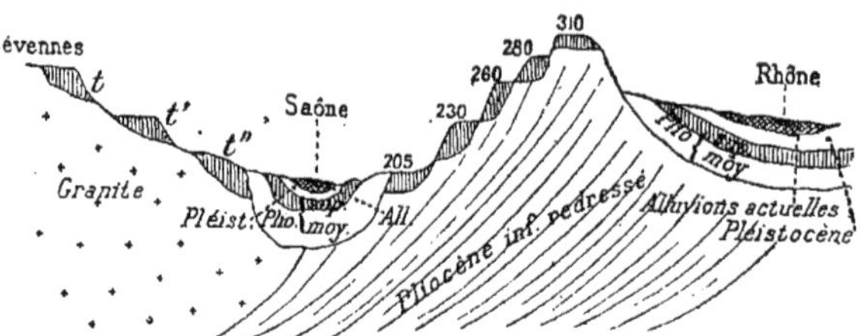

Fig. 1102. — Pliocène de la Bresse (vallée des Dombes) *t*, *t'*, *t''* terrasses étagées formées de Pliocène supérieur.

prismatica superposés à des conglomérats miocènes remplis d'ossements de Mammifères (*Halitherium*, *Mastodon*, *Palæotherium*)

En Angleterre, la côte méridionale offre çà et là quelques dépôts où ne figurent pas les coquilles arctiques de la côte orientale (comtés de Norfolk et de Suffolk) et de l'**estuaire de l'Escaut** (¹).

Les dépôts coquilliers anglais (*crag*) comprennent : à la base, le *crag blanc* à Bryozoaires, avec *Cyprina islandica, Astarte Omalii, Mastodon arvernensis*, etc., puis le *crag rouge* marin, avec *Buccinum groenlandicum, Elephas meridionalis ;* au-dessus le *crag de Norwich*, lacustre et marin, avec *Hippopotamus major* et les espèces boréales précédentes.

Région méditerranéenne. — **En Espagne**, les marnes pliocènes se trouvent dans les vallées actuelles où la mer s'engageait plus ou moins. On ne trouve de formations pliocènes que sur le versant S. de la chaîne Bétique qui regarde le détroit de Gibraltar, alors que le versant N. (vallée du Guadalquivir) est occupé exclusivement par des dépôts miocènes.

C'est en **Italie** que le Pliocène est le mieux développé. Le **Plaisancien** est représenté par des argiles bleues marines à *Pleurotomes* et à *Clypeaster* qu'ont déposées les eaux dans toutes les dépressions ; les Vertébrés y forment peu de fossiles. — L'**Astien** consiste en sables jaunes également marins avec *Pecten latissimus, Strombus coronatus.*

La partie supérieure des sables d'Asti renferme *Mastodon arvernensis, Elephas meridionalis, Hippopotamus major*, etc. — Le **Sicilien** correspond au maximum de régression de la mer dû au soulèvement de l'Apennin dans la plupart des points où on le rencontre, il consiste en dépôts fluvio-lacustres ; les formations littorales renferment des espèces boréales (*Buccinum groenlandicum, Cyprina islandica, Pecten islandicus*, etc.) déjà parvenues

Fig. 1103.
Vivipara sturi.

dans la Méditerranée lors de l'Astien supérieur et qui n'y subsisteront que peu de temps. La Méditerranée orientale étant de date plus récente, on ne trouve pas de Pliocène dans l'archipel grec et au delà.

Des *argiles à Paludines* se déposent à cette époque dans les lacs de l'**Europe centrale** (Croatie, Esclavonie), et des *argiles à Vivipares* (fig. 1103) dans la

1. Il semble que le détroit du Pas-de-Calais n'existait pas encore et ne s'est ouvert totalement qu'à l'époque pleistocène.

dépression **roumaine**. En **Algérie**, le Pliocène complet longe les côtes, s'avance en certains points vers l'Atlas, et jalonne les vallées actuelles aux environs d'Alger.

L'absence de Pliocène sur la côte occidentale des Iles Britanniques comme sur la côte orientale des **États-Unis** nous porte à croire que l'océan Atlantique, avec sa configuration actuelle, est de date récente.

ÉRUPTIONS PENDANT L'ÈRE TERTIAIRE

L'activité éruptive s'est manifestée en Europe, durant l'**Éogène** par l'émission des *granites* de l'île d'Elbe et du Portugal, des *basaltes* du Vicentin fort développés à Monte Spilecco, les *andésites* de la Hongrie et de la Transylvanie. A noter également la venue de *serpentine* dans le Piémont (conglomérat de la Superga, près de Turin) au début de la période **néogène**. Mais ces manifestations sont peu importantes quand on les compare à celles qui se sont produites dans notre Plateau Central du Miocène supérieur au Pléistocène, manifestations qui ont concordé avec l'exhaussement des Alpes.

Le Plateau Central présente plusieurs centres éruptifs : le Cantal à l'O., le Cézallier, puis le Mont-Dore avec la chaîne des Puys plus au N.; à l'E., le Velay; au S., la chaîne d'Aubrac. Les centres éruptifs les plus importants sont le Cantal et le Mont-Dore.

Le *Cantal* peut être considéré comme un centre volcanique sur les flancs duquel se sont produites des coulées. Ces coulées sont composées, à la base, d'*andésite à hornblende* reposant sur le calcaire de Beauce; puis on remarque une nappe de *basalte porphyroïde*; alors le volcan a projeté, sur une étendue considérable, des cendres (*cinérites*) qui se sont déposées en couches régulières dans des eaux tranquilles et ont englobé de nombreux végétaux (Érables, Hêtres, Bambous); de nouvelles projections d'*andésite*, puis une nappe de *basalte* couronnent les coulées.

Au *Mont-Dore*, les roches éruptives sont plus acides et reposent sur le granite. A la base, on trouve un conglomérat contenant des blocs de *trachyte*, d'*andésite* et de *basalte*; puis une coulée de *basalte*. Les *cinérites* sont alors émises en abondance et recouvertes de coulées alternantes d'*andésite* et de *trachyte*; ici, comme dans le Cantal, est une nappe de *basalte* plus récente.

C'est seulement à l'époque pléistocène que se formera la chaîne des Puys.

§ 5. — TERRAINS QUATERNAIRES

Caractères généraux. —.L'ère quaternaire, qui commence avec l'**apparition de l'Homme**, comprend deux périodes :

La période **pléistocène** et la période **actuelle**.

Nous ne nous occuperons que de la période pléistocène, l'époque actuelle étant du domaine des sciences historiques proprement dites.

Dès le début du **Pléistocène**, la Méditerranée occidentale est assez nettement délimitée ; mais à l'orient elle est à peine ébauchée : c'est pendant cette période que se produisent les affaissements occupés désormais par l'Adriatique et la mer Égée ; cette dernière entre en communication avec la Mer Noire par le détroit des Dardanelles.

Dans l'Océan Atlantique, un grand continent (*Atlantide*) existait entre l'Europe et l'Amérique du N., s'opposant à la pénétration des eaux froides boréales dans la mer *méditerranéenne* subtropicale et réciproquement ; ce continent, morcelé déjà pendant l'ère tertiaire, s'effondre et disparaît, après des oscillations diverses, avant le Pléistocène moyen, suscitant ainsi de grandes perturbations dans les conditions climatériques de l'Europe et de l'Amérique.

Les vents chauds et humides, soufflant de la zone torride, peuvent accéder avec les courants marins jusqu'aux régions froides où se condense la vapeur d'eau en pluies et neiges abondantes. Les terres septentrionales de l'Europe et de l'Amérique, les hautes cimes des Alpes, des Pyrénées et des Montagnes Rocheuses se couvrent, à deux reprises différentes, d'un épais manteau de glace[1]. Les *glaciers* descendent lentement vers les régions plus chaudes suivant de multiples vallées glaciaires, striant ou polissant les roches sous-jacentes, charriant des *boues glaciaires* et des *blocs erratiques* (Voir page 887) ; les cours d'eau alimentés par les glaciers et les pluies transportent, dans les plaines, une partie du *limon* des plateaux et des boues, et forment les *alluvions* quaternaires des vallées.

L'abaissement de la température moyenne, causé par de tels phénomènes, n'est que temporaire ; l'établissement du Gulf-Stream dans l'Atlantique assure à l'Europe, dès la fin du Pléistocène, des conditions de température et d'humidité plus favorables à l'entretien de la vie.

---

1. Il existait déjà quelques glaciers, à l'époque pliocène, dans le Plateau Central et peut-être dans les Alpes.

Pendant que l'hémisphère N. est le théâtre de ces événements, la configuration des continents et des mers est réalisée, dans

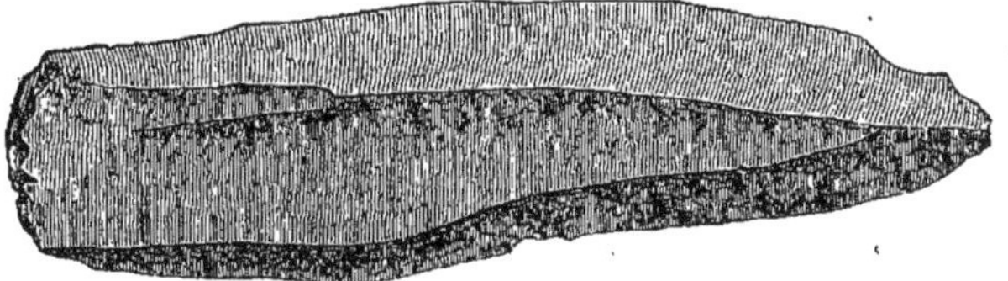

FIG. 1104. — Couteau en silex taillé.

l'hémisphère S., à la suite des effondrements que subit le conti-

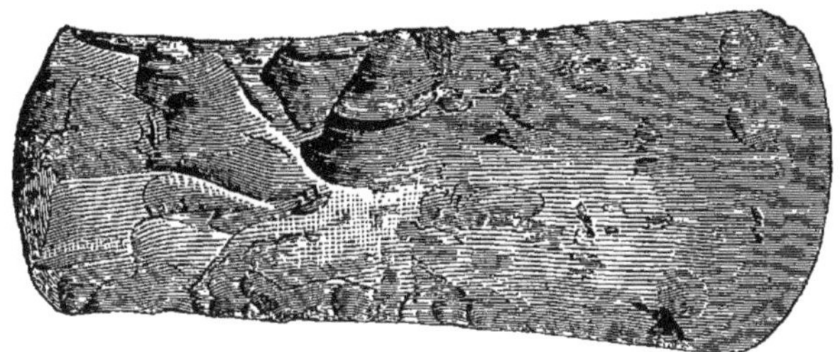

FIG. 1105. — Hache en silex taillé.

nent austral, continent signalé déjà pendant l'ère secondaire et partiellement entamé par les mers tertiaires.

Divisions. — Le Pléistocène comprend trois époques, tout au moins en ce qui concerne nos régions :

1° le **Pléistocène inférieur**, époque des silex grossièrement taillés et de la première extension glaciaire, avec *Elephas antiquus;*

2° le **Pléistocène moyen**, époque des silex mieux taillés (fig. 1104 et 1105) et de la dernière extension glaciaire, avec *Elephas primigenius* (Mammouth),

3° le **Pléistocène supérieur**, époque de la sculpture sur bois de renne et sur ivoire avec *Rangifer tarandus* (Renne).

A cette époque régnait en Europe, après le retrait des glaciers, un froid vif et sec qui obligea l'Homme à chercher un abri dans les cavernes; puis la température se radoucit avec le retour de l'humidité, des forêts nombreuses couvrent la surface du sol; des tourbières s'établissent dans les régions fort humides; l'Homme, plus intelligent, commence à polir ses instruments de silex (fig. 1106). A la période *paléolithique* succède ainsi la période

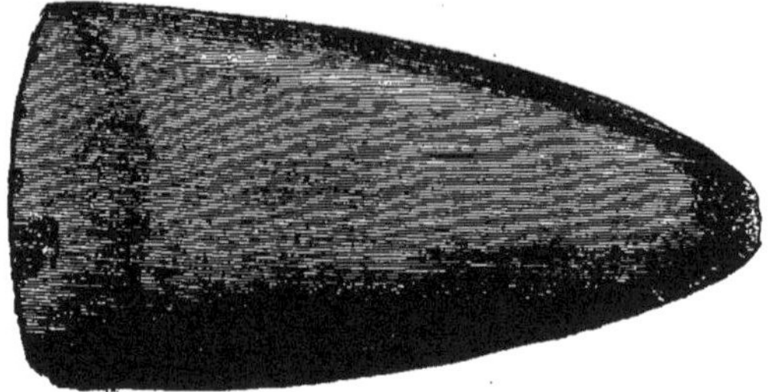

FIG. 1106. — Hache en silex poli.

néolithique, elle-même suivie de l'*âge de bronze*, puis de l'*âge de fer*, aurore des temps actuels.

CARACTÈRES PALÉONTOLOGIQUES

La faune et la flore pléistocènes s'identifient avec le monde ogranisé actuel ; toutefois un certain nombre de formes du

FIG. 1107. — *Cervus megaceros.*

Pléistocène sont éteintes ou en voie de disparition. Quelques mots suffiront à faire connaître les variations de la faune et les caractères de l'Homme primitif.

Faune pléistocène. — Celle du **Pléistocène inférieur** est caractérisée par la présence de grands Mammifères tels que : *Elephas antiquus, Hippopotamus major, Cervus megaceros* (fig. 1107), *Bos primigenius, Rhinoceros Merckii, Ursus spelæus* (fig. 1108), *Hyæna spelæa ;* on la trouve dans les alluvions dites *interglaciaires,*

FIG. 1108. — *Ursus spelæus.*

déposées par les cours d'eau dans les vallées que venaient d'abandonner une première fois les glaciers. — Une deuxième extension glaciaire survient et dans les dépôts contemporains du **Pléistocène moyen** se trouvent *Rhinoceros tichorhinus* (fig. 1109) et *Elephas primigenius*, le Mammouth au corps recouvert d'une épaisse fourrure et pourvu de deux énormes défenses[1].

FIG. 1109. — *Rhinoceros tichorhinus.*

C'est à cette date que remonte la **race humaine de Canstadt.** — Le Renne (*Rangifer tarandus*) caractérise le **Pléistocène supérieur** ; les glaciers se sont définitivement retirés ; après la période de froid vif signalée plus haut, avec le retour d'une température plus clémente, la faune postglaciaire comprend des espèces continuant à habiter nos régions (Cheval, Chien, Loup, Renard, Sanglier, Castor), tandis que d'autres émigrent vers le N. (Renne, *Lagomys*, Hermine) ou vers le S. (Eléphant, Rhinocéros, Lion, Hyène).

Ancienneté et caractères des races humaines. — Malgré toutes les découvertes réalisées à Thenay (Loir-et-Cher), au Puy-Courny (près d'Aurillac), à Pouancé (Maine-et-Loire), au Val-d'Arno, à San-Giovanni (en Italie), dans la République Argentine, etc., au milieu de formations tertiaires, rien n'est moins démontré que l'existence de l'Homme à l'époque tertiaire. Par contre, les preuves de cette existence sont nombreuses à l'époque pléistocène.

---

1. En Amérique vivait à cette époque le *Mylodon robustus* (fig. 1110) du groupe des édentés.

1° Race de Canstadt. — La race la plus ancienne que l'on connaisse aujourd'hui est la *race de Canstadt* (près de Stuttgart), race à laquelle se rapportent le squelette de Neanderthal, les crânes de Grenelle, de la Denise (Haute-Loire), de Clichy, etc., les mâchoires de Larzac, d'Arcy-sur-Cure (Yonne), de la Naulette.

La taille de l'Homme appartenant à cette race ne dépassait pas celle des Lapons; ses autres caractères étaient les suivants : Tête volumineuse, tronc massif, membres antérieurs courts et robustes, mains et pieds grands et épais. Crâne *dolichocéphale* et *platycéphale*[1]; front bas et fuyant; arcades sourcilières et zygomatiques puissantes; mâchoire inférieure saillante (*prognathe*).

Ces derniers caractères, en particulier, rappellent le Singe anthropomorphe et ne se retrouvent chez aucune forme humaine actuelle.

La race de Canstadt, contemporaine d'*Elephas primigenius, Rhinoceros tichorhinus*, etc., date donc du Pléistocène moyen.

Fig. 1110. — *Mylodon robustus.*

2° Race de Cro-Magnon. — Dolichocéphale comme la précédente, la *race de Cro-Magnon* présente des caractères qui la rapprochent davantage des formes actuelles : Cavité cranienne spacieuse (1590 centimètres cubes); frontal élevé antérieurement avec des arcades sourcilières peu saillantes; nez mince, étroit et long; menton encore saillant; les saillies sur lesquelles s'inséraient les muscles sont très prononcées. La taille des hommes de cette race pouvait atteindre 1ᵐ,85; celle des femmes était de 1ᵐ,66 (squelettes de Grenelle). Les caractères accusant la dureté dans l'expression du visage (comme les saillies des insertions musculaires) sont très atténués chez la Femme.

A ce type se rattachent les crânes de la Madeleine (vallée de la Vézère), Solutré, Grenelle, etc., qui tous datent du Pléistocène moyen (époque du Mammouth), persistant dans l'âge du Renne et parvenant à l'âge de la pierre polie.

Alors, et à partir de ce moment, apparaissent nombre de *races mésaticéphales* et *brachycéphales* (*race de Furfooz* en Belgique) dont les types actuels sont peut-être les descendants.

Étude préhistorique de l'Homme. — L'Homme a progressivement acquis les connaissances qui lui ont permis de lutter

1. L'*indice céphalique horizontal* est le rapport du diamètre transversal maximum d'un crâne à son diamètre antéro-postérieur supposé égale à 100. Un crâne est *dolichocéphale* quand ce rapport est plus petit que 76 (Nègres), *mésaticéphale* entre 77 et 80 (Parisiens, Américains), *brachycéphale* au-dessus de 80 (Auvergnats, Lapons). — L'*indice céphalique vertical* s'obtient en faisant le rapport du diamètre vertical maximum du crâne au même diamètre antéro-postérieur supposé égal à 100. Un crâne est *platycéphale* quand ce rapport est inférieur à 71 (Corses), *orthocéphale* de 71 à 75 (Parisiens).

plus avantageusement contre les animaux et de s'assurer un bien-être relatif; à ces fins, il a déployé toutes les ressources d'une intelligence très bornée au début, servie d'autant mieux par *la main* que l'éducation de cet organe est devenue plus parfaite.

On a divisé les temps préhistoriques en trois *âges* dont chacun est caractérisé par les matériaux dont l'Homme faisait le plus couramment usage :

1° L'*âge de la pierre;* 2° l'*âge du bronze;* 3° l'*âge du fer* auquel appartiennent les temps historiques.

1° **Age de la pierre.** — Il comprend 2 périodes : celle de la *pierre taillée* (fig. 1104 et 1105) (sans doute précédée de la période de la *pierre brute* sur laquelle on n'a aucune donnée) et celle de la *pierre polie* (fig. 1106).

Dans la *période paléolithique* (*pierre taillée*) correspondant à l'époque pléistocène, l'Homme taille grossièrement des silex sur ses 2 faces, les appointe à un bout, les arrondit à l'autre et lutte ainsi contre les animaux. Il campe encore à l'air libre. C'est l'époque où vit le Mammouth.

Plus tard, il taille mieux des silex plus petits (fig. 1111), les fixe à l'extrémité de bâtons et possède des armes plus redoutables (massues, lances, etc.). A cette

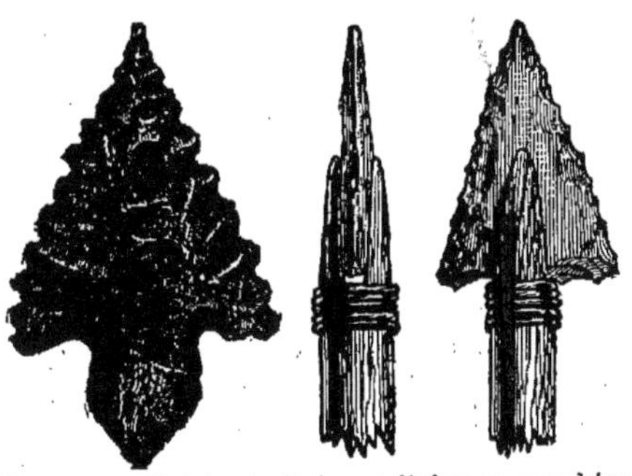

Fig. 1111. — Pointes de flèches et flèches emmanchées en silex taillé.

époque, l'Homme habite les cavernes, contemporain du Renne, il commence à tailler les os pour s'en faire des aiguilles, des poinçons, des harpons, des *bâtons de commandement* ornés de dessins divers. Il n'utilise pas encore d'animaux domestiques.

Dès le début de la *période néolithique* (*pierre polie*), l'industrie humaine se manifeste; l'Homme, plus intelligent, utilise les haches en pierre polie pour combattre; il se construit des habitations sur pilotis au milieu des lacs (*habitations lacustres*) où il se retire la nuit à l'abri des animaux sauvages; il a domestiqué déjà le Chien, le Bœuf, le Mouton, le Cheval (?) ; il utilise leurs efforts pour cultiver la terre à laquelle il confie ses premières semences.

Vivant en famille, il apprend à se vêtir, à tisser des étoffes, à mouler des vases en poterie cuite, des ustensiles de cuisine, etc. (car il a découvert le moyen de faire du feu). Les cavernes deviennent des lieux de sépulture : *dolmens* (fig 1112), *menhirs, cromlechs* (*monuments mégalithiques*).

2° Age du bronze. — En travaillant le sol en divers points, l'Homme a découvert des minerais, l'or en premier lieu dont il a fait des bijoux; il sait ensuite préparer le bronze avec lequel il se forge des armes, des objets d'ornement, etc. La métallurgie est encore dans l'enfance; mais, l'esprit toujours en éveil, l'Homme

Fig. 1112. — Dolmen de Meudon.

se perfectionne dans l'art de faire le feu, atteint des températures suffisamment élevées pour obtenir la fonte liquide et le fer à l'état visqueux.

3° Age du fer. — Désormais en possession du métal le plus précieux qu'il peut forger tout à son aise, l'industriel se révélera constructeur de bateaux, créant ainsi l'art de la navigation, source des échanges commerciaux qui entraînent avec eux l'échange des idées et les relations des peuples; il devient charpentier et architecte et se construit des habitations plus confortables; avec des instruments plus parfaits, l'agriculteur exige de la terre un rendement plus élevé, etc. L'Homme s'est placé, grâce à des efforts intellectuels incessants, au premier rang parmi les animaux.

CARACTÈRES STRATIGRAPHIQUES

Les dépôts pléistocènes sont des formations glaciaires dans les régions septentrionales, des formations dues à l'action directe des pluies ou des formations marines.

Formations glaciaires. — L'Europe septentrionale était couverte d'un immense glacier ayant son centre à Stockholm. Déjà dessiné à l'époque pliocène, ce glacier a pris son maximum d'extension lors du pléistocène et atteint jusqu'à 1500 kilomètres de rayon vers l'E. et vers l'O.; il a strié les roches sous-jacentes dont quelques-unes ont pris l'aspect moutonné. Nombre de blocs ont été entraînés loin de leur lieu d'origine : ceux d'Angleterre viennent d'Écosse; ceux du Brandebourg et de la Poméranie proviennent du silurien de Scandinavie; ceux de la Pologne ont été apportés de la Finlande. A mesure qu'on s'éloigne de leur lieu d'origine, ces blocs, d'abord énormes, ont des dimensions de plus en plus restreintes; les plus gros d'entre eux, demeurés saillants dans des positions parfois curieuses, sont les *blocs erratiques* qui ont permis de relever l'étendue des anciens glaciers[1]; les fragments ou cailloux plus petits forment, avec le limon argileux dans lequel ils sont noyés, le *terrain erratique*

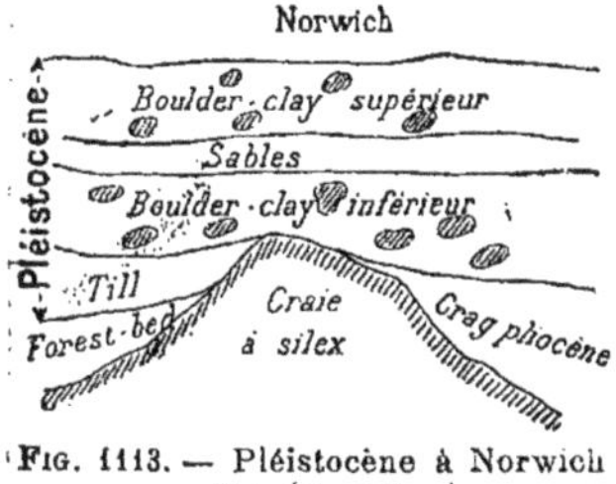

Fig. 1113. — Pléistocène à Norwich (Angleterre)

Aux environs de Berlin et près de Norwich, en **Angleterre**, on voit reposer, sur le crag miocène, le terrain erratique ainsi composé : à la base, le *till*, argile tenace sans stratification, contenant des pierres disséminées sans ordre et des fossiles brisés (*Cyprina islandica, Mya truncata*, etc.); puis le *boulder-clay* inférieur, argile où les blocs sont beaucoup plus abondants; au-dessus une couche de *sables fluviatiles* indiquant un retrait des glaciers; enfin le *boulder-clay* supérieur avec de nouveaux blocs erratiques, correspondant à une nouvelle extension glaciaire.

Formations des plaines et des vallées. — Les dépôts pléistocènes, dans les régions non envahies par les glaciers, consistent en *graviers*, en *sables* et en *limons* (*lœss* ou limon calcaire jaunâtre ou brun clair, *lehm* ou limon des plateaux employé comme terre à briques). Le lœss est dû à l'altération, par les eaux de pluie, des roches superficielles qui ont été réduites en fragments d'une extrême finesse (dans le bassin du Hoang-Ho, en Chine, le lœss atteint parfois une épaisseur de 400 mètres). A la longue, le lœss s'est oxydé, a pris une teinte rouge, la partie

---

1. Quelques-uns de ces blocs atteignent un volume de 800 mètres cubes

calcaire en a été dissoute par l'eau chargée de gaz carbonique et le lehm rouge est demeuré comme résidu.

Dans le **bassin de Paris** se continue le creusement des vallées (de la Seine et de la Marne notamment), phénomène déjà commencé au pliocène; le creusement progressif a produit des *terrasses successives* comparables à celles dont la figure 1102 est la représentation. Sur les plateaux, les cours d'eau prenant naissance ont déblayé les formations tertiaires et les ont entamées; après s'être creusé un premier lit large et peu profond, chaque cours d'eau s'est établi dans un second lit moins large et inférieur au 1er : d'où une 1re terrasse *d'alluvions de rivage et de galets*; un 3e lit, inférieur au second et plus étroit encore, détermine une 2e terrasse, et ainsi de suite. Les cours d'eau actuels sont enclavés dans un lit étroit; leur débit est plus faible puisque l'humidité du climat a diminué dans de notables proportions; ils déposent au fond de leur lit les alluvions actuelles.

Formations marines. — La **Mer Rouge** était un peu plus étendue à l'époque pléistocène que de nos jours. Après le dépôt d'argiles et de sables, se sont édifiés des récifs coralligènes qui en forment les bords en certains points.

Il en est de même pour beaucoup de récifs et d'atolls de la **mer des Indes** couverts maintenant de terre végétale.

Sur le littoral des **îles Baléares** et de l'**Espagne** on trouve quelques dépôts pléistocènes.

Avant l'ouverture du détroit du **Pas de Calais**, les vagues de la Manche venaient se briser contre un isthme crayeux, déposant des cordons de galets jusqu'à 11 mètres au-dessus du niveau actuel de la mer; le canal une fois établi, les vagues n'ont plus atteint un pareil niveau et les cordons qui ont subsisté s'observent aujourd'hui entre les embouchures de la Somme et de la Canche.

Les *dépôts des cavernes* sont particulièrement intéressants à considérer, car ils ont fourni des ossements de l'Homme pléistocène et des animaux contemporains. Les flancs des vallées calcaires présentent çà et là des grottes plus ou moins profondes qui ont pu être envahies à diverses reprises par des alluvions torrentielles, en même temps que les eaux d'infiltration y effectuaient des dépôts calcaires (stalactites et stalagmites) : telles sont les grottes de La Madelaine, de Laugerie-Haute, de Laugerie-Basse (Périgord), d'Aurignac (Haute-Garonne), de Brixham (Angleterre), etc.

Le plancher d'une caverne est souvent occupé par un lit de cailloux roulés que surmontent une ou plusieurs couches de limon; les animaux et l'Homme ayant cherché un refuge dans ces cavités, nombre d'ossements s'y rencontrent (particulièrement ceux de l'Ours, du Lion et de la Hyène des cavernes), ainsi que des couches de cendres attestant nettement la présence de l'Homme en ces points. Ossements et cendres sont plus ou moins engagés dans les planchers stalagmitiques successivement formés.

ÉRUPTIONS PENDANT LA PÉRIODE PLÉISTOCÈNE

Le phénomène éruptif le plus saillant en **France**, lors du pléistocène, est la formation de la *chaîne des Puys* d'Auvergne, datant de l'âge du Renne.

Les cônes volcaniques qui forment cette chaîne reposent sur un terrain granitique qui s'est fissuré; les fissures ont formé autant de cheminées volcaniques par lesquelles s'est échappée la lave. Or il s'est formé, comme de nos jours, autour de chaque cheminée un amas conique de produits rejetés; la cheminée elle-même s'est trouvée tôt ou tard obstruée par un culot de lave solidifiée. Les efforts internes étant devenus impuissants à vaincre la résistance de l'appareil, l'activité des volcans a

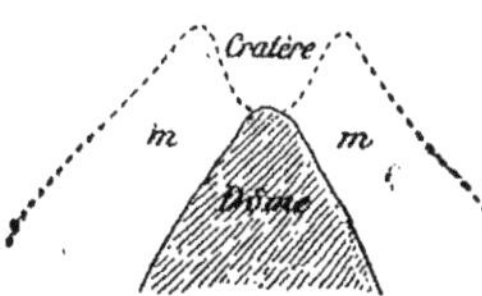

Fig. 1114. — Dôme de la chaîne des Puys.

cessé (*volcans éteints*). Mais, depuis lors, des actions d'érosion externe ont détruit lentement les matériaux de projection; les culots de lave subsistent seuls et forment autant de dômes (fig. 1114) (*Chaîne des Puys*).

En **Italie**, les tufs des Champs Phlégréens datent du début du Pléistocène; puis est apparu le volcan de la Somma dont la première éruption historique (79 après J.-C.) a formé le Vésuve. L'Etna, en Sicile, repose sur des tufs pliocènes ou pléistocènes. Le groupe de Santorin dans l'Archipel, le volcan de l'Hécla, en Islande, datent de la même époque.

Tableau LVI

RÉPARTITION DES ÊTRES VIVANTS DANS LE TEMPS.

§ 1. — **Animaux**.

quaternaire. . . . .
{ Apparition de l'*Homme*.
{ Prédominance des Mammifères et des Oiseaux.

tertiaire. . . . .
/ Règne des **Mammifères**.
{ Prédominance des Reptiles (Crocodiliens), des Poissons (Téléostéens), des Arthropodes (Insectes), des Mollusques (Gastéropodes Pulmonés, Lamellibranches), des Échinodermes (Échinides Atélostomes), des Polypes (Hexacoralliaires perforés), des Foraminifères perforés.

ÈRES

secondaire
/ Crétacé = Règne des *Rudistes*
\ Jurassique = Règne des **Reptiles**
{ Prédominance des Mollusques (Céphalopodes Dibranchiaux, Lamellibranches Ostréacés), des Échinodermes (Pentacrinidés) et des Polypes (Hexacoralliaires Apores et Fungidés).

Trias }
Permien } = Règne des **Amphibiens** (*Stégocéphales*)

primaire .
Carboniférien
Dévonien
[Règne des **Brachiopodes** (*Productidés* et *Spiriféridés*).
Prédominance des Poissons (Ganoïdes cuirassés), des Échinodermes (Crinoïdes) et des Polypes (Tétracoralliaires).

Silurien
{ Règne des **Crustacés** (*Trilobites*).
{ Mollusques (Céphalopodes Tétrabranchiaux).

§ 2. — **Végétaux**.

quaternaire.
{ Migrations des espèces végétales sur le globe : Espèces *tropicales*, *tempérées*, *boréales*.

tertiaire. . = Apparition des arbres à feuilles caduques. — **MUSCINÉES**.

ÈRES

secondaire
/ Crétacé = Apparition des **Dicotyledones**. Les Gamopétales en dernier lieu.
Jurassique = Cycadées, Conifères. Apparition des **Angiospermes** (*Monocotylédones*).
\ Trias = Fougères (*Nevropteris*). Gymnospermes (*Voltzia*). Extinction des *Calamites*.

primaire. .
Permien = Diminution des Lycopodinées. Accroissement des Gymnospermes (*Walchia*).

Carboniférien. .
{ Règne des Cryptogames vasculaires.
/ Stéphanien = *Pecopteris*. *Calamites*. *Cordaïtes*.
Westphalien = *Nevropteris*. *Sigillaria*. *Cordaïtes*.
\ Culm. *Sphenopteris*. Lépidodendrées. Calamodendrées.

Dévonien = **Algues**. Équisétinées. **PHANÉROGAMES** (Gymnospermes : *Cordaïtes*).

Silurien = **THALLOPHYTES** (Algues ?). **CRYPTOGAMES VASCULAIRES** (Équisétinées : *Psilophyton*, *Annularia*).

INDEX ALPHABÉTIQUE

des noms *latins* et français.

I. — ANIMAUX

II. — VÉGÉTAUX

III. — GÉOLOGIE

E. AUBERT.
ANDRÉ FILS, Éditeur. 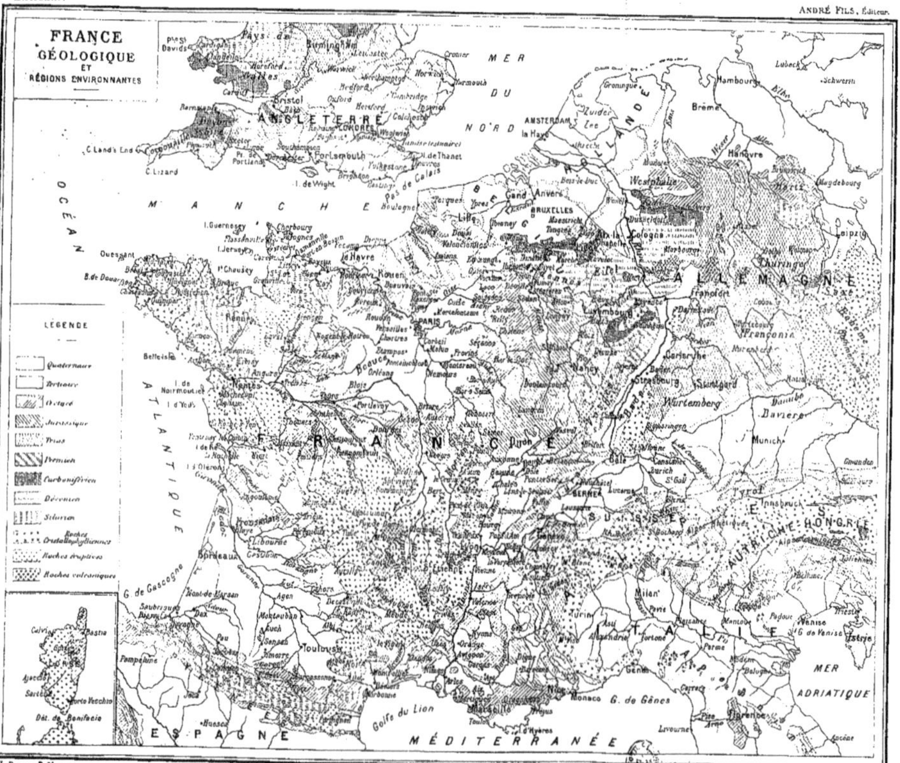
FRANCE
GÉOLOGIQUE
ET
RÉGIONS ENVIRONNANTES
LÉGENDE
Quaternaire
Tertiaire
Crétacé
Jurassique
Trias
Permien
Carboniférien
Dévonien
Silurien
Roches Cristallophylliennes
Roches éruptives
Roches volcaniques
OCÉAN ATLANTIQUE
MANCHE
MER DU NORD
ANGLETERRE
LONDRES
ALLEMAGNE
SUISSE
AUTRICHE-HONGRIE
ITALIE
ESPAGNE
MÉDITERRANÉE
MER ADRIATIQUE
F R A N C E
J. Busson, Del!

E. AUBERT.
ANDRÉ FILS, Éditeur.

OCÉAN GLACIAL ARCTIQUE
OCÉAN ATLANTIQUE
GRANDE BRETAGNE ET IRLANDE
MER DU NORD
MER BALTIQUE
MANCHE
ASIE
MER CASPIENNE
MER NOIRE
MER ADRIATIQUE
MER TYRRHÉNIENNE
MER IONIENNE
MER MÉDITERRANÉE
AFRIQUE
ASIE MINEURE
AUTRICHE-HONGRIE
BULGARIE
TURQUIE
Reykjavik
Paris
Berlin
Vienne
Madrid
Rome

EUROPE GÉOLOGIQUE
LÉGENDE
Quaternaire
Tertiaire
Crétacé
Jurassique
Trias
Permien
Carbonifère
Dévonien
Silurien
Roches Cristallophylliennes
Roches éruptives
Roches volcaniques

J. Besson, Del.

9 782019 957070